金属材料及工艺的金相分析

任颂赞　　陈德华　**主编**

上海轨道交通检测认证（集团）有限公司　**编写**

JINSHUCAILIAO
JI GONGYI DE
JINXIANG FENXI

上海科学技术文献出版社
Shanghai Scientific and Technological Literature Press

图书在版编目（CIP）数据

金属材料及工艺的金相分析/任颂赞,陈德华主编.—上海：上海科学技术文献出版社,2023
ISBN 978-7-5439-8618-3

Ⅰ.①金… Ⅱ.①任…②陈… Ⅲ.①金属材料—生产工艺②金相技术 Ⅳ.①TG14②TG115.21

中国版本图书馆CIP数据核字（2022）第105363号

责任编辑：姜　曼
助理编辑：仲书怡
封面设计：袁　力

金属材料及工艺的金相分析
JINSHU CAILIAO JI GONGYI DE JINXIANGFENXI
任颂赞　陈德华　主编　上海轨道交通检测认证（集团）有限公司　编写
出版发行：上海科学技术文献出版社
地　　址：上海市长乐路746号
邮政编码：200040
经　　销：全国新华书店
印　　刷：常熟市人民印刷有限公司
开　　本：889mm×1194mm　1/16
印　　张：50
字　　数：1 620 000
版　　次：2023年3月第1版　2023年3月第1次印刷
书　　号：ISBN 978-7-5439-8618-3
定　　价：488.00元
http://www.sstlp.com

内容提要

金属材料的金相分析,是材料科学研究和生产中质量控制的一项重要工作。本书密切结合科研及生产实际,从金属材料的成分—工艺—组织—性能相互间关系出发,系统阐述包括钢铁材料、高温合金、粉末冶金材料以及铝、铜、锌、镁、钛等金属工程材料的金相分析原理及方法;详细介绍包括铸造、锻造、热处理、焊接以及镀、渗、沉积类表面处理等工艺原理及相关金相分析方法;结合相关检测标准和评定标准,着重介绍各金属工程材料和在各工艺条件下的组织特征以及可能出现的各种缺陷的判断依据。

本书可供从事金属材料及相关工艺研究的工程技术人员、金相分析人员阅读参考,可作为高等院校有关专业的参考用书,也可作为金相分析技术人员的培训教材。

前　言

金属材料的化学成分、工艺过程、金相组织以及其性能是一条有机链,对于它们之间互动关系的研究是人类近两百年来为之不懈努力的一大课题。金属材料的金相组织(构成相、大小以及分布等)能敏感地反映材料、工艺的质量及变动,并能预示与材料相呼应的性能。因此,准确地分析金属材料的金相组织,是材料科学研究和生产中质量控制的一项重要工作,是保证金属构件的安全性、可靠性和经济性的主要环节,具有很强的理论研究价值和工程应用价值。本着以上思路,本书从介绍金属材料的成分(包括合金元素作用)、工艺(包括工艺原理)出发,着重介绍相应金相组织特征、各种组织缺陷的判断依据,尤其是相关的检测、评定标准的具体应用,以及相应的主要性能。

本书介绍的金属材料的金相分析,主要为工程常用金属材料,除工程大量使用的钢铁材料(不含电工钢)外,还包括高温合金、粉末冶金材料以及铝、铜、锌、镁、钛等有色金属及合金材料的金相分析。本书介绍的金属材料的几种工艺条件下的金相分析,除常用的表面强化热处理(包括新工艺)外,还包括焊接及渗镀、电镀、气相沉积等工艺下的金相分析。安排这些内容以期适应科研及实际生产的需求。

全书共21章,分为三部分:常规金相检测、金属工程材料的金相分析以及几种工艺条件下的金相分析。第一部分共5章,从介绍钢铁材料的基本组织转变及识别开始,进而介绍金属材料的常规金相检验方法,包括低倍检验、钢中夹杂物检测及评级、带状组织评级、碳化物不均匀性评级、球化级别等常规分析和评级以及金属晶粒度的显示和测定。第二部分由第6章至第16章,共11章组成,分别介绍通用结构钢、弹簧钢、轴承钢、工模具钢、不锈钢、高温合金、铸铁、粉末冶金材料、铝合金、铜合金、钛、镁、锌等金属工程材料的金相分析,其中包括金属材料的分类、牌号、成分、强化原理、性能以及各工艺条件下的组织演变,还包括主要缺陷的形貌及形成原因。第三部分共5章,第17章、第18章分别介绍钢铁材料渗碳、碳氮共渗、渗氮及氮碳共渗工艺条件下的金相分析,包括传统工艺和新工艺的原理、相应的金相组织形貌、评级以及缺陷判定。第19章介绍渗金属、电镀、热喷镀、气相沉积及化学膜转化的原理和金相分析。第20章介绍感应加热、激光热处理原理及金相分析。第21章介绍各焊接工艺下的焊接接头的金相分析,包括焊接缺陷的分析。各章节均贯穿了成分—工艺—组织—性能相互关系的主线。

对于金相分析,其结果不仅要求准确,还要求可比对可交流,这就要求相应的检测标准及评定标准必须明确、统一。由此,本书尽可能介绍与应用相关适用的国家标准、行业标准及相应的国外、国际标准。然而,标准有一定的时效性,读者应用时请关注标准的修订或更改。

本书的编写援引《金相分析原理及技术》一书中第三篇、第四篇及第五篇的框架内容,根据技术进步,有关标准的更改、补充,以及读者反映的意见重新组织编写。参与本书各章编写的作者有陆昕(第2章)、于晖(第3章、第4章)、马鸣(第6章)、张文元(第8章)、祝新发(第9章)、龙荷荪(第10章)、高汉文(第12章)、陈德华(第14章、第15章、第19章)、许雯(第19章)、马春霞(第21章),其余各章由任颂赞编写,并由任颂赞对全书进行统稿。全书由教授级高工薄鑫涛审核。

在本书出版之际,对于《金相分析原理及技术》相关章节的作者深表感谢,这些章节是本书编写的基础和重要参考文献。

本书在编写过程中得到上海轨道交通检测认证(集团)有限公司金相室的大力帮助,尤其是许雯、朱闻炜对本书的文字、图片整理付出了辛勤劳动。对这些作者、审阅专家及相关人员付出的辛劳在此表示感谢。

书中的许多资料,包括图片、表格,来自文献、其他出版物以及出版标准,其中有部分未能在参考文献中——注明,在此特别说明,并致以诚挚的感谢。

书中难免有不妥、疏漏或错误之处,期盼专家、学者和广大读者批评指正。

编者

目 录

第1章 钢铁材料基本组织转变及形貌 ··· 1
1.1 铁素体、奥氏体及渗碳体 ··· 1
1.2 珠光体转变及珠光体形态 ··· 2
    1.2.1 过冷奥氏体的珠光体转变 ··· 2
    1.2.2 钢中珠光体的组织形态 ··· 2
1.3 马氏体转变及马氏体形态 ··· 4
    1.3.1 过冷奥氏体的马氏体转变 ··· 4
    1.3.2 马氏体形态 ··· 4
    1.3.3 影响马氏体形态因素 ··· 6
    1.3.4 马氏体性能 ··· 7
1.4 贝氏体转变及贝氏体形态 ··· 8
    1.4.1 过冷奥氏体的贝氏体转变 ··· 8
    1.4.2 贝氏体形态 ··· 8
    1.4.3 低碳贝氏体钢中各类相变组织 ··· 11
    1.4.4 贝氏体性能 ··· 12
1.5 淬火钢回火时组织转变及形貌 ··· 12
    1.5.1 淬火钢回火时的组织转变 ··· 12
    1.5.2 马氏体回火转变产物的组织形貌 ··· 14
    1.5.3 钢中贝氏体的回火转变 ··· 15
1.6 淬火钢的回火脆性 ··· 15
参考文献 ··· 16

第2章 金属材料的低倍检验 ··· 18
2.1 低倍检验的应用 ··· 18
    2.1.1 铸造(浇注)件 ··· 18
    2.1.2 锻压件 ··· 19
    2.1.3 焊接件 ··· 19
    2.1.4 热处理件 ··· 20
2.2 钢的酸蚀试验方法及缺陷评定 ··· 20
    2.2.1 钢锭结晶过程及缺陷形成 ··· 20
    2.2.2 试样的截取及制样 ··· 21
    2.2.3 酸蚀试验方法 ··· 22
    2.2.4 钢的低倍组织缺陷及评定原则 ··· 25
2.3 连铸钢坯凝固组织及内部缺陷的评定 ··· 33
    2.3.1 连铸钢坯凝固组织低倍评定方法 ··· 33
    2.3.2 连铸钢坯低倍组织缺陷评级 ··· 35
2.4 断口试验及缺陷鉴别 ··· 35
    2.4.1 检验断口的制备 ··· 35
    2.4.2 检验用断口的分类 ··· 36
    2.4.3 断口形貌及各种缺陷识别 ··· 36
2.5 钢材塔形发纹检验 ··· 41
    2.5.1 发纹的特征及成因 ··· 41
    2.5.2 塔形发纹检验试样制备 ··· 41
    2.5.3 发纹检验方法 ··· 42
2.6 钢材硫印、磷印试验及评级 ··· 43
    2.6.1 硫印试验 ··· 43
    2.6.2 磷印试验 ··· 43
参考文献 ··· 44

第3章 钢中非金属夹杂物检测及评级 ··· 45
3.1 钢中非金属夹杂物的种类及形态 ··· 45
    3.1.1 按夹杂物的化学成分分类 ··· 45
    3.1.2 按夹杂物的可塑性分类 ··· 47
    3.1.3 按夹杂物的来源分类 ··· 47
    3.1.4 按夹杂物形态和分布分类 ··· 48
3.2 钢中非金属夹杂物的鉴定方法 ··· 48
    3.2.1 金相分析法 ··· 48
    3.2.2 电子探针方法 ··· 49
    3.2.3 电解分离法 ··· 52
3.3 钢中非金属夹杂物显微检测评定方法 ··· 52
    3.3.1 非金属夹杂物显微检测的取样与观察 ··· 52
    3.3.2 GB/T 10561—2005(ISO 4967)检测方法 ··· 53
    3.3.3 ASTM E45-2018a 检测方法 ··· 60
    3.3.4 BS EN 10247:2017 检测方法 ··· 61
3.4 钢材纯洁度级别检测 ··· 64
参考文献 ··· 65

第4章 钢的显微组织常规分析及评定 ... 66
4.1 带状组织评定 ... 66
4.1.1 标准评级图法 ... 66
4.1.2 定量法评定 ... 69
4.2 低碳钢的游离渗碳体分布评定 ... 73
4.3 钢的魏氏组织评定 ... 75
4.4 钢的碳化物不均匀度评定 ... 76
4.4.1 共晶碳化物的不均匀度评定 ... 76
4.4.2 二次碳化物偏聚评定 ... 83
4.5 碳化物液析评定 ... 85
4.6 球化退火处理及球化级别评定 ... 87
4.6.1 共析、过共析钢球化退火及评级 ... 87
4.6.2 亚共析钢球化退火及评级 ... 89
4.7 高温使用中钢的(珠光体)球化程度评定 ... 92
4.7.1 12Cr1MoV 钢球化评级 ... 93
4.7.2 15CrMo 类钢珠光体球化评级 ... 95
4.7.3 2.25Cr-1Mo 类钢球化评级 ... 96
4.8 钢材表面脱碳层鉴别与深度测定 ... 97
4.8.1 金相法 ... 97
4.8.2 硬度法 ... 98
4.8.3 碳含量测定法 ... 99
4.8.4 脱碳层深度测定报告 ... 99
参考文献 ... 99

第5章 金属材料晶粒度测定 ... 100
5.1 金属材料晶粒度及晶粒度级别 ... 100
5.1.1 晶粒度的几个基本概念 ... 100
5.1.2 几种晶粒度级别的定义 ... 101
5.2 常用晶粒度级别测定方法 ... 104
5.2.1 晶粒度级别测量常用标准 ... 104
5.2.2 取样及制样 ... 104
5.2.3 比较法 ... 104
5.2.4 面积法 ... 109
5.2.5 截点法 ... 110
5.2.6 晶粒度的数值报告 ... 112
5.3 双重晶粒度的测定方法 ... 112
5.3.1 双重晶粒度分布类别 ... 112
5.3.2 双重晶粒度级别的测定方法 ... 114
5.4 金属材料的晶粒度形成及显示 ... 116
5.4.1 铁素体钢原奥氏体晶粒形成及显示 ... 116
5.4.2 奥氏体钢晶粒度形成及显示 ... 117
5.4.3 高速工具钢奥氏体晶粒的显示 ... 118
5.4.4 常用显示奥氏体晶粒浸蚀剂 ... 118
5.5 几种金属材料晶粒度级别的测定 ... 119
5.5.1 铁素体钢的铁素体晶粒度的测定 ... 119
5.5.2 冷轧薄板类铁素体晶粒度的测定 ... 119
5.5.3 铜及铜合金晶粒度的测定 ... 122
5.5.4 铝及铝合金晶粒度的测定 ... 123
5.5.5 高速工具钢晶粒度的测定 ... 127
参考文献 ... 127

第6章 通用结构钢及金相分析 ... 128
6.1 通用结构钢的特性及组成 ... 128
6.1.1 通用结构钢的主要特性及影响因素 ... 128
6.1.2 通用结构钢的成分组成 ... 130
6.1.3 合金元素在结构钢中的作用 ... 131
6.2 合金结构钢原材料金相检验 ... 134
6.3 各种工艺条件下通用结构钢金相分析 ... 134
6.3.1 轧制处理及金相分析 ... 135
6.3.2 退火处理及金相分析 ... 135
6.3.3 锻造及金相分析 ... 135
6.3.4 正火和回火以及金相分析 ... 137
6.3.5 淬火-低温回火及金相分析 ... 138
6.3.6 淬火-中温回火及金相分析 ... 139
6.3.7 淬火-高温回火(调质)及金相分析 ... 139
6.3.8 中温等温处理及金相分析 ... 141
6.3.9 拉拔工艺及金相分析 ... 141
6.4 非调质机械结构钢及金相分析 ... 142
6.4.1 非调质机械结构钢的成分和工艺特点 ... 142
6.4.2 铁素体-珠光体非调质钢及金相分析 ... 146
6.4.3 贝氏体型非调质钢及金相分析 ... 147
6.4.4 冷作强化非调质钢及金相分析 ... 149
6.5 铸造结构钢及金相分析 ... 150
6.5.1 铸钢件基本特点 ... 150
6.5.2 铸造碳素、低合金结构钢及金相分析 ... 150
6.5.3 铸造耐磨奥氏体锰钢及金相分析 ... 153
6.6 通用结构钢常见组织缺陷及诊断 ... 161
6.6.1 过热及过烧组织 ... 161
6.6.2 表面脱碳 ... 162
6.6.3 淬火(调质)组织中存在铁素体 ... 163
6.6.4 开裂 ... 164
6.6.5 其他缺陷组织 ... 164
参考文献 ... 165

第7章 弹簧钢及金相分析 —— 166
7.1 弹簧及弹簧钢 —— 166
7.1.1 弹簧的分类及主要特性 —— 166
7.1.2 弹簧钢的性能要求 —— 166
7.1.3 弹簧钢所含合金元素及作用 —— 167
7.2 弹簧钢原材料及预强化的金相分析 —— 171
7.2.1 弹簧钢原材料金相检验 —— 172
7.2.2 热轧弹簧钢型材的金相分析 —— 173
7.2.3 冷拉弹簧钢型材的金相分析 —— 173
7.2.4 预强化弹簧钢丝及金相分析 —— 173
7.3 弹簧成型后的热处理及金相分析 —— 174
7.3.1 弹簧成型后的基本热处理及金相分析 —— 174
7.3.2 几种常用弹簧钢的热处理及金相分析 —— 177
7.4 弹簧的表面处理 —— 183
7.4.1 表面化学保护层 —— 183
7.4.2 弹簧表面的金属防护层 —— 183
7.5 弹簧钢的缺陷组织和判别 —— 184
7.5.1 弹簧常见的表面缺陷 —— 184
7.5.2 弹簧钢的金相组织缺陷 —— 185
参考文献 —— 188

第8章 轴承钢及金相分析 —— 189
8.1 轴承钢的分类 —— 189
8.1.1 高碳铬轴承钢 —— 189
8.1.2 表面硬化轴承钢 —— 190
8.1.3 高碳铬不锈轴承钢 —— 192
8.1.4 高温轴承用钢 —— 192
8.1.5 其他轴承材料 —— 194
8.2 高碳铬轴承钢的成分与冶金质量 —— 194
8.2.1 化学成分的控制 —— 194
8.2.2 低倍组织缺陷检验 —— 196
8.2.3 原材料微观缺陷的检验 —— 196
8.3 高碳铬轴承钢在加热和冷却时的组织转变 —— 200
8.3.1 高碳铬轴承钢在加热过程中的组织转变 —— 200
8.3.2 高碳铬轴承钢在冷却过程中的组织转变 —— 201
8.4 高碳铬轴承钢的锻造及组织 —— 202
8.4.1 高碳铬轴承钢的锻造 —— 202
8.4.2 锻件的显微组织 —— 203
8.4.3 锻造缺欠 —— 204
8.5 高碳铬轴承钢热处理及金相组织 —— 206
8.5.1 正火 —— 206
8.5.2 球化退火 —— 206
8.5.3 淬火、回火 —— 208
8.5.4 等温淬火回火处理 —— 212
8.5.5 深冷处理 —— 214
8.6 其他轴承钢热处理及金相组织简介 —— 215
8.6.1 高温轴承钢的热处理及金相组织 —— 215
8.6.2 高碳铬不锈轴承钢热处理及金相组织 —— 217
8.6.3 表面处理轴承钢热处理及金相组织 —— 218
8.7 滚动轴承零件常见失效模式及诊断 —— 218
8.7.1 轴承零件的表面磨削烧伤及诊断 —— 219
8.7.2 轴承零件接触疲劳失效及诊断 —— 219
8.7.3 轴承零件异常破断 —— 220
参考文献 —— 221

第9章 工模具钢及金相分析 —— 222
9.1 工模具钢分类及基本特性 —— 222
9.1.1 工模具钢分类 —— 222
9.1.2 工模具钢的基本特性 —— 222
9.2 非合金(碳素)工模具钢及金相分析 —— 223
9.2.1 非合金(碳素)工模具钢的牌号及特点 —— 223
9.2.2 非合金工模具钢材料的金相分析 —— 223
9.2.3 非合金工模具钢热处理及金相分析 —— 226
9.3 合金工具钢及其金相检验 —— 229
9.3.1 合金工具钢牌号及化学成分 —— 229
9.3.2 合金工具钢原材料的金相分析 —— 230
9.3.3 合金工具钢热处理及金相检验 —— 231
9.4 高速工具钢及其金相分析 —— 234
9.4.1 高速工具钢组成、牌号及分类 —— 234
9.4.2 高速工具钢原材料金相检验 —— 237
9.4.3 高速工具钢热处理及金相检验 —— 245
9.5 高速工具钢表面改性及金相检验 —— 252
9.5.1 蒸汽处理 —— 253
9.5.2 氧氮化处理 —— 253
9.5.3 硫氮共渗蒸汽处理的复合处理 —— 254
9.5.4 高速钢的渗氮处理 —— 254
9.5.5 高速钢的PVD镀层 —— 255
9.6 冷作模具钢及其金相分析 —— 257
9.6.1 冷作模具钢特性及组成 —— 257

9.6.2 冷作模具钢原材料金相检验 259
9.6.3 冷作模具钢的热处理及金相检验 261
9.7 热作模具钢及其金相分析 267
9.7.1 热作模具钢特性及组成 267
9.7.2 热作模具钢的原材料金相检验 268
9.7.3 热作模具钢的热处理及金相检验 269
9.8 塑料模具专用钢及其金相检验 277
9.8.1 塑料模具钢的特性及组成 277
9.8.2 预硬型塑料模具专用钢的热处理及金相检验 277
9.8.3 时效硬化型塑料模具钢热处理及金相检验 279
9.9 工模具钢的缺陷组织及诊断 280
9.9.1 组织偏析 280
9.9.2 碳化物偏析 280
9.9.3 淬火欠热及过热过烧组织 281
9.9.4 热处理中脱碳及增碳 282
9.9.5 淬火组织中的贝氏体 283
参考文献 283

第10章 不锈钢和耐热钢及其金相分析 284

10.1 不锈钢特性、分类及牌号 284
10.1.1 不锈钢耐腐蚀原理和合金元素的作用 284
10.1.2 不锈钢的分类 285
10.1.3 不锈钢牌号的命名 286
10.2 马氏体不锈钢和耐热钢及金相分析 288
10.2.1 马氏体不锈钢和耐热钢的牌号、成分及性能 288
10.2.2 马氏体不锈钢及耐热钢合金化的特点 290
10.2.3 马氏体不锈钢和耐热钢的热处理及金相组织 292
10.3 奥氏体不锈钢和耐热钢及金相分析 298
10.3.1 奥氏体不锈钢和耐热钢的牌号、成分及特点 298
10.3.2 奥氏体不锈钢合金化特点 301
10.3.3 奥氏体不锈钢的热处理 303
10.3.4 奥氏体不锈钢的金相检验 305
10.4 铁素体不锈钢和耐热钢及金相分析 310
10.4.1 铁素体不锈钢和耐热钢的牌号、成分及性能 310
10.4.2 铁素体不锈钢和耐热钢合金化特点 312
10.4.3 铁素体不锈钢的热加工及金相组织 313
10.4.4 铁素体不锈钢的脆化现象 314
10.5 双相不锈钢及金相分析 315
10.5.1 双相不锈钢的特点和分类、牌号 315
10.5.2 双相不锈钢中的合金化特点 317
10.5.3 双相不锈钢的热加工工艺及对组织、性能的影响 317
10.5.4 双相不锈钢的组织及其金相检验 318
10.6 沉淀硬化型不锈钢及金相分析 321
10.6.1 沉淀硬化型不锈钢特点、分类及牌号 321
10.6.2 奥氏体-马氏体沉淀硬化不锈钢强化工艺及金相组织 322
10.6.3 马氏体沉淀硬化不锈钢强化工艺及金相组织 324
10.7 铸造不锈钢及金相分析 326
10.7.1 铸造不锈钢分类、牌号及化学成分 326
10.7.2 铸造马氏体不锈钢 328
10.7.3 铸造奥氏体不锈钢及金相分析 329
10.7.4 铸造奥氏体铁素体双相不锈钢及金相分析 331
10.7.5 铸造马氏体沉淀硬化不锈钢及金相分析 334
10.8 不锈钢的腐蚀行为 334
10.8.1 不锈钢腐蚀行为及分类 334
10.8.2 各类不锈钢的耐腐蚀性能 337
10.9 不锈钢和耐热钢的样品制备及相鉴别 340
10.9.1 不锈钢和耐热钢金相试样制备 340
10.9.2 不锈钢、耐热钢中相的鉴别 343
参考文献 344

第11章 高温合金及金相分析 345

11.1 高温合金特点、分类及牌号表示方法 345
11.1.1 高温合金的主要特性 345
11.1.2 高温合金的分类 347
11.1.3 高温合金的牌号表示方法 347
11.1.4 英国和美国的高温合金体系 348
11.2 高温合金中各元素的作用 348
11.2.1 基体元素的特性 348
11.2.2 合金元素的作用 349
11.3 高温合金的强化原理 349

- 11.3.1 固溶强化 —— 349
- 11.3.2 第二相(时效)强化 —— 350
- 11.3.3 晶界强化 —— 350
- 11.3.4 工艺强韧化 —— 350
- 11.4 高温合金常见相及其作用 —— 351
  - 11.4.1 高温合金中常见析出相及分类 —— 351
  - 11.4.2 高温合金中几何密排相及其作用 —— 352
  - 11.4.3 拓扑密排相 —— 355
  - 11.4.4 间隙相 —— 358
- 11.5 高温合金的热处理 —— 362
  - 11.5.1 固溶处理 —— 363
  - 11.5.2 中间处理 —— 363
  - 11.5.3 时效处理 —— 363
  - 11.5.4 弯曲晶界热处理 —— 364
  - 11.5.5 高温合金的退火处理 —— 364
- 11.6 高温合金的金相组织 —— 364
  - 11.6.1 铁基变形高温合金及金相组织 —— 365
  - 11.6.2 镍基变形高温合金及金相组织 —— 365
  - 11.6.3 钴基变形高温合金及金相组织 —— 375
  - 11.6.4 铸造高温合金及金相组织 —— 375
- 11.7 高温合金的金相检验 —— 380
  - 11.7.1 高温合金的金相制样及相鉴别 —— 380
  - 11.7.2 变形高温合金的组织评定 —— 383
- 参考文献 —— 388

第12章 铸铁及金相分析 —— 389

- 12.1 铸铁的分类及其牌号 —— 389
  - 12.1.1 根据碳在铸铁中存在的形式和石墨的形态分类 —— 389
  - 12.1.2 根据铸铁中的元素的种类及含量分类 —— 389
- 12.2 铸铁的石墨化过程 —— 390
  - 12.2.1 铁-碳合金双重相图和Fe-C-Si三元相图 —— 390
  - 12.2.2 铸铁的石墨化过程 —— 392
  - 12.2.3 影响铸铁石墨化的因素 —— 393
- 12.3 灰铸铁及金相检验 —— 394
  - 12.3.1 灰铸铁的牌号及性能 —— 394
  - 12.3.2 灰铸铁的石墨评定 —— 396
  - 12.3.3 灰铸铁中的组织及分级 —— 400
- 12.4 球墨铸铁及金相检验 —— 404
  - 12.4.1 球墨铸铁牌号及性能 —— 404
  - 12.4.2 球状石墨的特性和结构 —— 406
  - 12.4.3 球墨铸铁的石墨评级 —— 406
  - 12.4.4 球墨铸铁的组织分类及评定 —— 408
- 12.5 可锻铸铁及金相检验 —— 409
  - 12.5.1 可锻铸铁牌号及性能 —— 409
  - 12.5.2 可锻铸铁的石墨化机理 —— 410
  - 12.5.3 可锻铸铁的金相检验 —— 411
- 12.6 蠕墨铸铁及金相检验 —— 413
  - 12.6.1 蠕墨铸铁牌号及性能 —— 413
  - 12.6.2 蠕墨铸铁的蠕墨化过程 —— 413
  - 12.6.3 蠕墨铸铁的金相检验 —— 413
- 12.7 特种铸铁及金相组织 —— 415
  - 12.7.1 减摩铸铁及金相组织 —— 415
  - 12.7.2 抗磨铸铁及金相组织 —— 417
  - 12.7.3 耐热铸铁及金相组织 —— 420
  - 12.7.4 耐蚀铸铁及金相组织 —— 422
  - 12.7.5 奥氏体铸铁及金相组织 —— 423
- 12.8 铸铁常见缺陷及诊断 —— 424
  - 12.8.1 由气体引起的缺陷 —— 424
  - 12.8.2 针孔 —— 425
  - 12.8.3 缩孔 —— 426
  - 12.8.4 石墨偏析 —— 426
  - 12.8.5 组织的不均匀性 —— 427
  - 12.8.6 夹杂、夹渣 —— 427
  - 12.8.7 热裂、冷裂 —— 428
- 参考文献 —— 429

第13章 粉末冶金材料及金相分析 —— 430

- 13.1 粉末冶金材料概述 —— 430
  - 13.1.1 粉末冶金材料的分类 —— 430
  - 13.1.2 粉末冶金材料的牌号、成分及性能 —— 430
- 13.2 粉末冶金制品的工艺特点 —— 436
  - 13.2.1 金属粉末的制取方法 —— 436
  - 13.2.2 粉末冶金制品的成型方法 —— 437
  - 13.2.3 粉末冶金制品的固结 —— 439
  - 13.2.4 粉末冶金材料的熔渗和浸渗处理 —— 439
  - 13.2.5 硬质合金生产的工艺特点 —— 440
- 13.3 铁基粉末冶金制品的热处理 —— 441
  - 13.3.1 铁基粉末冶金制品的热处理特点 —— 441
  - 13.3.2 铁基粉末冶金制品的整体淬火、回火处理 —— 441
  - 13.3.3 铁基粉末冶金制品的渗碳及碳氮共渗 —— 442
  - 13.3.4 铁基粉末冶金制品的氮碳共渗 —— 442

13.3.5 铁基粉末冶金制品的烧结硬化……442
13.3.6 铁基粉末冶金制品的水蒸气处理……443
13.4 粉末冶金制品的金相检验……443
　13.4.1 粉末冶金材料金相制样的特点……443
　13.4.2 粉末冶金制品中孔隙、石墨及夹杂等检测……446
　13.4.3 粉末冶金制品的金相组织及评定……448
13.5 硬质合金的金相检验……451
　13.5.1 硬质合金金相制样特点……452
　13.5.2 硬质合金的孔隙及非化合碳（石墨）检测……453
　13.5.3 硬质合金的金相组织评定……455
　13.5.4 硬质合金的组织缺陷……458
参考文献……459

第14章 铝、铝合金及金相分析……460

14.1 铝合金的分类、成分和牌号……460
　14.1.1 纯铝的特性及牌号……460
　14.1.2 铝合金中主要合金元素及作用……461
　14.1.3 变形铝合金的分类及牌号……463
　14.1.4 铸造铝合金分类、牌号及成分……464
　14.1.5 铝合金工艺状态代号……466
14.2 铝合金的热处理……468
　14.2.1 铝合金的均匀退火处理……468
　14.2.2 铝合金的回复与再结晶退火……468
　14.2.3 铝合金的固溶处理……470
　14.2.4 铝合金的时效……471
　14.2.5 铝合金的回归现象及回归处理……471
　14.2.6 铝合金的冷（冷热循环）处理……472
　14.2.7 铸造铝合金热处理及力学性能……472
　14.2.8 变形铝合金热处理及力学性能……473
14.3 铸造铝合金及其金相分析……474
　14.3.1 Al-Si系铸造铝合金及其金相分析……474
　14.3.2 Al-Cu系铸造铝合金及其金相分析……484
　14.3.3 Al-Mg系铸造铝合金及其金相分析……488
　14.3.4 Al-Zn系铸造铝合金及其金相分析……489
　14.3.5 Al-Re系铸造铝合金及其金相分析……490
14.4 变形铝合金的金相分析……491
　14.4.1 1×××系铝合金及其金相分析……491
　14.4.2 2×××系铝合金及其金相分析……492
　14.4.3 3×××系铝合金及其金相分析……494
　14.4.4 4×××系铝合金及其金相分析……495
　14.4.5 5×××系铝合金及其金相分析……495
　14.4.6 6×××系铝合金及其金相分析……497
　14.4.7 7×××系铝合金及其金相分析……498
14.5 铝合金的相鉴别及试样制备……499
　14.5.1 铝合金金相试样制备特点……499
　14.5.2 铝合金相的鉴别……501
14.6 铝及铝合金晶粒度的测定……505
14.7 铝合金的常见缺陷及诊断……505
　14.7.1 铝合金的常见铸造缺陷及诊断……505
　14.7.2 变形铝合金压力加工低倍组织缺陷及诊断……508
　14.7.3 铝合金热处理缺陷及判断……512
　14.7.4 铝合金的腐蚀及诊断……514
参考文献……515

第15章 铜、铜合金及金相分析……517

15.1 铜及铜合金的合金化以及分类、牌号……517
　15.1.1 铜的合金化……517
　15.1.2 铜及铜合金的分类……517
　15.1.3 铜及铜合金牌号命名……517
15.2 铜及铜合金的热处理……520
　15.2.1 退火……520
　15.2.2 淬火和回火（固溶时效）……522
15.3 纯铜及其金相分析……523
　15.3.1 纯铜的牌号和化学成分……523
　15.3.2 微量合金元素对纯铜组织及性能影响……524
　15.3.3 纯铜的金相组织及评定……525
15.4 黄铜及其金相分析……527
　15.4.1 黄铜的分类、牌号和化学成分……527
　15.4.2 普通黄铜的组织与性能……529
　15.4.3 复杂黄铜的组织与性能……533
　15.4.4 黄铜的金相分析……538
15.5 青铜及其金相分析……538
　15.5.1 锡青铜及其金相分析……539
　15.5.2 铝青铜及其金相分析……543
　15.5.3 其他青铜及其金相分析……548
15.6 白铜及其金相分析……549
　15.6.1 白铜的牌号和化学成分……549
　15.6.2 普通白铜及其金相组织……550
　15.6.3 复杂白铜及其金相组织……551

15.7 高铜合金及其金相分析 552
15.7.1 铍铜及其金相分析 552
15.7.2 铬铜 557
15.7.3 锆铜 558
15.7.4 铁铜 558
15.8 铜及铜合金的缺陷组织及判别 558
15.8.1 铜及铜合金的"氢病" 558
15.8.2 应力腐蚀 558
15.8.3 黄铜的脱锌及脱铝腐蚀 559
15.8.4 晶粒粗大、不均匀 560
15.8.5 锡汗 560
15.9 铜及铜合金金相制样特点 560
15.9.1 铜及铜合金的抛光 560
15.9.2 铜及铜合金的组织显示 561
参考文献 564

第16章 钛、镁、锌及合金的金相分析 565
16.1 钛及钛合金的金相分析 565
16.1.1 钛及钛合金的特性、分类及牌号 565
16.1.2 钛合金的相变及热处理 569
16.1.3 钛及钛合金的金相组织 575
16.1.4 钛及钛合金金相制样特点 579
16.2 镁及镁合金的金相分析 580
16.2.1 镁及镁合金的特性、分类及牌号 580
16.2.2 镁合金的热处理 590
16.2.3 镁及镁合金的表面处理 594
16.2.4 镁合金的金相组织 595
16.2.5 镁及镁合金的制样特点及组织判定 598
16.3 锌及锌合金的金相分析 603
16.3.1 锌及锌合金的特性、分类及牌号 603
16.3.2 铸造锌合金的变质、细化处理 609
16.3.3 锌合金的热处理 609
16.3.4 锌及锌合金的金相组织及制样特点 610
参考文献 614

第17章 钢件渗碳、碳氮共渗处理及金相分析 615
17.1 化学热处理的基本原理 615
17.1.1 化学热处理的3个基本过程 615
17.1.2 扩散系数 615
17.2 钢件渗碳原理及工艺 616
17.2.1 气体渗碳原理 616
17.2.2 钢件气体渗碳工艺 618

17.2.3 渗碳工艺的发展 619
17.2.4 钢件渗碳后的热处理工艺 620
17.3 渗碳用钢 621
17.3.1 渗碳用钢的成分特点 621
17.3.2 渗碳用钢系列 623
17.3.3 渗碳用钢的质量控制要点 623
17.4 钢件渗碳及淬回火后的组织、性能 624
17.4.1 钢件渗碳（缓冷）后的组织 624
17.4.2 钢件渗碳淬回火后组织及评定 625
17.4.3 渗碳层深度测定 631
17.4.4 钢件渗碳淬回火后的性能 633
17.5 钢件碳氮共渗原理、特点及工艺 633
17.5.1 钢件碳氮共渗原理及特点 634
17.5.2 钢件碳氮共渗工艺简介 634
17.6 钢件碳氮共渗及淬回火后的组织、性能 635
17.6.1 钢件碳氮共渗后缓冷的组织 635
17.6.2 钢件碳氮共渗淬回火组织及评定 635
17.6.3 钢件碳氮共渗层深度测定 639
17.6.4 钢件碳氮共渗淬回火后的性能 639
17.7 渗碳淬回火及碳氮共渗淬回火的组织缺陷 639
参考文献 641

第18章 渗氮、氮碳共渗及金相分析 642
18.1 钢铁件渗氮基本原理及工艺 642
18.1.1 钢铁件渗氮基本原理 642
18.1.2 钢铁件气体渗氮工艺简介 645
18.1.3 钢件渗氮前预处理及渗氮后的冷却 648
18.2 渗氮专用钢 650
18.2.1 渗氮钢的合金化 650
18.2.2 渗氮钢系列 651
18.3 钢件气体渗氮后性能 652
18.3.1 渗氮件表面硬度及耐磨性 652
18.3.2 渗氮件的疲劳强度 652
18.3.3 渗氮件的抗腐蚀性 653
18.3.4 气体渗氮件表面脆性 653
18.4 离子渗氮工艺、组织及性能 653
18.4.1 离子渗氮基本原理 653
18.4.2 离子渗氮工艺简介 655
18.4.3 离子渗氮件的组织及性能 656
18.5 氮碳共渗及金相分析 656
18.5.1 气体氮碳共渗原理及工艺 656
18.5.2 氮碳共渗的组织与性能 657

18.6 奥氏体氮碳共渗及金相分析·············659
   18.6.1 奥氏体氮碳共渗原理及工艺·······659
   18.6.2 奥氏体氮碳共渗组织及性能·······660
18.7 奥氏体不锈钢的低温渗氮及组织·······662
18.8 渗氮(氮碳共渗)层深度测定和组织评定·············663
   18.8.1 渗氮(氮碳共渗)层深度测定·······664
   18.8.2 渗氮层组织检验评定·············666
18.9 渗氮及氮碳共渗的常见缺陷组织·······669
   18.9.1 渗氮化合物层疏松·············669
   18.9.2 渗氮层出现针状氮化物·············670
   18.9.3 渗氮层中出现网状氮化物·········670
   18.9.4 渗氮层中出现脉状氮化物·········670
   18.9.5 基体组织出现上贝氏体···········670
   18.9.6 工件表面清理不当造成渗层不均·············670
参考文献·············672

第19章 渗镀处理及金相分析·············673
19.1 渗铬及渗铬层的金相检验·············673
   19.1.1 渗铬的工艺及原理·············673
   19.1.2 渗铬层的金相组织与性能·········674
19.2 渗铝及渗铝层的金相检验·············677
   19.2.1 渗铝的工艺及原理·············677
   19.2.2 渗铝层的金相组织与性能·········678
19.3 渗锌及渗锌层的金相检验·············682
   19.3.1 渗锌的工艺原理·············683
   19.3.2 渗锌层的金相组织与性能·········683
19.4 渗硅及渗硅层的金相检验·············684
   19.4.1 渗硅工艺·············685
   19.4.2 渗硅层的金相组织与性能·········686
19.5 渗硼及渗硼层的金相检验·············687
   19.5.1 渗硼的原理与工艺·············687
   19.5.2 渗硼层的金相组织与性能·········688
19.6 电镀及电镀层的金相分析·············693
   19.6.1 电镀工艺原理及分类·············693
   19.6.2 电镀层的组织形态及影响因素·····694
   19.6.3 电镀层检测及缺陷组织·········697
19.7 气相沉积及气相沉积层的金相分析·····700
   19.7.1 物理气相沉积(PVD)基本原理及特点·············701
   19.7.2 化学气相沉积(CVD)基本原理及特点·············702
   19.7.3 气相沉积薄膜组织特点及金相分析·············702

19.8 热喷涂及热喷涂层的金相检验·········704
   19.8.1 热喷涂的原理和工艺·············704
   19.8.2 常用热喷涂材料·············705
   19.8.3 热喷涂层的金相检验·············706
19.9 化学转化膜及转化膜的金相检验·······709
   19.9.1 钢铁件的氧化处理及氧化膜金相检验·············709
   19.9.2 铝合金阳极氧化及氧化膜金相检验·············710
   19.9.3 磷化处理及磷化膜金相检验·······713
参考文献·············715

第20章 感应加热淬火、激光热处理及金相分析·············716
20.1 感应加热淬火及金相分析·············716
   20.1.1 感应加热淬火的基本原理·········716
   20.1.2 感应加热淬火工艺及特点·········718
   20.1.3 感应加热淬火的组织和性能·······721
   20.1.4 钢铁件感应淬火后有效硬化层深度的测定·············723
   20.1.5 感应加热淬火后的金相检验·······724
   20.1.6 感应加热淬火的常见缺陷·········728
20.2 激光热处理及金相分析·············729
   20.2.1 激光热处理用激光器·············729
   20.2.2 激光热处理原理、分类及特点·····731
   20.2.3 激光表面淬火及其组织、性能·····732
   20.2.4 激光表面淬火金相检验·········736
   20.2.5 激光表面合金化工艺及组织·······737
   20.2.6 激光表面熔覆工艺及组织·········739
   20.2.7 激光表面冲击强化和组织·········741
   20.2.8 激光热处理常见缺陷·············741
参考文献·············744

第21章 焊接接头的金相分析·············745
21.1 焊接方法分类及特点·············745
21.2 焊接接头的宏观组织及宏观检测·······747
   21.2.1 焊接接头的宏观组织·············747
   21.2.2 焊接接头的宏观检测·············747
   21.2.3 熔化焊焊缝宏观缺欠及分类·······748
21.3 焊接金属的结晶·············749
   21.3.1 焊接熔池结晶的特殊性·········750
   21.3.2 焊缝凝固组织的特征及形成原因·············750
   21.3.3 焊缝中的偏析·············755
   21.3.4 焊缝金属的二次组织·············757

21.4 焊接热影响区的组织 758
    21.4.1 焊接热循环的特点 758
    21.4.2 焊接加热时组织转变的特点 758
    21.4.3 焊接热影响区的组织 759
    21.4.4 分析热影响区组织时应考虑的因素 762
    21.4.5 焊接热影响区的性能 763
21.5 焊接接头的开裂分析 767
    21.5.1 焊接接头裂纹分类 767
    21.5.2 焊接热裂纹 767
    21.5.3 焊接接头的冷裂纹 770
21.6 异种金属材料焊接的金相分析 772
    21.6.1 异种金属焊接的熔合区 772
    21.6.2 异种金属焊接接头显微组织稳定性 774
    21.6.3 异种金属焊接接头的主要缺陷 774
21.7 钎焊工艺及金相分析 775
    21.7.1 钎焊的冶金过程 775
    21.7.2 钎焊接头的金相组织 776
    21.7.3 钎焊接头的主要缺陷 778
21.8 焊接接头试样的组织显示 779
    21.8.1 宏观组织显示 779
    21.8.2 显微组织显示 779
    21.8.3 钎焊试样显示 780

参考文献 781

第1章

钢铁材料基本组织转变及形貌

碳钢和铸铁都是铁碳合金,是使用最广泛的金属材料之一。铁碳合金相图(图1-1)是研究钢铁材料的重要工具。了解与掌握铁碳合金相图,对于钢铁材料的研究和使用,各种热加工工艺的制订等都有着极其重要的指导意义。

铁与碳两个组元可形成钢铁材料的基本相:铁素体、奥氏体以及渗碳体,也可以形成珠光体、马氏体、贝氏体等组织。由于钢中的含碳量一般最多不超过2.11wt%,铸铁中的含碳量不超过5wt%,所以在研究铁碳合金时,仅研究Fe-Fe₃C(C=6.69wt%)部分。

1.1 铁素体、奥氏体及渗碳体

1. 铁素体与奥氏体

铁素体是碳溶解于α铁中的间隙固溶体,具有体心立方晶格,常用符号F或α表示。奥氏体是碳溶解于γ-Fe中的间隙固溶体,具有面心立方晶格,常用符号A或γ表示。铁素体F和奥氏体A是铁碳相图中两个重要的基本相。

根据测定,奥氏体的最大溶碳量为2.11wt%(1148℃),铁素体的最大溶碳量为0.0218wt%(727℃),在室温下铁素体的溶碳量一般在0.0008wt%以下。尽管面心立方晶体与体心立方晶体相比具有较大的致密度,但是奥氏体的溶碳能力要比铁素体大许多。

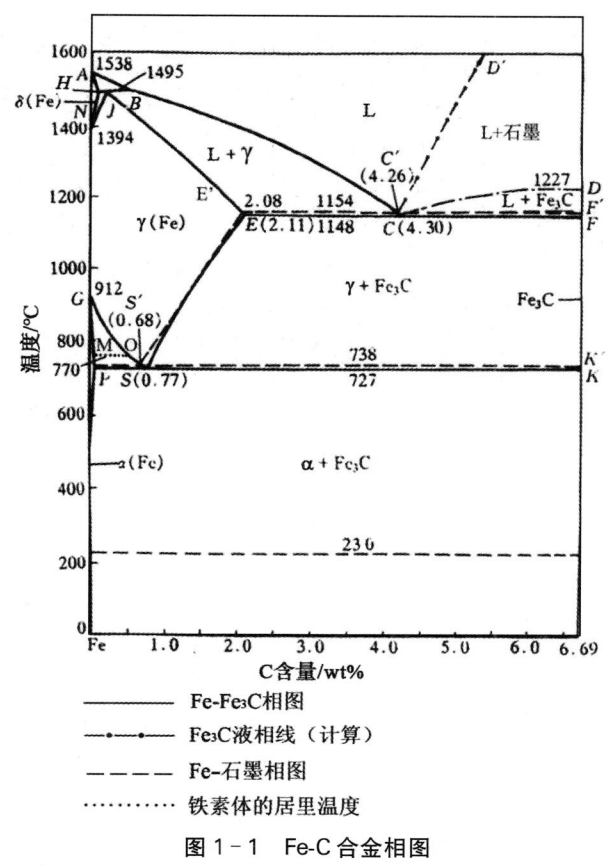

图1-1 Fe-C合金相图

根据测量和计算,γ-Fe的晶格常数(950℃)为0.36563nm,其八面体间隙半径为0.0535nm,与碳原子半径0.077nm比较接近,所以碳在奥氏体中的溶解度较大。而铁素体的八面体间隙半径为0.01862nm,远远小于碳的原子半径,所以碳的溶解度很小。

碳溶于体心立方晶格δ-Fe中的间隙固溶体,称为δ铁素体,又称高温铁素体,其最大溶解度为0.09wt%(1495℃)。

铁素体的性能与纯铁基本相同,硬度较低,约200HV。奥氏体的强度低,硬度不高,塑性很好,具有顺磁性。

图1-2为超低碳电工钢金相组织,白色颗粒状为铁素体,黑色曲折线条为晶界,极少数的黑色小点为氧化物夹杂。

图1-3为奥氏体不锈钢金相组织,均一的奥氏体晶粒、部分晶粒内存在孪晶分布。

2. 渗碳体

渗碳体是铁与碳形成的间隙化合物Fe₃C,含碳量为6.69wt%,是铁碳相图中的重要基本相。渗碳体具有很高的硬度,约为800HB,但是塑性很差,断后伸长率接近于零。渗碳体于低温下具有一定的铁磁性,230℃是渗碳体的磁性转变温度,表示为A_0转变点。根据理论计算,渗碳体的熔点为1227℃。

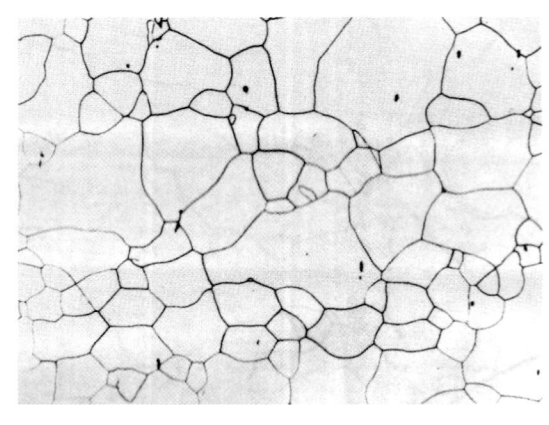 

图 1-2　铁素体形貌（200×）　　　　　　图 1-3　奥氏体形貌（200×）

渗碳体一般与其他组织相伴共存，呈现条状、块状或颗粒状，具体与含碳量及工艺条件有关。

1.2　珠光体转变及珠光体形态

1.2.1　过冷奥氏体的珠光体转变

共析钢（C：0.77wt%）加热至奥氏体区后，过冷奥氏体在较小冷却速度下，将在 C 曲线"鼻子"以上区域发生珠光体转变，获得珠光体组织。珠光体转变的典型反应式为：

$$奥氏体\ \gamma(fcc) \rightarrow [铁素体\ \alpha(bcc) + 渗碳体\ Fe_3C(正交点阵)] \tag{1-1}$$

珠光体转变属典型的扩散型共析转变。式(1-1)中奥氏体 γ 也称为母相。共析转变产物（α+Fe_3C）称为珠光体。

亚共析钢（C<0.77wt%）和过共析钢（C>0.77wt%）在发生式(1-1)珠光体转变前分别要析出先共析铁素体或先共析渗碳体。一般碳钢和合金钢的退火与正火时发生的转变都为珠光体转变。相当多的钢制件的预备热处理（如退火和正火）均发生珠光体转变。而且，有少量钢制件的最终热处理也发生珠光体转变，如钢琴的琴弦和一些弹簧钢丝等。

1.2.2　钢中珠光体的组织形态

珠光体的组织形态可分为两类：片状珠光体和球粒状珠光体。

1. 片状珠光体

钢中珠光体一般为铁素体 α 和渗碳体 Fe_3C 的机械混合物，最为常见的组织形态为铁素体薄层（片）(lamella)与碳化物（包括渗碳体）薄层（片）交替重叠组成，即为片状珠光体（图 1-4）。片状珠光体中片层方向大致相同的区域称为珠光体团(nondules)或珠光体领域(colony)（或称亚单元）。图 1-5 表示珠光体片层、珠光体领域和珠光体团与原奥氏体晶粒的关系。珠光体团在原奥氏体晶界和晶界相交处形核可以减少相变所需的自由能。每个珠光体团包含几个与母相奥氏体晶粒保持特定位向关系的片状珠光体领域。珠光体领域之间的位向差较小。其中铁素体和碳化物（渗碳体或合金渗碳体）呈薄片交替组成。

珠光体团中相邻两片渗碳体（或铁素体）中心之间的距离称为珠光体的片间距 s。片间距的大小主要取决于转变温度 T，一定条件下，转变温度越低则片间距越小。

一般按片间距大小将片状珠光体分为（片状）珠光体、索氏体和托（屈）氏体 3 种。（片状）珠光体的片间距较大，在一般光学显微镜（光镜，OM）下可分辨出片层状特征。索氏体即较小片间距细珠光体，在高倍光学镜下才可能分辨片层特征。托氏体的片间距更小，在光镜下只能看到黑团状外形，在高倍的电子显微镜（电镜）下可看出片层特征。这 3 种珠光体组织之间无严格的界限及本质区别，但形成温度及硬度不同。所以，珠光体、索氏体和托氏体的形成均为珠光体型转变产物，其差别仅是片层间距大小不同。

图1-4 共析钢的典型片层状珠光体组织（苦味酸腐蚀）

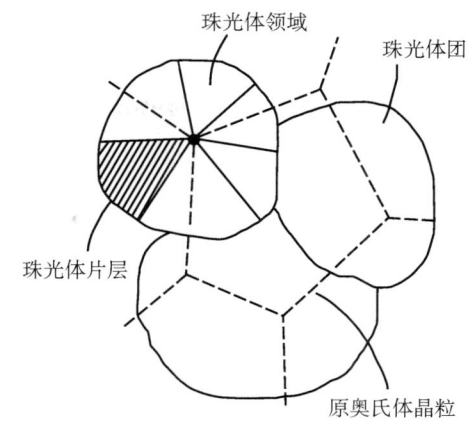

图1-5 珠光体团、珠光体领域和珠光体片层与原奥氏体晶粒的相互关系

对于亚共析钢，珠光体转变时，形成珠光体＋铁素体组织，铁素体呈网状或块状，或针状魏氏组织形态，如图1-6所示。其形成过程说明参见图1-7。

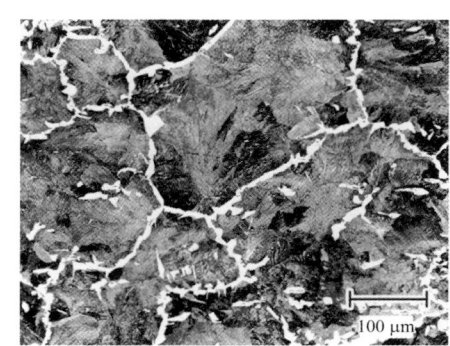

（a）网状铁素体＋珠光体

（b）网状及魏氏组织状铁素体＋珠光体

图1-6 亚共析钢的组织形态

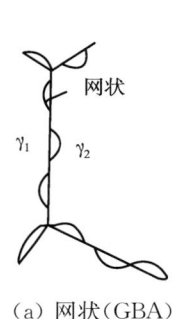

（a）网状（GBA）

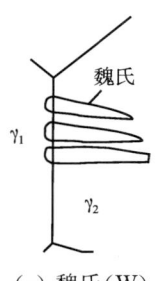

（b）块状（M）

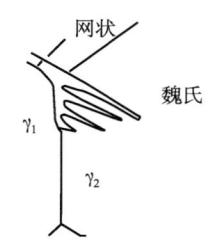

（c）魏氏（W）　　（d）网状＋魏氏组织形态

图1-7 亚共析钢几种形态铁素体形成

对于过共析钢或共析钢非平衡冷却条件下，珠光体转变形成珠光体＋渗碳体组织，渗碳体有时呈网状，一定条件下也会呈魏氏组织形态，如图1-8所示。

2. 球粒状珠光体

球粒状珠光体的形成也是一个渗碳体和铁素体交替析出的过程。其中，渗碳体的析出是以奥氏体晶粒内未溶碳化物或富碳区的非自发晶核为起始，由于晶粒各向成长近似一致，最终成为在铁素体基体上均匀分布着粒状（球状）渗碳体的粒状珠光体，一般认为奥氏体化温度较低有利于形成粒状珠光体。粒状珠光体形貌可参见第4章中图4-21。

 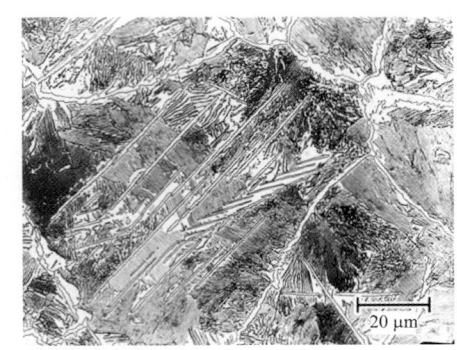

(a) 网状渗碳体+珠光体 （500×）　　　（b) 网状渗碳体+魏氏组织状渗碳体+珠光体

图1-8　过共析钢珠光体形态

球粒状珠光体也可由片状珠光体经球化退火形成。

1.3　马氏体转变及马氏体形态

1.3.1　过冷奥氏体的马氏体转变

当奥氏体快速冷却到 M_S 点以下温度时，将发生马氏体转变，形成马氏体。马氏体是淬火钢的基本组织。钢件淬火可以大幅度提高钢的强度、硬度，但有时会降低塑性和韧性，这与淬火得到的马氏体组织密切相关。

马氏体转变不仅在钢中，在一些有色金属合金系和陶瓷材料中都有发生。马氏体转变是置换式原子经无扩散切变（原子沿相界面做协作运动），由此产生形状改变和表面浮凸，呈不变平面应变特征和形核长大型相变，转变产物为马氏体，一般都为亚稳定相。在钢中，马氏体一般定义为碳在 α-Fe(bcc 晶体结构)中的过饱和固溶体。尽管，目前已经知道，在低碳钢的马氏体转变过程中，碳会发生短距离的扩散，但在 α-Fe 中碳仍处于过饱和状态。

1.3.2　马氏体形态

1.3.2.1　马氏体形态

钢中马氏体形态主要有板条状(lath)和片状(plate)，其他一些铁基合金中有蝶状、薄板状和 ε′马氏体等。

1. 板条状马氏体

板条状马氏体是低碳钢、中碳钢、马氏体时效钢和不锈钢中形成的一种典型马氏体。其显微组织由成群的板条组成，相邻马氏体条大致平行（位向差较小），每条马氏体的宽度不一，在含碳量 0.2wt%C 的铁碳合金中，大多数板条宽度为 0.15～0.20 μm。板条状马氏体的显微组织示意于图 1-9(a)。有些板条因不易浸蚀显示，往往呈现块状。应用亚硫酸氢钠(25%水溶液)或先用硝酸酒精后再用该溶液浸蚀能够清晰显示块内的板条状组织。一般一个奥氏体晶粒可转变成几个板条群（通常为 3～5 个），称几个束(packet，有称 sheaves, bundles)。一个束又可分为几个块(block)，块由板条组成。其光镜和透射电子显微镜(透射电镜，TEM)形貌见图 1-10(a)、图 1-10(b)。

板条马氏体的亚结构为位错，有人测定其密度约 $(0.3～0.9)×10^{12} \text{cm}^{-2}$，所以也称为位错马氏体。

在奥氏体中存在细小第二相沉淀相，板条生长受阻，得到细小组织，对力学性能起改善作用。当转变由于应力产生而未达完成，在马氏体板条间会存在狭条片残留奥氏体，这在光镜下难以区分。这种残留奥氏体现在越来越受重视。

2. 片状马氏体

片状马氏体是淬火的高、中碳钢，高镍的 Fe-Ni 合金中出现的典型马氏体组织。其二维形貌为双凸透镜片状，以前常称透镜状或针状，现统一称片状。片间呈一定角度。在一个奥氏体内形成的第一片马氏体往往横贯整个晶粒起分割作用,以后形成的马氏体受到限制,越后形成的片越小,同时,片的大小主要取决于奥氏体的晶粒大小,见图1-9(b)。

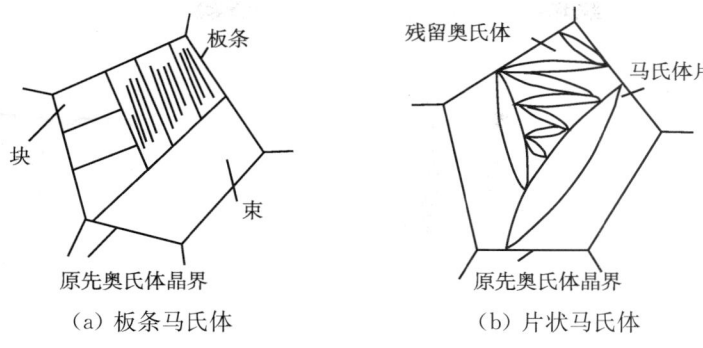

(a) 板条马氏体　　　　(b) 片状马氏体

图 1-9　马氏体形态示意图

多数片状马氏体中有一中脊面(按立体看应是一片)。在马氏体片周围往往伴随有残留奥氏体。

高碳钢片状马氏体的亚结构为孪晶,也称孪晶马氏体。孪晶一般密集在中脊面附近,不伸展至马氏体片边缘。用 $H_2O_2(30\%)+H_3PO_4(70\%)$ 试剂浸蚀后可在光镜下显示马氏体片中的中脊面及孪晶,其光镜和透射电镜形貌见图 1-10(c)、图 1-10(d)。孪晶一般为 $(112)_{\alpha'}$ 孪晶,其间距大约为 5 nm。目前一般认为高碳马氏体中的中脊面最先形成,为此中脊面对应的奥氏体晶面即为惯习面。实验证明,马氏体伸长速率比中脊向两边加厚速度大1个数量级。有报道,某些特定的马氏体片长大速率约 10^5 cm/s,即一片马氏体在 10^{-7} s 内长成。

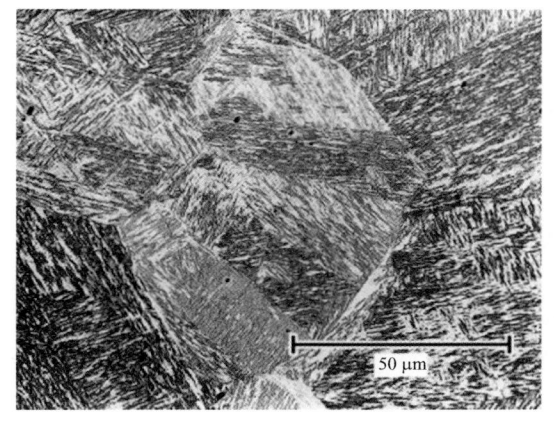

(a) 板条马氏体(OM)

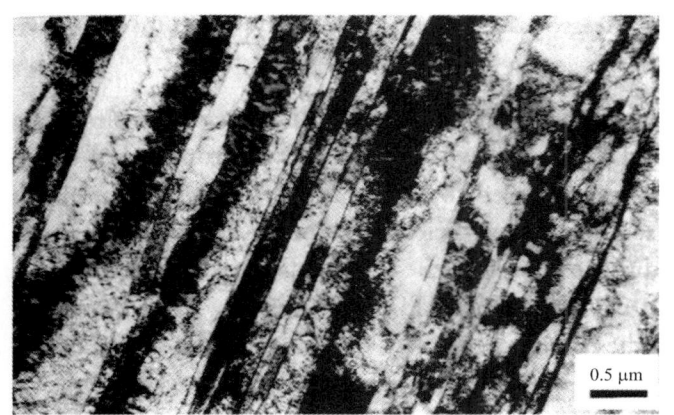

(b) 板条马氏体(TEM)

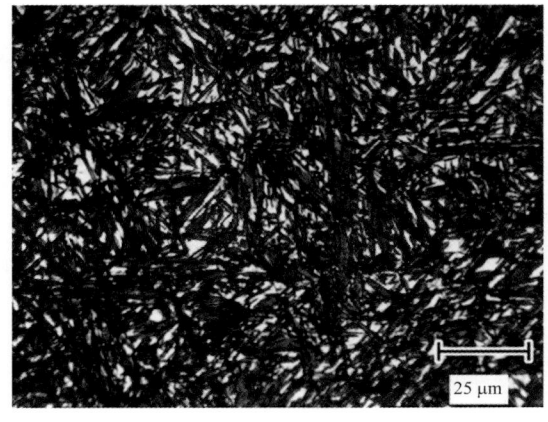

(c) 片状马氏体(OM)

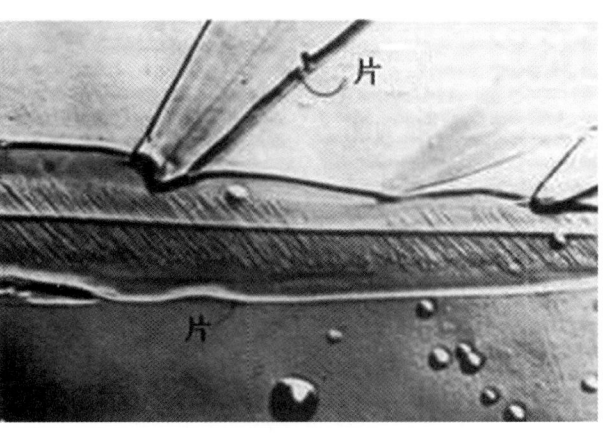

(d) 片状马氏体(TEM)　(5 000×)

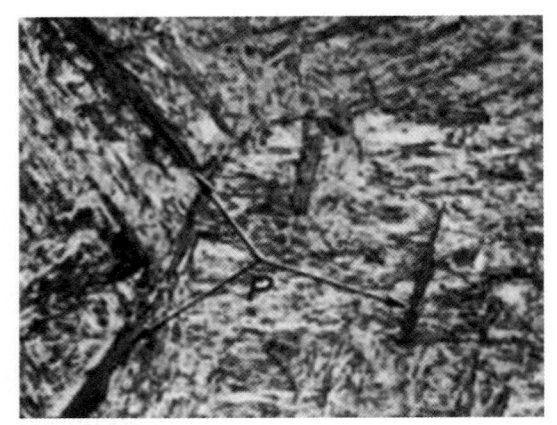

(e) 板条马氏体+片状马氏体(OM) (500×)　　(f) 板条马氏体+片状马氏体(TEM) (1 000×)

图1-10　钢中典型的马氏体组织形态

片状马氏体常常彼此互相碰遇,见图1-10(d),这种碰遇会产生显微裂缝。在渗碳件的渗碳层中也会发生这种显微裂缝。对低合金钢渗碳实践证明,渗后进行直接淬火的形成裂缝敏感度最大,渗碳后一次淬火的次之,渗碳后经二次淬火的最小。细化渗碳层中奥氏体晶粒及降低奥氏体内含碳量能有效减少马氏体内的显微裂纹,从而提高疲劳性能。同时,马氏体内的显微裂纹经200℃(或以上)回火后,大部分将融合而消失,所以高碳钢的及时回火以及渗碳后淬火工艺控制是很重要的。对于含碳0.5wt%左右的碳钢淬火后会同时出现板条及片状马氏体,见图1-10(e)、图1-10(f)。

1.3.3　影响马氏体形态因素

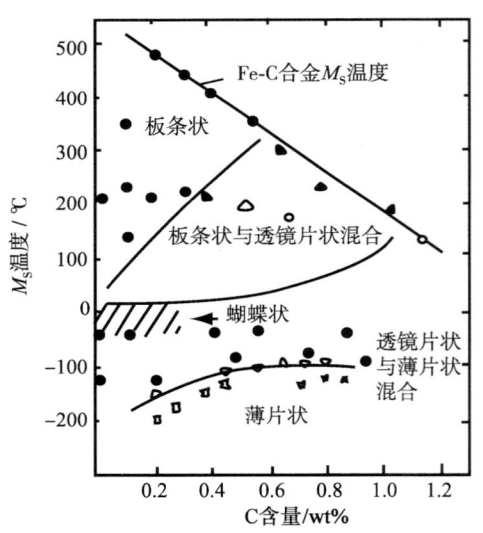

图1-11　Fe-Ni-C系合金的马氏体形态与碳含量及M_S点的关系

马氏体形态受许多因素的影响。目前一般认为,马氏体形态主要决定于马氏体的形成温度和含碳量。通常在较高温度下(>350℃)形成板条马氏体,在较低温度下(<200℃)形成片状马氏体,在350~200℃之间形成混合马氏体组织。Fe-Ni-C合金的含碳量对马氏体形态的影响如图1-11所示。C<0.2wt%时,得到板条马氏体;C>1.0wt%时,得到片状马氏体;碳含量在0.2wt%~1.0wt%之间,则得混合马氏体组织,在一定条件下还可得蝶状及薄片状马氏体。在实际的淬火组织中,由于马氏体的实际形成温度不同,其形态也是不尽相同。在淬火冷却的初期(高温),形成板条马氏体;在后期(低温),形成片状马氏体。故在实际生产中,通过改变淬火加热工艺参数,可适量调整奥氏体含碳量及马氏体形成温度,从而达到控制马氏体形态的目的。例如高碳钢采用低温短时加热,由于碳化物没有充分溶解,奥氏体含碳量较低,淬火后获得大量板条马氏体,使钢的强韧性提高。

对二元合金,含缩小γ区的,如Fe-Cr(Cr<10wt%)、Fe-Mo(Mo<1.94wt%)等合金会形成板条马氏体;含扩大γ区的,如Fe-C、Fe-N、Fe-Ni、Fe-Mn、Fe-Co等合金,随非铁元素含量增加,M_S点降低,形态由板条向片状发生变化。Fe-Ni(Ni<29wt%)、Fe-Mn(Mn<14.5wt%)、Fe-Co(Co≤24wt%)等合金为板条马氏体。

对Fe-Ni-C合金可形成板条、片、蝶状和薄片状马氏体,与碳含量和M_S点关系见图1-11。

合金元素对马氏体相变的影响主要反应在对马氏体相变点的影响和对马氏体形态的影响。

1.3.4 马氏体性能

1.3.4.1 马氏体的硬度和强度

马氏体的力学性能特点是具有高的硬度。马氏体的硬度主要取决于其含碳量。随含碳量的增加，马氏体硬度急速升高。当钢中碳含量增至 0.6wt%～0.7wt% 后，其硬度变化趋于平缓，这是淬火钢中残留奥氏体增多之故，如图 1-12 所示。马氏体具有高硬度的主要原因如下。

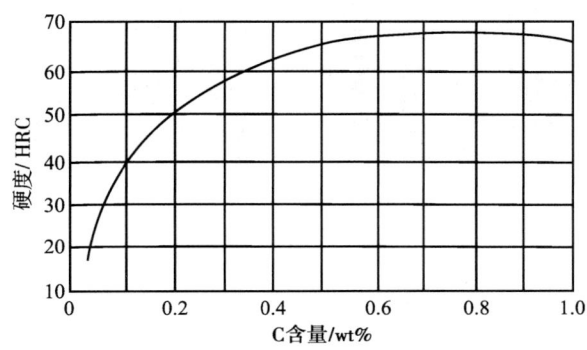

图 1-12　含碳量对淬火钢硬度的影响

1. 碳的固溶硬化

马氏体中过饱和的碳引起晶格的严重畸变，从而导致强烈的固溶硬化。固溶的碳量越多。硬化作用越大。

2. 亚结构硬化

马氏体中的高密度位错，细小孪晶等都会阻碍塑性变形，从而造成硬化。

3. 弥散硬化

马氏体在淬火过程中，室温停留期间及外力作用下，会发生碳原子沿晶体缺陷处偏聚或碳化物的弥散析出，从而产生弥散硬化。

目前对马氏体强度的研究还很不完善。一般说，马氏体具有很高的强度。这可根据其硬度值做大致的估计。马氏体的强度也随固溶的含碳量的增加而增大。

合金元素对马氏体硬度的影响不大，但可提高强度。所以，相同含碳量的碳素钢与合金钢淬火后，两者的硬度相差较小，但合金钢的强度显著高于碳素钢。

原始奥氏体晶粒度及板条马氏体领域的大小，对马氏体强度也有影响。奥氏体晶粒越细，马氏体越细小，则马氏体的强度越高。但一般细化奥氏体晶粒的方法对提高马氏体强度的作用不大。只有当采用形变热处理及超细化晶粒处理，能将奥氏体晶粒细化到 15 级或更细时，才会使马氏体强度显著提高。

1.3.4.2 马氏体的塑性和韧性

片状马氏体的韧性低、塑性差，这不但与片状马氏体存在大量细小孪晶阻碍塑性变形有关，还与含碳量高造成晶格严重畸变和内应力等因素有关。同时，在片状马氏体形成时容易产生显微裂纹，也是造成马氏体塑性、韧性低的原因之一。故片状马氏体只有经适当温度回火后才能使用。但如获得隐晶马氏体时，其韧性会有所改善。

板条马氏体（碳在 0.1wt%～0.25wt% 之间）由于不存在上述不利于塑性和韧性的因素，它的亚结构是位错型，故具有良好的韧性、塑性，可在淬火状态或在低温回火后使用。

综上所述，马氏体的强度和硬度主要决定于含碳量和组织结构，而塑性和韧性则主要决定于亚结构。片状马氏体具有高的强度和硬度，但韧性和塑性低，宜用于工作时不受冲击的磨损零件。板条马氏体具有较高的强度和高的韧性，因此采取适当的工艺措施以获得尽可能多的板条马氏体，将是进一步发挥钢材性能潜力的有效途径。

1.3.4.3 马氏体的物理性能

钢中马氏体的比容最大，奥氏体的比容最小，珠光体的比容居中。马氏体和奥氏体比容的差别，将导致钢件在淬火时体积膨胀，产生变形与开裂，但有时也可利用比容之差，在淬火工件表面造成残余压应力，以提高疲劳强度。马氏体具有铁磁性及高的矫顽力。

1.4 贝氏体转变及贝氏体形态

1.4.1 过冷奥氏体的贝氏体转变

当过冷奥氏体迅速过冷到 C 曲线"鼻子温度"与 M_S 温度之间的中温区，有一些钢将发生贝氏体转变，形成贝氏体，是一种介于珠光体转变和马氏体转变之间的中间转变。

1.4.2 贝氏体形态

贝氏体是过饱和的铁素体（α 相）和渗碳体（碳化物）组成的两相混合物。贝氏体的组织形态比较复杂。随着奥氏体成分和转变温度的不同，钢中出现了多种组织形态。在中、高碳钢中常见的有上贝氏体和下贝氏体两种，其他还有无碳化物贝氏体、粒状贝氏体、反常贝氏体以及柱状贝氏体等。

1.4.2.1 上贝氏体

图 1-13 为典型的上贝氏体组织形态，也称为羽毛状贝氏体，其组织特征为成束而大致平行的铁素体板条，自奥氏体晶界的一侧或两侧长入晶内，渗碳体分布于铁素体板条之间，沿着铁素体板条的长轴方向排列成行，但不易辨认，在高倍电镜下清晰可见；上贝氏体中铁素体条是由许多亚基元组成，铁素体条内的亚结构是位错。

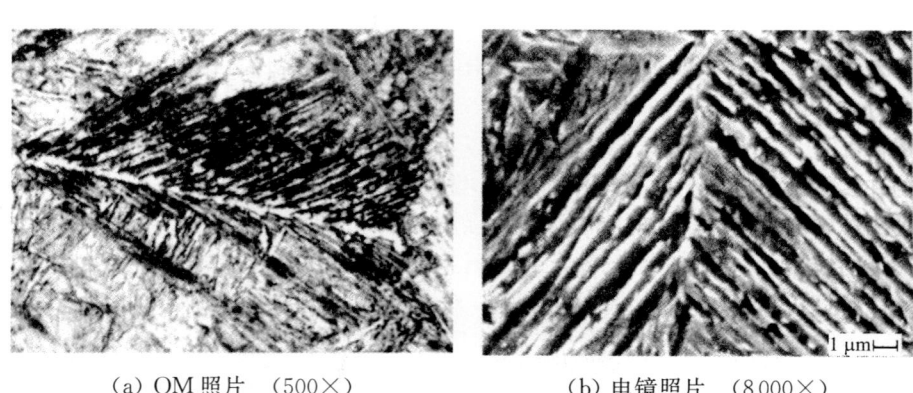

(a) OM 照片 （500×）　　　(b) 电镜照片 （8 000×）

图 1-13　45 钢上贝氏体组织形态

一般情况下，随奥氏体中含碳量的增加，上贝氏体中铁素体条变薄，渗碳体形态也由粒状、链球状变为短杆状，甚至为连续杆状。随转变温度的下降，上贝氏体中铁素体变得更细小，渗碳体也变得更细小和密集。这种组织比较容易浸蚀，且外形由羽毛状而变得很不规则。

应该说明，在上贝氏体中除贝氏体铁素体和渗碳体外，还可能存在未转变的残留奥氏体。特别是钢中含有硅、铝等元素时，大部分的奥氏体可保留到室温不发生转变，类似于无碳化物贝氏体。

由于上贝氏体板条间分布有粗大的脆性碳化物，使钢的韧性降低，一般视为钢中的有害组织，力争避免出现。

1.4.2.2 下贝氏体

下贝氏体与上贝氏体不同，渗碳体除在贝氏体铁素体片之间的奥氏体中析出外，也在贝氏体铁素体片内析出，参见图 1-14(a)。在片内析出的渗碳体的位向关系为 Bagaryatski 或 Isaichev 位向关系，和回火马氏体的相同。在下贝氏体中观察到ε碳化物($Fe_{2.4}C$)和渗碳体,ε碳化物的位向关系近于Jack关系。在下贝氏体铁素体片内析出的这些似小片状的碳化物具有特殊的变态,常与铁素体片的长轴方向呈57°或60°的角度排列,这与常在回火马氏体中碳化物多于一种变态的情况不同。在贝氏体铁素体片之间的富碳奥氏体中析出的碳化物量少而细密分布。

下贝氏体的形态以片的形式出现,但其由具有相同位向的近邻亚基元组成,束与束一起形成片。片与片之间以一定角度相交,见图1-14(b),片之间存在残留奥氏体,后转变为马氏体组织。下贝氏体扫描电子显微镜(扫描电镜,SEM)下的组织形貌示于图1-14(c),图中黑色相为未转变奥氏体,下贝氏体中亮的相为碳化物,与其长轴方向呈约60°的一定角度。片与片间的残留奥氏体可在以后冷却中转变为马氏体。

下贝氏体片的形核出现在原先的奥氏体晶界或已形成的下贝氏体片上,见图1-14(d)。

下贝氏体铁素体片中有位错缠结存在,其密度比上贝氏体铁素体中更高。这与马氏体片中存在孪晶显然不同。

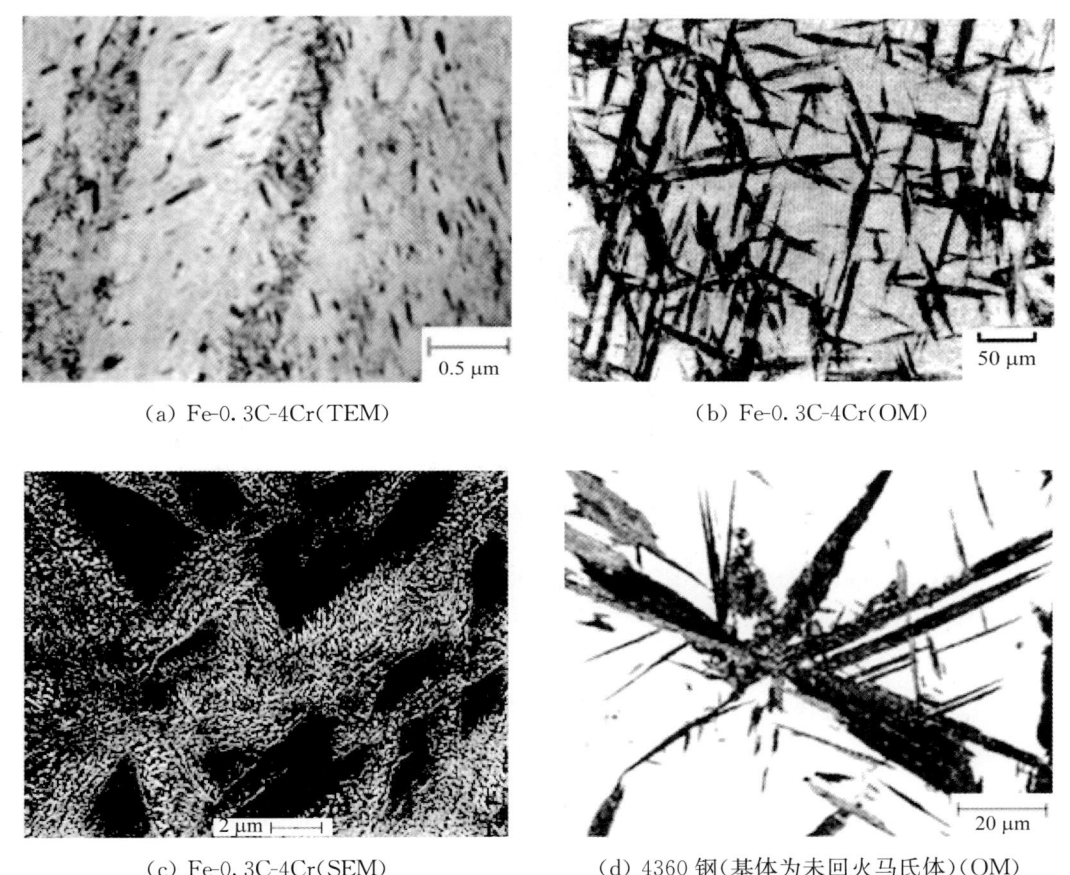

(a) Fe-0.3C-4Cr(TEM)　　　　(b) Fe-0.3C-4Cr(OM)

(c) Fe-0.3C-4Cr(SEM)　　　　(d) 4360钢(基体为未回火马氏体)(OM)

图1-14　一些钢中下贝氏体显微组织

这里应强调指出,钢淬火中往往同时出现下贝氏体和马氏体组织,它们同时呈片状,金相分析中易于混淆。图1-15中示出很好区分的两种组织实例,经4%(体积分数)苦味酸酒精和2%(体积分数)硝酸酒精二次腐蚀。另外,组织的细密程度也有差别,选定的浸蚀剂将贝氏体组织染黑也是很有用的方法。

1.4.2.3　粒状贝氏体

粒状贝氏体是1957年由Habraken确定。主要是低碳和中碳合金钢以一定的速度进行连续冷却获得。在等温冷却时也可形成,其形成温度稍高于上贝氏体的形成温度。

因为在冷却期间逐渐出现的贝氏体束较粗,给出块状或粒状外形(称粒状贝氏体源于此)。其中不出现碳化物,碳从贝氏体铁素体中分离出来,从而使残留奥氏体稳定,以后转变为马氏体,从而获得贝氏体、

图 1-15　UNS G43400 钢淬火回火后的贝氏体（暗腐蚀部分）和马氏体（基体）的混合组织形貌

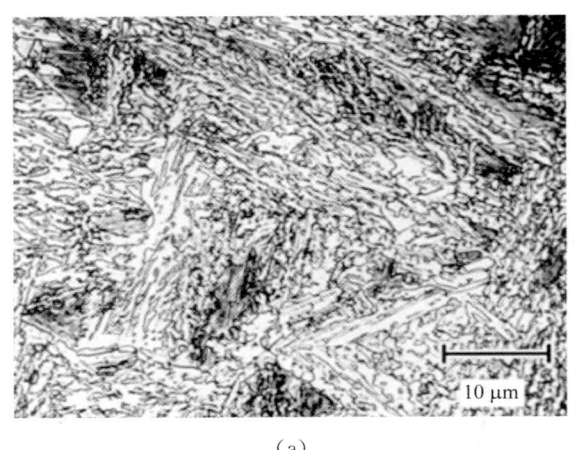 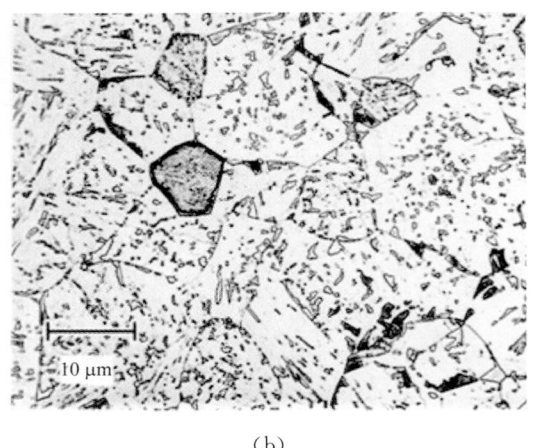

(a)　　　　　　　　　　　　　　　(b)

图 1-16　淬火低合金钢中的粒状贝氏体组织的不同形态

残留奥氏体和马氏体同时出现的组织结构，如图 1-16 所示。粒状贝氏体组织较难以辨别。图 1-16(b) 为高倍下形貌，图中的岛为马氏体（暗色）和残留奥氏体（亮区），铁素体为基体，应用偏亚硫酸氢钠染色。

1.4.2.4　无碳化物贝氏体

一般情况下，无碳化物贝氏体由板条状铁素体束和未转变的奥氏体所组成，也有认为无碳化物贝氏体是一种铁素体的单相组织，是贝氏体的一种特殊形式，可视为上贝氏体初期形成的贝氏体铁素体。未转变的奥氏体富碳，分布于铁素体条间，而铁素体和奥氏体中均无碳化物析出，所以称为无碳化物贝氏体。未转变的奥氏体在进行冷却过程中可能会转变为马氏体或其他组织，也可能被保留至室温。因此，在钢中通常不形成单一的无碳化物贝氏体，往往形成与其他组织共存的混合组织。利用光镜对垂直双磨面的观察分析表明，无碳化物贝氏体的三维形态为长的片条。透射电镜观察表明，光镜下的每一片条由板条状的亚单元构成，板条内的位错密度明显高于先共析铁素体。在等温转变条件下，无碳化物贝氏体的形态会随等温时间的延长而发生变化。等温时间较短时片条比较平直，等温时间较长时片条表面会变得凹凸不平。

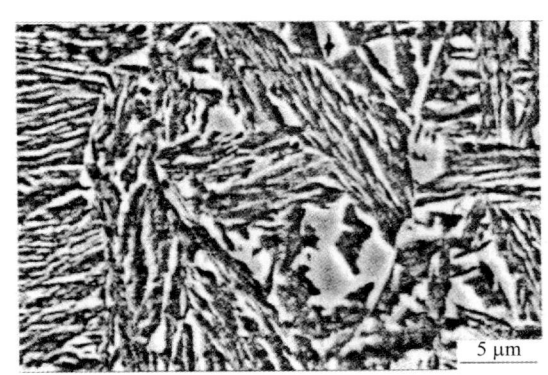

图 1-17　CMnSiAl 钢中的无碳化物贝氏体

图 1-17 为 CMnSiAl 钢的无碳化物贝氏体形貌，图中白亮的条或块为残留奥氏体。

1.4.2.5 反常贝氏体

这种贝氏体发生于过共析钢中。初始的渗碳体以板条或片状析出,其后很快被铠装式的铁素体所包围,即形成所谓反常贝氏体。以后则是使临近的奥氏体按正常的贝氏体转变方式分解成较厚的铁素体板条。这样,铁素体部分较大的体积分数和较高的生长速度使反常贝氏体的体积分数相对减少。Fe-1.34C(wt%)合金的复型电镜下的反常贝氏体组织形貌见图1-18。

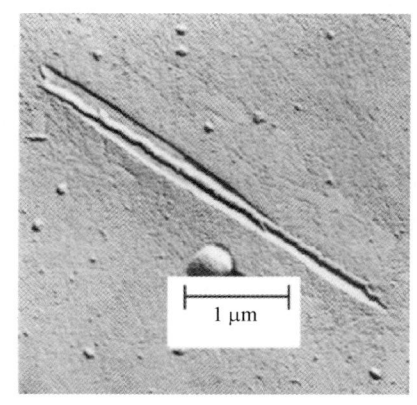
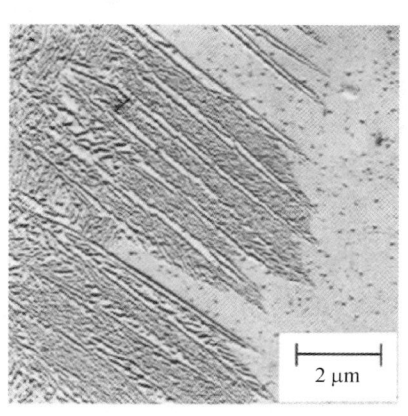

(a) 奥氏体化后于600℃等温处理2s得到的被铁素体铠装的单一渗碳体片

(b) 奥氏体化后于550℃等温7s由贝氏体起始的反常贝氏体

图1-18 Fe-1.34C(wt%)合金反常贝氏体复型电镜组织形貌

1.4.2.6 柱状贝氏体

在中高碳钢中常观察到的柱状贝氏体形态是由在很高压力下的贝氏体形成温度范围中形成的含合金渗碳体析出物的非针状铁素体晶粒组成。

1.4.3 低碳贝氏体钢中各类相变组织

低碳贝氏体钢在不同的工艺条件下会形成以贝氏体为主的不同产物。日本钢铁协会(ISIJ)贝氏体委员会标定了在不同连续冷却过程中低碳贝氏体钢的相变产物,是目前较全面的分类系统,见表1-1。

表1-1 ISIJ贝氏体委员会对低碳贝氏体钢中各类相变组织的命名系统

相变组织类别		组织名称
I。主要基体组织	α_p	多边形铁素体
	α_q	准多边形铁素体
	α_w	魏氏体铁素体
	α_B	粒状贝氏体铁素体
	α_B^0	贝氏体铁素体
	α_M'	位错化立方晶马氏体
II。第二相	γ_r	残留奥氏体
	MA	马氏体-奥氏体组元(马奥岛)
	α_M'	马氏体
	aTM	自回火马氏体
	B	B_{II}、B_2:上贝氏体 B_U:上贝氏体 B_L:下贝氏体

续 表

相变组织类别		组织名称
$II_。$第二相	P'	退化珠光体
	P	珠光体
	θ	渗碳体颗粒

主要相变产物包括：多边形铁素体($α_p$)、准多边形铁素体($α_q$)、魏氏体铁素体($α_W$)、粒状贝氏体铁素体($α_B$)、贝氏体铁素体($α_B^0$)以及位错化立方晶马氏体($α_M'$)等；而第二相主要有残留奥氏体($γ_r$)、马奥岛(MA)等。当然作为第二相，在低碳贝氏体钢中残留奥氏体的分解产物也会有上贝氏体(B_{II}，B_2，B_U)、下贝氏体(B_L)、退化珠光体(P')、珠光体(P)及渗碳体颗粒(θ)。但该系统未对常用的针状铁素体定义。通常将准多边形铁素体、魏氏体铁素体及粒状贝氏体等连续转变过程的混合组织统称为针状铁素体。在使用针状铁素体描述相变组织特征时，应确定使用环境及描述的显微层次。针状铁素体这种组织类型在低碳贝氏体钢中受到广泛的重视，对组织细化和组织强韧化有很多突出的贡献。

1.4.4 贝氏体性能

1.4.4.1 贝氏体的强度及影响因素

贝氏体的强度主要与贝氏体形成温度有关。

(1) 贝氏体铁素体条或片的粗细。越细则强度越高。这尺寸取决于贝氏体形成温度。为此，形成温度越低，贝氏体强度越高。

(2) 碳化物颗粒大小。碳化物颗粒大小和位错交互作用使合金强度提高。下贝氏体中碳化物颗粒细小，数量也较多。为此，下贝氏体随形成温度降低而强度得到提高。

(3) 随贝氏体形成温度降低，贝氏体铁素体中位错密度增加，促使得到的贝氏体强度增加。

1.4.4.2 贝氏体的韧塑性与影响因素

一般合金结构钢在350℃以上温度等温时，将形成上贝氏体组织，使冲击韧性显著降低。这是由于上贝氏体中α相板条较宽，条间析出的碳化物较粗大且具有方向性，容易发生脆断。此外，上贝氏体转变往往不完全，未转变的奥氏体在随后冷却中变为马氏体，更加剧了脆性。在350℃以下温度等温，将得到下贝氏体组织。由于下贝氏体中α相的针片无方向性，碳化物呈细小颗粒均匀分布在晶粒内部，不易发生脆断，故韧性、塑性较高。

总之，上贝氏体的强度与韧性都较差，一般不希望得到这种组织。下贝氏体具有高的强度、高的韧性和高的耐磨性，却是生产中要求获得的组织。

对获得马氏体和贝氏体混合组织的研究表明：混合组织的韧性优于单一马氏体或单一贝氏体组织的韧性。这是由于先形成的贝氏体分割了原奥氏体晶粒，使后形成的马氏体更为细小。

1.5 淬火钢回火时组织转变及形貌

钢件通过奥氏体化后进行淬火，按照钢的淬透性和淬火处理条件的不同，可获得马氏体、贝氏体和残留奥氏体等不同组合的亚稳态组织，一般不宜在淬火状态下直接使用，需要通过回火处理来获得相对较稳定的回火组织，并消除淬火时产生的应力，增加工件的韧性，降低或增加工件的硬度，从而达到零件设计所要求的性能。这种由亚稳定组织向相对较稳定的回火组织的转变称为钢淬火处理后的回火转变，是钢淬火处理后的必须工序。回火加热温度一般低于钢的A_1临界点温度，回火保温时间与钢种及尺寸有关；回火处理后的冷却主要是油冷或空冷。

1.5.1 淬火钢回火时的组织转变

淬火钢的淬火组织为马氏体和少量残留奥氏体。马氏体是过饱和固溶体，残留奥氏体是过冷固溶体，两者均属于亚稳定的,都具有向铁素体和渗碳体混合物转变的自发趋向。但是,这种转变必须依靠铁原子、碳原子的扩散才能实现。在室温下原子扩散困难,组织基本上不发生变化。淬火钢回火时,由于温度升高增强了原子扩散能力,从而为淬火组织的转变提供了条件。

淬火钢的回火不是一个由马氏体或残留奥氏体直接分解为铁素体和渗碳体混合物的简单过程,而是随着回火温度的升高经历一系列中间转变,形成不同的中间组织,最后才变成铁素体和渗碳体混合物的过程。所以回火不是单一的转变,而是由几种转变所组成的错综复杂的过程。

淬火钢在回火时可能发生的组织转变主要有:
① 马氏体中碳的偏聚(在100℃以下);
② 马氏体的分解(在100~350℃);
③ 残留奥氏体的分解(在200~300℃);
④ 渗碳体形成和球化、粗化(在250~723℃);
⑤ α相的回复与再结晶。

回火温度对淬火回火时的组织转变起着决定性的影响。各种转变的温度范围是互相交叉重叠的。在同一回火温度,往往几种转变同时进行。根据回火温度和组织的相应变化,可将钢回火时的组织转变过程分为4个阶段,见表1-2。

表1-2 淬火碳素钢回火时的组织转变

回火温度/℃	组织转变类型	回火时组织结构变化		回火产物
		板条马氏体	片状马氏体	
80~250	马氏体分解(回火第一阶段)	马氏体中的碳原子偏聚在位错线附近	(1) 从马氏体中析出ε碳化物; (2) 马氏体的正方度下降	由过饱和α相和与之保持共格关系的ε碳化物组成、回火马氏体
200~300	残留奥氏体转变(回火第二阶段)		残留奥氏体转变为回火马氏体或贝氏体	
250~400	碳化物类型的转变(回火第三阶段)	(1) 马氏体中碳原子析出,在马氏体内或晶界上形成渗碳体; (2) α相保持板条状形态	(1) ε碳化物溶解、形成χ碳化物,χ碳化物再转变为渗碳体; (2) α相中的孪晶亚结构消失	回火托氏体
400~700	α相的回复与再结晶,渗碳体的球化、粗化(回火第四阶段)	(1) 片状渗碳体球化; (2) α相回复,位错密度降低; (3) 在600℃以下α相基本上仍保持板条状或片状形态; (4) 在600℃以上球状渗碳体集聚粗化,α相再结晶,成为等轴状晶粒	回火索氏体(在较高温度区为回火珠光体)	

含足量碳化物形成元素的钢淬火后,于500℃以上温度回火,将形成合金碳化物。这些合金碳化物取代较不稳定的渗碳体,形成弥散的细小合金碳化物。形成途径有两种:一是原位析出。合金碳化物在渗碳体/铁素体交界面处形核和长大,直至Fe_3C消失;二是分离形核和长大。原先存在的渗碳体发生溶解。合金碳化物在铁素体中位错上、板条边界上和原先的奥氏体晶界上形核,然后长大。

在550~600℃范围,弥散析出的合金碳化物会使钢的硬度提高,称二次硬化现象。这种强化的有效硬度取决于析出物的细小程度和沉淀的体积分数。析出物的细小程度又取决于形核的ΔG^*,即这些碳化物形成自由能、界面能和错配度。VC、NbC、TiC、TaC和HfC具有细小的沉淀析出。它们是紧密堆垛的中间相化合物。另一方面,具有复杂结构和具有较低的形成自由能的M_7C_3、M_6C和$Mn_{23}C_6$是相对粗的析出物。析出物的体积分数取决于淬火前奥氏体中合金碳化物的溶解度和在回火温度下它们在铁素体中的溶解度的相对值差别。铬、钼和钒在奥氏体中具有最高的溶解度,故在铁素体中将会具有最高的沉淀体积分数。

1.5.2 马氏体回火转变产物的组织形貌

淬火碳钢经过各阶段回火后所形成的组织有回火马氏体、回火托氏体和回火索氏体等。

1.5.2.1 回火马氏体

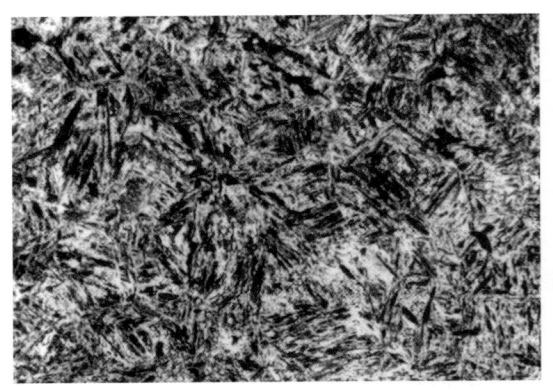

图1-19 回火马氏体组织 （500×）

淬火高碳钢经150～250℃范围内回火后,获得回火马氏体和少量残留奥氏体以及下贝氏体的混合组织。其中主要是回火马氏体组织。回火马氏体中由于有极细的ε碳化物弥散析出,因此,比淬火马氏体易受浸蚀。故在金相显微镜下观察时,淬火马氏体为白色片(针)状,而回火马氏体为黑色片(针)状。ε碳化物极为细小,光镜下无法识别。在电镜下可见到在回火马氏体的片中分布有细小的ε碳化物。图1-19为回火马氏体组织。

淬火中碳钢经150～250℃回火后,由于只引起碳的偏聚,没有ε碳化物析出,故仍为板条状马氏体。

回火马氏体的脆性比淬火马氏体小。不同形态的回火马氏体,其性能有明显的差异。片状回火马氏体具有高的硬度、强度,但塑性、韧性低;板条状回火马氏体则具有相当高的强韧性。

1.5.2.2 回火托氏体

淬火碳钢经350～450℃回火后获得回火托氏体组织。回火托氏体为α相和弥散分布的渗碳体组成的混合组织。在光镜下观察,回火托氏体呈暗黑色,并且仍具有马氏体板条状或片状的特征。在电镜下可看到在回火托氏体中,渗碳体呈微小粒状或短片状,图1-20为回火托氏体组织。回火托氏体具有很高的弹性极限与屈服强度,同时还有一定的韧性。

1.5.2.3 回火索氏体

淬火碳钢在500～650℃温度范围内回火后,获得回火索氏体组织,其组织为铁素体基体中均匀分布着细粒状渗碳体。在光镜下,渗碳体的外形已清晰可辨。由于这时α相(铁素体)已发生再结晶,故马氏体片的痕迹已消失,图1-21为回火索氏体组织。

回火索氏体具有很高的塑性、韧性,同时保持较高的强度。这种高韧性和较高强度相配合的性能,称为良好的综合机械性能。回火索氏体即具有良好综合力学性能。

图1-20 回火托氏体 （500×）

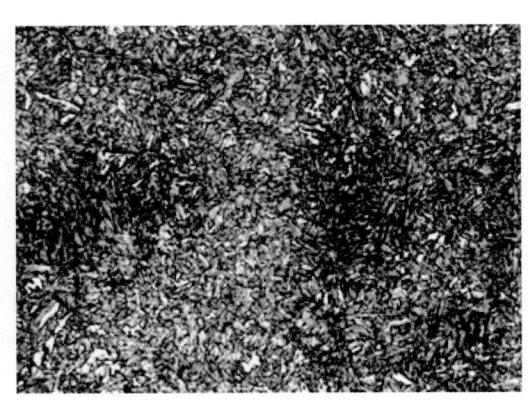

图1-21 回火索氏体 （500×）

1.5.3 钢中贝氏体的回火转变

钢等温转变获得下贝氏体组织，如高速钢在260~280℃等温转变1~2 h的产物为不超过50%的下贝氏体和近于40%~50%的残留奥氏体，因而研究贝氏体的回火具有现实意义。

表1-2所述的钢中马氏体的回火过程的组织转变是理论的情况。当马氏体形成温度较高时，回火转变第一阶段的转变反应在淬火冷却中就能出现，这称作为自回火。贝氏体在相当高的温度下形成，不可避免地会发生自回火现象，即碳从过饱和的铁素体中再分配至奥氏体中和发生碳化物沉淀。铁素体中含碳量降低，在回火过程中，铁素体中的碳继续贫化。

贝氏体回火过程中铁素体由板条或片状变成等轴状，碳化物的粗化和球化使基体迅速地发生软化，硬度迅速降低。

含强碳化物形成元素铬、钒、钼和铌的贝氏体回火也有二次硬化现象，出现在合金碳化物析出时。这种合金碳化物析出，也要经过过渡相阶段。虽然贝氏体组织的二次硬化量较大，但因为其原始硬度低，最终使硬化值处于较低水平。

较大区域的残留奥氏体在较高的温度且符合伪共析分解条件时，将分解得到珠光体组织，但对薄膜形式的残留奥氏体，由于不符合珠光体协同生长条件只以碳化物颗粒呈分离析出。

碳对贝氏体的回火中强度的变化影响不敏感。

1.6 淬火钢的回火脆性

淬火钢回火时，随着回火温度升高，其冲击韧性总的趋向是增大。但有一些钢在一定温度范围回火后，冲击韧性反而比在较低温度回火后显著下降。这种在回火过程中发生的脆性现象称为回火脆性。

钢中常见的回火脆性主要可分为第一类回火脆性和第二类回火脆性两类。其次还有回火马氏体脆性和回火贝氏体脆性等。

1. 第一类回火脆性

淬成马氏体的碳素钢在200~400℃和合金钢在250~450℃回火，其室温冲击吸收功降低，冷脆转折温度上升，断裂韧性K_{IC}下降，这种现象称第一类回火脆性，又称低温回火脆性。这类回火脆性的主要特点：

① 所有淬火钢，无论碳钢还是合金钢，只要在250~400℃温度范围回火后，都将出现程度不同的脆性；

② 回火脆性的出现与回火方法和回火后的冷却速度无关。凡是在此温度范围内回火，无论快冷还是慢冷，都会出现脆性；

③ 具有不可逆性，即如果将已产生脆性的钢置于更高温度回火后，其脆性逐渐消失，再置于250~400℃回火后，脆性也不重新出现。所以这种回火脆性也称为不可逆回火脆性。

形成第一类回火脆性的原因：

① 沿板条马氏体板条束或片状马氏体孪晶带沉淀出片状的碳化物；

② 杂质元素在晶界偏聚；

③ 板条间薄膜残留奥氏体发生分解。

其他影响因素是奥氏体晶粒和残留奥氏体量。晶粒细则脆性小，残留奥氏体量多则脆性大。

防止方法：

① 降低杂质元素含量；

② 用铝脱氧和加入铌、钒、钛细化奥氏体晶粒；

③ 加入钼、钨等减轻脆性；

④ 加入铬、硅可调整发生脆性的温度范围。

2. 第二类回火脆性

某些合金钢在450~650℃区间回火，回火后缓冷，发生冲击吸收功下降的现象，称第二类回火脆性，又称高温回火脆性。这类回火脆性的主要特点：

① 回火脆性主要在含有铬、镍、锰、硅等元素的合金结构钢中出现；

② 回火脆性的出现与回火后的冷却速度有关。回火后快冷（水冷或油冷），不出现脆性，慢冷（空冷或炉冷）则出现脆性；

③ 具有可逆性。如果把已出现这种回火脆性的钢，重新加热到脆性区温度回火，再快冷到室温，其脆性即可消除。已经消除了回火脆性的钢，如果重新加热到脆性区温度回火，随后用慢冷，则脆性又会出现。因此这种回火脆性具有可逆性，也称为可逆回火脆性；

④ 其断口呈晶间断裂。如图 1-22 所示。

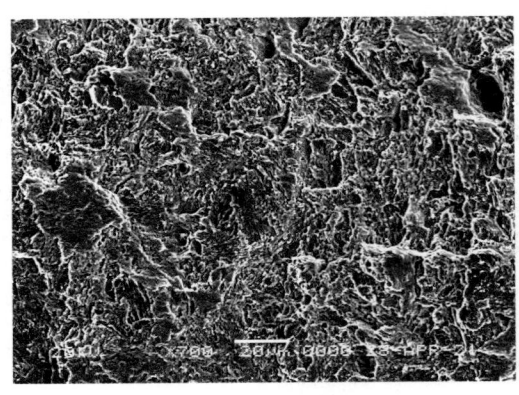 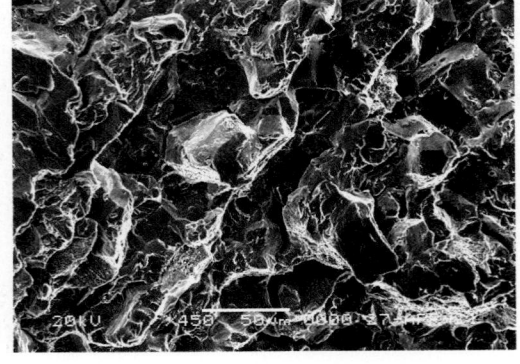

（a）快冷条件下准解理断裂断口形貌　　　　　（b）缓冷条件下沿晶断口形貌

图 1-22　14Cr17Ni2 钢淬火、高温回火后不同冷却条件下断口形貌

形成第二类回火脆性的原因：由于钢中杂质元素锡、锑、砷、磷等在原奥氏体晶界偏聚。

防止第二类回火脆性的方法：

① 降低钢中杂质元素含量；

② 加入铌、钒、钛等合金元素细化奥氏体晶粒；

③ 加入钼、钨、钒和钛元素抑制脆性，如可选用含钼（Mo<0.3wt％）的钢；

④ 回火后快冷。发生第二类回火脆性的工件应再进行回火后快冷，能使之消除。

3. 回火马氏体脆性

高强度合金在 200～370℃ 温度范围内回火时，会产生回火马氏体脆性，也常被称为 350℃ 脆性。回火马氏体脆性不同于回火脆性，一旦出现回火马氏体脆性，没有一种热处理可逆转这种影响，除重新淬火并在非回火脆性温度范围内回火。

回火马氏体脆性产生的原因，大多认为是原始奥氏体晶界上渗碳体和杂质沉淀的影响。

4. 贝氏体回火脆性

下贝氏体中的碳化物在高温回火中会有序析出而造成脆性。在 H13（4Cr5MoSiV1）钢中，这种贝氏体高温回火脆性十分敏感。

参考文献

[1] 机械工业部统编. 热处理工艺学[M]. 北京：科学普及出版社，1984.

[2] 徐祖耀. 马氏体相变与马氏体[M]. 2 版. 北京：科学出版社，1999.

[3] BHADESHIA H KDH. BainiteinSteels [M]. 2th ed. [S. l.] IOM Communication Ltd. 2001.

[4] DAVIDSONJH. Microstructure of steels and cast Irons [M]. Berlin Springer Verlag, 2004.

[5] George F, Vander, Voort. VANDERVOORTGF, et al. ASM Handbook, Vol. 9, ASM International, Materialspark, Ohio, 2004.

[6] G. S. Upadhyaya, A. Upadhyaya. Materials Science and Engineering [S. l.] Anshan, 2007.

[7] 戴起勋. 金属组织控制原理[M]. 北京：化学工业出版社，2008.
[8] D. A. Porter, K. E. EasterlingandN. Y. Sherif. PhaseTransformations in metals and Alloys [M]. 3thed. [S. l.] CRCPress，2009.
[9] 韩利战. X12CrMoWVNbN1011钢超超临界转子热处理工艺的研究[D]. 上海：上海交通大学，2009.
[10] 任颂赞，叶俭，陈德华. 金相分析原理及技术[M]. 上海：上海科学技术文献出版社，2013.

第 2 章

金属材料的低倍检验

金属材料的低倍检验,也称宏观检验,就是直接目视或用不大于10倍的放大镜来检查金属原材料或零件以揭示金属的各种宏观缺陷、鉴定工艺质量或金属服役后的宏观组织变化等的检验方法。

尽管对金属材料质量的检验判定方法很多,诸如光镜、扫描电镜、电子探针等高级精密仪器相继出现,并得到广泛应用,但宏观检验仍然是冶金业和机械业最常用的方法之一。一般来讲,显微检验能够在比较大的放大倍率下,对金属材料的显微组织进行检查,进而对金属材料的质量进行评定。但显微检验不足之处是检验的范围小。金属内的缺陷往往是不均匀分布的,仅仅观测几个局部视场,很难代表整个金属材料品质和性能,很难就此对金属材料做出全面的评价和判定。而低倍检验能在较大的范围内,对金属材料组织的不均匀性、低倍缺陷的分布和种类等进行观察,从而在一定程度上弥补了显微检验的不足。因此,宏观检验同样也是重要的检验方法之一。它和其他检测方法相结合,就能够对金属材料的质量做出较全面的、准确的判断。此外,由于低倍检验方法简单、直观、不需要什么特殊的仪器设备,因此它一直是企业用来控制金属材料质量的最普遍、最常用的方法。

低倍检验的方法有酸蚀试验、断口检验、塔形试验、硫印试验、磷印试验等,大部分有具体的国家标准或行业标准的规定。各种低倍方法在使用上各有侧重面,它们可以单独采用,在许多情况下也可以同时并用,相互补充,以达到准确测试的目的。

2.1 低倍检验的应用

钢的低倍检验广泛用于金属的铸造(浇注)、锻压、焊接、热处理以及服役后各环节的检测、评定、分析。待检金属件应按要求的区域、方向截取试样,经制样及酸蚀,按检验目标进行检测。

2.1.1 铸造(浇注)件

1. 铸件的铸造宏观缺陷

铸造过程中工艺控制不当会形成不同缺陷,如气孔、宏观夹杂等,如图 2-1 所示。

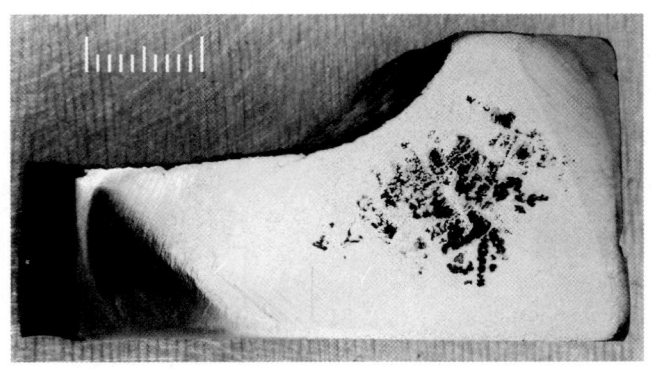

图 2-1 铸铁件截面上枝晶疏松等缺陷形貌

2. 结晶组织

宏观浸蚀可清楚地显示结晶组织。一般来说,钢中粗大的柱状晶组织的存在对室温下的力学性能是不利的。但它对高温下使用的材料提供有用的性能。汽轮机中的高温合金都要有意使其择优生成粗大的柱状晶。

3. 钢锭和钢坯的低倍组织

冶炼企业多用宏观组织浸蚀来检验钢锭或钢坯的质量。通常在每炉钢所浇铸的首锭、中间以及最末一个钢锭所轧制的钢坯上,分别从头部、中部和尾部截取切片进行热蚀。如切片的浸蚀结果不符合标准,则应将钢坯报废直到切片的宏观组织试验合格为止。

4. 枝晶轴间距

多年来,改善铸件性能主要靠细化晶粒组织,但同时也必须控制其他因素。通过控制铸态枝晶可以获得铸件的最佳性能。

在铸件结晶过程中由一次晶生长二次晶、由二次晶生长三次晶,直到多次晶。

一般来说,一次晶间距决定激冷面上最初的结晶状况,是由形核率控制的。而决定二次晶轴间距的关键是铸件的排热速度。因此,研究结晶过程时,测量枝晶轴间距有极大的价值。

5. 自耗电极重熔钢低倍组织

自耗电极重熔钢分电渣重熔和真空电弧重熔钢两类。这种炼钢工艺所产生的钢具有独特的宏观组织。定向长大的晶粒基本上垂直地指向钢锭中心,消除了具有严重的固有偏析的中心等轴晶区,还减少了宏观和微观偏析缺陷。

6. 晶粒或晶胞大小

低倍浸蚀可揭示铸态金属的晶粒组织,特别对一些晶粒比较粗大的铸件。例如,铸铁的共晶团大小是和工艺过程密切相关的,而且对铸铁性能有很大影响。

2.1.2 锻压件

金属压力变形过程中会形成金属流线,以此可考察组织变形程度及变形均匀性。

1. 锻造流线

低倍浸蚀广泛用于研究冷热变形加工形成的金属流线,如图2-2所示。重要锻件应具有合理的锻造流线。锻造流线显示金属变形过程中的流动情况,它与锻造工艺和锻模的设计有密切关系。

2. 粗晶环

铝合金的临界变形量敏感性高,变形控制不当,往往会局部出现粗晶环,明显影响性能,图2-3为铝合金粗晶环形貌。

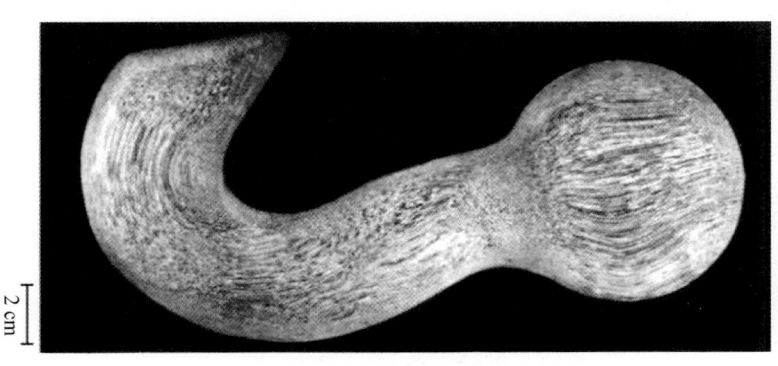

图2-2 40CrMo钢吊钩锻造流线形貌

图2-3 铝合金粗晶环形貌

2.1.3 焊接件

焊接质量检验中,金相试验是主要手段之一。焊接工艺的研究往往首先从改善其宏观组织着手。

焊接件的宏观组织是由熔合区、热影响区和母材三部分组成的。焊缝和热影响区内将发生化学成分、显微组织和硬度的变化。这些变化以及宏观组织中各部分分布状况取决于焊接工艺、操作参数及材料因素。

图 2-4 为钢铁焊接接头形貌，图 2-5 为铝合金焊接接头形貌。

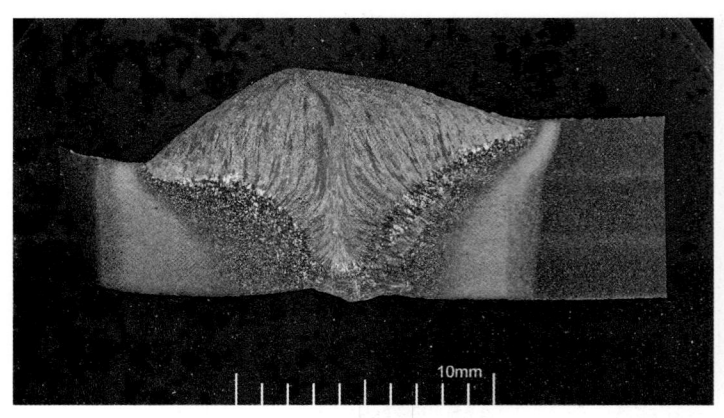 

图 2-4　钢铁焊接接头　　　　　　　　图 2-5　铝合金焊接接头

2.1.4　热处理件

低倍浸蚀可用于确定在一定热处理条件下各种钢材的淬透性（常与硬度试验相结合）。

冷浸蚀也用于研究零件表面硬化层的分布。

图 2-6 为齿轮表面渗碳宏观形貌，图 2-7 为表面感应淬火件宏观形貌。

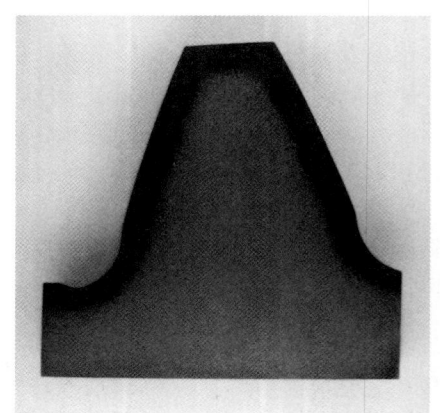 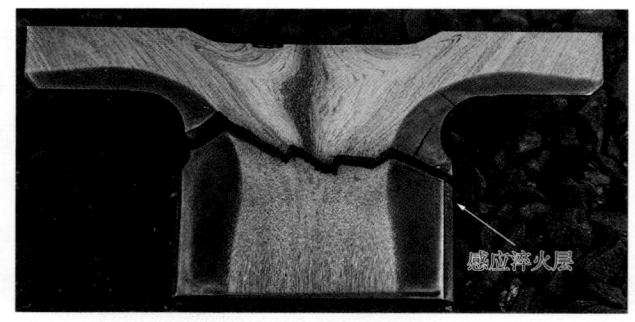

图 2-6　齿轮表面渗碳形貌　（1∶1）　　　　图 2-7　表面感应淬火件宏观形貌　（0.7×）

2.2　钢的酸蚀试验方法及缺陷评定

2.2.1　钢锭结晶过程及缺陷形成

钢的低倍缺陷大多数在钢锭的浇注、结晶过程中形成的。钢锭在浇铸过程中，若有非冶炼产物（熔渣、炉料、外来金属等）带入锭内则会形成不同程度的夹杂等缺陷，钢锭在冷凝结晶过程中，由于结晶条件的不同及选择结晶的结果，会造成不同程度的不均匀和某些缺陷。因此，要掌握低倍检验的方法，正确判定各种低倍缺陷，必须对钢锭结晶过程有个整体和基本的了解。

图 2-8 是一种镇静钢锭的截面上低倍组织分布形貌，可见有 3 个不同的结晶区域和一些宏观缺陷分布区域。

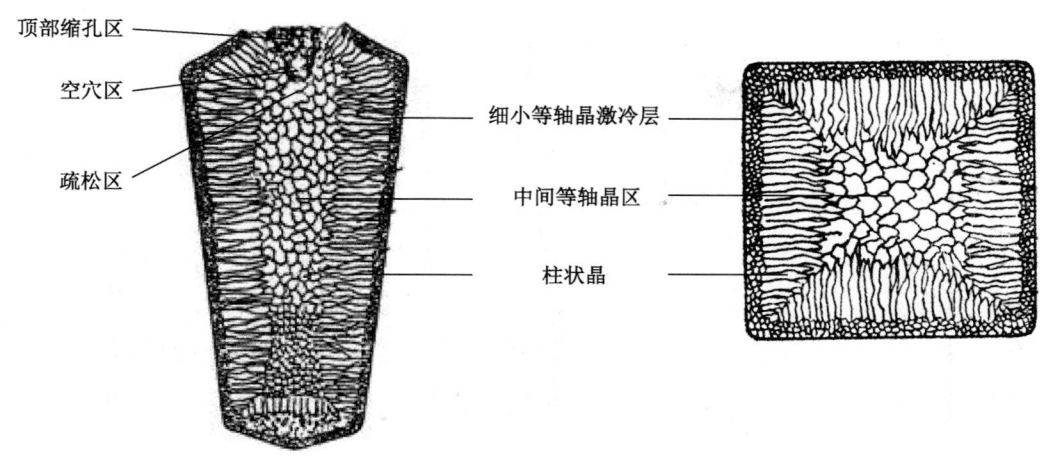

图 2-8 镇静钢钢锭结构图

1. 近外表细小等轴晶激冷层

钢液接触钢锭模受强烈冷却,在很大过冷度的情况下,结晶非常迅速,晶核的生成速度大大超过了晶核的成长速度,所以这一区域由细小等轴晶构成。

2. 次表柱状晶区

在细晶区形成的同时,模壁被钢液加热而不断升高温度,使剩余液体的冷却变慢,并且由于结晶时释放潜热,故结晶区前沿液体的过冷度减小,形核变得困难,只有已生成的晶体向液体中生长。但是,这些晶体生长的机会并不相同,相邻晶体间会相互抵触而妨碍其生长,由于此时热量的散失垂直于模壁,因此只有一次轴(即生长速度最快的晶向)垂直于模壁的晶体才能得到优先发展,这些晶体沿着与散热相反的方向择优生长而形成柱状晶。由于柱状晶定向生长,不断地把夹杂、气体、低熔点组元推向液相,在柱状晶与液相交界区形成一个与钢锭外形相同的,富集偏析成分、杂质、气体的方框形区域。

3. 中间等轴晶区

随着钢锭结晶的发展,钢锭温度下降,锭模温度逐渐升高,散热速度更慢,柱状晶成长速度也逐渐变慢,最后停止向前伸长,中心部钢液温度继续降低,当达到熔点以下时,钢锭中心部未凝固的钢液中几乎同时产生晶核,但由于过冷度小,成核不多,晶核向四周长大,形成不定向粗大等轴晶。

4. 顶部缩孔区

钢锭中的钢液转变成固态时,体积收缩,在最后凝固部分,由于得不到钢液补充,形成收缩孔洞。

5. 空穴区

由于钢液冷凝收缩得不到填补而产生的小的空洞。

6. 疏松区

钢锭最后冷凝部分,钢液中含杂质较多,冷凝后组织不致密,在酸蚀时,易被腐蚀形成小的黑点或孔隙,钢材上的中心疏松即由此产生。

2.2.2 试样的截取及制样

酸蚀试样必须取自最容易发生各种缺陷的部位。

钢锭的上部以及加工后相当于该部位的钢坯和钢材上最容易有缩孔、疏松、气泡、偏析等缺陷。一般在上小下大的钢锭轧制方坯中,发现小头部位缺陷较为严重,中部次之,大头较轻。因此,GB/T 226—2015《钢的低倍组织及缺陷酸蚀试验法》规定,在接近钢锭帽口部位取样。另外,不同盘次的钢锭也有所差异,同一炉钢锭,一般第一锭盘和最后锭盘质量最差、缺陷最多,而中间几锭盘就好一些。因此,取样时应对各种因素通盘考虑,尽量使所取试样最具有代表性,最容易发现缺陷,以保证钢材质量。

截取试样可用锯、剪切或切割等方法。小型试样也可用手锯或砂轮片切割。但无论采用何种方法都必须保留一定的加工余量,以确保酸蚀试样面仍保持原来的组织形态。一般检验面距切割面的距离:热锯时不小于 20 mm；冷锯切割时不小于 10 mm；用氧乙炔气割时，一般不小于 25 mm，最后把热影响区全部切除。对于大型件，可在有代表性的局部区域，经车、铣加工后，用树脂类物品在外表周边做挡酸墙，然后再做酸蚀试验。

酸蚀试样检验面的粗糙度按 GB/T 226—2015 标准规定，一般达 $Ra1.6\ \mu m$ 方可满足要求。有时可根据检验目的、技术要求以及所用浸蚀剂的反应强度而定。根据实际情况与检验需求，可用不同的加工方法，如锯切，或车床加工、刨床加工、磨床磨光等。如有特殊必要，也可用砂纸细磨。在特殊情况下，较细的锯切面也可使用，只有在检查较细的组织及缺陷时才需要研磨或抛光。

关于检验面的粗糙度，有以下几点可参考：

① 锯切加工面可用于检验较大气孔、严重内裂纹及疏松、缩孔、较大的外来非金属夹杂物等缺陷；

② 粗、细车削加工面常用于检验小气孔、疏松、夹杂物、枝晶偏析、淬硬层深度、流线等；

③ 磨床磨光面一般用于检验钢的渗碳层和脱碳层深度、带状组织、晶粒度、磷偏析和应变线等宏观组织。显示上述组织的通常方法是用较弱的浸蚀剂在冷状态下浸蚀。

在研究工作中，若检验面需要精磨或磨光时，小型试样可在金相抛光机上进行，一般试样可用手工操作法，在垫平的砂纸上研磨。大型试样则最好将试样面朝上平放，用现场磨抛机，也可以在钻床上用带有砂纸的轮盘来加速磨光。用砂轮研磨时，如压力过大会导致试样温度升高，造成局部灼热现象，使试样在浸蚀后出现与砂轮加工方向一致的白色难蚀或黑色易蚀条及痕迹，这种现象易被误认为严重层状组织或其他缺陷。

2.2.3 酸蚀试验方法

酸蚀试样的腐蚀属于电化学腐蚀范畴。由于试样的化学成分不均匀，物理状态上的差别，各种缺陷的存在等因素，造成了试样中许多不同的电极电位，组成了许多微电池。微电池中电位较高的部位为阴极，电位较低的部位为阳极。阳极部分发生腐蚀，阴极部分不发生腐蚀，当酸液加热到一定温度时，这种电极反应更加速进行，因此加速了试样的腐蚀。

酸蚀试验又可分为热酸蚀、冷酸蚀、电解腐蚀及枝晶腐蚀低倍试验 4 种方法。4 种方法的基本原理相同，在操作条件等方面有差异，见表 2-1。

表 2-1 各种酸蚀方法的操作条件

检验项目	热酸蚀	冷酸蚀	电解腐蚀	枝晶腐蚀
表面粗糙度 $Ra/\mu m$	≤1.6	≤0.8	≤1.6	≤0.1
酸蚀试验温度/℃	60～80	室温	15～40	室温
浸蚀时间/min	10～40	5～10	5～30	1～2
酸蚀试验效果	显示缺陷	显示缺陷	显示缺陷	显示缺陷和树枝晶凝固组织

热酸蚀、冷酸蚀及电解腐蚀试验有相应国家标准 GB/T 226—2015（ISO 4969：2015）《钢的低倍组织及缺陷酸蚀检验法》等为依据。在铸钢坯的工艺研究及工艺检测时，一般推荐使用枝晶酸蚀检验方法。

枝晶酸蚀检验方法不但能够准确地显示连铸钢坯的内部缺陷，而且还可以清晰地显示钢坯的凝固组织。对缺陷不扩大、不缩小，按 1：1 的比例显示，准确提供缺陷信息。通过观察连铸钢坯的凝固组织，可以计算等轴晶率，测量柱状晶偏斜角度及树枝晶二次晶间距（在较高倍数下测量）等数据，根据凝固组织特征，进而推测其凝固条件，可以得到许多有价值的技术信息。例如，柱状晶发达，中心等轴晶少，表明钢水过热度高或二冷强度大；对同一种钢种，尽管冶炼方式和规格大小不同，只要测量出二次晶间距就可以知道其冷却速度大小。图 2-9 所示为硅钢板坯经枝晶腐蚀与冷酸蚀试验后的凝固组织形貌（横向截面）。

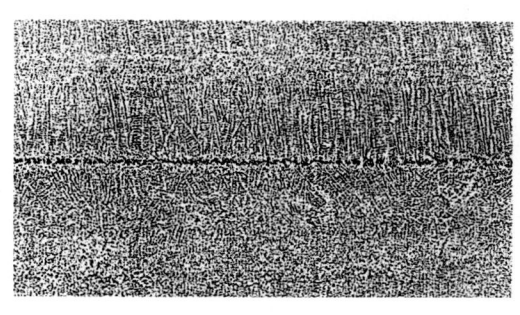
(a) 枝晶腐蚀凝固组织

(b) 冷酸蚀凝固组织

图 2-9 经枝晶与冷酸蚀试验凝固组织形貌对比 （0.8×）

2.2.3.1 热酸蚀试验

试样加工完后即可进行酸蚀试验，一般推荐使用冷酸蚀试验；一些特殊要求的试样，尤其是不锈钢材质则必须用热酸蚀试验。不论冷酸蚀还是热酸蚀，在操作中，劳动防护及环保是必须注意的。

1. 热酸蚀试验设备

热酸蚀试验所需的设备及用具比较简单，见表 2-2。

表 2-2 热酸蚀试验设备、用具说明

设备、用具	说　　明
酸洗槽	一般使用铸铅槽、耐酸搪瓷缸等，如果小型试样可用玻璃烧杯
中和槽	用 3%～5% Na_2CO_3 水溶液或 10%～15%（容积比）硝酸水溶液，用来中和酸蚀后试样上的残留溶液。如小型试样，该设备可不用
冲洗槽	一般装有自来水的水槽就可以了，用来冲洗试样
冲洗刷	用来刷洗试样表面的腐蚀产物，一般市售尼龙刷即可
沸水具	用来冲淋试样表面，使之快速蒸发，如电热壶等
吸湿布	一条干燥整洁且无颜色的毛巾，用它来吸掉试样表面上的水迹
电吹风机	用热风吹干试样，以防生锈

2. 热酸蚀试剂

为了达到试样面上最佳清晰度，酸蚀试剂应该具备下列条件：

① 能清晰地显示出材料的低倍宏观组织和缺陷；

② 浸蚀试剂的配制要简便，在腐蚀过程中酸液的性质要稳定，其浓度不应有大的变化，酸液与钢的作用不应过剧或过缓；

③ 在使用过程中，挥发性小，空气污染要小。

3. 热蚀温度和时间

浸蚀温度对显示结果有很重要的影响。温度过高，浸蚀剧烈，酸液容易挥发且整个试验面受到腐蚀，降低了对不同组织和缺陷的鉴别能力。温度过低，反应太慢，使浸蚀时间延长，对浸后的清晰度又有影响。因此，对不同的钢种，有其不同的浸蚀温度范围。GB/T 226—2015 中规定温度范围为 60～80℃。

加热时间没有严格的规定，主要根据钢种不同而异。一般来讲，碳素钢需要时间短些；合金钢需要时间长些；高合金钢需要时间更长些。另外，加热时间也与试样大小、试样加工面的粗糙度、酸液的新旧、温度的高低等因素有关。加热时间以最终检验面的宏观组织能够清晰地显现为准。

表 2-3 列出了一些常用钢种酸蚀所需温度和时间，供参考。

表 2-3 不同钢种试样热酸蚀规范

钢种	浸蚀时间/min	酸液成分	温度/℃
易切削钢	5～10	1:1(体积比)工业盐酸水溶液	70～80
碳素结构钢、碳素工具钢、硅钢、弹簧钢、铁素体型、马氏体型、双相不锈钢、耐热钢	5～30		
合金结构钢、合金工具钢、轴承钢、高速工具钢	15～30		
奥氏体型不锈钢、奥氏体型耐热钢	20～40		
	5～25	盐酸 10 份,硝酸 1 份,水 10 份(体积比)	70～80
碳素结构钢、合金钢、高速工具钢	15～25	盐酸 38 份,硫酸 12 份,水 50 份(体积比)	60～80

注:本表摘自 GB/T 226—2015。

4. 热蚀操作过程

首先将配制成的酸液放入酸蚀槽内,并在加热炉上加热。

将加工好的试样表面,用四氯化碳等有机溶剂清除油污,擦洗干净。然后按不同种类的钢种,按尺寸大小排列,使试样面朝上,先后放入上述加热到温的酸液槽内。当酸液再次到温后,开始计算浸蚀时间。达浸蚀时间后,试样从酸液中取出。如果是大型试样,可先放入碱浴槽里作中和处理。如果是小试样,可直接放入流动的清水中冲洗。

试样面上的腐蚀产物可用尼龙刷或软毛刷在流动的清水中刷掉。清洗后用事先准备好的沸水淋试样,并快速用干净且无颜色的热毛巾将试样立即包住。随后打开毛巾,用电热风机将试样面上的残余水渍吹掉。

如果试样刷洗干净后,发现受蚀程度不足,组织尚未清晰显现,可以而且应该再放至酸液槽中继续浸蚀,直到受蚀程度合适为止。反之,如果取出后,发现试样已腐蚀过度,必须将试样面重新加工,加工时至少将浸蚀过度的检验面去掉 1 mm 以上,然后重新进行浸蚀。

5. 热蚀试验注意事项

配制酸液时,必须按照配制化学试剂原则,先配制水,再缓慢地加入酸。切不可将水倒入酸中,以免发生酸液溅伤操作者。连续使用的酸液,必须逐次补充新液,否则因酸液的陈旧或过脏影响酸蚀的正常进行。

酸液应保持在规定的温度范围内,不能过高或过低。温度过高会使酸的挥发加剧,从而降低酸液浓度,致使酸液的腐蚀作用减弱。温度过低,会使腐蚀作用减缓,延长酸蚀时间。

试样摆入酸洗槽时,要注意顺序。通常是先碳钢、后合金钢;先小试样,后大试样;总之是先易受腐蚀的,后难受腐蚀的。取出时亦按此顺序。

检验面必须向上,酸液面应该高于试样面 10 mm 左右。如果检验面垂直放置。在两块试片检验面间和槽壁与检验面间要保持适当的间距,以 10 mm 左右为好。

浸蚀时间过长,会造成试样面过腐蚀,只能重新加工后再次热蚀。热蚀时间过短,钢材中存在的缺陷不易显露出来,致使某些缺陷漏检。

在流动清水中冲洗热蚀后的试样时,应均匀洗刷掉试样面上的腐蚀产物,否则会在试样面上残留腐蚀物,造成假象。最终的沸水冲淋必须保证试件充分加热,使试面在吹风下能快速、均匀干燥,避免留有花纹、锈迹等。

放置、取出、洗测试样时,千万不要让橡皮手套触及检验面,否则极易留下难以去除的痕迹。

2.2.3.2 冷酸蚀试验

冷酸蚀也是显示钢的低倍组织和宏观缺陷的最简便方法。由于这种试验方法不需要加热设备和耐热的盛酸容器,因此特别适合于不宜切开的大型锻件和外形不能破坏的一些大型机器零部件。冷酸腐蚀对试样面的粗糙度要较热酸腐蚀高些,一般要求其粗糙度达 $Ra 0.8\ \mu m$。酸蚀的时间,以准确、清晰显示钢的低倍组织为准。

冷蚀法可直接在现场进行,比热蚀法有更大的灵活性和适应性。唯一缺点是显示钢的偏析缺陷时,其反差对比要较热蚀效果差一些,因此评定结果时,要较热蚀法低 1 级左右。除此之外,其他宏观组织及缺陷的显示与热蚀法无多大差别。

1. 冷蚀试剂

冷蚀试验用的试剂较多,常用的冷蚀液配比和使用范围见表 2-4。

表 2-4 不同钢种试样冷蚀规范

编号	冷蚀液成分	适用范围
1	盐酸 500 mL,硫酸 35 mL,硫酸铜 150 g	钢与合金钢
2	氯化高铁 200 g,硝酸 300 mL,水 100 mL	
3	盐酸 300 mL,氯化高铁 500 g,加水至 1 000 mL	
4	10%~20%过硫酸铵水溶液	碳素结构钢,合金钢
5	10%~40%(容积比)硝酸水溶液	
6	氯化高铁饱和水溶液加少量硝酸(每 500 mL 溶液加 10 mL 硝酸)	
7	100~350 g 工业氯化铜铵,水 1 000 mL	
8	盐酸 50 mL,硝酸 25 mL,水 25 mL	高合金钢
9	硫酸铜 100 g,盐酸和水各 500 mL	合金钢,奥氏体不锈钢
10	硝酸 60 mL,盐酸 200 mL,氯化高铁 50 g,过硫酸铵 30 g,水 50 mL	精密合金,高温合金
11	盐酸 10 mL,酒精 100 mL,苦味酸 1 g	不锈钢和高铬钢
12	盐酸 92 mL,硫酸 5 mL,硝酸 3 mL	铁基合金
13	硫酸铜 1.5 g,盐酸 40 mL,无水乙醇 20 mL	镍基合金

注:本表摘自 GB/T 226—2015。

2. 冷酸浸蚀法操作过程

首先用蘸有四氯化碳的药棉清洗试样,除去试样表面和四周的油污。然后将试样置入冷蚀液中,试样面向上且被冷蚀液浸没。

浸蚀时要不断地用玻璃棒搅拌溶液,使试样受蚀均匀。达到试验时间后,试样自冷蚀液中取出并置于流动的清水中漂洗。同时用软毛刷刷去试样面上的腐蚀产物。如果试样面上的低倍组织和缺陷未被清晰显示,试样仍可再次置于冷蚀液中继续腐蚀,直至显示出清晰的低倍组织和宏观缺陷为止。

清洗后的试样用沸水喷淋并用无色的干热毛巾包住吸水,再用电热吹风机吹干试样,供观察评级。

经上述处理的试样就可目视或用低倍放大镜观察,并按相应的评级标准进行评级。

3. 冷酸擦蚀法操作过程

此方法特别适用于现场腐蚀和不能破坏的大型机件,主要操作过程为,试样表面的清洗方法如同前述,这里不再重复。取一团干净棉花并蘸吸冷蚀液,不断地擦拭试样面,直至清晰地显示出低倍组织和宏观缺陷为止。随后用稀碱液中和试样面上的酸液,并用清水进行冲洗。最后用酒精喷淋试样面,使其迅速干燥。干燥后的试样面即可用肉眼和低倍放大镜进行检验和评定。

2.2.4 钢的低倍组织缺陷及评定原则

金属材料的截面经酸蚀处理后,材料内原有的低倍组织缺陷,如疏松、偏析、气泡、缩孔、翻皮、白点、裂纹、夹杂等可显现出来。低倍组织的检验不仅要发现缺陷,还要对缺陷的严重程度进行评级,对于具体服役的具体钢材可接受缺陷级别应依据技术要求或供需双方协议。

钢材的低倍组织缺陷的分类及评级可按 GB/T 1979—2001《结构钢低倍组织缺陷评级图》进行。该标准适用于评定碳素结构钢、合金结构钢、弹簧钢,根据供需双方协议也可用于对其他钢种的低倍组织的缺陷评定。部分钢种有专门的评定标准,如连铸钢坯有 GB/T 24178—2009《连铸钢坯凝固组织低倍评定方法》等标准。

按 GB/T 1979—2001 标准把钢材的低倍组织缺陷分为 15 类,图 2-10～图 2-23 是摘录的部分图。

2.2.4.1 一般疏松

1. 特征

在浸蚀试片上表现为组织不致密,呈分散在整个截面上的暗点和空隙。暗点多呈圆形或椭圆形。空隙在放大镜下观察多为不规则的空洞或圆形针孔。这些暗点和空隙一般出现在粗大的树枝状晶主轴和各次轴之间,疏松区发暗而轴部发亮,当亮区和暗区的腐蚀程度差别不大时则不产生凹坑。

2. 产生原因

钢液在凝固时,各结晶核心以树枝状晶形式长大。在树枝状晶主轴和各次轴之间存在着钢液凝固时产生的微空隙和析集一些低熔点组元、气体和非金属夹杂物。这些微空隙和析集的物质经酸蚀后呈现组织疏松。

3. 评定原则

根据分散在整个截面上的暗点和空隙的数量、大小及它们的分布状态,并考虑树枝状晶的粗细程度而定。对于直径或边长为 40～150 mm 的钢材(锻、轧坯),从轻到严重分 4 个级,2 级及 4 级一般疏松形貌见图 2-10。

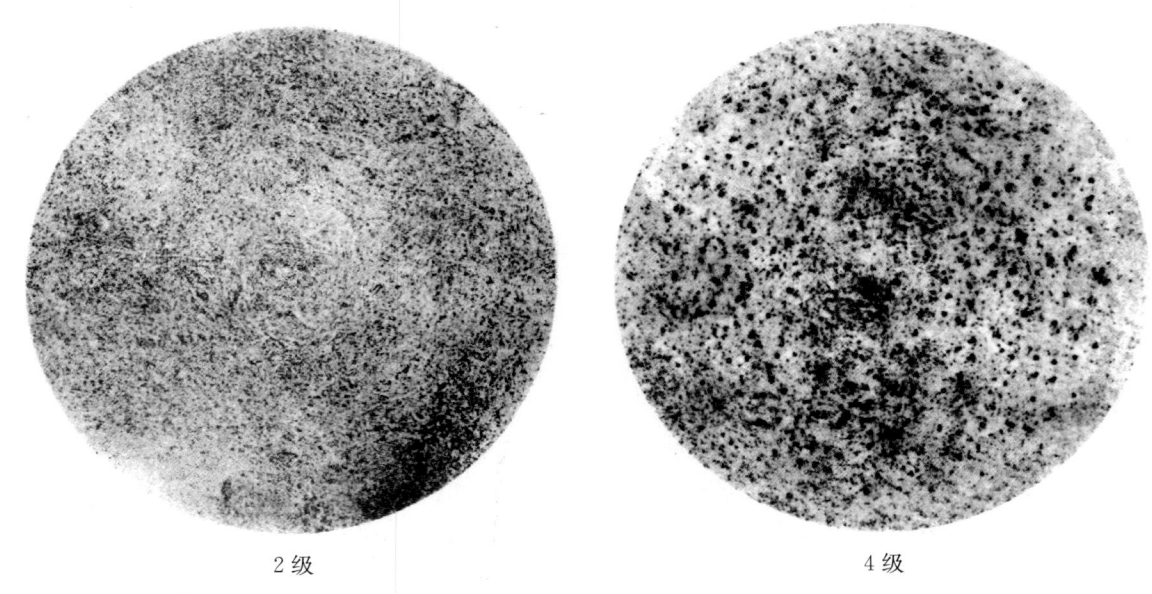

2 级　　　　　　　　　　　　　　4 级

图 2-10　一般疏松　(0.7×)

2.2.4.2 中心疏松

1. 特征

在酸浸试片的中心部位呈集中分布的空隙和暗点。它和一般疏松的主要区别是空隙和暗点仅存在于试样的中心部位,而不是分散在整个截面上。

2. 产生原因

钢液凝固时体积收缩引起的组织疏松及钢锭中心部位因最后凝固使气体析集和夹杂物聚集较为严重所致。

3. 评定原则

以暗点和空隙的数量、大小及密集程度而定。对于直径或边长为 40～150 mm 的钢材(锻、轧坯),从轻到严重分 4 个级,2 级及 4 级中心疏松形貌见图 2-11。

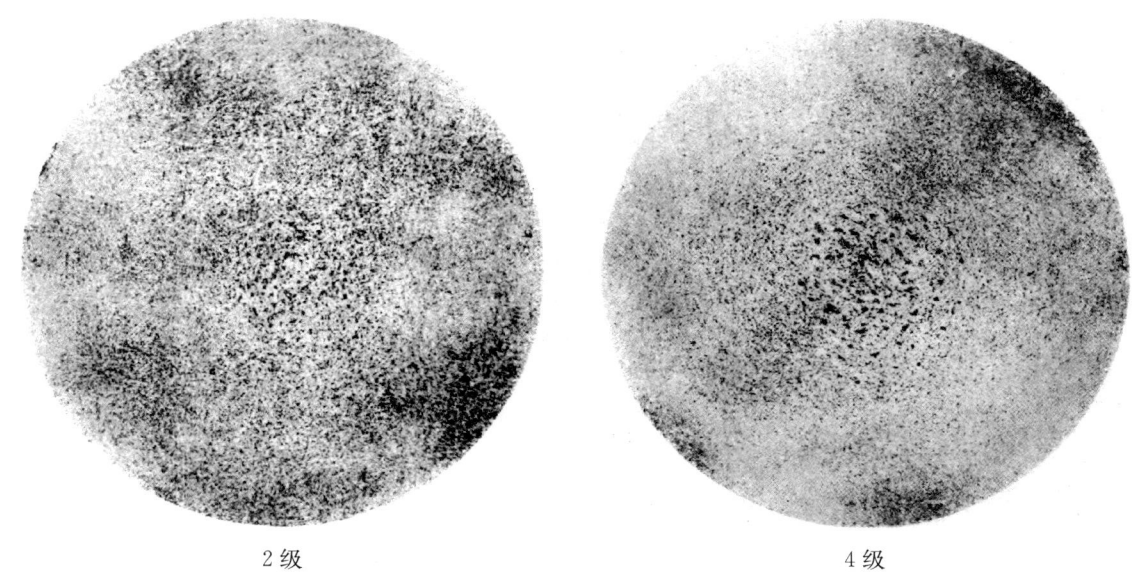

2 级   4 级

图 2-11 中心疏松 （0.7×）

2.2.4.3 锭型偏析

1. 特征

在酸浸试片上呈腐蚀较深的,并由暗点和空隙组成的,与原锭型横截面形状相似的框带,矩形截面的锭型偏析一般为方形。

2. 产生原因

在钢锭结晶过程中由于结晶规律的影响,柱状晶与中心等轴晶区交界处的成分偏析和杂质聚集所致。

3. 评定原则

根据框形区域的组织疏松程度和框带的宽度加以评定,必要时可测量偏析框边距试片表面的最近距离。对于直径或边长为 40~150 mm 的钢材（锻、轧坯）,从轻到严重分 4 个级,2 级及 4 级锭型偏析形貌见图 2-12。

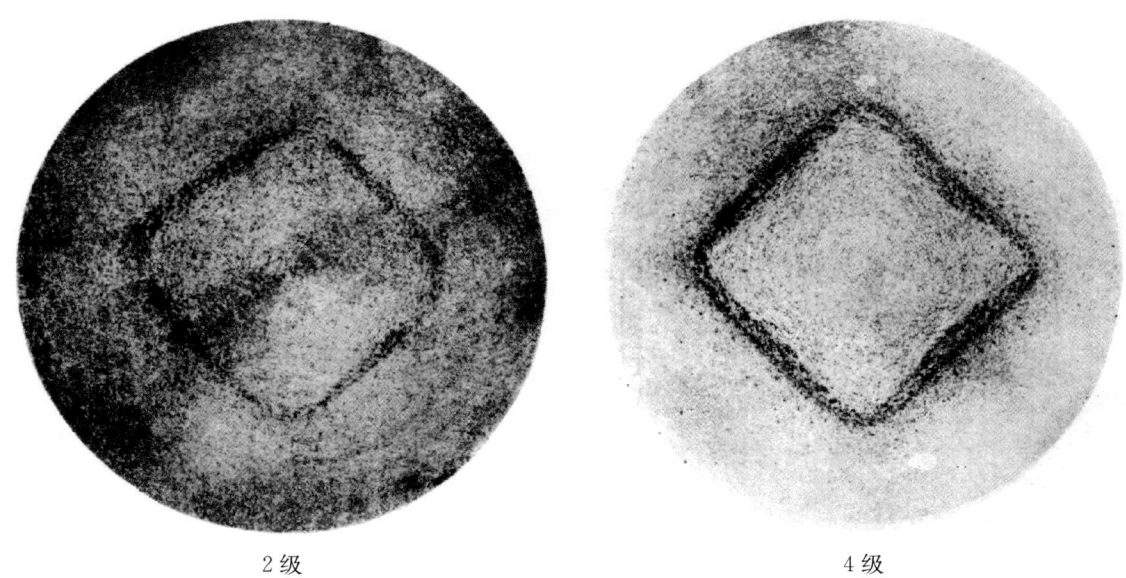

2 级   4 级

图 2-12 锭型偏析 （0.7×）

2.2.4.4 斑点状偏析

1. 特征

在酸浸试片上呈不同形状的大小的暗色斑点。不论暗色斑点与气泡是否同时存在,这种暗色斑点统称斑点状偏析。当斑点分散分布在整个截面上时称为一般斑点状偏析;当斑点存在于试片边缘时称为边缘斑点状偏析。

2. 产生原因

一般认为结晶条件不良,钢液在结晶过程中冷却较慢产生的成分偏析。当气体和夹杂物大量存在时,使斑点状偏析加重。

3. 评定原则

以斑点的数量、大小和分布状况而定。对于直径或边长为 40~150 mm 的钢材(锻、轧坯),从轻到严重分 4 个级;一般斑点状偏析形貌见图 2-13;对于直径或边长为 40~150 mm 的钢材(锻、轧坯),2 级及 4 级边缘斑点状偏析形貌见图 2-14。

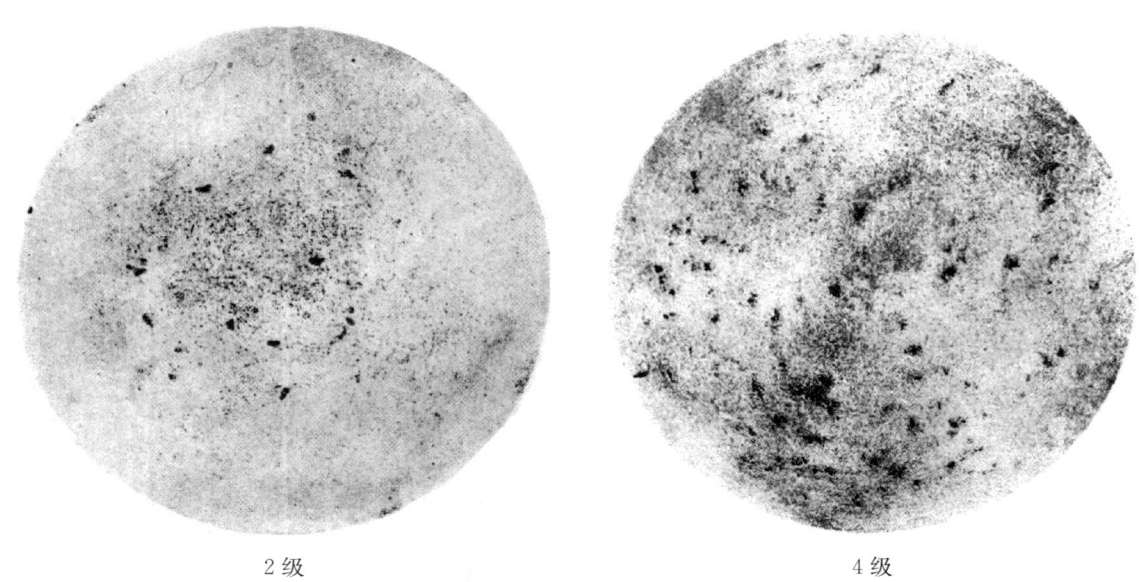

2 级　　　　　　　　　　　4 级

图 2-13　一般斑点状偏析　(0.7×)

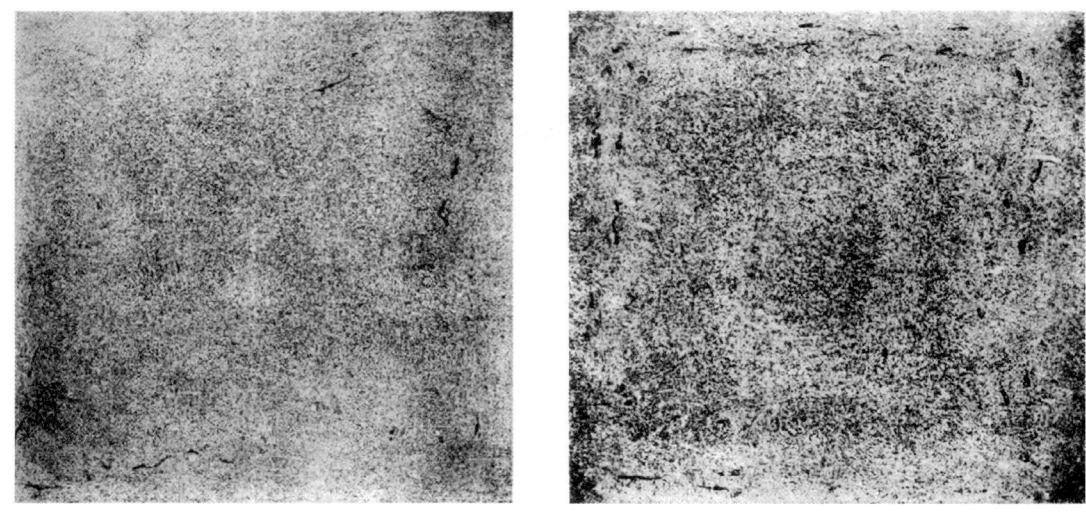

2 级　　　　　　　　　　　4 级

图 2-14　边缘斑点状偏析　(0.7×)

2.2.4.5 白亮带

1. 特征

在酸浸试片上呈现抗腐蚀能力较强、组织致密的亮白色或浅白色框带。

2. 产生原因

连铸钢坯在凝固过程中由于电磁搅拌不当,钢液凝固前沿温度梯度减小,凝固前沿富集溶质的钢液流出而形成白亮带。它是一种负偏析框带,连铸钢坯成材后仍有可能保留。

3. 评定原则

需要评定时可记录白亮带框边距试片表面的最近距离及框带的宽度。

2.2.4.6 中心偏析

1. 特征

在酸浸试片上的中心部位呈现腐蚀较深的暗斑,有时暗斑周围有灰白色带及疏松。

2. 产生原因

钢液在凝固过程中,由于选分结晶的影响及连铸钢坯中心部位冷却较慢而造成的成分偏析。这一缺陷成材后仍保留。

3. 评定原则

根据发暗区域的面积大小来评定。对于连铸圆、方钢材(锻、轧坯),从轻到重分4个级,2级及4级中心偏析形貌见图2-15。

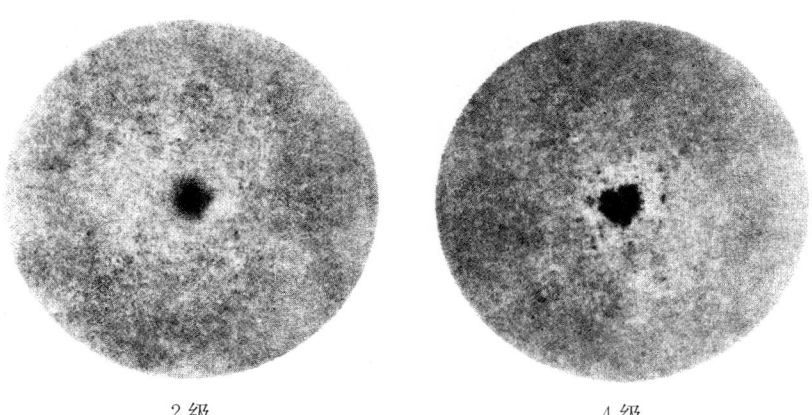

2级　　　　　4级

图2-15 中心偏析 (1:1)

2.2.4.7 帽口偏析

1. 特征

在浸蚀试片的中心部位呈现发暗的、易被腐蚀的金属区域。

2. 产生原因

由于靠近帽口部位含碳的保温填料对金属的增碳作用所致。

3. 评定原则

根据发暗区域的面积大小来评定。

2.2.4.8 皮下气泡

1. 特征

在酸浸试片上,于钢材(坯)的皮下呈分散或成簇分布的细长裂纹或椭圆形气孔。细长裂缝多数垂直于钢材(坯)的表面,见图2-16。

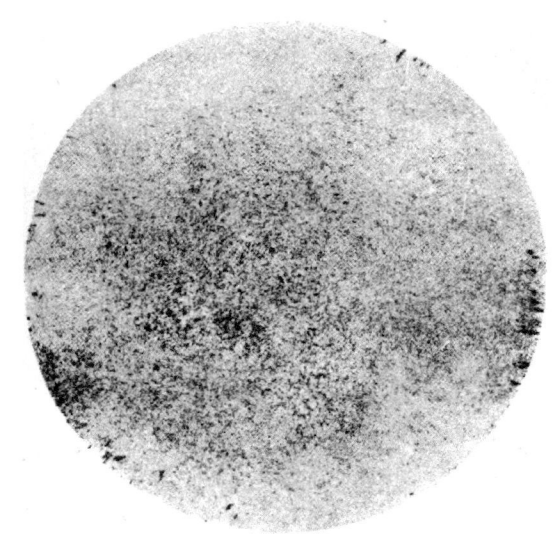

图2-16 皮下气泡 (0.7×)

2. 产生原因

由于钢锭模内壁清理不良和保护渣不干燥等原因造成。

3. 评定原则

测量气泡离钢材(坯)表面的最远距离。

2.2.4.9 残余缩孔

1. 特征

在酸蚀试片的中心区域(多数情况)呈不规则的折皱裂缝或空洞,在其上或附近常伴有严重的疏松、夹杂物(夹杂)和成分偏析,见图 2-17。

2. 产生原因

由于钢液在凝固时发生体积集中收缩而产生的缩孔并在热加工时因切除不尽而部分残留,有时也出现二次缩孔。

3. 评定原则

以裂缝或空洞大小而定。对于所有尺寸钢材(锻、轧坯),从轻到严重分 3 个级,2 级及 3 级残余缩孔形貌见图 2-17。

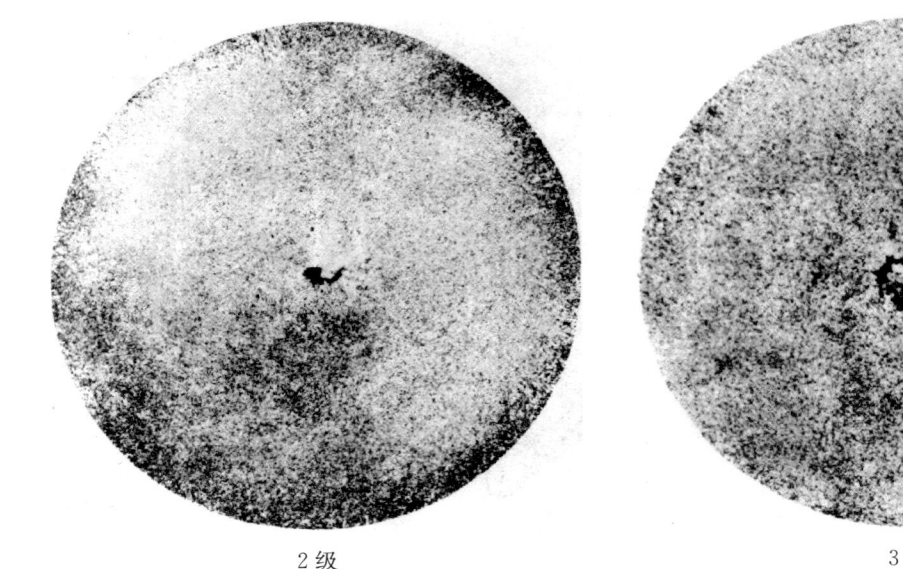

2 级　　　　　　　　　　3 级

图 2-17　残余缩孔　(0.7×)

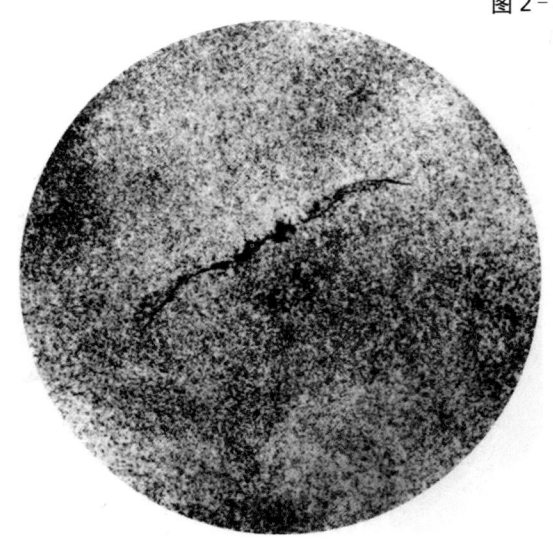

图 2-18　翻皮　(0.7×)

2.2.4.10 翻皮

1. 特征

在酸浸试片上有的呈亮白色弯曲条带或不规则的暗黑线条,并在其上或周围有气孔和夹杂物;有的是由密集的空隙和夹杂物组成的条带,见图 2-18。

2. 产生原因

在浇铸过程中表面氧化膜翻入钢液中,凝固前未能浮出。

3. 评定原则

测量翻皮离钢材(坯)表面的最远距离及翻皮长度。

2.2.4.11 白点(裂纹)

1. 特征

一般是在横向酸蚀试片除边缘外的部分表现为锯齿形

细小发纹,呈放射状、同心圆形或不规则形态分布,见图 2-19。在纵向断口上依其位向不同则会呈圆形或椭圆形亮点("鱼眼")或细小裂缝。

2. 产生原因

钢中氢含量高,经热加工变形后在冷却过程中局部内应力增大超过钢材强度。

3. 评定原则

以裂缝长短、条数而定。对于所有尺寸钢材(锻、轧坯),从轻到严重分 3 个级,2 级及 3 级白点裂纹形貌见图 2-19。

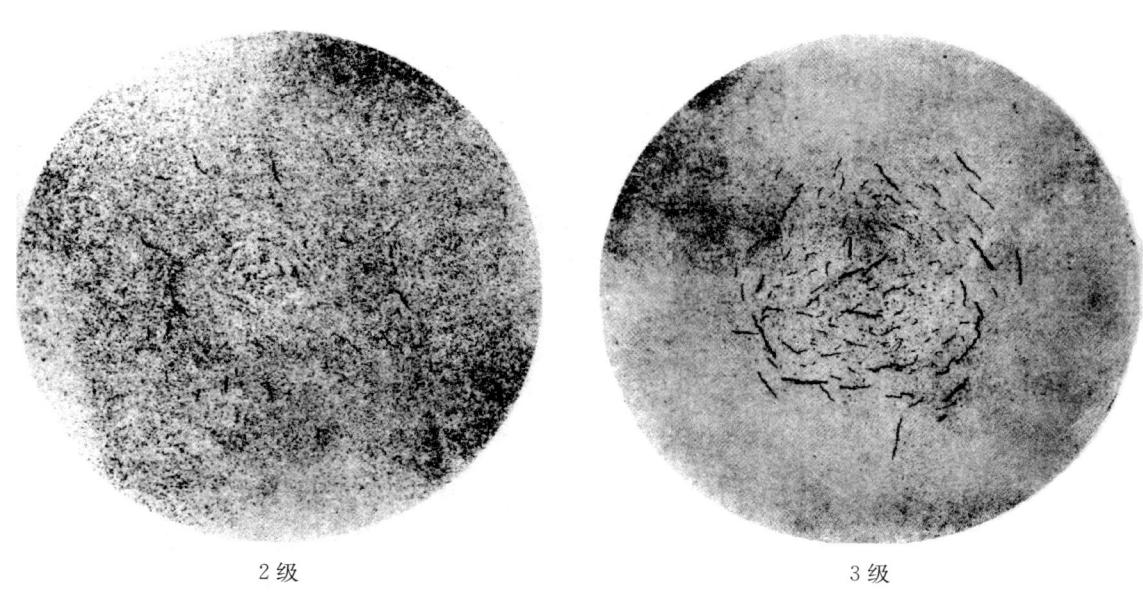

2 级　　　　　　　　　　　　　　　　3 级

图 2-19　白点　（0.7×）

2.2.4.12　轴心晶间裂缝

1. 特征

这种缺陷一般出现于高合金不锈耐热钢中。有时高合金结构钢如 18Cr2NiWA 也常出现。在酸浸试片上呈三叉或多叉的、曲折、细小、由坯料轴心向各方向取向的蜘蛛网形的条纹,见图 2-20。

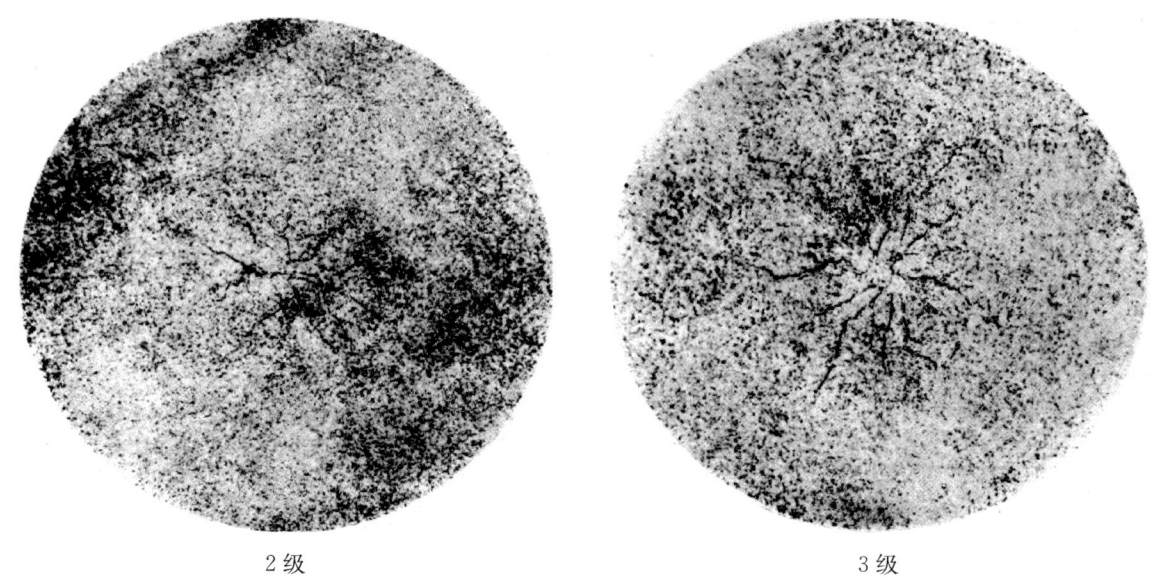

2 级　　　　　　　　　　　　　　　　3 级

图 2-20　轴心晶间裂缝　（0.7×）

2. 产生原因

钢锭冷凝后期，边缘对中心部的拉应力很大，使中心部富集气体、夹杂的最后结晶部分，沿脆弱的晶界形成裂纹。轴心晶间裂纹都出现在钢锭中上部，钢锭尾部没发现过晶间裂纹。浇注温度过高也容易产生晶间裂纹。钢锭中极细小的无氧化夹杂或夹杂很少的轴心晶间裂纹，在热加工锻压比足够时可以焊合。

3. 评定原则

级别随裂纹的数量与尺寸（长度及其宽度）的增大而升高。对于所有尺寸钢材（锻、轧坯），从轻到严重分3个级，2级及3级轴心晶间裂缝形貌见图2-20。由于组织的不均匀性也可能产生"蜘蛛网"的金属酸蚀痕迹，这不能作为判废的标志。在这种情况下，建议在热处理后（对试样进行正火或退火），重新进行检验。

2.2.4.13 内部气泡

1. 特征

在酸浸试片上呈直线或弯曲状的长度不等的裂纹，其内壁较为光滑，有微小可见夹杂物，见图2-21。

2. 产生原因

由于钢中含有气体较多。

3. 评定原则

有内部气泡的钢应予以报废。

2.2.4.14 非金属夹杂物（目视可见的）及夹渣

1. 特征

在酸浸试片上呈不同形状和颜色的颗粒，见图2-22。

2. 产生原因

冶炼或浇注系统的耐火材料或脏物进入并保留在钢液中。

图 2-21 内部气泡 （0.7×）

3. 评定原则

有时出现许多空隙或空洞，如目视这些空隙或空洞未发现夹杂物或夹渣，应不评为非金属夹杂或夹渣。但对质量要求较高的钢种（指有高倍非金属夹杂物合格级别规定者），建议进行高倍补充检验。

2.2.4.15 异金属夹杂物

1. 特征

在酸浸试片上颜色与基体组织不同，无一定形状的金属块，有的界限不清，见图2-23。

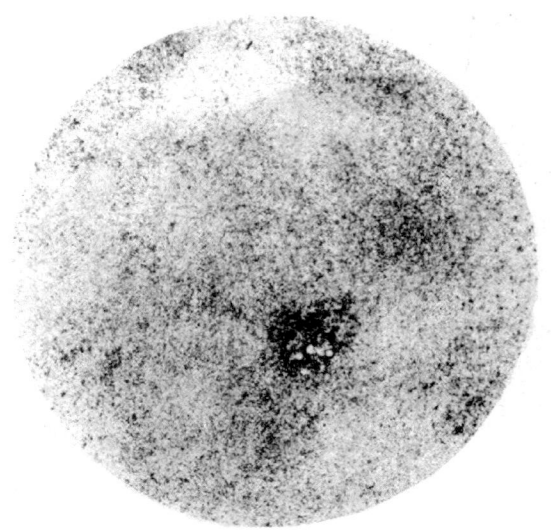

图 2-22 非金属夹杂 （0.7×）

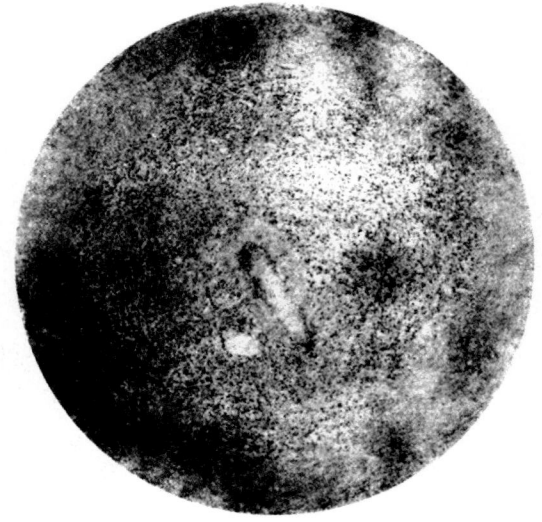

图 2-23 异金属夹杂 （0.7×）

2. 产生原因

由于冶炼操作不当,合金料未完全熔化或浇注系统中掉入异金属所致。

3. 评定原则

属于不允许缺陷。在异金属与基体间的界面上有时可见有氧化物。可从缺陷处取样,可从组织、硬度、成分(能谱分析)以区别、确认异金属来源。

2.3 连铸钢坯凝固组织及内部缺陷的评定

连铸钢坯是钢水不断注入结晶器内,连续获得的铸坯产品。由于连续铸钢技术具有节能、减排、高效的优势,发展迅速。

由于连铸钢坯是在边运行、边冷却、边凝固和边矫直(或弯曲)条件下生产出来的(见图2-24),冷却强度大,凝固速度快,因此与普通模铸钢锭相比具有激冷层薄、柱状晶发达、中心等轴晶少的特点,见图2-25。

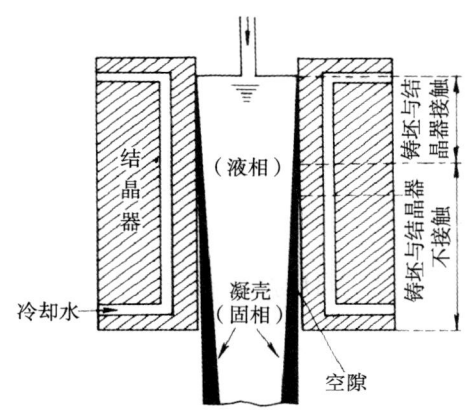

图2-24 连铸钢坯形成示意图

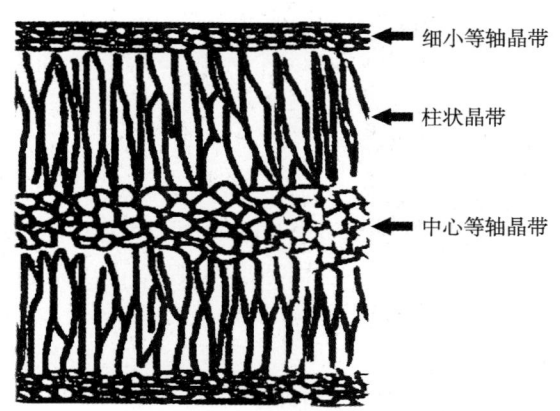

图2-25 连铸钢坯凝固示意图

连铸钢坯的质量包括连铸钢坯的纯净度、凝固组织、内部缺陷、表面缺陷及形状缺陷5个方面。连铸钢坯的纯净度是指钢中的气体(N_2、H_2、O_2)和硫、磷等元素及非金属夹杂物含量和形态。这主要取决于钢水的原始状态,进入结晶器前是否纯净。连铸钢坯凝固组织,主要是指连铸钢坯在凝固过程中所形成的结晶状态。二次冷却强度大,凝固速度快,连铸钢坯中的柱状晶发达,等轴晶比例少。对于大方坯和厚板坯,通过计算等轴晶所占比例的多少可以判断连铸钢坯的质量状况。连铸钢坯等轴晶多,钢材各向同性效应好。连铸钢坯的内部缺陷是指连铸钢坯内部是否有裂纹、偏析、疏松、孔洞、气泡及夹杂等缺陷。合理的二次冷却工艺、拉矫辊和支撑辊严格对中及辊缝合理调整是保证连铸钢坯内部质量的关键。连铸钢坯的表面缺陷是指连铸钢坯表面是否有裂纹、夹渣及表面气泡等缺陷。表面缺陷主要是钢水在结晶器内形成凝壳过程中产生的。连铸钢坯的形状缺陷是指连铸钢坯的形状是否规则,尺寸公差是否符合规定的要求。

检验连铸钢坯的凝固组织是指检验连铸钢坯激冷层厚薄,柱状晶的形态和长短,以及中心等轴晶的占比。检验连铸钢坯的内部缺陷是指检验连铸钢坯内部偏析、裂纹、疏松、缩孔、气泡和夹杂等缺陷的数量、分布及严重程度。

2.3.1 连铸钢坯凝固组织低倍评定方法

连铸钢坯凝固组织的低倍评定采用枝晶腐蚀方法,分别计算检测截面上细小等轴晶带、柱状晶带以及等轴晶带(见图2-25)的面积占整个检测面的面积百分比。

GB/T 24178—2009《连铸钢坯凝固组织低倍评定方法》中规定式样的截取和腐蚀方法应符合GB/T 226—2015规定;具体的枝晶腐蚀试样的截取和制备应符合以下规定。

2.3.1.1 取样

取样方法应在产品标准或技术协议中规定。如果产品标准或技术协议中没有规定,取样方法可按下列规定执行：

(1) 在对应浇铸工艺参数稳定条件下截取连铸钢坯试样,代表常规取样；

(2) 截取横向全截面试样。

不同切割条件连铸钢坯检验面距切割面距离参考尺寸见表2-5。

表2-5 不同切割条件下试面与切割面距离　　　　　　　　　mm

热锯切	火焰烧切		冷锯冷坯
	热坯	冷坯	
≥20	≥20	≥25	≥15

2.3.1.2 试样检测面要求

(1) 试样应先经过铣床铣削或刨床刨平,试样检测面粗糙度 Ra 应不大于 $2.5\mu m$,然后,采用磨床磨光,试样检测面粗糙度 Ra 应不大于 $0.8\mu m$。

(2) 经过磨光后的试样应进行抛光,试样检测面粗糙度 Ra 应不大于 $0.1\mu m$。

(3) 在腐蚀前的检测面上不应有磨痕和油污。

2.3.1.3 试样的浸蚀方法

(1) 试样的浸蚀液和浸蚀方法参考GB/T 226—2015中4.3冷酸蚀法规定。也可以购买或自行配制浸蚀剂,以确保能够清楚显示连铸钢坯树枝晶凝固组织。

(2) 对于大试样(如大方坯和厚板坯),可以采用浇蚀或擦蚀两种方式；对于小试样,可以采用浸泡方式；

(3) 凝固组织显示清楚后,用流水冲洗,并用脱脂棉擦拭,最后用少许无水乙醇擦拭和烘干。

2.3.1.4 凝固组织的分类和评定

1. 细小等轴晶带

形貌特征：连铸钢坯表面附近细小等轴晶带组织结构致密,无方位性,目视观察不到细微结构,呈现颜色较浅的一层均匀组织。

评定原则：计算细小等轴晶带面积占试样整个检验面的面积百分比,即细小等轴率。也可以用直尺(或计算机测量软件)测量细小等轴带多点厚度,提供细小等轴晶带的厚度范围及平均厚度值。

2. 柱状晶带

形貌特征：柱状晶是树枝晶的集合组织。一般都垂直连铸钢坯表面向内生长,由简单变复杂,由细变粗,由一次晶生长二次晶、由二次晶生长三次晶,直到多次晶。

评定原则：计算柱状晶(包括无交叉镶嵌的倾斜柱状晶)面积占试样整个检验面的面积百分比,即柱状晶率。

3. 等轴晶带

形貌特征：等轴晶(中心等轴晶)带在连铸钢坯中心部位,呈现圆形、椭圆形、多边形,也有短条形晶粒。无方位性。

评定原则：计算等轴晶带面积占试样整个检验面的面积百分比,即等轴晶率。在柱状晶区与中心等轴晶区之间,晶轴处于交叉而又相互镶嵌的树枝晶,按等轴晶面积计算。

2.3.1.5 凝固组织面积百分比计算

凝固组织面积百分比一般用等轴晶率表示,也可用细小等轴晶率表示。计算方法如下：

按上述界定3类晶区,采用最小刻度为1mm的直尺(或计算机测量软件分析处理图像)测量、计算各类晶区的面积,再按式(2-1)分别计算各类晶区面积占试样整个检验面积百分比,即细小等轴晶率、柱状晶率、等轴晶率。

$$P = S_N/S_J \times 100\% \tag{2-1}$$

式中：P——等轴晶率（或细小等轴晶率或柱状晶率），以百分数（%）表示；
S_N——凝固组织面积（mm²）；
S_J——检验面总面积（mm²）。

2.3.2 连铸钢坯低倍组织缺陷评级

连铸钢坯内部缺陷是指连铸钢坯凝固组织中的裂纹、偏析、疏松、缩孔、气泡及非金属夹杂物等。在连铸坯中可见到的主要内部缺陷的分布如图 2-26 所示。这些内部缺陷的产生，很大程度上与钢水质量、二冷区的冷却、夹辊、支撑系统及拉矫机设备密切相关。

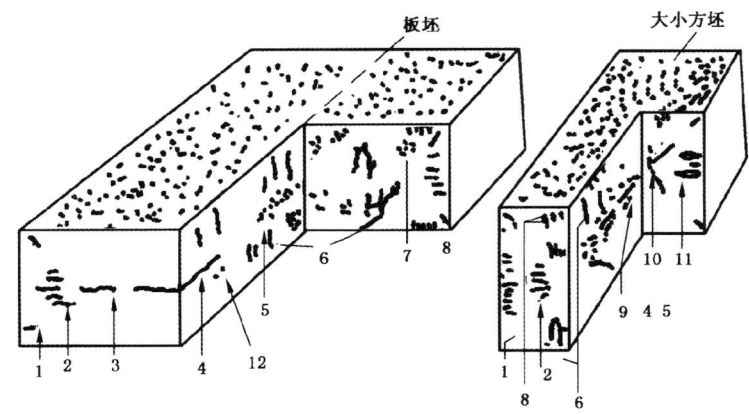

1—内部角裂；2—侧面中间裂纹；3—中心线裂纹；4—中心线偏折；5—疏松；
6—中间裂纹；7—非金属夹杂物；8—皮下"鬼线"；9—缩孔；10—中心星状裂纹；11—针孔；12—半宏观偏析。

图 2-26 连铸钢坯内部缺陷示意图

2.3.2.1 取样、制样及试样显示方法

低倍组织缺陷评级试样的截取、制样及试样显示方法均按 GB/T 226—2015 的规定。

2.3.2.2 低倍组织缺陷的分类和评定

连铸钢坯的低倍组织缺陷的分类与评定原则基本与结构钢相同，但基体检测时应根据不同产品、不同钢种的相关标准进行缺陷分类及评定，目前相关标准：

YB/T 153—2015(2017)《优质碳素结构钢连铸坯低倍组织缺陷评级图》

YB/T 4003—2016《连铸钢板坯低倍组织缺陷评级图》（包括酸蚀低倍评级图及硫印评级图）

2.4 断口试验及缺陷鉴别

断口分析，按其观察方法分类，有宏观分析和微观分析两种。宏观分析只用肉眼或放大镜来观察，简单易行，检查全面。微观分析则能深入研究其微观形貌和断裂过程，本节重点介绍断口的宏观分析。

2.4.1 检验断口的制备

取样部位、方法对正确反映材质有很大的影响。试样应用冷切割法截取。若用热切割或气割时，制备断口的刻槽必须离开变形区和热影响区。

直径（或边长）不大于 40 mm 的钢材作横向断口。试样长度为 100～140 mm，在试样中部的一边或两边刻槽，见图 2-27。

刻槽时，应保留断口截面不少于原截面的 50%。

直径（或边长）大于 40 mm 的钢材作纵向断口，切取横向试样，试样的厚度为 15～20 mm。在试样横截面的中心线上刻槽，一般采用 V 形槽，见图 2-28。刻槽深度为试样厚度的 1/3。当折断有困难时，可适

当加深刻槽深度。

折断前试样的状态,以能真实地显示缺陷为准。当技术条件或双方协议有特殊要求时,按规定执行。如规定必须在油中淬火后折断试样,折断前应将油擦洗干净或在300℃以下烧去。

在室温下,将有刻槽的试样折断。操作时,刻槽应向下放置,使刀口与刻槽中心线吻合,然后在冲击载荷下折断。折断试样时最好一次折断,严禁反复冲压。

在折断试样时,应采用妥善方法避免断口表面损伤和沾污。

用目视方法仔细检查断口,当识别不清时,可用10倍以下放大镜观察。

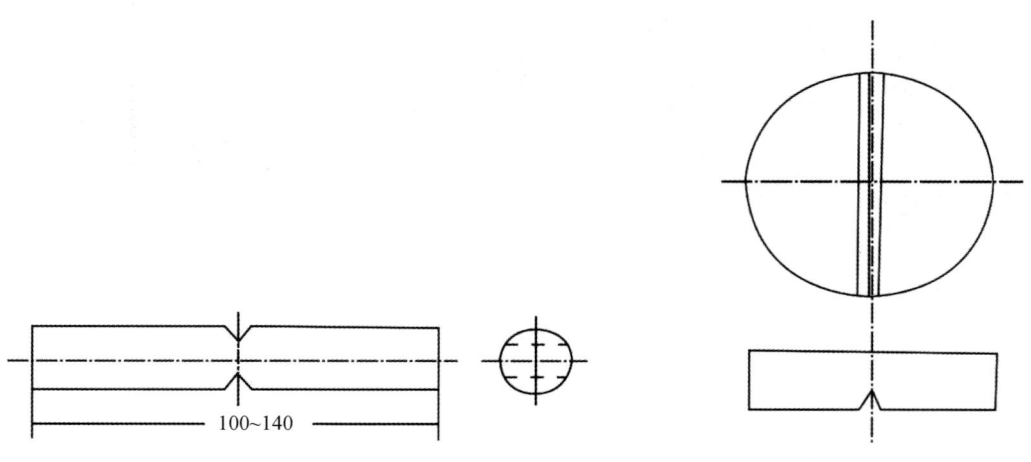

图2-27 直径(或边长)不大于40mm的钢材作横向断口试样形貌　　图2-28 直径(或边长)不大于40mm的钢材作纵向断口试样形貌

2.4.2　检验用断口的分类

金属材料在应力下破断的断面一般称断口。当部件在加工或使用过程中破断称为失效断口;检验断口是专为检验钢材质量而特意将其折断获得的。这种检验断口的试样应根据钢材种类及检验要求在折断前经过不同的热处理。常将检验断口分为退火断口、淬火断口以及调质断口等几种类型。

1. 退火断口

轴承钢、工具钢的断口试样通常是在经球化退火后的钢材上切取的。在退火断口上除能检验钢材中晶粒均匀和细密程度外,还可显示出因退火石墨的析出而引起的黑脆缺陷以及夹杂物、缩孔等缺陷。

2. 淬火断口

除某些低碳结构钢外,其他需检验断口的钢材在折断前先经淬火处理,使组织细化,易于显露缺陷。因为钢材经淬火处理后,可以获得细瓷状的脆性断口,避免了钢材在折断时因断口部分变形而将缺陷掩盖的现象。所以,在很多情况下,钢材做断口检验时,一般采用淬火断口,以显示钢中的白点、夹杂、气孔、层状、萘状及石状等缺陷。

3. 调质断口

钢材在断口检验前经调质处理,折断后可获得韧性纤维状断口,能在一定程度上反映出钢材的横向力学性能,同时可反映出钢在使用下的情况,这对于某些特殊用途的钢材具有一定的参考价值,但这种调质断口检验仅适用于少数专业用途的钢材。如18Cr2Ni4W钢,由于调质断口上存在较多的塑性变形,从而使一些微小缺陷常被掩盖,故它显示出的白点、气孔、夹杂及层状等缺陷不如淬火断口来得清晰和真实。

2.4.3　断口形貌及各种缺陷识别

各种缺陷在折断的钢材断口上有不同的形态,GB/T 1814—1979《钢材断口检验法》中将各种断口分为15类,以下图片部分选自该标准。

1. 纤维状断口

纤维状断口,无光泽和无结晶颗粒,呈均匀的暗灰色绒毯状。这种断口的边缘有显著的塑性变形,微观形貌多为等轴状或抛物状韧窝,如图2-29所示。纤维状断口一般属于钢材的正常断口。

2. 瓷状断口

瓷状断口是一种具有绸缎光泽且致密、类似细瓷碎片的亮灰色断口,如图2-30所示。该类断口的微观形貌为准解理花样。这种断口对于过共析钢和某些合金钢经淬火或淬火及低温回火后的钢材来说是一种正常断口;对于淬火后中温或高温回火的钢类来说则表明工艺控制不当。

 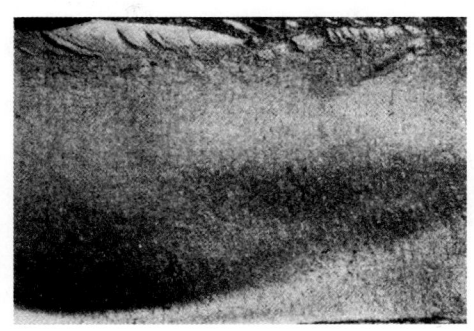

图2-29 纤维状断口 (4×)　　　　图2-30 瓷状断口 (3×)

3. 结晶状断口

结晶状断口是一种具有强烈的金属光泽、有明显的结晶颗粒、断面齐平的银灰色断口,未出现明显的宏观变形,如图2-31所示。这种断口在微观下呈解理或准解理形貌,结晶状断口表示钢材较脆,对于热轧或退火后组织为珠光体的钢材,该类断口为正常断口,但对索氏体基体钢材则为不正常断口。

4. 台状断口

在纵向断口上,呈比基体颜色略浅、变形能力稍差、宽窄不同、较为平坦的片状(平台状)结构,这些片状结构与断口有时显示平行、有时呈一定角度,可能凸起或凹陷,多分布在偏析区内,如图2-32所示。台状一般产生在树枝晶发达的钢锭头部和中部,它是沿粗大树枝晶断裂的结果,是一种缺陷类断口。此种缺陷对纵向力学性能无影响;对横向塑、韧性略有降低,当台状区富集夹杂时,明显降低横向塑性。

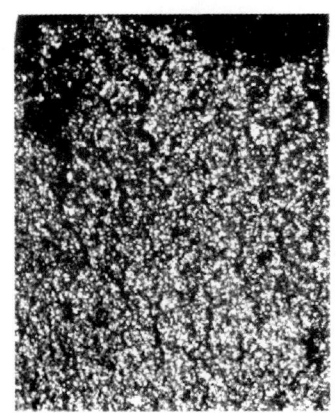 

图2-31 结晶状断口 (4×)　　　　图2-32 台状断口 (1.5×)

5. 撕痕状断口

在纵向断口上,与热加工方向呈一定角度的、灰白色的、变形能力较差的、致密而光滑的条带。其分布无一定规律,严重时布满整个断面,如图2-33所示。撕痕状可产生在整个钢锭中,一般在钢锭尾部较重,头部较轻。尾部的条带多表现为细而密集,头部的则较宽。它是钢中残余铝过多,造成氮化铝沿铸造晶界析出,沿此断裂造成的。这种缺陷在调质状态下的断口上显示最为明显。轻微的撕痕状对力学性能影响不明显,严重时,则明显降低横向塑性、韧性,也使纵向韧性有所降低。

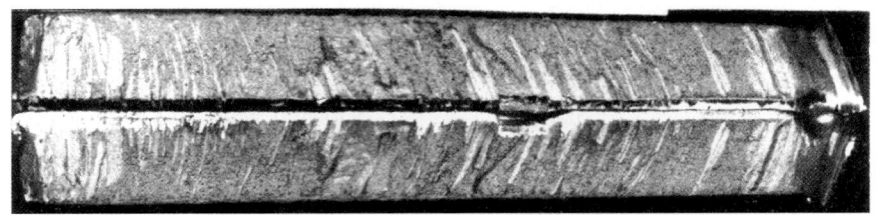

图 2-33 撕裂状断口 （0.8×）

6. 层状断口

在纵向截面上，沿热加工方向呈现无金属光泽的、凸凹不平的、层次起伏的条带，条带中伴有白亮或灰色线条。此种缺陷类似显著的朽木状，一般均分布在偏析区内，如图 2-34 所示。层状断口是沿翻皮或夹杂物集中区断裂的结果。层状主要是由于多条相互平行的非金属夹杂物的存在造成的。此种缺陷对纵向力学性能影响不大，但显著降低横向塑性、韧性。

图 2-34 层状断口 （3.5×）

7. 缩孔残余断口

在纵向断口的轴心区，呈非结晶构造的条带或疏松区，有时有非金属夹杂物或夹渣存在，沿着条带往往有氧化色，如图 2-35 所示。缩孔管残余一般都产生在钢锭头部的轴心区。主要是钢锭补缩不足或切头不够等原因造成的。缩孔（管）残余破坏金属连续性，是不允许存在的缺陷。

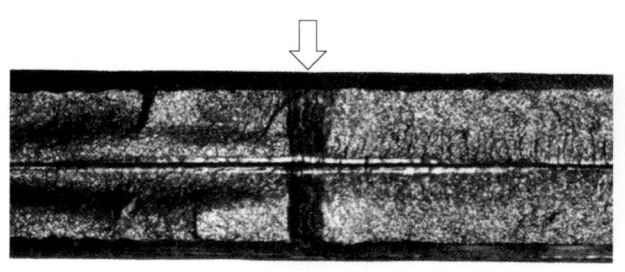

（a）纵间断 （1×）

（b）左图箭头处放大形貌 （3×）

图 2-35 缩孔残余断口

8. 白点断口

在纵向断口上，可见圆形或椭圆形的银白色的斑点，斑点内呈结晶颗粒状，个别的呈鸭嘴形裂口，白点的尺寸变化较大，一般多分布在偏析区内，如图 2-36 所示。白点在横向酸浸蚀面上表现为直的或弯曲的锯齿状裂纹。白点主要是钢中含量过高的氢与内应力共同作用造成的。在马氏体和珠光体钢容易形成。它属于破坏金属连续性的不允许缺陷。

（a） （0.8×）

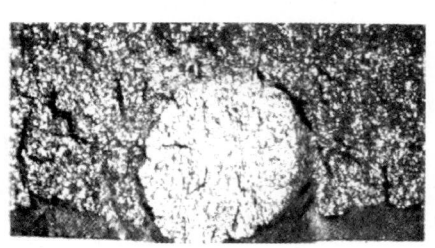

（b） （3×）

图 2-36 白点断口

9. 气泡断口

在纵向断口上，沿热加工方向呈内壁光滑、非结晶的细长条带。多分布在皮下，如图2-37所示，有时也出现在内部，见图2-38。气泡主要是由钢液气体过多、浇注系统潮湿、锭模有锈等原因造成的。它属于破坏金属连续性的缺陷。

图2-37 皮下气泡断口 （4×）
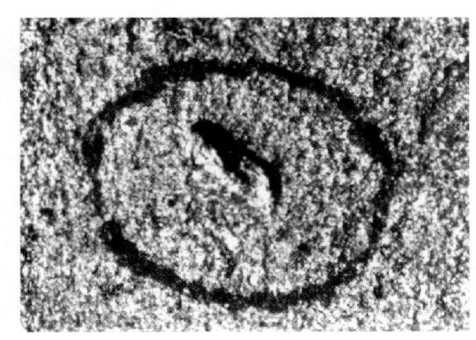
图2-38 内部气泡断口 （4×）

10. 内裂断口

常见的内裂分为锻裂与冷裂两种。

锻裂的特征是光滑的平面或裂缝，是热加工过程中滑动摩擦的结果，如图2-39(a)所示。

冷裂的特征是与基体有明显分界的、颜色稍浅的平面与裂缝。每个平面较为平整，清晰可见平行与加工方向的条带，如图2-39(b)所示。经过热处理或酸洗的试样可能有氧化色。

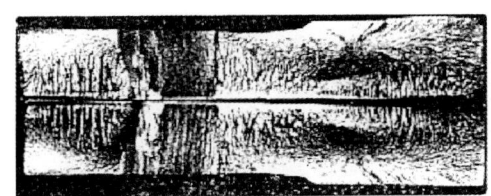
(a) 内裂(锻裂)断口 （0.7×）

(b) 内裂(冷裂)断口 （0.7×）

图2-39 内裂断口

内裂断口的内裂区产生于轴心附近部位的居多。

锻裂产生的原因是热加工温度过低，内外温差过大，热加工压力过大，变形不合理；冷裂是由于锻轧后冷却速度太快，组织应力与热应力叠加造成的。属于严重破坏金属连续性的不允许缺陷。

11. 非金属夹杂（肉眼可见）及夹渣断口

在纵向断口上，呈颜色不同的（灰白、浅黄、黄绿色等）、非结晶的细条带活块状缺陷。其分布无一定规律，整个断口均可出现，见图2-40、图2-41。此种缺陷是钢液在冶炼中脱氧产物未排除、浇铸过程中混入的炉渣与耐火材料等杂质造成的，属于破坏金属连续性的缺陷。

图2-40 非金属夹杂（肉眼可见）断口 （3×）
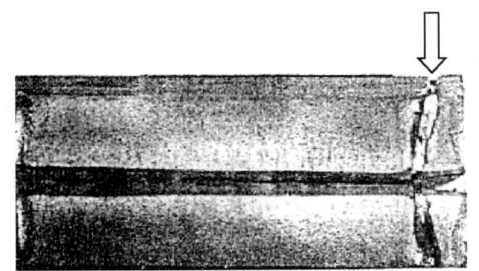
图2-41 夹渣断口 （0.75×）

当夹杂物被破碎并被轧制拉长形成多条大致平行的夹杂条带时,断裂时沿夹杂带就形成密布的呈朽木状的断口,常称为木纹状断口,见图 2-42。

图 2-42　木纹状断口　(0.9×)

12. 异金属夹杂断口

在纵向或横向的断口上,表现为与基体金属有明显的边界、不同的变形能力、不同的金属光泽或横向的条带,条带边界有时有氧化现象,见图 2-43。此种缺陷是由异金属掉入、合金料未完全熔化等原因造成的。它属于破坏金属的组织均匀性或连续性的缺陷。

13. 黑脆断口

在纵向断口上,呈现出局部或全部的黑灰色,一般多在钢材中心区,严重时可看到石墨炭颗粒,见图 2-44。此种缺陷多出现在退火后的共析和过共析工具钢,以及含硅的弹簧钢的断口上。它是由于钢中碳元素及长时间高温等条件下石墨化造成的。石墨(石墨化钢除外)破坏了钢的化学成分和组织的均匀性,使淬火硬度降低,性能变坏,石墨化是不允许的缺陷。

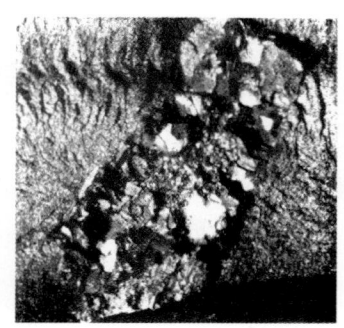

(a) 夹杂断口　(1×)　　　　(b) 左图箭头区域　(3×)

图 2-43　异金属夹杂断口

图 2-44　黑脆断口　(1×)

14. 石状断口

在断口上,表现为无金属光泽、颜色浅灰、有棱角、类似碎石状。轻微时只有少数几个,严重时布满整个断面,是一种粗晶晶间断口,见图 2-45。在微观上表现为沿晶界延性断裂,晶面上的韧窝中一般含有非金属夹杂。

此种缺陷是由于严重过热或过烧造成的。使钢的塑性、韧性降低,特别是韧性。

(a) (3×)　　　　　　　　　　　(b) (2×)

图 2-45　石状断口

15. 萘状断口

在断口上，呈弱金属光泽的亮点或小平面，用掠射光线照射时，由于各个晶面位向不同，这些亮点或小平面闪耀着萘晶体般的光泽，见图 2-46。萘状断口在微观上是一种粗晶的穿晶断口，呈准解理或解理花样。此种缺陷一般认为，合金钢是过热造成的、高速工具钢是不经中间退火重复淬火造成的，主要与第二相沿晶界或晶面高温析出有关。出现萘状断口一般会明显降低韧性。

图 2-46　萘状断口　（1∶1）

2.5　钢材塔形发纹检验

在钢材中，发纹是一种缺陷，它容易造成应力集中，降低钢的疲劳强度。为此，对制造重要构件的钢材，均要进行发纹检验，确定发纹的数量、大小及其分布情况，便于使用者控制。

将钢材制成一定规格的阶梯形试样，呈塔形，在阶梯表面用热蚀或磁粉探伤或渗透探伤的方法来显示出钢中沿加工方向分布的发纹缺陷，可按 GB/T 15711—2018《钢中非金属夹杂物的检验　塔形发纹酸浸法》及 GB/T 10121—2008《钢材塔形发纹磁粉检验方法》进行检验。

2.5.1　发纹的特征及成因

发纹是沿轧制方向分布的，具有一定长度和深度的细小裂纹。一般由于该裂纹很窄，光线射不到底，故只能看到有深度的黑色线条。顺光时，个别较宽的发纹可以看到灰暗色的底部。

普遍认为，发纹是由于钢中非金属夹杂物或气体、疏松等，在加工变形过程中沿轧制方向延伸，经过热酸浸蚀后，夹杂物脱落，形成具有一定深度的细小裂纹，即发纹。

2.5.2　塔形发纹检验试样制备

方钢或圆钢试样的检验面为三个平行于钢材（或钢坯）轴线的同心圆柱外表面，如图 2-47 所示；扁钢试样的检验面为平行钢材（或钢坯）轴线的纵截面，见图 2-48。

塔形试样的尺寸见表 2-6，试样的总长度建议采用 200 mm。当钢材直径或厚度小于 16 mm 或大于

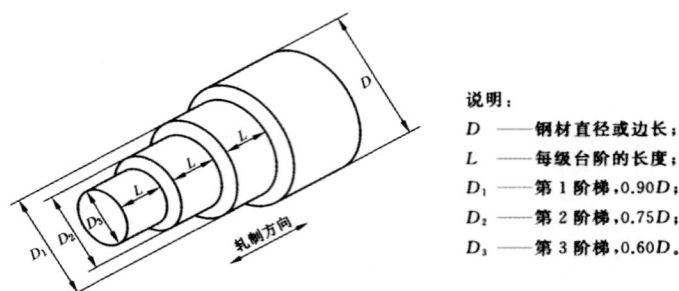

图 2-47　圆钢或方钢塔形加工示意图

说明：
D——钢材直径或边长；
L——每级台阶的长度；
D_1——第 1 阶梯，$0.90D$；
D_2——第 2 阶梯，$0.75D$；
D_3——第 3 阶梯，$0.60D$。

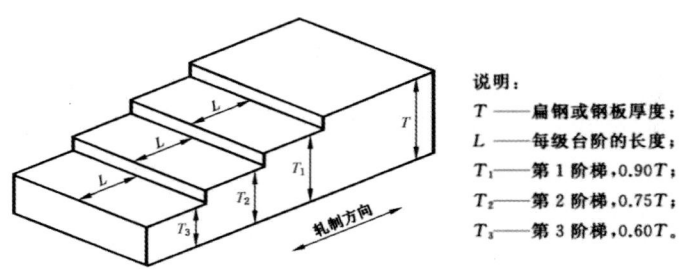

图 2-48　扁钢试样塔形加工示意图

说明：
T——扁钢或钢板厚度；
L——每级台阶的长度；
T_1——第 1 阶梯，$0.90T$；
T_2——第 2 阶梯，$0.75T$；
T_3——第 3 阶梯，$0.60T$。

150 mm 时，加工尺寸由供需双方协商确定。切削加工件应防止过热现象。各阶梯表面粗糙度不大于 $Ra1.6\mu m$。

表 2-6　塔形试样尺寸　　　　　　　　　　　　　　　　　　　　　　　　　　　mm

阶梯序号	各阶梯尺寸 $D_i^{①}(T_i^{②})$	长度 L
1	$0.90D(0.90T)$	50
2	$0.75D(0.75T)$	50
3	$0.60D(0.60T)$	50

注：① 圆钢直径、方钢边长。
　　② 扁钢或钢板厚度。

2.5.3　发纹检验方法

发纹检验可用热酸蚀、磁粉探伤、渗透探伤等方法。

发纹的酸蚀试验过程与一般低倍试样的酸蚀过程基本一样，但塔形试样的浸蚀时间要比同钢种的低倍试样为短。在经热酸浸的塔形试样上，可能会出现很多沿轧制方向的黑色线条，其中有的是发纹，有的不是发纹，而是钢材中的流线。所谓流线，其实质是沿轧制方向延伸的、比较集中的低熔点成分和带状组织偏析，这些部分在热酸浸过程中易于受浸蚀或部分剥落而形成。流线和发纹的区别在于：流线的线条较宽、较长，没有深度或深度较浅；发纹很窄、很深，多数看不到底。对于那些带有缓坡、底部平坦的凹槽，则不认为是发纹。在对材质的影响两者也不一样。流线不破坏钢材的连续性，对材料的性能影响不大；而发纹对钢的力学性能有严重的影响，对疲劳强度影响更大。因此，两者绝不可混淆。

酸浸程度对发纹的鉴别影响很大。一般低碳钢、低合金钢流线较多，深浸蚀的结果往往会使流线更加严重而与发纹难以分辨，故对这一类钢应该浸蚀得浅一点。相反，某些高合金钢，深浸蚀反而使发纹易于暴露。过浸蚀将使发纹无法检验。所以，无论对哪一类钢，过浸蚀都是不允许的。

发纹最短计算长度为 2 mm，位于同一线上相距 2 mm 以内的发纹，应算作一条。各阶梯表面上发纹分别统计。

发纹检验还可以采用磁粉探测法，但它与酸浸法的结果往往不能一致，其原因在于：

① 在一定磁场强度下,只能显示超出一定尺寸的发纹,而细小的发纹无法发现;
② 磁粉法不仅显示了表面上的发纹,同时也把表面下一定深度处的发纹显示出来;
③ 钢中的抗磁组织会引起假发纹。

但由于酸浸法的结果,往往存在使缺陷扩大的缺点,而磁粉探伤法不存在这个问题,因此两种方法各有利弊,允许选择或兼用。

2.6　钢材硫印、磷印试验及评级

2.6.1　硫印试验

硫也是钢中的有害元素之一。它是由原材料带入钢中的,在冶炼时一般无法全部被除尽。由于硫以硫化物的形式存在于钢中,故对钢铁材料的性能有很大的影响,因此在熔炼时必须严加控制,其含量一般控制在 0.045wt% 以下。当然,易切削钢和非调质钢中的硫化物,或部分作为强化相的硫化物另当别论,但其分布也应要求检测分析。

硫化物在钢中主要以硫化锰、硫化铁或硫化铁锰非金属夹杂物的形式存在。当钢中含锰量较低时,大部分的硫将化合生成硫化铁,硫化铁与铁的共晶温度低于钢的热加工温度,因此在热加工时容易造成热脆。而当钢中锰含量较高时,硫可与锰形成熔点较高(1620℃)的硫化锰夹杂,它在液态下大部分可与铁液分离,上浮成渣被除去,极少量未及时上浮者则残存于钢中的晶粒内部,因此对钢材的性能影响不大。同时由于硫化锰的熔点高于钢的热加工温度,故在热加工时不会产生热脆缺陷。因此钢中含有一定量的锰,可以降低钢的热脆性。此外,铸铁中一般含硫量较高,这不仅有损于铁液的流动性,而且还将增加收缩率和产生气孔,使铸铁件变脆。

钢中的硫化物虽可用微观检验和酸浸试验等方法来检验,但这两种方法各具优缺点。微观检验虽然可以确定硫化物的类型、形态及其大小,然而由于检测的视域较小,不能反映出它在钢材整个截面上的分布情况。酸浸试验虽可显示出夹杂物在整个钢材截面上的分布情况,但是这些夹杂物究竟属于何种类型夹杂物则无法确定。专门显示硫化物夹杂之分布情况的硫印试验可弥补上述的不足。

硫印试验执行标准有 GB/T 4236—2016《钢的硫印检验方法》。

1. 基本原理

利用硫酸与钢材中含有的硫化物发生作用,放出硫化氢气体,再与相纸上的溴化银发生反应,生成硫化银,沉积在印相纸相应的位置上,形成棕褐色的斑点,即为硫化物夹杂集中处。由此可以判断材料中硫化物分布情况。其化学反应如下:

$$MnS + H_2SO_4 \longrightarrow MnSO_4 + H_2S\uparrow \qquad (2-2)$$

$$FeS + H_2SO_4 \longrightarrow FeSO_4 + H_2S\uparrow \qquad (2-3)$$

$$H_2S + 2AgBr \longrightarrow Ag_2S\downarrow + 2HBr \qquad (2-4)$$

2. 操作方法

在暗室或安全(红)灯下,将印相纸先在浓度 3%~5% 的硫酸水溶液中浸润一分钟后取出并轻微抖动相纸,让相纸上的残余液滴去,使相纸上的液膜均匀,相纸抖动的时间以掌握在 30 s 为宜。然后以此相纸的药面紧贴在磨光($Ra=1.6\mu m$)的试样表面上,用药棉或橡皮滚筒不断地在相纸背面上揩拭或滚动,使相纸与试样紧密贴合,防止气泡存在。经 5 min 左右后揭下,用清水冲洗,定影把相纸上未与硫酸起反应的溴化银影粒溶解下来,再冲洗和烘干。然后按相纸上的棕色斑点评定钢中硫化物的分布及含量的高低。

2.6.2　磷印试验

磷是钢中的有害元素,一般控制在 0.045wt% 以下。它是由原材料带入钢中的,在熔炼时一般无法去净。钢液中存在磷元素,可以增加流动性。但磷是一个极易偏析的元素,在钢液凝固时,一旦形成磷偏析,将大大地增加钢的冷脆性,故磷对钢的性能危害较大。此外,磷元素存在于钢中时,它与碳是相互排斥的,在磷含量高的区域含碳量低,故它在钢中可形成固溶磷高的铁素体条带状偏析,又称为鬼线。因此,对于磷元素在钢中的这些特点,在作化学分析时不易发现它有偏析存在。虽然有时钢中的含磷量在规定范围内,但是钢的冷脆性表现得极为显著。此时可用磷印试验来揭示。其磷印试验法有两种:铜离子沉积法和硫代硫酸钠显示法。

2.6.2.1 铜离子沉积法

1. 基本原理

当钢样置于含有铜离子的试验剂中时,在试样表面即发生置换作用,铁置换试剂中的铜离子,此时铜离子即沉淀在试样表面上,故该处呈银白色,而磷偏析处未被铜离子所覆盖,受到试剂的剧烈浸蚀变为暗黑色,与无磷区的银白色形成鲜明的差别。这种方法主要是利用钢表面各部分浸蚀性能的不同,以达到显示磷偏析的目的。

2. 配制试剂

在量筒中盛蒸馏水 700 mL,将 53 g 氯化铵倒入蒸馏水中溶解,再将 85 g 氯化铜放入溶液中,用玻璃棒搅拌,使之溶解,然后再添蒸馏水至 100 mL,将配好的溶液倒入广口玻璃容器中备用。

3. 操作方法

将试样用蘸有酒精或四氯化碳的药棉把油污除干净之后,将试样全部浸入配制好的溶液中,并用玻璃棒不断地搅拌,使溶液中的铜离子不断地与铁发生置换作用,约 1 min 后,将试样从溶液中取出,并在流动的水中用棉花将铜离子擦去,随后喷上酒精,用吹风机吹干试样表面。此时见到银白色的试样表面有黑色的斑点,斑点处即为磷偏析处。

2.6.2.2 硫代硫酸钠显示法

1. 基本原理

采用含有偏重亚硫酸钾($K_2S_2O_5$)的饱和硫代硫酸钠($Na_2S_2SO_3$)溶液对试样现行浸蚀,然后用经过稀盐酸浸润的照相纸药面覆盖在试样表面上,使之与试样发生化学反应,从而在照相纸上显示出具有不同色泽的沉淀斑痕,这样就可以辨别出试样的磷偏析情况。

2. 配制试剂

在 50 mL 饱和的硫代硫酸钠溶液中加入 1 g 的偏重亚硫酸钾,另外再配制浓度为 3% 的盐酸水溶液。

3. 操作方法

将试样用蘸有四氯化碳的药棉把油污清除干净,之后将试样置于含有偏重亚硫酸钾的饱和硫代硫酸钠溶液中浸蚀 8～10 min,试样表面应被溶液充分覆盖,然后将试样放在流动水中漂洗,随用热水或酒精冲淋后吹干。

将 3%(体积分数)盐酸水溶液浸透过的照相纸药面覆盖在试样表面上,在相纸背面上用药棉轻轻擦拭,1 min 后取下相纸放入水中冲洗,然后置于定影液中定影 20 min,最后将相纸在清水中冲洗 20 min 后取出烘干,此时即可在相纸上获得磷印结果。

经过上述操作后,相纸上显示出较深的咖啡色处为含磷低的区域,颜色较浅的区域为磷偏析较高的区域

参考文献

[1] 冶金工业部钢铁研究所等合编. 合金钢断口分析金相图谱[M]. 北京:科学出版社:1979.
[2] 胡赓祥,钱苗根. 金属学[M]. 上海:上海科学技术出版社,1984.
[3] 史宸兴. 实用连铸冶金技术[M]. 北京:冶金工业出版社,1998.
[4] 许庆太,王文仲. 连铸钢坯低倍检验和缺陷图谱[M]. 北京:中国标准出版社,2009.
[5] 任颂赞,叶俭,陈德华. 金相分析原理及技术[M]. 上海:上海科学技术文献出版社,2013.

第 3 章

钢中非金属夹杂物检测及评级

钢中非金属夹杂物是钢中夹带的各种非金属物质颗粒的统称,如氧化物、硫化物、硅酸盐、氮化物等,主要由炼钢中的脱氧产物和钢凝固时由一系列物化反应所形成的各种夹杂物。一般来说,钢中非金属夹杂物对钢的性能产生不良影响,如降低钢的塑性、韧性和疲劳性能,使钢的冷热加工性能乃至某些物理性能变坏等。因此评定钢中夹杂物类别、分布及级别对保证并提升钢材质量十分重要。

当然,当对有关非金属夹杂物的形态、分布及数量能有效控制时,也可起到有益作用,如强化作用、制成易切削钢等。

钢中非金属夹杂物的检测可分为宏观检测方法及显微检测方法,各自有具体的标准。宏观检测方法包括腐蚀、断口、台阶和磁粉法等,可以在大面积试面上检测大夹杂物,但不适于检测小于 0.4 mm 的夹杂物,不能分辨夹杂物的类型。显微检测方法可测定试面上夹杂物的尺寸、分布、数量和类型,可评定极小的夹杂物,但其评估视场很小,只能用有限数量的视场来评定大试样,必然具有一定的偶然性。具体采用何种方法,应根据钢的类型及性能要求,也可以将宏观和微观两种方法结合采用,以便得到最佳结果。

钢中非金属夹杂物的宏观检测方法及微观检测方法,各自有具体的标准,本章仅介绍显微检测及评定方法。

3.1 钢中非金属夹杂物的种类及形态

钢中非金属夹杂物一般简称为夹杂物,可根据夹杂物的化学成分、可塑性、来源进行分类。

3.1.1 按夹杂物的化学成分分类

根据夹杂物的化学成分,可以分成氧化物、硫化物及氮化物三大类,有时会出现 2 种或 3 种共存体现象,见图 3-1。

1. 氧化物系夹杂物

氧化物系夹杂物又可分成简单氧化物、复杂氧化物、硅酸盐及硅酸盐玻璃。

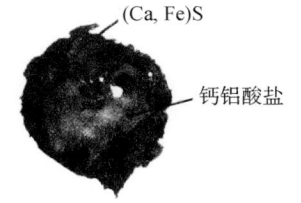

图 3-1 (Ca,Fe)S、钙铝酸盐夹杂形貌 (400×)

简单氧化物夹杂在钢中的形态通常呈颗粒状或球形。

复杂氧化物包括尖晶石类夹杂物和各种钙的铝酸盐等。尖晶石类氧化物常用化学式 $AO \cdot B_2O_3$ 表示(化学式中 A 表示二价金属,如镁、锰、铁等;B 表示三价金属,如铁、铬、铝等)。钙虽属二价金属元素,但因其离子半径太大,所以它的氧化物不生成尖晶石而生成各种钙铝酸盐。

硅酸盐及硅酸盐玻璃通用的化学式可写成 $LFeO \cdot mMnO \cdot nAl_2O_3 \cdot PSiO_2$。它们的成分是复杂的,而且常常是多相的。这类夹杂物在钢的凝固过程中,由于冷却速度较快,某些液态的硅酸盐来不及结晶,其全部或部分以玻璃态的形式保存于钢中。

氧化物系夹杂物分类一览表见表 3-1。

表 3-1 氧化物系夹杂物分类一览表

类别		氧化物系夹杂物
简单氧化物		FeO、MnO、SiO_2、Al_2O_3、Cr_2O_3、ZrO_2、TiO_2 等
复杂氧化物	尖晶石类	$FeO \cdot Fe_2O_3$(磁铁矿)、$FeO \cdot Al_2O_3$(铁尖晶石)(见图 3-2)、$MnO \cdot Al_2O_3$(锰尖晶石)、$MgO \cdot Al_2O_3$(镁尖晶石)、$FeO \cdot Cr_2O_3$(铬尖晶石)、$(MnFe)O \cdot Cr_2O_3$(锰铁铬尖晶石)等
	含钙铝酸盐类	$CaO \cdot Al_2O_3$、$CaO \cdot 2Al_2O_3$ 等
硅酸盐(玻璃)		$2FeO \cdot SiO_2$(铁硅酸盐)、$2MnO \cdot SiO_2$(锰硅酸盐)(见图 3-3)、$3Al_2O_3 \cdot 2SiO_2$(铝硅酸盐)、$CaO \cdot SiO_2$(钙硅酸盐)、$LFeO \cdot mMnO \cdot PSiO_2$(铁锰硅酸盐玻璃)等

(a) 明视场　　　　　(b) 暗视场　　　　　(c) 偏振光

图 3-2 $FeO \cdot Al_2O_3$(含少量硫)夹杂物明场、暗场、偏振光下形貌 (300×)

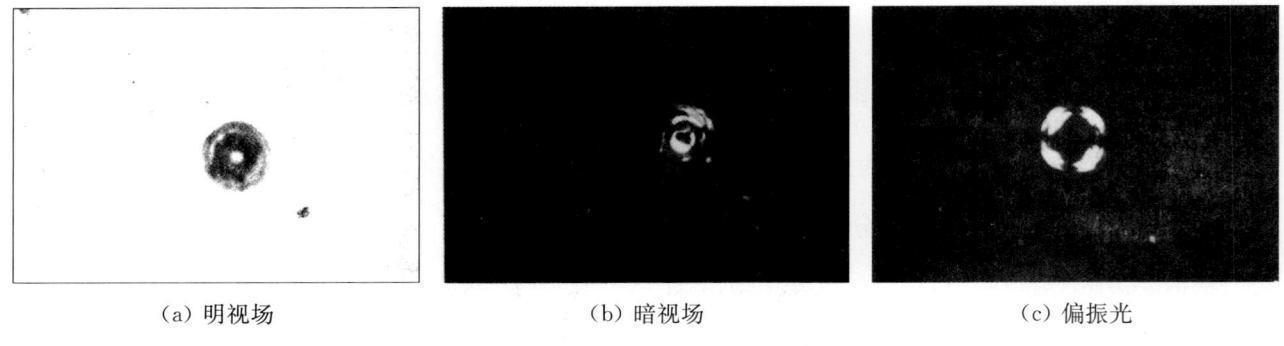

(a) 明视场　　　　　(b) 暗视场　　　　　(c) 偏振光

图 3-3 $MnO \cdot SiO_2$ 夹杂物明场、暗场、偏振光下形貌 (400×)

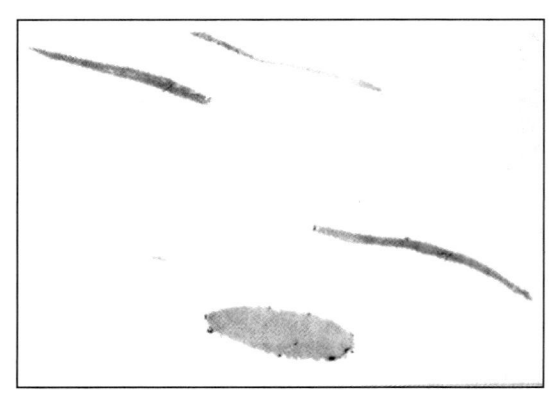

图 3-4 MnS 夹杂物形貌 (400×)

2. 硫化物系夹杂物

硫化物夹杂常沿着钢材塑变延伸的方向变形,呈长条状或纺锤形,主要有 FeS、MnS、(Mn,Fe)S(见图 3-4)及 CaS 等。一般钢中硫化物的成分取决于钢中含锰量和含硫量的比值。锰比铁对硫的亲和力更大,向钢中加入锰时优先形成 MnS。当钢中加入稀土元素时则可形成稀土硫化物,如 La_2S_3、Ce_2S_3 等。

3. 氮化物

当钢中加入与氮亲和力较大的元素时会形成 AlN(见图 3-5)、TiN、ZrN、VN、NbN 等氮化物。氮化物在显微镜呈方形或棱角形。一般钢中脱氧前氮含量不高,故钢中氮化物不多。但如钢中含有铝、钛、锆等元素,在出钢、浇铸过程中钢液与空气接触，空气中氮将溶解在钢中，使氮化物的数量显著增加。

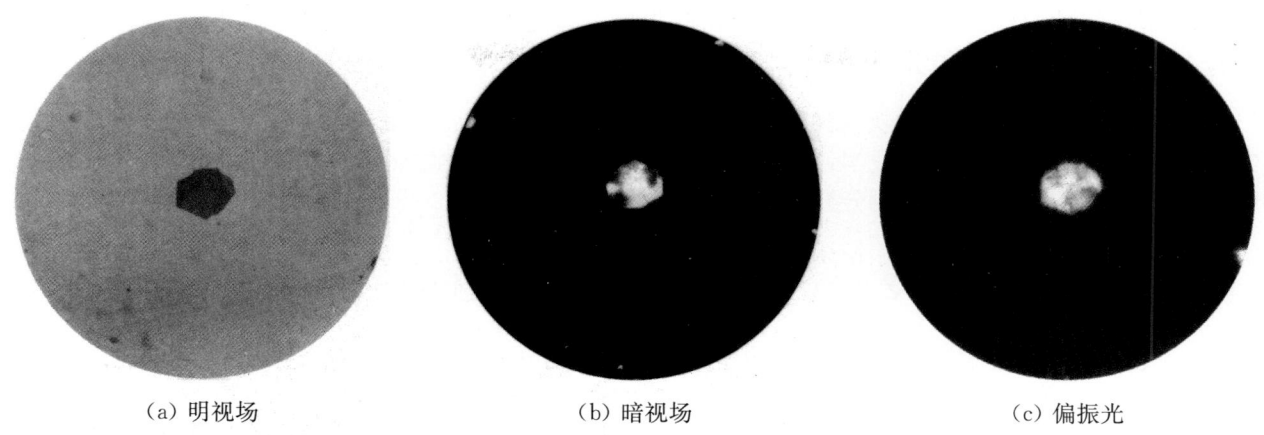

(a) 明视场　　　　　　　　(b) 暗视场　　　　　　　　(c) 偏振光

图 3-5　Al(N, O)夹杂物明场、暗场、偏振光下形貌　(300×)

3.1.2　按夹杂物的可塑性分类

根据夹杂物的可塑性可以分成塑性夹杂物、脆性夹杂物、不变形夹杂物及半塑性夹杂物。这种分类方法，主要用于研究夹杂物对钢材变形加工时的行为及对钢材变形加工的影响。

1. 塑性夹杂物

钢中塑性夹杂物在钢经受加工变形时具有良好塑性，沿着钢的流变方向延伸成条带状。如 FeS、MnS、(Mn、Fe)S 及含 SiO_2 较低(40%～60%)的铁锰硅酸盐和其中溶有 FeO、MnO、Al_2O_3 的硅酸钙和硅酸镁等。

2. 脆性夹杂物

指那些不具有塑性的简单氧化物和复杂氧化物以及氮化物。当钢在热加工变形时，这类夹杂物的形状和尺寸不发生变化，但夹杂物的分布有变化。氧化物和氮化物夹杂均可沿钢延伸方向排列成串，呈点链状。属于这类的有 Al_2O_3、Cr_2O_3、尖晶石氧化物，钒、钛、锆的氮化物以及其他一些高熔点夹杂物。

3. 不变形夹杂物

这类夹杂物在铸态的钢中呈球状，而在钢凝固并经形变加工后，夹杂物保持球形不变。属于这类的有 SiO_2、含 SiO_2 较高(>70%)的硅酸盐、钙的铝酸盐、纯的硅酸钙和纯的硅酸铝以及高熔点的硫化物 Re_2S_3、Re_2O_2S、CaS 等。

4. 半塑性夹杂物

指各种多相的铝硅酸盐夹杂物。其中作为基底的夹杂物(铝硅酸盐玻璃)一般当钢在热加工时具有塑性，但是在这基底上分布的析出相晶体(如 Al_2O_3、尖晶石类氧化物)的塑性很差。钢经热变形后，塑性夹杂物相(基底)随钢变形而延伸，但脆性的夹杂物相不变形，仍保持原来形状，只是彼此之间的距离被拉长。

3.1.3　按夹杂物的来源分类

根据夹杂物的来源，可以分成内生夹杂物、外来夹杂物。这种分类方法主要为制定减少或杜绝夹杂物方案提供依据。

1. 内生夹杂物

在钢的熔炼、凝固过程中，脱氧、脱硫产物，以及随温度下降，硫、氧、氮等杂质元素的溶解度下降，于是这些不溶解的杂质元素就形成非金属化合物在钢中沉淀析出，最后留在钢锭中。内生夹杂物分布相对均匀，颗粒一般比较细小。可以通过合理的熔炼工艺来控制其数量、分布和大小等，但一般来讲内生夹杂物总是存在的。

2. 外来夹杂物

炉衬耐火材料或炉渣等在钢的冶炼、出钢、浇铸过程中进入钢中来不及上浮而滞留在钢中称为外来夹杂物。其特征是外形不规则、尺寸比较大，偶尔在这里或在那里出现，正确的操作可以避免或减少钢中外来夹杂物的入侵。

3.1.4 按夹杂物形态和分布分类

显微检测时非金属夹杂物分类主要从对钢材的性能影响出发，对非金属夹杂物检测时按其形态和分布进行分类。尽管划分的类型常包含了化学名称，但仍严格以形态评定分类，化学名称的命名主要根据所收集的相关形态或形状数据。不同标准有不同分类方法，具体见本章 3.3 节介绍。

3.2 钢中非金属夹杂物的鉴定方法

夹杂物的鉴定分为宏观鉴定和微观鉴定。宏观鉴定的方法有探伤法、低倍检验等，主要用于宏观性检验。本章主要介绍微观鉴定方法，有金相分析、电子光学方法（电子探针、扫描电镜附能谱仪分析）等。另外还可利用电解分离法分离出夹杂物，测定夹杂物的化学组成及含量。

3.2.1 金相分析法

金相分析法是夹杂物一般定性及定量分析应用最为广泛的一种简便方法，即利用金相显微镜进行比对或计算的方法测定钢中夹杂物的含量，还能够鉴别夹杂物的类型、形状、大小和分布。而这些因素与生产工艺及对性能的影响都有其密切联系。

在金相鉴别的基础上，可为电子探针、能谱成分测定提供确切区域，也是图像自动分析的基础。同时，直接观察夹杂物的形状、大小及分布，研究钢中非金属夹杂物与钢基体之间的变形行为和断裂关系可为评价夹杂物对金属材料性能的影响提供参考依据。但如果不和其他分析方法（如电子探针、扫描电镜等）结合起来进行综合试验，就不能全面地鉴定和研究各种已知的和未知的夹杂物。

由于钢中的各种非金属夹杂物有不同的结构、不同的光学特征，故在金相分析中可用不同的成像光路如明场、暗场、偏振光等来鉴别夹杂物的特性，也可在制样时用不同的浸蚀方法对比，用不同的化学反应来鉴别夹杂物。

1. 明场鉴定方法

在明场下，主要研究夹杂物的形状、大小、分布、数量、表面色彩、反光能力、结构、磨光性和可塑性等，通常在放大 100~500 倍下进行。

夹杂物的表面色彩是不变的，但必须考虑到观察条件的影响。例如增大放大倍数会使夹杂物变得明亮；采用油浸物镜时会得到与干镜观察时完全不同的色彩；另外，夹杂物的大小、表面状态（浮凸）和夹杂物周围的色彩等都会影响夹杂物的表面色彩，因此通常在放大 500 倍左右的干镜下用较强的光（白色）来鉴别夹杂物的表面色彩和结构。

2. 暗场鉴定方法

暗场下可研究夹杂物的透明度和固有色彩。

在暗场中，由于金属基体的反射光不进入物镜，光线透过透明夹杂物，在夹杂物与金属的交界面上产生反射，因而透明夹杂物在暗场下是发亮的。不透明夹杂物在暗场下呈暗黑色，有时可看到一亮边。而在明场下，由于金属基体反射光的混淆，无法观察到夹杂物的透明度。

在暗场下，光线透过透明夹杂物后，在夹杂物与金属基体交界处产生反射，反射光透过夹杂物后入射于镜筒内，如果夹杂物是透明有色彩的，那么射入镜筒内的光线也带有该夹杂物的色彩，故夹杂物的固有色彩在暗场下便显露出来。而在明场下，因为入射光线一部分经试片的表面金属反射出来，另一部分则经过夹杂物而折射入金属基体与夹杂物的交界处，再经该处发射出来，这两束光线混合射入物镜，夹杂物的固有色彩被混淆，因此明场下看不清夹杂物的固有色彩。

3. 偏振光鉴定方法

在偏振光下主要判别夹杂物的各向异性效应和黑十字等现象。夹杂物在偏振光下有各向同性和各向异性之分。在正交偏振光下观察非金属夹杂物时，如转动显微镜载物台一周，试样上各向异性的非金属夹杂物,将出现 4 次消光和 4 次发光的现象,同时夹杂物的色彩也发生变化,而各向同性的非金属夹杂物则不发生变化。球状透明玻璃态夹杂物,在正交偏振光下呈现"黑十字"和"同心环"现象,这些是对某种夹杂物的鉴别标志。

当入射的偏振光射至各向异性夹杂物时,则分解为平行于光轴和垂直于光轴的两个分偏振光反射出来,这两个分偏振光的振幅不同,而且有位向差。因而入射的平面偏振光经各向异性晶体反射后一般变为椭圆偏振光,而且振动面有旋转。在正交偏振光下(即起偏镜与检偏镜两者的振动面由互相平行转到互相垂直),这椭圆偏振光就可能有一个分偏振光透过检偏镜,使视场内的夹杂物仍能被清晰地看到。由于两份偏振光的振幅与入射光、晶体的取向有关,故形成的椭圆偏振光的形状、取向与入射光、晶体的取向有关。当载物台旋转一周时就会交替出现消光和发亮的各向异性效应。

"黑十字"的形成是因为夹杂物位于方位角等于 45°的地方,使偏振光变为能透过检偏镜的椭圆偏振光,这些地方就发亮;夹杂物位于方位角等于 0°和 90°的地方不形成椭圆偏振光,这些地方便变成暗黑。

同心环现象与偏振光无关,主要是由于干涉作用而产生不同强度的光的缘故。

偏振光还和暗场一样,可以观察夹杂物的透明度和固有色彩,其原理和暗场一样,但对透明度鉴别的灵敏度比暗场小。

部分夹杂物明场、暗场、偏振光下不同形貌见图 3-2、图 3-3、图 3-5 及图 3-6。

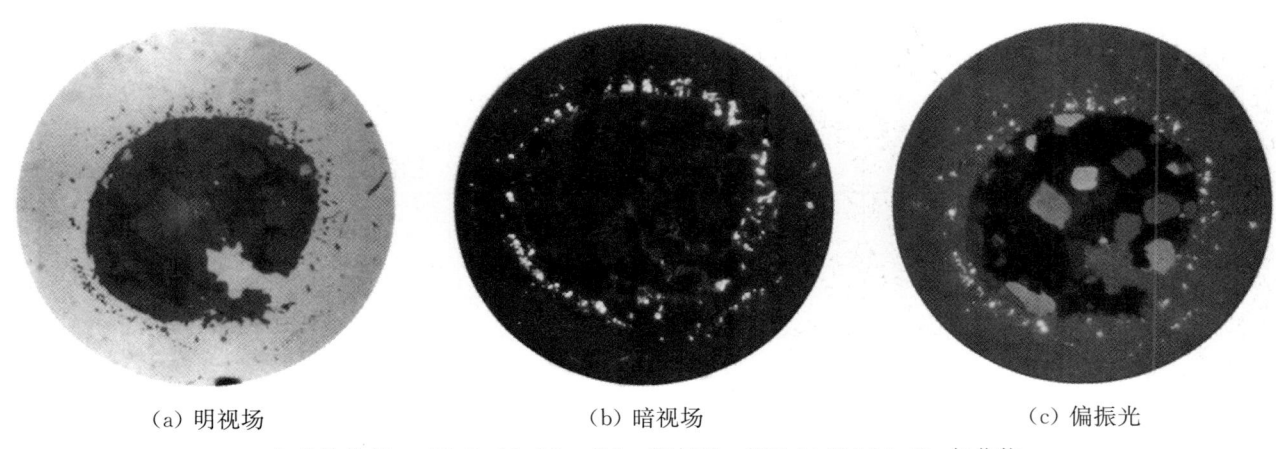

(a) 明视场　　　　　　　　　(b) 暗视场　　　　　　　　　(c) 偏振光

灰色块状相:α-Ti_2O_3(含 Mn、Cr)　　深灰相:$(RE-Al-Si-Mn)_xO_y$ 氧化物

图 3-6　氧化类夹杂物明场、暗场、偏振光下形貌　(300×)

4. 化学试剂浸蚀法

由化学试剂浸蚀来确定夹杂物的化学性质曾是夹杂物定性的主要依据之一。如前所述,夹杂物经化学试剂浸蚀后不同类型的夹杂物具有不同的表现,由此可以确定夹杂物的类型。但是这种方法的主要缺点是准确性较低,而且夹杂物的尺寸、浸蚀时间和温度等因素均影响试验结果,因此这种方法在目前应用甚少。

部分钢中非金属夹杂物的特性及光学特征见表 3-2。

3.2.2　电子探针方法

电子探针(波谱仪、能谱仪等)一般置于扫描电镜内,故夹杂物的形貌及成分可同时检测。

电子探针的基本原理是利用电子透镜把电子束聚集后轰击试样表面的某一微小区域而激发出 X 射线,利用 X 射线信息进行微区的成分分析。

利用电子探针分析夹杂物时可获如下三方面的数据:

① 从 B→U 元素及其含量,并可根据元素含量推断夹杂物的化学组成;

② 通过线分析测定不同部位同种元素的分布情况,并可把元素浓度分布曲线叠加到夹杂物的形貌像上,使结果更为直观;

③ 元素在夹杂物及其周围基体中的面分布情况,元素含量高的地方显示出密集的光点。

表 3-2 钢中非金属夹杂物的性能和光学特征

名称及化学式	晶系及在钢中存在的形态	在钢中分布情况	抛光性	可塑性	参考硬度/HV	光学特征 在明场中	光学特征 在暗场中	光学特征 在偏振光中	其他
氧化亚铁(维氏体)FeO	立方晶系,在大多数情况下呈球形,变形后呈椭圆	无规律,偶尔沿晶界分布,常呈共晶结构	良好	稍变形	430	灰色,稍带紫褐的色彩	完全不透明(一般比基体暗黑)有亮边	各向同性	与MnO形成一系列连续的固溶体:FeO·MnO
磁铁矿 Fe_3O_4	立方晶系,一般在氧化皮中呈多孔状	钢表面氧化皮中			580	明亮的灰色	不透明	各向同性	
赤铁矿 Fe_2O_3	立方晶系	氧化皮最表层	易碎		1000	白色带浅蓝色	暗红色(薄层时)	各向异性	
氧化亚锰(方锰矿)MnO	立方晶系,呈不规则形状的颗粒,有时为树枝状结构,变形后沿加工方向略有伸长	成群分布	良好	稍变形	280	暗灰色,在薄层中可觉察内部反光	在薄层中透明,本身呈绿宝石色彩	各向同性,在薄层中呈绿色	熔点1700℃,与FeO形成一系列连续的固溶体
二氧化硅(硅石)石英夹杂 SiO_2	存在 $\alpha \rightleftharpoons \beta$ 二同素异形体;α 石英三角晶系;β 石英六角晶系,呈孤立的大颗粒(碎屑)	无规则,呈孤立分布	不好	不变形	(莫氏7)	深灰色的球中心带有亮点及反光的圆环	透明,明亮的浅黄色	弱各向异性	熔点1600～1670℃,在870℃时,α石英转变为γ鳞石英
玻璃质 SiO_2	具有大小不同的球状		良好	不变形	700	暗灰色到黑色	透明,无色	各向同性,清晰显示黑十字形特征	
氧化铝(刚玉、铝氧土)$α-Al_2O_3$	六角晶系,大多数情况下呈不规则的细小颗粒,有时呈规则的六角形颗粒(正六角形),少数情况下呈粗大颗粒	大多数情况下为成群、聚集分布,热轧变形后呈链、串状	不好,易磨掉并留下彗星尾状空洞	不变形	(莫氏9)	暗灰到黑色(带有紫色)	透明,黄白色	透明,弱各向异性	
硫化铁 FeS	六角晶系,通常呈球状或共晶状	在晶粒内任意分布,沿晶界网状分布	良好	易变形	240	亮黄色,若长期暴露于空气中,则变成褐色	不透明,沿周边有亮线	明显各向异性,不透明,淡黄色	熔点1170～1185℃,仅在钢中形成,和MnS形成一系列固溶体,在固溶体中含锰少时能含13%Ni
硫化锰 MnS	立方晶系,变形后沿压延方向呈椭圆形或条状	无规律	良好	易变形		灰蓝色	弱透明,灰绿色	各向同性,透明	熔点1620℃,常和FeS形成一系列固溶体

续表

名称及化学式	晶系及在钢中存在的形态	在钢中分布情况	抛光性	可塑性	参考硬度/HV	光学特征 在明场中	光学特征 在暗场中	光学特征 在偏振光中	其他
铁锰硫化物固溶体 FeS·MnS	主要呈球状或共晶状	无规律，在晶粒内或沿晶界分布	良好	易变形		随 MnS 含量的减少，色彩由灰蓝色变到亮黄色	不透明	各向同性	几乎存在于所有牌号的碳素钢和低合金钢中
铝硅酸盐（多铝红柱石）$3Al_2O_3·2SiO_2$	菱形晶系，常呈三角状和针状	无规律	良好	不变形		暗灰色	透明，无色	各向异性	
钙硅酸盐 $CaO·SiO_2$ $2CaO·SiO_2$ $3CaO·SiO_2$	各种尺寸的圆球	无规律	不好	不变形	400~600	暗灰色，具有粗糙表面	透明	各向同性	
氮化铁 TiN	立方晶系，呈有规则的几何形，如方形、长方形等	成群分布，变形后呈链、串状	不好	不变形	2 000	由亮黄色到玫瑰红色	不透明，沿周界有亮线	各向同性，不透明	
氮化铝 AlN	六角晶系，呈六角形、三角形、长方形	成群分布	不好	不变形	856	暗灰色	透明，淡黄色	强各向异性	熔点 2 150~2 200 ℃

3.2.3 电解分离法

通过电解分离法分离出夹杂物,随后进行微观分析,测定夹杂物的化学组成及其含量。

电解分离法系以钢样作电解池的阳极,电解槽本体作为阴极,通电后,钢的基体电解成离子进入溶液,非金属夹杂物则不被电解,就在阳极室成固体保留。这种方法不适用所有的钢种和夹杂物,因为在分离过程中有的夹杂物会发生分解或溶解,所以这种方法在应用上具有一定的局限性。

3.3 钢中非金属夹杂物显微检测评定方法

钢中非金属夹杂物的类别、形态、大小、数量及分布与钢种、冶炼、浇铸钢坯的尺寸有关,也与加工变形量有关,同时会不同程度影响钢材的性能及可靠性。而且非金属夹杂物即使在同一炉、同一加工批钢材中的分布也绝不会是均匀的。因此,为客观、正确测定非金属夹杂物含量,需要从取样、夹杂物分类、数量测定等各方面做出科学的相对统一的规定,制定相对统一的标准,以利质量评定,技术交流。

目前钢中非金属夹杂物含量显微测定方法基本为标准评级图法以及相应的图像分析法,常用标准:

GB/T 10561—2005(2008)《钢中非金属夹杂物含量的测定标准评级图显微检验法》

ISO 4967:2013(E)《钢中非金属夹杂物含量的测定标准评级图显微检验法》

JIS G0555:2020《钢中非金属夹杂物的显微镜试验方法》

ASTM E45-2018a《测定钢中夹杂物含量的试验方法》

BS EN 10247:2017(E)《标准评级图显微检测法测定钢中非金属夹杂物含量》

其中 GB/T 10561、JIS G0555 基本源自 ISO 4967,主要适用于压缩比大于或等于 3 的轧制或锻制钢材。

此外,DIN 50602:1985《优质钢中非金属夹杂物含量的测定标准评级图显微检验法》曾是常用的夹杂物评定标准,目前已被替代。

各标准对非金属夹杂物的显微检测均按形态和分布进行分类,各标准的命名虽不尽相同,但基本思路相近,有对应关系,见表 3-3。各标准取样方法、观察方法也基本相同。以下简要介绍各标准的检测方法。

表 3-3 各标准显微夹杂物分类对应比较

GB/T 10561(ISO 4967)	ASTM E45	BS EN 10247	DIN 50602	夹杂物及形貌
A	A	A	SS	条状硫化物
C	C	C	OS	条状硅酸盐
B	B	B	OA	松散状氧化铝
D	D	D	OG	球状氧化物
DS				单颗粒球状
		EAD		异形、有包囊
		EF		矩形状氮化钛

3.3.1 非金属夹杂物显微检测的取样与观察

钢中非金属夹杂物在钢中各区域分布并不一致,因此其含量测定时对取样部位及大小有明确规定,各标准对于样品的截取、大小的规定基本相同。

ISO 4967 规定,试样抛光检测面面积应为 200 mm²(20 mm×10 mm),并应平行于钢材纵轴,位于钢材外表面到中心的中间位置。取样方案若无定约,应按图 3-7~图 3-12 所示取样。

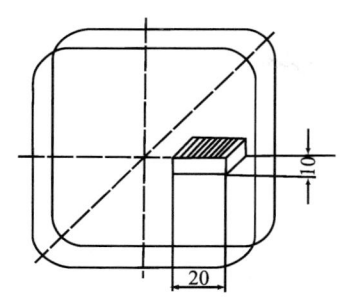

图 3-7 直径或边长大于 40 mm 钢棒或钢坯的取样图

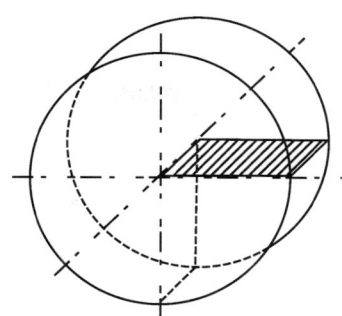

图 3-8 直径或边长为大于 25～40 mm 钢棒或钢坯的取样

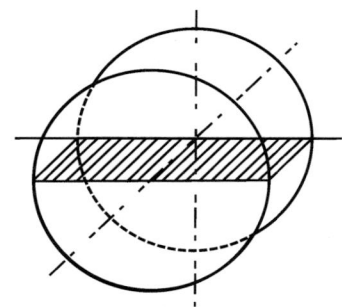

图 3-9 直径或边长不大于 25 mm 钢棒的取样图

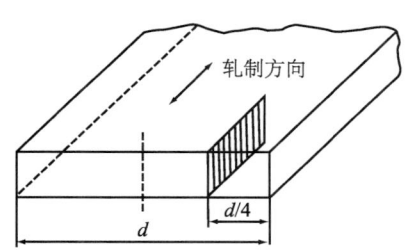

图 3-10 厚度不大于 25 mm 钢板的取样图

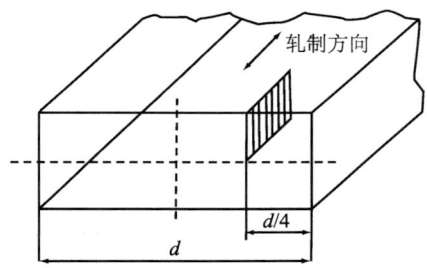

图 3-11 厚度大于 25～50 mm 钢板的取样图

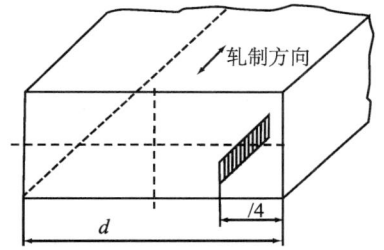

图 3-12 厚度大于 50 mm 钢板的取样图

取样数量按产品标准或专业协议规定,一般不少于 6 个位置的试样。

ASTM E45 标准要求取样面积为 160 mm², 对薄截面产品规定截取纵向试面, 厚度为 0.95～9.5 mm 时, 应从同一抽样坯料取足制成约 160 mm² 的抛光试样面(如取 7～8 个试样)的材料; 厚度小于 0.95 mm 时, 从每个抽样位置取 10 个纵向试片, 每个试样制成一个适当的抛光试样面(如不足 160 mm²)。

截取的试样在抛光态下检验, 试样抛光时应避免夹杂物的剥落、变形或抛光表面被污染, 以保证检验面尽可能干净和夹杂物的形态不受影响。

各标准均规定试样在金相显微镜 100±2 倍率下检测, 可投映到毛玻璃上, 或目镜直接观察, BS EN 10247 标准也允许用其他放大倍率, 但评定时要转换到 100 倍时尺寸。

3.3.2　GB/T 10561—2005(ISO 4967)检测方法

3.3.2.1　GB/T 10561 的夹杂物分类及分级方法

该标准把钢中非金属夹杂物分为 A、B、C、D、DS 等五大类, 其中又把 A 类～D 类按夹杂物粗、细(宽度或直径)分为两类, 分别评定, 用字母 e 表示粗系的夹杂物, 详见表 3-4。每类夹杂物随含量(递增)级别从 0.5 级至 3 级, 级差为 0.5 级, 共 6 个级别, 这些夹杂物级别的量值划分见表 3-5, 夹杂物粗系与细系的划分见表3-6。图3-13～图3-17为各类夹杂物部分评级图。

表3-4 GB/T 10561标准中夹杂物(显微检验)分类一览表

类型	形态	部分标准图
A类(硫化物类)	具有高的延展性,有较宽范围形态比(长度/宽度)的单个灰色夹杂物,一般端部呈圆角,根据长度及多少分为0.5级～3.0级共6个级别。	图3-13
B类(氧化铝类)	大多数没有变形,带角的,形态比小(长宽比一般<3),黑色或带蓝色的颗粒,沿轧制方向排成一行(至少有3个颗粒),根据颗粒多少分为0.5级～3.0级共6个级别。	图3-14
C类(硅酸盐类)	具有高的延展形,有较宽范围形态比(长宽比一般≥3)的单个呈黑色或深灰色夹杂物,一般端部呈锐角,根据长度及多少分为0.5级～3.0级共6个级别。	图3-15
D类(球状氧化物类)	不变形,带角或圆形的,形态比小(长宽比一般<3),黑色或带蓝色的,无规则分布的颗粒,根据颗粒多少分为0.5级～3.0级共6个级别。	图3-16
DS类(单颗粒球状类)	圆形或近似圆形,直径≥13μm的单颗粒夹杂物,根据颗粒大小分为0.5级～3.0级共6个级别。	图3-17

表3-5 GB/T 10561标准各类夹杂物长度评级界限

评级图级别 i	夹杂物类别[①]（最小值）				
	A 总长度/μm	B 总长度/μm	C 总长度/μm	D 数量/个	DS 直径/μm
0.5	37	17	18	1	13
1	127	77	76	4	19
1.5	261	184	176	9	27
2	436	343	320	16	38
2.5	649	555	510	25	53
3	898 (<1181)	822 (<1147)	746 (<1029)	36 (<49)	76 (<107)

注：① A、B和C类夹杂物的总长度是按本标准附录D给出的公式计算的,并取最接近的整数。

表3-6 GB/T 10561标准各类夹杂物粗细系宽度评级界限   μm

类别	细系		粗系	
	最小宽度	最大宽度	最小宽度	最大宽度
A	2	4	>4	12
B	2	9	>9	15
C	2	5	>5	12
D[①]	3	8	>8	13

注：① D类夹杂物的最大尺寸定义为直径。

非常规类型夹杂物的评定也可通过将其形状与上述5类夹杂物进行比较并注明其化学特征,例如:球状硫化物可作为D类夹杂物评定,但在实验报告中应加注一个下标(如D_{sulf}表示球状硫化物;D_{cas}表示球状硫化钙;D_{RES}表示球状稀土硫化物;D_{Dup}表示球状复相夹杂物,如硫化钙包裹着氧化铝)。

沉淀相类如硼化物、碳化物、碳氮化合物或氮化物的评定,也可以根据它们的形态与上述5类夹杂物进行比较,并按上述的方法表示它们的化学特征。

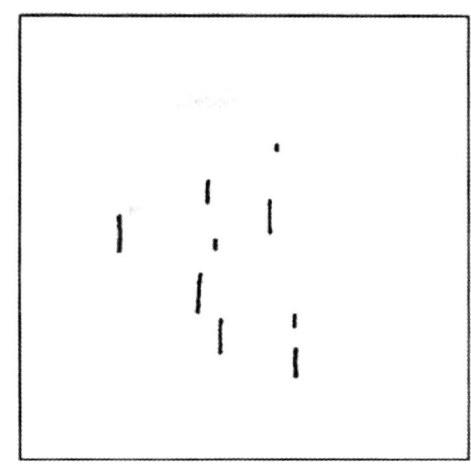

i=2(粗系)　　　　　　　　　i=2(细系)

图 3-13　A 类(硫化物类)夹杂物(2 级)ISO 评级图　[100×(×0.85)]

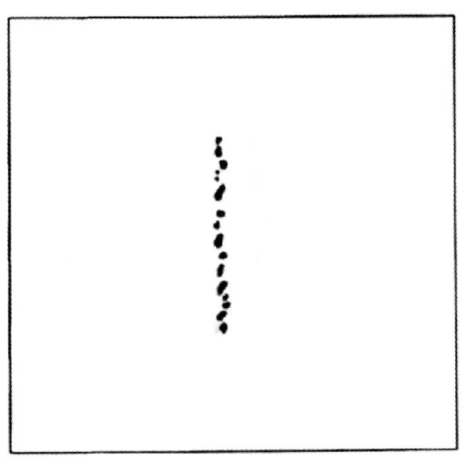
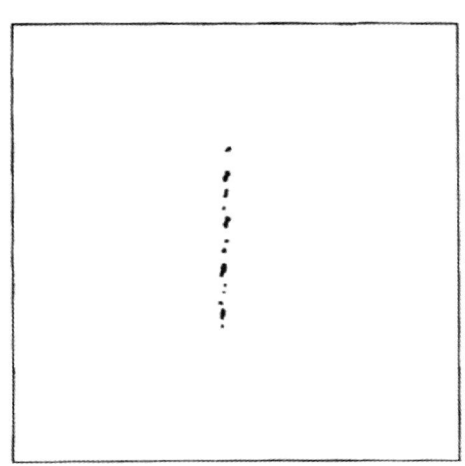

i=2(粗系)　　　　　　　　　i=2(细系)

图 3-14　B 类(氧化铝类)夹杂物(2 级)ISO 评级图　[100×(×0.85)]

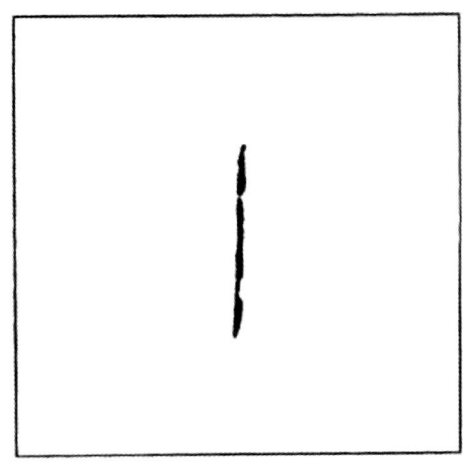
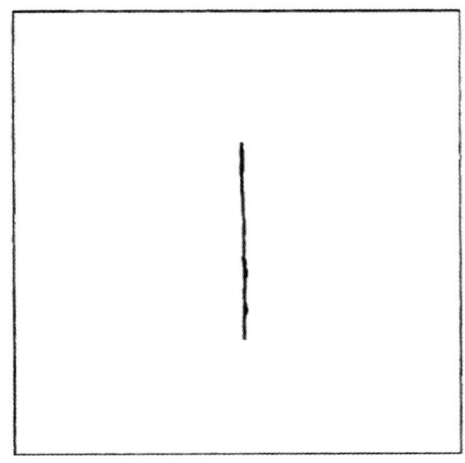

i=2(粗系)　　　　　　　　　i=2(细系)

图 3-15　C 类(硅酸盐类)夹杂物(2 级)ISO 评级图　[100×(×0.85)]

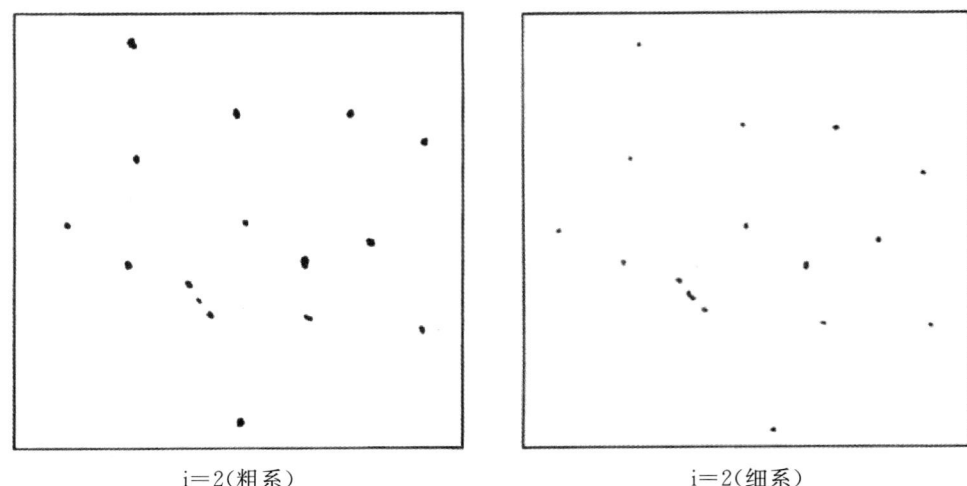

图 3-16　D 类(球状氧化物类)夹杂物(2 级)ISO 评级图　[100×(×0.85)]

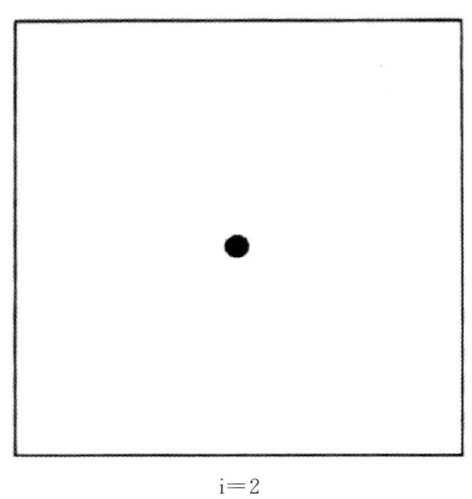

图 3-17　DS 类(单颗粒球状类)夹杂物(2 级)ISO 评级图　[100×(×0.85)]

3.3.2.2　GB/T 10561 的夹杂物检测及评定方法

1. 显微镜观察方法

若在常规投影屏上、在毛玻璃投影屏上面或背后放 1 个清晰的边长为 71 mm 的正方形(实际面积为 0.50 mm²)轮廓线,然后用正方形内的图像与标准图片(标准中附录 A)进行比较。

如果用目镜检验夹杂物,则应在显微镜的适当位置上放置如图 3-18 所示试验网格,以使在图像上试验框内的面积是 0.50 mm²。

在特殊情况下,可采用大于 100 倍的放大倍率,但对标准图谱应采用统一放大倍率,并在试验报告中注明。

2. 评定通则

试样的抛光面面积应约为 200 mm²,夹杂物检验通常采用 100 倍的放大倍率,每个观察视场的实际面积为 0.50 mm²。

将每一个观察的视场与标准评级图谱相对比,如果一个视场处于两相邻标准图片之间时,应记录较低的一级。

对于个别的夹杂物和串(条)状夹杂物,如果其长度超过视场的边长(0.710 mm),或宽度或直径大于

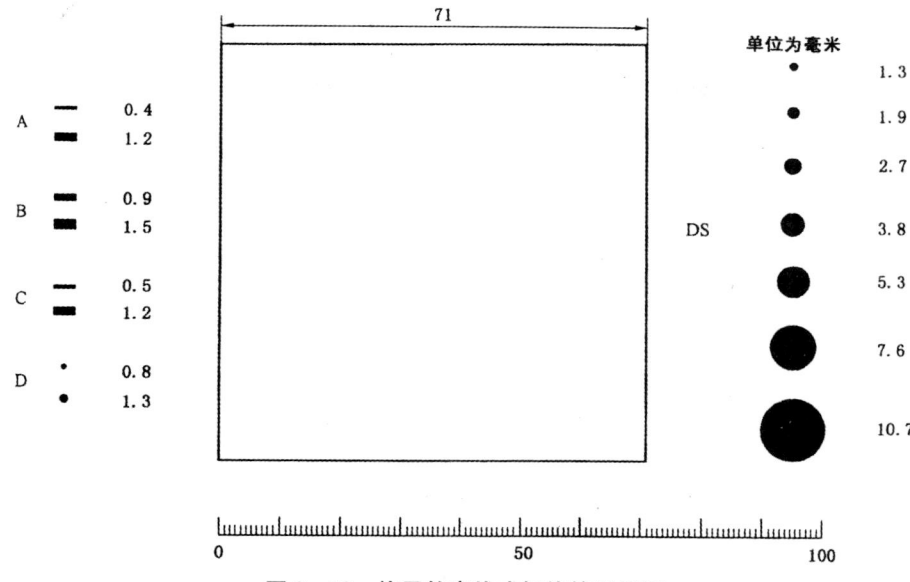

图 3-18　格子轮廓线或标线的测量网

粗系最大值,则应当作超尺寸(长度、宽度或直径)夹杂物按该(GB/T 10561)附录 D 进行评定,即确定 3 级以上的级别,并分别记录。这些夹杂物仍应归入该视场评级。图 3-19 为 A 类(硫化物类)夹杂长度与级别关系图。

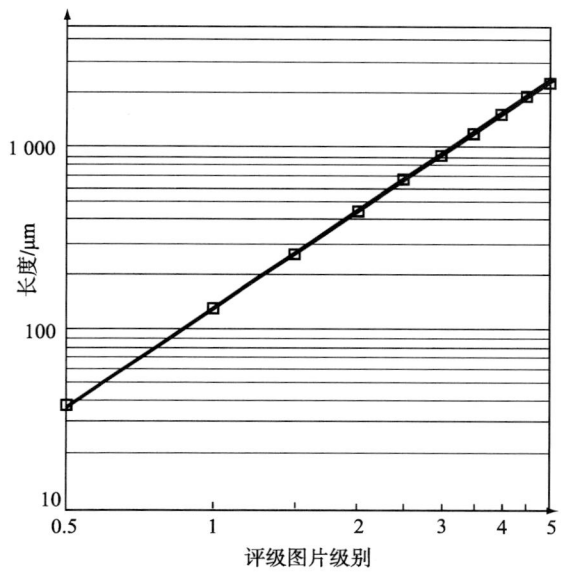

图 3-19　A 类(硫化物类)夹杂长度与级别关系图

对于 A、B 和 C 类夹杂物,用 l_1 和 l_2 分别表示两个在或者不在一条直线上的夹杂物或串(条)状夹杂物的长度,如果两夹杂物之间的纵向距离 d 小于或等于 40 μm 且沿轧制方向的横向距离 s(夹杂物中心之间的距离)小于或等于 10 μm 时,则应视为一条夹杂物或串(条)状夹杂物,见图 3-20、图 3-21。

如果一个串(条)状夹杂物内夹杂物的宽度不同,则应将该夹杂物的最大宽度视为该串(条)状夹杂物的宽度。

为便于对夹杂物的分类,可参考图 3-22 所示的相关流程图(摘自 JIS G0555)。

3. 检测与结果表示

实际检测时,根据需要选用下列 A 法或 B 法,其中 A 法较为常用。

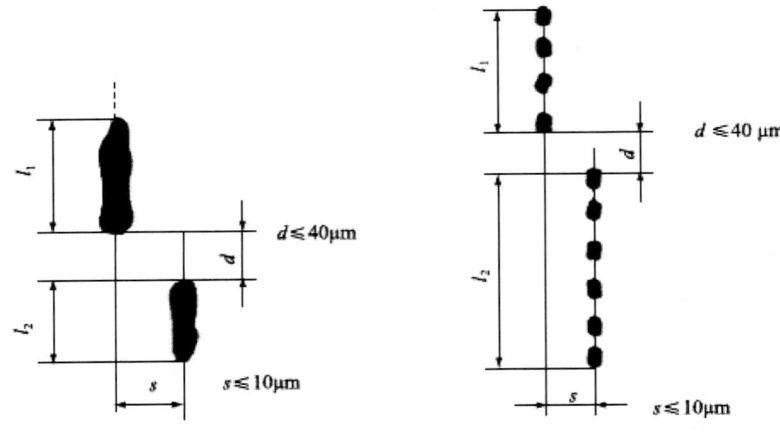

图 3‑20　A 类和 C 类夹杂物评定示图　　图 3‑21　B 类夹杂物评定示图

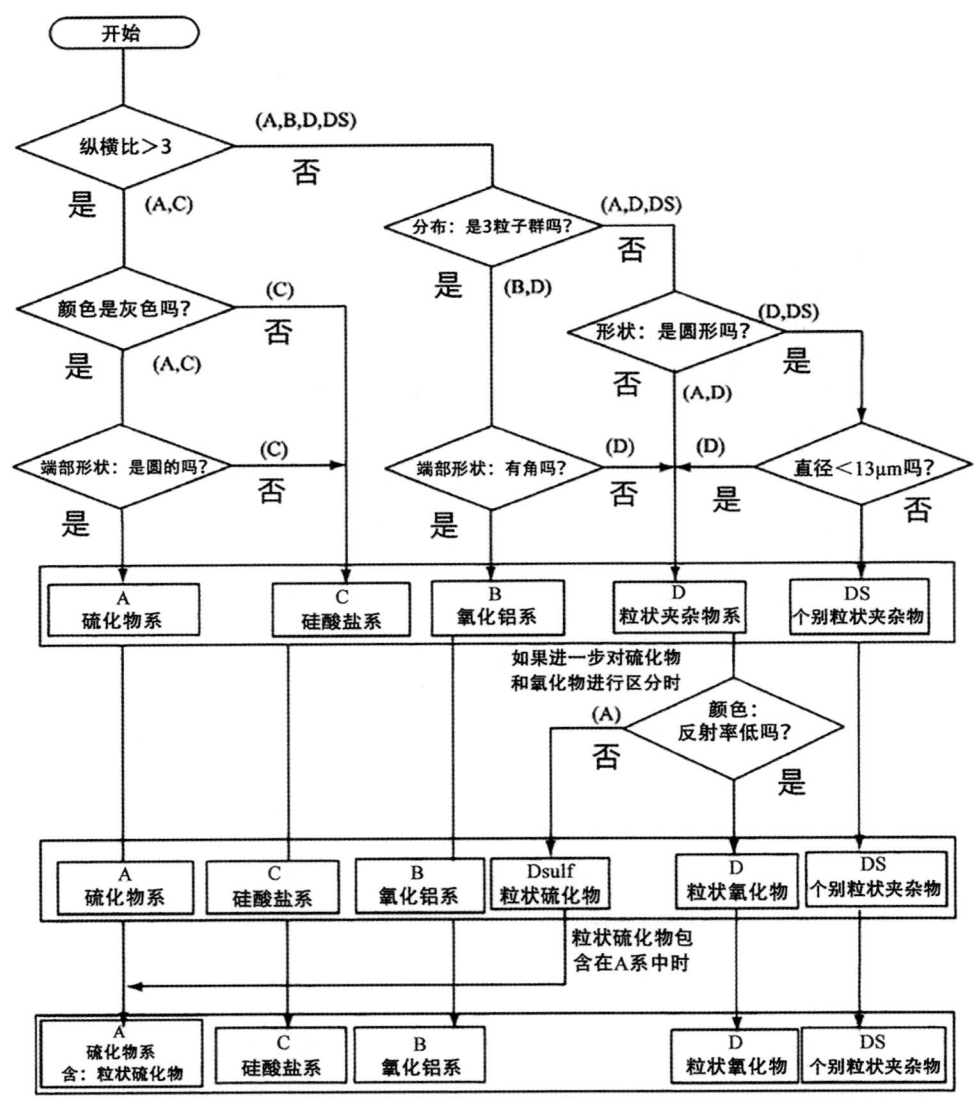

图 3‑22　夹杂物检测流程图

(1) A 法应检验整个抛光面。对于每一类夹杂物,按细系和粗系记下与所检验面上最恶劣视场相符合的标准图片的级别数。如果一个视场处于两相邻标准图片之间时,应记录较低的一级。在每类夹杂物代号后再加上最恶劣视场的级别,用字母 e 表示出现粗系的夹杂物,s 表示出现超尺寸夹杂物。例如:A2,B1e,C3,B2.5s,DS0.5。对于非传统类型的夹杂物下标应注明其含义。

(2) B 法应检验整个抛光面,最少检验 100 个视场。试样每一视场同标准图片相对比,每类夹杂物按细系或粗系记下与检验视场最符合的级别数,然后计算出每类夹杂物和每个系列夹杂物相应的总级别数 i_{tot} 和平均级别数 i_{moy}。

例如:A 类夹杂物

级别为 0.5 的视场数为 n_1;

级别为 1 的视场数为 n_2;

级别为 1.5 的视场数为 n_3;

级别为 2 的视场数为 n_4;

级别为 2.5 的视场数为 n_5;

级别为 3 的视场数为 n_6;

则

$$i_{tot} = (n_1 \times 0.5) + (n_2 \times 1) + (n_3 \times 1.5) + (n_4 \times 2) + (n_5 \times 2.5) + (n_6 \times 3) \tag{3-1}$$

$$i_{moy} = i_{tot}/N \tag{3-2}$$

式中:N——所观察视场的总数。

典型夹杂物评定结果见表 3-7,根据视场总数求出每个系列夹杂物相应的总级别数和平均级别数。

表 3-7 视场总数

视场级别	各类夹杂物的视场数								
	A		B		C		D		DS
	细	粗	细	粗	细	粗	细	粗	
0.5	6	2	5	2	6	4	2	2	1
1	2	1	3	2	2	2	1	2	2
1.5	1	0	1	2	1	1	0	0	1
2	1	1	0	0	0	0	0	0	0
2.5	0	0	0	0	0	0	0	0	0
3	0	0	0	1	0	0	0	0	0

注:1. 本表中的视场总数摘自 GB/T 10561 的夹杂物评定案例。
2. 对于长度大于视场直径,或宽度或直径大于表 3-4 所规定值的夹杂物,应按标准评级图进行评级,并在试验报告中单独注明。为了编排简化起见,这里仅取观察视场总数为 20 个。

根据表 3-7,分别计算 A 类夹杂物细系和粗系的 i_{tot} 和 i_{moy}。

细系:

$$i_{tot} = (6 \times 0.5) + (2 \times 1) + (1 \times 1.5) + (1 \times 2) = 8.5$$

$$i_{moy} = \frac{i_{tot}}{N} = \frac{8.5}{20} = 0.425$$

粗系:

$$i_{tot} = (2 \times 0.5) + (1 \times 1) + (1 \times 2) = 4$$

$$i_{moy} = \frac{i_{tot}}{N} = \frac{4}{20} = 0.20$$

3.3.3 ASTM E45-2018a 检测方法

1. ASTM E45 的夹杂物分类及分级方法

ASTM E45 标准对钢中非金属夹杂物的分类方法基本与 ISO 4967 相同，主要差异在以下几方面：

① 夹杂物分为 A、B、C、D 四大类，定义与 ISO 4967 一致，但形态比（长度/宽度）以 2 为界；

② 评级图仍沿用 JK（基于瑞士 Jernkontoret 程序）图形成 ASTM I-r 评级图。ISO 4967 标准评级图源自 JK 图，仅由原圆形外框改成矩形外框，并选用 JK 图 5 个级别中的 1 级～3 级图；

③ D 类夹杂物细系的最小宽度为 $2\mu m$，而 ISO 4967 相应 D 类细系最小宽度为 $3\mu m$。

2. ASTM E45 的夹杂物检测及评定方法

ASTM E45 标准的显微检测方法有方法 A～方法 E 5 种。这 5 种方法均在 100 倍下检测，试样抛光面应达 $160 mm^2$，在试面上用不可擦除的标识器或硬质合金画线器在试样面上划出 $0.71 mm \times 0.71 mm$（或 $0.79 mm \times 1.05 mm$）视场区，然后逐一检测试样上每个视场。5 种方法的名称、操作、适用范围见表 3-8。

表 3-8 ASTM E45 非金属夹杂物显微检测方法简列

方法名称	检测视场及标准图		操作	报告
方法 A （最差视场法） 相当 ISO 4967 中方法 A	$0.71 \times 0.71 (mm^2)$ $(0.5 mm^2)$	I-r 图	对照标准图，按 A、B、C、D 类及粗系、细系，找出所检测视场上最恶劣级数。当居于两级别之间，取四舍五入后的小级别数。夹杂小于 1 级或无夹杂，则记为 0	所有试样最差视场的最严重级别的平均数，见表 3-9
方法 B （长度法） 以 A 类夹杂为主，也记录其他夹杂物长度			① 以 $0.127 mm (0.5 in)$ 长为 1 单位，检测并记录每一视场中大于或等于 1 单位长的所有夹杂物。 ② 夹杂物长度单位实测时按四舍五入，取整数。 ③ 夹杂宽度小于 $10\mu m$，记为细系，上标 T；宽度大于等于 $30\mu m$，则记为粗，上标 H；其他不标注。 ④ 用夹杂单位长数值的上标 d、vd、g 表达夹杂的分布状态，见图 3-23	除最长的夹杂物外，一个单位及其以上长度的所有夹杂物的平均长度应作为一个数值，并辅以符号说明该数值
方法 C （氧化物和硅酸盐） 不适用于硫化物检测评定	$0.79 \times 1.05 (mm^2)$ $(0.83 mm^2)$	评级图 II	对照标准评级图检测并记录下每个视场内不易变形的氧化铝夹杂及易变形的硅酸盐夹杂相应级别。成束夹杂物若相距 $40\mu m$ 以上，横向错位 $15\mu m$ 以上，则应评为两个夹杂物	用每类夹杂物的最大长度级别表示
方法 D （低夹杂物含量） 适用于夹杂物含量低的钢材	$0.71 \times 0.71 (mm^2)$ $(0.5 mm^2)$	I-r 图	对照 I-r 标准图，检测并记录每个视场各类夹杂物的级别及粗、细级别	记录每个试样中级别数位 0.5～3.0 级各类夹杂物的视场数，求出一个以上试样的平均值
方法 E （SAM 评定法）	$0.71 \times 0.71 (mm^2)$ $(0.5 mm^2)$	I-r 图 B 类及 D 类	检测 B 类及 D 类夹杂物级别数及出现频率。 B 类夹杂：记录所有含级别不小于 1.5 级细系 B 夹杂的视场数。当级别介于两级之中时，取低一级级别数。两类夹杂物相距 $40\mu m$ 以上或相距 $15\mu m$ 以上即视为两个夹杂物。若 2 个或以上夹杂物在同一视场，其长度和即为夹杂的评定数。 D 类夹杂：记录所有含有级别不小于 0.5 级粗系的视场数。设定 0.5 级别视场数的权重系数为 1，1.0 级视场数的权重系数为 2，1.5 级别视场数的权重系数为 3，以此类推，见表 3-10	由 2 个反映 B 类和 D 类粗系夹杂物的数量表示，再计算单位面积内见杂物数量，见表 3-10

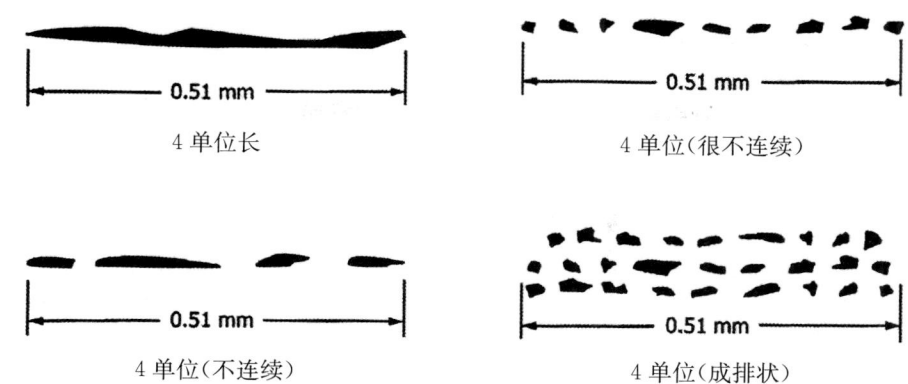

图 3-23　ASTM E45 标准中方法 B(长度法)的夹杂物长度和宽度分布(4 单位长)

表 3-9　ASTM E45 标准中方法 A 最差视场夹杂物级别评定案例

试样	A 型		B 型		C 型		D 型	
	细系	粗系	细系	粗系	细系	粗系	细系	粗系
1	2	1	2	1	1	0	2	1
2	3	1	2	1	0	1	2	2
3	2	1	2	1	0	0	2	2
4	2	1	2	1	1	0	2	1
5	2	1	2	1	0	1	2	1
6	3	1	2	1	0	0	2	1
平均	2.3	1.0	2.0	1.0	0.3	0.3	2.0	1.3

表 3-10　ASTM E45 标准中方法 E 夹杂物评定案例表

夹杂物	B 型夹杂物等级[①][②]										D 型夹杂物等级[①][③]									
级别	0.5		1.0		1.5		2.0		2.5		0.5		1.0		1.5		2.0		2.5	
权重系数	0		0		1		1.5		2		2.5	1		2		3		4		5	
系列	细	粗	细	粗	细	粗	细	粗	细	粗	细	粗	细	粗	细	粗	细	粗	细	粗
视场数	不记录		不记录		2	3	1	1	0	0	0	5	2	1	0					

注：① 总检测面积 = 9.7 cm² (1.5 in²)。
② SAM 评定 = (2×1) + (3×1.5) + (1×1.5) + (1×2) = 10 ÷ 1.5 = 7。
③ SAM 评定 = (5×1) + (2×2) + (1×3) = 12 ÷ 1.5 = 8。

3.3.4　BS EN 10247:2017 检测方法

1. BS EN 10247 的夹杂物分类及分级方法

该标准按形态、属性及颜色等把非金属夹杂物分为 6 种，与各标准的对应关系可见表 3-3。该标准实际应用中把夹杂物形态分为 2 种：细长形及球形；把夹杂物的分布形态也分为 2 种：单个分段及成串的，由此组成的 4 种组合，分别用 α、γ、β、δ 来表示，见表 3-11。

表 3-11　BS EN 10247 标准中夹杂物形态分布代码

形态分布代码	α	γ	β	δ
夹杂形态	细长状		球状	
夹杂分布	单个分散	成串	成串	单个分散

该标准适用于对长度≥3μm、宽度≥2μm 或直径≥3μm 的夹杂物的测定。按夹杂物长度（或排列长度）、宽度或直径以及面积组成了标准评级图，见图3-24。图中夹杂物长度由5.5μm 至1410μm，划分为9行(q)，以2倍递增，见表3-12；细长夹杂物宽度由2μm 至131μm，球状直径由5.5μm 至176μm，分别划分为5列，共10列(k)，以$\sqrt{2}$倍递增。

表3-12　分级参考图中夹杂物的长、宽和面积

行序(q)	长度/μm	细长及成串球状夹杂 1列～5列及7列～11列 长≥3μm 及宽≥2μm										单个球夹杂6列 直径≥3μm	
		宽/μm	面积/μm²	宽/μm	面积/μm²	宽/μm	面积/μm²	宽/μm	面积/μm²	宽/μm	面积/μm²	宽/μm	面积/μm²
		1 或 7		2 或 8		3 或 9		4 或 10		5 或 11		6	
1	5.5											55	24
2	11					30	25	80	70			11	97
3	22					40	70	11	197			22	387
4	44					60	197	16	558			44	1 547
5	89			30	197	80	558	23	1 577	64	4 461	89	6 186
6	178			40	558	11	1 577	32	4 461	91	12 618	178	24 745
7	355			60	1 577	16	4 461	45	12 618	128	35 688	355	98 980
8	710	30	1 577	80	4 461	23	12 618	64	35 688	181	100 942		
9	1 420	40	4 461	11	12 618	32	35 688	91	100 942	256	285 508		

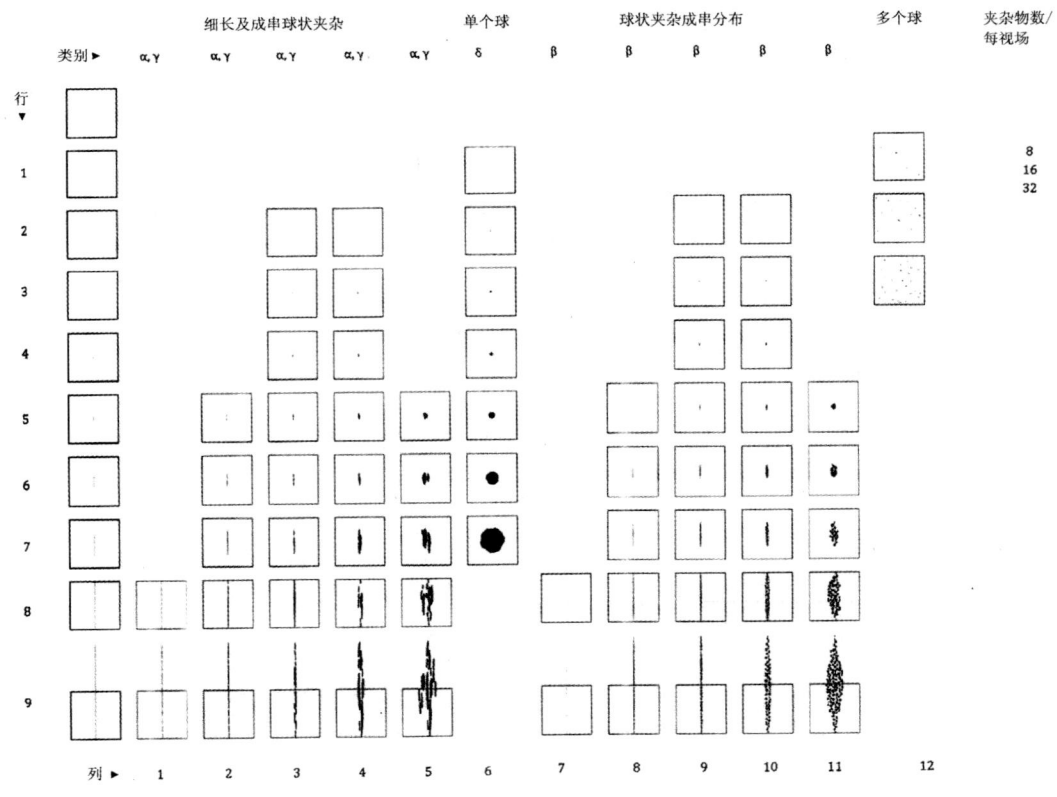

图3-24　BS EN 10247标准夹杂物分级参考图

2. BS EN 10247 的夹杂物检测及评定方法

该标准对非金属夹杂物含量测定的基本操作与 ISO、DIN 等标准相似,但在具体测定、统计计算时相对较为复杂,分为方法 P、方法 M、方法 K 等,简单介绍见表 3-13。

表 3-13　BS EN 10247 非金属夹杂物显微检测方法简列

方法	原理	公式及表达
方法 P,最严重夹杂评定法		
P_L 评定 最严重夹杂长度 (L)评定	对 N_s 个试样逐个视场进行全试面扫描观察,对每个视场、每种夹杂选用参数(L、d 或 a)对照标准图表进行评定,把其中最大值记录下来,经统计计算,得出上述每种最严重夹杂的相关参数的平均值。	平均最长夹杂物长度 $$P_L = \frac{\sum P_{Ls}}{N_s}(\mu m)$$
P_d 评定 最严重夹杂直径 (d)评定		平均最大球状夹杂直径 $$P_d = \frac{\sum P_{ds}}{N_s}(\mu m)$$
P_a 评定 最严重夹杂面积 (a)评定		平均最大夹杂物面积 $$P_a = \frac{\sum P_{as}}{N_s}(\mu m)$$
方法 M,最差视场评定法		
M_n 评定 按最差视场中夹杂物数量评定	对 N_s 个试样逐个视场进行全面扫描观察,对每一试样、每一种夹杂,对照标准图,在最差视场,把所选夹杂物参数(n、L、d 或 a)值按所在图片的行、列数记录在案。评估结果是 N_s 个试样评估值的平均值。	平均最差视场中夹杂数 $$M_n = \frac{\sum M_{ns}}{N_s}(个数/每视场)$$ 式中 M_{ns} 为每试样最差视场中夹杂物数
M_L 评定 按最差视场中夹杂物长度评定		平均每视场夹杂物总长度 $$M_L = \frac{\sum M_{Ls}}{N_s}(\mu m/每视场)$$ 式中 M_{Ls} 为平均最差视场中各夹杂长度总和 $$M_{Ls} = \sum L_q(\mu m/每视场)$$
M_d 评定 按最差视场中夹杂物直径评定		平均最差视场中夹杂物直径总和 $$M_d = \frac{\sum M_{ds}}{N_s}(\mu m/每视场)$$ 式中 M_{ds} 为 1 个最差视场内夹杂直径总和 $$M_{ds} = \sum d_q(\mu m/每视场)$$
M_a 评定 按最差视场中夹杂物面积评定		平均最差视场夹杂物总面积 $$M_a = \frac{\sum M_{as}}{N_s}(\mu m^2/每视场)$$ 式中 M_{as} 为一个最差视场内夹杂物总面积,根据标准图行、列确定 $$M_{as} = \sum a_{qk}(\mu m^2/每视场)$$
方法 K,平均视场夹杂评定法		
K_n 夹杂物数量平均视场评定	K 值是在足够视场数量下某一参数的统计平均值,即对试面整体扫描检测后,或为达一定置信水平而进行一定量随机视场扫描后得出的夹杂某一参数含量的统计评定。对于 25 个夹杂物,60% 置信水平至少扫描 30 个视场;对于 100 个夹杂物,80% 置信水平至少扫描 50 个视场。	平均单位面积上夹杂物数 $$K_n = \frac{\sum_1^{N_i} n_i}{A \times N_i} 1/mm^2$$

续表

方法	原理	公式及表达
K_L 夹杂物长度平均视场评定	K 值是在足够视场数量下某一参数的统计平均值，即对试面整体扫描检测后，或为达一定置信水平而进行一定量随机视场扫描后得出的夹杂某一参数含量的统计评定。对于25 个夹杂物，60% 置信水平至少扫描 30 个视场；对于 100 个夹杂物，80% 置信水平至少扫描 50 个视场。	平均单位面积上细长夹杂物长度 $$K_L = \frac{Q \times \sum_{q=1}^{9} n_q \times L_q}{A \times N_i} \mu m/mm^2$$
K_d 夹杂物直径平均视场评定		平均单位面积上球状夹杂物直径 $$K_d = \frac{Q \times \sum_{q=1}^{9} n_q \times d_q}{A \times N_i} \mu m/mm^2$$
K_a 夹杂物面积平均视场评定		平均单位面积上夹杂物面积 $$K_a = \frac{Q \times \sum_{k=1}^{5} \sum_{q=1}^{9} n_{q,k} \times d_{q,k}}{A \times N_i} \mu m/mm^2$$

注：式中 N_s—试样数；N_j—视场数；n_s—每个试样内需评定夹杂物数；q—标准图行数号；k—标准图列数号；A—视场面积(mm^2)；Q—平均因子，与视场倍率、长、宽、面积等有关，在该标准的表 U.1 可查到。

3.4 钢材纯洁度级别检测

经过对钢中非金属夹杂物的显微检测，并通过统计计算，得出一个相对宏观的钢材纯洁度级别（或指数），为较全面评价钢材质量提供依据。

1. 总级别统计法

ISO 4967（GB/T 10561，JIS G0555）标准的附录 C 也给出了相关的纯洁度级别 C_i 的公式：

$$C_i = \sum_{i}^{3} = 0.5 f_i \times n_i \times \frac{1000}{S} \tag{3-3}$$

式中：f_i——权重因数，具体见表 3-14；
　　　n_i——i 级别的视场数；
　　　S——试样的总检验面积(mm^2)。

表 3-14　各夹杂物级别的权重因数

级别 i	0.5	1	1.5	2	2.5	3
权重因数 f_i	0.05	0.1	0.2	0.5	1	2

2. 数点法

数点算法评定钢材的纯洁度，即在一个视场内划分一定量格子，通过检测夹杂所占多少格来计算纯洁度。该方法相对客观，可适于图像处理。JIS G0555 的附录 I 介绍了这种方法。该标准规定了纯洁度 d(%)检测下列 3 种夹杂物：

（1）A 类夹杂物。加工时黏性变形（硫化物、硅酸盐等）的夹杂物。
（2）B 类夹杂物。夹杂物在加工方向成集团，并不连续排列的粒状夹杂物（氧化铝等）。
（3）C 类夹杂物。不黏性变形的不规则分布（粒状氧化物等）的夹杂物。

试样的抛光面面积应约为 300 mm^2，夹杂物检验通常采用 400 倍的放大倍率，在显微镜的目镜上，插进有纵横各 20 根格子线的玻璃板，在显微镜载物台上检查被检面，记录各类夹杂物所占的格数。测量的视场数以 60 为原则，至少需 30 个视场以上。

根据视场内玻璃板上的总格子数，视场数及夹杂物所占的格数，按下式算出夹杂物所占的面积百分比，判断该钢的清洁度 d(%)

$$d = \frac{n}{p \times f} \times 100 \tag{3-4}$$

式中：p——在视场内玻璃板上的总格子数；

f——视场数；

n——由 f 个视场里的所有夹杂物被占的格数。

例如：在 300 mm² 试面上，在 400 倍下，检测 60 个视场，当 A 系夹杂物的含量为 0.15% 时，则表达为 $d_A 60 \times 400 = 0.15\%$。

参考文献

[1] 上海交通大学《金相分析》编写组. 金相分析[M]. 北京：国防工业出版社，1982.
[2] 中国科学院技术研究所等《图谱》协作组. 钢中非金属夹杂物的鉴定及图谱[M]. 北京：冶金工业出版社，1988.
[3] 任颂赞，叶俭，陈德华. 金相分析原理及技术[M]. 上海：上海科学技术文献出版社，2013.

第 4 章

钢的显微组织常规分析及评定

合金材料在液态凝固时,由于选择结晶一般都是以枝晶方式生长,由此会造成宏观、微观的成分偏析,使得合金锭存在不同程度的成分、组织偏析。在随后的热轧、锻造等加工过程中会形成各种不同程度的缺陷。在生产中常关注钢铁材料的缺陷有带状组织偏析、碳化物不良形态及不均匀分布、表面脱碳、低碳钢游离渗碳体异常分布、球化组织异常等。这些缺陷组织的存在对钢的综合力学性能、工艺性能、服役性能均会造成不同程度的影响。因此,有必要按相关的国家或行业的检验标准对这些缺陷进行定性、定量评级,以达到有效先期控制的目的。由于金属材料总难免有不同程度的缺陷,具体构件对各种缺陷的允限程度也必然不同,因此缺陷评定、评级并不包含具体产品的质量合格判定。

相关试样的截取、样品制备可按 GB/T 13298—2015《金属显微组织检验方法》或 GB/T 34895—2017《热处理金相检验通则》等标准执行。

4.1 带状组织评定

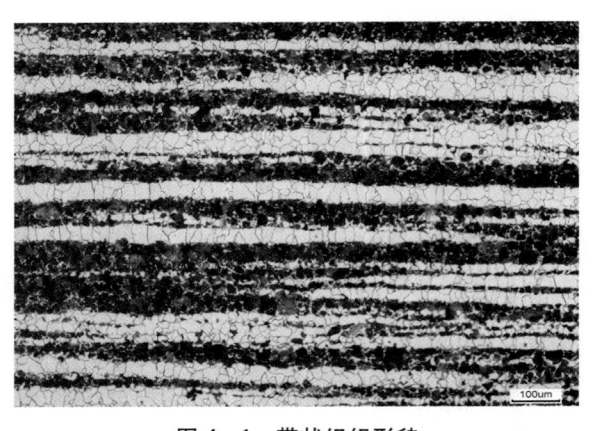

图 4-1 带状组织形貌

金属材料在塑性加工过程中,显微偏析区变形伸长,最终形成的与加工方向平行的交错带状分布的显微组织,称为带状组织,参见图 4-1。

形成金属组织呈带状偏析的主要原因与金属凝固时选分结晶形成显微偏析有关。显微偏析材料在随后变形加工过程中形成平行于变形方向的层状结构。显微偏析越严重、变形量越大,则带状组织越发达。钢材的带状组织一般不能用退火工艺来消除,用正火工艺可减轻带状偏析程度(级别)。对于非平衡态下钢铁材料,其最终相变的冷却速度(淬透性)对带状组织的显示程度有很大影响。因此对带状组织评定时,应标明材料检验时的热处理状态。

带状组织会影响金属材料的力学性能的各向均匀性,带状组织越发达(级别越高),影响越显著。因此有必要对带状组织的偏析程度进行评级。

钢铁材料的带状组织评定方法有标准评级图法及定量金相法等,可分别按 GB/T 34474.1—2017《钢中带状组织的评定 第 1 部分:标准评级图法》以及 GB/T 34774.2—2017《钢中带状组织的评定 第 2 部分:定量法》,还可参照 GB/T 13299—1991《钢的显微组织评定方法》中的有关部分的规定执行。这些标准适用于亚共析钢,也可用于其他非平衡组织的带状偏析级别评定。

4.1.1 标准评级图法

标准评级图法是采用所观察的视场(形貌)与标准分级图进行对比后评级的方法。

对试样的观察可采用两种方法:显微镜下直接观察或把显微镜下的图像投影到屏幕上进行观察。观察的实际视场直径应为 0.80 mm,放大 100 倍。直接观察法的观察视场为 ϕ80 mm,应该用相应刻度尺或视场光阑来确定观察区域。投影法要求投影屏上评级图像尺寸为 80 mm。评级时对应选择检测面上各视场中最严重视场与评级图进行对比评级。

GB/T 34474.1—2017 标准中,用于带状组织比较评级的标准图谱,按碳含量划分为 A~E 5 个系列,划分范围见表 4-1。

表 4-1 带状组织标准评级图系列划分

系列	A	B	C	D	E
含碳量/wt%	<0.10	0.10~0.19	0.20~0.29	0.30~0.39	0.40~0.60

注:本表由作者根据 GB/T 34474.1—2017 整理所得。

每个系列图片的级别从 0 级到 5 级,共 6 个级别,按照铁素体带的数量、贯穿视场的程度、连续性和宽度增加而递增,5 级最严重。各级别的组织特征的具体描述见表 4-2。图 4-2 为 GB/T 34474.1—2017 中各系列部分带状组织标准评级图。

表 4-2 带状组织级别组织特征

级别	组织特征(100 倍下)	
	A 系列[①]	B 系列、C 系列、D 系列、E 系列
0	等轴铁素体晶粒和少量的第二相组织,没有带状	均匀的等轴铁素体和第二类组织,没有带状
1	组织的总取向为变形方向,没有连续贯穿视场的变形铁素体带	铁素体聚集,沿变形方向取向,没有连续贯穿视场的铁素体带
2	等轴铁素体晶粒基体上有 1 条~2 条连续的变形铁素体带	有 1 条~2 条贯穿整个视场的连续的铁素体带,其四周为断续的铁素体带和第二类组织带
3	等轴铁素体晶粒基体上有 2 条以上贯穿整个视场、连续的变形铁素体带	2 条以上贯穿整个视场、连续的铁素体带,其四周为断续的铁素体带和第二类组织带
4	等轴铁素体晶粒和较宽的变形铁素体带组成贯穿视场的交替带	贯穿视场、较宽的、连续的铁素体带和第二类组织带,均匀交替
5	等轴铁素体晶粒和大量较宽的变形铁素体带组成贯穿视场的交替带	贯穿视场、宽的、连续的铁素体带和第二类组织带,不均匀交替

注:本表内容摘自 GB/T 34474.1—2017。
① A 系列中铁素体带指变形的铁素体带。

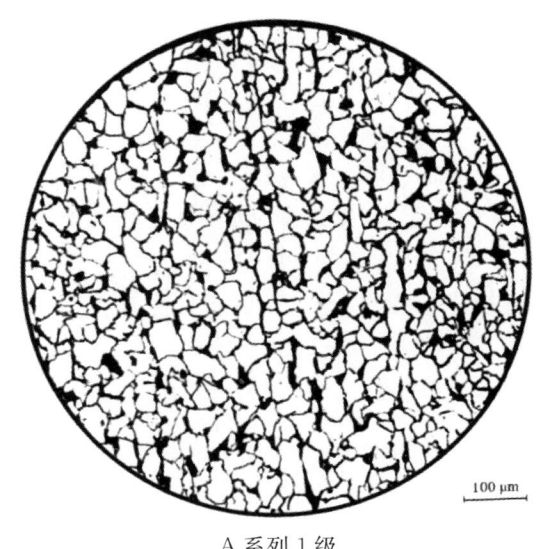
A 系列 1 级

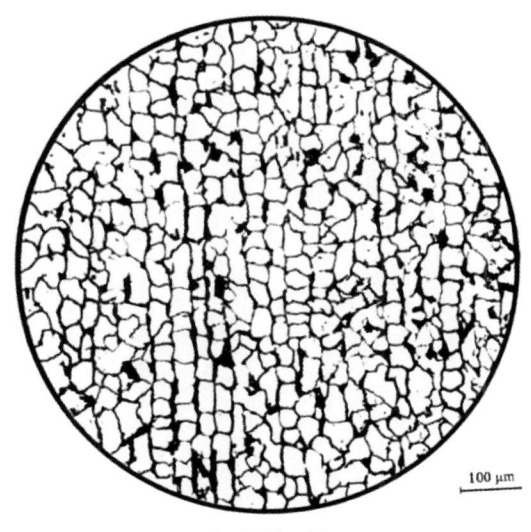
A 系列 3 级

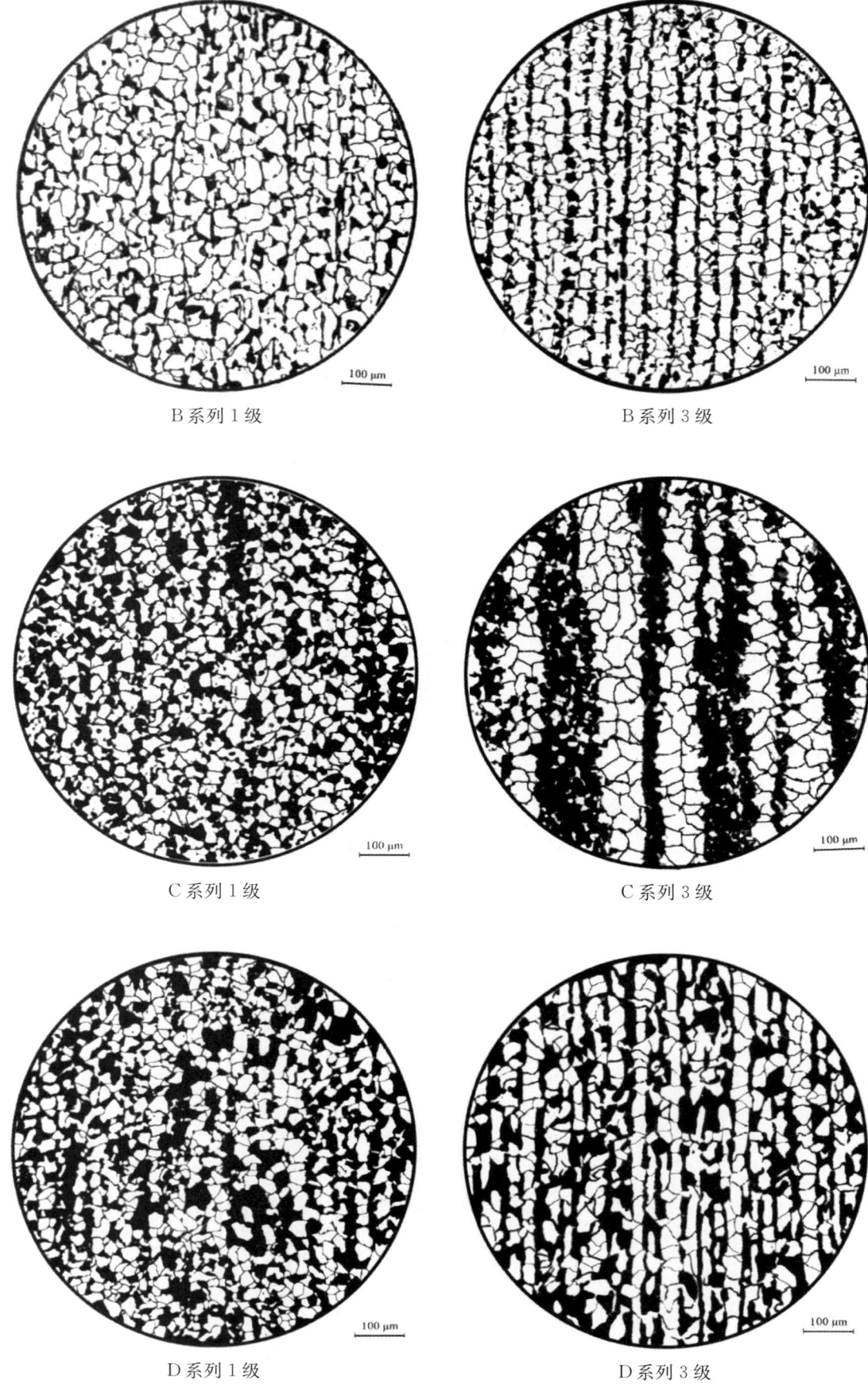

B 系列 1 级　　　　　　　　　　　　　　B 系列 3 级

C 系列 1 级　　　　　　　　　　　　　　C 系列 3 级

D 系列 1 级　　　　　　　　　　　　　　D 系列 3 级

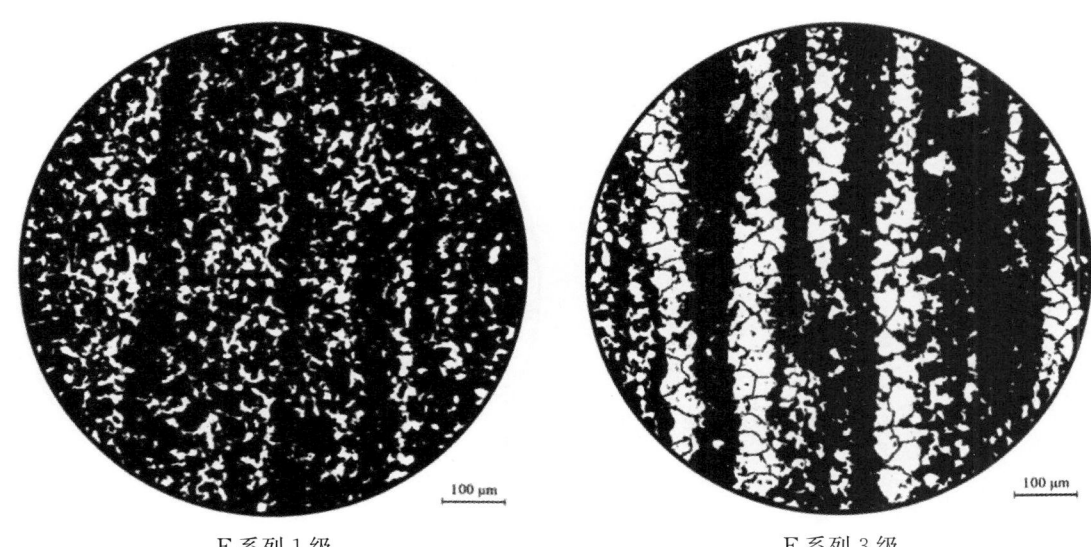

E系列1级　　　　　　　　　　　　　　E系列3级

图4-2　各系列部分带状组织评级图

GB/T 13299—1991《钢的显微组织评定方法》标准中,带状组织评定标准图划分为A、B、C 3个系列,每个系列对应钢的碳含量范围相对宽,见表4-3。每个系列同样划分为0级～5级6个级别,同样5级最严重。其中A系列及B系列的标准图与GB/T 34474.1—2017的标准图一致,图4-3为GB/T 13299—1991中各系列部分带状组织标准评级图。

表4-3　GB/T 13299—1991标准中带状组织图系列划分

系列	A	B	C
碳含量/wt%	≤0.15	0.16～0.30	0.31～0.50

4.1.2　定量法评定

GB/T 34474.2—2017《钢中带状组织的评定　第2部分：定量法》及ASTM E1268—18《带状或偏析组织评定法》标准均可用于带状偏析组织的相关定量参数来评定钢中带状组织的偏析状态及程度。该标准也可用于其他有取向的组织评定。

1. 相关装备要求

用于观察、评定带状组织的光学显微镜需配备相关的图像采集和分析的软件系统,也可利用带刻度尺的目镜测量。图像采集后也可用Word或其他带有标尺的软件对带状组织图像进行计数和定量计算。

2. 检测试样的图像采集

检测样品按要求截取、制样,检测面应达200 mm²(20 mm×10 mm)左右,且应平行于材料的主要形变方向。

制备好的试样置于显微镜载物台,调整试样使带状组织在水平方向。应尽可能选择小倍率观察。在评定位置随机采集5个以上视场图像。

根据试样组织的相数分为单相组织和多相组织。单相组织的带状是由于试样存在宏观成分偏析,经浸蚀后组织显示出明暗不同程度的差异而产生,如马氏体钢淬回火后心部产生的偏析带,此类带状根据形貌可分为4种：分散的带、窄带、宽带和混合带。多相组织的带状是指在多相组织中有一种或多种相沿形变方向呈带状分布,这类带状根据呈带状的相数分为单相组织呈带状和多相组织呈带状。单相组织呈带状指仅一相在基体内呈带状分布,其他相随机分布,可作为基体相。多相组织呈带状指两个以上(包括两个)的相呈明显带状分布,无基体相。这两种带状按照带状形貌和严重程度可分为6种：无带状、部分带状、完全带状、窄带、宽带和混合带。

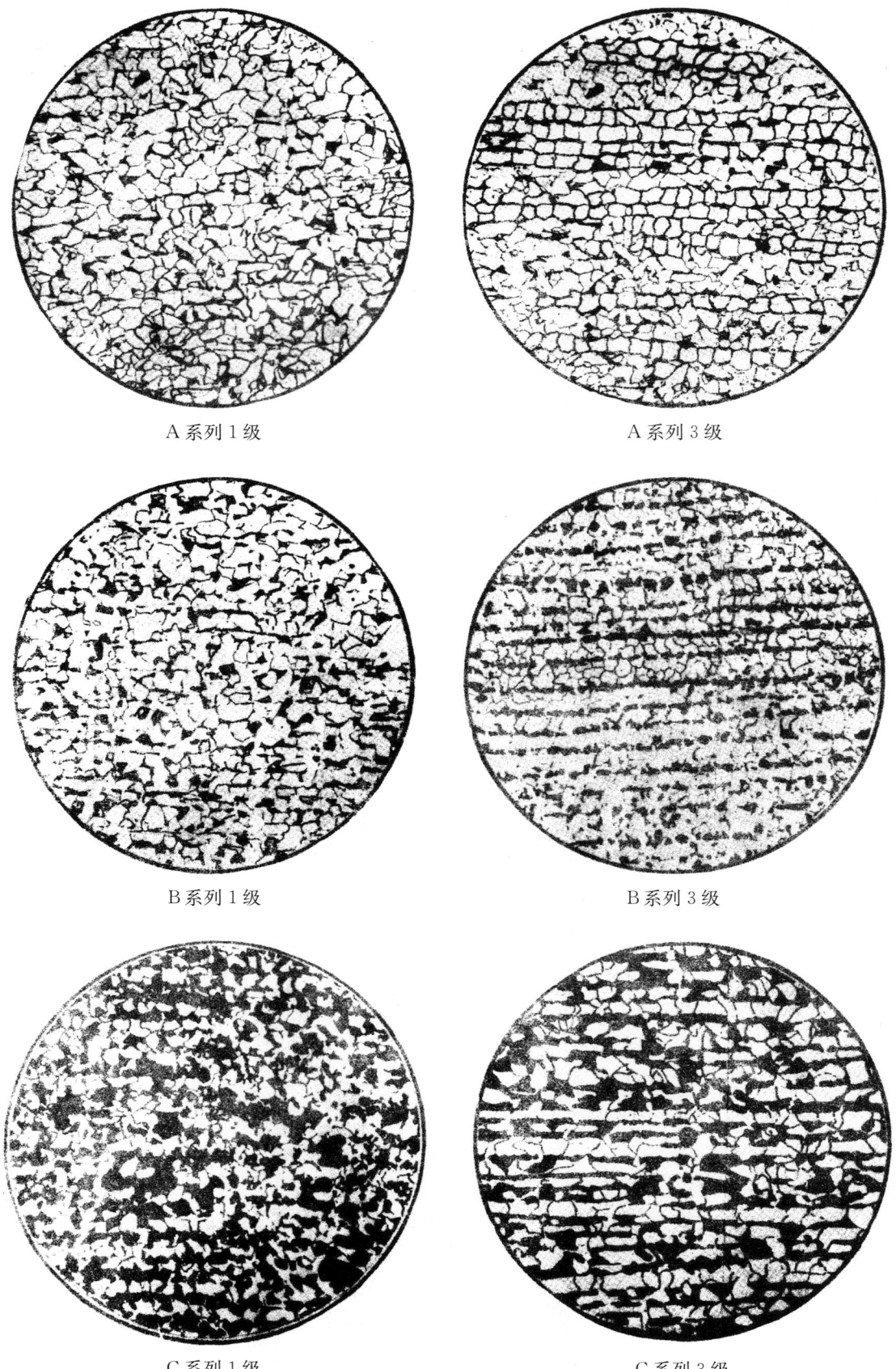

图 4-3　各系列部分带状组织评级图　[100×(×0.8)]

3. 定量法评定的基本参数采集

定量法评定的基本参数：

(1) 特征截线数。被设定的测量网格线段穿过的带状的数目（$N_\perp$ 和 $N_{/\!/}$）。

(2) 特征截点数。被设定的测量网格线段穿过的带状组织边界的数目（$P_\perp$ 和 $P_{/\!/}$）。对于基体组织中的独立颗粒特征截点数等于特征截线数的两倍。

当带状组织中两个或多个相邻的晶粒被测量线穿过，即晶粒之间不存在其他相，记为 1 个截线（$N=1$）或 2 个截点（$P=2$）。测量线和带状组织相切时记为半个截线（$N=0.5$）或 1 个截点（$P=1$）。如果测量线完全位于带状组织内（这种情况有时会发生在高度呈带状的材料的平行方向的计数），记为半个截线（$N=0.5$）或零个截点（$P=0$）。可以只计特征截线数或者特征截点数，也可以同时对特征截线数和特征截点数进行计数。特征截线数或者特征截点数应对平行于形变方向和垂直于形变方向的测量线分别计数。

4. 定量法评定的相关参数的计算

根据以上采集的基础数据，可按表 4-4 中的相关公式进行计算。

表 4-4 定量法评定用参数计算及说明

参数	符号（单位）	计算公式	说明
单位长度特征截线数	$N_{L\perp}$（个） $N_{L/\!/}$（个）	$N_{L\perp}=N_\perp/L_{t\perp}$ $N_{L/\!/}=N_{/\!/}/L_{t/\!/}$	$L_{t/\!/}$：单个视场内平行于形变方向的检验线总长度； $L_{t\perp}$：单位视场内垂直于形变方向的检验线总长度
单位长度特征截点数	$P_{L\perp}$（个） $P_{L/\!/}$（个）	$P_{L\perp}=P_\perp/L_{t\perp}$ $P_{L/\!/}=P_{/\!/}/L_{t/\!/}$	
多视场特征截线数和截点数平均值	$\overline{N}_{L\perp}$（个/mm） $\overline{N}_{L/\!/}$（个/mm） $\overline{P}_{L\perp}$（个/mm） $\overline{P}_{L/\!/}$（个/mm）	各视场截线（点）/视场总数	对于高度呈带状的显微组织，$\overline{N}_{L\perp}$ 约等于 $\overline{P}_{L\perp}$ 的二分之一
带状平均间距	$SB_\perp$	$SB_\perp=1/\overline{N}_{L\perp}$	带状组织从带状中心到相邻带状中心的平均距离，可通过 $\overline{N}_{L\perp}$ 的倒数来确定
平均自由程	$\lambda_\perp$	$\lambda_\perp=(1-V_v)/\overline{N}_{L\perp}$ 可以估计带状组织宽度	带状组织从带状边缘到相邻带状边缘的距离 V_v 是带状组织的体积分数，需要通过网格数点法（按照 GB/T 15749 执行）或其他适用的方法来测定
各向异性指数	AI	$AI=\overline{N}_{L\perp}/\overline{N}_{L/\!/}$ 或 $AI=\overline{P}_{L\perp}/\overline{P}_{L/\!/}$	忽略带状组织与网格线相切的情况和计数误差，P_L 应近似为 N_L 的两倍，随机分布、无取向的组织的各向异性指数 AI 是 1
取向度	Ω_{12}	$\Omega_{12}=\dfrac{\overline{N}_{L\perp}-\overline{N}_{L/\!/}}{\overline{N}_{L\perp}+0.571\overline{N}_{L/\!/}}$ 或 $\Omega_{12}=\dfrac{\overline{P}_{L\perp}-\overline{P}_{L/\!/}}{\overline{P}_{L\perp}+0.571\overline{P}_{L/\!/}}$	取向度 Ω_{12} 在 0（完全随机分布）到 1（完全带状）之间变化
标准误差	S	$S=\left[\dfrac{1}{n-1}\sum_{i=1}^{n}(X_i-\overline{X})^2\right]^{\frac{1}{2}}$	每个测量值 n 个视场的标准误差
测量值的相对精度百分数	$\%Ra$	$\%Ra=95\%CI/\overline{X}\times 100$	视场数的变化会影响相对精度，通常 $\%Ra$ 不大于 30% 时，测量结果有效。如果 $\%Ra$ 大于 30%，应增加视场数直至 $\%Ra$ 不大于 30%
95% 置信区间	$95\%CI$	$95\%CI=\pm\dfrac{ts}{\sqrt{n}}$	每个测量值的测量结果可表示为平均值 $\pm 95\%CI$ 的形式，t 则随着视场数而改变（见表 4-5）

注：本表内容摘录自 GB/T 34474.2—2018。

表4-5 95%置信区间计算时所用的 t 值

$n-1$	t
2	4.303
3	3.182
4	2.776
5	2.571
6	2.447
7	2.365
8	2.306
9	2.262
10	2.228

注：表中 n 是测量视场数。

5. 定量法评定实例

用定量法评定9Cr18不锈钢中碳化物带状偏析的结果见表4-6，相关样品组织形貌见图4-4所示（本实例引自GB/T 34474.2）。

表4-6 9Cr18不锈钢定量碳化物带状偏析分析结果

参数	$\overline{N}_{L\perp}$ (个/mm)	$\overline{N}_{L//}$ (个/mm)	$AI(\overline{N}_{L\perp}/\overline{N}_{L//})$	Ω_{12}	$\overline{P}_{L\perp}$ (个/mm)	$\overline{P}_{L//}$ (个/mm)	$AI(\overline{P}_{L\perp}/\overline{P}_{L//})$	Ω_{12}
$\overline{X}$	17.40	11.96	1.46	0.22	34.71	23.91	1.45	0.22
S	1.59	2.89	—	—	3.24	5.77	—	—
95%CI	±1.98	±3.58	—	—	±4.03	±7.17	—	—
%RA	11.38	29.93	—	—	11.61	29.99	—	—
n	5	—						

10%硝酸酒精溶液浸蚀

图4-4 9Cr18不锈钢碳化物分布形貌　[100×(×0.7)]

4.2 低碳钢的游离渗碳体分布评定

在低碳钢尤其是深冲薄板退火后的显微组织中,有时在铁素体的晶界上或晶内会出现颗粒状趋链分布的三次渗碳体,称为游离渗碳体。游离渗碳体出现在铁素体的晶界上必将增大冷冲钢板冲压时开裂的概率。游离渗碳体沿晶成网状分布形貌如图4-5所示。

游离渗碳体可按照GB/T 13299—1991《钢的显微组织评定方法》的有关规定评级,适用范围:C≤0.15wt%的低碳退火钢。

评定游离渗碳体,要根据渗碳体的形状、分布及尺寸特征确定。该标准分为A、B、C 3个系列,每系列中按游离渗碳体分布的严重程度分为0~5级共6个级别,5级最严重。3个系列的确定的原则如下。

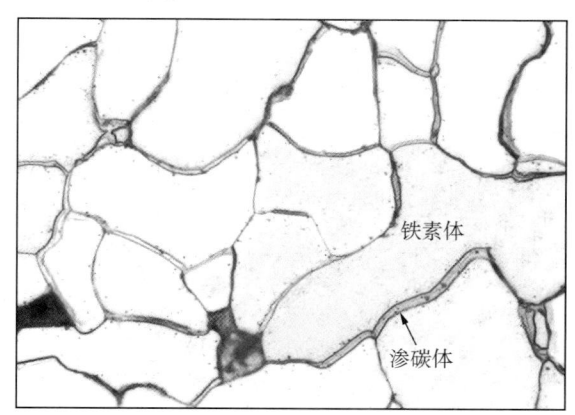

图4-5　08钢游离渗碳体形貌　(400×)

A系列:根据形成晶界渗碳体网的原则确定的,以个别铁素体晶粒外围被渗碳体网包围部分的比率作为评定原则。

B系列:根据游离渗碳体颗粒构成单层、双层及多层不同长度链状和颗粒尺寸的增大原则确定。

C系列:根据均匀分布的点状渗碳体向不均匀的带状结构过渡的原则确定。

表4-7为GB/T 13299—1991中各系列、各级别对应的游离渗碳体的特征表。图4-6为GB/T 13299—1991中各系列部分游离渗碳体评级图。

表4-7　游离渗碳体评级说明

级别	组织特征(400倍下)		
	A系列	B系列	C系列
0	游离渗碳体呈尺寸≤2mm的粒状,均匀分布	游离渗碳体呈点状或小粒状,趋于形成单层链状	游离渗碳体呈点状或小粒状均匀分布,略有变形方向取向
1	游离渗碳体呈尺寸≤5mm的粒状,均匀分布于铁素体晶内和晶粒间	游离渗碳体呈尺寸≤2mm的颗状,组成单层链状	游离渗碳体呈尺寸≤2mm的颗粒,具有变形方向取向
2	游离渗碳体趋于网状,包围铁素体晶粒周边≤$\frac{1}{6}$	游离渗碳体呈尺寸≤3mm的颗状,组成单层或双层链状	游离渗碳体呈尺寸≤2mm的颗粒,略有聚集,有变形方向取向
3	游离渗碳体呈网状,包围铁素体晶粒周边≤$\frac{1}{3}$	游离渗碳体呈尺寸≤5mm的颗状,组成单层或双层链状	游离渗碳体呈尺寸≤3mm的颗粒的聚集状态和分散带状分布,带状沿变形方向伸长
4	游离渗碳体呈网状,包围铁素体晶粒周边≤$\frac{2}{3}$	游离渗碳体呈尺寸>5mm的颗粒,组成双层及3层链状,穿过整个视场	
5	游离渗碳体沿铁素体晶界构成连续或近于连续的网状	游离渗碳体呈尺寸>5mm的粗大颗粒,组成宽的多层链状,穿过整个视场	
说明	根据形成晶界渗碳体网的原则确定的,以个别铁素体晶粒外围被渗碳体网包围部分的比率作为评定原则	根据游离渗碳体颗粒构成单层、双层及多层不同长度链状和颗粒尺寸的增大原则确定	根据均匀分布的点状渗碳体向不均匀的带状结构过渡的原则确定

注:各种游离渗碳体同时出现时,应以严重者为主,适当考虑次等者。

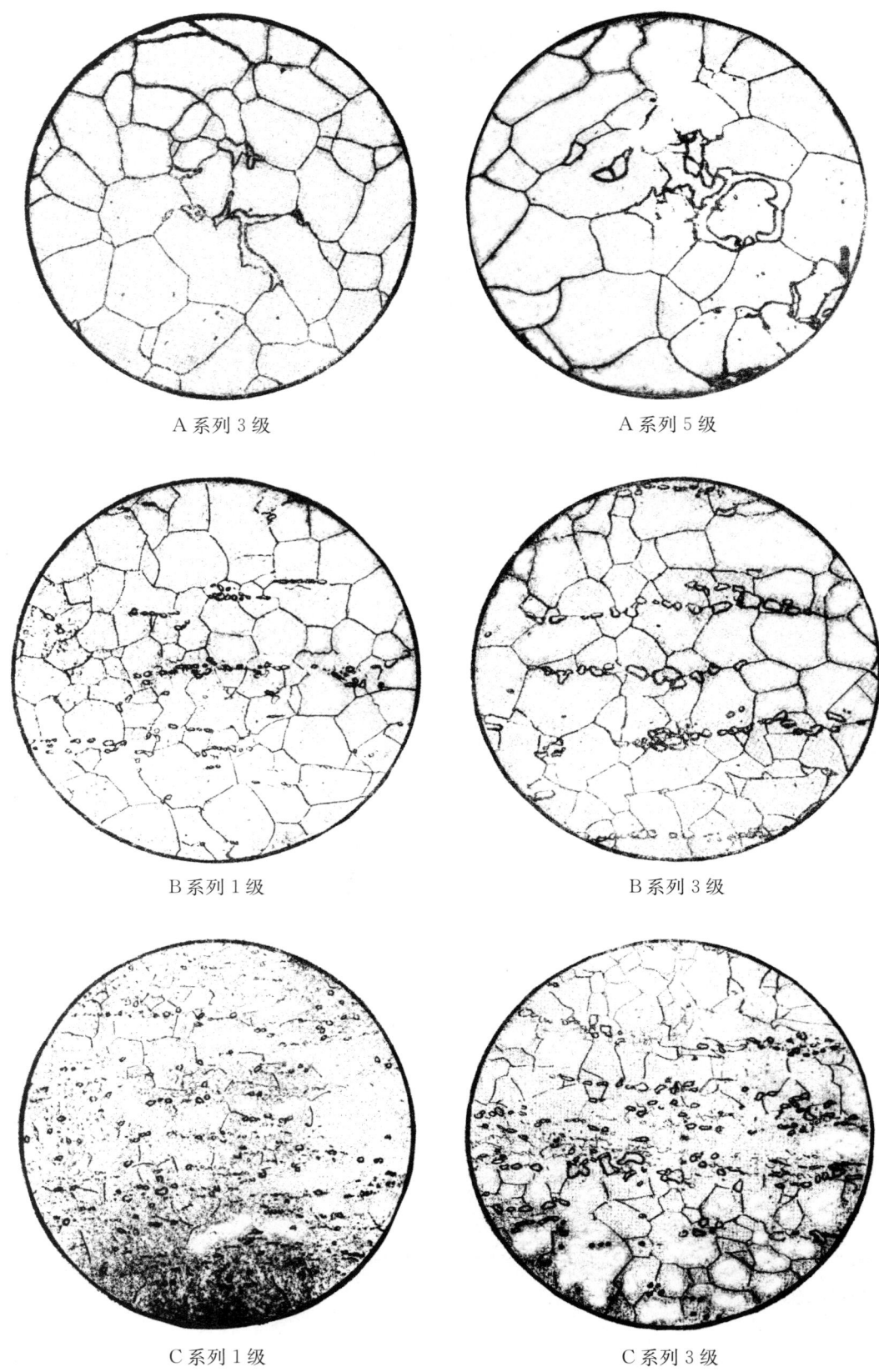

图 4-6　各系列部分游离渗碳体组织评级图　[400×(×0.8)]

4.3　钢的魏氏组织评定

亚共析钢在铸造、锻造、轧制、焊接和热处理时，由于高温形成粗大奥氏体，在冷却时游离铁素体除沿晶界呈网状析出外，还有一部分呈针状自晶界伸入晶内或在晶粒内部独自析出，而不与晶界铁素体网相连，这种针状组织称为魏氏组织。魏氏组织的出现有时为钢材过热的金相特征，将造成钢的力学性能，尤其是冲击性能的下降，严重的将造成零件在使用过程中的脆性断裂。一般钢中魏氏组织可以通过正火处理来加以矫正，同时应注意控制适当的连续冷却速度，但有部分材料由于组织遗传作用魏氏组织难以逆转。魏氏组织形貌见图 4-7 所示。

图 4-7　45 钢魏氏组织形貌　(200×)

魏氏组织可按照 GB/T 13299—1991《钢的显微组织评定方法》的有关规定评级，适用范围为低碳、中碳钢的钢板、钢带和型材。

评定珠光体钢过热后的魏氏组织，要根据析出的针状铁素体数量、尺寸和由铁素体网确定的奥氏体晶粒大小的原则确定。上述标准按钢材所含碳的质量分数分为 A 和 B 两系列，每系列中按魏氏组织分布的严重程度分为 0～5 级共个 6 级别，5 级最严重。试样在 100 倍下的视场与相应标准图片对照评定。GB/T 13299—1991 中各系列、各级别对应的魏氏组织特征见表 4-8。图 4-8 为 GB/T 13299—1991 中各系列部分魏氏组织评级图。

表 4-8　魏氏组织评级说明

级别	组织特征(100 倍下)	
	A 系列 (C≤0.30wt%的钢)	B 系列 (C：0.31～0.50wt%的钢)
0	均匀的铁素体和珠光体组织，无魏氏组织特征	均匀的铁素体和珠光体组织，无魏氏组织特征
1	铁素体组织中，有呈现不规则的块状铁素体出现	铁素体组织中出现碎块状及沿晶界铁素体网的少量分叉
2	呈现个别针状组织区	出现由晶界铁素体网向晶内生长的针状组织
3	由铁素体网向晶内生长，分布于晶粒内部的细针状魏氏组织	大量晶内细针状及由晶界铁素体网向晶内生长的针状魏氏组织
4	明显的魏氏组织	大量的由晶界铁素体网向晶内生长的长针状的魏氏组织
5	粗大针状及厚网状的非常明显的魏氏组织	粗大针状及厚网状的非常明显的魏氏组织

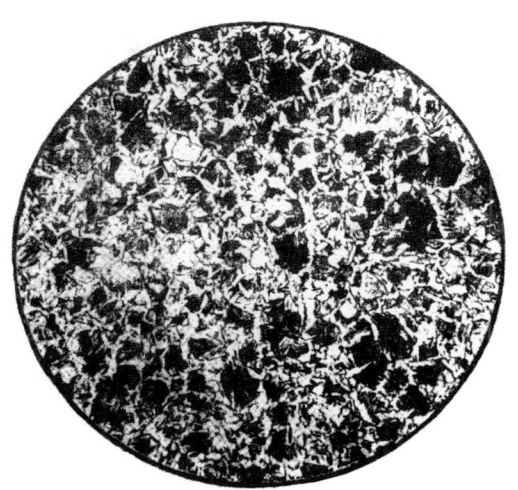

A 系列 1 级　　　　　　　　　　　　　　B 系列 1 级

图 4-8　各系列部分魏氏组织评级图　[100×(×0.8)]

4.4　钢的碳化物不均匀度评定

当钢铁材料的基体中分布有碳化物时,可提高基体的硬度、耐磨性。但当碳化物分布不均匀、局部聚集时,则会使材料脆化。由于钢材内碳及合金元素含量不同及钢中碳化物形成阶段不同可分为两种:由凝固过程中形成的共晶碳化物以及固态相变过程中共析形成的二次碳化物,两种碳化物的不均匀度有不同的评定方法。

4.4.1　共晶碳化物的不均匀度评定

在钢的凝固过程中,含有较高碳和合金元素(或成分偏析)的钢内会出现枝晶网分布的共晶碳化物,它在热加工过程中随着变形,延展成为带状分布,均造成碳化物不均匀性。碳化物不均匀性除受化学成分的影响外,还与钢材的冶炼方法、浇注温度、钢锭的几何形状、钢锭的大小、钢锭的冷却速度以及成材时的变形程度有关。

高速钢、铬轴承钢、高铬钢等钢种,出现带状碳化物的概率比较高,带状碳化物造成工件脆性增大,制成的工模具容易产生崩刃、断裂,在热处理过程中,带状碳化物以外的贫碳区域容易造成加热时的过热。此外,带状碳化物使工件在淬火时产生较大的变形,并可能导致淬火裂纹。

共晶碳化物的不均匀性在冶炼凝固过程形成,热处理无法改变,必须通过反复锻造,才能改变不均匀性的程度。

共晶碳化物的不均匀分布形态,可分为带状及网状,其不均匀度评定可根据 GB/T 14979—1994《钢的共晶碳化物不均匀度评定法》进行评定,评定方法见表 4-9。图 4-9～图 4-14 为 GB/T 14979 中共晶碳化物不均匀度部分评级图。

评定的试样,浸蚀时一般腐蚀至呈暗灰色,应保证共晶碳化物显示清晰。

表 4-9　碳化物不均匀度级别评定

适用钢种、工艺	适用样品尺寸	评级说明	图例
热轧、锻制及冷拉钨系高速工具钢钢棒、钢板	直径、边长或厚度不大于 120 mm	最低 1 级,最严重 8 级,3～8 级分带系、网系两组图(第一评级图)	图 4-9
热轧、锻制及冷拉钨钼系高速工具钢、高温不锈轴承钢的钢棒、钢板	直径、边长或厚度不大于 120 mm	最低 1 级,最严重 8 级,3～8 级分带系、网系两组图(第二评级图)	图 4-10
高速工具钢锻材	直径大于等于 120 mm	5～8 级,各级别又分 A、B、C 三个评级图,最低 A 级,最严重 C 级(第三评级图)	图 4-11
热轧、锻制及冷拉合金工具钢钢材	不限	最低 1 级,最严重 8 级,4～6 级分带系、网系两组图(第四评级图)	图 4-12
热轧、锻制及冷拉高碳铬不锈轴承钢钢材	不限	最低 1 级,最严重 8 级,3～6 级分带系、网系两组图(第五评级图)	图 4-13
高温轴承钢钢材	不限	最低 1 级,最严重 8 级(第六评级图)	图 4-14

注:本表由作者根据 GB/T 14979—1994 整理所得。

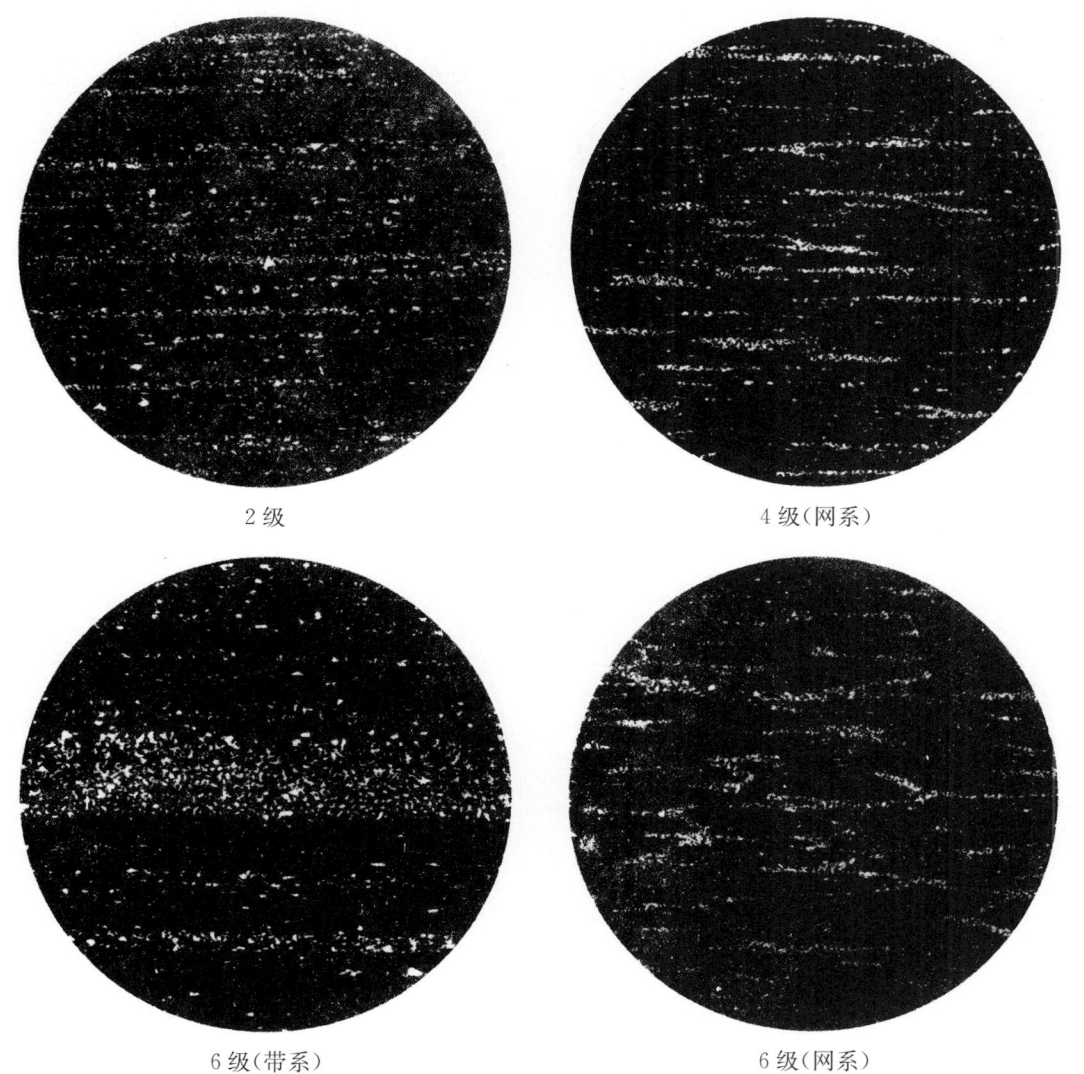

2 级　　　　　　　　　　　　4 级(网系)

6 级(带系)　　　　　　　　　　6 级(网系)

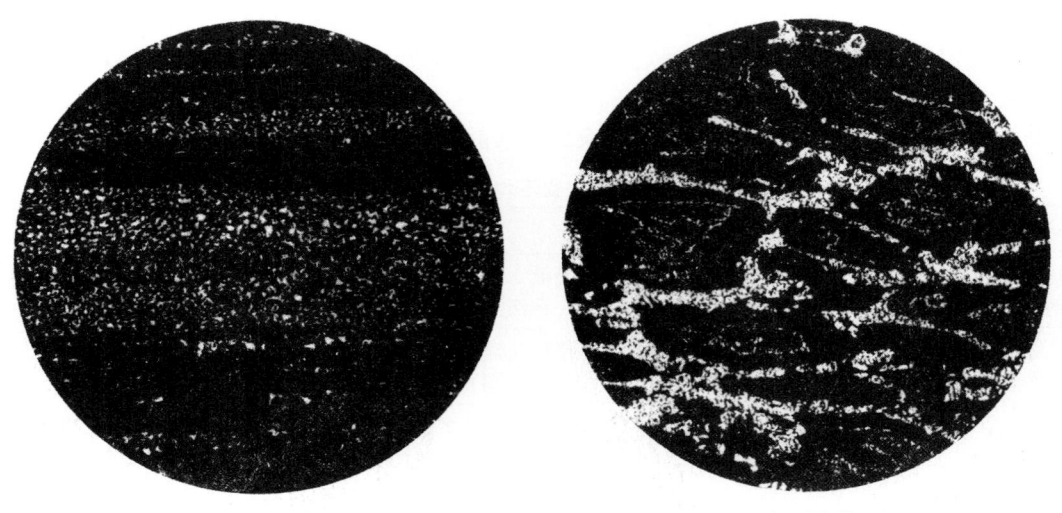

8级(带系)   8级(网系)

(适用于直径、边长或厚度不大于 120 mm 的冷、热变形的钨系高速工具钢)

图 4-9 部分共晶碳化物不均匀度第一评级图 （100×）

2级   4级(网系)

6级(带系)    6级(网系)

第4章 钢的显微组织常规分析及评定

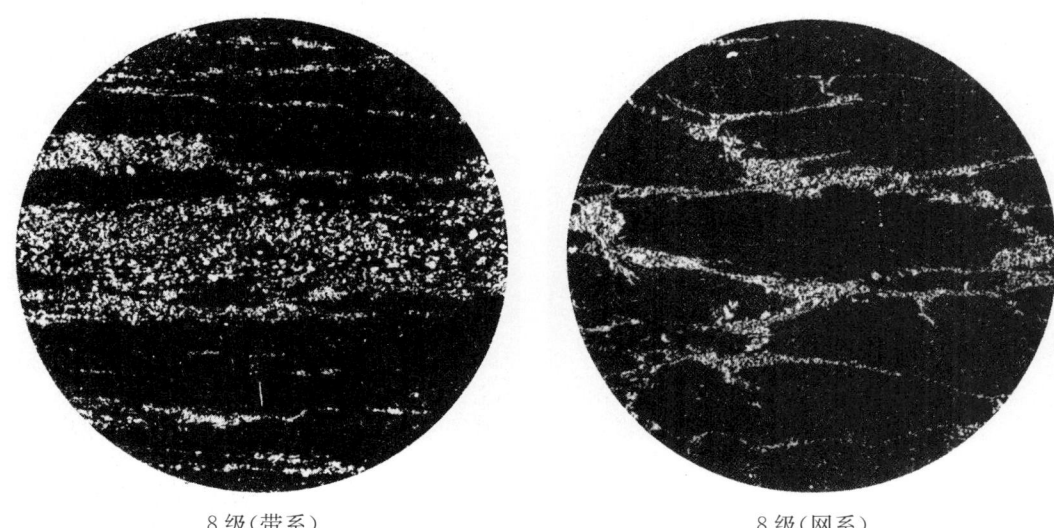

8级(带系)   8级(网系)

(适用于直径、边长或厚度不大于120 mm的冷、热变形的钨钼系高速工具钢、高温不锈轴承钢)

图4-10 部分共晶碳化物不均匀度第二评级图 (100×)

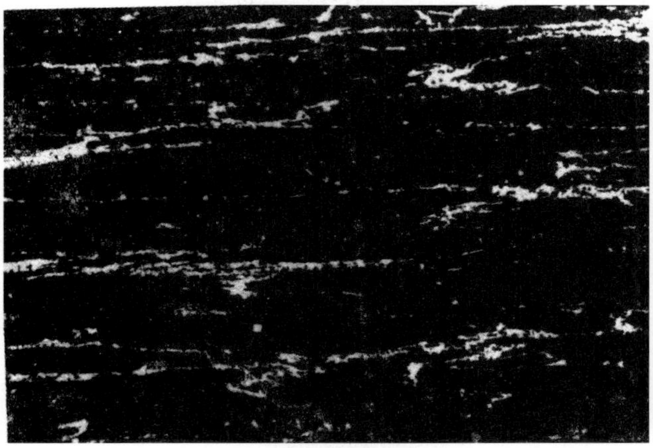

A系列5级 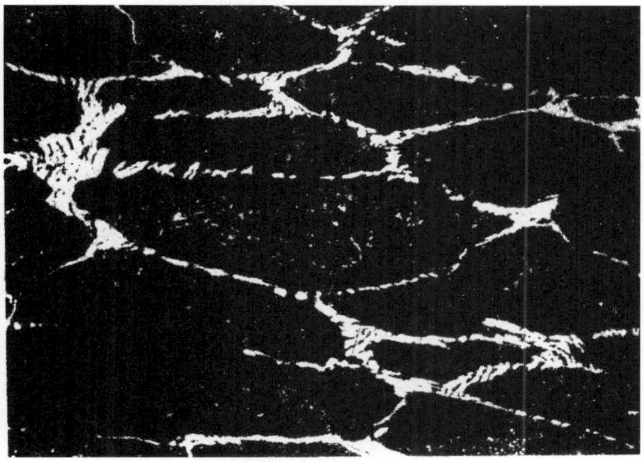   A系列8级

B系列5级 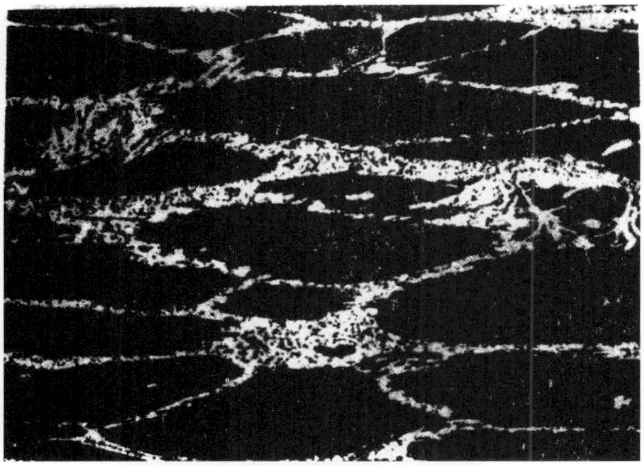   B系列8级

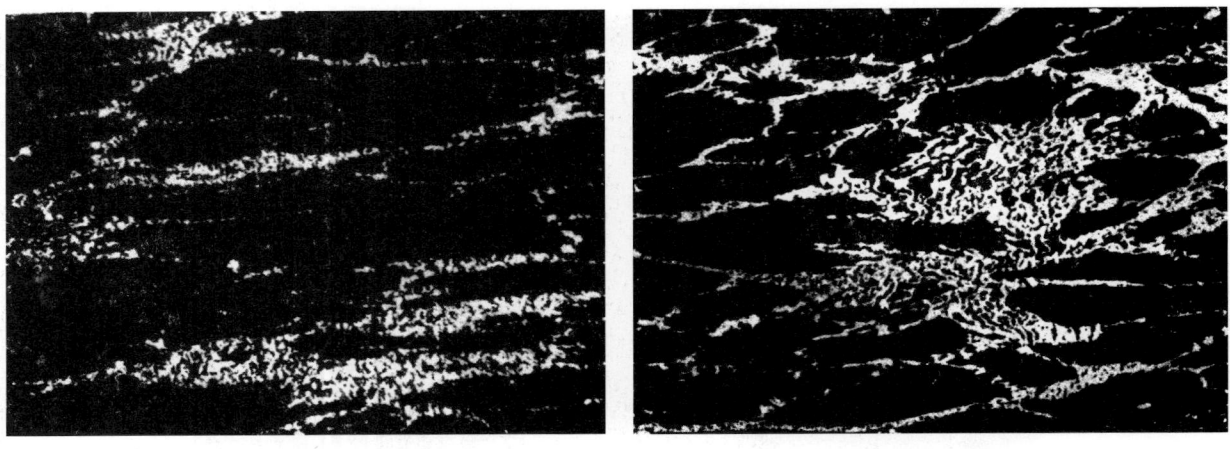

C系列5级　　　　　　　　　　　　C系列8级

(适用于直径大于等于120mm的高速工具钢)

图4-11　部分共晶碳化物不均匀度第三评级图　[100×(×0.9)]

2级　　　　　　　　　　　　4级(网系)

4级(带系) 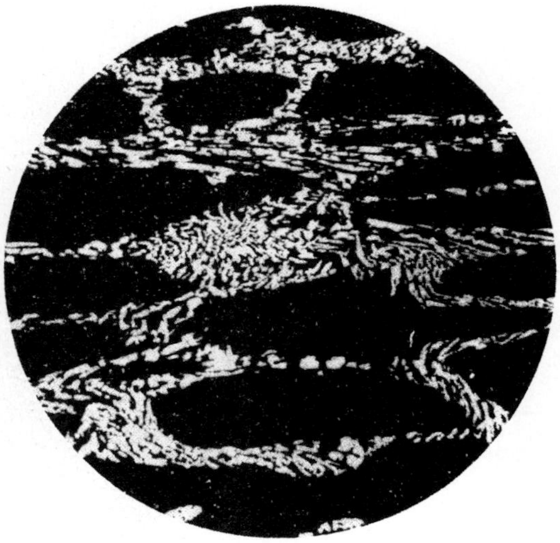　　　　　　　　　　　　6级(网系)

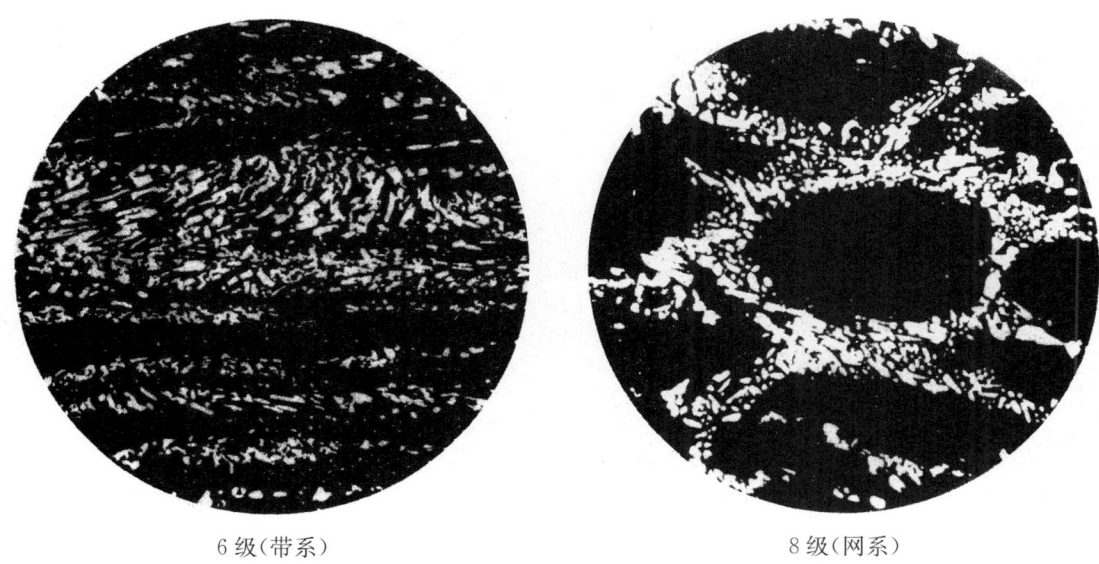

6级(带系)   8级(网系)

(适用于冷、热变形的合金工具钢)

图 4-12 部分共晶碳化物不均匀度第四评级图 [100×(×0.9)]

2级    4级(网系)

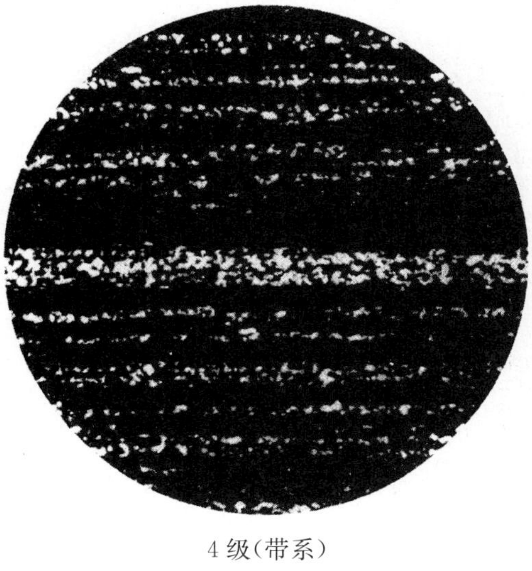

4级(带系) 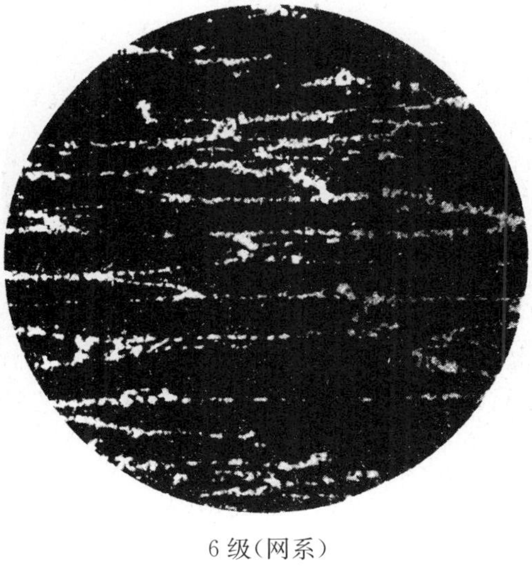   6级(网系)

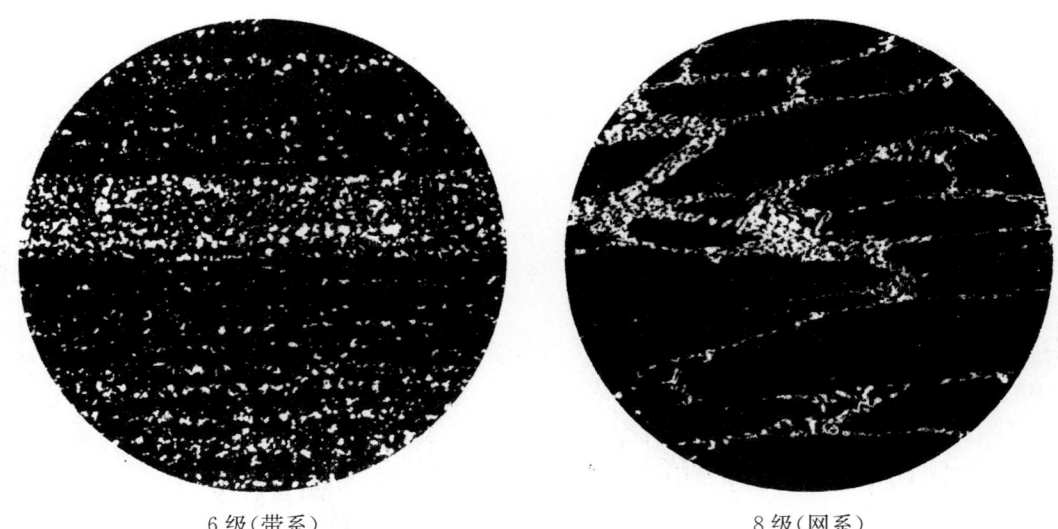

6级(带系)　　　　　　　　　8级(网系)

(适用于冷、热变形的高碳铬不锈轴承钢)

图 4-13　部分共晶碳化物不均匀度第五评级图　(100×)

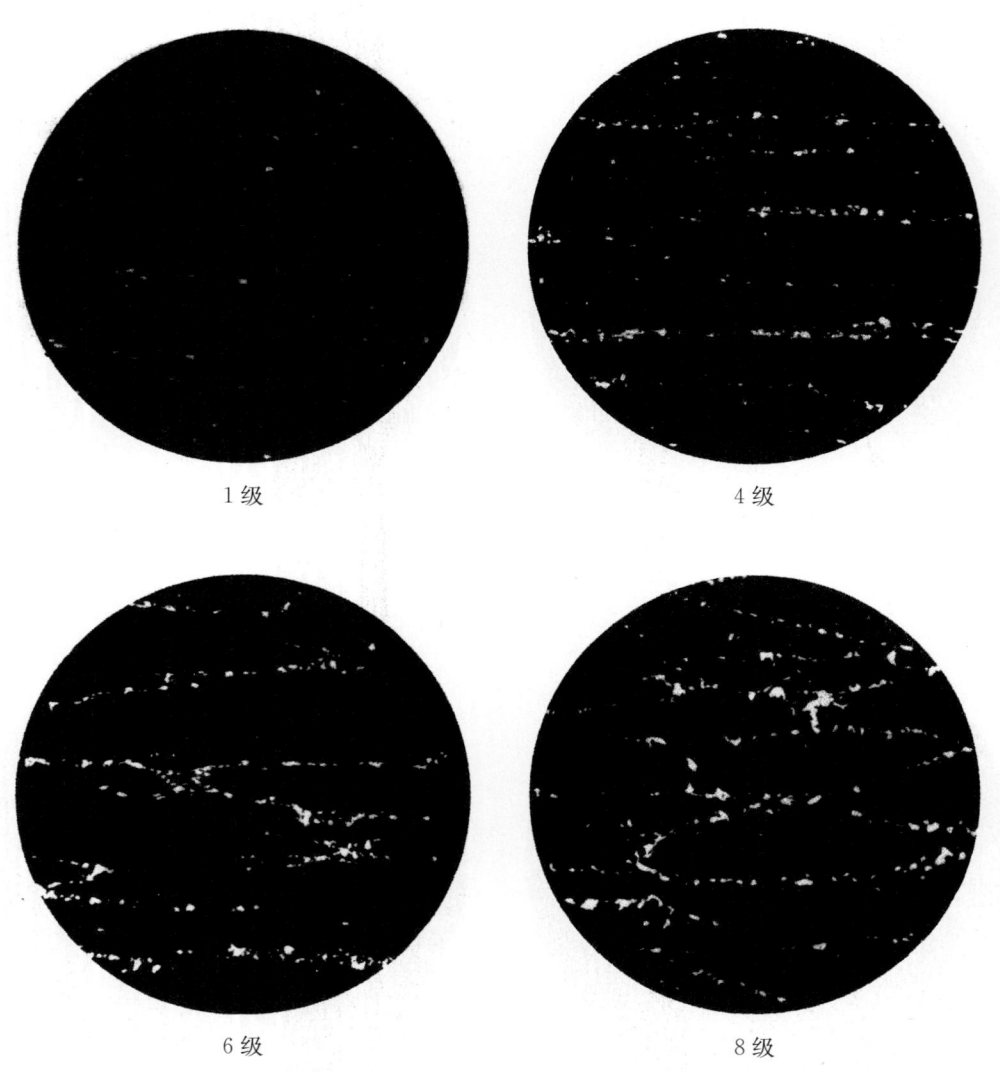

1级　　　　　　　　　　　4级

6级　　　　　　　　　　　8级

(适用于高温轴承钢)

图 4-14　部分共晶碳化物不均匀度第六评级图　(100×)

4.4.2 二次碳化物偏聚评定

高碳钢、高速钢、高碳铬轴承钢、高铬钢等高于共析成分的钢种,在热加工奥氏体化后的冷却过程中,在共析转变前碳化物沿晶界呈网状析出,称为网状二次碳化物。形成网状碳化物的原因是由于钢材在热轧或退火过程中,因加热温度过高,保温时间太长,造成奥氏体晶粒的粗大,并在缓慢冷却过程中,碳化物沿晶界析出,即形成网状分布的碳化物。同样,若热加工的终止温度较高,在随后的缓冷过程中亦易形成网状碳化物。

高碳铬轴承钢一类钢材,由于钢锭的成分枝晶偏析,凝固后会有颗粒状碳化物聚集现象,在锻轧中碳化物颗粒逐步沿热加工形变方向延伸成带状偏聚。

网状碳化物和带状偏聚碳化物的存在,将使钢的力学性能显著降低,尤其是冲击韧度下降,脆性增大,制成的工模具易于在使用中崩刃或开裂。

有关各钢种、各工艺条件下二次碳化物网状及带状偏聚级别评定所采用标准及评定法见表4-10。图4-15~图4-18为对应标准二次碳化物偏聚部分评级图。

二次碳化物偏聚的评定均在试样淬火回火后进行。

表4-10 二次碳化物不均匀度级别评定标准依据一览表

标准：GB/T 18254—2016《高碳铬轴承钢》			
适用钢种	评定条件	评定说明	图例
高碳铬轴承钢	横向试样,放大倍率500倍	碳化物网状级别按碳化物聚集程度及聚网程度,对照图片评定,分3个级别,1~3级,3级最严重	图4-15
	纵向试样,放大倍率100倍和500倍结合评定	碳化物带状级别按碳化物聚集程度、大小和形状,对照图片评定,分6个级别：分别为1级、2级、2.5级、3级、3.5级、4级,4级最严重	
标准：JB/T 1255—2014《滚动轴承 高碳铬轴承钢零件热处理技术条件》			
GCr15,GCr15SiMn,GCr15SiMo,GCr18Mo 钢	横向试样,放大倍率500倍	碳化物网状级别按碳化物聚集程度及聚网程度,对照图片评定,分4个级别：分别为1级、2级、2.5级、3级,3级最严重	图4-16
标准：GB/T 1299—2014《工模具钢》			
T7,T8,T8Mn,T9,T10,T11,T12 和 T13 钢	横向试样,放大倍率500倍	碳化物网状级别按碳化物聚集程度及聚网程度,对照图片评定,分4个级别,1~4级,4级最严重	图4-17
9SiCr,Cr2,CrWMn,Cr06 钢		碳化物网状级别按碳化物聚集程度及聚网程度,对照图片评定,分4个级别,1~4级,4级最严重	图4-18

网状1级 [500×(×0.8)]　　　　　网状3级 [500×(×0.8)]

带状 1 级　［100×(×0.9)］ 　　　　　带状 2.5 级　［100×(×0.9)］

带状 1 级　［500×(×0.9)］　　　　　带状 2.5 级　［500×(×0.9)］

图 4-15　部分碳化物网状带状级别图（适用于高碳铬轴承钢）

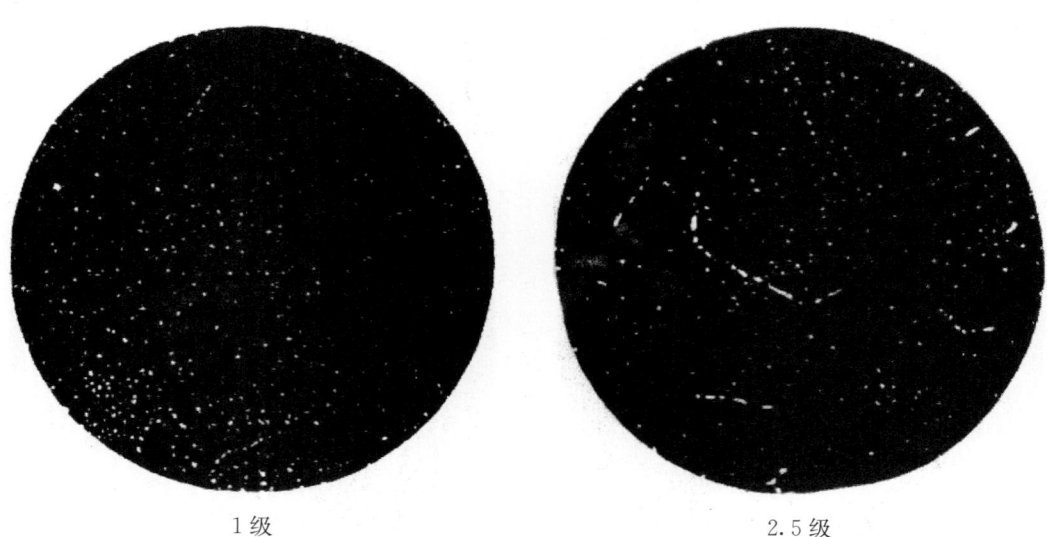

1 级　　　　　　　　　　　　　　　　2.5 级

图 4-16　部分碳化物网状级别图（适用于高碳铬轴承钢）　［500×(×0.8)］

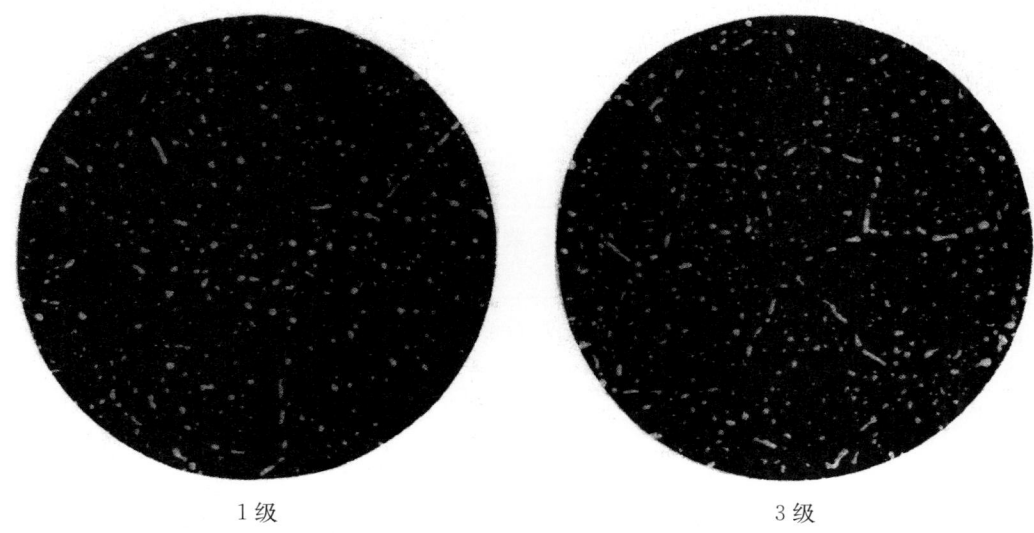

图 4-17　部分碳化物网状级别图（适用于碳素工具钢）（500×）

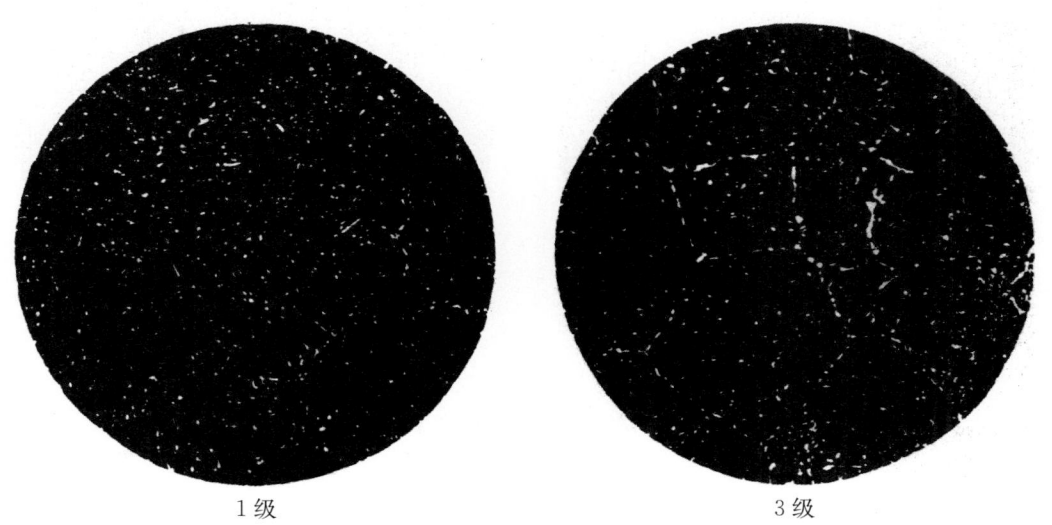

图 4-18　部分碳化物网状级别图（适用于合金工具钢）　[500×(×0.8)]

4.5　碳化物液析评定

某些高碳合金工具钢，例如 GCr15、CrWMn、CrMn，在凝固过程中，常由于碳和合金元素的宏观偏析，一般会在最后凝固区域出现共晶莱氏体，在随后缓冷或轧制加热时离异出碳化物，这种碳化物在以后一般加工过程中不被消除，它以链状、块状或条状沿着钢的轧制方向存在，称为碳化物液析。

碳化物液析产生原因是熔炼时钢液过热，浇注温度偏高，钢锭冷却太慢等因素造成。

碳化物液析的存在，破坏了金属基体连续性，使钢的脆性增大，在热处理时容易产生淬火裂纹，并使工件在使用过程中由于碳化物的剥落而成为磨粒磨损或形成疲劳破坏的发源地，故碳化物液析的存在有较大的危害性。

为防止出现碳化物液析，一般采用合理的锭型设计，适当降低浇注温度并加快冷却速度，以杜绝共晶莱氏体的形成。对已经产生的碳化物液析，可以用高温均匀化热处理或扩散退火的方法进行补救。

碳化物液析可按照 GB/T 18254—2016《高碳铬轴承钢》的有关规定评级，该标准适用于：制作轴承套圈和滚动体用高碳铬轴承钢，其他相关钢种可参考应用。

碳化物液析在淬火后的纵向试样上评定,选择碳化物液析最严重的视场与相应的评级图片比较评定其结果,放大倍数为100倍,评定结果用级别数表示。碳化物液析评级说明见表4-11,部分GB/T 18254—2016标准评级图见图4-19～图4-20。

表4-11 碳化物液析评级说明

碳化物液析分类	碳化物液析评级
条状	碳化物液析级别按碳化物聚集程度、数量、长度对照图片评定,分4个级别,1～4级,4级最严重(图4-19)
链状	碳化物液析级别按碳化物聚集程度、数量、长度对照图片评定,分4个级别,1～4级,4级最严重(图4-20)

注:本表由作者根据GB/T 18254—2015整理所得。

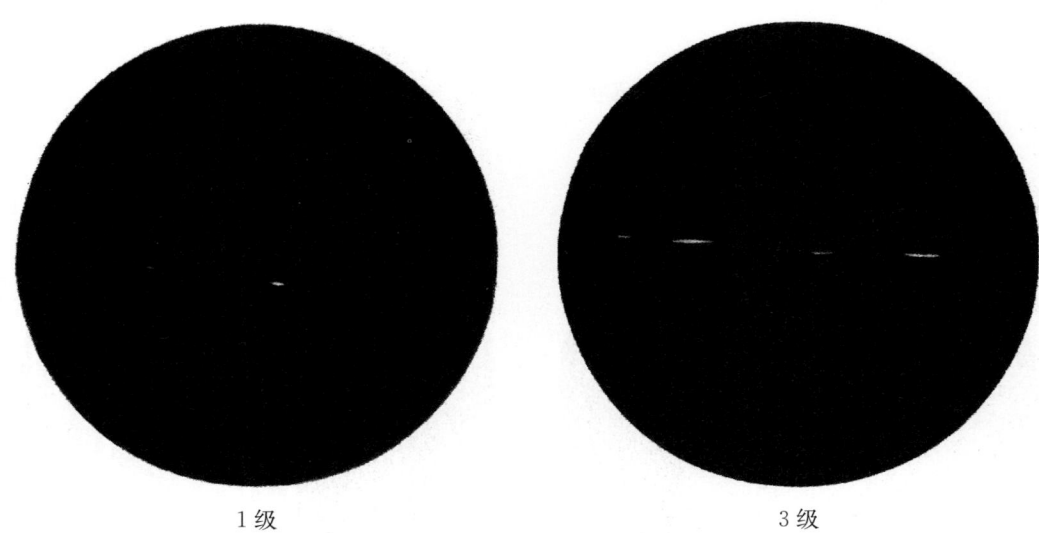

图4-19 部分碳化物液析(条状)级别图 [100×(×0.8)]

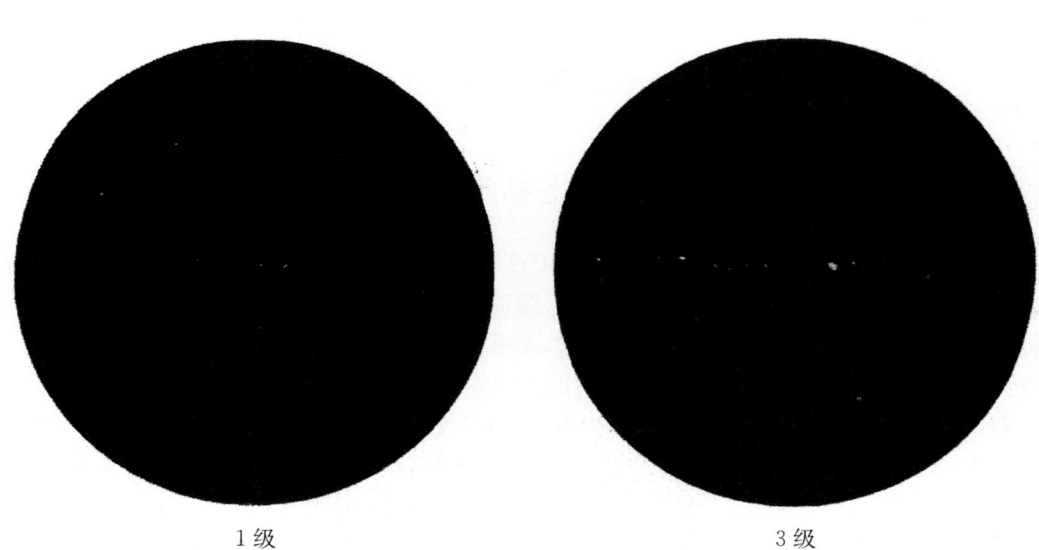

图4-20 部分碳化物液析(链状)级别图 [100×(×0.8)]

4.6 球化退火处理及球化级别评定

4.6.1 共析、过共析钢球化退火及评级

工具钢、模具钢、轴承钢等一般为共析钢或过共析钢。该类钢经轧制或锻造后，其组织中珠光体形态一般为片状或细片状，硬度高，切削困难。同时，片状珠光体中渗碳体片表面积大，热处理奥氏体化时容易溶解，增加奥氏体晶粒长大倾向，易引起工件过热。因此对这类钢材需要进行球化退火处理，把钢加热到 Ac_1 以上 20~30℃的温度，保温适当时间后缓冷，可获得粒状珠光体，使基体硬度降低，有利提高切削加工性能，热处理时使组织不易过热，减小了工件淬火时变形及开裂倾向。

球化退火后的正常组织应为均匀的碳化物与圆整的球状珠光体。若球化工艺控制不当，则得不到良好的球化组织。例如加热温度过低或保温时间过短均得不到均匀的球状组织，而出现细片或点状的珠光体。如果加热温度偏高，则会造成材料出现粗片状珠光体及网状碳化物。对于球化不良的钢，可再经球化退火处理。除了控制球化退火工艺外，还应当严格控制退火前的组织，主要控制碳化物的均匀性。

球化退火组织级别的评定根据碳化物的尺寸、数量及形状，在 500 倍放大倍率下，对照相应标准图片评定。

共析、过共析钢的各钢种球化组织评定的常用标准评定见表 4-12，各标准部分对应评级图见图 4-21~图 4-23。

表 4-12 工模具钢球化退火后球化体组织评定标准依据一览表

适用钢种	采用标准	球化组织级别评定
GCr15、GCr15SiMn、GCr15SiMo、GCr18Mo（滚动轴承零件）	JB/T 1255—2014《滚动轴承 高碳铬轴承钢零件热处理技术条件》	分 5 个级别，2~4 级为合格组织，1 级为欠热组织，5 级为过热组织（图 4-21）
T7，T8，T8Mn，T9，T10，T11，T12 和 T13（碳素工具钢）	GB/T 1299—2014《工模具钢》	分 6 个级别，对于 T7、T8、T8Mn 和 T9 钢，1~5 级为合格组织；对于 T10、T11、T12 和 T13 钢，2~4 级为合格组织（图 4-22）
9SiCr，Cr2，CrWMn，9CrWMn，Cr06，W 和 9Cr2		分 6 个级别，其中 6 级为不合格组织（图 4-23）

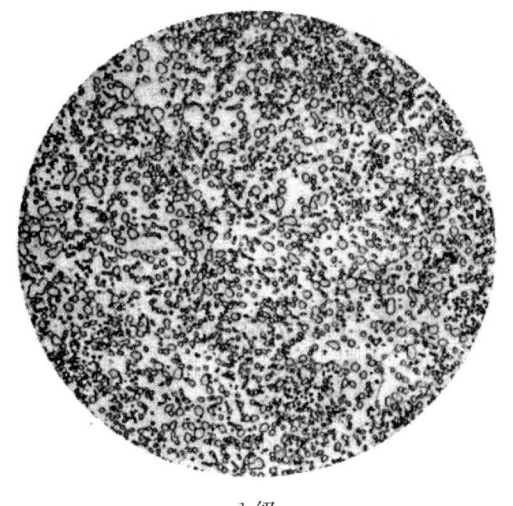

1级　　　　　　　　　　　2级

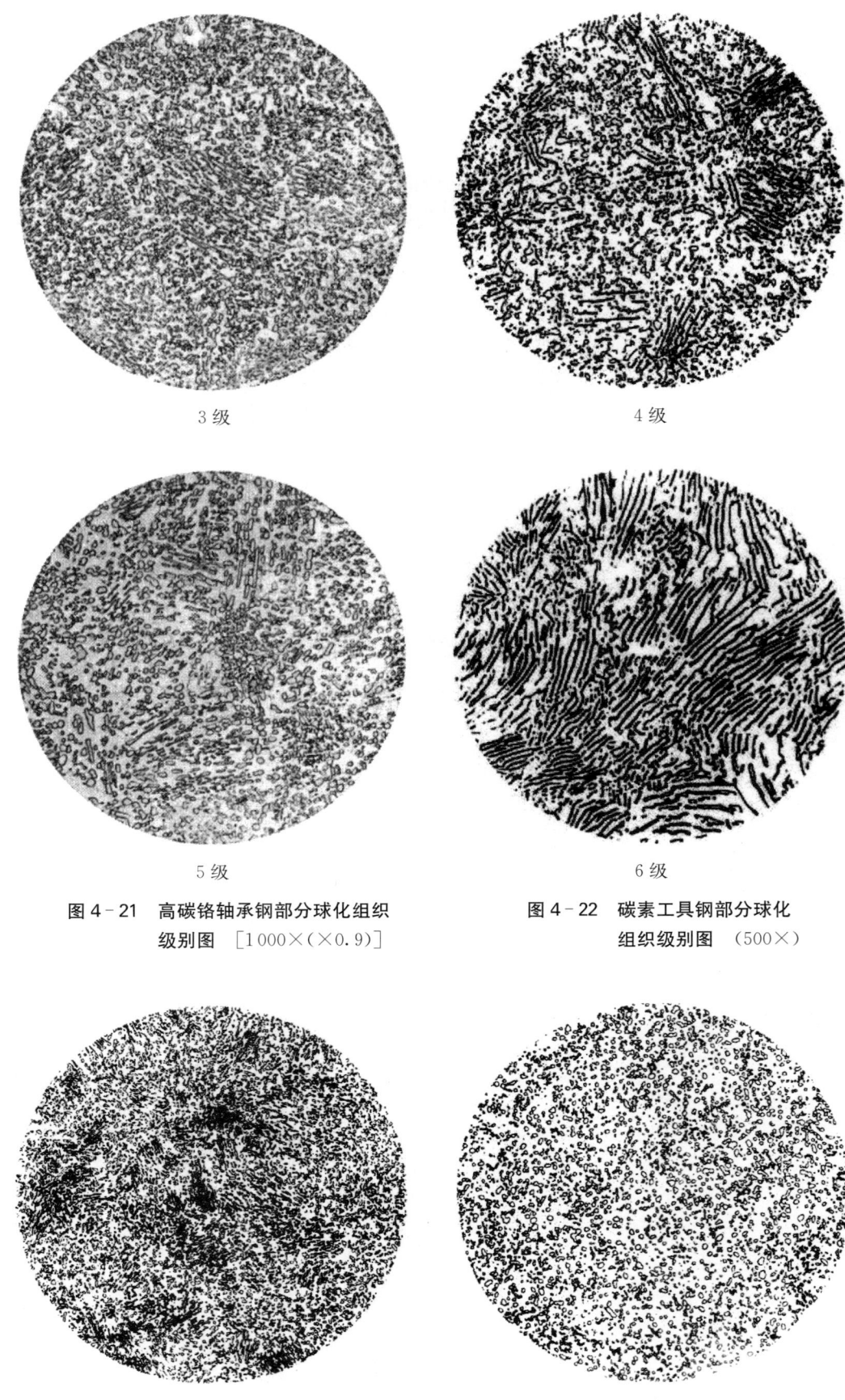

3 级　　　　　　　　　　　　　　　4 级

5 级　　　　　　　　　　　　　　　6 级

图 4-21　高碳铬轴承钢部分球化组织　　　图 4-22　碳素工具钢部分球化
级别图　[1 000×(×0.9)]　　　　　　组织级别图　(500×)

1 级　　　　　　　　　　　　　　　3 级

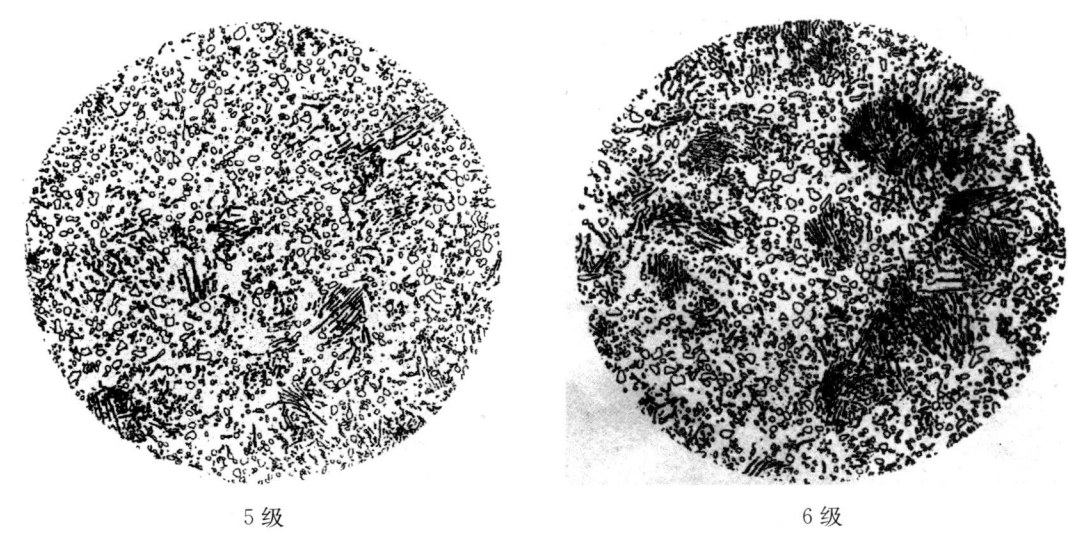

图 4-23　合金工具钢部分球化组织级别图　(500×)

4.6.2　亚共析钢球化退火及评级

低碳、低合金钢，中碳、中碳合金钢等亚共析钢，常需进行冷塑性变形加工，为使钢件在拉伸、挤压、轧、镦等冷变形过程中表现出良好塑性，一般采用球化退火工艺，先加热至 A_1 以下 20～30℃保温一段时间，再升温略高于以上温度，保温后缓冷，可得到球化体，可消除因片状珠光体造成冷变形开裂、变形抗力过大等现象。

亚共析钢球化退火评级可按照 GB/T 38770—2020《低、中碳钢球化组织检验及评级》的有关规定评级，适用钢种为低碳碳素结构钢、低碳合金结构钢、中碳碳素结构钢、中碳合金结构钢。

该标准按珠光体球化率进行球化组织分级。珠光体球化率按面积百分比计算：

$$球化率 = \frac{\sum A_{球状碳化物}}{0.22\sum A_{片状珠光体} + \sum A_{球状碳化物} + \sum A_{未球化碳化物}} \times 100\% \qquad (4-1)$$

式中：$A_{球状碳化物}$——球状碳化物面积；

$A_{未球化碳化物}$——长、宽之比大于等于 5 的独立碳化物面积；

$A_{片状珠光体}$——片状珠光体团的面积。

珠光体及碳化物面积测定统计可按相应定量金相方法进行。

GB/T 38770—2020 中标准将球化组织按球化率大小分为 6 级。亚共析钢按化学成分划分为 3 类，每类钢球化级别的球化率划分不尽相同，分别见表 4-13、表 4-14 及表 4-15。

日常检测中更多采用标准图谱比较评级方法。3 类钢的各级组织特征见表 4-13～表 4-15，GB/T 38770—2020 中相应的部分球化级别标准图见图 4-24～图 4-26。

表 4-13　低碳碳素结构钢、低碳合金结构钢球化组织分级

级别	球化率	组织特征
1	<5%	铁素体+珠光体
2	5%～30%	铁素体+珠光体及少量球化体
3	>30%～60%	铁素体+球化体及珠光体
4	>60%～75%	铁素体+球化体及少量珠光体
5	>75%～95%	铁素体+点状球化体及少量珠光体
6	>95%	铁素体+球化体

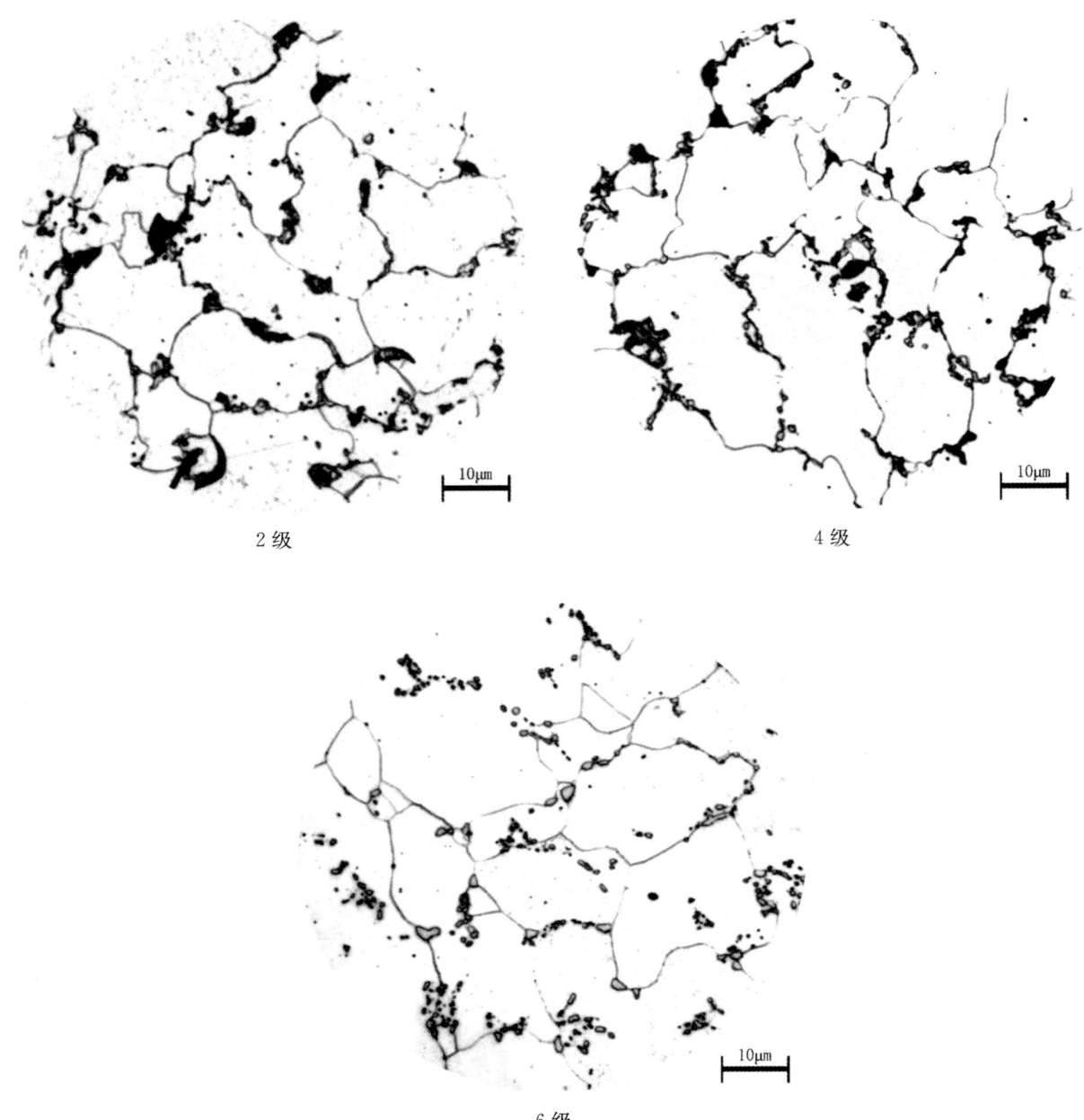

图 4-24 低碳碳素结构钢及低碳合金结构钢部分球化组织分级图

表 4-14 中碳碳素结构钢球化组织分级

级别	球化率	组织特征
1	<5%	珠光体+铁素体
2	5%~30%	珠光体及少量球化体+铁素体
3	>30%~60%	球化体及珠光体+铁素体
4	>60%~80%	点状球化体及少量珠光体+铁素体
5	>80%~95%	点状球化体及少量珠光体+铁素体
6	>95%	均匀分布球化体+铁素体

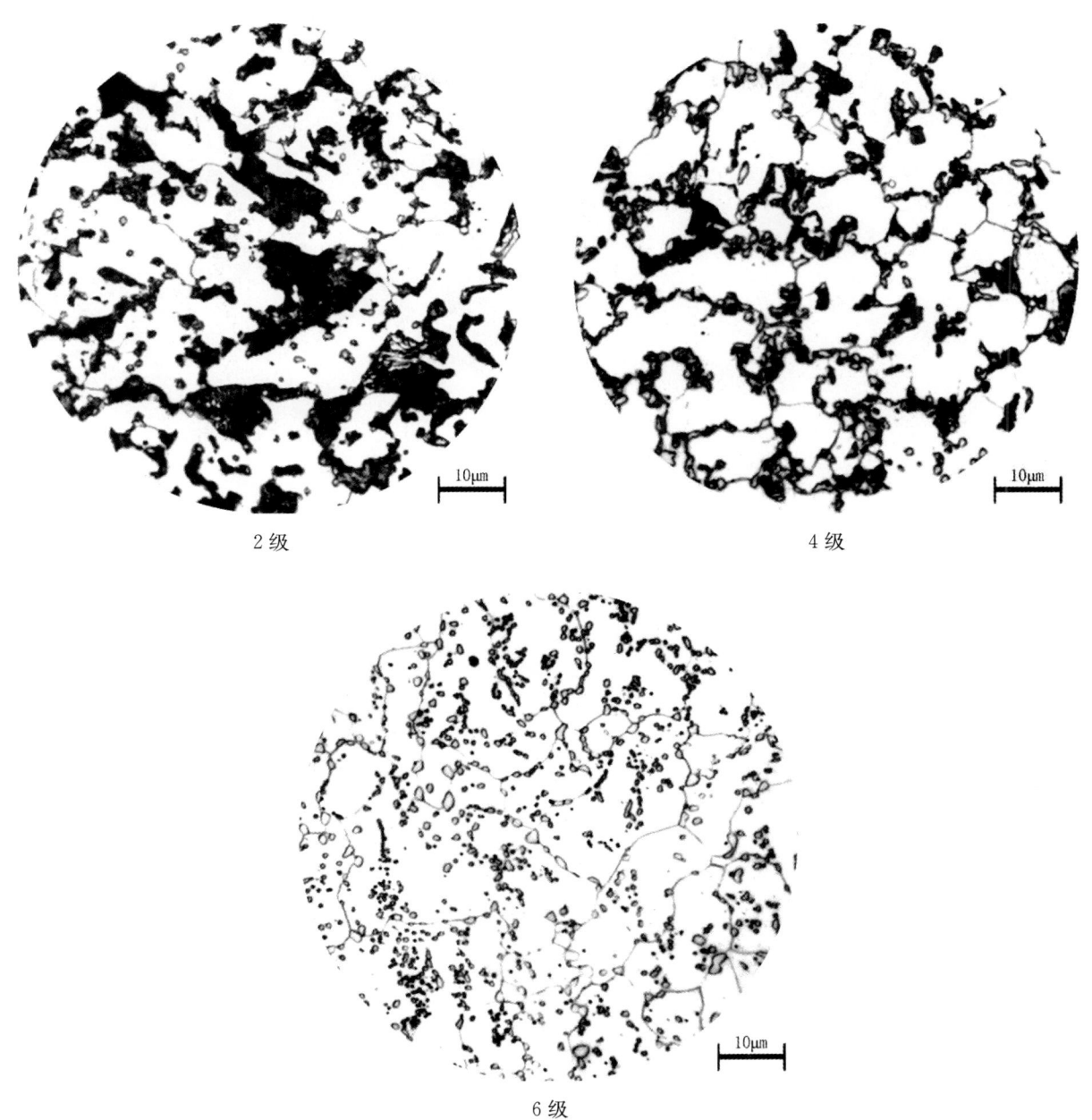

图 4-25 中碳碳素结构钢部分球化组织分级图

表 4-15 中碳合金结构钢球化组织分级

级别	球化率	组织特征
1	<5%	珠光体＋铁素体
2	5%～30%	珠光体及少量球化体＋铁素体
3	>30%～55%	球化体及珠光体＋铁素体
4	>55%～75%	点状球化体及少量珠光体＋铁素体
5	>75%～95%	球化体＋点状球化体＋铁素体
6	>95%	均匀分布球化体＋铁素体

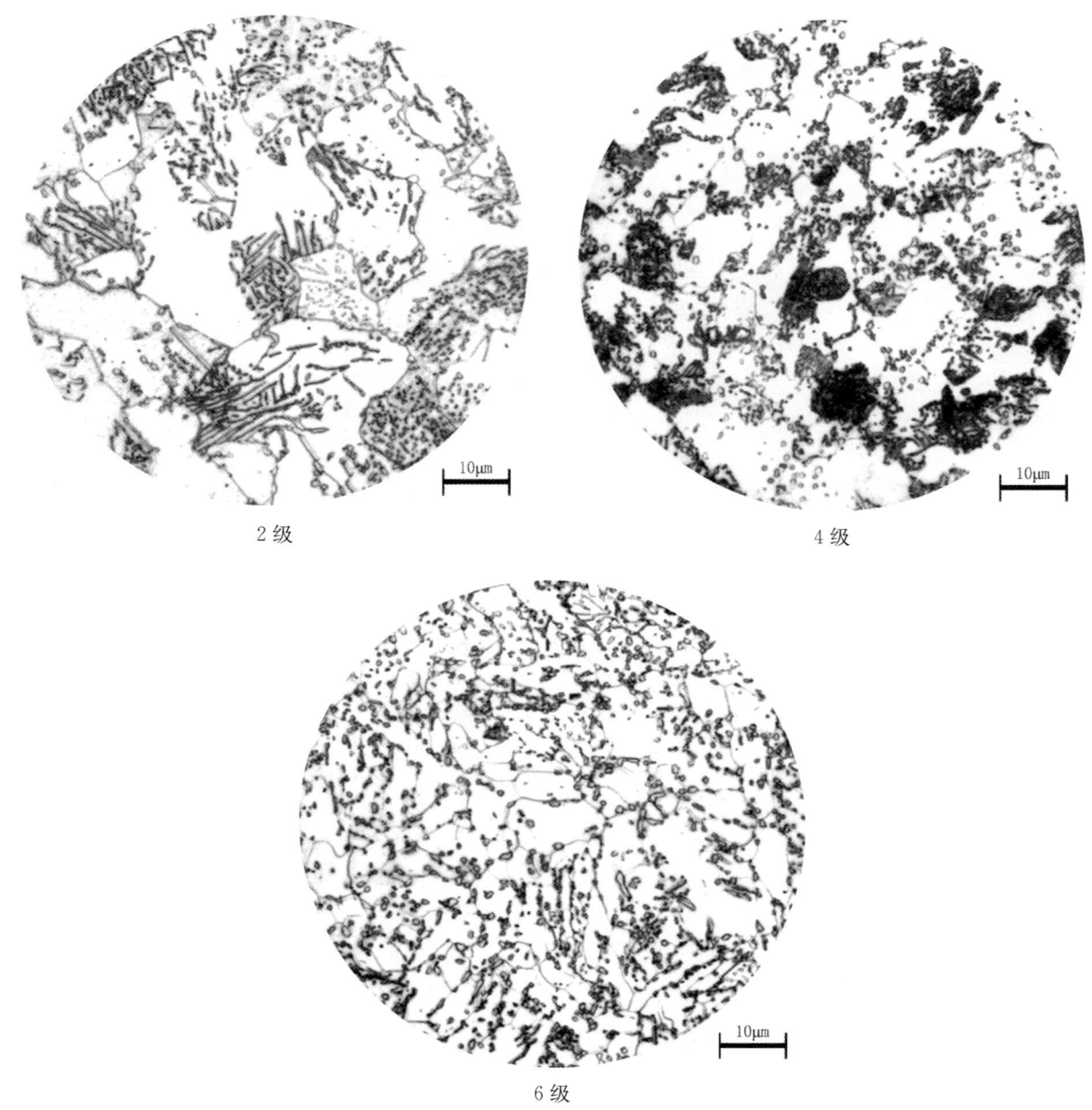

图4-26 中碳合金结构钢部分球化组织分级图

4.7 高温使用中钢的（珠光体）球化程度评定

电力行业中，20钢、15CrMo、12Cr1MoV等系列钢是电站锅炉部件广泛采用的钢种，它们分别可适用于450～550℃不同的高温工作环境。但是，这类钢在高温长期使用过程中，原组织中珠光体（贝氏体）会发生球化现象，即珠光体（贝氏体）中的片状碳化物逐渐转变为球粒状碳化物，也可称为组织老化。这类钢种的力学性能及热张性能将随着珠光体球化程度和固溶体中合金元素贫化程度的加大而逐渐降低，以致材料渐趋劣化甚至失效。因此碳化物形态发生球化现象是该类材料老化的主要特征。长期以来，电力行业中把这类钢材组织中珠光体（贝氏体）的球化程度用作评判这类钢的使用可靠性的重要依据之一，并制定了相关评级标准。在这些标准中不仅规定了具体评定方法，还在附录中列出了随球化程度增大导致力学性能下降的具体数据。

1. 珠光体球化级别评定试样的取样

由于要评定的是在"高温使用"环境下的试样，因此应该选取工作环境中最高温度且应力较大区间的试样。其次,样品应包含完整截面。对于壁厚较大部件,允许制成若干试块,但应包含整个截面。若从钢管上切取,可为管件的纵截面或横截面,应包含整个壁厚。

对于在线试样,不允许截开取样,可按 DL/T 652《金相复型技术工艺》采用现场金相复型取样方法,在温度较高、应力较大部位的表面取样。

2. 评定方法

按规定制样后,在显微镜下根据标准规定的不同放大倍率(较低倍率及较高倍率)对照相关标准图片进行评定。

应选择具有代表性视场,选择评定视场数目不小于 3 个。

球化级别均设为 5 个级别,1 级为原始未球化组织,5 级为严重球化组织。对于介于两个级别之间的球化组织,允许使用半级表示,如 1.5 级、3.5 级等。

若试样中存在球化不均匀现象,应以球化度严重的球化级别为评定结果,并以文字表述其不均匀性。

4.7.1 12Cr1MoV 钢球化评级

DL/T 773—2016《火电厂用 12Cr1MoV 钢球化评级标准》适用于 12Cr1MoV 钢制造的锅炉用的高温部件在高温下长期使用后的显微组织球化等级评定。

按要求取样、制样后,试样在金相显微镜 400 倍或 500 倍下对照标准图进行评定,必要时也可在更高倍率下进行观察。基体组织为铁素体+珠光体的有关各级球化组织特征及常温下平均力学性能见表 4 - 16,DL/T 773—2016 中部分标准评级图见图 4 - 27。对于基体组织为铁素体+贝氏体或全部为贝氏体的有关各级球化组织特征及常温下平均力学性能见表 4 - 17,(DL/T 773—2016 中部分标准评级图见图 4 - 28。

表 4 - 16 铁素体加珠光体球化组织特征及常温下力学性能

球化程度	球化级别	显微组织特征	抗拉强度 R_m/MPa	下屈服强度 R_{eL}/MPa	布氏硬度 /HBW
未球化	1 级	珠光体区域形态清晰,呈聚集形态,碳化物呈片层状	576	409	175
轻度球化	2 级	聚集形态的珠光体区域已开始分散,珠光体形态仍较清晰,边界线开始变得模糊;部分碳化物呈条状、点状,晶界上开始析出颗粒状碳化物	553	360	173
中度球化	3 级	珠光体区域已显著分散,仍保留原有的区域形态,边界线变模糊,碳化物全部聚集长大呈条状、点状;晶界上颗粒状碳化物增多、增大且呈小球状分布	495	335	152
完全球化	4 级	仅有少量的珠光体区域痕迹,碳化物明显聚集长大呈颗粒状,部分碳化物分布在晶界及其附近,晶界上碳化物有的呈链状、条状分布	467	305	134
严重球化	5 级	珠光体区域形态已完全消失,晶内碳化物显著减少,组织为铁素体加碳化物;粗大的碳化物在晶界呈链状、球状分布,出现双晶界现象	406	225	118

注:本表由作者根据 DL/T 773—2016 整理所得。

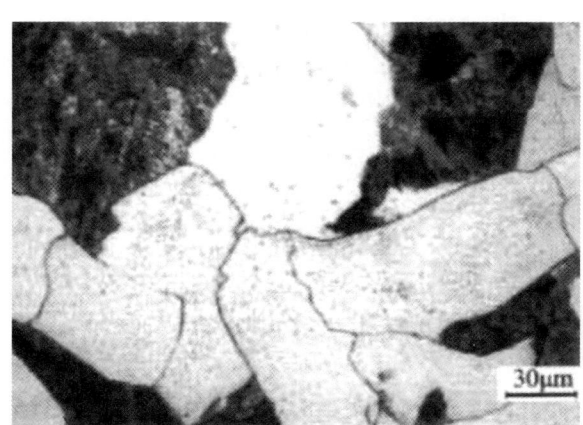
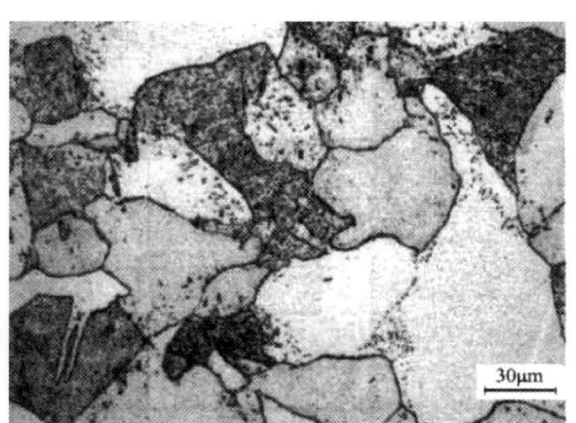

1 级球化　　　　　　　　　　　　　　3 级球化

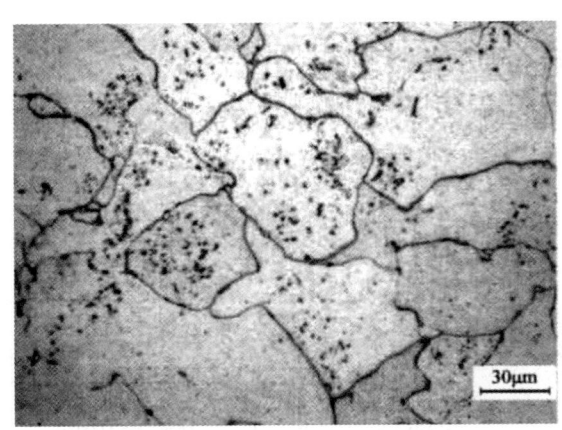

5级球化

图4-27 12Cr1MoV钢部分铁素体加珠光体球化组织级别图

表4-17 铁素体加贝氏体或贝氏体球化组织特征及常温下力学性能

球化程度	球化级别	显微组织特征	抗拉强度 R_m/MPa	下屈服强度 R_{eL}/MPa	布氏硬度 /HBW
未球化	1级	贝氏体区域形态清晰,呈结构紧密的粒状、小岛状,有的呈方向性分布	588	449	178
轻度球化	2级	贝氏体区域仍存在,粒状结构开始变疏松,方向性开始消失,但贝氏体形态仍较清晰;晶界上开始析出颗粒状碳化物	584	445	176
中度球化	3级	贝氏体区域破碎化,边界线变模糊,粒状结构变得更疏散,方向性明显消失,但仍保留原有的区域形态,碳化物聚集长大;晶界上颗粒状碳化物增多、增大	478	332	148
完全球化	4级	仅有少量的贝氏体区域痕迹,碳化物明显聚集长大,大部分碳化物呈颗粒状分布在晶界及其附近	442	298	136
严重球化	5级	贝氏体区域形态已完全消失,晶内碳化物显著减少,组织为铁素体加碳化物;粗大的碳化物分布在晶界和晶内,晶内碳化物呈球状、链状分布;晶界上碳化物呈链状、长条状分布,且局部出现双晶界现象	412	267	125

注:本表由作者根据DL/T 773—2016整理所得。

1级球化

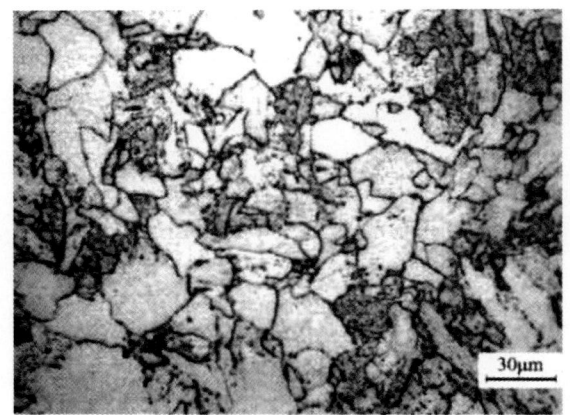

3级球化

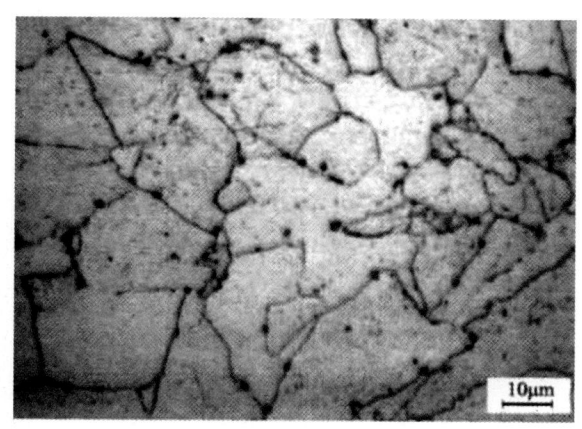

5级球化

图 4-28 12Cr1MoV 钢部分铁素体加贝氏体或贝氏体球化组织级别图

4.7.2 15CrMo 类钢珠光体球化评级

DL/T 787—2001《火力发电厂用 15CrMo 钢珠光体球化评级标准》适用于 15CrMo 钢制造的高压锅炉无缝钢管等部件高温下长期使用后的珠光体球化等级评定。

在金相显微镜 500 倍下对照标准图谱进行评定，必要时可在更高倍率下观察珠光体细节。有关各级珠光体球化组织特征及常温下平均力学性能见表 4-18，DL/T 787—2001 中部分标准评级图见图 4-29。

与 15CrMo 钢相类似的钢材，如 15XM（俄）、T12 及 P12（美）、STBA22 及 STPA22（日）和 13CrMo44（德）等亦可参照该标准执行。

表 4-18 15CrMo 钢珠光体球化级别组织特征及常温下平均力学性能

球化程度	球化级别	组织特征	抗拉强度 R_m/MPa	下屈服强度 R_{eL}/MPa	布氏硬度 /HBW
未球化（供货态）	1级	珠光体区域明显，珠光体中的碳化物呈层片状	505	332	154
倾向性球化	2级	珠光体区域完整，层状碳化物开始分散，趋于球状化，晶界有少量碳化物	465	322	139
轻度球化	3级	珠光体区域较完整，部分碳化物呈粒状，晶界碳化物的数量增加	443	296	132
中度球化	4级	珠光体区域尚保留其形态，珠光体中的碳化物多数呈粒状，密度减小，晶界碳化物出现链状	423	280	128
完全球化	5级	珠光体区域形态特征消失，只留有少量粒状碳化物，晶界碳化物聚集，粒度明显增大	412	277	123

注：本表由作者根据 DL/T 787—2001 整理所得。

1级球化

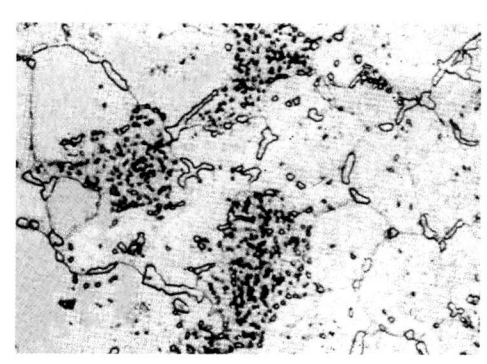

3级球化

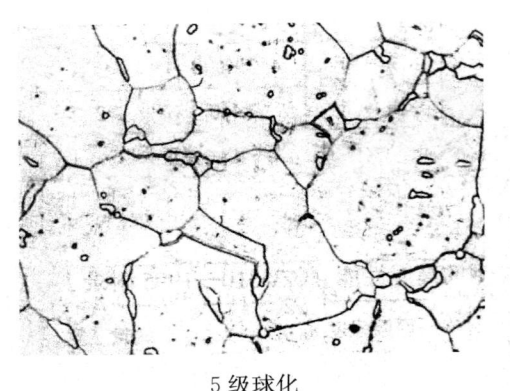

5级球化

图4-29 15CrMo钢部分球化组织级别图 （1000×）

4.7.3 2.25Cr-1Mo类钢球化评级

DL/T 999—2006《电站用2.25Cr-1Mo钢球化评级标准》适用于该钢种制造的金属壁温小于570℃（580℃以下可参考）的锅炉高温部件在高温长期使用后的球化等级评定。

在金相显微镜400～500倍下，选择球化最严重部位，对照DL/T 999—2006标准图谱进行评定，必要时可在更高倍率下观察贝氏体（珠光体）细节。有关各级贝氏体（珠光体）球化组织特征见表4-19，部分标准评级图见图4-30。

与2.25Cr-1Mo钢相类似的钢材，如德国的10CrMo9-10、日本的STBA24和STPA24、美国的T22和P22等亦可参照该标准执行。

表4-19 2.25Cr-1Mo钢球化级别组织特征

球化程度	球化级别	组 织 特 征
未球化（原始态）	1级	聚集形态的贝氏体，贝氏体中的碳化物呈粒状
倾向性球化	2级	聚集形态的贝氏体已分散，部分碳化物分布于铁素体晶界上，贝氏体尚保留其形态
轻度球化	3级	贝氏体区域内碳化物明显分散，碳化物呈球状分布于铁素体晶界上，贝氏体形态基本消失
中度球化	4级	大部分碳化物分布在铁素体晶界上，部分呈链状
完全球化	5级	晶界碳化物呈链状并长大

注：本表摘自DL/T 999—2006。

1级球化

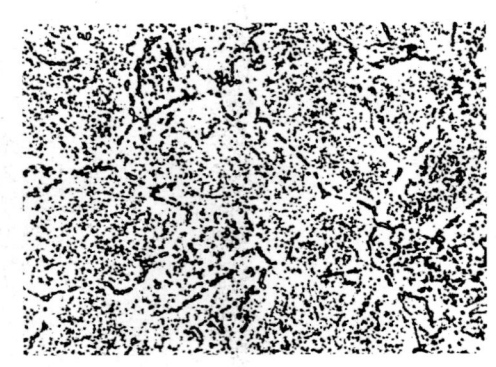
3级球化

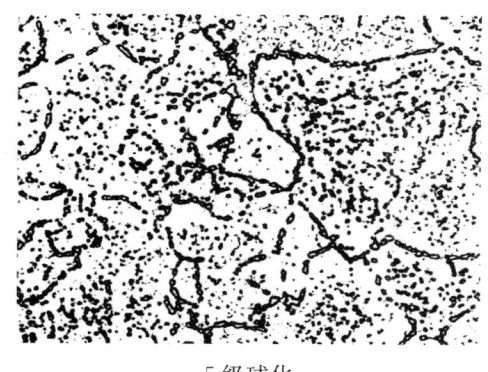

5级球化

图4-30 2.25Cr-1Mo钢部分球化组织级别图 （500×）

4.8 钢材表面脱碳层鉴别与深度测定

钢件在进行各种热处理工序的加热或保温过程中，由于空气或炉内氧化气氛的作用，使钢材表层的碳全部或部分丧失，这种现象叫作脱碳，有脱碳现象的表层称为脱碳层。总脱碳层深度定义为，从产品表面到碳含量等于基体碳含量的那一点的距离，等于部分脱碳和完全脱碳之和。有效脱碳层深度定义为，从产品表面到规定的碳含量或硬度水平的点的距离，规定的碳含量或硬度水平以不因脱碳而影响使用性能为准（例如产品标准中规定的碳含量最小值）。图4-31为38CrMoAl表面全脱碳层形貌。

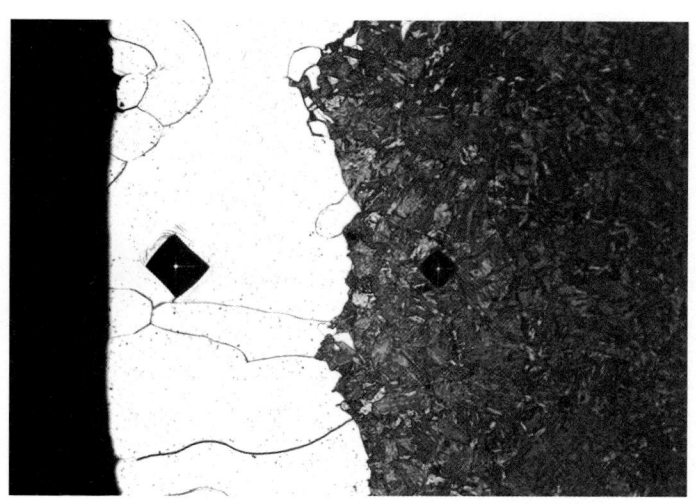

图4-31 38CrMoAl的表面全脱碳层形貌 （200×）

钢表层的脱碳，大多情况下降低工件的表面硬度、耐磨性及疲劳极限。故在工具钢、轴承钢的标准中都对脱碳层有具体规定。重要的机械零件是不允许存在脱碳缺陷的，为此在加工时零件的脱碳层必须除净。

高锰铸钢件在高温水韧处理时会因表层碳氧化造成脱碳。这种脱碳层因碳含量下降在水韧处理的激冷中发生马氏体转变，因此高锰铸钢件表层脱碳后表面硬度会升高，常会导致表面开裂。

GB/T 224—2019《钢的脱碳层深度测定法》标准修改采用ISO 3887：2017(E)《钢脱碳层深度测量》规定脱碳层深度测定方法有金相法、硬度法及碳含量测定方法。

4.8.1 金相法

金相法是在光镜下观察试样从表面到基体随着碳含量的变化而产生的组织变化，适用于具有退火或正火(铁素体-珠光体)组织的钢种,也可有条件的用于那些硬化、回火、轧制或锻造状态的产品。

脱碳层组织可分为全脱碳和半脱碳。全脱碳组织基本为铁素体,高温下脱碳还可见铁素体呈柱晶状分布,见图4-31。半脱碳的组织有别于基体组织,呈现低于基体碳含量的组织形态,如图4-32所示为80钢淬后表层半脱碳组织形貌;图4-33为GCr15钢球化退火后表层因半脱碳而形成粗片状珠光体。金相法确定脱碳层,以观测到的组织差别为界,在亚共析钢中是以铁素体与其他组织组成物的相对量的变化来区别的;在过共析钢中是以碳化物含量相对基体的变化来区别的。对于硬化组织或者淬火回火组织,当碳含量变化引起组织显著变化时,亦可用该方法进行测量。借助于测微目镜,或利用金相显微镜软件系统观察和定量测量从表面到其组织和基体组织已无区别的那一点的距离。

放大倍数的选择取决于脱碳层深度。如果需方没有特殊规定,由检测者选择。通常采用放大倍数为100倍。当过渡层和基体较难分辨时,可用更高放大倍数进行观察,确定界限。先在低放大倍数下进行初步观测,保证四周脱碳变化在进一步检测时都可发现,查明最深均匀脱碳区。

脱碳层最深区域由试样表层的初步检测确定,不受表面缺陷和角效应的影响。对每一试样,在最深的均匀脱碳区的一个显微镜视场内,应随机进行几处测量(至少需5处),以这些测量值的平均值作为总脱碳层。深度以毫米表示,精确到小数点后2位。轴承钢、工具钢、弹簧钢应测量最深处的总脱碳层深度。如果产品标准或技术协议没有特殊规定,在测量时,脱碳极深的那些点要排除掉(但在试验记录中应注明缺陷)。

有时需测定平均脱碳层深度,则首先在试样的最深均匀脱碳区测一点,然后从该点开始表面至少被分成四等份;在每一部分结束位置测量最深脱碳深度,以这些测量值的平均值作为该试样的平均总脱碳层深度。

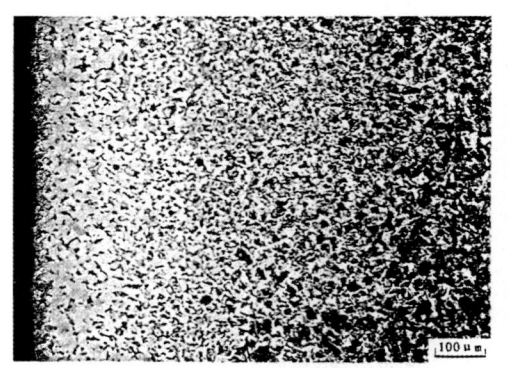

图4-32　80钢热处理后表层组织形貌

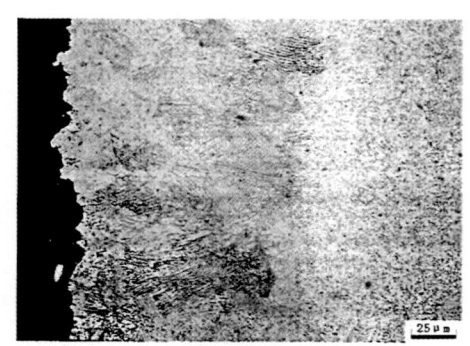

图4-33　GCr15钢球化退火后表层组织形貌

4.8.2　硬度法

一般用显微硬度(维氏硬度或努氏硬度)测量方法,测量在试样横截面上沿垂直于表面方向的显微硬度值分布梯度。这种方法只适用于脱碳层相当深但和淬火层厚度相比却又很小的亚共析钢、共析钢和过共析钢。具体操作可参照有效硬化层深度测定方法的标准执行。

对于相对浅的脱碳层试样应该采用与外表斜线方向测定硬度梯度的方法,具体操作可参照薄层硬化层深度测定的相关标准执行。

测定载荷一般在0.49～4.9 N(50～500 gf)之间取尽可能大的载荷,压痕之间的距离至少应为压痕对角线长度的3倍。

脱碳层深度为从表面到测量界限值的距离,测量界限由产品标准(如螺栓的脱碳层深度,按GB/T 3098.1规定)或双方协议规定,一般为以下3种:

① 由试样边缘至产品标准或技术协议规定的硬度值处;
② 由试样边缘测至硬度值平稳处;
③ 由试样边缘测至硬度值平稳处的某一百分数。

至少要在相互距离尽可能远的位置进行两组测定,其测定值的平均值作为脱碳层深度。

4.8.3　碳含量测定法

GB/T 224—2019(ISO 3887：2017)规定了通过测定碳含量来确定脱碳深度的方法。该方法适用于几何形状简单、分布基本均匀的试样,如平板状、圆柱状、矩形等。具体有4种成分分析方法:剥层化学分析、逐层光谱分析、电子探针法及辉光光谱分析法。前两种方法适于脱碳层较深的试样,而辉光光谱法适用于脱碳层不超过100 μm的试样。

1. 剥层化学分析

从试样表面起,逐层机加工平行切取0.1 mm厚切屑,每取一层应标注距表面距离。应干切取,不能用油或冷却介质,切去前应注意先除去氧化皮等,以免影响化学分析结果。

根据逐层的碳的分析结果,找出低于心部碳含量的最深一层,即为脱碳层深度。

2. 直读光谱分析法

对于有平板状区域的试样可采用光谱分析法。从外表面起,在同一区域范围内,向内平行间隔0.1 mm逐层光谱测定碳含量。

用化学分析相同的方法可确定脱碳层深度。

3. 电子探针分析法

本方法仅适用于单相组织的钢铁零件。

在电镜内,在试样的法向截面上,从试样外表面起,垂直外表面朝心部方向进行线扫描。可得到由表及里的碳含量分布曲线。从外表至平稳的心部碳含量距离即为该区域的脱碳层深度。

每区域至少应有4条相应碳含量线扫描曲线,取平均值,即可作为该试样脱碳层深度的测定结果。

4. 辉光光谱分析法

该方法可按GB/T 19502—2004《表面化学分析——辉光放电发射光谱方法通则》和GB/T 22368—2008《低合金钢　多元素含量的测定　辉光放电原子光辉法(常规法)》执行。碳含量的深度曲线从试样表面一直到基体含碳量稳定处。脱碳层深度由碳含量的深度曲线测定。

4.8.4　脱碳层深度测定报告

测定报告应包括:试样数量及取样部位;明确具体测定方法;脱碳层深度以mm表示,对辉光光谱法精确到小数点后三位,其他方法精确到小数点后两位。

参考文献

[1] 胡赓祥,钱苗根. 金属学[M]. 上海:上海科学技术出版社,1980.
[2] 安运铮. 热处理工艺学[M]. 北京:机械工业出版社,1982.
[3] 薄鑫涛,郭海祥,袁凤松. 实用热处理手册[M]. 上海:上海科学技术出版社,2009.
[4] 任颂赞,叶俭,陈德华. 金相分析原理及技术[M]. 上海:上海科学技术文献出版社,2013.

第 5 章

金属材料晶粒度测定

金属材料的晶粒度对其力学性能和工艺性能有很大影响。多晶体金属的晶粒越细,常温下材料的屈服强度越高。晶粒度是表示金属材料性能的重要数据之一。

生产中常需测定金属材料的晶粒大小,了解晶粒的长大规律,以便能控制晶粒尺度,获得所需性能。

5.1 金属材料晶粒度及晶粒度级别

金属学中的晶粒是指晶界所包围的整个区域,即是二维平面原始界面内的区域或是三维物体内的原始界面内所包括的体积。对于有孪生界面的材料,孪生界面忽略不计。

5.1.1 晶粒度的几个基本概念

1. 晶粒度

晶粒大小的度量称为晶粒度。通常用长度、面积、体积或晶粒度级别数等不同方法评定或测定晶粒的大小。使用晶粒度级别数表示的晶粒度与测量方法和计量单位无关。

2. 实际晶粒度

实际晶粒度是指钢在具体热处理或热加工条件下所得到的奥氏体晶粒大小。实际晶粒度基本上反映了钢件实际热处理时或热加工条件下所得到的晶粒大小,直接影响钢冷却后所获得的产物的组织和性能。平时所说的晶粒度,如不作特别的说明,一般是指实际晶粒度。

3. 本质晶粒度

本质晶粒度是用以表明奥氏体晶粒长大倾向的晶粒度,是一种性能,并非指具体的晶粒大小。根据奥氏体晶粒长大倾向的不同,可将钢分为本质粗晶粒钢和本质细晶粒钢两类。测定本质晶粒度的方法:将钢加热到930℃±10℃,保温3~8h后测定奥氏体晶粒大小,晶粒度在1~4级者为本质粗晶粒钢,晶粒度在5~8级者为本质细晶粒钢。然而这930℃加热温度一般偏离生产实际,况且目前优质碳素钢和合金钢都是本质细晶粒钢。因此现在基本摒弃了本质晶粒度的概念。

4. 平均晶粒度和双重晶粒度

实际情况下,金属基体内的晶粒不可能完全一样大小,但其晶粒大小的分布大多情况下近似呈单一对数正态分布,常规采用"平均晶粒度"表示。对于某些金属在一定的热加工条件下晶粒大小的分布也可能出现其他形态分布的现象,则采用"双重晶粒度"表示。然而这并不意味着仅存在两种晶粒度的分布。由于晶粒大小与性能相关,因此正确反映晶粒大小及分布是必需的。

对于晶粒尺寸符合单一对数正态分布的样品,可用 GB/T 6394—2017《金属平均晶粒度测定方法》(参照 ASTM E112-13)测定其平均晶粒度,若出现少量大晶粒则配合用 YB/T 4290—2012《金相检测面上最大晶粒尺寸级别(ALA 晶粒度)测定方法》[等同 ASTM E930-1999(2015)]测定其最大晶粒度。当晶粒大小呈其他形态分别时,则用 GB/T 24177—2009《双重晶粒度表征与测定方法》[等同采用 ASTM E1181-2002(2015)]来测定双重晶粒度。

5. 奥氏体晶粒度和铁素体晶粒度

对于钢材的晶粒度评定,分为铁素体晶粒度和奥氏体晶粒度。

对奥氏体钢的晶粒度,在室温下存在的就是奥氏体组织,可直接采用相应的浸蚀剂刻画出晶界。即试样不用热处理,可直接制样后评定。

铁素体钢的奥氏体晶粒度,只有当产品已经过淬火或调质等预硬化后,留有马氏体组织形态才能直接测量。否则室温下铁素体钢不能保持奥氏体状,需经特定热处理,在室温下呈现出原奥氏体化过程中曾有的奥氏体晶粒边界形貌,采用相应浸蚀剂显示曾经存在的原奥氏体晶界。

铁素体钢的铁素体和珠光体两相组织的晶粒度称为铁素体晶粒度。按有关规定分别评定铁素体和珠光体的晶粒度。珠光体的晶界是珠光体团的界面。由大致平行的珠光体片层组成一个珠光体团,为一个珠光体晶粒。如果存在与铁素体晶粒同一尺寸的珠光体团。那么可将此珠光体团当作铁素体晶粒来计算,不必分别报出。

5.1.2 几种晶粒度级别的定义

由于对晶粒度级别的定义不同,使用对象不同,具体的晶粒度级别数有多种表达方式。

一般所使用晶粒度测定方法均在平面内测定平面晶粒度,即显示的平面二维晶粒分布。晶粒度的定义主要有:ASTM 显微晶粒度级别数 G、宏观晶粒度级别数 G_m、晶粒直径晶粒度、单位面积平均晶粒数晶粒度、(S-G)晶粒号等。

1. 显微晶粒度级别数 G

ASTM E112(GB/T 6394—2017)中对微观晶粒度级别定义为:

在 100 倍下的 645.16 mm² (1 in²) 面积内包含的晶粒个数 N_{100} 与晶粒度级别 G 有如下关系:

$$N_{100} = 2^{G-1}, \quad G = \log_2 N_{100} + 1 \tag{5-1}$$

当放大倍率 M 倍率时,

$$G = G' + 6.6439 \lg \frac{M}{100} \tag{5-2}$$

式中 G' 表示评出的晶粒度级别。

晶粒度也可直接按表 5-1 进行换算,评出定义下的级别。

表 5-1 不同倍率下晶粒度级别换算关系

图像放大倍数	标准评级图编号(100 倍)									
	No.1	No.2	No.3	No.4	No.5	No.6	No.7	No.8	No.9	No.10
25	−3	−2	−1	0	1	2	3	4	5	6
50	−1	0	1	2	3	4	5	6	7	8
100	**1**	**2**	**3**	**4**	**5**	**6**	**7**	**8**	**9**	**10**
200	3	4	5	6	7	8	9	10	11	12
400	5	6	7	8	9	10	11	12	13	14
500	5.5	6.5	7.5	8.5	9.5	10.5	11.5	12.5	13.5	14.5
800	7	8	9	10	11	12	13	14	15	16
1 000	7.5	8.5	9.5	10.5	11.5	12.5	13.5	14.5	15.5	16.5

2. 宏观晶粒度级别数 G_m

宏观晶粒度级别定义为在 1 倍下 645.16 mm² 面积内包含的晶粒个数 N_1 与晶粒度级别数 G_m 有如下关系:

$$N_1 = 2^{G_m - 1}, \quad G_m = \log_2 N_1 + 1 \tag{5-3}$$

3. 英制晶粒度级别和公制晶粒度级别

上述两个晶粒度级别定义中,均为 100 倍下 1 平方英寸面积内的晶粒数的指标,称为英制晶粒度。然而在相应的其他标准(如 ISO 643、DIN 50601、JIS G0551 等)中晶粒度级别均定义在 1 倍下每平方毫米内晶粒数的指标,称为公制晶粒度级别。

$1\ mm^2$ 面积内晶粒个数 N_A 与晶粒度级别 N_G 有如下关系:

$$N_A = 2^{G+2.954}, \quad N_G = \log_2^{N_A} - 2.954 \tag{5-4}$$

经计算,公制晶粒度级别数比英制晶粒度级别数小约 0.05 级(1/20 级),一般可以忽略不计,即可认为两种晶粒度级别数是相等的。

4. 平均晶粒直径晶粒度

铜及铜合金的晶粒度一般采用平均晶粒直径 d_n 表述,d_n 即"公称直径",可根据晶粒平均截面面积 $\overline{A}$ 计算得到,计算公式如下:

$$d_n = \sqrt{\overline{A}} \tag{5-5}$$

表 5-2 为平均晶粒直径 d_n 与晶粒度级别数 G、晶粒平均截面面积 $\overline{A}$ 之间对应关系。

表 5-2 任意取向、均匀、等轴晶粒的显微晶粒度关系

显微晶粒度级别数 G	单位面积内晶粒数 N_A /1·mm^{-2}	晶粒平均截距 $\overline{l}$/mm	晶粒平均直径 d_n/mm	晶粒平均截面面积 $\overline{A}$/mm^2
-1	3.88	0.452 5	0.508 0	0.258 1
0	7.75	0.320 0	0.359 2	0.129 0
0.5	10.96	0.269 1	0.302 1	0.091 2
1.0	15.50	0.226 3	0.254 0	0.064 5
1.5	21.92	0.190 3	0.213 6	0.045 6
2.0	31.00	0.160 0	0.179 6	0.032 3
2.5	43.84	0.134 5	0.151 0	0.022 8
3.0	62.00	0.113 1	0.127 0	0.016 1
3.5	87.68	0.095 1	0.106 8	0.011 4
4.0	124.00	0.080 0	0.089 8	0.008 06
4.5	175.36	0.067 3	0.075 5	0.005 70
5.0	248.00	0.056 6	0.063 5	0.004 03
5.5	350.73	0.047 6	0.053 4	0.002 85
6.0	496.00	0.040 0	0.044 9	0.002 02
6.5	701.45	0.033 6	0.037 8	0.001 43
7.0	992.00	0.028 3	0.031 8	0.001 01
7.5	1 402.9	0.023 8	0.026 7	0.000 71
8.0	1 984.0	0.020 0	0.022 5	0.000 50
8.5	2 805.8	0.016 8	0.018 9	0.000 36
9.0	3 968.0	0.014 1	0.015 9	0.000 25
9.5	5 611.6	0.011 9	0.013 3	0.000 18
10.0	7 936.0	0.010 0	0.011 2	0.000 13
10.5	11 223.2	0.008 4	0.009 4	0.000 089
11.0	15 872.0	0.007 1	0.007 9	0.000 063
11.5	22 446.4	0.006 0	0.006 7	0.000 045
12.0	31 744.1	0.005 0	0.005 6	0.000 032

续　表

显微晶粒度级别数 G	单位面积内晶粒数 N_A /1·mm^{-2}	晶粒平均截距 $\bar{l}$/mm	晶粒平均直径 d_n/mm	晶粒平均截面积 $\bar{A}$/mm^2
12.5	44 892.9	0.004 2	0.004 7	0.000 022
13.0	63 488.1	0.003 5	0.004 0	0.000 016
13.5	89 785.8	0.003 0	0.003 3	0.000 011
14.0	126 976.3	0.002 5	0.002 8	0.000 008

5. 单位面积平均晶粒数晶粒度

铝及铝合金材料的晶粒度通常采用单位面积平均晶粒数 $\overline{N}_A$(1/mm^2)表示,其与晶粒度级别数 G 有如下关系:

$$G = \log_2 \overline{N}_A - 2.954 = 3.321\,9\lg \overline{N}_A - 2.954 \tag{5-6}$$

实际测量时,可根据表 5-3 直接查出 G 值对应的单位面积平均晶粒数 n_A。

表 5-3　晶粒度级别数 G 与单位面积平均晶粒数对应关系

晶粒度级别数 G	单位面积的平均晶粒数/mm^{-2}	晶粒度级别数 G	单位面积的平均晶粒数/mm^{-2}	晶粒度级别数 G	单位面积的平均晶粒数/mm^{-2}
−3	1	3	64	9	4 096
−2.5	1.41	3.5	90.5	9.5	5 793
−2	2	4	128	10	8 192
−1.5	2.83	4.5	181	10.5	11 583
−1	4	5	256	11	16 384
−0.5	5.66	5.5	362	11.5	23 170
0	8	6	512	12	32 768
0.5	11.31	6.5	724	12.5	46 341
1	16	7	1 024	13	65 536
1.5	22.63	7.5	1 448	13.5	92 682
2	32	8	2 048	14	131 072
2.5	45.25	8.5	2 896		

6. Snyder-Graff(S-G)晶粒号

S-G 晶粒号适用于高速工具钢奥氏体晶粒度的测定。为精确测定高速工具钢的晶粒度,Snyder 和 Graff 提出了一个改进后的截点法,以 1 000 倍下的 127 mm 的直线(或 500 倍下的 63.5 mm 直线)作为测试线测量被直线截割的晶粒数,将 10 个这样的测量数据的平均值称为(S-G)晶粒号。

(S-G)晶粒号与晶粒度级别数 G 之间存在以下函数关系:

$$G = [6.635\lg(\text{S-G})] + 2.66 \tag{5-7}$$

图 5-1 为晶粒度级别 G 与(S-G)晶粒号的对应曲线,由图中曲线可找出晶粒度级别数 G 的值与相对应的(S-G)晶粒号的值。由图可见,(S-G)晶粒号相比晶粒度(G)级别进一步细分,有利于精细评定。

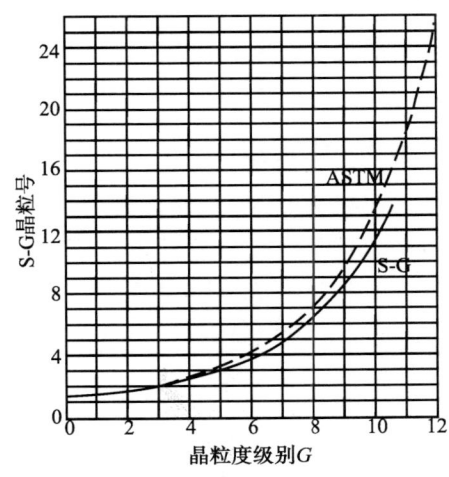

图 5-1　晶粒度级别数 G 与(S-G)晶粒号的对应曲线

5.2　常用晶粒度级别测定方法

金属材料的晶粒形态多为等轴状,或趋等轴状,但在变形条件下晶粒自然会变形。同时,金属材料的晶粒大小的分布大多呈单一对数正态分布,但有时呈双重晶粒大小等非正态分布。具体测定晶粒度级别时要按晶粒形态分布选用不同的标准。

各种金属材料、各种工艺条件下的晶粒,无论以何种形态分布,都有共性的基本测定方法,对于一部分材料,除通用方法外还有各自特殊的测定方法及相应标准。

测定晶粒度级别通常采用的基本方法有比较法、面积法和截点法。在有争议时,截点法为仲裁方法。

5.2.1　晶粒度级别测量常用标准

在各晶粒度级别测定标准中,ASTM E112 制定得最早、适用范围最广,适用于各种金属材料,被各国晶粒度级别测定标准引用。目前有以下主要晶粒度级别测定标准:

ASTM E112-13《测定平均晶粒度的试验方法》
ISO 643：2013《钢　表观晶粒度的显微测定》
GB/T 6394—2017《金属平均晶粒度测定法》
JIS G0551：2013《钢的表层晶粒度的显微金相测定法》

对于出现多种形态分布的晶粒度,应选用:

GB/T 24177—2009《双重晶粒度表征与测定方法》(ASTM E1181-02 IDT)
YB/T 4290—2012《金相检测面上最大晶粒尺寸级别(ALA 晶粒度)测定方法》(ASTM E930-07IDT)

对于非等轴晶粒度(经轧制、锻造等变形)的评定,应选用 GB/T 4335—2013《低碳钢冷轧薄板铁素体晶粒度测定方法》

5.2.2　取样及制样

测定晶粒度用的试样应在交货状态材料上切取。取样部位与数量按产品标准或技术条件规定。如果未规定,则在钢材半径或边长 1/2 处截取。推荐试样尺寸为 10 mm×10 mm。

切取试样不能使用可能改变晶粒结构的方法。

对于由加工工艺造成晶粒变形的试样,检验面应平行于加工方向(纵截面),必要时还应检验垂直于加工方向的检验面(横截面)。等轴晶粒可以随机选取检验面。

检验铁素体钢的奥氏体晶粒度,需要对试样进行热处理,具体方法按产品标准或技术条件的规定。如果未规定,渗碳钢采用渗碳法,其他钢可以采用直接淬硬法或者氧化法等方法。检验铁素体晶粒度和奥氏体钢晶粒度,一般试样不需要热处理。

晶粒度试样不允许重复热处理。

用于渗碳处理的试样应去除脱碳层和氧化皮。试样的浸蚀应使大部分晶界完全显现出来。

5.2.3　比较法

比较法是通过将被测试样的图像与标准评级图对比来评定平均晶粒度级别。适用于具有等轴晶粒的再结晶材料。

采用比较法进行晶粒度测量时,将试样放在显微镜下观察晶粒,首先将试样作全面观察,然后,选择晶粒度具有代表性的 3 个或 3 个以上视场与标准评级图直接比较,以最有代表性视场得出评定结果。

若试样中发现晶粒不均匀现象,如属偶然或个别现象,可不予计算。若比较普遍,则应计算出不同级别晶粒在视场中各占面积百分比。若占强势晶粒所占的面积不少于视场面积的 90%,则只记录此一种晶粒的级别数。否则,应用不同级别数来表示该试样的晶粒度,其中第一个级别数代表占优势晶粒的级别。

若级别介于两整数级别图片之间,则取平均值。若出现双重晶粒度,按 GB/T 24177 评定;出现个别粗大晶粒则按照 YB/T 4290 评定。

使用比较法时,如需复验,可改变放大倍数,以克服初验结果可能带有的主观偏见。

GB/T 6394 的标准评级图共分为 4 个系列,分别称为系列图片Ⅰ、系列图片Ⅱ、系列图片Ⅲ和系列图片Ⅳ,不同系列的评级图适用于不同材料种类晶粒度的评定,见表 5-4。

用比较法评估晶粒度时一般存在一定的偏差(±0.5 级)。评级值的重现性与再现性通常为±1 级。当晶粒形貌与标准评级图的形貌完全相似时,评级误差最小。

表 5-4 GB/T 6394—2017 标准评级图说明

系列图片	所属类别	适用范围	部分图片示例
Ⅰ	无孪晶晶粒(浅腐蚀)100 倍评级图	(1) 铁素体钢的奥氏体晶粒即采用氧化法、直接淬硬法、铁素体网状及其他方法显示的奥氏体晶粒; (2) 铁素体钢的铁素体晶粒; (3) 铝、镁和镁合金、锌和锌合金、高强合金	图 5-2
Ⅱ	有孪晶晶粒(浅腐蚀)100 倍评级图	(1) 奥氏体钢的奥氏体晶粒(带孪晶的); (2) 不锈钢的奥氏体晶粒度(带孪晶的); (3) 镁和镁合金、镍和镍合金、锌和锌合金、高强合金	图 5-3
Ⅲ	有孪晶晶粒(深腐蚀)75 倍评级图	铜和铜合金	图 5-4[①]
Ⅳ	钢中奥氏体晶粒(渗碳法)100 倍评级图	(1) 渗碳钢的奥氏体晶粒; (2) 渗碳体网显示的晶粒; (3) 奥氏体钢的奥氏体晶粒度(无孪晶的)	图 5-5

注:① 图 5-4 相当于 GB/T 6394—2017 中系列图片Ⅲ。

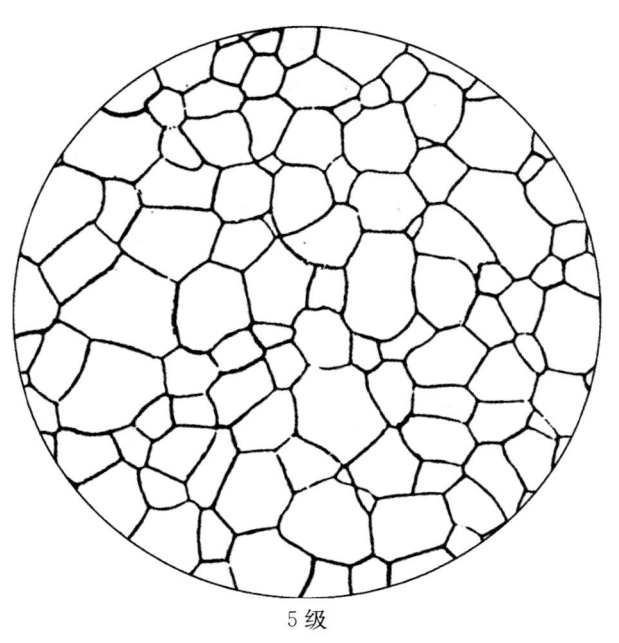
5 级

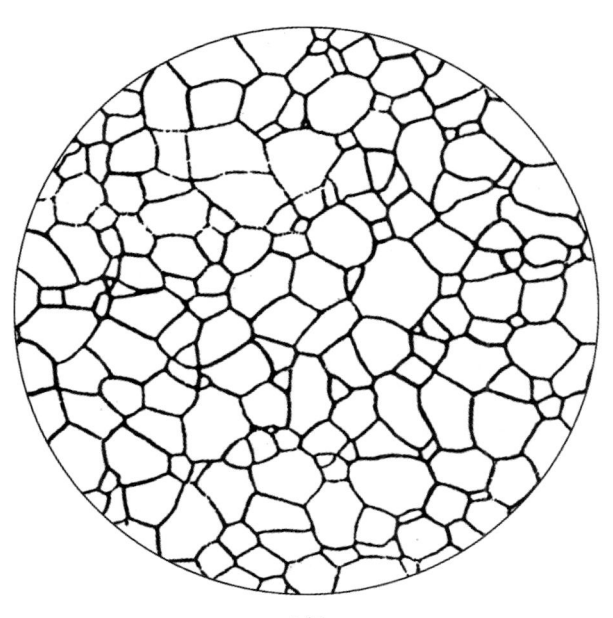
6 级

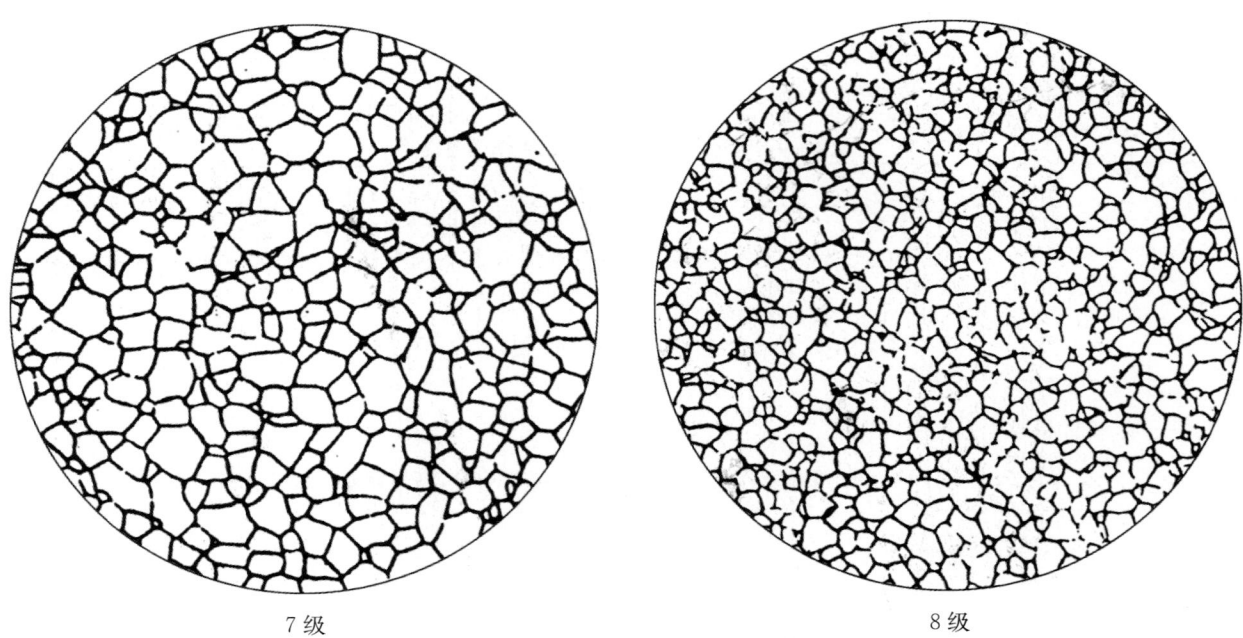

7级　　　　　　　　　　　　　　　8级

图5-2　GB/T 6394中系列图片I，无孪晶晶粒(浅腐蚀)部分标准评级图　(100×)

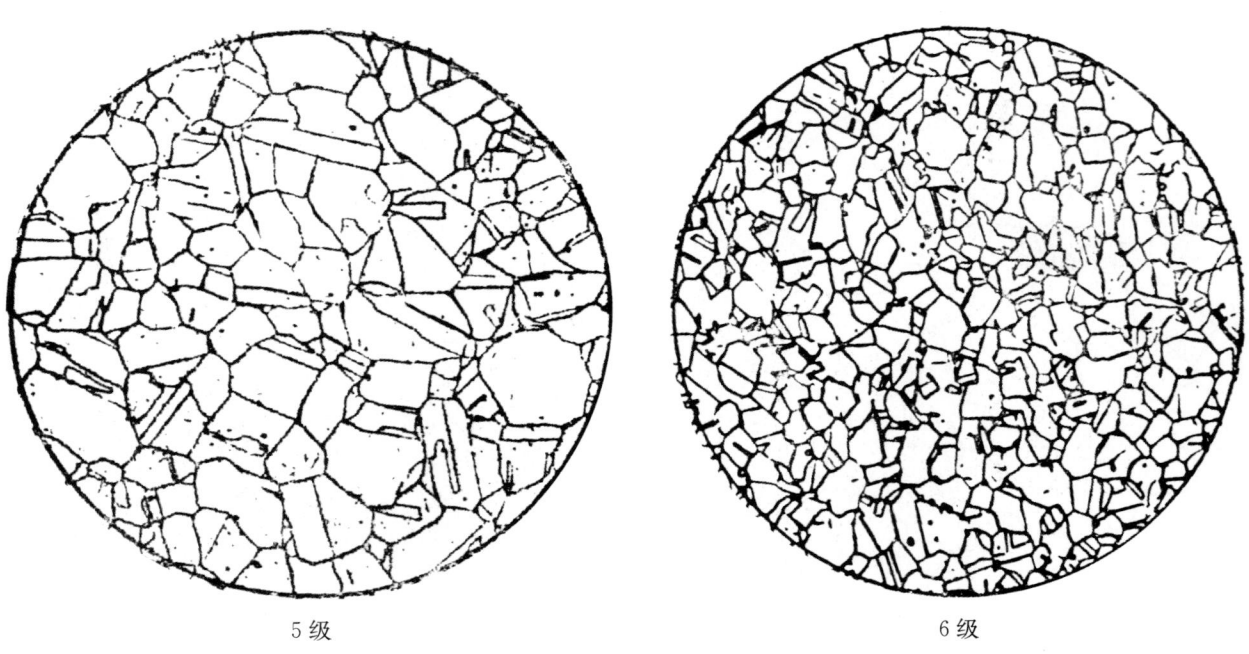

5级　　　　　　　　　　　　　　　6级

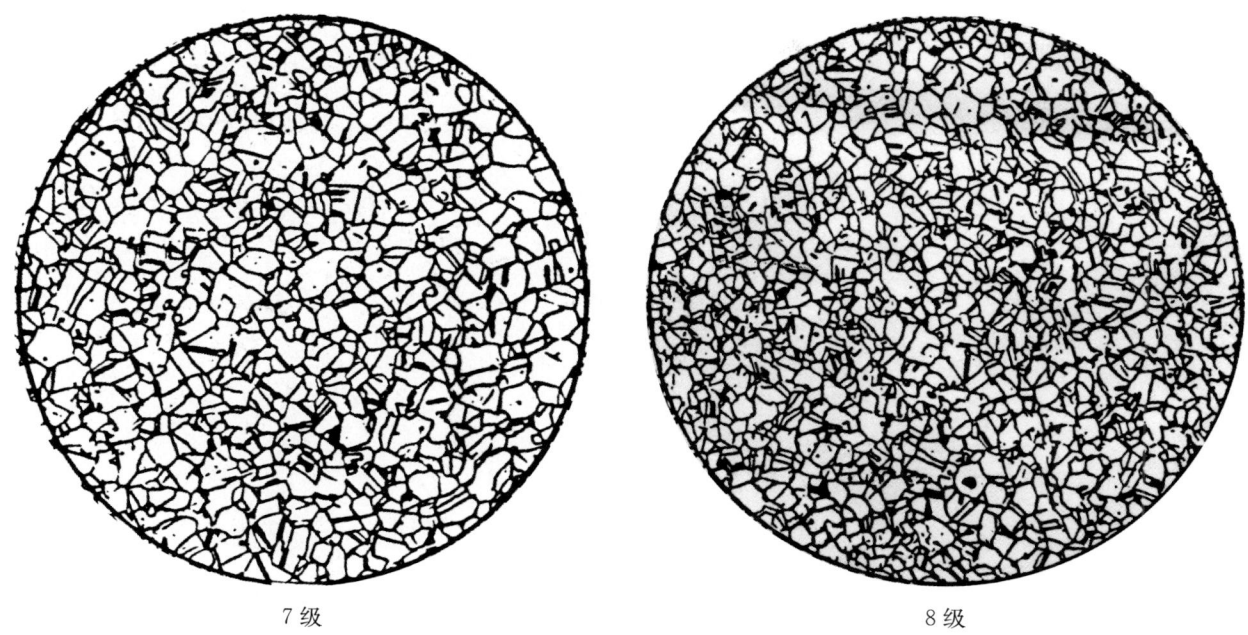

图 5-3　GB/T 6394 中系列图片Ⅱ，有孪晶晶粒（浅腐蚀）部分标准评级图　（100×）

晶粒平均直径 0.180 mm（75 倍下，为 0.25 mm）

晶粒平均直径 0.090 mm（75 倍下，为 0.120 mm）

晶粒平均直径 0.050 mm(75 倍下,为 0.070 mm)　　　晶粒平均直径 0.030 mm(75 倍下,为 0.350 mm)

图 5-4　YS/T 347—2004(2010)中孪晶晶粒(深腐蚀)部分评级图　(100×)

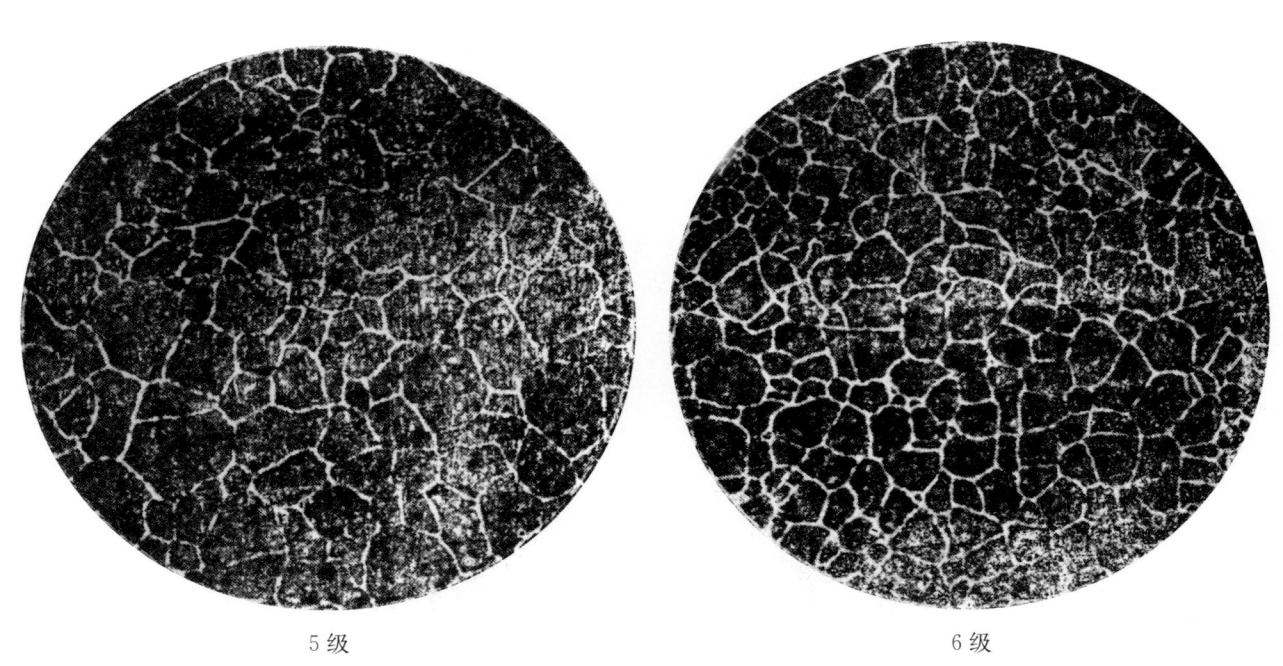

　　　　　　5 级　　　　　　　　　　　　　　　　　　6 级

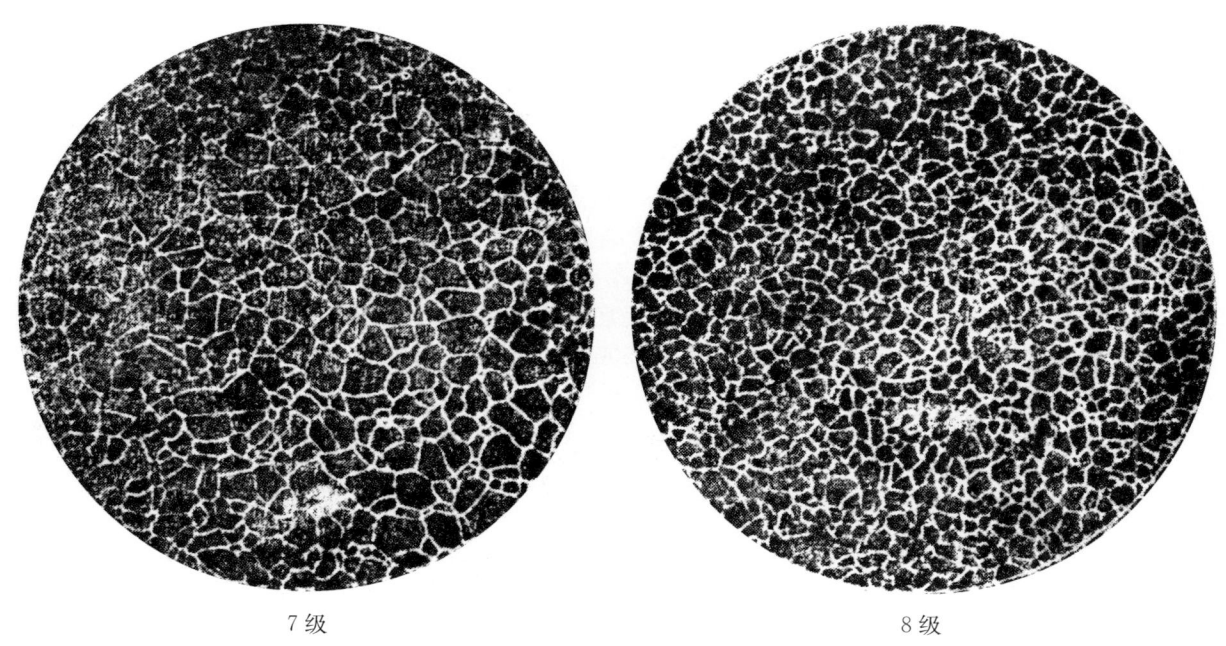

图 5-5　GB/T 6394 中系列图片Ⅳ,钢中奥氏体(渗碳法)部分晶粒标准评级图　(100×)

5.2.4　面积法

面积法是通过统计给定面积内的晶粒数来测定晶粒度。

采用面积法测量晶粒度时,将面积为 A(通常为 5 000 mm^2)的圆形或矩形测量网格置于晶粒图像上,选取合适的放大倍数 M 观测,保证视场内至少能获得 50 个晶粒。完全落在测量网格内的晶粒数记为 $N_内$,被网格所切割的晶粒数记为 $N_交$,则测量网格内的晶粒数 N:

对圆形网格:
$$N = N_内 + \frac{1}{2}N_交 \quad (5-8)$$

对矩形网格:
$$N = N_内 + \frac{N_交}{2} + 1 \quad (5-9)$$

(此处 $N_交$ 不包括四个角的晶粒)

再根据式(5-8)或式(5-9)求出检验面上单位面积内的晶粒数 N_A:

$$N_A = M^2 \cdot \frac{N}{A} \quad (5-10)$$

式中:A——测量网格面积;
$\quad\quad M$——测量时所用放大倍率。

于是,晶粒度级别数 G:

$$G = 3.321928 \lg N_A - 2.954 \quad (5-11)$$

采用面积法可测量非等轴晶试样的晶粒,测量方法为在纵向、横向及法向 3 个主平面上进行晶粒计数,放大倍率为 1 倍时每平方毫米内的平均晶粒数分别记为 $\overline{N_{Al}}$、$\overline{N_{At}}$、$\overline{N_{Ap}}$,则每平方毫米内的平均晶粒数 $\overline{N_A}$:

$$\overline{N_A} = (\overline{N_{Al}} \cdot \overline{N_{At}} \cdot \overline{N_{Ap}})^{1/3} \quad (5-12)$$

根据平均晶粒数 $\overline{N_A}$ 可计算晶粒度级别数 G:

$$G = 3.321928 \lg \overline{N_A} - 2.9542 \quad (5-13)$$

面积法测定晶粒度应从不同位置随机地选取视场,才真实有效。为了确保有效的平均值,最少要计算 3 个视场。面积法精确度的关键在于计数时一定要标记出已计算过的晶粒。面积法测定结果是无偏差的,重现性与再现性小于±0.5级。

5.2.5 截点法

截点法是通过计算已知长度的试验线段(或网格)与晶粒截线或者与晶界截点的个数,计算单位长度截线数 N_L 或者截点数 P_L 来确定晶粒度级别数 G。截点法的精确度是截点或截线计数的函数,通过有效的计数可达到优于±0.25级的精确度。截点法测量结果是无偏差的重现性和再现性小于±0.5级。

截点法有直线截点法和圆截点法。圆截点法可不必过多地附加视场数,便能自动补偿偏离等轴晶而引起的误差,克服了试验线段端部截点法不明显的毛病,更适用于质量检测评估晶粒度的方法。

推荐使用 GB/T 6394—2017"图 1 截点法用的 500 mm 测量网格",尺寸如图 5-6 所示。

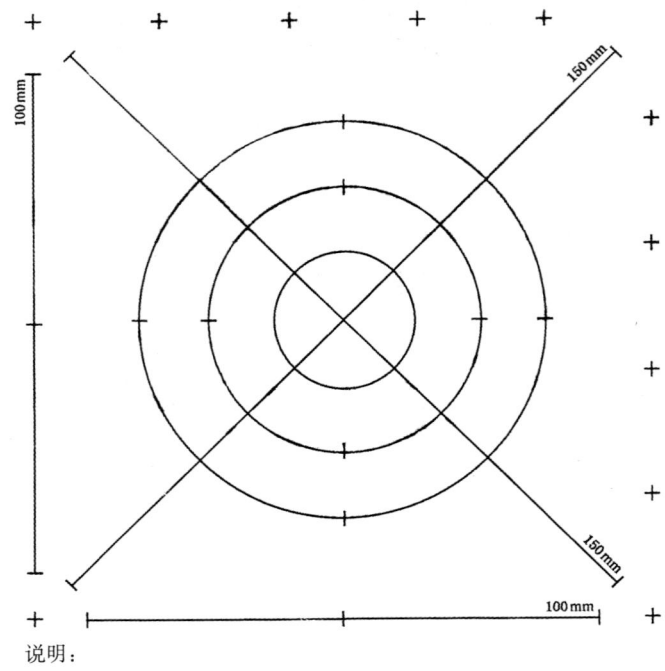

说明:
直线总长 500 mm;周长总和:250+166.7+83.3=500.0 mm;三个圆的直径分别:79.58 mm、53.05 mm、26.53 mm。

图 5-6 截点法用的 500 mm 测量网格

采用截点法测定平均晶粒度级别数 G 的基本公式如下:

$$G = (-6.643856 \lg \bar{l}) - 3.288 \tag{5-14}$$

其中 $\bar{l}$ 为试样检验面上晶粒截距的平均值,可通过下式求得,

$$\bar{l} = \frac{L}{M \cdot P} = \frac{1}{\overline{P_l}} \tag{5-15}$$

式中:
L——所使用的测量线段(或网格)长度,单位为 mm;
M——观测用放大镜倍率;
P——测量网格上的截点数;
$\overline{P_l}$——试样检验面上每毫米内的平均截点数。

采用截点法测量非等轴晶粒试样的晶粒度时,需在纵向、横向及法向 3 个主平面上分别进行测量,各检验面上每毫米内的平均截点数分别记为 $\overline{P_{1l}}$、$\overline{P_{1t}}$、$\overline{P_{1n}}$,

则每毫米内晶界截点数平均值 $\overline{P_1}$:

$$\overline{P_1} = (\overline{P_{1l}} \cdot \overline{P_{1t}} \cdot \overline{P_{1n}}) \tag{5-16}$$

于是,非等轴晶粒试样的晶粒度级别数 G 可根据以下公式来确定:

$$G = 6.643856\lg \overline{P_1} - 3.288 \tag{5-17}$$

也可由图 5-7(摘自 GB/T 6394—2017)查到平均截线数对应的晶粒度级别。

对于明显的非等轴晶组织,如经中度加工过的材料,通过对试样 3 个主轴方向分别测量尺寸,以获得更多数据,可求得较正确测定结果。

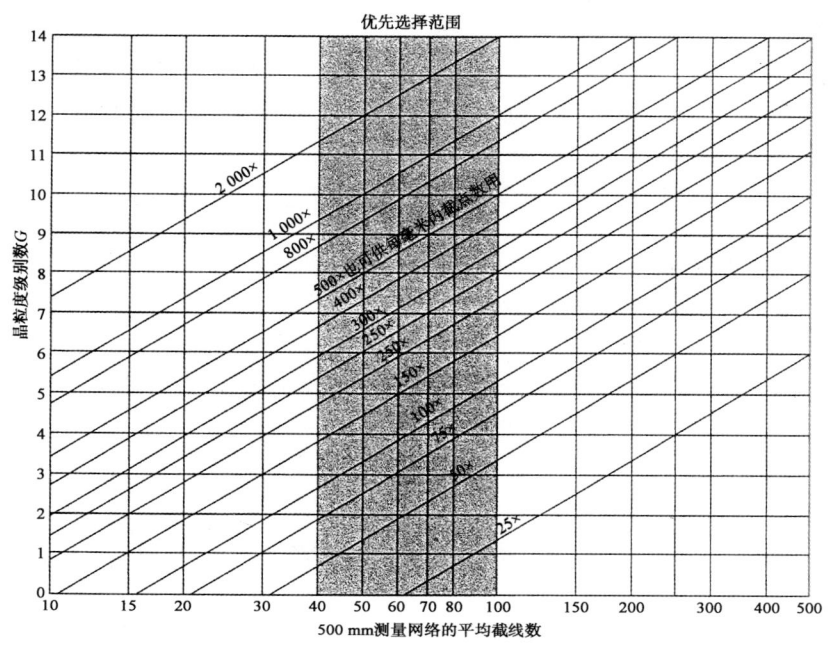

图 5-7 500 mm 测量网格的截线计数与显微晶粒度级别数的关系

1. 直线截点法

采用一条或数条直线组成测量网格,选择适当的测量网格长度和放大倍数,以保证最少能截获约 50 个截点计算截点时,测量线段终点不是截点不予计算。终点正好接触到晶界时,计为 0.5 个截点。测量线段与晶界相切时,计为 1 个截点。明显地与 3 个晶粒汇合点重合时,计为 1.5 个截点。测量线在同一不规则晶粒边界不同部位产生的两个截点后有伸入形成新的截点,应包括新的截点。

为了获得合理的平均值,应任意选择 3~5 个视场进行测量。如果精度不满足要求时,应增加足够的附加视场。

2. 单圆截点法

对于晶粒度有明显差别的材料,应采用单圆截点法,但需要进行大量视场的测量。

使用的测量网格的圆可为任一周长,通常使用 100 mm、200 mm 和 250 mm 选择适当的放大倍数,以满足在圆周产生 35 个左右截点。测量网格通过 3 个晶粒汇合点时,计为 2 个截点。

将所选用的圆周任意分布在尽可能大的检验面上,视场数增加直至获得足够的计算精度。

3. 三圆截点法

三圆截点法测定晶粒度级别时,可获得很多截点计数,从而获得可靠的精确度。

该方法测量网格由 3 个同心等距、总周长为 500 mm 的圆组成,见图 5-8。将此网格用于测量任意选择的 5 个不同视场上,分别记录每次的截点

图 5-8 采用三圆截点法测定晶粒 (100×)

数。通过3个晶粒汇合点时,截点计数为2个。然后计算出计数相对误差百分数、平均晶粒度和置信区间。一般相对误差百分数等于或小于10%是可以接受的精度等级,如相对误差百分数不能满足要求,需增加视场数,直至满足要求为止。

选择适当的放大倍数,使3个圆的试验网格在每一视场上产生40~100个截点计数,目的是通过选择5个视场后可获得400~500个总截点计数,以满足合理的误差。

图5-8为采用三圆截点法测定奥氏体晶粒度图示。

5.2.6 晶粒度的数值报告

用比较法测晶粒度,只需报出晶粒度级别数 G。

采用截点法和面积法测晶粒度,需列出被测量视场的数量、放大倍数及视场面积、计数晶粒的数目或计算截线及截点数目,报告出平均测量值(经数理统计的平均值)、标准偏差、95%置信区间、相对误差和晶粒度级别数。

测定非等轴晶组织晶粒度时,要列出评定方法、检验面、检测取向、每一个检测面或取向上估算的晶粒度、测量面总平均值,计算或者评估的晶粒度级别数。

对于两相组织的晶粒度测定结果报告,要列出评定方法、基体相的面积百分数(如有要求)、基体相的晶粒度测量数据(包括标准偏差、95%置信限与百分数相对误差),算出或评定的晶粒度级别数。

当测定双重晶粒度时,按 GB/T 24177 报告两类有代表性的晶粒级别。对于 ALA 晶粒度测定,按 YB/T 4290 要求出具相关数值报告。

5.3 双重晶粒度的测定方法

对于晶粒尺寸为非单一对数正态分布的试样,GB/T 24177—2009《双重晶粒度表征与测定方法》[ASTM E1181-02(2015)IDT]标准规定了判别及测定双重晶粒度的方法。

5.3.1 双重晶粒度分布类别

双重晶粒度用于表征晶粒尺寸呈正态分布以外的其他形态分布的晶粒度,采用双重晶粒度主要是出于习惯用法以及该概念已被人熟知,并不意味着仅存在两种晶粒度的分布。按 GB/T 24177—2009 标准定义,双重晶粒度分为随机双重晶粒度与拓扑双重晶粒度两大类。随机双重晶粒度包含两种或多种尺寸明显不同,以随机变化形式分布的晶粒,可分为 ALA 状态、宽级差状态和双峰状态三类。拓扑双重晶粒度包含两种或多种尺寸明显不同,以拓扑变化形式分布的晶粒,可分为截面状态、项链状态和条带状态三类。各种分布状态双重晶粒度的具体定义及典型图片分别见表5-5、图5-9。

表5-5 双重晶粒度类型及定义

大类	类型	定 义	典型图片
随机双重晶粒度	ALA 状态(个别粗晶状态)	随机分布的孤立粗大晶粒与基体晶粒的平均晶粒度级差不小于3级,且这些孤立粗大晶粒所占试样面积的百分数不大于5%	图5-9(a)
	宽级差状态	随机分布的晶粒度出现异常宽的极差,其最大晶粒与最小晶粒的晶粒度级差不小于5级	图5-9(b)
	双峰状态	随机分布的两种尺寸明显不同的晶粒,两者的晶粒度级差超过4级,每种晶粒度所占面积百分数均大于5%,并且这两种晶粒所占面积百分数之和大于试样总面积的75%	图5-9(c)
拓扑双重晶粒度	截面状态	晶粒度在产品整个截面上呈现规则的变化,以致不同区域间的平均晶粒度级差不小于3级;或者在产品截面的特定区域存在不同的晶粒度(例如,在临界应变区域的异常晶粒长大导致的粗大晶粒),以致这些特定区域的晶粒度与大部分截面的晶粒度级差不小于3级	图5-9(d)

续表

大类	类型	定　义	典型图片
拓扑双重晶粒度	项链状态	一些孤立的粗晶粒被明显较细的晶粒群所环绕，这些粗大晶粒和较细晶粒的晶粒度级差不小于3级	图5-9(e)
	条带状态	晶粒度差异较大的条带交替区域，其晶粒度级差不小于3级	图5-9(f)

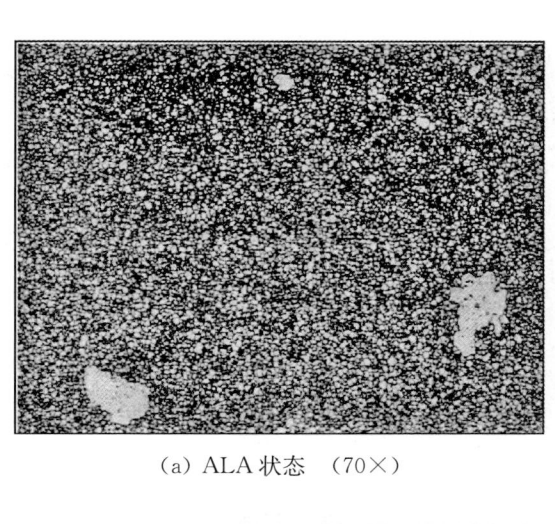

(a) ALA状态　（70×）　　　　　　　　　(b) 宽级差状态　（30×）

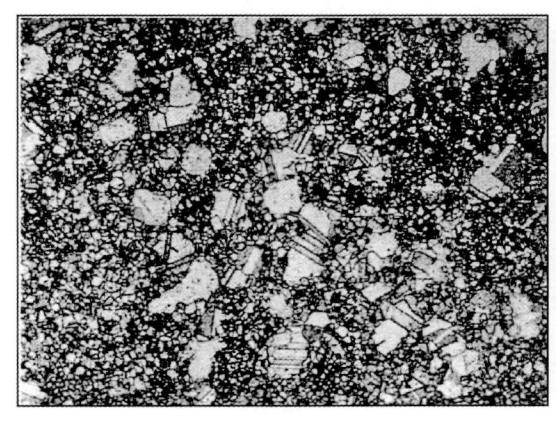 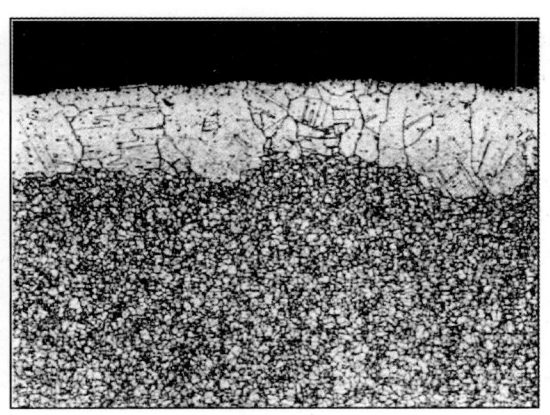

(c) 双峰状态　（60×）　　　　　　　　　(d) 截面状态　（60×）

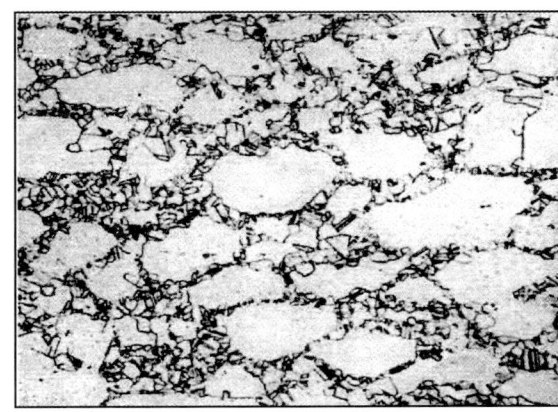 

(e) 项链状态　（60×）　　　　　　　　　(f) 条带状态　（60×）

(摘自 GB/T 24177—2009)

图5-9　双重晶粒度各类型典型图片

5.3.2 双重晶粒度级别的测定方法

GB/T 24177—2009 标准规定,双重晶粒度的测试结果应包括试样取向、晶粒度分布状态类型、各类型晶粒的晶粒度级别数等几部分。因此,具体测定时,首先要确定试样中一共有哪几种分布状态的晶粒度,并测定每种分布状态所占的面积分数,然后再测定每一种分布状态的晶粒度级别数。

5.3.2.1 面积分数的测定

测定试样中不同晶粒度所占的面积分数,是表征双重晶粒度中最主观性的部分,也是最容易出偏差的部分。GB/T 24177 标准给出了 4 种测定面积分数的方法,分别为比较法、计点法、测面法及直接测量法。前 3 种方法依次采用分级面积分数比较图,而直接测量法仅对某些特殊情况(如表面层显现为不同晶粒度的拓扑双重晶粒度试样)适用。

比较法采用分级面积分数比较图来评定试样中不同晶粒度所占的面积分数,图 5-10 为 GB/T 24177—2009 中的示意图。这种图谱显示了暗黑晶粒中明亮晶粒所占的面积分数,采用该比较图进行评定可提高目视测定不同晶粒度所占面积分数的精确度。采用目镜、显微镜投影图像或显微照片与比较图进行比较,放大倍数的选择原则为使用能够目视分辨粗晶粒区域和细晶粒区域为不同区域的最低放大倍数,不必分辨图像中的各个细晶粒。

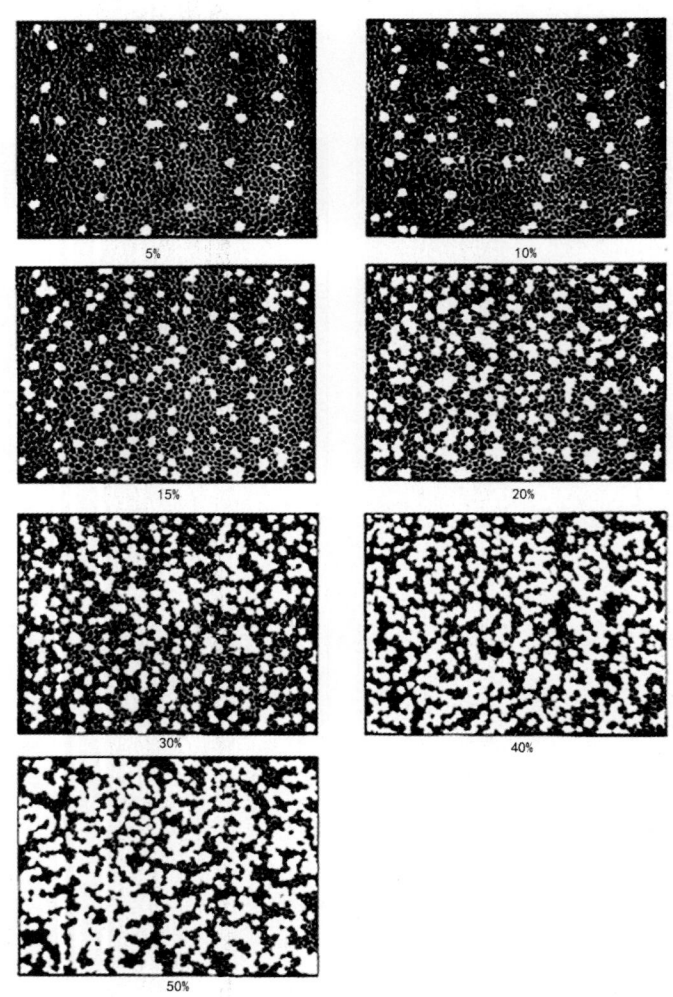

(图谱显示的是暗黑晶粒中明亮晶粒所占的面积百分数)

图 5-10 分级面积分数比较示意图

具体测量时,应将比较图应用到试样中的多个区域,并计算不同晶粒度所占区域面积相对总受检面积的平均面积分数(以总面积的百分含量表示)。

5.3.2.2 晶粒度级别的测定

6种分布状态的双重晶粒度中,除 ALA 状态外,其他分布状态均测定平均晶粒度级别数 G。ALA 晶粒度的评定可按 ASTM E930-99(2015)《金相检测面上最大晶粒尺寸级别（ALA 晶粒度）测定方法》标准进行,其晶粒度级别数对应的晶粒尺寸与 ASTM 晶粒度级别数 G 相同;局部平均晶粒度可按 GB/T 6394—2017 标准中的相关方法测定。

1. 最大晶粒度(ALA 晶粒度)的测定

根据 ASTM E930-99(2015)标准,最大晶粒度的测定有比较法、测量法和仲裁法 3 种,其中比较法简单易用,但测量精度相对较差。测量法和仲裁法操作起来比较烦琐,但精确度较高。下面以比较法为例介绍最大晶粒度的测量方法。

采用比较法测定最大晶粒度首先应观察整个试样截面,并选择适当的放大倍数将晶粒尺寸最大的区域置于视场中间,与辅助评级图对比确定晶粒度级别。最大晶粒度评级图见图 5-11 所示,评级图相关说明示于表 5-6。

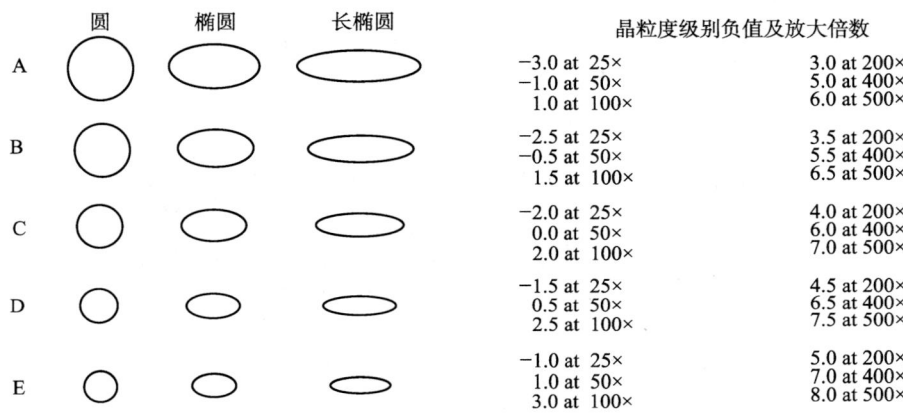

(此图为示意图,具体尺寸以表 5-6 所示为准)

图 5-11 ASTM E930 中 ALA 晶粒度辅助评级图

表 5-6 图 5-11 所示图形尺寸

编号	面积/mm²	图片直径/mm				
		圆	1:2 椭圆		1:4 椭圆	
			长轴	短轴	长轴	短轴
A	645	28.7	40.5	20.3	57.3	14.3
B	456	24.1	34.1	17.0	48.2	12.0
C	323	20.3	28.7	14.3	40.6	10.1
D	228	17.0	24.1	12.0	34.1	8.5
E	161	14.3	20.2	10.1	28.6	7.2

2. 局部平均晶粒度的测定

局部平均晶粒度可按 GB/T 6394—2017 标准,用比较法和截点法测定。其中比较法简单易行,但提供的精确度较差。截点法操作较复杂,但能提供较好的精确度。面积法不适用于测定很小区域内的晶粒度,因此一般不使用。

5.3.2.3 双重晶粒度的表征与报告格式

报告双重晶粒度结果应包括以下几部分内容:试样取向、表明是双重晶粒度、分布状态、各分布状态面积分数、各分布状态晶粒度级别。各具体分布状态晶粒度的报告格式见表 5-7。

表 5-7　各分布状态双重晶粒度报告格式

类型		报告格式	示例
随机双重晶粒度	ALA状态	按"取向,双重,ALA,平均__级,最大__级",在空白栏内填入报告值	纵向,双重,ALA,平均10级,最大4级
	宽级差状态	按"取向,双重,宽级差,平均__级,范围为__级至__级"报告结果,在空白栏内填入报告值	纵向,双重,宽级差,平均4级,范围为0级至7级
	双峰状态	按"取向,双重,双峰,__%__级,__%__级报告结果",在空白栏内填入报告值	纵向,双重,双峰,22%4.54级,78%9级
拓扑双重晶粒度	截面状态	按"取向,双重,截面,部位__级,部位__级"报告结果,在空白栏内填入报告值	纵向,双重,截面,中心10级,表面层2级
	项链状态	按"取向,双重,项链,__%__级,__%__级"报告结果,在空白栏内填入报告值	纵向,双重,项链,48%2级,52%7.5级
	条带状态	按"取向,双重,条带,__%__级,__%__级"报告结果,在空白栏内填入报告值	纵向,双重,条带,22%8级,78%3.5级

注：本表由作者根据 GB/T 24177 整理所得。

5.4　金属材料的晶粒度形成及显示

金属晶体材料的晶粒是或先前特定条件下的晶粒形态,在测定时要成为可见的,常需要进行"形成及显示"。各种材料的晶粒度的形成及显示的方法不尽相同。

5.4.1　铁素体钢原奥氏体晶粒形成及显示

铁素体钢的奥氏体晶粒度,只有在产品已经淬火或者调质等预硬化后,具有马氏体组织,才能直接测量,否则,室温下铁素体钢不能保持奥氏体状态,需要对试样进行特定的热处理,才能在室温下呈现出原奥氏体化过程中奥氏体晶粒边界形貌,采用相应的浸蚀剂显示金属中曾经存在的原奥氏体晶界。

GB/T 6394—2017 标准和世界各国的同类标准一样,罗列了 8 种铁素体钢的奥氏体晶粒形成方法,具体见表 5-8。

表 5-8　铁素体钢的奥氏体晶粒形成方法

序号	方法名称	适于碳含量（质量分数）	加热温度	保温时间/h	冷却方式	显示原理
1	相关法（与实际使用条件相关）		≤930℃（可比实际高出30℃之内）	1.0~1.5	按实际工艺	淬火形成马氏体,选择优先浸蚀奥氏体晶界的试剂,刻画出原奥氏体晶界。试样淬后可经230℃、15 min回火。推荐用苦味酸盐酸酒精溶液或加缓蚀剂的饱和苦味酸水溶液浸蚀
2	模拟渗碳法	≤0.25%	930℃±10℃	6	水或油	
3	直接淬硬法	≤1.00%~0.35%	860℃±10℃	1	水或油	
		<0.35%	890℃±10℃			
4	渗碳法（保证渗层≥1mm）	≤0.25%	930℃±10℃（渗碳气氛）	6	缓冷	先共析渗碳体沿晶界分布从而显示原奥氏体晶界
5	渗碳体网法	≥1.00%	820℃±10℃	0.5		

续 表

序号	方法名称	适于碳含量（质量分数）	加热温度	保温时间/h	冷却方式	显示原理
6	铁素体网法	0.60%～>0.35%	860℃±10℃	≥0.5	缓冷或等温淬火	先共析铁素体沿晶分布从而显示原奥氏体晶界（参见图5-12）
		≤0.35%～0.20%	890℃±10℃			
7	氧化法（抛光面朝上）	0.60%～>0.35%	860℃±10℃	1.0	冷水或盐水	在朝上的原抛光面上沿晶界氧化从而显示原奥氏体晶界。去除表层氧化皮后，适当倾斜10°～15°进行磨抛。可选用15%盐酸酒精溶液浸蚀（参见图5-13）
		0.35%～0.20%	890℃±10℃			
8	细珠光体（托氏体）网法	0.80%～0.70%	按具体钢种确定淬火工艺，并保证形成一个未淬透过渡区段		水或油	在未淬透区，原奥氏体晶粒由细珠光体（托氏体）围绕马氏体晶粒组成，从而显示出原奥氏体晶粒度

注：本表由作者根据GB/T 6394—2017整理所得。

任何一种钢，原奥氏体晶粒的大小主要决定于钢加热温度和在该温度下的保温时间。应注意到加热气氛可能影响试样外层的晶粒的生长。原奥氏体晶粒度也会受到钢原先处理的影响，如奥氏体化温度、淬火、正火、热加工及冷加工等。因此，在测定原奥氏体晶粒度时，应考虑原始及随后的处理对试样的影响作用。

5.4.2 奥氏体钢晶粒度形成及显示

对于奥氏体钢，其晶粒度已在原热处理时形成，试样不需要热处理。

对于组织稳定的奥氏体钢，在常温下，将作为阳极的试样在体积浓度60%硝酸水溶液中电解腐蚀。为了减少孪晶出现，应使用低电压（1～1.5 V）。也推荐用这种方法显示铁素体不锈钢中的铁素体晶界。

对于非组织稳定的奥氏体钢，通过在敏化温度范围内480～700℃加热，由析出的碳化物显示晶粒边界。使用相应显示碳化物的浸蚀剂显示晶粒形状。常用的浸蚀剂：

(1) 60%硝酸水溶液；

(2) 硫酸铜盐酸水溶液；

(3) 10%草酸水溶液电解：10 g草酸+100 mL水，电压6 V，时间15～60 s。

要注意到孪晶的趋向会混淆晶粒度的评定。

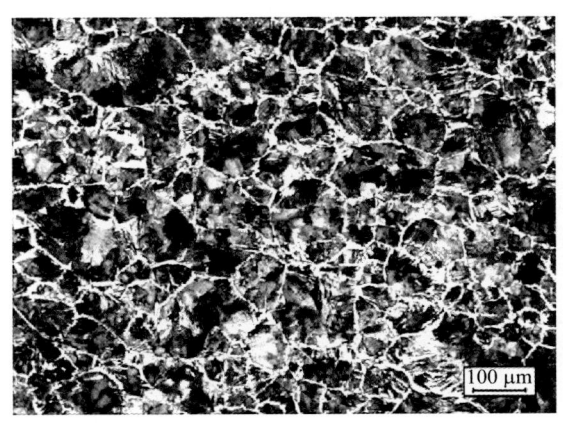

图5-12 铁素体网显示奥氏体晶粒形貌

图5-13 氧化法显示晶粒形貌

5.4.3　高速工具钢奥氏体晶粒的显示

高速钢淬火后一般需测定奥氏体晶粒度,作为考察淬火温度合适与否的数据,有时还需测定回火后原奥氏体晶粒度。显示高速工具钢奥氏体晶界的浸蚀剂见表5-9。

表5-9　高速工具钢奥氏体晶界浸蚀剂

编号	名称	成分/%(体积分数)						适用范围及特点
		饱和苦味酸水溶液	浓硝酸	浓盐酸	乙醇	甲醇	海鸥洗净剂	
1	三酸乙醇溶液	15	10	25	50	—	—	显示淬、回火后的晶界和马氏体形态
2	两酸乙醇洗净剂溶液	—	10	30	59.5	—	0.5	显示淬、回火的晶界及低温淬火的晶界
3	三酸甲醇溶液	20	10	30	—	40	—	显示淬、回火后的晶界,深腐蚀可显示马氏体形态
4	两酸乙醇溶液	—	5	10	85	—	—	显示热处理铬合金工具钢晶界
5	硝酸乙醇溶液	—	30	—	70	—	—	显示淬火后奥氏体晶界

除化学浸蚀剂显示晶界外,电解浸蚀剂也能显示回火高速钢的奥氏体晶界。用体积分数为10%的草酸水溶液对W18Cr4V,1280℃淬火+560℃1h×3次回火后试样,取电流密度0.5A/cm^2,时间12s。对W6Mo5Cr4V2,1230℃淬火+560℃1h×3次回火后试样,取电流密度0.5A/cm^2,时间80s。

5.4.4　常用显示奥氏体晶粒浸蚀剂

没有一种通用浸蚀剂可显示各种钢铁材料的晶粒度,表5-10所列为部分常用显示奥氏体晶粒的浸蚀剂。具体应用时要针对性选用,并可适当调整。

表5-10　常用显示奥氏体晶粒浸蚀剂的配方与应用

序号	配方	应用
1	酒精　100 mL 苦味酸　1 g 盐酸　5 mL	Vilella浸蚀剂,经300～500℃时效,马氏体效果最好。室温下浸蚀。有时能产生晶粒反差(反复几次抛光-浸蚀后,效果提高)。对高合金钢,有时能看到晶界浸蚀,有时需在4%苦味醇溶液中加入HCl
2	苦味酸　2 g 十三苯亚硝酸钠　1 g 水　100 mL	用于显示马氏体晶粒
3	氯化铁　5 g(1～10 g,可调) 水　100 mL	用于低碳钢的Miller Day浸蚀剂,马氏体经149～204℃回火后,反差最好。20℃下浸蚀2～6 s
4	亚硫酸氢钠　34 g 水　100 mL	用于显示细晶粒化的、严重变形钢的晶界,浸蚀1～2s。表面产生一层黄褐色薄膜,暗视场观察
5	盐酸　50 mL 硝酸　25 mL 氯化铜　1 g 水　150 mL	用于含18wt%Ni的马氏体时效钢
6	盐酸　10 mL 硝酸　3 mL 酒精　100 mL	适用于高速钢,也适用于淬火高碳钢。偏光下观察。灵敏着色加强晶粒反差效果。也用于浸蚀氧化法处理过的试样
7	氯化铁　25 g 盐酸　25 mL 水　100 mL	用于马氏体不锈钢

续表

序号	配方	应用
8	苦味酸　　　3 g 二甲苯　　　100 mL 酒精　　　　10 mL	用于淬火、回火钢
9	硝酸　　　　　　　　　　6 mL 酒精　　　　　　　　　　100 mL 氯化苄·二甲基·烷基铵　1 mL	用于回火脆化铸态钢
10	水　　　　　　　　　　　400 mL 盐酸　　　　　　　　　　5 mL 氯化铁　　　　　　　　　10 g 氯化苄·二甲基·烷基铵　10 mL	用于马氏体不锈钢和高铬合金钢
11	盐酸　　　100 mL 酒精　　　120～140 mL 氯化铁　　8 g 氯化铜　　7 g	用于工具钢，浸蚀 10～120 s。用蘸有 4%盐酸酒精的棉球擦去表面的沉积物
12	盐酸　　　10 mL 醋酸　　　6 mL 苦味酸　　1 g 酒精　　　100 mL	用于高速钢
13	酒精　　　50 mL 氨水　　　1 mL 盐酸　　　　mL 苦味酸　　3 g 氯化铜铵　1 g	用于显示铸铁或经氧化法处理过的钢中奥氏体晶粒
14	盐酸　　　15 mL 酒精　　　85 mL	用于浸蚀氧化法处理的试样

5.5　几种金属材料晶粒度级别的测定

对于双相组织的铁素体钢、冷轧变形低碳钢、铜及铜合金、铝及铝合金、包括高速钢等由于"晶粒"的特殊性，实际晶粒测定时应按照相应标准进行。

5.5.1　铁素体钢的铁素体晶粒度的测定

铁素体和珠光体两相组织的晶粒度，称为铁素体晶粒度。铁素体晶粒度按规定分别评定铁素体和珠光体的晶粒度。珠光体的晶界是珠光体团的界面。由大致平行的珠光体片层组成一个珠光体团，为一个珠光体晶粒。如果存在与铁素体晶粒同一尺寸的珠光体团，那么可将此珠光体团当作铁素体晶粒来计算，不必分别报出。

5.5.2　冷轧薄板类铁素体晶粒度的测定

对于含碳量小于 0.2wt% 的低碳钢冷轧薄板的铁素体晶粒度，或有与冷轧变形非等轴状晶粒相似其他金属材料的晶粒度，可根据 GB/T 4335—2013《低碳钢冷轧薄板铁素体晶粒度测定方法》进行测定。

对于变形晶粒，在二维平面中用表征晶粒特征的长宽比的延伸度 e 来衡量晶粒的伸长程度：

$$e = \frac{n_1}{n_2} \tag{5-18}$$

式中：e——晶粒延伸度；

n_1——与晶粒的伸长方向相垂直的一定长度的测量线段上的截点数；

n_2——与晶粒的伸长方向相平行的同一长度的测量线段上的截点数。

这类非等轴晶粒的测定方法有比较法和截点法两种。一般采用比较法,仲裁时采用截点法。具体取样,无特殊规定时,纵向(即平行于钢板的轧制方向)取样,试样的磨面为与钢板的轧制方向平行的厚度截面。

1. 比较法

测定时,在显微镜 100 倍下将试样作全面观察,选取代表性视场并将该视场的晶粒组织图像与 GB/T 4335—2013 标准附录 A 中的标准评级图进行比较,选取与检测图像最接近的标准评级图级别,记录评定结果。

标准评级图中的第一标准评级图是晶粒延伸度约等于 1 的图谱;第二及第三标准评级图是晶粒延伸度分别约等于 2 及 3 的图谱;分别用Ⅰ、Ⅱ、Ⅲ表示。评定时,应记下图谱的系列号和晶粒度级别,如:Ⅲ 6 级,表示延伸度约等于 3,晶粒度为 6 级。如果晶粒延伸度介于两个系列标准评级图之间,可表示为Ⅰ～Ⅱ或Ⅱ～Ⅲ。如所观察到的晶粒度在相邻两个晶粒度级别之间,可用半级表示。

部分相关评级图分别见图 5-14～图 5-16。

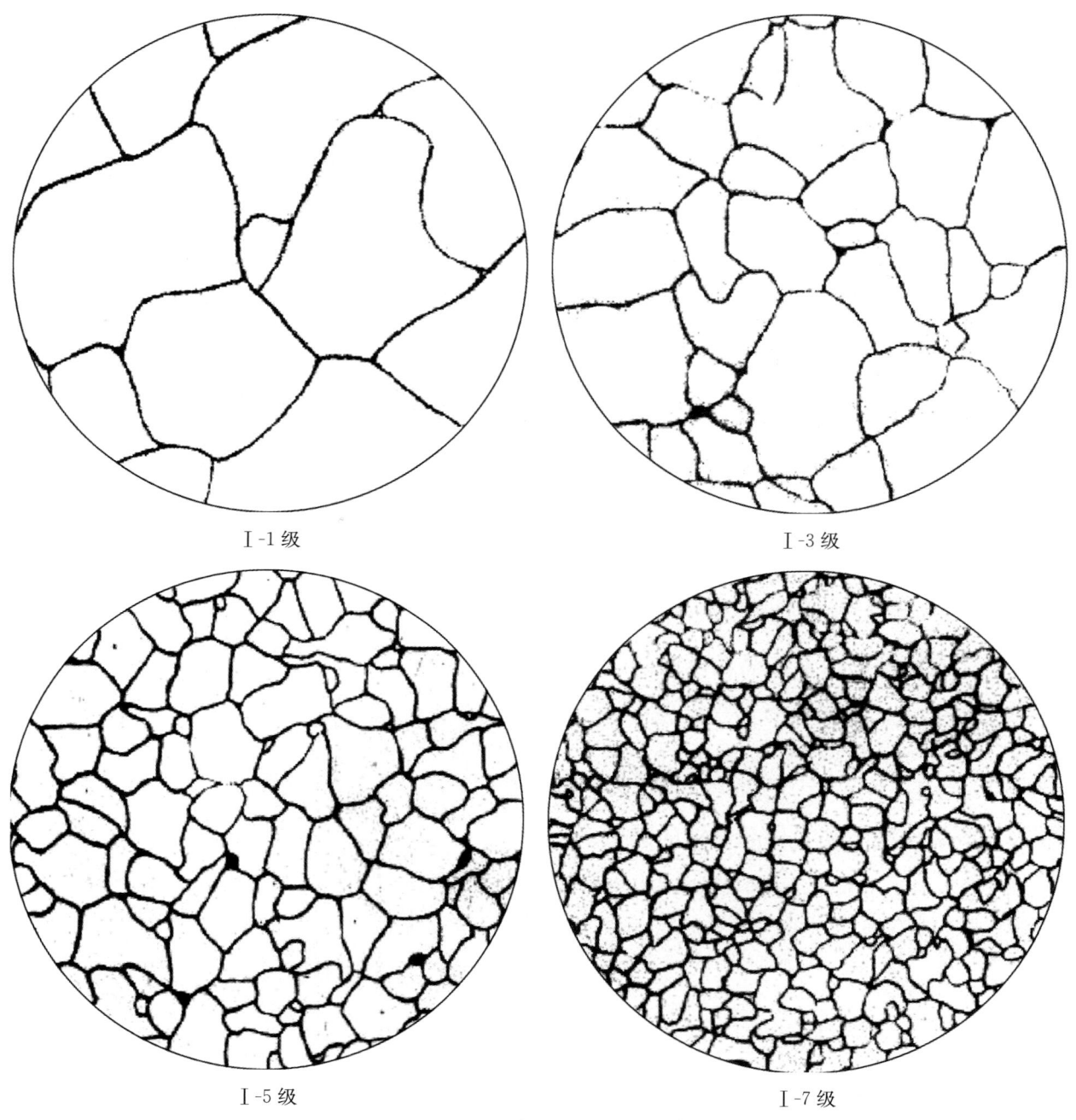

图 5-14 GB/T 4335 中第一标准评级图部分图片,延伸度为 1 (100×)

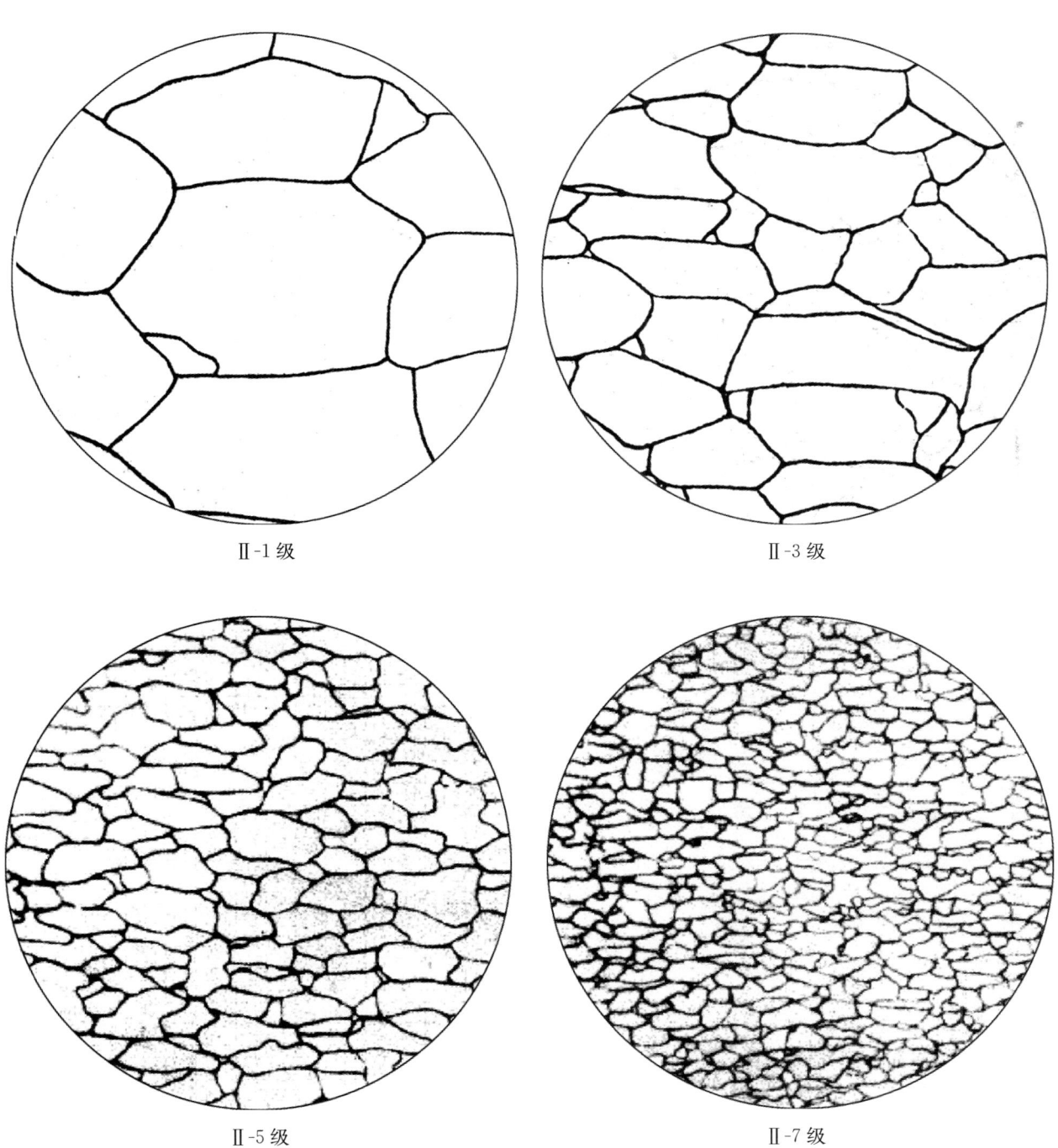

Ⅱ-1 级　　　　　　　　　　　　　　　　Ⅱ-3 级

Ⅱ-5 级　　　　　　　　　　　　　　　　Ⅱ-7 级

图 5-15　GB/T 4335 中第二标准评级图部分图片，延伸度为 2 （100×）

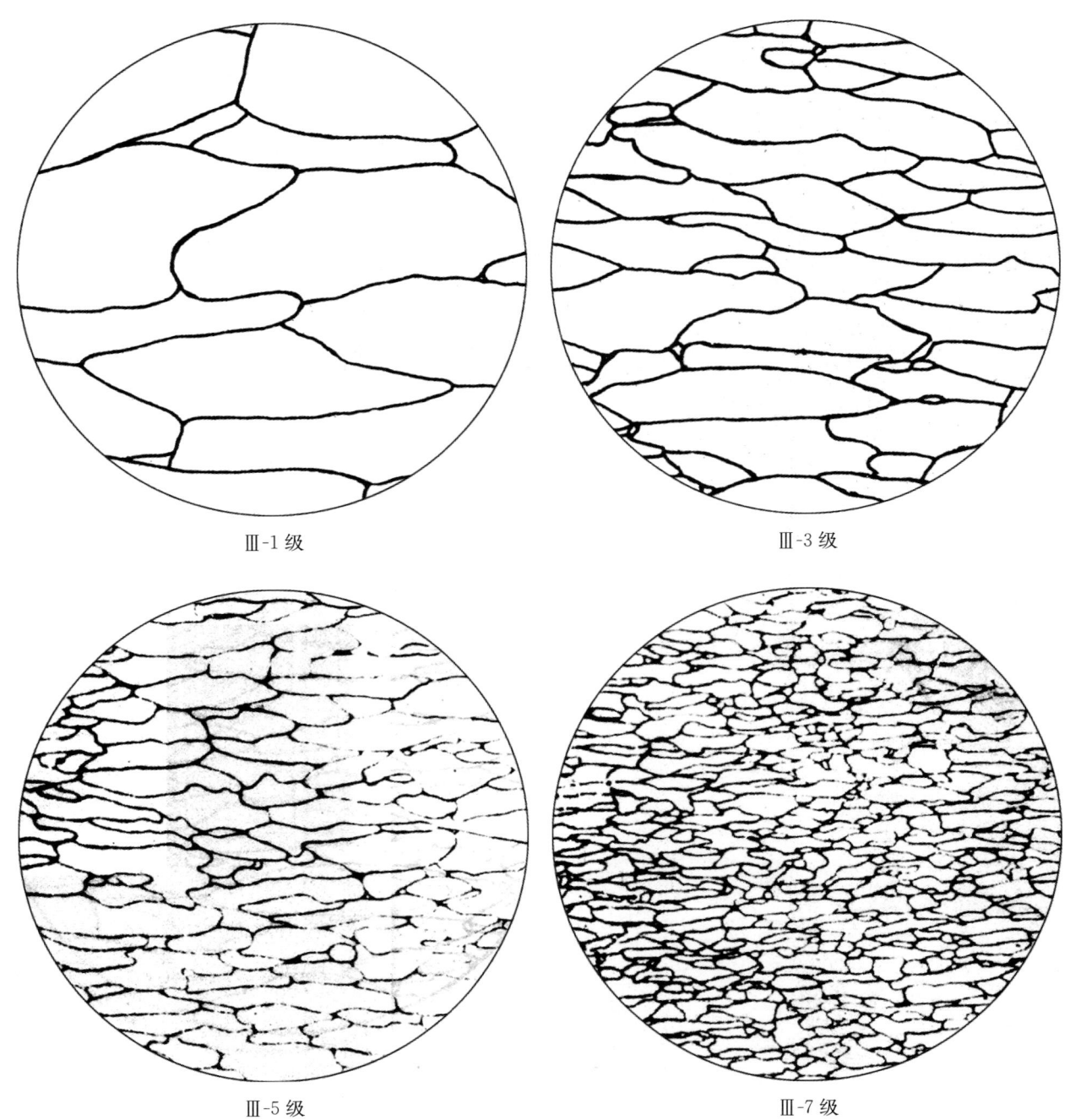

图 5-16 GB/T 4335 中第三标准评级图部分图片,延伸度为 3 （100×）

2. 三圆截点法

具体测量方法可参见 5.2.5 章节介绍。

计算截点时,测量网格与晶界相交和相切时,均计为 1 个截点。测量网格通过 3 个晶粒汇合点时截点计算为 2 个。

5.5.3 铜及铜合金晶粒度的测定

对于铜及铜合金晶粒度的测定,除可按 GB/T 6394 标准进行外,目前很多单位仍然采用冶金行业的 YS/T 347—2004(2010)《铜及铜合金平均晶粒度测定方法》标准进行,该标准规定铜及铜合金晶粒度采用晶粒平均直径 d_n 表示。

铜及铜合金的晶粒度测定方法有比较法、面积法和截点法 3 种,具体测定过程基本与 GB/T 6394 中相关方法一致。所不同的是最后采用平均直径表示晶粒度级数。

采用比较法时，若放大倍率为100倍，可根据评级图直接得出晶粒平均直径 d_n，若为其他放大倍率，则可按表5-11进行换算。部分晶粒度评级图见图5-3。

采用面积法或截点法测定晶粒度时，首先根据相应测定方法得出晶粒度级别数 G，然后可根据表5-2查阅相应的平均晶粒直径 d_n。

表5-11 在不同放大倍率下观测的试样晶粒度与标准图之间的对应关系

放大倍率	成像和标准图相比时的晶粒度/mm								
100×	0.008	0.010	0.015	0.020	0.025	0.030	0.035	0.040	0.045
25×	0.030	0.040	0.060	0.080	0.100	0.120	0.140	0.160	0.180
50×	0.015	0.020	0.030	0.040	0.050	0.060	0.070	0.080	0.090
75×	0.010	0.015	0.020	0.025	0.030	0.035	0.045	0.060	0.060
200×	—	0.005	0.007	0.010	0.012	0.015	0.017	0.020	0.022
500×	—	—	—	—	0.005	0.006	0.007	0.008	0.009
100×	0.050	0.055	0.065	0.075	0.090	0.110	0.130	0.150	0.180
25×	0.200	0.220	0.260	0.300	0.360	0.440	0.520	0.600	0.720
50×	0.100	0.110	0.130	0.150	0.180	0.220	0.260	0.300	0.360
75×	0.070	0.075	0.085	0.100	0.120	0.150	0.180	0.200	0.250
200×	0.025	0.030	0.035	0.040	0.045	0.055	0.065	0.075	0.090
500×	0.010	0.011	0.012	0.015	0.018	0.022	0.025	0.030	0.035

注：本表摘自 YS/T 347—2004(2010)。

5.5.4 铝及铝合金晶粒度的测定

5.5.4.1 铸造铝铜合金晶粒度的测定

JB/T 7946.4—2017《铸造铝合金金相 第4部分：铸造铝铜合金晶粒度》标准规定了铸造铝铜合金晶粒度的分级原则和评级方法，晶粒度的测定采用比较法或面积法。用比较法时，放大倍率为100倍。标准将铸造铝铜合金的晶粒度分为8级，共有8个级别的评级图，部分图片见图5-17。测定时，首先通观整个受检面，然后按大多数视场对应级别图进行评定。

铸造铝铜合金晶粒度级别的相关说明见表5-12所示。

面积法测定方法可参见第5.2.4节。

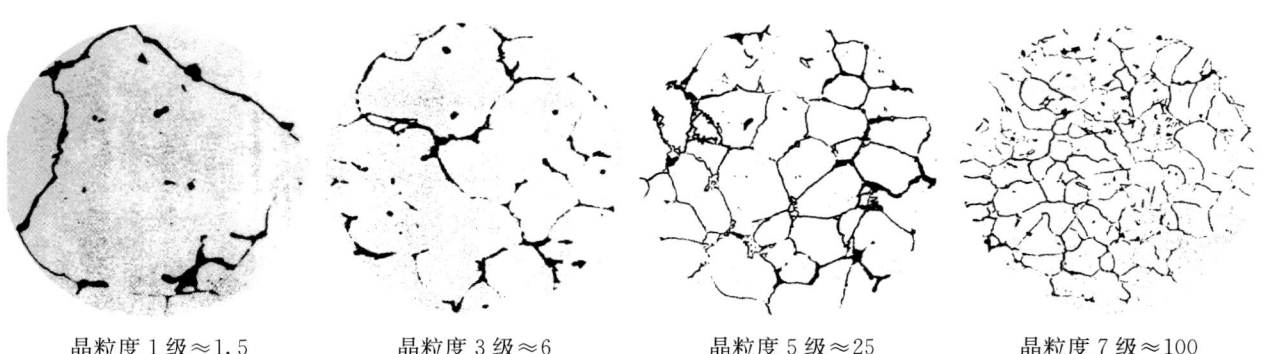

晶粒度1级≈1.5　　晶粒度3级≈6　　晶粒度5级≈25　　晶粒度7级≈100

图5-17 铸造铝铜合金晶粒度部分评级图 （100×）

表 5-12 铸造铝铜合金晶粒度级别

级别	单位面积晶粒数 /个·mm^{-2}	视场直径 70 mm 面积粒数/个	
		100×(0.385 mm^2)	50×(1.54 mm^2)
1	4	≈1.5	≈6
2	8	≈3	≈12
3	16	≈6	≈25
4	32	≈12	≈50
5	64	≈25	≈100
6	128	≈50	≈200
7	256	≈100	≈400
8	512	≈200	≈800

注：本表摘自 JB/T 7946.4—2017。

5.5.4.2 变形铝及铝合金微观晶粒度的测定

GB/T 3246.1—2012《变形铝及铝合金制品组织检验方法 第1部分：显微组织检验》标准第7章规定了铝及铝合金材料晶粒度的测定方法。分为比较法、平面晶粒计算法和截距法3种。

1. 比较法

适用于含有等轴晶(近似等轴晶)的完全再结晶晶粒和铸造材料晶粒。采用比较法测定晶粒度时，首先将被测试样的晶粒图像与标准评级图比较，得出晶粒度级别数 G。图 5-18 是变形铝及铝合金晶粒度标准评级图，放大 100 倍，其他放大倍率下的晶粒度级别可根据表 5-1 进行换算得到。然后根据表 5-7 查出与 G 值对应的单位面积平均晶粒数 n_A(个/mm^2)，即为测定结果。

2. 平面晶粒计算法

平面晶粒计算法测定晶粒度，首先在晶粒度照片上画一个直径为 79.8 mm 的圆，选择适当的放大倍数(g)，使圆内至少有 50 个晶粒。然后通过计数圆内完整晶粒数 n_1 和圆周边所切晶粒数 n_2，计算得到圆内的晶粒总数 n_g，计算公式如下：

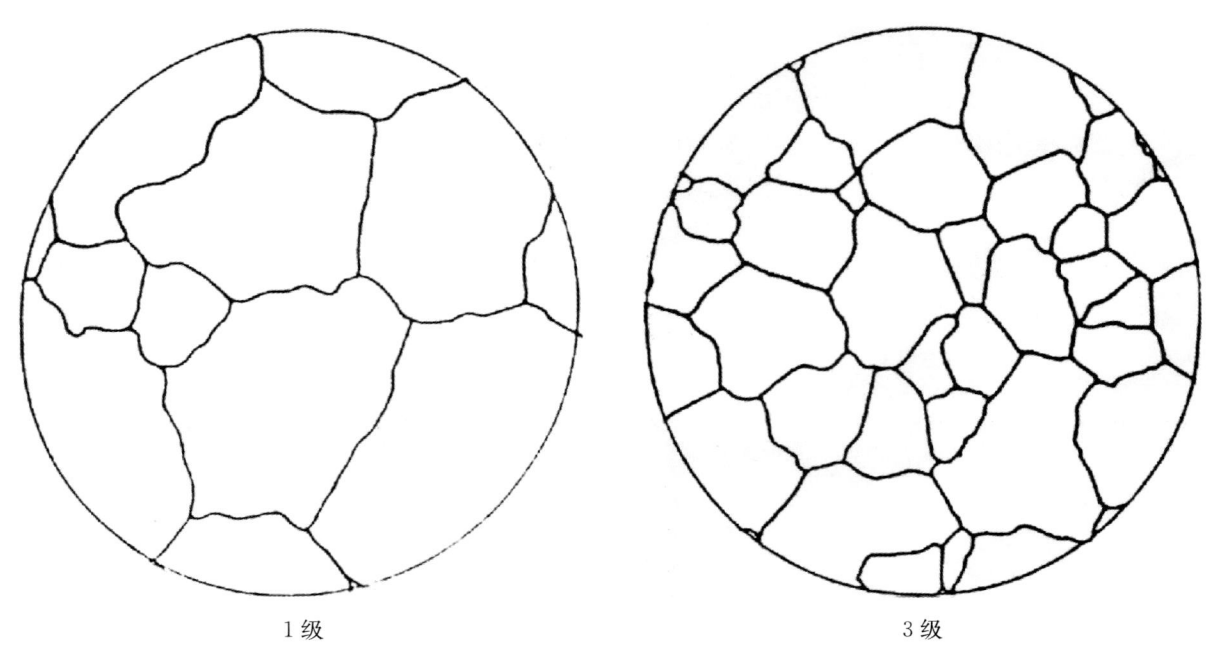

1级　　　　　　　　3级

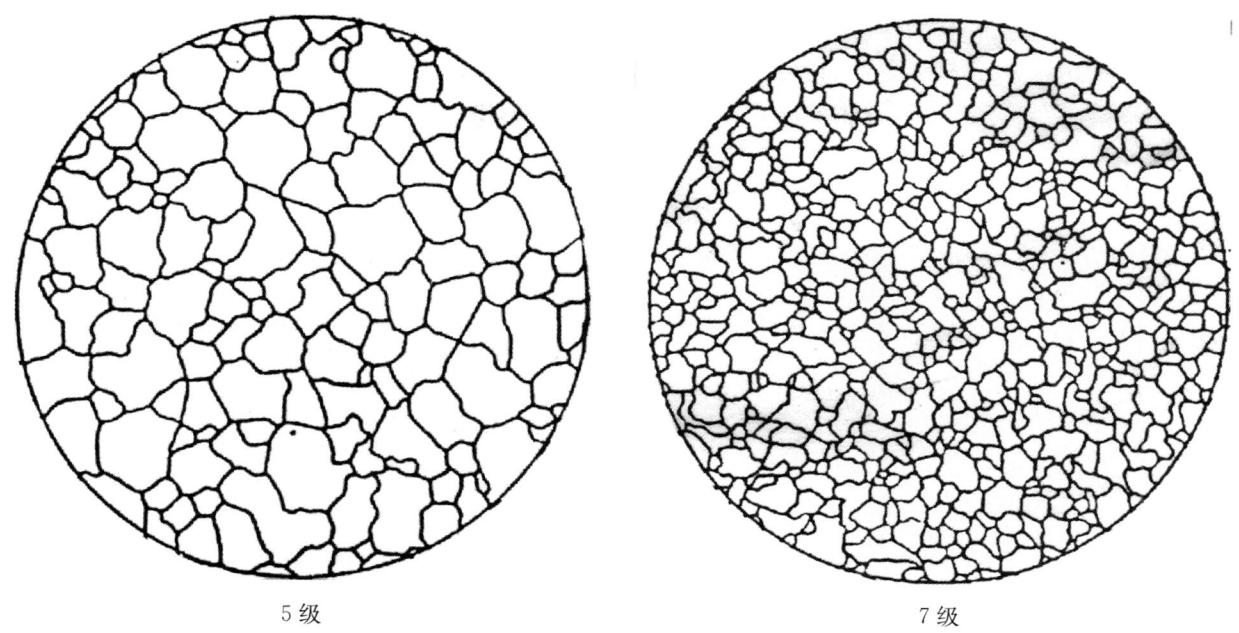

图 5-18 变形铝及铝合金晶粒度部分评级图 (100×)

$$当 n_2 为偶数时：n_g = n_1 + \frac{n_2}{2} \quad (5-19)$$

$$当 n_2 为奇数时：n_g = n_1 + \frac{n_2 + 1}{2} \quad (5-20)$$

由此可得到单位面积的平均晶粒数 n_A：

$$n_A = \frac{n_g}{5\,000/g^2} = 2\left(\frac{g}{100}\right)^2 n_g \quad (5-21)$$

3. 截距法

截距法可用于测定不均匀的等轴晶粒度组织以及各向异性组织的晶粒度。具体测定方法与 GB/T 6394《金属平均晶粒度测定方法》标准中的截点法相同。只是最后计算出平均截距后，还需换算成相应的单位面积平均晶粒数 n_A。

5.5.4.3 变形铝及铝合金宏观晶粒度的测定

变形铝及铝合金铸锭和加工材、制品的宏观晶粒度测定按 GB/T 3246.2—2012《变形铝及铝合金制品组织检验方法 第2部分：低倍组织检验》标准进行。测定方法有比较法和实测法两种。

1. 比较法

按照规定的晶粒度照片或实物对比评定。对于具有等轴晶粒的制品，可按照图 5-19 晶粒度分级标准进行评定。对于连铸连轧板(带)的晶粒度，可按照图 5-20 进行评定。

2. 实测法

采用实测法测量晶粒度时，首先依据晶粒大小规定，在试片或照片上划出 10 mm×10 mm 或 50 mm×50 mm 的方格，也可划出直径为 10 mm 或 50 mm 的圆。查出方格或圆内完整的晶粒数 p 及被方格或圆所切割的晶粒数 g，则晶粒总数可按式(5-22)、式(5-23)计算得出。晶粒平均面积 F 按式(5-24)计算得出。

$$当 g 为偶数时，n = p + 0.5g \quad (5-22)$$

$$当 g 为奇数时，n = p + 0.5(g+1) \quad (5-23)$$

$$F = \frac{S}{n} \quad (5-24)$$

式中：n——方格或圆的晶粒总数；
  p——方格或圆内晶粒数；
  g——方格线或圆周边切割的晶粒数；
  F——晶粒平均面积(mm^2)；
  S——方格或圆面积(mm^2)。

4级晶粒度(晶粒平均面积2.6 mm^2) (1∶1)

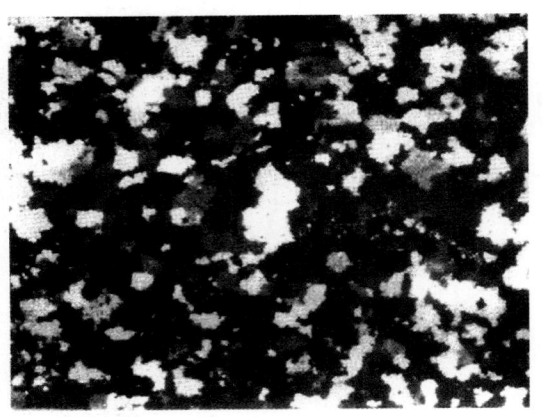

6级晶粒度(晶粒平均面积16 mm^2) (1∶1)

8级晶粒度(晶粒平均面积80 mm^2) (1∶1)

(摘自 GB/T 3246.2—2012)

图5-19 具有等轴晶的变形铝及铝合金部分宏观晶粒度评级图

1级晶粒度 (1∶1)

3级晶粒度 (1∶1)

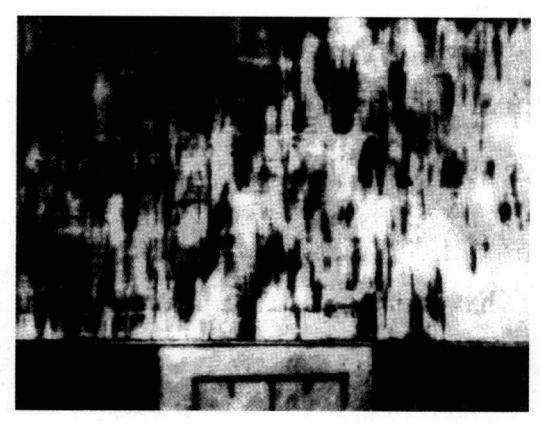

5 级晶粒度 （1∶1）

（摘自 GB/T 3246.2—2012）

图 5-20　变形铝及铝合金铸轧板（带）部分宏观晶粒度评级

5.5.5　高速工具钢晶粒度的测定

高速工具钢的奥氏体晶粒度级别通常为 9～12 级。晶粒度从 9 级变化到 12 级，单位面积内的晶粒数将增加近 10 倍，采用截点法测量时，平均线截距长度由 14.1 μm 减小至 5 μm，晶粒度级别只改变 3 个单位，因此采用晶粒度级别数不能精确表示高速钢的奥氏体晶粒大小。由于高速工具钢的晶粒大小对其性能的影响显著，因此常需精确测定其晶粒度。

Snyder 和 Graff 提出了一个改进后的截点法，即 S-G 晶粒号，将晶粒号细化，高速工具钢正常热处理后基体晶粒大小为 10(S-G)级至 26(S-G)级。(S-G)晶粒号与 ASTM 晶粒度 G 的对应关系见图 5-1。

参考文献

[1] 屠世润,高越. 金相原理与实践[M]. 北京：机械工业出版社,1990.
[2] 韩德伟,张建新. 金相试样制备与显示技术[M]. 长沙：中南大学出版社,2005.
[3] 胡赓祥. 材料科学基础[M]. 2 版. 上海：上海交通大学出版社,2006.
[4] 任颂赞,叶俭,陈德华. 金相分析原理及技术[M]. 上海：上海科学技术文献出版社,2013.
[5] 程丽杰,栾燕,谷强. 新版 GB/T 6394—2017《金属平均晶粒度测定方法》标准解析[J]. 冶金标准化与质量,2017,55(31):7,16.

第 6 章

通用结构钢及金相分析

结构钢是用于制造各种机械装备、构件的基础金属材料,其量大,面广,种类繁多。目前,世界范围内结构钢品种已超过 20 万种,实际运用中一般又进一步归类细分。根据化学成分一般分为碳素结构钢、合金结构钢;根据强化工艺可分为调质钢、马氏体时效钢、非调质钢、相变诱变塑性(Trip)钢等;根据专门用途可分为弹簧钢(第 7 章)、轴承钢(第 8 章)、渗碳钢(第 17 章)、渗氮钢(第 18 章)、低温用钢、海洋用钢、耐硫化氢钢以及电站用钢、核电用钢等。本章主要讨论较基础的通用结构钢,包括调质钢、非调质钢及铸造钢等。

6.1 通用结构钢的特性及组成

对机械结构件而言,最重要的使用要求是钢的综合力学性能,而服役的可靠性和寿命则是其最高的质量确定依据。结构钢通过低合金化、微合金化及适当的工艺过程达到相应的构件的性能要求。

6.1.1 通用结构钢的主要特性及影响因素

通用结构钢的性能包括综合力学性能、可靠性(抗冷脆、抗热脆等)、工艺性(锻压、热处理、焊接等)以及环境适应性(抗硫化氢)等,本节主要介绍结构钢的综合力学性能、抗冷脆性、抗热脆性及影响因素,同时介绍结构钢的淬透性、回火脆性及影响因素。

1. 综合力学性能

结构钢的力学性能包括强度、塑性和韧性等,其中强度是第一位的。目前用于建筑的低碳结构钢抗拉强度最低为 315 MPa(Q195),中碳合金结构钢调质后强度一般可达 1 100 MPa(42CrMo),超低碳马氏体时效钢在淬火+高温时效后强度可达 2 800 MPa(00H13K15M10 钢),追求更高的强度是结构钢研发的目标之一。提高钢的强度除合金化外,主要可通过固溶强化、沉淀强化、细晶粒强化、马氏体强化、马氏体时效强化以及位错强化(加工硬化)等。

但是随着钢的强度提高,一般会不同程度影响钢的塑性及韧性,因此对于具体服役条件,应该综合选择结构钢的最佳强韧配合。

在一般情况下,钢的强度增加,钢的塑性和韧性就会降低,不过这种趋势会表现出较大波动性。这种波动性的产生是多因素作用的结果,除了钢的成分因素(尤其是有害杂质元素污染)外,冶金质量(冶炼、浇注、加工、热处理)的变化是重要原因,它反映在钢的纯度、组织结构、晶粒度和内应力等方面的变化上。因此,要使提高强度的效益得以实现,则应使钢的塑性和韧性保持在稳定且较高的水平,以避免发生脆性破坏。

2. 抗冷脆性

对于在低温环境下服役的构件要求相关结构钢具有足够的抗冷脆性,即其脆性转化温度要足够低。目前,对低温冲击功的考核温度一般为 −20 ℃ 或 −40 ℃,也有更低的。

工程上常用的中、低强度结构钢具有明显的低温脆性,而高强度和超高强度钢在很宽温度范围内冲击吸收功都比较低,所以韧脆之间转变相对不明显。

结构钢的冷脆性主要与成分及组织形态有关。在材料的主要合金元素(牌号)确定条件下,基体内的一些微量元素如硫、磷、锑、铅、砷、铋及少量氮、氧、氢等气体,对钢的低温韧性起有害作用。

在基体组织中,晶粒大小对钢的冷脆性有明显影响。细化晶粒一方面能提高钢的脆断抗力使材料向韧性断裂过渡,一方面能降低韧脆转变温度。与之相应,铁素体晶粒细化、马氏体板条束宽减小或上贝氏体中铁素体板条宽度减小则韧脆转变温度呈线性降低。钢的组织类型是影响冷脆性的主要因素,在强度水平较低时,同等强度下调质后索氏体组织韧脆转变温度相对最低,回火贝氏体次之,片层状珠光体最高。在较高强度水平时,往往采用等温淬火获得下贝氏体以期获得相对较高强度又有较高的韧性。

结构钢中存在一定量残留奥氏体可有助于改善钢的韧性。钢中夹杂物、碳化物等第二相颗粒随其尺寸增大,韧脆转变温度升高。在铁素体-珠光体钢中,除珠光体量对钢韧性有影响外,珠光体的片间距对韧脆转变温度也有明显的影响,但不是简单的对应关系,而有一个最佳片间距。

3. 抗热脆性

结构钢在高温加工或高温服役中表现出的脆性称为热脆。钢发生热脆的原因很多,但均可归纳为晶界高温下弱化。晶界弱化形成的原因有低熔点共晶体 FeS 沿晶界分布、低熔点杂质铜沿晶界分布、脆性相硼化物、氮化铝沿晶界析出,或长期高温下由于碳化物析出促进磷原子向晶界偏聚等。

对于结构钢,要克服热脆、减轻回火脆性,首先要提高钢的纯净度,其次要控制热加工工艺质量。

4. 结构钢的淬透性

调质结构钢制作的零件断面尺寸变化很大,淬透性是调质钢选材的重要依据。

碳素结构钢的一个重要缺点是淬透性低,如 40 钢在水中淬火时,如果整个截面要求得到马氏体,其直径不得超过 10~12 mm,心部得到半马氏体时,其直径不超过 20 mm,直径超过 100 mm 时,即使在水中淬火,表层也得不到马氏体组织。因此在截面较大时,碳素结构钢不能通过调质使力学性能得到改善。钢中加入合金元素后,可以使钢的淬透性得到很大改变。

当钢的淬透性不足时,淬火冷却后,会得到各种过冷奥氏体分解产物,对性能造成不同影响。

(1) 调质结构钢在淬火后存在 10%~15% 贝氏体,尤其存在下贝氏体时,对钢的力学性能没有明显的不良影响。

(2) 结构钢淬火后不希望有珠光体组织;对于比较重要的零件,淬火后珠光体含量不宜超过 10%。

(3) 结构钢淬火后存在有少量自由铁素体,尤其沿晶界分布,对力学性能是很有害的。无论是静负荷、动负荷还是交变负荷下,破坏总是首先在铁素体内进行。这是由于铁素体的正断抗力较低,强度也低,在受到其他强度较高的组织组成物的作用下将产生体积应力,加剧脆性断裂的倾向。

对重要零件,淬透性的一般要求是在承受危险应力部位保证获得 90% 以上的马氏体。承受扭转或弯曲的重要零件(传动轴),因弯、扭时应力由表面至中心逐渐减小,要求淬火后离表面 $1/4r$(半径)处保证获得 80% 马氏体,或者心部得到 50% 马氏体。这样可以大大提高有效截面的尺寸,并且利用内外比容变化不同,使表面产生残余压应力,有利于提高疲劳强度。

对截面尺寸较大的低合金钢调质零件以及某些超过一定尺寸的碳素结构钢零件,由于尺寸超过该材料的可淬透淬硬的尺寸范围,故这类零件调质时,不仅不可能得到全部回火索氏体组织,甚至淬火后表层硬度也不高。然而在淬火过程中,沿工件截面各点的冷却速率比正火或退火时快,调质处理所得组织比正火或退火后的细,力学性能相对来说比较好。因此,一些尺寸较大的零件的最终热处理根据零件大小及不同的性能要求选用调质、正火或正火+高温回火(目的是去应力)工艺。

5. 回火脆性

对于结构钢,大部分是在淬火-回火状态下服役,因此可能会有不同程度的低温回火脆性及高温回火脆性。有关回火脆性的成因可参阅第 2.6 节介绍。影响结构钢回火脆性的重要因素见表 6-1。

表 6-1 影响回火脆性因素

影响因素	低温回火脆性	高温回火脆性
杂质元素	钢中的硫、磷、氮、氢、氧及锡、锑、砷、铜等均促进低温回火脆性	硫、磷、硼、锡、锑、砷等是引起高温回火脆性的主要元素,当钢中不含锰、硅、铬、镍时,杂质元素的存在不引起脆性。在 Cr-Mn 钢中,磷的脆化作用最大,锑、锡次之;在 Cr-Ni 钢中,锑的作用最大,锡次之;在低碳钢中,磷的作用较大;在中碳钢中,锡的作用较大

续表

影响因素	低温回火脆性	高温回火脆性
合金元素	铬、锰、硅为一类,这类元素无论单独或共同加入,均会促进脆性,并使回火脆性移向高温,钼、钨、钛及铝为另一类元素,这类元素减弱回火脆性,其中钼的作用较为显著。 另外,镍单独存在时影响不大,但与铬、锰、硅中任一元素同时存在时,促进低温回火脆性	锰、硅、铬、镍为一类,这类元素单独存在时不引起脆性,而与杂质元素共同存在时引起高温回火脆性。当几种合金元素同时存在时,脆化作用增强。 钼、钨、钒、钛为另一类。这类元素具有抑制或减轻高温回火脆性的作用。当然,这些元素加入量有最佳范围
原始组织	原奥氏体晶粒越细小,脆性越小,淬火钢中残留奥氏体量越多,脆性越大	原始组织不同,对高温回火脆性影响也不同,原始组织为马氏体时,回火脆性最大,贝氏体次之,而珠光体组织引起的回火脆性最小
回火工艺	—	脆化程度与回火温度及时间有密切关系,当高温回火温度一定时,回火时间越长,脆化程度越大。回火后快冷或慢冷对脆性的影响明显,例如 40Cr 回火后快冷,可避免回火脆性

6.1.2　通用结构钢的成分组成

构件的使用性能要求,决定了对材料的性能要求,材料性能的实现主要依靠材料正确的成分设计和相应的显微组织,而适当的热处理工艺是获得相应组织和性能的核心。在通用结构钢中,大量使用调质强化工艺的钢件,一般又称调质(结构)钢,本节主要介绍该类结构钢的成分组成。目前大力推广的非调质钢在本章 6.3 节介绍。

结构钢的碳含量大多在 0.5wt% 以下(弹簧钢、轴承钢等稍高些),属于亚共析钢范畴,其中建筑钢多在 0.2wt% 以下,机械装备用钢多在 0.2wt%～0.5wt% 之间。碳是决定钢强度的最主要而又最经济的元素,只是它伴有对钢塑性和韧性的不利影响以及对焊接性能等的严重不利作用,因此其含量受到综合性能要求的制约。合金元素(铬、镍、钼等)的应用主要作用有提高淬透性、调节强度塑性、韧性配合,满足某些特殊性能要求(如抗蚀性、耐热性、冷脆性等),改善工艺性能(如回火脆性、成型性、焊接性等)。它们的相应作用是通过钢的显微组织结构(包括亚结构)的变化来实现的。

结构钢中合金元素总量在 10wt% 以下,常用合金元素有锰、铬、镍、钼、钒、硅、硼、钨等,传统的中碳调质结构钢有铬钢、锰(或镍)钢、Cr-V 钢、Cr-Mo 钢、Cr-Mo-V 钢、Cr-Ni-Mo 钢和 Cr-Ni-Mo-V 钢等,目前仍然是世界各国调质钢的主要代表,它们依次从低淬透性到高淬透性,从低力学性能到高力学性能,在广阔的范围内可以满足工艺应用中的不同质量要求并且性能稳定。

调质结构钢中还有一些含硼钢,例如 40MnB、40MnVB、35CrB、40CrB、40CrMnB 和 40CrMnNiB 等,但存在高温回火脆性,因此回火后要快冷。而含钼的硼钢,如 30Mn2MoVB、32MnMoVB、30CrMn2MoB、18CrMnMoB 等,有较高的力学性能。

围绕节约镍和钼的调质结构钢也得到了很大发展,它们与硼钢一起可称为经济调质钢,其中有 Si-Mn 钢、Si-Mn-Mo 钢、Si-Mn-Mo-V 钢、Mn-Mo-Nb 钢、Mn-Mo-V 钢、Cr-Mn-Mo 钢、Cr-Ni-W 钢、Cr-Mn-Si 钢、Cr-Mn-Ni 钢、Cr-Mn-Si-W 钢、Cr-Mn-Ni-W 钢等等,在重型机械、矿山地质机械中应用广泛。经济调质结构钢尽管有很广阔的应用市场,但在综合性能上都还不能与 Cr-Mo(或 Cr-Mo-V)钢和 Cr-Ni-Mo 钢相媲美,尤其是在韧性和抗冷脆性上。因此,重要用途的高质量调质结构钢,例如电站设备、船艇、原子能设备、坦克等使用的重要部件至今仍采用 Cr-Mo 钢和 Cr-Ni-Mo 钢。

近年来,由于微合金化(钒、铌、钛等)可以实现理想的细晶强化和沉淀强化相结合的强韧化,并增加钢的耐磨抗力,使结构钢性能进一步提升。

目前,我国通用结构钢的国家标准主要:
GB/T 699—2015《优质碳素结构钢》;
GB/T 700—2006《碳素结构钢》;

GB/T 1591—2018《低合金高强度结构钢》；
GB/T 3077—2015《合金结构钢》；
GB/T 5216—2014《保证淬透性结构钢》；
GB/T 8731—2008《易切削结构钢技术条件》。
部分通用结构钢的牌号、成分、热处理工艺、力学性能以及相应国外牌号见表6-2。

6.1.3　合金元素在结构钢中的作用

合金元素对结构钢的作用主要表现在提高淬透性及提高回火稳定性，抑制回火脆性等。

1. 锰

锰能显著提高钢的淬透性。锰对铁素体能起较大的固溶强化作用。在正火（或热锻、轧）态，锰还能增加珠光体量、索氏体组织，与含碳量相同的碳钢相比，使钢具备高的强度和硬度。但含锰较高时，会使钢有明显的回火脆性，尤其是第一类回火脆性，锰促使晶粒长大，使钢对过热较敏感。往往锰钢中夹杂物较多些，但从熔炼工艺上可得到解决。

2. 硅

硅对铁素体有较大的固溶强化作用，在常用合金元素中居第一位；对回火转变有阻碍作用，尤其在低温阶段。因此，硅对正火、调质状态的钢都提高了强度，对提高钢的屈强比（$R_{p0.2}/R_m$）的作用在各合金元素中占第一位。硅和锰配合使用，有助于克服锰钢的过热敏感性。硅的加入，使钢在正火（或热轧）态下珠光体量增加，也能细化珠光体组织。但硅促进钢的表面脱碳，促进钢的石墨化。

3. 铬

铬能显著提高钢的淬透性，其作用的强弱与锰相当。铬对抑制贝氏体转变的作用相对最强烈，对正火态钢而言，铬能增加珠光体量，并能细化珠光体组织，但对铁素体的强化作用很弱。铬是较强的碳化物形成元素，在结构钢中一般以（Fe,Cr）$_3$C合金渗碳体出现；可阻碍调质钢在回火时碳化物的聚集，使碳化物颗粒较多，较细小，并具有较大的分散度，从而提高了调质钢的强度。铬的不利影响是促进回火脆性。

4. 钼

钼是较强烈碳化物形成元素，主要用在硅钢和铬钢中，能有效地消除回火脆性，使之具有高的冲击吸收功。钼能显著提高钢的淬透性。对正火态钢而言，能使组织从珠光体形态向贝氏体形态转变。

5. 镍

镍可提高钢的淬透性、韧性。镍对铁素体也有较好的强化作用，但不如硅、锰作用强。镍与铬配合使用，对提高钢淬透性的作用极强，远远超过这两种元素单独加入时作用之和。镍的加入能使正火（或热轧）态中的珠光体量增加，并且珠光体也细化。镍会增大钢中磷的晶界偏析，从而提高钢的高温回火倾向，一般只有磷大于0.003wt%时，会增加高温回火脆性倾向，镍与铜配合会使回火脆性严重发展。

6. 硼

钢中加入微量的硼能提高淬透性。但硼对提高淬透性的作用与淬火温度和钢的含碳量有关。在略高于Ac_3临界点的正常淬火温度，硼的作用很显著；随着加热温度的升高，提高淬透性的作用下降，在加热温度很高时（950～1000℃），提高淬透性的作用几乎消失。硼对低碳钢淬透性的作用显著，但随着含碳量的增加，硼的作用逐渐减弱，当含碳量达0.9wt%时，硼已不能提高淬透性。微量的硼能促使钢的正火态组织由珠光体向贝氏体方向变迁。硼略有促进晶粒长大的作用；硼略有加剧第二类回火脆性的作用；当硼大于0.004wt%时，由于会形成低熔点共晶体，且集中分布于晶界，就会开始强烈地影响钢的韧性。

7. 钒、钛和钨

钒、钛和钨在合金结构钢中都作为辅助元素加入，都是强烈碳化物形成元素，在钢中形成稳定的特殊碳化物，有强烈细化晶粒的作用。锰钢中加入钒、钛能有效克服锰钢容易过热的缺点。硅钢和铬钢中加入钨，能有效地消除回火脆性，使钢具有好的韧性。

表 6-2 部分调质结构钢的钢号、化学成分、热处理、力学性能与相当国外牌号一览表

钢号	主要化学成分/wt%							热处理规范			力学性能（不小于）					退火态硬度/HB（不大于）	相当国外牌号		
	C	Mn	Si	Cr	Ni	Mo	V	其他	试样毛坯尺寸/mm	淬火/℃	回火/℃	R_m/MPa	$R_{p0.2}$/MPa	A/%	Z/%	KU_2/J		ISO	ASTM A29	JIS G4053
45[①]	0.42~0.50	0.50~0.80	0.17~0.37	—	—	—	—	—	25	840 淬水	600 水冷	600	355	16	40	39	197	C45E4	1045	S45C
40MnB	0.37~0.44	1.10~1.40	0.17~0.37	—	—	—	—	B 0.0005~0.0035	25	850 淬油	500 水冷或油冷	980	785	10	45	47	207	—	1541B 50B40	—
40MnVB	0.37~0.44	1.10~1.40	0.17~0.37	—	—	—	0.05~0.10	B 0.0005~0.0035	25	850 淬油	520 水冷或油冷	980	785	10	45	47	207	—	—	—
40Cr	0.37~0.44	0.50~0.80	0.17~0.37	0.80~1.10	—	—	—	—	25	850 淬油	520 水冷或油冷	980	785	9	45	47	207	41Cr4	5140	SCr440
38CrSi	0.35~0.43	0.30~0.60	1.00~1.30	1.30~1.60	—	—	—	—	25	900 淬油	600 水冷或油冷	980	835	12	50	55	255	—	—	—
35CrMo	0.32~0.40	0.40~0.70	0.17~0.37	0.80~1.10	—	0.15~0.25	—	—	25	850 淬油	550 水冷或油冷	980	835	12	45	63	229	35CrMo4	4137 4135	SCM435 SCM432 SCCrM3
30CrMnSi	0.27~0.34	0.80~1.10	0.90~1.20	0.80~1.10	—	—	—	—	25	880 淬油	520 水冷或油冷	1080	885	10	45	39	229	—	—	—
25Cr2Ni4WA	0.21~0.28	0.30~0.60	0.17~0.37	1.35~1.65	4.00~4.50	—	—	W 0.80~1.20	25	850 淬油	520 水冷	1080	930	11	45	71	269	—	—	—

续 表

钢号	主要化学成分/wt%							试样毛坯尺寸/mm	热处理规范		力学性能(不小于)					退火态硬度/HB(不大于)	相当国外牌号		
	C	Mn	Si	Cr	Ni	Mo	V	其他		淬火/℃	回火/℃	R_m/MPa	$R_{p0.2}$/MPa	A/%	Z/%	KU_2/J		ISO	ASTM A29	JIS G4053
37CrNi3	0.34~0.41	0.30~0.60	0.17~0.37	1.20~1.60	3.00~3.50	—	—	—	25	820 淬油	500 水冷	1130	980	10	50	47	269	—	—	—
38CrMoAl	0.35~0.42	0.30~0.60	0.20~0.45	1.35~1.65	—	0.15~0.25	—	Al 0.70~1.10	30	940 淬油或淬水	640 水冷或油冷	980	835	14	50	71	229	41CrAlMo74	—	SACM645
40CrMnMo	0.37~0.45	0.90~1.20	0.17~0.37	0.90~1.20	—	0.20~0.30	—	—	25	850 淬油	600 水冷或油冷	980	785	10	45	63	217	42CrMo4	4140 4142	SCM440
40CrNiMoA	0.37~0.44	0.50~0.80	0.17~0.37	0.60~0.90	1.25~1.65	0.15~0.25	—	—	25	850 淬油	600 水冷或油冷	980	835	12	55	78	269	—	4340	SNCM439

注：本表除 45 钢的化学成分数据摘自 GB/T 699—2015；其他摘自 GB/T 3077—2015。

6.2 合金结构钢原材料金相检验

结构钢的原材料金相检验包括酸蚀低倍检验、非金属夹杂物检验、晶粒度评定以及脱碳层检验。检验项目的技术要求应符合相关国家标准,但更以供货合同要求优先。

1. 酸蚀低倍检验

钢棒的横截面酸蚀低倍组织试片上不应有目视可见的残余缩孔、气泡、裂纹、夹杂、翻皮、白点、轴间晶间裂纹。

钢棒的酸蚀低倍组织合格级别应符合表6-3的规定。

表6-3 结构钢棒(连铸)的酸蚀低倍组织合格级别

钢的质量等级	锭型偏析	中心偏析	中心疏松	一般疏松	一般斑点状偏析	边缘斑点状偏析
	级别,不大于					
优质合金钢	3	3	3	3	1	1
高级优质合金钢	2	2	2	2	不允许有	
特级优质合金钢	1	1	1	1		
38CrMoAl(A)	按以上钢的质量等级				2.5	1.5
优质碳素钢	2.5	2.5	2.5	2.5	—	

注:本表由作者根据GB/T 699—2015、GB/T 3077—2015整理所得。

切削加工用的钢棒允许有不超过表面缺陷允许深度的皮下夹杂、皮下气泡等缺欠。

如供方能保证低倍检验合格,可采用GB/T 7736超声检测法或其他无损探伤法代替酸蚀低倍检验。

2. 非金属夹杂物检验

高级优质合金结构钢和特级优质合金结构钢棒应进行非金属夹杂物检验,表6-4为GB/T 3077—2015规定的合格级别要求。具体检验方法可见第3章介绍。

表6-4 非金属夹杂物允许合格级别

钢类	A		B		C		D		DS
	细系	粗系	细系	粗系	细系	粗系	细系	粗系	
高级优质钢	≤3.0	≤2.5	≤3.0	≤2.0	≤2.0	≤1.5	≤2.0	≤1.5	—
特级优质钢	≤2.5	≤2.0	≤2.5	≤1.5	≤1.5	≤1.0	≤1.5	≤1.0	≤2.0

注:1. 本表由作者根据GB/T 3077—2015整理所得;
2. 如需方有不同级别要求或有硫含量要求的,其合格级别由供需双方协商确定。

3. 晶粒度评定

特级优质合金结构钢应评定奥氏体晶粒度,GB/T 3077—2015规定其合格级别应不粗于5级或更细。

4. 脱碳层检测

根据需方要求,并在合同中注明,对含碳量下限大于0.30wt%的钢应检验脱碳层,采用金相法检验每边总脱碳层深度(铁素体+过渡层)不大于钢棒直径或厚度的1.5%(GB/T 3077—2015要求)。

6.3 各种工艺条件下通用结构钢金相分析

铸造、锻(轧)造以及各种热处理等热加工工艺均可运用于结构钢的相关钢种,有关结构钢的铸造以及表面(化学)热处理将在本书专门章节介绍。本节介绍锻(轧)以及整体强化热处理等工艺条件下的通用结构钢金相分析。

6.3.1 轧制处理及金相分析

结构钢的原材料状态大部分是热轧状态,有一部分构件,如普通紧固件、建筑构件等直接在热轧状态下使用。

热轧后基体组织为变形的正火态组织,有时热轧后为细化晶粒再进行正火处理,其组织均为铁素体+珠光体。

普通低合金钢的铁素体是含有碳及合金元素的 α-Fe 固溶体,称为合金铁素体,而碳素结构钢的铁素体是不含合金元素的 α-Fe,一般就称为 α-Fe 铁素体。α-Fe 铁素体在光镜下,晶粒显得光洁平整;而合金铁素体晶粒就不是那么光洁平整,晶粒内有许多小的凸起浮雕。碳素结构钢中的渗碳体是 Fe_3C,而在普通低合金钢中渗碳体是含有一些合金元素(如锰、铬等较强的碳化物元素),称之为(Fe、M)$_3$C 型合金渗碳体。碳素结构钢中珠光体是铁素体和渗碳体的机械混合组织;而普通低合金钢中珠光体是合金铁素体和合金渗碳体的机械混合组织。

由于热轧料来自钢锭或连铸坯,铸坯的铸造偏析会遗传到轧制后的基体中,成为带状偏析。因此,热轧料或正火处理后的金相分析,除评定晶粒度及铁素体形态外,一般还要评定带状偏析级别。有关带状组织评定在第 4.1 节中介绍。

普通低合金钢中,铬、钼和硼元素(尤其是钼和硼)能促使钢在正火状态下获得贝氏体组织。因为当这种钢材从奥氏体状态冷却时,钼和硼强烈抑制铁素体和珠光体的形成,而对贝氏体转变影响不大,因此很容易得到贝氏体组织。

6.3.2 退火处理及金相分析

为改善结构钢的冷变形加工性能,可通过退火处理,主要为球化退火,不但降低材料的硬度和强度,还可增加塑性。大部分标准件冷镦用钢一般均要经球化退火,可提高冷镦工艺的成型能力,减少开裂概率。图 6-1 为某中等功率高速柴油机连杆螺钉采用 35CrMo 钢,并经过 760℃ 球化退火处理后的显微组织,这种组织主要为球粒状珠光体+铁素体。

有些结构钢,为保证最终淬火热处理质量,减少过热概率,也采用球化退火为预备热处理,如轴承钢等。

有关球化退火组织评定可参阅第 4.6 节介绍。

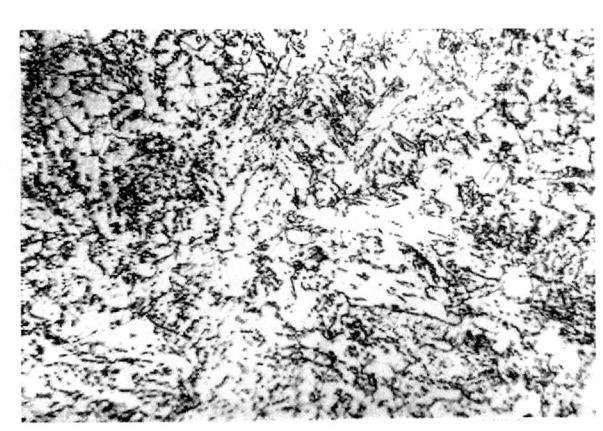

图 6-1 35CrMo 钢球化退火显微组织 (400×)

6.3.3 锻造及金相分析

对大多数结构钢,由于碳和合金元素含量较低,热变形能力好,有很好的可锻性。

由于结构钢锻造是在 1200℃ 左右高温下的组织流变成型过程,因此高温下表面脱碳、组织过热过烧、晶粒粗化、组织异常流变,以及表面折叠甚至开裂等均为锻造工艺质量控制的内容。其中晶粒度直接影响锻件的力学性能,一般均要求锻后晶粒度控制在优于 5 级或 6 级。

结构钢的钢种不同以及锻后冷却条件不同,基体组织也不尽相同,一般冷却条件下大多为正火态组织,当十分缓慢冷却则可能为退火态组织,对含有一定合金元素的锻件也可能出现贝氏体。

为降低能耗,利用锻后余热进行热处理是一种趋势,包括控制冷却(正火)、余热淬火(调质)等。

GB/T 13320—2007《钢质模锻件 金相组织评级图及评定方法》规定了结构钢模锻件经正火或锻后控冷处理,或调质后的金相组织评级图及评定方法。评级图分为三组、每组分为 8 级,见表 6-5。当被评定的金相组织介于两个级别之间时,以大一级为判定级别。各类金相组织的合格级别一般约定 1~4 级为合格,或由供需双方协商确定。若评级时有争议,可参考力学性能进行评定。

表6-5 模锻件金相组织分组、分级及部分评级图

级别	第一组	第二组	第三组
	中碳结构钢 正火或锻后控冷处理的锻件	渗碳用结构钢 正火或等温正火或锻后控冷处理的锻件	调质结构钢 调质处理的锻件
1级	珠光体+铁素体,晶粒均匀	珠光体+铁素体,晶粒均匀	均匀的回火索氏体
2级	珠光体+铁素体,晶粒较均匀	珠光体+铁素体,晶粒较均匀	回火索氏体+铁素体
3级	珠光体+铁素体,晶粒碎化	珠光体+铁素体,有带状倾向	回火索氏体+铁素体
4级	珠光体+铁素体,晶粒不均匀	珠光体+铁素体,晶粒细碎	回火索氏体+条状及块状铁素体
5级	珠光体+铁素体,晶粒不均匀	珠光体+铁素体+粒状贝氏体,局部混晶	回火索氏体+屈氏体+条状及块状铁素体
6级	珠光体+铁素体,有魏氏组织	珠光体+铁素体+粒状贝氏体	回火索氏体+屈氏体+条状及块状铁素体,较粗大
7级	珠光体+网状铁素体,混合晶粒,有魏氏组织	珠光体+铁素体+粒状贝氏体,混晶	屈氏体+回火索氏体+条状及块状铁素体,较粗大
8级	珠光体+铁素体,呈魏氏组织分布	铁素体+粒状贝氏体+珠光体,呈魏氏组织分布	珠光体+索氏体+网状及块状铁素体
评级图倍率	100倍 结合高倍下观察确定组织	100倍 结合高倍下观察确定组织	500倍
部分评级图	1级 / 4级	1级 / 4级	1级 / 4级

续表

级别	第一组	第二组	第三组
	中碳结构钢　正火或锻后控冷处理的锻件	渗碳用结构钢　正火或等温正火或锻后控冷处理的锻件	调质结构钢　调质处理的锻件
部分评级图	5级 8级 部分中碳结构钢正火组织分级图 [100×(×0.65)]	5级 8级 部分渗碳用结构钢锻件正火组织分级图 [100×(×0.65)]	5级 8级 部分调质结构钢锻件调质组织分级图 [100×(×0.65)]

注：本表由作者根据 GB/T 13320—2007 整理所得。

6.3.4　正火和回火以及金相分析

碳素结构钢和低合金结构钢常采用正火和回火作为最终热处理工艺。在此工艺下，材料强度不高，然而塑性和韧性比热轧好，比调质差。但是，由于珠光体型转变按扩散型发生，因此不容易产生磷等有害元素在晶间偏聚和氢的富集，故回火脆性和热脆性倾向小，氢脆倾向不大，因此这种工艺在强度要求不高的（如长期在 80～600℃下工作）耐热钢和石化工业用钢中得到广泛应用。

碳素结构钢和低合金结构钢正火后的组织应为珠光体和铁素体，随着碳含量的不同及正火冷却速度的不同，两者比例会有变化。结构钢正火后的性能主要与晶粒大小有关，因此，金相检验除了检测组织及分布外，铁素体晶粒度的评定是重要项目。

正火后的回火主要是为消除或降低正火造成的残余应力。

图 6-2 为 35 钢正火回火后的金相组织：铁素体＋珠光体，晶粒度达 9 级。

6.3.5 淬火-低温回火及金相分析

结构钢采用淬火-低温回火工艺主要为获得较高的强度和硬度，适用于高强和超高强结构钢。

低碳结构钢经正常淬火-低温回火后的金相组织为回火马氏体，形态呈板条状，但当基体中碳含量大于 0.30wt% 以后，会出现少量针状马氏体，碳含量越高，针状马氏体数量会越多。同时常会有一定量的残留奥氏体和碳化物。马氏体形态还与淬火温度有关，当中碳合金结构钢应用较高淬火温度时，基体组织基本为板条状马氏体。板条状马氏体具有明显的束。束是决定钢性能的基本组织的单位。奥氏体晶粒越细，束径就越小，钢的强韧性就越好。为了使工件尽可能获得高的力学性能，淬火温度不宜选得过高，以防止奥氏体晶粒粗化。

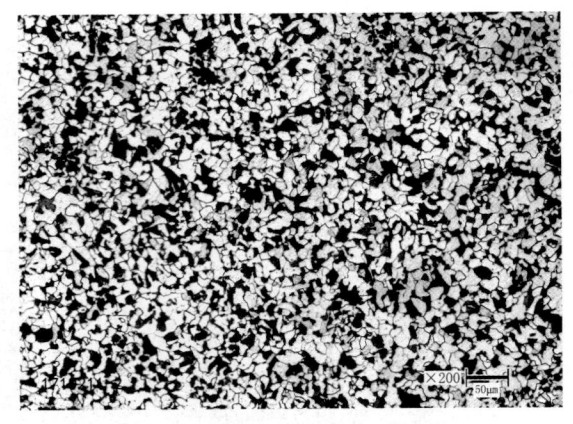

图 6-2 35 钢正火回火后组织形貌

GB/T 38720—2020《中碳钢与中碳合金结构钢淬火金相组织检验》标准规定了中碳碳素结构钢与中碳合金结构钢淬火-低温回火后显微组织评定方法。该标准把显微组织分为 10 级，1 级为板条马氏体＋粗针状马氏体，10 级为马氏体含量小于 80%，其分级方法见表 6-6。图 6-3 为摘自 GB/T 38720—2020 中的部分标准图片。在 500 倍下，同一试样选 5 个以上视场，与标准图片对比评定。

在淬火过程中，若加热不足或冷却速度过慢，在金相组织中会出现铁素体。当加热不足时，出现块状未溶铁素体，见本章 6.6.3 节中图 6-32，当冷却速度过慢，则会出现网状分布的铁素体，见图 6-33。

表 6-6 淬火显微组织等级与对应标准图谱

淬火显微组织等级	显微组织特征说明
1	板条马氏体＋粗针状马氏体（马氏体针长≥44.9 μm）
2	板条马氏体＋针状马氏体（31.8 μm≤马氏体针长<44.9 μm）
3	板条马氏体＋针状马氏体（22.5 μm≤马氏体针长<31.8 μm）
4	板条马氏体＋细针状马氏体（15.9 μm≤马氏体针长<22.5 μm）
5	细针状马氏体＋板条马氏体（7.9 μm≤马氏体针长<15.9 μm）
6	隐针马氏体（马氏体针长<7.9 μm）＋细针状马氏体（7.9 μm≤马氏体针长<15.9 μm）＋铁素体（铁素体含量<5%）
7	马氏体＋少量铁素体（5%≤铁素体含量<10%）
8	马氏体＋条块状铁素体（铁素体含量≥10%）
9	马氏体＋网状屈氏体
9	马氏体＋网状铁素体
10	马氏体含量<80%

作为淬火和低温回火态使用的另一类结构钢属表面强化型的渗碳钢，以及非渗碳型的表面快速加热淬火强化的低淬透性钢和限制淬透性钢。相关的金相分析可参见第 17 章及第 20 章介绍。

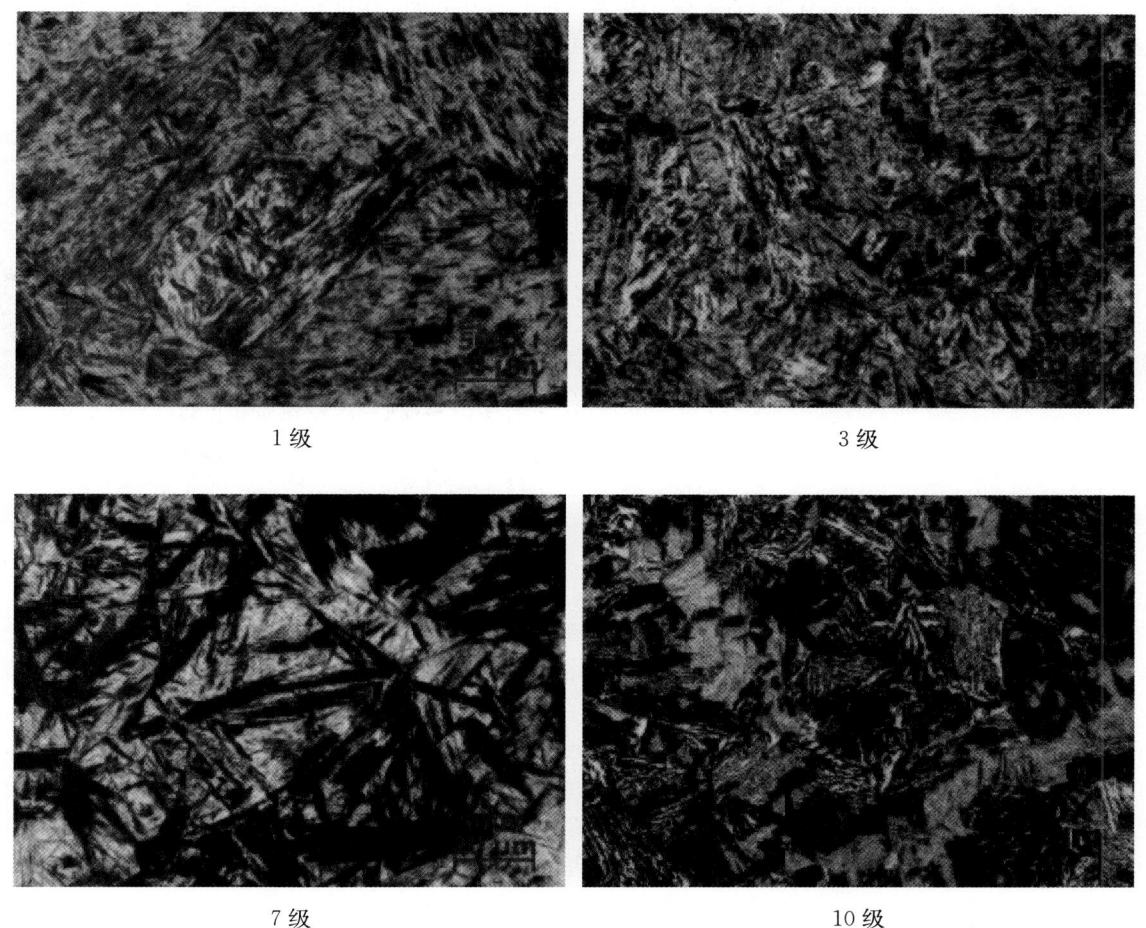

| 1级 | 3级 |
| 7级 | 10级 |

图6-3 结构钢部分马氏体级别图 （500×）

6.3.6 淬火-中温回火及金相分析

淬火和中温回火态使用的结构钢主要有弹簧钢和含硅的高强或超高强中碳合金结构钢，其基体组织主要为马氏体中温回火组织——屈(托)氏体。

结构钢淬火后，合金弹簧钢的最大弹性极限约300～350℃回火下，而碳素弹簧钢则在约250℃回火下，此温度相应为残留奥氏体完全分解而又保持高位错密度的温度。回火后弹性极限最大时，钢的疲劳强度和松弛强度也最大。这就决定了弹簧钢的中温回火特征。

由于马氏体强化型的中碳合金结构钢的第一类回火脆性区的温度处于中温回火区，故高强或超高强要求下的低温回火温度，一般不超过200～250℃。而含硅的这类钢能使脆性区温度上移，因此回火温度能到300～350℃而得到满意的综合性能。

有关结构钢淬火-中温回火后的金相分析可参见第7.3节(弹簧钢热处理后金相分析)介绍。

6.3.7 淬火-高温回火(调质)及金相分析

含碳量0.30wt%～0.50wt%的结构钢为获了良好的强韧性，一般采用淬火-高温回火(550℃以上)工艺，即调质处理(国际上无"调质"术语)，这类钢传统上称为调质钢。

中碳结构钢正常调质处理后的金相组织为回火索氏体，即由淬火马氏体或马氏体＋贝氏体组织经高温回火而成的组织，在高倍下可看到再结晶铁素体上均匀弥散分布着点粒状碳化物或粒状碳化物，见图6-4，碳化物颗粒的分布及大小主要取决于回火温度的高低。当回火温度相对较低，回火时间相对较短时，碳化物极细小，且沿原马氏体束分布，常称为保持马氏体位向的回火索氏体，见图6-5。回火温度越高,碳化物颗粒越大,碳化物的弥散度取决于奥氏体晶粒的大小,奥氏体晶粒越粗大,碳化物颗粒弥散度越差,在相同回火温度下,奥氏体晶粒度大小也会影响同一钢种工件的碳化物颗粒大小。细回火索氏体钢的硬度、强度及韧性都要比粗回火索氏体钢好。

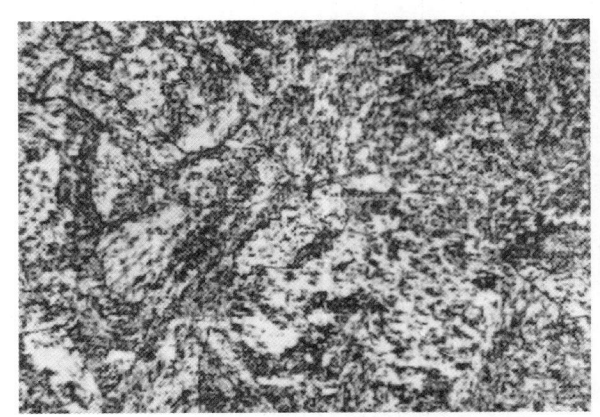
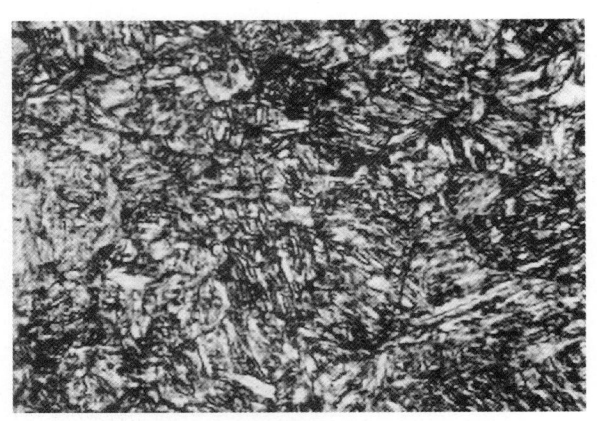

图6-4 回火索氏体组织形貌 （500×）　　　　图6-5 保持马氏体位向的索氏体形貌 （500×）

调质处理工件在淬火前必须是细珠光体和铁素体组织,以保证钢在正常淬火工艺下能获得良好的淬火组织——细马氏体,因此,要严格控制原始组织,消除钢件表面脱碳层、带状组织、魏氏组织等,以防止钢在淬火后出现非淬硬组织。

钢在相变或组织转变时,转变之产物仍保留原始组织一定的宏观、亚显微甚至显微结构的特征。这种在组织上的继承现象就是组织遗传性。某些合金钢在锻造后的冷却过程中,可能发生马氏体或贝氏体转变;碳钢锻件加热温度太高时,会出现魏氏组织;钢在淬火过程中,由于过热而得到粗大的马氏体组织等等。具有以上组织的钢在以后的热处理或返工热处理时,若不严格控制热处理工艺,处理后则保留原始粗大的组织而产生组织遗传,致使被处理件的动态力学性能降低而造成报废。为此,为抑制组织遗传,在返工热处理前应进行退火或退火+正火处理。

由于回火索氏体消除了马氏体态的高内应力和高位错密度。改善钢的塑性和韧性,降低钢的缺口敏感性和氢脆倾向,实现钢的综合性能优化。其强度水平按高温回火时的二次硬化与否分为两类:

(1) 高温回火下不发生二次硬化者,一般屈服强度为490~1180MPa,其中低碳者强度偏中下限。

(2) 高温回火下发生二次硬化者(合金碳化物沉淀硬化),属于高温回火的高强和超高强结构钢,其屈服强度水平为1200~2000MPa。

针对具体零件,JB/T 7293.3—2014(2017)《内燃机　螺栓和螺母　第3部分:连杆螺栓　金相检验》中对40Cr、35CrMoA等调质钢制造连杆螺栓,经过调质处理后的组织作了具体规定:"(1)热锻的连杆螺栓调质处理后基体组织应为回火索氏体,允许有少量铁素体,其含量应不大于3%,按本标准第一级别图评定,1~3级合格。(2)经球化退火处理冷镦的连杆螺栓,调质处理后基体组织应为回火索氏体,允许有少量未溶解的粒状碳化物,其未溶解粒状碳化物含量按本标准第二级别图评定,1~3级合格。"其分级方法见表6-7。

表6-7　内燃机连杆螺栓调质后组织级别图评级说明

级别	第一评级图	第二评级图
	显微组织说明	
1级	无游离铁素体	无未溶解粒状碳化物
2级	有微量铁素体	有微量未溶解粒状碳化物
3级	有少量铁素体	有少量未溶解粒状碳化物

续　表

级别	第一评级图	第二评级图
	显微组织说明	
4级	有较多铁素体	有较多未溶解粒状碳化物
5级	有大量铁素体	有大量未溶解粒状碳化物

6.3.8　中温等温处理及金相分析

在钢的过冷奥氏体等温转变曲线上可见,其在高温等温转变产物为珠光体型组织(珠光体、索氏体、屈氏体)、中温等温转变产物为贝氏体(上贝氏体、下贝氏体)以及低温段冷却过程中形成的马氏体+残留奥氏体。高温等温处理,即索氏体化处理,常用于钢丝(钢丝绳、弹簧)最终拉拔成型前的热处理。中温等温处理工艺常用于结构钢制的弹性器件、受冲击载荷构件,如链板、锚链等。

贝氏体结构钢是专为中温等温处理设计的钢种,而普通结构钢由于贝氏体转变区较窄,一般工艺条件下较难得以贝氏体为主的基体组织。在贝氏体钢的发展中,为提高贝氏体的韧性常以降低碳含量为手段,故目前大量应用的为低碳贝氏体钢系列。

结构钢在中温区等温或连续冷却,过冷奥氏体都可能发生贝氏体转变,一般把能在较宽温度范围内或空冷中就能发生贝氏体转变的结构钢称为贝氏体结构钢。

钢中贝氏体可定义为过冷奥氏体的中温转变产物,它以贝氏体铁素体为基体,同时可能存在渗碳体或ε碳化物、残留奥氏体等相,贝氏体铁素体的形貌呈条片状,内部存在亚片条、亚单元等精细亚结构,这种整合组织称为贝氏体。

贝氏体组织形态呈现多样化特性,主要影响因素为化学成分及形成温度。一般可将贝氏体按组织形态的特征分为上贝氏体、下贝氏体、粒状贝氏体、无碳化物贝氏体等贝氏体类型。其中上贝氏体和下贝氏体最为常见。各类贝氏体的形态可见本书第1.4节介绍。

低碳贝氏体钢以适应高强度、高韧性和良好焊接性能发展起来的新型贝氏体钢,其性能的获得不同于一般结构钢,而要经控轧控冷等工艺才能达相应效果。同时,在低碳贝氏体中,基本不存在碳化物,所以上述贝氏体分类不适用于该类钢种,这种钢的金相分析在第6.4.3节中介绍。

6.3.9　拉拔工艺及金相分析

钢材拉拔的目的是将粗截面的线材或钢材,通过模孔拉拔成尺寸和性能均满足标准要求的不同截面要求的钢丝。

钢丝拉拔一般是在室温下进行,属冷加工范围。钢丝经拉拔后,随着变形程度的增大,钢丝的抗拉强度,弹性极限和硬度值升高,而断面伸长率和断面收缩率等塑性指标则相应下降。钢丝内部的晶粒形状也沿钢丝的伸长方向逐渐拉长,出现所谓形变结构,此时拉拔难以继续,为了获得想要的截面尺寸,还需拉拔就必须进行再结晶处理以消除冷加工硬化现象并恢复其塑性。

在生产结构钢的钢丝(钢丝绳钢丝,弹簧钢丝等)过程中,广泛采用索氏体化处理作为拉拔成品前的热处理。索氏体基体的钢丝进一步变形使之趋纤维状分布,以保证钢丝具有良好的综合性能。为获得索氏体组织,一般采用高温等温淬火工艺,即将线材或钢丝加热到 Ac_3 或 Ac_m 以上的温度(900℃左右),使之先成为奥氏体组织,保温一段时间,随后在熔融的铅、盐、碱或沸腾粒子床等恒温介质中进行冷却转变,使钢丝的组织充分转变为细片状铁素体与渗碳体的混合物即索氏体组织。因此高温等温淬火又名索氏体化处理,因国内大多数生产厂家采用熔铅作冷却介质习惯称为铅淬火,也有用熔盐作为介质的。对于有些合金结构钢也可采用连续冷却转变方式进行索氏体处理,如利用轧制余温控制冷速得到索氏体。

图6-6为索氏体化后拉制成材的基体组织形貌,组织为索氏体,呈纤维状分布。

在索氏体化过程中,若加热温度过低,奥氏体化不充分,造成残留铁素体,或等温冷却的冷速过慢形成先共析铁素体,使基体中存在铁素体,造成线材强度不足。图6-7为索氏体+铁素体组织形貌。当索氏体化的等温过程中冷速局部过大,尤其是合金含量高的材料,会出现淬火马氏体组织,会造成钢丝拉拔时发生脆断。

钢丝在拉拔过程中,由于金属变形不均匀,表层金属变形大,心部变形小,钢丝在轴线方向上表层产生压应力,心部产生拉应力,在中心线上逐步形成变形速度不连续点。这些应力的大小、分布与拉丝模、润滑条件,拉拔速度及变形量等工艺条件有关。当工艺及原材料控制不当,会产生一些缺陷,如内部的杯锥状裂纹,表面裂纹,起刺,内部晶粒大小不均匀,力学性能不均匀等。

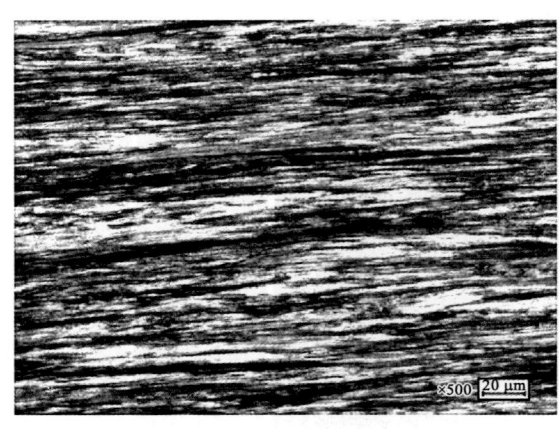

图6-6 纤维状索氏体组织

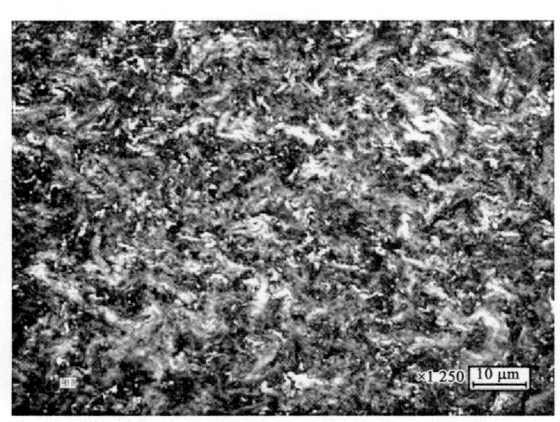

图6-7 索氏体+铁素体组织

6.4 非调质机械结构钢及金相分析

非调质机械结构钢一般定义为,通过微合金化、控制轧制(锻造)和控制冷却等强韧化方法,取消了调质热处理,达到或接近调质结构钢力学性能的一类优质或特殊质量的结构钢。非调质机械结构钢是一种理想的节约能源、相对环保的新型材料,符合我国钢铁产业发展政策要求,用途十分广泛。凡制造过程中需要调质的钢(如45,40Cr等)均可用非调质钢替代,由于省略了调质工序,可省去占调质钢生产总成本6%的热处理(淬火+高温回火)费用。德国用49MnVS3非调质钢代替调质钢制造发动机连杆可节约总成本的38%;日本爱知公司分析,因采用微合金非调质钢省略调质处理这一工序,就可使热锻产品的成本降低18%。

6.4.1 非调质机械结构钢的成分和工艺特点

非调质机械结构钢包括的钢号很多,性能、用途各异,有多种分类方法。按加工工艺可分为热锻非调质钢、直接切削非调质钢、冷作强化(冷加工)非调质钢。按组织特征可分为铁素体-珠光体非调质钢、晶内铁素体非调质钢、低碳贝氏体非调质钢和低碳马氏体非调质钢。按产品形状可分为棒材、板材、管材和线材等。按性能特征可分为高强度非调质钢、高韧性非调质钢、高强高韧非调质钢、表面强化非调质钢。按切削加工性能可分为易切削非调质钢、对切削性能无特殊要求的非调质钢。其中按组织特征分类是较常用的方法。

GB/T 15712—2016《非调质机械结构钢》修改采用ISO 11692:1994《热加工的析出强化铁素体-珠光体工程用钢》,列出了10个牌号,主要为铁素体-珠光体非调质钢,牌号以F开始,S结尾,当硫含量只有上限要求时,则在尾部不加"S"。表6-8、表6-9列出了该标准的10个牌号钢的成分及力学性能要求。一些较成熟的常用国标外的钢号成分及性能见表6-10所列。

表 6-8 GB/T 15712—2016 所列非调质钢的牌号及成分

统一数字代号	牌号[①]	化学成分/wt%									
		C	Si	Mn	S	P	V[②]	Cr	Ni	Cu[③]	其他[④]
L22358	F35VS	0.32~0.39	0.15~0.35	0.60~1.00	0.035~0.075	≤0.035	0.06~0.13	≤0.30	≤0.30	≤0.30	Mo≤0.05
L22408	F40VS	0.37~0.44	0.15~0.35	0.60~1.00	0.035~0.075	≤0.035	0.06~0.13	≤0.30	≤0.30	≤0.30	Mo≤0.05
L22458	F45VS	0.42~0.49	0.15~0.35	0.60~1.00	0.035~0.075	≤0.035	0.06~0.13	≤0.30	≤0.30	≤0.30	Mo≤0.05
L22708	F70VS	0.67~0.73	0.15~0.35	0.40~0.70	0.035~0.075	≤0.045	0.03~0.08	≤0.30	≤0.30	≤0.30	Mo≤0.05
L22308	F30MnVS	0.26~0.33	0.30~0.80	1.20~1.60	0.035~0.075	≤0.035	0.08~0.15	≤0.30	≤0.30	≤0.30	Mo≤0.05
L22358	F35MnVS	0.32~0.39	0.30~0.60	1.00~1.50	0.035~0.075	≤0.035	0.06~0.13	≤0.30	≤0.30	≤0.30	Mo≤0.05
L22388	F38MnVS	0.35~0.42	0.30~0.80	1.20~1.60	0.035~0.075	≤0.035	0.06~0.15	≤0.30	≤0.30	≤0.30	Mo≤0.05
L22408	F40MnVS	0.37~0.44	0.30~0.60	1.00~1.50	0.035~0.075	≤0.035	0.06~0.13	≤0.30	≤0.30	≤0.30	Mo≤0.05
L22458	F45MnVS	0.42~0.49	0.30~0.60	1.00~1.50	0.035~0.075	≤0.035	0.06~0.13	≤0.30	≤0.30	≤0.30	Mo≤0.05
L22498	F49MnVS	0.44~0.52	0.15~0.60	0.70~1.00	0.035~0.075	≤0.035	0.08~0.15	≤0.30	≤0.30	≤0.30	Mo≤0.05
L22488	F48MnV	0.45~0.51	0.15~0.35	1.00~1.30	≤0.035	≤0.035	0.06~0.13	≤0.30	≤0.30	≤0.30	Mo≤0.05
L22378	F37MnSiVS	0.34~0.41	0.50~0.80	0.90~1.10	0.035~0.075	≤0.045	0.25~0.35	≤0.30	≤0.30	≤0.30	Mo≤0.05
L22418	F41MnSiV	0.38~0.45	0.50~0.80	1.20~1.60	≤0.035	≤0.035	0.08~0.15	≤0.30	≤0.30	≤0.30	Mo≤0.05
L26388	F38MnSiNS	0.35~0.42	0.50~0.80	1.20~1.60	0.035~0.075	≤0.035	≤0.06	≤0.30	≤0.30	≤0.30	Mo≤0.05 N:0.010~0.020
L27128	F12Mn2VBS	0.09~0.16	0.30~0.60	2.20~2.65	0.035~0.075	≤0.035	0.06~0.12	≤0.30	≤0.30	≤0.30	B:0.001~0.004
L28258	F25Mn2CrVS	0.22~0.28	0.20~0.40	1.80~2.10	0.035~0.065	≤0.030	0.10~0.15	0.40~0.60	≤0.30	≤0.30	

注：① 当硫含量只有上限要求时,牌号尾部不加"S"。
② 经供需双方协商,可以用铌或钛代替部分或全部钒含量,在部分代替情况下,钒的下限含量应由双方协商。
③ 热压力加工用钢的铜含量不大于0.20wt%。
④ 为了保证钢材的力学性能,允许钢中添加氮,推荐氮含量为0.0080wt%~0.0200wt%。

表 6-9 GB/T 15712—2016 所列直接切削加工用非调质机械结构钢的力学性能

牌号	公称直径或边长[①]/mm	抗拉强度 R_m/MPa	下屈服强度 R_{eL}/MPa	断后伸长率 A/%	断面收缩率 Z/%	冲击吸收能量[②] KU_2/J
				不小于		
F35VS	≤40	590	390	18	40	47
F40VS	≤40	640	420	16	35	37
F45VS	≤40	685	440	15	30	35
F30MnVS	≤60	700	450	14	30	实测
F35MnVS	≤40	735	460	17	35	37
F35MnVS	>40~60	710	440	15	33	35
F38MnVS	≤60	800	520	12	25	实测
F40MnVS	≤40	785	490	15	33	32
F40MnVS	>40~60	760	470	13	30	28
F45MnVS	≤40	835	510	13	28	28
F45MnVS	>40~60	810	490	12	28	25
F49MnVS	≤60	780	450	8	20	实测

注：① 公称直径不大于 16 mm 圆钢或边长不大于 12 mm 方钢不作冲击试验。
② F30MnVS、F38MnVS、F49MnVS 钢提供实测值，不作判定依据。

6.4.1.1 非调质钢的合金化特点

非调质钢的化学成分是在 C-Mn 结构钢成分的基础上，再添加钒、铌、钛、铝和硼等微合金化元素，有的还添加硅或加入适量的铬、镍、铜等其他合金元素。

非调质钢中均含有一定量的锰元素，在铁素体-珠光体钢中，锰可以使珠光体量增多，锰可以降低珠光体的形成温度，细化珠光体的片间距，提高钢的强度；锰有促进 VN 和 VC 溶解、降低 VC 固溶温度的作用。因此在非调质钢中均含有 0.60wt% 以上的锰。当锰的含量超过 1.50wt%~1.60wt% 时，将促进贝氏体组织的形成，所以具有贝氏体组织的微合金非调质钢，其锰的含量均较高。

非调质钢中加入 0.50wt%~0.70wt% 的硅有利于改善钢的韧性，高于 0.7wt% 时，则强度增加，韧性下降。一般认为，加硅后能增加钢中铁素体体积分数，并使晶粒变细，因而有利于提高韧性。硅增加铁素体冷变形硬化率的作用很强，使钢的冷加工困难。钼和硼都对珠光体转变有显著的推迟作用，而对贝氏体转变的影响较小，因而在相当大的冷却速度范围内可获得全部是贝氏体的组织，钼或硼是具有贝氏体组织微合金非调质钢的基本添加元素。为了降低钢的生产成本，近些年开发出一些含硼但无钼的贝氏体钢。非调质钢中所用的微合金化元素有钒、钛、铌和硼，有时还加氮，通常钒的含量为 0.06wt%~0.13wt%，这些微量元素在非调质钢中以碳、氮化物形式析出，起到重要的沉淀强化作用，同时还以质点形式通过钉扎晶界机制阻止晶粒长大，在锻造和轧制过程中可阻止再结晶和位错运动，以防止晶粒粗化。这类碳、氮化物还影响铁素体与珠光体相对量，改变铁素体分布和形态，固溶于奥氏体的钒和铌可降低转变温度，使珠光体片间距减小，从而影响钢的性能。

为改善微合金非调质钢的切削加工性能，在不损害塑性和韧性的条件下，可加入适量硫、铅、钙等易切削元素。这些元素在钢中能形成夹杂物，从而改善钢的切削加工性能。硫除用于改善钢的切削加工性能外，在一定的条件下，可提高微合金添加剂的收缩率，以质点促进晶粒铁素体形成，因此保证钢中含有稳定和适量的硫，对控制非调质钢的性能是十分重要的，一般含量为 0.035wt%~0.075wt%。

第6章 通用结构钢及金相分析

表6-10 未列入国标 GB/T 15712—2016 中的常用非调质钢牌号、成分及力学性能

钢号	主要成分/wt%								力学性能					备注
	C	Si	Mn	S	B	P	V	其他	R_m/Mpa	R_{eL}/Mpa	A/%	Z/%	KU_2/J	
MFT8	0.19~0.27	≤0.25	1.20~1.60	≤0.015		≤0.025			≥620		≥20	≥52		紧固件
48MnV	0.45~0.51	0.17~0.37	0.9~1.2	≤0.035		≤0.035	0.05~0.11		800~920	≥500	≥15	≥30	≥32	发动机曲轴
40MnSiVN	0.41	0.59	1.46	0.009		0.018	0.13		945	625	14.5	21.5	10	管道
N80	≤0.42	≤0.60	≤1.70	≤0.020		≤0.025	≤0.20	≤0.10	800~840	570~640	27~30		24~33	抽油杆用
35MnVN	0.32~0.39	0.20~0.40	1.10~1.50			≤0.035	0.06~0.13	≤0.035	≥785	≥490	≥15	≥40	≥39	
FG20	0.13~0.22	0.50~1.00	1.80~2.30			≤0.04	0.05~0.20		≥970		≥12	≥40	≥60	10.9级螺栓用
LF10Mn2VTiB	0.09~0.13	0.17~0.37	1.9~2.4	≤0.030	0.001~0.005	≤0.030	0.08~0.12		1000~1300	900~1250	≥9	≥40		紧固件
20Mn2VS	0.15~0.20	0.35~0.65	1.35~1.75	≤0.05		≤0.03	0.04~0.07		≥400		≥22	≥50	144	矿用
25MnSiVTi	0.27~0.30	0.60~0.90	1.20~1.60	≤0.04		≤0.04	0.07~0.13		≥640	≥490	≥18		≥36	贝钢(日本)
NQF25BAN	0.25	0.32	1.85	0.050			0.15		911	588			72	贝钢(日本)
VMC15	0.14	0.28	1.52	0.021			0.08		800	520			80	热锻(日本)
NQF40V	0.41	0.20	0.84	0.027			0.31		755	524			39	易削(日本)
LMIC65	0.25	0.25	1.20				0.10		≥635	≥390	≥20	≥50	≥78	汽车连杆用
S40CVL	0.40	0.45	0.70	≤0.030		≤0.030	0.08		855	610	19.0	51.0	51	冷作强化(德国)
24MnSiV5	0.23	0.65	1.34	0.006		0.011	0.14		788	515	24	63		
Vanard850	0.32~0.37	0.15~0.35	1.20~1.50	≤0.050		≤0.035	0.08~0.13		770~930	≥540	≥18		≥20	热锻用(英国)

6.4.1.2 非调质钢的工艺特点

1. 控轧控冷强化工艺

非调质钢良好的力学性能要经控轧(锻制)控冷工艺才能达到。而控轧控冷工艺包括加热温度、终轧温度、轧后冷却速度、形变程度以及形变速率等对非调质钢的强化有不同程度的作用。具体表现：

(1) 加热温度。随加热温度的升高，钢的强度、韧性和硬度降低。其原因在于随着加热温度的升高，奥氏体晶粒也随之长大，在其他影响因素不变的前提下，粗大晶粒则造成强度、韧性、硬度降低。

(2) 终轧温度。随终轧温度的降低，组织细化，强度提高。但对韧性的影响可能出现不同的情况，温度过低，硬化的组织得不到回复，韧性会下降。

(3) 冷却速度。随冷却速度增大，相变组织从铁素体-珠光体向贝氏体、马氏体过渡。对于铁素体珠光体型钢，冷却速度增加，细化铁素体和珠光体晶粒，韧性提高，强度增大；冷却速度过大，可能出现贝氏体和马氏体，降低塑性。对于贝氏体钢，冷却速度增加，强度和韧性都提高较多；冷却速度过大，生成马氏体，强度增加，断后伸长率下降。

(4) 形变程度。在奥氏体未再结晶区进行形变时，形变程度越大，相变后晶粒就越细小，综合力学性能就越好。

(5) 形变速率。在不同的形变速率下，钢的显微组织变化不很明显，对钢力学性能的影响不大。

2. 良好切削加工性能

在硬度相同的情况下，具有铁素体-珠光体组织的非调质钢，其切削加工性能比具有回火索氏体组织的调质机械结构钢好，对于需要钻深孔的零件来说，非调质钢的表层与心部的硬度大致一样，而调质机械结构钢的心部硬度较低，故就其深钻孔加工性而言，非调质钢比调质钢稍差。

3. 良好的表面强化特性

非调质钢具有良好的高、中频感应加热淬火特性。与同等强度级别的调质钢相比，在同样渗氮和氮碳共渗(软氮化)工艺条件下，非调质钢的渗层可以得到更高的硬度、更深的渗层；渗氮处理后心部硬度也不降低。

6.4.2 铁素体-珠光体非调质钢及金相分析

德国蒂森公司开发的第一个非调质钢 49MnVS3 即为铁素体-珠光体型非调质钢，成功地取代了调质 50 钢制造汽车曲轴。应用于结构件的铁素体-珠光体型非调质钢，因强度高、节能经济，得到了最广泛的应用，常用来代替部分 40、40Cr、40MnB、45、50 等结构钢。

6.4.2.1 强化特点

铁素体-珠光体型非调质钢提高强度和韧性的技术手段有晶粒细化、促进晶内铁素体形成的技术以及氧化物冶金术等。

1. 晶粒细化法

晶粒组织细化能有效提高铁素体-珠光体型非调质钢的韧性，同时也能提高强度。对于铁素体含量多的钢，其冲击韧性与其铁素体晶粒尺寸成反比；而对于珠光体含量多的钢，细化珠光体组织能更有效地使韧性提高。对于用热轧(锻)工艺制造的铁素体-珠光体型钢，晶粒细化的最有效方法是在加热时防止奥氏体晶粒粗化。因此，为防止热轧(锻)之前的加热(达 1 200℃左右)时的晶粒粗化，在钢中添加铝和钛等元素，通过析出 AlN 和 TiN 来钉扎奥氏体晶界是非常有效的措施。

2. 促进晶内铁素体形成的技术

非调质钢锻件在冷却过程中发生相变时，铁素体易沿奥氏体晶界首先形核长大，如果先共析铁素体沿珠光体晶粒形成网状就会严重损害钢的韧性。

晶内铁素体形成的主要原理是，首先控制氧化物夹杂，然后控制硫化物夹杂及碳、氮化物的析出，以促进晶内铁素体在奥氏体晶内的形核和长大，从而增加铁素体的体积分数，并明显细化铁素体晶粒。通过控制冶金工艺，在奥氏体晶内提供大量铁素体形核位置。在相变时，铁素体不仅在晶界上形核，也能在奥氏体晶内形成，分割奥氏体晶粒，形成细小且均匀的等轴铁素体。钢中弥散分布的细小 MnS 颗粒是良好的晶内铁素体形核位置，同时在 MnS 周围形成的贫锰区因淬透性降低也能起到促进铁素体形成的作用，能显著改善韧性。在工业生产中加入一定量的硫与钢中的钒、铌或钛共同作用有利于促进晶内铁素体的形成。

3. 氧化物冶金术

这里所谓的氧化物冶金术是指在生产过程中利用钢中的氧化物夹杂使晶粒中析出大量微小的 MnS 颗粒，在热加工后冷却时进一步以 MnS 颗粒上析出的 VN 作为晶核促进晶内铁素体形成。在非调质钢生产中有效利用连续的晶内析出行为，可得到强度极限高达 1000MPa 的高强度高韧性非调质钢。因此可以认为它是晶内铁素体形成技术的进一步发展，其特点是有效地利用了钢中的氧、硫等通常情况下认为有害的元素，以增加晶内铁素体的形核核心，最终提高非调质钢的性能。

6.4.2.2 铁素体-珠光体非调质钢金相分析

该类钢的基本组织为铁素体-珠光体，金相分析关心的是晶粒大小、两相组织比例、珠光体片间距、铁素体形态分布，以及包括晶内铁素体分布、数量等。图 6-8 为 40MnSiVN 钢正火后组织形貌。图 6-9 为 C70S6 非调质钢生产的胀断式连杆的组织形貌，珠光体+少量沿晶界析出的铁素体。

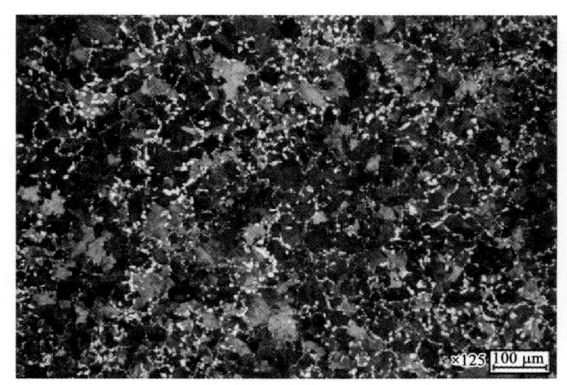
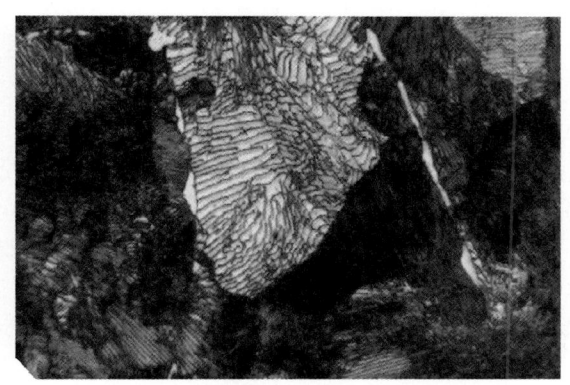

图 6-8 40MnSiVN 钢正火后组织形貌　　图 6-9 C70S6 钢胀断式连杆的组织形貌（500×）

6.4.3 贝氏体型非调质钢及金相分析

贝氏体型非调质钢一般碳含量低、韧性好、强度高，尤其是在韧性上显著高于其他碳氮化物强化的非调质钢，而在强度上远高于铁素体-珠光体非调质钢，能很好地用于各类较大强度载荷及高耐疲劳的结构件上，扩大了非调质钢适用范围。

6.4.3.1 贝氏体型非调质钢强化特点

贝氏体非调质钢的强化机理除组织细化、析出强化外，还有位错亚晶强化、固溶强化等。

1. 组织细化的强韧化作用

对于粒状贝氏体，贝氏体的铁素体组织粗细对强度的影响遵循 Hall-Petch 关系式。对于板条状贝氏体，板条对断裂的阻碍作用是主要的，板条就相当于控制强度的"有效晶粒"。

2. 沉淀析出强化

在控轧得到很细贝氏体基体后，不采用快速冷却，而控制微合金化合物析出，达到析出强化作用。微合金化合物，随相变温度的下降，其析出弥散度增大、尺寸变小，相应钢材的强韧性增高。对于粒状贝氏体，其铁素体基体上分布的 MA 组织等第二相组织的分布、尺寸和数量，对铁素体基体的强度也有同样的影响。

3. 位错和亚晶的强化作用

铁素体内的位错可能与协作切变相变和碳化物沉淀有关，位错密度很高时会形成亚晶界。位错密度越高及亚晶尺寸越小，贝氏体的强度也越高。

4. 固溶强化

间隙固溶强化以碳原子在铁素体中的固溶强化为主，因氮原子与微合金化元素的结合力较强，一般很少以固溶形式存在。碳原子固溶数目也很有限,其强化作用实质上是气团与位错交互作用的结果。锰、硅、铬等的置换固溶也起到强化作用。

低碳贝氏体钢的典型上贝氏体组织同下贝氏体组织相比,后者具有更高的冲击吸收功。因此,如果将低碳贝氏体钢的形成温度控制到更低温度,得到尽可能多的下贝氏体,就能在获得高强度的同时,提高冲击吸收功。对于粒状贝氏体而言,贝氏体铁素体的韧性是决定钢的韧性的主要因素,铁素体基体的韧性与铁素体晶粒尺寸、铁素体中的析出物、岛状组织及位错密度等有关。粒状贝氏体一般具有很高的强度、韧性和塑性等综合性能。

6.4.3.2　贝氏体型非调质钢的金相分析

贝氏体型非调质钢主要以低碳贝氏体钢为主,在不同的变形、冷却工艺条件下会形成以贝氏体为主的不同产物。

有关贝氏体转变机理及组织形貌参见本书 2.4 节。

在实际生产中,低碳贝氏体非调质钢的中温转变组织主要有针状铁素体、粒状贝氏体、板条状贝氏体及残留马氏体/奥氏体(MA)等。

低碳贝氏体钢中多边形铁素体形成温度最高,形状近于等轴,边界平直。多边形铁素体的晶内一般没有亚结构,在金相显微镜下呈现为白亮的块状,在透射电镜下,可以看到其内部位错密度很低。显微硬度测量表明,在各类转变组织中,它的硬度值最低。这类组织对冷却速率极为敏感,通过提高冷却速率,可以避免其在钢中出现。

图 6-10 为 Mn-Mo-Nb-B 低碳贝氏体钢控轧控冷后组织为粒状贝氏体及白亮色准多边形铁素体,其边界极不规则呈锯齿状。

岛状马奥(MA)组织可用拉巴拉试剂(Labara 试剂)鉴别,着色浸蚀的试剂配比为 1wt% 偏重亚硫酸钠水溶液 + 4% 体积分数苦味酸酒精溶液(体积比 1:1)。腐蚀后 M/A 岛呈白色,铁素体呈灰色,碳化物呈黑色。图 6-11 所示为低碳结构钢控轧控冷组织,其中白色岛状为 MA 组织。

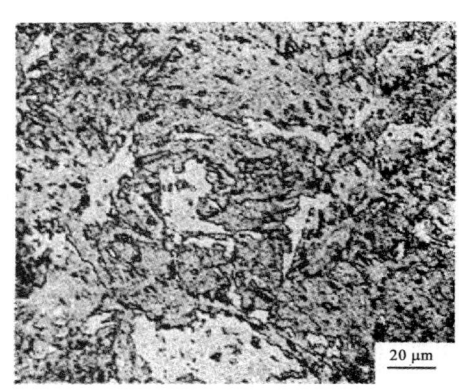
图 6-10　低碳贝氏体钢中的准多边形铁素体形貌

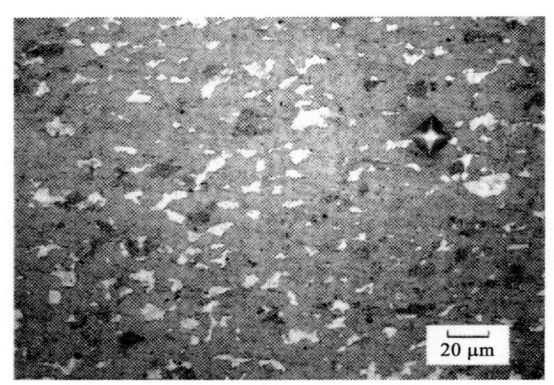
(经 Labara 试剂浸蚀)
图 6-11　低碳结构钢的 M/A 等组织形貌

图 6-12(a) 所示为低碳贝氏体钢,等温转变组织主要为针状铁素体,该类组织呈单个针状、片状,且互相交错,针、片的尺寸较粗大,宽度为 2~5 μm。针状组织的出现使组织更加混乱。这些针状组织位错密度较低,内部不含粒状第二相,针内部未发现亚单元结构。针状组织具有弯折形状。针状组织之间为低温转变的细小平直的板条束组织,这些组织的生长被针状铁素体阻断。交叉分布的针状铁素体彼此互相连接,分割了原奥氏体晶粒。针状铁素体应形成于 B_S 点附近的温度范围,并且有明显的晶内形核特征。与典型的上贝氏体不同的是针状铁素体比较粗大,内部位错密度较低,并且束状特征不明显,见图 6-12(b)。

图 6-13 为低碳钢中的板条状贝氏体。板条状贝氏体可被称为贝氏体钢中转变温度最低、显微硬度

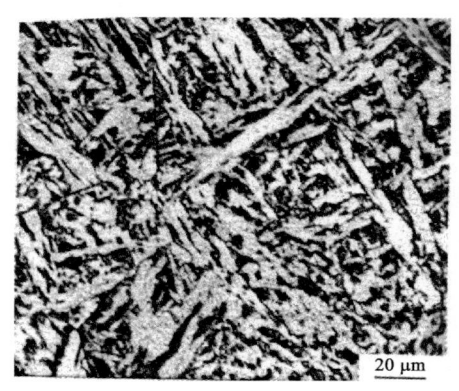
(a) 等温转变组织

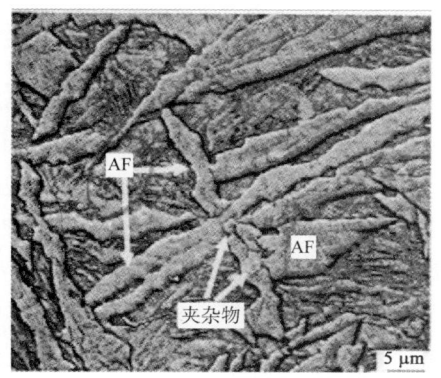
(b) 针状铁素体

图 6-12　低碳贝氏体钢中针状铁素体形貌

最高的组织。在组织形态上,它有些类似于一般的上贝氏体,但与上贝氏体不同的是,其中富碳相较少,并且不含碳化物,所以它应该是一种特殊的上贝氏体,与典型的无碳化物贝氏体不同的是,它并非形成于 B_S 点附近的温度。分布于这类组织之间的富碳相主要是残留奥氏体,其中有些已部分甚至全部转化为高碳马氏体。富碳相在总体上含量极少,因此大部分情况下相邻的贝氏体铁素体板条直接接触,板条之间为由位错构成的小角度晶界。在金相制样中板条间界面不易被择优浸蚀,因而在金相显微镜下其板条状的组织特征往往不明显。在透射电镜下观察,可以看到板条内部有很高密度的位错。这是它具有高显微硬度的主要原因。

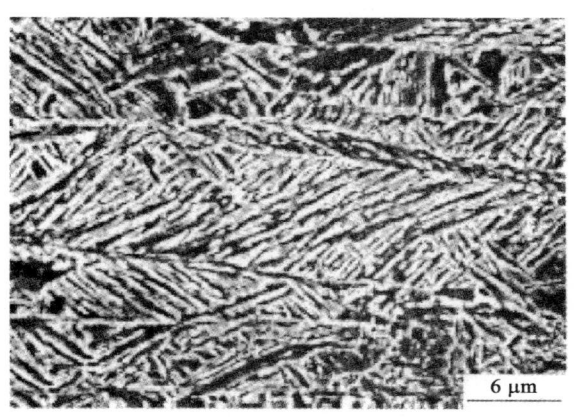

图 6-13　低碳钢中的板条状贝氏体

6.4.4　冷作强化非调质钢及金相分析

冷作强化的非调质钢是微合金钢在热轧及其冷却的过程中,微合金化元素的碳氮化物弥散析出,经随后的冷作强化即能达到所要求性能指标的新型结构钢,由于采用冷作强化非调质钢制作螺纹紧固件,在不经过调质处理的情况下,即能达到所要求性能指标,具有明显的节能效果。

冷作强化非调质钢一般分为珠光体+铁素体型(8.8,9.8级螺栓用)及贝氏体型(10.9级螺栓用)两种。

1. 珠光体-铁素体型冷作强化非调质钢及金相分析

对于珠光体+铁素体型冷作强化非调质钢,为了得到良好的冷拔、冷镦性能,并具有较高的加工硬化率。碳含量交底,一般应低于 0.2wt%,锰含量限制在 1.4wt%～1.8wt%,硅含量一般应小于 0.8wt%,其中有以 LF10MnSiTi 和 LF20Mn2 为代表的 8.8 级冷作强化非调质钢,以 LF20Mn2V 为代表的 9.8 级冷作强化非调质钢。

细化晶粒可同时提高强度和韧性,可提高塑性应变量,有利于冷拔。细化晶粒还可提高冷作强化的效果。微量的钛具有明显的细化晶粒作用,一般在 0.01wt%～0.03wt% 的范围内。在冷作强化非调质钢中,为了弥补碳含量降低引起的强度不足,常加入一定数量的钛、钒和铌,以起到析出强化作用。

冷作强化非调质钢冷拔后的组织组成物没有变化,但其形态发生了明显的改变。经冷拔后(如40%的减面率),钢中铁素体和珠光体均发生严重变形。晶粒沿拔制方向呈扁平状,铁素体明显拉长,珠光体也发生明显的扭折,晶粒进一步细化。冷拔后铁素体晶粒内的位错密度比热轧态高一数量级。经时效处理后,其组织形态未变,但其位错密度下降。9.8级冷作强化非调质钢热轧状态下的组织也主要为铁素体-珠光体,还有少量的贝氏体。晶粒度一般为 9～10 级,经不同减面率(22%～57%)的冷拔后,铁素体晶粒及珠光体团拉长。

采用非调质钢制作的螺纹紧固件,是在冷拔后即在冷作强化的状态下使用的。其微观组织中存在着高密度的位错和其他缺陷,使其处于不稳定的状态,一般需要进行时效处理。

2. 贝氏体型冷作强化非调质钢及金相分析

该类非调质钢主要用于 10.9 级螺栓生产,基体组织主要为粒状贝氏体,甚至还含有少量的马氏体。在贝氏体的铁素体基体中存在着马氏体-奥氏体组成物,粒状贝氏体具有较高的强度和较好的韧性以及冷作加工性能。10.9 级冷作强化非调质钢的代表钢种为 LF20Mn2VTiB,该类钢的碳含量应控制在 0.15wt% 以下,锰是贝氏体钢的主要合金元素。其含量以 1.9wt%～2.4wt% 为宜。硼元素是低碳贝氏体的主要添加元素,一般含量为 0.001wt%～0.005wt%,含量过高(>0.007wt%),钢易产生热脆,影响热加工性能。

6.5 铸造结构钢及金相分析

6.5.1 铸钢件基本特点

铸钢件与锻钢件或轧钢件相比具有许多优点,它对工件形状和尺寸大小的适应性强,能使复杂形状产品的应力集中系数降至最低限度,从而减小相应的失效概率。当不能用锻钢和轧钢生产时,可以直接用铸钢制造。此外锻轧件由于热压力加工变形,容易产生各向异性。而铸钢件虽然塑、韧性比不上锻钢件在延伸方向上的塑、韧性,但在方向上没有性能上的差异。

铸钢件的最大缺点是钢锭内部的缩孔、疏松、龟裂、气孔等缺陷,在铸钢件中原封不动地保留下来,没有机会得到改善,所以其使用可靠性较锻件差。但是随着铸造方法的改善和检测技术的进步,"以铸代锻"的工艺正逐步得到发展。

铸钢件的性能不仅取决于钢的化学成分和热处理,而且和其质量(体积)效应相关。质量(体积)效应是指铸件在凝固时,由于表面和内部凝固速度的不同,产生化学成分偏析、晶间缩松以及密度差等原因而造成的对综合力学性能的影响,即铸件壁厚越大,对力学性能的影响也越大。图 6-14 是碳素钢铸件随壁厚而增加的质量(体积)效应,随着壁厚的增加,密度明显地成直线下降,图 6-15 是低合金钢铸件壁厚与铸件中心的断面收缩率的关系。

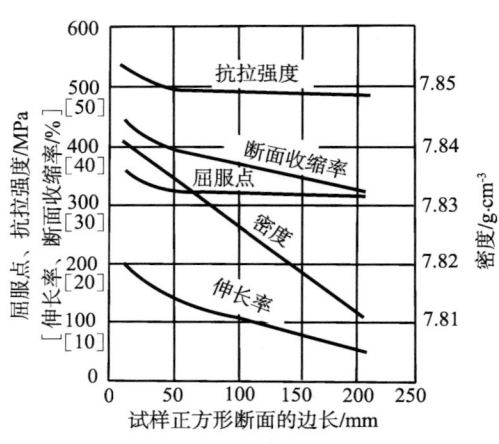

图 6-14 碳素铸钢铸件的质量效果图

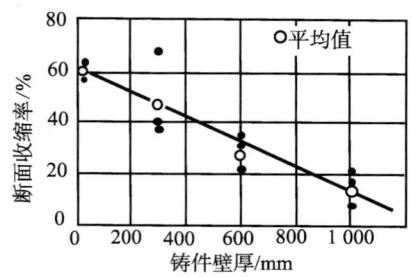

图 6-15 低合金钢铸件壁厚与中心处断面收缩率的关系

6.5.2 铸造碳素、低合金结构钢及金相分析

6.5.2.1 铸造碳素、低合金结构钢分类及牌号

为了适应铸造工艺,铸造结构钢的成分相对同类常规结构钢有一定差异,有其独立的牌号。目前常用铸造结构钢分为铸造碳钢、结构用低合金铸钢以及大型低合金铸件钢等三类,分别有相应的标准:

GB/T 11352—2009《一般工程用铸造碳钢件》
GB/T 14408—2014《一般工程与结构用低合金铸钢件》
JB/T 6402—2018《大型低合金钢铸件技术条件》

按照 GB/T 11352—2009《一般工程用铸造碳钢件》标准,铸造碳钢的牌号有 5 个,以铸钢的屈服强度和抗拉强度组合命名,即 ZG 后缀的第一组数为最低屈服强度,第二组数为最低抗拉强度。铸造碳素钢的主要合金元素为锰、硅,其余元素硫、磷、铬、镍、铜等为炼钢时的残余元素。铸造碳素钢的牌号和化学成分如表 6-11 所示,力学性能如表 6-12 所示。

表 6-11 铸造碳素钢的牌号和化学成分

牌号	元素最高含量/wt%									
	C	Si	Mn	S	P	残余元素				
						Ni	Cr	Cu	Mo	V
ZG200-400	0.20	0.50	0.80	0.035	0.035	0.40	0.35	0.40	0.20	0.05
ZG230-450	0.30	0.50	0.90	0.035	0.035	0.40	0.35	0.40	0.20	0.05
ZG270-500	0.40	0.50	0.90	0.035	0.035	0.40	0.35	0.40	0.20	0.05
ZG310-570	0.50	0.60	0.90	0.035	0.035	0.40	0.35	0.40	0.20	0.05
ZG340-640	0.60	0.60	0.90	0.035	0.035	0.40	0.35	0.40	0.20	0.05

注:本表摘自 GB/T 11352—2009。
① 对上限减少 0.01wt% 的碳,允许增加 0.04wt% 的锰。对 ZG200-400 的 Mn 最高至 1.00wt%,其余 4 个牌号锰最高至 1.20wt%。
② 残余元素总量不超过 1.00wt%。除另有规定外,残余元素不作为验收依据。
③ 当使用酸性炉生产铸件时,硫、磷含量由供需双方商定。

表 6-12 铸造碳素钢热处理及其力学性能

铸钢牌号	热处理		最小值					
	正火或退火温度/℃	回火温度/℃	$R_{p0.2}$ 或 R_{eH} /MPa	R_m/MPa	A/%	根据合同选择		
						Z/%	KV/J	KU_2/J
ZG200-400	920~940	—	200	400	25	40	30	47
ZG230-450	890~910	620~680	230	450	22	32	25	35
ZG270-500	880~900	620~680	270	500	18	25	22	27
ZG310-570	870~890	620~680	310	570	15	21	15	24
ZG340-640	840~860	620~680	340	640	10	18	10	16

注:表中所列的各种牌号性能,适应于厚度为 100 mm 以下的铸件。当铸件厚度超过 100 mm 时,表中规定的 R_{eH} 或 $R_{p0.2}$ 屈服强度仅供设计使用。本表由作者根据 GB/T 11352—2009 整理所得。

GB/T 14408—2014《一般工程与结构用低合金铸件》按力学性能分为 10 个牌号,前缀 ZGD 后的第一组数为最低屈服强度,后一组数为最低抗拉强度,如表 6-13 所示。供方仅提供力学性能数据,除非供需双方另有规定,各牌号的化学成分由供方确定,并且除硫、磷外,其他元素不作验收依据,其中 ZGD730-910 和 ZGD840-1030 的硫、磷最高含量为 0.035wt%,ZGD1030-1240 与 ZGD1240-1450 的硫、磷最高含量为 0.020wt%,其余牌号的硫、磷最高含量为 0.040wt%。

表 6-13 一般工程与结构用低合金铸钢件力学性能

牌号	$R_{p0.2}$/MPa≥	R_m/MPa≥	A/%≥	Z/%≥
ZGD270-480	270	480	18	38
ZGD290-510	290	510	16	35

续表

牌号	$R_{p0.2}$/MPa≥	R_m/MPa≥	A/%≥	Z/%≥
ZGD345-570	345	570	14	35
ZGD410-620	410	620	13	35
ZGD535-720	535	720	12	30
ZGD650-830	650	830	10	25
ZGD730-910	730	910	8	22
ZGD840-1030	840	1030	6	20
ZGD1030-1240	1030	1240	5	20
ZGD1240-1450	1240	1450	4	15

注：表中力学性能值取自 28mm 厚标准试块。本表摘自 GB/T 14408—2014 中表 2 的部分内容。

铸件均需进行热处理，热处理工艺由供方决定，通常采用的热处理工艺有退火、正火、正火＋回火、淬火＋回火。

JB/T 6402—2018《大型低合金钢铸件》标准中按化学成分划分的各种低合金铸件的化学成分，其成分设计接近相当的低合金结构钢，在相应元素符号组成的牌号前缀冠上 ZG，共 23 个牌号。

6.5.2.2 铸造碳素、低合金结构钢金相分析

1. 铸态组织

铸造结构钢的铸态组织特点是晶粒粗大、魏氏组织较发达和成分偏析严重。

铸钢件晶粒大小和钢凝固时的冷却速度有着密切的关系；铸件壁越厚，晶粒越粗大；砂型铸造比金属型铸造晶粒要大得多；钢液的浇注温度越高，冷却越缓慢，晶粒也越粗大。

铸钢的晶粒度可按 GB/T 6394—2017《金属平均晶粒度测定方法》标准评定（本书第 5 章），铸态经常会出现大于 1 级的粗晶粒。

铸态钢中时常会出现魏氏组织，在显微镜下观察，这种组织的特征是铁素体呈长条状分布在晶粒内部，并且常常与晶粒边界成一定的角度。

形成魏氏组织的倾向和钢的碳含量及铸件的壁厚有关，碳含量中等（0.20wt%～0.40wt%）钢容易形成魏氏组织，同时，铸件壁越厚，也越容易形成魏氏组织。

魏氏组织是在钢的二次结晶过程中形成的，亚共析钢在共析转变发生之前，先在奥氏体中析出铁素体，这种铁素体常常在奥氏体晶界先形核，然后通过大量碳原子的扩散和铁原子的自扩散而长大，这些原子的扩散条件就决定了晶体的长大方式。当钢的冷却是以非常缓慢的速度通过 GS 线温度或奥氏体晶粒足够小时，铁素体核心就以接近平衡状态的方式结晶，结果在奥氏体晶界上形成网状铁素体。相反，当钢的冷却是以很快的速度通过 GS 线温度或奥氏体晶粒粗大时，铁素体以插入奥氏体晶粒内部的方式出现，并逐渐成为片状或长条状，即形成了魏氏组织，铁素体的这种结晶取向使原子扩散距离缩短，有利于铁素体的快速形成。

魏氏组织的存在使钢的塑性下降，特别是冲击吸收功下降得更厉害。魏氏组织的严重程度可按 GB/T 13299—1991《钢的显微组织评定方法》的第 4 套评级图进行评定，可参见本书第 4 章 4.3 节。

成分偏析是由结晶过程引起的，铸件总是从外表向中心顺序结晶的，而先结晶出的晶体是熔点比较高、含碳比较低的铁素体，随着结晶过程向中心发展，造成外表碳含量低而心部碳含量高，硫、磷等元素也同样存在区域偏析，壁越厚，偏析越严重，这种区域偏析一般较难通过热处理给以消除。

图 6-16 是 ZG230-450 钢铸态的显微组织为魏氏组织＋块状铁素体＋珠光体，铸态晶粒十分粗大，其晶粒大于 1 级。

2. 铸造结构钢热处理后金相组织

图 6-17 为 ZG230-450 钢经 770℃退火的显微组织为铁素体＋珠光体＋残留铸态组织。ZG230-450

 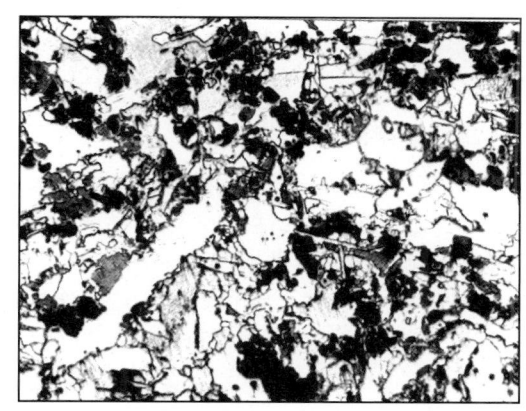

图 6-16 ZG230-450 钢铸态组织 （100×）　　　图 6-17 ZG230-450 钢 770℃ 退火 （100×）

钢的 Ac_1 为 735℃，Ac_3 约为 840℃，在 770℃加热时处于 Ac_1 和 Ac_3 之间，此时的显微组织为奥氏体＋铁素体，退火后奥氏体分解成细小的等轴铁素体和小块状珠光体，而原来铸态的晶界上和晶内的大块状和针状铁素体没有完全被奥氏体化而保留下来，保留残余铸态的粗晶和魏氏组织特征，钢的铸造脆性没有得到完全的消除，但铸造应力可得到降低或消除，为退火非正常组织。

图 6-18 为 ZG40Cr1 钢铸态组织为珠光体＋铁素体，呈铸态的粗晶状态，图中晶界上和晶内有许多非金属夹杂物，铁素体容易沿夹杂物析出。

图 6-19 为 ZG40Cr1 钢的调质组织为回火索氏体＋沿晶界析出的上贝氏体。

图 6-18 ZG40Cr1 钢铸态组织 （100×）　　　图 6-19 ZG40Cr1 钢的调质组织 （500×）

6.5.3 铸造耐磨奥氏体锰钢及金相分析

铸造奥氏体锰钢，长期以来被称为铸造高锰钢，是一种历史悠久的耐磨材料。最初它是由英国 Robert Hadfield 研制，并于 1883 年获得英国专利，经过多年的发展，现已广泛应用于矿山机械的大型耐磨件（如大型颚式破碎机的颚板）、拖拉机的履带板、火车的道岔等受大应力冲击的耐磨件。

铸造奥氏体高锰钢的使用状态是奥氏体，它具有良好的韧性和加工硬化能力，在强烈的冲击应力下，表面的硬度可以从 200 HBW 提高到 500 HBW 以上，从而使零件表面具有良好的耐磨性，而心部具有很高的韧性和抗断裂能力。

关于高锰钢表面加工硬化的机制，多年来人们已做过许多研究，但也存在争论。主要的强化机制有位错机制、形变孪晶强化机制、相变强化机制以及综合强化机制等。位错机制认为工件表面小的塑性变形，在组织中产生大量位错、孪晶、堆垛层错，高锰钢的堆垛层错能较小，一旦受到应力和应变极易产生堆垛层错，当它和固溶碳相互作用，产生大量的滑移线和位错线，从而引起表面硬化。在磨损失效的球磨机衬板上作 X 射线相分析未发现诱发马氏体的产生，只在高倍的电镜观察上，发现大量的滑移线和位错结，就是一个例证。

诱发相变机制认为在外力的作用下，位错密度增加，随着变形量的增大，堆垛层增加，变形量的进一步增加诱发ε六方马氏体，最后形成高硬度M立方马氏体，这一机制也有实验数据的证明。

6.5.3.1 铸造高锰钢的化学成分

我国广泛应用的铸造高锰钢以"Mn13"（含锰约为13wt%）系列为主，目前也有含锰低于13wt%的高锰钢（如含6wt%～8wt%的锰），也有含锰高于13wt%的高锰钢（如含16wt%～19wt%的Mn）。GB/T 5680—2010《奥氏体锰钢铸件》，修改采用ISO 13521:1999《奥氏体锰钢铸件》，列出了10个牌号钢种，见表6-14。由表可见，各牌号钢种的化学成分组成除均含有较高的锰元素外，有7个牌号的钢种分别还含有铬、镍、钼以及钨等合金元素。其中ZG110Mn13Mo1钢与ASTM的A128 E-1钢相当。

表6-14 奥氏体锰钢牌号及化学成分

牌号	化学成分/wt%									ISO 13521:1999牌号
	C	Si	Mn	P	S	Cr	Mo	Ni	W	
ZG120Mn7Mo1	1.05~1.35	0.3~0.9	6~8	≤0.060	≤0.040	—	0.9~1.2	—	—	GX120MnMo7-1
ZG110Mn13Mo1	0.75~1.35	0.3~0.9	11~14	≤0.060	≤0.040	—	0.9~1.2	—	—	GX110MnMo13-1
ZG100Mn13	0.90~1.05	0.3~0.9	11~14	≤0.060	≤0.040	—	—	—	—	GX100Mn13
ZG120Mn13	1.05~1.35	0.3~0.9	11~14	≤0.060	≤0.040	—	—	—	—	GX100Mn13
ZG120Mn13Cr2	1.05~1.35	0.3~0.9	11~14	≤0.060	≤0.040	1.5~2.5	—	—	—	GX120MnCr13-2
ZG120Mn13W1	1.05~1.35	0.3~0.9	11~14	≤0.060	≤0.040	—	—	—	0.9~1.2	—
ZG120Mn13Ni3	1.05~1.35	0.3~0.9	11~14	≤0.060	≤0.040	—	—	3~4	—	GX120MnNi13-3
ZG120Mn17	1.05~1.35	0.3~0.9	16~19	≤0.060	≤0.040	—	—	—	—	GX120Mn17
ZG90Mn14Mo1	0.70~1.00	0.3~0.6	13~15	≤0.070	≤0.040	—	1.0~1.8	—	—	GX90MnMo14
ZG120Mn17Cr2	1.05~1.35	0.3~0.9	16~19	≤0.060	≤0.040	1.5~2.5	—	—	—	GX120MnCr17-2

注：允许加入微量V、Ti、Nb、B和Re等元素。本表摘自GB/T 5680—2010。

6.5.3.2 合金元素在高锰钢中的作用

奥氏体锰钢的主要合金成分为碳和锰。奥氏体锰钢是属于含高碳量的钢种。碳一方面是强烈扩大γ相的元素，当含碳量在0.75wt%～1.45wt%范围内变化时，可获得单一的奥氏体；另一方面也是间隙固溶元素，它能引起晶格畸变，固溶强化效果十分明显。

铸态下，奥氏体锰钢的强度和硬度随含碳量的增加而增加，韧性下降，当含碳量达1.30wt%以上时，铸态组织出现连续网状碳化物，晶界被脆性的碳化物所包围，韧性和塑性趋近于零。

奥氏体锰钢固溶处理时碳化物溶解于奥氏体并逐渐均匀化。随着含碳量的提高钢的强度、硬度、耐磨性能逐步提高，同时也必须相应提高固溶温度和延长保温时间，但由于锰是过热的敏感元素，会引起晶粒迅速长大，使韧性下降。此外，碳含量越高，铸态时碳化物也越多，固溶处理时由于碳化物和奥氏体比体积的差异，碳化物溶解于奥氏体引起的显微疏松越严重，韧性的下降也越明显。所以在强烈的冲击载荷下，希望适当降低碳含量，一般选择碳含量在 1.25wt% 以下。

锰是奥氏体锰钢的主要元素，锰和碳都是奥氏体强烈的稳定元素，锰在钢中大部分存在于固溶体中和铁形成置换式固溶体，小部分形成 $(Fe,Mn)_3C$ 碳化物，由于锰的原子半径和铁的相差不多，不引起晶格畸变，故固溶强化效果不大。

奥氏体锰钢中锰含量通常是控制在 11wt%～14wt% 之间。锰在铸件中能够使奥氏体树枝晶迅速长大。奥氏体锰钢钢液导热性差浇入铸型后产生严重温度梯度，促进粗大的柱状晶的生成，当外力和柱状晶生长方向一致时，容易产生铸件裂纹。

在奥氏体锰钢中为了改善其性能和拓宽其用途，还可适量地加铬、镍、钼、钛、钒、铌以及稀土等元素。

铬是碳化物的形成元素，铬和碳的亲和力比锰更强，在奥氏体锰钢中一般只加入 1wt%～3wt% 铬形成 $(Fe,Cr)_3C$ 型的合金渗碳体，$(Fe,Cr)_3C$ 比 $(Fe,Mn)_3C$ 更稳定，在固溶处理时，为使碳化物完全溶解需要比普通奥氏体锰钢高 30～50℃，且铬原子的扩散速度比较缓慢，固溶处理加热时间要长些，铬虽是缩小 γ 相区的元素，但经固溶处理后，由于铬原子扩散缓慢起到稳定奥氏体的作用，能够提高奥氏体锰钢的屈服强度，如在 ZG Mn13-4 钢中加入 1.5wt%～2.5wt% 的铬，可使奥氏体锰钢的屈服强度提高 40～60 MPa，而抗拉强度基本不变，此外，加铬的奥氏体锰钢还可以防止球磨机衬板之间的流变。

加铬奥氏体锰钢的缺点是网状碳化物更加严重，使奥氏体锰钢的冲击吸收功降低，特别低温冲击韧度更加明显，所以含铬奥氏体锰钢应避免在低温下使用。

镍是扩大 γ 相区的元素，镍不形成碳化物，低碳奥氏体锰钢加入 3wt% 镍以上时，铸态时就可以得到单一的奥氏体组织。一般奥氏体锰钢含 2.5wt%～4wt% 镍时，经固溶处理也可以得到单一的奥氏体组织。大截面的普通奥氏体锰钢经固溶处理后，心部的碳化物都难以消除，但加入 2.5wt%～4wt% 镍后，截面达到 400 mm 都能经固溶处理获得单一的奥氏体组织，从而提高锰钢的常温及低温冲击吸收功。

钼是较强的碳化物形成元素，它和碳的亲和力比铬、锰更强，含 0.9wt%～1.8wt% 钼的高锰钢可以形成 MoC、Mo_2C、$(Fe,Mo)_{23}C_6$、$(Fe,Mo)_6C$ 等特殊碳化物。钼溶入奥氏体后能抑制奥氏体的分解，铸态时由于钼的原子半径大，扩散速度慢，钼的碳化物在奥氏体晶界上形核困难，长大的速度也慢，使含钼奥氏体锰钢在铸态组织中不容易形成网状碳化物，同时还能抑制针状碳化物的形成，所以含钼奥氏体锰钢能提高铸件铸态的韧性。固溶加热时钼能减慢碳的扩散，自身的扩散速度更慢，钼的碳化物比铬、锰的碳化物分解温度更高，即使提高固溶处理温度，仍然有一些颗粒状的钼的碳化物留下来，MoC 的硬度可高达 2 500 HV 左右，而 $(Fe,Cr)_3C$ 和 $(Fe,Mn)_3C$ 的碳化物只有约 1 500 HV，所以含钼高锰钢有着更好的耐磨性，含钼奥氏体锰钢固溶处理后，还可以在 400℃ 以下进行时效，进一步析出弥散碳化物来提高其耐磨性而不降低其韧性。

钼还能抑制奥氏体锰钢过热敏感性和起到细化晶粒的作用。

奥氏体锰钢还可加入钛、钒、铌等强烈碳化物形成元素，由于它们形成特殊的碳化物，硬度很高。如 TiC 硬度可达 3 000 HV，VC 硬度 2 000 HV，Nb_4C_3 的硬度 2 500 HV 左右。这些碳化物的硬度都比 $(Fe,Mn)_3C$ 渗碳体的碳化物硬度高，从而提高铸件耐磨性，同时这些碳化物和 TiN 的熔点很高，在铸件结晶时，可以成为结晶核心，起到细化晶粒的作用。

在奥氏体耐磨锰钢中除了 ZGMn13 的奥氏体锰钢，现在还研发中锰钢 ZGMn6，适用于小能量冲击表面加工硬化的零件，而超高锰钢 ZGMn17 由于锰含量的提高，奥氏体更加稳定可克服奥氏体锰钢 ZGMn13 的大截面零件水韧处理后心部常常出现碳化物而使冲击韧度下降的缺点。

6.5.3.3 奥氏体锰钢的热处理

奥氏体锰钢的热处理一般有两种：单一固溶处理（即水韧处理）和固溶处理＋时效处理。

铸造奥氏体锰钢在水韧处理后其综合力学性能可大幅提高，见表 6-15。故铸造奥氏体锰钢一般均要求经水韧处理后才能投入使用。GB/T 5680—2010 标准明确规定：当铸件厚度小于 45 mm 且含碳量小于 0.8wt% 时，ZG90Mn14Mo1 钢可以不经过热处理而直接供货；厚度不小于 45 mm 且含碳量不小于 0.8wt% 的 ZG90Mn14Mo1 钢以及其他所有牌号的铸件必须进行水韧处理（水淬固溶处理）。

表 6-15 奥氏体锰钢铸态、水韧处理后的力学性能对比表

类别	R_m/MPa	R_p/MPa	Z/%	A/%	KU/J	硬度/HBW
铸造性能	343～392	294～490	0.5～5	0～2	7.8～23.5	200～300
水韧后性能	617～1 275	343～471	15～85	15～45	157～235	180～225

1. 固溶处理（水韧处理）

固溶处理是将铸件加热到 Ac_m 以上某一温度，一般是 1 050～1 100℃，保温一定时间，使铸件组织中的碳化物完全溶解并使合金均匀化成为单相的奥氏体，然后快速淬入水中得到过冷奥氏体组织。

奥氏体锰钢导热性能差，热膨胀系数又大，铸件中又有大量的网状碳化物，如果加热速度过快，复杂铸件由于铸造应力和热应力的共同作用可以使铸件开裂，所以铸件进炉温度要低于 400℃，加热速度以 35～50℃/h 为宜，简单铸件可控制在 80～100℃/h，采用台阶分段加热，以保证内外均温，减少应力。在 1 050～1 100℃保温一定时间，最短应为 2h，最长不超过 8h，ZGMn13 当温度达到 1 050℃时晶粒已开始长大，1 120℃已明显长大，超过 1 150℃已出现晶粒十分粗大的过热组织。

奥氏体锰钢淬入水中的速度要快，如果从出炉到冷至 960℃超过 30 s 已开始有碳化物析出，冷却速度越慢，网状碳化物析出越多，韧性也随之下降。

结构简单的铸件企业有时为了节约成本，铸件凝固后在冷至 960℃析出碳化物之前直接淬入水中，也可以得到单一的奥氏体，这种处理和铸件冷却后再加热至 1 050～1 100℃水韧处理，其力学性能相近，但它没有经过高温加热，合金均匀化程度差，枝晶偏析也相当严重。

2. 固溶处理＋时效处理

奥氏体锰钢铸件的碳化物的形态、大小、数量和分布，尤其是碳化物的分布，对奥氏体锰钢的性能起着很大的影响，当碳化物沿晶界呈网状析出和以针、块状、大颗粒向晶内穿入时，铸件的脆性很大。但当碳化物呈细小的颗粒弥散分布晶内时，不但不会降低铸件的韧性，反而会增加铸件的耐磨性。因此铸件经固溶处理后，在 400℃时效 3～4h，在奥氏体晶内析出弥散细小的碳化物，铸件的冲击吸收功不会降低，奥氏体析出碳化物的温度在 125℃已经开始，但温度过低时，原子扩散速度慢，析出的碳化物数量少，效果不明显，过高的时效温度，如高于 450℃，碳化物又从晶界析出，铸件又出现脆性。

6.5.3.4　奥氏体锰钢的力学性能

奥氏体锰钢水韧处理后的力学性能如表 6-16。

表 6-16 奥氏体锰钢的力学性能

牌号	R_{eL}/MPa	R_m/MPa	A/%	KU_2/J	硬度/HBS
ZG120Mn13	—	≥685	≥25	≥118	≤300
ZG120Mn13Cr2	≥390	≥735	≥20	—	≤300

注：表中部分数据摘自 GB/T 5680—2010 中表 A.1。

6.5.3.5　铸造奥氏体锰钢的金相分析

1. 金相样品制备特点

铸造奥氏体锰钢金相样品截取距铸件表面不能小于 6 mm。

由于奥氏体锰钢加工硬化的特点，给金相试样的取样制样带来一定困难。尤其试样磨、抛过程中应注意防止出现变质层、出现人为的滑移线等干扰。

奥氏体锰钢金相试样的浸蚀剂可选用体积分数 4%硝酸酒精溶液、甘油混合酸（HNO_3：HCl：$C_3H_8O_3$＝1:2:3）或过饱和苦味酸溶液。当用体积分数 4%硝酸酒精溶液时，应同时用体积分数 4%盐酸酒精擦蚀。

2. 铸造奥氏体锰钢的金相组织及评定

铸造奥氏体锰钢在铸造结晶过程中先形成奥氏体，由于冷却速度缓慢，在 Ac_m 和 Ar 温度区间内碳化

物沿奥氏体晶界析出。当温度低于 Ar 线时，部分奥氏体转变为珠光体，同时再次析出碳化物。当温度以近平衡态缓慢速度降到常温时，铸态组织成为以奥氏体为基体，基体上分布有珠光体，晶内和晶界上有大量块状、条状或针状碳化物存在，晶界上的碳化物呈网状分布。实际生产中铸造奥氏体锰钢铸件冷却速度相对快，铸态组织大都呈非平衡组织形态，见图 6-20，白色基体为奥氏体，其上分布有针状马氏体，奥氏体晶界上黑色块状为屈氏体，大块灰白色鱼骨状为碳化物，与奥氏体构成莱氏体。

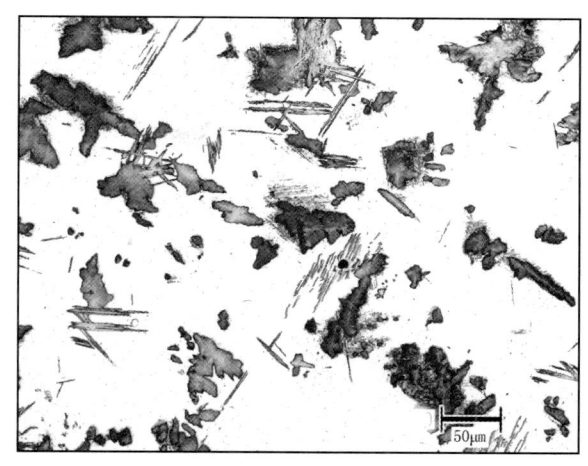

图 6-20 奥氏体锰钢的铸态组织形貌

铸造奥氏体锰钢经水韧处理后的显微组织应为奥氏体或奥氏体+碳化物。有关碳化物、晶粒度和非金属夹杂物可参照 GB/T 13925—2010《铸造高锰钢金相》标准进行对比评定，该标准共提供 4 套评定级别图，即未溶碳化物级别、析出碳化物级别、过热碳化物和非金属夹杂物级别。在 500 倍下的 $\varphi 80\,mm$ 视场内，选取缺陷最严重视场评定。

未溶碳化物级别按碳化物的大小以及聚集分布的严重程度分为 7 级，分别为 W1～W7，如表 6-17 所示。图 6-21 分别为 GB/T 13925—2010 中 W3 和 W4 标准图。

表 6-17 未溶碳化物级别

级别代号	500 倍视场下组织特征
W1	晶界、晶内平均直径小于等于 5 mm 的未溶碳化物总数为一个
W2	晶界、晶内平均直径小于等于 5 mm 的未溶碳化物总数为两个
W3	晶界、晶内平均直径小于等于 5 mm 的未溶碳化物总数为三个
W4	晶界、晶内平均直径小于等于 5 mm 的未溶碳化物总数多于三个
W5	晶界、晶内有平均直径大于 5 mm 的未溶碳化物或有聚集
W6	未溶碳化物呈大块状沿晶界分布有部分聚集
W7	未溶碳化物呈大块状沿晶界分布有大量聚集

注：1. 本表摘自 GB/T 13925—2010；
2. 平均直径小于等于 2 mm 的未溶碳化物在评级时不予计数。

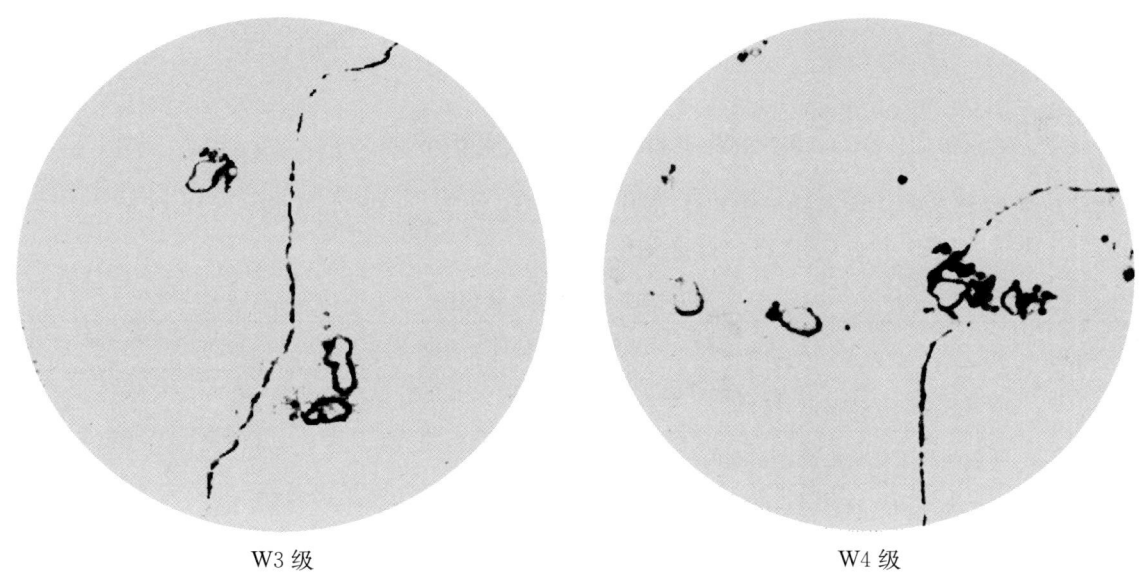

图 6-21 未溶碳化物部分评级图 （500×）

析出碳化物按照沿晶析出的碳化物形态：点状、短线状、断续网状、连续网状、碳化物以条状、羽毛状沿晶界呈网状分布等不同分布形态也分为 7 级，分别如 X1～X7 所示，不同级别析出碳化物形态具体如表 6-18 所示。图 6-22 分别为 GB/T 13925—2010 中 X3 和 X4 标准图。

表 6-18　析出碳化物级别

级别代号	500 倍视场下组织特征
X1	少量碳化物以点状沿晶界分布
X2	少量碳化物以点状及短线状沿晶界分布
X3	碳化物以细条状及颗粒状沿晶界呈断续网状分布
X4	碳化物以细条状沿晶界呈网状分布
X5	碳化物以条状沿晶界呈网状分布，晶内并有细针状析出
X6	碳化物以条状及羽毛状沿晶界两侧呈网状分布
X7	碳化物以片状及粗针状沿晶界两侧呈粗网状分布

注：本表摘自 GB/T 13925—2010。

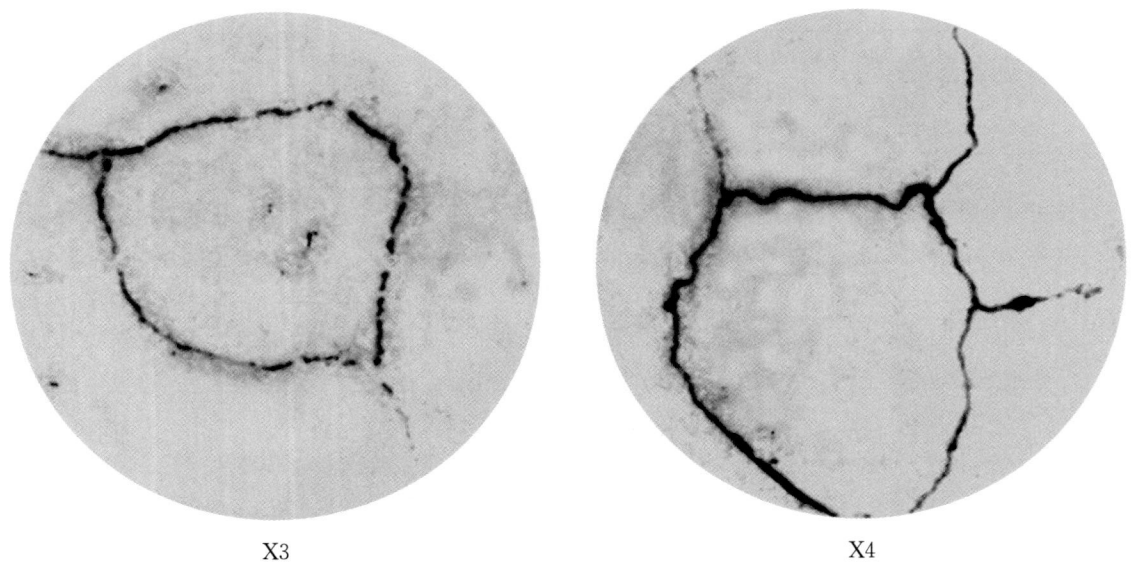

X3　　　　　　　　　　　X4

图 6-22　析出碳化物部分评级图　（500×）

过热碳化物按共晶碳化物不同严重程度分为 4 级，其级别为 G1～G4，如表 6-19 所示。图 6-23 分别为 GB/T 13925—2010 中 G2 及 G3 的标准图。

表 6-19　过热碳化物级别

级别代号	500 倍视场下组织特征
G1	单个共晶碳化物沿晶界分布
G2	少量共晶碳化物沿晶界或晶内分布
G3	共晶碳化物沿晶界呈断续网状分布
G4	共晶碳化物沿晶界呈粗网状分布

注：本表摘自 GB/T 13925—2010。

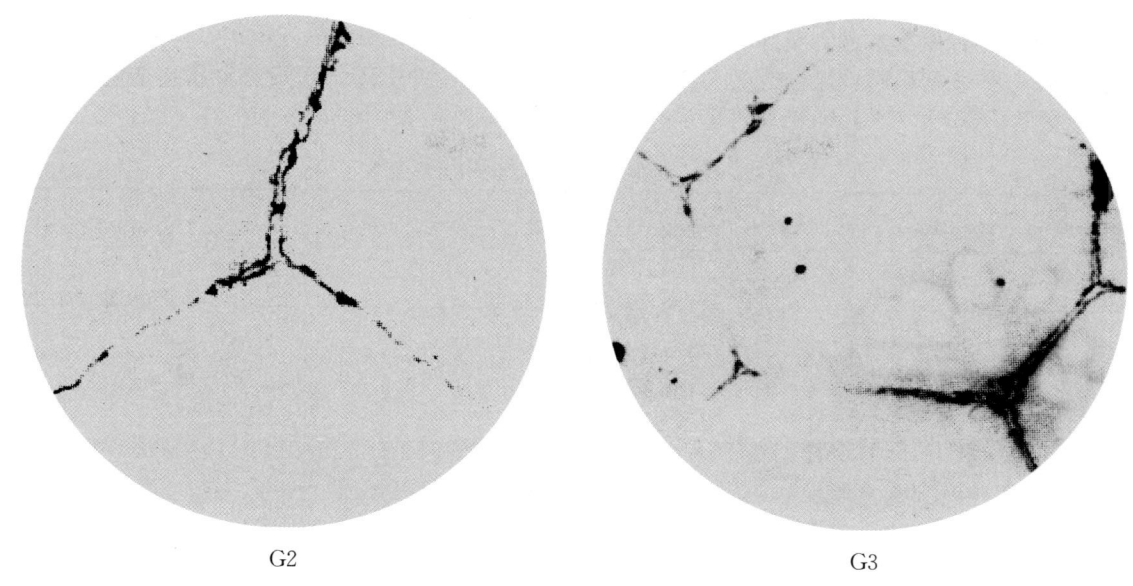

G2　　　　　　　　　　　　　　　　　G3

图 6-23　过热碳化物部分评级图　（500×）

标准中非金属夹杂物的评定，不分夹杂物的类型，只按夹杂物的粗细各分 5 级，分别为直径约 0.8mm 的 1A～5A，和直径约 1.2mm 的 1B～5B，100 倍下评定，见图 6-24。

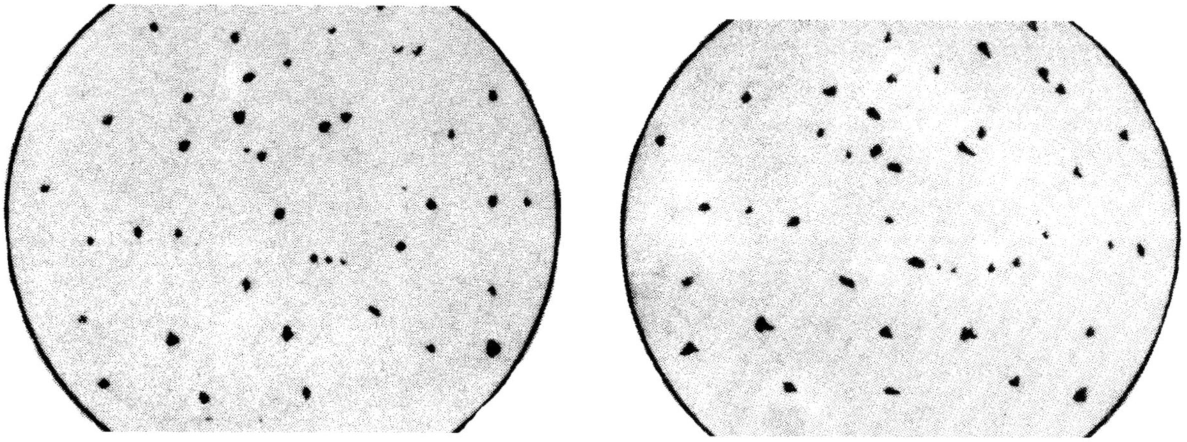

4A　　　　　　　　　　　　　　　　　4B

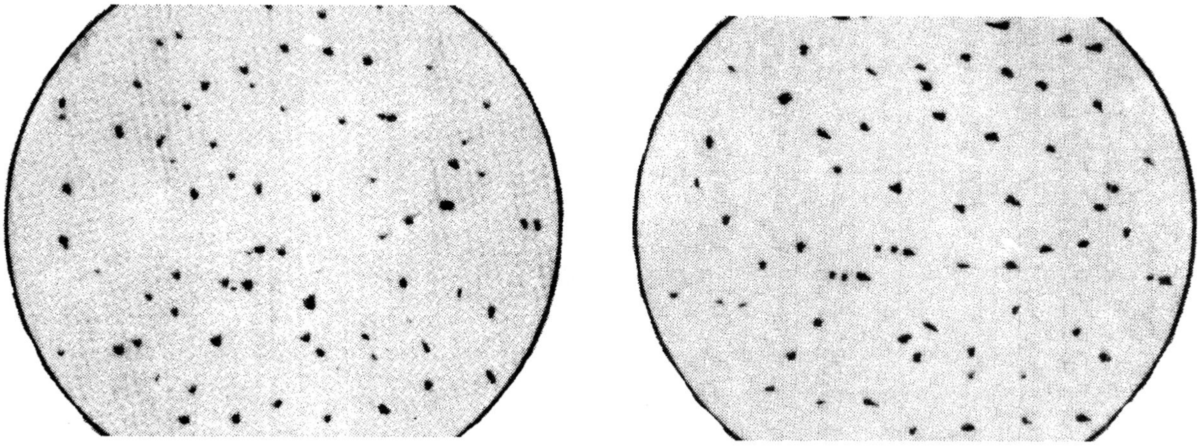

5A　　　　　　　　　　　　　　　　　5B

图 6-24　非金属夹杂物部分评级图　（100×）

3. 铸造奥氏体锰钢金相组织要求

根据 GB/T 5680—2010《奥氏体锰钢铸件》,对奥氏体锰钢铸件中碳化物及非金属夹杂物、晶粒度等的技术要求见表 6-20。

表 6-20 铸造奥氏体锰钢金相组织要求

未溶碳化物	析出碳化物	过热碳化物	非金属夹杂物	晶粒
≤W3	≤X3	≤G2	≤4A(4B)视场内 6 mm 夹杂不超过 2 个	≥2 级(数值)

6.5.3.6 铸造奥氏体锰钢的常见缺陷

1. 容易出现铸造粗晶和柱状晶

当铸件截面积较大,同时浇注温度较高,铸件冷却速度减慢时,在一次结晶中,容易出现粗晶、柱状晶以及穿晶,当外部冲击力垂直于柱状晶时,铸件可以有较好的冲击韧度,但当外力平行于柱状晶时,很容易引起铸件开裂,粗晶和柱状晶不但会降低铸件的韧性也会降低铸件的耐磨性,所以应尽量降低浇注温度,以防一次结晶时粗晶和柱状晶的产生。

2. 容易出现组织不致密

奥氏体锰钢较之碳素钢铸钢容易出现组织不致密。影响组织不致密的因素很多,主要有显微疏松、气体和夹杂物。奥氏体锰钢的线膨胀系数比碳素钢大,当浇注工艺不当,铸件凝固时,补缩不良,容易出现缩孔和显微疏松,铸件在冷却时奥氏体析出碳化物和固溶处理时碳化物溶解,由于碳化物的比容大,碳化物析出时体积膨胀,溶解时体积缩小,但已缩不回去,而容易形成显微疏松,此外奥氏体锰钢钢液容易吸气、氧化、形成夹杂物也影响其致密度,奥氏体锰钢随着致密度的提高,不但可以提高其断面收缩率、断后伸长率、冲击韧度,而且也能提高其耐磨性,为了提高奥氏体锰钢的致密度,必须采用合理的铸造工艺,使铸件自下而上顺序凝固结晶,降低铸件的疏松,尽量降低浇注温度、提高致密度,同时尽量采用氧化法炼钢、精炼除气,尽量降低钢中的气体含量和非金属夹杂物。

3. 奥氏体锰钢的夹杂物较多

大部分非金属夹杂物是 MoO、FeO、Mn 的固溶体、铁锰硅酸盐等。这些夹杂物熔点都较低,又分布在晶界上,导致力学性能下降,在热处理中容易出现热脆。当加入稀土后,使夹杂物熔点升高,先于钢液凝固,因此稀土的加入可改善夹杂物的负面作用,提高了其在钢的晶粒内分布的数量,改善奥氏体锰钢的力学性能和耐磨性。

4. 容易产生铸造裂纹

奥氏体锰钢不但容易产生热裂纹,也容易产生冷裂纹。热裂纹产生温度约 1 300℃,冷裂纹产生于 650℃以下。当钢液开始凝固,形成枝晶骨架具有收缩能力时,如果收缩受阻,容易产生沿晶热裂纹,奥氏体锰钢高温强度低、塑性差,奥氏体锰钢比铸造碳素钢对产生热裂纹的倾向更敏感。

奥氏体锰钢出现低温裂纹温度为 650℃以下,在此温度下奥氏体锰钢已处于弹性状态,这时晶界的网状碳化物已形成并失去塑性状态,当收缩受阻时,若收缩力超过该温度钢的强度,裂纹在晶界萌生,并穿过晶粒,形成穿晶的冷裂纹。

在此特别要提到磷的影响,奥氏体锰钢在冶炼过程中要加入锰铁,而锰铁含磷量一般都很高,有的锰铁中磷高达 0.30wt%～0.40wt%,虽经进一步冶炼,奥氏体锰钢的磷含量仍然比其他钢种高。磷在钢中是一种有害元素,它不但促进热裂纹的产生,也促进冷裂纹的产生。磷在奥氏体锰钢中以共晶体存在,二元磷共晶(Fe,Mn)$_3$P+γ,熔点 1 005℃,三元磷共晶(Fe,Mn)$_3$P+(Fe,Mn)$_3$C+γ 熔点更低,仅为 950℃,由于熔点低,钢液凝固时磷共晶集中于晶界,当晶内已凝固,晶界仍处液态时,受到收缩应力的作用,就容易产生沿晶裂纹。所以奥氏体锰钢是一种容易产生铸造裂纹的钢种。

为了防止奥氏体锰钢裂纹的产生,冶炼时应尽量采用低磷的锰铁和低磷的废锰钢进行冶炼。

5. 容易出现韧性不足

奥氏体锰钢热处理不当,当固溶处理温度过高时,容易引起晶粒长大,韧性下降;当固溶处理保温时间不足时,晶界上的碳化物未能完全溶解和扩散,晶界上残留的碳化物越多,韧性下降越厉害,为此必须严格控制固溶处理的温度和时间。

6. 热处理中表面脱碳

奥氏体锰铸钢件在氧化气氛中进行高温水韧处理时,表面会发生脱碳。铸钢件表层脱碳是由于高温加热和保温过程中钢表层碳氧化造成。脱碳深度可达几毫米,碳含量会降至 0.1wt%~0.2wt%,在水淬时发生马氏体转变,体积膨胀。而内层仍然是奥氏体组织,表层和内层之间出现应力,在随后的冷却过程中两种组织的线收缩率也不相同。这些都使表层很容易开裂,特别是当铸件在热处理之前表面已经有裂纹时,脱碳的结果会使原有的微小裂纹发展扩大。同时,脱碳使高锰钢的力学性能明显降低。

6.6　通用结构钢常见组织缺陷及诊断

结构钢除了原材料控制不当会出现缺陷组织外,在铸造、锻造、焊接、热处理等工艺过程中,若工艺控制不当也会产生组织缺陷。铸造、焊接、表面处理等相关内容可参见相关章节,本节仅介绍锻造及整体热处理中常见的组织缺陷。

6.6.1　过热及过烧组织

按 GB/T 7232《金属热处理工艺　术语》,过热定义为工件加热温度偏高而使晶粒过度长大,以致力学性能显著降低的现象;过烧定义为工件加热温度过高,致使晶界氧化和部分熔化现象。

图 6-25 所示为 40Cr 钢过热组织,某型号柴油机连杆调质处理后,在回火索氏体基体上,经苦味酸类试剂浸蚀后,显示出异常粗大的原始奥氏体晶粒度,可评为 −2~−1 级,导致该连杆的冲击吸收功明显下降,抗拉强度低于标准值。引起上述事故的原因是该零件经过模锻后外形不合格,再经历一次模锻整形,虽然尺寸符合要求,但是高温下停留时间过长,奥氏体晶粒长大,并通过组织遗传至最终热处理状态,恶化了连杆的力学性能。

图 6-26 所示为 45 钢因正火加热温度过高,空冷后形成的粗大过热组织,即先共析铁素体除沿晶界析出外,在晶粒内部析出片状、针状铁素体,称为魏氏组织。这种组织严重恶化材料的力学性能,特别是室温下的冲击韧度大幅下降。

魏氏组织与网状铁素体同属于先共析铁素体。如图 6-27 所示,当温度下降到 Fe-C 平衡相图 GS 线以下时,一般在奥氏体晶界上形成先共析铁素体晶核,这种晶核与边界一侧的奥氏体晶粒有共格界面,而与另一侧的奥氏体晶粒为无序界面,此后这种晶核可能朝任何一侧方向生长。若通过无序界面推进而生长,则形成沿奥氏体晶界析出网状铁素体;若晶核通过共格晶面向另一侧移动而生长,则先共析铁素体就会沿奥氏体晶粒的特定晶面生长成为平行的片状,这种先共析铁素体状态被称为魏氏组织。

图 6-25　粗大回火索氏体基体上显示的原始奥氏体晶粒　(25×)

图 6-26　45 钢过热魏氏组织　(60×)

魏氏组织的形成主要取决于成分、冷却速度、奥氏体晶粒度。实际生产中,含碳量大于 0.50wt% 的钢通常很少出现魏氏组织;冷却速度过快、过慢对魏氏组织均有遏制作用;奥氏体晶粒粗大,则在空冷时,在

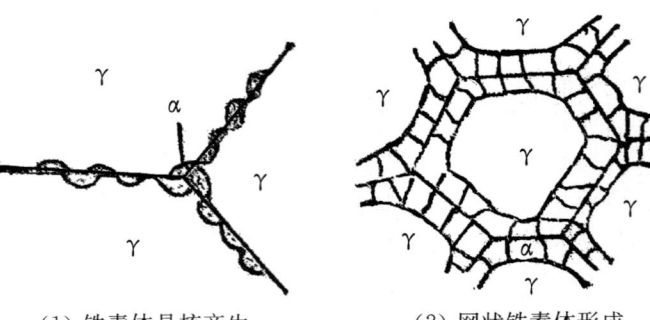

(1) 铁素体晶核产生　　　　(2) 网状铁素体形成　　　　(3) 铁素体形成魏氏组织

图 6-27　先共析铁素体的形成

适宜的冷却速度下容易形成魏氏组织；若奥氏体晶粒不是过于粗大，冷速比较快的时候也可能形成魏氏组织，但这种较细致的魏氏组织（区别于上述粗大魏氏组织）对材料的力学性能影响较小或无影响。

为了消除魏氏组织和粗大原始晶粒，可以在淬火前通过正火细化晶粒，改善组织。在锻造中应控制锻造加热温度和时间，避免晶粒过度长大，同时控制冷却速度，避免魏氏组织；高温锻造时，终锻温度不宜过高；或者将锻件坑冷或成堆堆放，尽量降低冷却速度，防止魏氏组织产生。

图 6-28 所示为某柴油机连杆采用 40Cr 淬火后的粗大针状马氏体组织，由于组织的遗传作用，这种组织即使通过非常合理的回火处理，也无法获得良好的力学性能，在实际使用过程中发生疲劳断裂事故的可能性较大。形成这种粗大马氏体的主要原因是淬火加热温度过高，或保温时间过长，导致奥氏体晶粒充分长大，淬火后所得马氏体也相应地粗大。

马氏体针叶的大小显著影响调质后的材料力学性能。有研究表明，调质时每细化 1 级晶粒度，则可提高屈服强度 40~50 MPa、冲击吸收功提高 16~32 J、韧脆转变温度降低 16~17℃。

为避免淬火后形成粗大马氏体组织，热处理过程中必须严格控制温度，因为温度对奥氏体晶粒长大的影响大于保温时间的影响；同时也须合理控制保温时间。

图 6-29 为 30CrMnSi 螺栓锻造过烧形成的熔融孔形貌，可见孔隙沿晶界交界处分布，表明过烧熔融由晶界，尤其是三角晶界起始。该螺栓头部热镦成型，然后正火处理，最终调质热处理，在装配拧紧时发生螺栓头部断裂事故。断面粗糙，呈氧化色、无金属光泽。经金相检查，该螺栓组织基本正常，熔孔仅分布在螺栓头部，表明过烧发生在热镦过程中。

图 6-28　40Cr 连杆粗大马氏体组织　（350×）　　　图 6-29　30CrMnSi 螺栓过烧形成的熔融孔洞　（70×）

钢件锻造加热温度过高或时间过长，则晶界或非金属夹杂物等低熔物偏聚部位即可能发生重熔，产生熔融孔洞；另外，若钢件长时间在高温炉内的强烈氧化介质中加热时，高温的钢被炉气中的氧渗透到晶界处，使晶界氧化，形成脆壳，严重地破坏了晶粒之间的联结，也会产生过烧。

6.6.2　表面脱碳

脱碳是钢加热时表面碳含量降低的现象，其化学过程是钢中碳在高温下（一般钢材加热到

Ac_1 以上,最高到 Ac_3 以上)与氢或氧发生作用生成甲烷或一氧化碳。即氢、氧、二氧化碳和水蒸气使钢脱碳。

脱碳时氧向钢内部扩散,同时钢中的碳向外扩散;从最后的结果看,当碳向外扩散速度大于氧向内扩散速度时,则钢材表面形成脱碳层;反之,当碳向外扩散速度小于氧向内扩散速度时,则钢材表面不发生明显的脱碳现象,即脱碳层产生后的铁即被氧化而形成氧化铁皮。因此,在氧化作用相对较弱的气氛中,可以形成较深的脱碳层。

调质类零件的锻造加热温度较高,其表面形成氧化皮,锻打过程中氧化皮脱落,零件表面又可能脱碳,在后续的正火、淬火加热等过程中也可能形成脱碳层或者进一步加深已有的脱碳层。

图 6-30 所示为 35 钢螺母经过调质处理后表面出现脱碳的情况,由表层往心部,其显微组织依次为铁素体、回火索氏体+铁素体、回火索氏体,表层铁素体趋等轴状。当经长时间高温过程,表层脱碳后的铁素体会呈柱状晶分布,见图 6-31,有时可根据脱碳后铁素体形态、深度推断脱碳工艺条件。

关于表面脱碳层深度的测定可参阅第 4.8 节介绍。

图 6-30 35 钢调质处理后表面脱碳 (100×)

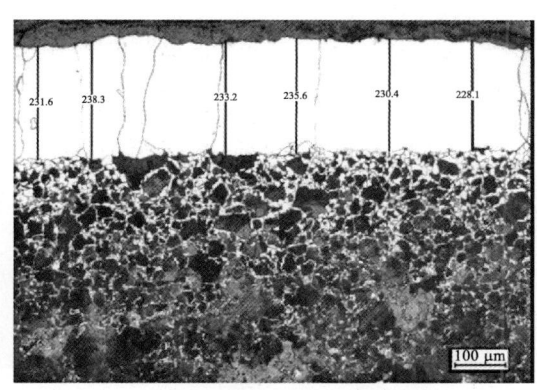

图 6-31 表层铁素体柱状分布

6.6.3 淬火(调质)组织中存在铁素体

淬火或调质态组织中存在铁素体,可根据其形态推断形成原因。在淬火加温、保温不足时,结构钢原始组织中的铁素体无法充分溶解而成为未溶铁素体,其形态往往可为分散的块状。当原材料不均匀,铁素体局部聚集也有可能形成未溶铁素体,可由其分布形态推断。图 6-32 为 40Cr 钢未充分奥氏体化淬火后组织形貌,可见有较多白色、大小不一的块状铁素体。

若淬火冷却速度过小,造成铁素体沿晶先行析出,形成网状铁素体,见图 6-33。

结构钢调质中高温回火温度过高或时间过长,马氏体分解出条状或针状铁素体,同时保持马氏体位向。图 6-34 为 35CrMo 调质后不正常组织形貌,其硬度、力学性能均过低。

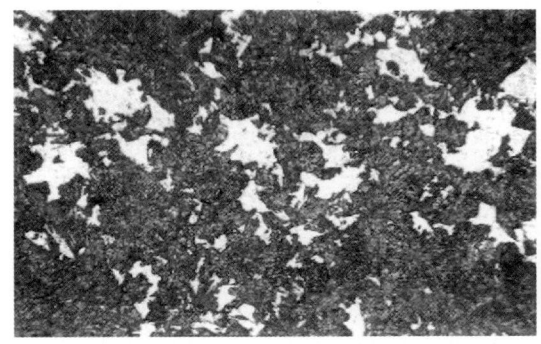

图 6-32 40Cr 淬火后显微组织中存在较多未溶铁素体 (500×)

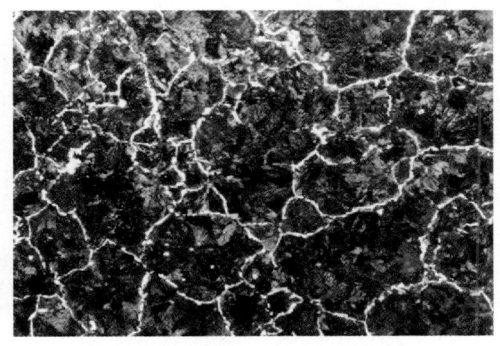

图 6-33 45 钢淬火后基体中网状铁素体 (50×)

图 6-34　35CrMo 调质后显微组织中出现较多铁素体　（500×）

6.6.4　开裂

热加工中基体组织开裂是由于应力超过材料断裂强度所致。应力过大一般可归纳为加热过程、冷却过程中热应力、组织应力,包括转角、台阶等结构及外表折叠、沟槽等缺陷造成的应力集中效应;材料强度不足可能与材料冶金缺陷(夹杂物等)、组织粗大(过热、过烧)有关等。

图 6-35 为 35CrMo 钢淬火后发生开裂形貌,裂纹沿晶分布,未见氧化、脱碳及夹杂,可推断为热处理控制不当发生。

图 6-36 为 40Cr 钢调质后发现的裂纹,裂纹两侧明显脱碳,表明为热处理淬火前形成的裂纹。

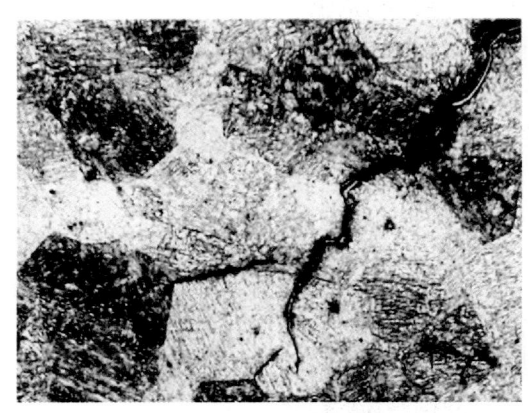

图 6-35　35CrMo 钢淬火裂纹形貌　（100×）

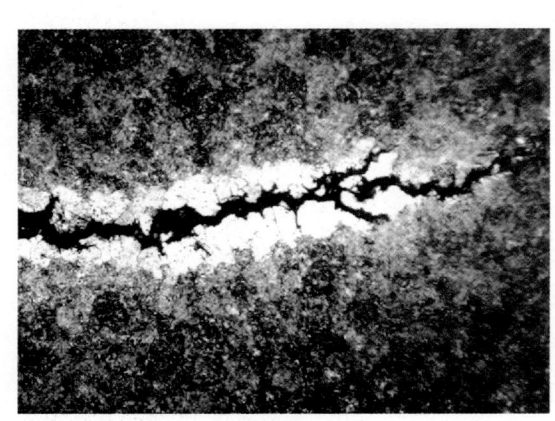

图 6-36　40Cr 钢淬火后裂纹形貌　（100×）

6.6.5　其他缺陷组织

图 6-37 所示 50Mn2 淬火后显微组织中存在较多屈氏体,图中灰色针状组织为马氏体,黑色区域的组织即为屈氏体。这种情况对材料的硬度影响可能并不明显,但强度指标下降较大。淬火组织中出现屈氏体的主要原因有淬火冷却速度不足,零件冷却过程中通过屈氏体转变区域;此外,若淬火前未经预热处理、预热处理不充分,或者淬火加热保温时间不足均可能因显微组织均匀性差,导致淬火后屈氏体的出现。

图 6-38 所示为 35CrMo 连杆螺栓调质后组织出现较多未溶碳化物形貌。为提高 35CrMo 螺栓头部的冷镦成型能力,采用球化退火工艺,使基体组织为粒状珠光体,其中的碳化物主要以球粒状形态存在,但是淬火加热时,这种粒状珠光体的奥氏体化速度远小于通常的片状珠光体;因此,若加热温度偏低、保温时间不足,则粒状碳化物无法充分溶入奥氏体,数量较多的碳化物以原有形态保留至最终显微组织中,材料中的碳与合金(Cr、Mo)未能充分发挥强化作用。同时也降低了螺栓的回火稳定性,正常回火温度下,材料的硬度却大幅下降;最终,该螺栓因强度不足,在使用中疲劳断裂。

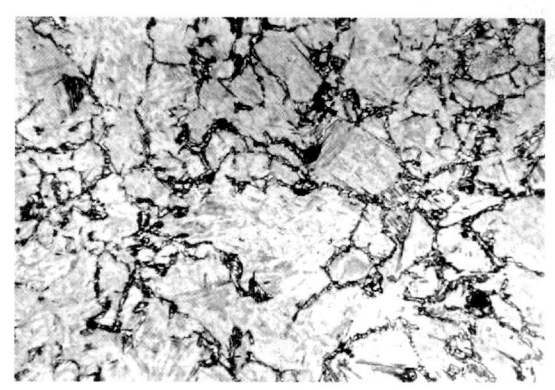 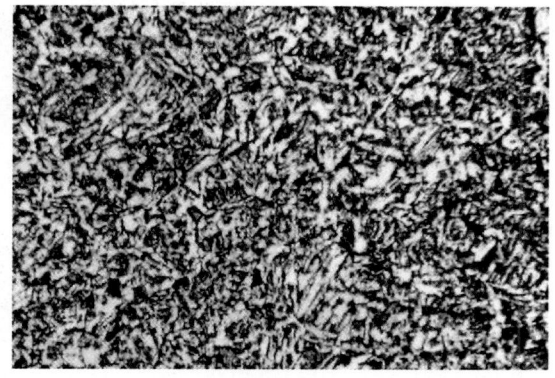

图 6-37　50Mn2 淬火后基体中较多屈氏体形貌（500×）　　　图 6-38　35CrMo 钢调质后较多未溶碳化物形貌（500×）

可见上述粒状碳化物并非回火处理的产物，故欲控制调质组织中的粒状碳化物数量，首先要制定并严格执行合理的淬火工艺。

参考文献

[1] 机械系统理化检验协作网.金相检验[M].上海：[出版者不详]，1983.
[2] 徐修炎，王仁东，周志光.钢铁件热加工技术及质量控制[M].成都：四川科学技术出版社，1986.
[3] 项程云.合金结构钢[M].北京：冶金工业出版社，1999.
[4] 徐效谦，明绍芬.特殊钢钢丝[M].北京：冶金工业出版社，2005.
[5] 曹晓明，武建军，温鸣.先进结构材料[M].北京：化学工业出版社，2005.
[6] 贺信莱，尚成嘉.高性能低碳贝氏体钢成分、工艺、组织、性能与应用[M].北京：冶金工业出版社，2008.
[7] 董瀚.先进钢铁材料[M].北京：科学出版社，2008.
[8] 任颂赞，叶俭，陈德华.金相分析原理及技术[M].上海：上海科学技术文献出版社，2013.

第 7 章

弹簧钢及金相分析

7.1 弹簧及弹簧钢

弹簧是一种广泛应用的机械零件,它利用材料的弹性和结构特点,在工作时产生变形,把机械功或动能转变为变形能(位能),或把变形能(位能)转变为机械功或动能。由于这些特性,它适用于制造与其相应的各类功能构件:缓冲或减振构件,如车辆中的缓冲弹簧等;机械的储能构件,如钟表、仪表和自动控制机构上的原动弹簧;控制运动构件,如离合器、气门等;力的测量件,如弹簧秤和动力计上的弹簧;其他如螺母防松构件(弹簧垫圈)等。

弹簧的常用材料可分为金属材料和非金属材料两种,其中金属材料又包括弹簧用结构钢、弹簧用不锈钢、弹簧用铜合金、弹簧用镍及镍合金等等,其中结构钢类弹簧钢应用最广泛,成为弹簧用钢的基础,一般称为弹簧钢。本章主要讨论的是弹簧钢及弹簧用不锈钢两种。

7.1.1 弹簧的分类及主要特性

弹簧的类型很多,大小变化很大,除有能量转换共性外,还各有特性,相应弹簧钢有许多钢号,通过适当工艺以满足各种弹簧的特性要求。

弹簧有各种分类方法,其中之一是按结构分类方法,其分类及相关主要特性见表 7-1。

表 7-1 弹簧的结构分类

类别		主要特性
圆柱螺旋弹簧	螺旋压缩弹簧	刚度稳定,力-变形接近直线状
	螺旋拉伸弹簧	
	螺旋扭转弹簧	
非圆柱螺旋弹簧	截锥螺旋弹簧	力-变形呈非线性
	截锥涡卷弹簧	
	中凹和中凸弹簧	
	组合螺旋弹簧	
	非圆形螺旋弹簧	
其他类型弹簧	扭杆弹簧	结构简单,但材料和制造精度要求高
	蝶形弹簧	缓冲和减振能力强,不同组合有不同特性曲线
	环形弹簧	减振能力好
	片弹簧	用于载荷和变形小的场合
	板弹簧	缓冲和减振能力好,尤其是多板弹簧
	平面涡卷弹簧	圈数多,变形较大,能储存的能量大

7.1.2 弹簧钢的性能要求

弹簧的主要性能包括力学性能、抗疲劳性能以及弹性减退抗力。所谓弹性减退是指弹簧在静载荷或动载荷的作用下,在室温发生塑性变形和模量降低的一种现象,为了保证弹簧正常工作,特别是在提高弹

续 表

类别	钢号	推荐硬度/HRC	特性和用途
耐热钢	30W4Cr2V 45CrMoV	43～47	高温时具有较高的强度,淬透性好,用于锅炉安全阀弹簧、蝶形阀弹簧
高速钢	W18Cr4V	47～52	具有高的热硬性、高温强度和耐磨性。主要用于制造工作温度高于500℃的弹簧
不锈弹簧钢丝	06Cr19Ni9 12Cr17Ni7 12Cr18Ni9	—	耐腐蚀、耐高低温,有良好的工艺性能,只能通过加工硬化方法提高强度。适用于制造小截面材料弹簧,如仪表中心圈、挡圈和胀圈
	30Cr13 40Cr13	—	强度高,在大气、蒸汽、水和弱酸中具有较好的耐腐蚀性,但不宜用于强腐蚀介质中,耐高温,适用于做较大尺寸的弹簧,成型后进行淬火、回火
	07Cr17Ni7Al	47～50	耐腐蚀性与奥氏体不锈钢相近,有很高的强度、硬度、耐高温、加工性能好。适用于制造形状复杂、表面状态要求高的弹簧

国际上各个主要工业国家都对专用弹簧钢制定了相应的弹簧材料标准。我国专用弹簧钢标准是GB/T 1222—2016《弹簧钢》,共有26个钢种,其中有碳素弹簧钢、锰钢、硅锰钢、铬锰钢、硅铬、铬钒钢、含硼钢和钨铬钒钢等。该标准列出了这些钢种的牌号、成分及常规热处理下的力学性能,见表7-3、表7-4。常用弹簧用钢型材的技术标准见表7-5。

日本弹簧钢标准JIS G4801—2011中收录8个钢号,SUP6、SUP7是Si-Mn钢,SUP10是Cr-V钢,SUP11A钢是对SUP9进行加硼处理的弹簧钢,具有很好的淬透性,对于直径大于60 mm的弹簧要用淬透性更高的SUP13钢(相当于SAE 4161)。

美国弹簧用碳素钢及合金钢棒材按化学成分进行钢的分类时,其标准钢号为AISI系列的1000、4100、5100、6100、8600和9200,并包括AISI硼钢系列的10B00、15B00、50B00和51B00。相关钢号技术要求见标准ASTM的A29M、A322和A576。而且可对标准的AISI钢号的化学成分进行调整,以适合特殊钢棒尺寸、弹簧形状、淬透性和其他特殊需求。按淬透性要求分类时(合金钢),应在钢号后面加上大写字母"H"。其基本的合金弹簧钢钢号是AISI系列的4100H、5100H、6100H、8600H和9200H,以及包括AISI硼系列的50B00H和51B00H,见标准AISI A304。美国的弹簧钢无论是种类和数量都比较多。但主要使用的钢号是5160、9260以及占弹簧钢产量首位的5160(H)。

表7-3 部分弹簧钢牌号与化学成分

序号	牌号	化学成分/wt%										
		C	Si	Mn	Cr	V	W	B	Ni	Cu[①]	P	S
									不大于			
1	65	0.62～0.70	0.17～0.37	0.50～0.80	≤0.25				0.35	0.25	0.030	0.030
2	70	0.67～0.75	0.17～0.37	0.50～0.80	≤0.25				0.35	0.25	0.030	0.030
3	85	0.82～0.90	0.17～0.37	0.50～0.80	≤0.25				0.25	0.25	0.030	0.030
4	65Mn	0.62～0.70	0.17～0.37	0.90～1.20	≤0.25				0.25	0.25	0.030	0.030
5	28SiMnB	0.24～0.32	0.60～1.00	1.20～1.60	≤0.25			0.0008～0.0035	0.35	0.25	0.025	0.020

续表

序号	牌号	化学成分/wt%							Ni	Cu[①]	P	S
		C	Si	Mn	Cr	V	W	B	不大于			
6	55SiMnVB	0.52~0.60	0.70~1.00	1.00~1.30	≤0.35	0.08~0.16		0.0008~0.0035	0.35	0.25	0.025	0.020
7	60Si2Mn	0.56~0.64	1.50~2.00	0.70~1.00	≤0.35				0.35	0.25	0.025	0.020
8	60Si2Cr	0.56~0.64	1.40~1.80	0.40~0.70	0.70~1.00				0.35	0.25	0.025	0.020
9	60Si2CrV	0.56~0.64	1.40~1.80	0.40~0.70	0.90~1.20	0.10~0.20			0.35	0.25	0.025	0.020
10	55SiCr	0.51~0.59	1.20~1.60	0.50~0.80	0.50~0.80				0.35	0.25	0.025	0.020
11	55CrMn	0.52~0.60	0.17~0.37	0.65~0.95	0.65~0.95				0.35	0.25	0.025	0.020
12	60CrMn	0.56~0.64	0.17~0.37	0.70~1.00	0.70~1.00				0.35	0.25	0.025	0.020
13	50CrVA	0.46~0.54	0.17~0.37	0.17~0.37	0.80~1.10	0.10~0.20			0.35	0.25	0.025	0.025
14	60CrMnB	0.56~0.64	0.17~0.37	0.70~1.00	0.70~1.00			0.0008~0.0035	0.35	0.25	0.025	0.020
15	30W4Cr2V	0.26~0.34	0.17~0.37	≤0.40	2.00~2.50	0.50~0.80	4.00~4.50		0.35	0.25	0.025	0.020

注：本表摘自 GB/T 1222—2016。
① 需方在合同中注明，可要求钢中残余 Cu 含量不大于 0.20wt%。

表 7-4 部分弹簧钢的力学性能

序号	牌号	热处理制度[①]			力学性能，不小于			
		淬火温度/℃	淬火介质	回火温度/℃	抗拉强度 R_m/N·mm^{-2}	下屈服强度[②] R_{eL}/N·mm^{-2}	断后伸长率		断面收缩率 Z/%
							A/%	$A_{11.3}$/%	
1	65	840	油	500	980	785		9.0	35
2	70	830	油	480	1030	835		8.0	30
3	85	820	油	480	1130	980		6.0	30
4	65Mn	830	油	540	980	785		8.0	30
5	28SiMnB	900	水或油	320	1275	1180	5.0		25
6	55SiMnVB	860	油	460	1375	1225	5.0		30
7	60Si2Mn	870	油	440	1570	1375	5.0		20
8	60Si2Cr	870	油	420	1765	1570	6.0		20
9	60Si2CrV	850	油	410	1860	1665	6.0		20
10	55SiCr	860	油	450	1450	1300	6.0		25

续表

序号	牌号	热处理制度①			力学性能,不小于				断面收缩率 Z/%
		淬火温度/℃	淬火介质	回火温度/℃	抗拉强度 R_m/N·mm^{-2}	下屈服强度② R_{eL}/N·mm^{-2}	断后伸长率		
							A/%	$A_{11.3}$/%	
11	55CrMn	840	油	485	1 225	1 080	9.0		20
12	60CrMn	840	油	490	1 225	1 080	9.0		20
13	50CrV	850	油	500	1 275	1 130	10.0		40
14	60CrMnB	840	油	490	1 225	1 080	9.0		20
15	30W4Cr2V③	1 075	油	600	1 470	1 325	7.0		40

注:本表摘自 GB/T 1222—2016;
① 表中热处理温度允许偏差为淬火,±20℃,回火,±50℃。根据需方特殊要求,回火可按±30℃进行;
② 当屈服现象不明显时,可用 $R_{p0.2}$ 代替 R_{eL};
③ 30W4Cr2VA 除抗拉强度外,其他力学性能检验结果供参考,不作为交货依据。

表 7-5 常用弹簧用钢型材的技术标准

标准号及名称	供货状态
GB/T 1222—2016《弹簧钢》	热轧退火态,各种规格
GB/T 4357—2009《冷拉碳素弹簧钢丝》(ISO 8458-2:2002《机械弹簧用钢丝 索氏体化冷拉非合金钢丝》)	碳素钢索氏体化后冷拔强化,分低(L)、中(M)、高(H)3 种强度级别
GB/T 18983—2017《油淬火-回火弹簧钢丝》(ISO/FDIS 8458-3《机械弹簧用钢丝 第 3 部分:油淬火回火钢丝》)	弹簧用碳素钢及低合金钢经油淬火-回火强化,分静态(FD)、中疲劳(TD)、高疲劳(VD)适用状态,以及 4 种强度级别
YB/T 5311—2010(2017)《重要用途碳素弹簧钢丝》	碳素钢索氏体化冷拔强化,按尺寸精度分 E、F、G 三级
YB/T 5318—2010(2017)《合金弹簧钢丝》(参考 ASTM A231、ASTM A401)	硅锰钢、铬钒钢、铬硅钢丝材,未注明时按冷拉、磨光态
YB/T 5063—2007(2017)《热处理弹簧钢带》	碳素及合金弹簧钢,调质强化,强度级别从低至高分Ⅰ、Ⅱ、Ⅲ三级
YB/T 5058—2005(2017)《弹簧钢、工具钢冷轧钢带》	冷轧硬化,退火、球化退火
YB/T 5310—2010(2017)《弹簧用不锈钢冷轧钢带》	冷轧强化
YB/T 5302—2010(2017)《高速工具钢丝》	冷拔、磨光

7.2 弹簧钢原材料及预强化的金相分析

弹簧的制造工艺有多种多样,但其成型工艺可分为冷成型和热成型两种。

冷成型工艺中,弹簧的制作主要采用油淬火回火钢材或铅浴韧化热处理弹簧线材或冷拔强化线材等。采用这类材料制造弹簧的工艺过程中一般不再进行专门的强化热处理,而只需要进行去应力退火。弹簧的设计工作应力与所采用的材料性能相关。弹簧冷成型工艺一般适合于线径较小的或形状较为复杂的异形弹簧。

热成型工艺中,弹簧的制作主要采用热轧材料或退火材料或退火冷拔材料等。采用这类材料制造的弹簧需要再进行淬火和回火强化热处理。弹簧热成型工艺一般适合线径较大的或形状较为简单的弹簧。

总体上讲,弹簧钢按交货状态可分为热轧状态材料、退火冷拔或冷轧状态、热处理后线材、特殊用途(油淬火回火)线材、特殊处理(热镀锌)线材等。

7.2.1 弹簧钢原材料金相检验

GB/T 1222—2016 标准中规定了弹簧钢原材料金相检验项目及要求。

7.2.1.1 低倍检验

弹簧钢的横截面酸浸低倍试片上不应有目视可见的残余缩孔、气泡、裂纹、夹杂、翻皮、白点、轴心晶间裂纹。酸浸低倍缺陷的合格级别应符合表 7-6 的规定。

表 7-6 低倍缺陷合格级别

一般疏松	中心疏松	中心偏析①	锭型偏析
级别,不大于			
2.0	2.0	2.0	2.0

注：①仅适用于铸造钢材,根据需方要求,盘条可按 YB/T 4413 进行评定,其合格级别由供需双方协商确定。

经热处理后交货的硅锰弹簧钢应检查断口,其断口上不应有目视可见的石墨碳。

7.2.1.2 非金属夹杂物

钢材应进行非金属夹杂物检验,其结果应符合表 7-7 的规定,具体组别应在合同中注明,未注明时按 2 组供货。

表 7-7 非金属夹杂物合格级别

非金属夹杂物类型	合格级别,不大于			
	1组		2组	
	细系	粗系	细系	粗系
A	2.0	1.5	2.5	2.0
B	2.0	1.5	2.5	2.0
C	1.5	1.0	2.0	1.5
D	1.5	1.0	2.0	1.5
Ds	2.0			

7.2.1.3 脱碳层

钢材的总脱碳层（全脱碳+部分脱碳）深度,每边应符合表 7-8 的规定（扁钢脱碳层在宽面检查）,热轧材的组别应在合同中注明,未注明时按 2 组供货,检验方法可参考本书 4.8 节。

表 7-8 表面每边总脱碳层允许深度

牌号	公称尺寸（直径、边长或厚度）mm	总脱碳层深度不大于公称尺寸的百分比/%				锻制材	冷拉材
		热轧材					
		圆钢、盘条		方钢、扁钢			
		1组	2组	1组	2组		
硅弹簧钢	≤8	2.0	2.5	2.5	2.8	供需双方协商	2.0
	>8~30	1.8	2.0	2.0	2.3		1.5
	>30	1.5	1.5	1.6	1.8		
其他弹簧钢	≤8	1.8	2.0	2.0	2.3		1.5
	>8~20	1.2	1.5	1.6	1.8		1.0
	>20	1.0	1.5	1.2	1.6		1.0

7.2.2 热轧弹簧钢型材的金相分析

弹簧通常采用热轧的圆钢、方钢或扁钢制造,其直径或厚度约为 5～50 mm。制造弹簧时可采用加热成型,然后再经淬火回火处理获得所需要的性能。热轧材料主要应用于工作应力较低的中、大型螺旋弹簧、扭杆弹簧、环形弹簧、蝶形弹簧等。近年来由于后道的定径和表面剥皮、热处理和强化等工艺改进及添加,热轧材料作为坯料(盘条)也开始应用于较高工作应力和较高精度的汽车悬架弹簧和各种机械弹簧。

热轧弹簧钢型材一般为完全退火态供料,组织应该是片状珠光体和铁素体的混合物,见图 7-1 所示。可利用热轧后控制冷却得到所规定的钢材性能指标,省却了线材韧化处理,可有效节能。

7.2.3 冷拉弹簧钢型材的金相分析

冷拉钢材表面质量较好,尺寸精度高。这类钢材以光亮退火或冷拉状态供应,直径一般为 $\phi 7 \sim \phi 25$ mm。由热成型制造弹簧(直径在 $\phi 12$ mm 以下可用冷成型)后需进行淬火-回火处理。冷拉合金弹簧钢材主要用于疲劳寿命要求高及使用应力较大的大中型弹簧。

弹簧钢材冷拉后一般采用球化退火工艺,其组织应该是球粒状珠光体,见图 7-2。由于碳化物呈细小球粒状均匀分布在铁素体基体上,因而硬度值比较低,塑性好,在卷曲加工时不会发生裂纹。关于球化组织的评级可参阅第 4.6 章节。

图 7-1 热轧退火状态合金弹簧钢组织 (500×)

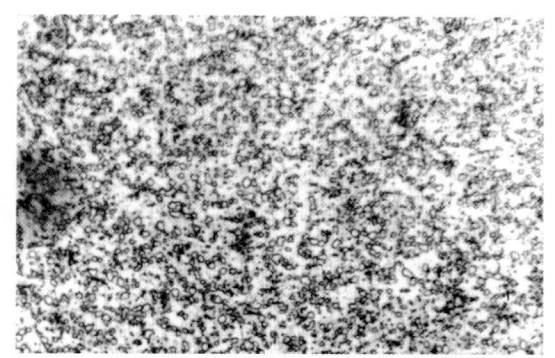

图 7-2 冷拉状态合金弹簧钢组织 (500×)

7.2.4 预强化弹簧钢丝及金相分析

7.2.4.1 铅浴等温淬火冷拉钢丝的金相组织

这类弹簧钢丝是制作螺旋弹簧的常用材料,由于经过等温淬火及冷拉加工,钢丝具有很高的强度。这类钢材盘条坯料采用直接通电等方法加热并奥氏体化后,在 500～550℃ 的铅浴或盐浴(尽管铅浴逐渐淘汰,但仍有使用并习惯称铅浴淬火)中经等温分解成索氏体,然后经过多次冷拉,变形量达 80%～90% 后至所需直径。通过调整钢中的含碳量及冷拉时的压缩量可以得到相应理想的力学性能。它的定型程度高,加工性能好,表面质量好,适用于中小尺寸的弹簧或要求不高的大弹簧(如沙发弹簧)。用这类钢丝冷卷成弹簧后,不需经过淬火回火处理,只需进行一次 200～300℃ 去应力退火,以消除绕制成型时产生的内应力,使弹簧定型。

钢丝经铅浴等温淬火后的金相组织是极细片状珠光体(即索氏体),它是由片状铁素体和片层状渗碳体所构成,类似一种复合材料。铁素体的抗拉强度相当低(不到 600 MPa);而渗碳体的抗拉强度很高(可达 8 000 MPa)。这表明两相(α 及 Fe_3C)的应变能力有很大差别,即铁素体容易发生塑性变形,拉拔时的变形主要是在铁素体内进行,而渗碳体性脆,塑性变形能力很差,拉拔时容易碎裂。还应指出,由于钢中含碳量及合金元素的不同,以及热处理工艺参数波动等因素的影响,在钢丝中还可能出现先共析铁素体或上贝氏体,甚至出现脆性相——马氏体等不良组织。它们也会影响钢的冷拔变形过程,因而影响钢丝的力学性能。经过深度冷拔后钢的组织一般呈纤维状,位错密度(ρ)由原来的$10^7\sim10^8$根/cm^2增加到$10^{11}\sim10^{12}$根/cm^2。钢丝的抗拉强度增量与位错密度成正比,因此,冷拔强化的原理主要是位错强化的结果。

这种钢丝的组织为呈黑白相间的纤维状流线,轴向分布,如图7-3所示。

7.2.4.2 淬油强化的弹簧钢丝的金相组织

钢材先经冷拉至规定尺寸后,进行油淬火及回火处理,使钢丝得到强化。这类钢丝残余应力较小,性能比较均匀一致,绕制好的弹簧尺寸较易控制,适于制造精度要求较高的弹簧和各种动力机械的阀门弹簧、柴油发动机的喷油嘴弹簧、油泵柱塞弹簧等。弹簧绕制后也只需要进行消除去应力退火。

油淬火回火金相组织为回火屈氏体与颗粒状碳化物均匀分布,如图7-4所示。

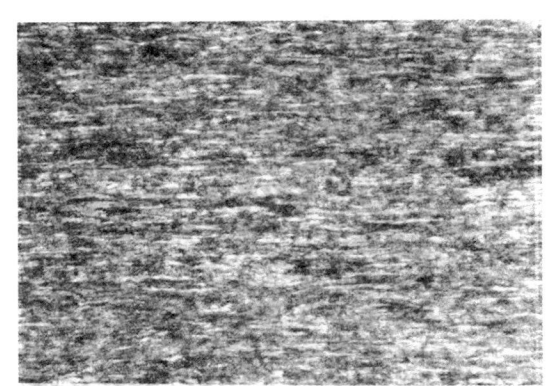

图7-3 冷拉等温淬火弹簧钢丝纵截面上的纤维状组织 (500×)

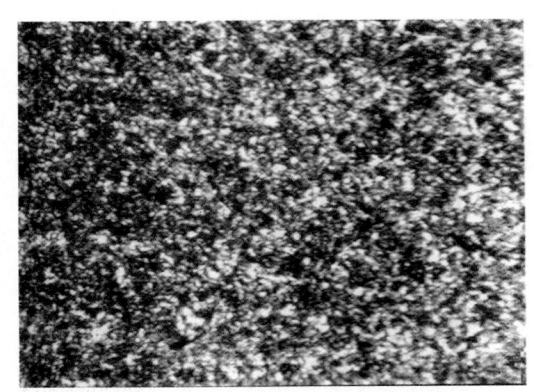

图7-4 油淬火回火后冷拉弹簧钢丝组织 (500×)

7.2.4.3 形变热处理钢丝及金相组织

形变热处理是将奥氏体化后的钢在奥氏体状态下进行形变,在未再结晶及冷却分解条件下,立即淬火,以便使形变和淬火紧密结合的一种热处理工艺。形变热处理可以同时发挥形变强化和热处理强化的作用,获得比单一强化方式所达不到的综合力学性能。

这类钢丝在约900~950℃加热形变并立即于油中淬火,然后在650℃快速进行回火。通过形变热处理该类钢丝力学性能高,强度比油淬火钢丝高出160~200 MPa,韧性尤佳。经形变热处理油淬火磨光钢丝通常应用于刚度大、应力高,要求具有一定疲劳寿命和工作温度的弹簧。该类钢丝的金相组织一般为屈氏体+颗粒状碳化物。

7.3 弹簧成型后的热处理及金相分析

弹簧成型后的热处理工艺主要是根据弹簧钢的牌号和加工状态来制定的,概括起来可分为3种类型。

第一种类型:用经过强化处理的钢丝,如碳素弹簧钢丝、重要用途碳素弹簧钢丝、油淬火回火弹簧钢丝和钢带以及冷成型工艺制作的弹簧,成型后只需进行去应力退火处理。

第二种类型:用热成型和已退火材料冷卷得弹簧,均需进行淬火回火处理。

第三种类型:用经过固溶处理和冷拉强化的奥氏体不锈钢、沉淀硬化的不锈钢钢丝、钢带和铜镍合金材料以冷成型工艺制作的弹簧,成型后需进行时效硬化处理。

7.3.1 弹簧成型后的基本热处理及金相分析

7.3.1.1 弹簧成型后的去应力退火

属第一类型材料,其热处理方法为去应力退火,常用弹簧钢的退火工艺见表7-9。

表 7-9 常用弹簧钢的去应力退火

材料名称		处理温度 /℃	处理时间 /min	工作条件
冷拔碳素钢丝及重要用途碳素弹簧钢丝（琴钢丝）	<φ1.27 mm	200～230	10～30	防止弹簧应力松弛条件下使用，长期工作温度不得超过120℃
	φ1.28～φ3.0 mm	230～260	20～40	
	>φ3.0 mm	275～290	60～80	
		300～350	15～30	疲劳强度较高场合下使用，工作温度较高
低合金钢油淬火-回火钢丝		300～400	20～40	工作温度：200～250℃，抗应力松弛性能良好，疲劳强度要求高
18-8 型奥氏体不锈钢丝		350～450	20～40	工作温度较高和耐蚀条件下使用

7.3.1.2 弹簧成型后的淬火和回火

对于一般热卷螺旋弹簧、热弯板簧及热冲压的蝶形弹簧，最好是在热成型之后，利用其余热立即淬火。这样可以省去一次加热，减少弹簧的氧化脱碳程度，既经济又改善了弹簧的表面质量。例如 60Si2MnA 钢板弹簧目前采用的热处理工艺是在 900～925℃ 弯片之后，在 850～880℃ 入油淬火。若受条件限制，也可在成型之后重新加热淬火。

弹簧的淬火温度可根据弹簧材料的临界温度而定。淬火后弹簧材料的金相组织中，应无自由铁素体或渗碳体，以免导致不均匀变形或疲劳强度的下降。淬火加热的温度选择取决于钢种，要保证晶粒不粗大。例如 60Si2Mn 钢在晶粒不易长大的有利条件下，加热温度可适当提高，使合金元素充分溶解到奥氏体中去，以提高钢的淬透性和淬火后力学性能的均匀性。但过度加热却会造成钢材表面脱碳和氧化，导致疲劳寿命下降。为此必须合理选择淬火的加热方法、加热温度和保温时间。图 7-5 为 60Si2Mn 钢淬火后的金相组织，为针状淬火马氏体，属正常的淬火组织。

目前大型弹簧成型加热和淬火加热，多采用火焰炉或电炉。为了防止或减轻表面氧化和脱碳，得到较高的表面质量，最好采用可控气氛的加热炉，或使炉中气氛略带还原性，并采用高温快速加热的方法。对中小弹簧，可用脱氧良好的盐浴炉进行淬火加热。关于脱碳层检测及脱碳层深度控制要求见本书 4.8 节介绍。

弹簧淬火宜在油中冷却，以避免变形和开裂。用尺寸较大的碳钢材料制造的弹簧，当要求较高时可用水冷。

弹簧淬火后要通过适当的回火才能获得所需要的力学性能、稳定弹簧的组织和尺寸以及消除内应力。

各类弹簧经淬火后使马氏体在中温条件下析出碳化物向马氏体内或晶界上聚集，以获得回火屈氏体，如图 7-6 所示。一般来说弹簧钢的弹性极限在回火温度为 350～450℃ 时出现最大值，而疲劳极限在回火温度为 450～500℃ 时出现最大值。当回火温度最佳时，钢的塑性及韧性得到改善，对缺口和裂纹的敏感

 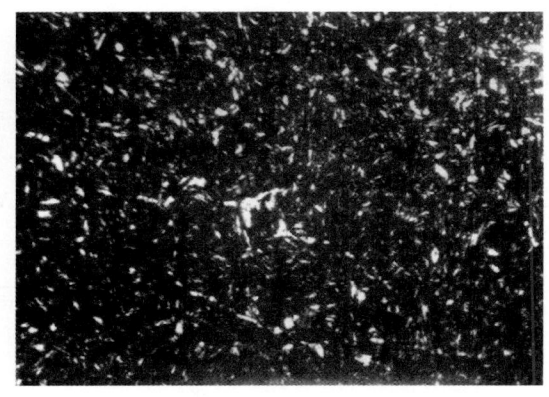

图 7-5　60Si2Mn 钢淬火组织　（500×）　　图 7-6　60Si2Mn 钢淬火回火后的回火屈氏体组织　（500×）

性及过载的倾向也相应减小。回火的保温时间与材料的直径或有效厚度有关。弹簧在淬火后应尽快进行回火,时间间隔不宜超过 2~4 h,以避免由于淬火应力过分大而产生裂纹。

弹簧在热处理后的性能是否适应服役要求主要取决于设计(包括材料选用和计算),而热处理主要在于保证使材料发挥最大的"潜力"。各类弹簧经淬火-回火后的硬度分别是一般螺旋弹簧达 45~50 HRC,钢板弹簧达 42~47 HRC,工作应力较高的弹簧达 48~53 HRC。如果在热处理后弹簧硬度达到要求,而使用中有偏"硬"或偏"软"问题(主要是指弹性太差或压缩后残余变形太大),还应从设计计算及选材方面去找原因。

7.3.1.3 弹簧成型后的等温淬火

等温淬火主要应用在要求热处理变形小的和希望获得良好的塑性和韧性的弹簧。

等温淬火就是将弹簧加热到该钢种的淬火温度,保温一定时间,以获得均匀的奥氏体组织,然后淬入 M_S 点以上 20~50℃的熔盐中,等温足够时间,使过冷奥氏体基本上完全变成贝氏体组织,再将弹簧取出,在空气中冷却。这种处理比普通淬火、回火处理的材料具有更高的延展性和韧性,而且弹簧极少变形或开裂。如果在等温淬火后再加一次略高于等温淬火温度的回火,则弹性极限和冲击韧度还能有所提高,而强度并没有大的变化。

等温淬火时,等温的温度是根据弹簧所要求的力学性能决定的,必须严格控制。通常是稍高于该钢种的 M_S 点,以获得下贝氏体。如温度偏高,得到上贝氏体组织,其硬度较前者低;如温度过低,虽能提高弹性极限,但塑性、韧性偏低,以致失去等温淬火的优越性。图 7-7 为 50CrV 钢调质后等温淬火的组织,为贝氏体、马氏体和少量细粒状碳化物。图 7-8 为 70Si3Mn 钢经等温淬火后组织,为粗大羽毛状上贝氏体,针状下贝氏体和马氏体及残留奥氏体,为不理想组织。

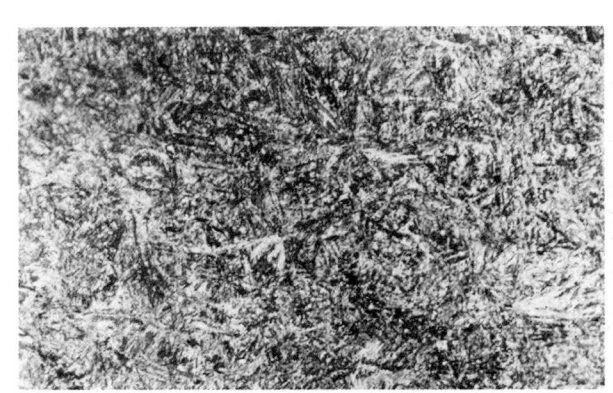

图 7-7　50CrV 等温淬火后组织形貌　(500×)

图 7-8　70Si3Mn 等温淬火后组织形貌　(500×)

弹簧钢的等温淬火规范,即等温淬火温度和等温淬火保温时间,必须按照该钢号的等温转变曲线图确定。表 7-10 为几种常用弹簧钢的等温淬火规范,表 7-11 为几种弹簧材料等温淬火与普通淬火、回火工艺的力学性能比较。

表 7-10　几种弹簧钢的等温淬火规范

牌号	加热温度/℃	等温淬火温度/℃	等温淬火保温时间/min	硬度/HRC
65	820±10	320~340	15~20	46~48
65Mn	820±10	270 320~340	15 15~20	52~54 46~48
60Si2Mn	870±10	290	30	52
65Si2MnW	870±10	260	60	55~57
50CrV	850±10	300	30	52

表 7-11 几种弹簧材料等温淬火与普通淬火、回火工艺的力学性能比较

牌号	热处理工艺	硬度/HRC	抗拉强度 R_m/MPa	下屈服强度 R_{eL}/MPa	断后伸长率 A/%	断面收缩率 Z/%	冲击吸收功 KU/J
50CrV	900℃油淬+380℃回火 900℃+300℃等温 30 min	48 51	1 750 1 950	1 640 1 910	— —	48 44	— —
60Si2Mn	860℃油淬+440℃回火 860℃+290℃等温 30 min 860℃+290℃等温 30 min+290℃回火 60 min	47	1 700 2 090 1 970	1 500 1 750 1 850	11 11 12.5	46 40 50	34 49 49
65Si2MnW	850℃油淬+460℃回火 860℃+280℃等温 60 min	50 54	1 900 2 100	1 790 1 980	9.5 6	33 40	— —

7.3.1.4 弹簧成型后的时效强化处理

凡是经过固溶处理或冷拉(轧)的沉淀硬化不锈钢材料制作的弹簧,在奥氏体化状态或在马氏体状态下成型后必须进行时效强化处理。

适用弹簧的沉淀硬化不锈钢主要是奥氏体-马氏体沉淀硬化不锈钢,有关强化原理及金相组织分析可参阅本书 10.6 节。其中 07Cr17Ni7Al(17-7PH)钢应用较广泛,其强化处理包括 3 个阶段。

(1) 固溶处理阶段。获得即奥氏体+高温铁素体组织,称 A 状态。

(2) 马氏体转变阶段,即调整处理。有 3 种工艺:T 状态(淬火相变)、R 状态(冷处理相变)、C 状态(冷变形相变)。

(3) 沉淀(时效)硬化阶段(H)。相应上述各工艺,有 4 种处理方法:TH1050、TH950、RH950 和 CH900,其中以 CH900 处理强化效果最显著,抗蠕变性能也比 TH 和 RH 好,制作形状简单的弹性元件都采用 CH 处理,只有制作形状复杂,成型困难的弹性元件才采用 RH 或 TH 处理。

上述各处理代号字母后的数字表示进行某种处理的华氏温度(℉)。

7.3.2 几种常用弹簧钢的热处理及金相分析

7.3.2.1 碳素弹簧钢热处理及金相组织

制造弹簧的退火状态弹簧钢有 65 钢、70 钢、75 钢和 85 钢。这类材料的淬透性比较差,易开裂,易脱碳等,常用于制造弹簧垫圈、片形弹簧和其他不重要的弹簧。材料直径小于 15 mm 的弹簧可以在油中淬透。退火状态碳素钢的热处理工艺及力学性能见表 7-12。

表 7-12 65 钢、70 钢、85 钢的热处理工艺及力学性能

钢号	淬火温度/℃及冷却介质	淬火后硬度/HRC	回火温度/℃				弹性模量 E/MPa	切变模量 G/MPa
			200	300	400	500		
			回火后硬度/HRC					
65	800~830,油或水	>60	58	54	44	36	205 800	79 184
70	790~825,油或水	>61	59	55	45	38	196 000	78 792
85	780~820,油或水	>62	60	56	46	39	191 100	78 400

碳素弹簧钢由于无合金元素,淬火时容易过热,淬火后要获得细小均匀的马氏体要求原始组织经球化退火。该钢种淬火后组织为马氏体、马氏体趋针状并有少量残留奥氏体。根据不同的回火温度,从低温到高温使淬火马氏体分别转变为回火马氏体、回火屈氏体及回火索氏体。

7.3.2.2 硅锰钢的热处理及金相组织

由于我国硅锰合金元素资源丰富,硅锰钢是弹簧钢应用广泛的材料之一。这类钢材具有成本低,淬透

性好,抗拉强度、屈服点、弹性极限高,回火稳定性好等优点。但硅锰钢为本质粗晶粒钢,过热敏感、脱碳倾向大、易产生石墨化,所以在热处理时淬火温度不宜过高、保温时间不宜过长,以防止晶粒粗大和脱碳。常用硅锰钢的热处理工艺及力学性能见表7-13,不同回火温度下的硬度值见表7-14。

表7-13 常用硅锰钢热处理工艺规范及力学性能

材料牌号	淬火温度/℃	冷却剂	硬度/HRC	回火温度/℃	硬度/HRC	抗拉强度R_m/MPa	下屈服强度R_{eL}/MPa	断面收缩率Z/%	断后伸长率A/%
55Si2Mn	860～880	油	＞58	440	47	1340	1180	＞40	10
60Si2Mn	850～870	油	＞60	440	48	1680	1470	44	11
70Si3Mn	850～870	油	＞62	430	52	1810	1620	20	5

表7-14 常用硅锰钢淬火后不同回火温度下的硬度值

材料牌号	回火温度/℃							
	200	250	300	350	400	450	500	550
	硬度值/HRC							
55Si2Mn	56	55	54	52	50	43	40	37
60Si2Mn	59	58	57	54	52	46	41	39
70Si3Mn	62	60	58	56	54	51	45	41

60Si2Mn钢是制造弹簧最常用的硅锰钢之一,它的质量往往直接影响到机械和自动控制装置的功能以及其使用寿命。要求制造弹簧的材料能具有高的屈强比和较高的弹性极限和疲劳强度,这就需要在经过热处理工艺试验后,得出弹簧钢最佳工艺参数,以及制订出一套能适用于控制热处理质量的金相标准。现有标准JB/T 9129—2000《60Si2Mn钢螺旋弹簧 金相检验》详细规定了60Si2Mn钢螺旋弹簧淬火及中温回火后的金相检验方法及显微组织评定。其淬火组织等级说明见表7-15,相应的淬火组织评级图见图7-9,标准中规定淬火组织的1～3级为合格,4～5级为不合格。

淬火后中温回火组织等级说明见表7-16,相应的淬火中温回火组织评级图见图7-10,标准中规定淬火中温回火组织的1～3级为合格,4～5级为不合格。

表7-15 60Si2Mn淬火组织等级说明

等级	说明	图号
1级	细马氏体,针叶长≤15μm	7-9(a)
2级	较细马氏体,针叶长≤20μm	7-9(b)
3级	较粗马氏体,针叶长≤35μm	7-9(c)
4级	粗大马氏体,针叶长＞35μm	7-9(d)
5级	细马氏体和少量块状铁素体	7-9(e)

注:本表摘自JB/T 9129—2000。

表7-16 60Si2Mn淬火后中温回火组织等级说明

等级	说明	图号
1级	细回火屈氏体	7-10(a)
2级	较细回火屈氏体	7-10(b)
3级	较粗回火屈氏体	7-10(c)
4级	粗大回火屈氏体	7-10(d)
5级	回火屈氏体及少量块状铁素体	7-10(e)

注:本表摘自JB/T 9129—2000。

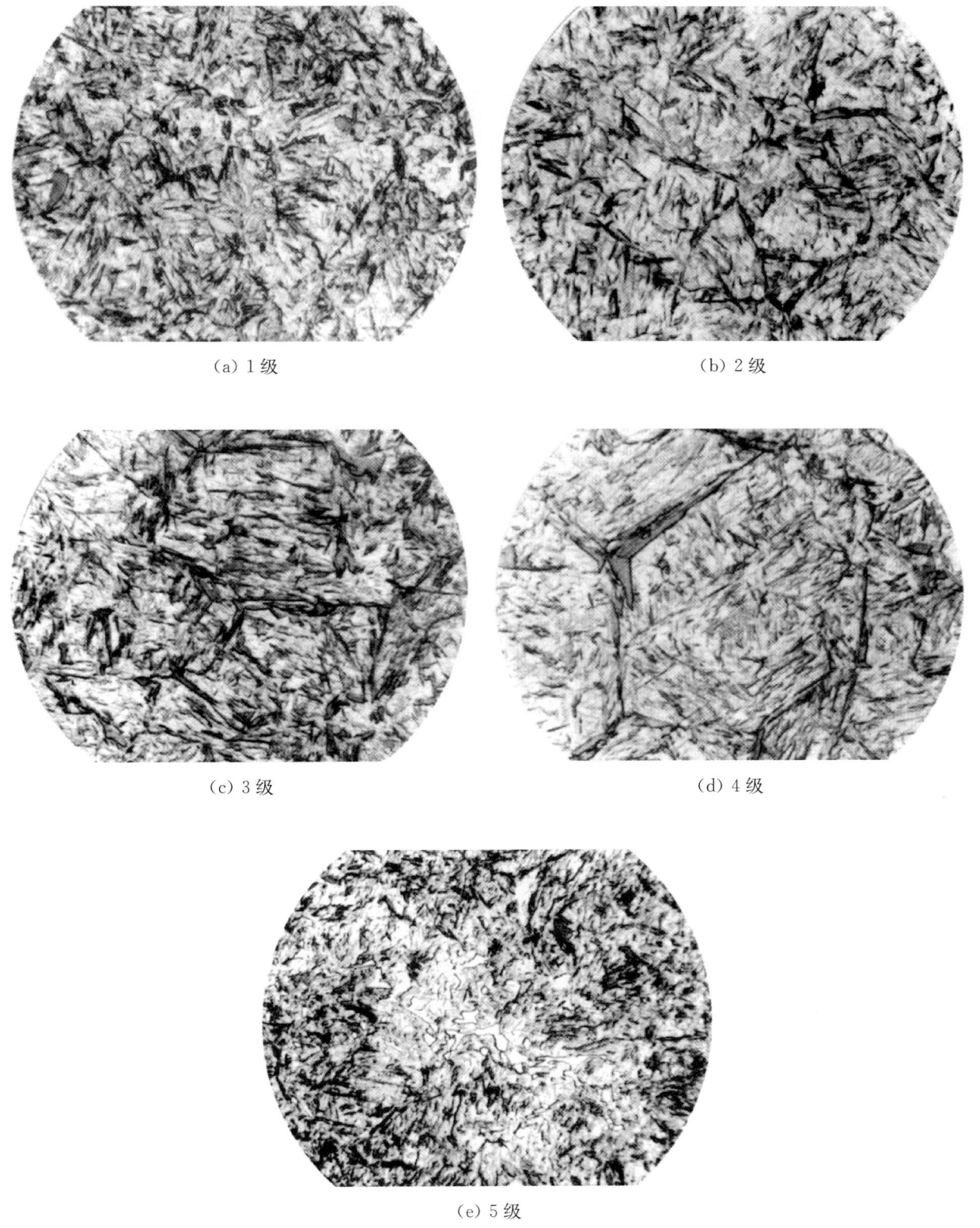

图 7-9 60Si2Mn 淬火组织评级图 （500×）

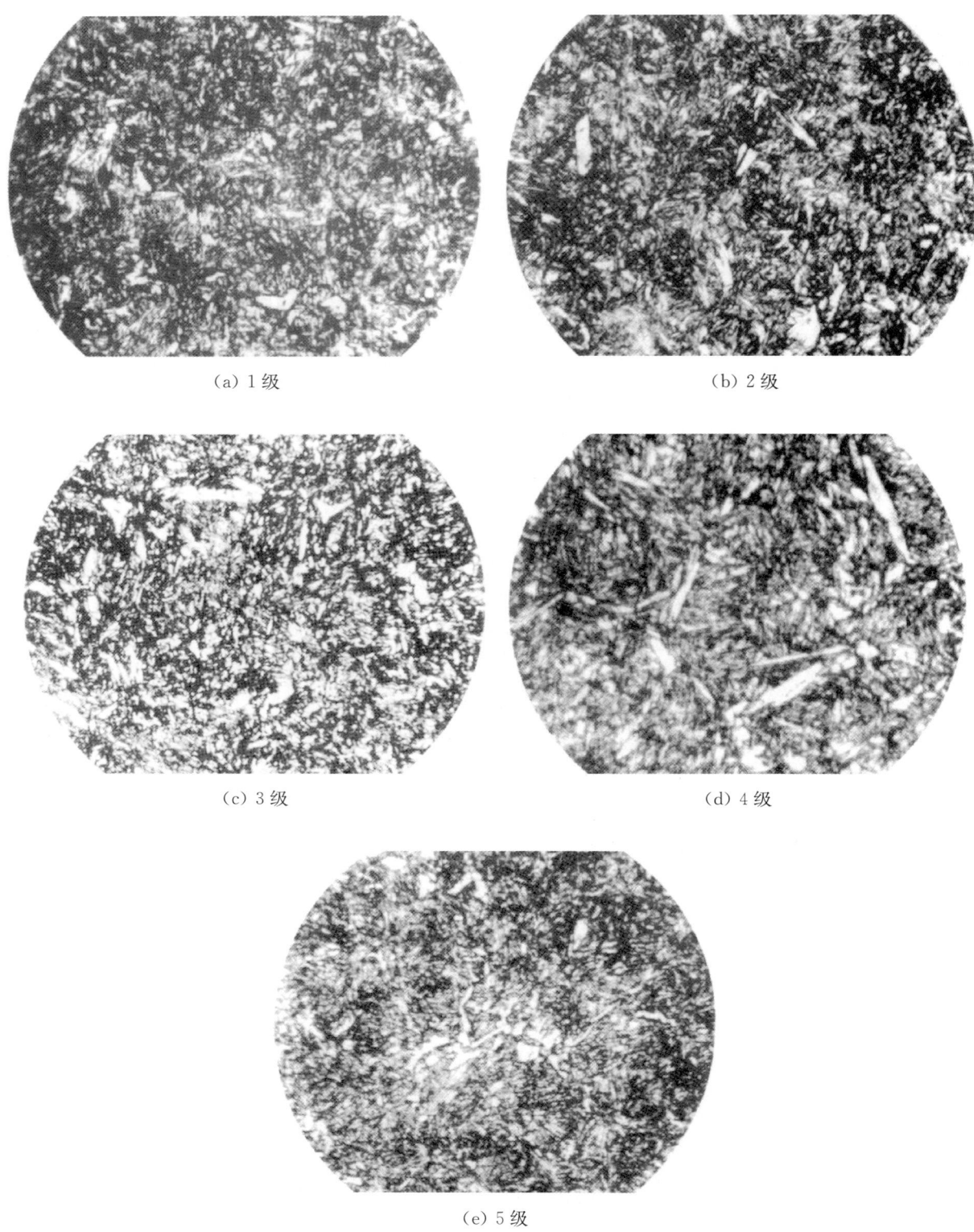

图 7-10 60Si2Mn 淬火后中温回火组织评级图 （500×）

7.3.2.3 铬钒钢和铬锰钢的热处理及金相组织

制造弹簧的铬钒钢和铬锰钢常用的有 50CrV、60CrMn 等。由于钢中含有铬、钒等元素，使钢的淬透性得到了显著的改善。同时钒和铬都是强烈的碳化元素，它们的碳化物存在于晶界附近，能有效阻止晶粒长大。这类钢材虽然碳含量不高，强度稍低一些，但具有很好的韧性，特别是具有优良的疲劳性能。因此，要求高疲劳性能的弹簧,如气门弹簧、调压弹簧等多选50CrV钢来卷制。表7-17是50CrV钢和60CrMn钢的热处理工艺规范和力学性能。图7-11为50CrV经850℃淬油,350℃回火后的金相组织,为回火屈氏体和少量均匀分布的碳化物颗粒,为正常的淬火、中温回火组织。

50CrV钢常采用等温淬火处理工艺,以获得高的韧性,图7-7就是链板经等温淬火后的以贝氏体为主的组织。

表7-17　50CrV和60CrMn热处理工艺规范和力学性能

钢号	淬火温度/℃	冷却剂	硬度/HRC	回火温度/℃	硬度/HRC	抗拉强度R_m/MPa	屈服强度R_p/MPa	断面收缩率Z/%	断后伸长率A/%
50CrV	860~900	油	>54	380~400	45~50	>1 470	>1 274	>40	>8
60CrMn	840~860	油	>56	380~400	45~50	>1 470	>1 274	>40	>8

图7-11　50CrV经淬火回火后显微组织　（500×）

7.3.2.4　高强度弹簧钢的热处理及金相组织

这类弹簧钢的特点是强度高、淬透性好,在油中的淬透直径都在50 mm以上,用于制造工作温度在250℃以下的高应力弹簧,如气门弹簧、油泵弹簧、汽车悬架弹簧等。这类弹簧在较高温度下回火仍可保持较高的强度。为获得高的强度,硬度一般在48~52 HRC之间选取。高强度弹簧钢的钢号及热处理规范和不同回火温度下的力学性能见表7-18。

表7-18　高强度弹簧钢热处理工艺规范和力学性能

钢号	淬火温度/℃	冷却剂	硬度/HRC	回火温度/℃	硬度/HRC	抗拉强度R_m/MPa	下屈服强度R_{eL}/Mpa	断面收缩率Z/%	断后伸长率A/%
60Si2Cr	840~870	油	>62	430~450	48~52	>1 800	>1 600	>20	>8
60Si2CrV	840~870	油	>62	430~450	48~52	>1 800	>1 600	>20	>8
65Si2MnW	840~870	油	>62	430~450	51~52	>1 800	≥1 700	>17	>5

图7-12为65Si2MnW经870℃油冷淬火及440℃保温1 h回火后的组织：回火屈氏体+少量均匀分布的粒状碳化物,是一种正常的弹簧组织。

7.3.2.5　改进型硅锰钢的热处理

这类钢是在硅锰钢的基础上,结合我国的资源情况,在钢中加入硼、钼、钒、铌等元素,淬透性比硅锰钢有较大提高,直径50 mm以下在油中都能淬透,脱碳和过热的倾向比硅锰钢低,韧性和疲劳性能则优于硅锰钢。现主要用于制造汽车钢板弹簧。常用的牌号有55SiMnVB、55SiMnMo、55SiMnMoVNb。其热处理规范和力学性能见表7-19。

针状下贝氏体以及灰白色区内的马氏体、残留奥氏体，图中菱形维氏硬度压痕显示上贝氏体维氏硬度值相对最低。该种组织经中温回火后，羽毛状上贝氏体组织仍会保留下来，其不利影响仍会存在。

参考文献

［1］项程云.合金结构钢［M］.北京：冶金工业出版社，1999.
［2］任颂赞，张静江，陈质如，等.钢铁金相图谱［M］.上海：上海科学技术文献出版社，2003.
［3］徐效谦，明绍芬.特殊钢钢丝［M］.北京：冶金工业出版社，2005.
［4］李炯辉.金属材料金相图谱（上册）［M］.北京：机械工业出版社，2006.
［5］张英会，刘辉航.弹簧手册［M］.北京：机械工业出版社，2008.
［6］任颂赞，叶俭，陈德华.金相分析原理及技术［M］.上海：上海科学技术文献出版社，2013.

第 8 章

轴承钢及金相分析

轴承分为两大类：滑动轴承和滚动轴承。前者主要由有色金属制造，后者主要由钢材制造。本章介绍滚动轴承钢及相关金相分析。

滚动轴承一般由外圈、内圈、滚动体及保持架四大件组成，是各种机械不可缺少的零件。滚动轴承的精度、可靠性和寿命往往直接影响到机械设备的使用性能。而轴承用材料及相关工艺是决定轴承性能和特征的重要因素。不同类型的轴承要选用不同的材料及热处理工艺。同时，对轴承钢材的原始组织、化学成分、非金属夹杂、偏析、缩孔等均要有严格控制。用金相分析控制轴承材料和相关的热加工工艺是控制轴承质量的重要手段。由于高碳铬轴承钢是国内外广泛使用的专用轴承钢，因此其材质及热加工工艺为本章讨论重点。

8.1 轴承钢的分类

根据轴承的工作条件和破坏形式，对它们的性能要求是高硬度、高耐磨性、高的抗接触疲劳性能、高的弹性极限、足够的韧性、高的尺寸稳定性及较好的耐腐蚀性。为满足这些要求，轴承钢必须具有高的淬硬性、淬透性及回火稳定性，脱碳敏感性小和良好的冷热加工等工艺性能。

为适应轴承的不同工作环境，不同使用条件，需要用不同的材料来制造轴承。我国的国家标准把轴承用钢分列出 6 个标准，具体为：GB/T 18254—2016《高碳铬轴承钢》、GB/T 3203—2016《渗碳轴承钢》、GB/T 3086—2019《高碳铬不锈轴承钢》及高温轴承用钢的三个标准：GB/T 38886—2020《高温轴承钢》、GB/T 38884—2020《高温不锈轴承钢》及 GB/T 38936—2020《高温渗碳不锈钢》。

国际标准 ISO 683-17：2014(E)（包括欧盟标准 EN 10027—2：2015）把轴承钢分为全淬透型轴承钢、表面硬化（渗碳及感应淬火）型轴承钢、不锈轴承钢、高温轴承钢等 30 个钢号。其中有许多是借用现有的渗碳钢、结构钢、工模具钢及不锈耐热钢等。

8.1.1 高碳铬轴承钢

高碳铬轴承钢，碳含量约 1.0wt%、铬含量约 1.5wt%，具有较高的接触疲劳强度和耐磨性。自 1901 年诞生以来上述主要成分基本无大变动，并且一直是轴承的主要专用钢种。为适应大轴承及耐热性要求，一百多年来，各国相继在上述主要成分基础上通过提高锰、硅含量或少量加入钼、钒、钨等强化元素发展出轴承用的新钢种，如铬锰轴承钢、铬锰硅轴承钢等，从 ISO 683-17：2014 中高碳铬轴承钢选列了 8 个牌号，化学成分见表 8-1。国家标准 GB/T 18254—2016 中列出 5 个牌号，化学成分见表 8-2。

表 8-1 全硬化轴承钢牌号及化学成分　　wt%

牌号	C	Si	Mn	P	S	Cr	Mo
				不大于			
100Cr6	0.93~1.05	0.15~0.35	0.25~0.45	0.025	0.015	1.35~1.60	≤0.10
100CrMnSi4-4	0.93~1.05	0.45~0.75	0.90~1.20	0.025	0.015	0.90~1.20	≤0.10
100CrMnSi6-4	0.93~1.05	0.45~0.75	1.00~1.20	0.025	0.015	1.40~1.65	≤0.10
100CrMnSi6-6	0.93~1.05	0.45~0.75	1.40~1.70	0.025	0.015	1.40~1.65	≤0.10

续表

牌号	C	Si	Mn	P	S	Cr	Mo
				不大于			
100CrMo7	0.93~1.05	0.15~0.35	0.25~0.45	0.025	0.015	1.65~1.95	0.15~0.30
100CrMo7-3	0.93~1.05	0.15~0.35	0.60~0.80	0.025	0.015	1.65~1.95	0.20~0.35
100CrMo7-4	0.93~1.05	0.15~0.35	0.60~0.80	0.025	0.015	1.65~1.95	0.40~0.50
100CrMnMoSi8-4-6	0.93~1.05	0.40~0.60	0.80~1.10	0.025	0.015	1.80~2.05	0.50~0.60

表 8-2 高碳铬轴承钢牌号及化学成分 wt%

牌号	C	Si	Mn	Cr	Mo	P	S	Ni	Cu
G8Cr15	0.75~0.85	0.15~0.30	0.20~0.40	1.30~1.65	≤0.10	≤0.025	≤0.020	≤0.25	≤0.25
GCr15	0.95~1.05	0.15~0.30	0.25~0.45	1.40~1.65	≤0.10	≤0.025	≤0.025	≤0.30	≤0.25
GCr15SiMn	0.95~1.05	0.45~0.75	0.95~1.25	1.40~1.65	≤0.10	≤0.025	≤0.025	≤0.30	≤0.25
GCr15SiMo	0.95~1.05	0.65~0.85	0.20~0.40	1.40~1.70	0.30~0.40	≤0.027	≤0.020	≤0.30	≤0.25
GCr18Mo	0.95~1.05	0.20~0.40	0.25~0.40	1.65~1.95	0.15~0.25	≤0.025	≤0.020	≤0.25	≤0.25

8.1.2 表面硬化轴承钢

随着表面改性技术的发展,表面硬化(渗碳及感应淬火)轴承钢也随之发展。我国 GB/T 3203—2016 列出渗碳轴承钢 6 个钢号,化学成分见表 8-3,ISO 683-17:2014(E)中列出渗碳轴承钢 13 个钢号及感应淬火轴承钢 4 个钢号,化学成分见表 8-4。

表 8-3 渗碳轴承钢牌号及化学成分 wt%

牌号	C	Si	Mn	Cr	Ni	Mo
G20CrMo	0.17~0.23	0.20~0.35	0.65~0.95	0.35~0.65	≤0.30	0.08~0.15
G20CrNiMo	0.17~0.23	0.15~0.40	0.60~0.90	0.35~0.65	0.40~0.70	0.15~0.30
G20CrNi2Mo	0.19~0.23	0.25~0.40	0.55~0.70	0.45~0.65	1.60~2.00	0.20~0.30
G20Cr2Ni4	0.17~0.23	0.15~0.40	0.30~0.60	1.25~1.75	3.25~3.75	≤0.08
G10CrNi3Mo	0.08~0.13	0.15~0.40	0.40~0.70	1.00~1.40	3.00~3.50	0.08~0.15
G20Cr2Mn2Mo	0.17~0.23	0.15~0.40	1.30~1.60	1.70~2.00	≤0.30	0.20~0.30
G23Cr2Ni2SiMo	0.20~0.25	1.20~1.50	0.20~0.40	1.35~1.75	2.20~2.60	0.25~0.35

注:表中各钢号中 Cu≤0.25wt%。

表 8-4 渗碳及感应淬火轴承钢的牌号及化学成分 wt%

牌号	C	Si	Mn	P	S	Cr	Mo	Ni
		不大于		不大于				
渗碳轴承钢								
20Cr3	0.17~0.23	0.40	0.60~1.00	0.025	0.015	0.60~1.00	—	—

续表

牌号	C	Si 不大于	Mn	P 不大于	S 不大于	Cr	Mo	Ni
20Cr4	0.17~0.23	0.40	0.60~0.90	0.025	0.015	0.90~1.20	—	—
20MnCr4-2	0.17~0.23	0.40	0.65~1.10	0.025	0.015	0.40~0.75	—	—
17MnCr5	0.14~0.19	0.40	1.00~1.30	0.025	0.015	0.80~1.10	—	—
19MnCr5	0.17~0.22	0.40	1.10~1.40	0.025	0.015	1.00~1.30	—	—
15CrMo4	0.12~0.18	0.40	0.60~0.90	0.025	0.015	0.90~1.20	0.15~0.25	—
20CrMo4	0.17~0.23	0.40	0.60~0.90	0.025	0.015	0.90~1.20	0.15~0.25	—
20MnCrMo4-2	0.17~0.23	0.40	0.65~1.10	0.025	0.015	0.40~0.75	0.10~0.20	—
20MnNiCrMo3-2	0.17~0.23	0.40	0.60~0.95	0.025	0.015	0.35~0.70	0.15~0.25	0.40~0.70
20NiCrMo7	0.17~0.23	0.40	0.40~0.70	0.025	0.015	0.35~0.65	0.20~0.30	1.60~2.00
18CrNiMo7-6	0.15~0.21	0.40	0.50~0.90	0.025	0.015	1.50~1.80	0.25~0.35	1.40~1.70
18NiCrMo14-6	0.15~0.20	0.40	0.40~0.70	0.025	0.015	1.30~1.60	0.15~0.25	3.25~3.75
16NiCrMo16-5	0.14~0.18	0.40	0.25~0.55	0.025	0.015	1.00~1.40	0.20~0.30	3.80~4.30
感应淬火轴承钢								
C56E2	0.52~0.60	0.40	0.60~0.90	0.025	0.015	—	—	—
56Mn4	0.52~0.60	0.40	0.90~1.20	0.025	0.015	—	—	—
70Mn4	0.65~0.75	0.40	0.80~1.10	0.025	0.015	—	—	—
43CrMo4	0.40~0.46	0.40	0.60~0.90	0.025	0.015	0.90~1.20	0.15~0.30	—

注：其他元素均要求为 Al≤0.050wt%，Cu≤0.30wt%，O≤0.0020wt%。

渗碳轴承钢主要用于制造承受冲击负荷较大的轴承，如铁路机车、矿山机械、重型机械、冶金机械等用的轴承。该类轴承除表面具有高硬度、高耐磨性、高疲劳强度，其内部还具有高韧性。小型渗碳轴承的渗碳层深度约 0.4 mm 以下，大型渗碳轴承的渗碳层深度可达 2.0 mm 以上。但此类钢大都白点敏感性较强，并有回火脆性等缺点，选用时应注意。有关的渗碳钢及渗碳工艺控制见本书第 17 章介绍。

感应淬火工艺相对渗碳淬火工艺有明显的节能减排优势，发展感应淬火轴承受到广泛重视。一些研究表明，轴承钢中马氏体的碳含量是影响疲劳寿命的主要因素，推荐钢的碳含量约为 0.5wt%，同时残留碳化物含量应控制在体积分数 3%～6%。相关感应淬火工艺控制见本书第 20 章介绍。

8.1.3 高碳铬不锈轴承钢

不锈轴承钢主要用于酸、水蒸气、海水等腐蚀介质中工作的轴承及某些部件，如化工、石油、食品、机械行业及船舰用轴承等部件。即使不在腐蚀环境下工作的某些轴承，如仪器、仪表的微型精密轴承也采用此类轴承钢。高碳铬不锈轴承钢可分为马氏体不锈钢、奥氏体不锈钢及沉淀硬化不锈钢。我国 GB/T 3086—2019《高碳铬不锈轴承钢》中有 3 个钢号，ISO 683-17：2014 列入不锈轴承钢 4 个钢号，均为马氏体不锈钢，相应化学成分见表 8-5。其中 G102Cr18Mo（旧牌号 GCr18Mo），相当于 ISO 683-17 的 X108CrMo17 钢及 ASTM756 的 440C 钢，为应用较广泛的不锈轴承钢。

表 8-5 高碳铬不锈轴承钢牌号及化学成分　　　　　　　　　　　wt%

牌号	C	Si	Mn	P	S	Cr	Mo	Ni	Cu
		不大于						不大于	
GB/T 3086—2019									
G95Cr18（9Cr18）	0.90~1.00	0.80	0.80	0.035	0.020	17.00~19.00	—	0.25	0.25
G102Cr18Mo(9Cr18Mo)	0.95~1.10	0.80	0.80	0.035	0.020	16.00~18.00	0.40~0.70	0.25	0.25
G65Cr14Mo	0.60~0.70	0.80	0.80	0.035	0.020	13.00~15.00	0.50~0.80	0.25	0.25
ISO 683-17：2014(E)									
X108CrMo17（440C）	0.95~1.20	1.00	1.00	0.040	0.015	16.00~18.00	0.40~0.80	—	—
X65Cr14	0.60~0.70	1.00	1.00	0.040	0.015	12.50~14.50	≤0.75	—	—
X47Cr14	0.43~0.50	1.00	1.00	0.040	0.015	12.50~14.50	—	—	—
X89CrMoV18-1	0.85~0.95	1.00	1.00	0.040	0.015	17.00~19.00	0.90~1.30	V：0.07~0.12	
X40CrMoVN16-2	0.37~0.45	0.60	0.60	0.025	0.015	15.0~16.5	1.5~1.9	0.30	V：0.20~0.40　N：0.16~0.25

8.1.4 高温轴承用钢

随着科技的发展，尤其航天航空业的发展，部分轴承的工作温度越来越高，有的可达 500℃ 以上。适应高温环境轴承的高温轴承钢应该具有良好的耐氧化性能、高的热抗拉强度、良好的抗回火性、良好的高温下尺寸稳定性以及较高的高温硬度。作为高温轴承用钢，大部分为借用钢种：高速工具钢、渗碳高温钢及高温（耐热）不锈钢，相应制定了《高温轴承钢》《高温不锈轴承钢》《高温渗碳轴承钢》三类标准。

8.1.4.1 高温轴承钢

GB/T 38886—2020《高温轴承钢》标准中列出了 5 个钢号，见表 8-6，主要为耐高温的工具钢。

表 8-6 高温轴承钢牌号及化学成分

牌号	化学成分/wt%											
	C	Mn	Si	Cr	Mo	V	W	P	S	Ni	Cu	Co
GW9Cr4V2Mo	0.70~0.80	≤0.40	≤0.40	3.80~4.40	0.20~0.80	1.30~1.70	8.50~10.00	≤0.025	≤0.015	≤0.25	≤0.20	—

续 表

牌号	化学成分/wt%											
	C	Mn	Si	Cr	Mo	V	W	P	S	Ni	Cu	Co
GW18Cr5V	0.70~0.80	≤0.40	0.15~0.35	4.00~5.00	≤0.80	1.00~1.50	17.50~19.00	≤0.025	≤0.015	≤0.25	≤0.20	—
GCr4Mo4V	0.75~0.85	≤0.35	≤0.35	3.75~4.25	4.00~4.50	0.90~1.10	≤0.25	≤0.025	≤0.015	≤0.25	≤0.20	≤0.25
GW6Mo5Cr4V2	0.80~0.90	0.15~0.40	≤0.45	3.80~4.40	4.50~5.50	1.75~2.20	5.50~6.75	≤0.025	≤0.015	≤0.25	≤0.20	—
GW2Mo9Cr4VCo8	1.05~1.15	0.15~0.40	≤0.65	3.50~4.25	9.00~10.00	0.95~1.35	1.15~1.85	≤0.025	≤0.015	≤0.25	≤0.20	7.75~8.75

高速钢类高温轴承钢，同样分为钼系和钨钼系两类，各国根据各自的资源特点进行选用。目前应用最为广泛的是综合性能好、合金元素总量较低的GCr4Mo4V(80MoCrV42-16,M50)，是一种莱氏体半高速钢。它在耐磨性、高温硬度和抗氧化性方面接近高温不锈耐蚀轴承钢，最高试验工作温度可达350℃。有关高速钢类的高温轴承钢的材质及工艺检测、控制可参见本书第9章。

8.1.4.2 高温不锈轴承钢

GB/T 38884—2020《高温不锈轴承钢》标准中列出两个钢号：G105Cr14Mo4（Cr14Mo4,440CMOD）和G115Cr14Mo4V（UNS S42700），具体化学成分见表8-7。

表8-7 高温不锈轴承钢牌号及化学成分

牌号	化学成分/wt%									
	C	Si	Mn	P	S	Cr	Mo	V	Ni	Cu
G105Cr14Mo4	1.00~1.10	0.20~0.80	0.30~0.80	≤0.015	≤0.010	13.00~15.00	3.75~4.25	≤0.20	≤0.25	≤0.20
G115Cr14Mo4V	1.10~1.20	0.20~0.40	0.30~0.60	≤0.015	≤0.010	14.00~15.00	3.75~4.25	1.10~1.30	≤0.25	≤0.20

不锈钢类的高温不锈轴承钢一般为高碳马氏体型不锈钢，表8-8为部分国外常用高温不锈耐蚀轴承钢牌号的成分及使用温度。14-4钢是不锈轴承钢440C的改进型：增加钼、减少铬含量，使其使用温度由440C的149℃提高到480℃。在14-1钢的基础上降低碳、铬并增加钼的含量，成为Al-129钢，使其韧性和加工性能得以提高。在14-4钢基础上增加2.0wt%的钒成为BG42钢，使其具有比M50钢更高的高温硬度，已广泛用于飞船、火箭的轴承零件。NM100钢属于均匀的高合金马氏体不锈钢，在538℃下抗拉强度达1655MPa，在593℃时还具有良好的耐蚀及耐磨性能，目前广泛用于长期高温并承受干摩擦条件下的轴承部件。

表8-8 部分国外常用高温不锈轴承钢成分及其使用温度

牌号	化学成分/wt%								最高使用温度/℃
	C	Mn	Si	Cr	V	Mo	W	Co	
14-4	0.95~1.20	≤1.00	≤1.00	13.00~16.00	≤0.15	3.75~4.25	—	—	480
Al-129	0.70	0.30	1.00	12.00	—	5.25	—	—	480
BG42	1.15	0.30	0.30	14.50	2.00	4.00	—	—	480
WD65	1.10~1.15	≤0.15	≤0.15	14.00~16.00	2.50~3.00	3.75~4.25	2.00~2.50	5.00~5.50	540
NM100	1.25	—	—	17.50	—	10.50	—	9.50	540

8.1.4.3 高温渗碳轴承钢

上述两类高温轴承钢均属高碳、高合金钢,加工较困难。因此,低碳的渗碳类高温轴承钢受到关注,其中有 CBS600 钢(可用于<232℃)、CBS1000 钢(可用于≤316℃)以及 M315 钢(可用于≤420℃,可在高温下渗碳)。

GB/T 38936—2020《高温渗碳轴承钢》标准中列出两个钢号:G13Cr4Mo4Ni4V 及 G20W10Cr3NiV,具体化学成分见表 8-9。

表 8-9 高温渗碳轴承钢牌号及化学成分

牌号	化学成分/wt%											
	C	Si	Mn	Cr	Ni	Mo	V	W	P	S	Cu	Co
G13Cr4Mo4Ni4V	0.11~0.15	0.10~0.25	0.15~0.35	4.00~4.25	3.20~3.60	4.00~4.50	1.13~1.33	≤0.15	≤0.015	≤0.010	≤0.10	≤0.25
G20W10Cr3NiV	0.17~0.22	≤0.35	0.20~0.40	2.75~3.25	0.50~0.90	≤0.15	0.35~0.50	9.50~10.50	≤0.015	≤0.010	≤0.10	≤0.25

8.1.5 其他轴承材料

1. 中碳轴承钢

对于工程机械、大型机床等重型机械装备上的大型轴承,一般转速较低,但载荷大,尤其承受冲击载荷,常要选用中碳合金钢,主要有 55SiMoVA 钢、55SiMoA 钢、50SiMo 钢、50CrNi 钢等。一般经整体调质处理后,表面中频淬火、回火处理。有时,一些冶矿机械上的轴承选用 65Mn 钢、50CrV 钢等钢材制造,因这类钢可达高的屈强比,较高的弹性极限,并具有较高耐磨性和抗多次冲击性能。

2. 防磁轴承材料

在一些特殊服役条件下,要求轴承防磁化。70Mn15Al3Cr2V2WMo 钢属奥氏体型沉淀硬化不锈钢,具有磁导率低、硬度高、耐磨性好等优点,是我国研制的一种特殊防磁轴承钢。该钢在退火态下加工性能也好,还可作为电子工业材料。在防磁要求更为严格条件下,一般采用铍铜(TBe2)来制造轴承。铍铜中还含有镍,经淬火时效处理后具有很高的强度、硬度、疲劳极限,不仅无磁,还适于制造高速高压高温下工作的轴承。

3. 镍基合金

Inconel(X,700,718)合金、M252 合金、Hastelloy(B,C,X)合金、Rene41 合金等镍基合金,国内外常用于制作耐蚀、耐高温轴承。该类镍基合金以铬、钛、铝、铁等为添加强化元素,在高温下具有优异的抗氧化性能,在 649℃ 至 928℃ 高温氧化气氛中仍具有很好的强度和表面稳定性。在硝酸、硫酸、混合酸内表现出良好的耐蚀性。

4. 钴基合金

钴基合金具有比镍基合金高得多的高温强度和高温硬度。某些钴基合金在 600℃ 时的硬度高于高速钢。同时,钴基合金表面能形成一层坚硬并具有韧性的氧化膜,使其具有良好耐磨性和耐蚀性。用于制造轴承的钴基合金有 Haynes(6B,6K,21,25,31)、Haynes-Stellite(6,1,D-6K)等。

5. 金属陶瓷材料

金属陶瓷是陶瓷粉末分散在金属基体中的混合物,具有各个构成组分特性的综合性能,具有比任何金属材料都高的高温硬度及较为良好的抗氧化性能。目前,用于制造高温轴承的金属陶瓷材料主要为氧化铝、碳化物以及氮化硅(Si_3N_4)。金属陶瓷制造的轴承工作温度可达 1000℃ 以上。

8.2 高碳铬轴承钢的成分与冶金质量

8.2.1 化学成分的控制

高碳铬轴承钢的牌号及化学成分要求见表 8-1 及表 8-2。其中 GCr15 钢应用最广泛,大型轴承则大多用 GCr15SiMn 钢。该类钢的主要合金元素为碳、铬。

1. 碳

轴承钢的硬度、强度和耐磨性主要取决于钢的含碳量及其在钢中的存在形式。钢在淬火和低温回火后，在隐晶和细晶马氏体基体上分布均匀细小碳化物为理想的金相组织。匀而细的碳化物有助于提高轴承的耐磨性。为了形成足量的碳化物，钢中碳量不宜过低。但碳量过高会增加碳化物分布的不均匀性，易产生大块碳化物或网状碳化物，降低其韧性。所以高碳铬轴承钢的含碳量常取 0.95wt%～1.05wt%。

2. 铬

铬是碳化物形成元素，在含 1wt% 碳的过共析钢中，它能显著改变钢中碳化物颗粒大小及分布状态。退火时，含铬的渗碳体型碳化物 $(Fe·Cr)_3C$ 集聚的倾向较无铬的渗碳体小。所以铬能使渗碳体细化，并且起到细化晶粒的作用。此外，铬还能增加奥氏体的稳定性，提高钢的淬透性和低温回火稳定性，使含铬的高碳钢比无铬的高碳钢有较高的强度、硬度和耐磨性。但含铬量也不宜过高，否则会增加碳化物的不均匀性，增多淬火后残留奥氏体，降低钢的强韧性与尺寸稳定性。因此轴承钢的含铬量以 0.5wt%～1.95wt% 为宜。

3. 锰

锰的加入可提高钢的淬透性。锰在钢中，一部分溶入固溶体，提高固溶体的强度，另一部分溶入渗碳体，形成合金碳化物 $(Fe·Mn)_3C$。这种合金碳化物与 $(Fe·Cr)_3C$ 不同，它在加热时，较易溶于奥氏体，且易在回火时析出和聚集。锰量大于 1.2wt% 时，淬火后残留奥氏体含量增多，过热敏感性增加，容易淬裂。同时，锰能改变钢中硫的结合形态，形成危害性较小的 MnS 和 $(Fe,Mn)S$，减少 FeS 的生成。所以锰的加入量应加以控制。

4. 硅

硅能强化铁素体，可提高钢的强度和弹性极限，并能提高钢的淬透性及低温回火稳定性。但硅含量过高时，脱碳倾向会增加。含铬轴承钢中加入 0.5wt% 左右的硅和 1.0wt% 的锰，则能博采所长，使淬火时既可提高加热温度，增加淬透性，又不致出现过热倾向。一般硅含量控制在 0.80wt% 以下。

5. 钼

钼是碳化物形成元素。它与碳的亲和力比铬强。但钼的碳化物稳定性远弱于铬。钼的加入可抑制过热敏感性，增加淬透性。降低其他元素引起的回火脆性。若钼在高碳铬轴承钢中作为残留元素，一般控制在 0.10wt% 以下，作为加入合金元素时，一般不超过 0.4wt%。

6. 镍

镍会降低钢的淬硬层深度，增加淬回火后残留奥氏体含量。镍促进钢的时效硬化，影响轴承精度，锻造等加工中容易形成表面裂纹。所以在 GB/T 18254—2016 标准中规定，镍量最高不得超过 0.25wt%，铜量最高不得超过 0.25wt%。

7. 硫、磷

硫会使硫化物夹杂增加，若在轴承表面存在硫化物，在服役时，易使该处产生应力集中，早期破损。磷溶于铁素体，能使晶格畸变，促使钢的晶粒粗化，脆性增加。所以 GB/T 18254—2016 标准规定硫及磷含量一般不得超过 0.020wt%（高级优质钢）。

8. 钒

钒在一般高碳铬轴承钢中被列为残余元素，但在 Mn-Mo-V 等无铬高碳轴承钢中，是提高耐磨性的最有效元素之一。钒能细化晶粒、提高钢的致密度及韧性。

9. 铝

铝是作为脱氧元素加入高碳铬轴承钢中，除可降低钢液中溶解的氧之外，还可与氮形成细小的氮化铝，可细化晶粒。铝有固溶强化、提高抗回火稳定性作用。但铝也会形成夹杂物，故标准规定铝含量不大于 0.050wt%。

10. 钛

钛在高碳铬轴承钢中被视为有害元素，它与溶解于钢中的氮有很强的亲和力，形成坚硬、棱角状的氮化钛夹杂，严重影响轴承疲劳寿命。世界各大轴承公司都制定有限制钛含量的企业控制标准，在 GB/T

18254—2016中规定，钛含量不大于0.003wt%（高级优质钢）。

轴承钢中气体、非金属夹杂物的含量，会强烈影响轴承寿命，特别是脆性夹杂物，危害最大，还影响精加工后表面质量，其中对氧的控制尤为严格，GB/T 18254—2016中规定应不大于0.000 9wt%（高级优质钢）。

8.2.2 低倍组织缺陷检验

轴承钢在冶炼、浇注、凝固过程中，由于化学成分不均匀，体积收缩和气体析出等原因，导致随后锻轧过程中常会出现一些低倍缺陷组织，如缩孔、皮下气泡、白点及过烧等，从根本上破坏了金属的完整性，是不可挽救的缺陷，是不允许存在的。又如裂纹、拉裂、折叠及结疤，也是不允许存在的，但可根据缺陷的大小、深度，允许清除后交货使用。其他低倍缺陷、偏析和表面脱碳等，对轴承的使用寿命也有很大的影响，应控制在一定的级别之内。如：当原材料存在表面裂纹，会使成品产生轴向贯穿型直裂纹，见图8-1。高碳铬轴承钢的低倍组织缺陷应根据GB/T 18254—2016技术标准的规定进行取样及控制，其合格要求见表8-10。具体的检测、评定方法及相关部分图片可参见本书第1章。

图8-1　原材料外表纵向裂纹（盐蚀显示）导致成品开裂　（0.7×）

表8-10　高碳铬轴承钢低倍缺陷的合格要求

缺陷类型	合格级别/级，不大于			
	优质钢、高级优质钢		特级优质钢	
	模铸	连铸	模铸	连铸
中心疏松	1.0	1.5	1.0	1.0
一般疏松	1.0	1.0	1.0	1.0
锭型偏析	1.0	1.0	1.0	1.0
中心偏析[①]		2.0		1.0

注：公称直径大于150 mm的钢材，由供需双方协议。评级图可参见GB/T 18254—2016标准附录，也可见GB/T 1979—2001评级图。
① 适用于制作滚动体用的连铸钢材。

8.2.3 原材料微观缺陷的检验

高碳铬轴承钢微观缺陷检验项目主要有非金属夹杂物、显微孔隙、碳化物不均匀性（液析、带状、网状）、脱碳层等。

8.2.3.1 非金属夹杂物

质量良好的钢材不仅化学成分要符合技术标准的规定，并且钢中的非金属夹杂物要尽可能地少，因为非金属夹杂物在钢中所占的总体积虽然不多，对钢材性能的影响却很大。

钢中非金属夹杂物就其来源，分为内在夹杂物与外来夹杂物二大类。

内在夹杂物是钢在液态及凝固过程中，由复杂的化学反应所生成的各种化合物，当钢液凝固时它们来不及上浮而嵌入钢中；或者是高温下溶解在钢中的非金属物质，凝固过程中当钢液温度降低时，这些非金属物质在钢中溶解度降低而从钢中析出，以夹杂物的形式存在于钢中。

外来的非金属夹杂物主要是冶炼及浇注时的疏忽,混入钢中的钢渣,或者是由于耐火材料质量不高,由炉衬、出钢槽、盛钢桶及浇注系统中的剥落物混入钢中,当钢液凝固时它们未能浮出而存在于钢中。

由于钢中的非金属夹杂物与钢中的气体含量有关,因此减少钢中的气体对减少钢中夹杂物至关重要。近年来国内外的科学研究与生产实践表明,通过真空熔炼、真空处理钢液、电渣重熔等新技术的应用,可以卓有成效地减少钢中的气体与非金属夹杂物。

目前在一些国家的轴承钢标准中,已明确规定钢液必须经过真空处理。通过这种处理,一般可使钢中的氧含量从大约 40×10^{-4} wt‰下降至 20×10^{-4} wt‰以下,高质量的轴承钢要求在 10×10^{-4} wt‰以下甚至更低,从而使夹杂物含量显著降低。

钢中内在夹杂物主要是氧、氢、硅、硫及磷等非金属元素所引起的,它们的成分大部分与炉渣类似。这些非金属夹杂物一般分为硫化物(A类)、氧化铝(B类)、硅酸盐(C类)、氧化物及磷化物等球状夹杂物(点状不变形夹杂物)(D类)等四类。同时,在非金属夹杂物评定时,按其长与宽之比或大小分为粗系、细系两个系列。

非金属夹杂物的鉴别、评定方法可参见本书第3章介绍,应按 GB/T 10561—2005《钢中非金属夹杂物含量的测定 标准评级图显微检验法》进行,具体的技术控制要求见表 8-11(GB/T 18254—2016)。

表 8-11 高碳铬轴承钢非金属夹杂物合格级别

冶金质量	A		B		C		D		DS
	细系	粗系	细系	粗系	细系	粗系	细系	粗系	
	合格级别/级,不大于								
优质钢	2.5	1.5	2.0	1.0	0.5	0.5	1.0	1.0	2.0
高级优质钢	2.5	1.5	2.0	1.0	0	0	1.0	0.5	1.5
特级优质钢	2.0	1.5	1.5	0.5	0	0	1.0	0.5	1.0

8.2.3.2 高碳铬轴承钢中碳化物的不均匀性

钢材中碳化物的不均匀性直接影响使用状态下的组织,从而影响轴承使用寿命。碳化物不均匀性,根据其形式,主要包括碳化物液析、碳化物带状、碳化物网状以及球化组织中碳化物颗粒大小和分布不均匀。

碳化物不均匀性,根据其形成原因,可分为二类:一为铸锭原始成分偏析所引起的,再为由奥氏体过饱和析出所引起。前者指钢在凝固过程中由于选择性结晶而造成的碳和铬的偏析,后者则指钢材在冷却过程中二次渗碳体沿奥氏体晶界析出而造成的网状碳化物。有关碳化物不均匀性的评定方法可参照本书第4章介绍。

1. 碳化物液析

高碳铬轴承钢按其平衡组织是过共析钢,但在铸锭不平衡凝固过程中,碳和铬产生树枝状偏析,碳偏析到一定浓度,则有少量液体发生共晶反应,形成由碳化物和奥氏体组成的莱氏体共晶组织。其中的碳化物是直接从液体中析出的,一般尺寸较大,有的成离异共晶形态。这种碳化物经轧制后呈白亮多角状小碎块沿轧制方向分布成链状或带状保留在钢中,称为碳化物液析。这种碳化物液析大多分布在材料的中心区域,图 8-2 为其中一种形态(GB/T 18254—2016)。

在碳化物液析区有时伴生缩松。这种显微缩松与退火时液析溶解及随后热轧时该处被撕裂有关。

碳化物液析与非金属夹杂物一样,被作为夹杂物来评定钢的纯净度。

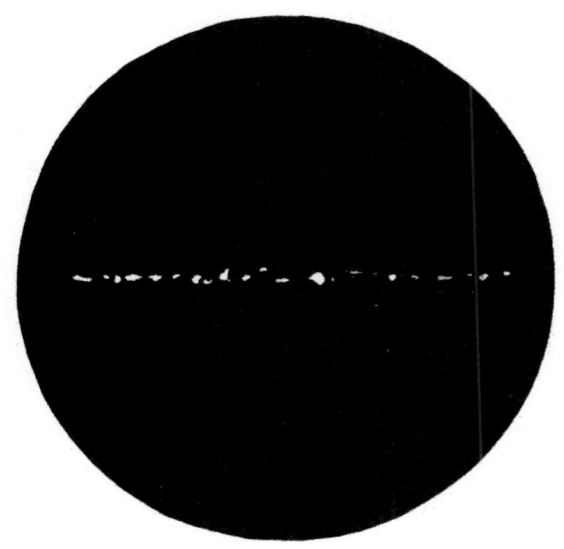

图 8-2 碳化物液析 链状 4 级 [100×(×0.9)]

碳化物液析硬而脆,硬度可达1500HV,并容易引发淬火裂纹,使用中会在轴承表面剥落和中心破裂,成为磨损及疲劳起始源,使轴承的耐磨性和疲劳性能降低。要消除碳化物液析,从本质上讲要在冶金过程中降低树枝状偏析程度,不出现共晶莱氏体,一般用高温扩散退火来改善碳化物液析。

GB/T 18254—2016 标准中,高碳铬轴承钢原材料碳化物液析级别分为1～4级,共4级,限定要求见表8-12。

表8-12 原材料中碳化物液析级别限定要求

交货状态	公称直径/mm	优质钢、高级优质钢	特级优质钢	GB/T 18254—2016 附录A中评级图
		合格级别/级,不大于		
热轧或锻制球化退火 热轧或锻制软化退火	≤30	0.5	0.5	第9评级图
	>30～60	1.0	1.0	
	>60～150	2.0	1.5	
热轧或锻制	≤60	2.0	1.5	
	>60～150	2.5	2.0	
冷拉	—	0.5	0.5	

注:公称直径大于150mm的钢材,由供需双方协议。

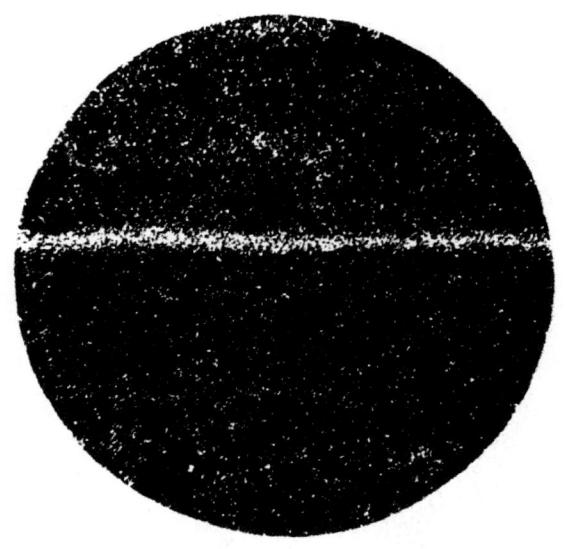

图8-3 碳化物带状偏析2.5级 [100×(×0.9)]

2. 碳化物带状偏析

钢锭中树枝状偏析,在晶界上存在的大量碳化物,经过压力加工后,沿加工方向分布,成为碳化物的带状偏析。原来枝状偏析中,有的部位虽未达到产生共晶反应的浓度,但也高于钢的平均碳量,在冷却过程中将析出多量的二次碳化物,在热加工后也表现为碳化物的带状偏析。图8-3为碳化物偏析的一种形貌(GB/T 18254—2016)。

带状碳化物的存在,使钢的成分极不均匀,(碳化物带上,含碳量可达1.3wt%～1.4wt%,含铬量大于2wt%,碳化物带间,含碳量0.6wt%～0.7wt%,含铬量小于1.0wt%),直接影响热处理质量和轴承寿命。碳化物偏析级别较高的材料在热处理后可看到黑白相间的带状组织,在灰白色带区内可看到针状或粗针马氏体,有时还有非马氏体组织,表现出组织的不均匀性。组织的不均匀会在淬火时产生附加组织应力,增加开裂概率。同时还呈现各向异性,纵、横向的性能差异有时可达5%～10%。

高碳铬轴承钢对碳化物带状偏析的控制要求见表8-13(GB/T 18254—2016)。试样在淬、回火后,采用100倍及500倍相结合与标准评级图对照评定,分为1级、2级、2.5级、3级、3.5级及4级,共5个级别。

表8-13 碳化物带状合格级别

交货状态	公称直径/mm	优质钢、高级优质钢	特级优质钢	GB/T 18254—2016 附录A中评级图
		合格级别/级,不大于		
热轧或锻制球化退火 热轧或锻制软化退火	≤30	2.0	1.5	第8评级图
	>30～60	2.5	2.0	
	>60～150	3.0	2.5	
热轧或锻制[①]	≤80	3.0	2.5	

续表

交货状态	公称直径/mm	优质钢、高级优质钢	特级优质钢	GB/T 18254—2016 附录 A 中评级图
		合格级别/级,不大于		
热轧或锻制①	>80～150	3.5	3.0	第 8 评级图
冷拉	—	2.0	1.5	

注：公称直径大于 150 mm 的钢材，由供需双方协议。
① 在退火状态的试样上按标准内 7.10.2 和 7.14 处理后检查，其级别应符合表中规定。供方若能保证在退火状态试样上检查碳化物带状合格，可在不退火试样上检查。

3. 网状碳化物

网状碳化物是指轴承钢热轧或锻造后冷却过程中沿奥氏体晶界析出的二次渗碳体，这种碳化物在以后球化退火、淬火、回火处理过程中并不能完全消除。将被保留在使用状态的组织中，成为轴承零件的疲劳破坏源。因此，对轴承钢的网状碳化物，提出了严格的限制。

网状碳化物偏析的严重程度，主要表现为碳化物网的连续性和厚度，按 GB/T 18254—2016 规定分为 1 级、2 级、2.5 级及 3 级，共 4 个等级。横向取样，经淬回火后，500 倍下对照标准图进行评定。对于直径小于 60 mm 的圆钢，碳化物网状偏析不得大于 2.5 级；直径大于 60 mm 圆钢，根据双方协议规定。对于具体轴承零件，JB/T 1255 规定：网状碳化物不能大于 2.5 级。图 8-4 是碳化物网状偏析较严重的一种形貌，大于 3 级。

钢材原始成分偏析，会使钢材局部碳化物网状加剧。即原始成分的不均匀会促进碳化物网状分布。然而，奥氏体在冷却过程中，二次渗碳体沿晶界析出，是固态相转变的固有特点，即使原始奥氏体的成分是理想均匀的，在不同的冷却条件下，仍然还是会形成不同程度的碳化物网状偏析。

影响碳化物网状偏析程度的具体原因可能很多，但奥氏体的晶粒大小和冷却速度是二个主要因素。奥氏体晶粒大，冷却后沿其晶界析出的碳化物网状则厚；奥氏体晶粒细小，冷却后沿其晶界析出的碳化物网状则薄。如果碳化物网状的厚薄程度与珠光体中渗碳体层相当，在以后的球化退火中则可基本消除。但是若毛坯中碳化物网较粗肥，则必须在球化退火前进行正火来消除。

毛坯退火时温度过高，保温时间过长，也可能发生碳化物网状偏析，碳化物网粗肥，晶内组织呈现球化不良现象。退火过热形成的碳化物网一般比锻（轧）时形成的碳化物网相对细小，但相对肥厚。由于退火过热形成碳化物网状偏析造成了局部球化不良，必然会造成淬火组织的不均匀，容易引发工件开裂。

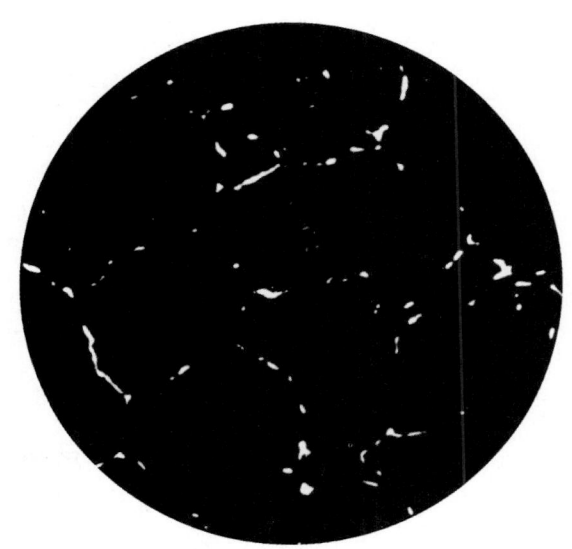

图 8-4 碳化物网状偏析形貌 （500×）

4. 退火组织中大颗粒碳化物

球化退火后组织中存在的大颗粒碳化物，显著比其他的多数碳化物大，使球化组织中的碳化物颗粒大小和分布显著不均匀，见图 8-5。根据分析，轧后钢材中存在网状碳化物是形成大颗粒碳化物的重要原因之一。

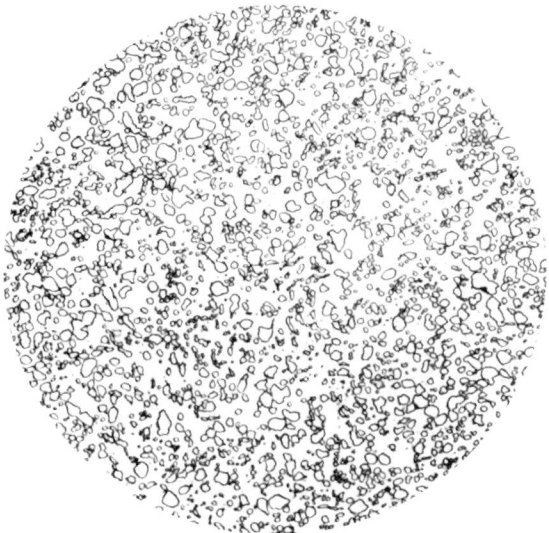

图 8-5 退火组织中大颗粒碳化物形貌 （500×）

高碳铬轴承钢在轧后冷却速度不进行控制的情况下,特别是截面尺寸较大的钢材,都会存在不同程度网状碳化物。为了消除或改善这种缺陷,要在退火前进行正火处理。通常进行正火处理的加热温度为870~890℃,在这个温度范围,特别是对于具有铬和碳显著偏析的情况,正处于两相区。也就是说碳化物在此时只是被熔断,并未完全溶解消失。在这温度区间长时间保温,网状破坏后的残存碳化物进行球化和集聚。退火后组织中的大颗粒碳化物就是从这里保留下来的。

8.2.3.3 脱碳层

钢的表层碳含量比基体降低的现象称为脱碳。工件表层脱碳后,在热处理中容易开裂,在使用中因表层疲劳强度下降而出现早期失效,因此必须对脱碳进行控制。

脱碳层的检测方法主要有金相法和硬度法。高碳铬轴承钢的锻(轧)件脱碳层应由表测至无铁素体为止;球化退火件应由表测至球化体明显减少区域。具体检测方法可见本书第4.7章节。有关该钢种脱碳层控制要求见表8-14。对于具体滚动轴承零件,则要求脱碳层深度不大于单边最小加工余量的2/3(据JB/T 1255)。

表8-14 高碳铬轴承钢脱碳层的要求

钢材种类	公称直径/mm	每边总脱碳层深度,不大于/mm
热轧圆钢	≤10	0.10
锻制圆钢	>10~150	公称直径的1%
圆盘条	>150	协商
冷拉圆钢	—	公称直径的1%

剥皮、磨光或车光交货的钢材不允许有脱碳。

注:表中数据摘自GB/T 18254—2016。

8.3 高碳铬轴承钢在加热和冷却时的组织转变

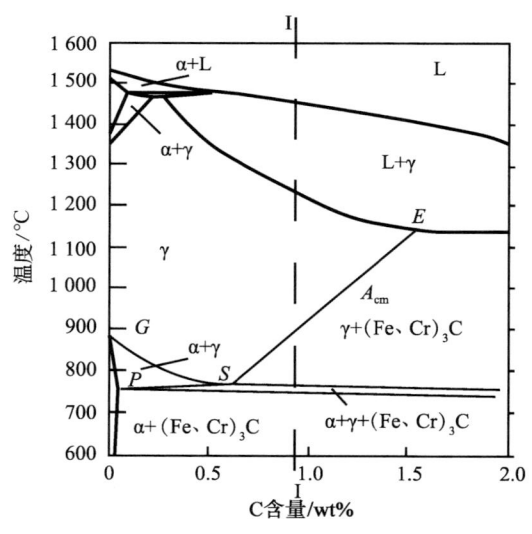

图8-6 含铬1.6wt%时的铁-碳平衡图

高碳铬轴承钢是以碳、铬为加入合金元素与铁组成的三元合金。

铁-碳-铬三元合金状态图是一个立体图形,含铬为1.6wt%的垂直截面如图8-6所示。GCr15钢的平衡状态可以近似地用图上垂直I-I线来表示。

与Fe-FeC状态图比较可以看出,由于1.6wt%铬的加入使固相线下降,共析点S和碳在奥氏体中的极限溶解度E向低碳位方向移动。三元合金的平衡相成分不在一个垂直截面内变化,而在三元合金立体图上沿两轴线的交线变化的。当钢中含1.6wt%铬时,钢的共析成分在0.72wt%碳附近变化,碳在奥氏体内的极限溶解度为1.65wt%左右。轴承钢的共析转变也不是恒温,而是在一个温区A_1'~A_1''内进行,即在这个温度区间内,有铁素体、奥氏体和二次合金渗碳体(Fe·Cr)₃C三相共存。A_1'约为730℃,A_1''为765℃。

8.3.1 高碳铬轴承钢在加热过程中的组织转变

由图8-6可知,在平衡状态下GCr15钢室温的组织为珠光体和含铬的二次合金渗碳体(Fe·Cr)₃C。当钢无限缓慢加热到略高于A_1'(约730℃)时,珠光体开始转变为奥氏体,转变是在A_1'~A_1''温度区间进行。当加热温度略高于A_1''(约765℃)时,珠光体消失,二次合金渗碳体开始向奥氏体中溶解。当加热温度

略高于 Ac_m（900℃左右）时，二次合金渗碳体全部溶入奥氏体。直至温度升高到开始熔化温度（约 1 225～1 240℃）之前，只有奥氏体均匀化和奥氏体晶粒长大过程，而不再发生相变。在连续加热过程中，相变温度将提高，珠光体转变为奥氏体的温度区间将推高到 Ac_1'～Ac_1''，并且加热速度越大，Ac_1'～Ac_1'' 推延的越高，温度区的范围也拉得越宽。

珠光体全部转变为奥氏体时的晶粒叫奥氏体的起始晶粒，随着温度的继续升高和保温时间的延长，奥氏体的起始晶粒发生长大。温度越高，晶粒粗化越快。在实际加热条件下得到的奥氏体晶粒叫做奥氏体的实际晶粒。奥氏体实际晶粒的大小对钢冷却时的组织转变有很大的影响，在热处理中具有重要的意义。

8.3.2 高碳铬轴承钢在冷却过程中的组织转变

GCr15 钢自均匀奥氏体状态无限缓慢冷却时，其组织转变是按图 8-6 所示的状态图进行的。当温度略低于 Ac_m 时，由于温度降低使碳及合金元素在奥氏体里的溶解度减少而呈过饱和，在奥氏体晶界处开始析出二次合金渗碳体 $(Fe\cdot Cr)_3C$。当冷至 A_1'' 时，奥氏体达到共析成分，在略低于 A_1'' 时，奥氏体开始转变为珠光体，冷却至 A_1' 时，奥氏体全部转变为珠光体。因此，GCr15 钢自均匀奥氏体无限缓慢冷却至室温时的组织为珠光体＋沿晶界析出的网状合金渗碳体 $(Fe\cdot Cr)_3C$。

自均匀奥氏体状态较快冷却时，开始析出二次合金渗碳体的温度 Ac_m 和发生共析转变的温度 A_1 将被推延到较低的温度 Ar_{cm} 和 Ar_1。冷却速度越大，Ar_{cm} 和 Ar_1 越低，且冷却速度对 Ar_{cm} 的影响比 Ar_1 还大。所以当冷却速度增大到一定程度时，对过共析成分的某一成分范围内的钢，Ar_{cm} 就消失了，使二次合金渗碳体由于扩散过程来不及进行而无法析出，使得过共析成分的奥氏体全部转变为珠光体，即 GCr15 钢冷却速度大时，奥氏体含碳量不足 0.72wt% 也可以发生共析转变。这种现象称为伪共析转变。锻件在停锻后采用喷雾冷却或正火处理以消除二次渗碳体网，就是基于伪共析转变的原理。

当冷却速度进一步增大时，使扩散型的共析转变来不及在 A_1 温度发生，而把奥氏体保留到临界温度 A_1 以下一定温度时，方开始发生转变，这种冷却到临界温度以下尚未发生转变的亚稳定状态的奥氏体，通常称为过冷奥氏体。在该温度范围内过冷奥氏体于某一温度等温停留，即发生等温转变。

GCr15 钢过冷奥氏体等温转变曲线如图 8-7 所示。在 765～520℃ 等温停留，过冷奥氏体将发生扩散型的珠光体转变；在 520～245℃ 等温停留，过冷奥氏体将发生过渡型的贝氏体转变，奥氏体一旦过冷到马氏体点 M_S 以下，则发生无扩散型的马氏体转变。

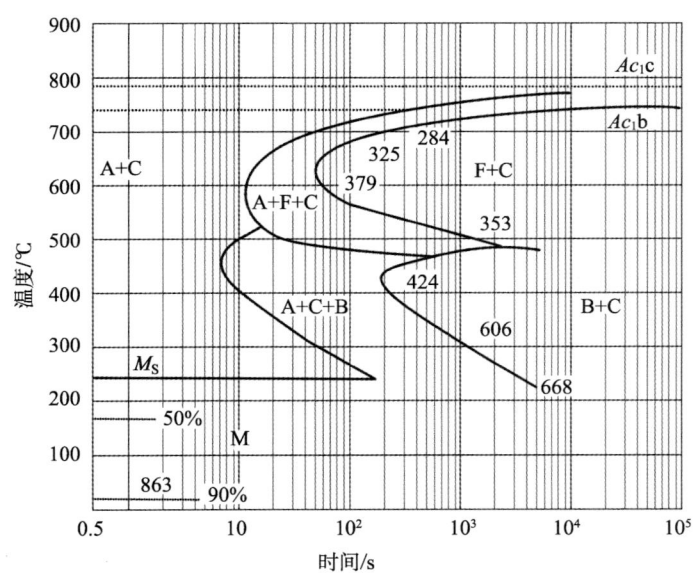

试验钢成分(wt%)为 C：1.06，Si：0.20，Mn：0.33，P：0.023，S：0.006，Cr：1.53，Cu：0.20，Ni：0.27；奥氏体化温度：860℃

图 8-7 GCr15 奥氏体等温转变曲线

在实际生产中,钢的冷却都是连续进行的。连续冷却可以理解为无数极短时间等温的积累。因此,钢在连续冷却时的转变和过冷奥氏体等温转变有密切的联系。GCr15钢奥氏体连续冷却转变曲线如图8-8所示。由于冷却速度的不同,得到相应组织也不同。

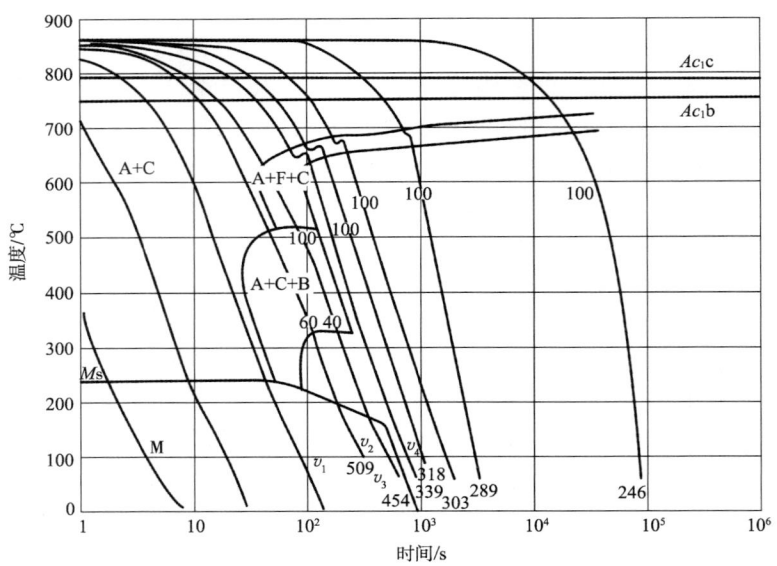

试验钢成分(wt%)为 C:1.04,Si:0.26,Mn:0.33,Cr:1.53,Ni:0.31;奥氏体化温度:860℃

图8-8 GCr15奥氏体连续冷却转变曲线

例如:860℃奥氏体化后以V_4冷却速度进行冷却时,奥氏体将会全部转变为珠光体类型的组织;以V_3冷却速度进行冷却时,奥氏体则转变为珠光体、贝氏体和马氏体以及少量残留奥氏体;若以V_1或大于V_1的冷却速度连续冷却时,奥氏体将避免在临界温度以下的较高温度范围发生转变,而全部被保持到较低的温度进行马氏体转变。马氏体转变是在一定的温度范围内进行的,随着温度的不断降低,马氏体量逐渐增加。但是,即使冷到马氏体转变终了温度,也不是所有奥氏体全部转变为马氏体,总有一部分奥氏体保留在钢中,故冷到室温时的组织为马氏体和残留奥氏体。

GCr15等高碳合金钢除主要以降温过程形成马氏体外,在一定条件下等温也可获得马氏体,称为等温马氏体。等温马氏体的形成方式与残留奥氏体数量有关。当残留奥氏体较少时(体积分数<40%),等温马氏体主要是在已形成的变温马氏体基础上继续长大;而当残留奥氏体较多时(体积分数>50%),等温马氏体的形成则以在残留奥氏体中重新形核的方式为主。马氏体的等温转变基本上难以进行到底,即完成一定转变量后自行停止。若在达到等温转变温度之前采用预冷的方法诱发少量马氏体,则可以使等温转变一开始就具有较大的转变速度,以致不需要孕育期即可形成等温马氏体,即预先存在的变温马氏体对等温马氏体有催化作用。

8.4 高碳铬轴承钢的锻造及组织

8.4.1 高碳铬轴承钢的锻造

轴承零件的使用性能与锻造及最终热处理后的组织形态直接有关。高碳铬轴承钢锻件球化退火的目的之一是为淬火提供良好的原始组织。为使锻件球化退火后获得均匀分布的细粒状珠光体组织,对锻件的组织要有一定的要求。

轴承毛坯大多采用热锻成型。将料段加热到1050～1100℃高温奥氏体化,以求得最小的锻造变形抗力,最佳的锻造性能。轴承钢加热过程中,随着奥氏体化温度的升高,奥氏体晶粒不断变粗,当加热到一定高的温度时,料段将会出现过热或过烧,这是不允许的,因此最高温度不得超过1150℃。而终锻温度及冷却速度直接影响到锻件的组织形态,尤其是碳化物形态。一般终锻温度应控制在830～860℃。

8.4.2 锻件的显微组织

轴承锻件的正常组织应是细片状珠光体。当停锻温度偏高且冷却速度缓慢时,将会出现部分粗片状珠光体,甚至有网状碳化物存在。按停锻温度和冷却速度的具体条件不同,锻件的奥氏体晶粒度和片状珠光体组织也不同。停锻温度正常,冷却速度适当,其奥氏体晶粒小,组织呈细片状珠光体+索氏体,没有网状碳化物存在,见图8-9所示。随着停锻温度的升高或冷却缓慢,奥氏体晶粒变大,片状珠光体明显增多部分变粗,并有轻度网状碳化物出现,最终呈现图8-10的上限组织。

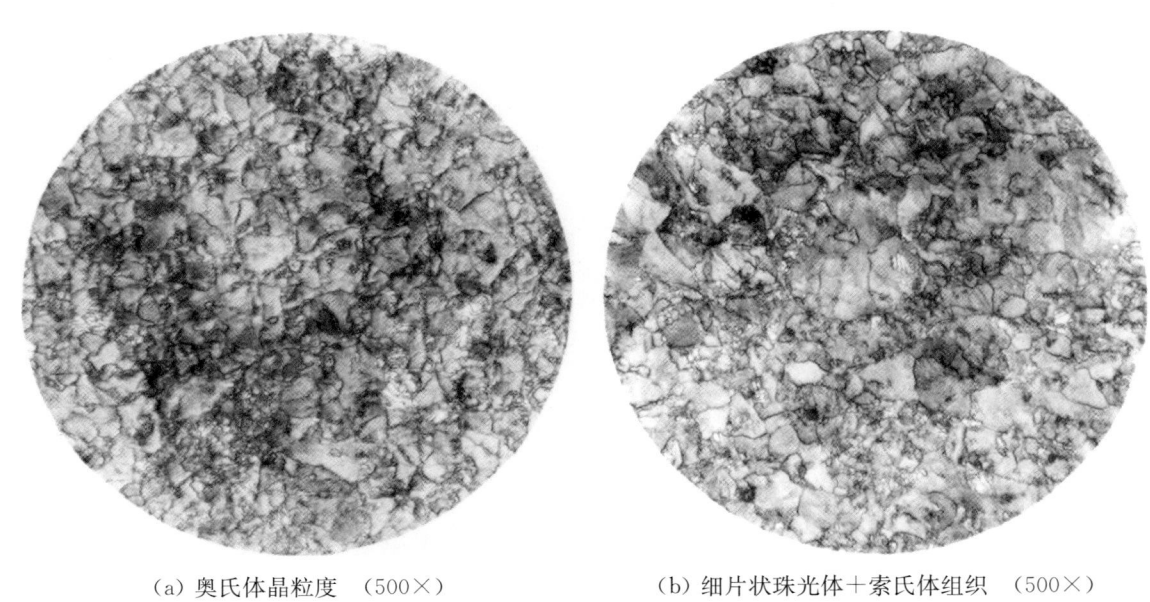

(a) 奥氏体晶粒度　(500×)　　　(b) 细片状珠光体+索氏体组织　(500×)

图8-9　高碳铬轴承钢锻造正常组织

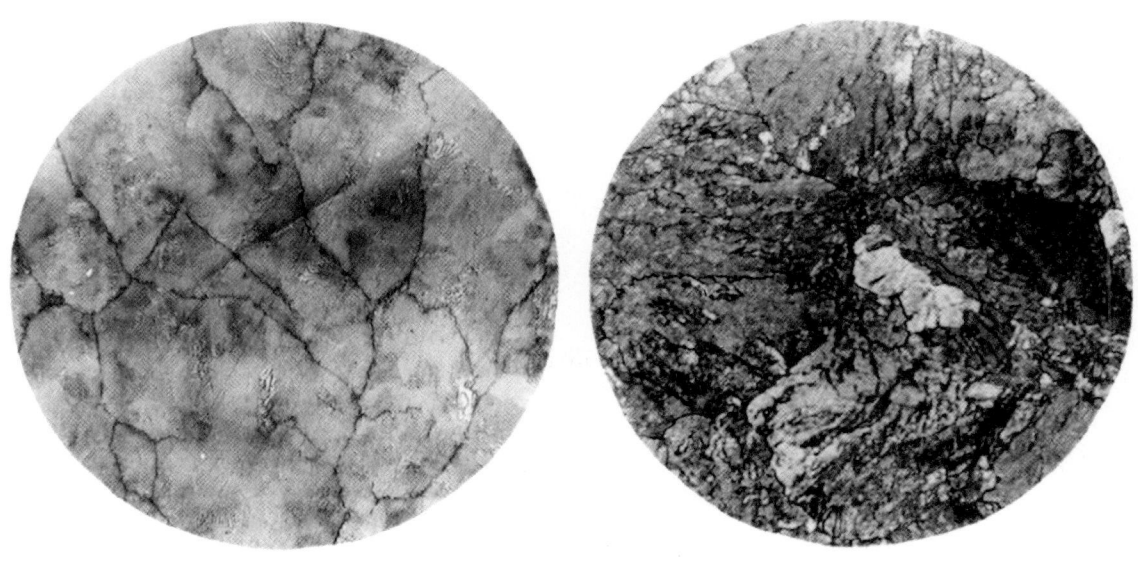

(a) 奥氏体晶粒度　(500×)　　　(b) 粗片状珠光体+索氏体组织　(500×)

图8-10　终锻温度偏高冷却速度偏低组织形貌

8.4.3 锻造缺欠

1. 终锻温度控制不当

当终锻温度偏高,并且锻后冷却速度缓慢时,不但奥氏体晶粒和珠光体片状变得粗大,而且碳化物沿奥氏体晶界析出。极薄的轻微网状碳化物可以在球化退火时被消除。停锻后冷却速度过于缓慢时,沿奥氏体晶界析出较厚的网状碳化物组织虽然可以被球化消除,但会造成球化退火组织中碳化物颗粒大小不均匀。严重的厚网状碳化物组织将无法在球化退火时被消除而保留下来。

图 8-11 为终锻温度过高,锻后缓慢冷却,形成粗片珠光体和严重厚网状碳化物组织。

图 8-12 为终锻温度过低,冷却速度过大,奥氏体无法再结晶的组织形貌,奥氏体晶粒沿锻造变形方向被拉长,会造成轴承零件性能的各向异性。

图 8-11 终锻温度过高缓冷后组织形貌 (500×)

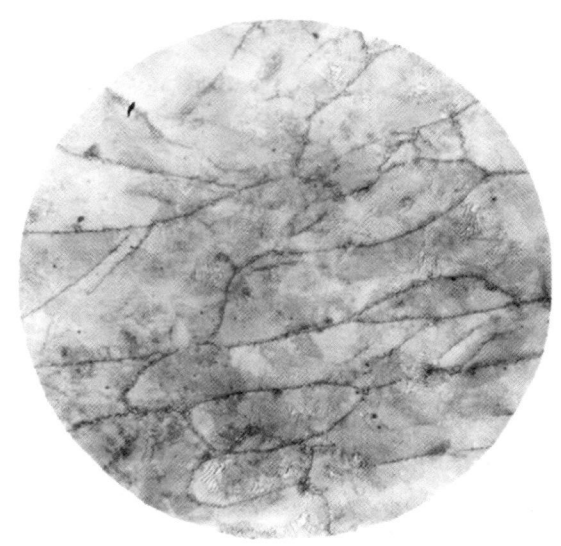

图 8-12 终锻温度过低奥氏体晶粒变形拉长形貌 (500×)

2. 锻后冷却过快

轴承零件锻后冷却速度过快,将会出现贝氏体和马氏体组织,贝氏体组织的存在是允许的,但不允许出现马氏体组织,以免造成应力过大产生裂纹。

图 8-13 所示锻件冷速过快(遇水)局部出现针状马氏体,该区域硬度高,压痕相对小。

3. 脱碳

钢在热锻过程中控制不当会发生不同程度的脱碳,它使零件表面硬度降低,出现软点,对轴承套圈来说是不容许的。

钢的脱碳深度与加热温度、加热时间、钢的化学成分有关。在空气炉中,轴承钢一般从 850℃ 开始脱碳,加热温度越高,时间越长,脱碳层就越深。含碳量越多的钢,脱碳层越深。这是由于钢内部的碳通过碳的扩散作用,补充表面所脱去碳的缘故。钢中含钨、铝等元素会使脱碳层增加,含铬则可以减少脱碳现象。

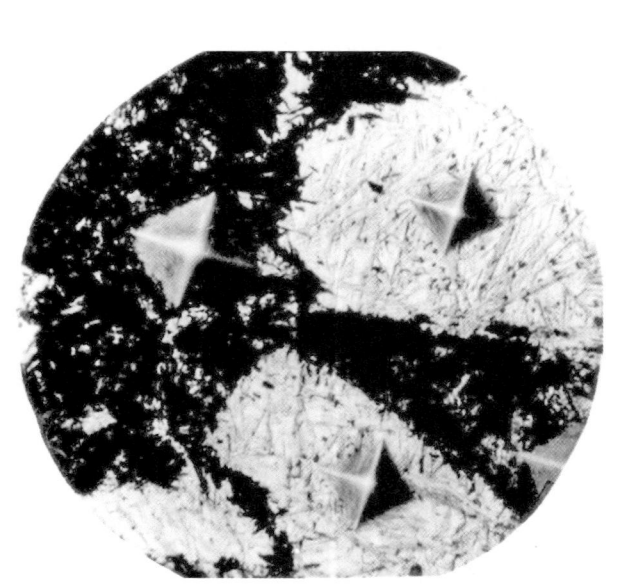

图 8-13 锻后冷却过快组织形貌 (500×)

4. 过热

高碳铬轴承钢锻造加热温度超过允许的最高温度,或在炉中高温区停留时间过长,晶粒急剧长大,形成粗大晶粒,这种现象称过热。锻件内部晶粒粗大,不利于热处理,使钢变脆。对不太严重的过热组织可以用锻后正火处理来消除。图 8-14 所示锻造温度过高,形成的锻造过热组织。

5. 过烧

钢材在过高的温度下停留时间太长,晶粒长得很大,晶界因氧化而出现氧化物或局部熔化,就是过烧,组织为粗片状珠光体+索氏体+粗大晶界网,见图 8-15(a)。过烧的金属材料是无法挽救的。

锻件过烧,外表会龟裂,见图 8-15(b);同时由于晶粒粗大,晶界氧化而变粗,造成晶粒间结合力极低,当停锻温度低时锻件断裂呈渣状断面,见图 8-15(c)、图 8-15(d)。

图 8-14 锻造过热组织 （500×）

（a）过烧组织形貌 （500×）

（b）外表烧损形貌 （1：1）

（c）脆性形貌 （1：1）

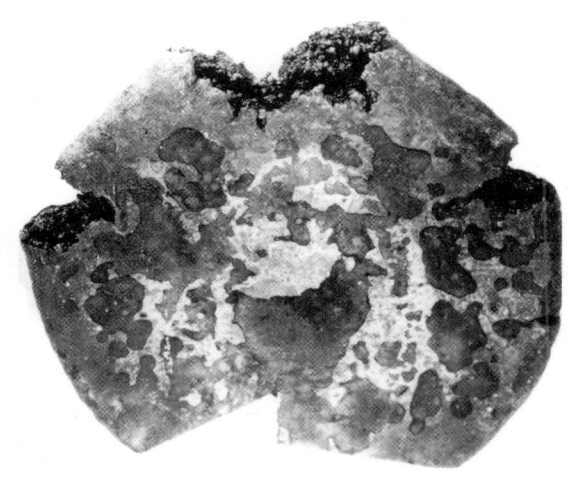

（d）渣状断面 （1：1）

图 8-15 锻造过烧后外形及组织形貌

8.5 高碳铬轴承钢热处理及金相组织

高碳铬轴承钢主要用作滚动轴承,在高速负荷下进行工作,为了使其具有高的稳定性,不仅对钢材的材质提出了种种严格的要求,并且对滚动轴承热处理后显微组织的要求也十分苛求。

8.5.1 正火

高碳铬轴承钢在球化退火之前常要进行正火。正火的目的是消除停锻温度高、冷却缓慢而出现的粗大网状碳化物;或是停锻温度低,晶粒沿变形方向被拉长而形成条带状组织。这二种组织在退火过程中都不能完全消除,必须经正火处理,为了消除退火过热产生的粗片状珠光体和不均匀的粗粒状珠光体组织,也必须经正火处理。

要求特殊性能的轴承零件(高温轴承、超精密轴承、铁路轴承)及等温淬火的轴承零件,常通过正火为退火及淬火做好组织准备。

GCr15钢的正火温度一般为900～920℃(对于消除粗肥碳化物网可提高至930～950℃),轴承坯的保温时间一般为30～50 min,冷却速度不能小于40～50℃/min,以防正火时析出网状碳化物。小型薄壁件可空冷,较大工件可采用鼓风或喷雾冷却。

高碳铬轴承钢正火后正常基体组织为索氏体或细片状珠光体,即相当于正常锻造后组织,如图8-9所示。工序中产生的缺陷,主要有不合格的网状碳化物、严重的氧化脱碳和裂纹等。

8.5.2 球化退火

高碳铬轴承钢零件锻造或正火后的正常组织为索氏体或细片状珠光体。其组织硬度较高(255～340 HB)难于进行切削加工,而且淬火加热温度范围狭窄,容易产生过热或欠热组织。故需要进行一次球化退火,以降低硬度,提高切削加工性能及表面加工质量,同时还给以后的淬火工序做好组织准备。球化退火是铬轴承钢所进行的一种最重要的热处理工艺。若球化碳化物细小均匀,淬火回火的残存碳化物量适中,并可得到高硬度的马氏体基体,这样的轴承疲劳强度高,寿命长。此外,轴承零件具有细粒状珠光体的原始组织,其热处理的工艺性能也比较好,允许的淬火加热温度范围比较宽,不易产生过热,淬火时畸变和开裂倾向小,而且淬火后残留奥氏体量也比较少。

高碳铬轴承钢球化退火时,退火温度的选择十分重要。GCr15钢的球化退火是在高于Ac_1的一定温度下进行的。在此温度下的组织为奥氏体和大量未溶碳化物,这些未溶碳化物在冷却时成为结晶核心。因此退火温度超过Ac_1越少。未溶碳化物越多,在正常冷却条件下,冷却后得到的组织越细。但如果温度过低(低于760℃)则退火后的组织中会保留部分锻造组织。同时作为核心的残存碳化物量过多,形成了碳化物颗粒不能充分分离的球状珠光体组织。反之,加热温度越高,则未溶解的碳化物就越少,作为核心的残存碳化物数量不多,冷却后形成粗粒或粗片状珠光体。一般球化退火加热温度为780～800℃。

加热保温的目的,在于使工件表层及心部基体的珠光体(索氏体)完全正常转变。不同的加热温度有它相应的保温时间,同时保温时间还与零件大小及装炉量有关。

冷却速度的大小决定着珠光体的分散度,冷却速度大珠光体转变形核率高,生成的碳化物来不及长大,形成极细密的碳化物,硬度较高。反之,冷却速度过小,会形成粗大的碳化物,硬度较低。如果加热温度偏高,冷却速度又比较慢,未溶解的碳化物容易在冷却过程中长大,这些碳化物与珠光体转变时产生的碳化物大小差别就较大。因此,退火时采用高温并缓慢冷却是得到大小不均匀碳化物的原因之一。此外,反复退火也会造成大小不均匀的碳化物。

除退火工艺影响退火组织外,原材料较粗大的片状珠光体等都会给退火组织带来缺陷。凡此类缺陷及过热组织,均应进行正火工序消除后,再进行球化退火。球化不完善的退火组织,如硬度较高,可适当降低温度重新退火。

在特殊钢中,以对轴承钢球化组织的要求最为严格,在JB/T 1255—2014《滚动轴承 高铬轴承钢零件热处理技术条件》中有明确要求,见表8-15。

表 8-15　高碳铬轴承钢球化退火后技术要求

检查项目	技术要求	
	GCr15	其他钢种[①]
硬度	179～207 HBW(压痕直径 4.5～4.2 mm)或 88～94 HRB	179～217 HBW(压痕直径 4.5～4.1 mm)或 88～97 HRB
显微组织	为细小、均匀分布的球化组织,应符合第一级别图中的第 2 级～第 4 级,允许有细点状球化组织存在,不允许有第 1 级和第 5 级所示的组织存在	
网状碳化物	应符合第四级别图中的第 1 级～第 2.5 级	
脱碳层深度	不大于单边最小加工余量的 2/3	

注：冷挤压或碳化物细化处理等特殊工艺处理后的轴承零件退火后的硬度不应大于 229 HBW(压痕直径不应小于 4.0 mm)。
① 其他钢种为 GCr15SiMn、GCr15SiMo 及 GCr18Mo。

JB/T 1255—2014 标准把球化退火组织分为 1～5 级 5 个级别,分别有 500 倍及 1000 倍的标准评级图,有争议时,以 1000 倍为准,分级依据主要为球化体的大小、均匀性、圆整程度以及是否存在片状珠光体,其中 1 级为明显球化欠热退火组织,5 级为明显球化过热组织,3 级为良好球化退火组织。

图 8-16 为经过适当球化后的良好组织,这种组织的切削性能良好,淬火回火后的残存碳化物量适中,显示了良好的性能。

图 8-17 所示为一种退火欠热组织,球化退火温度过低,在 Ar_1 附近急冷,因冷速过快,使碳化物显著变小,得到索氏体及细粒状、细片状珠光体组织。图 8-18 也是一种退火欠热组织,细粒状、密集点状珠光体+少量细片状珠光体。此类组织切削性能不好,切削加工后精度不高。在一定的淬火温度下,由于碳化物溶解过快,从而使轴承力学性能变坏。

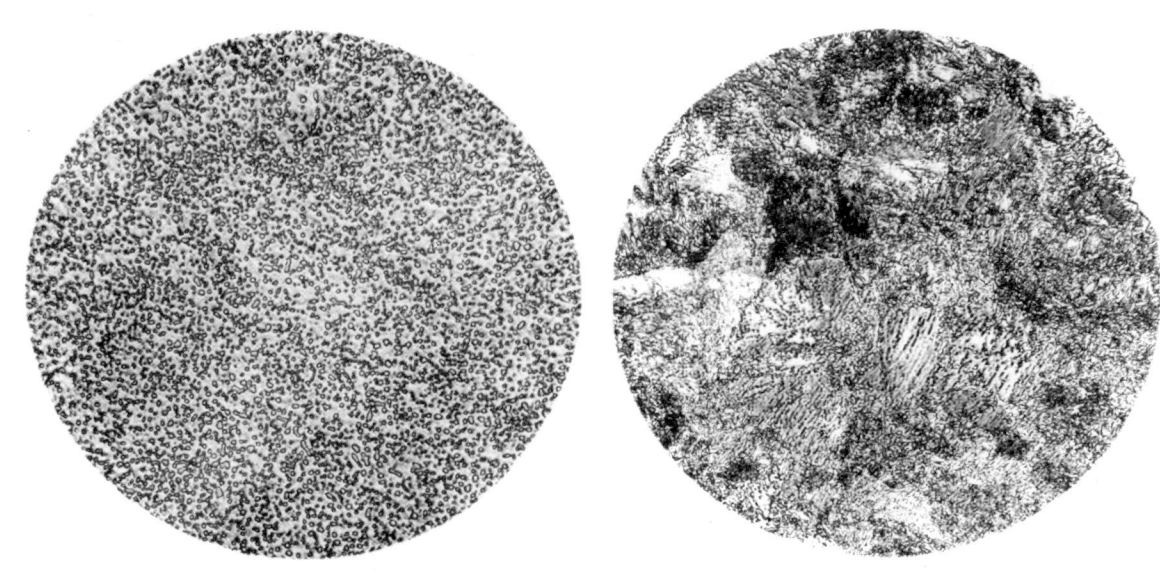

图 8-16　正常球化退火组织　(500×)　　图 8-17　球化欠热组织形貌　(500×)

图 8-19 为退火过热组织,大小分布不均匀的颗粒状珠光体。图 8-20 为另一种退火过热组织,粗大颗粒状珠光体,粗片状珠光体。图 8-21 也是一种退火过热组织,大颗粒球状珠光体,粗片状珠光体,沿奥氏体晶界析出二次渗碳体。

由上述的几种组织形貌,可看到球化退火欠热与过热组织的区别,主要为球化体的粗细、均匀性以及片状珠光体的片间距。

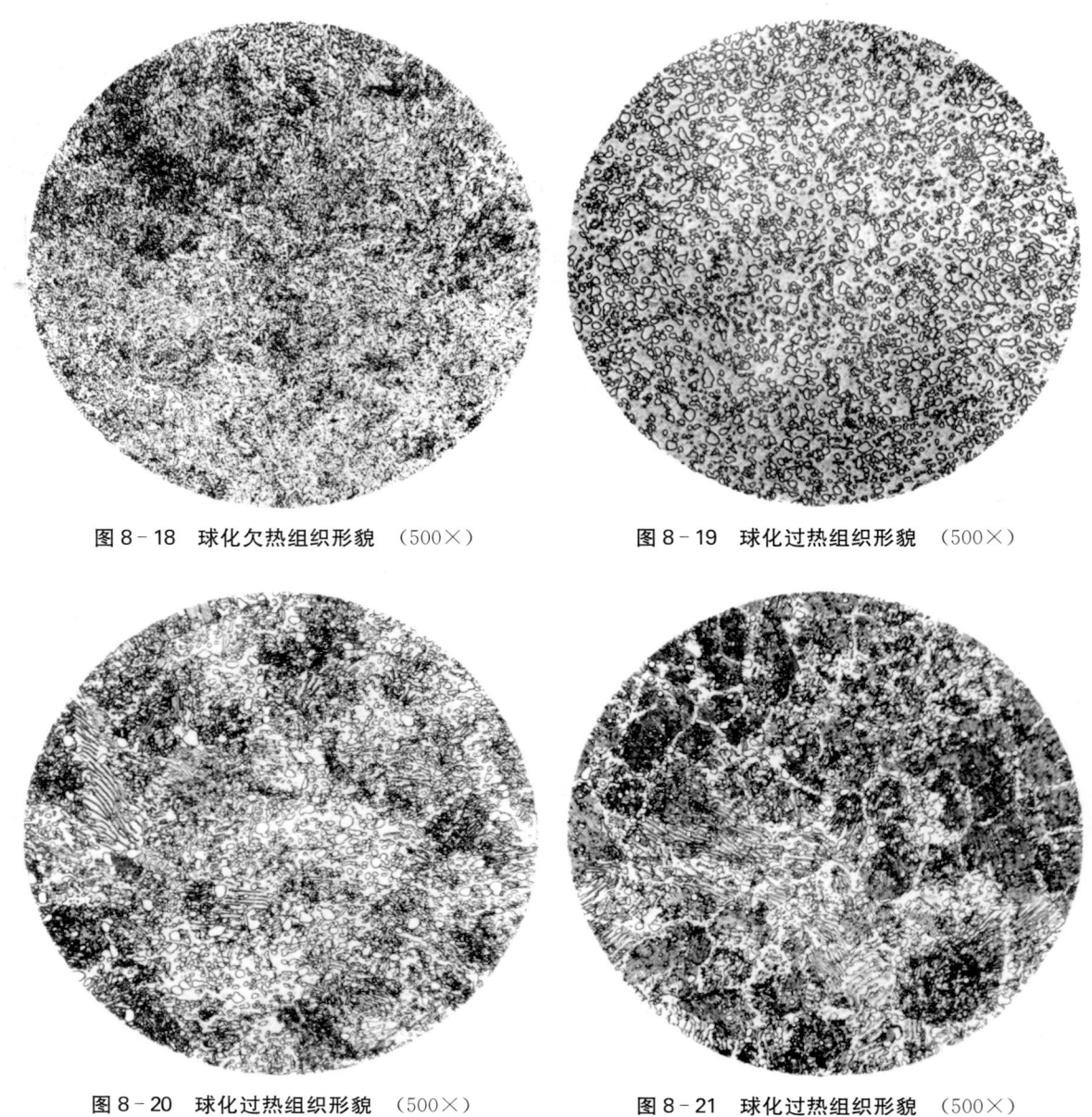

图 8-18 球化欠热组织形貌 （500×）

图 8-19 球化过热组织形貌 （500×）

图 8-20 球化过热组织形貌 （500×）

图 8-21 球化过热组织形貌 （500×）

8.5.3 淬火、回火

轴承零件淬火和回火的目的是提高钢的硬度、强度、耐磨性能和抗疲劳性能，提高轴承的使用寿命。

决定淬火质量的主要因素是淬火温度，保温时间和冷却方式。除此以外与材料的原始组织、零件尺寸大小及加热方式也有很大的关系。

在 GCr15 钢的球化退火组织中，有体积分数 15%～20% 的碳化物，它集中了钢中 98wt% 的碳、80wt% 以上的铬和 52wt% 以上的锰。在淬火加热时，碳化物不断溶入奥氏体中。GCr15 钢成分属于过共析，正常淬火温度是 830～860℃，淬火后经 150～160℃回火 3h，其显微组织中主要是马氏体(约占体积 80%)，碳化物(占体积 5%～6%)，残留奥氏体(占体积 9%～15%)。随着淬火温度的不同，所包含组织的含量也有所不同。轴承零件在正常温度淬火回火后的显微组织应由隐晶、细小结晶马氏体和均匀分布的细小残留碳化物以及少量残留奥氏体组成。在显微镜下观察为均匀分布的黑区和白区。黑区内的残留碳化物的数量较白区为多。黑区基体硬度约为 760 HV，白区的基体硬度为 813～861 HV。淬火加热时，处于奥氏体晶界处的含铬碳化物首先溶解，在同样的淬火加热保温时间下，这些地方溶入的碳及铬的量就要多些。因此，在正常淬火加热温度下，奥氏体存在着微观的成分不均匀。在富碳富铬区，马氏体转变点 M_S

就比较低,在随后淬火冷却时形成的马氏体浸蚀时呈白色,称为结晶马氏体。而在奥氏体晶粒内部,由于溶入的碳及铬的量相对少,马氏体相变点 M_S 比较高,淬火冷却时,在较高温度形成的马氏体容易发生自回火,所以浸蚀后呈黑色,称为隐晶马氏体。

若提高淬火温度至 900℃,则马氏体大多呈现出明显的中间厚、边缘薄的针叶状马氏体形态,马氏体叶片间相互不平行,马氏体片间的残留奥氏体较多,残留碳化物较少。针叶片马氏体内的亚结构为细孪晶,故称为孪晶马氏体。

降低淬火温度,则奥氏体内碳及合金化浓度降低,促使 M_S 点上升,形成的马氏体大多呈板条状,相互平行的板条马氏体组成一个马氏体领域,领域间位向差较大,一个奥氏体晶粒内可有几个马氏体领域。板条马氏体内亚结构为高密度的位错,故称位错马氏体。

GCr15 钢在正常淬火工艺下所获得的组织为淬火马氏体、残留碳化物、残留奥氏体。由于淬火马氏体及残留奥氏体属亚稳定相,为了使金相组织稳定,同时改善淬火钢的综合力学性能,并保证零件在使用过程中的尺寸稳定性,钢在淬火后必须进行回火。回火过程中伴随有金相组织的变化。在低温回火时,组织变化轻微,在金相显微镜下观察,除了可以看到回火马氏体较淬火马氏体易受浸蚀外,其他组织转变就难以区分。对于尺寸稳定性更高时,常进一步进行深冷处理。高碳铬轴承钢轴承零件淬回火后金相组织评级应根据马氏体粗细程度、残留奥氏体数量及残留碳化物数量多少和颗粒大小,按照 JB/T 1255—2014《滚动轴承 高碳铬轴承钢零件热处理技术条件》第二级别图进行评定。1~4 级为不同粗细的马氏体,分级说明见表 8-16。

表 8-16　高碳铬轴承钢淬回火马氏体组织分级说明

级别	组织	特征	图示
1	隐晶马氏体+较多的残留碳化物+少量残留奥氏体	基体组织细而均匀,残留碳化物多而颗粒较粗,残留奥氏体光镜下看不到。轻蚀后有时会出现小块状托氏体	图 8-22
2	细小结晶马氏体+隐晶马氏体+少量细小针状马氏体+较少量残留碳化物+残留奥氏体	基体组织黑白差明显,白色区组织为布纹状且局部出现细小针状马氏体,但针状马氏体 500× 光镜下显示模糊不清晰。残留碳化物少于 2 级	图 8-23
3	细小结晶马氏体+隐晶马氏体+少量细小针状马氏体+较少量残留碳化物+较多残留奥氏体	基体组织较粗,黑白差大,白色区出现细小针状马氏体,细小针间出现残留奥氏体墙,残留碳化物减少,颗粒细,局部区域碳化物已全部溶解	图 8-24
4	细小结晶马氏体+少量隐晶马氏体+局部小针状马氏体+少量残留碳化物+较多量的残留奥氏体	基体组织粗,黑白差大,白区增多,局部区域有明显的细小针状马氏体,细小针状马氏体间有残留奥氏体显示(零件回火后更明显),残留碳化物少,颗粒更细或碳化物颗粒大小和分布均匀性很差,局部区域碳化物已全部溶解	图 8-25

注:本表所列图片摘自 JB/T 1225—2014。

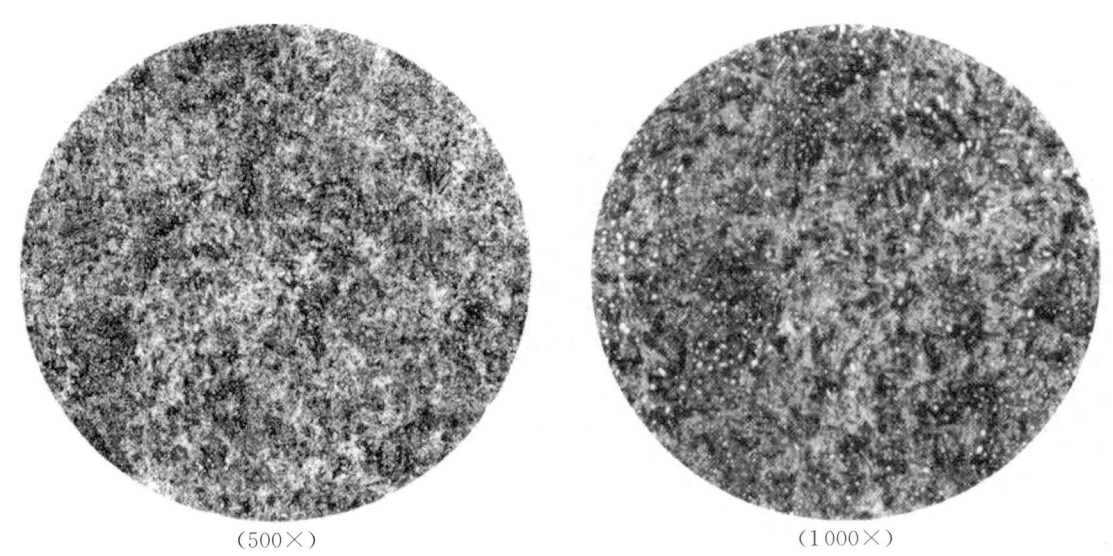

(500×)　　　　　　　　　　　　(1000×)

图 8-22　高碳铬轴承钢淬回火组织　1 级

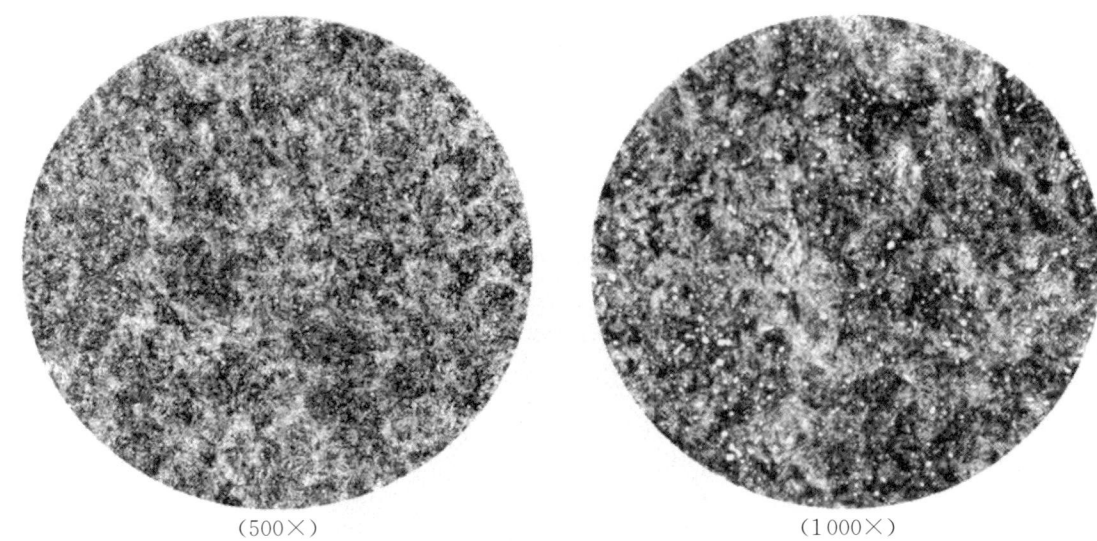

(500×)　　　　　　　　　　　　（1 000×）
图 8-23　高碳铬轴承钢淬回火组织　2 级

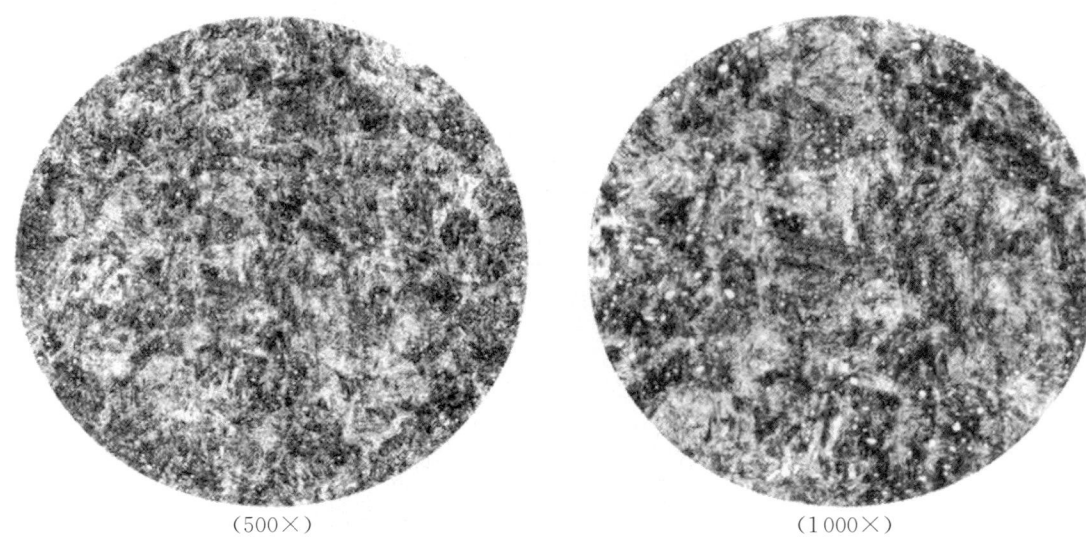

(500×)　　　　　　　　　　　　（1 000×）
图 8-24　高碳铬轴承钢淬回火组织　3 级

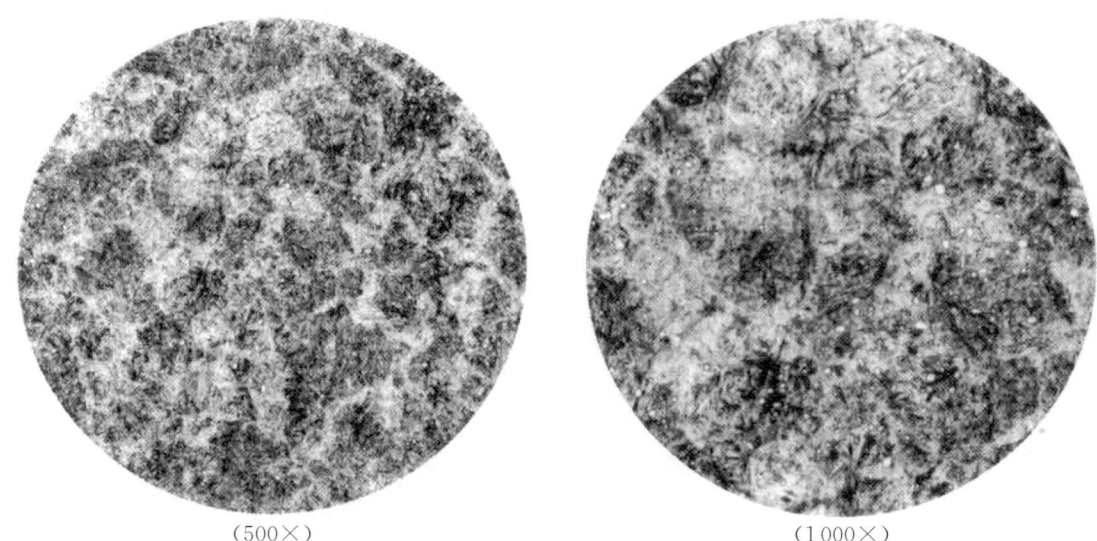

(500×)　　　　　　　　　　　　（1 000×）
图 8-25　高碳铬轴承钢淬回火组织　4 级

应该指出,上述组织评定的级别,并不包含一些淬回火的较严重的缺陷组织形态。

钢材淬火前的原始组织(球化退火组织)不良,或者淬火操作不当,往往会出现各种淬火缺陷组织。

当淬火温度过高,或者在淬火温度上限保温时间过长,使碳化物溶解过多,奥氏体含碳量及合金元素增加,使马氏体转变点迅速下降,导致淬火组织中残留奥氏体量显著增加,淬火温度过高还可能使奥氏体晶粒长大,由于碳化物及奥氏体晶界机械地阻碍马氏体长大作用减小,致使马氏体针粗大。如图8-26所示。

图8-26 淬火过热组织 (500×)

退火组织中球状碳化物大小分布不均匀以及退火欠热组织,即使在正常的淬火加热温度下,由于碳化物溶解的程度不同,细小颗粒状的碳化物和细片状碳化物易于溶解,使奥氏体中碳和合金元素的含量增高,以致在淬火后产生局部淬火过热组织,出现粗针状马氏体。

当淬火加热温度过低或加热保温不足,铬和碳化物不易溶解到奥氏体中去,使奥氏体的碳和合金浓度低而且成分不均匀,未溶碳化物的大量存在,降低了过冷奥氏体的稳定性,因而在正常淬火冷却条件下,淬火组织中会产生块状托氏体。如图8-27所示为淬火欠热组织。

在淬火加热情况下,钢中奥氏体成分存在着浓度起伏,在局部碳和合金元素偏低的区域,其淬火临界冷却速度相对增高,因此当淬火冷却速度不够的情况下,该区过冷奥氏体便发生珠光体型转变,出现针状(网状)托氏体。如图8-28所示。

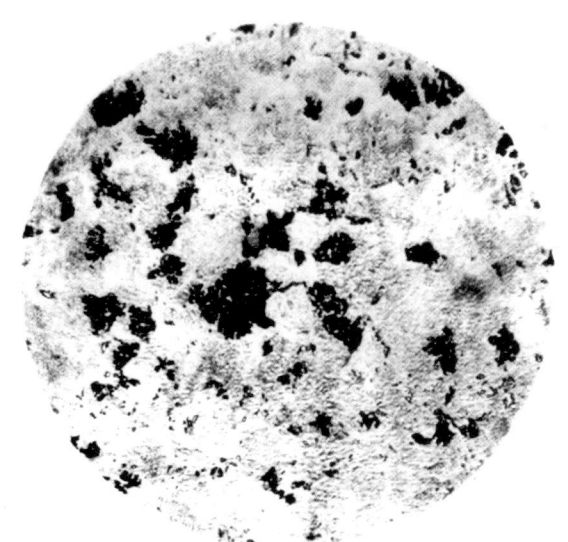
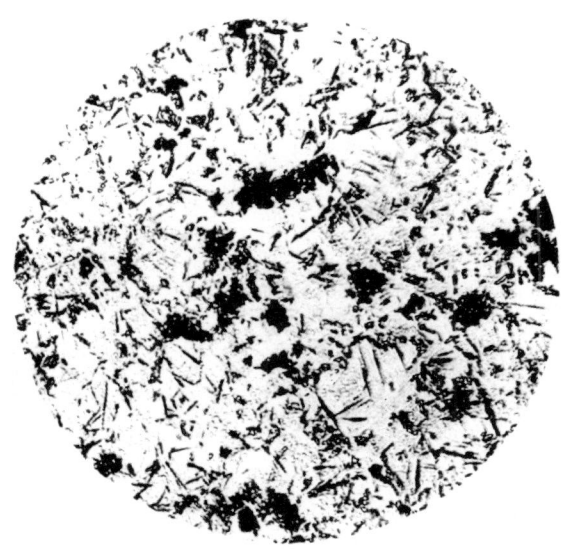

图8-27 淬火欠热组织 (500×)　　图8-28 淬火欠热组织(冷速慢) (500×)

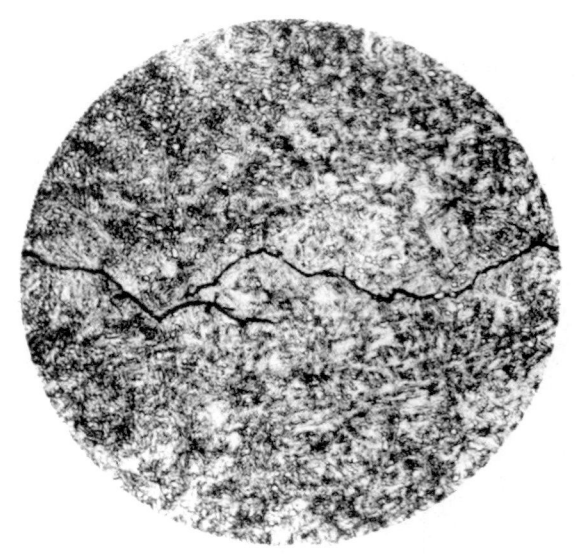

钢在淬火时,由于加热温度过高,奥氏体晶粒粗大,或因马氏体转变区内冷却速度过大,淬火应力超过钢的破断强度,因而产生淬火裂纹。在显微镜下观察,裂纹刚直有力,尾部尖利,尾梢附近常有细微裂纹分布;裂纹较深、较细,沿晶界分布;裂纹两侧无脱碳,裂纹内无氧化皮。如图 8-29 所示。

当用 GCr15 钢制造柴油机精密偶件时,淬火、回火后金相检验应按 JB/T 9730—2011《柴油机喷油嘴偶件、喷油泵柱塞偶件、喷油泵出油阀偶件金相检验》进行。该标准把 GCr15 钢淬火、回火后的金相组织形态分为 8 级,按白区马氏体针叶长度、白区和黑区的相对数量和分布特征以及未溶碳化物颗粒数量分布进行评定。分级说明见表 8-17。

图 8-29 淬火开裂形貌 (500×)

表 8-17 GCr15 钢精密偶件金相组织分级说明

级别	金相显微组织
1	隐针状马氏体+少量细小针状马氏体+未溶碳化物颗粒
2	隐针状马氏体+细小针状马氏体+未溶碳化物颗粒
3	细小针状马氏体+隐针状马氏体+未溶碳化物颗粒
4	小针状马氏体+未溶碳化物颗粒,其中马氏体针长小于或等于 0.007 mm
5	针状马氏体+未溶碳化物颗粒,其中马氏体针长大于 0.007 mm
6	针状马氏体+粗针状马氏体+少量未溶碳化物颗粒,其中马氏体针长大于 0.01 mm
7	马氏体+块状托氏体+未溶碳化物颗粒
8	马氏体+下贝氏体+未溶碳化物颗粒

GCr15 钢精密偶件的淬火组织 1~4 级合格,大于 4 级不合格。下限合格级别的评定必须同时具备两个条件:淬火后的硬度大于或等于 63 HRC;显微组织不出现托氏体或贝氏体。有一条不满足者,即不合格。上限合格级别的评定以白区中马氏体针叶长度小于或等于 0.007 mm 为合格。超过者,即不合格。

8.5.4 等温淬火回火处理

由图 8-7 的 GCr15 钢过冷奥氏体等温转变曲线可看到,GCr15 钢的 M_s 点在 235℃左右,在 520~240℃等温停留,过冷奥氏体将发生贝氏体转变。经约 260℃等温处理后的 GCr15 钢的组织为下贝氏体+马氏体+残留奥氏体+未溶碳化物。由于成分的偏析,组织转变有区域性先后及差异。先形成的下贝氏体可有效分割奥氏体晶粒,缩小了后期形成的马氏体的伸展空间,马氏体会被细化,减少了马氏体中微裂纹形成,可相对提高韧性。因此,一般认为贝氏体和马氏体混合组织可有效提高 GCr15 钢的综合力学性能。

GCr15 钢等温淬火时,在一定范围内等温时间不同,直接影响最终基体组织中贝氏体的体积份额。在不充分等温条件下,在常规淬火时形成隐针板条马氏体的黑区优先形成贝氏体,随后下贝氏体向高碳高合金区域(常规淬火后白区)扩展,少量取代孪晶马氏体。由于仍保留相当数量的原白区的孪晶马氏体,因此工件的韧性提高不明显。当等温时间适当延长后,原白区也发生贝氏体转变,以下贝氏体取代常规淬火时形成孪晶马氏体,而且等温后进一步冷却时形成的孪晶马氏体得到碎化,工件的韧性必然会有所提高。但当等温时间充分,组织中大部分为贝氏体,残留奥氏体增加,强度及硬度均会下降。因此,一般认为,GCr15钢等温淬火处理后组织中下贝氏体的体积分数为40%~50%时,可获很好的强韧性配合。部分不同等温淬火工艺下的力学性能见表8-18。

表8-18 GCr15钢等温淬火试样的力学性能

热处理工艺	贝氏体量/体积分数	硬度/HRC(淬火态/回火态)	抗弯强度R_{bb}/MPa	挠度f/mm	冲击吸收功$K_{无缺口}$/J	断裂韧性K_{IC}/(MPa·m^{-2})
850℃加热,保温30 min,热油淬火,180~200℃回火	0	66.0/61.6	2587.2	2.40	29	20.2
850℃加热,保温30 min,淬入300℃热油中冷却63 s,180~200℃回火	20%	64.5/61.4	3012.9	2.72	37	20.8
850℃加热,保温30 min,淬入300℃热油中冷却126 s,180~200℃回火	40%	64.0/61.0	3464.8	3.36	54	26.3
850℃加热,保温30 min,淬入300℃热油中冷却159 s,180~200℃回火	50%	62.5/61.2	3285.0	3.09	70	24.9
850℃加热,保温30 min,淬入300℃热油中冷却195 s,180~200℃回火	60%	58.5/57.4	2856.2	4.29	80	30.9

高碳铬轴承钢由于存在着微观的成分不均匀,在等温淬回火后会主要形成下贝氏体及马氏体混合组织,同时由于零件内部及近外表区域温差等原因,也难免会出现少量先共析珠光体组织——屈氏体,呈针状或块状。这种少量屈氏体对零件的综合性能影响不大,因此在JB/T 1255—2014标准中规定了允许级别(数量、分布):1级及2级,见图8-30及图8-31。

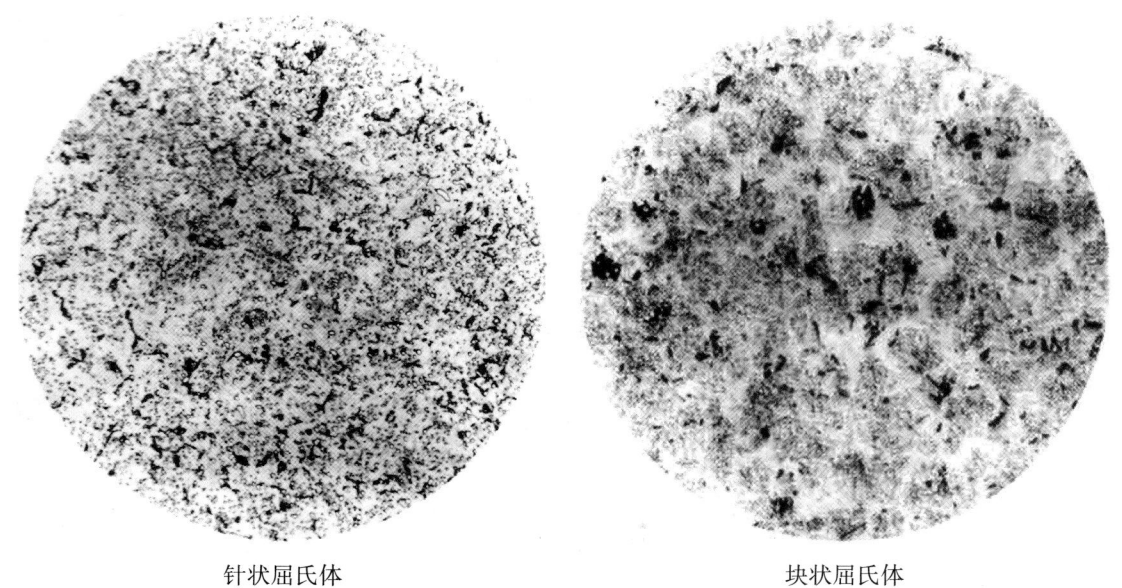

针状屈氏体　　　　　　　　块状屈氏体

图8-30 淬回火屈氏体1级(距工作面3mm内)(500×)

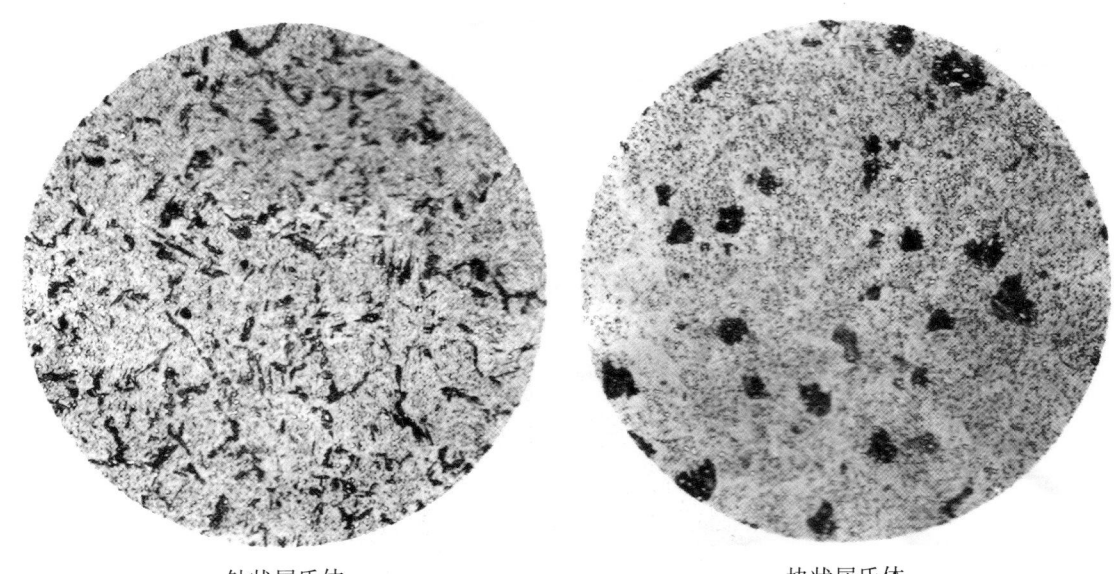

针状屈氏体　　　　　　　　　块状屈氏体

图 8-31　淬回火屈氏体 2 级（距工作面 3 mm 外）（500×）

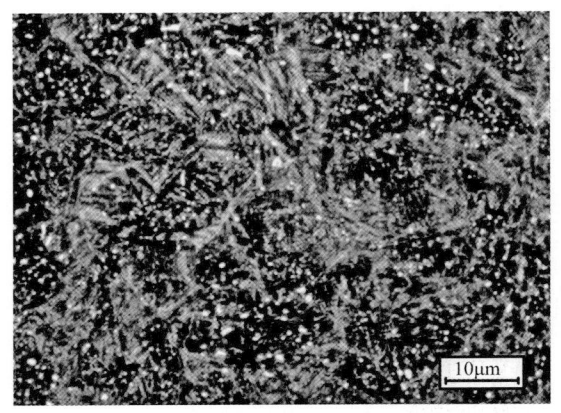

图 8-32　GCr15 钢预淬等温处理后组织形貌

在生产中，还有一种预淬火等温处理工艺，即先期淬火在原黑区仍生成板条马氏体，随后升温至 M_s 点以上等温，受先期板条马氏体激发，加速了贝氏体在原白区形成，以下贝氏体取代大部分孪晶马氏体，并细化最后形成的少量孪晶马氏体，图 8-32 为这种工艺下的组织形貌，"黑"区是预淬火时形成的以板条马氏体为主的隐针马氏体区；在"白"区可看到黑色贝氏体针及针间浅色马氏体＋残留奥氏体；还可见颗粒状碳化物。这种工艺既可提升强韧性，又可缩短等温时间，有利提高生产效率。部分预淬等温工艺下的力学性能见表 8-19。

表 8-19　GCr15 钢部分预淬火等温处理试样力学性能

热处理工艺	抗拉强度 $R_m/\text{N} \cdot \text{mm}^{-2}$	抗弯强度 R_{bb}/MPa	挠度 f /mm	冲击吸收功 $K_{无缺口}$/J	表面硬度/HRC
850℃加热，保温 10 min，170℃硝淬 15 s，260℃等温 2 h，180～200℃回火	2 040	3 990	9.2	101；113；100	59.0；58.8；59.2
850℃加热，保温 10 min，170℃硝淬 10 min，260℃等温 2 h，180～200℃回火	1 360	—	—	53；72；69	60.3；60.1；60.4

8.5.5　深冷处理

一般把在 -100℃以下对工件进行处理而使工件的某些性能提高的方法称为深冷处理。

GCr15 钢在常规热处理后会存在较多残留奥氏体，当淬火温度高、回火温度低时，残留奥氏体更多，达 15％左右。经深冷处理，由于在 M_f 点以下残留奥氏体会进一步向马氏体转化，可使残留奥氏体下降到 3％以下。同时，由于深冷时马氏体受到收缩应力，增强了碳原子析出驱动力。在马氏体基体上析出超细碳化物。图 8-33 为 GCr15 钢常规热处理试样深冷处理前后组织形貌对比。深冷处理后组织的变化可导致性能的提高：其一，残留奥氏体减少可提高工件的尺寸稳定性；其二，由于马氏体的增加可提高硬度；其三，由于马氏体增加及细小碳化物析出可提高耐磨性。但是由于深冷处理后残留奥氏体的减少，工件的冲击吸收功将会有一定的下降。

因此,对那些尺寸稳定性有极高要求的产品,进行深冷处理是必要而有效的工艺,而且深冷处理应在淬火后及时进行,效果更为明显。

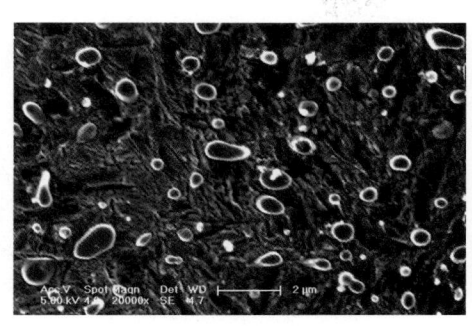 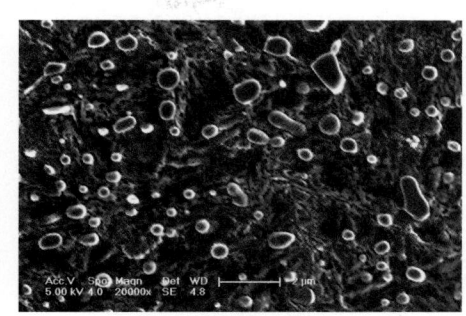

深冷处理前　　　　　　　　　　　　深冷处理后

图 8-33　GCr15 钢淬火试样深冷前后组织形貌

8.6　其他轴承钢热处理及金相组织简介

8.6.1　高温轴承钢的热处理及金相组织

高温轴承钢属于高速钢或经济型高速钢,有关热处理中组织转变可见第 9 章介绍。其中 Cr4Mo4V 是专用的高温轴承钢,有关热处理技术条件列入 JB/T 2850—2007(2017)《滚动轴承 Cr4Mo4V 高温轴承钢零件热处理技术条件》标准内。该钢种淬回火后的金相组织控制项目有晶粒度、显微组织及回火稳定性。

1. 晶粒度

淬火后,在 500 倍下对照该标准第一级别图按严重视场组织进行评定,共分 4 级,见图 8-34。对于 1 级组织工件,若回火后硬度达技术要求,判为合格。对于超出 4 级的工件,若其中严重处有 5 级晶粒度超过 15% 的判为不合格。

2. 显微组织

淬火回火后组织为马氏体+共晶碳化物+二次碳化物+残留奥氏体,试样在 500 倍下对照该标准第二级别图评定,按马氏体粗细及碳化物溶解程度共分 4 级,见图 8-35。第 1 级为欠热组织,硬度合格可接受,大于 4 级为过热组织。

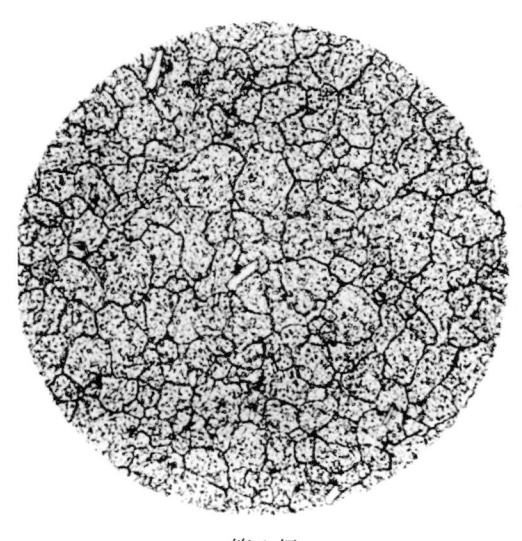 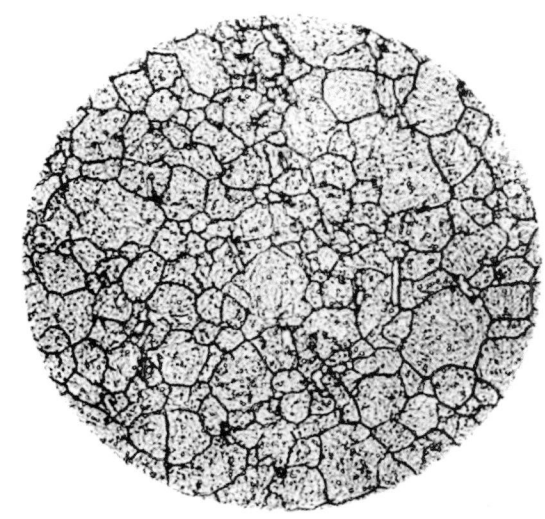

第 1 级　　　　　　　　　　　　　　第 2 级

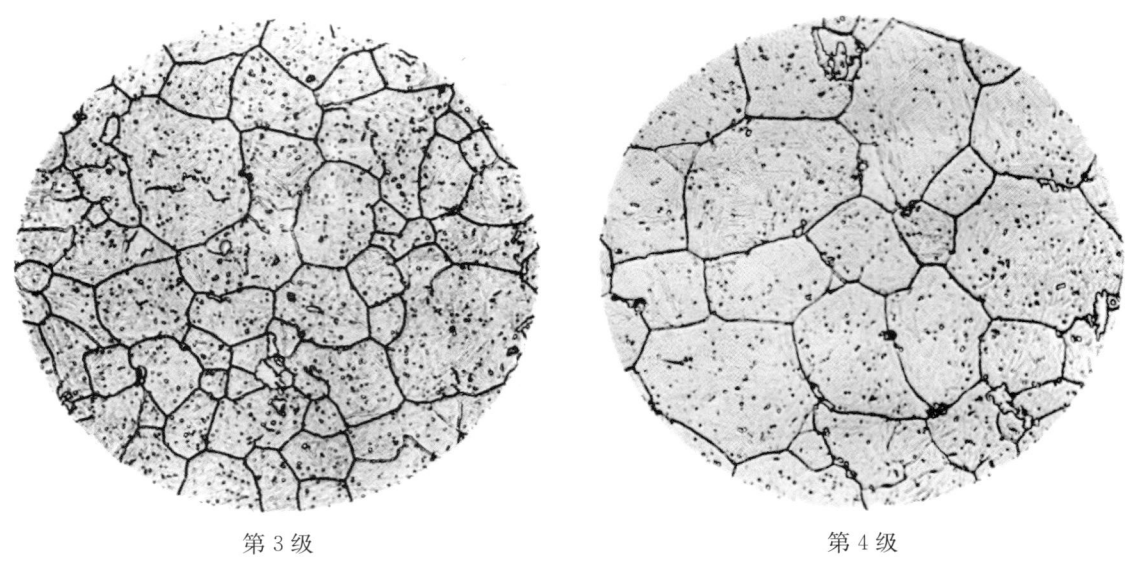

第 3 级　　　　　　　　　　　　　第 4 级

图 8-34　Cr4Mo4V 钢淬火组织晶粒度评级图　（500×）

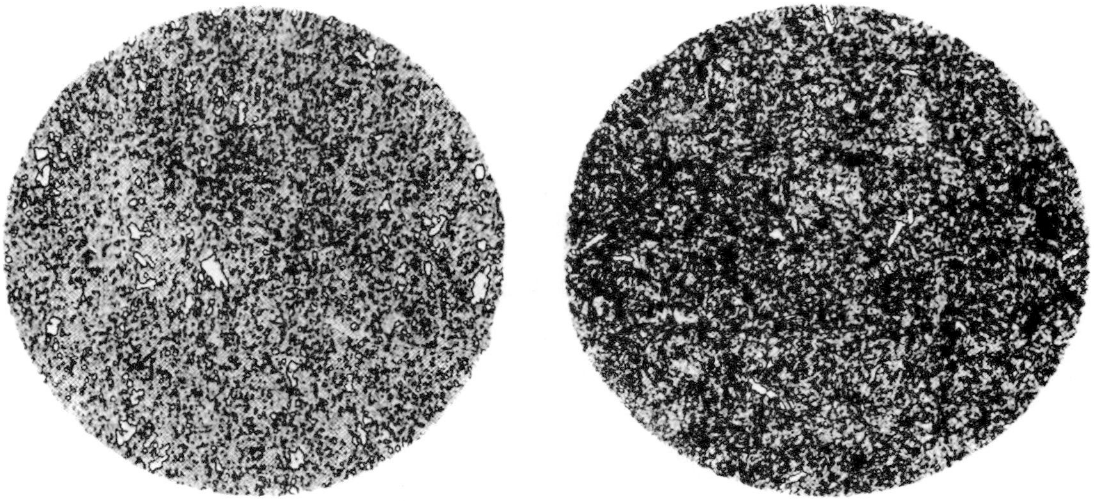

第 1 级　　　　　　　　　　　　　第 2 级

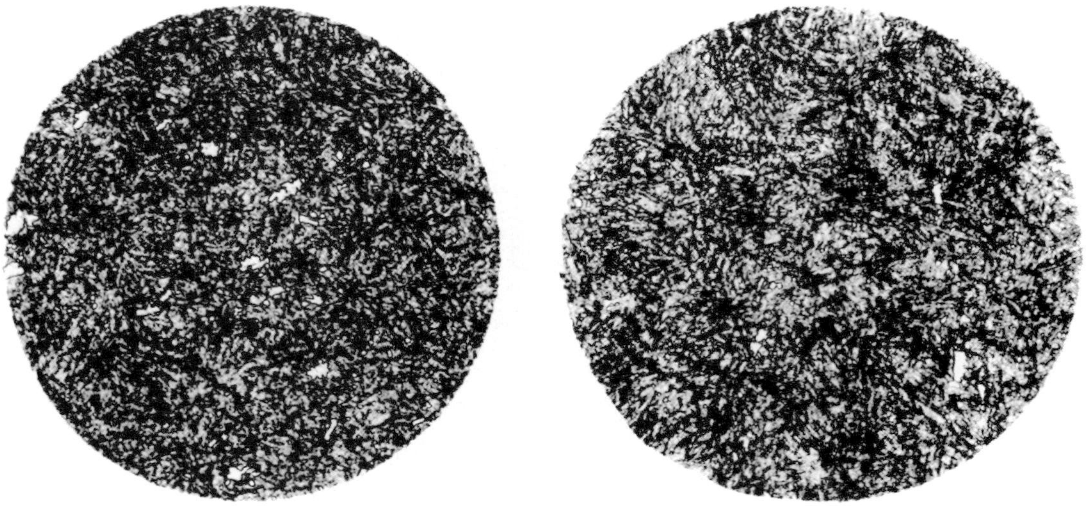

第 3 级　　　　　　　　　　　　　第 4 级

图 8-35　Cr4Mo4V 钢淬火回火后显微组织评级图　（500×）

3. 回火稳定性

按工件正常回火温度重新回火 2 h，在原区域测定洛氏硬度，相应重回火前后硬度差最大不得超过 1 个 HRC 单位。

8.6.2 高碳铬不锈轴承钢热处理及金相组织

高碳铬不锈钢可归属于马氏体不锈钢，相关热处理转变及金相组织可见本书第 10 章介绍。该钢种制造的轴承淬火回火后的有关热处理技术条件列入 JB/T 1460—2011(2017)《滚动轴承　高碳铬不锈钢轴承零件热处理技术条件》标准内。

该钢种轴承零件正常淬火回火后组织为马氏体＋共晶碳化物＋二次碳化物＋残留奥氏体，不允许有严重欠热组织、过热组织及孪晶状碳化物组织存在。组织评级在 500 倍下对照上述标准中第二评级图进行评定。组织按晶粒大小和二次碳化物溶解程度（共晶碳化物不作评定依据）分为 6 级，分级说明见表 8-20。其中第 2 级至第 5 级为合格组织，介于第 1 级、第 2 级间时，以硬度为准，图 8-36 为摘自 JB/T 1460—2011(2017) 中的部分评级图。

表 8-20　高碳铬不锈钢（轴承）淬回组织分级说明

级别	组织	说　　明
1	马氏体＋大量残留二次碳化物和一次碳化物＋少量残留奥氏体	此组织是在淬火温度下限或保温时间短的情况下形成，碳化物未能很好溶解，固溶体浓度低、因而硬度低于标准规定，一种欠热组织
2	马氏体＋较多残留二次碳化物和一次碳化物＋少量残留奥氏体	此组织是在淬火温度下限或保温时间稍短的情况下形成，硬度一般在标准规定的合格范围的中下限
3	马氏体＋适量二次碳化物和一次碳化物＋少量残留奥氏体	此组织是在淬火温度及保温时间适当的情况下形成
4	马氏体＋稍微少量残留二次碳化物和一次碳化物＋少量残留奥氏体	此组织是在淬火温度及保温时间稍长情况下形成
5	马氏体＋较少量二次碳化物和一次碳化物＋少量残留奥氏体	此组织是合格淬火组织的上限组织，在淬火温度较高或保温时间较长的情况下形成
6	马氏体＋残留的二次碳化物和一次碳化物＋部分残留奥氏体＋孪晶碳化物组织	此组织主要是在锻造加热温度过高的情况下已形成的孪晶状碳化物组织，在淬火时不能消除，是一种过热组织

注：本表由作者根据 JB/T 1460—2011(2017) 整理。

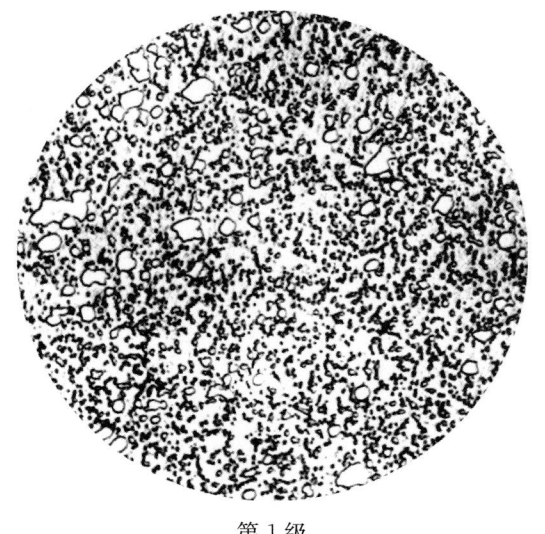
第 1 级

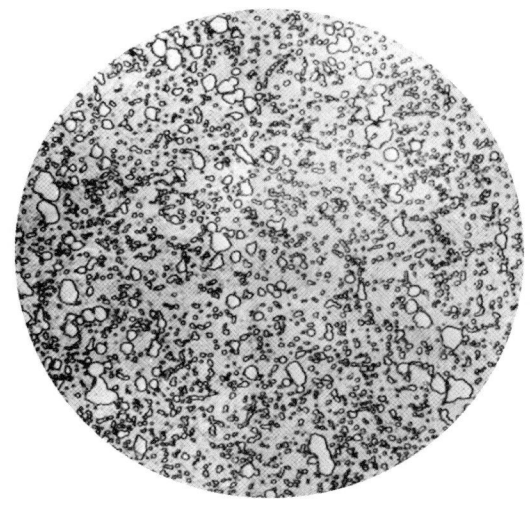
第 2 级

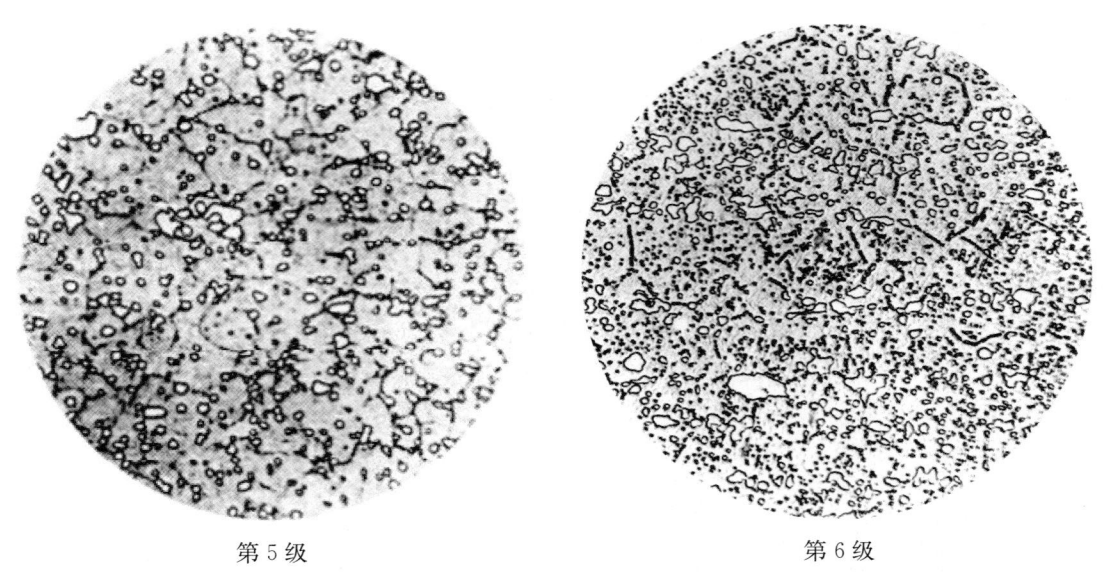

第 5 级　　　　　　　　　　　　　第 6 级

图 8-36　部分高碳铬不锈钢(轴承)淬回火组织级别图　(500×)

8.6.3　表面处理轴承钢热处理及金相组织

表面处理轴承钢,主要是渗碳(碳氮共渗)钢,相关的渗碳(碳氮共渗)工艺过程及组织转变可见第 17 章介绍。作为轴承零件的热处理组织可按 JB/T 7363—2011《滚动轴承　低碳钢轴承零件碳氮共渗热处理技术条件》或 JB/T 8881—2020《滚动轴承　渗碳轴承钢零件热处理技术条件》判定。

8.7　滚动轴承零件常见失效模式及诊断

GB/T 26411—2020/ISO 15243:2017《滚动轴承　损伤和失效　术语、特征及原因》标准中,把滚动轴承的损伤和失效归纳为六大类,见图 8-37 所列。同时,把失效(缺陷)产生的原因归纳为设计、材料、制造、储运安装、工作条件及润滑剂等七方面。实际工况下,滚动轴承的损伤失效往往是多因素作用的结果,表现失效模式有时也不是单一的。

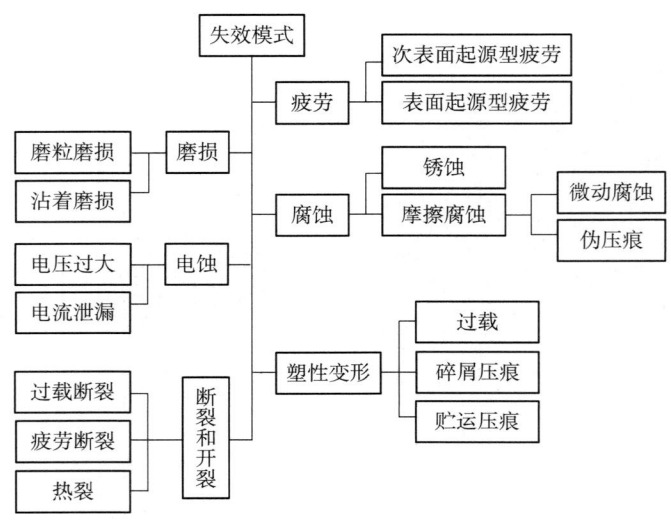

图 8-37　滚动轴承失效模式分类

滚动轴承常遇到的失效有表面烧损、疲劳剥落以及异常破断等。

8.7.1 轴承零件的表面磨削烧伤及诊断

磨削烧伤是轴承产品一种常见的表面缺陷。在磨削加工过程中由于金属表面微区往往经受着很高的受热速度影响或在服役中异常摩擦磨损产生瞬间高温,不可避免地引起金属组织的相变而产生磨削烧伤。

当轴承零件表面局部温度升高到低于轴承的 A_1 时,回火马氏体和残留奥氏体分解,转变为回火托氏体或回火索氏体。此时即产生如图 8-38 所示回火烧伤。酸洗后烧伤表面一般呈黑色。在金相显微镜下观察,零件表面有一层黑色的回火托氏体组织。

当磨削时局部温度超过轴承钢相变温度 Ac_1 点(735~765℃)时,由于组织部分奥氏体化和晶粒的长大,当零件迅速冷却时,一部分奥氏体便很快分解转变为淬火马氏体组织,此时,即发生为图 8-39 所示的二次淬火烧伤现象。这种烧伤的酸洗表面呈白色或亮白色。

图 8-38　表面磨削烧伤回火经酸洗后形貌　(0.7×)　　图 8-39　表面磨削二次淬火经酸洗后形貌　(0.7×)

从图 8-40 可见,在烧伤二次淬火层下面,往往沿零件的深度方向出现一种黑色的强烈回火层。其组织是受高温的影响马氏体分解转变成的托氏体或索氏体,因而这一回火层实际上也是一种烧伤,是在产生二次淬火烧伤同时所伴随出现的特定现象。

磨削所产生的热量使零件表面温度升高极快,这种热应力加之二次淬火所产生的组织应力有时会导致磨削表面出现磨削裂纹。磨削裂纹通常较细而浅,裂纹呈龟裂状,或呈较有规则排列的裂纹,裂纹间距大致相等。见图 8-41 所示。在光镜下观察,裂纹两侧无脱碳,表层组织与基体组织有所差别。

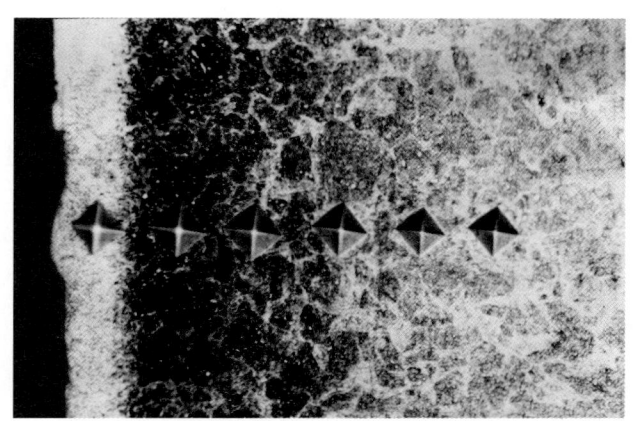
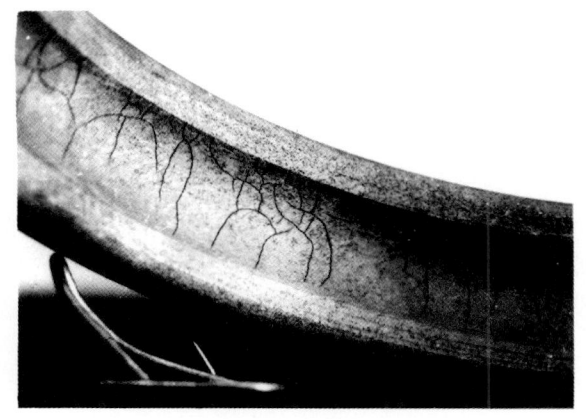

图 8-40　表面磨削烧伤二次淬火组织形貌　(500×)　　图 8-41　磨削不当引发的表面开裂　(1∶1)

8.7.2 轴承零件接触疲劳失效及诊断

滚动轴承在服役过程中,往往会出现表面麻点型的接触疲劳表面损伤。表面起始麻点是由于滚动和滑动综合作用的结果。严重时表面麻点不断发生和扩散以致连续成片。图 8-42 为轴承与钢球表面区域接触疲劳失效的实样。从破坏区切片做金相观察,表面显微裂纹以一个角度向表面深处发展,长到一定深度,再转向表面,环绕一块金属脱落,留下一个凹坑,见图 8-43。如此往复,不断扩展,最终导致零件表面较大区域的剥落,表明发生了接触疲劳失效。

图 8-42 接触疲劳失效形貌 （1∶1）

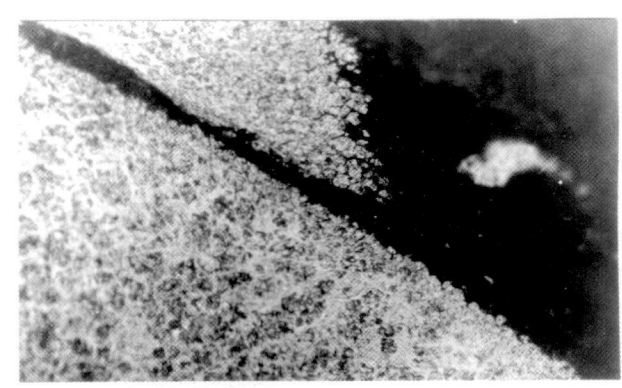
图 8-43 接触疲劳表层组织及开裂形貌 （500×）

轴承钢夹杂物对接触疲劳裂纹萌生存在极为重要的影响。也可以说夹杂物是疲劳裂纹萌生的主要策源地。用电镜观察往往可以找到由夹杂物引起疲劳裂纹萌生的痕迹。对于轴承钢,能萌生裂纹的夹杂物尺寸多数在 2～6 μm 之间。

大量实测结果表明萌生裂纹的夹杂物位置多数萌生于表面下 0.03～0.06 mm 范围之内。绝大多数的裂纹萌生深度范围处于最大正交切应力与最大 45°切应力两处深度之间。

轴承钢接触疲劳裂纹都起源于夹杂物,而且是多源地、先后不一地萌生,其扩展长大过程往往是通过 2 个或 2 个以上微裂纹同时扩展互相连接而进行的,最终扩展至表面导致剥落。可见夹杂物密度对裂纹扩展速度有一定的影响。有关分析结果表明,萌生裂纹的夹杂物主要是硅酸盐(Mg_2SiO_2),尖晶石型氧化物及少量单纯氧化物($SiO_2·Al_2O_3$)和硫化物(MnS)。

由大量研究结果可看到,通过改变金相组织及硬度的进一步提高来延长轴承寿命,其效果是有限的,而进一步减小夹杂物尺寸、改善夹杂物形状都能延长裂纹萌生期,以至延长轴承寿命,是有很大提升空间的。

8.7.3 轴承零件异常破断

轴承零件的破断常表现为疲劳断裂或过载性异常断裂,一般可从服役、制造、材料等方面分析,寻找原因。

从服役状况分析,检测是否过载使用或受异常振动,安装不当造成附加应力(即过载)等。对于不锈钢轴承还应考虑应力腐蚀、氢脆等。

从制造角度分析,除上述介绍磨削裂纹残留导致使用中扩展开裂外,热处理质量是主要因素。当热处理淬火温度过高,形成过热组织,会导致材料韧性大幅下降,在冲击下极易破断。

从原材料分析,首先是夹杂物、氢氧含量等,前已述及;其次是组织偏析的原因。组织(尤其是碳化物)带状偏析,会使横向力学性能明显下降,极易在波动的冲击载荷下诱发开裂,这种带状偏析组织造成的开裂,其断口一般呈现木纹状形态,见图 8-44,相应金相组织形貌见图 8-45。

图 8-44 G95Cr18 轴承圈宏观断口形貌 （2×）

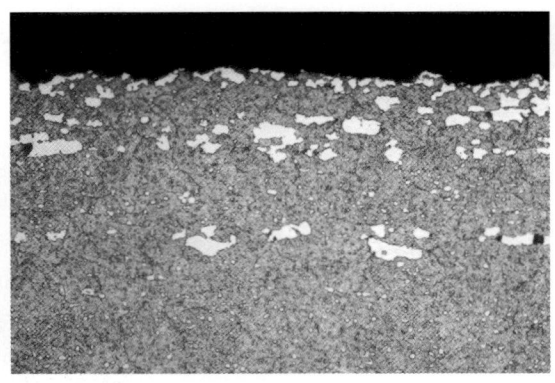
图 8-45 沿碳化物带开裂形貌 （300×）

参考文献

[1] 蔡美良,丁惠麟,孟沪龙. 新编工模具钢金相热处理[M]. 北京：机械工业出版社,2000.
[2] 钟顺思,王昌生. 轴承钢[M]. 北京：冶金工业出版社,2000.
[3] 任颂赞,叶俭,陈德华. 金相分析原理及技术[M]. 上海：上海科学技术文献出版社,2013.

第 9 章

工模具钢及金相分析

工具、模具是工业发展的基础,是工业化国家实现批量生产和新产品研发不可缺少的成型手段。工模具钢则是制造工具、模具的基础。

工模具钢进一步可分为刃具(工具)钢、模具钢等,但实际上某些钢种可相互兼用,尤其一些专用钢种也可用于模具制造,如轴承钢、不锈钢、高速钢等。本章主要从工具、模具角度介绍工模钢及金相分析。

9.1 工模具钢分类及基本特性

9.1.1 工模具钢分类

按化学成分,工模具钢一般可分为非合金(碳素)工模具钢、合金工模具钢及高速工具钢 3 大类。

在 GB/T 1299—2014《工模具钢》标准中,按用途分为八类:刃具模具用非合金钢(即碳素工模具钢)、量具刃具用钢、耐冲击工具用钢、轧辊用钢、冷作模具钢、热作模具钢、塑料模具钢以及特殊用途模具钢。

高速工具钢,在 GB/T 9943—2008《高速工具钢》标准中按化学成分可分为钨系高速工具钢及钨钼系高速工具钢;按性能分类,可分为 3 种基本系列,即低合金高速工具钢(HSS-L)、普通高速工具钢(HSS)、高性能高速工具钢(HSS-E);按成型方式分类,还有粉末冶金高速工具钢、喷射成型高速工具钢等。

9.1.2 工模具钢的基本特性

对于各类成品工具模具,其服役条件各异,但在基本性能上仍有某些共同的要求。

9.1.2.1 工模具钢基本使用性能

1. 高的硬度和耐磨性

大多数刃具通过淬回火后硬度要求能达到 63 HRC 以上,冷作模具的硬度也要求达到 60 HRC 左右。只有在较高硬度及耐磨性的条件下才能保证工具有足够的切削能力和抗磨损能力。

2. 足够的强度和韧性

刃具在承受切削力的条件下,模具在反复冲击载荷的作用下,均不应产生变形或崩折等缺陷。

3. 较高的热稳定性

大多数工具是在高速切削或高频率冲压下服役,其工作部分必然因摩擦而发热,有时其刃口温度甚至达到 600℃左右,在这样的高温下仍要保持高硬度(大于 62 HRC),这就要求工模具具有较高热稳定性,即一般称为的红硬性。

热作模具的表面经过一定次数的冷热循环引起的热应力可使之产生热疲劳裂纹,影响使用。钢材本身的强度,特别是高温强度越高,抗热疲劳裂纹生成的能力越强。

9.1.2.2 工模具钢工艺性能要求

1. 良好的可加工性

即适于进行切削加工和磨削加工(即可磨性),良好的冷塑性和热塑性,以便进行冷挤压、拉拔和锻压等。

2. 良好的热处理性能

这就要求淬火温度范围宽、过热敏感性小、脱碳敏感性低、淬透性和可淬性高、热处理后的开裂及畸变小。

3. 良好的尺寸稳定性

这对量具和精密刀具保持使用精度尤显重要。

9.2 非合金(碳素)工模具钢及金相分析

9.2.1 非合金(碳素)工模具钢的牌号及特点

刃具模具用非合金(碳素)钢中碳含量在0.70wt%～1.3wt%之间,依据钢中的杂质元素硫、磷及残余元素含量的不同,可分为优质碳素工具钢和高级优质碳素工具钢,表示方法以牌号后缀加"A"以示区别,如前者为T7、T8、T12,则后者为T7A、T8A、T12A。

1. 刃具模具用非合金(碳素)钢牌号及化学成分

GB/T 1299—2014《工模具钢》中列出8种牌号,其牌号及相应化学成分见表9-1。

表9-1 刃具模具用非合金钢的牌号及化学成分

钢号	化学成分/wt%			对应牌号	
	C	Mn	Si	ASTM A686	JIS G4401
T7	0.65～0.74	≤0.40	≤0.35		SK70
T8	0.75～0.84	≤0.40	≤0.35		SK80
T8Mn	0.80～0.90	0.40～0.60	≤0.35	W1-8	SK85
T9	0.85～0.94	≤0.40	≤0.35	W1-8½	SK90
T10	0.95～1.04	≤0.40	≤0.35	W1-10	SK105
T11	1.05～1.14	≤0.40	≤0.35	W1-11	
T12	1.15～1.24	≤0.40	≤0.35	W1-11½	SK120
T13	1.25～1.35	≤0.40	≤0.35		

注:1. 本表由作者根据GB/T 1299—2014整理。
2. 残余合金元素Cu、Cr、Ni含量不得大于0.25wt%。
3. P含量应小于0.030wt%,S含量应小于0.020wt%。
4. 供制造铅浴淬火钢丝时,钢中残余Cr含量不大于0.10wt%,Ni含量不大于0.12wt%,Cu含量不大于0.20wt%,三者之和不大于0.40wt%。

2. 非合金工模具钢特点

该类碳素工模具钢中由于不含有合金元素,所以冶炼方便,价格低廉。其中T7钢是亚共析钢,淬火后没有剩余碳化物,耐磨性差,硬度也相对较低,常用于制作木工工具和钳工工具。模具制作则很少采用T7钢。T8钢是共析钢,过热敏感性大,容易出现过热的粗大马氏体组织,导致工件开裂,淬火后也很少有剩余碳化物,耐磨性也较差,但大截面工件的中心不会出现网状二次碳化物。工模具行业用得较多的是T10和T12两个钢号,它们淬火后有颗粒状剩余碳化物,硬度高,耐磨性好,组织也较细,有一定的韧性,但红硬性差。T13钢一般用得较少。

根据非合金工模具钢的上述特点,各种具体钢种特点及用途可参阅GB/T 1299—2014附录C表C.1。

9.2.2 非合金工模具钢材料的金相分析

9.2.2.1 锻、轧状态的金相组织

该类钢在锻轧状态下的金相组织为珠光体及网状渗碳体(亦称碳化物),见图9-1。这种组织硬度较高,脆性亦大,同时由于网状渗碳体的存在造成钢的化学成分不均匀,碳元素在网状附近富集,而远离网状则出现贫碳区,淬火时产生较大的组织应力,会造成畸变及淬裂。为了改善这种组织,必须进行正火处理消除网状渗碳体,再进行球化退火后才能使用。对于肥厚碳化物网则要进行高、低温两次正火才能彻底消除。

9.2.2.2 退火状态金相组织

非合金工模具钢球化退火的目的是为获得球状珠光体组织,但在球化退火时,由于受到加热温度、等温温度及冷却速度等因素的影响,通常会出现如下形态特征的组织。

1. 细片状珠光体

在 500 倍的显微镜下观察,珠光体中渗碳体的轮廓较难分辨,往往伴有点状或小球状的珠光体,这种细小密集的片状组织称之为细片状珠光体,见图 9-2(摘自 GB/T 1299—2014)。

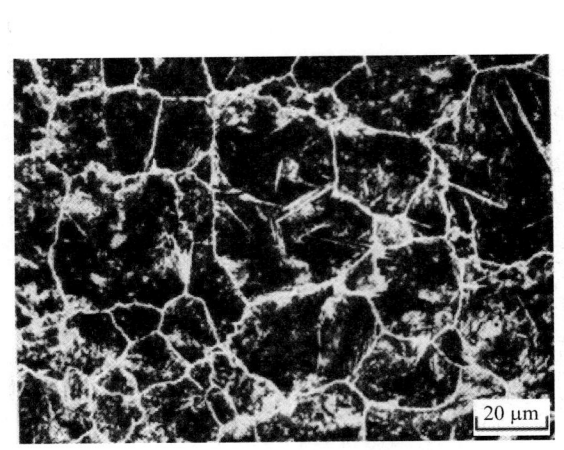

图 9-1 T12A 钢 1 150℃锻造空冷后组织

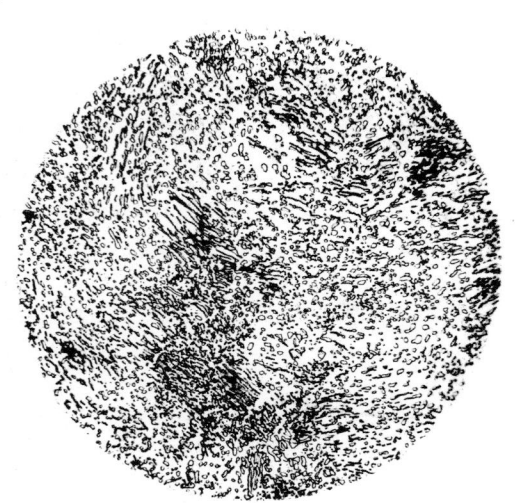

图 9-2 非合金工模具钢细片状珠光体(1级) (500×)

这种组织的形成往往是由于退火温度较低,渗碳体溶解不够,部分区域内仍保留薄片。即便有的渗碳体片层已经断开,但是由于加热温度较低,溶解不够,形成大量的点状渗碳体;再则由于等温时间不足,使锻轧状态下的部分细片状珠光体尚未溶解。

2. 球状珠光体

球状珠光体是一种理想状态的组织。随着退火温度的提高以及等温时间的增加,点状以及小球状珠光体的逐渐长大,球的轮廓清晰可见,但并不是全部呈现圆球状,亦有呈现椭圆状以至不规则形状,如图 9-3(摘自 GB/T 1299—2014)所示。

3. 粗片状珠光体

粗片状珠光体实际上是一种退火的过热组织。往往是由于退火温度过高所造成的。这种组织的珠光体片轮廓清晰可见并伴有粗球状的珠光体,如图 9-4(摘自 GB/T 1299—2014)所示。

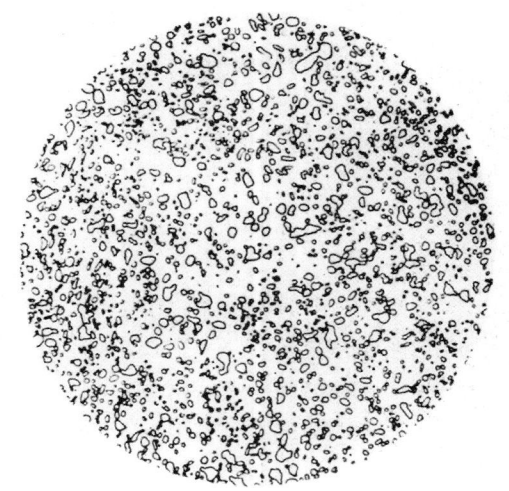

图 9-3 非合金工模具钢球状珠光体(3级) (500×)

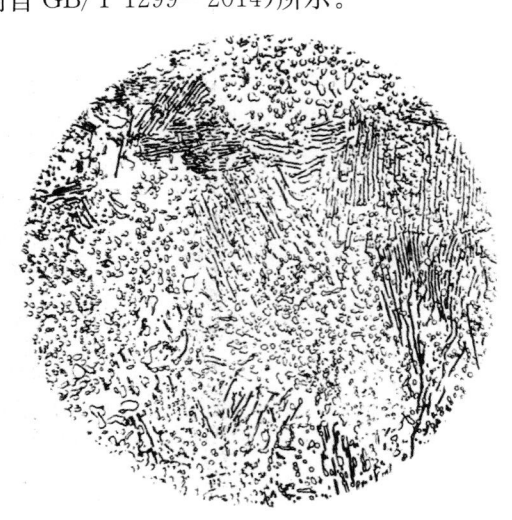

图 9-4 非合金工模具钢粗片状珠光体(5级) (500×)

与片状珠光体相比,球状珠光体的相界面较少,渗碳体呈现颗粒状,退火处理后的硬度较低,易于切削且制品的表面光洁度高。淬火处理时由于颗粒状渗碳体较难溶解,能阻碍奥氏体晶粒长大,不易产生过热。淬火后粒状过剩渗碳体提高了制品的硬度及耐磨性。同时由于球状珠光体组织比较均匀,能减少热处理时制品的畸变和开裂。为此对退火状态下的珠光体形态提出一定的要求。

9.2.2.3 非合金工模具钢原材料金相评定

1. 珠光体组织检验

非合金工模具钢球化退火后应检验球状珠光体组织,检验方法可见本书4.6节介绍。

GB/T 1299—2014《工模具钢》中规定珠光体组织按照该标准的第二级别图评定,其合格级别应符合表9-2规定。

表9-2 珠光体合格级别

钢号	截面尺寸/mm	合格级别/级
T7、T8、T8Mn、T9	≤60	1～5
T10、T11、T12、T13	≤60	2～4

注：1. 本表由作者根据GB/T 1299—2014整理所得。
2. 制品规格大于60 mm的按照协议规定。

该标准图片把球状珠光体分成6个级别,3级球化最好,4～6级有程度不等的粗片和粗粒状碳化物,1～2级有少量细片状珠光体。T7钢、T8钢不易球化,故允许一定数量片状渗碳体。

2. 网状碳化物检验

高碳工具钢在热加工的冷却过程中,过剩碳化物沿晶界析出而构成网状,称之为网状碳化物。网状越明显,连续性越强,材料越趋脆化,则被评定的级别越高。网状的粗细及连续程度与钢的成分、热加工终了温度及冷却速度有关。通常碳素工具钢的碳化物网络较合金工具钢大且线条也粗。终了温度高,冷却速度慢则产生的网状越严重,见图9-5。

非合金工模具钢的网状碳化物检验方法可见本书4.4节介绍。其评级可按GB/T 1299—2014第三级别图进行评定。检验网状碳化物的试样,按正常的淬火-回火处理。合格级别见表9-3。

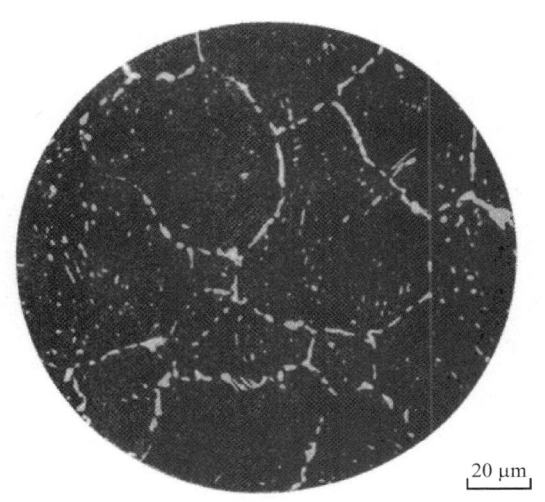

图9-5 非合金工模具钢网状碳化物(淬回火状态)

表9-3 非合金工模具钢网状碳化物合格级别

钢材公称尺寸/mm	合格级别/级,不大于
≤60	2
>60～100	3
>100	协议

注：本表摘自GB/T 1299—2014。

3. 表层脱碳检验

非合金工模具钢的碳含量较结构钢高,故相应的脱碳倾向亦大。由于钢材表层的碳含量降低,将会引起表面等温转变曲线发生变化,使得退火冷却过程中钢材的表层与心部会发生不同的组织转变,因此可以按组织的差异来评定脱碳层的界限。

钢材严重脱碳时,表层出现铁素体的全脱碳组织,随后铁素体逐渐减少,珠光体逐渐增多,直至出现非脱碳原始组织为止。脱碳不严重时则出现铁素体与珠光体二相并存的区域称之为过渡层。上述两种情况中,表层与心部组织的差异部分称为脱碳层,即全脱碳层加过渡层。

脱碳层的测定可按照GB/T 224—2008《钢的脱碳层深度测定法》规定进行,见本书4.7节介绍。非合金工模具钢热锻轧态的单边脱碳层深度应小于或等于按下列公式计算所得到的结果:$0.25+1.5\%D$(D为钢材截面公称尺寸,单位:mm)。脱碳层使得工具制品在热处理后硬度降低,耐磨性差,使用寿命短,容易发生淬火开裂,所以对于不允许脱碳的工具必须用机械加工的方法去除脱碳层。

4. 碳石墨化检验

钢材退火温度过高、保温时间过长、冷却速度过于缓慢或者多次退火,都有可能使钢中的碳以石墨形态析出,形成石墨碳。这是碳素工具钢比较容易产生的一种缺陷。从金相组织上观察到的石墨形态多为呈灰黑色的点状或不规则的形状,如图9-6所示。制备金相样品时,石墨容易剥落,石墨周围由于贫碳,铁素体较多,可与制样过程中产生的凹坑加以区别。

石墨碳使钢的强度明显下降,脆性增加。钢材中不允许有石墨碳的存在,一旦产生石墨碳,钢材只能判废。

5. 非金属夹杂物检验

GB/T 1299—2014规定原材料应按GB/T 10561—2005标准中A法进行非金属夹杂物检验,其结果应符合表9-4。

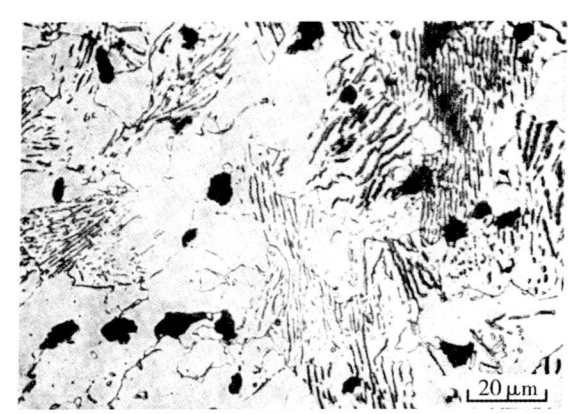

图9-6 T12A钢高温长时间退火造成的石墨碳

表9-4 工模具钢非金属夹杂物合格级别

非金属夹杂物类别	1组(电渣重熔工模具钢)		2组(真空脱气工模具钢)	
	细系	粗系	细系	粗系
	级,不大于			
A	1.5	1.5	2.5	2.0
B	1.5	1.5	2.5	2.0
C	1.0	1.0	1.5	1.5
D	2.0	1.5	2.5	2.0

注:本表摘自GB/T 1299—2014。

9.2.3 非合金工模具钢热处理及金相分析

9.2.3.1 非合金工模具钢淬火工艺及金相组织

非合金工模具钢的淬火是将钢加热至$Ac_1 \sim Ac_{cm}$之间,一般为770～790℃之间,保温后以大于临界冷却速度快速冷却到M_S点以下,使过冷奥氏体转变成马氏体。淬火后钢中仍保留一定数量的未溶渗碳体,可以增加钢的硬度和耐磨性。

由T12A钢的奥氏体等温曲线[图9-7(a)]可以看出,钢的淬火临界冷却速度较快。为了使淬火后得到马氏体,制品需要以较快的冷却速度进行冷却,使奥氏体不发生高温、中温的转变,从而不分解成珠光体或贝氏体组织,直接转变成马氏体。

在实际生产中,钢的热处理工艺都采用连续冷却,所以过冷奥氏体都是在连续冷却中转变的。T12A钢的连续冷却曲线如图9-7(b)所示,其与等温分解曲线图9-7(a)比较,可见C曲线向右、向下作了一定的移动。两者的不同点:

(1) C 曲线中奥氏体的转变是在一个温度范围内进行,因此得到的转变产物不是单一的组织。如制品未淬透,其断面的组织由表层至心部一般是马氏体→马氏体+屈氏体→屈氏体→索氏体→珠光体。

(2) 连续冷却转变曲线中奥氏体转变为珠光体的孕育期要比相应的过冷度下的等温转变 C 曲线为长。

(3) 在连续冷却的条件下,近鼻温处是极细珠光体转变区域。C 曲线没有下部,说明非合金工模具钢通常得不到贝氏体,也没有生成贝氏体的区域。这是因为在连续冷却的条件下,过冷奥氏体在中温转变区域停留的时间较短,不足以形成贝氏体,且温度亦冷却到 M_S 点以下。所以贝氏体转变被抑制而直接产生了马氏体转变。在实际生产中,钢的热处理工艺一般都采用连续冷却。

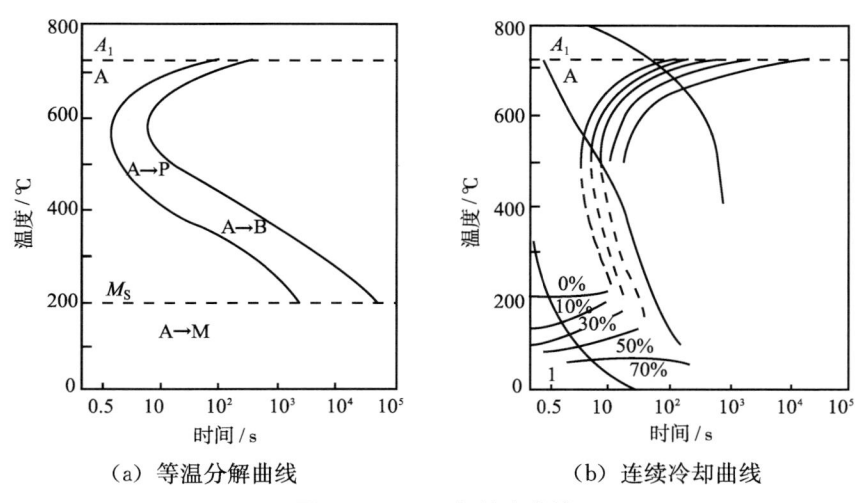

(a) 等温分解曲线　　　　(b) 连续冷却曲线

图 9-7　T12A 钢淬火曲线

为了使非合金工模具钢在淬火后能得到马氏体组织,一般采用冷却能力较大的水、碱液或低温硝盐进行冷却。图 9-8 是 T8 钢正常淬火温度下获得的细针状马氏体+少量残留奥氏体组织。对于 T10 等过共析钢,淬火态组织中除马氏体、残留奥氏体外还有颗粒状碳化物。

马氏体针叶的粗细对钢的性能有着明显的影响。淬火加热温度越高或保温时间越长,马氏体针叶越粗大,见图 9-9。粗针状马氏体的出现,表明钢在淬火加热时已经过热,使得钢的力学性能降低,脆性增大。过热组织的制品在使用过程中容易造成崩刃、开裂等缺陷。马氏体的金相检验应该在淬火后回火前进行。因为回火后马氏体针叶不易显示。浸蚀后,500 倍下,选择视场中一般长度的针叶为测量依据。针

图 9-8　T8A 钢正常的细针状马氏体(2 级)　(500×)

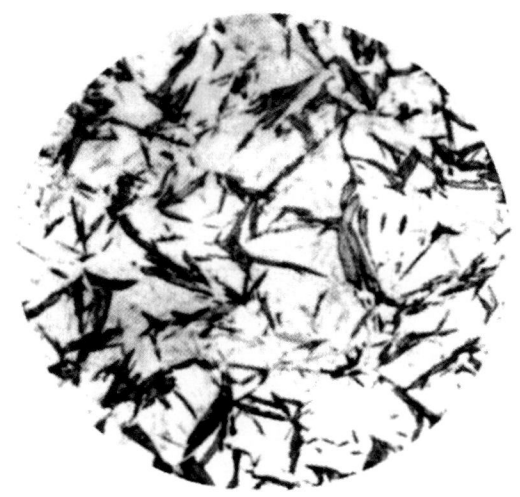

图 9-9　T12 钢过热的粗针状马氏体(6 级)　(500×)

叶长度与级别间的关系一般规定如表 9-5 所示,亦可用相关图片对照评定。按 JB/T 9986—2013《工具热处理金相检验》要求,应检测 3～10 个视场,并以最劣视场判定级别。

表 9-5　工模具钢各级别马氏体针叶长度

马氏体级别	马氏体针叶长度/mm,(放大 500 倍)
1	≤1.5
2	>1.5～2.5
3	>2.5～4
4	>4～6
5	>6～8
6	>8～12

注:本表摘自 JB/T 9986—2013。

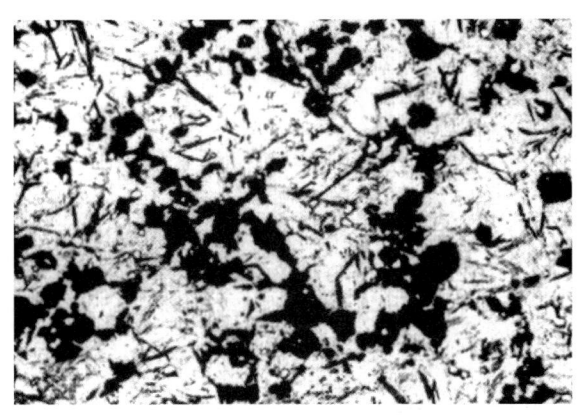

图 9-10　T12 钢淬火屈氏体　(500×)

非合金工模具钢由于淬火临界速度较大,冷却时容易产生屈氏体转变。屈氏体为黑色团絮状组织,有时沿晶界分布,如图 9-10 所示。

对截面较大的制品不能淬透,表面淬硬的马氏体层一般只有 1.5～5 mm,次层为马氏体＋屈氏体,心部为屈氏体,有时还会出现珠光体。制品出现屈氏体组织,其硬度较低,切削性能极差,强度亦明显下降。一般在刃部或工作面不允许有屈氏体存在,但是屈氏体具有良好的韧性,因此对要求韧性好的非切削刃具,允许有一定数量的屈氏体存在。

9.2.3.2　非合金工模具钢淬火后回火状态的金相组织

共析碳素工具钢淬火后的组织是淬火马氏体和少量的残留奥氏体,过共析的碳素工具钢除上述组织外,尚有颗粒状的剩余碳化物存在于基体组织之中。马氏体和残留奥氏体在淬火状态下均处于亚稳定状态。从热力学条件出发,亚稳状态的组织都有趋于更稳定状态的趋势:马氏体中过饱和的碳要析出,残留奥氏体要分解,所以回火是把钢的组织从亚稳状态转变为相对比较稳定状态的热处理过程。

为了获取较高的硬度和耐磨性,对于切削刃具、量具及冷作模具应采用低温回火,回火温度为 160～180℃。此时淬火马氏体转变为回火马氏体,淬火应力部分被消除,因此硬度较高,强度及塑性有所改善。

如图 9-11 所示,马氏体在 100℃ 左右回火时,由于碳原子的偏聚增加了晶格畸变,使其硬度略有提高。在 150℃ 以上回火时,由于过饱和的碳原子析出,其硬度随温度的升高而逐渐降低。但是在不超过 250℃ 时,其硬度降低较为缓慢。因为在此温度回火时,马氏体仍保持一定的过饱和度,再加上残留奥氏体分解为马氏体,部分补偿了其硬度的降低,因此在该温度回火后硬度仍可保持 58 HRC 左右。

当回火温度超过 250℃ 时,随着回火温度升高,碳化物进一步析出,随后聚集长大,并发生 α 相的回复再结晶,致使硬度逐步下降。

非合金工模具钢低温回火后的组织为回火马氏体加碳化物,如图 9-12 所示。回火马氏体在显微镜下观察呈现黑色,不显现针叶轮廓,实际检验中以此来评判回火充分与否。

如需进行质量分析或失效分析时,可用低浓度硝酸酒精溶液作浅浸蚀,来显现其马氏体针叶。

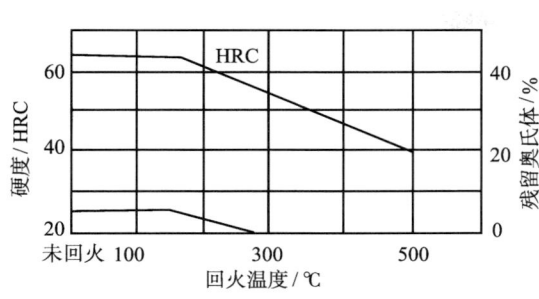

图 9-11 T12A 钢回火温度与硬度关系

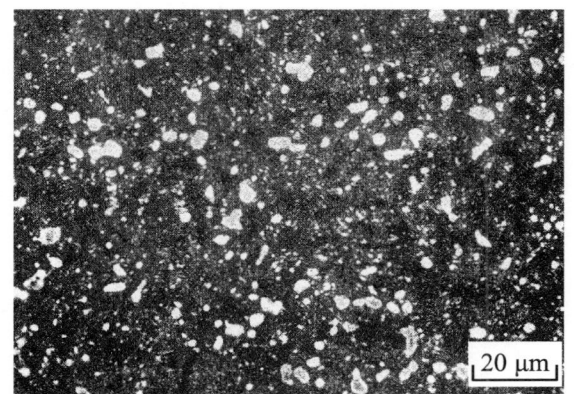

图 9-12 T12A 钢正常的淬回火组织

9.2.3.3 非合金工模具钢等温淬火及金相组织

为降低碳素工具钢淬火的内应力,减小畸变开裂倾向,可采用等温淬火工艺。等温淬火加热温度,可以高于常规淬火加热温度 30～50℃,等温温度稍高于 M_s 点,工件直径不能过大。淬入等温槽的工件,从等温槽取出形成一定量的下贝氏体后,冷却到室温时形成的马氏体被细化,马氏体中微裂纹也很少,因此等温淬火可以有效地提高工件韧性。

T10 钢的等温淬火组织见图 9-13,该组织是 850℃加热后 250℃等温 5 min,冷却到室温后的组织。图中黑针是下贝氏体针,灰白色背景是马氏体和残留奥氏体,还有一些白色未溶碳化物。等温淬火采用的加热温度要适当提高,否则淬硬层太浅。但温度又不宜过高,否则极易出现软点。所形成的软点组织是由屈氏体、贝氏体、马氏体、残留奥氏体和残余碳化物的混合组织组成。由于加热温度较高,所以此时贝氏体针和马氏体都比较粗大,残留奥氏体也比较明显,残余碳化物则很少。

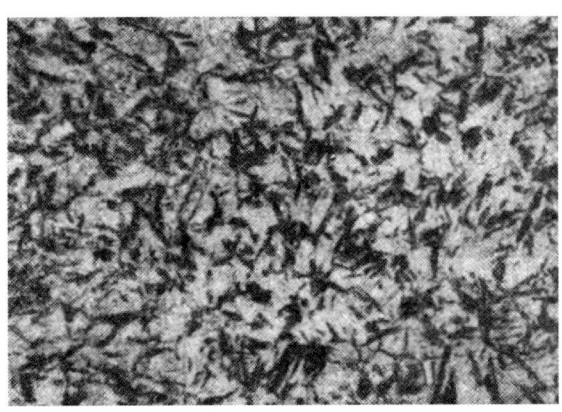

图 9-13 T10A 钢 850℃加热、250℃等温后的组织
(500×)

9.3 合金工具钢及其金相检验

9.3.1 合金工具钢牌号及化学成分

合金工具钢依据其用途一般可分为刃具钢、量具钢、耐冲击工具钢、模具钢(依其特点可分为冷作模具钢、热作模具钢及塑料模具钢)。现将前两组类合金工具钢牌号及化学成分列于表 9-6。

量刃具用钢要求热处理后有较高的硬度、耐磨性以及尺寸稳定性。一般合金元素的含量较低,大都在 0.5wt%～1.5wt%左右,所以也称之为低合金工具钢。

表 9-6 部分合金工具钢牌号及成分

钢组	牌号	化学成分/wt%								
		C	Si	Mn	P	S	Cr	W	Mo	V
					不大于					
量具刃具用钢	9SiCr	0.85~0.95	1.20~1.60	0.30~0.60	0.030	0.020	0.95~1.25			
	8MnSi	0.75~0.85	0.30~0.60	0.80~1.10	0.030	0.020				
	Cr06	1.30~1.45	≤0.40	≤0.40	0.030	0.020	0.50~0.70			
	Cr2	0.95~1.10	≤0.40	≤0.40	0.030	0.020	1.30~1.65			
	9Cr2	0.80~0.95	≤0.40	≤0.40	0.030	0.020	1.30~1.70			
	W	1.05~1.25	≤0.40	≤0.40	0.030	0.020	0.10~0.30	0.80~1.20		
耐冲击工具用钢	4CrW2Si	0.35~0.45	0.80~1.10	≤0.40	0.030	0.020	1.00~1.30	2.00~2.50		
	5CrW2Si	0.45~0.55	0.50~0.80	≤0.40	0.030	0.020	1.00~1.30	2.00~2.50		
	6CrW2Si	0.55~0.65	0.50~0.80	≤0.40	0.030	0.020	1.10~1.30	2.20~2.70		
	6CrMnSi2Mo1V	0.50~0.65	1.75~2.25	0.60~1.00	0.030	0.020	0.10~0.50		0.20~1.35	0.15~0.35
	5Cr3Mn1SiMo1V	0.45~0.55	0.20~1.00	0.20~0.90	0.030	0.020	3.00~3.50		1.30~1.80	≤0.35
	6CrW2SiV	0.55~0.65	0.70~1.00	0.15~0.45			0.90~1.20	1.70~2.20		0.10~0.20

注：本表由作者根据 GB/T 1299—2014 整理所得。

9.3.2 合金工具钢原材料的金相分析

合金工具钢原材料的金相检验项目、目的和方法等许多方面都与非合金工模具钢相同。

9.3.2.1 球化退火状态的组织及评定

合金工具钢退火状态的组织为珠光体＋过剩碳化物。由于钢中加入了合金元素，使得钢中的组织细化，碳化物颗粒细小，分布弥散度增大。因此，合金工具钢的片状珠光体或球状珠光体均比非合金工模具钢显得细小，如图 9-14、图 9-15（摘自 GB/T 1299—2014）所示，可与图 9-2、图 9-3 比较。通常可以从珠光体的粗细来判别材料是合金工具钢或是非合金工模具钢。

合金工具钢的珠光体形态对性能有较大的影响。具有片状珠光体的钢材，其退火硬度高，切削性能差，加工后表面粗糙，热处理时畸变大，且容易造成过热。所以要求钢材供货状态是球状珠光体。

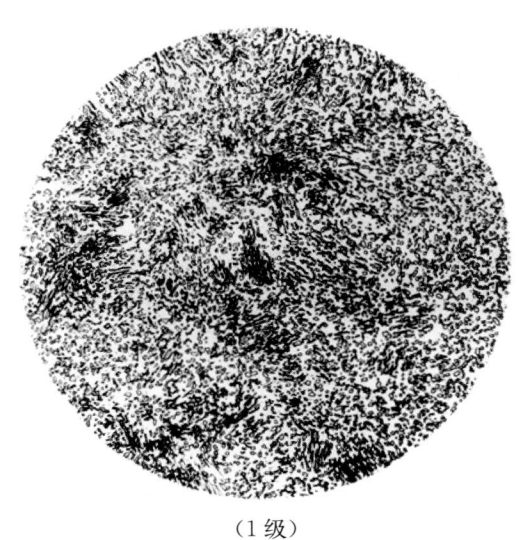
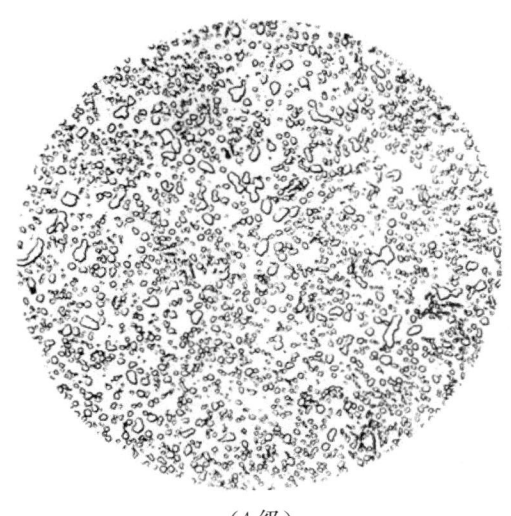

图9-14　低合金工具钢细片状珠光体
[500×(×0.8)]
（1级）

图9-15　低合金工具钢球状珠光体
[500×(×0.8)]
（4级）

9SiCr、Cr2、Cr06、W、9Cr2等合金工具钢退火状态应检验珠光体组织,应按GB/T 1299—2014所附第二级别图评定。其珠光体合格级别应小于或等于5级。对于制造螺纹刀具所用9SiCr钢,其珠光体合格级别为2～4级。

9.3.2.2　网状碳化物评定

合金工具钢碳化物颗粒以及形成的网状碳化物的网线都比非合金工模具钢细,见图9-16,但是评判级别的方法与非合金工模具钢基本相同。对于Cr2、Cr06和9SiCr等合金工具钢应检验网状碳化物,按GB/T 1299—2014标准所附第三级别图评定。一般钢材截面尺寸小于60 mm,其合格级别等于或小于3级,即允许有破碎的半网存在,不允许有封闭的网状碳化物存在。因其割裂基体的连续性,故脆性大,容易造成制品的崩刃,对于螺纹刀具,当截面尺寸小于或等于60 mm的9SiCr钢材,其网状碳化物的合格级别应小于或等于2级。

热压力加工用钢材可以不检验网状碳化物。

9.3.2.3　脱碳层评定

合金工具钢退火状态的脱碳组织与碳素工具钢相同,主要是观察表层相对心部的珠光体的变化情况。脱碳严重时同样会出现铁素体组织。

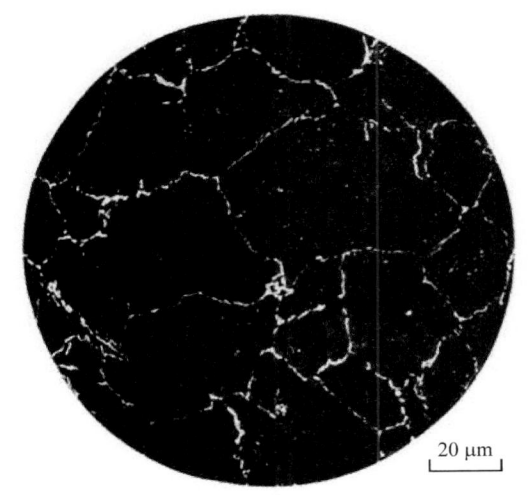

图9-16　低合金工具钢的网状碳化物(淬回火态)

该类钢的热轧和锻制钢材及冷拉钢材的单边总脱碳层允许深度,在GB/T 1299—2014标准中规定了不同的技术要求。

9.3.2.4　非金属夹杂物检验

合金工具钢的非金属夹杂物检验要求与非合金工模具钢要求相同。

9.3.3　合金工具钢热处理及金相检验

部分低合金工具钢的热处理工艺条件见表9-7。

表 9-7　部分低合金工具钢热处理工艺

钢组	牌号	交货状态 布氏硬度/HBW10/3 000	试样淬火		
			淬火温度/℃	冷却剂	洛氏硬度/HRC, 不小于
量具刃具用钢	9SiCr	241～197	820～860	油	62
	8MnSi	≤229	800～820	油	60
	Cr06	241～187	780～810	水	64
	Cr2	229～179	830～860	油	62
	9Cr2	217～179	820～850	油	62
	W	229～187	800～830	水	62
耐冲击工具用钢	4CrW2Si	217～179	860～900	油	53
	5CrW2Si	255～207	860～900	油	55
	6CrW2Si	285～229	860～900	油	57
	6CrMnSi2Mo1V	≤229	677℃±15℃预热, 885℃(盐浴)或 900℃(炉控气氛)±6℃加热, 保温 5～15 min 油冷, 204℃回火		58
	5Cr3Mn1SiMo1V		677℃±15℃预热, 941℃(盐浴)或 955℃(炉控气氛)±6℃加热, 保温 5～15 min 空冷, 204℃回火		56

注：本表由作者根据 GB/T 1299—2014 整理所得。

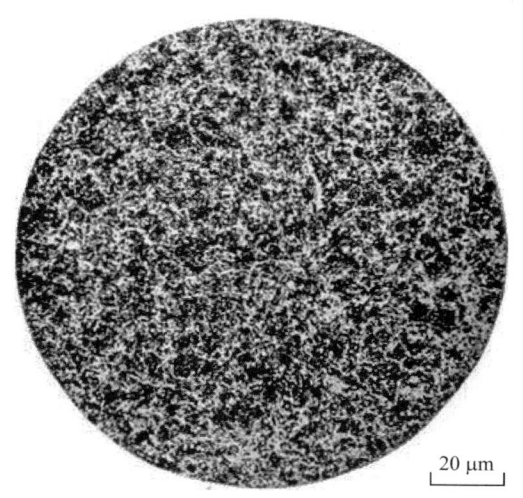

图 9-17　合金工具钢细针状马氏体(1 级)

由于合金工具钢中的化学成分差异较大, 淬火后的组织形态各不相同。因此对合金工具钢的淬火组织, 需按各钢种分别加以说明, 其中关于马氏体针叶长度级别按表 9-5 规定。

9.3.3.1　低合金工具钢的淬火组织

该钢的淬火组织为针状马氏体, 针叶细小, 并呈丛集状分布, 如图 9-17 所示, 不如非合金(碳素)工具钢的马氏体针叶那样清晰。合金工具钢的马氏体针叶的长度与级别的评定方法与碳素工具钢相同。合格判定级别应根据具体产品规定。

9.3.3.2　9SiCr 钢淬火回火金相组织

图 9-18 为 9SiCr 钢淬火组织形貌, 由于淬火加热温度达上限(880℃), 碳化物溶解较多, 马氏体较粗, 组织为针状马氏体＋残留奥氏体＋少量碳化物。图 9-19 为 9SiCr 钢的正常淬火回火组织: 细针状马氏体＋小颗粒碳化物, 碳化物有偏聚趋带状现象。

9.3.3.3　铬钨硅系合金工具钢热处理及金相组织

铬钨硅钢系合金工具钢有三个钢号: 4CrW2Si、5CrW2Si 和 6CrW2Si, 3 个钢号只有含碳量的差异。其中, 6CrW2Si 钢强度最高, 耐磨性最好, 韧性相对较差; 4CrW2Si 钢韧性最好, 强度、硬度稍低。钨的碳化物(Fe, W)$_3$C 不易在淬火加热时溶解, 因此可以有效地阻止晶粒粗化, 提高耐磨性; 但钨有促进碳化物偏析的作用。硅溶入固溶体中, 能提高疲劳强度, 使临界点上升, 所以淬火加热温度较高; 但硅有脱碳敏感性, 需要防止工件脱碳。铬钨硅钢系淬透性高, 回火稳定性好, 等温转变时奥氏体比较稳定, 有利于分级淬火和等温淬火, 可以用来制造冲击工具、刀具, 也可以用来制造冷作模具。

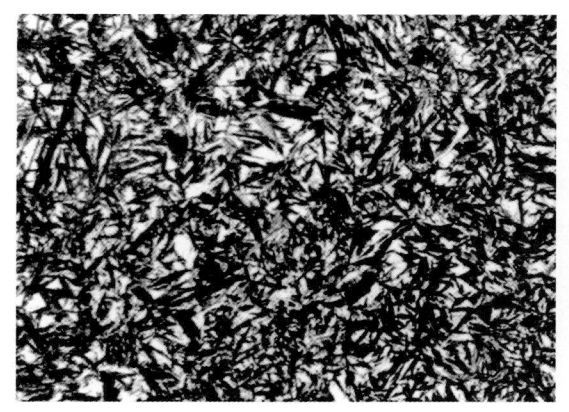

图 9-18 9SiCr 淬火组织 （500×）

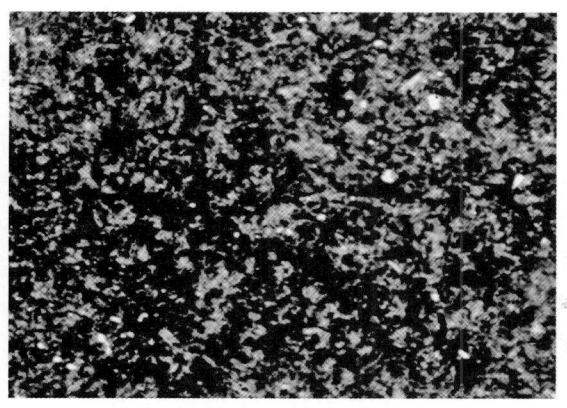

图 9-19 9SiCr 淬火回火正常组织 （500×）

6CrW2Si 钢不同加热温度淬火后的组织、硬度等变化情况见表 9-8。该钢 980℃加热淬火后硬度为 57.5HRC，200℃回火后硬度上升到 59.5HRC，这与加热温度较高、钨的碳化物溶解较多及回火时合金碳化物的弥散析出有关。采用下限 870℃加热淬火后的组织中剩余碳化物极其细小，淬火马氏体针长小于 1 级。采用上限 900℃加热淬火的组织见图 9-20，淬火马氏体针长 1.5 级。以上两者都是正常合格组织。980℃加热淬火的组织中，淬火马氏体针长已达 4 级，属于过热组织，但马氏体全部是板条马氏体；同时由于 (Fe, W)$_3$C 碳化物的熔点较高，有效地抑制了奥氏体晶粒长大，因此晶粒并不粗大。

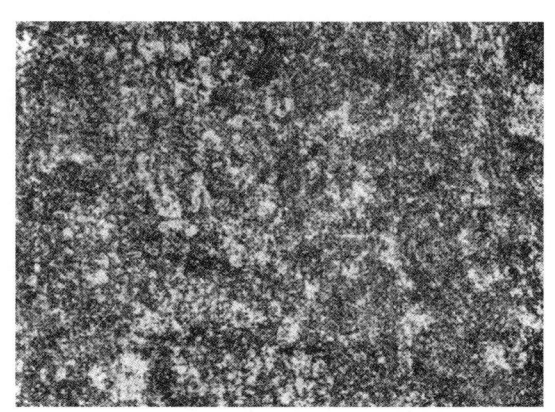

图 9-20 6CrW2Si 钢 900℃加热淬火的组织 （500×）

表 9-8 6CrW2Si 钢不同加热温度淬火后的组织

淬火加热温度/℃	880	900	940	980
500 倍光镜分析	隐针马氏体	隐针马氏体	板条马氏体+针状马氏体	板条马氏体
6600 倍电镜分析	板条马氏体+30%（面积分数）针状马氏体	板条马氏体+10%（面积分数）针状马氏体	板条马氏体+5%（面积分数）针状马氏体	板条马氏体
剩余碳化物类型	Fe$_3$C (Fe, W)$_3$C	Fe$_3$C (Fe, W)$_3$C	(Fe, W)$_3$C	(Fe, W)$_3$C
剩余碳化物量/%（体积分数）	15	10	5	<2
剩余碳化物直径/μm	平均 0.25 最大 0.25	平均 0.15 最大 0.3	平均 0.10 最大 0.20	平均 0.10 最大 0.20
残留奥氏体/%（体积分数）	~1.8	2	2.5	2.7
淬火后基体含钨量/wt%	1.8	1.9	2.25	2.6
淬火后硬度/HRC	58	61	59	57.5
200℃回火后硬度/HRC	55	57.5	58.5	59.5

注：1. 试样成分为 C：0.62wt%；Si：0.75wt%；Mn：0.25wt%；Cr：1.30wt%；W：2.65wt%；
2. 本表摘自马永庆"淬火加热温度对 6CrW2Si 组织和性能影响"，金属热处理，1981.1。

对于要求有中等硬度和耐磨性的 6CrW2Si 钢的工模具，可采用 880～900℃加热淬火，淬火晶粒度为 12 级左右，回火后没有明显的回火脆性区，冲击韧度随着回火温度单调上升。要求高硬度和高耐磨性的工模具，可采用 950～980℃加热淬火，避开回火脆性区，在 250℃左右回火，工模具的使用寿命可以有所提高。

9.4 高速工具钢及其金相分析

高速钢热处理后具有优良的综合力学性能,因而被广泛地应用于切削工具和工模具行业。随着机械制造业的快速发展和工业现代化进程的加快,高速、高效切削加工成为强烈需求和必然趋势。虽然开发出了切削速度高于高速钢刀具的硬质合金、陶瓷材料、超硬材料(立方氮化硼、金刚石等)的高速切削刀具,但是高速钢的综合性能、通用性能、强韧性及优良的可加工性是上述材料不可替代的。粉末冶金高速钢的问世及高速钢品种的发展,使高速钢的应用几十年来经久不衰,至今仍占据工具行业的半壁江山。因此高速钢仍是机械制造行业中非常重要的工具材料。

9.4.1 高速工具钢组成、牌号及分类

高速工具钢特有的高硬度、红硬性等性能是由其所含的大量合金元素决定的。合金元素组成及含量不同形成不同牌号,显示出不同的特性。

9.4.1.1 高速工具钢中的主要合金元素及作用

高速工具钢中除碳以外还含有钨,以及钼、铬、钒、钴、铝等元素,各对相关特性起着不同作用。

1. 碳

碳是保证钢获得高硬度的主要成分。碳是形成合金碳化物的元素,能提高高速钢的室温硬度、红硬性和耐磨性。但是含碳量过高则形成大量的过剩碳化物,使钢中碳化物的不均匀度增加,塑性、韧性降低,锻造性能变坏,熔点下降。易出现热处理淬火过热、过烧倾向等,从而使高速钢的整体性能变差。因此,钢中的含碳量应当与碳化物形成元素的含量之间保持一定的比例关系。

2. 钨

钨是提高高速钢红硬性的主要元素。它是强碳化物形成元素,能形成如 WC、$(Fe、W)_3C$、$(Fe、W)_6C$ 等以 $(Fe、W)_6C$ 为主的多种碳化物。淬火时部分钨元素溶入固溶体中,其余留存在未溶碳化物中。未溶的碳化物对晶粒长大起阻碍作用,细化了钢的晶粒。含钨量的增加使钢的淬火加热温度上升,提高了奥氏体的合金度。未溶的碳化物又具有极高的硬度,因此热处理后能获得高硬度、高耐磨性和较高的力学性能。已溶解的钨碳化物在回火过程中,又以 W_2C 型弥散析出在马氏体基体上,与钒的碳化物一起产生钢的二次硬化效应,提高了钢的切削性能。钨原子与碳原子结合力大,提高了马氏体高温分解的稳定性,增加了抗回火能力和红硬性。钨亦有增加钢的淬透性的作用,但不如铬。钨元素的增加使碳化物不均匀性变大,产生大块的角状碳化物和碳化物的堆集现象。钨会降低钢的导热系数,为此,锻造时应加热缓慢和充分保温。而且需提高停锻温度以免锻造开裂。

3. 钼

钼也是碳化物形成元素。钼在钢中的作用跟钨元素相似。钼跟钨一样能提高钢的硬度、红硬性、淬透性和二次硬化能力。钼与钨是同族元素,化学性质相近,高速钢中常以钼代钨(1wt%的钼可代替1.8wt%的钨)。钼能降低高速钢结晶时的包晶及共晶反应温度,使莱氏体组织细化,提高了钢的热塑性。钼还能降低钢在热处理过程中的回火脆性。

4. 铬

铬是提高钢的淬透性的主要元素。铬在淬火加热时几乎全部溶入奥氏体,提高了奥氏体的稳定性和合金度,从而增加钢的淬透性、二次硬化能力和红硬性。铬能增加抗氧化及抗腐蚀能力。但铬增加高速钢的碳化物不均匀性和降低热塑性、冷塑性和热处理的抗弯强度。高速钢中保持4wt%的铬较合适。含铬量过低影响淬透性和抗蚀性,过高会降低钢的 M_S 点,增加残留奥氏体和回火稳定性,使回火次数增加和回火困难。

5. 钒

钒部分溶解于高速钢基体中,大部分形成稳定的 VC。回火后 VC 的弥散析出,提高了钢的二次硬化能力,大大提高了钢的耐磨性。钒的加入提高了高速钢的红硬性和切削性能,以及抗回火稳定性,同时细

化了钢的晶粒,降低了钢的过热敏感性。但含钒量的增加使磨削加工变得困难。含钒量增加,含碳量必须按相应比例增加,才能提高钢的切削性能和耐磨性。高碳高钒高速钢的产生,就是基于这一原理。

6. 钴

钴是非碳化物形成元素。在高速钢中钴绝大部分溶于固溶体中,可增加其合金度及提高红硬性。钴能使碳化物在回火过程中以细小质点弥散析出,增加二次硬化能力和提高回火硬度。钴含量增加,其红硬性和切削能力提高,但是增加了钢的脱碳倾向和脆性,降低了韧性。

7. 铝

铝是非碳化物形成元素,起固溶强化作用。含铝高速钢具有较高硬度和耐磨性;铝对高速钢的切削性能有利,1wt%的铝不影响钢的二次硬化能力和红硬性。但铝也会增加含钼高速钢的氧化脱碳倾向及钢在加热时的晶粒不均匀长大倾向。

9.4.1.2 高速工具钢的牌号及分类

GB/T 9943—2008《高速工具钢》(非等效采用 ISO 4957:1999)中列出了 19 个高速工具钢牌号,见表 9-9。

GB/T 9943—2008 标准中,高速工具钢有两种分类方法。

1. 按化学成分分类

分为钨系高速工具钢及钨钼系高速工具钢两种基本系列。在表 9-10 所列 19 种牌号中,除 W18Cr4V、W12Cr4V5Co5 为钨系高速工具钢,其他牌号均为钨钼系高速工具钢。

钨系高速工具钢以钨为主,代表性钢号是 W18Cr4V,钨含量一般在 12wt%~18wt%。该高速钢通用性强,可磨性好,淬火温度宽,过热敏感性小,但碳化物不均匀度严重,碳化物粒度粗,热塑性差,不适于轧、扭等热塑性成型。再加上其含钨量高,经济性差,目前应用日益减少,有被淘汰的趋势。

钨钼系高速工具钢代表性钢号有 W6Mo5Cr4V2 和 W9Mo3Cr4V。钨钼系高速钢由于以钼代替部分钨,细化了共晶碳化物,改善了碳化物的不均匀性,提高了热塑性、抗弯强度和韧性,有利于热轧加工。但热处理过热敏感性和脱碳敏感性较大,可磨性较差,一般用于制造轧扭钻、机用丝锥及齿轮刀具等。

钨系高速工具钢和钨钼系高速工具钢的金相组织等差异较大,相关的一部分金相组织评定一般分别采用不同的标准条款。

2. 按性能分类

可分为 3 种基本系列:低合金高速工具钢(HSS-L)、普通高速工具钢(HSS)及高性能高速工具钢(HSS-E)。在表 9-9 中,序号 1、序号 2 的钢号为低合金高速工具钢;序号 3~序号 9 的钢号为普通高速工具钢,其余的则为高性能高速工具钢。

表 9-9 高速工具钢牌号及成分

序号	统一数字代号	牌号	化学成分/wt%									
			C	Mn	Si	S	P	Cr	V	W	Mo	Co
1	T63342	W3Mo3Cr4V2	0.95~1.03	≤0.40	≤0.45	≤0.30	≤0.30	3.80~4.50	2.20~2.50	2.70~3.00	2.50~2.90	—
2	T64340	W4Mo3Cr4VSi	0.83~0.93	0.20~0.40	0.70~1.00	≤0.30	≤0.30	3.80~4.40	1.20~4.50	3.50~4.50	2.50~3.50	—
3	T51841	W18Cr4V	0.73~0.83	0.10~0.40	0.20~0.40	≤0.30	≤0.30	3.80~4.50	1.00~1.20	17.20~18.70	—	—
4	T62841	W2Mo8Cr4V	0.77~0.87	≤0.40	≤0.70	≤0.30	≤0.30	3.50~4.50	1.00~1.40	1.40~2.00	8.00~9.00	—
5	T62942	W2Mo9Cr4V2	0.95~1.05	0.15~0.40	≤0.70	≤0.30	≤0.30	3.50~4.50	1.75~2.20	1.50~2.10	8.20~9.20	—

续表

序号	统一数字代号	牌号	化学成分/wt%									
			C	Mn	Si	S	P	Cr	V	W	Mo	Co
6	T66541	W6Mo5Cr4V2	0.80~0.90	0.15~0.40	0.20~0.45	≤0.30	≤0.30	3.80~4.40	1.75~2.20	5.50~6.75	4.50~5.50	—
7	T66542	CW6Mo5Cr4V2	0.86~0.94	0.15~0.40	0.20~0.45	≤0.30	≤0.30	3.80~4.50	1.75~2.10	5.90~6.70	4.70~5.20	
8	T66642	W6Mo6Cr4V2	1.00~1.10	≤0.40	≤0.45	≤0.30	≤0.30	3.80~4.50	2.30~2.60	5.90~6.70	5.50~6.50	
9	T69341	W9Mo3Cr4V	0.77~0.87	0.20~0.40	0.20~0.40	≤0.30	≤0.30	3.80~4.40	1.30~1.70	8.50~9.50	2.70~3.30	
10	T66543	W6Mo5Cr4V3	1.15~1.25	0.15~0.40	0.20~0.45	≤0.30	≤0.30	3.80~4.50	2.70~3.20	5.90~6.70	4.70~5.20	
11	T66545	CW6Mo5Cr4V3	1.25~1.32	0.15~0.40	≤0.70	≤0.30	≤0.30	3.75~4.50	2.70~3.20	5.90~6.70	4.70~5.20	
12	T66544	W6Mo5Cr4V4	1.25~1.40	≤0.40	≤0.45	≤0.30	≤0.30	3.80~4.50	3.70~4.20	5.20~6.00	4.20~5.00	
13	T66546	W6Mo5Cr4V2Al	1.05~1.15	0.15~0.40	0.20~0.60	≤0.30	≤0.30	3.80~4.40	1.75~2.20	5.50~6.75	4.50~5.50	Al: 0.80~1.20
14	T71245	W12Cr4V5Co5	1.50~1.60	0.15~0.40	0.15~0.40	≤0.30	≤0.30	3.75~5.00	4.50~5.25	11.75~13.00	—	4.75~5.25
15	T76545	W6Mo5Cr4V2Co5	0.87~0.95	0.15~0.40	0.20~0.45	≤0.30	≤0.30	3.80~4.50	1.70~2.10	5.90~6.70	4.70~5.20	4.50~5.00
16	T76438	W6Mo5Cr4V3Co8	1.23~1.33	≤0.40	≤0.70	≤0.30	≤0.30	3.80~4.50	2.70~3.20	5.90~6.70	4.70~5.30	8.00~8.80
17	T77445	W7Mo4Cr4V2Co5	1.05~1.15	0.20~0.60	0.15~0.50	≤0.30	≤0.30	3.75~4.50	1.75~2.25	6.25~7.00	3.25~4.25	4.75~5.75
18	T72948	W2Mo9Cr4VCo8	1.05~1.15	0.15~0.40	0.15~0.65	≤0.30	≤0.30	3.50~4.25	0.95~1.35	1.15~1.85	9.00~10.00	7.75~8.75
19	T71010	W10Mo4Cr4V3Co10	1.20~1.35	≤0.40	≤0.45	≤0.30	≤0.30	3.80~4.50	3.00~3.50	9.00~10.00	3.20~3.90	9.50~10.50

注：本表摘自 GB/T 9943—2008。

9.4.1.3 粉末冶金高速工具钢

粉末冶金高速钢是一种性能介于高速钢和硬质合金之间的新型高速钢。粉末冶金高速钢的出现是高速钢冶炼技术的新突破。粉末冶金高速钢是通过熔融状态的钢水经高压氮气雾化制粉，真空加压烧结（热等静压烧结）而成的。它避免了高速钢浇注凝固时产生的鱼骨状共晶莱氏体和严重的碳化物偏析。形成了碳化物颗粒细小均匀，非金属夹杂物极少的新型高速钢。其特点是热处理后可获得高硬度、高韧性、高耐磨性和良好的可加工性及切削性，在综合性能上优于并全面超越原高速钢。粉末冶金高速钢适用于制造大尺寸刀具、精密复杂刀具、切削时受冲击的刀具以及高速切削刀具，但由于其价格昂贵应用受到限制。

几个国家的粉末冶金高速工具钢生产牌号及成分见表 9-10。

表 9-10　几个国家的粉末冶金高速钢牌号及成分

国名 (生产厂)	牌号	主要化学成分/wt%					
		C	W	Mo	Cr	V	Co
中国 (安泰河冶)	AHPM3	1.3	6.2	5	4	3	—
	AHPM4	1.35	5.5	4.7	4.2	4	—
	AHPT15	1.55	12	—	4	5	5
	AHPT15M	1.6	10	2.2	4.7	4.8	8
	AHP30	1.3	6.5	4.9	4	2.9	8.3
	AHP60	2.3	6.5	7	4.2	6.5	10
奥地利 (BöHLER)	S390	1.60	10.50	2.00	4.80	5.00	8.00
	S590	1.30	6.30	5.00	4.20	3.00	8.40
	S690	1.33	5.90	4.90	4.30	4.10	—
	S790	1.30	6.30	5.00	4.20	3.00	—
法国 (Erasteel)	ASP2017	0.80	3.0	3.0	4.0	1.0	8.0
	ASP2023	1.28	6.4	5.0	4.10	3.10	—
	ASP2030	1.28	6.4	5.0	4.20	3.10	8.50
	ASP2052	1.60	10.50	2.0	4.8	5.0	8.0
	ASP2053	2.48	4.20	3.10	4.20	8.0	—
	ASP2060	2.30	6.50	7.0	4.20	6.50	10.50
	ASP2080	2.45	11.0	5.0	4.0	6.30	16.0
日本 (日立钢厂)	HAP10	1.30	3.0	6.0	5.0	4.0	—
	HAP20	1.40	2.0	7.0	4.0	4.0	5.0
	HAP40	1.3	6.0	5.0	4.0	3.0	8.0
	HAP50	1.6	8.0	6.0	4.0	4.0	8.0
	HAP70	2.2	12.0	9.0	4.0	5.0	12.0
	HAP72	2.0	10.0	7.5	4.0	5.0	9.50

9.4.2　高速工具钢原材料金相检验

高速工具钢制品有直接在铸态下加工成型,但大部分要经锻、轧成型材后投入生产。

9.4.2.1　高速工具钢的铸态组织

高速钢的冷凝过程及铸态组织较复杂,而且对随后的锻、轧、热处理以及刀具性能都有较大影响。因此了解高速钢的冷凝过程和铸态组织是十分必要的。

1. 接近平衡状态下的冷却组织

图 9-21 是 18wt%W-4wt%Cr 的 Fe-W-Cr-C 四元系合金的垂直截面图,即四元素在 18wt%W 和 4wt%Cr 时的 Fe-C 伪二元相图。该图是 Murakami 和 Hatta 在 1936 年提出,后由郭可信等对加 1wt%钒的影响进行修正。

对含碳量 0.75wt% 的合金的平衡结晶过程简述如下:

① L→δ(α)　自液相中析出 δ 相;
② L+δ→γ　包晶反应(γ 相形成);

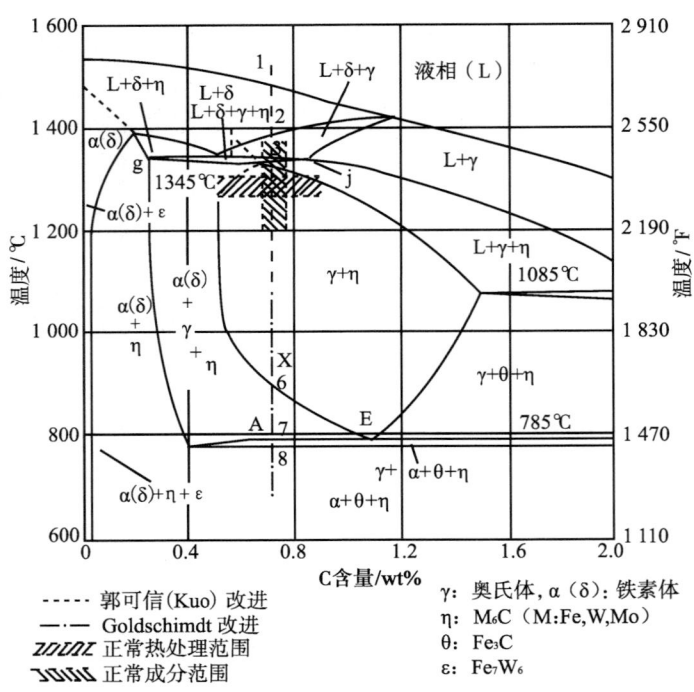

图 9-21　Fe-C-18wt%W-4wt%Cr 的变温截面图

③ $L+\delta \rightarrow \gamma + M_6C$　包共晶反应（δ 相消失）；
④ $L \rightarrow \gamma + M_6C$　共晶反应；
⑤ $\gamma + M_6C$　（L 相消失后不发生相组成的变化）；
⑥ $\gamma \rightarrow \alpha + M_6C$　共析反应（得二元共析产物）；
⑦ $\gamma \rightarrow \alpha + M_6C + M_3C$　共析反应（得三元共析产物）；
⑧ $\alpha \rightarrow M_6C + M_3C$　（α 中析出两种碳化物）。

2. 铸态组织及冷却过程

实际生产中，高速钢铸锭冷却速度较快，并非接近平衡冷却，合金元素来不及扩散，在结晶过程中有的转变不能完成，因此得不到状态图上表示的平衡组织。冷却过程中包晶转变进行不完全，保留下来的 δ 相容易被腐蚀，显微组织呈黑色，常称黑色组织。另外由于 δ 过冷，液相 L 相对增多，使 $L \rightarrow \gamma + C$ 的共晶莱氏体增加。而 γ 相在比较快的冷却速度下，未进行共析转变，过冷到较低温度后转变为马氏体，且部分作为残余 γ 相存在。这种组织较难腐蚀，显微组织呈白色，常称白色组织。所以实际的铸态组织为骨骼状的莱氏体+黑色组织+白色组织，见图 9-22。

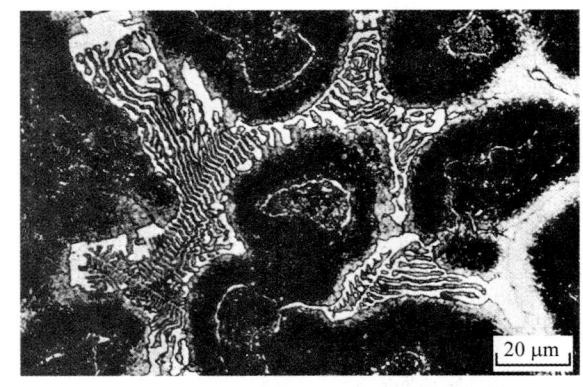

图 9-22　高速钢铸态组织形貌

3. 高速钢铸态组织对性能影响

高速钢的铸态组织和化学成分是极不均匀的。组织中存在鱼骨状共晶莱氏体网，严重地分割了基体，使钢的力学性能变得很差。而且共晶莱氏体越粗大，铸态组织偏析越严重，则铸态共晶碳化物越粗，碳化物颗粒度也越粗，钢的性能下降越显著。有关资料表明，铸造高速钢淬火、回火后的强度不大于 1 200～1 800 MPa。但是若经过锻造加工，使共晶莱氏体网破碎，改善其碳化物的分布，经同样热处理后强度上升到 2 700～3 200 MPa，可见力学性能有了较大提高。

9.4.2.2　高速工具钢的锻后退火组织

浇铸的高速钢要经过热加工的锻、轧压力加工，方可制成型材。在锻轧过程中，铸态的共晶碳化物虽然在机械力的作用下得到了破碎,但是碳化物的分布是极其不均匀的,碳化物的形状、尺寸大小也是各不相同的。经退火后,破碎的共晶碳化物和基体一起组成了高速钢的退火组织:即索氏体＋碳化物,见图9-23。

对进厂的锻、轧高速钢原材料的金相检验项目有酸蚀低倍组织、碳化物不均匀度、表面脱碳等。

1. 碳化物不均匀度及评定

铸态共晶碳化物的破碎程度表现为碳化物不均匀度或碳化物偏析。它是表征高速钢原材料退火组织优劣的一项重要技术指标。碳化物的破碎程度及分布状态与热压力加工的变形量有关。一般说,变形量越大,碳化物破碎程度越好,碳化物的不均匀度就越低。

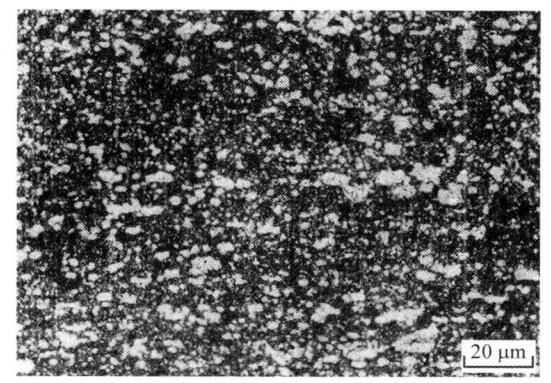

图9-23 高速钢退火状态的组织形貌

碳化物的不均匀度对钢性能的主要影响:

(1) 对热塑性的影响。碳化物的不均匀性降低了钢的塑性和强度。碳化物的堆集引起应力集中,使钢的热塑性变差,容易造成锻造及轧制加工过程中裂纹的产生。

(2) 对热处理的影响。碳化物集中处,碳和合金元素含量高,增加了该处的过热敏感性,往往易在碳化物集中处出现过热现象(图9-24)并沿着碳化物带状处产生裂纹(图9-25)。由于堆积处化学成分不均匀,刀具淬火后形成晶粒大小不均匀(图9-26),而且碳化物集中处残留奥氏体量增加,容易造成回火不充分现象(图9-27)。

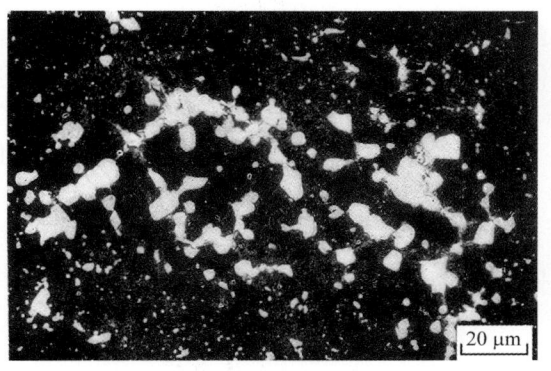

图9-24 高速钢热处理后在碳化物堆积处过热

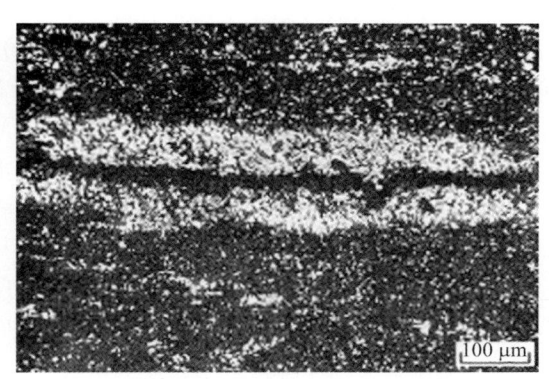

图9-25 高速钢热处理后沿碳化物带的裂纹

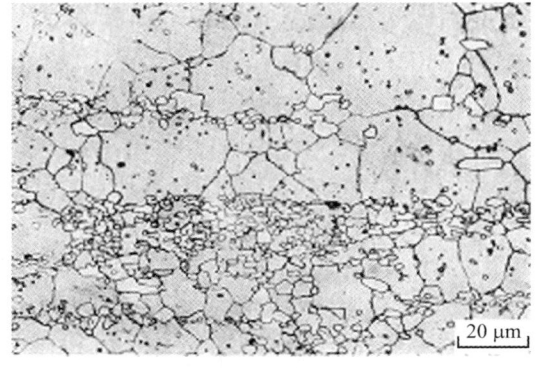

图9-26 高速钢碳化物分布不均匀产生淬火晶粒不均匀

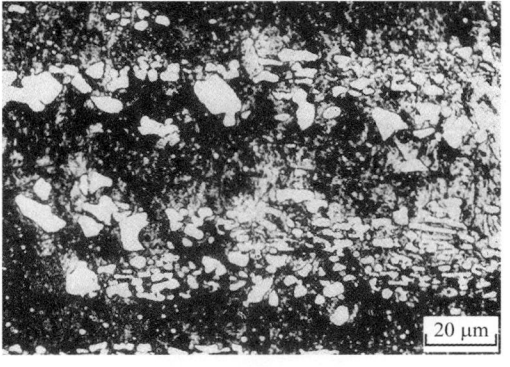

图9-27 高速钢热处理后在碳化物堆积处回火不足

(3) 对力学性能的影响。碳化物的不均匀性造成钢的力学性能各向异性,碳化物带越宽,纵横向的差别越大,致使钢的整体强度与塑性下降。碳化物不均匀度级别升高则抗弯强度和韧性会有明显的下降。

（4）对刀具寿命的影响。由于碳化物不均匀性降低了钢的强度、塑性、硬度及红硬性,导致刀具在使用时容易产生崩刃及磨损,降低了刀具的使用寿命。试验表明：W18Cr4V钢插齿刀,随着碳化物不均匀度级别的提高,刀具的磨损量相应增加,见图9-28。生产实践也表明,当碳化物不均匀度级别大于5级或存在大块碳化物堆集时,刀具在使用时常常出现的失效形式是崩刃或者掉齿。经比较,碳化物不均匀度为5级～6级的插齿刀达到0.2 mm磨损量时,其平均使用寿命要比碳化物不均匀度为3级～4级的插齿刀降低10%左右。

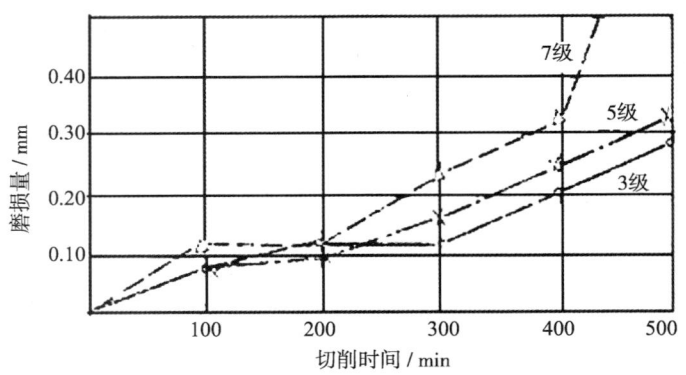

图9-28 插齿刀切削磨损曲线

碳化物不均匀度评定方法可见本书第4.4节介绍。

碳化物不均匀度的显微组织分为带状(图9-29)和网状(图9-30)两种形式。金相检查时,应在钢材的轧制方向即纵向进行显微观察。当碳化物呈带状分布时,以带的宽度、碳化物的密集程度、堆集程度作为评级原则。若碳化物呈网状分布时,则以碳化物网的变形、破碎程度、网的粗细及碳化物堆集程度为评级原则。GB/T 14979—1994《钢的共晶碳化物不均匀度评定》中对此作了规定。对尺寸不大于120 mm的钢棒,钨系牌号按第一级别图评级,钨钼系牌号按第二级别图评级,对尺寸大于120 mm的钢棒,W6Mo5Cr4V2和W9Mo3Cr4V钢按第三级别图评级。其评定原则见表9-11,第三级别评级图的共晶碳化物不均匀分布均为网状,以5级起评,每一级另分A、B、C 3档。

图9-29 高速钢碳化物(带状)不均匀分布 (100×)

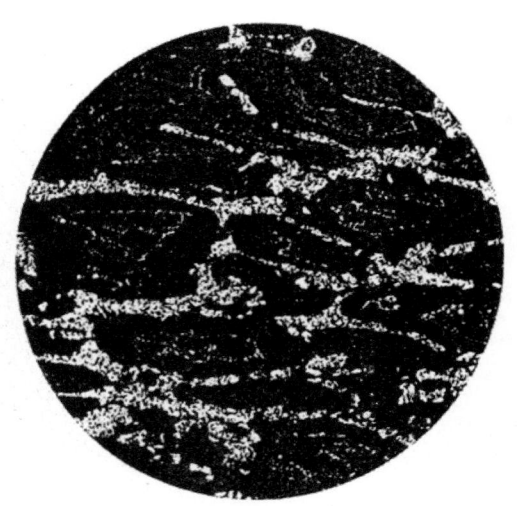

图9-30 高速钢碳化物(网状)不均匀分布 (100×)

表9-11 碳化物不均匀度评级图评级原则的简要说明

共晶碳化物不均匀度级别	第一级别图(带系)	第二级别图(网系)
1	碳化物呈均匀分布	
2	碳化物呈细带状分布	
3	细带宽度2mm左右	细带中局部有不明显分叉
4	明显集中带,带宽4mm	均匀明显细小分叉
5	明显集中带,带宽7.5mm	均匀网状残余
6	明显集中带,带宽11mm	均匀碎网及少量堆集
7	明显集中带,带宽15mm	拉长变形网及明显堆集
8	明显集中带,带宽19mm	封闭完整网及明显堆集

钢材不同尺寸及部位的碳化物不均匀度是不相同的。一般钢的直径越大,从钢锭至钢材的热压力加工变形量越少,碳化物的不均匀度越大。钢材从外圆到中心,因外圆承受变形量较大,中心变形量较小,导致中心碳化物不均匀度增大。所以钢材直径不同,碳化物不均匀度允许的级别也不同。

钢材进行碳化物不均匀度检验的取样方法:对于圆钢,切取厚度10~12 mm的试样,再通过中心切开,在纵截面上制备金相,在1/4直径处检查碳化物不均匀度;对于方钢,则在对角线的1/4处检查碳化物不均匀度。试样事先应按规定的热处理制度淬火,并在680~700℃回火1~2 h后空冷。相关合格级别见表9-12。

表9-12 高速工具钢碳化物不均匀度的合格级别

截面尺寸(直径、边长、厚度或对边距离)/mm	共晶碳化物不均匀度合格级别/级,不大于
≤40	3
>40~60	4
>60~80	5
>80~100	6
>100~120	7
>120~160	6A、5B
>160~200	7A、8B
>200~250	8A、9B

注:本表由作者根据GB/T 9943—2008整理所得。

一般来说,W-Mo系、W-Co系的碳化物网状较为细小(图9-31,摘自GB/T 14979—1994),而W系高速钢的碳化物网状较粗大(图9-32,摘自GB/T 14979—1994)。粉末冶金高速钢因冶炼方法不同,不存在碳化物偏析(图9-33)。

2. 高速工具钢大块碳化物及评定

大块碳化物硬而脆,易开裂剥落,在外力作用下易产生应力集中而解理形成裂纹源,危害钢的韧性和塑性,甚至导致裂纹扩展引起制品在使用中断裂失效。另一方面因为合金元素和碳元素在大块碳化物处富集,降低熔点,使热处理时易于产生过热和淬火裂纹,见图9-34、图9-35。资料表明,当碳化物颗粒直径大于5 μm时,容易产生裂纹源,大于9 μm时会明显降低刀具寿命。此外还与碳化物类型有关,MC型碳化物比M_6C型碳化物更粗大更易引起龟裂和剥落。所以目前不少国家的高速钢技术条件中,都规定

图9-31 W-Mo系共晶碳化物不均匀度(7级)（100×）

图9-32 W系共晶碳化物不均匀度(7级)（100×）

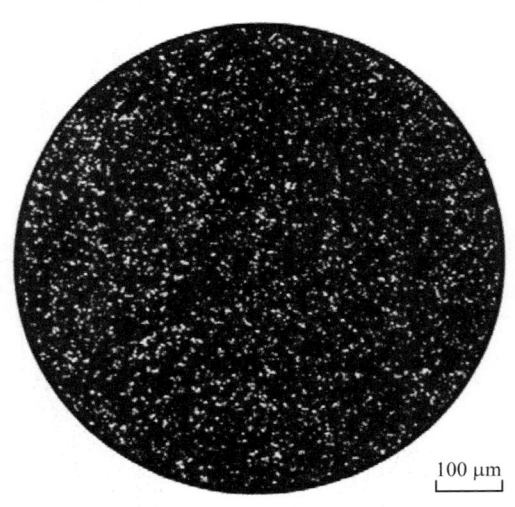

图9-33 粉末冶金高速钢ASP30碳化物分布

碳化物颗粒大小的检查条款。我国GB/T 9943—2008《高速工具钢》中列出了有关标准评级图。规定钨钼系高速工具钢钢丝大块碳化物级别不得大于4级，即其最大尺寸应小于12.5μm；钨系高速钢大块碳化物的合格级别应符合表9-13的规定。

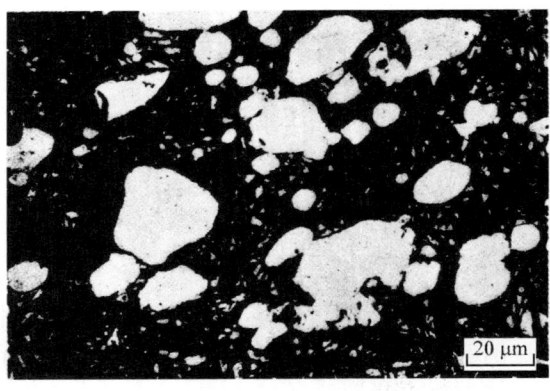
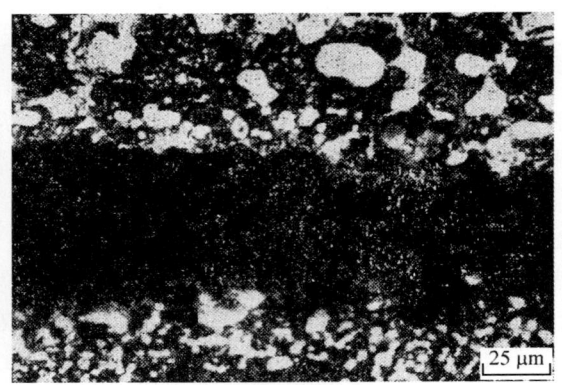

图9-34 大块碳化物造成淬火过热

图9-35 大块碳化物产生淬火裂纹

表 9-13 钨系高速钢大块碳化物合格级别

钢棒尺寸/mm	合格级别/级,不大于	碳化物最大尺寸/μm
≤15	1	18
15～40	2	21
40～80	3	23
80～120	4	25
>120	双方协议	—

注：本表由作者根据 GB/T 9943—2008 整理所得。

3. 脱碳层检测

有关脱碳层检测方法可见本书第 4.7 节。

高速钢钢棒的总脱碳层(铁素体＋过渡层)深度从钢棒实际尺寸算起应符合表 9-14 的标准规定。

表 9-14 高速钢钢材表面脱碳层深度规定

分类	脱碳层深度[2]/mm,不大于	
	钨系	钨钼系[3]
热轧、锻制、棒材、盘条	$0.30+1\%D$[1]	$0.40+1.3\%D$
冷拉	$1.0\%D$	$1.3\%D$
银亮	无	无

注：本表摘自 GB/T 9943—2008。
[1] D 为圆钢公称直径或方钢边长。
[2] 热轧、锻制扁钢的脱碳层深度按其相同面积的方钢边长计算。扁钢脱碳层深度在宽面检查。
[3] W9Mo3Cr4V 钢的脱碳层深度为 $0.35+1.1\%D$。

4. 酸蚀低倍组织

酸蚀低倍组织是检查试样经酸蚀后所暴露的宏观缺陷，如疏松、缩孔、气泡、分层、白点及裂纹等。具体检验方法可见第 1 章介绍。

高速工具钢低倍组织合格级别规定可见 GB/T 9943—2008 中表 4。

9.4.2.3 高速工具钢热加工制品金相检验

为了节材、节能、降耗、节约成本和提高生产效率的需要，热加工的精密制坯技术日益广泛应用。常用的热加工工艺方法有拉丝、精密铸造、锻造、齿轮刀具的模锻和螺旋轧制、棒状刀具的柄、刃焊接、钻头坯料的轧、扭、搓及挤压成型还有高速钢的粉末冶金制坯等。在这些热加工工序中，钢材经过加热、成型、冷却，其组织及表面状态、形状尺寸发生了变化。为了确保各工序的加工质量，使之达到预期的工艺目标，防止热加工过程中产生组织和性能上的缺陷而导致工件的报废，及给后续工序带来不良影响，所以对上述各热加工工序的制品要进行金相检验。检查内容和要求应根据其后的加工工艺和使用要求而定。

1. 精密铸造制品

精密铸造的刀具存在着铸态粗大的骨骼状共晶莱氏体，力学性能很差，刀具使用时极易崩刃。因此需进行消除莱氏体处理(高温淬火＋退火)。金相检查以莱氏体消除程度为主，原则上不剩留粗大、完整的莱氏体，见图 9-36。

2. 锻造制品

检查项目为碳化物不均匀度和脱碳层。钢厂提供的钢材，特别是大尺寸钢材的碳化物不均匀度(如网状和带状碳化物)不能满足刀具生产对材料的要求，因此往往要通过锻造来获得改善。经过镦粗、拔长的反复锻造，一般可使锻坯的碳化物不均匀度降低 1.5～2 级。锻造后带状和网状碳化物的形态发生改变，与原材料有所不同，呈现出如下现象：

① 带状碳化物呈弯曲状,中等尺寸的具有带状碳化物的钢材经镦拔后碳化物产生弯曲，见图 9-37;

② 不规则的网角增多。经过反复镦拔,带状碳化物可能弯曲成网角,而网状碳化物被破碎,增加网角。

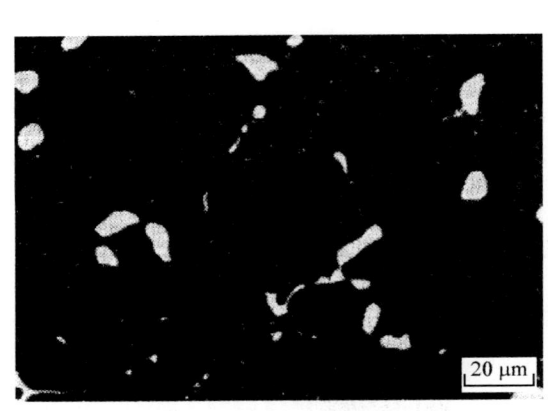

图9-36　高速钢铸造刀具经消除莱氏体后的组织

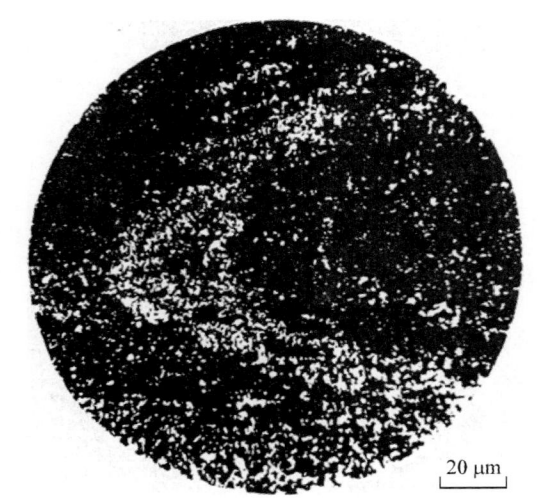

图9-37　钢材经镦锻后碳化物产生弯曲

根据上述现象,锻造后的碳化物不均匀度评定与原材料碳化物评定方法作了相应的调整。为此我国机械行业就锻坯的碳化物不均匀度评定制定了相关行业标准,即 JB/T 4290—2011《高速工具钢锻件技术条件》。标准中对锻件碳化物的取样方法、部位、数量、尺寸及评定方法作了具体的规定。其中锻件碳化物均匀度合格级别应符合表9-15的规定。

表9-15　高速钢锻件碳化物不均匀度合格级别

刀具名称	刀具直径 D/mm	碳化物不均匀度合格级别
直齿插齿刀	<100	≤3
	≥100~160	≤4
齿轮滚刀、剃前齿轮滚刀、渐开线花键滚刀	≤100	≤4
	>100~125	≤5
盘形剃齿刀	≤240	≤4

注:1. 带状和弯曲状碳化物不均匀度评级合格级别与碳化物不均匀度合格级别相同。
　　2. ≤240 mm 等指公称分度圆直径。
　　3. 本表摘自 JB/T 4290—2011。

锻造组织中碳化物不均匀度评级原则可参考表9-16。

表9-16　钨系高速钢锻造组织中碳化物不均匀度评级原则简要说明

碳化物不均匀度级别 (JB/T 4290—2011)	碳化物不均匀度评级说明
1	点状碳化物均匀分布
2	点状碳化物均匀分布,部分区域出现断续带状
3	碳化物呈断续带状
4	碳化物堆集,出现分叉
5	碳化物堆集比4级严重,明显分叉,个别区域有网状倾向
6	碳化物呈破碎网,并有堆集
7	碳化物呈变形连续网状,个别完整,并有稍严重堆集

3. 轧、扭、搓及挤压制品

金相检验刀具或工具的切削部位脱碳层深度和碳化物不均匀度,加工部分脱碳层深度应小于 0.2 mm,非加工部分脱碳层小于 0.02 mm。碳化物不均匀度则小于 3 级。

4. 拉丝制品

检查拉拔后坯料的脱碳层深度和硬度、断口性质及表面裂纹。脱碳层深度应小于随后的加工余量,断口应细密。

5. 粉末冶金制品

检查坯料脱碳层及粉末颗粒边界消除情况。脱碳层应小于其后的加工余量,颗粒边界应消除。

9.4.3 高速工具钢热处理及金相检验

9.4.3.1 高速工具钢加热过程组织转变及对性能影响

高速钢在加热过程中发生组织转变,其转变过程主要包括奥氏体的形成,碳化物的溶解和转化及奥氏体晶粒的长大。

1. 加热过程中的奥氏体的形成和转变

高速钢的珠光体向奥氏体的转变温度范围为 800~860℃,在此温度形成的奥氏体含碳量较低,即使加热至 950℃甚至更高一点温度,还保留有剩余铁素体。所以在这个温度区间进行淬火硬度很低,约为 40~50 HRC,也不具备红硬性。因此必须加热到更高温度。

2. 加热过程中碳化物的溶解和转化

随着加热温度的升高,碳化物溶解量增加,碳化物类型不同,溶解程度不同。如 $M_{23}C_6$ 在淬火加热时几乎全部溶入奥氏体中,而 M_6C 和 VC 溶解较少,溶解量约 10% 左右。退火及淬火态高速钢中碳化物相及数量见表 9-17。

表 9-17 退火及淬火态高速钢中碳化物相及数量

钢号	热处理状态	碳化物量/%(体积分数)			碳化物总数量/%(体积分数)
		M_6C	MC	$M_{23}C_6$	
W18Cr4V	退火	18.5	1.5	9	29
	1 280℃淬火	10	0.5	0	10.5
W6Mo5Cr4V2	退火	16	3	9	28
	1 220℃淬火	7.5	1.5	0	9

各种合金元素碳化物的溶解温度不同。为使合金碳化物能充分溶入奥氏体中,以提高刀具的硬度和红硬性,应尽量提高高速钢的淬火加热温度。但是过分地追求提高温度、增加碳化物的溶解度,也会带来刀具的过热或过烧的危险,引起晶粒粗大而导致钢的力学性能下降。

过高的淬火加热温度,导致碳化物粗化并趋向角状化,逐渐沿着奥氏体晶界扩展,形成断续网状,使钢的性能劣化。

碳化物溶解度对性能的影响如下:

① 对淬火硬度的影响。提高加热温度,碳化物溶解量增多,奥氏体中的固溶碳量和合金度增高,钢淬火后硬度增加,但与此同时残留奥氏体量上升,影响淬火硬度;

② 对红硬性的影响。红硬性主要取决于奥氏体中的合金度。淬火温度越高,碳化物溶解度越高,则钢淬火后的红硬性也就越高;

③ 对力学性能的影响。当淬火温度较高时,将引起碳化物过度溶解,使残余的奥氏体晶粒在高温下迅速长大,从而导致钢的强度和韧性的急剧降低。因此对各类高速钢要选用合适的加热温度,使碳化物在加热时溶解量适当。既保证高的红硬性,又能得到良好的力学性能。

3. 奥氏体晶粒长大

奥氏体晶粒的长大跟淬火温度有密切的关系。所以生产上常以晶粒大小来衡量淬火加热温度的高低。钢淬火加热时,钢中未溶解的大量细小均匀的碳化物,对晶粒长大起到机械阻碍作用,有利于钢的晶粒细化。当钢的淬火加热温度升高时,未溶碳化物大量减少,阻碍作用就减弱,使晶粒长大倾向增加。另外,当钢中有较为严重的碳化物堆集时,堆集处因成分不均,含碳量偏高,容易引起局部过热。

应根据刀具类型、使用特点来确定晶粒度的大小。精密细小及带尖角的刀具,如仪表小钻头及丝锥,晶粒不宜过大,避免淬火畸变过大。对形状简单、要求高硬度、高红硬性、高耐磨性刀具,如车刀,允许晶粒稍大一些。对于粉末冶金高速钢,淬火晶粒也应细小一点。

9.4.3.2 高速工具钢淬火冷却时组织转变及对性能影响

钢淬火冷却时的组织与形成奥氏体的成分及状态,及随后的冷却条件有关。图 9-38 是 W6Mo5Cr4V2 钢在 1 220℃时奥氏体化的等温转变曲线。

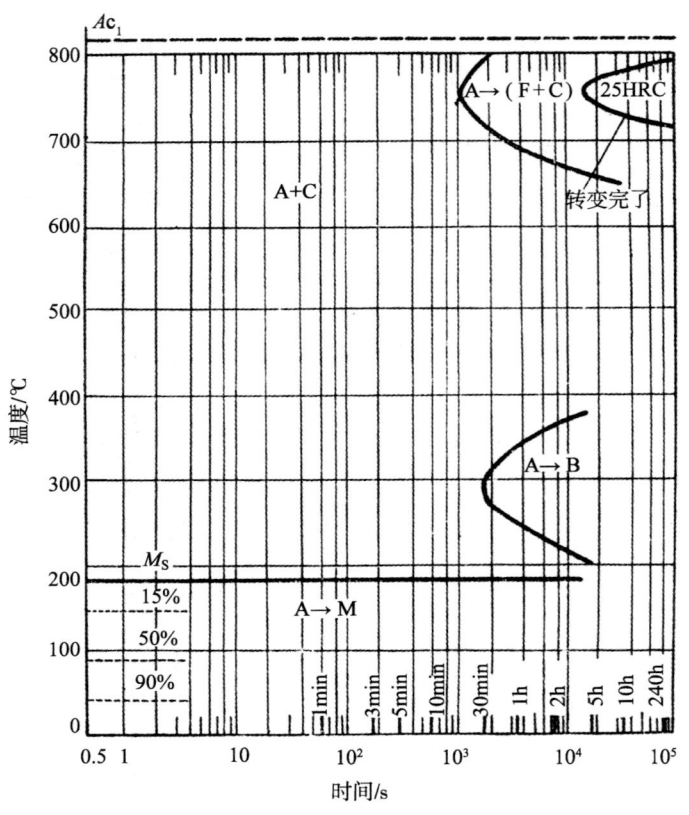

含量(wt%)为 C:0.83, Si:0.3, Cr:4.15, Mo:5.0, W:6.4, V:1.9

图 9-38 W6Mo5Cr4V2 钢在 1 220℃时奥氏体化的等温转变曲线

从图中可以看出,高速钢在不同冷却条件下的组织特征。高温转变区在 650~760℃之间,转变产物为珠光体;中温转变区在 280~350℃的温度范围内,转变产物为上贝氏体;而在 180~280℃时转变产物为下贝氏体;在 200℃以下连续冷却是马氏体区。

1. 珠光体区的等温转变(650~760℃)

高速钢自奥氏体化温度冷却至 650℃以上过程中,存在着使已溶于奥氏体内的碳化物重新析出的倾向。在这温度范围内的某一温度停留或慢冷,都可能析出二次碳化物。析出的碳化物往往沿奥氏体晶界分布,降低了高速钢的硬度和红硬性。

2. 过冷奥氏体稳定区(650~350℃)

在此温度区短期停留,过冷奥氏体不发生分解,处于相对稳定状态。因此,用于高速钢的分级淬火,以减少刀具淬火畸变和开裂。

3. 贝氏体区域的等温转变(350～180℃)

高速钢约在260～300℃等温,贝氏体转变最快。工厂生产中大多采用260～280℃等温,等温后得到部分下贝氏体组织(图9-39)。下贝氏体中碳和合金元素较马氏体低,但仍保持有较大的过饱和度。所以还能获得较高的硬度,而韧性、强度有所提高。经充分回火后,硬度可达63HRC以上。由于贝氏体的比容较马氏体小,且经等温后,又使残留奥氏体量增加,这可减少淬火时的组织应力,有利于防止工件的畸变和开裂。

4. 马氏体区间的转变(200℃以下)

高速钢马氏体转变开始点(M_S)一般在200℃左右。M_S与M_f点与钢的化学成分、加热温度及冷却条件有关。随着淬火温度的升高,奥氏体中碳和合金元素浓度的增加,而使M_S和M_f下降,残留奥氏体量增加。

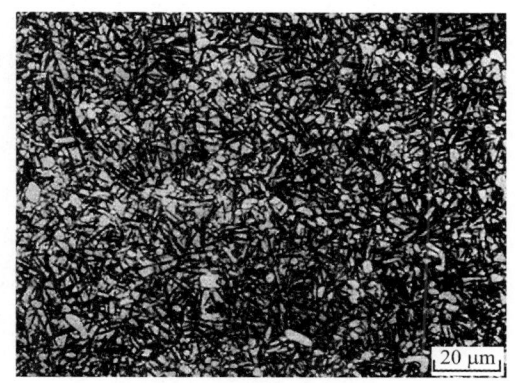

图9-39 高速钢等温淬火后形成的针状贝氏体 (500×)

9.4.3.3 高速工具钢淬火后回火及性能

高速钢淬火后的组织是马氏体+残留奥氏体+碳化物。在回火过程中,这些组织都将发生变化,从而引起钢的性能的改变。高速钢随着回火温度的不同,其力学性能也不同。图9-40和图9-41分别为回火温度与硬度及力学性能的关系。

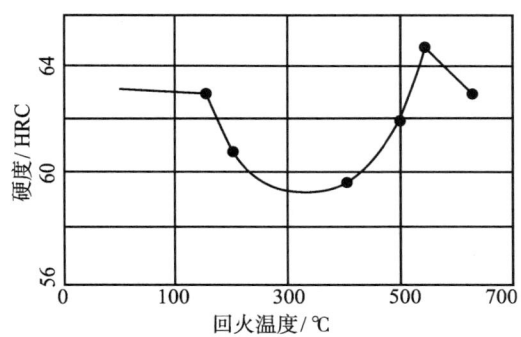

图9-40 高速钢淬火后回火温度与硬度的关系

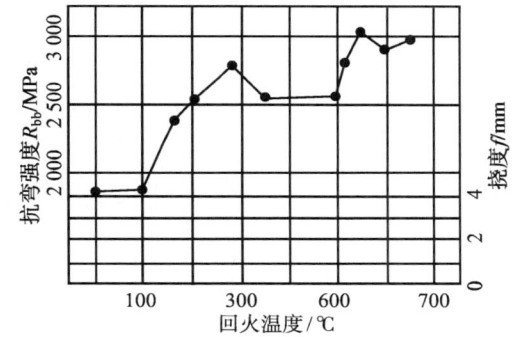

图9-41 高速钢淬火后回火温度与力学性能的关系

高速钢常用的回火温度为540～560℃,在此温度回火时,钢的硬度、强度与塑性均有提高,硬度值甚至超过淬火状态的硬度,即产生二次硬化。在此回火温度范围内回火,淬火马氏体转变为回火马氏体,残留奥氏体在回火冷却过程中转变为二次马氏体,而钒和钨的合金碳化物以极其细小的颗粒状从固溶体中弥散析出及分布在马氏体基体上,使钢的硬度提高到63～66HRC。如回火温度高于600℃则析出的碳化物会聚集长大,使钢的硬度下降。

9.4.3.4 高速工具钢热处理后金相检验

1. 淬火晶粒度评定

高速钢淬火后的组织为隐针状马氏体、碳化物及大量的残留奥氏体[约30%(体积分数)]。残留奥氏体和隐针状马氏体都不易被浸蚀,一般情况下,显示不出马氏体的针叶,所以不能像结构钢和低合金钢工具钢那样评定马氏体针的级别。但是通过对磨面的浸蚀能够看到淬火组织中的奥氏体晶界及碳化物颗粒。

通过对高速钢奥氏体的晶粒度评定,可以判别淬火温度高低,以控制热处理质量。

奥氏体晶粒度的测定方法依据的标准是GB/T 6394—2017《金属平均晶粒度测定法》,可见本书第5章介绍。

实际生产中,国内各企业的产品一般都控制在9级～10.5级晶粒,见图9-42。

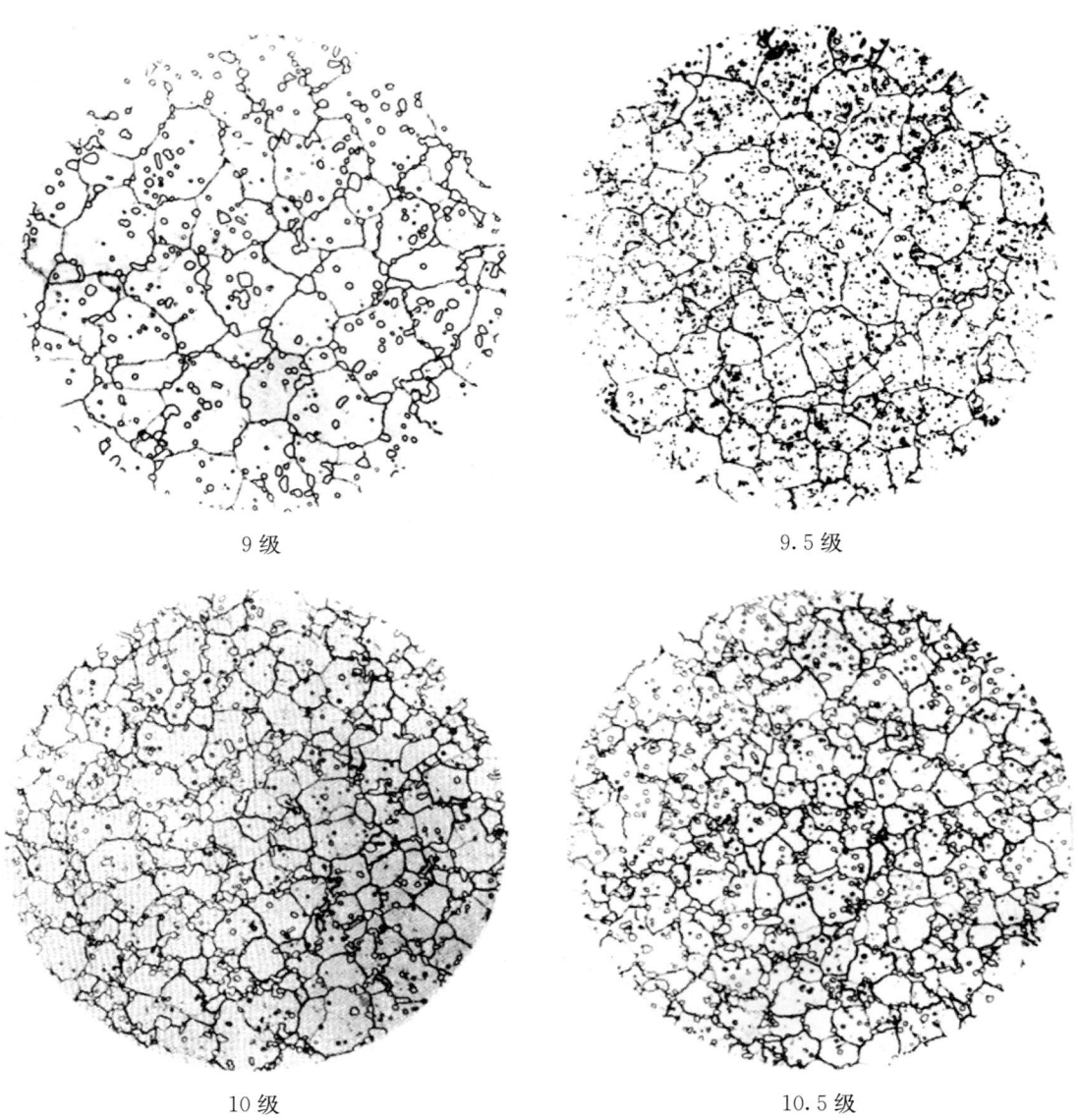

9 级　　　　　　　　　　　　　　9.5 级

10 级　　　　　　　　　　　　　　10.5 级

图 9-42　W-Mo 系高速钢淬火晶粒度　(500×)

淬火晶粒度大小是衡量淬火加热温度高低及工具热处理质量的重要标志,也可作为炉温控制精度不足时或钢材成分波动需要适当调整淬火温度时的参考依据。JB/T 9986—2013 标准对高速工具钢淬火晶粒号、过热程度等合格级别作了规定,见表 9-18。

表 9-18　高速工具钢刃具产品热处理合格级别

产品		淬火晶粒号(级别)		过热程度合格级别	回火程度合格级别
名称	规格/mm	W-Mo 系	W 系		
直柄钻头	$\phi \leqslant 3$ $3 < \phi \leqslant 20$	10～12 9.5～11	10～11.5 9.0～10.5	$\leqslant 1$ $\leqslant 2$[①]	$\leqslant 2$
中心钻		10～11.5	9.5～11	$\leqslant 1$	
锥柄钻头	$\phi \leqslant 30$ $\phi > 30$	9.5～11 9.0～10.5	9.0～10.5 8.5～10	$\leqslant 2$[①]	
切口及锯片铣刀	厚度小于或等于 1 厚度大于 1	10～11.5	9.5～11	$\leqslant 1$ $\leqslant 2$	

续 表

产品		淬火晶粒号(级别)		过热程度合格级别	回火程度合格级别
名称	规格/mm	W-Mo 系	W 系		
铣、铰刀类		9.5～11	9.0～10.5	≤2①	≤2
车刀	≤16×16	8.5～10.5	8～10	≤2	
	>16×16			≤3	
齿轮刀具		9～11	9.0～10.5	≤2②	
螺纹刀具		10～11.5	9.5～11	≤1	
拉刀		9～11	9.0～10.5	≤1	

注：本表由作者根据 GB/T 9986—2013 整理所得。
① 钻头、键槽铣刀和立铣刀过中心的刃口碳化物堆积处过热程度级别可小于或等于 3 级。
② 剃齿刀不应过热。
③ 粉末冶金高速工具钢过热程度小于或等于 1 级；粉末冶金高速工具钢淬火晶粒度小于或等于 10 号，晶粒度评级时，因晶粒细小，可按 S-G 晶粒度进行评级，M42 和 M35 等高性能高速工具钢回火程度为 1 级。

为能精细化评定晶粒度，国外常用 S-G 晶粒号系统，即 Snyder 和 Graff 提出的截点法评定晶粒大小。高速工具钢正常热处理后的晶粒大小为 10(S-G)级至 26(S-G)级，划分较细，这与上述 ASTM 晶粒度 G 的对应关系可见本书第 5 章中图 5-1。

高速钢奥氏体晶粒度在淬火后回火之前进行测定。晶粒度评级时，应多观察几个视野，选择具有普遍性的晶粒视场与评级图比较评定。

在晶粒度评定中，有时会遇到个别特大的晶粒如图 9-43 所示，能占据视场的 1/3～1/2，是一种淬火缺陷。此种缺陷主要是刀具淬火后未经退火或退火不完全，进行二次淬火加热时造成的。这种组织脆性极大，只能报废。

质量分析时，有时需要对成品刀具检验晶粒度。但回火后的晶粒度一般不易显示，可采用以下特殊的浸蚀方法。

（1）浅浸蚀。在体积分数 4% 硝酸酒精溶液中进行短时间浸蚀，由于晶界容易浸蚀，尚能观察到晶粒度。如一次不能成功，重新抛光后多试几次。

（2）深浸蚀后略为抛光。将经深度浸蚀后的样品在抛光的织物上揩擦几次或略为抛光，抛光后晶界凹陷处亦能观察到晶粒的轮廓。

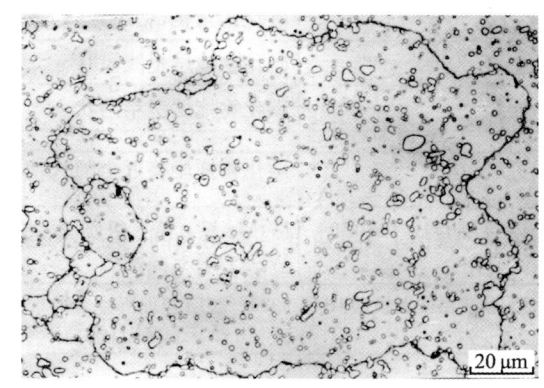

图 9-43 高速钢特别粗大晶粒

（3）三合一浸蚀液浸蚀。用甲醇 100 mL、盐酸 10 mL、硝酸 3 mL 的混合溶液进行浅浸蚀，可以观察到回火后的晶粒度。

2. 淬火回火后过热程度评定

高速钢如果淬火加热温度过高，晶粒长大，其过热程度也可从回火后碳化物析出的网状趋势的程度来确定。

各种高速钢的含碳量及合金成分不同，所以它的过热敏感性也不同。一般 W-Mo 系高速钢比 W 系高速钢容易过热。W-Mo 系高速钢淬火温度范围窄，在晶粒度粗于 9# 时，大晶粒内部会出现黑色组织，见图 9-44。

过热的刀具机械强度降低，脆性增加。过热程度是判断高速钢工具金相组织是否正常的依据，也是判别该刀具是否报废的条件。

过热程度按 JB/T 9986—2013 标准评定共分 5 级，分 W-Mo 系、W 系、粉末冶金高速钢及低合金高速钢四个级别图，具体评定说明见表 9-19。极轻度过热时，碳化物发生变形，趋向角化，见图 9-45。轻度过热时，碳化物角化后产生拖尾，见图 9-46（摘自 JB/T 9986—2013）。随着过热程度的增加，碳化物将呈现线段状、半网状以及网状分布的形态，见图 9-47（摘自 JB/T 9986—2013）。按 JB/T 9986—2013 标准规定，高速钢淬火过热程度检查，应观察 3～10 个视场，并以最劣视场判定级别。

高速钢回火程度检查用的浸蚀条件见表9-23。

表9-23 高速钢回火程度检验的浸蚀通用条件

浸蚀温度/℃	浸蚀剂	浸蚀时间/min
20～25	4%(体积分数)硝酸酒精溶液	≤3
26～30		≤2
>30		≤1

注：本表由作者根据JB/T 9866—2013整理所得。

回火程度的一般分类与组织特征见表9-24。

表9-24 回火程度的一般分类与组织特征

回火程度分类	经回火程度检验浸蚀后组织特征
充分	整个视场内为黑色回火马氏体
一般	个别区域或碳化物堆集处有白色区存在(图9-49)
不足	较大部分白色区存在，可见淬火晶粒(图9-50)

回火程度的评定受到样品制备情况、室温、浸蚀液浓度等的影响，所以并不十分准确。如W6Mo5Cr4V2高速钢真空淬火并充分回火后有时仍可见晶界。因此，有时要借助于对比才能判定，如与回火充分的样品的对比，与同一试样(可一分为二)再经一次高温回火的样品的对比等。

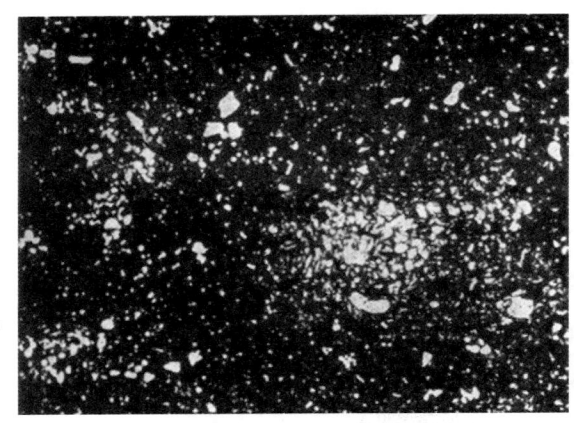

图9-49 高速钢淬火后回火程度一般形貌 (500×)

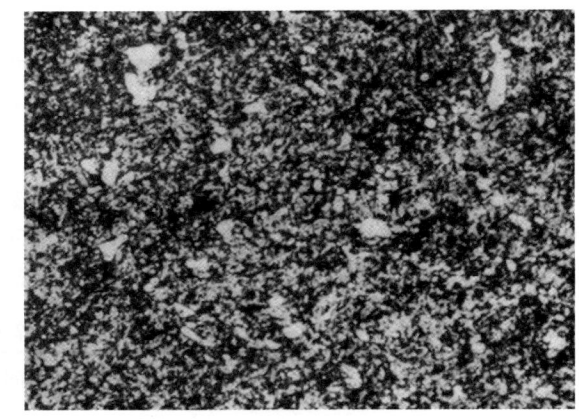

图9-50 高速钢淬火后回火程度不足形貌 (500×)

JB/T 9986—2013标准对于高速钢淬火后回火程度评定设为3个级别，有5套评级图。用于W-Mo系高速钢有两套：第四级别图(产品直径≤120 mm)和第五级别图(直径>120 mm)；用于W系高速钢也有两套：第八级别图(直径≤120 mm)和第九级别图；用于低合金高速钢为第十三级别图。

5．淬火脱碳测定

淬火过程中形成的脱碳缺陷在回火组织检验时能发现。当脱碳层严重时，回火后的刀具表层出现较大的铁素体柱状晶粒，而过渡区中碳化物减少。实施硬度检查时，表面层的硬度很低。

淬火脱碳产生的原因是可能盐浴脱氧不良，氧化物含量高，引起氧化脱碳。氧化物含量越高，加热保温时间越长，脱碳层越深。小于0.03 mm的脱碳层可用喷砂或浸酸去除，大于0.03 mm的脱碳层必须通过磨制加工去除。脱碳层超过加工余量，将导致刀具的早期失效或报废。

9.5 高速工具钢表面改性及金相检验

高速钢表面强化或表面改性是提高刀具切削寿命的主要措施之一，日益受到世界各国的重视，并且发展十分迅速。目前应用广泛的有蒸汽处理、氧氮化、多元共渗或表面镀层等。经表面强化或改性的工件，能有效地提高表面硬度、耐磨性、抗氧化性、疲劳强度或减磨性、润滑性，从而大大提高了刀具的使用寿命。

目前除了蒸汽处理、氧氮化已建立 JB/T 3912—2013《高速钢刀具蒸汽处理、氧氮化质量检验》的部分标准外，其余尚未建立统一的金相标准，各企业一般按照企业标准进行金相检验。

9.5.1 蒸汽处理

高速钢切削刀具经蒸汽处理其表面将形成一层 $3\sim 4\mu m$ 的蓝色的四氧化三铁(Fe_3O_4)薄膜。该膜层均匀、坚实、多孔、带有磁性，密度为 $5.16\ g/cm^3$，熔点为 $1530℃$，体心立方晶格，能防锈、吸油及降低刀具切削时的摩擦系数，减少粘屑与咬合现象。实践表明经过蒸汽处理的刀具，其使用寿命提高 20% 左右。

9.5.1.1 蒸汽处理原理

钢铁加热到 $500\sim 560℃$ 时，遇水蒸气将发生下述三种反应：

$$3Fe + 4H_2O \longrightarrow Fe_3O_4 + 4H_2 \uparrow \qquad (9-1)$$

$$Fe + H_2O \longrightarrow FeO + H_2 \uparrow \qquad (9-2)$$

$$3FeO + H_2O \longrightarrow Fe_3O_4 + H_2 \uparrow \qquad (9-3)$$

在连续通入水蒸气的情况下，反应是向 Fe_3O_4 方向进行。因为此时水蒸气浓度保持大于氢气浓度，反应初始阶段是水蒸气与热铁接触分解出活性氧原子，然后活性氧原子与金属铁起反应生成 Fe_3O_4 核心，长大后沉积在工件表面。反应式如下：

$$H_2O \longrightarrow [O] + H_2 \uparrow \qquad (9-4)$$

$$3Fe + 4[O] \longrightarrow Fe_3O_4 \qquad (9-5)$$

根据 Fe-O 平衡图，见图 9-51。当温度在 $570℃$，氧浓度在 25% 以下时，Fe 与 O 作用能形成 Fe_3O_4，而不是疏松的 FeO，所以蒸汽处理的温度宜选择略低于 $570℃$ 为宜。

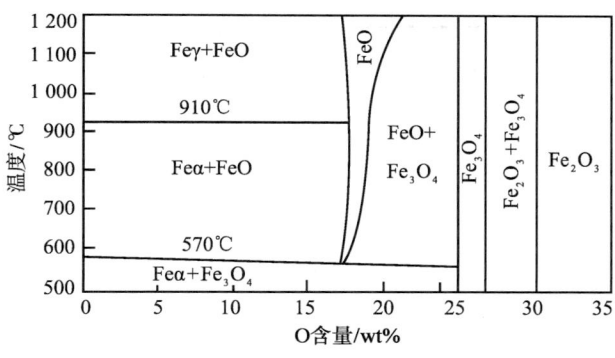

图 9-51 Fe-O 平衡相图

9.5.1.2 蒸汽处理工艺

待处理工件要经过除油、清洗、酸洗活化等前处理后才能进行蒸汽处理。处理温度为 $540\sim 560℃$，保持 60 min，反复 2 次即可。

9.5.1.3 质量检验

（1）表面色泽。目测表面颜色应均匀美观，呈灰蓝色，无明显花斑和锈迹。

（2）氧化膜疏松度测定。用 5wt% 中性硫酸铜滴在无油迹工件的光滑表面，15 min 内不显铜色为合格。生产中一般不需进行膜层厚度测量。

9.5.2 氧氮化处理

氧氮化处理是低温渗氮和蒸汽处理相结合的复合型化学热处理。氧氮化处理后，高速钢表面既形成高硬度及较耐磨的氮化层，又在最外层生成坚实多孔的 Fe_3O_4 薄膜。经过氧氮化处理的工具可提高抗氧化性、抗腐蚀性、耐磨性和切削性能，其使用寿命提高 50% 以上。

9.5.2.1 氧氮化处理的工艺过程

高速钢工具的氧氮化处理主要用于成品刀具。氧氮共渗剂可用稀释的氨水[28%（体积分数）左右的 NH_3 水溶液]或浓度为（30%～50%）（体积分数）的甲酰胺水溶液，也可采用低压氧氮化处理法（抽真空到 16～20 kPa，按脉冲方式交替通入氨气和空气进行渗氮和氧化）。目的都是使之产生[O]和[N]，使其渗入工件表面。工件的前处理过程与蒸汽处理一样。氧氮化的温度为 540～560℃，保温时间 60～120 min。

9.5.2.2 氧氮化处理的金相组织

氧氮化处理后的金相组织，外层是 Fe_3O_4 的氧化层，里层是渗氮后的扩散层。在氧化层的下面有一层灰亮色层，是氧氮化处理的特有组织。灰亮层和基体间的过渡区呈黑色。氧氮化处理时要防止气氛中活性氮原子[N]过高，以免在渗层中出现白亮的 ε 相，见图 9-52。ε 相一旦出现就会增大高速钢的脆性，从而使切削性能变差。

9.5.2.3 氧氮化处理的质量检验

以检验随炉试样的金相组织、渗层深度为主。试样的表面硬度以 900～1050 HV 为合格。

9.5.3 硫氮共渗蒸汽处理的复合处理

硫氮共渗蒸汽处理的复合处理，是既进行蒸汽处理又渗入硫氮，使刀具表面得到进一步强化。既利用了硫化物润滑性强的特性，又保持了蒸汽处理的优点，起到了减少摩擦系数，提高抗咬合力的作用，并提高了刀具的硬度、增强了热硬性，使刀具的切削寿命增加 0.5 到 1 倍。

1. 复合处理的工艺过程

复合处理采用的共渗介质为液氨（NH_3）、硫化氢气体（H_2S，由盐酸与固体小块状硫化亚铁作用后得到）及过热蒸汽。其化学反应过程为：

$$2HCl + FeS \longrightarrow FeCl_2 + H_2S \uparrow \tag{9-6}$$

$$H_2S \longrightarrow H_2 + [S] \tag{9-7}$$

$$2NH_3 \longrightarrow 2[N] + 3H_2 \tag{9-8}$$

分解的活性原子[N]、[S]，与工具表面反应生成氮化物 Fe_4N 和硫化物 FeS。氮化物分布在硫化物的内层，其富集层深度大于 10 μm，硫化物富集层深度小于 10 μm。

复合处理的工艺程序一般为蒸汽处理→硫氮共渗→蒸汽处理，其工艺温度为 540～560℃，保温 60 min，这样反复 2 次。

2. 复合处理的金相组织

复合处理的金相组织表层为氧化层，过渡层为 Fe_4N、FeS、马氏体及碳化物。硫氮共渗层深度在 0.018 mm 左右，无网状氮化物和 ε 相。表面层的含硫量约为 0.81wt%，金相组织见图 9-53。

3. 复合处理的质量检验

(1) 表面质量、外观质量。采用目测法，工作表面要求为均匀美观的蓝灰色薄膜，无明显花斑和锈迹。

(2) 膜层疏松度检测。采用 5wt% 硫酸铜溶液滴定光滑表面，15 min 后不显铜色为合格。

(3) 表面硬度。850～1000 HV。

(4) 金相组织及膜层。渗层厚度要求不小于 0.015 mm，渗层内应无网状氮化物及 ε 相。

9.5.4 高速钢的渗氮处理

渗氮的方法很多，由于环保的原因，目前主要使用气体氮碳共渗和离子渗氮，具体渗氮工艺及金相组织介绍见第 19 章节。

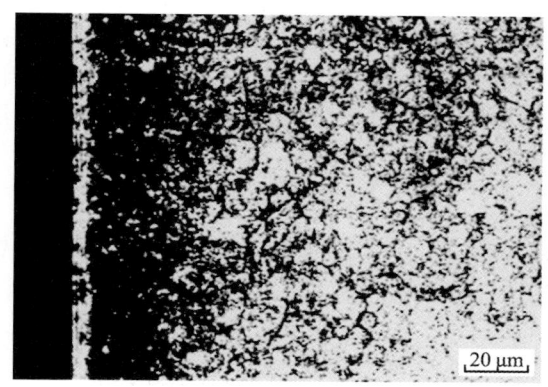 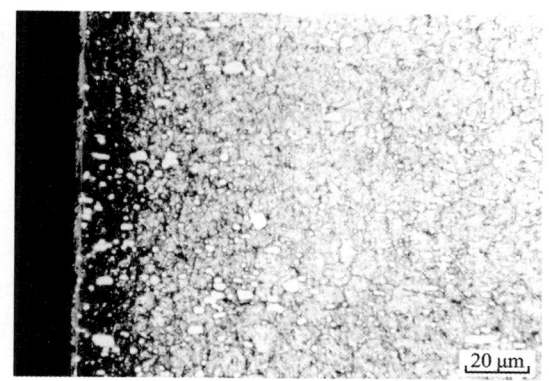

图9-52　6542高速钢钻头氧氮化金相组织　　　　图9-53　W18Cr4V钢蒸汽处理+硫氮共渗

9.5.4.1　高速钢气体渗氮、氮碳共渗及金相分析

高速钢采用单一甲酰胺滴注时,在560℃左右渗氮1~3h后,渗层为0.02~0.07mm,硬度可达900~1000HV。

高速钢如果采用甲酰胺+甲醇工艺时,与单一甲酰胺滴注工艺基本相同,经2h渗氮,其渗层也可达到0.04~0.05mm。

采用有机液滴注法渗氮,为防止渗氮过程中产生氢脆,一般渗氮后应增加一次去氢回火,回火温度200~300℃,时间1~1.5h,回火后空冷。

硬度检查,硬度在850~1050HV0.5范围为合格。

W18Cr4V钢气体氮碳共渗的金相组织见图9-54,渗层的表层为白亮ε相,过渡层为含氮化物、碳化物及马氏体,心部为马氏体、碳化物。渗层组织中化合物层一般是连续和致密的。

9.5.4.2　高速钢离子渗氮

离子渗氮速度快,高效节能,渗氮质量高(畸变小、韧性好、无氧化、表面光洁),渗氮后表面硬度较高(达1100HV左右),抗疲劳性好,耐磨性好,能较大地提高刀具的切削寿命(一般提高1~5倍)。

离子渗氮后得到的金相组织类同于普通气体渗氮。一般由化合物和扩散层组成,见图9-55。渗层的表层是ε相层,为白亮层,向内为扩散层,组织为氮化物及马氏体,心部为马氏体及碳化物。高速钢的离子渗氮可通过严格控制介质成分及适当降低渗氮温度、减少ε相层或避免ε相层,直接获得扩散层组织,以提高渗氮层的韧性。

高速钢离子渗氮推荐渗层为0.01~0.025mm。渗层硬度范围一般为850~1100HV0.5。

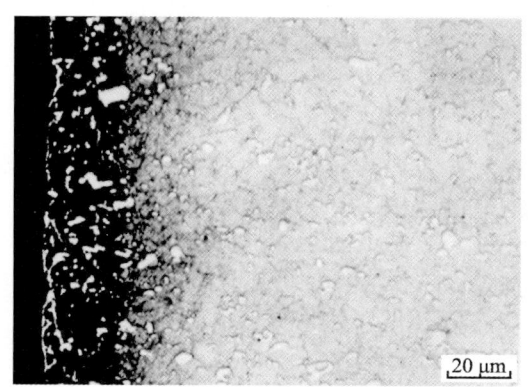 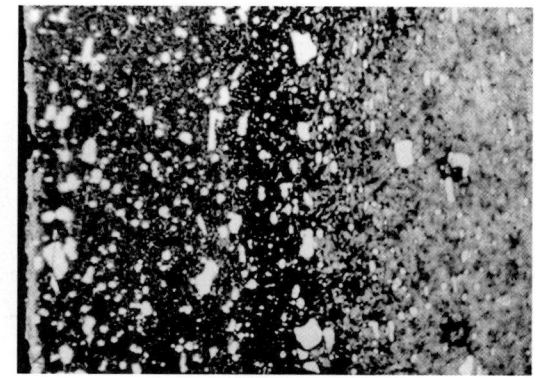

图9-54　W18Cr4V钢气体氮碳共渗后组织　　　　图9-55　W18Cr4V钢经过离子渗氮后的组织　(500×)

9.5.5　高速钢的PVD镀层

高速钢通过物理气相沉积(PVD)在表面镀覆一层几个微米厚的固体薄膜,使表面得到改性和强化,有

效地提高了表面层硬度(可达2000～4000HV)、抗氧化温度、耐磨性,减小了刀具切削时的摩擦系数,能显著地提高切削加工效率、加工精度,极大地延长刀具的切削寿命和降低加工成本。高速钢的PVD镀层工艺发展很快,镀层的种类由最初的几种发展到目前的几十种。镀层的膜层结构也由单层镀发展到多层镀、复合镀和纳米镀。镀层在现代工业中已得到广泛的应用,其前景十分广阔。

9.5.5.1 物理气相沉积(PVD)镀层的种类和原理

物理气相沉积按沉积膜气相物质的生成方式和特征,可分为3种,即真空蒸镀、溅射镀膜、离子镀膜。在硬质合金及高速钢刀具上应用最多的是离子镀。

关于离子镀膜的原理及特点可参阅本书20章节。

高速钢的PVD镀层品种通常有TiN、TiC、TiAlN、TiCN、TiAlCN、DLC等。一般根据被切削材料、切削条件、使用场合等来选择。镀层的膜层厚度一般为2～5μm。膜层的颜色因镀层品种不同有金黄色、紫色、蓝灰色、红铜色、黑色、灰黑色、银白色等。

9.5.5.2 膜层金相组织及检测

1. 膜层的结构及成分检测

PVD镀层的品种很多,膜层结构复杂,在一般显微镜下仅能显示出较难浸蚀的白亮薄层,深入分析膜层结构及成分,往往要借助于扫描电镜(SEM)、透射电镜(TEM)、X射线衍射(XRD)、原子力显微镜(AFM)、电子探针、X射线显微分析仪(EPMA)和俄歇电子能谱(AES)等来分析。通过这些仪器的分析才能确定膜层的微细结构、生长方式及膜层的形貌,还有膜层的成分组成。

图9-56为PVD(Ti、Al)N截面断口扫描电镜像。图中薄膜的厚度为4μm,显示出薄膜垂直于膜面生长的柱状晶粒。图9-57为AlN/VN纳米多层膜透射电镜像。图中浅色为AlN层,深色为VN层。图9-58为高速钢TiN镀层的原子力显微镜像。图中显示薄膜表面呈胞状结构生长,膜厚3μm。

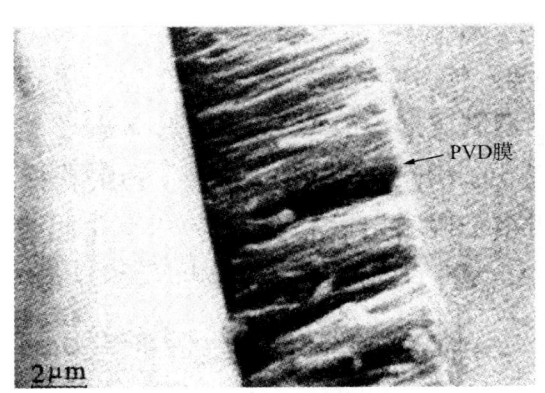

图9-56 PVD(Ti,Al)N截面断口的SEM像

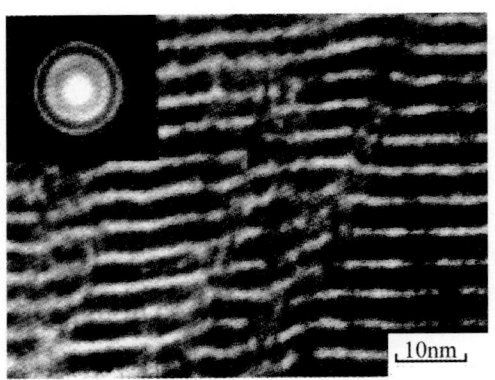

图9-57 AlN/VN纳米多层膜的TEM像

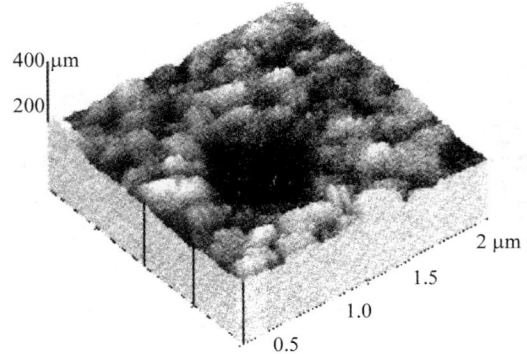

图9-58 高速钢TiN镀层的AFM像

2. 膜层厚度检测

PVD表面膜层厚度采用断面金相法测量、球磨法或X射线测厚仪。

断面法是将表面层切开,从断面对其厚度进行测量,是基本和可靠的膜层厚度测量法。可用光镜、扫描电镜或透射电镜进行。一般光镜用于测量 0.5 μm 以上厚度,扫描电镜测量 0.05 μm 以上,透射电镜测量 0.5 nm 至几个 nm 厚度。

球磨法是将工件或试样通过球磨仪,磨出一个球状坑,膜层在球状坑中形成台阶状。然后用显微镜测量。该方法在生产中应用较为普遍。

X 射线测厚仪是用于专门测量膜层厚度及膜层成分元素的仪器,通过 X 射线的反射来测量。其优点是不损坏工件。

3. 膜层与基体结合强度检测

PVD 膜与基体的结合强度(或结合力)检测常用的检测方法有划痕法和压痕法,是目前硬度薄膜结合力测量的主要方法。由于薄膜的种类、硬度、厚度、表面粗糙度及基材硬度等诸多因素都会影响测量结果,所以只能在上述因素固定下才能给出有比较价值的半定量结果。

划痕法是用三个加有金刚石的圆球状针头在涂层表面按一定速度连续划行,同时在针头上逐渐叠加载荷,涂层被完全划穿那一刻所加载荷就是涂层的结合力。

压痕测试法在洛氏硬度计上进行,对钢基体采用 HRC 标尺,保载时间均为 6 s,卸载后所得的压痕放在投影仪下观察压痕边缘的裂纹,与裂纹判定标准参照对比,从而确定涂层结合力的等级并判定,参见图 9-59、图 9-60。这种压痕测试法目前在生产企业使用较多。

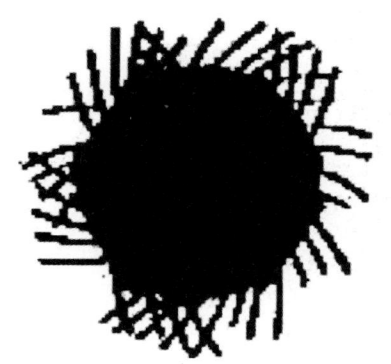
图 9-59 膜层结合力良好的压痕及周边形貌

图 9-60 膜层结合力较差的压痕及周边形貌

4. 膜层硬度检测

PVD 膜层的硬度检测一般采用显微硬度和微力学探针。而微力学探针技术则更准确、更可靠地获得硬质薄膜的硬度。采用显微硬度法测量时要考虑到压入载荷的大小,较小的载荷得到的压痕难以在光镜下分辨和测量,而过大载荷则会造成基体变形(打穿膜层),无法准确得到测量结果。显微硬度法的压力载荷通常为 1～5 gf。TiN、TiC 的硬度一般为 2 000 HV 左右,TiAlN 约为 3 000～3 500 HV,TiCN 约为 3 500～3 700 HV。

9.6 冷作模具钢及其金相分析

冷作模具钢主要用于使金属在冷状态下变形的模具。如冷冲裁模、冷冲压模、冷深拉模、压印模、冷挤压模、螺纹压制模、粉末压制模、冷镦模及拉丝模等。虽然不同类型的冷变形模具的服役条件不同,但其共同的特点是工作温度不高,一般小于 300 ℃,模具主要承受高的压力或冲击力,金属之间有强烈的摩擦。所以要求冷作模具钢应具有高的硬度(一般要求≥58 HRC)、强度、耐磨性,足够的韧性,以及高的淬透性、淬硬性和变形小等其他工艺性能。

9.6.1 冷作模具钢特性及组成

为保证模具有高硬度和耐磨性,冷作模具钢的碳含量一般不小于 0.8 wt%。形状简单的小型模具可选用非合金工模具钢；对于有精度要求、强韧性要求的模具应选用合金工模具钢；而对于硬度、耐磨为主要性能的模具可选用高速工具钢。

目前广泛使用的冷作模具合金工具钢大致分为四类，第一类是高碳高铬型 Cr12 系冷作模具钢，其耐磨性能好但模具常因韧性不足而崩刃；第二类是在 Cr12 系列基础上为改善韧性而开发的 Cr8 系高强韧高耐磨冷作模具钢，其韧性及加工性能均优于 Cr12 系冷作模具钢；第三类为以高速钢为基础，通过基本去除共晶碳化物而形成的基体钢，使钢材具有高速钢硬度而又不脆；第四类为高强韧低合金冷作模具钢。

Cr12 系冷作模具钢中主要包括 Cr12、Cr12MoV 及 Cr12Mo1V1 钢。其中又以 Cr12MoV 钢为代表。其含碳量为 1.45wt%～1.70wt%，具有良好的淬透性和淬硬性。与 Cr12 钢相比，钢中碳、铬元素含量下降，改善了共晶莱氏体碳化物的形态，降低了钢在使用过程中崩刃的可能；同时钼元素的加入，提高了钢的淬透性、细化晶粒，并且形成的碳化物具有二次硬化效应。钒元素的加入，形成高硬度的碳化钒，起到细化晶粒和增加耐磨性的作用。

Cr12MoV 具有高硬度和高耐磨性，然而模具在使用过程仍会因韧性不足而过早失效。国内外对此进行了大量的研究并在 Cr12MoV 钢的基础上，适当降低碳、铬含量，以减少碳的偏析而形成大量的共晶碳化物，提高钼、钒含量以改善碳化物形态，并且细化晶粒，提高钢的耐磨性能而形成 Cr8 系高强韧高耐磨冷作钢。典型牌号如大同 DC53，日立 SLD-Magic 以及瑞典一胜百 ASSAB88 等。我国也开发了该系列冷作模具钢，如 Cr8Mo2VSi 钢。

基体钢一般均承袭了母体高速钢基体的性能，其中国产基体钢多以 W6Mo5Cr4V2 为母体，以各种方式加以改型，生产出多种牌号基体钢。基体钢中允许含有体积分数 5% 左右的剩余碳化物，一方面可以增加耐磨性，另一方面有助于防止高温加热时晶粒长大。

基体钢一般都能同时适用于制造冷作或热作模具，但又各有所长。在性能上都能达到强韧结合，但又各有所侧重。总体来看，其耐磨性仍不及 Cr12 钢系列高铬高碳模具钢。

高强韧低合金冷作模具钢，一般含有铬、锰合金元素，总合金元素含量不超过 5wt%，却具有较好的强韧性和尺寸稳定性。典型钢种有美国的 A6、日立的 ACD37、大同的 GOA、爱知制钢公司的 AKS3 等。我国开发的 GD 钢具有良好的强韧性配合，可用于制作易崩刃的冷冲模具。

GB/T 1299—2014《工模具钢》中所列冷作模具钢及未列入该标准的部分冷作模具钢牌号、成分分别见表 9-25、表 9-26。

表 9-25　GB/T 1299—2014 中所列冷作模具钢号及成分

牌号	化学成分/wt%									
	C	Si	Mn	P	S	Cr	W	Mo	V	其他
				不大于						
Cr12 (D3；SKD1)	2.00～2.30	≤0.40	≤0.40	0.030	0.030	11.5～13.00				
Cr12Mo1V1 (D2；SKD10)	1.40～1.60	≤0.60	≤0.60	0.030	0.030	11.0～13.00		0.70～1.20	0.50～1.10	
Cr12MoV	1.45～1.70	≤0.40	≤0.40	0.030	0.030	11.0～12.50		0.40～0.60	0.15～0.30	
Cr5Mo1V (A2；SKD12)	0.95～1.05	≤0.50	≤1.00	0.030	0.030	4.75～5.50		0.90～1.40	0.15～0.50	
9Mn2V (SKS31)	0.85～0.95	≤0.40	1.70～2.00	0.030	0.030				0.10～0.25	
CrWMn	0.90～1.05	≤0.40	0.80～1.10	0.030	0.030	0.90～1.20	1.20～1.60			

续　表

牌号	化学成分/wt%									
	C	Si	Mn	P	S	Cr	W	Mo	V	其他
				不大于						
9CrWMn	0.85~0.95	≤0.40	0.90~1.20	0.030	0.030	0.50~0.80	0.50~0.80			
Cr4W2MoV	1.12~1.25	0.40~0.70	≤0.40	0.030	0.030	3.50~4.00	1.90~2.60	0.80~1.20	0.80~1.10	
6Cr4W3Mo2VNb（65N）	0.60~0.70	≤0.40	≤0.40	0.030	0.030	3.80~4.40	2.50~3.50	1.80~2.50	0.80~1.20	Nb: 0.20~0.35
6W6Mo5Cr4V	0.55~0.65	≤0.40	≤0.60	0.030	0.030	3.70~4.30	6.00~7.00	4.50~5.50	0.70~1.10	
7CrSiMnMoV	0.65~0.75	0.85~1.15	0.65~1.05	0.030	0.030	0.90~1.20		0.20~0.50	0.15~0.30	

表 9-26　未列入 GB/T 1299—2014 标准的部分冷作模具钢牌号及成分　　wt%

牌号	C	Si	Mn	Cr	W	Mo	V	Ni
Cr6WV	1.00~1.15	≤0.40	≤0.40	5.50~7.0	1.10~1.50	—	0.50~0.70	—
Cr8Mo2VSi	0.90~1.05	0.80~1.0	0.20~0.50	7.80~8.50	—	1.80~2.10	0.15~0.35	—
LD	0.70~0.80	0.70~1.20	0.40	6.50~7.0	—	2.0~2.50	1.70~2.20	—
GD	0.64~0.74	0.5~0.90	0.70~1.0	1.0~1.30		0.30~0.60	~0.12	0.70~1.0
DC53（日本大同）	≤1.5	1.0	0.9	9.5	0.48	2.97	0.28(Al)	

合金元素在冷作模具钢中的作用简要说明如下。

(1) 碳钢中最重要的元素之一。其含量对钢的力学性能具有重要影响。碳和其他合金元素能够形成合金碳化物，对钢强韧性起作用，并有二次硬化效应。

(2) 铬提高钢的淬透性和淬硬性的主要元素。铬元素的加入能够降低钢的临界淬火冷却速度，使碳曲线向右移，使钢在较缓慢的冷却速度下亦能淬透。同时铬与碳形成的碳化物能够提高钢的硬度和耐磨性。

(3) 钼能提高钢的淬透性，增加钢抗回火软化的能力。同时使钢在高温回火时析出钼的碳化物，产生二次硬化效应。

(4) 钒能细化钢的组织和晶粒，增加钢的回火稳定性及加强二次硬化效应。

(5) 锰能够显著提高钢的淬透性，并可以强化铁素体。

(6) 硅能强化铁素体，提高钢的强度和硬度。

9.6.2　冷作模具钢原材料金相检验

Cr12 类等莱氏体模具钢一般均要经锻造加工，以改善共晶碳化物的形态及分布，并经球化退火处理，使其基体组织为大块共晶碳化物＋小块状二次碳化物＋点状或细粒状珠光体，见图 9-61。

冷作模具钢的锻造坯料、失效件除根据需要进行低倍组织检验外，都应检查共晶碳化物不均匀度；退

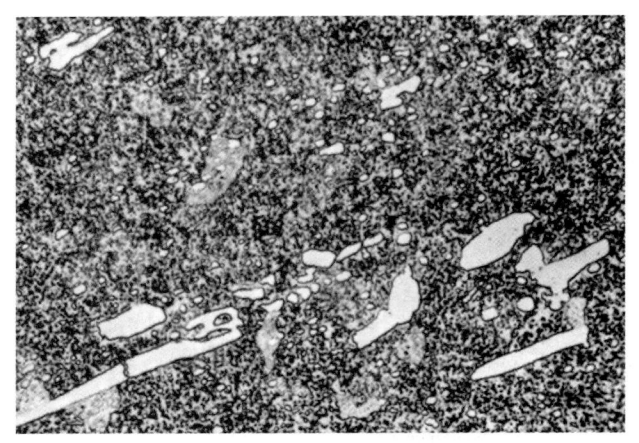

图 9-61　Cr12MoV 球化退火后组织　（500×）

火处理后的毛坯要检查网状二次碳化物和球化退火质量,后两项检查项目一般都能达合格要求。同时,原材料应要求检测脱碳层。

1. 共晶碳化物不均匀度及大小检验

Cr12 型钢材的共晶碳化物不均匀度评定方法可见本书第 4.4.1 节介绍。

钢材经取样、制样后,对照 GB/T 14979—1994《钢的共晶碳化物不均匀度评定方法》中第三级别图评定碳化物不均匀度的级别。钢材表层经轧制后碳化物分布比较均匀,钢材中心部位轧制变形量小,碳化物分布最不均匀。一般取 1/4 直径处的试样进行观察,以获得比较中肯的结论。取淬火-回火试样检查,是因为只有最终热处理后的共晶碳化物才对工件服役情况有影响。标准图片把共晶碳化物分布分为 8 个级别。碳化物呈带状堆集时,则根据其带的宽度和堆集程度分级;碳化物呈网状堆集时,则根据网的形状和结点处碳化物的堆集程度分级。1~3 级为带状分布,4~6 级分为带状和网状两组,7~8 级为网状分布。大规格钢材,轧制变形量小,共晶碳化物不均匀级别高;小规格钢材,轧制变形量大,共晶碳化物比较均匀,级别较低。因此,钢材中共晶碳化物的合格级别与钢材直径有关。GB/T 1299—2014 规定的合格级别见表 9-27,一般交货条件按第Ⅱ组级别验收,根据双方协议也可按第Ⅰ组供应。

表 9-27　Cr12 型钢共晶碳化物不均匀度的合格级别

钢材截面尺寸/mm	共晶碳化物不均匀度合格级别不大于	
	Ⅰ组	Ⅱ组
≤50	3	4
>50	4	5
>70~120	5	6
>120	6	双方协定

共晶碳化物的大小,对模具使用寿命也有严重影响。JB/T 7713—2007(2017)《高碳高合金钢制冷作模具显微组织检验》中,对钢中大块共晶碳化物的大小制定了评定方法。试样采用与工模具相同的热加工工艺,抛光后的浸蚀剂建议采用三氯化铁(5 g)+盐酸(15 mL)+乙醇(100 mL)溶液浸蚀,检查在放大 500 倍下进行,选取碳化物最严重处对照标准图片评定级别。标准根据碳化物颗粒大小、数量多少分为 5 级,表 9-28 为 JB/T 7713—2007(2017)中各级别的碳化物最大尺寸。

表 9-28　各级别的碳化物最大尺寸

级别/级	1	2	3	4	5
大块碳化物最大尺寸/mm	0.009	0.013	0.017	0.021	0.025

当有争议时,可测定最大碳化物尺寸,测量值按下式计算:

$$最大碳化物尺寸 = \frac{a+b}{2} \tag{9-9}$$

式中:a——碳化物最大长度(mm);

　　　b——垂直于最大长度方向的碳化物最大尺寸(mm)。

通常该类模具中的碳化物块度不得大于 3 级。

2. 网状二次碳化物的评定

二次共析碳化物网状偏析的评定方法可见本书 4.4.2 节介绍。

GB/T 1299—2014 标准规定 CrWMn 等钢退火态交货时应检验评定网状碳化物,按该标准的第三级别图评定。对于截面不大于 60 mm 的 CrWMn 退火钢其网状碳化物的合格级别不大于 3 级。

Cr12 型高碳高铬莱氏体钢一般不易形成二次碳化物网络,在生产中也不经常出现。因为钢材中共晶碳化物较多,过饱和奥氏体冷却时析出的碳可就近依附在共晶碳化物上析出。如果碳化物块度较大,或比较集中堆集,则二次碳化物就可能在共晶碳化物稀疏或没有共晶碳化物的地区形成。

检查二次碳化物网,一般是在退火处理后毛坯和失效工件上进行,须经锻造的材料一般不检查原材料中的网状碳化物。检查在常规淬火-回火后进行,在 500 倍下选取最严重的视场,按第三级别图评定。一般来说,高碳高铬钢中出现大于 2 级网状碳化物时,模具就会早期脆性失效。

在网状二次碳化物检验时,用常规浸蚀剂时有误判的可能。要正确鉴别,可用碱性高锰酸钾水溶液、80℃、10~15 min 热蚀,把碳化物染成棕黑色,然后能有效地判定二次碳化物网。

3. 球化组织的评定

GB/T 1299—2014 规定 CrWMn、9CrWMn 等钢材退火状态交货时,应检验球化珠光体组织,按该标准的第二级别图评定,合格级别为 1~5 级。

球化级别评定的方法可见本书 4.6 节介绍。

4. 脱碳层检验

钢材脱碳层测定方法见本书 4.7 节介绍。GB/T 1299—2014 标准中对模具钢脱碳层控制要求见该标准表 34 及表 35。

5. 非金属夹杂物检验

其要求与非合金工模具钢的控制要求相同。

6. 低倍组织评定

关于低倍组织试验方法见第 1 章介绍。按 GB/T 1299—2014 第一评级图评级,具体要求见该标准的表 28。

9.6.3 冷作模具钢的热处理及金相检验

GB/T 1299—2014 标准中推荐了部分冷作模具钢的淬火回火工艺,见表 9-29。在实际应用中根据工况应适当调整工艺参数。部分钢种还可采用等温淬火工艺等。以下介绍典型冷作模具钢的热处理及相关金相组织。

表 9-29 部分冷作模具钢推荐热处理工艺

牌号	交货状态 布氏硬度/HBW(10/3 000)	试样淬火 淬火温度/℃	冷却剂	洛氏硬度/HRC,不小于
Cr12	269~217	950~1000	油	60
Cr12Mo1V1	≤255	820℃±15℃预热 1 010℃(炉控气氛)±6℃加热,保温 10~20 min 空冷,200℃±6℃回火		59
Cr12MoV	255~207	950~1000	油	58
Cr5Mo1V	≤255	790℃±15℃预热,950℃(炉控气氛)±6℃加热,保温 5~15 min 空冷,200℃±6℃回火		60
9Mn2V	≤229	780~810	油	62
CrWMn	255~207	800~830	油	62
9CrWMn	241~197	800~830	油	62

续 表

牌号	交货状态	试样淬火		
	布氏硬度/HBW(10/3 000)	淬火温度/℃	冷却剂	洛氏硬度/HRC,不小于
Cr4W2MoV	≤269	960～980、1 020～1 040	油	60
6Cr4W3Mo2VNb	≤255	1 100～1 160	油	60
6W6Mo5Cr4V	≤269	1 180～1 200	油	60
7CrSiMnMoV	≤235	淬火:870～900 回火:150±10	油冷或空冷 空冷	60

9.6.3.1 Cr12 系列钢热处理及金相检验

Cr12 系列钢为高碳高铬钢,因含有大量共晶碳化物,其淬火后的显微组织中,碳化物总残留量可达 13%～20%(体积分数),故又称为莱氏体钢。钢中的铬大部分集中在 M_7C_3 型共晶碳化物中,它的硬度在 1 800 HV～2 800 HV 之间。部分铬和其他合金元素溶于基体中,起提高钢的淬透性和回火稳定性作用。通过淬火加热温度的调节,可以控制奥氏体中合金元素的溶解量,从而影响淬火后钢中残留奥氏体量的多少,使模具达到微变形,甚至不变形,故该类钢又被称为微变形模具钢。

Cr12 钢系列,主要为 Cr12 和 Cr12MoV 等,其中以 Cr12MoV 钢综合性能相对最好。Cr12MoV 钢中含碳量比 Cr12 钢低,又因加入了钼和钒提高钢的淬透性,其碳化物数量相对较少,其粒度、形态和不均匀度都比 Cr12 钢有较大的改善,从而韧性得到明显提高。

1. Cr12 系列钢淬火、回火处理及金相组织

Cr12 系列钢淬火加热时,碳及合金元素溶入奥氏体中,加热温度越高,碳及合金元素的溶解量越多,M_S 和 M_f 点温度随之降低,淬火至室温后残留奥氏体量增多。该钢淬火后获得的硬度随着淬火加热温度的上升先升高后降低,见图 9-62。工件变形量也随着淬火温度的上升先膨胀,然后变形量下降到零,最后会出现反向收缩。

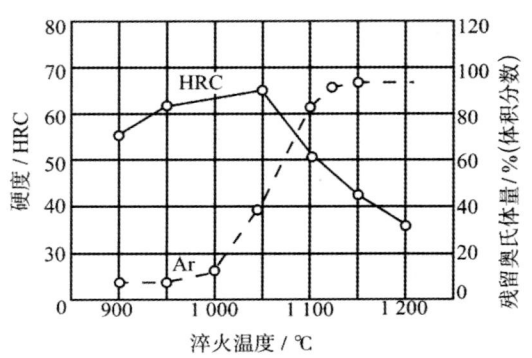

图 9-62 Cr12MoV 钢不同淬火温度与淬火后硬度及残留奥氏体量的关系

Cr12 系列模具钢有两种淬回火工艺以适应不同的工况条件,见表 9-30。

表 9-30 Cr12 系列模具钢两种淬回火热处理工艺

钢号	淬火温度/℃	冷却剂	淬后硬度/HRC	回火温度/℃	硬度/HRC	适用、性能
常规一次硬化法						
Cr12	960～1 000	油	60～65	160～400 (两次)	—	一次获高硬度,综合性能较好
Cr12MoV	1 000～1 050		62～65			
高温二次硬化法						
Cr12	1 050～1 100	油	40～60	500～520 (三次)	60	适于高温或高升温工况。晶粒粗,韧性差,红硬性好
Cr12MoV	1 100～1 150		40～60			

Cr12 钢系各钢种的淬火组织中有共晶碳化物、颗粒状二次碳化物、马氏体及残留奥氏体。其中共晶碳化物大小、分布由原材料确定(热处理可影响碳化物尖角的形态),其他各相组织状态,如马氏体粗细(晶粒大小)、二次碳化物残留量以及残留奥氏体数量均受热处理工艺参数的影响。其中马氏体的粗细更为重要,JB/T 7713—2007(2017)《高碳高合金钢制冷作模具显微组织检验》列为评定项目。该标准中把马氏体组

织按形态和马氏体针的最大长度分为5个级别，见表9-31，并配有标准评级图，测试条件为放大500倍，检测视场不少于3个，取最劣（粗大）视场对照评定，有争议的话则直接按马氏体针测得的最大长度评定。

表9-31 Cr12钢马氏体级别

马氏体级别	显微组织	马氏体针长（实际）/mm	部分评级图
1	隐针马氏体＋残留奥氏体＋碳化物	0.003	图9-63
2	细针马氏体＋残留奥氏体＋碳化物	0.006	
3	针状马氏体＋残留奥氏体＋碳化物	0.01	
4	较粗大针状马氏体＋残留奥氏体＋碳化物	0.014	
5	粗大针状马氏体＋残留奥氏体＋碳化物	0.018	

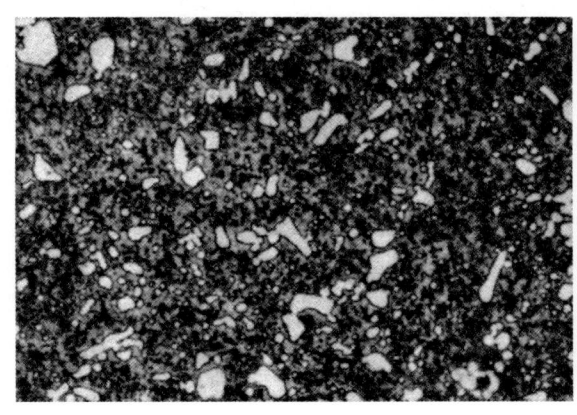
1级

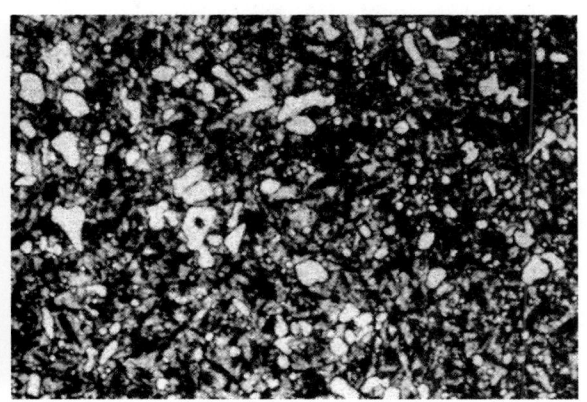
4级

图9-63 Cr12钢马氏体级别部分评级图 （500×）

图9-64为Cr12钢980℃淬火后的组织形貌，白色基体为淬火马氏体及残留奥氏体，白色块状为共晶碳化物，颗粒状为二次碳化物，晶界清晰可见。Cr12系列钢由于合金含量高，淬火马氏体在常温下难以受4%（体积分数）硝酸酒精溶液浸蚀而显现。一般可在加热条件下浸蚀，也可采用三酸乙醇溶液（体积分数：饱和苦味酸20%＋硝酸10%＋盐酸20%＋乙醇50%）浸蚀。

图9-65为Cr12钢1000℃淬火并200℃回火后组织形貌：浅灰（黄）色和黑色基体分别为浅回火和充分回火马氏体，其间尚有少量残留奥氏体，白色大块状为共晶碳化物，白色颗粒为二次碳化物。该组织回火不充分，会影响韧性，马氏体组织可评为3级。

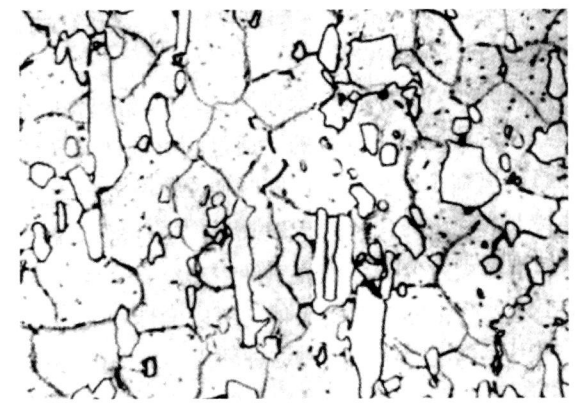

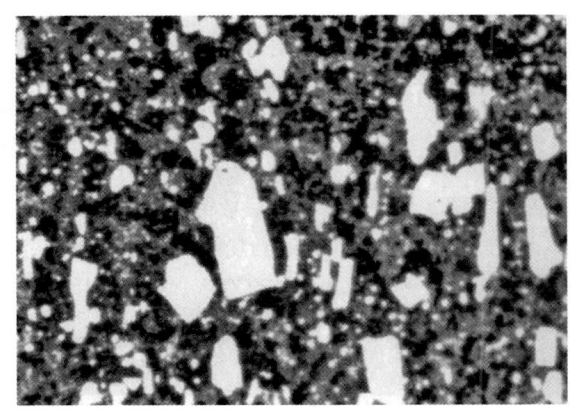

图9-64 Cr12钢980℃淬火后组织 （500×）　　图9-65 Cr12钢1000℃淬火、低温回火后组织 （500×）

对马氏体级别的评定,一般均在回火条件下进行,JB/T 7713—2007(2017)推荐的浸蚀剂为三氯化铁(5 g)+盐酸(15 mL)+乙醇(100 mL)溶液,也可用4%(体积分数)硝酸酒精溶液,也可用苦味酸盐酸水溶液浸蚀的(见图9-6,晶界十分清晰)。Cr12钢淬火并回火后组织的晶界一般较难显示,除与浸蚀剂、浸蚀条件有关外,还与淬火温度有关,一般淬火温度偏高则容易显示晶界。

图9-66为Cr12MoV钢经1 020℃淬火及260℃回火,即经过常规一次硬化工艺后的组织形貌。图9-67为Cr12MoV钢经1 150℃淬火及520℃ 4次回火,即经过高温二次硬化淬火法后的组织形貌,该两试样的组织均为回火马氏体+少量残留奥氏体+白色大块共晶碳化物+白色颗粒状二次碳化物,但图中马氏体针叶相对粗大,可评为4级,碳化物的棱角相对圆浑,均与相对高温奥氏体化过程有关,该试样的耐磨性相对高,但其力学性能会变差。

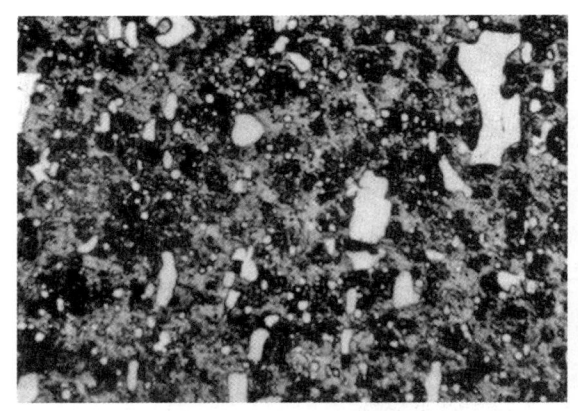

图9-66 Cr12MoV钢1 020℃淬火,260℃回火组织 (500×)

图9-67 Cr12MoV 1 150℃淬火,520℃回火组织 (500×)(苦味酸盐酸水溶液浸蚀)

图9-68 Cr12钢1 000℃加热后等温处理组织 (500×)

2. Cr12系列钢等温淬火及金相组织

Cr12钢系各钢种采用等温淬火工艺可有效地提高其韧性,延长相应模具的使用寿命。Cr12钢系模具奥氏体化加热后,在250~280℃下贝氏体转变区等温一定时间后空冷,再在适当温度下回火,即可获得良好综合性能。图9-68为Cr12钢经1 000℃加热、280℃等温60 min后油冷的组织:马氏体基体上分布有黑色针状下贝氏体及残留奥氏体,以及白色块状、颗粒状碳化物,下贝氏体约占15%(体积分数);若280℃等温时间达120 min后,则下贝氏体可达50%(体积分数),大型模具一般需要等温4~5 h才能获足够数量的下贝氏体。

采用等温淬火工艺可使Cr12系钢模具在强度不降低同时能大幅提高韧性,一般可提高使用寿命30%~40%。若采用预淬火方法先获得初生马氏体促贝氏体转变的等温工艺,其组织比常规等温淬火组织更细小,残留奥氏体相对稍多,硬度在64 HRC左右高于常规等温淬火工艺的模具,其耐磨性及小能量多冲性能进一步提高,使用寿命高于常规等温处理工艺模具2~3倍。

9.6.3.2 CrWMn钢热处理及金相检验

CrWMn钢属高强韧低合金模具钢,钢中含约1wt%的锰及铬,1.2wt%~1.6wt%的钨,性能与GCr15钢相近,但淬透性强于GCr15钢。由于钨的碳化物比较稳定,因此在淬火加热时不容易使其溶解,从而使奥氏体晶粒较细。又因为有锰的存在,使淬火后的组织中留有较多的残留奥氏体,因此会使工件的淬火畸变减小。钨和铬都是碳化物形成元素,因此工件淬火-回火后有较多的剩余碳化物,硬度高,耐磨性好。但是其碳化物不均匀性也比较严重,大直径钢材的中心很难避免出现二次碳化物网、碳化物带状偏析和液析,这些常常是工件产生脆裂、崩刃和剥落的主要原因。

1. CrWMn钢淬火回火处理及金相组织

CrWMn钢的淬火加热温度一般采用820～840℃，对于大中型模具或分级淬火模具也有选用870℃的，淬火介质常选用热油。该钢的回火稳定性较好，经260℃回火后的硬度仍可大于60 HRC，但在250～300℃间回火会出现回火脆性。

由于碳化物粒度及分布的不均匀，CrWMn钢的淬火组织有类似GCr15钢那样的黑白区，但不甚明显。图9-69为CrWMn钢820℃加热后淬入热油的组织形貌，隐针状马氏体＋残留奥氏体＋粒状碳化物。其中马氏体针细小，针长小于0.003 mm，组织较均匀，晶粒很细，但由于淬火温度偏低，碳化物溶入量少，剩余碳化物增多，故相应白色区较少。图9-70为CrWMn钢870℃加热淬入油后的组织形貌，细针状马氏体＋残留奥氏体＋粒状碳化物，马氏体针长达0.006 mm，白色区相对多些，为轻度过热组织，但却较适于大中型模具。

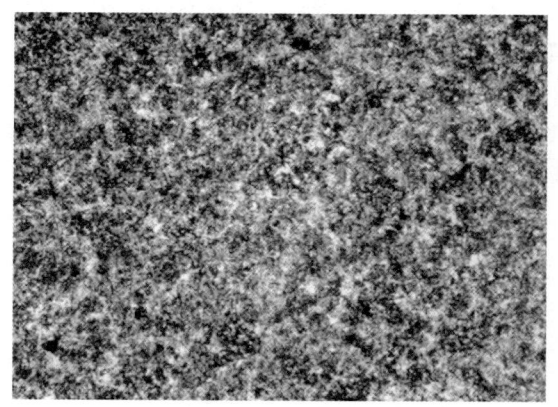 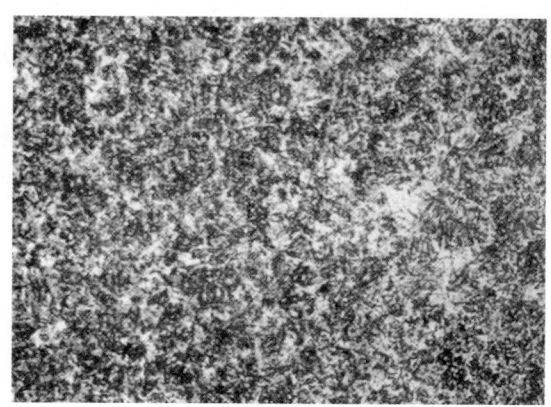

图9-69　CrWMn钢820℃加热淬油后组织　（500×）　　图9-70　CrWMn钢870℃加热淬油后组织　（500×）

图9-71为CrWMn钢经超细化处理＋低温淬火的组织形貌，隐针状马氏体＋少量碳化物，无明显的黑白区。超细化处理工艺为1 050℃固溶油淬、720℃回火2 h，模具成型前进行；低温淬火工艺为790℃油冷淬火。这种组织的模具韧性增加，使用寿命成倍提高。

2. CrWMn钢等温淬火处理及金相组织

对于CrWMn钢的基体组织，若有50%（体积分数）左右的下贝氏体分布在高强度马氏体基体上，可提高强韧性，各项力学性能指标可达最佳配合。

CrWMn钢的M_S点约在250℃，等温温度可选择260～300℃之间，等温时间不宜超过1 h，否则会使处理工件的韧性明显下降。图9-72为CrWMn钢860℃加热，280℃等温0.5 h后油冷的组织，黑色的下贝氏体呈草丛状分布（体积分数约为50%）＋灰色马氏体＋残留碳化物。

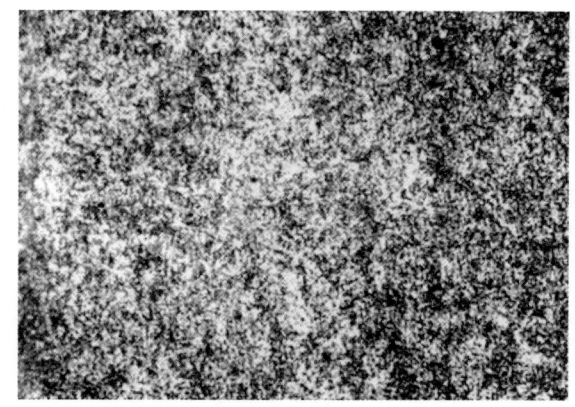 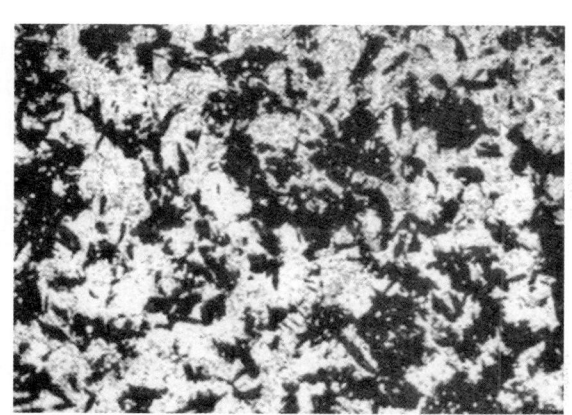

图9-71　CrWMn钢超细化＋低温淬火后组织　（500×）　　图9-72　CrWMn钢860℃加热，280℃等温30 min组织　（500×）

9.6.3.3 Cr8系列钢热处理及金相检验

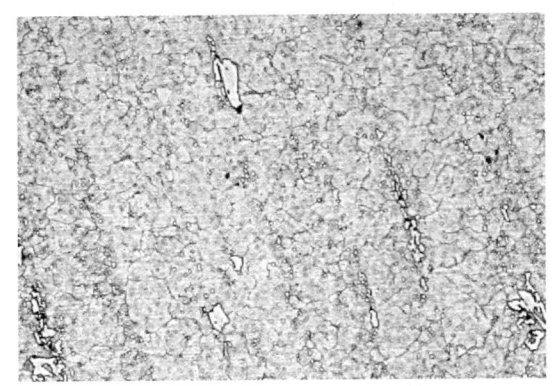

图9-73 Cr8Mo2VSi 淬火态 （200×）

Cr8Mo2VSi 及 DC53（日本大同）等 Cr8 系冷作模具钢,是 Cr12 类钢的改进型钢材,其热处理工艺与 Cr12 型钢相似,淬火温度一般为 1020～1040℃。

Cr8 系钢的淬火组织为淬火马氏体、残留奥氏体及过剩碳化物,见图9-73。在光镜下可以看到明显的原奥氏体晶界,马氏体基体呈灰白色。钢中分布着块状或条状的共晶莱氏体碳化物,碳化物偏析不像 Cr12MoV 钢那么严重,分布的形态也优于后者。同时在基体上分布着更为弥散细小的未溶二次碳化物。

Cr8 系钢淬火组织中隐针马氏体以评定其晶粒大小来评级,其标准可参考晶粒度评级标准。

淬火后的 Cr8 系钢可采用低温和高温两种回火方式。经低温回火后的组织为回火马氏体,块状、粒状的碳化物及一定量的残留奥氏体,见图9-74。由于在低温回火时,碳化物从基体中析出不多,因此钢不易腐蚀,基体呈灰白色。当采用高温回火后,其组织为回火马氏体,块状、粒状碳化物及少量残留奥氏体,见图9-75。这种钢经高温回火后,马氏体基体中将析出大量二次碳化物,从而使基体容易受到腐蚀,呈黑色。

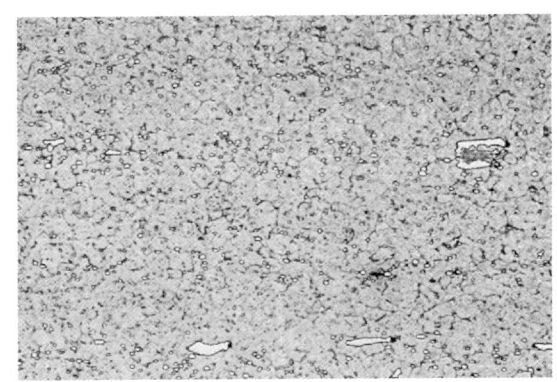 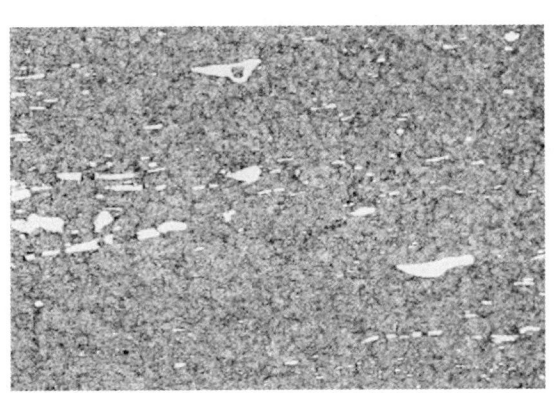

图9-74 Cr8Mo2VSi 钢淬火后低温回火组织 （200×）　图9-75 Cr8Mo2VSi 钢淬火后高温回火组织 （200×）

9.6.3.4 GD 钢热处理及金相检验

6CrNiMnSiMoV 钢的代号为 GD 钢,成分见表9-26所列,是在 CrWMn 钢基础上的改进型钢,属低合金冷作模具钢,总合金含量约 4wt%。该钢经适当降低含碳量,可减少碳化物偏析;钢中增加镍、硅、锰后可增加强韧性;钢中加入少量钼、钒用来细化晶粒和增加回火稳定性。采用最佳热处理工艺参数,可使 GD 钢获得较多板条马氏体,从而使模具使用过程中很少崩刃、断裂。

GD 钢淬火温度一般为 870～930℃,油冷,回火温度 175～230℃,晶粒度可保持在 10～11 级,残留奥氏体体积分数为 11%～16%,可确保模具变形很少。

GD 钢的淬火、回火组织与 GCr15 钢的较类似,有明显的白区、黑区,组织评定可参考 GCr15 钢相应标准。图9-76为 GD 钢淬火、回火后组织形貌为马氏体+细小颗粒状碳化物+少量的残留奥氏体,组织呈现暗区和亮区。钢中细小弥散分布的碳化物可提高钢的强韧性和耐磨性。

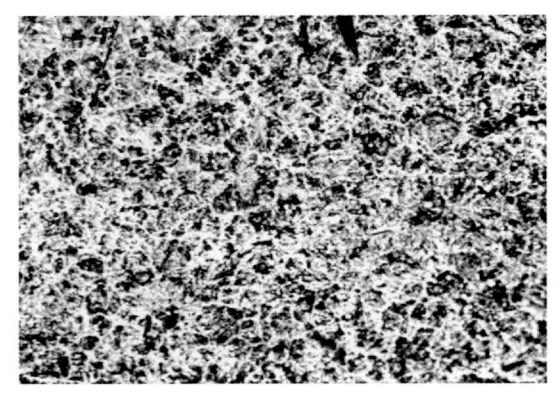

图9-76 GD 钢淬火、回火组织 （500×）

9.7 热作模具钢及其金相分析

热作模具钢主要用于制造将加热到钢的再结晶温度以上的金属或液态金属压制成工件的模具。热作模具一般分为锤锻、模锻、挤压和压铸几种主要类型,包括热锻模、冲压模、热挤压模和压铸模等。

9.7.1 热作模具钢特性及组成

9.7.1.1 热作模具钢性能要求

热作模具在工作中既受力的作用同时又受温度的作用,从而使模具的工作条件复杂化,对模具材料的特性要求也更加严格。为了满足热作模具的使用要求,热作模具钢除了工模钢通用特点外,还应具备下列特性。

1. 高的热硬性和良好的冲击韧性

热硬性是指模具材料在一定的温度下保持较高的组织稳定性、硬度、强度以及抗软化的能力。对于热作模具钢来说,热硬性是其重要的指标,如果模具没有高的强度和良好的冲击韧性,就很难承受大的冲击负荷,从而很容易发生开裂失效。

2. 高的热稳定性

热稳定性是指钢材在高温下可长时间保持其常温力学性能的能力。热作模具在工作时,接触的是炽热的金属,甚至是液态金属,所以模具表面的温度很高,一般为 400~700℃。这就要求热作模具钢在高温下不发生软化,具有高的热稳定性,否则模具就会发生塑性变形,造成堆塌而失效。

3. 高的热疲劳强度

热作模具的工作条件是经受反复加热和冷却,模具表层的金属层会发生热胀冷缩的交替变化,因此在该层中会出现拉应力和压应力的交替变化,交变的应力会造成模具材料的疲劳损伤,在模具表面会形成网状裂纹(龟裂),这种现象称为热疲劳。高的热疲劳强度可以延缓疲劳损伤的出现,延长模具的使用寿命。

4. 良好的导热性

热作模具钢在工作过程中会产生大量的热量,如果不能及时释放导出,会致使模具的温度过高以及内外的温差变大,从而导致模具力学性能的下降,这样就要求模具材料必须具有良好的导热性能。

9.7.1.2 热作模具钢组成、牌号及成分

上述热模具钢的基本使用性能要求是热塑变抗力高,包括高温硬度和高温强度,通常采用加入能提高钢的回火稳定性的铬、钨、硅等合金元素来达到。另一方面,在工程实践中通常可以从以下两个方面提高热疲劳性能,即导热性和临界点温度的提高。钢的导热性高,可使模具表层金属受热程度降低,从而减小钢的热疲劳倾向性。一般认为钢的导热性与含碳量有关,含碳量过高时导热性降低,含碳量过低又会导致钢的硬度和强度下降。在生产中通常采用 0.3wt%~0.6wt% 含碳量。钢的临界点(Ac_1)越高,热疲劳倾向性越低。一般可通过加入合金元素铬、钨、硅来提高钢的临界点温度,从而提高钢的热疲劳抗力。

根据被加工金属的种类、负荷大小、使用温度和成型速度等条件,对模具钢提出不同的要求,以此设计不同的热作模具钢种。一般把热作模具钢分为以下 3 类。

1. 高韧性热作模具钢

有 5CrMnMo 钢、5CrNiMo 钢、4Cr5MoSiV(H11)钢等。该类钢中的碳含量在 0.5wt% 左右,合金元素总量在 3wt% 左右,钢的热稳定性较差,只宜 400℃ 以下工况下服役,适宜制作一般的锻造模具。

2. 高热强钢

有 3Cr2W8V 钢、4Cr3Mo3W4VTiNb(GR)钢、35Cr3Mo3W2V(HM1)钢以及基体钢 5Cr4Mo2W2SiV 钢和 5Cr4W5Mo2V(RM2)钢等。该类钢中的钨含量在 8wt%~10wt%,辅以适当的钒和铌,具有明显的二次硬化效果,热硬、热强及回火稳定性均较高,能在 600~650℃ 长期服役。宜用作热挤压模、压型模、压

铸模等。

3. 强韧兼备的热作模具钢

有 4Cr5MoSiV1（H13）钢、4Cr5W2SiV 钢、基体钢 5Cr4Mo3SiMnVAl（012Al）钢、4Cr3Mo2MnVB（ER8）钢等。该类钢中的碳含量较低，含铬量都在 3wt%～5wt%，并辅以较多的钨、钼、钒、铌等碳化物形成元素，其淬透性、抗氧化性、耐热疲劳性和韧性都较好，该类钢的热作模具允许用冷却液反复冷却，适宜制作热锻模、热挤压模、压铸模、高速锻模等。

有时采用高合金奥氏体钢作为耐热模具钢。

在 GB/T 1299—2014《合金工具钢》中列出了几种热作模具钢，见表 9-32。

表 9-32 部分热作模具钢牌号及成分 wt%

牌号	代号	C	Si	Mn	Cr	Mo	V	其他
5CrNiMo		0.50～0.60	0.25～0.60	1.20～1.60	0.60～0.90	0.15～0.30	—	—
5CrMnMo		0.50～0.60	≤0.40	0.50～0.80	0.50～0.80	0.15～0.30		Ni：1.40～1.80
3Cr2W8V		0.30～0.40	≤0.40	≤0.40	2.20～2.70	—	0.02～0.50	W：7.50～9.0
5Cr4Mo3SiMnVAl	012Al	0.47～0.57	0.80～1.10	0.80～1.10	3.80～4.30	2.80～3.40	0.80～1.20	Al：0.30～0.70
3Cr3Mo3W2V		0.32～0.42	0.60～0.90	≤0.65	2.80～3.30	2.50～3.0	0.80～1.20	W：1.20～1.80
5Cr4W5Mo2V	RM2	0.40～0.50	≤0.40	≤0.40	3.40～4.40	1.50～2.10	0.70～1.10	W：4.50～5.30
8Cr3		0.75～0.85	≤0.40	≤0.40	3.20～3.80	—	—	—
4CrMnSiMoV		0.35～0.45	0.80～1.10	0.80～1.10	1.30～1.50	0.40～0.60	0.20～0.40	—
4Cr3Mo3SiV		0.35～0.45	0.80～1.20	0.25～0.70	3.00～3.75	2.0～3.0	0.25～0.75	—
4Cr5MoSiV	H11	0.33～0.43	0.80～1.20	0.20～0.50	4.75～5.5	1.10～1.60	0.30～0.60	—
4Cr5MoSiV1	H13	0.32～0.45	0.80～1.20	0.20～0.50	4.75～5.5	1.10～1.75	0.80～1.20	—
4Cr5W2VSi		0.32～0.42	0.80～1.20	≤0.40	4.50～5.50	—	0.60～1.0	W：1.60～2.40

注：钢中 P≤0.030%；S≤0.030%。

9.7.2 热作模具钢的原材料金相检验

热作模具钢原材料的低倍组织、夹杂物、表面脱碳等钢材的原材料共性检验项目可参见本章冷作模具钢段落及本书相关专题章节介绍。

低合金的高韧性热作模具钢基本为亚共析钢，退火态的原材料组织应为片状珠光体＋块状铁素体。要注意控制组织的带状偏析。

高热强热作模具钢及强韧兼备的热作模具钢的碳含量虽不高,但合金元素含量达10wt%左右;属于共析或过共析钢,原材料中的碳化物形态、分布一般是关注重点。

1. 亚稳定共晶碳化物评定

以3Cr2W8V为代表的高热强热作模具钢以及以4Cr5MoSiV1(H13)钢为代表的强韧兼备的热作模具钢的碳含量不太高,但合金元素总量约达8wt%,均为过共析钢,但不是莱氏体钢。由于碳及合金元素的严重偏析,在这两类钢中也会出现共晶碳化物,是一种不平衡的亚稳定共晶碳化物,与GCr15钢中碳化物液析相似,可参照GB/T 18254—2016《高碳铬轴承钢》中第9级别图评定。

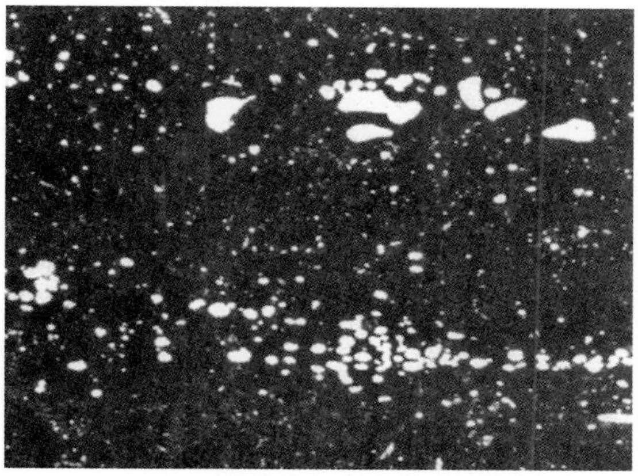

3Cr2W8V钢的亚稳定共晶碳化物相对发达,其分布有的呈链状(图9-77),有时呈带状堆积、有时呈网状堆积。

2. 未溶碳化物评定

图9-77 3Cr2W8V钢中亚共晶碳化物分布形貌 (500×)

3Cr2W8V钢及H13钢之类钢中碳化物大多是$M_{23}C_6$型铬的碳化物,还有少量M_6C和MC型钼和钒的碳化物。在1100℃淬火时,$M_{23}C_6$型碳化物基本溶入奥氏体中,而M_6C及MC只溶入一部分。淬火后剩余的碳化物一般均较细呈点状。这类未溶碳化物的评定在淬火-回火后进行,可参照GB/T 18254—2016《高碳铬轴承钢》中第8级别图评定。

3. 二次碳化物网状偏析评定

对于3Cr2W8V及H13之类钢的改锻模坯,需要进行二次碳化物网的检测,一经发现严重的碳化物网,就必须采用正火工艺消除,然后才能球化退火。退火后的模坯也要检验碳化物网。因为退火时加热温度失控,也可能产生碳化物网络。被检试样应在淬火-回火后检查,按GB/T 1299—2014《工模具钢》中的第三级别图评定级别,碳化物网不得大于2级。

当淬火后组织中出现碳化物网一般有两种原因:其一是淬火前的球化组织中已有二次碳化物网存在,在淬火加热时有一部分残留在晶界上(有可能在淬火加热时全部溶入奥氏体中),回火时有所加粗;其二是工件高温加热奥氏体化后,淬火冷却速度相对较缓慢,过饱和奥氏体可能在冷却过程中沿晶界析出二次碳化物。这两类形态碳化物都会对模具造成危害。这两类碳化物网络在形态上是有区别的,淬火冷却时形成的碳化物网,其网孔较小,网络细瘦,全部或局部形成封闭网络,有时必须采用热染色方法方能全面清晰地显示;而球化组织中已存在的碳化物网,网孔一般比较粗大、网络比较粗肥,而且很少形成全封闭网络,采用硝酸酒精溶液浸蚀磨面就能观察到白色网络。

4. 球化退火的金相组织

3Cr2W8V钢及H13钢等共析及过共析钢原材料一般均经球化退火处理,其组织为点状和小球状珠光体,可按GB/T 1299—2014《工模具钢》中第1级别图评定,一般应优于3级。当原材料偏析严重,或球化退火控制不当则会出现一些非正常的亚稳定共晶碳化物或网状二次碳化物,见图9-78。

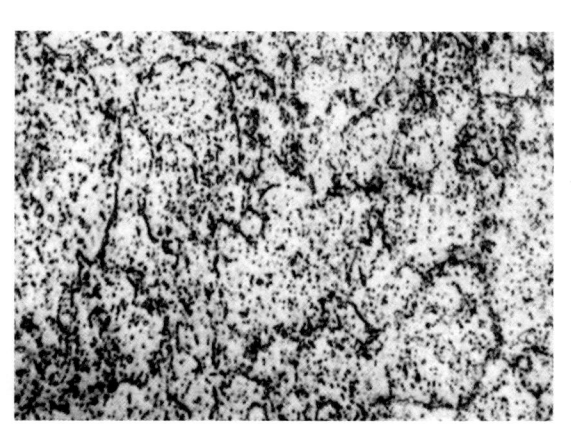

图9-78 H13钢球化退火后组织 (500×)

9.7.3 热作模具钢的热处理及金相检验

热作模具钢由于其服役温度较高,一般均在500℃以上,因此必须考虑其在高温下的综合力学性能,故热作模具钢热处理一般采用淬火加高温回火。具体淬火、回火温度要根据不同合金化的钢号及使用硬度、强度等要求而定。同时,由于部分热作模具钢合金元素较多,故热处理加热时保温时间要保证部分合金元素的均匀溶入奥氏体。

低合金高韧性热作模具钢淬回火的组织一般为马氏体+残留奥氏体；共析或过共析类的热作模具钢淬回火后的组织一般为马氏体+残留奥氏体+不同数量的碳化物。在一定工艺范围内，随着淬火温度的升高，基体组织会变粗大，马氏体针变长。JB/T 8420—2008(2017)《热作模具钢显微组织评级》标准中，将5CrNiMo、3Cr2W8V等6类钢种的淬火组织，按各自的显微组织特征和马氏体针长度各分为6个级别，见表9-33。

表9-33 热作模具钢显微组织特征及马氏体级别

钢号	马氏体级别	显微组织特征	马氏体针最大长度/mm	部分评级图
5CrNiMo 适用： 5CrMnMo 5CrMnMoSiV 5CrNiMoV 4SiMnMoV 5Cr2NiMoV	1 2 3 4 5 6	马氏体+细珠光体+铁素体 隐针马氏体+极少量残留奥氏体 细针马氏体+少量残留奥氏体 针状马氏体+残留奥氏体 较粗大针状马氏体+较多残留奥氏体 粗大针状马氏体+大量残留奥氏体	0.006 0.008 0.014 0.018 0.024 0.040	图9-79
5Cr4W5Mo2V 适用： 5Cr4Mo3SiMnVAl	1 2 3 4 5 6	马氏体+细珠光体+少量碳化物 隐针马氏体+极少量残留奥氏体+碳化物 细针马氏体+少量残留奥氏体+碳化物 针状马氏体+残留奥氏体+碳化物 较粗大针状马氏体+较多残留奥氏体+碳化物 粗大针状马氏体+大量残留奥氏体+碳化物	0.003 0.004 0.010 0.016 0.030 0.036	图9-80
3Cr2W8V 适用： 3CrW8MoV	1 2 3 4 5 6	马氏体+细珠光体+少量碳化物 隐针马氏体+极少量残留奥氏体+碳化物 细针马氏体+少量残留奥氏体+碳化物 针状马氏体+残留奥氏体+碳化物 较粗大针状马氏体+较多残留奥氏体+碳化物 粗大针状马氏体+大量残留奥氏体+碳化物	0.003 0.004 0.010 0.016 0.030 0.036	图9-81
4Cr3Mo3W2V 适用： 4Cr3Mo3VSi 4Cr3Mo3V 4Cr3Mo2MnVB	1 2 3 4 5 6	马氏体+细珠光体+少量碳化物 隐针马氏体+极少量残留奥氏体+少量碳化物 细针马氏体+少量残留奥氏体+少量碳化物 针状马氏体+残留奥氏体+少量碳化物 较粗大针状马氏体+较多残留奥氏体+极少量碳化物 粗大针状马氏体+大量残留奥氏体+极少量碳化物	0.003 0.004 0.010 0.016 0.030 0.036	图9-82
4Cr5MoSiV 适用： 4Cr5Mo2MnVSi 4Cr5MoSiV1 4Cr5W2VSi 4Cr5WMoVSi	1 2 3 4 5 6	马氏体+上贝氏体 隐针马氏体+极少量残留奥氏体 细针马氏体+少量残留奥氏体 针状马氏体+残留奥氏体 较粗大针状马氏体+较多残留奥氏体 粗大针状马氏体+大量残留奥氏体	0.003 0.004 0.010 0.016 0.030 0.036	图9-83
4Cr3Mo2NiVNbB 适用： 4Cr3Mo3W4VNb 4Cr3Mo2MnVNbB 4Cr3Mo2MnWV	1 2 3 4 5 6	马氏体+细珠光体+针状铁素体+少量碳化物 隐针马氏体+极少量残留奥氏体+碳化物 细针马氏体+少量残留奥氏体+碳化物 针状马氏体+残留奥氏体+碳化物 较粗大针状马氏体+较多残留奥氏体+碳化物 粗大针状马氏体+大量残留奥氏体+碳化物	0.003 0.004 0.010 0.016 0.030 0.036	图9-84

部分评级图见图9-79～图9-84。均以金相比较法评定，检验不得少于3个视场，500倍下，取马氏

体针最长的视场对照相应的钢种类的评级图进行评定。有争议时,可测马氏体针的最大长度或晶粒度。推荐4%(体积分数)硝酸乙醇溶液,或用(乙醇80 mL+硝酸10 mL+盐酸10 mL+苦味酸1 g)的溶液作为浸蚀剂。通常热作模钢的马氏体级别以2~4级为宜,晶粒度级别以7~8级为宜。

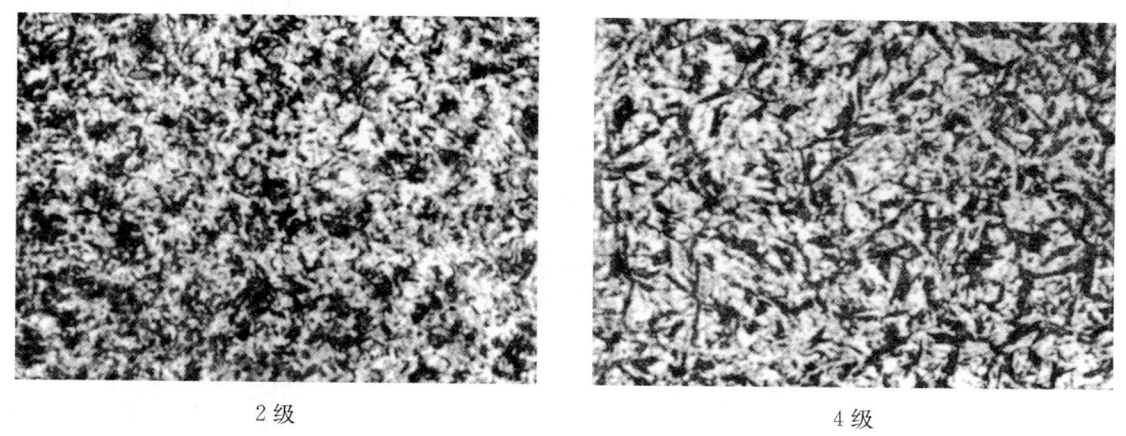

图9-79 5CrNiMo类钢马氏体部分评级图 （500×）

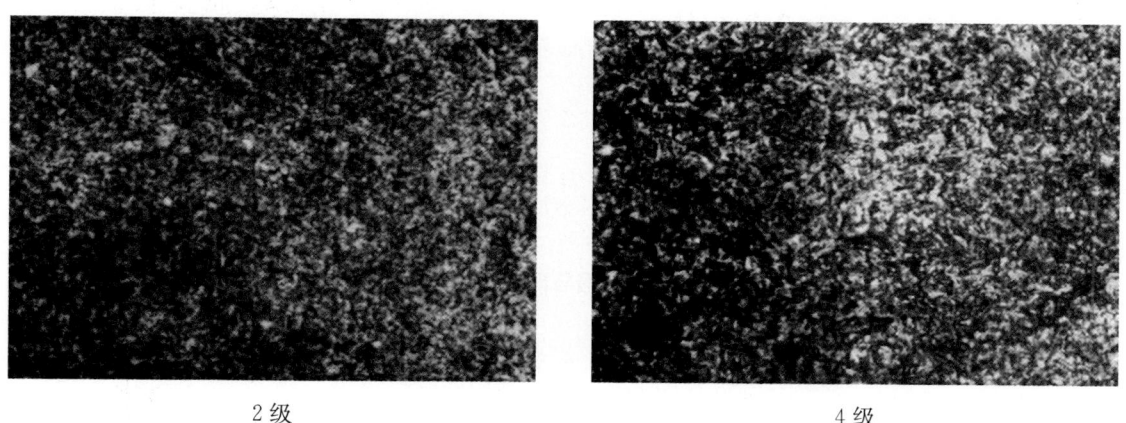

图9-80 5Cr4W5Mo2V类钢马氏体部分评级图 （500×）

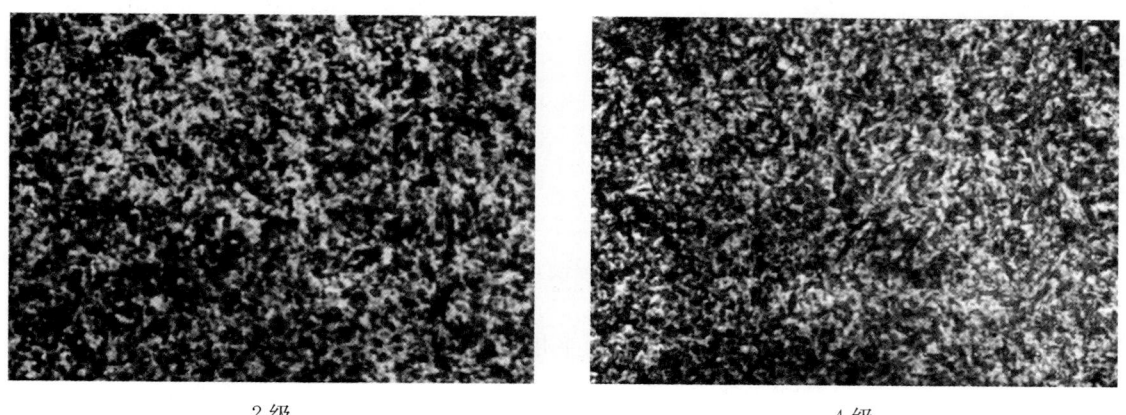

图9-81 3Cr2W8V类钢马氏体部分评级图 （500×）

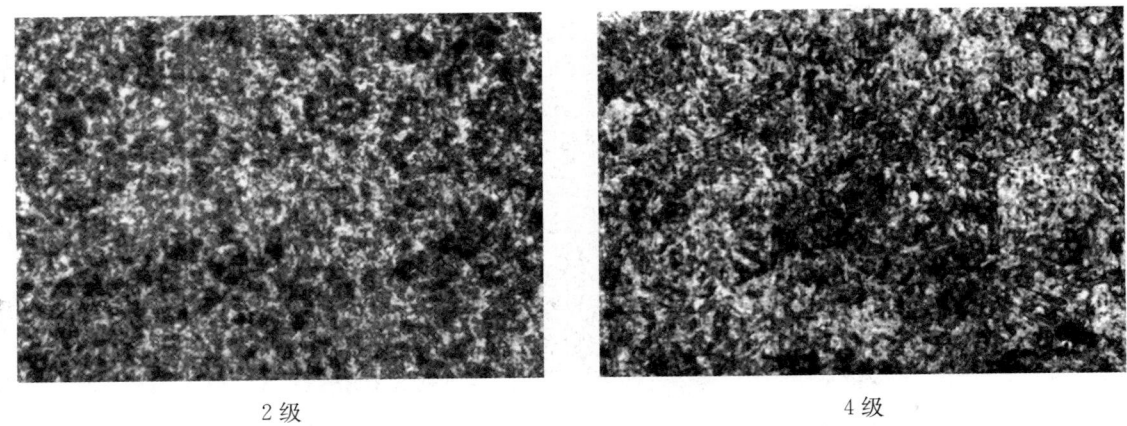

图 9-82　4Cr3Mo3W2V 类钢马氏体部分评级图　（500×）

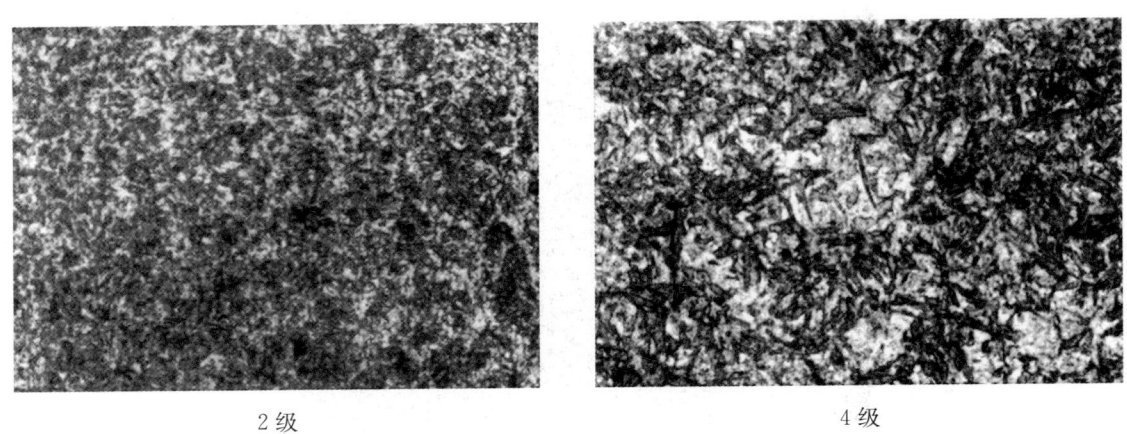

图 9-83　4Cr5MoSiV 类钢马氏体部分评级图　（500×）

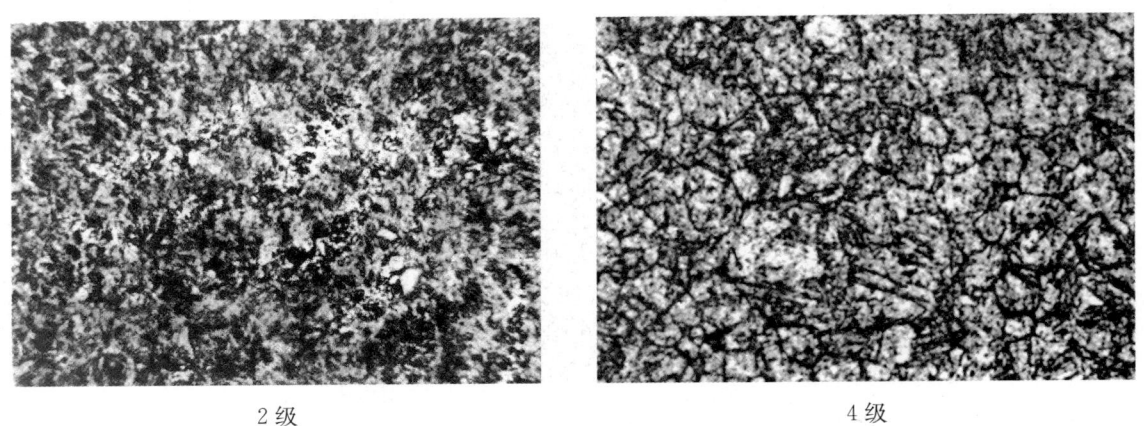

图 9-84　4Cr3Mo2NiVNbB 类钢马氏体部分评级图　（500×）

以下介绍几种典型热作模具钢的热处理工艺及金相组织。

9.7.3.1　3Cr2W8V 类热作模具钢热处理及金相组织

3Cr2W8V 钢是我国热作模具的传统用钢，钢中合金元素变动范围比较宽，有时它是共析钢，有时它又是过共析钢，因此其等温转变曲线不但会随着奥氏体化温度而变，而且随着碳及合金元素含量的不同（包括配比不同）而变化，特别有时会出现二次碳化物析出线，在热处理工艺的制定中应引起重视。

1. 淬火回火及金相组织

3Cr2W8V 钢的淬火工艺目前可分为常规淬火和高温淬火。

常规淬火工艺一般在 1050～1100℃加热奥氏体化，油冷或分级淬火。1050℃加热油冷淬火后的组织为隐针马氏体＋细针马氏体＋残留奥氏体＋未溶碳化物，马氏体针长为 1 级，未溶碳化物颗粒较大、较多，残留奥氏体较少，晶粒度可评为 10～11 级，硬度可达 52 HRC 左右，若用分级淬火，硬度较低，约为 46 HRC。这种工艺下的模具韧性较高，热强性较差，容易磨损、变形。若用 1100℃加热淬油后组织为细针马氏体＋未溶碳化物＋残留奥氏体，马氏体针长 2 级，晶粒度可评为 9～10 级，未溶碳化物数量仍较多、较细小，见图 9-85。该工艺条件下，韧性及热强性均较好，硬度可达 54 HRC 左右，一般大型锻模采用该工艺。

3Cr2W8V 钢高温淬火常取 1140～1150℃加热奥氏体化，淬油后的组织为针状马氏体＋残留奥氏体＋少量未溶碳化物，马氏体针长为 4 级（表 9-33），残留奥氏体体积分数达 7.6%～9.5%，见图 9-86，淬火温度提高，马氏体合金化程度增高，模具热强性特别好，硬度可达 55 HRC 左右，但韧性稍差，一般用于有色合金挤压模、压铸模等。

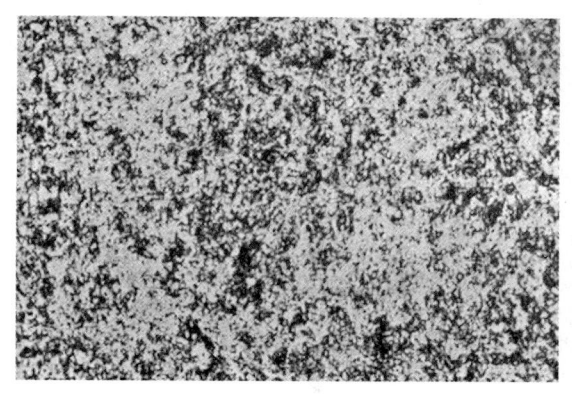

图 9-85　3Cr2W8V 钢 1100℃淬油后组织　（500×）

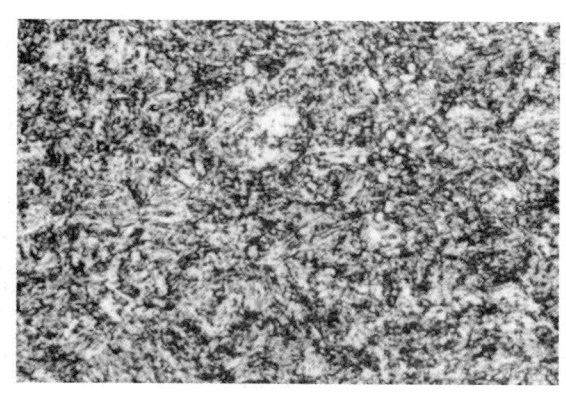

图 9-86　3Cr2W8V 钢 1150℃加热淬油组织　（500×）

当 3Cr2W8V 钢严重过热时，马氏体会全部成排分布，晶粒呈多角形。

前已指出，3Cr2W8V 钢的具体钢材在连续冷却转变图上有时会出现二次碳化物析出线，尤其高温淬火加热碳化物溶解较多时，在分级冷却时容易在晶界上析出二次碳化物，加热温度越高，冷却越缓慢，二次碳化物越明显，其网络越肥厚，越趋向封闭状。图 9-87 为 3Cr2W8V 钢脆裂模具组织形貌，试样经碱性高锰酸钾水溶液热蚀，呈黑色的二次碳化物趋网分布。

3Cr2W8V 钢淬火后一般在 580～680℃温度内回火，回火要进行 2～3 次，每次 1～1.5 h。淬火温度提高，回火温度也应相应提高。由于成分波动，回火稳定性及相应回火组织也略有差异。一般讲，淬火后 600℃左右回火，其组织以回火马氏体为主＋少量未溶碳化物；650℃左右回

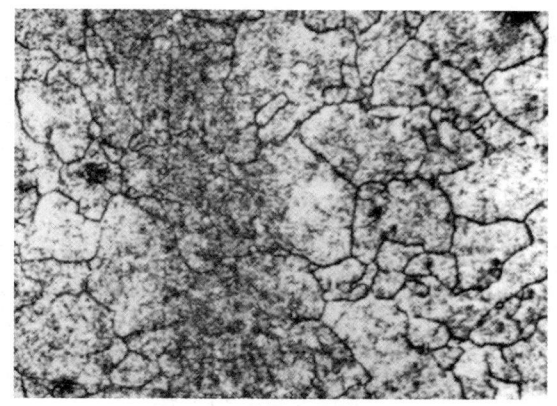

图 9-87　3Cr2W8V 脆裂模具组织　（500×）

火，其组织为回火马氏体＋回火屈氏体＋少量未溶碳化物；680℃左右回火，其组织为回火屈氏体＋少量未溶碳化物。

2. 等温淬火及金相组织

下贝氏体组织有较高的强韧性，回火稳定性也比常规热处理高，抗热冲击性能也较高，模具变形小。因此根据 3Cr2W8V 钢模具的服役条件、形状、大小以及冷却条件，可选择等温淬火工艺。

3Cr2W8V 钢的 M_S 点约在 330～380℃之间，当经加热奥氏体化后在 350～450℃温度区内等温后油冷，可获得下贝氏体＋马氏体混合组织，硬度达 47 HRC 以上，断裂韧度 K_{IC} 在 37 MPa·m^{-2} 以上。

3Cr2W8V 钢等温淬火后一般采用低温（如 360℃左右）回火为宜。若在 660℃高温回火，则贝氏体在

奥氏体晶界析出碳化物,并聚集长大,使冲击性能大幅下降。

图 9-88 为 3Cr2W8V 钢在 1150℃奥氏体化、380℃等温 1h 后油冷的组织:黑色针状下贝氏体+白色背景马氏体+残留奥氏体+未溶碳化物。由于该类钢碳含量较低,因此下贝氏体不像高碳合金钢中的下贝氏体那样刚劲。

图 9-89 为 3Cr2W8V 钢在 1080℃奥氏体化、450℃等温 4min 后油冷的组织:马氏体基体上分布针状黑色下贝氏体以及粒状未溶碳化物。该试样硬度达 52.0HRC,该工艺适于大型压铸模。

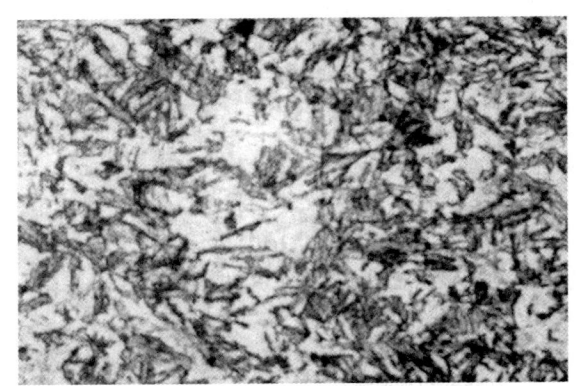 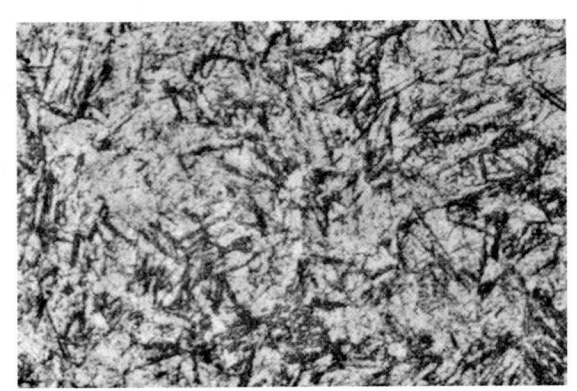

图 9-88　3Cr2W8V 钢 1150℃加热,380℃等温 1h 后组织　(500×)

图 9-89　3Cr2W8V 钢 1080℃加热,450℃等温 4min 后组织　(500×)

9.7.3.2　4Cr5MoSiV1(H13)钢热处理及金相检验

4Cr5MoSiV1 钢,即美国 AISI 的 H13 钢,相应于日本 JIS 的 SKD61 钢号,是各国广泛应用的一种空冷硬化热作模具钢。H13 钢与 H11 钢(4Cr5MoSiV)的差异在于钒含量较高,与 4Cr5W2SiV 钢的性能基本相似。

由 H13 钢的连续冷却曲线可看到,H13 钢经加热奥氏体化后的冷却过程中,过冷奥氏体在 400~600℃极为稳定,可以在这个温区分级淬火,分级淬火温度宜取下限温度。加热温度低,冷却速度慢时,过冷奥氏体容易析出碳化物,还会在模具中心区淬火组织中出现贝氏体,在随后高温回火时出现贝氏体脆性,这样会造出模具脆化。

H13 钢加热到 1050~1070℃时,$M_{23}C_6$ 碳化物急剧溶解,加热到 1100℃时基本溶完,因此 H13 钢最佳奥氏体化温度应选择在 1020~1080℃温区为宜,但从 1070℃加热开始,奥氏体晶粒将明显长大。

H13 钢淬火温度与基体晶粒度、残留奥氏体的体积百分数及淬火硬度间的关系见图 9-90。

对于要求韧性为主的 H13 钢模具,可选用 1020~1050℃加热,淬油后组织为细针和隐针马氏体+未溶碳化物+残留奥氏体,马氏体针长为 1 级[JB/T 8420—2008(2017)],点状碳化物较多,晶粒度可评 9~10 级,见图 9-91;硬度达 53~56HRC。

对于热硬性为主的 H13 钢模具,应选取 1050~1080℃加热,油冷后组织为细针马氏体+未溶点状碳化物+残留奥氏体,马氏体针长为 2 级,晶粒度为 9 级,碳化物数量不多,有时还可见颗粒状亚稳共晶碳化物,见图 9-92;硬度可达 54~57HRC。

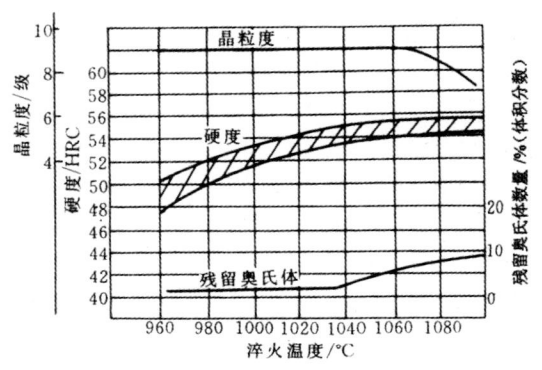

图 9-90　H13 钢淬火温度与晶粒度、残留奥氏体量、淬火硬度间的关系

当 H13 钢淬火温度达 1100℃并油冷时,组织为长针马氏体+残留奥氏体+未溶碳化物,马氏体针长达 4 级,已成排分布,残留奥氏体约达 10%(体积分数),晶粒度可评为 8.5 级,晶界清晰,为高温淬火组织,见图 9-93;该样品硬度达 58HRC,已达淬火硬度的极大值。只有当模具要求有很高热硬性时,才采用这

种高温淬火工艺。

H13钢的回火温度以550~650℃为宜,一般应进行两次。当500℃回火时,会出现二次硬化峰,峰值约达55HRC,但韧性达谷底,因此应避开500℃左右的回火及低温化学热处理工艺。H13钢淬火后530℃回火的组织为回火马氏体+回火屈氏体+未溶碳化物,仍保持马氏体针状形态。H13钢淬火件经630℃回火后组织为回火屈氏体+回火索氏体+未溶碳化物,马氏体的针状形态基本消逝,见图9-94。

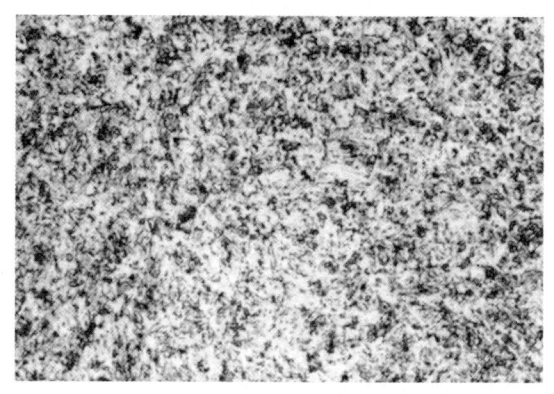

图9-91 H13钢1020℃加热油淬组织 (500×)

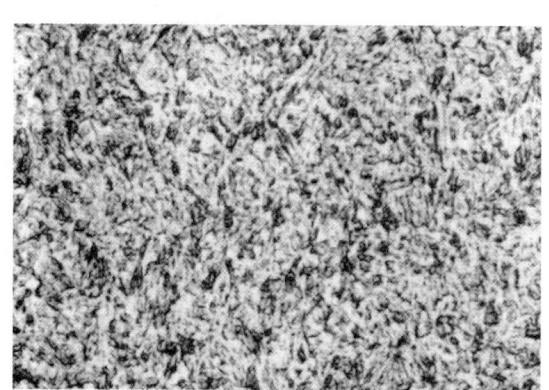

图9-92 H13钢1080℃加热油淬组织 (500×)

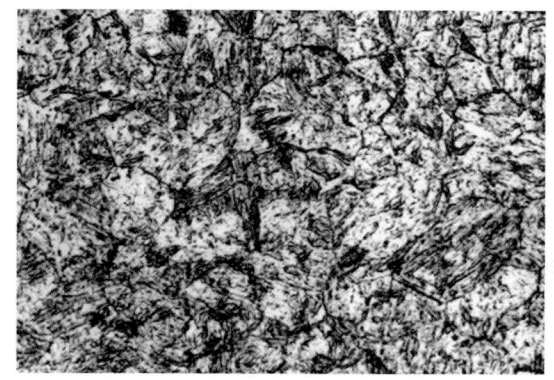

图9-93 H13钢1100℃加热油淬组织 (500×)

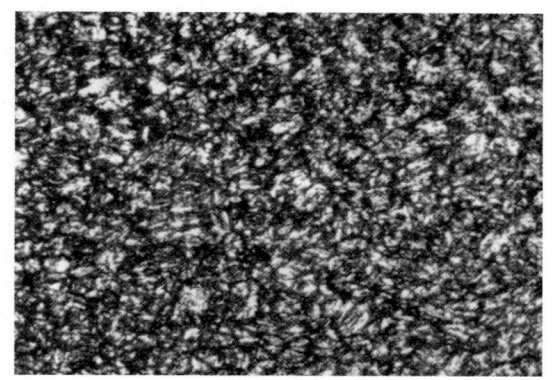

图9-94 H13钢1050℃淬火,630℃回火二次后组织 (500×)

9.7.3.3 5CrMnMo类钢热处理及金相检验

5CrMnMo钢和5CrNiMo等属高韧性低合金热作模具钢,韧性高而热强性较差。对于中小型模具,多采用5CrMnMo钢。对于大型锻模,则采用淬透性和强韧性较好的5CrNiMo钢制造。这类钢的模具使用时温度达到350~400℃时,钢的屈服强度仍能保持在980MPa左右。若使用温度超过这个温度范围,其强度则会急剧下降。因此,由这两类钢制作的模具只宜在400℃以下的工况下服役。此类钢有形成白点的倾向,为防止白点产生,对于小型锻件,锻后应缓冷到150~200℃后空冷;对于大型锻件,锻后必须在600~650℃保温,然后缓冷到150~200℃出炉空冷。

1. 淬火回火处理及金相组织

5CrMnMo及5CrNiMo钢常用淬火回火工艺见表9-34。

表9-34 5CrMnMo及5CrNiMo钢常用淬火回火工艺

钢种	常规淬火回火工艺		高温淬回火工艺	
	淬火温度/℃	回火温度/℃	淬火温度/℃	回火温度/℃
5CrMnMo	830~850	450~500(二次)	880~900	420~550(二次)
5CrNiMo	840~860	450~500(二次)	880~910	420~550(二次)

采用常规热处理工艺处理的模具，常常因为热疲劳或热强性不足，型腔会发生早期磨损、塌陷、脆裂、塑性变形等而早期失效。失效的原因之一是这种工艺获得针状马氏体、片状马氏体和板条马氏体的混合组织，韧性显得不足；原因之二是大中型模具油冷淬火后带温回火，即模具表层虽已冷却到100～200℃，但模具中心部位温度仍在600℃左右，回火时模具中心部位的奥氏体将直接转变成上贝氏体，使模具整体韧性大幅度降低。为了提高锻模的强韧性，一般倾向于采用高温淬火回火工艺。

这两种钢在900℃左右高温淬火可获得较细致的板条马氏体，可使这两种钢的强度、韧性、塑性和热稳定性都处于最佳状态，可使模具的寿命都有不同程度的提高。但超过900℃加热淬火，冲击韧度等性能开始下降。

图9-95为5CrMnMo钢850℃加热保温淬油后的组织形貌为马氏体＋少量残留奥氏体，马氏体针长3级，硬度达62HRC。5CrNiMo钢经900℃高温淬火后，组织为粗大马氏体＋少量残留奥氏体，由于高温条件下马氏体趋板状，硬度为55HRC左右，见图9-96。这类钢淬火后的回火温度一般取420～550℃，在其低温段，回火组织为回火屈氏体以及少量回火马氏体；在其高温段，回火组织为回火索氏体。图9-97为5CrNiMo钢860℃淬油并500℃回火后的组织为回火屈氏体，较均匀，硬度为38HRC。

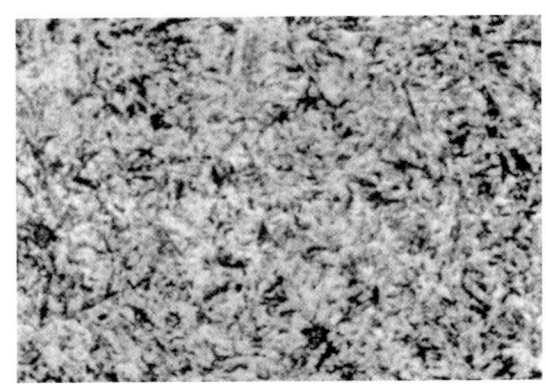 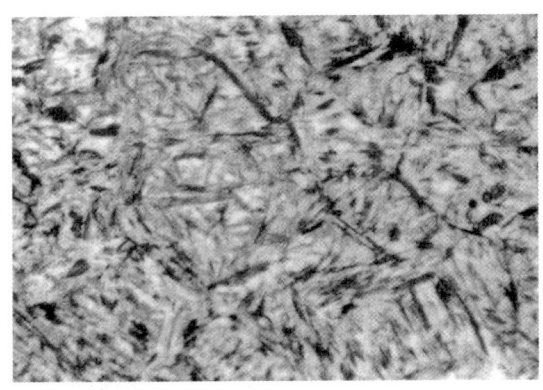

图9-95　5CrMnMo钢850℃加热淬油后组织　（500×）　　图9-96　5CrNiMo钢900℃加热淬油后组织　（500×）

2. 等温淬火及金相组织

在5CrMnMo钢和5CrNiMo钢的等温转变曲线上，350℃以上、500℃以下等温形成上贝氏体；350℃以下、M_S温度以上等温形成下贝氏体。这类钢一般采用230～350℃等温，可获得下贝氏体＋马氏体＋残留奥氏体的组织。图9-98所示为5CrNiMo钢经880℃加热保温、240℃等温1h后的组织，图中黑针是下贝氏体，约占60%（体积分数），白色基体是马氏体＋残留奥氏体。下贝氏体分布不均匀，反映出原材料有化学成分偏析。提高等温温度，下贝氏体转变加快，下贝氏体形态也由针状变成板条状。等温温度超过350℃，转变产物为上贝氏体，转变温度越高，羽毛状特征越明显。

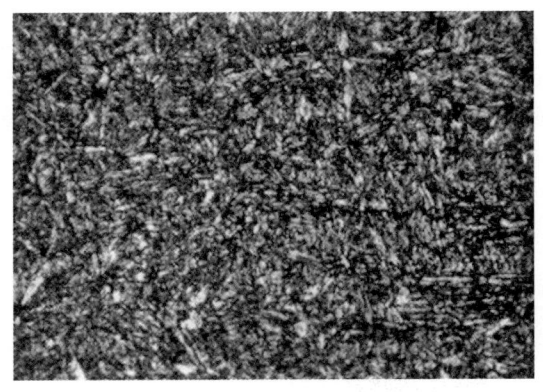 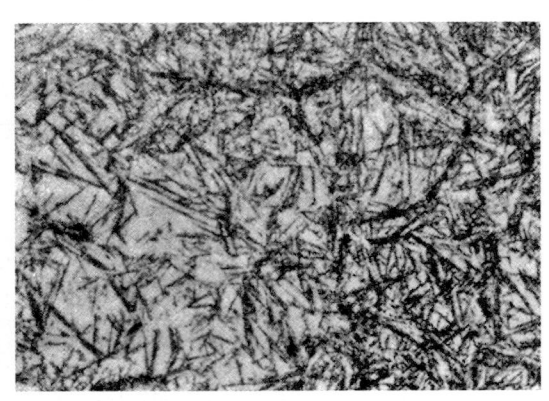

图9-97　5CrNiMo钢860℃加热淬油，500℃回火后组织　（500×）　　图9-98　5CrNiMo钢880℃加热、240℃等温1h后组织　（500×）

这类钢等温淬火后的 K_{IC} 值及冲击韧度值普遍较低,甚至低于相应材料的淬火-回火试样。而等温淬火后再回火处理后 K_{IC} 值普遍上升。但 400℃ 等温处理获得的上贝氏体组织的试样,在回火时碳化物呈链状长大,导致该上贝氏体试样回火后的冲击值低于未回火试样,即为上贝氏体的高温回火脆性现象。

9.8 塑料模具专用钢及其金相检验

塑料部件一般均由注塑或压塑直接成型,因为塑料模具形状较为复杂,因此对模具的尺寸精度和表面粗糙度要求很高。这样,要求塑料模具材料具有良好的机械加工性能、镜面抛光性能、图案蚀刻性能、低的热处理变形和高的尺寸稳定性能。为适应塑料模具的特性,有专门设计的塑料模专用钢,也有选用热作模具钢、结构钢、渗碳钢等经调整热处理工艺来制作塑料模具。本节主要介绍塑料模具专用钢。

9.8.1 塑料模具钢的特性及组成

塑料一般可分为热塑性塑料和热固性塑料,相应的塑料模具分别可分为注塑模和压塑模。两类模具一般都在 200～300℃ 温度内服役。注塑模注入加热软化的塑料,如尼龙、聚乙烯、聚乙醛等,一般不含固体填料。相应模具虽然在受热、受压和受磨损的工况下工作,但工况一般都不很苛刻,但注塑时可能有含氯、氟等及其化合物的腐蚀气体逸出,对模具型腔面有一定的腐蚀作用。压塑模具是在直接压制塑料粉料的工况下工作,粉料中通常会有各种固体填料,如酚醛树脂、三聚氰胺树脂等,这样,模具要承受较大的机械负荷,易磨损,型腔也会受腐蚀性气体腐蚀。同时,塑料压制成型后往往是最终部件,自然对尺寸、表面质量均有很高要求。针对上述工况,塑料模具钢应具备以下基本性能:

① 导热性能好,线胀系数小,热处理变形小,金相组织和模具尺寸稳定;
② 有足够的硬化层,有一定热强性和耐磨性;
③ 良好的机加工性,良好的镜面抛光性能和表面图案蚀刻性能;
④ 有良好的耐腐蚀性;
⑤ 有良好的焊接性能,以适应模具修复。

目前塑料模具的制造一般采用"预硬"工艺,即模具钢在供货状态下(也可加工前)达到模具的设计硬度及使用性能,这就可克服模具成型后因热处理而造成的变形以及发生开裂、脱碳等可能的缺陷。这类钢也称为预硬塑料模具钢。然而由于原材料的"预硬",给机加工带来困难,为此,通过基体中加入硫、钙等元素改善切削性能而开发出易切削预硬专用模具钢。

从"预硬"角度,模具钢又可分为调质预硬钢、时效硬化钢及非调质硬化钢。

新开发的塑料专用模具钢通过控制夹杂物等手段不断提高其抛光性能。

对于一些形状简单,尺寸精度要求不高,表面粗糙度要求一般的塑料模具往往借用传统钢材:非合金工模具钢(T7A、T8A、T9A 等)、热作模具钢(H11、H13、5CrNiMo 等)、合金工模具钢(9Mn2V、CrWMn、Cr12MoV 等)、结构钢(45 钢、40Cr 等)、耐蚀钢(9Cr18、20Cr13 等)以及渗碳钢(20Cr、12CrNi2、20Cr2Ni4 等)。相应部分钢种通过适当调整控制条件而纳入塑料模具用钢,这些钢种前缀冠以"SM",如 SM45、SM4Cr5MoSiV1 等。

国内外塑料模具专用钢的开发大多为企业标准,如我国的易切削预硬型钢有 8Cr2S、SM1 钢等;时效硬化型钢有 PMS 钢、SM2 钢等;国外有 PDS(日本)、NAK101(日本大同)、EAB(英国)、STAVAX-13(瑞典)等。

9.8.2 预硬型塑料模具专用钢的热处理及金相检验

塑料模具中广泛应用的调质预硬型塑料模具专用钢以 P20 钢(即 3Cr2Mo 钢)以及 P20 钢的衍生钢种为主。其中又以 P20 中加镍后成为 718 钢(即 3Cr2MnNiMo)更受青睐。这种钢在世界各模具钢厂有各自的相应不同牌号,如 P20+Ni、718H(ASSAB)、PX5(日本大同)、GS-318(德国蒂森)、M238(奥地利百禄)等。718 钢由于合金元素锰的增加、镍的加入,使之淬透性大为增加,可适用于大型、大截面塑料模具。3Cr2Mo 和 3Cr2MnNiMo 钢的化学成分见表 9-35。

表 9-35 两种常用塑料模具钢及成分   wt%

牌号	C	Si	Mn	Cr	Ni	Mo	S	P
3Cr2Mo (P20)	0.28~0.40	0.20~0.80	0.60~1.0	1.40~2.0	≤0.25	0.30~0.55	≤0.03	≤0.030
3Cr2MnNiMo (718)	0.32~0.42	0.20~0.40	1.10~1.50	1.70~2.0	0.85~1.15	0.25~0.40	≤0.03	≤0.030

预硬型塑料模具专用钢在供货或模具加工前一般先通过调质处理实现"预硬",机加工完后不再进行热处理,即原材料以调质态供货。P20、718 调质参考工艺见表 9-36。

表 9-36 P20、718 钢参考调质工艺

钢种	退火硬度/HB	淬火	回火	调质后硬度/HRC
3Cr2Mo(P20)	≤212	850~880℃油冷	550~600℃空冷	≥30
3Cr2MnNiMo(718)	≤235	850~880℃油冷	550~650℃空冷	≥32

P20 型钢淬火后组织为板条马氏体和针状马氏体的混合组织+少量残留奥氏体,见图 9-99,一般控制马氏体针长不大于 5 级,硬度可达 50~54 HRC。由于 P20 钢的淬透性较低,较大截面材料的淬透层较浅,有时还会出现少量铁素体或贝氏体。而改进后的 718 钢淬透性大幅提高,可适用于大截面预硬模坯。P20 型钢淬火并高温回火后的组织为较均匀的索氏体,见图 9-100。

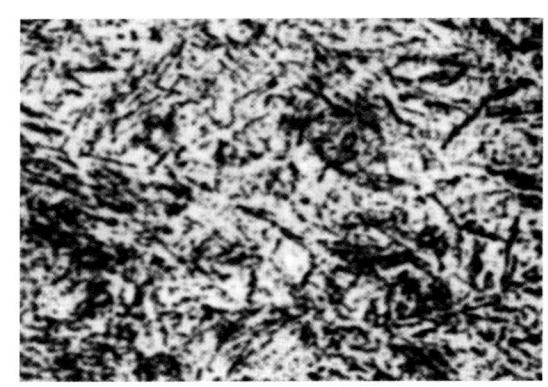

图 9-99 P20 钢 850℃淬火组织 (500×)

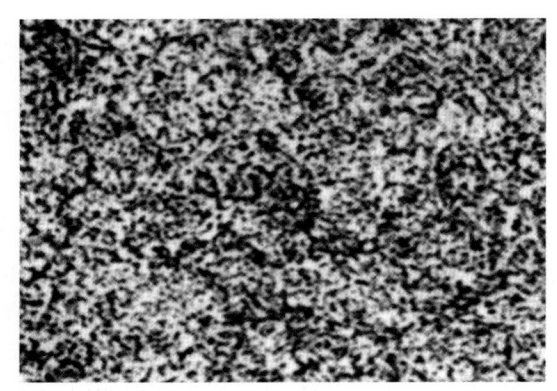

图 9-100 P20 钢 850℃淬火并 620℃回火组织 (500×)

塑料模具由于对抛光性能要求较高,因此必须对钢中的夹杂物、疏松等加以严格控制。塑料模具钢中存在的夹杂,主要是少量的氧化铝和球状氧化物类夹杂,基本不存在硅酸盐类夹杂。近年来随着塑料制品的日益向大型化、复杂化和精密化发展,如洗衣机桶体、电冰箱内腔、大型空调外壳等,其最大尺寸均在 600 mm 以上,这类塑料制品不仅要求模具具有较大的尺寸,而且要求模具表面有较好的抛光性能和一定的耐腐蚀性能。P20 远不能满足以上要求,因此在 P20 钢中加入易切削元素硫以改善切削性能和抛光性能,加入硼以提高淬透性,加入硫、钙改善机械加工性能而发展了 P20S、P20BS、P20BCa 等系列钢种。

P20S 钢是一种易切削改性钢种,钢中加入了 0.08wt% 左右的硫,同时增加了锰量,以形成大量 MnS 的易切削相,轧制后的硫化物呈条状分布。P20S 钢经 850℃加热淬火后的组织见图 9-101,组织为针状马氏体+少量残留奥氏体+条状硫化物。此钢可以调质到较高的硬度,约

图 9-101 P20S 钢的淬火组织 (500×)

35 HRC以上，仍有很好的机械加工性能及很好的抛光性。

9.8.3 时效硬化型塑料模具钢热处理及金相检验

时效硬化型塑料模具钢有SM1Ni3Mn2CuAl(PMS)和SM1Ni3MnCuAl(SM2)等多种。先将钢锻成模坯，再将模坯进行固溶淬火处理，获得30 HRC左右的中等硬度，然后进行机械加工，最后经过时效处理获得约40～45 HRC较高硬度，再进行研磨、抛光获得镜面光亮度。

9.8.3.1 SM1Ni3Mn2CuAl(PMS)钢

SM1Ni3Mn2CuAl(PMS)，属低合金析出硬化钢，曾有1Ni3Mn2CuAlMo、10Ni3MnCuAl等多种名称出现。该钢种的成分见表9-37。

表9-37 SM1Ni3Mn2CuAl(PMS)钢化学成分　　　　　　wt%

C	Si	Mn	P	S	Ni	Cu	Al	Mo
0.06～0.20	≤0.35	1.40～1.70	≤0.030	≤0.030	2.80～3.40	0.80～1.20	0.70～1.05	0.20～0.50

PMS钢的锻造加热温度为1140～1180℃，终锻温度不低于850℃，锻后空冷，不必退火。

PMS钢的固溶加热温度为840～900℃，一般选取870℃加热。固溶加热温度的高低，对硬度影响不大，在780～940℃加热固溶空冷后的硬度为31～33 HRC。但是固溶温度和冷却方式的参数组合对组织却有影响。

PMS钢870℃加热固溶后经流动空气冷却后组织为板条状马氏体＋粒状贝氏体，见图9-102，硬度达33 HRC；而固溶后经缓慢空冷的组织为粒状贝氏体，见图9-103，硬度达32 HRC。为减小模具的内应力，易于机械加工，一般采用固溶后缓慢空冷工艺。

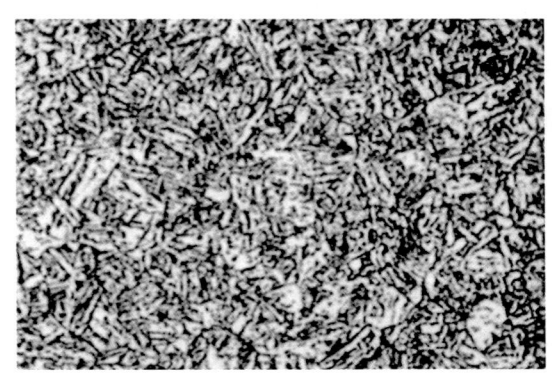

图9-102 PMS钢870℃固溶后快空冷组织
(500×)

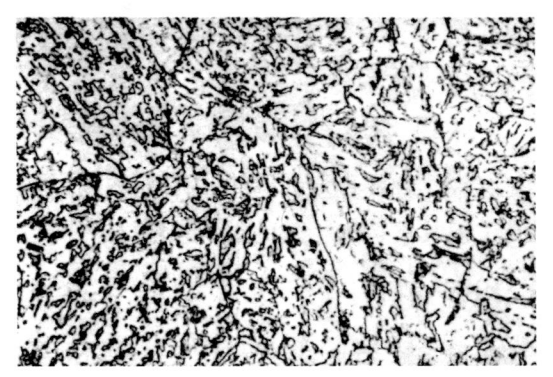

图9-103 PMS钢870℃固溶后慢空冷组织
(500×)

固溶处理后的PMS钢在机械加工后进行时效，在500℃左右存在硬化峰。该温度下时效后可以观察到粒状贝氏体晶界有碳化物析出，板条马氏体有点状碳化物析出，分别见图9-104及图9-105。电镜分析指出，时效组织中有弥散Ni_3Al硬化相析出。Ni_3Al硬化相系立方晶系金属间化合物，直径约10 nm。在光镜下不能分辨。马氏体和粒状贝氏体时效后的硬度都在40～43 HRC，且不随着回火时效时间的延长而变化，这样的硬度非常适于模具表面抛光。

PMS钢中含有一定量的铝，因此特别适于进行表面渗氮或氮碳共渗处理，处理后的表面硬度可达1000 HV以上，适用于制造工程塑料制品的成型模具。

9.8.3.2 SM2CrNi3MoAlS(SM2)钢

SM2CrNi3MoAlS钢为时效硬化易切削型塑料模具专用钢，是在美国时效硬化型塑料模具钢P21(相当于2Ni4Al)基础上经调整而成，增加铬、钼提高淬透性，适当提高硫、锰含量，改善切削性能，其成分见表9-38。

表示碳含量的数字后是主要合金元素的符号(以含量由高至低连续排列),合金元素符号后用数字表示对应合金元素的平均含量(百分之几)。低含量合金元素只记符号,不标含量。

如 X2CrNiMoN17-11-2 的主要成分(wt%)为 C≤0.03,Cr=16.0～18.0,Ni=10.0～12.5,Mo=2.00～3.00,N=0.12～0.22。

2. 铸造不锈钢

铸造不锈钢钢号前以 C 表示,后面是数字表示的顺序号,需要时在钢号后加字母表示特征,如 H 表示高温用,L 表示低温用。如 C47L 的主要成分(wt%)为 C≤0.07,Cr=17.0～20.0,Ni=9.0～12.0。可用于低温条件。

10.2 马氏体不锈钢和耐热钢及金相分析

马氏体不锈钢和耐热钢是一类基体为马氏体组织、有磁性,通过热处理(淬火、回火)可调整其力学性能的不锈钢。

10.2.1 马氏体不锈钢和耐热钢的牌号、成分及性能

马氏体型不锈钢、耐热钢是以 12Cr13(原 1Cr13)为原型衍生发展而形成的一类钢,见图 10-2。该类钢的铬含量大多在 13wt%左右,部分高达 18wt%,也有少数低达 5wt%(如 12Cr5Mo,主要作为耐热钢用)。该类钢淬火后基体组织主要为马氏体,当低碳时为马氏体+铁素体,当高碳时为马氏体+碳化物。

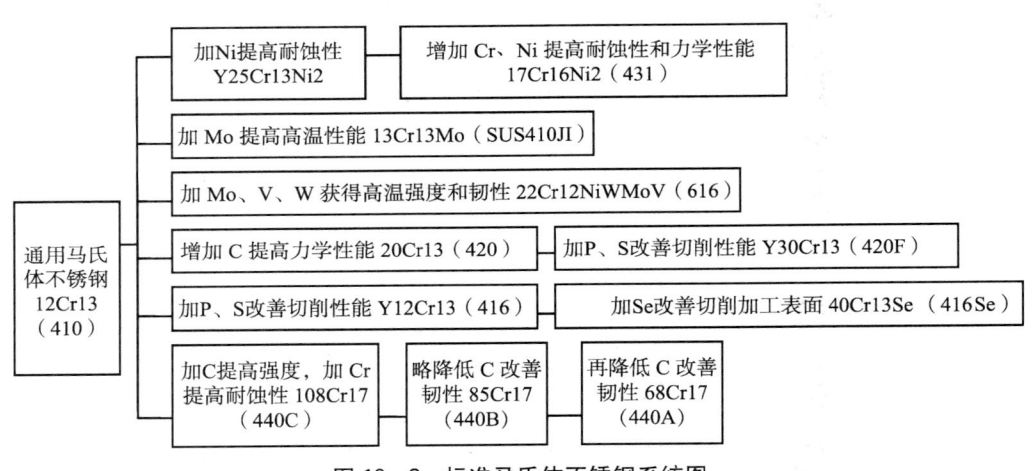

图 10-2 标准马氏体不锈钢系统图

在 GB/T 20878—2007《不锈钢和耐热钢 牌号及化学成分》标准中,列出的马氏体不锈钢有 38 个牌号,其中 20 个牌号同时为耐热钢或可作为耐热钢使用。部分马氏体不锈钢和耐热钢的牌号及成分见表 10-4。

表 10-4 部分马氏体型不锈钢及耐热钢牌号及成分

牌号 (旧牌号,对应 ASTM 牌号)	化学成分/wt%						
	C	Si	Mn	Ni	Cr	Mo	其他元素
12Cr12[①] (1Cr12, 403)	0.15	0.50	1.00	(0.60)	11.50～13.00		
06Cr13 (0Cr13, 410S)	0.08	1.00	1.00	(0.60)	11.50～13.50		
12Cr13[①] (1Cr13, 410)	0.15	1.00	1.00	(0.60)	11.50～13.50		

续 表

牌号 (旧牌号,对应ASTM牌号)	化学成分/wt%						
	C	Si	Mn	Ni	Cr	Mo	其他元素
Y12Cr13 (Y1Cr13, 416)	0.15	1.00	1.25	(0.60)	12.00~14.00	(0.60)	S≥0.15
20Cr13[①] (2Cr13, 420)	0.16~0.25	1.00	1.00	(0.60)	12.00~14.00		
30Cr13 (3Cr13, 420)	0.26~0.35	1.00	1.00	(0.60)	12.00~14.00		
40Cr13 (4Cr13, —)	0.36~0.45	0.60	0.80	(0.60)	12.00~14.00		
Y25Cr13Ni2 (Y2Cr13Ni2, —)	0.20~0.30	0.50	0.80~1.20	1.50~2.00	12.00~14.00	(0.60)	P: 0.08~0.12 S: 0.15~0.25
14Cr17Ni2[①] (1Cr17Ni2, —)	0.11~0.17	0.80	0.80	1.50~2.50	16.00~18.00		
17Cr16Ni2[①] (—, 431)	0.12~0.22	1.00	1.50	1.50~2.50	15.00~17.00		
68Cr17 (7Cr17, 440A)	0.60~0.75	1.00	1.00	(0.60)	16.00~18.00	(0.75)	
85Cr17 (8Cr17, 440B)	0.75~0.95	1.00	1.00	(0.60)	16.00~18.00	(0.75)	
108Cr17 (11Cr17, 440C)	0.95~1.20	1.00	1.00	(0.60)	16.00~18.00	(0.75)	
95Cr18 (9Cr18, —)	0.90~1.00	0.80	0.80	(0.60)	17.00~19.00		
13Cr13Mo[①] (1Cr13Mo, —)	0.08~0.18	0.60	1.00	(0.60)	11.50~14.00	0.30~0.60	Cu: (0.30)
102Cr17Mo (9Cr18Mo, 434)	0.95~1.10	0.80	0.80	(0.60)	16.00~18.00	0.40~0.70	
14Cr11MoV[①] (1Cr11MoV, —)	0.11~0.18	0.50	0.60	0.60	10.00~11.50	0.50~0.70	V: 0.25~0.40
22Cr12NiWMoV[①] (2Cr12NiMoWV, —)	0.20~0.25	0.50	0.50~1.00	0.50~1.00	11.00~13.00	0.75~1.25	W: 0.75~1.25 V: 0.20~0.40
42Cr9Si2 (4Cr9Si2, —)	0.35~0.50	2.00~3.00	0.70	0.60	8.00~10.00		
40Cr10Si2Mo[①] (4Cr10Si2Mo, —)	0.35~0.45	1.90~2.60	0.70	0.60	9.00~10.50	0.70~0.90	

注: 1. 表中所列成分除标明范围或最小值外,其余均为最大值。括号内值为允许添加的最大值。
    2. 本表由作者根据GB/T 20878—2007整理所得。
    ①为耐热钢或可作耐热钢使用。

    马氏体不锈钢由于具备高强度和耐蚀性,可以用来制造如蒸汽轮机的叶片(12Cr13等),轴类、螺栓等零件(20Cr13等),碳含量较高的钢(40Cr13、95Cr18等)则常用于制造医疗器械、刀具、测量用具、弹簧、轴承等。

    马氏体不锈钢中也可以加入其他合金元素来改进其性能,应用在一些特殊场合。如加入硫或硒可改善切削加工性能,例如 Y12Cr13 或 40Cr13Se;加入钼、钒,可以增加 95Cr18 钢的耐磨性及耐蚀性;加入钼、钨、钒等,可以提高 12Cr13 及 20Cr13 钢的热强性等。

10.2.2 马氏体不锈钢及耐热钢合金化的特点

马氏体不锈钢及耐热钢中除碳以外,主要合金系为铬及铬镍系,其他均作为辅助添加合金元素。

10.2.2.1 合金化基本特点

按合金元素的不同,可分为马氏体铬不锈钢和马氏体铬镍不锈钢。

铬是马氏体铬不锈钢最重要的合金元素,是强烈扩大铁素体区、缩小奥氏体区的元素。足够的铬可使钢变成单一的铁素体不锈钢。由于 12wt% 铬合金的基本成分已接近铁素体的边界,因此要使合金中不出现影响合金强度的 δ 铁素体,除了控制热加工温度以外,还应该在加入铁素体形成元素的同时,加入等效的奥氏体形成元素来平衡。碳是马氏体铬不锈钢另一重要的合金元素。铬和碳的相互作用使钢在高温时具有稳定的 γ 或 γ+α 相区。因为只有在固溶温度呈 γ 相的钢才会在冷却时发生马氏体相变,使合金得以相变强化。碳含量须充分考虑碳、铬两者相互关系及碳的溶解极限。在给定的铬含量下,碳含量提高,钢的强度、硬度提高,塑性降低,耐蚀性下降。

此外,铬能提高钢在大气 H_2S 及氧化性酸介质中的耐腐蚀性能。这与铬能促使生成一层铬的氧化物保护膜有关。铬含量的提高,钢的抗高温氧化性能也明显提高。但在还原性介质中,随着铬含量的提高,钢的耐蚀性是下降的。

马氏体铬镍不锈钢是主要以镍替代部分碳而发展的一类钢,这类钢不仅强度高而且具有相当的韧性。因为镍的加入可以使碳含量降得更低,即使碳含量很低,单一的铁素体组织也将消失。但镍含量不能过高,否则由于镍扩大 γ 相区和降低 M_S 点温度的双重作用,将使钢成为单相奥氏体不锈钢,从而丧失淬火能力。此外,镍含量的提高,也改善其耐蚀性能。

在马氏体铬镍不锈钢中,铬和碳的作用与在马氏体铬不锈钢中相似。镍除前面所提的优点外,还能提高铁铬合金的钝化倾向,因此改善了钢在还原性介质中的耐蚀性。

10.2.2.2 合金元素对马氏体不锈钢奥氏体化温度的影响

基本成分的 12wt% 铬钢的 A_{c_1} 温度为 740～760℃。元素镍和锰可明显地降低 A_{c_1} 温度,所有合金元素中镍对降低 A_{c_1} 温度是最有效的。3wt% 的镍能把 A_{c_1} 降到 650～700℃ 的范围内,4wt% 的锰具有同等的效应。碳和氮在相当窄的范围里几乎不降低 A_{c_1}。

提高 A_{c_1} 温度的元素,钒是最有效的,钼的作用和钒接近,铝和硅也趋向于提高 A_{c_1},大量钴的加入可以降低 A_{c_1}。

同时,A_{c_1} 温度也决定着回火温度,由于绝大多数的 12wt% 铬钢,要获得最好的综合性能,往往都是选择在 650～700℃ 之间回火,回火过程中,不应发生重新奥氏体化,以避免再次转变为马氏体。为此应调整各合金元素的加入量,使 A_{c_1} 温度最好不低于 700℃。

因此,马氏体不锈钢的淬火温度主要取决于合金元素的种类和含量。可将化学成分按其对 A_{c_1} 和 A_{c_3} 的影响分为两类,一类是使 A_{c_1} 和 A_{c_3} 降低的元素,主要为碳、锰、镍,另一类是影响相反的元素,主要为硅、铬、钼、钒等。

10.2.2.3 合金元素对马氏体不锈钢马氏体转变温度范围的影响

马氏体相变强化的钢要有合理的 M_S 温度。M_S 点最好是在 200℃ 以上;马氏体转变温度范围从 M_S 到 M_f 点一般约 150℃。这些都是为了确保钢从固溶温度冷却到室温时可以发生完全的马氏体转变,使钢得到强化,无需深冷等特殊处理。

基本成分的马氏体不锈钢的 M_S 点约为 300℃。为了不使 M_f 下降到室温以下,必须对造成马氏体转变温度 M_S 点降低的合金元素的添加进行控制,否则将会发生奥氏体不完全的转变,合金化作用将受到影响。

钢的化学成分对 M_S 温度的影响,以碳含量最为显著。粗略估算,每增加 1wt% 碳,钢的 M_S 温度约降低 330℃。而其他的合金元素的作用比碳小得多。每增加 1wt% 的合金元素,M_S 温度仅改变几度到几十度。

泉三昌夫等研究结果显示,铝、钛、钒、钴提高 M_S 温度,而铌、硅、铜、镍、锰、碳和氮降低 M_S 温度。

10.2.2.4 合金元素对马氏体不锈钢等温转变的影响

钢中加入合金元素铬、镍、钼、钒等，会显著的抑制铁素体和珠光体转变，使 C 曲线大大右移。即使对基本成分的马氏体不锈钢，转变速度也是很慢的。镍对转变的抑制是特别有效的，当含镍量超过 1wt% 时，即使在 700℃ 长期保持也不会发生多大的转变。

因此，对较大截面的零件也可以采取热处理后空冷，以获得完全的马氏体转变。但负面作用是即使通过等温退火的方法，也很难使合金软化，生产中也不可能采用长期等温退火的方式。这对需进行机械加工和钣金加工的材料来说是不利的。

10.2.2.5 合金元素对马氏体不锈钢组织中高温 δ 铁素体形成的影响

对马氏体不锈钢组织影响最大的莫过于组织中残留有高温 δ 铁素体。高温 δ 铁素体的产生与合金元素的加入和热加工温度有极大的关系。

所有奥氏体形成元素均减少高温 δ 铁素体，以氮、碳、镍为最强烈；所有铁素体形成元素均会增加高温 δ 铁素体，以铬、钒、铌等为最强烈，且铬的加入影响巨大；铝虽对铁素体量的增加影响很大，但因其含量有限，实际影响并不大。单个合金元素加入量对组织中铁素体量的增加或减小，对 0.1C-17Cr-4Ni 型不锈钢，实验的结果见下表 10-5。

表 10-5 合金元素的加入对 0.1C-17Cr-4Ni 钢中高温 δ 铁素体量变化的影响

加入元素 0.1wt%	N	C	Ni	Co	Cu	Mn	Si	Mo	Cr	V	Al	W
δ 铁素体量的体积分数变化/%	−20	−18	−1	−0.6	−0.3	−0.1	0.8	1.1	1.5	1.9	3.8	0.8

注："−"号表示合金元素的加入使得铁素体减少的量。

因此，要使合金中不出现高温 δ 铁素体，必须控制合金元素的加入。即在加入铁素体形成元素的同时，必须加入等效的奥氏体形成元素来平衡。

从马氏体不锈钢相图上可以看出，随着固溶温度的升高，奥氏体相区缩小，出现高温 δ 铁素体的可能性增大。因此组织中的铁素体量，不仅与化学成分有关，而且在成分一定时，还与热加工工艺有着密切的关系，尤其是锻造加热温度对形成高温 δ 铁素体的可能性影响最为直接。高温 δ 铁素体是高温加热后形成的组织，一旦生成，以后即使经任何正常热处理均难以消除掉。

对 12Cr13 钢曾进行过试验，在正常淬火温度下加热的情况下，钢的铁素体总量（包括高温 δ 铁素体）不超过 15%。但在 1240℃ 加热 1h 空冷后，铁素体量激增到 50% 以上。高温 δ 铁素体的存在会大大降低材料的性能，尤其是冲击性能和材料的疲劳强度。

由此也可以根据高温 δ 铁素体量来检验那些处于铁素体相界合金的热加工的质量，如有无过热等。但 α 铁素体与高温 δ 铁素体较难区别，一般要从其分布、形态进行推断。

10.2.2.6 合金元素对马氏体不锈钢强化作用的影响

合金元素中奥氏体形成元素，和铁素体形成元素均可对马氏体不锈钢产生强化作用，但机理不同。

奥氏体形成元素（碳、氮、镍、锰、钴、铜等）的主要作用是固溶强化；增加马氏体的硬度；降低 M_S 点，减少自回火倾向，提高钢的回火抗力。

碳和氮的影响相似，碳、氮均能与碳化物形成元素形成碳、氮化物，增加二次硬化，提高马氏体硬度水平；一般含碳量在 0.08wt%～0.15wt%，氮在 0.01wt%～0.04wt% 之间的 12wt% 铬钢的马氏体组织都具有足够的强度、良好的塑性和冲击性能。碳和氮超过上述量，塑性和冲击性能将急剧降低，可焊性也降低。所以高含碳量的 12wt% 铬钢只有在认为硬度、强度是最重要的性能时才采用。

含氮钢经 650℃ 1h 回火后，显微组织上会析出细小沉淀相，Cr_7C_3 和 M_2X，其中的 $M_2X(Cr_2N)$ 较稳定。

镍和锰的影响除了固溶强化、增加马氏体硬度、降低 M_S 点，减少了自回火外，在较高温度回火时，含镍高的钢表现出更大的回火抗力。其原因是重新奥氏体化和由于镍在钢中扩散较慢，因而抑制了碳化物的溶解及晶粒长大。锰和镍具有类似的效应，但是一般比较少的采用锰作为合金元素，因为它对奥氏体相区的扩大作用较小。

铁素体形成元素(钼、钨、钒、硅、钛和铌等),也都是碳化物形成元素。其主要作用是:析出并稳定了 M_2X 析出相,提高二次硬化效应和钢的回火抗力,也称之为弥散强化。同时也有一定程度的固溶强化效果。两者叠加在一起,使硬度、强度有明显增加。

钼的最重要影响是在基体析出稳定的 M_2X 相。由于 M_2X 可以在高的回火参数下保持,因此提高了钢的二次硬化效应和回火抗力。钼也能改善冲击性能,但以加入 1.5wt% 为宜,过多会使脆性增加,使冲击性能下降。钼也有一定程度的固溶强化作用。

钨和钼有着类似的影响,但不如钼那样有效,因此要产生和钼同样的效果几乎需要两倍的钨。

钛和铌:这两种元素具有相似的效应,都是强烈的碳化物形成元素,有从固溶体中夺走碳形成碳化物,从而降低回火初期马氏体硬度的作用。它们又都是强烈的铁素体形成元素,因此加入量要加以限制。如在含 1wt% 镍的 12wt% 铬钢中加入 0.5wt% 铌,会产生近 30% 的高温 δ 铁素体。因而 12wt% 铬钢中加入铌的最大量一般控制在 0.5wt%~0.6wt% 以下。钛和铌都能加强二次硬化,并能将 M_2X 相稳定到较高的温度,因而给予合金可观的回火抗力。但为使合金元素充分有效地发挥作用,含钛和铌的钢必须采用相当高的固溶温度,只有在 1150~1200℃ 时这些碳化物才能完全溶解。在回火时,产生更强烈的二次硬化,并在 550~700℃ 之间具有相当好的回火抗力。但如此高的固溶温度也容易造成晶粒度的剧烈长大,并可能导致产生高温 δ 铁素体。

一些高温抗蠕变马氏体不锈钢中均含有 0.20wt%~0.45wt% 钛和 0.10wt%~0.60wt% 的铌,因而它们的固溶温度都大大高于这类钢的通常固溶温度,在 1100℃ 以上。甚至达到了 1200℃。

10.2.3 马氏体不锈钢和耐热钢的热处理及金相组织

马氏体不锈钢和耐热钢能在淬火过程中会发生马氏体转变,因此可以获得热处理强化效果。并可通过不同热处理工艺,满足不同的力学性能要求。

10.2.3.1 马氏体不锈钢的退火处理及金相组织

马氏体不锈钢经锻轧后,由于空冷即会产生马氏体转变,使锻件变硬,在锻件表面容易产生淬火裂纹,同时高硬度也不易进行切削加工。因此,这类钢锻后应缓冷,并及时进行软化处理。软化处理的方法一种是进行回火,一种是完全退火。

值得注意的是,马氏体不锈钢在锻轧缓冷后,必须使其温度降至 M_f 点以下,才可以进行回火处理。否则,材料中的残余奥氏体将一直保留至回火冷却后再转变成淬火马氏体。造成材料的高硬度和容易形成淬火裂纹。这在生产中很常见。

锻后回火一般采用将缓冷至室温的锻件加热到 500~800℃ 保温后空冷,使马氏体转变为回火马氏体或回火索氏体,从而降低硬度。由于锻件锻造变形量和终锻温度的不同,进行回火的锻件的原始状态是不同的。一些已完成了再结晶,而一些尚未完成。又由于回火的参数(温度、时间)不同,其回火后的金相组织会有很大的差异。有的会形成回火索氏体,材料软化效果较好。而有的甚至可能还会保留锻后变形组织的形态,软化效果较差。图 10-3 为锻后低温回火后的金相组织,可以看到,除了组织的均匀性很差外,硬度的差异也很大。这种只经低温回火处理的材料,不但冷加工困难,而且存在开裂倾向。因此工程上希望采用接近 Ac_1 温度的高温回火来实现软化。700℃ 左右的高温回火,适合大多数 12wt% 铬钢零件,组织为回火索氏体,见图 10-4。

随着马氏体不锈钢的发展,钢中加入了大量的合金元素,因此显著的抑制了铁素体和珠光体转变,使 C 曲线大大右移,采用通常的办法很难达到回火软化的效果。为了达到最大的软化效果,可采取完全退火方式。将锻件加热到 840~900℃,保温足够时间后,并以小于 25℃/h 的冷却速度冷却到 600℃ 以下空冷。合金含量高的马氏体不锈钢的硬度也可降到 250 HB 以下。

马氏体不锈钢完全退火后的组织为富铬的铁素体基体上分布着碳化物(球粒状珠光体)及晶界上断续分布着的碳化物颗粒,碳化物类型为 $(Fe,Cr)_{23}C_6$。图 10-5 为 20Cr13 的球化退火组织。对于 90Cr18MoV 类过共析型马氏体不锈钢,球化退火后组织为球粒状珠光体+较大颗粒二次碳化物+大块状共晶碳化物,见图 10-6。

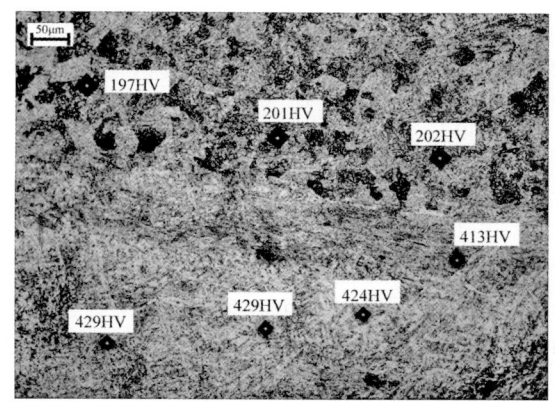

（苦味酸盐酸酒精溶液浸蚀）

图 10-3　12wt%Cr 钢锻后 500℃回火的不均匀组织　（200×）

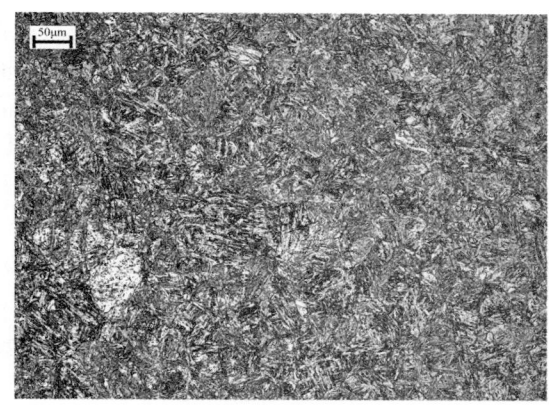

（苦味酸盐酸酒精溶液浸蚀）

图 10-4　12wt%Cr 钢锻后 700℃回火组织　（200×）

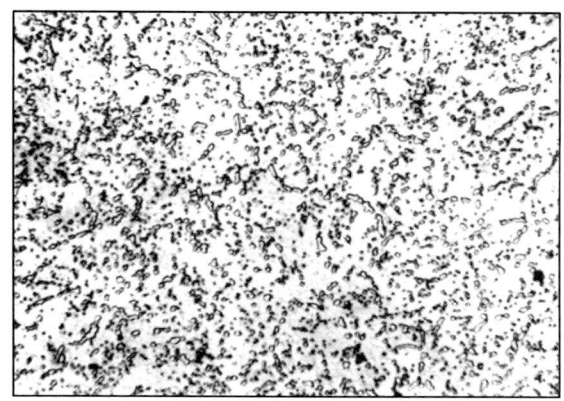

（苦味酸盐酸酒精溶液浸蚀）

图 10-5　20Cr13 钢球化退火组织　（500×）

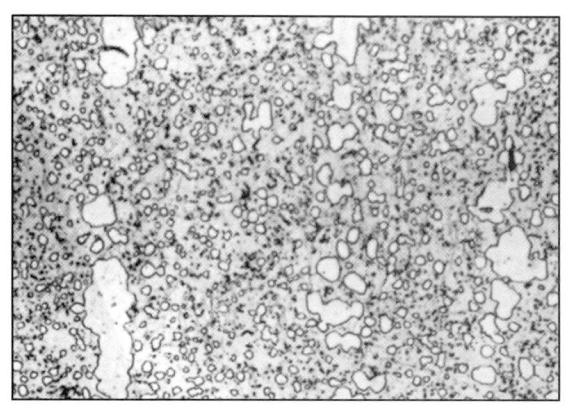

（三氯化铁盐酸水溶液浸蚀）

图 10-6　90Cr18MoV 钢球化退火组织　（500×）

当原始组织偏析发达，退火后颗粒状碳化物会沿偏析呈链状分布，在后期变形加工极易沿偏析开裂，见图 10-7。

马氏体不锈钢（耐热钢）在热加工时若温度过高晶界上会有 δ 铁素体析出，在冷却时转变为 δ 共析体，即碳化物与奥氏体混合物，见图 10-8。δ 共析反应是在 1100～800℃发生的。首先在 δ 铁素体与奥氏体相界上析出碳化物，由于碳化物的析出使这部分 δ 铁素体的稳定性降低而转变为奥氏体，形成奥氏体以后

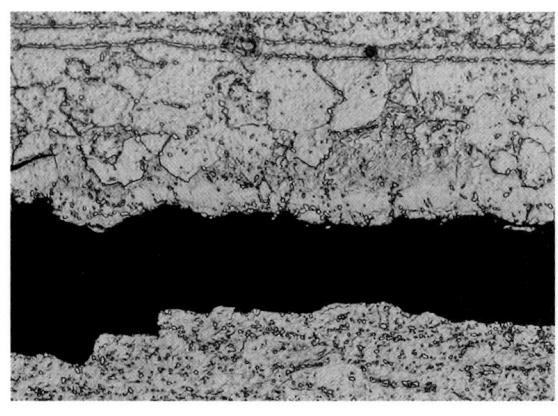

（三氯化铁盐酸水溶液浸蚀）

图 10-7　20Cr13 钢碳化物偏析形貌　（500×）

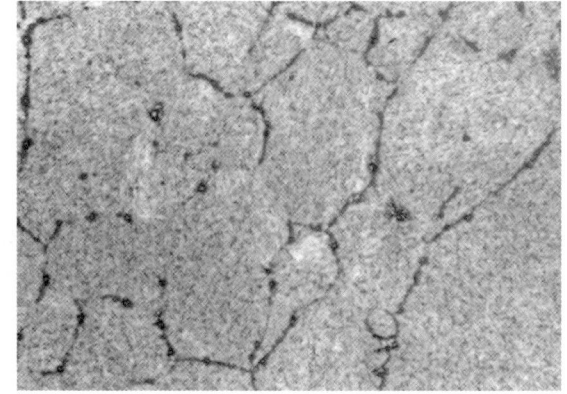

（三氯化铁盐酸水溶液浸蚀）

图 10-8　30Cr13 钢锻后黑色 δ 共析体　（200×）

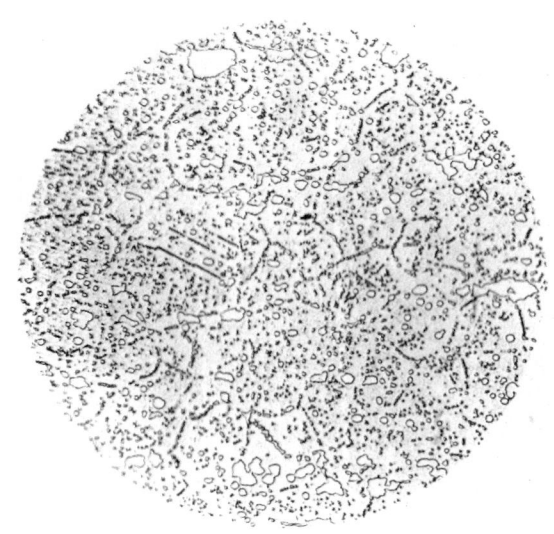

又使其相邻的δ铁素体更易析出碳化物,这样交替进行的结果则形成碳化物与奥氏体相间的片层状组织,由于片层距很小,光镜下呈黑色。出现δ共析体及粗大晶粒表明有过热现象,容易开裂。

对于马氏体不锈钢中的δ铁素体的含量评定,有YB/T 4402—2014《马氏体不锈钢中δ铁素体含量金相测定法》标准,具体操作见本章10.3.4.2节介绍。

由于退火后的组织形态会影响淬火工艺质量,因此对于具体材料及工件的退火组织有控制要求。JB/T 1460—2011(2017)《滚动轴承 高碳铬不锈钢轴承零件 热处理技术条件》中,对9Cr18(95Cr18)、9Cr18Mo(102Cr18Mo)退火组织就不允许孪晶状碳化物出现,见图10-9。

退火状态的马氏体不锈钢强度与耐腐蚀性能较低。造成耐腐蚀性低的主要原因是在退火状态钢中的碳可以充分与铬结合成碳化铬,使铁素体基体中的含铬量降低。

图10-9 退火孪晶状碳化物组织 （500×）

10.2.3.2 马氏体不锈钢的淬火处理及其金相组织

前已述及,马氏体不锈钢的淬火温度因钢中合金元素、含量不同所造成的相变温度不同而变化。也因其造成的马氏体转变温度范围不同而选择不同的冷却方式。

一般而言,合金元素种类少、含量低的马氏体不锈钢,其奥氏体转变温度较低,淬火温度也相应较低。如简单Cr13型马氏体不锈钢的淬火温度一般均小于1050℃。但一些多合金元素的马氏体不锈钢,为了达到固溶强化和碳化物弥散强化的效果,它们的淬火温度甚至已达到1180℃,如一些重要的抗蠕变马氏体不锈钢。

同一成分的马氏体不锈钢,采用不同的淬火温度,其组织和性能也有很大的差别。淬火温度过低,合金处于两相区,只有部分奥氏体化,冷却后只能有部分组织转变为马氏体,硬度和强度自然偏低。同时,较低的淬火温度造成钢中的碳化物不能充分溶解,固溶强化和弥散强化效果不明显。基体中铬含量的降低,也影响钢的耐蚀性。相反,淬火温度过高,奥氏体晶粒会过于粗大,使塑性和冲击性能降低。太高的淬火温度甚至会在晶界形成δ铁素体和过热、过烧现象。造成材料性能不可恢复的永久性的破坏。

淬火高温加热过程中沿晶界析出的δ铁素体在随后的冷却中转变为碳化物与奥氏体的混合组织,即δ共析体,见图10-10。

对于亚共析类的马氏体不锈钢(耐热钢)正常淬火后组织为马氏体+铁素体。图10-11为12Cr13钢正常淬火及300℃回火后的组织,这种钢正常淬火后铁素体的体积含量约在15%以下。

（三氯化铁盐酸水溶液浸蚀）

图10-10 30Cr13钢淬火后晶界上的δ共析体 （1000×）

（三氯化铁盐酸水溶液浸蚀）

图10-11 12Cr13钢正常淬火后组织 （500×）

20Cr13钢正常淬火、低温回火后组织为马氏体＋少量残留奥氏体，见图10-12。此种钢的淬火温度一般为980～1000℃，若低于这个温度，铬的碳化物不能充分溶于基体，这样会降低奥氏体中的含碳量及含铬量；如高于这个温度加热，钢的晶粒易于长大，淬火后得到的马氏体组织为粗针状；更高温度加热淬火，不但晶粒粗大，而且在晶界区域会发生δ共析转变，会降低力学性能及耐蚀性。

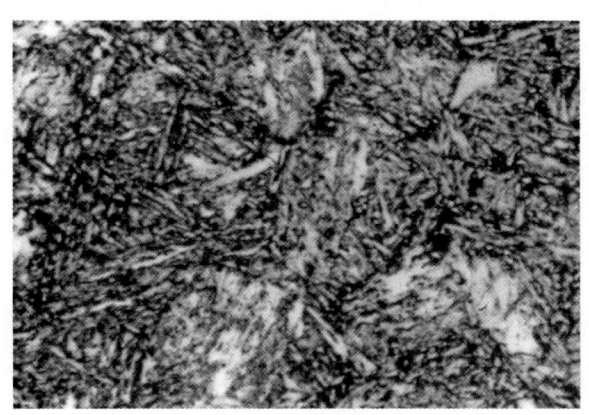

（苦味酸盐酸水溶液浸蚀）
图10-12　20Cr13钢正常淬火组织　（500×）

30Cr13、40Cr13等属于过共析型马氏体不锈钢（耐热钢），正常淬火后组织为马氏体＋残留奥氏体＋少量细粒状二次碳化物。95Cr18(9Cr18)、102Cr17Mo(9Cr18Mo)等属于莱氏体型马氏体不锈钢，正常淬火后组织为马氏体＋残留奥氏体＋共晶碳化物＋少量细粒状二次碳化物。图10-13为90Cr18MoV钢正常淬火及低温回火后组织，图中灰色区域为马氏体、残留奥氏体区，白色块状为共晶碳化物，白色小颗粒为二次碳化物。

在正常使用条件下，马氏体不锈钢的淬火组织不能"欠热"或"过热"。对于95Cr18(9Cr18)等马氏体不锈钢，若用于滚动轴承则要按JB/T 1460—2011(2017)标准对马氏体进行评级，可参见本书第8.6节。

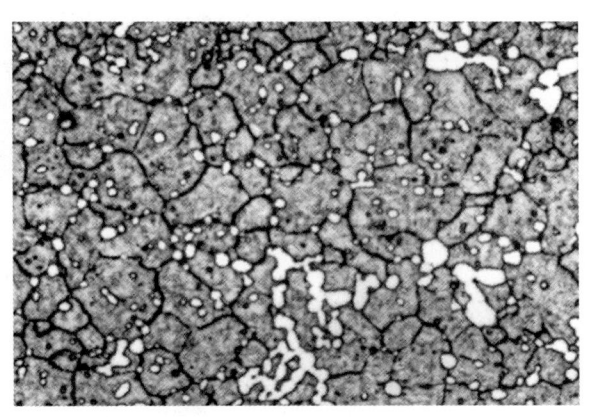

（三氯化铁盐酸水溶液浸蚀）
图10-13　90Cr18MoV钢正常淬火组织　（500×）

10.2.3.3　马氏体不锈钢的回火处理及其金相组织

马氏体不锈钢的回火参数对于组织、性能有重要的影响。随着回火温度的提高、回火时间的增加，材料的屈服强度、抗拉强度在总体上呈下降的趋势，而塑性呈上升趋势。

马氏体不锈钢有3种回火制度：

（1）低温回火

300℃回火。强韧性高，耐腐蚀性好，适于室温和低温下工作的零件。

（2）中温回火

550～600℃回火。适于550℃以下工作的零件。

（3）高温回火

650～700℃回火。组织稳定性和综合性能好，适于600℃以下长期工作的零件。高温回火后对材料的高温持久、蠕变强度有提高，但会牺牲强度和冲击值。

一些合金成分较多的马氏体不锈钢采取两次回火制度，第一次回火温度较低，是对淬火后形成的淬火马氏体进行回火，同时，因这类钢的合金化程度较高，在第一次回火中由于残余奥氏体的分解，会形成新的淬火马氏体。第二次回火可以对新的淬火马氏体进行回火，使组织稳定，并充分消除应力。

马氏体不锈钢淬火后组织为典型的马氏体，马氏体呈板条或针状，共析类钢还伴有极小的Fe_3C类质点。经 300℃ 回火显微组织唯一变化是 Fe_3C 的质点数量增加。由于碳从固溶体中被夺走,故硬度略有下降。

经 400~500℃ 回火,材料有二次硬化现象,形成 Cr_7C_3 和 M_2X(以 Cr_2C 为主)二次硬化相。在 12% Cr-Ni-Mo 钢中 M_2X 是主要的二次硬化相。由于 M_2X 本身的结构,它可以溶解大量的各种合金元素,故能产生很强的二次硬化。而且该相在相当宽的温度范围是稳定的,因此增加了回火抗力。

在 500℃ 以上回火,可以看到在马氏体板条上及奥氏体相界上有相当大的碳化物析出。这些大的碳化物是由 Cr_7C_3 质点的消耗换来的晶界上的析出相 $M_{23}C_6$ 长大变粗。一般称马氏体高温回火组织为回火索氏体。图 10-14 为马氏体不锈钢调质状态下的金相组织,图 10-15 为 30Cr13 钢 1000℃ 油淬、580℃ 回火后的组织,保持马氏体位向的回火索氏体+未溶小颗粒状碳化物。

合金种类及含量均多的马氏体不锈钢,如一些含铌、钨的合金,组织中会出现一些特殊形状的碳化物相。经鉴别,发现这些析出实际上是几种碳化物共同组成的。如图 10-16 和图 10-17。

(苦味酸盐酸水溶液浸蚀)

图 10-14 马氏体不锈钢调质组织 (200×)

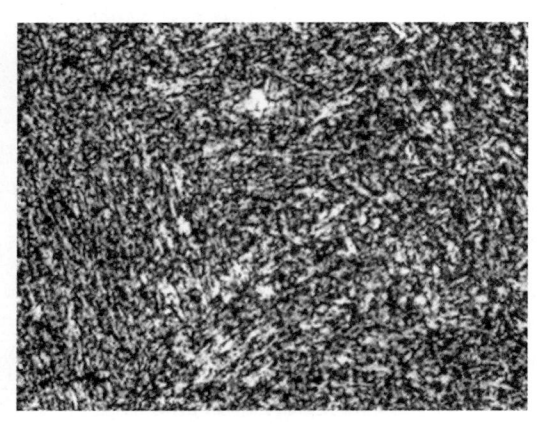

(三氯化铁盐酸水溶液)

图 10-15 30Cr13 钢调质后组织 (500×)

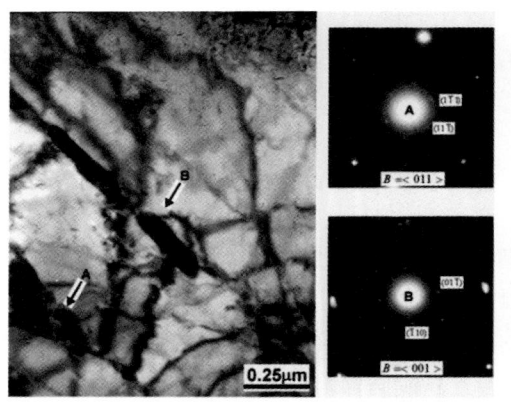

A:Nb(C,N) B:$M_{23}C_6$

图 10-16 析出相的明场像和衍射斑

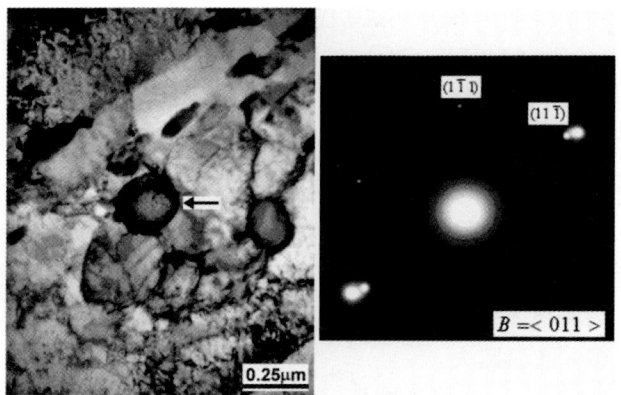

图 10-17 析出相 Nb(C,N) 的明场像和衍射斑

马氏体不锈钢在长时间时效后会出现拉弗斯相[1][$Fe_2(Mo,W)$],由于拉弗斯相硬且脆,因此一般认为是有害相。图 10-18 中箭头所指即为一种高温抗蠕变马氏体钢中在长期蠕变后组织中出现的拉弗斯相。

对材料的组织演变进行分析,近年来除应用透射电镜(TEM)分析手段外,还采用了新兴的取向成像显微术(OIM),以获取从宏观到介观进而到微观尺度的组织连续演变图谱。

---

[1] Laves Phase

介观物理学[1]是物理学中一个新的分支学科。介观这个术语，由 Van Kampen 于 1981 年所创，指的是介乎于微观和宏观之间的尺度。介观物理学所研究的物质尺度和纳米科技的研究尺度有很大重合，所以这一领域的研究常被称为介观物理和纳米科技。

采用光镜技术可以比透射电镜在更大的视场内全面的观察材料的微观组织与分布。图 10-19 是马氏体不锈钢淬、回火后的电子背散射衍射图。左侧为成像质量图，右侧为取向分布图。其中成像质量图中的衬度来源于相、晶界、表面形貌、应变等多种因素，从而可以反映显微组织特征。取向分布图中的颜色代表不同取向，粗黑线表示大角度晶界，细线则表示小角度晶界。左侧图可见回火组织呈现典型板条束交汇的马氏体形貌。右侧的取向分布图则显示大角度晶界基本上是原始的板条束边界，但在内部也存在取向差异很大的晶粒，这表明已有再结晶发生。除此之外还可观察到大量的小角度晶界，其中和板条束边界大体平行且趋连续的是原板条界面，其他的则是在回火过程中形成的亚晶界。680℃ 回火组织与 620℃ 相比，取向图显示了明显的再结晶现象，除大角度晶界已很难分辨出原始的板条束边界轮廓外，杂乱的亚晶界显著减少，原始的板条在回火过程中为亚晶界所分割，部分转变为新的晶粒。组织显得更为清晰。从取向分布图分析，回火组织演变以原位回复及原位再结晶为主，随温度上升时以晶界及亚晶界弓出式的形核再结晶的作用增强。

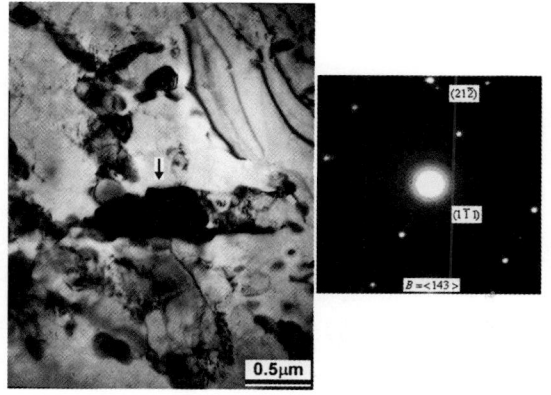

图 10-18 拉弗斯相的明场像和衍射斑

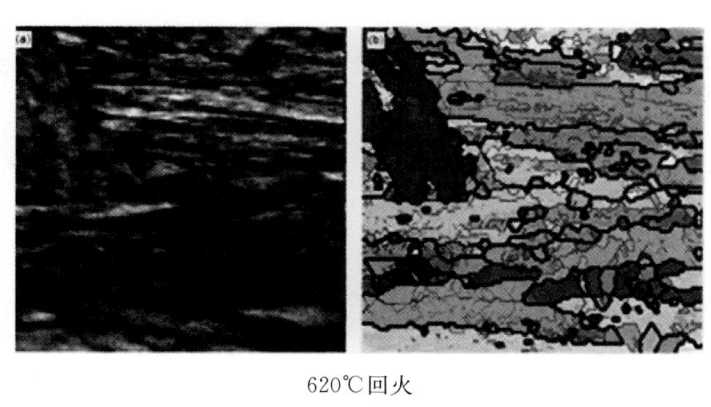

620℃ 回火

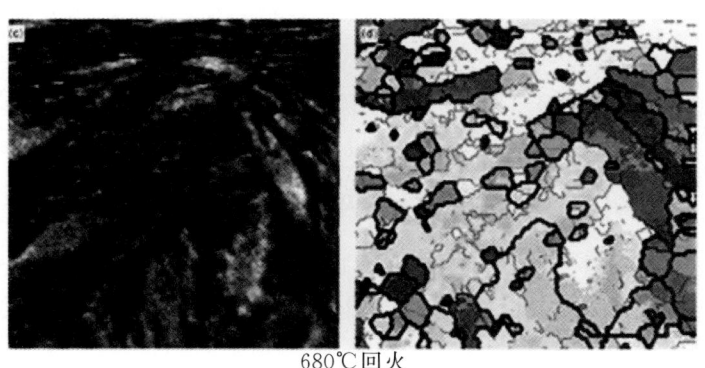

680℃ 回火

（左右栏分别为成像质量和取向分布）

图 10-19 马氏体不锈钢淬火后不同温度回火下电子背散射衍射图 （400×）

运用 OIM 的相识别技术可以研究马氏体不锈钢中的碳化物在组织上的分布和长期使用后的聚集粗

---
[1] mesoscopic physics

化趋势。图 10-20 和图 10-21 分别为长期高温作用前后碳化物 $Cr_{23}C_6$、Fe_3C 在组织中的分布情况。

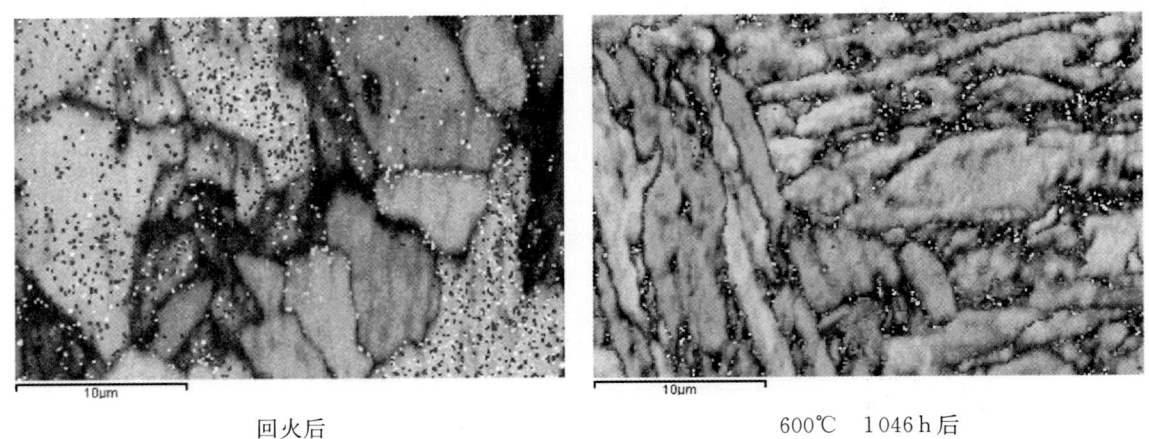

回火后　　　　　　　　　　　　600℃　1046h后

图 10-20　马氏体不锈钢中 $Cr_{23}C_6$ 分布

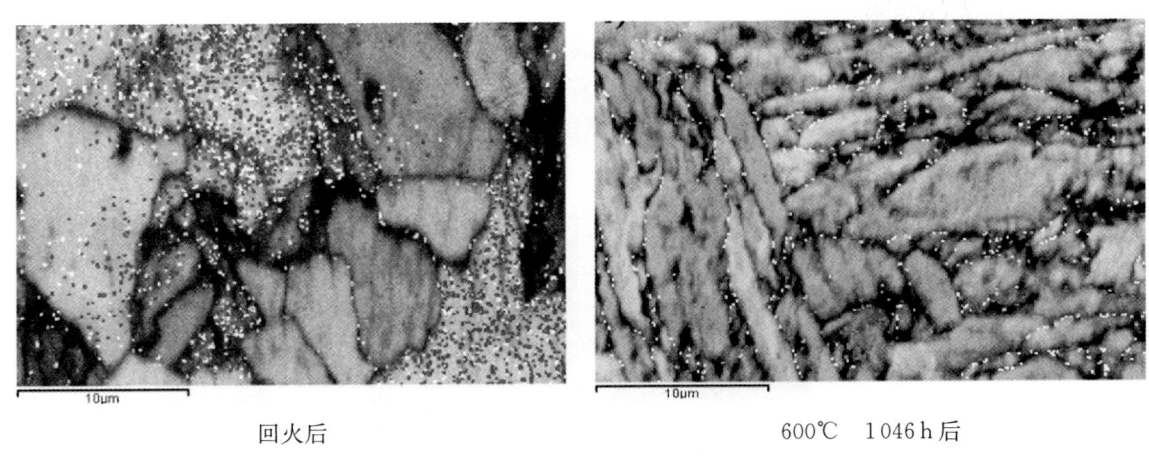

回火后　　　　　　　　　　　　600℃　1046h后

图 10-21　马氏体不锈钢中的 Fe_3C 的分布

10.3　奥氏体不锈钢和耐热钢及金相分析

奥氏体不锈钢是一类基体以面心立方晶体结构的奥氏体（γ 相）为主，无磁性，主要通过冷加工使其强化（并可能导致一定的磁性）的不锈钢。奥氏体不锈钢中由于含有较多扩大 γ 相区和稳定奥氏体的元素，在高温时为 γ 相，冷却时由于 M_S 点在室温以下，所以在常温下仍具有奥氏体组织。

10.3.1　奥氏体不锈钢和耐热钢的牌号、成分及特点

钢中含铬约 18wt%、镍 8wt%～10wt%、碳约 0.1wt% 时，具有稳定的奥氏体组织。奥氏体不锈钢包括典型的 18-8 型不锈钢和在此基础上增加铬、镍含量并加入钼、铜、硅、铌、钛等元素发展起来的高 Cr-Ni 系列钢，以及以锰代替部分镍并加氮的低镍不锈钢等。

1. 奥氏体不锈钢和耐热钢的演变及体系

奥氏体不锈钢（耐热钢）的发展及演变见图 10-22，主要有以下几方面的发展路径：
① 加钼改善点蚀和耐缝隙腐蚀性能；
② 降碳或加钛、铌，减少晶间腐蚀倾向；
③ 加镍和铬改善高温抗氧化性和强度；
④ 加镍改善抗应力腐蚀性能；

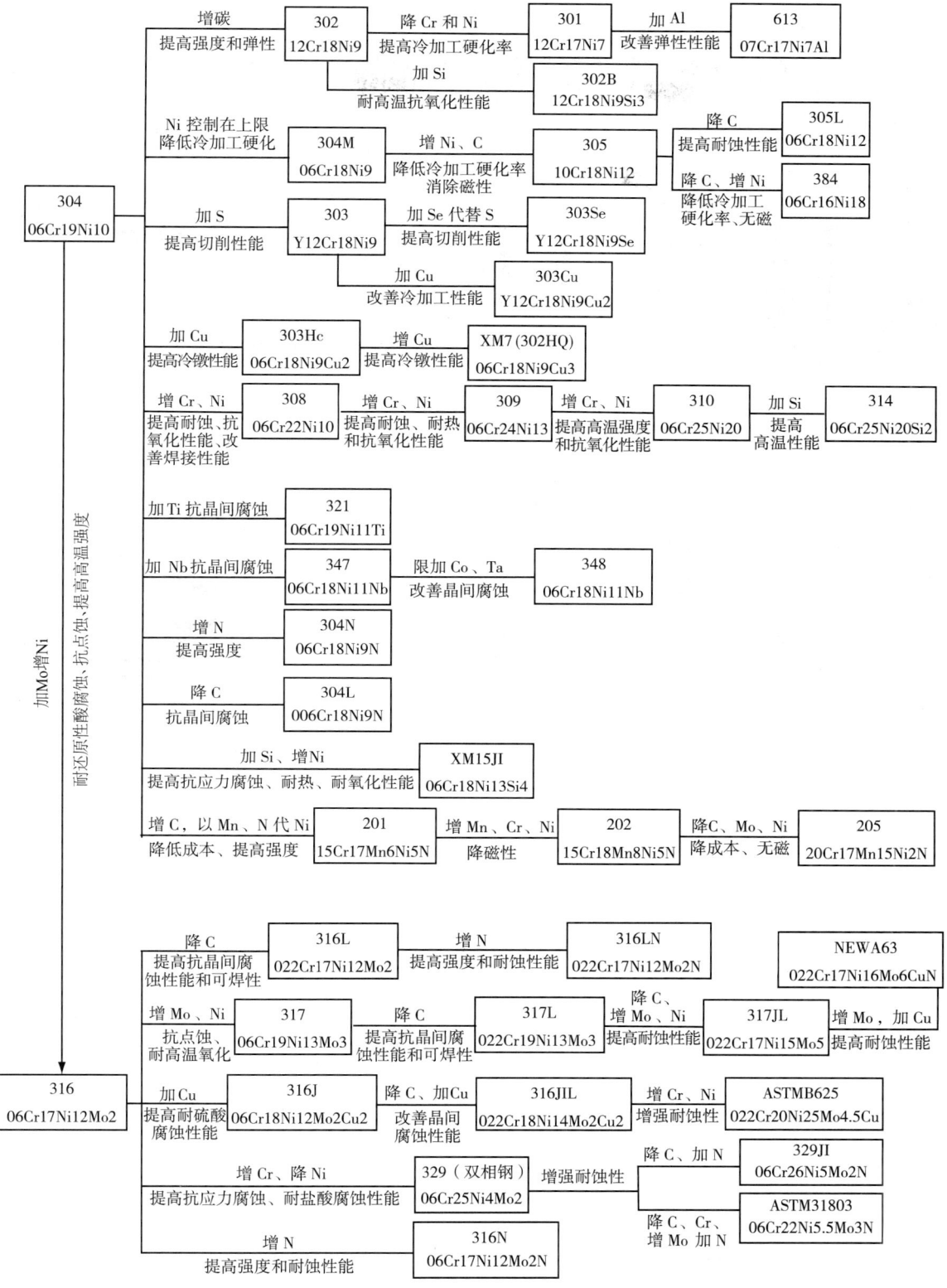

图 10-22 奥氏体不锈钢系统图

⑤ 加硫、硒改善切削性提高构件表面精度。

2. 奥氏体不锈钢和耐热钢的牌号及成分

在 GB/T 20878—2007《不锈钢和耐热钢 牌号及化学成分》标准中，列出了 66 种奥氏体不锈钢牌号，其中 24 种同时为耐热钢或可作为耐热钢使用。部分奥氏体不锈钢（耐热钢）的牌号及成分见表 10-6。

表 10-6 部分奥氏体型不锈钢和耐热钢牌号及化学成分

新牌号 (旧牌号,对应 ASTM 牌号)	化学成分/wt%					
	C	Si	Mn	Ni	Cr	其他元素
12Cr18Ni9① (1Cr18Ni9,302)	0.15	1.00	2.00	8.00~ 10.00	17.00~ 19.00	N：0.10
12Cr18Ni9Si3① (1Cr18Ni9Si3,302B)	0.15	2.00~ 3.00	2.00	8.00~ 10.00	17.00~ 19.00	N：0.10
12Cr17Ni7 (1Cr17Ni7,301)	0.15	1.00	2.00	6.00~ 8.00	16.00~ 18.00	N：0.10
Y12Cr18Ni9 (Y1Cr18Ni9,303)	0.15	1.00	2.00	8.00~ 10.00	17.00~ 19.00	S≥0.15
06Cr19Ni10① (0Cr18Ni9,304)	0.08	1.00	2.00	8.00~ 11.00	18.00~ 20.00	—
06Cr18Ni9Cu2 (0Cr18Ni9Cu2,—)	0.08	1.00	2.00	8.00~ 10.50	17.00~ 19.00	—
06Cr19Ni10N (0Cr19Ni9N,304N)	0.08	1.00	2.00	8.00~ 11.00	18.00~ 20.00	N：0.10~0.16
10Cr18Ni12 (1Cr18Ni12,305)	0.12	1.00	2.00	10.50~ 13.00	17.00~ 19.00	—
22Cr21Ni12N① (2Cr21Ni12N,—)	0.15~ 0.28	0.75~ 1.25	1.00~ 1.60	10.50~ 12.50	20.00~ 22.00	N：0.15~0.30
06Cr25Ni20① (0Cr25Ni20,310S)	0.08	1.50	2.00	19.00~ 22.00	24.00~ 26.00	—
06Cr17Ni12Mo2① (0Cr17Ni12Mo2,316)	0.08	1.00	2.00	10.00~ 14.00	16.00~ 18.00	Mo： 2.00~3.00
07Cr17Ni12Mo2① (1Cr17Ni12Mo2,316H)	0.04~ 0.10	1.00	2.00	10.00~ 14.00	16.00~ 18.00	Mo： 2.00~3.00
06Cr17Ni12Mo2Ti① (0Cr18Ni12Mo3Ti,316Ti)	0.08	1.00	2.00	10.00~ 14.00	16.00~ 18.00	Mo： 2.00~3.00 Ti≥5C
022Cr19Ni13Mo3① (00Cr19Ni13Mo3,317L)	0.030	1.00	2.00	11.00~ 15.00	18.00~ 20.00	Mo：3.00~4.00
06Cr18Ni11Ti① (0Cr18Ni10Ti,321)	0.08	1.00	2.00	9.00~ 12.00	17.00~ 19.00	Ti 5C~0.70
07Cr19Ni11Ti (1Cr18Ni11Ti,321H)	0.04~ 0.10	0.75	2.00	9.00~ 13.00	17.00~ 20.00	Ti 4C~0.60
24Cr18Ni8W2① (2Cr18Ni8W2,—)	0.21~ 0.28	0.30~ 0.80	0.70	7.50~ 8.50	17.00~ 19.00	W： 2.00~2.50
12Cr15Ni35① (1Cr15Ni35,330)	0.15	1.50	2.00	33.00~ 37.00	14.00~ 17.00	—
06Cr18Ni11Nb① (0Cr18Ni11Nb,347)	0.08	1.00	2.00	9.00~ 12.00	17.00~ 19.00	Nb 10C~1.10

续 表

新牌号 （旧牌号，对应 ASTM 牌号）	化学成分/wt%					
	C	Si	Mn	Ni	Cr	其他元素
16Cr25Ni20Si2[①] (1Cr25Ni20Si2，—)	0.20	1.50~ 2.50	1.50	18.00~ 21.00	24.00~ 27.00	—
12Cr17Mn6Ni5N (1Cr17Mn6Ni5N, 201)	0.15	1.00	5.50~ 7.50	3.50~ 5.50	16.00~ 18.00	N：0.05~0.25
12Cr18Mn9Ni5N (1Cr18Mn8Ni5N, 202)	0.15	1.00	7.50~ 10.00	4.00~ 6.00	17.00~ 19.00	N：0.05~0.25
20Cr15Mn15Ni2N (2Cr15Mn15Ni2N，—)	1.50~ 2.50	1.00	14.00~ 16.00	1.50~ 3.00	14.00~ 16.00	N：0.15~0.30
22Cr20Mn10Ni2Si2N[①] (2Cr20Mn10Ni2Si2N，—)	0.17~ 0.26	1.80~ 2.70	8.50~ 11.00	2.00~ 3.00	18.00~ 21.00	N：0.20~0.30

注：1. 表中所列成分除标明范围或最小值外，其余均为最大值。括号内值为允许添加的最大值。
2. 本表由作者根据 GB/T 20878—2007 整理所得。
① 为耐热钢或可作耐热钢使用。

3. 奥氏体不锈钢的基本特性

奥氏体不锈钢无磁性而且具有高韧性和塑性，但强度较低，不可能通过相变使之强化，但可以通过冷加工变形的方法，利用加工硬化作用提高它们的强度。渗氮处理可强化表面，若加入硫、钙、硒、碲等元素，则具有良好的易切削性。此类钢除耐氧化性酸介质腐蚀外，如果含有钼、铜等元素还能耐硫酸、磷酸以及甲酸、醋酸、尿素等的腐蚀。

这类钢的缺点是对晶间腐蚀及应力腐蚀比较敏感，需通过适当地添加合金元素及工艺措施来消除。此类钢中的含碳量若低于 0.03wt%或含钛、镍，可显著提高其耐晶间腐蚀性能。高硅的奥氏体不锈钢在浓硝酸中具有良好的耐蚀性。

由于奥氏体不锈钢具有全面的和良好的综合性能，在不锈钢中一直扮演着最重要的角色，其生产量和使用量约占不锈钢总产量及用量的 70%，钢号也最多。

有关奥氏体不锈钢的耐蚀性能见本章 10.8 节介绍。

4. 高性能奥氏体不锈钢

近年来，随着石油化工、电力工业的发展，对奥氏体不锈钢在耐腐蚀性能、高温抗氧化性能以及高温长期持久性能上有了更高的要求。以锅炉用钢管为例，我国 GB/T 5310—2017《高压锅炉用无缝钢管》中列入的 10Cr18Ni9NbCu3BN 即 ASTM A213/A213M-2018b 标准中的 S30432，它是在 18-8 型不锈耐热钢基础上，通过加入铜、铌、氮、硼等元素，集固溶强化、沉淀强化与晶界强化的多重强化效果于一体，从而得到很高的许用应力。主要用于超（超）临界锅炉过热器和再热器。该钢目前已作为我国锅炉用钢系列中一个重要钢种，在国内超超临界锅炉中得到广泛应用。

S30432 在固溶状态下的金相组织为奥氏体+均匀分布析出相，见图 10-23。析出相主要有 MX 相、$M_{23}C_6$ 相和大量的富铜相，见图 10-24。S30432 在高温服役状态下，MX 相和大量的与基体共格析出的富铜相与位错产生交互作用，阻止微观变形，大大提高了钢的强度和高温持久性能。这类高性能奥氏体不锈钢的组织、性能是目前世界各国的研究热点。

10.3.2 奥氏体不锈钢合金化特点

从 Fe-Cr-Ni 三元系平衡相图的分析中可知，当 70wt%铁等含量截面中镍含量为 10wt%时，该合金在 800~1000℃下为 γ 单相，见图 10-25。在钢中添加铬、镍、锰、碳和氮等元素后，马氏体相变起始温度 M_S 几乎与这些合金元素的添加成比例的降低，因此，在常温下也可保持 γ 相。具代表性的 18-8 型不锈钢由于存在碳、氮等奥氏体稳定化元素，因此室温下即为 γ 单相。

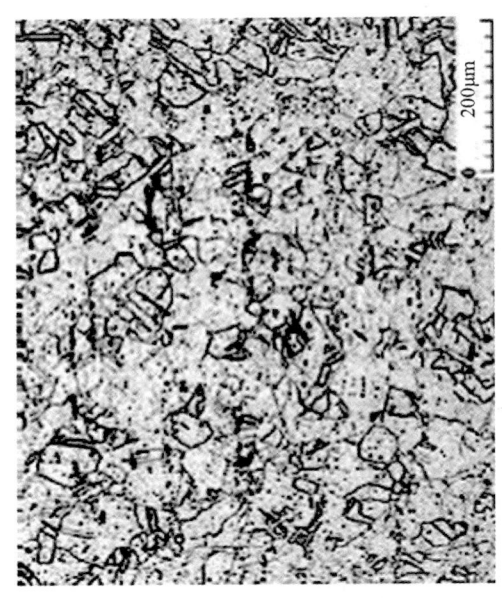

图 10-23　S30432 固溶状态下的金相组织

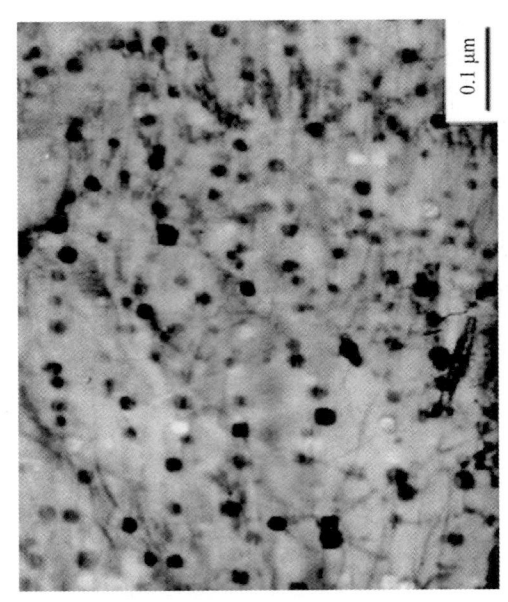

图 10-24　S30432 种弥散分布的富铜相（TEM）

虽说为使奥氏体型不锈钢的 γ 相稳定，添加了大量的锰或镍，但从热力学角度来看 α 相是稳定的，而 γ 相往往并非稳定而是处于亚稳定态。故一般称这些奥氏体相为亚稳定奥氏体相。具有这种相的典型钢种是 06Cr17Ni（AISI301）。也有稳定型奥氏体，即在大量变形时，其组织仍未转变马氏体，典型钢种是 20Cr25Ni20（AISI310）。当亚稳定奥氏体相冷却至极低温或在室温下进行加工时，其中的部分或全部亚稳定奥氏体相将发生马氏体相变，见图 10-26，图中黑色板状组织为形变诱发的马氏体。

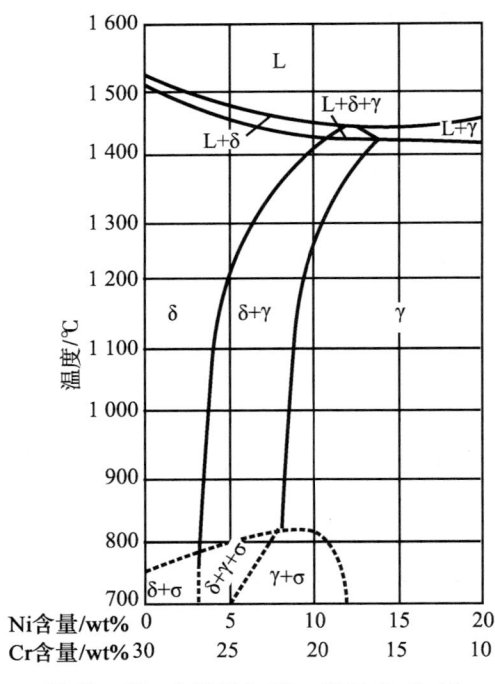

图 10-25　含铁量为 70wt% 时 Fe-Cr-Ni 三元相图的浓度截面图

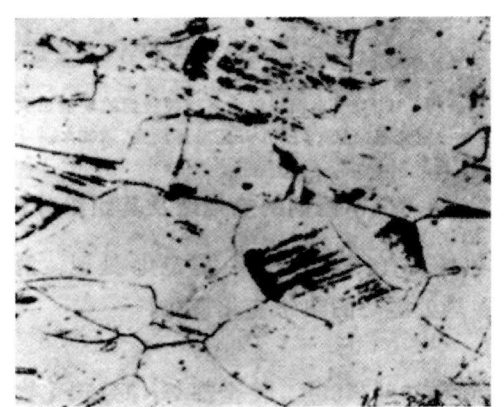

图 10-26　18-8 奥氏体钢经过冷形变后的组织　（500×）

通过对奥氏体型不锈钢进行冷却或加工得到的马氏体中除有 α 相外还有 ε 相。该 ε 相具有密排六方结构[1]。且有0.7%左右的收缩,是非磁性的,容易发生加工诱发相变。ε相是当Cr∶Ni为5∶3且Cr+Ni为24wt%时生成的。由于面心立方结构[2]的(111)面的每两个原子面上发生堆垛缺陷时将成为ε马氏体结构,因此ε相的生成和堆垛缺陷有着密切的关系。

奥氏体不锈钢实际上是Fe-Cr-Ni-C四元系为基的合金。在18-8型奥氏体钢中含有少量碳,从图10-27可见,碳在镍铬奥氏体钢中溶解度很小(仅有0.04wt%碳)。只有钢中含碳量极低时,才在室温呈单相奥氏体组织。若含碳量高于0.04wt%,缓冷后,在组织中会出现$Cr_{23}C_6$,含碳量越高,形成的碳化物数量越多,从而减少了奥氏体中的含铬量,使组织不均一,降低钢的耐蚀性,因此,铬镍奥氏体钢的含碳量均较低,经过固溶处理,可获得单相奥氏体组织。

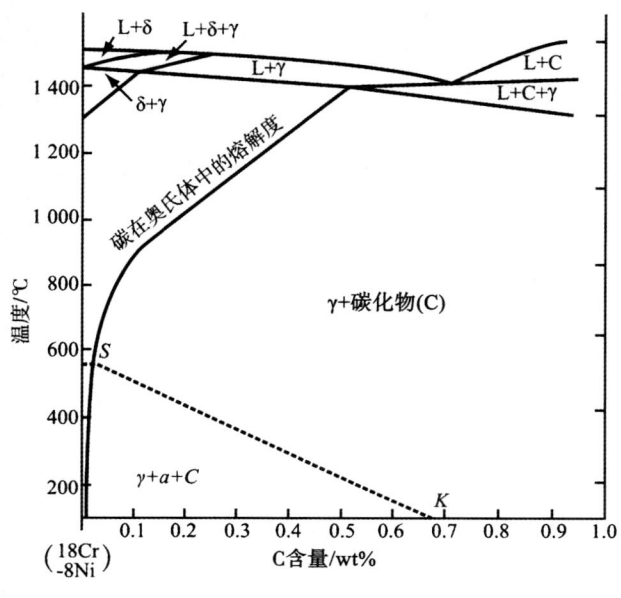

图10-27 18Cr-8Ni的Fe-C变温截面图

在奥氏体不锈钢系列中还有一部分以锰、氮代镍的钢种,即ASTM 200系列。这类钢在降低镍含量后,为保持奥氏体组织必须有足够多的锰、碳和氮来增加镍当量,因此造成200系列钢具有以下特性:

① 固溶处理后的抗拉强度偏高,一般为800~1100MPa,而且无法将抗拉强度降下来;
② 冷加工硬化率急剧上升,冷加工强化系数K大于15,加工难度大;
③ 具有优良的耐磨性能;
④ 传统的200系列钢对晶间腐蚀很敏感,而且加稳定化元素也难以改变其敏感性;
⑤ 部分钢(如205、20Cr15Mn15Ni2N)由于其稳定奥氏体元素含量相对比06Cr19Ni10(304)高,抗磁性能优于06Cr19Ni10(304)。

10.3.3 奥氏体不锈钢的热处理

影响奥氏体不锈钢的组织、性能的热处理工艺主要有固溶处理、稳定化处理、敏化处理、去应力处理、去σ相处理等。

10.3.3.1 固溶处理

固溶处理是奥氏体不锈钢最基本的热处理制度。通过固溶处理,可使合金中的碳化物充分溶解,并在随后的快冷过程中,抑制碳化物析出,得到均一的奥氏体组织。均一的组织是奥氏体不锈钢具有优良的耐腐蚀性能的重要条件。

奥氏体不锈钢的固溶温度一般在1000~1150℃。固溶热处理温度越高,碳化物的固溶量越大。若固

---

[1] 英文缩写 hcp
[2] 英文缩写 fcc

溶温度低于800℃时,固溶量急剧下降而保留碳化物。尤其在晶界上会残留碳化物,成为晶间腐蚀的原因。但固溶温度太高也会带来一些弊端。如晶粒度会急剧长大,使得材料的塑性急剧下降,影响材料的冷加工,尤其是冷冲压性能。晶粒长大也使得材料的抗晶间腐蚀性能下降,这主要是由于晶界减少的原因。晶粒长大后,不能用热处理方法来改善。同时,还会析出δ铁素体。钢中存有δ铁素体,有利方面是屈服强度比单一奥氏体更高,晶间腐蚀的敏感性比较低(铁素体中铬含量高,扩散较容易,使晶界的贫铬现象大为改善),焊接时裂纹的倾向小。不利方面是点腐蚀的倾向比单一奥氏体大。锻造与轧制时,由于奥氏体与δ铁素体的塑性变形能力以及再结晶的速度不同,易产生裂纹。锻件存有过多的δ铁素体,在高温中长期的加热后会导致δ铁素体转变为σ相,从而使钢材脆化或降低耐蚀性。

  铁素体相消除的根本的办法是提高钢中奥氏体形成元素的含量。镍是首选的元素,但是从经济的角度出发,锰和氮更受到人们的重视。特别是氮,其抑制铁素体形成的能力为镍的30倍,同时又有改善耐蚀性和提高强度的作用。

  奥氏体不锈钢在固溶处理后一般均采用水冷等快冷方式,这是为了避免在冷却过程中碳和铬等元素形成碳化物$Cr_{23}C_6$析出,在组织中形成贫铬区,影响合金的耐腐蚀性能。由于奥氏体晶界是碳化物容易形核、析出的区域,因此晶界附近很容易形成贫铬区,造成奥氏体晶间腐蚀断裂。

10.3.3.2 稳定化处理

  含钛、铌的18-8钢一般在固溶处理后还需进行稳定化处理。钛和铌与碳的亲和力都比铬大,把它们加入钢中后,碳优先与它们结合成TiC、NbC。这样就使钢中的碳不再与铬结合成$Cr_{23}C_6$,也就不引起晶界贫铬区,从而起到抑制晶间腐蚀的作用。但钛、铌的加入只有经稳定化处理后才能起到抑制晶间腐蚀的作用。这是因为钢中的铬比钛、铌含量高得多,因此碳与铬相遇形成$Cr_{23}C_6$的概率比形成TiC、NbC大得多。并且当钢经1050℃以上固溶处理时,$Cr_{23}C_6$被溶解的同时,大部分TiC、NbC也已溶解。在以后的敏化温度加热时,由于钛的原子半径(1.46 Å)大于铬的原子半径(1.28 Å),钛的扩散比铬困难,因此形成$Cr_{23}C_6$就比形成TiC容易。所以,重要的是要使钢中的$Cr_{23}C_6$向TiC、NbC转变。将钢加热到高于$Cr_{23}C_6$的溶解温度,而低于TiC、NbC的溶解温度,就能促成这一转变,这就是所谓的稳定化处理。12Cr18Ni9Ti钢稳定化处理的温度为850~880℃。

10.3.3.3 去应力处理(应力松弛处理)

  由于奥氏体不锈钢具有冷加工硬化效应,因此需在冷加工或焊接后进行消除残余应力的热处理。一般在300~350℃回火。对于不含稳定化元素钛、铌的钢,加热温度不超过450℃,以免析出铬的碳化物而引起晶间腐蚀。如需高温除应力,必须采用快冷方式。对于超低碳和含钛、铌不锈钢的冷加工件和焊接件,可在500~950℃加热,然后缓冷。消除焊接应力应取较高的温度。经过消除应力处理的工件可以减轻其晶间腐蚀倾向并提高钢的抗应力腐蚀的能力。同时可以改善其力学性能,塑性虽无明显改变,但各种强度尤其是比例极限会增加很多。

10.3.3.4 敏化处理

  奥氏体不锈钢在450~850℃保温或缓慢冷却时,会出现晶间腐蚀倾向。含碳量越高,晶间腐蚀倾向越大。在焊接件的热影响区也会出现晶间腐蚀倾向。这是由于在晶界上析出富铬的$Cr_{23}C_6$,使其周围基体产生贫铬区,从而形成腐蚀原电池而造成的。

  敏化处理是评定18-8系列奥氏体不锈钢晶间腐蚀倾向的程序之一。按GB/T 4334—2008《金属和合金的腐蚀 不锈钢晶间腐蚀试验方法》标准,敏化处理温度为650℃,压力加工试样保温2h,铸件保温1h,空冷。

10.3.3.5 消除σ相的处理

  当高铬奥氏体钢含镍不足时,常会产生复相(δ+γ)。或由于长期的时效,在奥氏体基础上也会出现σ相,σ相主要是由δ相转变而来的。钼、硅、钛、铌等元素可以促使δ相的形成,因此也使σ相易于形成。这类钢中σ相形成一般须经过500~900℃长期时效。当加热至更高温度时,σ相将重新转变为δ相。一般认为,当σ相含量不超过3%(体积分数),并以小颗粒状均匀分布时,对韧性影响不明显。否则会使钢的冲击性能大大降低。还可导致钢的抗氧化性能下降和晶间腐蚀敏感。这主要是由于σ相富铬，会使固溶体中产生贫铬区。

工件上产生σ相后，一般可以通过820℃以上的温度加热或者通过固溶处理来消除。由于钢的成分不同，σ相的溶解温度也不一致，因此，必须通过试验来选择适当的温度。

10.3.4 奥氏体不锈钢的金相检验

奥氏体不锈钢金相组织的控制，除控制晶粒大小外，还要控制α铁素体相含量、有害析出相以及晶界腐蚀检验等。

10.3.4.1 奥氏体不锈钢可能出现的组织

奥氏体不锈钢的组织以奥氏体（γ相）为主，并有少量或一定量的铁素体（δ相或α相），还可能出现α′相（体心立方马氏体）、ε相（密集立方马氏体）、碳化物、氮化物以及金属间化合物（如σ相、拉弗斯相等）。

奥氏体不锈钢可能出现的析出物类别与具体成分及热处理过程有关。可能析出物和相关结构、化学配比见表10-7。

表10-7 奥氏体不锈钢中部分析出相的结构、化学配比

析出相	晶体结构	化学配比
MC	fcc	TiC，NbC
M_6C	金刚石立方	$(FeCr)_3Mo_3C$，Fe_3Nb_3C，Mo_5SiC
$M_{23}C_6$	fcc	$(Cr,Fe)_{23}C_6$，$(Cr,Fe,Mo)_{23}C_6$
σ相	四方晶系	Fe-Ni-Cr-Mo
拉弗斯相	六方晶系	Fe_2Mo，Fe_2Nb
χ相	bcc	$Fe_{36}Cr_{12}Mo_{10}$
ε氮化物相	六方晶系	Cr_2N
G相	fcc	$Ni_{16}Nb_6Si_7$，$Ni_{16}Ti_6Si_7$
R	六方晶系	Mo-Co-Cr
	菱形六面体晶系	Mo-Co-Cr
Z相	四方晶系	CrNbN
NbN	fcc	NbN

1. 铁素体

铁素体是体心立方组织，许多不锈钢的成分经常是处于Fe-Cr-Ni三元相图的δ+γ相区、γ区和α+γ相区附近，铸态和热处理后经常出现铁素体组织。在铸态及焊接态的奥氏体不锈钢中出现的铁素体主要为残留的δ相，在有些文献中δ和α串用，两者在金相分析中也难以区分。不锈钢中的铁素体的量通常可按铬当量和镍当量之比用Schaeffer图或Delong图或Hanmond图进行估算。

实践证明，铸件由于铸造状态成分偏析较为严重，铬当量较高的区域比锻件多，同一牌号钢的铁素体含量也比锻件多。

2. 马氏体

大部分铬镍奥氏体不锈钢自固溶化温度骤冷至室温时，所获得的奥氏体大都是亚稳定状态，当冷至室温以下的更低温度，会受到应力、冷应变的作用，有可能转变成α′马氏体或ε马氏体，由于合金元素大都降低M_S温度，合金含量成分越高，M_S越低，越不容易产生马氏体转变，铬镍奥氏体不锈钢只有冷却，没有变形则不会产生马氏体；而铬锰氮不锈钢只要从高温快冷至低温，不用变形也会发生ε马氏体的转变。

3. 碳化物和氮化物

碳在奥氏体中的溶解度比较大，固溶处理时奥氏体能溶解0.08wt%～0.15wt%的碳，固溶处理后

碳以过饱和固溶下来，如果以后重新受热，碳以碳化物的形式沉淀出来，铬和钼析出的碳化物为$(Cr, Fe)_{23}C_6$或$(Cr, Fe, Mo)_{23}C_6$，$M_{23}C_6$的沉淀温度范围为400~950℃，首先是沿铁素体-奥氏体晶界析出，然后依次是奥氏体晶界、非共格孪晶界、夹杂物边界、共格孪晶界，最后是晶内，由于铬的碳化物首先是从晶界析出，当晶内的铬来不及向晶界扩散时，造成晶界"贫铬"，所以铬的碳化物沿晶界析出，容易造成不锈钢的晶间腐蚀。

稳定元素钛和铌与碳形成MC碳化物，与氮形成MN或M(NC)型的碳氮化合物，以Ti(CN)为最常见。TiC在奥氏体的溶解度比$Cr_{23}C_6$小很多，在适当温度时，首先沉淀出来，例如在850~900℃稳定处理时，MC呈颗粒状在晶粒内均匀析出，不像$M_{23}C_6$主要沿晶界析出。这样降低基体的碳含量，降低或推迟$M_{23}C_6$的沉淀，从而提高钢的抗晶间腐蚀性能，MC的弥散析出也可提高钢的蠕变强度。钛和铌在900~950℃还会析出M_6C碳化物，超过1050℃时会溶解于奥氏体，M_6C只在表面增碳时才会出现，正常情况下不会出现这种碳化物。

不含铌和钛的不锈钢很少发现氮化物，在19Cr-10Ni钢中只有氮超过0.25wt%时才会出现Cr_2N。

4. 金属间化合物

σ相，χ相和拉弗斯相属于金属间化合物。σ相是铁和铬原子比例相等的金属间化合物，它的名义化学成分为FeCr，实际成分为$(FeNi)_x(CrMo)_y$，是一种很硬的相，使钢变脆、冲击吸收功降低、耐腐蚀性降低，同时也增加应力腐蚀的敏感性。σ相沉淀温度区间为650~1000℃，同时也需要一定的时间，如图10-28所示。纯18-8钢没有发现σ相，加钛的铸态18-8钢由于成分偏析可出现σ相。高铬的25Cr-20Ni和含硅约2wt%~3wt%，或含钼约2wt%~6wt%容易出现σ相。显微组织对σ相的出现也有影响，钢中存在铁素体时，容易发现铁素体分解成σ+γ相或σ+γ+C，晶粒度过细，在晶界上也容易生成σ相。铸件长期在450~850℃温度范围工作，尺寸大的铸件稳定处理后缓冷都会出现σ相。一般是通过820℃以上的温度加热或固溶处理来消除。

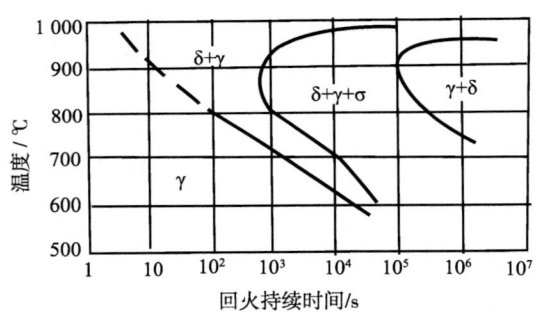

图10-28 加热温度和时间对铬镍奥氏体不锈钢(06Cr18Ni11Ti)组织的影响

χ相的化学成分为$Fe_{32}Cr_{12}Mo$，在晶界、非共格孪晶界和晶内位错处生成。拉弗斯相的化学成分为B_2A（A类元素主要为铬以及钼、钛、铌，B类元素有铁、镍、锰），一般出现在含钼、硅、钛的钢中，主要是晶内沉淀。

χ相、拉弗斯相和σ相一样，均使钢的塑性、韧性、耐腐蚀性能降低。由于这些相和σ相的沉淀温度重合，在时效过程单独存在很少，而是伴随σ相生成的次要性的后生相，其对性能的影响也为σ相所掩盖。

10.3.4.2 奥氏体不锈钢中铁素体含量的金相测定

奥氏体不锈钢中的铁素体有高温阶段形成并部分或全部保留至室温的δ相，以及由奥氏体转变形成的低温铁素体α相。奥氏体不锈钢铸件及焊缝中包括锻件的偏析区，一般主要是δ相。α相与δ相由于是同一晶体结构，有时在文献中两者混为一体不区分，在金相上也较难区别。

δ铁素体的存在能够防止焊缝区及铸钢件的热裂纹；阻止奥氏体晶粒粗化；提高屈服强度；减少晶间腐蚀和应力腐蚀倾向。缺点是δ相会促进σ相形成，使钢脆性增大，增大点腐蚀倾向。因此在实际生产中对δ铁素体含量都有一定控制范围。如焊缝中，一般希望δ铁素体量在3%~15%之间。

奥氏体不锈钢中铁素体含量的测定方法有金相法、磁性法、X射线衍射法以及当量—图解法等，这些方法各有一定局限性,有不同的误差。

1. 金相法

适用标准为 GB/T 13305—2008《不锈钢中α相面积含量金相测定法》,对δ铁素体(尤其焊缝中δ铁素体)的含量可借用 YB/T 4402—2014《马氏体不锈钢中δ铁素体含量金相检测法》标准,国际上有 SAE AMS 2315:2013《δ铁素体含量的测定》标准。

测定时,按规定或协议取样,检测面不得小于 10 mm^2。制样后经铁氰化钾碱性水溶液或硫酸铜盐酸水溶液,或氯化铁盐酸乙醇水溶液浸蚀,选取α相面积最大视场,在 300 倍下(α相)或 250 倍下(δ相)与标准图片对照评测。

GB/T 13305—2008 标准把α相面积含量从≤2%至35%分为 4 级 6 档,见表 10-8,图 10-29 为其中部分标准图片。

表 10-8 奥氏体不锈钢中α相面积含量分级

级别	0.5	1.0	1.5	2.0	3.0	4.0
α面积含量%	≤2	>2~5	>5~8	>8~12	>12~20	>20~35

注:本表由作者根据 GB/T 13305—2008 整理所得。

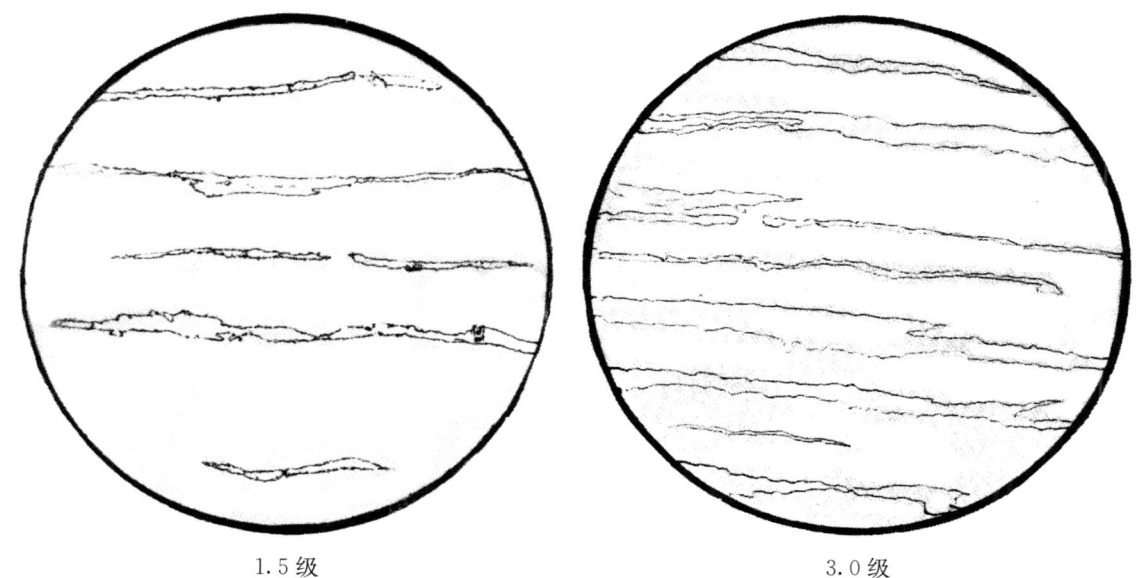

1.5 级　　　　　　　　　　　3.0 级

图 10-29 奥氏体不锈钢中α相面积含量部分谱图 [300×(×0.9)]

YB/T 4402—2014 标准中把δ相面积含量分为从 1%~12% 的 12 个级别,可对照标准评级图进行评定,评定原则分为 A 方法(最严重视场)和 B 方法(取 10 个视场的平均值)。

除了图片对照法,还可用"网格法""截点法"以及"图像仪法"进行评定。

2. 磁性法

磁性法测定奥氏体不锈钢中铁素体含量是基于对奥氏体金属试样表面永久磁性抗力的测量来推测铁素体含量的。当铁素体含量增加时,由于它是铁磁性的,这种"抗力"会增加。而其他的组织,比如说奥氏体,碳化物和σ相都不是铁磁性的,不会影响测量的结果。因此,通过这种抗力的测定,可间接测试出铁素体的含量。

尽管这个比较值不总是与铁素体的实际含量一致(<10%时基本接近)。为了和现有的其他测量方法区别,用这种方法测量得到的铁素体含量不用铁素体的百分含量来表示,而是用铁素体数来表示,简称 FN。

国际焊接学会已接受这种方法并列为一种标准方法。

3. 当量—图解法

图 10-30 为已被广泛应用的德龙（Delong）图，可由奥氏体不锈钢（焊缝）的化学成分（转换成 Ni′、Cr′）直接读出大概的铁素体数（或百分含量）。该图所用当量计算公式：

$$Ni' = (Ni)wt\% + 30(C)wt\% + 30(N)wt\% + 0.5(Mn)wt\% \tag{10-3}$$

$$Cr' = (Cr)wt\% + (Mo)wt\% + 1.5(Si)wt\% + 0.5(Nb)wt\% \tag{10-4}$$

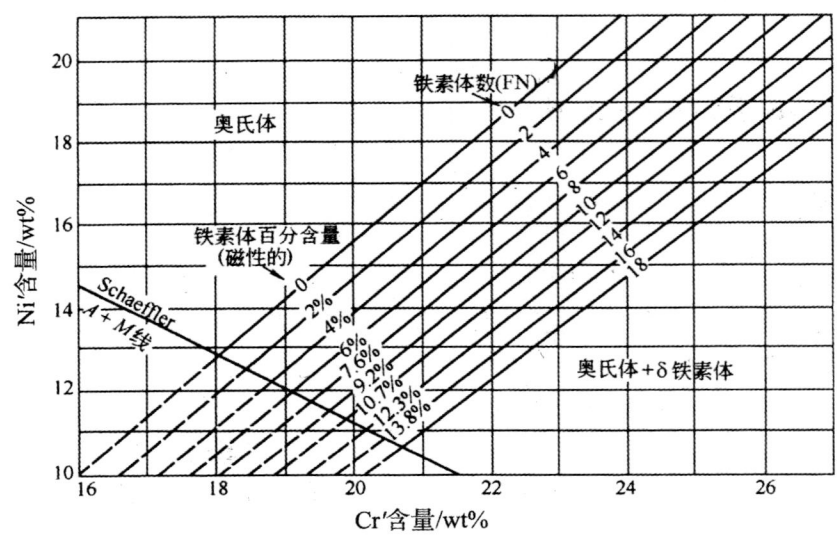

图 10-30 用来确定奥氏体不锈钢焊缝金属中的铁素体数量 Delong 图

10.3.4.3 奥氏体不锈钢的析出相分析

奥氏体不锈钢可能的析出相较多，但在光学金相范围常见的析出相主要有碳化物、氮化物以及 σ 相等，这些析出相对奥氏体不锈钢的性能均带来一定的不利影响。

图 10-31 为 316 轧制管材的组织形貌，在奥氏体基体上分布有灰色条状铁素体及小颗粒状碳化物，部分奥氏体晶粒中出现孪晶组织。

图 10-32 为 06Cr18Ni9Ti 钢锻后缓冷后组织中析出的灰色条状的 σ 相，组织为奥氏体+δ 铁素体。锻件缓冷（空冷）经过 600~900℃ 区时 δ 相分解析出 σ 相，容易引发晶间腐蚀，所以锻造状态不能直接使用。

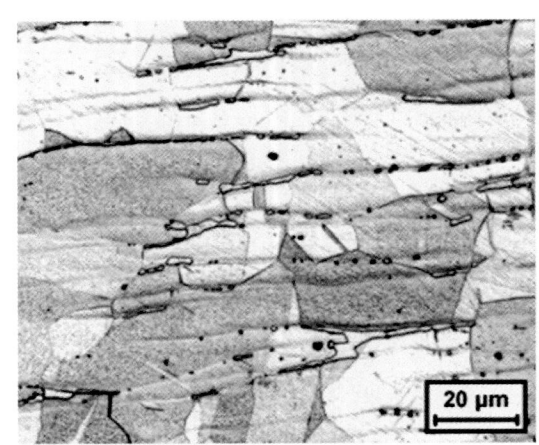

（硫酸铜盐酸酒精溶液浸蚀）

图 10-31 316 奥氏体不锈钢轧制态组织

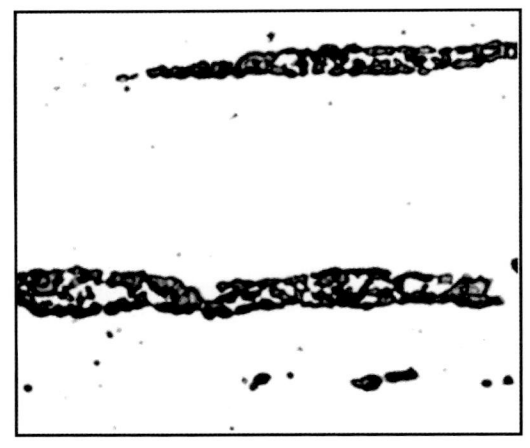

（碱性铁氰化钾水溶液电解浸蚀）

图 10-32 06Cr18Ni9Ti 锻后缓冷组织 （650×）

图 10-33 为 06Cr18Ni9Ti 钢锻后再经固溶+稳定化处理的组织。奥氏体、条岛状的铁素体和铁素体与奥氏体相界上黑色的 σ 相以及 TiC 颗粒，TiC 十分细小，且呈弥漫状分布，明场时较难以分辨。在奥氏

体中析出 TiC,防止在以后的使用中析出铬的碳化物,但由于同时有少量的 σ 相析出,对钢耐腐蚀疲劳性能有一定的降低。

图 10-34 为 316L 管材经固溶处理,在高温长时运行后的组织为奥氏体基体上沿晶分布有细小颗粒状碳化物($M_{23}C_6$),造成晶界贫铬,致使发生晶界腐蚀开裂。

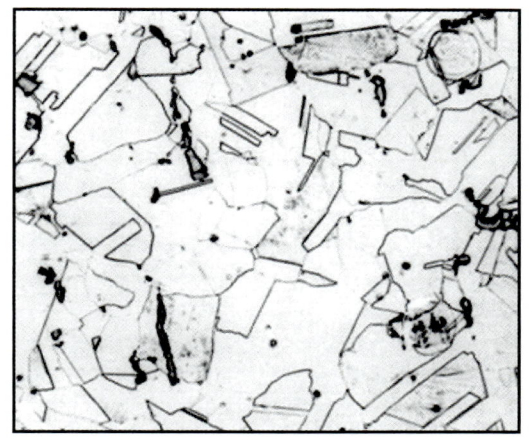

（王水甘油溶液浸蚀）

图 10-33　06Cr18Ni9Ti 固溶＋稳定化处理后组织　（100×）

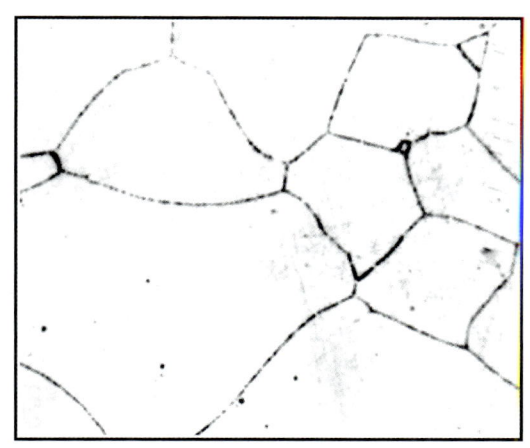

（混合酸浸蚀）

图 10-34　316L 管材高温运行后组织　（1000×）

10.3.4.4　奥氏体不锈钢敏化组织分级

敏化处理是造成奥氏体不锈钢晶间腐蚀敏感性的一种热处理工艺。

敏化处理后组织的敏化程度可根据奥氏体晶界上碳化物析出程度进行分类。表 10-9 及图 10-35 为一种分级方法。

表 10-9　奥氏体不锈钢敏化的组织一种分级方法

级别	说明	级别	说明
C1	没有碳化物析出	C2	析出微量碳化物
C3	析出少量碳化物	C4	析出中量碳化物
C5	析出多量碳化物	C6	析出大量碳化物

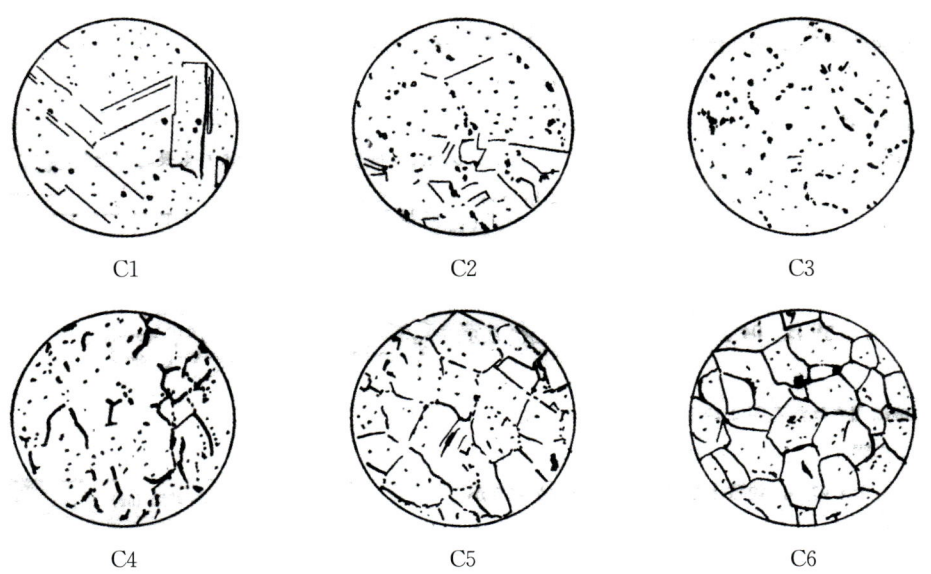

图 10-35　奥氏体不锈钢敏化的组织分级图

10.3.4.5 奥氏体不锈钢晶间腐蚀倾向金相评定

奥氏体不锈钢的耐蚀性一般要经晶界腐蚀试验来评定。

GB/T 4334—2020《金属和合金的腐蚀 奥氏体及铁素体-奥氏体(双相)不锈钢晶间腐蚀试验方法》，修改采用 ISO 3651-1:1998《不锈钢耐晶间腐蚀的测定 第1部分：奥氏体和铁素体-奥氏体(双相)不锈钢 含硝酸介质中的腐蚀试验》(也相当于 ASTM A262-2015)，以及 ISO 3651-2:1998《不锈钢耐晶间腐蚀的测定 第2部分：铁素体、奥氏体及铁素体-奥氏体(双相)不锈钢-含硫酸介质中的腐蚀试验》，该标准规定了6种试验方法，相关适用钢种及评价方法见表10-10及表10-11。

表 10-10 不锈钢晶间腐蚀试验方法

试验方法	适用钢种	试验溶液	推荐时间	主要评价方法
方法 A	奥氏体不锈钢	10%草酸电解浸蚀	90 s	金相法
方法 B	奥氏体不锈钢	50%硫酸-硫酸铁	120 h	失重法
方法 C	奥氏体不锈钢	65%硝酸	48 h/周期×5周期	失重法
方法 E	见表 10-11	铜-硫酸铜-16%硫酸	20 h	弯曲或金相法
方法 F		铜-硫酸铜-35%硫酸	20 h	弯曲或金相法
方法 G		40%硫酸-硫酸铁	20 h	弯曲或金相法

表 10-11 方法 E、方法 F 和方法 G 适用范围

试验方法	试验溶液	奥氏体不锈钢 Cr/wt%	奥氏体不锈钢 Mo/wt%	双相不锈钢 Cr/wt%	双相不锈钢 Mo/wt%
方法 E	铜-硫酸铜-16%硫酸	≥16	≤3	≥16	≤3
方法 F	铜-硫酸铜-35%硫酸	≥20	2~4	≥20	>2
方法 G	40%硫酸-硫酸铁	≥17	≥3	≥20	≥3
		≥25	≥2		

相关试样的截取应按有关标准或供需双方协商的规定。方法 B、方法 C 试样的尺寸，一般长为 30 mm±10 mm，宽为 20 mm±10 mm；方法 E、方法 F，及方法 G 试样尺寸，一般长为≥50 mm，宽为 20 mm±10 mm。试样的厚度一般均为 3~4 mm，或按具体方法而定。试样表面粗糙度一般不应大于 0.8 μm。

试样在晶间腐蚀倾向试验前，要进行敏化处理。对于奥氏体不锈钢，推荐敏化工艺为 650℃±10℃，保温 2 h 后空冷。对于双相不锈钢推荐敏化工艺：700℃±10℃，保温 30 min 后水冷，或 650℃±10℃，保温 10 min 后水冷。对于其他不锈钢，试样是否需要敏化处理，由供需双方协商决定。焊接试样一般在焊后状态进行试验。

用弯曲法评定试验结果时，在试样按规定要求弯曲后用 10 倍放大镜观察弯曲表面是否有因晶间腐蚀而产生的裂纹。当上述方法难以确定时，则采用金相法，在非弯曲部位经正常浸蚀后，在金相显微镜下(150×~500×)观察，允许的晶间腐蚀深度由供需双方协商确定。

10.4 铁素体不锈钢和耐热钢及金相分析

铁素体不锈钢是一类在使用状态下基体以体心立方晶体结构的铁素体组织(α 相)为主的、有磁性的不锈钢。

10.4.1 铁素体不锈钢和耐热钢的牌号、成分及性能

铁素体不锈钢在高温下不会发生奥氏体相变，不可能通过淬火热处理进行强化，但冷加工可使其轻微

强化。但这类钢具有导热系数低,线膨胀系数小、抗氧化性好、抗氯化物应力腐蚀、点蚀、缝隙腐蚀等局部腐蚀性能优良等特点。因此多用于制造耐大气、水蒸气、水及氧化性酸腐蚀的零部件。铁素体不锈钢作为一种不含镍的铬不锈钢,却具有含镍不锈钢所具有的成型性、经济性、耐蚀性、抗氧化性等性能,因此成本低,被称为经济型不锈钢。但这类普通铁素体不锈钢,特别是铬含量大于16wt%的铁素体不锈钢,存在室温、低温韧性差,缺口敏感性高、焊后塑性和耐蚀性明显降低等缺点,因而限制了它的应用。虽然这类钢发展得较早,但在工业应用上一直受到很大限制。

铁素体不锈钢主要分为普通低铬(11wt%～14wt%铬)、中铬(14wt%～19wt%铬)、高铬(19wt%～30wt%铬)铁素体不锈钢,以及高纯铁素体不锈钢几类。标准铁素体不锈钢系统图见图10-36。

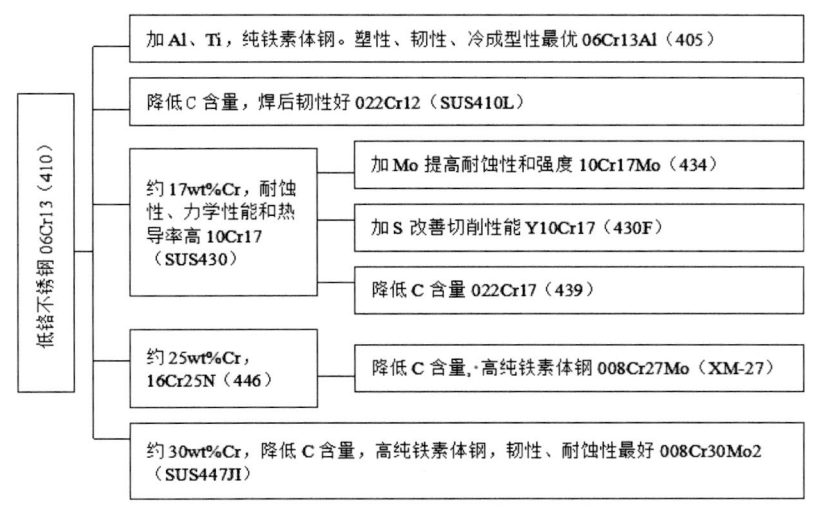

图10-36 标准铁素体不锈钢系统图

普通低铬铁素体不锈钢的主要代表是06Cr13。低铬铁素体不锈钢具有良好的综合力学性能。但耐蚀性较差。一般用于在大气、蒸馏水、蒸汽环境下工作的零件。在钢中添加钛和铌,可增加其抗晶间腐蚀的能力,也可通过添加磷、硫、硒等元素,改善钢中的切削性能。

含17wt%铬左右的普通中铬铁素体不锈钢在氧化性环境中的表面钝化性能稳定,其在大气和海水中的耐蚀性较低铬铁素体不锈钢大大增强,故常用于装饰用材、弱硝酸工业的化工设备以及食品工业等。

含25wt%～30wt%铬的普通高铬铁素体不锈钢具有很好的耐酸蚀性和抗高温氧化性能,可耐强腐蚀介质腐蚀。

高纯铁素体不锈钢由于克服了普通铁素体不锈钢韧性差,缺口敏感性高、晶间腐蚀敏感、焊接性能差等缺点。因而使这类钢获得了广泛的应用。

在GB/T 20878—2007《不锈钢和耐热钢 牌号及化学成分》标准中列出了18种铁素体不锈钢牌号,其中7种牌号同时为耐热钢或可作为耐热钢使用。部分铁素体不锈钢和耐热钢的牌号及成分见表10-12。

表10-12 铁素体型不锈钢和耐热钢牌号及其化学成分

牌号 (对应ASTM牌号)	化学成分/wt%						
	C	Si	Mn	Ni	Cr	Mo	其他元素
06Cr13Al① (405)	0.08	1.00	1.00	(0.60)	11.50～14.50	—	Al 0.10～0.30
06Cr11Ti (S40900)	0.08	1.00	1.00	(0.60)	10.50～11.70	—	Ti 6C～0.75
022Cr12Ni① (S40977)	0.030	1.00	1.50	0.30～1.00	10.50～12.50		N 0.030

续表

牌号 (对应 ASTM 牌号)	化学成分/wt%						
	C	Si	Mn	Ni	Cr	Mo	其他元素
022Cr12[①]	0.030	1.00	1.00	(0.60)	11.00~13.50	—	—
10Cr15 (429)	0.12	1.00	1.00	(0.60)	14.00~16.00	—	—
10Cr17[①] (S41300)	0.12	1.00	1.00	(0.60)	16.00~18.00	—	—
Y10Cr17 (430F)	0.12	1.00	1.25	(0.60)	16.00~18.00	(0.60)	S≥0.15
022Cr18Ti (439)	0.030	0.75	1.00	(0.60)	16.00~19.00	—	Ti 或 Nb 0.10~1.00
10Cr17Mo (434)	0.12	1.00	1.00	(0.60)	16.00~18.00	0.75~1.25	—
10Cr17MoNb (436)	0.12	1.00	1.00	—	16.00~18.00	0.75~1.25	Nb 5C~0.80
019Cr19Mo2NbTi (444)	0.025	1.00	1.00	1.00	17.50~19.50	1.75~2.50	N 0.035; (Ti+Nb) [0.20+4(C+N)]~0.80
16Cr25N[①] (446)	0.20	1.00	1.50	(0.60)	23.00~27.00	—	Cu(0.30); N 0.25
008Cr27Mo[②] (S44627)	0.010	0.40	0.40	—	25.00~27.50	0.75~1.50	N 0.015
008Cr30Mo2[②]	0.010	0.40	0.40	—	28.50~32.00	1.50~2.50	N 0.015

注：1. 表中所列成分除标明范围或最小值外，其余均为最大值。括号内值为允许添加的最大值。
2. 本表由作者根据 GB/T 20878—2007 整理所得。
① 耐热钢或可作耐热钢使用。
② 允许含有小于或等于 0.50wt%Ni，小于或等于 0.20wt%Cu，但 Ni+Cu 的含量应小于或等于 0.50wt%；根据需要，可添加上表以外的合金元素。

10.4.2 铁素体不锈钢和耐热钢合金化特点

为了获得铁素体组织，必须尽量减少奥氏体形成元素，增加铁素体形成元素。在平衡相图中，高温时不能有奥氏体区。故一般铁素不锈钢的碳含量较低，铬含量较高。

铬是影响不锈钢组织的重要元素，是最重要的铁素体形成元素。铬对 Fe-C 平衡图的影响表现为随着铬含量的增加，将显著缩小 γ 相区域。当铬含量为 20wt% 时，γ 相区将缩为一点，此时单相奥氏体将不存在。对于耐蚀性能而言，铬能提高铁素体不锈钢在氧化介质中耐蚀性能，但在还原性介质中耐蚀性下降。铬能提高铁素体不锈钢的耐点蚀、缝隙腐蚀能力和晶间腐蚀性能。此外铬会提高钢的淬透性，易形成马氏体组织。铬含量提高会加速脆性相析出，使钢的韧性下降，这直接导致高铬铁素体钢具有高脆性。

碳是影响不锈钢组织的又一重要元素。它能扩大 Fe-Cr 平衡图的 γ 相区。图 10-37 为碳对 Fe-Cr 合金 γ 相区的影响。区域 1 为无碳的 γ 相区，随着碳含量提高，γ 相区扩展。区域 2 为含 0.6wt% 碳的 γ 相区。至于复相区，还会扩展至较远的区域。例如碳含量为 0.25wt% 及 0.40wt% 时，复相区可分别扩展至 22wt%~23wt% 的铬及 28wt%~29wt% 的铬。

钼是强铁素体形成元素,在低铬、中铬铁素体不锈钢中加入钼可确保该类铁素体不锈钢形成全铁素体组织。钼的加入还提高了钢的耐蚀性,特别是耐点蚀、缝隙腐蚀性能。另外钼能促进Fe-Cr的钝化,使铁素体不锈钢在还原性介质中的耐蚀性提高。钼能提高铁素体不锈钢的强度,但钼含量的提高会使钢的韧性下降。

镍的加入可改善铁素体不锈钢的室温力学性能,特别是强度和韧度将显著提高并使钢的脆性转变温度下降。

总之含铬量为12wt%~14wt%的低碳铬不锈钢,只有在含碳量非常低的情况下才属于铁素体不锈钢,如06Cr13(S41008)等。有的还必须加入少量强铁素体形成元素,如铝、钼、钛、铌等,才能保证形成全铁素体组织。低铬铁素体不锈钢具有良好的综合力学性能,但耐蚀性较差。

含16wt%~18wt%的铬不锈钢只有在含碳量一般小于0.12wt%的情况下才会形成全铁素体组织。一般情况下也还要加入少量的强铁素体形成元素。如10Cr17Mo(434)等钢种。而10Cr17(430)钢,当其铬量略低而碳量略高时,便会出现少量的珠光体组织。

25wt%铬以上的不锈钢均为铁素体组织。

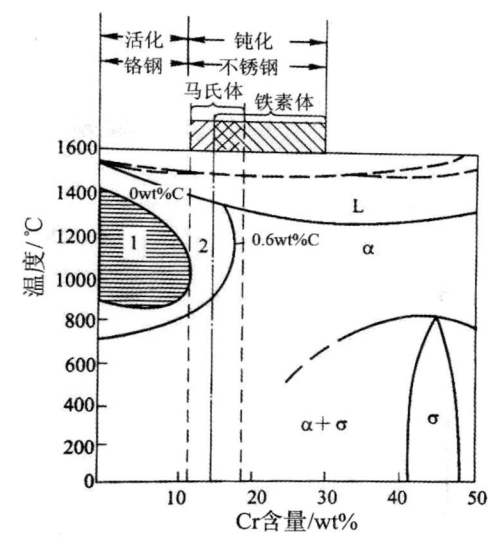

图10-37 碳对Fe-Cr合金γ相区的影响

对于铁素体不锈钢,碳和氮是非常有害的元素。这是由于碳、氮在铁素体中的溶解度很低,在高温加热后的冷却过程中,碳、氮化物析出。故碳、氮含量的增加,会使钢的韧性降低,脆性转变温度提高,各种耐腐蚀性也都随之下降。为了限制碳和氮的有害作用,常常加入少量钛和铌。钛、铌和铁素体不锈钢中的碳、氮结合,形成钛、铌的碳化物和氮化物。抑制了铬的碳化物和氮化物形成,提高耐腐蚀性能。同时,钛、铌的碳化物和氮化物还可以起到细化铁素体不锈钢晶粒的作用,但钛、铌的加入也会使钢的脆性转变温度上升。

随着不锈钢精炼技术的发展,AOD①、VOD②、SS-VOD③、真空冶炼和连续电子束炉冶炼等工艺的出现,已能使钢中碳、氮含量控制得很低,高纯铁素体不锈钢和超高纯铁素体不锈钢的生产也变得可能。

一般把碳和氮的含量大于0.05wt%铁素不锈钢称为普通铁素体不锈钢;把碳和氮的含量小于0.05wt%铁素不锈钢称为高纯铁素体不锈钢;把碳和氮的含量小于0.015wt%的铁素体不锈钢称为超高纯铁素体不锈钢。但也有把碳和氮的含量小于0.015wt%的铁素体不锈钢称为高纯铁素体不锈钢;把碳和氮的含量小于0.015wt%,且高铬、钼含量的铁素体不锈钢称为超级铁素体不锈钢。前一种分类较为普遍。

高纯铁素体不锈钢耐腐蚀性能虽然得到了很大提高。但碳和氮的含量即使很低,仍有不足。为了防止26Cr-1Mo铁素不锈钢的晶间腐蚀,钢中碳和氮的含量应小于0.005wt%~0.007wt%。显然,在工业生产条件下是相当困难的,即使能达到,成本也非常高。

10.4.3 铁素体不锈钢的热加工及金相组织

简单铁素体不锈钢在加热、冷却过程中没有相变,因此其铸态组织粗大。这种钢的粗大组织只能通过锻、轧等压力加工手段细化,同时还必须正确控制其锻造温度,较高的终锻温度以及最后一道锻造处于临界变形度均可能造成组织晶粒粗大。

图10-38为430铁素体不锈钢热轧态组织,等轴状的富铬铁素体,并有少量点粒状碳化物。

10Cr17钢属高铬铁素体不锈钢,当其碳含量低而铬含量高时,其退火组织为富铬铁素体和颗粒状(Cr、

---

① AOD:氩氧精炼法
② VOD:真空吹氧脱碳冶炼法
③ SS-VOD:强搅拌真空吹氧脱碳冶炼法

Fe)$_7$C$_3$ 碳化物,见图 10-39。该类钢加热时虽不发生相变,但碳化物可溶入,快冷后可起强化基体作用。

10Cr17 钢中若碳含量高,铬含量偏低时,会出现少量珠光体。若经 1 100℃ 加热水冷淬火后,会形成铁素体(基体,白色)+低碳马氏体(灰色块状)的组织,见图 10-40。

15CrMo 为铁素体珠光体型耐热钢,经正火+高温回火后组织为铁素体+珠光体;而淬火+回火后组织为铁素体+贝氏体,见图 10-41。

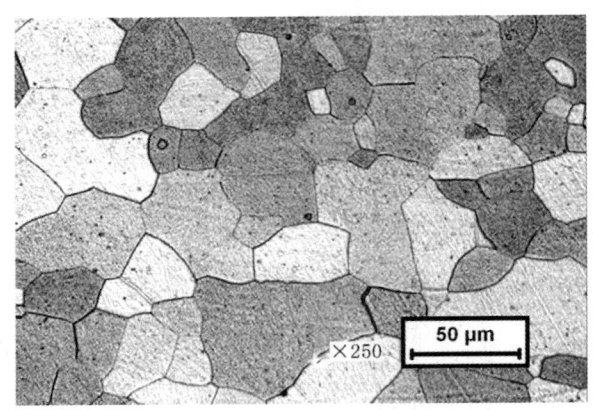

(10%草酸水溶液浸蚀)

图 10-38 430 铁素体不锈钢热轧态组织

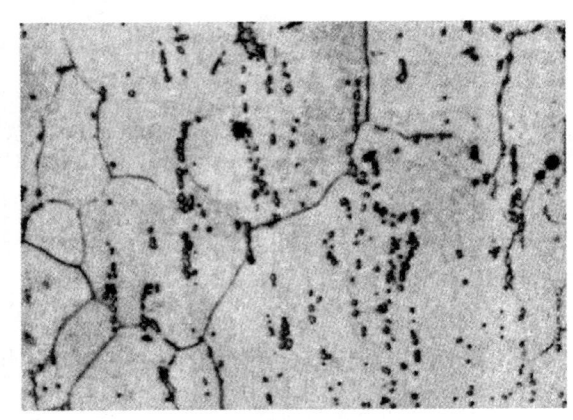

(硝酸盐酸水溶液浸蚀)

图 10-39 10Cr17 铁素体不锈钢退火组织 (800×)

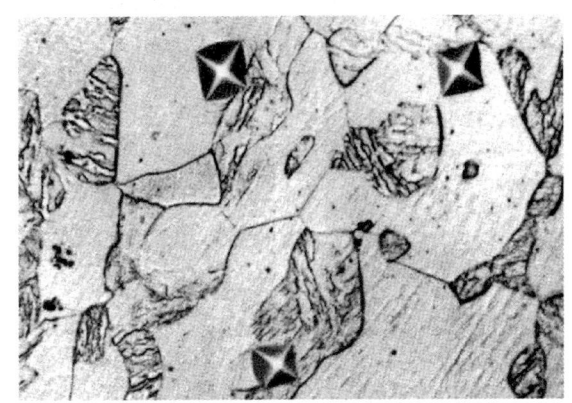

(硝酸盐酸水溶液浸蚀)

图 10-40 10Cr17 铁素体不锈钢淬火组织 (500×)

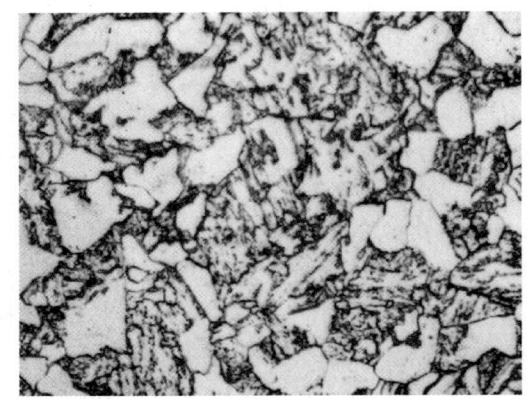

(硝酸酒精溶液浸蚀)

图 10-41 15CrMo 淬、回火后组织 (500×)

10.4.4 铁素体不锈钢的脆化现象

铁素体不锈钢虽然不能通过热处理相变改变组织和性能,但铁素体不锈钢在加热过程中,有 3 个温度区间会显著影响钢的性能,尤其是显著降低钢的塑性和冲击性能。

10.4.4.1 475℃脆性

中铬和高铬的铁素体不锈钢,在 400~550℃ 范围内停留较长时间,会形成 475℃ 脆性。其表现为,钢在低温和室温时均变得很脆,冲击韧度和塑性甚至接近于零值,其脆性转变温度接近 475℃。引起 475℃ 脆性的原因,有理论认为,在该温度区间,铁素体发生调幅分解[①],生成富铁的 α 相和富铬的 α′相,α′相具有体心立方结构,长大速度极慢,并与基体保持共格,阻碍位错运动使滑移难以进行,使得钢的强度、硬度升高,韧性下降,钢的耐蚀性能也显著降低。冷加工会促使 α′形成,加剧 475℃ 脆化发生。

475℃ 脆性是可逆的,可以通过加热至 600~650℃ 并保温一定时间后快冷的工艺予以消除。

---

① spinodal

10.4.4.2 σ相和χ相脆化

中、高铬铁素体不锈钢在500~800℃间加热,会形成σ相(FeCr)。σ相是一种具有复杂正方点阵的金属间化合物。铬钢中的杂质及大多数合金元素(除了碳、氮)都促使σ相的生成范围移至较低的铬含量并加速其形成,因此对于17wt%铬的铁素体钢,在600~800℃长期加热可形成σ相。σ相首先产生于晶粒边界,呈链状。形成速度较缓慢。冷加工也会加速σ相的形成。σ相具有极高的硬度(大于68 HRC)和脆性,并可引起晶间腐蚀。σ相的形成也是可逆的,可以通过重新加热至800℃以上温度,保温数小时,使σ相重新溶解后快冷至室温的工艺来消除。

高铬、高钼的铁素体不锈钢可以在生成σ相的同时生成χ相,(也可写成$Fe_{36}Cr_{12}Mo_{10}$或者Fe_3CrMo)这种脆性金属间化合物相可以在高达900℃或更高温度下稳定。

10.4.4.3 高温脆化

普通(非高纯)高铬铁素体不锈钢,加热至927℃(高于大约$0.7T_m$温度)以上快冷,会造成塑性和缺口韧性显著降低。这种高温脆性在焊接、铸造过程中也会发生。产生高温脆性的原因与碳、氮等间隙元素的碳、氮化合物在晶界和晶内位错上析出有关。因此,这类高温脆性可以通过降低钢中碳、氮含量进行改善。高纯高铬铁素体不锈钢因此应运而生,在改善高温脆性方面已取得良好效果。对于已产生高温脆性的高铬铁素体不锈钢,可以通过重新加热至750~850℃的热处理工艺,使其恢复塑性。此外,在此温度晶粒容易粗化,也会致塑性、韧性恶化。

10.5 双相不锈钢及金相分析

双相不锈钢又称之为奥氏体-铁素体型双相不锈钢。它是基体兼有奥氏体和铁素体两相组织(其中较少相的体积含量一般大于15%),有磁性,可通过冷加工使其强化的不锈钢。需要说明的是,还有一类组织主要由奥氏体相、铁素体相或马氏体相中任何两相所组成的不锈钢。其中马氏体同铁素体或奥氏体组成的双相钢,常称为半马氏体型(或半铁素体、半奥氏体)不锈钢。这属于广义上的双相不锈钢。而通常意义上的双相不锈钢,一般是指奥氏体-铁素体双相不锈钢。

10.5.1 双相不锈钢的特点和分类、牌号

10.5.1.1 双相不锈钢的特点

奥氏体-铁素体双相不锈钢是在奥氏体不锈钢的基础上发展起来的。它具有奥氏体加铁素体的双相组织。根据两相组织的性能特点,通过化学成分和热处理的调整使其兼有奥氏体不锈钢韧性好、晶粒长大倾向小、良好的焊接性能以及铁素体不锈钢的屈服强度高、抗晶间腐蚀和耐氯化物应力腐蚀能力强等优点。双相不锈钢已成为近年来发展和应用最为迅速的不锈钢系列。

双相不锈钢有以下性能特点:

① 含钼双相不锈钢在低应力下有良好的耐氯化物应力腐蚀性能。一般用在60℃以上中性氯化物溶液中的18-8型奥氏体不锈钢容易发生应力腐蚀破裂,而双相不锈钢却有良好的抵抗能力;

② 含钼双相不锈钢有良好的耐点蚀性能。在具有相同的点蚀抗力当量(PRE值,见10.8.1节介绍)时,双相不锈钢与奥氏体不锈钢的临界点蚀电位相仿。含18wt%铬的双相不锈钢的耐点蚀性能与316L相当。含25wt%铬的双相不锈钢,尤其是含氮的高铬双相不锈钢的耐点蚀和缝隙腐蚀性能超过了316L;

③ 有良好的耐腐蚀疲劳和磨损腐蚀性能;

④ 综合力学性能好。有较高的强度和疲劳强度,屈服强度是18-8型奥氏体不锈钢的两倍;

⑤ 可焊性良好,热裂倾向小。一般焊前不需预热,焊后需热处理,可与18-8型奥氏体或碳钢等异种钢焊接;

⑥ 含低铬(18wt%铬)的双相不锈钢热加工温度范围比18-8型奥氏体不锈钢宽,抗力小,可不经过锻造直接轧制开坯生产钢板。含高铬(25wt%铬)的钢则比奥氏体不锈钢热加工困难;

⑦ 冷加工时比18-8型奥氏体不锈钢加工硬化效应大,在管、板承受变形初期,需施加较大应力才能

变形；

⑧ 与奥氏体不锈钢相比，导热系数大，线膨胀系数小，适合用作设备的衬里和生产复合板，也适合用制热交换器的管芯；

⑨ 仍有高铬铁素体不锈钢的各种脆性倾向，如475℃脆性，不宜在高于300℃的工作条件下使用。双相不锈钢中含铬量越低，σ等脆性相的危害性也越小。

10.5.1.2 双相不锈钢的分类及牌号

双相不锈钢从20世纪30年代发展至今，经历了3个发展阶段，第一代以0Cr26Ni5Mo(329)为代表，随着20世纪70年代冶炼及连铸技术的发展，产生了第二代超低碳和含钼、铜、硅等元素的18Cr型、22Cr型以及25Cr型的双相不锈钢，第二代双相不锈钢的耐蚀性能有了较大的提高；20世纪80年代后期开发了属于第三代的超级双相不锈钢，其特点是碳含量更低，仅0.01wt%～0.02wt%，含高钼（约4wt%）和高氮（0.3wt%）。第三代双相不锈钢的铁素体的体积含量达40%～50%，具有优良的耐点蚀性能。

双相不锈钢的分类有多种方法，如按含铬量分、按含碳量分等，一般常用的按合金类型及多少划分：

第一类属低合金型，代表牌号是2304（022Cr23Ni4MoCuN），钢中不含钼，PREN值（点蚀指数，见10.8.1节介绍）为24～25，在耐应力腐蚀方面可代替304或316使用。

第二类属中合金型，代表牌号是2205（022Cr23Ni5Mo3N），PREN值为32～33，它的耐蚀性能介于316L和6wt%Mo+N奥氏体不锈钢之间。

第三类属高合金型，一般含25wt%铬，还含有钼和氮，有的还含有铜和钨，标准牌号是255（03Cr25Ni6Mo3Cu2N），PREN值为38～39，这类钢的耐蚀性能高于22wt%铬的双相不锈钢。

第四类属超级双相不锈钢型，含高钼和氮，代表牌号是2507（022Cr25Ni7Mo4N），有的也含钨和铜，PREN值大于40，具有良好的耐蚀与力学综合性能，可与超级奥氏体不锈钢相媲美。

GB/T 20878—2007《不锈钢和耐热钢牌号及化学成分》标准中列出了11种奥氏体-铁素体型双相不锈钢的牌号，有关牌号及成分见表10-13。

表10-13 奥氏体-铁素体型不锈钢牌号及其化学成分

牌号 （对应ASTM牌号）	化学成分/wt%							
	C	Si	Mn	Ni	Cr	Mo	N	其他元素
14Cr18Ni11Si4AlTi	0.10～0.18	3.40～4.00	0.80	10.00～12.00	17.50～19.50			Ti 0.40～0.70 Al 0.10～0.30
022Cr19Ni5Mo3Si2N (S31500)	0.030	1.30～2.00	1.00～2.00	4.50～5.50	18.00～19.50	2.50～3.00	0.05～0.12	
12Cr21Ni5Ti	0.09～0.14	0.80	0.80	4.80～5.80	20.00～22.00			Ti 5(C-0.02)～0.80
022Cr22Ni5Mo3N (S31803)	0.030	1.00	2.00	4.50～6.50	21.00～23.00	2.50～3.50	0.08～0.20	
022Cr23Ni5Mo3N (2205)	0.030	1.00	2.00	4.50～6.50	22.00～23.00	3.00～3.50	0.14～0.20	
022Cr23Ni4MoCuN (2304)	0.030	1.00	2.50	3.00～5.50	21.50～24.50	0.05～0.60	0.05～0.20	Cu 0.05～0.60
022Cr25Ni6Mo2N (S31200)	0.030	1.00	2.00	5.50～6.50	24.00～26.00	1.20～2.50	0.10～0.20	
022Cr25Ni7Mo3WCuN (S31260)	0.030	1.00	0.75	5.50～7.50	24.00～26.00	2.50～3.50	0.10～0.30	W 0.10～0.50 Cu 0.20～0.80
03Cr25Ni6Mo3Cu2N (255)	0.04	1.00	1.50	4.50～6.50	24.00～27.00	2.90～3.90	0.10～0.25	Cu 1.50～2.50

续表

牌号 (对应 ASTM 牌号)	化学成分/wt%							
	C	Si	Mn	Ni	Cr	Mo	N	其他元素
022Cr25Ni7Mo4N (2507)	0.030	0.80	1.20	6.00~8.00	24.00~26.00	3.00~5.00	0.24~0.32	Cu 0.50
022Cr25Ni7Mo4WCuN (S32760)	0.030	1.00	1.00	6.00~8.00	24.00~26.00	3.00~4.00	0.20~0.30	W 0.50~1.00 Cr+3.3Mo+ 16N≥40 Cu 0.50~1.00

注：1. 表中所列成分除标明范围或最小值外，其余均为最大值；
2. 本表由作者根据 GB/T 20878—2007 整理所得。

10.5.2 双相不锈钢中的合金化特点

合金元素对双相不锈钢的组织组成(各相比例)、力学性能、物理性能以及抗腐蚀性能均有很大影响。铬、钼、铌是主要的铁素体形成元素，而镍、碳、氮、铜是主要的奥氏体形成元素，通过改变这些元素的含量即可改变双相钢固溶组织中的相比例。此外，钼、钨和稀土等亦具有改变组织比例的作用。

铬对双相不锈钢的影响除了上述一般意义上缩小 γ 相区形成铁素体相以及对不锈钢耐腐蚀性能产生影响外，在双相不锈钢中，较高的铬的质量分数会促进金属间相的形成，可增加双相钢在高温下的抗氧化能力。

钼在与铬的复合作用下，其在氯化物环境中的抗点蚀和抗缝隙腐蚀能力是铬的 3 倍。但钼对耐氯化物应力腐蚀不利。由于钼也是铁素体形成元素，因此同样也会促进金属间相的形成。

氮可提高双相不锈钢的抗点蚀和缝隙腐蚀能力，还能显著提高钢的强度，是最有效的固溶强化元素。氮在提高钢强度的同时，还能增加奥氏体和双相不锈钢的韧性，同时氮的加入可以抵消因含高铬、高钼所带来的易形成金属间相的倾向。延缓相的形成。氮是强烈的奥氏体形成元素，在双相钢中一般都加入几乎达到饱和溶解度的氮量。

镍是奥氏体稳定元素，镍在奥氏体中有延缓有害金属相形成的作用，但在双相不锈钢中镍的这种作用远不如氮。双相钢中，随镍含量的增加，组织中位错呈网状分布，有抑制应力腐蚀开裂的作用。

硅也是双相不锈钢中的关键元素，加入硅有助于钢中化学成分的平衡，不但能提高钢的耐氯化物应力腐蚀开裂性能，还能增大表面钝化能力，提高耐蚀性，硅减少双相不锈钢的 475℃ 脆性，以及减缓由于钢中因钼带来的脆性相。双相不锈钢中的硅含量宜控制在 1.5wt%~2.0wt%。

此外，双相不锈钢中的钛和铌有提高抗晶间腐蚀能力的作用。

10.5.3 双相不锈钢的热加工工艺及对组织、性能的影响

所有双相不锈钢凝固时实际上都先生成 100% 的铁素体(δ)，然后再在固态时通过固态相变来形成其平衡组织中的奥氏体以及其他析出相。双相不锈钢的组织转变主要发生在铁素体相中。

双相不锈钢的热加工区间是 γ 和 δ 共存的两相区。γ 和 δ 的体积分数、组织形态及两者的分布状况都会影响双相不锈钢的热加工性能。一般情况下，铁素体的屈服强度在室温下高于奥氏体，但在高温下却比奥氏体低许多，其加工硬化程度也比奥氏体要低许多，铁素体与奥氏体的再结晶速度也不同。两相之间的这些差异造成了两相在一起承受加工变形时相互不一致，相界面存在高的内应力，容易导致破裂。因此双相不锈钢的冷、热加工性能一般较差。

固溶处理是双相不锈钢最基本的热处理制度，通过固溶处理温度的调整，可以改变组织中两相间的比例，得到最佳的组织和性能。通常情况下，随着固溶温度升高，两相组织中的铁素体相逐渐增多，而奥氏体相逐渐减少。组织变化带来的性能变化使钢的强度随之增加。这是由于在室温情况下，铁素体的强度要高于奥氏体。

典型的 S32205(2205)双相钢在 900~1300℃ 范围内固溶处理后水冷，α 相含量变化如图 10-42 所示。当 α 和 γ 相的比例接近于 1:1 时，双相不锈钢具有较好的综合性能。

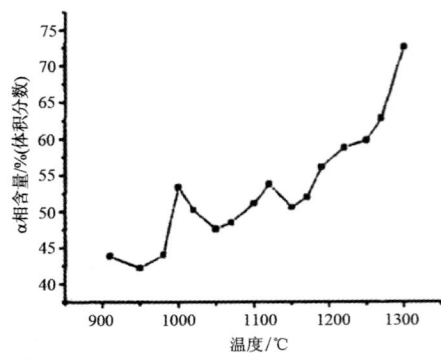

图 10-42 固溶处理温度对 S32205 双相钢 α 相含量变化的影响

双相钢固溶处理后必须快冷，一般采用水冷。同时双相钢也不能进行 650~800℃ 的消除应力处理，这是因为在该温度区间处理或缓冷通过该温度区间将造成组织中的 σ 相析出，产生脆性。

10.5.4 双相不锈钢的组织及其金相检验

双相不锈钢的基体中除铁素体(α)和奥氏体(γ)外，在 300~1000℃ 温度范围内等温时效时，如同奥氏体不锈钢，还会出现二次相，但这些相的形成有其不同的特点：

① 由于铁素体晶格中原子密排度较低，合金元素在铁素体中的扩散速度要较在奥氏体中高得多。例如，在 700℃ 左右铬在铁素体中的扩散速度要比奥氏体中快 100 倍；

② 两相中的合金元素含量不同，铁素体相中富集了铬和钼，有利于含有这两元素的金属间相在铁素体相中形核。

由于以上两点原因，组织转变往往发生在铁素体相中，而奥氏体相中无变化，另外在铁素体不锈钢中析出反应要比在奥氏体不锈钢中快得多。例如，在奥氏体不锈钢中，根据合金元素含量的不同，经过几小时或几百小时的热处理后才出现 σ 相，而在双相不锈钢中往往几分钟就出现了。

10.5.4.1 双相不锈钢的组织及析出相

双相不锈钢的基本组织以及在等温时效或不正确热处理时可能出现的一些二次相见表 10-14。

表 10-14 双相不锈钢基本组织及可能析出相

类别	组织或相	化学式	析出温度/℃	晶系	说明
基本组织	铁素体(δ 或 α)	—	—	体心立方	δ 高温铁素体会残留至室温，一般文献中不区分 δ、α
	奥氏体(γ, γ_2)	—	—	面心立方	α→γ_2 或 δ→γ_2 + 碳化物反应中新析出的奥氏体称二次奥氏体 γ_2，形态上呈锯齿状；若经低温处理或冷变形可能出现马氏体
碳、氮化合物	碳化物	M_7C_3 $M_{23}C_6$	950~1050 600~950	正交 立方	
	氮化铬	Cr_2N CrN	700~900	六方 立方	
金属间相	σ	Fe-Cr-Mo	600~1000	四方	双相不锈钢中危害性最大的一种析出相。形成速度快，脆性，下降抗蚀性
	χ	$Fe_{36}Cr_{12}Mo_{10}$	700~900	立方	与 σ 相共存，占比例较少，同样对韧性、耐蚀性有不良影响
	R	Fe_2Mo	550~650	三角	高 Mo 金属间相，铁素体晶内析出，脆性
	π	$Fe_7Mo_{13}N_4$	550~600	立方	铁素体晶内析出，也是一种氮化物，脆性
	α′	—	400~500	体心立方	原子偏聚的富 Cr 相，475℃ 脆化的主要原因

10.5.4.2 双相不锈钢中的 σ 相

σ 相是双相不锈钢中最有害的析出相，它是一种主要由铁、铬、钼等元素构成的四方结构的金属间相，硬度极高，它的存在使钢的韧性和塑性急剧下降。特别值得注意的是，少量 σ 相的析出使得钢的硬度提高并不明显，但冲击韧度却显著下降。5% 的 σ 相的存在可使 25wt% 铬双相钢的冲击功由 250 J/cm² 下降到 25 J/cm² 左右。双相钢焊缝中 σ 相的析出对冲击韧性的恶化作用更大。同时由于 σ 相的析出使其周围组织产生贫铬、钼的区域，从而也大大降低了钢的抗蚀性。

双相不锈钢在 600~1000℃ 加热时或缓冷时析出 σ 相，σ 相最初在双相不锈钢的 α-γ 界面形核，并向铁素体长大,形成的σ相周围铬、钼等元素贫化,导致随后形成奥氏体,这一反应称为共析反应,即α→σ+γ。反应结束后γ相会进一步转变成σ相。在700℃左右σ相的析出速度缓慢,随着温度的升高和时间的延长,析出的σ相不但尺寸长大,而且数量增加。在850℃左右,其析出速率很快,在10 h后即可达到饱和。当温度高于900℃时,σ相析出速度变慢,同时一些σ相重新被固溶。

化学成分对σ相析出的影响主要为,增加铬、钼等元素的含量,有利于形成σ相。这是由于增加铬、钼等元素的含量不但缩短了σ相形成的孕育期,同时也因其主要富集在铁素体内,其量的增加使得铁素体的体积分数增加,从而最终使σ相的析出量增加。双相钢中镍含量的增加,使得γ相的体积分数增加,但同时也使得铁素体内铬和钼的富集程度增加,加速了σ相的析出。但由于铁素体体积分数减少,因此最终σ相的析出量是减少的。

提高固溶处理温度可延缓σ相的析出,但不能影响σ相的最大析出量。这是因为γ相是不稳定的,提高固溶温度使铁素体的体积分数增加,但铁素体内的铬和钼的含量却在下降,这导致σ相析出推迟。此外,提高固溶温度使γ相减少的同时也使得α-γ界面减少,即σ相的形核位置减少,这同样也延缓了σ相的析出。需要指出的是,对于某一特定的双相钢,由于其铬和钼的含量是一定的,因此最终σ相的析出量并不会受固溶温度的影响。

此外影响σ相析出的因素还有α、γ相邻两相之间的位向及冷、热变形等等。

值得一提的是,双相不锈钢在850～1000℃之间具有超塑性变形能力,而此温度区间也正处于σ相的析出温度范围,因此,σ相的析出促使双相不锈钢具有超塑性变形能力成为近几年人们关注的重点。其机理和应用正有待深入研究。

双相不锈钢中的金属间相还有χ相、R相、α相、π相和$Fe_3Cr_3Mo_2Si_2$相等,它们都是脆性相。

10.5.4.3 双相不锈钢的金相分析

双相不锈钢的金相检验,主要有铁素体含量测定以及析出相检测。

1. 双相不锈钢中铁素体含量的测定

双相不锈钢中铁素体含量的测定基本与奥氏体不锈钢相同,可参见本章10.3.4节。

金相测定方法仍然可应用GB/T 13305—2008《不锈钢中α相面积含量金相测定法》标准。该标准规定,双相不锈钢中α相面积含量的测定,在500倍下,任选10个α相含量适中的视场,对照相关标准图进行评定,取算术平均值。

该标准的相关标准系列图分带系和网系两个系列,分别各有9张,α相百分含量从35%至75%,间隔为5%,部分标准图见图10-43。

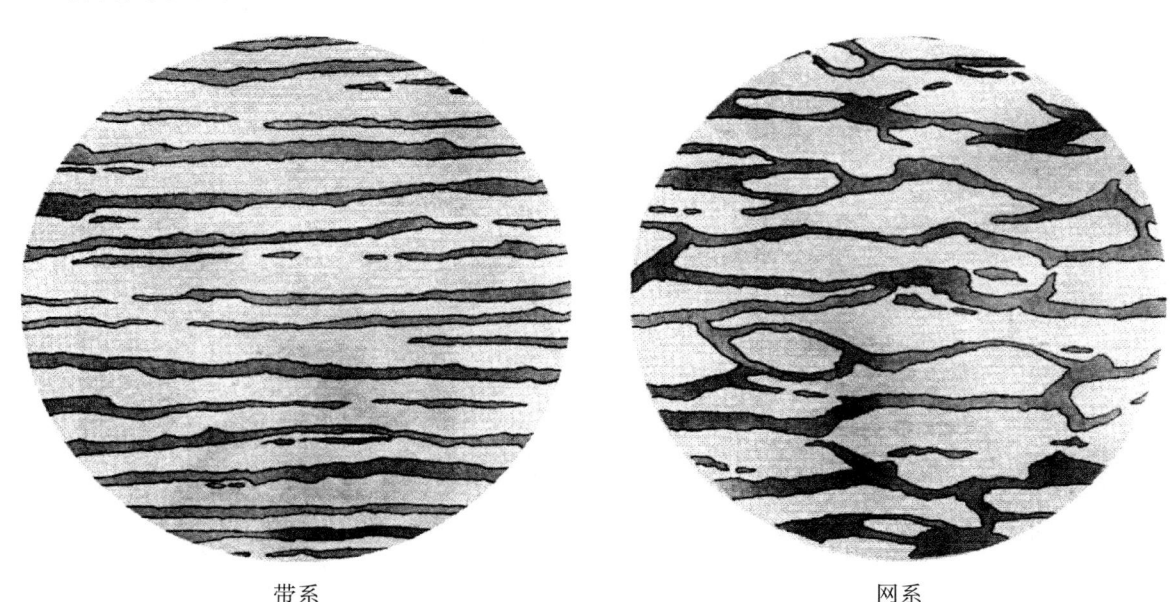

带系　　　　　　　　　　　　　　　　网系

图10-43　铁素体奥氏体双相不锈钢中α相面积含量为35%的标准图　[500×(×0.9)]

2. 双相不锈钢的析出相分析

双相不锈钢的析出相的类别、分布及数量直接影响其性能。可能的析出相见表 10-15，有关析出相的鉴别方法见本章 10.9 节介绍。

图 10-44 为 022Cr25Ni6Mo2N 双相不锈钢 1130℃ 固溶处理后组织形貌：等轴状奥氏体+白色长条状铁素体以及颗粒状碳氮化物。

图 10-45 为 12Cr21Ni5Ti 双相不锈钢经 1000℃×100h 空冷后的组织形貌：灰色铁素体+白色小岛状 γ 相+黑褐色 σ 相。

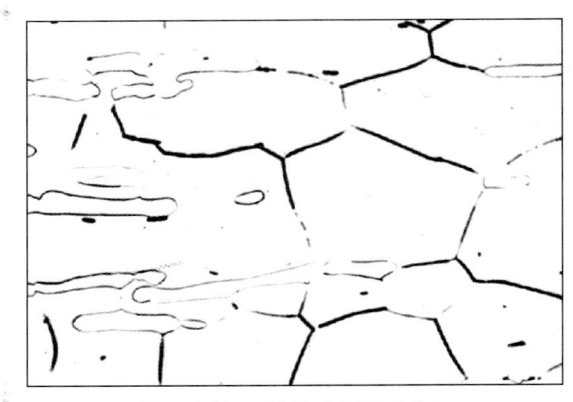

（体积分数 10% 草酸水溶液电解）　　　　　　　　（苛性赤血盐水溶液浸蚀）

图 10-44　022Cr25Ni6Mo2N 钢固溶处理后组织　（1000×）　　图 10-45　12Cr21Ni5Ti 钢固溶处理后组织

双相不锈钢中有害相 σ 相是金相检查的重点。美国材料试验工程师协会专门制定了标准 ASTM A923-2014《双相铁素体-奥氏体不锈钢有害沉淀相的实验室检验方法》。其中方法 A 为金相检测法，以 40%NaOH 水溶液进行电解浸蚀（1～3V，5～60s）后的组织分类，将沉淀相对组织的影响分为不受影响、可能受影响、受影响以及线状组织 4 类，见图 10-46。A 法（金相法）可以作为合格材料的验收判据。

ASTM A923-2014 标准中的 B 法和 C 法可以更直接地对双相钢进行合格与否的验收评判。B 法采用夏比 V 型缺口标准冲击试样，在 -40℃ 时进行冲击功测试。对于 S31803（329J3L）、S32205（2205）双相不锈钢的验收判据是在 -40℃ 时，合格母材金属和焊接热影响区的冲击功须不小于 54J，焊缝熔敷金属不小于 34J。方法 C 为氯化铁腐蚀试验，S31803、S32205 双相不锈钢的验收判据是基体金属在 25℃ 及熔敷金属在 22℃ 时平均腐蚀速率不大于 10mg/(dm²·d)[失重/(试样面积×时间)]。

采用 -40℃ 进行冲击功试验作为判别双相不锈钢中是否存在有影响的有害相，是因为冲击功易于测量，测试方法成熟。

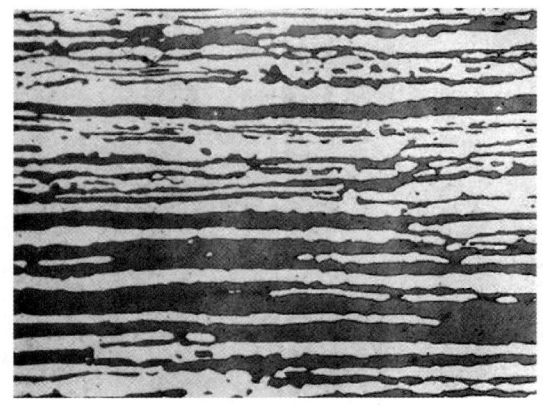 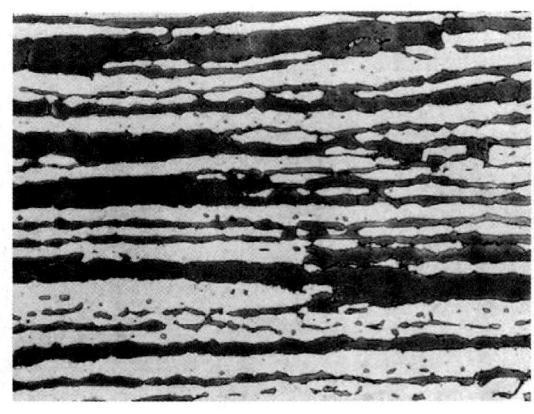

（铁素体边界平滑，无不良化合物）　　　　　　　（铁素体边界显现有波浪状）
　　　　（a）不受影响　　　　　　　　　　　　　　　（b）可能受影响

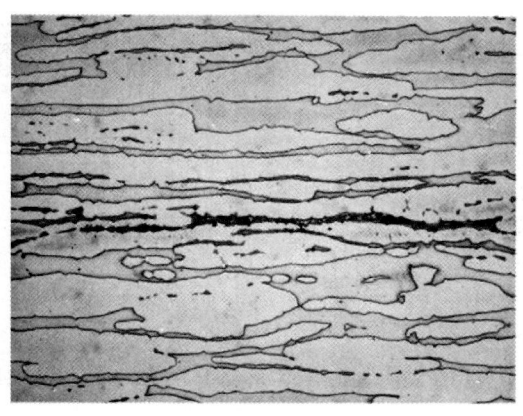

（可见有比铁素体更深色的化合物）　　　　　　　　（可见连续或半连续晶间相）

(c) 受影响　　　　　　　　　　　　　　　(d) 线状组织

图 10-46　S31803 双相钢纵向组织有害相评定图　[500×(×0.7)]

10.5.4.4　双相不锈钢晶间腐蚀倾向金相评定

双相不锈钢的晶间腐蚀倾向评定,可按 GB/T 4334—2020 执行,具体参见本章 10.3.4.5 章节介绍。

10.6　沉淀硬化型不锈钢及金相分析

沉淀析出硬化(PH)型不锈钢是一类基体为奥氏体或马氏体组织,并能通过沉淀硬化(又称时效硬化)处理使其硬(强)化的不锈钢。

10.6.1　沉淀硬化型不锈钢特点、分类及牌号

沉淀析出硬化不锈钢也称 PH 钢,是在 20 世纪 40 年代发展起来的。最先是在 18-8 铬镍奥氏体不锈钢的基础上,添加少量铝、钛、铌、铜、钼、钴等元素,在最终形成马氏体后,经时效处理,析出金属间化合物,如 Ni_3Al、Ni_3Ti、Ni_3Mo 等,以及少量碳化物以产生沉淀硬化。

这类钢主要分为奥氏体沉淀硬化不锈钢和马氏体沉淀硬化不锈钢。其中奥氏体沉淀硬化不锈钢还可以分为沉淀硬化奥氏体不锈钢和沉淀硬化半奥氏体不锈钢(也称为奥氏体-马氏体沉淀硬化不锈钢)。半奥氏体沉淀硬化不锈钢的典型钢号是 07Cr17Ni7Al(17-7PH)、07Cr15Ni7Mo2Al(15-7PHMo);马氏体沉淀硬化不锈钢的代表钢号是 05Cr17Ni4Cu4Nb(17-4PH)。

GB/T 20878—2007《不锈钢和耐热钢　牌号及化学成分》标准中列出了 10 种沉淀硬化型不锈钢和耐热钢牌号及成分,见表 10-15。

表 10-15　沉淀硬化型不锈钢和耐热钢牌号及其化学成分

牌号 (对应 ASTM,代号)	化学成分/wt%						
	C	Si	Mn	Ni	Cr	Mo	其他元素
04Cr13Ni8Mo2Al (XM-13)	0.05	0.10	0.20	7.50~8.50	12.30~13.20	2.00~3.00	Al 0.90~1.35 N 0.01
022Cr12Ni9Cu2NbTi[a] (XM-16)	0.030	0.50	0.50	7.50~9.50	11.00~12.50	0.50	Ti 0.80~1.40 Nb 0.10~0.50 Cu 1.50~2.50
05Cr15Ni5Cu4Nb (XM-12)	0.07	1.00	1.00	3.50~5.50	14.00~15.50		Nb 0.15~0.45 Cu 2.50~4.50
05Cr17Ni4Cu4Nb[a] (630,17-4PH)	0.07	1.00	1.00	3.00~5.00	15.00~17.50		Nb 0.15~0.45 Cu 3.00~5.00

续 表

牌号 （对应 ASTM，代号）	化学成分/wt%						
	C	Si	Mn	Ni	Cr	Mo	其他元素
07Cr17Ni7Al[a] （631,17-7PH）	0.09	1.00	1.00	6.50～7.75	16.00～18.00		Al 0.75～1.50
07Cr15Ni7Mo2Al[a] （632,15-7PH）	0.09	1.00	1.00	6.50～7.75	14.00～16.00	2.00～3.00	Al 0.75～1.50
07Cr12Ni4Mn5Mo3Al	0.09	0.80	4.40～5.30	4.00～5.00	11.00～12.00	2.70～3.30	Al 0.50～1.00
09Cr17Ni5Mo3N （633）	0.07～0.11	0.50	0.50～1.25	4.00～5.00	16.00～17.00	2.50～3.20	N 0.07～0.13
06Cr17Ni7AlTi[a] （635）	0.08	1.00	1.00	6.00～7.50	16.00～17.50		Al 0.40 Ti 0.40～1.20
06Cr15Ni25Ti2MoAlVB[a] （660）	0.08	1.00	2.00	24.00～27.00	13.50～16.00	1.00～1.50	Al 0.35 Ti 1.90～2.35 B 0.001～0.010 V 0.10～0.50

注：① 表中所列成分除标明范围或最小值外，其余均为最大值。a 可作耐热钢使用；
② 本表由作者根据 GB/T 20878—2007 整理所得。

10.6.2 奥氏体-马氏体沉淀硬化不锈钢强化工艺及金相组织

10.6.2.1 奥氏体-马氏体沉淀硬化不锈钢的强化工艺

奥氏体-马氏体沉淀硬化不锈钢要求在室温下有奥氏体组织，以保证在室温下有较好的塑性，便于进行压力加工。钢的含碳量很低，因而焊接性能良好。由于室温下的奥氏体不稳定，在成分设计上使其 M_S 点略低于室温，压力加工成型后通过适当的处理使奥氏体尽可能地转变成马氏体，在低碳马氏体的基体上再通过时效处理产生沉淀硬化，以提高强度。

奥氏体-马氏体沉淀硬化不锈钢中含有铝、钛、钼等合金元素，它们在时效温度（400～500℃温度范围）下会产生强烈的沉淀硬化效应，其中的钼还是马氏体基体强化元素。但铝、钛、钼也都是铁素体形成元素。因此为了获得单相的奥氏体组织，需加入镍、钴、锰、铜等奥氏体形成元素。

奥氏体-马氏体沉淀硬化不锈钢（17-7PH）的强化工艺及性能图见图 10-47。

1. 固溶处理

固溶处理也称 A 处理。一般加热至 1 000～1 050℃ 空冷。固溶处理后的金相组织为奥氏体和 5%～20% 的高温铁素体，组织不稳定。

半奥氏体沉淀硬化不锈钢中 δ 铁素体的作用是利用碳化物的析出来调整 M_S 点，控制马氏体转变。这是由于碳原子在 δ 铁素体中的扩散系数比在奥氏体中大几个数量级，而且 δ 铁素体内铬含量也高，有利于碳化物 $Cr_{23}C_6$ 首先在 δ 和 γ 相界析出，控制奥氏体中残余碳量，以提高 M_S 点。焊缝中的少量 δ 铁素体还有避免焊接缺陷的作用。但从性能考虑，δ 铁素体含量应控制在下限。

2. 中间处理

中间处理的作用是使固溶处理后的奥氏体组织转变为低碳马氏体组织，中间处理有三种方法。

(1) 调节处理，也称 T 处理，T 处理的温度约为 700～800℃。在 T 处理的加热过程中，奥氏体会析出富铬的碳化物，造成奥氏体稳定性下降，使马氏体的转变温度 M_S 点提高至室温以上（约为 65～93℃，马氏体转变终了温度 M_f 点约为 16℃）。调整加热温度的不同，对 M_S 的改变不同，冷却方式及获得马氏体量也不同。因此，经 T 处理冷却至室温以后，其金相组织主要为低碳马氏体。

(2) 冷处理，也称 R 处理。将 A 状态奥氏体-马氏体钢进行 -150℃ 左右深冷处理。但由于 -150℃ 的

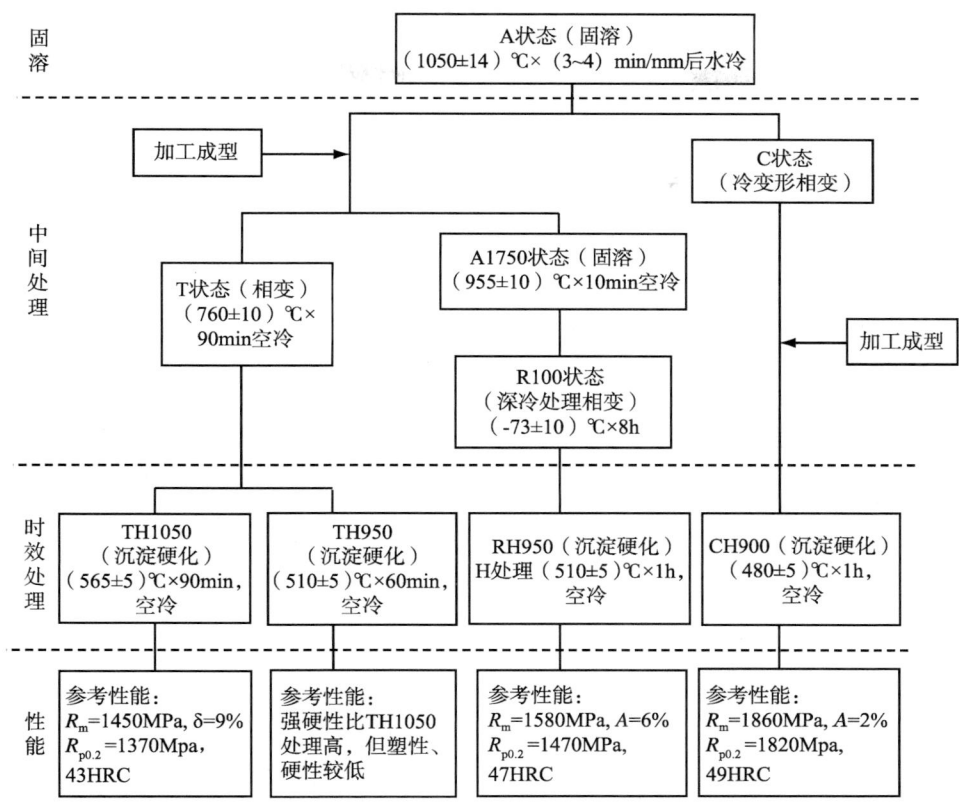

图 10-47 奥氏体-马氏体沉淀硬化不锈钢(17-7PH)的加工工艺及参考性能

低温在生产中较难实现。因此也须先进行约 950℃ 左右的高温调节处理,以析出少量碳化物,将 M_S 降至室温,M_f 点约为 -73℃。此时再进行 -78℃ 冷处理。

(3) 冷变形处理(C 处理) 利用室温下的冷加工塑性变形,形变诱发马氏体相变。

3. 时效处理

也称 H 处理。经上述处理后获得的过饱和低碳马氏体须经 H 处理产生沉淀硬化。H 处理温度一般为 450~650℃。使金属间化合物到达孕育后期即将析出的状态。此时可获得最高的强化效果。提高时效处理温度或延长时效处理时间会造成过时效。由于过时效处理会发生马氏体回火转变和部分奥氏体逆转变,因而其强度会下降。

10.6.2.2 奥氏体-马氏体沉淀硬化不锈钢的金相组织

实际的奥氏体-马氏体沉淀硬化不锈钢在经固溶处理后会含有一定数量的铁素体组织。所以有时也称之为半铁素体型钢。奥氏体-马氏体沉淀硬化不锈钢在奥氏体化后空冷,其组织为奥氏体和 5%~30% 的铁素体。在室温下有良好的冷变形能力和焊接性能。铁素体的作用主要是利用碳化物的析出来调整 M_S 点,控制马氏体转变。但大量的铁素体是不利于钢热加工性能和钢的强化的。

图 10-48 为 15-7PH 沉淀硬化不锈钢经 1050℃× 1h 固溶处理、机加工、调整处理+深冷处理以及 565℃×1h 时效后的组织:马氏体+铁素体+少量残留奥氏体+沿晶析出 $Cr_{23}C_6$ 碳化物以及弥散分布的 Ni-Al 强化相。

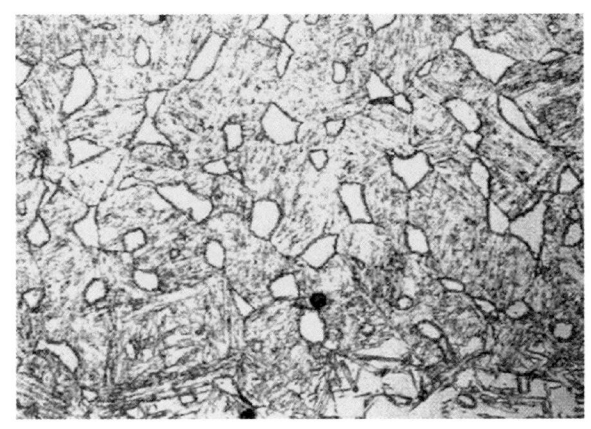

(氯化铁盐酸水溶液浸蚀)

图 10-48 15-7PH 钢经固溶、调整及时效处理后组织 (400×)

10.6.3 马氏体沉淀硬化不锈钢强化工艺及金相组织

马氏体沉淀硬化不锈钢在固溶处理（A 处理）空冷至室温后的组织为低碳马氏体和少量的（<10%）铁素体。固溶处理后一般不需经过中间处理。经过时效处理产生沉淀硬化。其沉淀硬化机理与半奥氏体沉淀硬化不锈钢相同。

马氏体沉淀硬化不锈钢的典型代表是 17-4PH（05Cr17Ni4CuNb）钢，由于加入了一定量的镍，使得其 M_S 点有所降低，大约在 120℃ 左右。该钢的典型热处理制度为 1040℃ 固溶处理 1h，空冷。其室温组织为低碳板条马氏体、少量的 δ 铁素体以及残余奥氏体。图 10-49 为固溶处理后的透射电镜照片，板条马氏体结构，板条内无析出相，位错密度不高，板条间距较小，板条间显示有深色细条，见图 10-49(a)，相应的衍射分析表明为残余奥氏体，见图 10-49(b)。

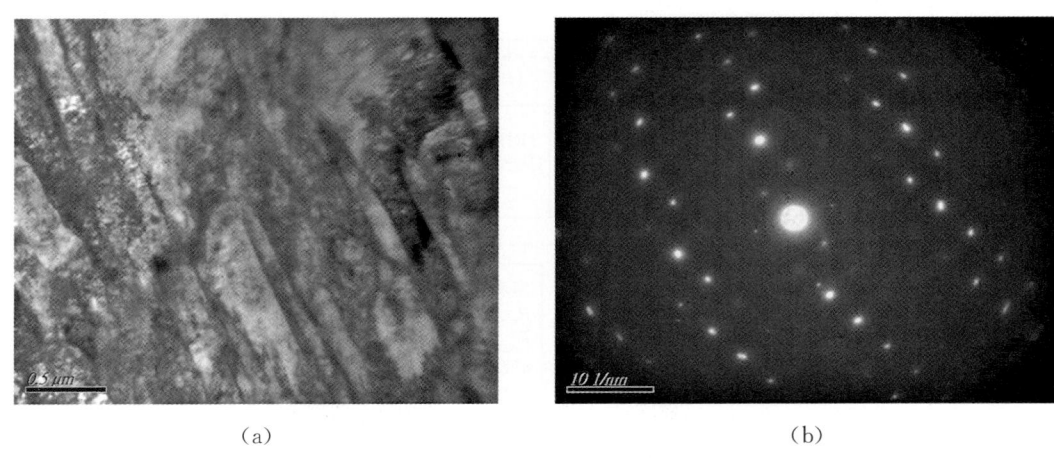

(a)   (b)

图 10-49　17-4PH 钢固溶处理后的 TEM 下形貌及残余奥氏体衍射斑

由于组织中含有一定数量的残余奥氏体，为了促使残余奥氏体向马氏体转变，可以采取类似半奥氏体沉淀硬化不锈钢的中间处理，一般为 820℃ 左右，2h。经过中间处理后，残余奥氏体基本消除，见图 10-50(a)，组织中有含铜相和 NbC 以及 $M_{23}C_6$ 析出，这些析出相使板条内部的位错密度有所提高，见图 10-50(b)。

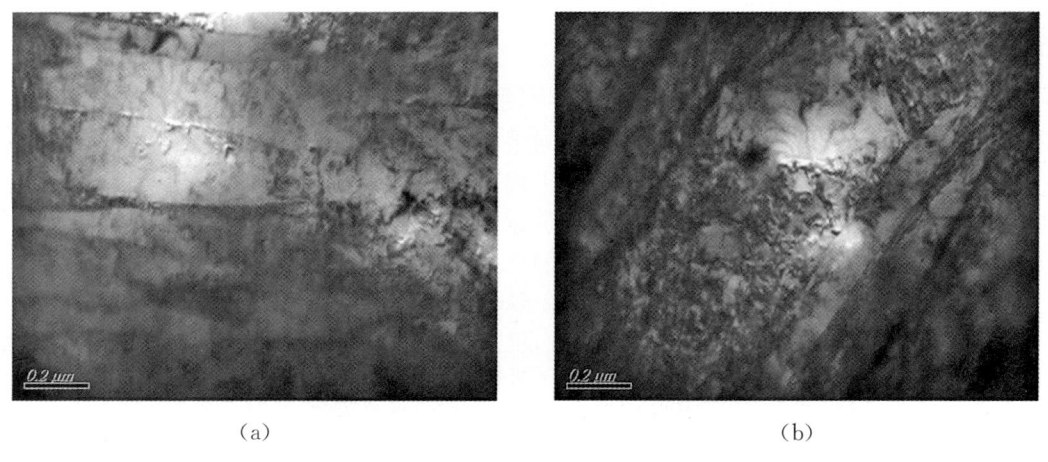

(a)   (b)

图 10-50　17-4PH 钢固溶处理+中间处理后的 TEM 下形貌

固溶处理后的马氏体沉淀硬化不锈钢经 400～650℃ 范围内时效处理后，在马氏体基体上会析出一系列金属间化合物，如 AB_2 型的 Fe_2Mo、Fe_2Ti、Fe_2Nb 等，χ 相（$Fe_{36}Cr_{12}Mo_{10}$）等，因此产生沉淀强化效果。

固溶处理后的试样经过440℃ 8h时效处理，组织为回火马氏体，见图10-51(a)，板条内部析出细小的亚稳相(Nb_6C_5、Nb_2C等)，这些亚稳相属于稳定相NbC的形成过程。由于尺寸极小，分布弥散，因此具有很好的位错钉扎的作用，从而造成处理后的材料位错密度极高，见图10-51(b)，其硬度可达HRC45以上。

若经480℃ 1h处理，TEM显示NbC相颗粒有所增大，见图10-52(a)，且其取向与马氏体板条完全一致，为共格析出，NbC[001]//α-Fe[001]，NbC[200]//α-Fe[110]，NbC[020]//α-Fe[110]，见图10-52(b)。

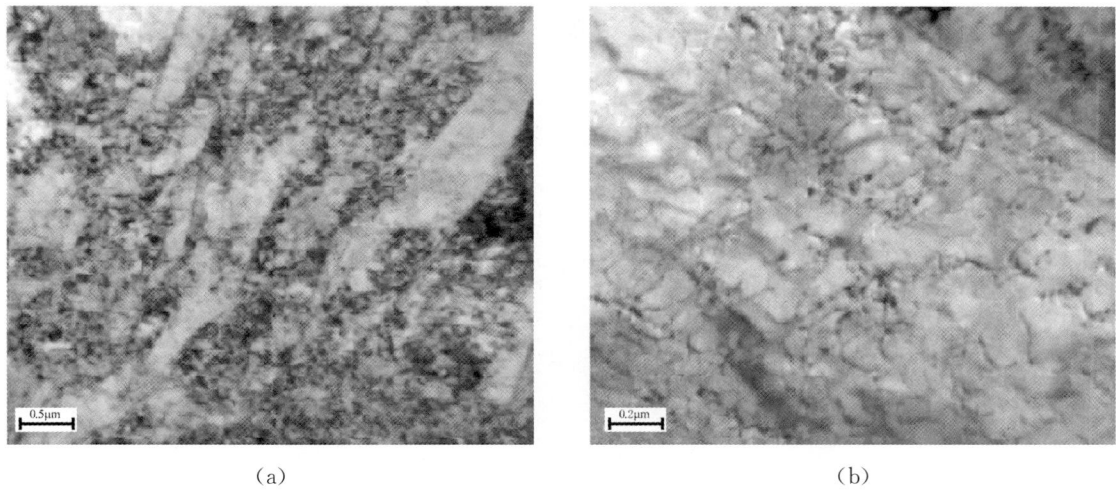

图10-51 17-4PH钢固溶处理+440℃时效处理后的TEM下形貌

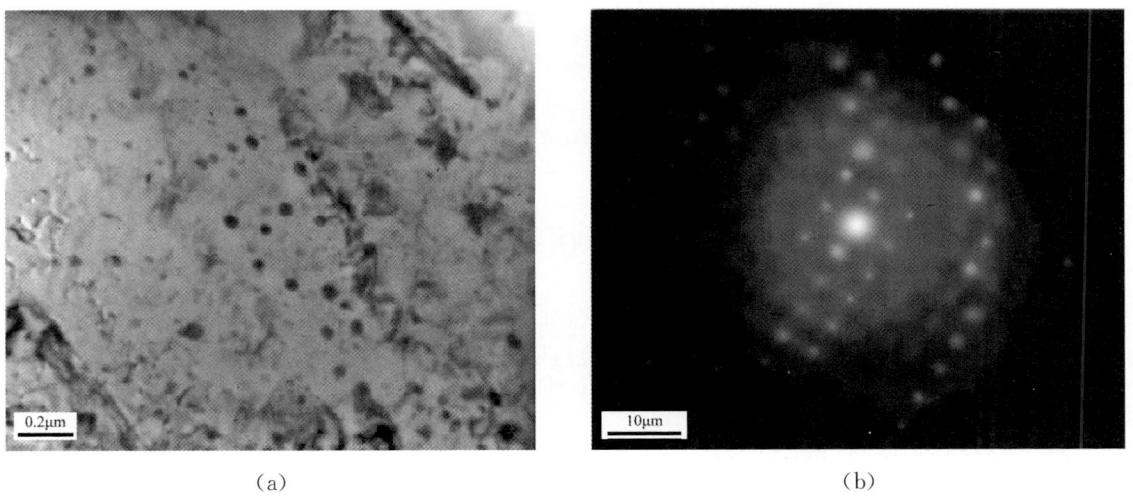

图10-52 17-4PH钢固溶处理+480℃时效处理后的TEM下形貌

当进一步提高时效温度(560℃×2h)，短时间内将会有大量的析出相在基体上析出。同时出现硬化峰值。但随着时间的延长，析出相迅速长大，位错密度下降，并在原马氏体板条边界上和板条内形成逆转变奥氏体，见图10-53。此时的组织已发生过时效，使基体强度下降，韧性提高。工程上为了达到强韧性理想配合的效果，如汽轮机和航空发动机的叶片，常采取560℃×2h的过时效处理。

图10-54为17-4PH钢锻后经1050℃×1h固溶处理、机加工、1050℃×1h淬火以及480℃×1h时效处理后的组织：回火马氏体+长条状铁素体以及弥散分布的强化析出物。

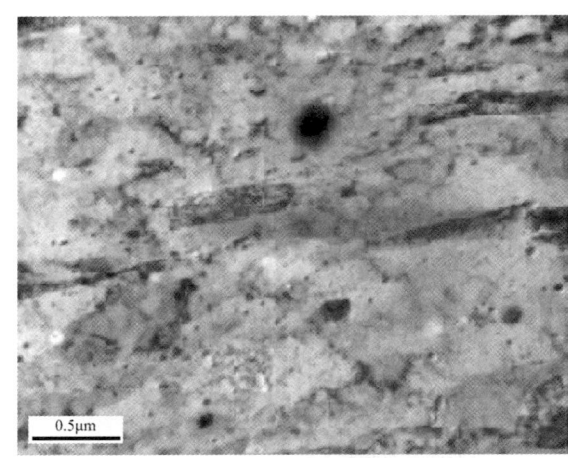

图 10-53　17-4PH 钢固溶处理＋560℃×2h 时效处理后 TEM 下形貌和逆转变奥氏体衍射斑

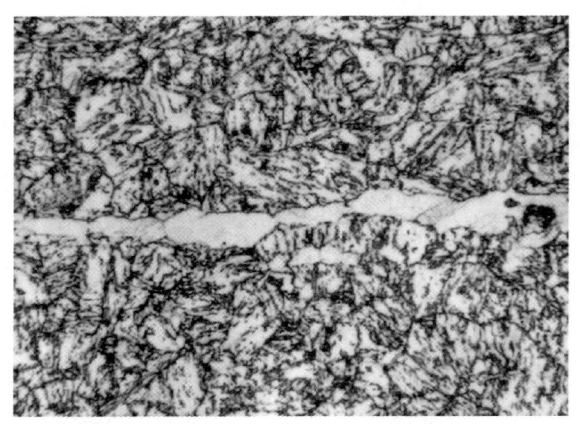

（盐酸过氧化氢溶液浸蚀）
图 10-54　17-4PH 钢经固溶、淬火及时效后组织　（500×）

10.7　铸造不锈钢及金相分析

铸造不锈钢与轧、锻不锈钢有基本相同的组织组成。但由于铸造不锈钢主要用于工件的直接浇铸成型，为保证其良好的铸造工艺性能，必然在元素组成上与相关轧、锻不锈钢有所差异。

与铸造碳素钢相比，铸造不锈钢铸造性能相对差些，容易产生冷隔、缩孔、疏松、热裂等铸造缺陷。

10.7.1　铸造不锈钢分类、牌号及化学成分

铸造不锈钢按成分一般分为 3 类：铬不锈钢、高铬不锈钢和铬镍不锈钢。此外为了节约贵重元素镍，在 20 世纪中期还发展了不用镍或少用镍的以锰、氮代镍的铬锰氮不锈钢。铸造不锈钢按使用状态（或正火态）下显微组织可分为铸造马氏体不锈钢、铸造铁素体不锈钢、铸造奥氏体不锈钢、铸造奥氏体＋铁素体双相不锈钢以及铸造沉淀硬化不锈钢。相关的热处理方案即按这种分类法制定。其中铁素体不锈钢由于室温和低温韧性差，缺口敏感性大，对晶间腐蚀比较敏感，它在铸件中的应用受到一定限制。

世界各国对于铸造不锈钢的分类基本相同，但具体牌号的命名不同，相关的成分组成也不尽相同（见 10.1.3 节）。我国铸造不锈钢牌号按 GB/T 2100—2017《通用耐蚀钢铸件》，推荐有 27 种，其中 19 种直接引用于 ISO 11972：2015《通用耐蚀铸件》标准，该标准推荐部分钢种及成分要求见表 10-16。该表中前 7 种为马氏体不锈钢，其余为奥氏体不锈钢及双相不锈钢。

表 10-16　一般用途铸造耐蚀不锈钢部分牌号及化学成分

序号	牌号	化学成分/wt%								
		C	Si	Mn	P	S	Cr	Mo	Ni	其他
1	ZG15Cr13	0.15	0.80	0.80	0.035	0.025	11.50~13.50	0.50	1.00	—
2	ZG20Cr13	0.16~0.24	1.00	0.60	0.035	0.025	11.50~14.00	—	—	—
3	ZG10Cr13Ni2Mo	0.10	1.00	1.00	0.035	0.025	12.00~13.50	0.20~0.50	1.00~2.00	—
4	ZG06Cr13Ni4Mo	0.06	1.00	1.00	0.035	0.025	12.00~13.50	0.70	3.50~5.00	Cu 0.50, V 0.05, W 0.10
5	ZG06Cr13Ni4	0.06	1.00	1.00	0.035	0.025	12.00~13.00	0.70	3.50~5.00	—
6	ZG06Cr16Ni5Mo	0.06	0.80	1.00	0.035	0.025	15.00~17.00	0.70~1.50	4.00~6.00	—
7	ZG10Cr12Ni1	0.10	0.40	0.50~0.80	0.030	0.020	11.50~12.50	0.50	0.8~1.5	Cu 0.30, V 0.30
8	ZG03Cr19Ni11	0.03	1.50	2.00	0.035	0.025	18.00~20.00	—	9.00~12.00	N 0.20
9	ZG03Cr19Ni11N	0.03	1.50	2.00	0.040	0.030	18.00~20.00	—	9.00~12.00	N 0.12~0.20
10	ZG07Cr19Ni10	0.07	1.50	1.50	0.040	0.030	18.00~20.00	—	8.00~11.00	—
11	ZG07Cr19Ni11Nb	0.07	1.50	1.50	0.040	0.030	18.00~20.00	—	9.00~12.00	Nb 8C~1.00
12	ZG03Cr19Ni11Mo2	0.03	1.50	2.00	0.035	0.025	18.00~20.00	2.00~2.50	9.00~12.00	N 0.20
13	ZG05Cr26Ni6Mo2N	0.05	1.00	2.00	0.035	0.025	25.00~27.00	1.30~2.00	4.50~6.50	N 0.12~0.20
14	ZG07Cr19Ni11Mo2	0.07	1.50	1.50	0.040	0.030	18.00~20.00	2.00~2.50	9.00~12.00	—
15	ZG07Cr19Ni11Mo2Nb	0.07	1.50	1.50	0.040	0.030	18.00~20.00	2.00~2.50	9.00~12.00	Nb 8C~1.00
16	ZG03Cr19Ni11Mo3	0.03	1.50	1.50	0.040	0.030	18.00~20.00	3.00~3.50	9.00~12.00	—
17	ZG03Cr19Ni11Mo3N	0.03	1.50	1.50	0.040	0.030	18.00~20.00	3.00~3.50	9.00~12.00	N 0.10~0.20
18	ZG03Cr22Ni6Mo3N	0.03	1.00	2.00	0.035	0.025	21.00~23.00	2.50~3.50	4.50~6.50	N 0.12~0.20
19	ZG07Cr19Ni12Mo3	0.07	1.50	1.50	0.040	0.030	18.00~20.00	3.00~3.50	10.00~13.00	—
20	ZG03Cr26Ni6Mo3N	0.03	1.00	2.00	0.035	0.025	24.50~26.50	2.50~3.50	5.50~7.00	N 0.12~0.25

注：表中的单个值表示最大值。

10.7.2 铸造马氏体不锈钢及金相分析

GB/T 6967—2009《工程结构用中、高强度不锈钢铸件》中列出的 9 个牌号钢种,主要为 Cr13 型马氏体不锈钢,其中大部分取自于 ISO 11972(GB/T 2100)。

马氏体不锈钢可分为铬马氏体不锈钢和铬、镍马氏体不锈钢。

10.7.2.1 铸造马氏体不锈钢的成分特点

Cr13 型马氏体不锈钢是一个系列,按碳含量的不同主要可分为 4 种:12Cr13(1Cr13)、20Cr13(2Cr13)、30Cr13(3Cr13)和 40Cr13(4Cr13)。其中 12Cr13 和 20Cr13 耐腐蚀性较好。而 30Cr13 和 40Cr13 耐腐蚀不如前者好,但强度和硬度高。作为铸造马氏体不锈钢常用钢种为 ZG15Cr13 和 ZG20Cr13。

为了改善铸造铬马氏体不锈钢的综合性能,在该不锈钢中加入镍,形成铬镍马氏体不锈钢。从提高马氏体铬不锈钢的耐腐蚀性能出发,需要提高铬的含量,但铬是扩大铁素体相区的形成元素,只提高铬的含量,钢的显微组织将成为不可淬硬的铁素体组织,失去马氏体不锈钢高强度、强韧性的特点。为此在钢中加入(1.5wt%~2.5wt%)镍,形成普通的铬镍马氏体不锈钢,如 ZG10Cr17Ni2,使钢在高温时出现稳定的奥氏体,又可冷却淬硬。也可用 γ 形成元素镍代替碳,而形成低碳铸造铬镍马氏体不锈钢,以提高耐蚀性,如 ZG10Cr12Ni、ZG06Cr12Ni4、ZG06Cr13Ni4Mo、ZG06Cr16Ni5Mo 和铸造沉淀硬化马氏体不锈钢 ZG05Cr17Ni4Cu4Nb 等。

铸造铬镍马氏体不锈钢或铬镍钼马氏体不锈钢中的镍含量一般为 1.0wt%~6.0wt%,镍是 γ 相形成元素,加入镍后可以降低钢中的含碳量和提高钢的铬含量,从而提高钢的耐腐蚀性能,又获得可淬性,使钢获得高强度、强韧性和良好的抗腐蚀性能。这就解决了马氏体铬不锈钢难以同时获得的高强度、高耐磨性和高耐腐蚀性之间的矛盾。镍在铬镍马氏体钢中可提高钢的抗拉强度和回火后硬度,同时镍还能提高钢的耐腐蚀性,例如在气蚀条件下,13wt%铬马氏体不锈钢中含 2.0wt%镍的钢较含 1.0wt%镍的钢,其耐腐蚀性能提高 3 倍。

铸造铬镍钼马氏体不锈钢中钼的含量一般为 0.5wt%~1.5wt%。钼在钢中的作用主要是提高淬透性、提高钢的强度而不降低韧性,增强钢的回火稳定性和二次硬化效应,同时也提高钢的耐腐蚀性能。以 ZG06Cr13Ni4Mo 钢为例,这种钢具有良好的抗淡水和海水的腐蚀性能和比较高的强度、硬度和抗磨性能,同时具有良好的铸造性能和均一的基体组织,适合于铸造大型和复杂的铸件。

10.7.2.2 铸造马氏体不锈钢的热处理和力学性能

铸造马氏体不锈钢的热处理通常包括退火、淬火和回火 3 种工艺。退火的目的是消除铸造应力,淬火的目的是得到马氏体,并防止碳化物的析出,回火则是为了消除淬火应力和提高冲击吸收功以获得良好的综合力学性能和耐腐蚀性能。淬火后回火要及时,否则会引起开裂,淬火和回火的时间间隔最好不要超过 8 h。

Cr13 型不锈钢具有回火脆性倾向,但不如一般合金结构钢那么明显。ZG15Cr13 未发现明显的回火脆性,但 ZG20Cr13 钢调质后,因回火脆性而影响其冲击吸收功。

在超低碳高镍马氏体钢中,马氏体的形成不需要快冷,马氏体甚至可以在变温或等温中形成。这种钢的马氏体不同于 Fe-C 系马氏体的体心立方结构(长方体),从而没有 Fe-C 系马氏体的回火现象,不会出现逆转变的奥氏体,并可以在较高的温度下发生马氏体基体的沉淀。其马氏体的硬度约为 25 HRC,且有良好的韧性。

铸造铬镍钼马氏体不锈钢钢一般采用正火—回火处理,正火温度 955~980℃,保温后空冷,由于铬、镍、钼的综合作用,这种钢有着良好的淬透性,厚度为 125 mm 的截面,在空冷的条件下都能淬透,得到马氏体组织,回火温度为 595~650℃,经此规范处理后的力学性能达 $R_{p0.2} \geqslant 550$ MPa,$R_m \geqslant 750$ MPa,$A \geqslant 15\%$,$Z \geqslant 35\%$,$KV \geqslant 50$ J,硬度为 217~285 HB。

10.7.2.3 铸造马氏体不锈钢的金相分析

铬属于缩小 γ 相区的元素,它促使形成铁素体,ZG15Cr13 钢和 ZG20Cr13 钢在平衡状态下得到的金相组织是铁素体(α)和碳化物(C_{em}),参看图 10-55。热处理后的该钢组织主要由碳决定。如果钢的含碳量低于 0.08wt%,金相组织是单一的铁素体;提高碳含量至 0.10wt%~0.15wt%,淬火后的金相组织变为铁素体+马氏体的混合组织；提高含碳量至 0.15wt%～0.25wt%，淬火后为单一的马氏体组织。ZG15Cr13 钢的碳含量一般为 0.10wt%～0.15wt%，淬火得到铁素体+马氏体组织，高温回火后得到铁素体+索氏体，见图 10-56。ZG20Cr13 钢的含碳量为 0.16wt%～0.24wt%，淬火后得到马氏体组织，高温回火后变为索氏体组织，见图 10-57。回火时由于回火温度不同，由马氏体析出的碳化物类型也不同，低温回火析出的碳化物为 $(Fe,Cr)_3C$，中温回火时析出 $(Fe,Cr)_7C_3$，高温回火时析出 $(Cr,Fe)_{23}C_6$，由于中温回火析出的碳化物含铬量较高，而中温回火时温度偏低，铬原子的扩散比较困难，基体中的铬元素难以均匀化，耐腐蚀性能较差。所以，Cr13 型不锈钢一般避免在中温回火状态下使用。

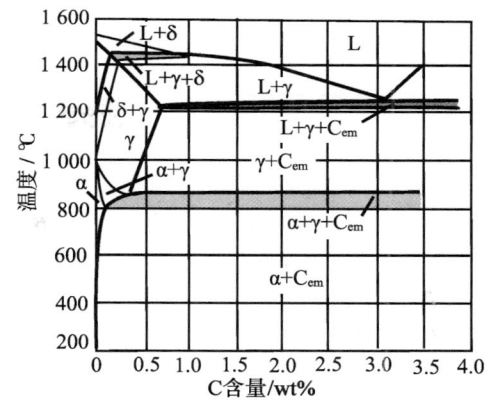

图 10-55　Fe-Cr-C 合金平衡图中含 12wt% 铬的截面图（平衡态）

Cr13 型不锈钢由于合金含量比较高，淬火后即使进行高温回火，基体组织也不会完全再结晶，高温回火后组织仍保留马氏体位向，习惯上称为保留马氏体位向的回火索氏体组织。

（$FeCl_3$ 盐酸水溶液浸蚀）
图 10-56　ZG15Cr13 钢调质组织　（500×）

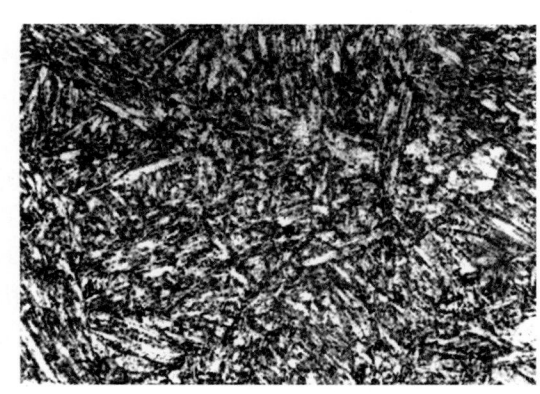

（$FeCl_3$ 盐酸水溶液浸蚀）
图 10-57　ZG20Cr13 钢调质组织　（500×）

铸造铬镍钼马氏体不锈钢的铸态组织为板条状马氏体及在马氏体板条之间析出的、呈弥散状态的碳化物，热处理后为板条状马氏体+少量的奥氏体。

10.7.3　铸造奥氏体不锈钢及金相分析

铸造奥氏体不锈钢按成分可以分为铸造铬镍奥氏体不锈钢和铸造铬锰氮不锈钢，前者以镍为奥氏体的形成元素，后者以锰、氮为奥氏体的形成元素，并加入适量的镍。铬镍奥氏体不锈钢在多种腐蚀介质中有着十分优良的耐腐蚀性能，可焊性好，并有良好的综合力学性能，但铬镍奥氏体不锈钢的强度和硬度偏低，不宜用于承受重载荷的设备和对耐磨性有要求的设备，而铬锰氮不锈钢由于氮的强化作用，具有很高的强度，可用于承受重载荷而对耐腐蚀性要求不高的设备。

10.7.3.1　铸造奥氏体不锈钢的化学成分特点

铬镍奥氏体不锈钢比铬马氏体不锈钢具有更高的耐腐蚀性，更好的可焊性，同时具有高的韧性和低温韧性，基本无磁性。由于奥氏体比铁素体再结晶温度高，所以这种钢可以作为 550℃ 以上工作的热强钢使用。ZG07Cr19Ni10、ZG07Cr19Ni11Nb、ZG03Cr19Ni11Mo2、ZG03Cr19Ni11Mo2N 等为常用的铸造铬镍奥氏体不锈钢。

美国 ASTM A351M-2018《承压零件用奥氏体铸件的规格》标准中列出了 CF3、CF3M、CF8、CF8M 等铸造奥氏体不锈钢牌号，有与之相对应的国际标准牌号，组成相似、具体元素的控制范围有差异的国际标准牌号。

在铸造状态下,奥氏体向铁素体转化往往不能完全转化。当钢中出现碳化物时,其耐蚀性就大大降低。碳和铬及铁能形成一系列的碳化物,如$(Fe,Cr)_3C$、$(Fe,Cr)_7C_3$、和$(Fe,Cr)_{23}C_6$等,大大地消耗了奥氏体中的含铬量。当碳化物沿晶界析出时,由于出现贫铬区而造成晶间腐蚀。为了消除钢中的碳化物可进行固溶处理。碳过饱和于奥氏体中,有着自然析出碳化物的倾向,但在常温下原子的活动能力低,原子的扩散和聚集困难,碳化物难以生成,但当钢加热到500℃以上时,又会析出碳化物。为此往往在钢中加入强碳化物形成元素铌或钛,经过适当的热处理(稳定化处理),使多余的碳成为TiC或NbC析出,防止以后受热时析出碳化铬,从而提高其耐蚀性。由于钛在浇铸时容易形成氮化物,会增加脆性,故在新标准中已无含钛的奥氏体不锈钢牌号。

加铌或钛的奥氏体不锈钢需要进行稳定化处理才能发挥抗晶间腐蚀的性能。但在稳定化处理时,钢中的铁素体容易分解出一种硬而脆的σ相,从而降低钢的韧性,σ相的耐腐蚀性也差,特别是降低钢的耐点腐蚀性能。

随着冶炼技术的发展,氩氧精炼(AOD)和真空氩氧脱碳精炼(VOD)等炉外精炼技术的采用,不锈钢中的碳含量已可以达到低碳(0.04wt%~0.06wt%)或超低碳(0.02wt%~0.03wt%)的水平,从根本上消除或避免晶间腐蚀的产生。

ZG07Cr19Ni10钢对硝酸有着良好的耐蚀性,但对硫酸的耐蚀性较差,为了提高钢对硫酸的耐蚀性,可加入2wt%~3wt%钼。由于钼是铁素体的形成元素,为了减少铁素体的析出,需将镍量由9wt%提高到12wt%。

10.7.3.2 铸造铬镍奥氏体不锈钢热处理工艺

铸造18-8类不锈钢的热处理一般有去应力处理、固溶处理和稳定化处理,工艺方法与锻轧18-8不锈钢相同。

消除冷加工应力的去应力温度为300~350℃,对不含铌(或钛)的ZG07Cr19Ni10钢来说,不应超过450℃,以免析出碳化铬而引起晶界腐蚀。消除焊接以后的残余应力,一般不低于850℃,并以较快的冷却速度通过碳化铬强烈析出的温度区间,540℃以后再空冷。

固溶处理是把钢加热到ES线以上,使碳化物强化相溶解,不同强化相在固溶体中溶解的温度是不同的,ZG07Cr19Ni10中的碳化物$Cr_{23}C_6$在850℃已大量溶解,而含钛的钢TiC要在1150~1200℃才开始溶解,加热温度过高会出现δ相,δ相的大量出现使钢抗均匀腐蚀性能降低,出现晶间腐蚀的敏感性增加,所以固溶处理温度不宜过高,一般为1050~1150℃,常用1050~1100℃。固溶处理温度对18-8钢δ铁素体含量的影响如图10-58所示,固溶处理还有使钢均匀化的作用,因此,固溶处理温度也不能过低。

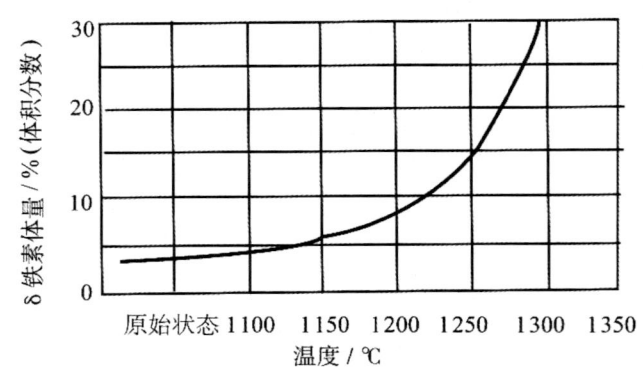

图10-58 固溶处理温度对18-8钢δ铁素体含量的影响

为了防止以后加热时析出碳化铬,通常的稳定化处理是在850~900℃,保温在2~4h,然后空冷。

10.7.3.3 铸造铬镍奥氏体不锈钢的金相分析

1. 铸造奥氏体不锈钢的铸态组织

图10-59为ZG10Cr18Ni12Mo3Ti(旧牌号)钢的铸态组织:奥氏体、岛状的铁素体、点状和线段状的

碳化物和碳氮化合物,以及在奥氏体和铁素体晶界上少量灰色的σ相,铸态由于冷却缓慢,容易在晶界和晶内析出富铬的碳化物和σ相,合金成分不均匀,会降低钢的耐腐蚀性和韧性,所以铸态必须经过适当的热处理,方能发挥其应有的性能。

2. 铸造奥氏体不锈钢固溶处理后的金相组织

铸造铬镍奥氏体不锈钢固溶处理后的金相组织为单相奥氏体或奥氏体+少量铁素体。ZG1Cr18Ni9Ti(旧牌号)钢、ZG1Cr18Ni12Mo3Ti(旧牌号)钢经固溶处理后的金相组织为奥氏体+未溶解的TiC,有时有少量的铁素体,根据成分和热处理温度的不同而有所差异。图10-60为ZG03Cr19Ni11Mo3钢固溶处理后的金相组织:单相奥氏体。图10-61为ZG03Cr18Ni10钢固溶处理后的金相组织:奥氏体+铁素体,呈枝晶状分布。由于铸件比较大,成分偏析较为严重,铁素体比较多。含铌(或钛)的钢经固溶处理+稳定化处理后的显微组织为奥氏体+铁素体+碳化物,析出的TiC颗粒十分细小,在明场观察难以分辨,如在暗场观察呈云状分布。

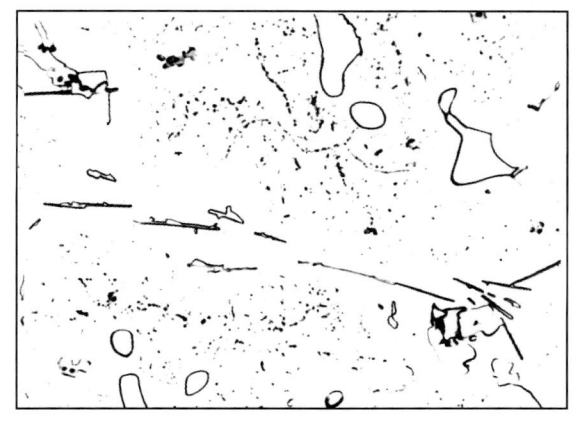

(王水甘油浸蚀)

图10-59 ZG10Cr18Ni12Mo3Ti(旧牌号)钢铸态组织 (500×)

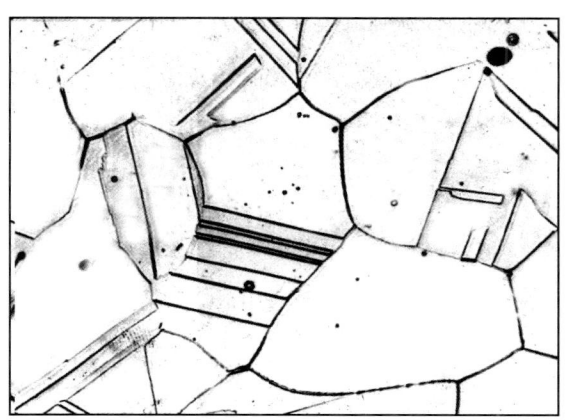

(10%草酸水溶液电解浸蚀)

图10-60 ZG03Cr19Ni11Mo3钢固溶处理组织 (200×)

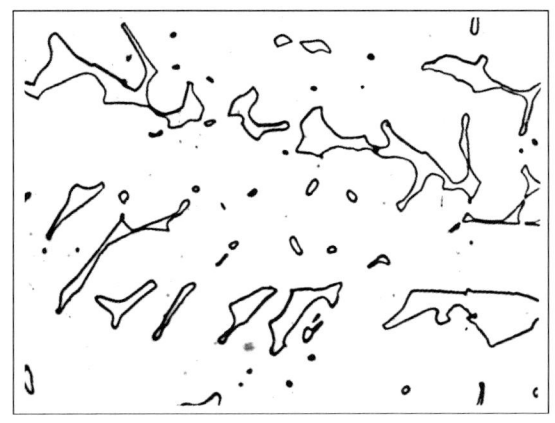

(10%草酸水溶液电解浸蚀)

图10-61 ZG03Cr18Ni10钢固溶处理组织 (100×)

3. 铁素体含量的测定

奥氏体不锈钢中铁素体含量的测定方法有金相图谱法、图像仪法、磁性法以及图表法。具体见10.3.4节介绍。

10.7.4 铸造奥氏体铁素体双相不锈钢及金相分析

双相不锈钢按成分也可分为铬镍双相不锈钢和铬锰氮双相不锈钢。

10.7.4.1 铸造铬镍双相不锈钢

1. 铸造铬镍双相不锈钢的化学成分

常用的铸造铬镍双相不锈钢主要合金元素及成分范围见表10-17。并可分为18-5(Cr-Ni)，22-5，25-5 三类。该类钢使用比较多的是25-5型的 ZG03Cr26Ni6Mo3N 和 ZG03Cr26Ni6Mo3Cu3N 等钢。现以 ZG03Cr26Ni6Mo3N 为代表简单介绍这类铬镍双相不锈钢，其化学成分如前面表10-17(序号20)所示。当适当控制铬当量和镍当量，并且热处理正确时，α 与 γ 两相体积分数之比约为 60∶40，以 α∶γ≈1 时性能最优。它不但强度高，而且耐局部腐蚀，特别是耐应力腐蚀和点腐蚀性能更为优异，适用于耐稀硫酸、醋酸以及各种氯化物水溶液的腐蚀，在石油、石油化工、海水、地下水等介质冷却设备得到广泛的应用。

表10-17 常用铸造铬镍双相不锈钢主要合金元素成分范围

元素	C	Cr	Ni	Mo	Si	Mo	Cu	N
含量/wt%	0.03～0.08	17～28	3.0～10	0～6	0.5～6	0.5～2.0	0～3.0	0～0.4

2. 铸造铬镍双相不锈钢热处理和力学性能

ZG03Cr26Ni6Mo3N 钢经 1050～1100℃ 固溶淬火处理后，屈服强度为 450 MPa。比奥氏体不锈钢 ZG03Cr19Ni11Mo3 钢的屈服强度 180 MPa 高出 270 MPa，而塑性和冲击吸收功基本不变。但当固溶处理温度过低时，由于 σ(χ) 相的析出，将显著降低钢的塑性和韧性。

3. 铸造铬镍双相不锈钢金相分析

双相不锈钢除了奥氏体和铁素体外还可能存在下列各种相。

(1) 二次奥氏体(γ_2)。一般将最终热处理钢前的奥氏体称为一次奥氏体，而经热处理后，产生的 α→γ_2 反应或 δ→γ_2＋碳化物，所新生成的奥氏体称为二次奥氏体。当双相不锈钢加热温度超过 1200℃ 时，双相组织变为单相的铁素体，这时丧失双相不锈钢的优良性能。若重新在低于单相铁素体的温度加热，则钢中的铁素体会析出二次奥氏体，这种二次奥氏体以针状或羽毛状的形态出现，这种形态的奥氏体对钢的性能有不利的影响。和锻件不同，如果锻造温度过高，会出现单相的铁素体，在以后适当的固溶温度处理时，这时析出的二次奥氏体为等轴状，对钢的性能不会产生不利的影响。

(2) 马氏体。双相不锈钢的 M_S 大都在室温附近或室温以下，取决于合金成分。因此经过低温处理或冷加工，可以产生马氏体转变。马氏体的产生可增加钢的硬度，同时对钢的腐蚀性能也有不利影响。

(3) 碳化物。双相不锈钢在低于 1050℃ 加热时，容易析出碳化物，由于 γ 的碳含量较高，而 α 的铬含量较高，所以在铁素体和奥氏体的晶界上最容易析出碳化物。低于 950℃ 时析出的碳化物类型为 $M_{23}C_6$，主要在 α/γ 相界析出，其次是 α/α，γ/γ 相界析出，950～1050℃ 高温时析出的碳化物类型为 M_7C_3。虽然双相不锈钢的碳化物容易从晶界析出，但双相不锈钢大多为超低碳不锈钢，其含碳不高于 0.03wt%，即使碳化物沿晶界析出，也不足以形成连续网状而引起晶间腐蚀，不像单相的奥氏体和单相的铁素体，由于碳化物沿晶界析出而引起晶间腐蚀那样敏感。

(4) 金属间化合物。双相不锈钢可能出现的金相间化合物有 α′相、σ 相、χ 相，R 相和 $Fe_3Cr_3Mo_2Si_2$ 相等。

① α′相。双相不锈钢固溶处理后，在 400～550℃ 重新加热会发生 α→α′ 转变，使钢强度增加，韧性降低，即产生所谓 475℃ 脆性；

② σ 相。双相不锈钢在 650～950℃ 时会发生 α→γ′＋σ(χ) 转变。σ 相使钢变脆，耐腐蚀性降低，σ 相在 950℃ 时生成速度很快，所以钢在固溶处理要求快冷，以防 σ 相的析出；

③ χ 相。双相不锈钢中，在 600～950℃ 加热，会发生 α→γ′＋χ(σ) 反应而生成 χ 相，χ 相有时只是一种能转变成 σ 相的亚稳定相，χ 相一般出现在含钼的双相不锈钢中，χ 相也是一种使钢的塑性、韧性、耐腐蚀性降低的有害相；

④ R 相。在 0Cr12Ni7Mo25Cu1.5(旧牌号)中 R 相的化学成分为 Fe_2Mo，而在 00Cr18Ni5Mo3Si2(旧牌号)中为 $Fe_{24}Cr_{13}MoSi$，也是一种脆性相，同样是降低钢的耐腐蚀性能的有害相。$Fe_3Cr_3Mo_2Si_2$ 相存在于 00Cr18Ni5Mo3Si2 钢中，固溶处理后，如在 450～750℃ 加热，$Fe_3Cr_3Mo_2Si_2$ 相沿晶呈片状析出，使不锈

钢沿晶脆断。

图 10-62 为 ZG03Cr26Ni5Mo3N 钢经固溶处理后的显微组织,淡灰色为铁素体,白亮色为奥氏体。

铸造双相不锈钢中铁素体含量的测定可参见本章 10.3.4 节介绍。

10.7.4.2 铸造铬锰氮双相不锈钢

1. 铸造铬锰氮双相不锈钢的成分

铬锰氮不锈钢是为了节约贵重的镍而发展起来的。铬锰氮钢的铬含量和铬镍不锈钢的铬含量相同,如 ZG1Cr18Mn13Mo2CuN(旧牌号)钢中,用 13wt%锰和 0.2wt%~0.3wt%的氮来完全代替镍,

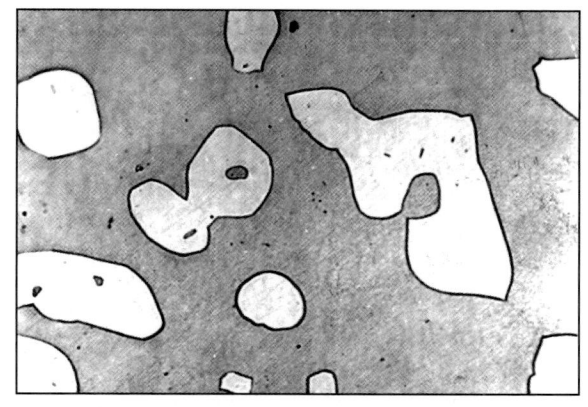

图 10-62　ZG03Cr26Ni6Mo3N 钢固溶处理后组织 (500×)

而 ZG1Cr18Mn9Ni3Mo3Cu2N(旧牌号)钢中是用锰、氮来代替部分的镍。从扩大奥氏体相区的作用来说,锰的作用是镍的一半,而氮的作用相当于 30 倍的镍,由于锰的作用小于镍,如果全部用锰代镍,则锰含量要达 20wt%,这样容易引起加工性能和焊接性能的变坏;如果全部用氮代替镍,则由于氮在铁素体中的溶解度小,而容易产生气孔。因此必须有一定量的锰和氮的配合使用。加入适量的锰形成奥氏体后,可促进氮在奥氏体中的溶解度,进一步增加奥氏体的含量。氮除了可以代替贵重元素镍外,还使钢具有许多良好的性能,如固溶强化提高钢的强度,且不降低钢的塑性和韧性。同时氮能降低铬在钢中的活性,从而提高钢的耐晶间腐蚀和抗应力腐蚀性能以及在氯化物环境中耐点腐蚀和缝隙腐蚀的性能。为了提高钢的抗硫酸的腐蚀性能,一般又可加入 1.5wt%~2.0wt%的钼和 1.0wt%~1.5wt%的铜。

2. 力学性能

铸造铬锰氮钢铸件热处理后的力学性能见表 10-18。

表 10-18　铸造铬锰氮双相不锈钢的热处理及力学性能

钢号	热处理		力学性能不小于				
	淬火温度/℃	冷却介质	$R_{p0.2}$/MPa	R_m/MPa	A/%	Z/%	KU/J
ZG1Cr18Mn13Mo2CuN(旧牌号)	1050~1100	水	400	600	30	40	80
ZG1Cr17Mn9Ni3Mo3Cu2N(旧牌号)	1050~1100	水	400	600	25	35	80

3. 铸造铬锰氮双相不锈钢金相分析

铬锰氮双相不锈钢在铸态下的金相组织为奥氏体+铁素体+碳化物,固溶处理后为奥氏体+铁素体。图 10-63 为 ZG06Cr17Mn14Mo2N 钢固溶处理后的显微组织,一般含铁素体体积分数为 20%~40%;如经时效处理,则发生 α→γ+σ+C 反应而析出 σ 相和碳氮化合物,使钢变脆和腐蚀性能下降。

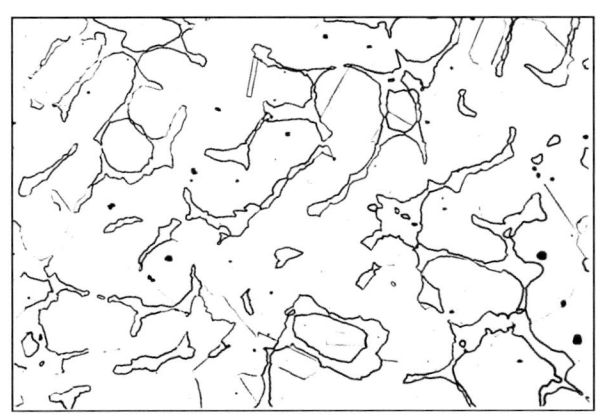

图 10-63　ZG06Cr17Mn14Mo2N 钢固溶处理后组织 (500×)

10.7.5 铸造马氏体沉淀硬化不锈钢及金相分析

ZG05Cr17Ni4CuNb 是一种马氏体型沉淀硬化不锈钢,它相当于锻造钢牌号 17-4PH。最初经美国铸造学会制定的沉淀硬化不锈钢牌号 CB-7Cu 钢演变而来,其化学成分见表 10-19。

表 10-19 CB-7Cu 钢化学成分　　　　　　　　　　　　　　　　wt%

C	Si	Mn	P	S	Cr	Ni	Cu	Nb
≤0.07	≤1.00	≤1.00	≤0.040	≤0.040	15.5~17.5	3.0~5.0	3.0~4.0	0.15~0.45

这种钢的马氏体起始点(M_s)在室温以上,油淬后可以得到马氏体组织,然后加热到 496℃ 左右时效处理,析出富铜的 ε 硬化相,使强度和硬度大为提高,而耐腐蚀性和 ZG1Cr18Ni9Ti 相似。

CB-7Cu 钢一般采用的固溶温度为 1000~1050℃,然后在 496℃ 时效 1h 空冷。

CB-7Cu 钢的 M_S 约为 121℃,M_f 约为 32℃,所以固溶后快冷到室温可以得到马氏体+δ铁素体组织。固溶温度越高,铁素体量越多,同时使 M_S 下降,残留奥氏体量越多,固溶后硬度降低,时效后的强度和硬度也降低。时效温度一般为 400~500℃,高于 500℃ 时效,强化效果降低,塑性提高,表 10-20 是各种热处理对其力学性能的影响,表 10-21 是铸件壁厚对力学性能的影响。

表 10-20 热处理对 CB-7Cu 钢力学性能的影响

力学性能	铸态	A（固溶）	时效温度/℃						
			425	455	480	510	540	565	650
R_m/MPa	1061	970	1120	1180	1243	1201	1194	1039	907
$R_{p0.2}$/MPa	732	794	1000	993	1096	1074	1034	984	650
A/%	2.5	13.5	5	6	8	6	13	16	15
Z/%	5.0	37.0	15	15	11	14	32	48	56
硬度/HB	366	310	370	387	405	393	367	333	273

表 10-21 铸件壁厚对 CB-7Cu 钢力学性能的影响

力学性能	铸件壁厚		
	25.4 mm	50.8 mm	76.2 mm
R_m/MPa	1041	1019	1010
$R_{p0.2}$/MPa	921	921	900
A/%	19	18.5	13
Z/%	53.3	52	36.5
硬度/HB	302	302	302

固溶处理后的显微组织为马氏体+铁素体,时效后在马氏体中析出富铜的 ε 硬化相,见图 10-64。

10.8　不锈钢的腐蚀行为

不锈性和耐蚀性是不锈钢的基本特性,但其不锈性和耐蚀性是相对的。在一定的服役环境内,具体的不锈钢还会出现不同程度的腐蚀现象,而且各种不锈钢的具体耐蚀性能不尽相同,各有不同的适用环境。

10.8.1　不锈钢腐蚀行为及分类

对于金属受到腐蚀破坏形态区域不同、形成的机理不同,一般把腐蚀现象分为两大类:全面(均匀)腐

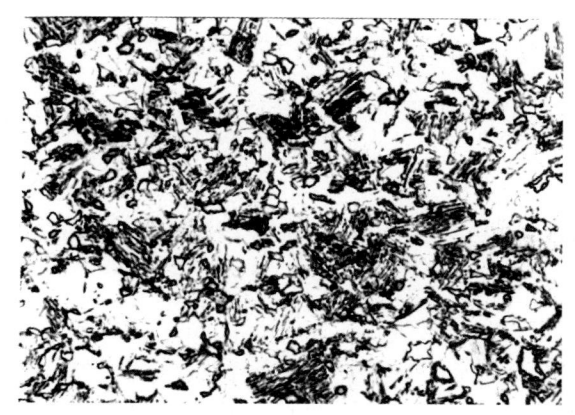

图 10-64　CB-7Cu(17-4PH)钢时效后的显微组织　(500×)

蚀和局部腐蚀,不锈钢发生的腐蚀大多为局部腐蚀。

全面腐蚀包括磨损腐蚀、摩擦腐蚀等。

从金属的表面开始,在很小区域内,由于腐蚀而发生的选择性破坏现象称为局部腐蚀。不锈钢的局部腐蚀主要表现有点腐蚀、晶间腐蚀、应力腐蚀、疲劳磨损等腐蚀现象。各种腐蚀现象的示意见图 10-65。

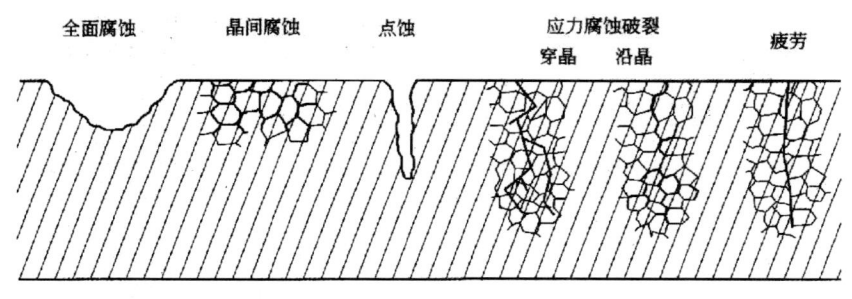

图 10-65　主要腐蚀现象示意图

10.8.1.1　全面腐蚀

全面腐蚀,也称均匀腐蚀或普通腐蚀,是指腐蚀均匀地分布在整个金属的内、外表面上,由于腐蚀使零件受力的有效截面减少而破坏,全世界每年由于腐蚀而损耗大量的金属。金属的全面腐蚀有化学溶解腐蚀,更主要更多的是电化学腐蚀。评定金属抗普通腐蚀性能的方法,通常是用腐蚀速度,即单位面积金属在单位时间内的失重($g/m^2 h$),或腐蚀率即每年腐蚀掉的金属深度(mm)来表示。

不锈钢的不锈耐蚀性主要是由于钢的表面覆盖有富铬氧化膜(钝化膜)。而不锈钢表面的氧化膜因成分及工艺不同而有差异,并在各种腐蚀介质有不同的适应性,因此各种不锈钢有不同的抗全面腐蚀能力。在铬镍含量相当的不锈钢中,一般奥氏体不锈钢的耐蚀性最好,铁素体不锈钢次之,马氏体不锈钢最差。

10.8.1.2　点腐蚀和缝隙腐蚀

点腐蚀是集中在金属的局部表面上并迅速地向纵深方向发展的一种腐蚀,最后可能穿透金属。

点蚀过程可分成两个有区别的阶段:小孔产生或保护膜的破裂以及小孔在深度和体积上的生长。点蚀过程的这种分阶段法可用于分析合金成分和组织、环境的组成和温度对点蚀的影响。小孔一旦产生,其生长是电化学过程的结果,在这个过程中,小孔作为小阳极与其周围没有形成小孔区域的大阳极电化学相连。电解液是腐蚀介质。腐蚀过程是自催化过程,因为氯离子进入小孔降低 pH 值。

点腐蚀在含有氯离子的介质中特别容易出现,由于氯离子容易吸附在不锈钢表面的个别点上,破坏了钝化膜,形成微阳极,其他区域为微阴极,组成微电池,造成电腐蚀的不断加深,不锈钢如果表面存在铸造缺陷、缩孔、疏松、非金属夹杂物等是引起点腐蚀的重要原因,复相的奥氏体-铁素体双相钢比单相奥氏体不锈钢点腐蚀的倾向大,这是由于不同组织之间形成微电池的缘故,通常用单位面积上腐蚀坑的数量及最大深度来评定点腐蚀倾向的大小。在氯化物环境中影响不锈钢点蚀的,主要是基体中的铬、钼、氮合金元素,为描述合金元素数量与腐蚀性能之间的关系,学者们建立了数学关系式,其中应用最普遍的是称之为点蚀抗力当量值或点蚀指数(PRE 值)的数学关系式:

$$\text{PRE(PREN)} = \text{wt}\% \text{ Cr} + 3.3 \times \text{wt}\% \text{ Mo} + x \times \text{wt}\% \text{ N} \tag{10-5}$$

式中 $x = 10 \sim 30$,最常使用的系数是 16。

此方程仅考虑铬、钼以及氮 3 个元素的作用,具体用 PREN 表示,随后又建立了引入其他元素的数学关系式:

$$\text{PREMn} = \text{wt}\% \text{ Cr} + 3.3 \text{wt}\% \text{ Mo} + 30 \times \text{wt}\% \text{ N} - \text{wt}\% \text{ Mn} \tag{10-6}$$

$$\text{PREW} = \text{wt}\% \text{ Cr} + 3.3 \times \text{wt}\%(\text{Mo} + 0.5\text{W}) + 16 \times \text{wt}\% \text{ N} \tag{10-7}$$

$$\text{PREN(S+P)} = \text{wt}\% \text{ Cr} + 3.3 \times \text{wt}\% \text{ Mo} + 30 \times \text{wt}\% \text{ N} - 123 \times \text{wt}\%(\text{S+P}) \tag{10-8}$$

这些关系式给出了一个快捷的评估点蚀抗力的方法,更为有用的是对一些不锈钢作出的 PRE 值与临界点蚀温度(CPT)的关系。几种不锈钢的 PRE 值见表 10-22,可见部分双相不锈钢有更优异的抗点蚀性能。需要指出,单纯用 PRE 值来评估双相不锈钢的点蚀抗力不是最合适的参数,因为有决定性的铬、钼、氮合金元素在两相间的分配并不平衡,在这些元素的贫化区必然是点蚀抗力的最弱区,易优先遭到侵蚀。

表 10-22 几种不锈钢的 PRE 值

钢种	S30403(304L)	S31603(316L)	S23043(2304)	S22053(2205)	S25073(2507)
PRE/%	18.4	24.3	24.6	34.1	43.0

缝隙腐蚀是工件联结结构缝隙间发生的腐蚀,对于不锈钢发生的缝隙腐蚀一般可看做"人工"小孔点腐蚀。

10.8.1.3 晶间腐蚀

晶间腐蚀是沿晶粒间发生的局部腐蚀,如图 10-66 所示。由于它通常不引起金属外形的任何变化而突然破坏,对设备的危害性极大,晶间腐蚀的发生主要与杂质或化合物在晶界析出或偏聚有关。

金属的晶界结构十分复杂,在晶界可能有杂质的偏聚,产生晶界吸附现象;还可能有第二相的沉淀现象;晶界也是各种缺陷聚集的区域。因而晶界是原子排列紊乱而又疏松的区域,存在着显著的成分不均匀性,导致电化学的不均匀性,在适宜的腐蚀性介质中,晶界的溶解速度与晶粒本体的溶解速度不同就会产生晶间腐蚀。由于受热或受力而引起的与晶界有关的组织结构变化都对晶间腐蚀有显著的影响。

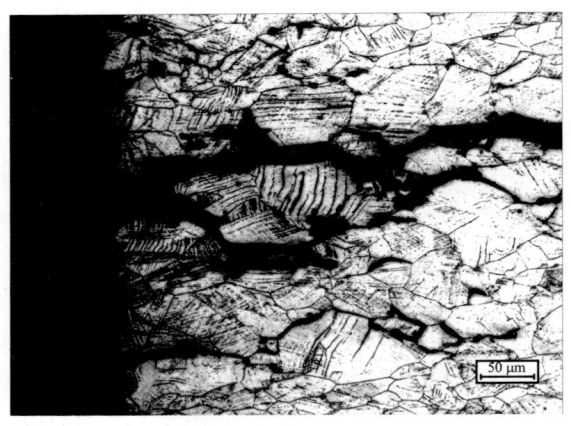

(10%草酸水溶液电解腐蚀)

图 10-66 晶界腐蚀形貌

晶间腐蚀一般均用贫化原理解释。奥氏体不锈钢在敏化温度(500～850℃)范围内受热时,奥氏体中过饱和的碳就会迅速地向晶界扩散,与铬形成碳化物 $Cr_{23}C_6$ 而析出。由于铬的扩散速度较慢且得不到及时的补充,因此晶界周围严重地贫铬。当晶界周围的铬含量低于钝化所需要的铬含量(约 12wt%)时,便成为电化学腐蚀的阳极区而遭到腐蚀。

不锈钢在强氧化性介质中的腐蚀电位处于钝化电位区。此时敏化态的不锈钢不产生晶间腐蚀,而固溶态的不锈钢反而产生晶间腐蚀。研究表明,在这种介质环境内,在晶界上的杂质元素(微量的磷和硅)或沉淀相(如 σ 相)的选择性溶解是引起晶间腐蚀的主要原因。例如,曾观察到磷和硅的杂质在固溶态不锈钢晶界上的偏聚和选择性溶解,当敏化加热时,析出的碳化物有可能阻碍磷在晶界上的偏聚,因此反而不产生晶间腐蚀。

铁素体不锈钢也有晶间腐蚀问题。一般铁素体不锈钢的敏化温度高于927℃。在此温度以上无论水冷或空冷都有晶间腐蚀倾向。当在650℃或788℃经过几分钟或数小时退火后慢冷,一般均可消除晶间腐蚀倾向。由此可见,铁素体不锈钢焊接后在焊缝金属和熔合线处易产生晶间腐蚀。双相不锈钢的抗晶间腐蚀能力比奥氏体不锈钢好,但处理不当也有一定的晶间腐蚀倾向。

10.8.1.4 应力腐蚀断裂

在没有外力作用的情况下,金属材料在腐蚀介质中的腐蚀速度甚微。但承载后即使应力水平远低于材料的屈服强度,一段时间后材料也会发生突然脆断。这种在应力和介质共同作用下所造成的材料破坏现象,称为应力腐蚀断裂,简称SCC(Stress Corrosion Cracking)。

应力腐蚀的特点如下:

① 必须具有拉应力,或拉应力分量;
② 具有特定的腐蚀介质,对于奥氏体不锈钢,氯化物对其特别敏感;
③ 腐蚀反应集中在裂纹尖端,是一种最局部化的腐蚀形式;
④ 断裂速度约在 $10^{-8} \sim 10^{-1}$ cm/h 数量级的范围内,远大于没有应力时的腐蚀速度,又远小于单纯的力学因素引起的断裂速度。其断口表现为纯脆性断裂。

因此,应力腐蚀断裂是一种由力学和化学侵蚀共同作用下的破坏过程。

材料发生应力腐蚀至终了断裂所经历的时间同应力强度因子 k 有关。对于具有明显 K_{ISCC} 的金属材料,当 $k < K_{ISCC}$ 时,材料即使长期处于腐蚀环境也不发生破坏;当 $k \geqslant K_{IC}$ 时,初始加载就失稳扩展;当 $K_{ISCC} < k < K_{IC}$ 时,在腐蚀环境中,经一定时间的裂纹稳定扩展而导致最终断裂。由此制定了评定金属材料抗应力腐蚀断裂性能的试验方法。

有关应力腐蚀断裂的理论主要有电化学理论和应力—吸附理论。

按照电化学理论,材料中合金元素和杂质的相变、偏析或者成分梯度,在金属晶粒间会形成原电池。腐蚀性环境会使金属的局部发生电化学溶解,并在拉应力作用下产生局部塑性变形,出现裂纹。在持久拉应力作用下,裂纹尖端处形成的防护膜发生破裂,使新鲜的阳极材料暴露于腐蚀性介质中,造成应力腐蚀裂纹扩展。因此,从电化学的观点,应力腐蚀是属于一种阴极溶解和阳极反应的过程。应力的作用只不过是加速了腐蚀破坏的进行。

按照应力—吸附理论,材料置于腐蚀环境中,将吸附环境中的有害物质,从而使金属表面原子之间的共价键减弱。因为吸附的作用明显地减低了金属表面原子彼此间的亲和力,即降低了金属的断裂表面能,相应地增加了金属在拉应力下产生裂纹的概率。从而促使裂纹容易产生。又由于化学吸附是特定的,所以有害的化学成分也是特定的。

各类不锈钢均可能发生应力腐蚀断裂,但其中奥氏体不锈钢对应力腐蚀断裂更为敏感,铁素体不锈钢相对不敏感。

10.8.1.5 磨损腐蚀

它是由于同时存在电化学腐蚀和机械磨损,两者共同相互作用造成的加速腐蚀,称为磨损腐蚀。如空穴腐蚀,高速流动的液体因流动的不规则而形成空穴,空穴周期性的产生和消失;当空穴消失时,与周围高压形成很大的压力差,对空穴表面产生冲击,破坏保护膜,产生了空穴腐蚀,又如石油开采的泥浆泵缸套,由于砂粒的磨粒磨损作用和泥浆液的腐蚀,使缸套很快由于磨损腐蚀而损坏。

10.8.2 各类不锈钢的耐腐蚀性能

各类不锈钢的成分,组织不同,其表现的耐腐蚀性能也不同,各有特点。

10.8.2.1 马氏体不锈钢的耐腐蚀性能

马氏体不锈钢以强度相对高为特点,而耐腐蚀性相对弱。

对于晶间腐蚀、点腐蚀、应力腐蚀等,一般马氏体不锈钢是不耐蚀的,故在具有这类腐蚀特点的实际工程中不宜选用。马氏体不锈钢在电耦合或非电耦合使用时,常可能发生氢脆或应力腐蚀。

马氏体不锈钢的耐蚀性对热处理状态十分敏感。马氏体不锈钢从奥氏体化处理温度直接淬火后,其耐普遍腐蚀性最好,此外,回火能显著降低高强马氏体不锈钢的屈服强度,从而增加抗应力腐蚀性能。

在马氏体不锈钢中,14Cr17Ni2(431)钢的耐蚀性相对最好。

10.8.2.2 铁素体不锈钢的耐腐蚀性能

铁素体不锈钢的含铬量,最低约12wt%,最高约30wt%。随着固溶铬量的增加,耐全面腐蚀的性能增加,抗氧化性能也有所提高;超过30wt%,则出现σ相,力学性能和耐蚀性均会变差。

普通高铬铁素体不锈钢在加热过程中除了由于因α′相、σ相和碳、氮化合物析出造成材料脆化外,还会造成晶间腐蚀敏感性增加。尤其是当加热温度超过900~950℃以上并快冷时,会具有非常明显的晶间腐蚀倾向。对其产生机理的解释仍是贫铬理论。虽然它与奥氏体不锈钢产生敏化的温度不同,但均是由于富铬碳化物的析出造成其附近区域贫铬引起。具有晶间腐蚀的铁素体不锈钢可通过700~800℃退火处理来消除。也可采用通过在材料中降低碳、氮含量或添加钛、铌来解决。

铁素体不锈钢具有最高的耐氯化物应力腐蚀性能,但并不意味着不会产生应力腐蚀。其裂源常位于晶间腐蚀或点蚀处。

10.8.2.3 奥氏体不锈钢的耐腐蚀性能

奥氏体不锈钢在广泛的腐蚀介质中均有良好的抗均匀腐蚀能力。奥氏体不锈钢在使用中的主要危险是点蚀、晶间腐蚀和应力腐蚀等局部腐蚀。

奥氏体不锈钢的点腐蚀和缝隙腐蚀常发生在含氯化物的溶液中。

防止奥氏体不锈钢的点腐蚀和缝隙腐蚀的措施,对材料而言,是提高奥氏体钢中铬和钼的含量,采用高纯不锈钢或双相不锈钢。

奥氏体不锈钢在敏化温度区间,尤其是二氧化硫气氛中,容易产生晶间腐蚀。

奥氏体不锈钢影响晶界腐蚀的原因大致有如下3方面。

(1) 晶界合金元素贫乏化。由于晶界易析出第二相,造成晶界某一成分的贫乏化。奥氏体不锈钢如果加热到敏化温度范围内,碳化物就会沿晶界析出,铬便从晶粒边界的固溶体中分离出来,造成晶粒边界贫铬区。贫铬理论较早地阐述了奥氏体不锈钢产生晶间腐蚀的原因及机理,晶间腐蚀试验(GB/T 4334—2008)中规定需先进行敏化处理,利用这种方法可以检测奥氏体不锈钢是否具有晶间腐蚀倾向;

(2) 晶界处因相邻晶粒间的晶粒位向不同,晶界必须同时适应各方面情况;其次是晶界的能量较高,刃型位错和空位在该处的活动性较大,使之产生富集。这样就造成了晶界处远比正常晶体组织松散的过渡性组织;

(3) 由于新相析出或转变,造成晶界处具有较大的内应力。例如晶界σ相析出引起的晶间腐蚀。对于低碳或超低碳不锈钢来说,因碳化物析出引起的晶间腐蚀大大减少。但超低碳不锈钢,特别是高铬、含钼钢在650~850℃加热或热处理时,易引起σ相(FeCr金属间化合物)在晶界沉淀而产生晶间腐蚀敏感性。

奥氏体不锈钢经焊接后,由于在母材上出现与敏化加热温度范围相当的热影响区而使不锈钢在焊缝附近产生晶间腐蚀。根据不锈钢的类型、热影响区的部位及形貌不同,又把这类晶间腐蚀分为焊缝腐蚀与刀状腐蚀。

固溶处理的奥氏体不锈钢经焊接后,在母材板上稍离焊缝有一定距离的区域会有一条带处于敏化温度区间。该区域具有晶间腐蚀敏感性,在使用过程中会发生严重的晶间腐蚀,通常称为焊缝腐蚀。

刀状腐蚀与焊缝腐蚀有其相似与不同之处。相似之处在于这两种腐蚀都是由于晶间腐蚀引起的,并且都与焊缝有关。不同的是刀状腐蚀发生在紧邻焊缝的母材上的一条窄带内,而焊缝腐蚀却发生在离焊缝有一定距离的一条较宽的带上。刀状腐蚀发生于稳定型不锈钢内,它是因焊接时,在紧邻焊缝的母材狭小区域内,出现大量TiC溶解,并在随后冷却或多道焊接时,重新被加热经历敏化温度区间,富铬碳化物($M_{23}C_6$)沿晶析出,晶界附近贫铬造成的晶间腐蚀。由于该区域很窄,腐蚀后形成沟槽,故称刀状腐蚀。

研究晶间腐蚀的最直接的方法是金相法。通过金相观察可以直接测量晶间腐蚀的宽度和深度。还可以通过扫描电镜看到晶间腐蚀的三维形态。晶间腐蚀的微观特征与一般沿晶断裂的区别在于沿晶界面交界处有很深的腐蚀缝隙,并且在晶界面上可以看到均匀的腐蚀坑。采用扫描电镜的X射线分析系统,如X

射线能谱仪还可以对沿晶断裂面上的析出相进行成分分析。可以检测出这些析出相的含铬量较基体要高一些,由此可以认为这些析出相可能是铬的碳化物。认证了贫铬区的存在。

奥氏体不锈钢严重缺点是具有应力腐蚀断裂敏感性。

奥氏体不锈钢容易在含氯离子的腐蚀介质中产生应力腐蚀。当含镍量达到8wt%~10wt%时,奥氏体不锈钢应力腐蚀倾向性最大,继续增加镍含量至45wt%~50wt%应力腐蚀倾向逐渐减小,直至消失。防止奥氏体不锈钢应力腐蚀的最主要途径是加入2wt%~4wt%的硅,并从冶炼上将氮含量控制在0.04wt%以下。此外还应尽量减少磷、锑、铋、砷等杂质的含量。另外可选用A-F双相钢,它在Cl⁻和OH⁻介质中对应力腐蚀不敏感。当初始的微细裂纹遇到铁素体相后将不再继续扩展。

奥氏体不锈钢的应力腐蚀一般表现为穿晶断裂,这主要是因为,从晶格结构的类型来看,奥氏体不锈钢是面心立方结构,面心立方结构易发生穿晶断裂;从材料的力学性质看,奥氏体不锈钢属延性材料,延性材料的应力腐蚀也以穿晶断裂为主。但是,奥氏体不锈钢的应力腐蚀形态也还与所处的腐蚀环境(介质)有关,在氯化物中,奥氏体不锈钢的应力腐蚀是穿晶的;但当材料存在晶间腐蚀倾向时,其应力腐蚀裂纹容易形成穿晶-沿晶混合型态;而在碱性溶液中,其应力腐蚀断口可以是穿晶的,也可以是沿晶的。典型的奥氏体不锈钢应力腐蚀裂纹特征为树枝状,有较多分枝,如图10-67所示。

10.8.2.4 双相不锈钢的耐腐蚀性能

双相不锈钢的发展得益于其优良的耐腐蚀性能。双相不锈钢的耐蚀性主要取决于钢中钝化元素的含量及其在两相中的分配。如果两相在一定条件的介质中均产生钝化,便可避免发生相的选择性腐蚀。但在一定条件下,某些双相不锈钢还会发生不均匀的选择性腐蚀。图10-68为S32205钢在含氯、氧介质中发生选择性腐蚀形貌,其中铁素体被腐蚀。

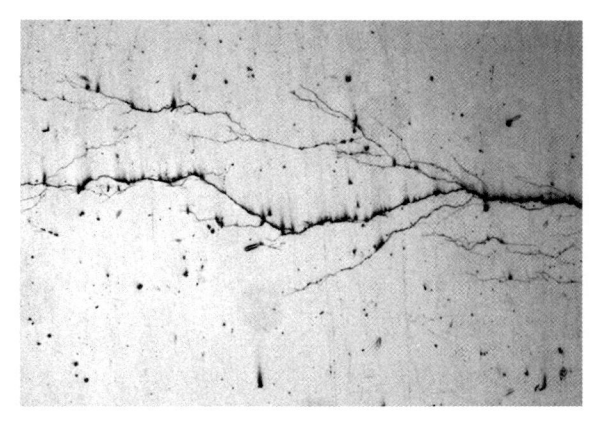

(未浸蚀)

图10-67 典型的奥氏体不锈钢应力腐蚀裂纹特征 (100×)

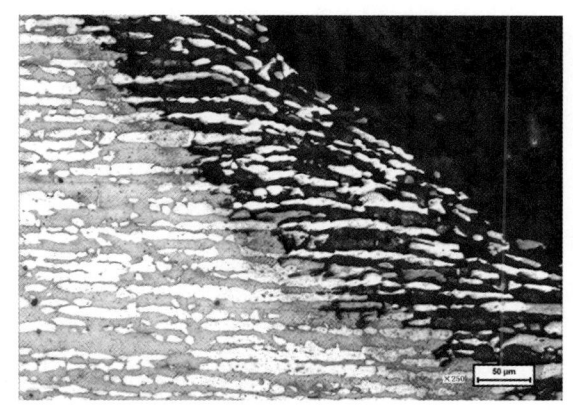

(硫酸铜盐酸水溶液浸蚀)

图10-68 S32205钢在含氯、氧介质中发生选择性腐蚀形貌

双相不锈钢的耐腐蚀性能与两相比例数有关,其耐晶间腐蚀性能优于铬、钼含量相当的单相奥氏体或单相铁素体不锈钢,具有更好的抗敏化性能。其抗应力腐蚀性能在低应力条件下比普通奥氏体不锈钢优良。高铬、钼的双相钢还具有抗点蚀等性能。

双相不锈钢具有良好的抗晶间腐蚀和应力腐蚀性能是与双相钢的组织结构密切相关的。

双相不锈钢比碳含量相当的奥氏体不锈钢晶间腐蚀敏感性低的原因是与双相钢中存在均匀分布的铁素体相有关的。由于奥氏体形成元素,如碳等多富集于γ相中,而铁素体形成元素,如铬、钼等则富集于α相中。当处于敏化加热温度范围时,富铬的碳化物最易于在两相界面α相一侧形核,从而大大减少了沿奥氏体晶粒之间晶界碳化物的析出。铬在铁素体相中含量高,因此不易产生贫铬,而且铬在铁素体中的扩散速度快,也有利于消除贫铬。随着双相钢中铁素体相比例的增加,晶界总面积的增加,降低了晶界碳化物析出的浓度。当含量到达一定程度时,可以消除双相钢的晶间腐蚀倾向。然而,过多的铁素体相也是有害的,连续网状的铁素体相,易于形成σ相和χ相,在强氧化性介质中,会发生选择性晶间腐蚀。因此通过成分、热处理等手段控制合适的铁素体相比例对降低双相钢的晶间腐蚀敏感性有很大作用。

双相钢的耐应力腐蚀性能也与两相含量的比例有关。双相钢耐应力腐蚀的主要解释：

(1) 第二相的存在对裂纹的扩展存在机械阻碍。如裂纹起源于奥氏体基体，一旦扩展至 α 相，在低应力作用下，铁素体内难以产生滑移，于是裂纹扩展被阻止。虽然在高应力作用下，裂纹仍会通过铁素体相，但由于两相的晶体位相存在差异，使扩展中的裂纹频繁改变方向，从而大大地延长了应力腐蚀裂纹的扩展期。这也可以解释，双相不锈钢一旦发生应力腐蚀裂纹，其形貌为裂纹分枝多，扩展无一定方向，走向弯曲，发展缓慢。

(2) 在双相不锈钢应力腐蚀过程中，铁素体相对于奥氏体电位较负，为阳极，因此对奥氏体起到了电化学阴极保护作用，阻止了裂纹的进一步发展。

此外，双相不锈钢在抗点腐蚀、点蚀、缝隙腐蚀、均匀腐蚀、磨损腐蚀、空泡腐蚀等方面均比单相不锈钢优良。其原因除了双相钢含有较高的铬、钼、氮含量之外，具有两相组织结构是很重要的原因。

双相钢焊缝区的耐蚀性主要看焊后双相比例是否适当，如铁素体相过多，则耐缝隙腐蚀性能差，且易产生晶间腐蚀。焊后如能保持奥氏体量约 50%，焊缝区耐蚀性就不会恶化。另外双相不锈钢在工业中使用温度不应超过 325℃，因在高温下长期使用也会导致脆化。

10.8.2.5 沉淀硬化不锈钢

沉淀硬化不锈钢主要用于强度和硬度超过铁素体或奥氏体的场合，耐蚀性是第二位的。通常随着铬含量的增高，耐普遍腐蚀性趋向良好。典型的马氏体型 17-4PH 钢常有与 18Cr-8Ni 奥氏体不锈钢相同的耐蚀性。17-4PH 钢因时效析出富铜相，故在氧化性酸（如 HNO_3）中时效态基体比固溶态基体的耐蚀性差，在还原性酸（H_2SO_4）中耐蚀性却较好。

沉淀硬化不锈钢组织为马氏体为主（另有大量铁素体及析出相），因此其耐应力腐蚀能力类似于马氏体不锈钢。

影响沉淀硬化不锈钢耐蚀性的另一个重要因素是热处理和组织，析出或时效反应会相对降低该钢的耐蚀性能，但过时效对耐蚀性有利。

10.9 不锈钢和耐热钢的样品制备及相鉴别

不锈钢和耐热钢属高合金钢，具有较高的抗蚀性，同时一部分奥氏体基体的不锈钢、耐热钢相对软，因此，样品制备有其特殊性。

10.9.1 不锈钢和耐热钢金相试样制备

10.9.1.1 制样

由于不锈钢和耐热钢类别多，钢号多，化学成分变动范围也很大，它们的金相组织差异很大，因此，相应的制样方法注意点也应不同。例如：奥氏体类型不锈钢，由于它的基体较软，易产生机械滑移（滑移线或滑移带）或较厚的扰乱金属层；奥氏体-马氏体类型耐热钢试样磨制不当时，会促使奥氏体转变为马氏体，同时也可能出现所谓"假马氏体组织"。

试样磨制时，应特别细心，所加的压力必须适当，不宜过大，以免温度过高，而发生相变或造成假象和产生过厚的扰乱金属层以及较多的滑移线，抛光磨料可用氧化铝或金刚石研磨膏，抛光时一般可采用长毛绒或麻织物，试样轻轻地置放在抛光盘上，稍微施加一点压力，然后做不同方向的转动。这样抛磨时，非金属夹杂物不易拉出尾巴，磨面上的滑移线也可以显著地减少，但是尽管精心地进行操作，滑移线的出现还是难以避免的。

采用电解抛光法，可以避免由于机械抛磨时所产生的缺陷。它能抑制金属扰乱层及机械滑移线，并大大地缩短金相试样制备的时间，提高工作效率，而试样表面质量好，尤其大批量产品取样作金相检查时，可迅速而准确地满足生产的要求，获得满意的结果。电解抛光时其电流密度、时间、温度的参数应配合适当，这样才能得到良好的效果。否则其结果相反，致使试样磨面出现腐蚀坑或过蚀现象严重。对不锈钢和耐热钢进行电解抛光时,应尽量选择最佳效果的试剂成分,由于不锈钢和耐热钢的成分复杂,采用抛光的试剂成分也不一致,因此,试剂成分应在进行试验后确定。常用的电解抛光试剂及使用方法见表 10-23。

表 10-23 常用不锈钢和耐热钢的电解抛光试剂及用法

名称	成分	用法
高氯酸-乙醇溶液	乙醇　　　　　　　　　　　　　　800 mL 高氯酸(体积分数 60%)　　　　　200 mL	电压:35~80 V 时间:15~60 s
冰乙酸高氯酸溶液	冰乙酸　　　　　　　　　　　　　940 mL 高氯酸(体积分数 60%)　　　　　 60 mL	电压:20~60 V 时间:1~5 min
高氯酸、醋酸、乙酯、甘油、酒精溶液	醋酸乙酯　　　体积分数 10%~15% 高氯酸　　　　体积分数 10% 甘油　　　　　体积分数 10% 酒精　　　　　体积分数 70%	电压:30~40 V 时间:1~2 min 温度:20℃以下

10.9.1.2　浸蚀

不锈钢金相试样的浸蚀有化学方法、电解方法以及染色法。

1. 化学浸蚀

由于不锈钢和耐热钢有很高的抗蚀性能,因此必须用较强烈的试剂才能显示出清晰的组织。同时,由于不锈钢种类多,成分变化大,因此几乎没有一种通用的浸蚀。表 10-24 为常用的不锈钢、耐热钢金相试剂成分及使用方法。

表 10-24 不锈钢、耐热钢常用金相浸蚀剂及使用方法

试剂名称	试剂成分	浸蚀方法	适用及效果
硝酸、盐酸、甘油混合溶液	硝酸　　10 mL 盐酸　　20 mL 甘油　　30 mL 硝酸　　10 mL 盐酸　　30 mL 甘油　　20 mL	浸蚀前在热水中适当加热,擦拭 10 s 左右 (先将盐酸与甘油混合均匀再加硝酸)	能显示奥氏体型不锈钢、耐热钢的晶界。 浸蚀不锈钢的马氏体和 σ 相,使铁素体和奥氏体凸出。 试剂变橘黄色后不能用。 试样过浸蚀出现点蚀后必须重新从磨制开始
氯化高铁盐酸水溶液	氯化高铁　　5 g 盐酸　　　50 mL 水　　　　100 mL	室温浸蚀或擦蚀 15~60 s	适用 18-8 奥氏体型不锈钢、奥氏体-铁素体双相不锈钢
苦味酸盐酸酒精溶液	苦味酸　　4 g 盐酸　　　5 mL 酒精　　　100 mL	室温 30~90 s	适用马氏体(铁素体)不锈钢,浸蚀马氏体,使碳化物、σ 相和铁素体凸显。
混合酸	盐酸:硝酸:醋酸=1:1:1(体积分数) 现配现用	室温浸蚀	适用双相不锈钢。 可显示铁素体、奥氏体、晶粒、析出物的边界。 试剂变橘黄色后不能用
硫酸铜盐酸水溶液	硫酸铜　　4 g 盐酸　　　20 mL 水　　　　100 mL	室温 15~45 s	适用奥氏体不锈钢,能显示晶粒位向。由于含有铜离子,容易在试面析出
碱性铁氰化钾水溶液	铁氰化钾　　10 g 氢氧化钾(氢氧化钠)10 g 水　　　　100 mL	试样煮沸 2~4 min (不可混酸)	奥氏体钢、双相钢中铁素体呈黄(玫瑰色)、碳化物被腐蚀呈黑色,奥氏体呈光亮色、σ 相由褐色变为黑色。若用氢氧化钠,σ 相将呈蓝色

续表

试剂名称	试剂成分	浸蚀方法	适用及效果
碱性高锰酸钾水溶液	高锰酸钾 4 g 氢氧化钠 4 g 水 100 mL	试样煮沸 1~3 min	奥氏体不锈钢中 σ 相呈彩虹色,铁素体呈褐色
王水酒精溶液	盐酸 10 mL 硝酸 3 mL 酒精 100 mL	室温浸蚀	18-8 型奥氏体不锈钢相界明显,σ 相呈白色

2. 电解浸蚀

采用电解浸蚀时,金属组织中的不同组元在外加电位下能够以不同速度溶解,因此能显示相关的各类组织,特别是一部分化学浸蚀下难以显示的相在一定条件下可以清晰显示。表 10-25 为电解浸蚀试剂及使用方法。

表 10-25 不锈钢和耐热钢电解浸蚀试剂及应用

名称	试剂成分	用法	用途
草酸水溶液	草酸 10% 水 90 mL	电压 3~5 V 时间 5~60 s	显示不锈钢中铁素体、碳化物、奥氏体。α 相仍为白色,碳化物为黑色,γ 晶界现出
过硫酸铵水溶液	10%过硫酸铵水溶液	电压 3~5 V 时间 20 s	α、K、γ 晶界显示 α、γ 相呈白色,K 相呈黑色
氢氧化钾水溶液	10%氢氧化钾水溶液	电压 3~5 V 时间 20 s	α、K、γ 晶界显示 α、γ 相呈白色,K 相呈黑色
醋酸水溶液	10%醋酸水溶液	电压 10 V 时间 120 s	α 相不显示,K 相为棕色

电解浸蚀时,浸蚀的"度"不仅与时间有关,还与温度有关。电解浸蚀的时间还要根据所要分析内容而定。图 10-69 为 316L 钢固溶处理后的同一试样,同一电解液,同一电流密度规范,但浸蚀时间不同的结果,浸蚀时间短时铁素体和奥氏体的相界面先显示,可用作铁素体含量的评定,随着浸蚀时间的延长,奥氏体晶界也逐渐显示出,此时对铁素体含量的评定,由于奥氏体晶界的干扰而有困难,但可清晰地评定奥氏体晶粒度,所以应根据评定的目的不同而适当选择浸蚀时间。

上述图 10-69(b)为显微镜明场下形貌,图 10-70 为同一视场在偏振光下形貌,每个单独晶粒显示十分清晰,由于其具有各向异性特性,当旋转载物台或改变偏振角度时,会产生明暗变化的偏振效应,从而可以用来显示奥氏体不锈钢的晶粒度。但是为了使偏振效应更明显,试样机械抛光后,应稍微进行电解抛光或电解浸蚀。由此可见,为更好显示金相组织,除浸蚀用好技术外,还要考虑应用光学成像技术。

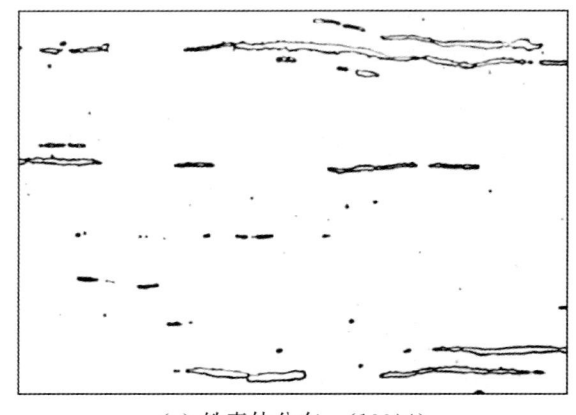
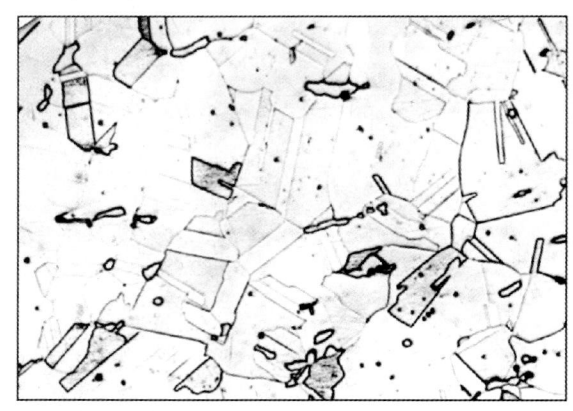

(a) 铁素体分布 (100×)   (b) 奥氏体晶粒分布 (100×)

图 10-69 316L 固溶处理后经体积分数 10%硫酸铵水溶液电解浸蚀形貌

图 10-70　与图 10-69(b)同一试剂偏振光下形貌　（100×）

10.9.2　不锈钢、耐热钢中相的鉴别

不锈钢、耐热钢的组织、相一般可由形态、分布以及颜色等特性鉴别确定，而一些析出相，特别是细小的析出相仅由形态、颜色难以鉴别，需要用能谱由其成分组成来鉴别，有时必须由电子衍射技术才能鉴别。

10.9.2.1　奥氏体、铁素体及 σ 相

在奥氏体不锈钢及双相不锈钢中的奥氏体和铁素体的区别常用碱性铁氰化钾溶液浸蚀。方法：白色组织为奥氏体（γ 相），灰色为铁素体（α 相）。由于 σ 相的生成与铁素体相关，因此经上述试剂浸蚀后在铁素体边缘的黑色区域即为 σ 相，参见图 10-46。

不锈钢中的铁素体存在两种相：α 相和 δ 相，由于晶体结构相同，金相组织形态难以分别，因此有时分析中两者串用。有时根据热加工经历及形态进行推断。

双相不锈钢中的奥氏体，有时会出现二次奥氏体 γ_2，其边缘往往呈锯点状，对力学性能有负面影响。γ 与 γ_2 虽为同结构的奥氏体，但由于形成的温度区间不同，各自的铬含量有差异。在 022Cr25Ni7Mo4N（SAF 2507）钢中，时效后 γ 中的铬含量为 24wt%～25wt%，而 γ_2 含铬量为 21wt%～23wt%，相对低 3wt%。

由于各相的组成不同，因此可根据成分进一步推断。表 10-26 及表 10-27 为 S31260（022Cr25Ni7Mo3WCuN）双相钢经 1 100℃ 固溶及 800℃ 不同时间时效后的各相的成分。

表 10-26　S31260 钢固溶后铁素体和奥氏体成分（能谱）　　　　　　　　wt%

相	Si	Ni	Cr	Mo	Cu
铁素体	0.46	5.49	28.03	4.28	0.41
奥氏体	0.39	9.27	25.18	2.79	0.76

表 10-27　S31260 钢固溶后不同时间时效后 σ 相成分变化　　　　　　　　wt%

800℃时效时间/min	Si	Ni	Cr	Mo	Cu
8	0.48	3.50	37.12	5.70	0.15
12	0.50	3.51	35.70	7.02	0.16
20	0.53	3.73	33.34	7.86	0.17
100	0.58	3.72	31.15	8.35	0.16

10.9.2.2　碳化物

奥氏体不锈钢中碳化物（尤其是 $M_{23}C_6$ 碳化物）沿晶界析出会影响钢的耐腐蚀性，在金相分析中需要十分关注。在双相不锈钢中同样也有碳化物析出，但其危害性相对要小。

不锈钢中的碳化物一般呈颗粒状,大多分布在晶界,金相分析中的鉴别一般采用染色法呈黑色。可进一步用能谱分析,根据成分进行推断。

10.9.2.3 氮化物

在双相不锈钢中随含氮量增加,尤其含氮超级不锈钢,会有氮化物析出,会对双相不锈钢的性能有一定影响。

不锈钢中氮化物的主要析出形式是 Cr_2N,CrN 形式的氮化物(对耐蚀性和韧性无显著影响)较少见。Cr_2N 往往与 γ_2 或 α' 伴生,呈成排短片状,一般可由成分来推断。表 10-28 所示为 SAF 2507 钢固溶+时效后析出的 Cr_2N 的能谱分析结果,由其成分表明 Cr_2N 实际是 M_2N 型氮化物。

表 10-28　SAF 2507 钢中 Cr_2N 析出物的能谱分析结果　　wt%

析出物名称	Cr	Mo	Ni	Fe
Cr_2N 型氮化物	71.5±0.3	6.0±0.2	1.1±0.5	21.4±0.5

参考文献

[1] 《金属腐蚀手册》编辑委员会. 金属腐蚀手册[M]. 上海:上海科学技术出版社,1987.
[2] 吴玖. 双相不锈钢[M]. 北京:冶金工业出版社,1999.
[3] 任颂赞,张静江,陈质如,等. 钢铁金相图谱[M]. 上海:上海科学技术文献出版社,2003.
[4] (加)R. 温斯顿. 雷维. 尤利格腐蚀手册[M]. 杨武译. 北京:北京化学工业出版社,2005.
[5] 李炯辉. 钢铁金属材料金相图谱[M]. 北京:机械工业出版社,2006.
[6] 肖纪美. 不锈钢的金属学问题[M]. 2版. 北京:冶金工业出版社,2006.
[7] 陈嘉观,杨卓越,杨武,等. 双相不锈钢中σ相的形成特点及其对性能的影响[J]. 钢铁研究学报,2006,(08):1—4.
[8] 叶国平. 双相不锈钢在含氯介质中的应用探讨[J]. 硫磷设计与粉体工程,2007,(1):35.
[9] 姜越. 马氏体时效不锈钢合金化设计与组织性能[M]. 哈尔滨:哈尔滨工业大学出版社,2007.
[10] (美)John. C. Lippold,Damian. J. Kotecki. 不锈钢焊接冶金学及焊接性[M]. 陈剑虹译. 北京:机械工业出版社,2008.
[11] 伍曦耘. 2205 双相不锈钢固溶处理工艺研究[J]. 大型铸锻件,2009,(4):16.
[12] 任颂赞,叶俭,陈德华. 金相分析原理及技术[M]. 上海科学技术文献出版社,2013.

第 11 章

高温合金及金相分析

高温合金是指在650~1100℃高温下能保持设计性能的金属材料。高温、较大复杂应力、表面稳定以及高合金化铁基、镍基和钴基奥氏体是高温合金的四大要素,缺一不可。但锅炉工业广泛应用的12Cr2Mo、12wt‰铬叶片钢、用于石化加热管的Cr25Ni20一类奥氏体基体钢均不属高温合金。

11.1 高温合金特点、分类及牌号表示方法

11.1.1 高温合金的主要特性

由于高温合金在650℃以上环境下服役,需要有相应的高温特性,主要由以下几方面的指标来评价高温合金的高温性能。

11.1.1.1 蠕变极限

高温合金在高温环境下及应力作用下会产生蠕变。蠕变是材料在恒定应力和长时间的作用下产生缓慢塑性变形的一种现象。蠕变时所受的应力一般远小于拉伸屈服强度,应变速率很小,约在$10^{-10}/s$~$10^{-3}/s$范围内。材料不同,蠕变启动的温度不同,有的很低(室温),有的很高,可达1000℃。高温合金发生明显蠕变变形的下限温度为$0.56T_m$。高温合金在高温环境服役中常因蠕变抗力不足而发生故障或事故。

蠕变现象可用蠕变时的变形与时间的关系曲线来描述。典型的温度及应力一定条件下蠕变曲线如图11-1所示。可见曲线分为4段:

Oa 段:加上载荷后所引起的瞬时变形。这还不是蠕变现象的发生,而是由外加载荷引起的一般变形过程。

ab 段:称为蠕变第一阶段。由于该阶段中蠕变速度逐渐减小,也称为减速蠕变阶段。

bc 段:称为蠕变第二阶段。由于该阶段中蠕变速度几乎不变,故也称恒速蠕变阶段。

cd 段:称为蠕变第三阶段。由于该阶段的蠕变速度不断增加直至断裂,也称为加速蠕变阶段。

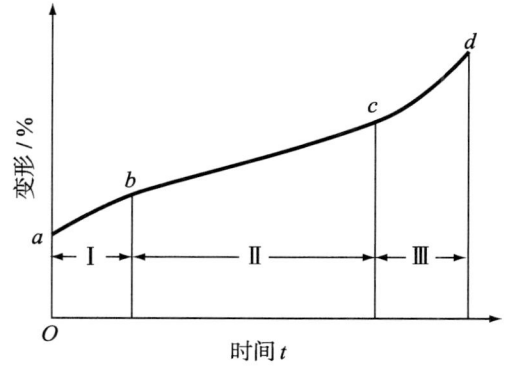

图 11-1 典型的温度应力一定条件下蠕变曲线

在规定温度下使试样在规定时间产生的蠕变伸长率(总伸长率或塑性伸长率)或稳态蠕变速率不超过规定值的最大应力称为蠕变极限。评定蠕变极限有两种方法,见表11-1。

表 11-1 蠕变极限确定方法

蠕变极限确定方法	表示符号	举例
在给定温度 T 下,使试样在恒速蠕变阶段蠕变速率等于规定值时对应的应力值	σ_ε^T T 为给定温度(℃);ε 为规定蠕变速率(%/h)	$\sigma_{1\times10^{-5}}^{600} = 60\,\mathrm{MPa}$ 表示在600℃温度下,恒速蠕变速率为1×10^{-5}%/h时的蠕变极限为60 MPa

续表

蠕变极限确定方法	表示符号	举例
在给定温度 T 和规定的试验时间 $t(h)$ 内,使试样产生规定蠕变总伸长率 $\delta(\%)$ 时对应的应力值	$\sigma_{\delta/t}^{T}$ T 为给定温度;δ 为规定蠕变总伸长率(%);t 为规定试验时间(h)	$\sigma_{1/10^5}^{500}=10\,\text{MPa}$ 表示在 500℃温度下,试验 $10\times10^4\,\text{h}$ 后蠕变总变形量为 1% 时的蠕变极限为 10 MPa

用这两种方法所确定的蠕变极限在一定条件下可以互相转换。一般情况下,由于第二种确定蠕变极限方法的时间 t 规定较长,因此通常以第一种方法来确定蠕变极限 σ_t^T。

作为满意的工程材料,不仅要有长的蠕变第二阶段,而且要有明显的蠕变第三阶段。对于铸造高温合金,更要求有明确的蠕变第三阶段,这样可以防止突然发生事故。

高温合金的蠕变极限的测试可按 GB/T 2039—2012《金属材料 单轴拉伸蠕变试验方法》规定执行。

11.1.1.2 高温持久强度极限和持久断后伸长率

蠕变极限仅体现了材料在高温长期受力条件下的抗塑性变形能力,而持久强度极限是表征材料在高温长期受力条件下的抗断裂能力,持久强度极限的定义为试样在一定温度和规定时间内不发生蠕变断裂的最大应力值,以 σ_t^T 表示,单位 MPa。例如 $\sigma_{1\times10^3}^{700}=30\,\text{MPa}$ 表示某材料在 700℃温度下,经 1000 h 后发生断裂所对应的应力为 30 MPa。

通过持久试验不仅可以测出材料的持久抗断性能,也能测试材料的持久塑性指标,在高温长时拉伸试样至试样断裂后,测量其断后伸长率与断面收缩率。这两个数据是衡量材料蠕变脆化的重要指标,一般要求持久断后伸长率不小于 3%～5%。持久强度试验是测定规定应力和温度下的断裂时间,试验方法与蠕变试验相似,即采用同一标准,但不需要测试蠕变量。

11.1.1.3 高温力学性能

在一定高温条件下,高温合金的抗拉强度、屈服强度、断后伸长率、断面收缩率等参数是高温合金首要性能指标。

11.1.1.4 高温疲劳极限

高温疲劳极限是评定高温运动部件(例如涡轮叶片)的一个重要性能指标。通常以在一定温度下,在规定的某一循环次数(10^7 次)内材料不发生断裂的最大交变应力为指标,叫作条件高温疲劳极限。

11.1.1.5 冷热疲劳和低周疲劳

因温度循环变化而引起零件破坏的现象叫作冷热疲劳,简称热疲劳。由于零件各处所受的温度不同,在温度循环变化时其内部必然产生很大的内应力,有时超过屈服极限而产生较大的塑性变形,塑性变形循环积累导致零件破坏。因此,热疲劳破坏是与高周机械疲劳本质不同的一种塑性疲劳破坏,它属于低周疲劳之一种。热疲劳是评定火焰筒、导向叶片、涡轮叶片、涡轮盘的一种重要性能指标。

一般将寿命在 $10^4\sim10^5$ 次以下的疲劳叫作低周疲劳,由于在该范围内应力超过屈服极限,所以也称塑性疲劳、高应力疲劳或高应变疲劳。低周疲劳是评定涡轮盘材料的重要性能指标。

11.1.1.6 组织长期稳定性

组织长期稳定性是指合金在高温长期工作下显微组织不发生显著的变化,特别是主要强化相和不出现对性能相当有害的拓扑密排相 σ 相、μ 相、拉弗斯相等。要求合金组织稳定,使用过程中不因组织显著变化而导致性能急剧降低。对于使用寿命达几万小时的工业燃气轮机和舰船燃气轮机来说,合金组织的长期稳定性具有特别重要的意义。

11.1.1.7 表面热稳定性

高温氧化是氧与合金元素作用生成各种氧化物的现象。表面热稳定性是指表面抗氧化和抗热腐蚀性能。一般以在一定温度下,一定时间内,每平方米内增重(g/m^2)来比较合金的抗氧化能力。

热腐蚀机理尚未完全搞清楚,一般认为是由于燃料中的杂质硫、钠等在高温燃烧时生成熔融状态的硫酸钠黏附于零件表面上,发生复杂的反应而使材料迅速破坏。抗氧化和抗热腐蚀性能是评定工业燃气轮机和船用燃气轮机材料的重要性能指标。

11.1.2 高温合金的分类

根据高温合金成分、成型工艺及强化方式的不同,有不同的分类方法。

按基体元素种类可分为铁基、镍基和钴基合金3类,如果其中铁基合金中的含镍量较高时(高达25wt%~60wt%),这类铁基合金也称为铁镍基合金。

按合金强化类型不同,高温合金可分为固溶强化型、时效强化型等。

根据合金材料成型方式的不同,高温合金可分为变形合金、铸造合金和粉末冶金合金3类。其中变形高温合金又可分为饼材、棒材、板材、环形材、管材、带材和丝材等;铸造高温合金则有等轴晶铸造高温合金、定向凝固柱晶高温合金和单晶高温合金之分。

11.1.3 高温合金的牌号表示方法

根据 GB/T 14992—2005《高温合金和金属间化合物高温材料的分类及牌号》,我国高温合金牌号的命名采用汉语拼音字母加阿拉伯数字相结合的方法表示。根据特殊需要,可以在牌号后加英文字母表示原合金的改型合金,如表示某种特定工艺或特定化学成分等。高温合金牌号的一般形式:

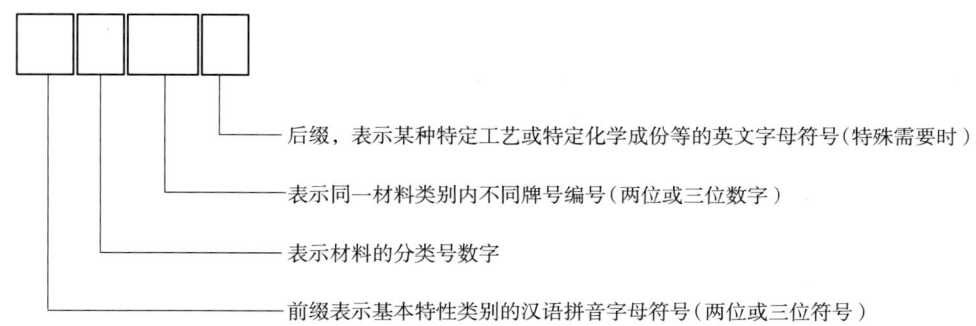

1. 前缀字母

前缀所用字母及所表示的高温合金的特性类别见表 11-2。

表 11-2 牌号前缀字母表示的特性类别

前缀字母	GH	K	DZ	DD	HGH	FGH	MGH
特性类别	高温合金	等轴晶铸造高温合金	定向凝固柱状晶高温合金	单晶高温合金	焊接用高温合金丝	粉末冶金高温合金	弥散强化高温合金

2. 阿拉伯数字

变形高温合金和焊接用高温合金丝前缀后采用四位数字,第一位数字表示合金的分类号,第二至第四位数字表示合金编号,不足位数的合金编号用数字"0"补齐,"0"放在第一位表示分类号的数字与合金编号之间。其中变形高温合金第一位表示分类号的数字含义见表 11-3。焊接用高温合金丝牌号中的第一位数字没有强化类型的含义,只沿用变形高温合金牌号的数字。

表 11-3 变形高温合金牌号前缀后的第一位数字表征

前缀后第一位数字		1	2	3	4	5	6	7	8
表征内容	材料	铁或铁镍基		镍基		钴基		铬基	
	强化工艺	固溶	时效	固溶	时效	固溶	时效	固溶	时效

铸造高温合金前缀后一般采用三位阿拉伯数字,第一位数字表示合金的分类号;第二、第三位数字表

示合金编号,不足位数的合金编号用数字"0"补齐,"0"放在第一位表示分类号的数字与合金编号之间。

粉末冶金高温合金前缀后接 4 位阿拉伯数字,具体规定同变形高温合金。

11.1.4 英国和美国的高温合金体系

英国是全世界最早研制高温合金的国家。英国的变形高温合金主要是国际镍公司(曾称 Mond 镍公司)发展的 Nimonic 系高温合金。其特点为不断增加 γ′相,改善高温强度。从 Nimonic 80 开始,用 γ′强化,以后不断增加铝和钛含量,以保证主要强化相 γ′相数量不断增加,高温强度不断提高,合金的牌号也不断变化,到 Nimonic 115 时,铝和钛含量已达 9%(体积分数),其使用温度可达 1 000℃。通常只用钼进行固溶强化为 Nimonic 合金的另一特点。中国研制并生产了部分相应的英国的高温合金,如 GH4080A(Nimonic 80A)、GH4090(Nimonic 90)、GH4093(Nimonic 93)、GH4105(Nimonic 105)和 GH4163(Nimonic 263)等。

英国的铸造高温合金体系主要有国际镍公司的 Nimocast 系统和特瑟夫-塞维公司(Tessop Saville Ltd)发展的 G 系统。与变形合金不一样,固溶强化除用钼外,还使用钨、铌甚至钽进行综合强化,PK16 合金中 W+Mo+Nb 总量达 14.5wt%,其使用温度可达 1 100℃,C104 合金中加入昂贵合金元素钽达 8wt%。另一特点为,有些铸造合金不加钛,用铌或钽代替,这样可降低合金形成疏松的倾向,提高抗热裂能力,使铸造合金质量大为提高。中国研发了相应的部分英国牌号的铸造高温合金,如 K423(C1023)、K4130(C130)和 K4242(C242)等。

美国高温合金的发展要比英国晚,但发展速度很快。美国有很多各自独立的公司,能够生产航空发动机的有通用电气公司(General Electric Company),普拉特-惠特尼公司(Pratt & Whitney Company),能够生产特殊钢和高温合金的有佳能-穆斯克贡公司(Cannon-Muskegon Corporation)、国际镍公司(Inco International InC)、特殊金属公司(Special Metal InC)和豪梅特公司(Howmet corporation)等。这些公司都先后发展了公司自己的高温合金牌号,例如国际镍公司的 Inconel 合金系、Incoloy 合金系、IN 合金系,通用电气公司的 Rene 合金系,特殊金属公司的 Udimet 合金系,佳能-穆斯克贡公司的 CM 合金和 CMSX 单晶合金系,普拉特-惠特尼公司的 PWA 合金系。此外,还有钴业公司(Cabot corporation)的 Hastalloy 合金系,汉因斯-司泰特公司(Haynes Stellite company)的 HS 合金系,马丁-玛丽塔公司(Martin Marietta corporation)的 Mar-M 合金系等。美国高温合金没有全国统一的编号,各公司各自为政,各自发展。不仅如此,就是同一牌号的高温合金,在不同公司生产,也要冠上该公司的品牌号,例如国际镍公司的 IN100 合金,在惠普公司叫 PWA658,在特殊金属公司叫 Udimet IN100,在联合碳化物公司(Union Carbide Corp.)叫 Haynes Alloy IN100,在东不锈钢公司叫 Kastalloy IN100 等。又如国际镍公司生产的 Incoloy901 合金,在特殊金属公司叫 Udimet901,在塞克罗普(Cyclops)叫 Unitemp901 等。

11.2 高温合金中各元素的作用

11.2.1 基体元素的特性

镍基高温合金的基体元素是镍,铁基高温合金的基体元素是铁,钴基高温合金的基体元素是钴。基体元素镍、铁、钴的基本属性不同,见表 11-4。

表 11-4 镍、铁、钴的某些物理性能

元素	晶体结构 低温→高温	熔点/ ℃	密度/ $g \cdot cm^{-3}$	线膨胀系数/ $1 \cdot ℃^{-1}$ (0~100℃)	导热系数/ $J \cdot (s \cdot cm \cdot ℃)^{-1}$ (0~100℃)	相稳定性 的次序
Ni	fcc	1 453	8.9	13.3×10^{-6}	0.88	最稳定
Fe	bcc→fcc→bcc	1 538	7.87	12.1×10^{-6}	0.71	最不稳定
Co	hcp→fcc	1 492	8.9	12.5×10^{-6}	0.69	居中

因基本属性差异，故这3类高温合金的某些特性也不同，主要有以下几点。

(1) 镍为面心立方结构，没有同素异构转变，而铁、钴具有同素异构转变，在室温下分别为体心立方和密排六方结构，高温下为面心立方奥氏体结构。由于面心立方的奥氏体与体心立方的铁素体相比，自扩散激活能较高，即原子扩散能力较小，因而具有更高的高温强度，因此，目前几乎所有的高温合金的基体都为面心立方的奥氏体。对于铁基和钴基合金，为了得到直到低温仍然稳定的奥氏体结构，必须向基体中加入扩大奥氏体的合金元素。

(2) 镍具有较高的化学稳定性，而钴具有较好的抗热腐蚀能力，因而镍基合金的抗氧化性较钴基合金和铁基合金高，而钴基合金的抗热腐蚀性能较其他合金好。

(3) 镍、铁、钴的合金化能力不同，镍具有最好的相稳定性，而铁最差。镍或镍铬基体可以固溶更多的合金元素而不生成有害的相，而铁或铁铬镍基体却只能固溶较少的合金元素，有强烈的析出各种有害相的倾向。这一特性为改善镍的各种性能提供了潜在的可能性，而铁和钴则受到一定限制。

(4) 由表11-4可看到，3种基体元素的某些物理性能略有差别，铁的密度最小，但膨胀系数最大，导热能力较好。钴与镍比较，其导热性较好，膨胀系数较低，所以其疲劳性能较优。

由上述特性可看到，镍是一种最佳的基体金属，这使得镍基高温合金成为最佳的高温合金系列。钴基合金具有较好的耐热腐蚀及耐热疲劳性能，因而在这些方面可发挥其优势，此外，钴基合金具有比较平坦的蠕变第二阶段曲线，也就是有较长的使用寿命，所以高温低应力下长期使用的静态部件往往用钴基合金，但钴资源十分贫乏，所以一般慎用。铁基合金由于易析出有害相，使其发展受到限制，其使用温度范围较镍基和钴基低。

11.2.2 合金元素的作用

高温合金的化学成分十分复杂，一般包含十多种合金元素，这些元素在合金中的基本作用归纳起来主要有以下几个方面：

① 形成奥氏体的元素：镍、铁、钴、锰；
② 提高抗氧化、耐腐蚀性的元素：铬、铝、钛；
③ 固溶强化元素：钨、钼、铬、铌、铝；
④ 金属间化合物强化元素：铝、钛、铌、钽、铪，此外，钨能大量进入 γ' 相，以增强 γ' 相的强化作用；
⑤ 碳化物强化元素：铬、钨、钼、钒、铌、钽、铪、氮；
⑥ 晶界强化元素：硼、锆、氢、铌、稀土、碱土元素；
⑦ 弱化晶界的有害元素：铅、锑、铋、锡、砷、镉等。

11.3 高温合金的强化原理

高温合金通常采用复杂的合金化，通过固溶强化、第二相强化（时效沉淀强化）和晶界强化以获得足够的高温强度和其他综合性能来满足工作条件的要求。

11.3.1 固溶强化

将一些合金元素（钨、钼、铬等）加入镍、铁或钴基高温合金中，使之形成合金化的单相奥氏体而达到强化的目的。无论是均匀分布于基体的或非均匀分布于基体的溶质原子都有强化作用。从物理本质分析，合金元素的固溶强化作用首先与溶质和溶剂原子尺寸因素差别相关联。此外，两种原子的电子因素差别和化学因素差别也有很大影响，而这些因素也是决定合金元素在基体中的溶解度的因素。固溶强化提高热强性主要表现在两方面。

(1) 通过原子结合力的提高和晶格畸变增大固溶体中的滑移阻力，即使固溶体中的滑移变形更加困难而强化。这对使用温度 $T \leqslant 0.6 T_{熔}$（绝对温度）时相当重要。

(2) 当使用温度 $T \geqslant 0.6 T_{熔}$ 时，更为重要的是通过原子结合力的提高，降低固溶体中元素的扩散能力，提高再结晶温度，阻碍扩散式形变过程的进行，因而直接影响滑移变形对形变量的贡献。

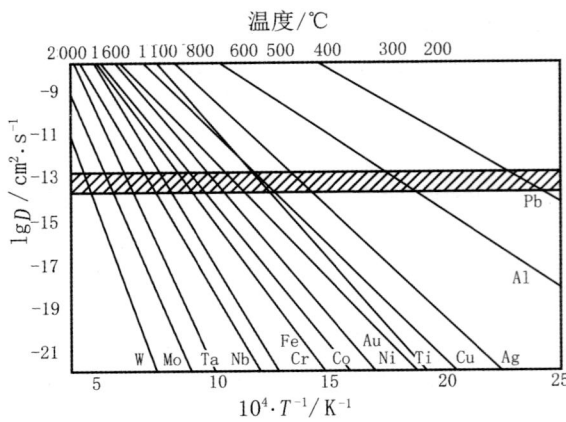

图 11-2 不同金属的自扩散系数 D 与温度的关系

实践证明,通过晶格畸变来强化固溶体对高温合金并不完全合适,因为高温蠕变时,扩散形变机制起很大的作用。因此,对高温强度来说,降低扩散系数以阻止扩散型变形是最重要的。图 11-2 列出了不同金属的自扩散系数 D 与温度的关系。

对固溶强化来讲,多元合金化能更高地增强热强性。这也是与进一步降低固溶体基体中的扩散系数有关。

11.3.2 第二相(时效)强化

第二相强化是高温合金的重要强化方式。主要通过时效析出沉淀强化,也可通过铸造第二相强化和弥散质点强化等。时效沉淀强化主要是 γ'(Ni_3Al)、γ''(Ni_xNb)或碳化物的时效沉淀强化。弥散强化主要是氧化物质点或其他化合物质点的强化。钴基铸造合金常有碳化物骨架强化。

第二相强化效应与位错和第二相的交互作用密切相关。运动着的位错遇到析出相时,其机械障碍作用有以下4种可能情况:

① 克服应力场障碍;
② 克服位错通过攀移的障碍;
③ 位错在第二相颗粒间穿过而克服障碍;
④ 克服位错切过第二相的障碍。

这4种情况分别起不同的作用而产生强化。因此,可以认为,位错理论与第二相的相互作用关系是第二相强化的基础。

11.3.3 晶界强化

在高温下形变时晶界表现为薄弱环节,呈沿晶破断特征。晶界区原子排列不规则,且存在各种晶体缺陷(如位错、空位等)。在低温形变条件下,晶界基本不参与形变,可以阻碍晶内位错的运动,起强化作用。但随着温度的升高,晶界强度迅速下降,在某一温度区间内晶界强度与晶内强度大致相当,当温度继续升高,晶界强度就比晶内强度低,该温度即是等强温度($T_{等强}$)。等强温度与应变速率有关,应变速率越慢,等强温度越低。由于高温合金多在等强温度区或更高温度下使用,所以晶界强化是高温合金的基本问题。合金中应避免含有使晶界弱化的杂质元素,而应含有能有效强化晶界的微量元素。

合金中加入微量的硼、锆、铪、碱土金属(钙、镁、钡)以及稀土元素可显著地消除有害气体和杂质元素的作用,强化晶界。

碱土金属和稀土元素因其化学活性高,与氧的亲和力强,可以在合金的冶炼过程中起良好的脱氧去气作用,显著地改善合金的晶界结构,起到强化晶界作用。

硼是高温合金常用的晶界强化元素。硼的原子半径略大于碳,能组成间隙固溶体的趋势。硼在合金中的作用主要是在晶界偏聚造成局部合金化,显著地改变了晶界状态,降低了元素在晶界上的扩散过程而强化了晶界。硼还能影响合金中碳化物或一些金属间化合物的析出,改善晶界上碳化物的密集不均匀状态,因而对合金的热强性有利。但过量的硼能形成低熔点共晶产物,其不利作用类似形成低熔点共晶的杂质。

11.3.4 工艺强韧化

高温合金通过不断地加入更多的固溶强化和沉淀强化元素,使承温能力提高,当使用温度达到850℃后,则因热加工成型困难,很难进一步再提高。20世纪50年代中期,真空熔炼技术的使用,使精密铸造涡轮叶片可成功采用高温合金而得到发展,合金中可以加入更多的强化元素,增加 γ' 相强化效果,同时形成碳化物或硼化物骨架强化,而不必考虑合金化给热加工带来的困难,从而使高温合金的使用温度达到

950℃左右。然而,用普通方法得到的等轴晶铸造合金,其高温性能的提高已接近极限。合金化程度的大幅度提高,不仅加重了合金的凝固偏析,而且增大了 σ 相、拉弗斯相和 μ 相等 TCP 相析出倾向,使合金在高温长期使用中组织不稳定,力学性能变坏,给热端零部件带来破坏的危险。因此,依靠采用精铸工艺和合金化来提高高温合金使用温度的潜力也很小。而通过工艺强韧化提高高温合金的使用温度逐渐成为关注重点。进入 20 世纪 60 年代,通过采用定向凝固工艺,发展出强度和塑性都比普通等轴晶更好的柱晶和单晶高温合金;20 世纪 70 年代通过控制液态合金冷却速率,发展出无宏观偏析、晶粒细小、热加工性能优异并具有强韧化特征的粉末高温合金;采用机械合金化工艺制备出高温强度优异的氧化物弥散强化高温合金等等。

1. 采用定向凝固工艺制备柱晶和单晶高温合金

采用定向凝固工艺,制备晶界平行于主应力轴的柱状晶高温合金(DS 或 DZ 合金),消除了横向晶界的有害影响;或者制备消除所有晶界的单晶高温合金(SC 或 DD 合金),从而实现强度和塑性同时获得明显改善。

2. 控制液态合金冷却速率制备粉末高温合金

控制高温合金液滴冷却速率,制备高温合金快凝粉末,即预合金粉末,经热压密实,制成晶粒细小、低偏析和组织均匀的粉末高温合金,中、低温强度和塑性同时获得明显提高,实现了强韧化目标。

高温合金预合金粉末可分别由氩气雾化法、旋转电极法和溶氢雾化法等工艺制备。制粉过程中液态金属被分散成液滴,散热的表面积大大增加,冷却速率高达 $10^2 \sim 10^4$ ℃/s,从而获得具有独特凝固组织的粉末。每一个粉末颗粒实际上都是一个微小的铸锭,用这种快速凝固粉末经压实成型等工艺,制成粉末高温合金坯料或零件。

3. 利用机械合金化制备弥散强化高温合金

铁基和镍基高温合金大多以金属间化物 γ′-Ni_3Al 进行沉淀强化。然而,随着使用温度提高,γ′相聚集长大,强化作用减弱。当温度超过 γ′相的溶解温度,γ′相重新固溶于基体,从而失去沉淀强化作用。利用机械合金化等方法将惰性的氧化物质点,如三氧化二钇(Y_2O_3)等弥散均匀地分布于高温合金的基体,使其在 γ′相失去强化作用时起高温强化作用。这是一类高温合金称弥散强化高温合金。

采用机械合金化方法等粉末冶金方法把惰性的氧化物质点加入金属或合金中,使其在 $0.7T_m$(熔点的绝对温度)至熔点的温度内强化,这种强化机理叫弥散强化。利用这种机理强化的高温合金,叫氧化物弥散强化高温合金,即 ODS 合金(Oxide Dispersion Strengthened Superalloy)。

11.4 高温合金常见相及其作用

高温合金的基体相一般都是 γ 奥氏体,对高温合金来说是最重要的相,因为它能够溶解大量的合金元素,保证合金具有良好的固溶强化、沉淀强化和晶界强化效果,以及良好的抗氧化、抗热腐蚀能力。同时,高温合金中的固态相变几乎都是通过 γ 相而发生,从而对合金力学性能产生明显影响。

高温合金在一系列的热加工制造过程中会发生各种相变,析出不同的相,从而影响高温合金的组织和性能,包括高温性能。

11.4.1 高温合金中常见析出相及分类

按金属学概念,可以把高温合金中的常见相分为两大类,一类是过渡金属元素之间形成的金属间化合物;一类是过渡金属元素与碳、氮、硼(氢)形成的间隙相。而每一类又可按晶体结构分为若干小类,见表 11-5。

表 11-5 高温合金中常见析出相及分类

按金属学概念分	按晶体结构分	主要常见相
金属间化合物 (过渡金属间)	几何密排相 (GCP 相,有序结构)	γ′相(Cu_3Au 型),η(Ni_3Ti)相(N_3Ti 型),δ(Ni_3Nb)相(Cu_3Ti 型),$Co_3W\varepsilon$ 相(Cd_3Mg 型),γ″-Ni_xNb
	拓扑密排相 (TCP 相)	拉弗斯相(B_2A 型),σ 相(BA 型),μ 相(B_7A_6 型),χ 相

续 表

按金属学概念分	按晶体结构分	主要常见相
金属间化合物（过渡金属间）	其他结构	NiAl(体心有序相)，Ni_2AlTi(面心立方有序相)，$α'$相(体心富铬固溶体)，G(体心衍生空位有序相)
间隙相〔过渡元素与C、N、B(H)形成〕	简单密排结构（八面体间隙化合物）	碳化物、氮化物（MC、MN、MCN、Z-CrNbN 相）
	密排结构（非八面体间隙化合物）	M_3C，M_7C_3
	复杂结构碳化物（半碳化物）	$M_{23}C_6$，M_6C

一般情况下，常把高温合金中的相分为几何密排相（GCP）、拓扑密排相（TCP）和间隙相3类。

11.4.2 高温合金中几何密排相及其作用

几何密排相（GCP）都具有密排的有序结构，晶体结构都是由密排面按不同方式堆垛而成，只是由于密排面上 A 原子和 B 原子的有序排列方式不同和密排面的堆垛方式不同，产生了多种不同结构。高温合金中常见的 GCP 相有 $γ'$ 相、$η$-Ni_3Ti 相、过渡相 $γ''$-Ni_xNb 等。

11.4.2.1 $γ'$ 相（Ni_3Al）

$γ'$ 相具有 Cu_3Au 面心立方有序结构，每个晶胞中有 4 个原子，其中 3 个镍原子处于面心位置，1 个铝原子占据 8 个角的位置，如图 11-3 所示。

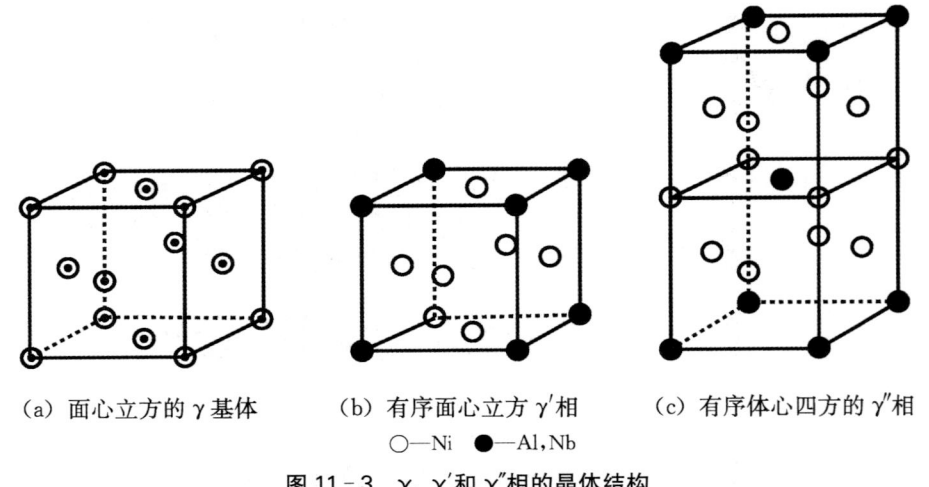

(a) 面心立方的 γ 基体　　(b) 有序面心立方 $γ'$ 相　　(c) 有序体心四方的 $γ''$ 相
○—Ni　●—Al,Nb

图 11-3　γ、$γ'$ 和 $γ''$ 相的晶体结构

$γ'$ 相是沉淀强化高温合金的重要强化相，通过固溶＋时效处理可使 $γ'$ 相均匀弥散地在 γ 基体中析出。由于 $γ'$ 和 γ 基体的结构相似，所以 $γ'$ 相在时效析出时具有弥散均匀形核、共格、质点细而间距小、相界面能低而稳定性高的特点。此外，$γ'$ 本身具有较高的强度，并且在一定温度范围内随温度上升而提高，同时具有一定的塑性，这些基本特点使 $γ'$ 成为高温合金最主要的强化相。

$γ'$ 相的成分对其强化能力有很大影响。许多元素可以溶解于 Ni_3Al，其中，钴可置换镍，钛、钒、钽、铌可置换铝，而铁、铬、钼可置换镍，也可置换铝。而铝、钛、铌、钽、钒均优先进入 $γ'$ 相，钴、铬、钼则优先进入 γ 基体，钨大致平均分配在 2 个相中。此外，铁是优先进入 γ 基体的元素，铪是能进入 $γ'$ 相的元素。总之，随着合金强化水平的提高，$γ'$ 相中含铌、钽、钨等难熔元素的数量不断增加，这是一个重要的特点。此外，钨和钼虽然性质相近，但在合金中起的作用却有区别，钼基本上是固溶强化元素，而钨既起加强第二相强化作用又是固溶强化元素。

γ′相的数量直接影响合金性能,一般来说,增加 γ′相数量总能提高合金的强度,但 γ′相太多,影响抗腐蚀性。合金中 γ′相数量直接与合金中铝、钛、铌、钽含量有关,可以根据这些元素的含量推算出大致的 γ′% 水平。

γ′相的尺寸大小对合金性能有重大影响。当合金中 γ′相含量较少时,γ′相的尺寸大小对合金强度的影响十分敏感,通常认为 10~50 nm 比较合适。当 γ′相数量达体积分数 40% 以上时,γ′相的尺寸大小对合金强度的影响较不敏感了,允许有大尺寸的 γ′相存在。

γ′相的形态及分布对高温合金力学性能影响也很重要。γ′相的形态与 γ 和 γ′的晶格错配度密切相关。γ′相如果以此片层状与基体 γ 形成胞状分布在晶界,因 γ′相的反常屈服效应在中温形成一个硬化壳层,使高温合金中温屈服强度升高。同时,胞状 γ′相在晶界也成为裂纹萌生和扩展的通道,使合金呈现中温脆性。

γ′相有各种金相形态,见图 11-4。时效析出的 γ′相常为方形(三角形、矩形)和球形,个别情况呈片状或胞状。其主要影响因素为析出温度和点阵错配度。当错配度变小或者析出温度较低时易成球状,当错配度大或者析出温度高时易成方形,错配度很大而析出温度又较低时可成为片状或胞状。球状 γ′与 γ 基体的相界面为共格型,共格应力随错配度增大而增高,方形 γ′与 γ 基体的相界面为位错型或部分位错型,共格应力较小。所以当错配度小时可为球形,而错配度大时就呈方形。温度升高,原子活动能力增强,不易保持共格状态,易为方形。胞状 γ′[图 11-4(c)]很少看到。

高温时效时 γ′不仅能在晶内弥散析出,还可以在晶界析出链状的方形 γ′,或包覆碳化物的 γ′膜[图 11-4(d)]。在中间时效处理时如果先析出链状的方形 γ′,以后时效析出的 $M_{23}C_6$ 就分布在链状 γ′之间和周围,可以形成弯曲晶界,当热处理或长期时效中发生碳化物转变,在晶界析出链状 $M_{23}C_6(M_6C)$,同时富集铝和钛,产生包覆碳化物的 γ′膜。

在长期时效(或应力时效)和使用过程中,γ′相聚集长大,出现各种金相形态,如球状、条状、树枝状等等,特别是含 γ′量多的合金,在一定的温度和应力作用下,γ′会沿滑移面集中,并具有明显的方向性[图 11-4(e)]。

一次(γ+γ′)共晶呈花朵状,见图 11-4(f)。由于是多元共晶,所以共晶的温度和成分都是变化的,先析出的共晶含铝、钛较少,后析出的共晶含铝、钛较多。因此,在(γ+γ′)共晶花朵的心部 γ′片较薄,而共晶外沿 γ′[图 11-4(f)中白色大块]量多而厚。定向结晶合金枝干上的 γ′常呈方形趋田字形。

11.4.2.2　η 相(Ni_3Ti)

η 相具有有序密排六方结构,其结构较稳定,不易固溶其他元素。η 相可以直接从 γ 基体中析出,也可以由高钛低铝合金中的 Ni_3(Al、Ti)亚稳定相转变而来。由于 η 相本身既无硬化作用而又要消耗一部分 γ′相,因此合金中出现 η 相总是使强度下降。当合金中减少钛量,增加铝量,加入适量硼时可以抑制胞状 η 相的产生,但过量的硼可能有相反的结果。某些铁基合金中加硅使生成 G 相,造成晶界贫 γ′区,可明显地抑制 η 相形成。

η 相的金相形态有两种:一种是晶界胞状,如在 650~850℃ 温度下时效,η 相呈胞状沉淀于晶界上;另一种为晶内片状或魏氏组织形态,当高于 850℃ 时效,η 相以魏氏体沉淀于晶内,图 11-5 所示为高温合金中常见的两种 η 相组织形貌。图 11-6 为 GH2903 合金经 840℃ 时效 100 h 后 η 相分布形貌。

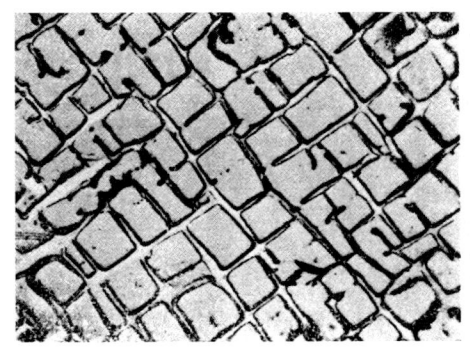

(a) 方形 γ′相　(5 000×)

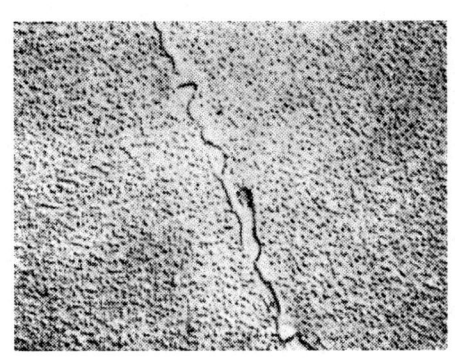

(b) 球形 γ′相　(10 000×)

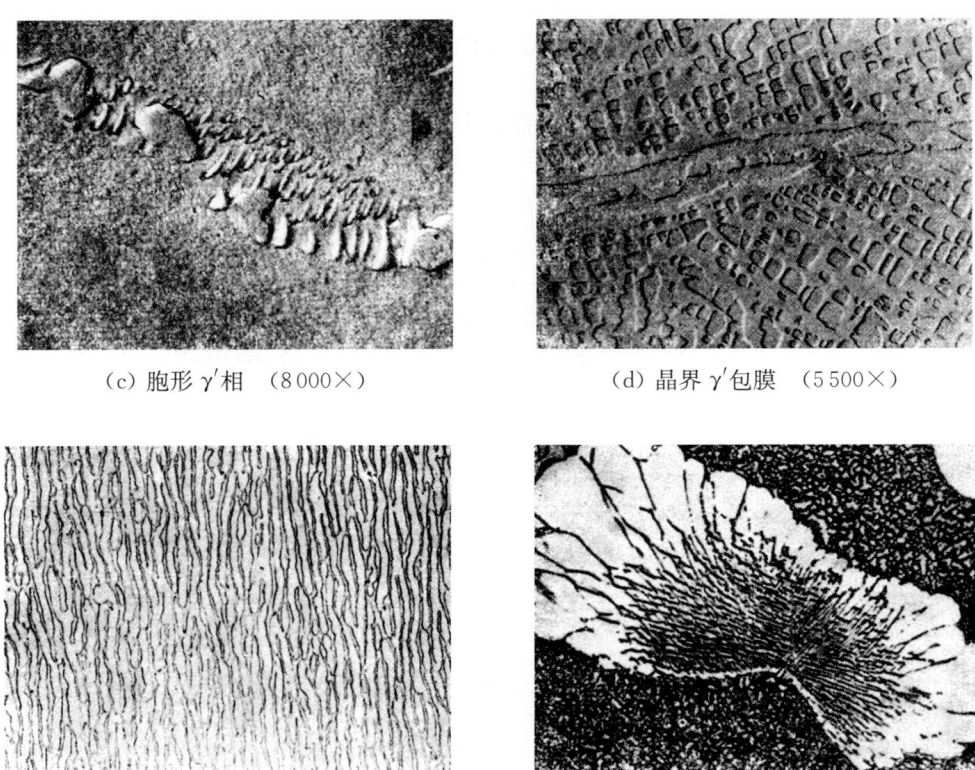

(c) 胞形 γ′相 （8 000×）　　　(d) 晶界 γ′包膜 （5 500×）

(e) 长条形 γ′相 （5 200×）　　　(f) (γ+γ′) 共晶 （500×）

图 11-4　高温合金中 γ′典型金相形态

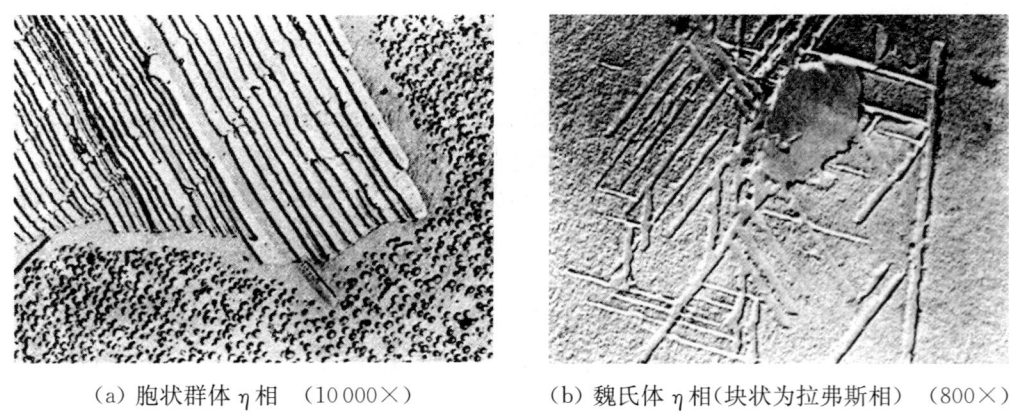

(a) 胞状群体 η 相 （10 000×）　　　(b) 魏氏体 η 相（块状为拉弗斯相） （800×）

图 11-5　高温合金中两种 η 相组织形貌

11.4.2.3　γ″相（Ni_xNb）

γ″相具有有序体心四方结构，铌原子占据角顶和体心位置，其他位置由镍原子所占据，见图 11-3 (c)。γ″相是含铌富镍的铁基或镍基高温合金中的主要强化相。γ″相在时效时沉淀析出，呈球状或圆盘状，随时效温度提高，γ″相圆盘状形态会更清晰，见图 11-6。它使合金具有很高的屈服强度和良好的焊接性能。

但 γ″相是一种亚稳定的过渡相，在高温长期作用下，很容易聚集长大并且发生 γ″→δ-Ni_3Nb 的转变，从而使合金的热强性显著降低。

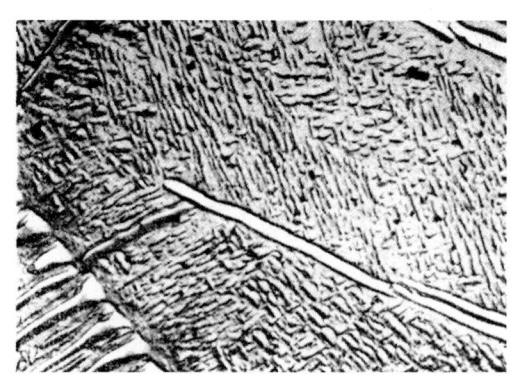 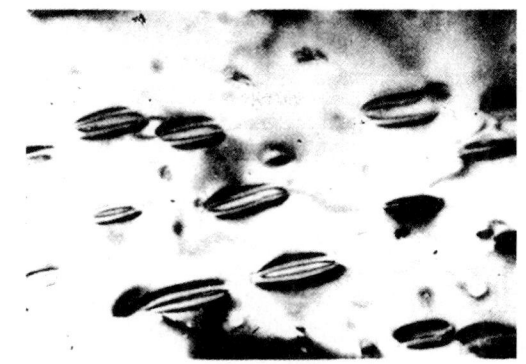

(a) 圆盘状 γ'' 相,片状为 δ 相(复膜) (10 000×)　(b) 圆盘状 γ'' 相,球状 γ' 相(薄膜透射) (30 000×)

图 11-6　时效析出的圆盘状 γ'' 相形貌

11.4.2.4　δ-Ni_3Nb

δ-Ni_3Nb 具有正交有序结构,是亚稳相 γ'' 的稳定相,在含铌较高的铁基或镍基合金中,往往形成 γ'' 相,与 γ' 相共同起沉淀强化作用。由于 γ''-Ni_xNb 不稳定,在不同热加工或热处理条件下,γ'' 相可以转变为 δ-Ni_3Nb 相,或直接从 γ 基体析出,甚至从液态合金中析出一次 δ 相。

δ-Ni_3Nb 的金相形态多数为薄片状或魏氏体形态,在某些合金中呈胞状,见图 11-7。与 η 相一样,较低温度时效时常呈胞状析出,较高温度时效时常呈晶内片状析出。δ-Ni_3Nb 相析出温度约为 780～980℃,需要一定时间的孕育期,固溶温度对孕育期长短有明显影响。

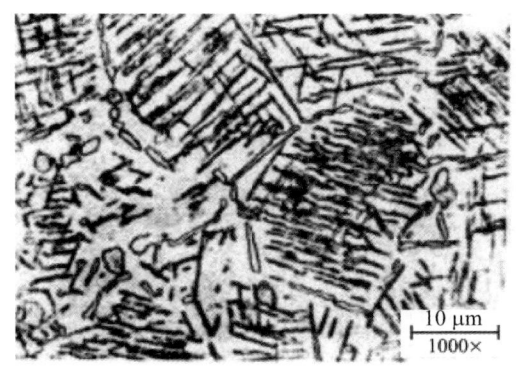 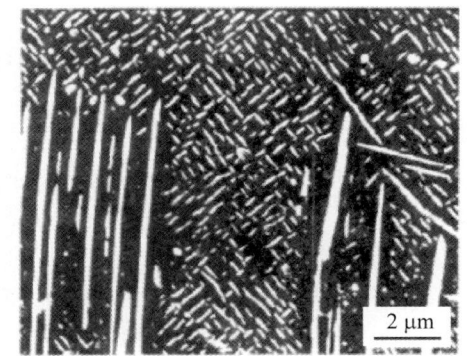

图 11-7　魏氏体 δ 相形貌

合金中增加硅、铌量将促进 δ-Ni_3Nb 相形成,用钽代替铌可能阻止 δ-Ni_3Nb 相析出,GH4169 合金中加入铝、钛可以抑制 γ'' 相→δ-Ni_3Nb 转变。

大量针状或魏氏组织的 δ 相在合金中存在,使裂纹在 δ 相与 γ 基体界面的形核率增加,扩展通道增多。同时,由 γ''→δ 的转变也使合金软化,两种综合作用使持久强度降低,美国通用电气公司规定 Inconel718 合金锻件中 δ 相的数量和分布不应超过标准图片 7708203(1 级、2 级)和 7708204(3 级、4 级)要求,见图 11-8。

11.4.3　拓扑密排相

高温合金中发现的拓扑密排相(TCP 相)有 σ 相(BA)、拉弗斯相(B_2A)、μ 相(B_7A_6)等。其中 A 元素通常指周期表中锰族以左的元素,如钛族、铬族等;B 类元素为锰族以右的元素,如铁、钴、镍等,这些相的成分范围较宽。TCP 相的晶体结构都是很复杂的,其共同点是原子排列比等径球体的最密排列还要紧密,配位数达到 14～16,原子间距极短,只有四面体间隙,没有八面体间隙,原子的外层电子之间相互作用强烈,发生电子迁移。因此,电子因素对 TCP 相的形成有重要作用。

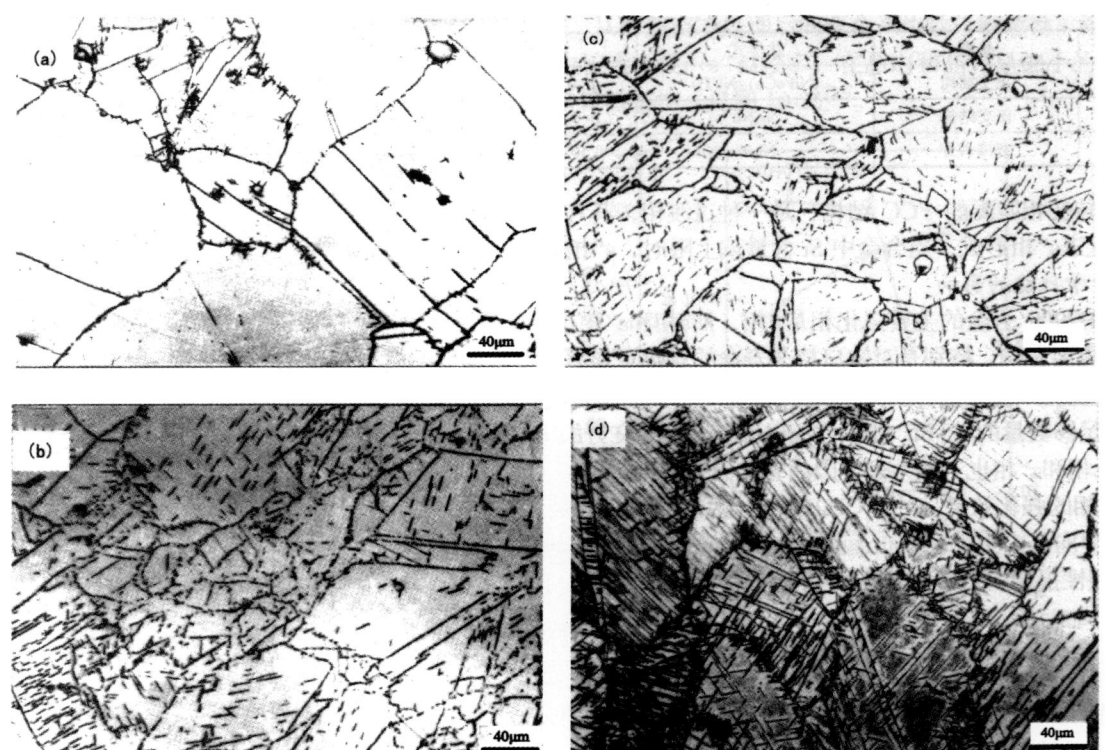

(a)、(b)为 GE 公司 7708203 号 1 级和 2 级 δ-Ni₃Nb 标准照片
(c)、(d)为 GE 公司 7708204 号 3 级和 4 级 δ-Ni₃Nb 标准照片

图 11-8　美国 GE 公司对高温合金锻件组织中 δ-Ni₃Nb 要求的标准照片

11.4.3.1　σ 相

σ 相是具有体心四方晶格的电子化合物,每个晶胞有 30 个原子,最大的配位数为 15。σ 相的成分范围比较宽,镍基合金中 σ 相的组成为 $(CrMo)_x(NiCo)_y$,式中 x、y 值在 $1\sim 7$ 之间,铁基合金中的 σ 相常为 FeCr(含钼)型。

σ 相的主要金相形态为颗粒状和片(针)状,量多时也可呈魏氏组织,见图 11-9。个别合金中看到有短棒状 σ 相。铁基合金中 σ 相常为沿晶析出的小颗粒,镍基合金中 σ 相常呈片(针)状。

σ 相常在晶界形核,但也常在 $M_{23}C_6$ 颗粒上形核,这是因为二个相的晶体结构的相似性,和二个相的成分相似性。铸造合金中由于偏析,使 σ 相易在 $(\gamma+\gamma')$ 共晶边缘形成。组织上出现 δ 铁素体或出现富铬、钼的相,都会促进 σ 相形成。

(a) 魏氏体状 σ 相

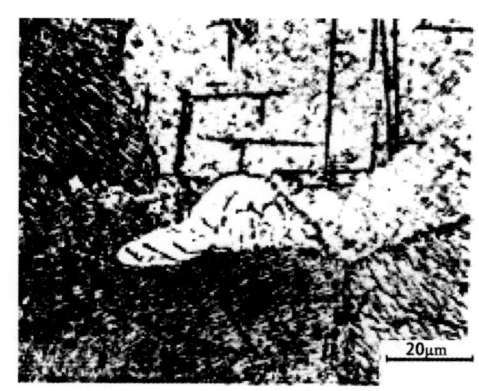

(b) 片针状 σ 相

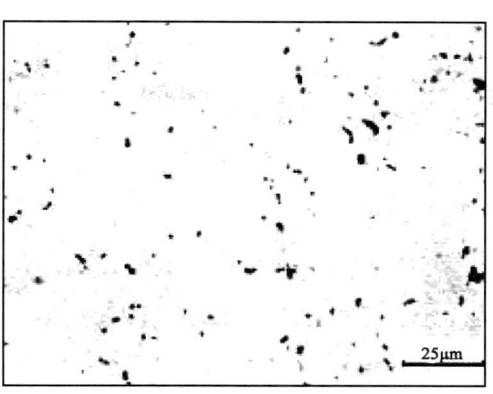

(c) 块状 σ 相

图 11-9　σ 相各种形态

片(针)状 σ 相是裂纹产生和传播的通道,使合金脆化,有时还降低持久强度。晶界 σ 相颗粒常引起沿晶界断裂,降低冲击韧度。

σ 相的形成温度范围较宽,最快析出的温度区域为 750～870℃。

镍阻止 σ 相形成,铁、钴、铬、钨、钼、铝、钛、硅都促进 σ 相形成。一些渗铝、铬的涂层下面容易出现 σ 相。

11.4.3.2　拉弗斯相

拉弗斯相为 AB_2 型化合物。A 和 B 原子直径比为 1.225,其中较大的 A 原子是钛、铌、钽、钼和钨等,而较小的 B 原子是铁、钴和镍。拉弗斯相通常有 $MgCu_2$、$MgZn_2$ 和 $MgNi_2$ 3 种晶体结构,其中以 $MgZn_2$ 型最为普通,如铁基高温合金中析出的 Fe_2W、Fe_2Mo、Fe_2Ti 和 Fe_2Nb 等,以及钴基高温合金中的 Co_2W 和 Co_2Ta 等。

低温时效时常析出细小颗粒状的拉弗斯相,见图 11-10(a);高温时效时常析出的拉弗斯相常呈短棒状或竹叶状,见图 11-10(b)。

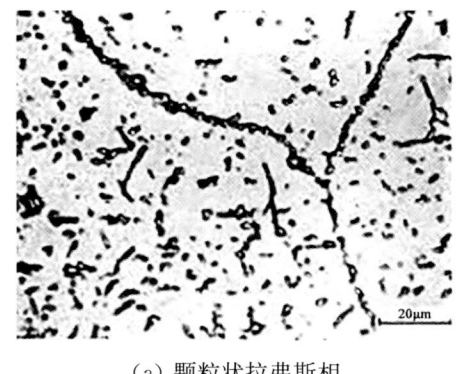 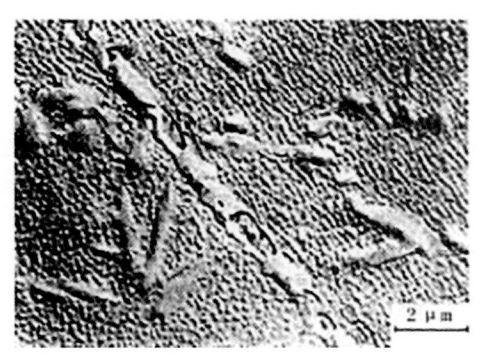

(a) 颗粒状拉弗斯相　　　　　　　　　　(b) 竹叶状拉弗斯相

图 11-10　拉弗斯相各种形态

呈细小弥散质点析出的拉弗斯相可以对合金产生一定的硬化作用,大量针状拉弗斯相会降低室温塑性,少量短棒状拉弗斯相没有严重有害作用。

拉弗斯相析出温度范围比较宽,约为 650～1100℃,其上限温度随成分而异。由于拉弗斯相倾向于高温析出,所以可以利用它进行细化晶粒,获得细晶材料。

铁基合金容易产生拉弗斯相。钨、钼、铌、铝、钛、硅等元素都能促进拉弗斯相形成,而镍、碳、硼、锆有抑制析出拉弗斯相的作用。

11.4.3.3　μ 相(A_7B_6)

μ 相也叫 ε 相,最初在 Fe-Mo 系合金中发现,后来在 Fe-Cr-Mo 系合金中也发现了。它属于三角晶系,每个晶胞有 13 个原子,其化学式相当于 A_7B_6,其中 A 为过渡族元素(铁、钴等),B 为Ⅵ族元素(钨、钼等)。μ 相的金相形态呈颗粒状、棒状、片状或针状,见图 11-11。

μ 相颗粒较大,没有强化作用。在铁基和 Fe-Ni 基合金中常见的 μ 相有 Co_7W_6、Co_7Mo_6、Fe_7W_6、Fe_7Mo_6 等,它呈棒状或针状析出于晶内,损害合金的延性。

11.4.3.4 χ 相

χ 相最初在 Cr-Mo-Ni 钢中发现,以后在 Cr-Mo-Fe 三元系中也观察到了。χ 相是一个三元合金相,具有复杂的体心立方结构,每个晶胞内有 58 个原子,化学组成为 $Fe_{36}Cr_{12}Mo_{10}$。某些含铬的高钛或高钼的铁基合金易形成 χ 相。常见的铁基合金中没有 χ 相。

χ 相的金相形态一般为块状,不起强化作用,如图 11-12 所示。

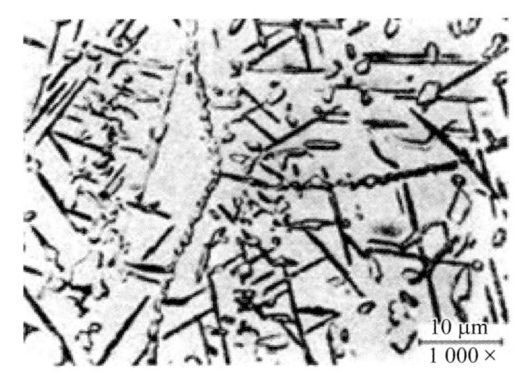

图 11-11 针状 μ 相

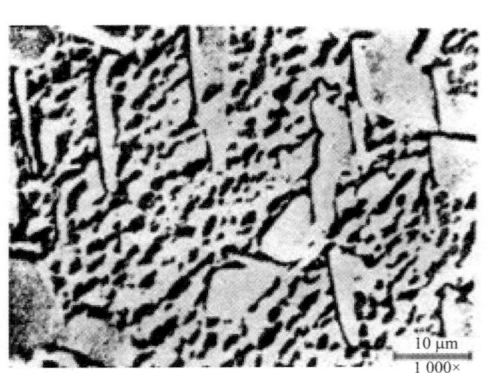

图 11-12 块状 χ 相

11.4.4 间隙相

高温合金中,过渡族金属元素与碳、氮、硼形成的化合物,通称为间隙相。其特点为金属原子密排,而原子半径小的碳、氮和硼原子位于金属原子的间隙中。间隙相的特点是熔点高、硬度高、脆性大,同时还具有一些金属特性。

11.4.4.1 碳化物

碳化物是高温合金中的一种重要组成相,出现的碳化物一般有 MC、$M_{23}C_6$、M_6C 和 M_7C_3 型 4 类。取决于高温合金的化学成分、凝固结晶状况及所处温度、时间及应力等条件的不同,每种合金可能存在的碳化物种类和数量都不一样。而且每种碳化物都可能是从液态合金中直接析出,即一次碳化物,也可能是从高温时效或使用中析出,即二次碳化物。

1. MC 碳化物

MC 碳化物是高温合金的常存相,几乎全部高温合金都不可避免地生成 MC 相。含量体积分数通常小于 2%。MC 碳化物中的"M"是各种金属(metal)元素总称,主要是铪、锆、钽、铌、钛、钒,钨和钼。MC 碳化物有初生和次生两种。初生 MC 碳化物是在凝固过程形成的,合金凝固过程中,碳首先与钽、铌、钛、钒等形成原始碳化物 TaC、NbC、TiC、VC,它们可以固溶钨、钼、铬等元素。如,含钼合金中 MC 往往是 (Ti, Mo)C。而且 MC 中的一部分碳还可被氮取代形成 M(C, N),如 CH4145,CH1140 等合金中 MC 实为 Ti(C, N)。

初生 MC 多呈块状或条状,多分布在枝晶间,见图 11-13。次生 MC 碳化物是指在合金初熔温度以下热处理或长期使用过程中由 γ 基体析出或由其他相转变而成的 MC 碳化物。次生 MC 型碳化物比较细小,通常倾向在晶内层错处析出,这种细小而稳定的 MC 有很大的时效硬化作用。

MC 是铁基合金中的主要碳化物相,只有少数含铬、钼、钨量高的合金才出现少量 M_6C 或 $M_{23}C_6$ 型碳化物。

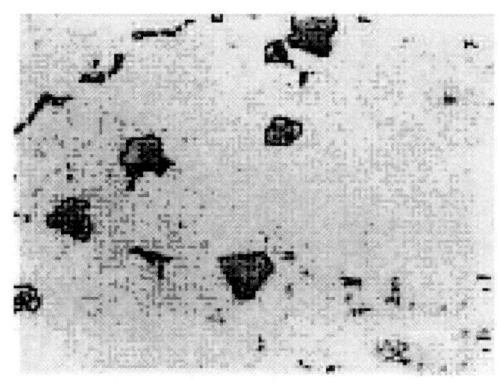 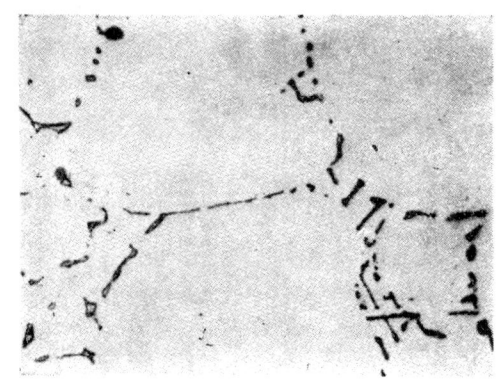

(a) 块状 MC （1000×）　　　　　　(b) 条状及骨骼状 MC （500×）

图 11-13　高温合金中碳化物形态

镍基合金中的碳化物往往不是单一的 MC 相，MC 相的稳定性也差一些，长期时效过程中将发生碳化物反应。MC 蜕化反应有各种形态，见图 11-14。

镍基铸造高温合金中出现的 MC，常常呈不规则块状或汉字状，取决于合金成分和凝固条件，汉字状 MC 是一个初晶核心长大形成。这种核心在凝固初期就已析出，甚至在高于液相线温度以上就已存在，其形状为规则的八面体。在定向凝固过程中冷却速率极小的平面状界面下，晶体生长速率极为缓慢，以至于在固相线温度以上，MC 仍然为八面体特征。因此，MC 的初生形态和平衡形态都是八面体。

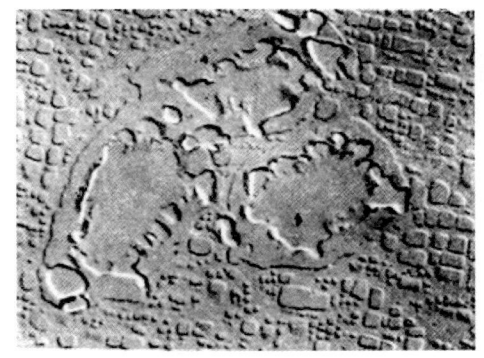 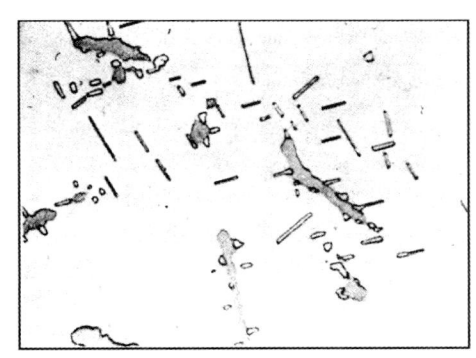

(a) MC 分解为 $M_{23}C_6$ 和 γ' 胞膜 （5 500×）　　　　(b) 针状 M_6C 形貌 （1000×）

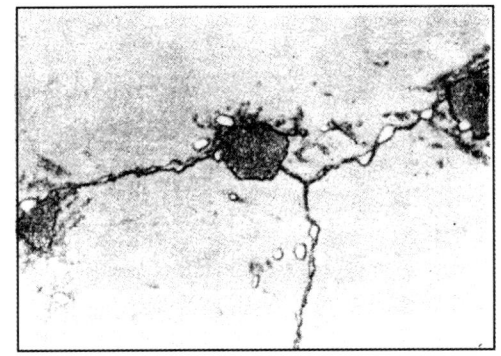

(c) 颗粒状(白色)M_7C_3 形貌(深色块状 MC) （1000×）

图 11-14　MC 蜕化反应的各种形态

铸造高温合金中往往在枝晶间和晶界析出一次 MC，在镍基和钴基合金中，强度高的 MC 呈块状或汉字草书体状，起骨架强化作用，即使经高温固溶处理也不易溶解。

变形高温合金中存在的以 MC 为主或含有 MC 的点状偏析,在变形时裂纹易于在 MC 与 γ 界面或者点偏析区域垂直于应力轴的小晶粒边界形核与扩展,使持久时间、抗张强度与塑性以及疲劳性能明显降低。

二次 MC 对力学性能有明显影响。主要影响有三方面:第一,以细小颗粒在晶内均匀弥散析出,起沉淀强化作用;第二,以颗粒状在晶界呈不连续链状析出,强化晶界,消除合金缺口敏感性;第三,以薄膜状沿晶析出,使晶界变脆,合金表现出缺口敏感性。

粉末高温合金预合金粉末的凝固速率属快速凝固范围。粉末高温合金在热等静压过程中出现一种特殊现象,即在原粉末颗粒边界上形成严重的碳化物网,即 PPB(Previous Powder-Particle Boundaries)问题。PPB 碳化物一部分是在粉末雾化过程中形成的,约覆盖 10%的面积,可作为 PPB 碳化物的形成核心,而大部分是在热等静压处理或热处理过程中析出的。PPB 碳化物主要是 MC 型,粉末高温冶金中的 PPB 碳化物,阻碍金属颗粒间的扩散与连续,形成弱的界面,而且很难用热处理消除,使 PPB 成为裂纹的起始源区和扩展通道,断口呈沿颗粒断裂形貌,降低粉末高温合金的持久寿命和塑性。

2. $M_{23}C_6$ 碳化物

$M_{23}C_6$ 碳化物是富含铬的镍基高温合金中最常见的碳化物,在铁基变形高温合金、钴基高温合金中也发现有 $M_{23}C_6$ 碳化物。该碳化物还可固溶钨、钼等元素,它具有复杂的面心立方结构,可呈现不同形态析出,对合金的力学性能有很大影响。

$M_{23}C_6$ 碳化物的析出温度范围为 650~1 100℃,析出峰在 850~950℃之间。$M_{23}C_6$ 倾向在晶体缺陷上形核,高温时效时 $M_{23}C_6$ 常呈晶界链状分布,见图 11-15(a),低温时效时除在晶界和非共格双晶界形核外,还常常在共格双晶界和位错上形核,通常在 MC 或 MN 周围位错密度较高,所以 MC(MN)周围常见到有 $M_{23}C_6$ 颗粒。时效析出 $M_{23}C_6$ 时,初期为小片状,与母体有共格或半共格关系,长大后 $M_{23}C_6$ 为片状、针状,见图 11-15(b)或颗粒状,有时为胞状,见图 11-15(c)。

晶界链状 $M_{23}C_6$ 起阻碍晶界滑动作用,提高持久强度。晶界胞状 $M_{23}C_6$ 使合金脆化。晶内普遍析出细小的 $M_{23}C_6$ 质点可以起强化作用。以 $M_{23}C_6$ 为主要强化相的铁基合金中往往加氮、磷。磷在 $M_{23}C_6$ 中为置换式原子,生成 $(MP)_{23}C_6$,能改善它与基体的点阵匹配,有助于普遍沉淀,提高强化效果。

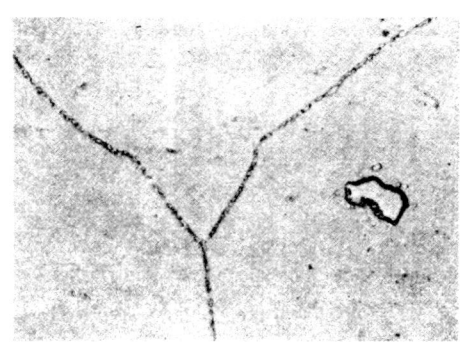
(a) 晶界链状 $Cr_{23}C_6$ 和晶内块状 MC (1 000×)

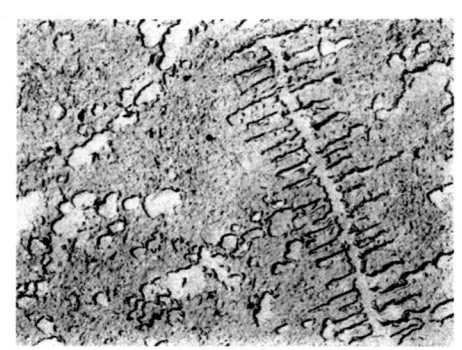
(b) 针状 $M_{23}C_6$ (8 000×)

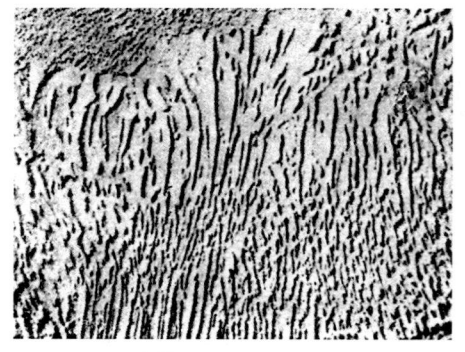
(c) 胞状 $Cr_{23}C_6$ (8 000×)

图 11-15 $M_{23}C_6$ 碳化物各种形态

由于 $M_{23}C_6$ 相与 σ 相的组成和晶体结构相似，σ 相经常在 $M_{23}C_6$ 上形核。

当合金含钨、钼量较高时，可以发生 $M_{23}C_6$ 向 M_6C 的转化。

3. M_6C 碳化物

M_6C 为三元碳化物，具有复杂的面心立方结构，"M"由大小两种原子组成，大原子为钨、钼等元素，小原子为铁、钴、镍元素。碳化物是由钼或钨置换其他碳化物中的铬形成的，只有当合金中的钼、钨超过一定含量时才可能出现。

M_6C 一般比 $M_{23}C_6$ 稳定，析出温度约为 750～1 150℃，析出峰在 900～1 050℃。某些合金还有一次 M_6C。M_6C 的金相形态为晶界链状，有时为片状、针状，见图 11-14(b)，甚至魏氏组织。晶界链状分布的 M_6C 能提高持久强度，而针状或魏氏组织形态会降低塑性。

合金中铬、钨、钼之含量将影响出现的碳化物类型，含钨、钼高的合金易生成 M_6C，含铬高的合金易生成 $M_{23}C_6$。

高温合金高温时效易析出 M_6C，时效温度低一些就易析出 $M_{23}C_6$。由于 M_6C 与 μ 相的成分和结构相似，M_6C 存在有利于析出 μ 相，但当 M_6C 和 $M_{23}C_6$ 共存时，也会有 σ 相。

4. M_7C_3 碳化物

M_7C_3 为斜方结构。这种碳化物只在含铬量和含碳量之比较低的合金或强碳化物形成元素含量较低的合金中出现。金属原子 M 主要是铬。镍基合金中 M_7C_3 倾向高温析出，在以后的时效过程中会发生转变，逐步变为稳定的 $M_{23}C_6$ 相。M_7C_3 碳化物的金相形态一般为颗粒状，见图 11-14(c)。

11.4.4.2 硼化物

高温合金中加入微量硼，能显著地提高持久强度和改善塑性。但过量的硼将形成硼化物，若硼化物的数量过多，将使合金变脆。

除单晶高温合金外，许多高温合金都加入有适量硼，波动在 0.005wt%～0.15wt%范围，以强化晶界。然而硼在高温合金中的溶解度很低。例如 GH2135 合金硼在 γ 基体中的溶解仅 0.004wt%。高温合金中加入的硼含量通常都超过硼在 γ 基体中的溶解度，再加上硼是强烈的枝晶偏析元素，富集在枝晶间，从而最终形成 γ+M_3B_2 共晶组织。该 M_3B_2 为一次硼化物。而经高温固溶+时效处理，在晶界和晶内，主要是晶界析出的 M_3B_2 相为二次硼化物。

高温合金中的硼化物主要是 M_3B_2 型，为四方结构，金属原子 M 由二类元素组成，一类为原子半径大的元素，如钛、钼、铝等，另一类为原子半径小的元素，如铁、钴、镍、铬等，前者以 M′ 表示，后者以 M″ 表示，M_3B_2 的分子式可写为 $M'_2M''_1B_2$ 或 $M'_1M''_2B_2$。

硼化物在铸态为骨架状硼化物共晶，见图 11-16(a)，加工变形后分布在晶界和晶内，呈椭圆小颗粒，见图 11-16(b)。晶界上的小颗粒硼化物也有强化晶界作用。

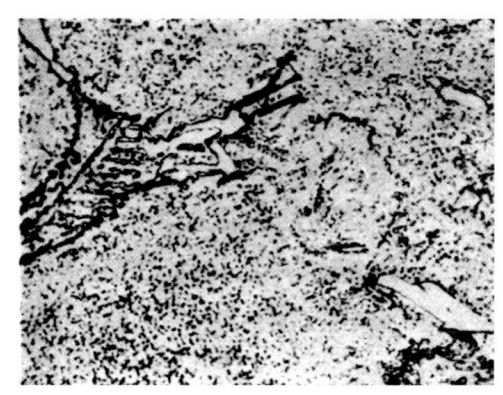
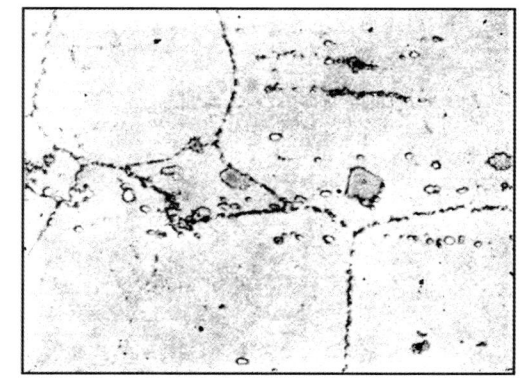

(a) 骨架状 M_3B_2 （800×）　　　　(b) 椭圆小颗粒(白色)M_3B_2 （500×）

图 11-16 高温合金中硼化物的两种形态

变形高温合金颗粒状一次 M_3B_2 相，沿轧制方向分散分布，如果数量不多，对力学性能影响很小。如果数量较多,而且成条带分布,将促进高温合金中形成点状偏析,或者形成细晶带,而使低倍组织超出合格标准,在宏观上降低力学性能。变形高温合金如果采用的固溶处理温度偏高,将会有 $M_3B_2+\gamma$ 共晶形成,从而明显降低持久性能。

高温合金中二次 M_3B_2 相,主要分布在晶界、晶界颗粒状 M_3B_2 可阻止晶界滑动,抑制有害相在晶界析出,从而提高持久温度,并且随着颗粒状 M_3B_2 相的增多,持久时间成正比增加。然而,晶界面上硼化物呈薄片状分布,而且呈连续状或半连续状,将使晶界变脆,成为裂纹形核与扩展的策源地,将明显降低持久寿命与塑性。

11.4.4.3 氮化物

有少数几个含镍量较低,并含有 0.12wt%~0.30wt% 氮作为合金元素的铁基变形高温合金,如 GH1016 和 GH1131 等,常常会生成氮化物 Z 相。化学式为 CrNbN,在凝固结晶时形成一次 Z 相,在合金时效时还析出二次 Z 相。

三元氮化物 Z 相具有四方点阵结构。Z 相 CrNbN 中的铬和铌都可以为其他元素所代替,铁、镍等可代替铬,而钨、钼等可代替铌。GH1016 合金中含有 2wt% 的一次 Z 相,在 700~900℃ 长期时效,析出二次 Z 相,Z 相数量可达 3wt%~5wt%。Z 相以不规则块状分布于晶内和晶界,见图 11-17。分布于晶界的 Z 相在再结晶退火和固溶处理时,可有效阻止晶粒长大。这是由于 Z 相高温稳定性好,温度达 900℃ 也未开始固溶之故。

高温合金中还存在 TiN 或者 Ti(CN)。许多变形高温合金,如 GH4033、GH3536、GH4738 等都观察到 TiN 的存在,然而铸造高温合金中很少发现。TiN 主要是由于炼钢气氛中的氮与合金液中的钛化合而成,也可能是原材料如金属铬或 Cr-Fe 中带入。TiN 与 TiC 一样,具有面心立方结构。TiN 很硬,因此,在抛光状态可以看见它,为三角形、正方形等规则形状,呈橘红色。由于数量很少,往往与 TiC 和 M_3B_2 等混在一起,以夹杂物形式出现,一般对力学性能影响不大。

11.4.4.4 硫化物

硫是高温合金中的有害元素,它易在晶界上形成低熔点共晶,严重损害合金的延性。由于高温合金中加入一定量的钛、微量的锆,它们和硫有很强的亲和力,在液体凝固过程中形成初生 Y 相。Y 相本身对合金的性能不利,但由于它使硫不致形成有害的低熔点共晶,所以还可能改善合金的延性。常见的 Y 相为 Ti_2SC 或 $Ti_4S_2C_2$,具有六方结构。铸造合金中的 Y 相一般呈长条状,如图 11-18 所示。

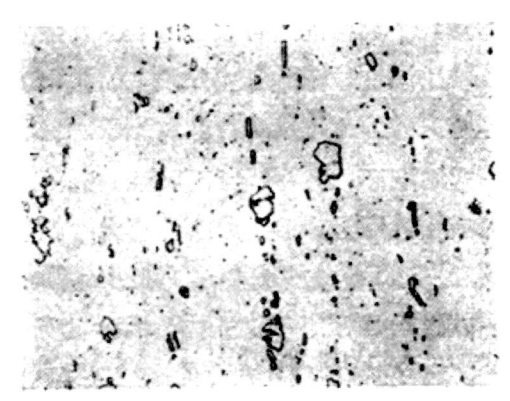

图 11-17 块状 Z 相形貌 (500×)

图 11-18 长条状 Y 相 (500×)

11.5 高温合金的热处理

高温合金的性能主要决定于它的化学成分和组织结构。当成分一定时,影响合金组织的因素有冶炼铸造、塑性变形和热处理等工艺,其中热处理工艺对合金组织的影响更为敏感。同一种合金经不同热处理后具有不同的组织,因而具有不同的性能和用途。

高温合金强化热处理通常分为固溶处理、中间处理和时效处理 3 类。有些合金采用多次固溶和多次时效以获得更好的综合性能。

此外，还有一种为材料加工成型工艺所需的退火热处理，也称软化热处理，分为应力消除处理（去应力处理）和再结晶退火处理两类。

11.5.1 固溶处理

高温合金成分复杂，在合金液凝固和随后冷却过程中析出相关的各种碳化物相，在塑性变形过程中进一步析出 M_6C 或 $M_{23}C_6$，或粗大 γ' 强化相。固溶处理目的就是将这些相尽量溶入基体中，以得到单相组织，给以后的时效沉淀析出均匀细小的强化相作准备。另一个目的是要获得均匀合适的晶粒尺寸。一般情况下，升高固溶温度和延长保温时间有利于相的固溶，但固溶温度升高，合金晶粒长大，甚至低熔点共晶相溶化，因此固溶温度又不能过高。选择固溶温度和保温时间应考虑合金的成分，及其使用条件，通常，高温合金的固溶温度为 1 000～1 200 ℃，对于时效沉淀强化的高温合金，如果要求高的屈服强度和机械疲劳性能，也要求晶粒细小，则固溶温度应较低，但保温时间较长。如果要求合金具有高的持久和蠕变性能，那么晶粒尺寸以较大为宜，选择固溶温度应较高。

合金晶粒大小，还与该温度下的保温时间长短有关，但其影响不如温度来的明显。

固溶处理后的冷却速度对以后的时效析出相的颗粒大小也有影响，尤其是对低合金化的高温合金更为明显。大部分合金固溶处理后采用空冷冷却，少数合金采用水冷或者油冷。冷却速度快有利于生核而不利于长大；反之，有利于长大而不利于生核。

高温合金的合金过饱和度大，快速水冷往往也抑制不住相的析出，通过常温下观察组织，来判断合金是否达到固溶是很困难的。最好的方法是采用高温金相显微镜，直接观察高温下相的溶解和晶粒大小，确定合适的固溶温度。但可采用如下硬度方法，即测定合金在不同的温度下，保温一定的时间固溶后的室温硬度，室温硬度值不变时的最低温度，就可确定为合金的固溶温度，如图 11-19 所示。

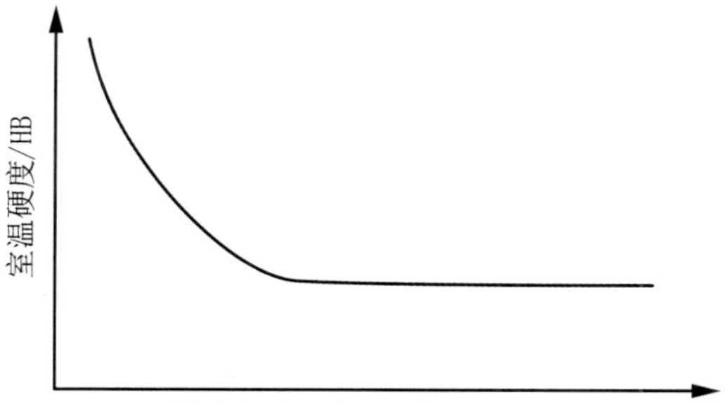

图 11-19 固溶温度与室温硬度值的关系

11.5.2 中间处理

高温合金的中间处理是介于固溶处理与时效处理之间的热处理，文献中也有称之为稳定化处理。一般中间处理温度低于固溶处理温度而高于时效处理温度。中间处理的目的是使高温合金晶界析出一定量的各种碳化物相和硼化物相，同时使晶界以及晶内析出较大颗粒的 γ' 相。晶界析出的颗粒碳化物，提高晶界强度，晶内大的 γ' 相析出，使晶界、晶内强度得到协调配合，提高合金持久和蠕变寿命及持久伸长率，改善合金长期组织稳定性。大多数高温合金都需要进行中间处理，合金化程度高的时效强化合金尤为如此。例如 GH4049 合金经过 1050 ℃ 中间处理后，晶界上析出颗粒状的 $M_{23}C_6$、M_6C 碳化物，提高了合金持久强度和持久伸长率；晶内析出方形大的 γ' 相。在以后时效处理时又析出较小的圆形 γ' 相。γ' 相析出总量与未经中间处理的合金相同，但其 900 ℃、220 MPa 条件下持久寿命提高了 50 多小时。GH2901，GH2132 合金经 760～800 ℃ 中间处理后，由于晶界上析出 $M_{23}C_6$、M_6C 等相，则提高了持久伸长率，改善了缺口持久性能。

11.5.3 时效处理

高温合金时效处理，有时也称沉淀处理，其目的是在合金基体中析出一定数量和大小的强化相，如 γ' 相、γ'' 相等，以达到合金最大的强化效果。一般来说，合金的时效温度随着合金中合金元素含量的增多，尤其是铝、钛、钼和钨的增加而升高，其温度约在 650～980 ℃ 之间。有些合金，为了抑制 σ 相、μ 相等一些有害相的析出，时效温度要有所改变。通常时效温度就是合金的主要使用温度。

有些高温合金，如 GH2036、GH4710，其时效处理分二级进行，其目的是调整强化相的大小以获得强度和塑性的最佳配合。

时效处理对合金强度起决定性作用。绝大部分高温合金以 γ' 相强化，强化程度取决于 γ' 相数量和大小。

11.5.4　弯曲晶界热处理

弯曲晶界可以增加高温合金的抗蠕变和持久性能，而且同时提高合金持久塑性。

普通热处理后基体内晶界都是平直的，要想获得锯齿状的弯曲晶界需要进行特殊的弯曲晶界热处理，其工艺主要有3种：

① 控制固溶后的冷却速度的控冷处理；
② 固溶后析出相再次固溶的固溶处理；
③ 固溶处理后空冷到某一温度下保温，然后再空冷的保温处理。

形成弯曲晶界的基本原理：在高温下使晶界首先析出第二相，如 γ' 相和碳化物相。这样在高温下发生晶界迁移时，第二相颗粒钉扎住部分晶界使之不动，而在第二相颗粒之间的晶界发生晶界迁移，从而就造成了锯齿形弯曲晶界。

11.5.5　高温合金的退火处理

高温合金的退火热处理主要有应力消除热处理和再结晶退火热处理。

11.5.5.1　应力消除热处理

应力消除处理是消除高温合金材料在冷热加工和铸造焊接成型过程中所产生的残余应力，消除应力处理通常在低于合金再结晶温度以下进行。具体处理规范应根据合金的成分和组织特性以及各种加工成型过程中残余应力的类型和大小来选择，其次，在考虑到最大残余应力消除同时，还要尽可能防止对合金力学性能和抗氧化性能的不利影响。

实际进行应力消除处理的合金只是那些固溶强化型合金，因为 γ' 相析出强化型合金在消除应力热处理温度下要发生时效析出强化，而使合金难以加工成型。在用于酸或蒸汽的腐蚀环境下，要求较好的抗腐蚀性能时，这些合金也不能进行应力消除处理，而应以再结晶退火处理代替。

大多数变形钴基合金，即使加工中的残余应力很大，一般也不采用应力消除处理，而是进行再结晶退火处理来消除应力。

高温合金铸件在下述情况下需要进行应力消除处理：
① 铸件形状复杂，壁厚不均，其残余应力易在使用过程中导致铸件开裂；
② 对铸件的尺寸公差要求严格，而残余应力将使铸件在使用中发生变形和尺寸变化；
③ 焊接的铸件。

11.5.5.2　再结晶退火热处理

再结晶退火热处理是将合金加热到再结晶温度以上使其完全再结晶，以达到控制晶粒度和最大程度软化的目的。再结晶退火处理通常用于固溶强化型的变形高温合金的冷热加工和焊接成型，对于 γ' 相析出强化型变形高温合金，通常其再结晶退火处理可按该合金的固溶热处理规范进行。

大多数变形高温合金都经冷加工成型，冷加工条件苛刻，高温合金难以一次成型，因此往往需要多次的中间退火操作。

变形高温合金再结晶退火后的晶粒度对合金的力学性能有很大影响，晶粒度的控制不仅与退火温度和时间有关，还与退火前的冷热加工变形量的大小有关。冷加工和退火温度对 Nimonic90 合金晶粒度的影响如图 11-20 所示。

铸造高温合金一般不进行再结晶退火。

11.6　高温合金的金相组织

高温合金是由十多种元素组成的合金，合金中又存在一些不可避免的杂质元素；同时，不同成分的

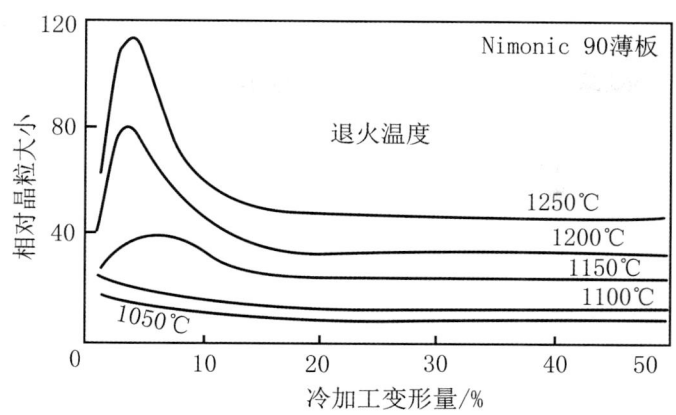

图 11-20　退火温度、冷加工变形量对 Nimonic90 合金晶粒度的影响

高温合金在不同热处理工艺下、在不同的高温服役条件下,会有不同的组织转变及析出相,这些不同的组织形成直接影响到其高温性能。因此,高温合金的金相组织分析及控制是高温合金应用中的基本技术手段。

11.6.1　铁基变形高温合金及金相组织

以铁或铁镍(镍含量小于50wt%)为主要元素的铁基变形高温合金,常按热处理强化工艺分为固溶强化及时效强化两类;也有按强化相分为金属间化合物强化及碳化物强化两类。

11.6.1.1　铁基变形高温合金

铁基变形高温合金在 GB/T 14992—2005 标准中列出了 24 种牌号,表 11-6 为部分铁基变形高温合金的牌号及主要化学成分。

11.6.1.2　铁基变形高温合金的热处理及金相组织

铁基变形高温合金的热处理工艺主要为固溶处理及(固溶+时效)处理两大类,分别适于固溶强化类合金及时效强化类合金。大部分铁基变形高温合金在长期的高温服役条件还会有组织变化,会有析出长大或新相析出。部分铁基变形高温合金的热处理常规工艺及相应组织构成,以及长期高温条件下组织变化见表 11-7。

图 11-21 为铁基(铁镍基)合金组织与高温性能关系图。可见铁基高温合金的高温强度与合金化程度、析出相的类型、大小、分布有关。图 11-21(a)为固溶强化的铁基奥氏体合金,其组织除奥氏体外,还有一些碳氮化物。图 11-21(b)及(c)为碳化物时效硬化型铁基合金组织,强化水平低的合金一般以 $M_{23}C_6$ 为主要强化相,分布不均匀,颗粒较大。强化水平高的合金以 MC 为主要强化相,呈弥散、细小质点均匀析出。图 11-21(d)及(e)为金属间化合物强化的铁基合金,合金强度的提高与显微组织演变的有关;γ'相的数量由 2wt%～3wt%增加到 20wt%,γ'相大小保持在 15～30 nm,形状一直为圆球形;碳化物相由单一的 MC 到多种晶界碳化物;固溶体过饱和度不断增加,析出拉弗斯相和其他相的倾向增大(高度强化的铁基合金一般均存在拉弗斯相),相应高温强度不断提高。

11.6.2　镍基变形高温合金及金相组织

镍基合金是高温合金中性能最好、使用最广、品种较多的一类合金。按强化手段同样可分为固溶强化型及时效沉淀强化型两大类。

11.6.2.1　镍基变形高温合金组成

镍基变形高温合金以镍为主量元素,在 GB/T 14992—2005 中列了 37 种牌号,表 11-8 为部分镍基变形高温合金的牌号及主要化学成分。

表 11-6 部分铁基变形高温合金牌号及主要化学成分

类型	合金牌号	合金成分(余量为 Fe)/wt%												
		C	Cr	Ni	W	Mo	Nb	Al	Ti	Mn	Si	V	B	Ce
固溶强化型合金	GH1015	≤0.08	19.00~22.00	34.00~39.00	4.80~5.80	2.50~3.20	1.10~1.60	—	—	≤1.50	≤0.60	—	≤0.010	≤0.050
	GH1016	≤0.08	19.00~22.00	32.00~36.00	5.00~6.00	2.60~3.30	0.90~1.40	—	—	≤1.80	≤0.60	0.1~0.3	≤0.010	≤0.050
	GH1040	≤0.12	15.00~17.50	24.00~27.00	—	5.50~7.00	—	—	—	1.00~2.00	0.50~1.00	—	—	—
	GH1131	≤0.10	19.00~22.00	25.00~30.00	4.80~6.00	2.80~3.50	0.70~1.30	—	—	≤1.20	≤0.80	—	—	≤0.050
	GH1140	0.06~0.12	20.00~23.00	35.00~40.00	1.40~1.80	2.00~2.50	—	0.20~0.60	0.70~1.20	≤0.70	≤0.80	1.250~1.550	0.005	—
时效强化型合金	GH2036	0.34~0.40	11.50~13.50	7.00~9.00	—	1.10~1.40	0.25~0.50	—	≤0.12	7.50~9.50	0.30~0.80	—	—	—
	GH2130	≤0.08	12.00~16.00	35.00~40.00	1.40~2.20	—	—	≤0.40	2.40~3.20	≤0.50	≤0.60	—	0.020	0.020
	GH2132	≤0.08	13.50~16.00	24.00~27.00	—	1.00~1.50	—	2.00~2.80	1.75~2.35	1.00~2.00	≤1.00	0.100~0.500	0.001~0.01	—
	GH2135	≤0.08	14.00~16.00	33.00~36.00	1.70~2.20	1.70~2.20	—	—	2.10~2.50	≤0.40	≤0.50	—	≤0.015	≤0.030
	GH2302[①]	≤0.08	12.00~16.00	38.00~42.00	3.50~4.50	1.50~2.50	—	1.80~2.30	2.30~2.80	≤0.60	≤0.60	—	≤0.010	≤0.020
	GH2901	0.02~0.06	11.00~14.00	40.00~45.00	—	5.00~6.50	—	≤0.30	2.80~3.10	≤0.50	≤0.40	—	0.010~0.020	—

注：本表由作者根据 GB/T 14992—2005 整理所得。
① GH2302 除去表中所列的化学成分外，还含 Zr，≤0.050wt%。

表 11-7 部分铁基变形高温合金常规热处理工艺及金相组织

合金（图例）	常规热处理 固溶	常规热处理 时效	常规热处理后相组成	长期高温下工作时效析出相
GH1140（图 11-22）	1050～1080℃，10 min 空冷	—	γ（奥氏体）基体；γ′呈细小点状分布晶内，少量 TiC，TiN 和 Ti(CN) 呈块状晶内分布	$Cr_{23}C_6$ 呈链状块晶界分布，拉弗斯相呈棒状分布，σ 相呈针、块状晶内析出，γ′进一步析出
GH1015（图 11-23）	1140～1170℃，8～10 min 空冷	—	γ（奥氏体）基体；NbC 分布在晶内，晶界上；微量细小 M_6C 相	拉弗斯相在 NbC 周围析出，长大成竹叶状、棒状或块状、分布晶干晶内，M_6C 量增加，主要分布干晶界
GH1131（图 11-24）	1140℃，10 min 空冷	—	γ（奥氏体）基体；Z 相呈块状分布晶内	拉弗斯相在晶内呈竹叶及颗粒状，M_6C 相在晶界呈颗粒状析出，二次 Z 相在晶内析出
GH2036（图 11-25）	1140℃，80 min 水冷	660℃，14 h → 770℃，14 h，水冷	γ（奥氏体）基体；一次碳化物 NbC 及 VC，呈块状分布晶内（NbC 边界平直；时效后析出一次 VC 及 $M_{23}C_6$，VC 为主要强化相呈细小质点状，分布干晶内，M_6C_6 呈颗粒分布干晶界	进一步析出 $M_{23}C_6$ 和 VC；$M_{23}C_6$ 在晶内呈颗粒或棒状，鱼骨状
GH2132（图 11-26）	980℃，1 h，油冷	720℃，16 h，空冷	γ（奥氏体）基体；γ′呈圆形小颗粒晶内弥散析出；少量 TiC，Ti(CN)呈块状分布在晶内，晶界；M_3B_2 呈小颗粒分布在晶界；γ′相，G 相，Y 相、拉弗斯相及胞状γ′相等，尤其当成分、工艺异常时	组织变化不大，γ′补充析出，晶界有少量 G 相胞状（或魏氏组织）η析出
GH2135（图 11-27）	1140℃，4 h，空冷；830℃，8 h，空冷（中间处理）1080℃，8 h，空冷；830℃，8 h，空冷（中间处理）	650℃，16 h，空冷 700℃，16 h，空冷	γ（奥氏体）基体；γ′呈球状弥散分布干晶内，一次 TiC 呈灰色块状分布；一次 M_3B_2 为圆形小颗粒分布在晶内及晶界。时效后二次 TiC 呈颗粒和薄片状在晶界析出；二次 M_3B_2 相呈颗粒和薄片状沿晶界分布	组织基本无变化；γ′相略长大、TiC 和 M_3B_2 相增多；相呈颗粒在晶内沿拉弗斯相析出；进一步高温长期时效后σ相呈针状析出在晶界
GH2130（图 11-28）	1180℃，1.5 h，空冷；1050℃，4 h，空冷（中间处理）	800℃，16 h，空冷	γ（奥氏体）基体；主要强化相γ′呈颗粒分布在晶内；少量 MC（主要为 TiC）和 M_3B_2 呈颗粒拉弗斯相粒以颗粒分布干晶界	晶界逐渐粗化，晶内析出拉弗斯相，γ′相聚集长大
GH2302	1180℃，2 h，空冷；1050℃，4 h，空冷（中间处理）	800℃，16 h，空冷	γ（奥氏体）基体；主要强化相γ′呈球状弥散分布干基中；一次 MC 主要为 TiC 和 M_3B_2 呈多角无规则块状沿变形方向分布；少量 M_6C 分布在晶界	γ′相略有长大；MC 分解析出 M_6C；晶内析出竹叶状或短棒状拉弗斯相
GH2901（图 11-29）	1190℃，2 h，水冷	710℃，24 h，空冷 780℃，2 h，空冷（中间处理）	γ（奥氏体）基体；γ′呈球形弥散分布干晶内，TiC、M_3B_2 趋晶界分布，还可能有微量 Ti(CN)，Y 相夹杂物	γ′相略有长大；晶内及晶界析出针状或棒状拉弗斯相

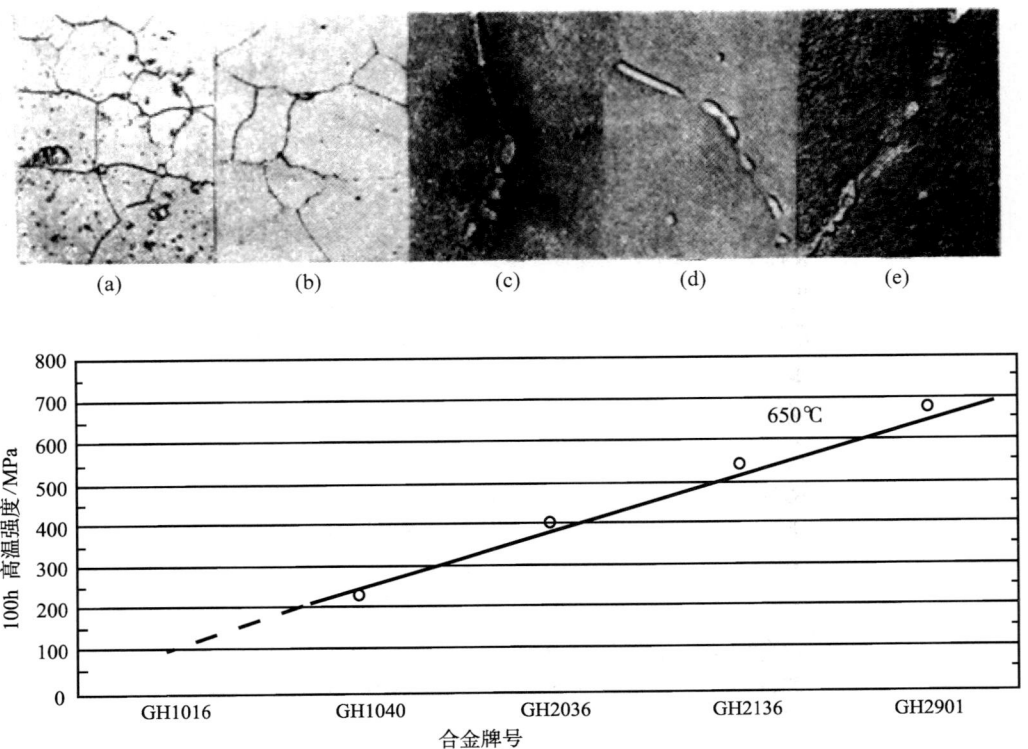

图 11-21 铁基和铁镍基合金金相组织与高温性能关系

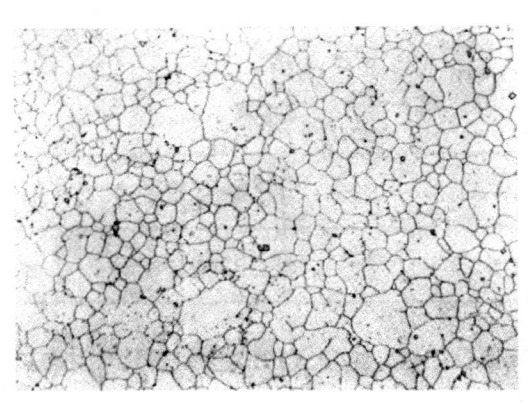

(a) 常规热处理后
(经草酸水溶液电解腐蚀)（100×）
γ 基体上少量细点状 γ′ 相及小块状一次
TiC、TiN、Ti(CN) 化合物, 晶粒度为 5~7 级

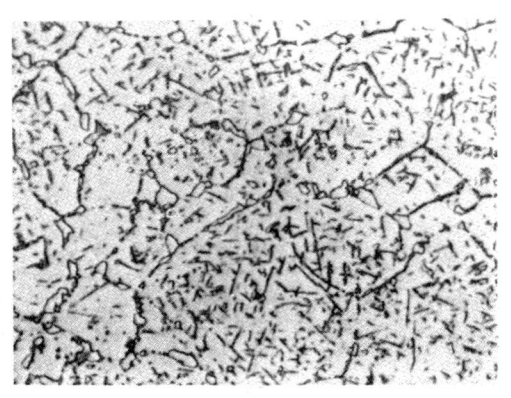

(b) 常规热处理＋再高温时效
(经氢氟酸水溶液浸蚀)（800×）
γ 基体上分布点状 γ′, 条状 $Cr_{23}C_6$ 相沿
晶分布, 晶内有拉弗斯, σ(针状), 和 Ti(CN)

图 11-22 GH1140 合金组织形貌

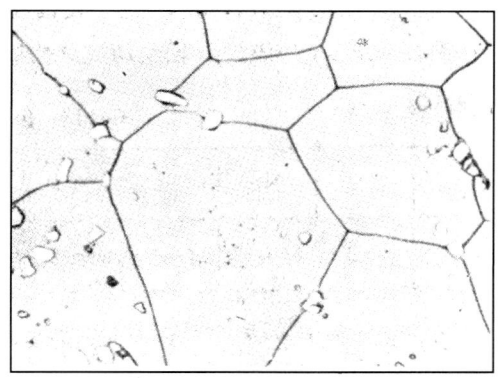

（经硫酸高锰酸钾水溶液浸蚀）（800×）

γ基体晶界、晶内有块状 NbC，还有微量细小 M_6C 碳化物

图 11-23　GH1015 合金常规热处理后组织

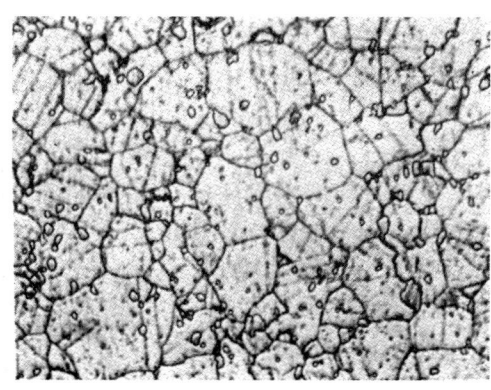

（经盐酸、硝酸水溶液浸蚀）（500×）

γ基体，块状 Z 相，晶内针状拉弗斯相，晶界上 M_6C 碳化物

图 11-24　GH1131 合金常规热处理＋再高温时效后组织

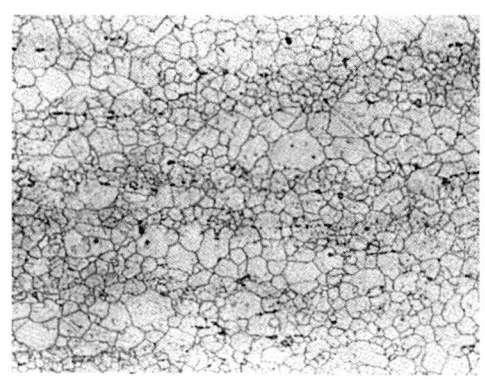

(a) 常规热处理

（经磷酸、硝酸、硫酸溶液电解腐蚀）（100×）

γ基体上分布有一次碳化物 NbC 和 VC，并析出二次 VC 和 $Cr_{23}C_6$ 等相，晶粒度为 6～8 级

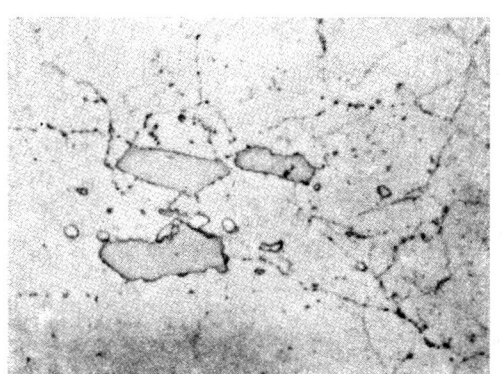

(b) 热处理＋再经 650℃，100 h 时效后

（经磷酸、硝酸、硫酸溶液电解腐蚀）（800×）

γ基体上分布灰色平直块状有 NbC，不平直块为 VC，晶界上白色颗粒为 $Cr_{23}C_6$

图 11-25　GH2036 合金组织形貌

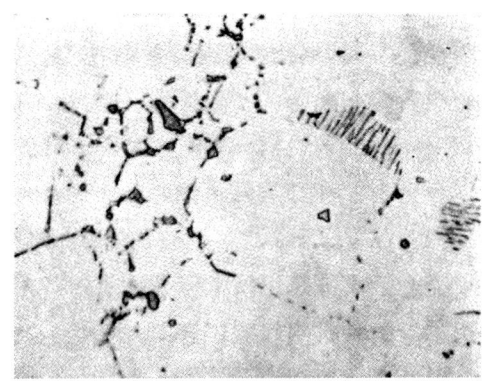

(a) 固溶＋650℃，1 000 h 以上时效

（盐酸、硝酸、硫酸溶液电解腐蚀）（800×）

γ基体上弥散分布细小 γ′（难显示）、少量 TiC、TiN、Ti(CN) 呈小块状分布晶内、晶界上胞状 η 相，点状 M_3B_2

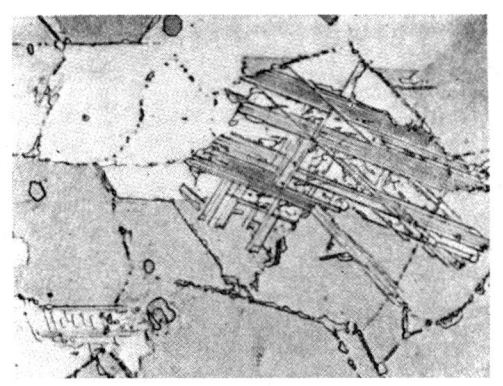

(b) 经更长时间时效后

（磷酸、硝酸、硫酸溶液电解腐蚀）（800×）

η相呈魏氏组织分布，其他组织同(a)图

图 11-26　GH2132 合金组织形貌

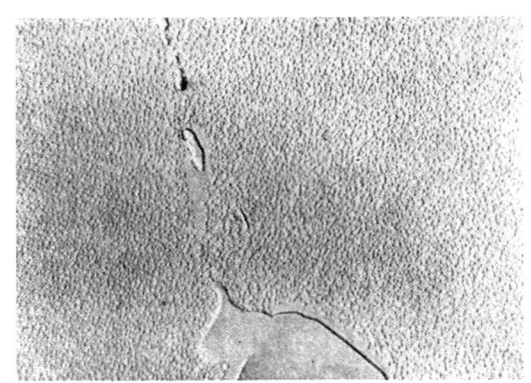 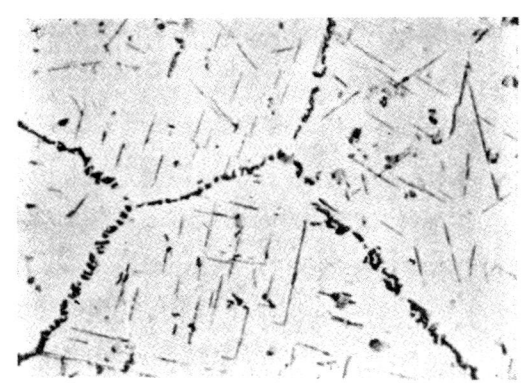

(a) 经1140℃常规热处理　　　　　　　　(b) 热处理后又经800℃,500 h时效
（磷酸、硝酸、硫酸溶液电解）（7 600×）　　（磷酸、硝酸、硫酸溶液电解）（500×）
γ基体,γ'呈球弥散分布,晶界上分布有二　　γ基体上γ'弥散分布(未显现),晶内针状
次TiC和M_3B_2　　　　　　　　　　　　为σ相,晶界上为TiC及M_3B_2相

图11-27　GH2135合金组织形貌

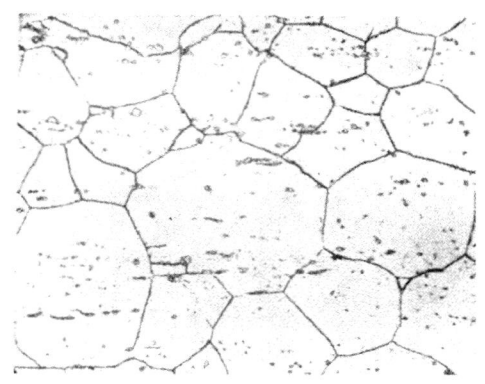 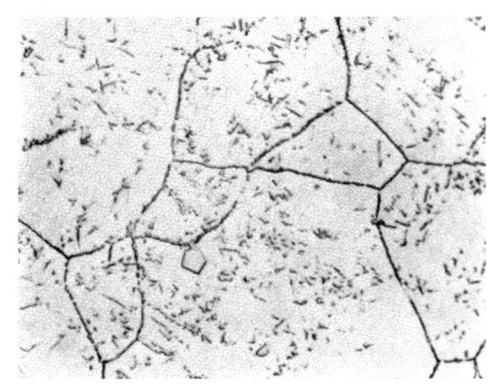

（盐酸、硝酸、硫酸溶液电解腐蚀）（100×）　　（草酸水溶液电解腐蚀）（500×）
γ基体,γ'弥散分布(未显现)颗粒状　　　　γ基体上γ'弥散分布(未显现),块状
MC和M_3B_2沿轧向分布,晶界上有微量拉　　TiC,少量M_3B_2相,晶内、晶界上较多针状、
弗斯相　　　　　　　　　　　　　　　　棒状为拉弗斯析出相

图11-28　GH2130合金经常规热处理后组织　　图11-29　GH2901合金经常规热处理+
　　　　　　　　　　　　　　　　　　　　　　　　　　700℃长期时效后组织

11.6.2.2　镍基变形高温合金的热处理及金相组织

镍基变形高温合金的常规热处理同样为固溶处理或(固溶+时效)处理,有时还经中间处理。部分镍基变形高温合金的常规热处理及相应组织构成,以及长期高温条件下组织变化见表11-9。

图11-30为镍基(变形或铸造)高温合金组织与高温性能的关系图。可见与高温性能提高相关的金相组织变化情况。从图看出合金组织由固溶强化的单相奥氏体(含有少量晶界碳化物)演变为用γ'相强化的多相合金,图11-30(a)为固溶强化合金,图11-30(b)及(c)为γ'相强化的变形合金,图11-30(e)及(f)为铸造合金的组织。对于固溶强化合金,随着合金强度的提高,合金强化元素的饱和度不断提高,所以长期时效后会有新相析出。以金属间化合物强化的合金,随着合金强度的提高,γ'相增加,形态由球形逐步变为立方形;尺寸逐步变大并且由一种球形的γ'相演变为大小两种尺寸的γ'相共存;γ'组成中也含有更多的难熔元素铌、钽、铪等;晶界是由两侧有贫γ'区的链状碳化物逐步变为有γ'膜包覆的链状碳化物;随着合金化程度的提高,组织中出现(γ+γ')共晶;为了得到更高强度的合金,发展了定向铸造合金和单晶体合金。

表 11-8 部分镍基变形高温合金的牌号及主要化学成分

合金成分（余量为 Ni）/wt%

类型	合金牌号	C	Cr	Co	W	Mo	Al	Ti	B	Ce	Zr	Si	Mn	Fe	其他
固溶强化型合金	GH3030	≤0.12	19.00~22.00	—	—	—	≤0.15	0.15~0.35	—	—	—	≤0.80	≤0.70	≤1.50	—
	GH3039	≤0.08	19.00~22.00	—	—	1.80~2.30	0.35~0.75	0.35~0.75	—	—	—	≤0.80	≤0.40	≤3.00	Nb: 0.90~1.30
	GH3044	≤0.10	23.50~26.50	—	13.00~16.00	≤1.50	≤0.50	0.30~0.70	—	—	—	≤0.80	≤0.50	≤4.00	—
	GH3128	≤0.05	19.00~22.00	—	7.50~9.00	7.50~9.00	0.40~0.80	0.40~0.80	≤0.005	≤0.050	≤0.060	≤0.80	≤0.50	≤2.00	—
	GH3170	≤0.06	18.00~22.00	15.00~22.00	17.00~21.00	—	≤0.50	—	≤0.005	—	0.100~0.200	≤0.80	≤0.50	—	La 0.100
时效强化型合金	GH4033	0.03~0.08	19.00~22.00	—	—	2.00~4.00	0.60~1.00	2.40~2.80	≤0.010	≤0.020	—	≤0.65	≤0.40	≤4.00	V: 0.100~0.500
	GH4037	0.03~0.10	13.00~16.00	—	5.00~7.00	2.00~4.00	1.70~2.30	1.80~2.30	≤0.020	≤0.020	—	≤0.40	≤0.50	≤5.00	V: 0.200~0.500
	GH4049	0.04~0.10	9.50~11.00	14.00~16.00	5.00~6.00	4.50~5.50	3.70~4.40	1.40~1.90	≤0.025	≤0.020	—	≤0.50	≤0.50	≤1.50	—
	GH4090 (Nimonic 90)	≤0.13	18.00~21.00	15.00~21.00	—	—	1.00~2.00	2.00~3.00	≤0.020	—	≤0.150	≤0.80	≤0.40	≤1.50	—
	GH4105 (Nimonic 105)	0.12~0.17	14.00~15.70	18.00~22.00	—	4.50~5.50	4.50~4.90	1.18~1.50	0.003~0.010	—	0.070~0.150	≤0.25	≤0.4	≤.00	—
	GH4163 (Nimonic 163)	0.04~0.08	19.00~21.00	19.00~21.00	—	5.60~6.10	0.30~0.60	1.90~2.40	≤0.005	—	—	≤0.40	≤0.60	≤0.70	—
	GH4169 (Inconel 718)	≤0.08	17.00~21.00	≤1.00	—	2.80~3.30	0.20~0.80	0.65~1.15	—	—	—	≤0.75	≤0.50	Ni: 50.0~55.0	Nb: 4.75~5.50

注：本表由作者根据 GB/T 14992—2005 整理所得。

表 11-9 部分镍基变形高温合金热处理工艺及金相组织

合金(图例)	常规热处理		常规热处理后相组成	长期高温下工作时效析出相
	固溶	时效		
GH3030 (图 11-31)	980~1020℃,5 min,空冷	—	单相 γ(奥氏体)基体,少量 TiC、Ti(CN)颗粒。固溶温度偏低时,残留碳化物分布在晶界	析出少量 Cr_7C_3 型碳化物
GH3039 (图 11-32)	1050~1080℃,10 min,空冷	—	单相 γ(奥氏体)基体,少量 $M_{23}C_6$ 及 MC 碳化物	晶内、晶界均有 $M_{23}C_6$ 型碳化物析出
GH3044 (图 11-33)	1120~1160℃,6~8 min 空冷	—	γ(奥氏体)基体上布有 WCr 固溶体及 MC 碳化物,晶界上少量 $M_{23}C_6$ 碳化物	晶内、晶界上均有 WCr 固溶体析出;$M_{23}C_6$ 以链状分布在晶界
GH3128 (图 11-34)	1200℃,10 min,空冷	—	单相 γ(奥氏体)基体,少量 $M_{23}C_6$ 碳化物,TiN 氮化物,晶内均布,微量浓黄色几何状 Zr(CN)	沿晶界析出少量 $M_{23}C_6$ 和 M_6C 碳化物。有时出现棒状 ε 相
GH3170 (图 11-35)	1230℃,10 min,空冷	—	γ(奥氏体)基体,少量颗粒状一次 M_6C 碳化物和 μ 相	晶界,晶内析出 μ 相及二次 M_6C 碳化物
GH4033 (图 11-36)	1080℃,8 h,空冷	750℃,16 h,空冷	γ(奥氏体)基体上,有球形 γ′ 相弥散分布,$M_{23}C_6$、M_7C_3 及微量硼化物,晶内有少量 TiC、Ti(CN)、TiN 初生相	γ′补充析出,长大趋长方形,$M_{23}C_6$ 相析出长大
GH4037 (图 11-37)	1180℃,2 h,空冷; 1050℃,4 h,空冷(中间处理)	800℃,16 h,空冷	γ(奥氏体)基体上,弥散析出 γ′相,晶界上有 $M_{23}C_6$ 和 M_6C 碳化物,晶界上有块状一次 MC(TiC)碳化物	γ′进一步析出并长大,MC 分解为 $M_{23}C$
GH4049 (图 11-38)	1200℃,2 h,空冷; 1100℃,6 h,空冷(中间处理)	850℃,8 h,空冷	γ(奥氏体)基体,弥散分布 γ′以及细小链状 M_6C、MC(TiC)及少量颗粒状 $M_{23}C_6$ 和 M_3B_2 相	γ′聚集长大趋长方形,$M_{23}C_6$、M_6C 颗粒长大、增多,针状 M_6C 析出较多

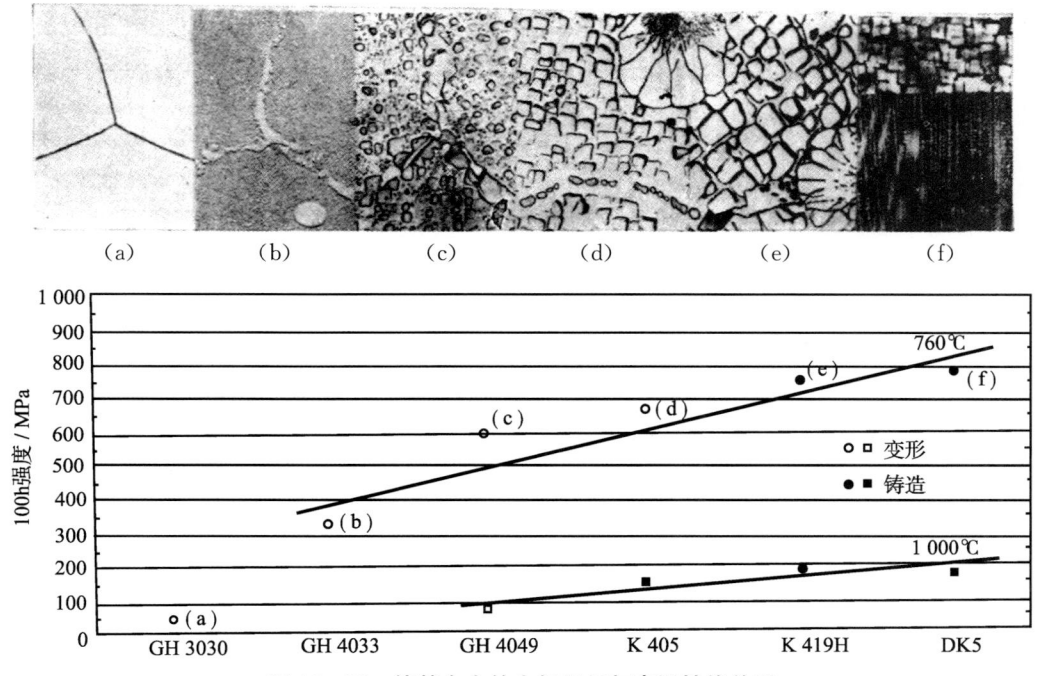

图 11-30 镍基合金的金相组织与高温性能关系

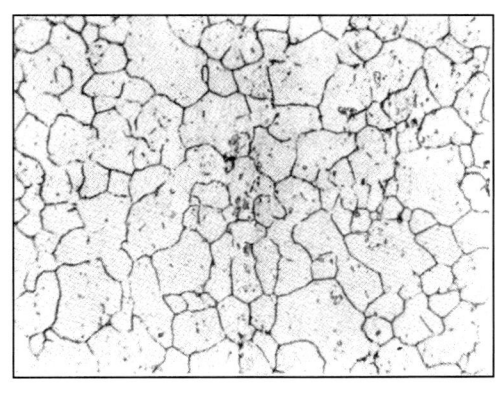

（草酸水溶液电解）（500×）

γ 基体上分布少量块状 TiC 及 TiC(CN)

图 11-31 GH3030 合金常规热处理后组织

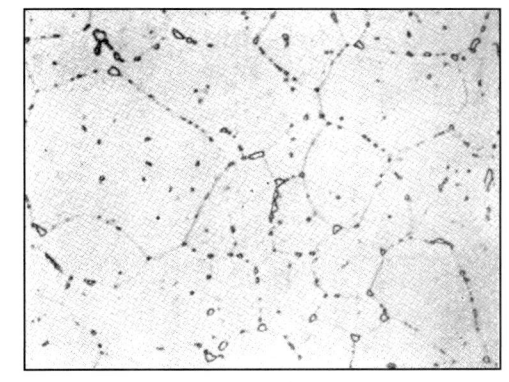

（硝酸酒精溶液浸蚀）（800×）

γ 基体上分布 MC，晶界聚集有 $M_{23}C_6$

图 11-32 GH3039 合金常规热处理后经 800℃、1 000 h 时效后组织

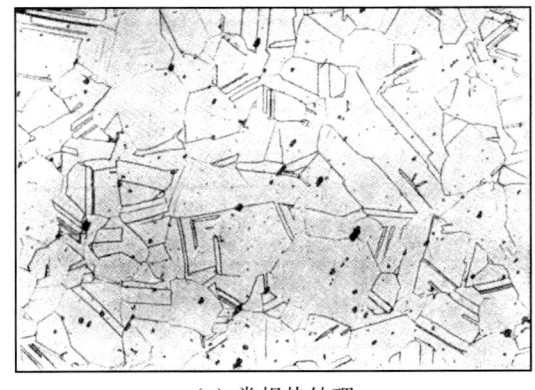

(a) 常规热处理

（盐酸硝酸水溶液浸蚀）（100×）

γ 基体上布 WCr 固溶体及 MC 相，晶界上有少量 $M_{23}C_6$

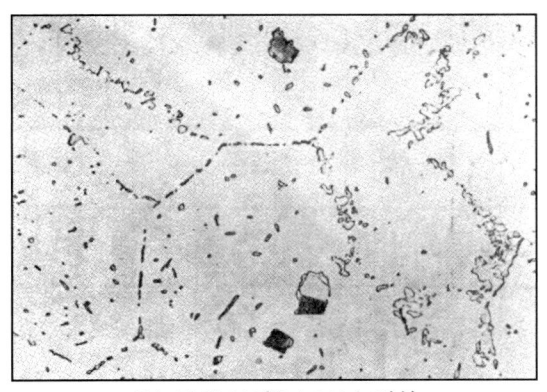

(b) 又经 900℃ 1 000 h 时效

（盐酸硝酸水溶液浸蚀）（600×）

基体组织同(a)，晶界上 $M_{23}C_6$ 呈链状分布

图 11-33 GH3044 合金组织形貌

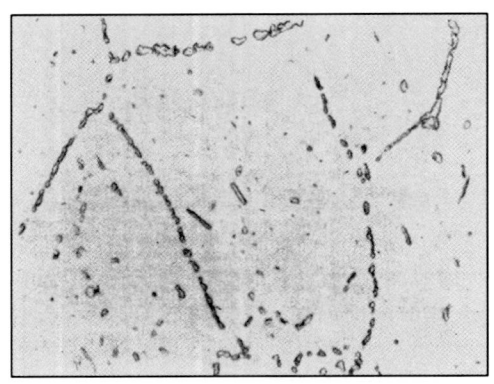
（高氯酸正丁醇酒精溶液浸蚀）（500×）
γ基体，颗粒状 M_6C 在晶界链状分布，晶内棒状 ε 相，有少量 TiN
图 11-34 GH3128 合金常规热处理后又经 950℃时效的组织

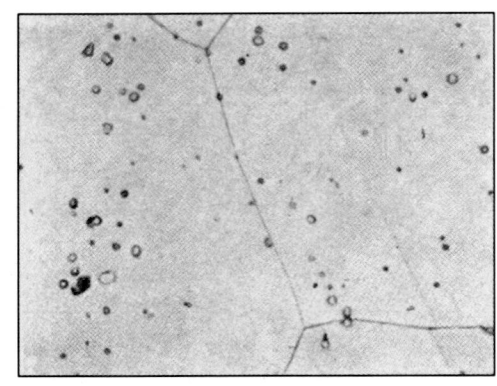
（高氯酸正丁醇酒精溶液浸蚀）（1 000×）
γ基体，晶内一次 M_6C 和 μ 相
图 11-35 GH3170 合金常规热处理后

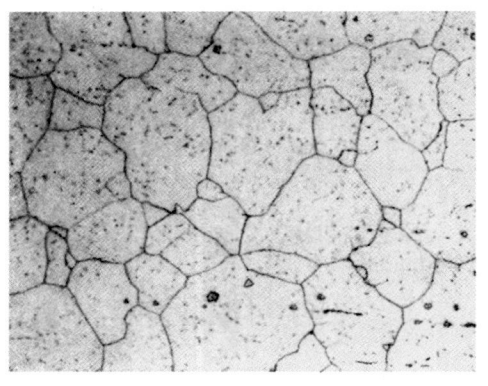
（磷酸、硫酸、硝酸溶液浸蚀）（100×）
γ基体弥散分布 γ′、$M_{23}C_6$ 及 M_7C_3，晶内块状 TiC、Ti(CN)
图 11-36 GH4033 合金常规热处理后组织

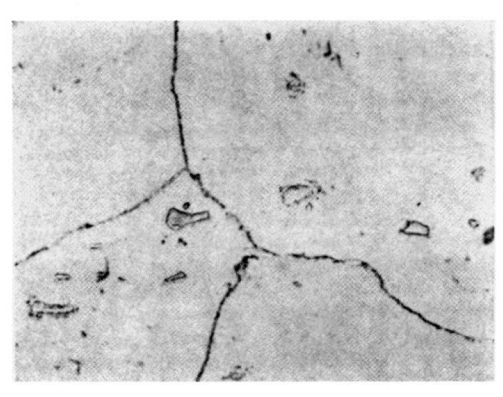
（盐酸、硝酸、甘油溶液浸蚀）（500×）
γ基体弥散分布 γ′，晶内块 TiC，晶界分布 $M_{23}C_6$、M_6C
图 11-37 GH4037 合金常规热处理后组织

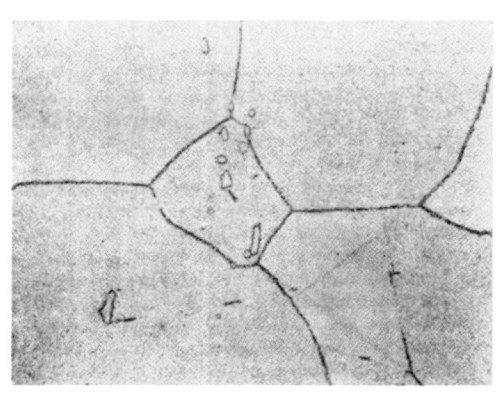
（a）（盐酸、硝酸水溶液浸蚀）（500×）

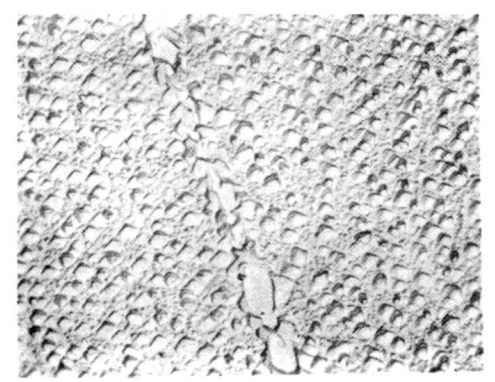
（b）（盐酸、硝酸、甘油溶液浸蚀）（5 000×）（电镜）

γ基体，弥散分布 γ′（方形及球形），晶界有 M_6C、$M_{23}C_6$ 及 γ′包膜，晶内有块状 TiC
图 11-38 GH4049 合金常规热处理后组织

11.6.3 钴基变形高温合金及金相组织

钴基高温合金的热强性比镍基合金低,然而,它具有比镍基高温合金优良的热腐蚀抗力、热疲劳抗力和高的机械疲劳强度,因此还在广泛作用。根据其热腐蚀抗力和热疲劳抗力高,高温强度低的特点,它最适宜用于温度高、热冲击大、应力低、燃气腐蚀严重的场合。

钴基高温合金以钴为基体,含有铬、镍、钨、钼、锰等元素。镍是稳定奥氏体(γ)基体元素,铬主要是固溶于基体中提供良好的抗热腐蚀和抗氧化能力,同时形成强化相 $M_{23}C_6$,M_7C_3。提高铬含量虽能改善抗燃气腐蚀的能力,但组织中易于出现有害的 σ 相。钨、钼、铌、钛、锆等是固溶强化元素,又是碳化物形成元素。

在 GB/T 14992—2005 标准中,钴基变形高温合金有 5 个牌号,3 个为固溶强化类、2 个时效强化类,具体牌号及主要成分见表 11-10。

表 11-10 钴基变形高温合金牌号及化学成分

合金牌号	化学成分/wt%												
	C	Cr	Ni	Co	W	Mo	Al	Ti	Fe	B	Si	Mn	其他
GH5188	0.05~0.15	20.00~24.00	20.00~24.00	余	13.00~16.00	—	—	—	≤3.00	≤0.015	0.20~0.50	≤1.25	La 0.030~0.120
GH5605	0.05~0.15	19.00~21.00	9.00~11.00	余	14.00~16.00	—	—	—	≤3.00	—	≤0.40	1.00~2.00	—
GH5941	≤0.10	19.00~23.00	19.00~23.00	余	17.00~19.00	—	—	—	≤1.50	—	≤0.50	≤1.50	—
GH6159	≤0.04	18.00~20.00	余	34.00~38.00	—	6.00~8.00	0.10~0.30	2.50~3.25	8.00~10.00	≤0.030	≤0.20	≤0.20	Nb 0.25~0.75
GH6783	≤0.03	2.50~3.50	26.00~30.00	余	—	—	5.00~6.00	≤0.40	24.00~27.00	0.003~0.012	≤0.50	≤0.50	Nb 2.50~3.50

注:本表由作者根据 GB/T 14992—2005 整理所得。

钴基变形高温合金热处理同样主要有固溶:固溶+时效两种处理工艺,适应不同类钴基合金。如固溶强化的 GH5188 合金固溶温度为 1175℃,保温 0.5h,快速空冷。时效强化的 S-816 钴基变形合金热处理工艺为先经 1175℃,保温 1h 后空冷的固溶处理,再经 760℃,保温 12h 后空冷的时效处理。

钴基变形高温合金的金相组织相对较简单,在奥氏体(γ)基体上分布各种数量不同的碳化物,主要碳化物有 MC、$M_{23}C_6$、M_6C、M_7C_3 等。而钴基铸造高温合金一般含碳较高,以碳化物强化为主,一般不经热处理直接在铸态下使用。

11.6.4 铸造高温合金及金相组织

为使材料能承受较高温度和具有较高强度,高温合金中加入的固溶强化的难熔金属和铝、钛总量不断增加,使合金变形更加困难。而精密铸造的部件则成型工艺简单,能方便地调整合金成分以满足强度和其他性能方面的要求。铸造合金大多数在铸态使用,成本低廉,从而得到广泛的应用。

铸造高温合金在提高强度的同时塑性下降,明显表现出蠕变断裂前伸长率低。这主要是由于蠕变裂纹沿晶起始,基本上沿垂直于应力轴方向发展。因此有必要强化晶界或者消除横向晶界以延长蠕变寿命。定向结晶能获得与应力轴平行的柱状晶,达到上述目的。高温合金的定向结晶不仅提高零件的持久寿命和塑性,而且也改善零件的抗热冲击性能。

由于高温蠕变的发生主要与高温下晶界弱化有关,因此研发生产了单晶高温合金,即合金不含有晶界或枝晶间强化元素——碳、硼、锆、铪,以便得到高的初熔温度。在低于初熔温度下,采用尽量高的固溶处理温度可获得较高的蠕变强度。

11.6.4.1 铸造高温合金的组成

与变形高温合金相同,铸造高合金同样分为铁基铸造高温合金,镍基铸造高温合金以及钴基铸造高温合金。表 11-11 为 GB/T 14992—2005 标准中部分铸造高温合金牌号及化学成分。

11.6.4.2 铸造高温合金的热处理及金相组织

铸造高温合金大多在铸态下使用,部分铸造高温合金需进行热处理,处理工艺分为 3 类:固溶处理、时效处理以及固溶+时效处理,表 11-12 为部分铸造高温合金在铸态或热处理后构成的组织,以及部分合金的热处理工艺。

铸造高温合金一般晶粒粗大,没有孪晶,但树枝晶明显可见。析出的 γ' 相大多沿树枝晶边缘分布,在枝晶中心分布较少。沿树枝晶分布的还有 MC、$M_{23}C_6$、硼化物及一次 γ' 相($\gamma+\gamma'$)共晶,这种 γ' 相一般粗大,光镜下可见。MC 多为条状、骨架状或汉字状,MC 骨架常与硼化物骨架共存。

(a) 铸态
(经磷酸、硫酸、硝酸溶液浸蚀)(34×)
枝晶组织

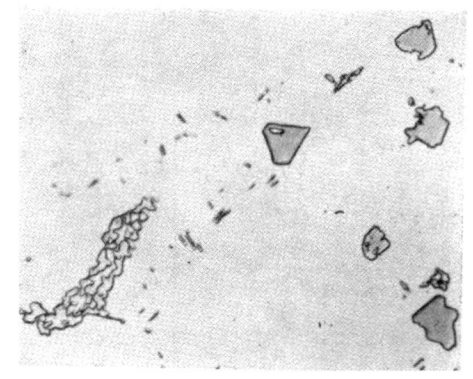
(b) 常规热处理后
(经磷酸、硫酸、硝酸溶液浸蚀)(1 000×)
块状 TiC,TiN,絮状一次 M_3B_2(左下),细条状二次 M_3B_2 相

图 11-39 K213 合金组织形貌

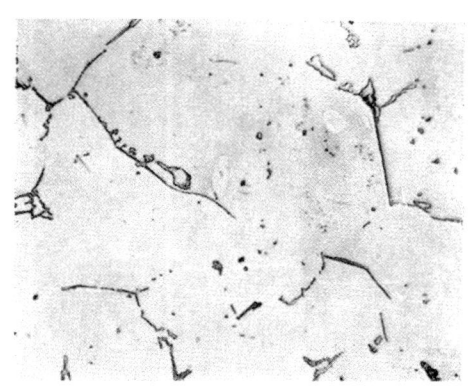
(盐酸硝酸水溶液浸蚀)(400×)
γ 基体,白色片层 Ni_3Ti,黑色骨架一次 M_3B_2,点条状二次 M_3B_2

图 11-40 K214 合金常规热处理后组织

(硫酸铜盐酸酒精溶液浸蚀)(800×)
γ 基体,晶内弥散 γ' 相,晶界 $M_{23}C_6$ 及 γ' 包膜

图 11-41 K401 合金热处理并经时效后组织

表 11-11 部分铸造高温合金牌号及化学成分

类型	合金牌号	合金成分/wt%														
		C	Cr	Co	W	Mo	Nb	Al	Ti	B	Ce	Zr	Si	Mn	Fe	Ni	其他
铁基铸造合金	K213	≤0.10	14.00~16.00	—	4.00~7.00	—	—	1.50~2.00	3.00~4.00	0.050~0.100	—	—	0.50	0.50	余	34.00~38.00	—
	K214	≤0.10	11.00~13.00	—	6.50~8.00	—	—	1.80~2.40	4.20~5.00	0.100~0.150	—	—	0.50	0.50	余	40.00~45.00	—
镍基铸造合金	K401	≤0.10	14.00~17.00	—	7.00~10.00	≤0.30	—	4.50~5.50	1.50~2.00	0.030~0.100	—	—	0.80	0.80	≤0.20	余	—
	K405	0.10~0.18	9.50~11.00	9.50~10.50	4.5~5.20	3.50~4.20	—	5.00~5.80	2.00~2.90	0.015~0.026	—	0.030~0.100	0.30	0.50	≤0.50	余	—
	K406	0.10~0.20	14.00~17.00	—	—	4.50~6.00	—	3.25~4.00	2.00~3.00	0.050~0.100	0.010	0.030~0.080	0.30	0.10	≤1.00	余	—
	K409	0.08~0.13	7.50~8.50	9.50~10.50	—	5.75~6.25	≤0.10	5.75~6.25	0.80~1.20	0.010~0.020	—	0.050~0.100	0.25	0.20	≤0.35	余	Ta 4.00~4.50
	K417	0.13~0.22	8.50~9.50	14.00~16.00	—	2.50~3.50	—	4.80~5.70	4.50~5.00	0.012~0.022	—	0.050~0.090	0.50	0.50	≤1.00	余	V 0.600~0.900
	K418	0.08~0.16	11.50~13.50	—	—	3.80~4.80	1.80~2.50	5.50~6.40	0.50~1.00	0.008~0.020	—	0.060~0.150	0.50	0.50	≤1.00	余	—
	K419	0.09~0.14	5.50~6.50	11.00~13.00	9.50~10.50	1.70~2.30	2.50~3.30	5.20~5.70	1.00~1.50	0.030~0.100	—	0.030~0.080	0.20	0.50	≤0.50	余	Mg≤0.003 V≤0.100
	K423	0.12~0.18	14.50~16.50	9.00~10.50	≤0.20	7.60~9.00	≤0.25	3.90~4.40	3.40~3.80	0.004~0.008	—	—	≤0.20	0.20	≤0.50	余	Hf≤0.250
	K438	0.10~0.20	15.70~16.30	8.00~9.00	2.40~2.80	1.50~2.00	0.60~1.10	3.20~3.70	3.00~3.50	0.005~0.015	—	0.050~0.150	≤0.30	0.20	≤0.50	余	Ta 1.50~2.00
钴基合金	K612	1.70~1.95	27.00~31.00	余	8.00~10.00	≤2.50	—	1.00	—	—	—	—	≤1.50	≤1.50	≤2.50	≤1.50	—
	K640	0.45~0.55	24.50~26.50	余	7.00~8.00	—	—	—	—	—	—	—	≤1.00	≤1.00	≤2.00	9.5~11.50	—
	K6188	0.15	20.00~24.00	余	13.00~16.00	—	—	—	—	≤0.015	—	—	0.20~0.50	≤1.50	3.00	20.00~24.00	—

注:本表由作者根据 GB/T 14992—2005 整理所得。

表 11-12 部分铸造高温合金的热处理工艺及金相组织中相组成

合金	常规热处理	铸态或常规热处理后组成	长期高温下工作时效析出相	图例
K213	1140℃,4h,空冷	γ 基体上分布有 γ′,MC(TiC)呈灰色分布于枝晶间隙,一次 M_3B_2 呈棒状或颗粒状沿晶界析出,η 相呈椭圆状夹晶态(热处理时大部分溶解)。少量杂质 MN 呈金黄色块状,少量杂质 Y 相呈浅褐色长条状	γ′和二次 M_3B_2 数量增加,长大,有时有微量拉弗斯相析出	图 11-39
K214	1100℃,5h,空冷	γ 基体上分布 γ′,液态下析出的块状 N_3(Al,Ti)和片状层状 N_3T 相有少量残留,一次 M_3B_2,呈骨架状,二次 M_3B_2 相在枝晶轴边缘群点状析出,并有少量块状 Ti(CN)相	γ′略有长大,有少量拉弗斯相析出	图 11-40
K401	1120℃,10h,空冷	γ 基体上分布 γ′,(γ+γ′)共晶,Ti(CN),$M_{23}C_6$ 及 M_3B_2 等相	γ′及晶界上 $M_{23}C_6$ 长大,TiC 分解形成 $M_{23}C_6$	图 11-41
K406	980℃,5h,空冷	γ 基体上分布 γ′,(γ+γ′)共晶,条块状 MC,$M_{23}C_6$ 相以及微量 M_3B_2 相以共晶态在枝晶间析出	较稳定,进一步析出 $M_{23}C_6$	图 11-42
K423	铸态使用	γ 基体上分布 γ′,MC(TiC)呈条块状分布在枝晶间	γ′趋聚集长大,σ 相随时间析出	图 11-43
K418	铸态使用	γ 基体上分布 γ′,花瓣状(γ+γ′)共晶,颗粒状及条状(Nb,Ti)C,极少量 M_3B_2	γ′聚集长大,析出 $M_{23}C_6$,成分偏上限时析出针状 σ 相	图 11-44 图 11-45
K438(M38)	1120℃,2h,空冷;850℃,24h,空冷	γ 基体上分布 γ′,(γ+γ′)共晶,颗粒状(γ+γ′)共晶和晶界,块状或条状 TiC 在枝晶间,微量 M_3B_2 和 Y 相	γ′长大变圆,析出 $M_{23}C_6$	图 11-46
K417	铸态使用	γ 基体上分布 γ′方形 γ′,蘑菇状(γ+γ′)共晶,块状或条状 TiC 分布于枝晶间,少量骨架状 M_3B_2 及呈条状 Y 相	γ′增加并聚集长大,析出 $M_{23}C_6$,成分偏上限时析出少量针状 σ 相	图 11-47
K405	铸态使用	γ 基体上分布 γ′方形 γ′(高倍下可见立方形、球形)、菊花状(γ+γ′)共晶以及少量 M_3B_2(不易观察到)	析出粒状 $M_{23}C_6$ 和片状 M_6C,条状或块状 MC,可能出现 σ 相	图 11-48
K409	1080℃,4h,空冷;900℃,10h,空冷	γ 基体上分布 γ′(方形及小球状)、少量(γ+γ′)共晶,块状 MC,颗粒或细片状 M_6C,M_3B_2 呈鱼骨状分布在枝晶间	γ′长大,M_6C 增多并粗化,析出 $M_{23}C_6$	图 11-49
K419	铸态使用	γ 基体上分布 γ′(块状),呈白色花瓣状(γ+γ′)共晶分布于枝晶间,呈条块状或颗粒状 MC,鱼骨状 M_3B_2 沿晶界或枝晶在枝晶间分布。	γ′聚集长大,析出 M_6C	—

（硫酸铜、盐酸、硫酸水溶液浸蚀）（800×）
γ基体，雀屏状(γ+γ′)共晶，块状 MC，骨架状 M_3B_2，弥散的 γ′相

图 11-42　K406 合金常规热处理后组织

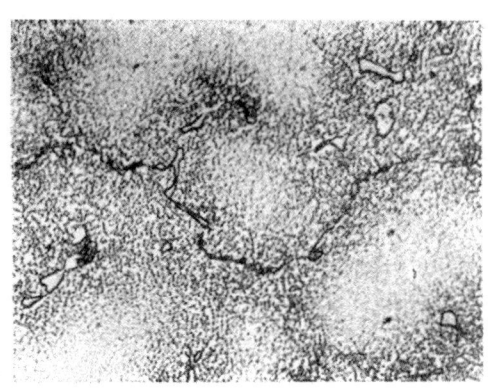

（硫酸铜、盐酸、硫酸水溶液浸蚀）（500×）
γ基体，块状 MC 和弥散的 γ′相

图 11-43　K423 合金铸态组织

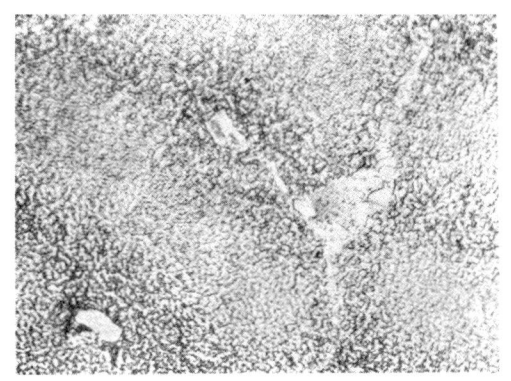

（硫酸铜、盐酸、硫酸水溶液浸蚀）（500×）
γ基体上分布有白色花瓣状(γ+γ′)共晶，和弥散的 γ′相

图 11-44　K418 合金铸态组织

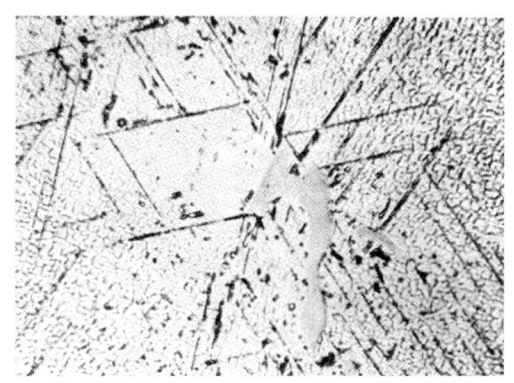

（氢氧化钾水溶液浸蚀）（1000×）
γ基体上分布有针状 σ相，灰色块状 NbC，弥散的 γ′相

图 11-45　K418 经 850℃、500 h 时效后组织

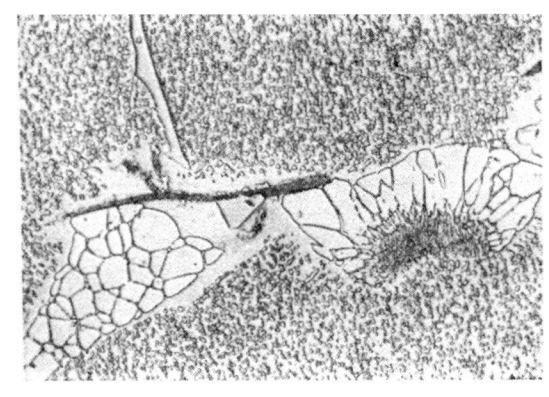

（硫酸铜、盐酸、硫酸水溶液浸蚀）（630×）
γ基体，白色花瓣状(γ+γ′)共晶，灰色块状 MC，黑色条状 Y 相和弥散的 γ′相

图 11-46　K438 合金常规热处理后的组织

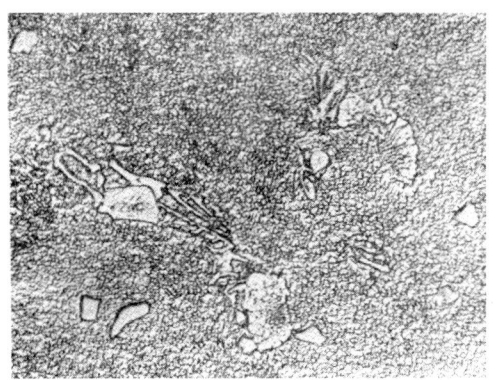

（硫酸铜、盐酸、硫酸水溶液浸蚀）（500×）
γ基体，蘑菇状(γ+γ′)共晶，骨架状(γ+M_3B_2)，块状 MC，黑色条状 Y 相和弥散的 γ′相

图 11-47　K417 合金铸态组织

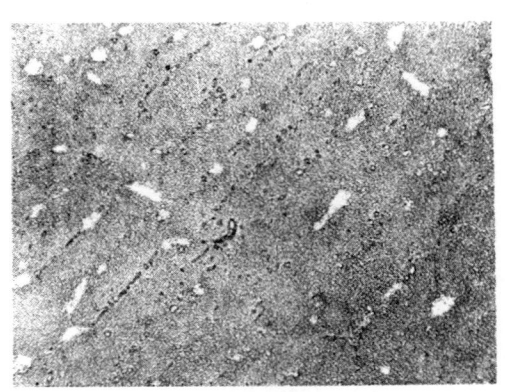

（盐酸、硫酸、硝酸浸蚀）（150×）
γ基体，白色花瓣状(γ+γ′)共晶，MC，弥散的γ′相

图 11-48　K405 合金铸态组织

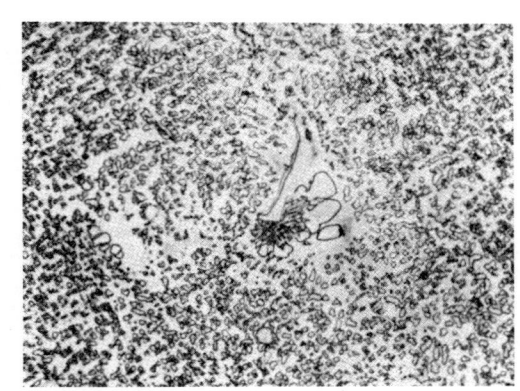

（盐酸、硫酸、硝酸、甘油浸蚀）（1 000×）
γ基体，中心(γ+γ′)共晶，晶内 γ′相，晶界有 M_6C

图 11-49　K409 合金常规热处理后组织

11.7　高温合金的金相检验

高温合金的金相分析不仅要明确组织的相组成，包括相的鉴别，还要分析组织的形态，分布以及相关的缺陷等。

11.7.1　高温合金的金相制样及相鉴别

11.7.1.1　高温合金金相样品制备

高温合金的基体多为奥氏体型的，质较软，制样磨抛过程中磨面容易发生滑移变形，因此要十分仔细，抛光时间不宜过长。为消除变形层和加快抛光过程，抛光和腐蚀可以交替进行。可选用显露该合金组织的侵蚀剂轻度腐蚀，也可采用腐蚀抛光的方法。对一些较难制备的样品或软态组织，可用电解抛光。也可在机械抛光后，再进行电解抛光。

高温合金由于耐腐蚀性能较好，同时在腐蚀过程中表面易生成致密的钝化膜，给组织显示带来了一定困难，一般多采用电解浸蚀，也可选用较强的还原性的浸蚀剂进行化学浸蚀。常用的电解浸蚀和化学浸蚀剂见表 11-13。

表 11-13　显示高温合金组织常用浸蚀、抛光剂

序号	浸蚀剂成分	浸蚀方法	适用范围
1	盐酸(比重 1.19)20 mL 硫酸铜($CuSO_4 \cdot 5H_2O$)4 g 水 20 mL	化学浸蚀	棒材
2	硫酸铜($CuSO_4 \cdot 5H_2O$)1.5 g 盐酸(比重 1.19)20 mL 无水乙醇 20 mL	化学浸蚀	棒材
3	盐酸 10 mL 硝酸 1 mL 无水乙醇 10 mL	化学浸蚀	棒材
4	高氯酸 40 mL+乙酸 450 mL+水 15 mL	电解抛光	板材 GH3030
	10%(体积分数)草酸水溶液	电解浸蚀	
5	磷酸 380 mL+水 200 mL+硫酸 180 mL	电解抛光	板材 GH3039 板材 GH1140
	10%草酸水溶液或 10%盐酸水溶液	电解浸蚀	

续 表

序号	浸蚀剂成分	浸蚀方法	适用范围
6	磷酸 380 mL＋水 200 mL＋硫酸 180 mL	电解抛光	板材 GH3044 板材 GH3128
	高氯酸 20 mL＋磷酸 20 mL＋硫酸 20 mL＋水 50 mL	电解浸蚀	
7	10%(体积分数)硫酸水溶液	电解浸蚀	板材 GH1131
8	磷酸 380 mL＋水 200 mL＋硫酸 180 mL	电解抛光	GH2132
	三氯化铁 5 g＋水 20 mL＋硝酸 5 mL	化学浸蚀	
9	甘油 90 mL＋盐酸 50 mL＋硝酸 10 mL	电解浸蚀：5～15 V，5～30 s；	所有合金，显示全部组织
10	正丁醇 70 mL＋无水乙醇＋高氯酸 10 mL	电解抛光：15～20 V，5～30 s； 电解浸蚀：5～15 V，5～30 s	所有合金，显示全部组织
11	盐酸 92 mL＋硫酸 5 mL＋硝酸 3 mL	化学浸蚀：5～30 s	铁基合金，显示全部组织
12	硫酸铜 1.5 g＋盐酸 40 mL＋无水乙醇 20 mL	化学浸蚀：5～30 s	镍基合金，显示全部组织
13	硫酸铜 150 g＋硫酸 35 mL＋盐酸 500 mL	化学浸蚀：5～60 s	所有合金，显示宏观晶粒度
14	磷酸 1 份＋硝酸 3.5 份＋硫酸 4 份（室温存放 24 h）	电解浸蚀：2～10 V；5～30 s； 化学浸蚀：1～15 min	所有合金，显示全部组织，可以显示树枝晶组织
15	硝酸 1 份＋盐酸 3 份	化学浸蚀：1～2 min	所有合金，显示全部组织，可以显示树枝晶组织
16	过氧化氢 100 mL＋盐酸（100～1500）mL	试样浸入盐酸中，倒入过氧化氢至反应完毕；用水清洗，吹干	去除氧化皮，显示宏观晶粒度
17	硫酸 5 mL 硫酸铜($CuSO_4 \cdot 5H_2O$) 20 g 水 8 mL	化学浸蚀	显示全部组织
18	硝酸 10 mL＋数滴氢氟酸	化学浸蚀	显示全部组织
19	硝酸：氢氟酸：甘油＝1:1:3 或 1:2:3(体积分数) (试剂必须新配使用，不能放置在密封容器中，否则易爆炸)	电解浸蚀或化学浸蚀	试剂能单相显示 K9 中的 Ni_5Zr，其他组织均不显示
20	10%(体积分数)磷酸水溶液	电解浸蚀：10 V	适用于镍基合金 基体变黑色，γ′、初生 γ′亮白色，其他组织被 γ′掩盖而不明显
21	10%(体积分数)草酸	电解浸蚀：10 V	1. 适用于镍基合金 2. 铁基合金和钴基合金各类碳化物均能显示。基体变黑色，γ′、初生 γ′亮白色大块 $Fe_2(Ti,Nb)$ 白色，其他相可能被 γ′掩盖而不明显
22	硫尿 1 g 磷酸 2 mL 水 1 000 mL	电解浸蚀：12 V，7 s	适用于镍基合金

续　表

序号	浸蚀剂成分	浸蚀方法	适用范围
23	氢氧化钠 4 g 高锰酸钾 4 g 水 100 mL （尽量使用新鲜溶液）	化学浸蚀	初生 MC，呈红绿色，次生 M_6C、$M_{23}C_6$ 针状 σ 相显示，硼化物呈褐色，$γ'$、初生 $γ'$、$ηNi_3Ti$、$Fe_2(Ti, Nb)$ 等不显示。可区分钴基合金中的 $Cr_{23}C_6$（灰蓝色）
24	浓氨水	电解浸蚀：10 V，10 s	初生 MC 棕色，次生 M_6C 红绿色硼化物褐色，$M_{23}C_6$、针状 σ 相显示，$γ'$、初生 $γ'$、$ηNi_3Ti$、$Fe_2(Ti, Nb)$ 等不显示
25	氨水∶水＝1∶1（体积分数）	化学浸蚀：20～30 min	显示的组织很清晰，操作简便重复性好，浸蚀时间较长
26	苦味酸 2 g 氢氧化钠 25 g 水 100 mL	煮沸：5～10 min	1. 有选择性浸蚀硼化物的效果 2. K 合金中的 M_6C 着黑，但不显示 $M_{23}C_6$。碳化物呈黑色，硼化物呈褐色，$γ'$、初生 $γ'$、$ηNi_3Ti$、σ 相、拉弗斯相等不显示
27	40%（体积分数）NaOH 水溶液	电解浸蚀：0.2～0.5（A/cm^2），2～5 s	σ 相和碳化物呈黑色，$γ'$、初生 $γ'$ 不显示

由于高温合金中各析出相化学成分不同，其化学性质及抗氧化性也不一样。经化学浸蚀、电解浸蚀或热染后，在试样表面的各相上形成氧化物或沉淀物薄膜的速率就不同，因而所形成的薄膜厚度不一样，在白色光的照射下，光的干涉现象而反映出不同色彩。因此可用选择性腐蚀和彩色金相来鉴别合金中的各种析出相。在应用着色浸蚀时，一定要严格遵照浸蚀制度，否则会导致薄膜厚度发生变化，致使色彩不稳定，使实验重复性差。同时，不同牌号的合金中常会出现同一种类型的析出相，但由于化学组成存在着差异，因而对试剂腐蚀的性能不可能完全一样，反映出色彩也会有差别。一般最好在强光及高放大倍数下观察，此时色彩较清晰。

11.7.1.2　高温合金组织中相的鉴别

高温合金中组织和相组成十分复杂，合金相的金相鉴别一般从形态、分布以及相关侵蚀剂（可电解）下色泽变化等方面进行，在有些情况下要与电子探针、X 射线衍射分析等物理方法相结合才能做出正确的鉴定。

在高温合金中，不管是铸造状态还是锻造轧制状态，总是有不同数量的 MC 型碳化物或 MN 氮化物，这些相在金相显微镜下极易识别。虽然经常用着色侵蚀的方法使之与其他相区分开来，然而，由于其硬度比其他碳化相如 $M_{23}C_6$、M_6C、M_7C_3、硼化物高得多，经过机械抛光后有鲜明的边界，略微凸出于基体，因此不需要浸蚀在显微镜下也明显可见，加之其形貌特征以及颜色便能初步鉴定。

$M_{23}C_6$、M_6C、M_7C_3、硼化物等在抛光态下只能隐约可见。

假若合金中有硫化物相 M_2SC，它在抛光态也可出现，但 M_2SC 呈金褐色，并在偏光下观察时，在一个消光过程中其颜色从暗绿色变成金粉红色，而硼化物、MC 是没有颜色变化的，因此可以区分开来。如 TiC 呈深灰色，方形或不规则形，边缘清晰可见；而 TiN 呈橘红色或金黄色，呈三角形、四边形或多边形，轮廓清晰。

适用于高温合金的金相浸蚀剂基本上可分为两大类，一类为碱性浸蚀剂，另一类为酸性浸蚀剂。碱性浸蚀剂显示碳化物、硼化物、σ 相、μ 相等，但不显示诸如 $γ'$ 相、$η(Ni_3Ti)$ 等金属间化合物，而酸性浸蚀剂基本上能显示所有的相。因此，在观察抛光态试面后，接着就用各种碱性腐蚀剂浸蚀，以鉴别如 $M_{23}C_6$、M_6C 次生碳化物、σ 相、μ 相等，最后才能用酸性腐蚀剂浸蚀，观察整个组织。

各种浸蚀（电解）剂对各析出相的作用见表 11-13。

高温合金中主要析出相的组织特征见表 11-14。

表 11-14　高温合金中主要析出相的组织特征

析出相名称	在合金中的形态及分布	光学特征			显现条件
		明场	暗场	偏光	
MC 型 一次碳化物	形状不规则，分散分布在合金中。变形合金中也有呈条带分布的，铸造合金中也有骨架状	灰白	不透明周界有亮线	各向同性	试样不经腐蚀即可显示
MN 型 一次氮化物	有规则的几何形状、方形，矩形或多边形，分散或成带分布在合金中	亮黄色	不透明周界有亮线	各向同性	试样不经腐蚀即可显示
M(CN) 碳氮化物	形状不规则，分散或成带状	黄到玫瑰红	不透明周界有亮线	各向同性	试样不经腐蚀即可显示
σ 相 NiCrMo 型	针状或魏氏体，容易在 MC，$M_{23}C_6$ 和一次 γ' 共晶处形成	白色周界有黑边	不透明四周有亮线	各向异性	试样不经腐蚀不显示
一次 γ' 共晶	形状不规则，如花瓣，尺寸大，分散分布于晶内	白色	不透明四周有亮线	各向异性	试样不经腐蚀不显示
η 相 (Ni_3Ti)	片状群体或魏氏组织。铸造合金中的一次 η 相共晶呈大块或大片状	白色	不透明四周有亮线	各向异性	试样不经腐蚀不显示
拉弗斯相 AB_2 型	小棒状，竹叶状，分散分布于晶内或晶界	白色	不透明四周有亮线	各向异性	试样不经腐蚀不显示
δ 相 Ni_3Nb	长针状，平行分布于晶内	白色	不透明四周有亮线	各向异性	试样不经腐蚀不显示
G 相 $Ni_{13}Ti_8Si_6$	块状，分散分布于晶内或晶界	白色	不透明四周有亮线	各向同性	试样不经腐蚀不显示
Z 相 NbCrN 型	块状，不规则、分散分布于晶内	白色	不透明四周有亮线	各向异性	试样不经腐蚀不显示
M_3B_2 硼化物	铸造成合金中一次 M_3B_2，分布于树枝间，骨架状变形合金中呈圆块状，分布于晶内。时效后沿晶界析出	白色	不透明周界有亮线	各向异性	—

11.7.2　变形高温合金的组织评定

11.7.2.1　变形高温合金的低倍组织评定

变形高温合金(棒材、板坯等)的横向低倍组织主要评定低倍组织缺陷；不允许有缩孔、缩孔痕迹、空洞、裂纹、夹渣、针孔等。

变形高温合金的纵向低倍组织则评定宏观晶粒度，中心粗晶带，带状组织、缩管残余及裂纹等。在 GB/T 14999.1—2012《高温合金试验方法　第 1 部分：纵向低倍组织及缺陷酸浸检验》及 GB/T 14999.2—2012《高温合金试验方法　第 2 部分：横向低倍组织及缺陷酸浸检验》规定了相应的取样、制样、浸蚀方法。试样厚度约为 20～30 mm；纵向低倍试样的长度约为 (55±5) mm，试面应通过轴向中心(偏差为±0.5 mm)。试面的粗糙度应达 $Ra 2.5\ \mu m$。推荐的浸蚀剂见表 11-15。

表 11-15　变形高温合金低倍组织浸蚀剂

序号	腐蚀剂成分	配制方法	适用合金
1	盐酸 500 mL 硫酸 35 mL 硫酸铜 150 g	先将硫酸铜放入盐酸中，加热至 40～50℃，使硫酸铜完全溶解，然后慢慢加入硫酸，或硫酸铜先溶解于硫酸，然后倒入盐酸	所有铁基、镍基合金
2	盐酸 3 份 硝酸 1 份	先将硝酸倒入盐酸中，放置 24 h 后可使用	铁基合金

试样浸蚀一般为冷浸蚀,时间均为 5~30 min,以清晰显示低倍组织及缺陷为准。腐蚀好的试样用清水冲洗,必要时可用体积分数 5%~15%的过硫酸铵水溶液洗涤,然后用吹风机吹干。

11.7.2.2 轧制高温合金的显微组织评定

轧制高温合金的显微组织评定主要内容为条带晶粒组织和一次碳化物分布评定。

GB/T 14999.4—2012《高温合金试验方法 第 4 部分:轧制高温合金条带晶粒组织和一次碳化物分布测定》规定了取样、制样、浸蚀及评定方法,并列出了评级图。

1. 轧制高温合金条带晶粒组织的评定

条带晶粒组织是指合金的不均匀组织,除了粗大基体晶粒外,还有细小晶粒(5~8 级),多半成条带分布,有时分散分布,主要出现在 GH4033 合金中。

评定时必须沿直径或半径由试样的一边至另一边在相距 2~4 mm 的各个区域中全部观察。按 5~8 级晶粒所占面积的百分数分为 5 个级别,1 级(所占面积≤10%)~5 级(所占面积 60%~80%)。可对照 GB/T 14999.4—2012 标准中图 A.1 标准图进行比较法评级。

定量金相法适用于测定集中条带晶粒组织。按 GB/T 6394 和 GB/T 24177 标准分别测定基体平均晶粒度、条带区晶粒度,并测定条带区占所观察视场总面积的百分数。有争议时,采用 GB/T 6394 中规定的截点法仲裁。

对于条带晶粒组织,用级别表示。对于条带双重晶粒组织,用"纵向;双重;条带晶粒:__%__级,条带__%__级"表示。例:纵向;双重;条带晶粒:80% 7 级,条带 20% 2.5 级。

2. 轧制高温合金的一次碳化物评定

GB/T 14999.4—2012 标准中一次碳化物标准评级图分为两类:A 类评级图适用于 GH2130、GH2302、GH4033、GH4037 等;B 类评级图适用于 GH4043、GH4049、GH4118、GH4143 等。每类各分为 1~5 级,5 级最严重,并以观察到的最严重视场为准。

评定结果可采用级别数或合格极限图片表示。对于有特殊要求合金的轧制产品,可对单个碳化物直径、聚集区的尺寸和条带分布数量等技术指标进行限制规定。

11.7.2.3 锻制高温合金双重晶粒组织和一次碳化物分布的测定

GB/T 14999.6—2010《锻制高温合金双重晶粒组织和一次碳化物分布测定方法》标准中规定了相关的测定方法和结果表示方法。

用于这两项测定的试样一般应沿产品的纵向(径向、轴向)取样。基体切取部位、方向、数量与测定的视场数应在产品标准或合同中规定。

1. 双重晶粒组织的测定

变形高温合金的双重晶粒组织类型,按 GB/T 14999.6—2010 标准分为 6 类:个别粗晶粒、混合晶粒、双级晶粒、条带晶粒、横向表层粗晶粒等。具体测定方法可参见第 5 章,测定结果表示方法见表 11-16。

表 11-16　各类型双重晶粒组织测定结果表示方法

类型	测定结果表示方法	图例
个别粗晶粒	纵向;双重;个别粗晶粒;平均__级,个别__级。	—
混合晶粒	纵向;双重;混合晶粒;平均级,范围为__级~__级。	—
项链晶粒	纵向;双重;项链晶粒;粗晶__%__级,细晶__%__级。	图 11-50
双级晶粒	纵向;双重;双级晶粒;粗晶__%__级,细晶__%__级。	图 11-51
条带晶粒	纵向;双重;条带晶粒;__%__级,条带__%__级。在表面层为粗晶区时,或邻近表层粗晶区的细晶区中存在粗晶过渡带,也应按照类别测定和标识。	图 11-52
横向表层粗晶粒	横向;双重;横向表层粗晶粒;中心__级、表面层__级、距表面__mm 深。邻近表层粗晶区的细晶区中存在粗晶过渡带时,也应按照猫画虎类别测定和标识。	图 11-53

注:本表由作者根据 GB/T 14999.6—2010 整理所得。

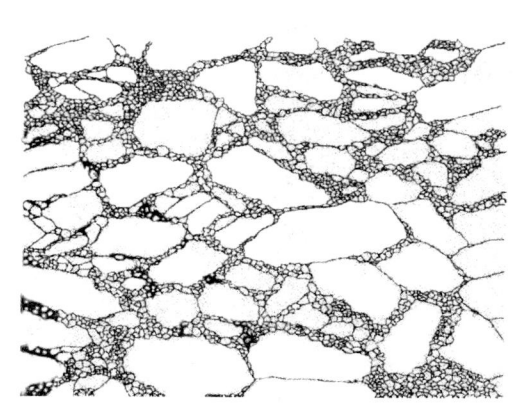

纵向;双重;项链晶粒 （100×）
粗晶 70% 2 级,细晶 30% 10 级

图 11-50　项链晶粒形貌

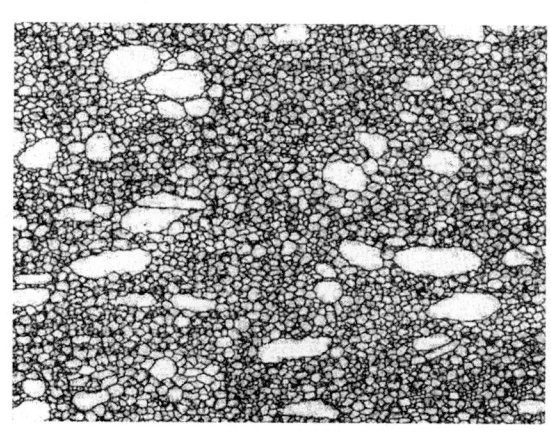

纵向;双重;双级晶粒 （100×）
粗晶 10% 5 级,细晶 90% 10 级

图 11-51　双级晶晶粒形貌

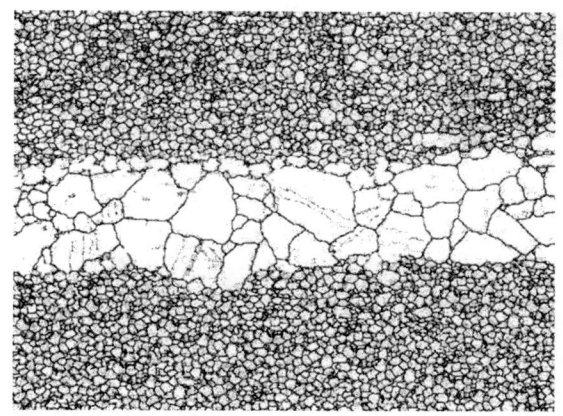

纵向;双重;条带晶粒 （50×）
80% 7 级,条带 20% 2.5 级

图 11-52　条带晶粒形貌

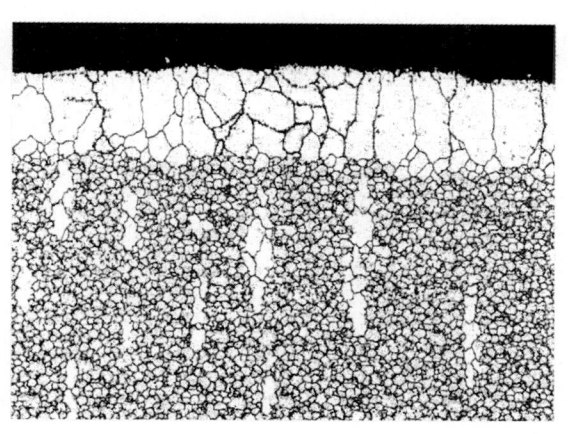

横向;双重;横向表层粗晶粒 （100×）
中心 10 级,过渡带粗晶 7 级,表层 4 级、距表面 2mm 深

图 11-53　横向表层粗晶粒形貌

2. 一次碳化物的测定

如果产品标准或合同中没有规定,从锻制高温合金棒材的径轴向 1/2R 处切取试样,径轴向剖面一般不经浸蚀,在 100 倍的观察视场中,选择一次碳化物最聚集分布或最有代表性的视场,参照 GB/T 14999.6—2010 标准附录 B 中的 11 个级别进行对比评级。当观测视场中碳化物的分布介于两个级别之间时,采用定量金相法测定一次碳化物所占观察范围总面积的百分数。

锻制高温合金一次碳化物分布的测定结果,有级别数或与该级别分布状态相对应的一次碳化物所占观察范围总面积的百分数表示;当观测视场中碳化物的分布介于两个级别之间时,采用级别范围(级差范围限定为 1)标识,同时标识实测的一次碳化物所占观察范围面积的百分数。

GB/T 14999.6—2010 部分标准评级图见图 11-54。

11.7.2.4　铸造高温合金晶粒度,一次枝晶间距及疏松测定

GB/T 14999.7—2010《高温合金铸件晶粒度、一次枝晶间距和显微疏松测定方法》,标准规定了高温合金铸件的宏观和显微平均晶粒度,柱状晶粒度和单晶一次枝晶平均间距,显微疏松的测定方法,及结果表示方法。

1. 铸造高温合金晶粒度测定

晶粒度的测定方法按 GB/T 6394—2017 规定,可参见第 5 章,可用截点法,常用比较法。

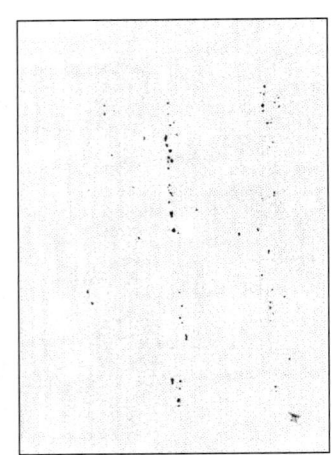

图 11-54　锻制高温合金棒材一次碳化物分布分级别评级图　（100×）

（1）宏观平均（等轴）晶粒度比较法评定　试样经制备腐蚀后，以目测和适用的量具，对照 GB/T 14999.7—2010 标准列出的 M-11 级～M-4 级 8 个级别对应的标准图片，选择晶粒尺寸与标准图片最接近的级别数，记录评定结果。使用比较法测定的结果一般存在±1 级的偏差。该标准中的部分标准评级图见图 11-55。宏观平均晶粒度的评定结果用"M-X"级（X：0～14）表示。

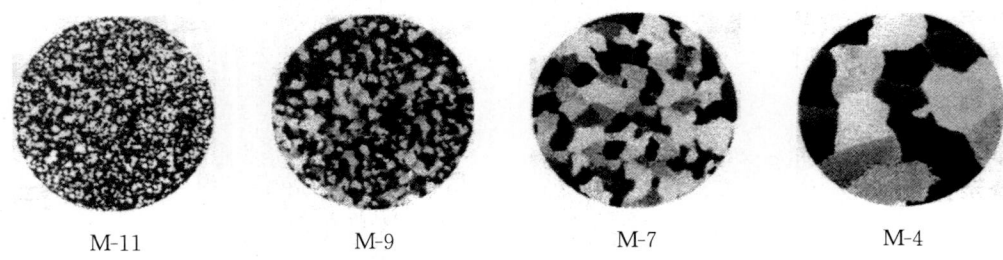

M-11　　　　　M-9　　　　　M-7　　　　　M-4

图 11-55　铸造高温合金宏观平均晶粒度级别部分标准图片　（1∶1）

（2）显微平均（等轴）晶粒度的测定　试样制备腐蚀后，一般在 100 倍下，对照 GB/T 6394—2017 中平均晶粒度系列图片直接进行评定。也可用图像仪进行测定。显微平均晶粒度的评定结果用 X 级（X：0～10）表示。

（3）柱状晶的测定　在经腐蚀后的铸件表面（或截面上）上，以目视及适用的量具进行测定。

测量结果用文字表述说明，测量结果包括垂直于柱状晶生长方向单位长度内或铸件某部位一定宽度内柱状晶的个数，单个柱状晶的最大偏离度 α_{max}、柱状晶的最大发散度 β_{max}、断晶个数、出现的等轴晶数量等限制条件（包括个数和出现部位等）。

2. 高温合金铸件的一次枝晶平均间距测定

铸件一次结晶形成枝晶形态，造成成分偏析，枝晶越粗大，即枝晶间距越大，成分偏析越大。因此高温合金铸件要求控制枝晶平均间距，以保证达一定的晶粒度及均匀性。

枝晶平均间距在枝晶的法向截面上测定。首先确定测定视场的框架，即可确定实际测量面积 S（mm^2）：

$$S = S_1/M^2 \tag{11-1}$$

式中：S_1——观测视场或图片的面积（mm^2）；

M——放大倍数。

枝晶截面试样经浸蚀后形貌见图 11-56（摘自 GB/T 14999.7—2010），图中浅灰色条块交叉处（十字标记）即为每个枝晶截面的中心。测定时，以每个枝晶截面的中心为一个计数点，中心位置在观测视场的边界时，为 0.5 个计数点；在边界视场边界外忽略不计。

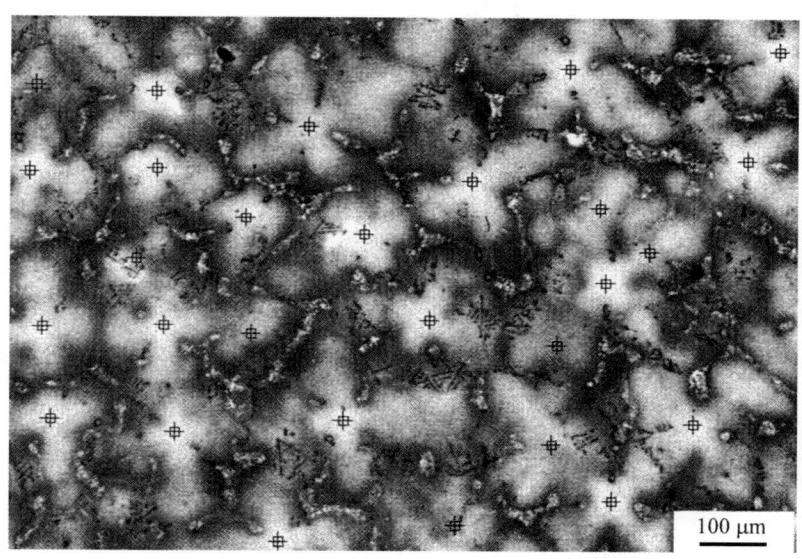

图 11-56　DZ422B 合金铸件一次枝晶平均间距测定图

统计观测视场或图片中一次枝晶的数量 n_1，按公式 11-2 计算每平方毫米上的枝晶数量 N（个）；

$$N = n_1/S \tag{11-2}$$

由 N 可按公式 11-3 求得一次枝晶平均间距 λ（mm）：

$$\lambda = 1/\sqrt{N} \tag{11-3}$$

3. 高温合金铸件的显微疏松测量

在 GB/T 14999.7—2010 标准中，把"显微疏松"定义为借助于显微镜观测到的，在凝固过程中形成的聚集或分散的细微空洞。同时，规定用"显微疏松指数"评定疏松的多少。即在一个范围内观察到的聚集或分散的细微空洞总面积占观察范围的总面积 1%，那么这个范围里的显微疏松指数为 1。以后以此类推。标准中设定 0~12 级 13 个级别，显微疏松指数相应为 0.25、0.5、1.5、2.0、2.5、3.0、3.5、4.0、5.0、6.0、7.0、8.0 等。图 11-57 为该标准中部分铸造高温合金显微疏松标准图。

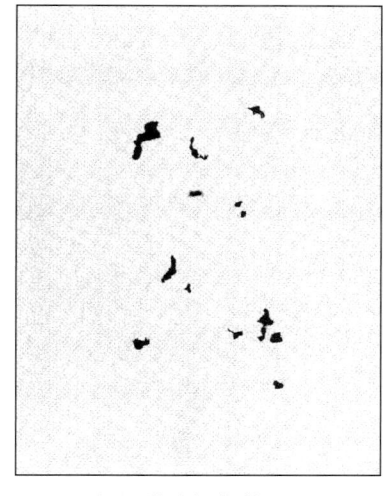
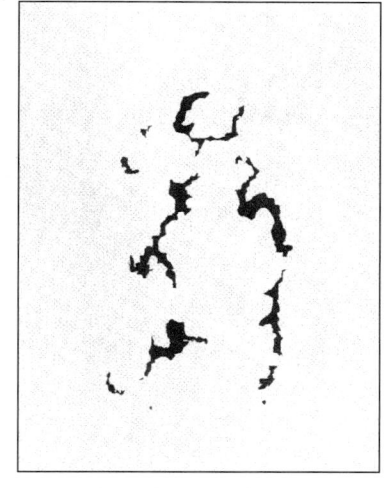

2 级显微疏松指数：1.0　　　　8 级显微疏松指数：4.0

图 11-57　铸造高温合金和显微疏松测定的部分标准图　[100×(×0.7)]

测定时可用比较法（对照标准图），或用定量金相法，测定结果用铸造中观察范围内评定的最高级别或计算的最大显微疏松指数表示。

11.7.2.5 高温合金的异常显微组织

高温合金中异常显微组织往往损害合金性能,或降低强度,或增加脆性等等,但在某些特殊条件下,人们可以利用这些组织发挥有利作用。

镍基高温合金中的有害组织主要有胞状 $M_{23}C_6$,针状 σ 相和片状 μ 相,见图 11-58。

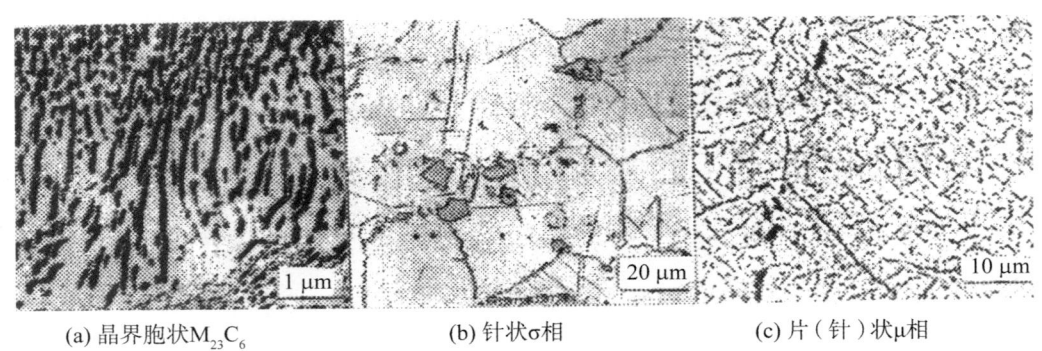

(a) 晶界胞状$M_{23}C_6$ (b) 针状σ相   (c) 片(针)状μ相

图 11-58　镍基合金中的异常显微组织

晶界胞状 $M_{23}C_6$ 会降低合金的持久强度及塑性。可提高时效温度来消除。镍基合金中,片(针)状的 σ 相是裂纹的产生和传播的通道,使合金脆化,并降低某些合金的持久强度。利用相计算方法控制成分,严格控制铸造工艺来避免 σ 相的产生。μ 相以片(针)状形态存在于镍基合金时,会降低强度和塑性,控制成分可以消除 μ 相。

铁基合金中的主要有害组织有 η 相、σ 相和 δ(Ni_3Nb)相,见图 11-59。合金中出现 η 相总是伴随着强度下降,因为本身既无强化作用而又要消耗一部分 γ'。调整合金成分和改善热处理工艺,可以减少至无害程度。铁基合金中的 σ 相常呈颗粒状沿晶界分布,晶界 σ 相颗粒常引起沿晶断裂,降低冲击韧度,使合金脆化。用相计算方法来控制合金成分,可以消除 σ 相。δ 相(Ni_3Nb)与 η 相一样都是过时效的产物。δ 相(Ni_3Nb)的出现会降低合金的强度,可通过调整成分和改善热处理制度,来减少其数量至无害的程度。

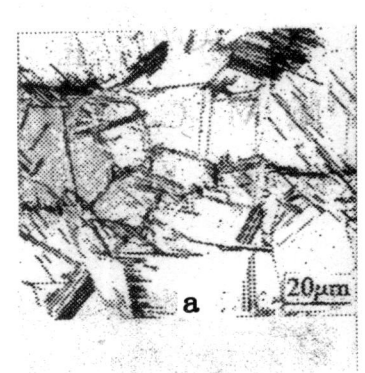 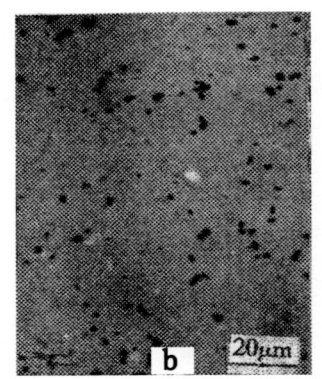 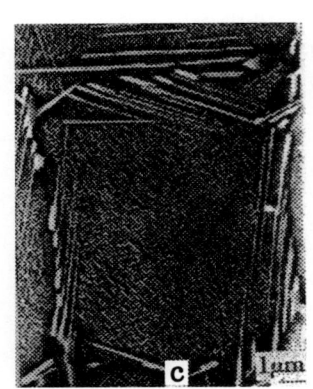

(a) 晶界胞状 η 相或晶内魏氏组织 η 相　(b) 晶界块状 σ 相或晶内针状 σ 相　(c) 胞状 δ-Ni_3Nb 或晶内片状相

图 11-59　铁基和铁镍合金中的有害组织

参考文献

[1] 《高温合金金相图谱》编写组. 高温合金金相图谱[M]. 北京:冶金工业出版社,1979.
[2] 上海交通大学《金相分析》编写组. 金相分析[M]. 北京:国防工业出版社,1982.
[3] 黄乾尧,李汉康. 高温合金[M]. 北京:冶金工业出版社,2000.
[4] 郭建亭. 高温合金材料学(上册)[M]. 北京:科学出版社,2008.
[5] 任颂赞,叶俭,陈德华. 金相分析原理及技术[M]. 上海:上海科学技术文献出版社,2013.

第 12 章

铸铁及金相分析

铸铁是以 Fe-C-Si 为主的多元铁基合金,其含碳量大于 2.11wt%。与钢相比,铸铁的熔点比较低,具有良好的铸造性能,不仅流动性好,而且体积收缩率小;同时,由于石墨的存在,使铸铁具有良好的耐磨性、优良的切削性能及很好的消震性。加之铸铁的价格比较便宜,生产设备比较简单等特点,是机械制造中用得最多的金属材料之一。如机床机身、基座工作台、齿轮箱壳体、汽车和拖拉机的后桥壳、内燃机的汽缸头、缸套、轧钢机的轧辊、机架等形状比较复杂,或工作时受到摩擦或震动的零件,大多采用铸铁来制造。

12.1 铸铁的分类及其牌号

铸铁的分类,主要以石墨分布形态划分,有时也以合金化程度划分。

12.1.1 根据碳在铸铁中存在的形式和石墨的形态分类

1. 白口铸铁

碳除极少量溶入铁素体外,其余以化合状态(Fe_3C)存在,其断口呈白亮色,故称白口铸铁。由于白口铸铁中存在大量的硬而脆的 Fe_3C,所以白口铸铁显得非常硬而脆,不能切削加工,一般主要用作炼钢的原材料和用来制造可锻铸铁零件的毛坯。由于白口铸铁具有很高的硬度和耐磨性,在工业上常采用表面激活的办法使这些铸铁的表面获得白口铸铁的组织,而心部则保持灰铸铁的组织,以用来制造轧钢机的压轧辊、内燃机的挺柱等,都获得很好的使用效果和经济效益。

2. 灰铸铁

碳大部或全部以自由状态的片状石墨的形态存在,断口呈灰色,故称灰铸铁。经过孕育处理的灰铸铁具有一定的力学性能,良好的切削加工性,因此,在机械制造行业中是一种用得最多最广泛的材料。

3. 可锻铸铁

这种铸铁是由白口铸铁经过高温石墨化退火而成。其中的碳大部或全部以团絮状石墨的形态存在,使材料具有一定的韧性。

4. 球墨铸铁

采用稀土镁处理铁水,使碳大部或全部以自由状态的球状石墨存在,这样石墨割裂基体的作用大大减轻,故球墨铸铁具有较高的力学性能,可用来制造曲轴、连杆、齿轮、凸轮轴等许多重要零件。

5. 蠕墨铸铁

其中碳大部分或全部以蠕虫状石墨的形态存在。它的石墨结构和力学性能,介于灰铸铁的片状石墨与球墨铸铁的球状石墨之间。

12.1.2 根据铸铁中的元素的种类及含量分类

1. 普通铸铁

普通铸铁主要含五大元素,包括碳(2.0wt%~4.0wt%),硅(0.6wt%~3.0wt%),锰(0.2wt%~1.2wt%),磷(0.1wt%~1.2wt%),硫(0.08wt%~0.15wt%)等,普通铸铁的化学成分是工艺控制参数,除特殊要求外,一般不作为考核依据

2. 合金铸铁

在铸件中加入一定量的铬、钼、钒、铜、铝等合金元素,或是提高硅、锰、磷等元素的含量,可以获得某些

具有特殊性能的铸铁,如耐磨性、耐蚀性、耐热性等。

GB/T 5612—2008《铸铁牌号表示方法》规定了中国铸铁牌号的命名方法,牌号基本分两大部分组成：前缀(基本代号)表示以石墨形态及特种性能类别区分的铸铁基本类别,后缀表示相应力学性能或主要化学成分(或两者同时表达)。铸铁基本代号由表示该铸铁特征的汉语拼音字的第一个大写正体字母组成,当两种铸铁名称的代号字母相同时,可在该大写正体字母后加小写正体字母来区别。当要表示铸铁的组织特征或特殊性能时,代表铸铁组织特征或特殊性能的汉语拼音字的第一个大写正体字母排列在基本代号的后面。具体的铸铁代号参见表 12-1。

表 12-1　各种铸铁名称、代号及牌号表示方法实例

铸铁名称	代号	牌号表示方法实例	铸铁名称	代号	牌号表示方法实例
灰铸铁	HT		**球墨铸铁**	QT	
灰铸铁	HT	HT250、HTCr-300	球墨铸铁	QT	QT400-18
奥氏体灰铸铁	HTA	HTA Ni20Cr2	奥氏体球墨铸铁	QTA	QTA Ni30Cr3
冷硬灰铸铁	HTL	HTL Cr1Ni1Mo	冷硬球墨铸铁	QTL	QTL Cr Mo
耐磨灰铸铁	HTM	HTMCu1CrMo	抗磨球墨铸铁	QTM	QTM Mn8-30
耐热灰铸铁	HTR	HTRCr	耐热球墨铸铁	QTR	QTR Si5
耐蚀灰铸铁	HTS	HTS Ni2Cr	耐蚀球墨铸铁	QTS	QTS Ni20Cr2
白口铸铁	BT		**蠕墨铸铁**	RuT	RuT420
抗磨白口铸铁	BTM	BTMCr15Mo	**可锻铸铁**	KT	
耐热白口铸铁	BTR	BTRCr16	白心可锻铸铁	KTB	KTB350-4
耐蚀白口铸铁	BTS	BTSCr28	黑心可锻铸铁	KTH	KTH350-10
			珠光体可锻铸铁	KTZ	KTZ 650-02

注：本表摘自 GB/T 5612—2008。

12.2　铸铁的石墨化过程

12.2.1　铁-碳合金双重相图和 Fe-C-Si 三元相图

铸铁的石墨化过程即石墨的形成过程,铸铁组织形成的基本过程主要也是石墨的形成过程。了解石墨化过程的条件与影响因素,对掌握铸铁材料的组织与性能是十分重要的。

在分析铸铁的石墨化过程中,一般均以 Fe-Fe_3C(实线)及 Fe-C(虚线)双重相图(见图 12-1)和 Fe-C-Si 三元相图(见图 12-2)为依据。

在工业铸铁中,除碳、硅外还含有锰、硫、磷等元素,特殊性能的合金铸铁还分别含有铬、钼、铜、镍、钨、钛、钒等合金元素。因此,不管是哪类铸铁,碳和硅都是最重要的元素。

铸铁的结晶过程,根据化学成分和结晶条件的不同,可按准稳定系(Fe-Fe_3C)结晶,得到奥氏体和渗碳体;也可按稳定系(Fe-石墨)结晶,得到奥氏体和石墨。在生产实践中经常可以遇到这样的情况,即在同一铸件中,因壁厚的不同,其显微组织也是不同的;壁厚处为灰口组织,而薄壁处出现白口组织。有时还会在铸件表面出现密集分布的石墨层,这是过共晶铸铁凝固时,从液体中直接析出石墨而造成石墨比重偏析(石墨漂浮)的结果。另外,用同一成分的白口铸铁,经高温长时间退火,结果在铸铁中发现了石墨,这是渗碳体发生分解(Fe_3C=3Fe+C 石墨)而析出石墨的结果。由此可见,渗碳体是介稳定相,而石墨则是稳定相。这说明铸铁在结晶过程中,在同样含碳量的情况下,碳既可以渗碳体析出,也

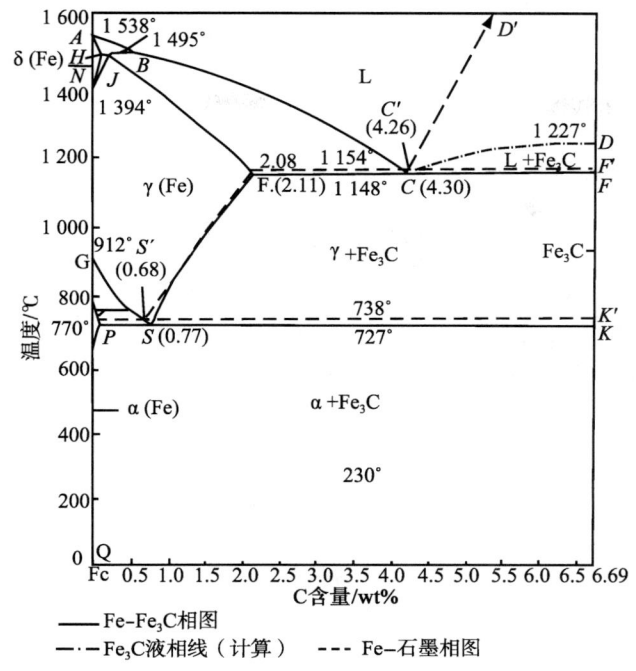

图 12-1　Fe-Fe₃C（实线）及 Fe-C（虚线）合金双重相图

可以呈石墨析出。为此，讨论铁碳合金的结晶过程及组织转变，即可按照 Fe-石墨相图，也可按照 Fe-Fe₃C 相图。讨论灰铸铁应按照 Fe-石墨相图，讨论白口铸铁则应按照 Fe-Fe₃C 相图。为了研究方便并有利于对比和应用，通常将这两种相图迭加在一起构成铁-碳合金双重相图（见图 12-1）。图中虚线表示 Fe-石墨相图，实线表示 Fe-Fe₃C 相图，两者重合处以单一的实线表示。

由图 12-1 可见，虚线均位于实线的上方或左方，这表示 Fe-石墨系比 Fe-Fe₃C 系稳定，石墨在液体、奥氏体和铁素体中的溶解度比 Fe-Fe₃C 系中的溶解度要小，奥氏体-石墨的共晶温度比奥氏体-渗碳体共晶温度高，铁素体+石墨的共析温度也比铁素体+渗碳体的共析温度高。

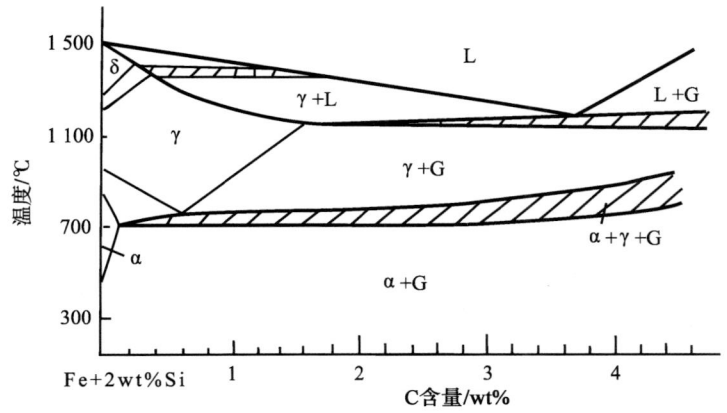

图 12-2　含有 2wt%Si 的 Fe-C-Si 三元系的垂直截面图，影线区为三相区

由于在铸铁中碳、硅含量比较高，使铸铁结晶过程中的共晶结晶和共析转变从一个恒定的温度转变为一个温度范围，硅使共晶反应和共析反应的奥氏体含碳量从 2.08wt% 和 0.68wt% 减少到 1.5wt% 和 0.6wt%，共晶点的含碳量也从 4.26wt% 减少到 3.65wt%，图 12-2 是含有 2wt% 硅的 Fe-C-Si 的三元系垂直截面图。

从 Fe-C-Si 系的垂直截面图，可知铸铁中共晶点含碳量的减少，与铸铁中的含硅量呈线性关系，见式（12-1）：

$$\text{共晶点碳含量} = 4.26\text{wt}\% - 0.3(\text{Si wt}\%) \tag{12-1}$$

12.2.2 铸铁的石墨化过程

铸铁的石墨化过程,根据铁-碳合金双重相图,可以分为 3 个部分,即石墨化 3 个阶段。

第一阶段在 1154℃ 共晶转变阶段:液体→奥氏体(2.08wt%C)+石墨,或共晶渗碳体在高温分解形成石墨。

第二阶段在 1154℃→738℃ 范围:奥氏体(0.68wt%C)→奥氏体(0.68wt%C)+石墨或者由二次渗碳体在上述温度范围内分解形成石墨。

第三阶段在 738℃ 共析转变阶段:奥氏体(0.68wt%C)→铁素体+石墨,或共析渗碳体分解形成石墨。现以 3.5wt%C 的亚共晶铸铁和 4.5wt%C 的过共晶铸铁为例,来分析铸铁缓冷凝固时的相变过程及室温组织。

当合金缓冷至液相线 BC 线以下温度时,从液体中首先析出初生奥氏体,继续冷却,奥氏体不断析出,液相成分不断沿 BC 线变化,达到共晶温度时,液相达到共晶成分。具有共晶成分的液体就要发生共晶反应,形成奥氏体和共晶石墨。共晶转变结束后,奥氏体的成分沿 $E'S'$ 线变化,并从奥氏体中析出二次石墨。继续冷却至共析温度,剩余的奥氏体成分达到 S' 点时,便发生共析反应,形成共析石墨。

含 4.5wt% 碳的过共晶铸铁,除从液态中直接析出一次石墨以外,其余的转变过程与上述亚共晶铸铁相似,不再重述。

将上述亚共晶铸铁和过共晶铸铁在缓冷时的组织转变,对照图 12-1 中 Fe-C 状态可将结晶过程概括如图 12-3 所示。

上述石墨化过程若进行彻底,不存在渗碳体,最后得到的组织应该是铁素体基体,其上分布着石墨片。石墨化过程是一个扩散过程,在共晶温度以上,在共晶和共析之间区域,由于温度比较高,扩散条件好,石墨化过程就进行的比较充分。而在共析温度以下,由于温度较低,扩散条件差,石墨化往往不充分。随着石墨化程度的不同,得到的组织不同,表 12-2 概列了石墨化程度与铸铁组织类型的关系。

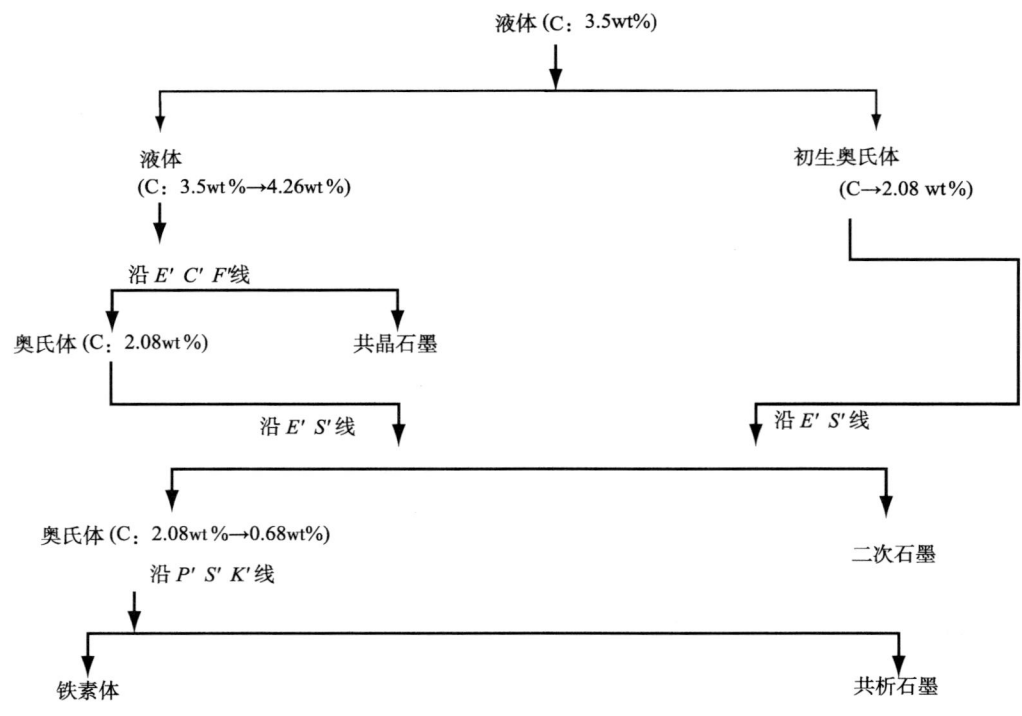

(a) 亚共晶铸铁按 Fe-C 状态图的结晶过程

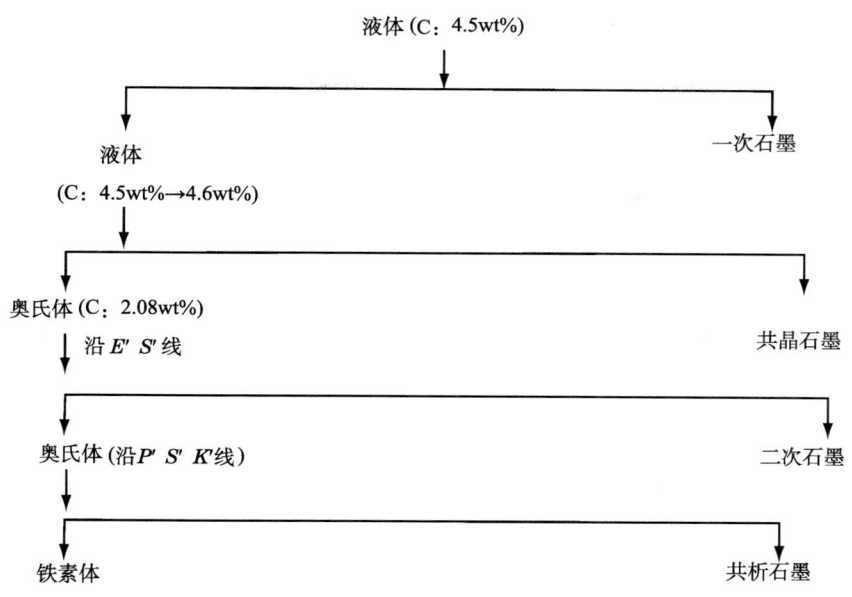

(b) 过共晶铸铁按 Fe-C 状态图的结晶过程

图 12-3 铸铁结晶过程

表 12-2 石墨化程度与铸铁类型的关系

石墨化程度		铸铁的显微组织	铸铁的类型
共晶至共析阶段	共析阶段		
完全石墨化	完全石墨化 部分石墨化 未石墨化	铁素体＋石墨 铁素体＋珠光体＋石墨 珠光体＋石墨	灰铸铁
部分石墨化	未石墨化	莱氏体＋珠光体＋石墨	麻口铸铁
未石墨化	未石墨化	莱氏体	白口铸铁

12.2.3 影响铸铁石墨化的因素

影响铸铁石墨化的因素很多，受到化学成分、配料制度、熔炼条件以及制造时冷却速度等一系列因素的影响，但其中化学成分和冷却速度的影响最为强烈。

1. 化学成分对石墨化的影响

按照在共晶结晶时对于促进或阻止石墨化程度的不同，可将铸铁中常见元素分为两大类（见下面所排列的元素），排列在左边的是促进石墨化的元素，排列在右边的是反石墨化元素，元素铌是中性的，它既不促进石墨化也不阻碍石墨化，离开铌的距离越远，其作用越强烈。

$$\xleftarrow{\text{促进石墨化}} \quad \xrightarrow{\text{阻止石墨化}}$$
Al　C　Si　Ti　Ni　Cu　P　Co　Zr　　Nb　　W　Mn　Mo　S　Cr　V　Te　Mg　Ce　B

为了估算某一成分铸铁的结晶过程，生产中通常采用碳当量(CE)和共晶度(SC)这两个数值概念。

碳当量是将含硅、磷量折合成相当的碳量与实际碳含量之和，即：

$$CE = C\text{wt}\% + \frac{1}{3}(Si + P)\text{wt}\% \tag{12-2}$$

共晶度则是指铸铁的碳含量与其共晶点碳含量的比值，即：

$$SC = \frac{C\text{wt}\%}{4.26\text{wt}\% - \frac{1}{3}(\text{Si} + \text{P})\text{wt}\%} \tag{12-3}$$

实际上，共晶度随着硅含量的变化而变化，是表示铸铁的碳含量接近共晶点碳浓度的程度。共晶度等于1表示此铸铁为共晶成分；共晶度小于1为亚共晶成分；共晶度大于1为过共晶成分。当铸铁的共晶度接近1时，铸造性能最好。随着共晶度的增加，铸铁铸造中的石墨数量将增多，其强度硬度随之下降。

2. 冷却速度对铸铁石墨化的影响

一般来说，在成分一定的条件下，缓慢冷却时，铸铁的结晶和转变才按 Fe-石墨稳定系状态图进行，获得石墨化充分的组织。反之，则按 Fe-Fe₃C 亚稳定系状态图进行转变，最终获得白口组织。

从热力学的条件而论，由于石墨是一个稳定相，Fe_3C 是一个不稳定相，"奥氏体+石墨"较之"奥氏体+渗碳体"的自由能为低，因此有利于石墨的形成。但从动力学的条件来看，渗碳体的成分和结构更接近于液相和奥氏体，从液体或奥氏体中容易获得渗碳体所需的成分起伏和结构起伏，因此有利于渗碳体的形成，而不利于石墨的形成。石墨的长大不仅需要碳原子通过扩散向石墨核心聚集，还要求铁原子作长距离的自扩散，以便让出石墨生长的空间，尤其是在共析阶段的石墨化，由于温度低，冷却速度大，原子的扩散是困难的，不利于石墨化。

影响石墨化的因素是复杂的，铸铁的冷却速度也是一个综合因素，图12-4(a)所示是当化学成分(碳、硅含量一定)、工艺参数一定时，铸件的壁厚对铸铁组织的影响。在同一铸件中，因壁厚不同，薄壁处，由于冷却速度快，过冷度大，动力学条件是有利于按 Fe-Fe₃C 相图转变，而出现白口组织。为了获得组织均匀的铸件，生产上往往是采用孕育处理的方法来防止白口，或者是通过热处理来消除白口，以达到改善或提高铸件性能的目的。另外，冷却速度(铸件壁厚)相同，随着碳和硅相对量的不同，其组织也不相同，图12-4(b)是当冷却速度一定，碳、硅含量对铸铁组织的影响。

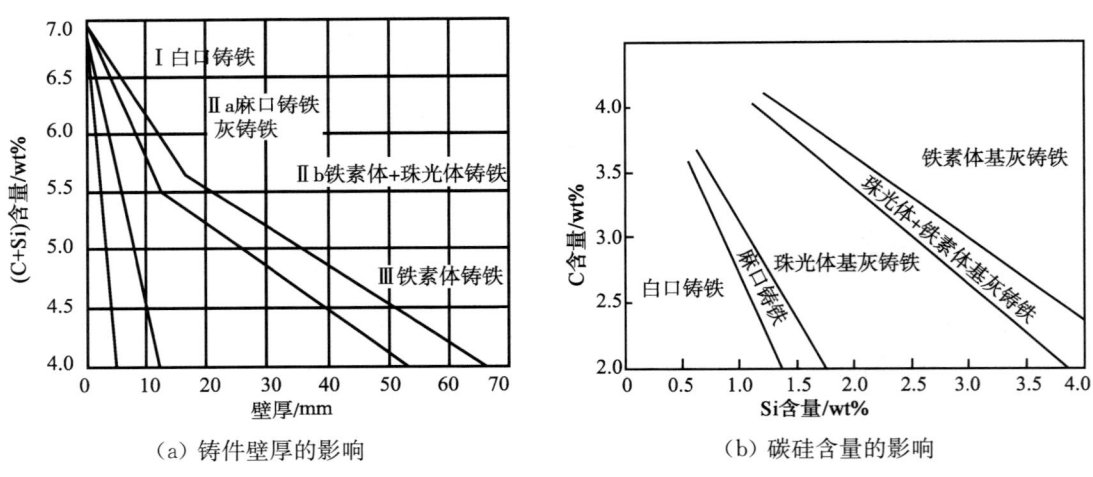

(a) 铸件壁厚的影响　　(b) 碳硅含量的影响

图12-4　铸件壁厚、碳硅含量对铸铁组织的影响

12.3　灰铸铁及金相检验

灰铸铁基体中的石墨呈片状，其分类主要依据抗拉强度。而其力学性能不仅与石墨形态、分布有关，更与基体组织相关。

12.3.1　灰铸铁的牌号及性能

根据灰铸铁件的国家标准 GB/T 9439—2010《灰铸铁件》，我国灰铸铁的牌号按单铸直径为 30 mm 试棒的抗拉强度值划分为6种牌号，这种分类方法与 ISO 185：2005《灰铸铁分类》标准相一致，见表12-3。

表 12-3　按单铸试棒性能分类的牌号

牌号		抗拉强度 R_m/MPa
GB/T 9439	ISO 185	≥
HT100	100	100
HT150	150	150
HT200	200	200
HT250	250	250
HT300	300	300
HT350	350	350

注：验收时，n 牌号铸铁，其抗拉强度应在 n 至 (n+100)N/mm² 的范围内。

ANSI/ASTM A48-2003(2016)美国标准也是根据从单铸试样加工制成的抗拉试棒上所测得的材料力学性能，将灰铸铁分为 9 个牌号（英制单位）或 11 个牌号（公制单位），最低为 No.150A（≥150 MPa），最高为 No.400A（≥400 MPa），中间每 25 MPa 为一间隔，如 No.175A，No.200A 等，见表 12-4。

表 12-4　ASTM A48 标准中单铸试棒性能分类

牌号	抗拉强度 R_m/MPa	牌号	抗拉强度 R_m/MPa	牌号	抗拉强度 R_m/MPa
No.150A No.150B No.150C No.150D	150	No.175A No.175B No.175C No.175D	175	No.200A No.200B No.200C No.200D	200
No.225A No.225B No.225C No.225D	225	No.250A No.250B No.250C No.250D	250	No.275A No.275B No.275C No.275D	275
No.300A No.300B No.300C No.300D	300	No.325A No.325B No.325C No.325D	325	No.350A No.350B No.350C No.350D	350
No.375A No.375B No.375C No.375D	375	No.400A No.400B No.400C No.400D	400		

注：后缀 A 表示试样直径为 22.4mm，B 表示试样直径为 30.5mm，C 表示试样直径为 50.8mm，D 表示试样的尺寸由供需双方商定。

其他各国的灰铸铁牌号标准基本与 ISO 185 相同。EN 1561—2011 标准提供了直径为 30 mm 单铸灰铸铁铸态试棒的较全面的力学性能数值，见表 12-5。

表 12-5　EN 1561—2011 标准中灰铸铁单铸试棒及其性能

特性	铸铁的牌号和力学性能				
	EN-GJL-150 (HT150)	EN-GJL-200 (HT200)	EN-GJL-250 (HT250)	EN-GJL-300 (HT300)	EN-GJL-350 (HT350)
抗拉强度 R_m/MPa	150~250	200~300	250~350	300~400	350~450
屈服强度 $R_{p0.1}$/MPa	98~165	130~195	165~228	195~260	228~285
断后伸长率 A/%	0.8~0.3	0.8~0.3	0.8~0.3	0.8~0.3	0.8~0.3

续 表

特性	铸铁的牌号和力学性能				
	EN-GJL-150 （HT150）	EN-GJL-200 （HT200）	EN-GJL-250 （HT250）	EN-GJL-300 （HT300）	EN-GJL-350 （HT350）
抗压强度 R_{mc}/MPa	$3.4 \times R_m$	$3.18 \times R_m$	$3.01 \times R_m$	$2.87 \times R_m$	$2.75 \times R_m$
0.1%压缩屈服点 $R_{pc0.1}$/MPa	195	260	325	390	455
抗弯强度 R_{bb}/MPa	$1.82 \times R_m$	$1.73 \times R_m$	$1.66 \times R_m$	$1.60 \times R_m$	$1.54 \times R_m$
抗剪强度 τ_b/MPa	170	230	290	345	400
抗扭转强度 τ_m/MPa	$1.36 \times R_m$				
弹性模量 E/GPa	78～103	88～113	103～118	108～137	123～143
泊松比 ν	0.26	0.26	0.26	0.26	0.26
弯曲疲劳强度/MPa	$0.46 \times R_m$				
反向拉压应力下的疲劳极限/MPa	$0.34 \times R_m$				
扭转疲劳强度 τ_p/MPa	$0.38 \times R_m$				
断裂韧度 K_{IC}/(MPa·mm^{-2})	12	17	20	19	17

灰铸铁的强度，塑性都比较低，但具有优良的铸造性、耐磨性、切削加工性、消震性和较低的缺口敏感性。这些性能都与灰铸铁的内部组织结构密切相关。

灰铸铁的组织可以看作是有钢的基体和石墨夹杂物的共同组成，由于片状石墨的强度极低，可以把它看作是无数的"小裂纹"，并且在石墨片尖端引起应力集中现象，使得灰铸铁的强度和塑性大大低于同样基体的钢。其降低的程度与石墨片的数量、大小、形状及分布特点密切有关。石墨片的数量越多，越粗大，则铸铁的抗拉强度和塑性就越低。但在受压的作用下，石墨的不利影响则比较小，所以铸铁的抗压强度与相同基体的钢差不多。

从铸铁的石墨化过程我们可以看到，铸铁在冷凝过程中，碳既可以渗碳体的形式析出，形成白口铸铁，也可以石墨的形式析出，形成灰铸铁。灰铸铁的化学成分大致控制在下列范围：碳为2.8wt%～4.0wt%、硅为1.0wt%～3.0wt%、锰为0.6wt%～1.2wt%、硫<0.15wt%、磷<0.4wt%。灰铸铁由于成分和冷却条件的不同，可能出现3种不同的组织状态，即铁素体＋石墨，铁素体＋珠光体＋石墨，珠光体＋石墨。生产上分别称为铁素体灰铸铁，铁素体—珠光体灰铸铁，珠光体灰铸铁。其显微组织如图12-5及图12-9所示。

当石墨分布的状态一定时，铸铁的性能主要取决于基体组织。上述3种基体组织的灰铸铁中，铁素体灰铸铁具有较高的塑性，强度较低，故生产上很少应用。珠光体灰铸铁的强度较高，生产上常采用孕育处理的办法，即往铁水中加入一定的硅铁即硅钙合金来改变铁水的结晶条件，以获得细片状石墨和细晶粒的珠光体组织，也称为"孕育铸铁"。经过孕育处理以后的灰铸铁，其强度得到很大的提高，塑性和韧性也有所改善。此外，它对冷却速度的敏感性也比较小，易能获得均匀性的组织。

12.3.2 灰铸铁的石墨评定

灰铸铁(孕育铸铁)和低合金灰铸铁的石墨特征均为片状，但分布形状和大小各不相同，评定的依据主要为GB/T 7216—2009《灰铸铁金相检验》标准，该标准关于石墨的评定部分采用了《铸铁显微组织第1部分：石墨分类目测法》(ISO 945-1)。

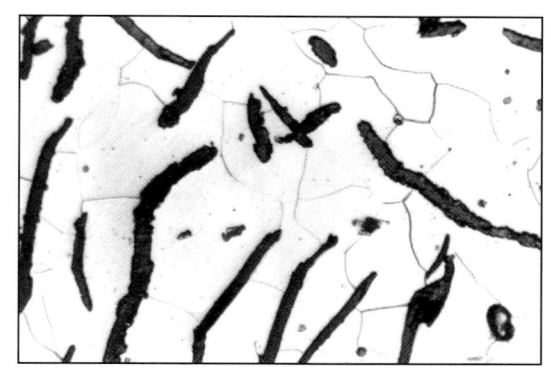
(a) 铁素体基体 （300×）

(b) 铁素体+珠光体基体 （500×）

图 12-5　灰铸铁的显微组织

12.3.2.1　ISO 945-1：2019《铸铁显微组织　第 1 部分：石墨目测分类法》

ISO 945-1 标准是对各种铸铁基体中的石墨的形态（FORM）、分布形状（DISTRIBUTION）、尺寸进行分类、评级。该标准把石墨形态分为 6 类：Ⅰ型（片状）、Ⅱ型（星状）、Ⅲ型（蠕虫状）、Ⅳ型（团絮状）、Ⅴ型（团状）、Ⅵ型（球状），其参考图如图 12-6 所示。该标准把石墨分布形状分为 5 种，用字母 A～E 表示。图 12-7 为Ⅰ型石墨 5 种分布形状的参照图。其他形态的石墨一般在 A 型分布中出现，但有时也可发现其他类型的分布有Ⅱ型～Ⅵ型的石墨出现。该标准把石墨尺寸（长度或直径）分为 8 级，从大于 100 mm（100 倍下）评为 1 级到小于 1.5 mm（100 倍下）评为 8 级，具体分级见表 12-6。

Ⅰ　　　　　　　　　　Ⅱ　　　　　　　　　　Ⅲ

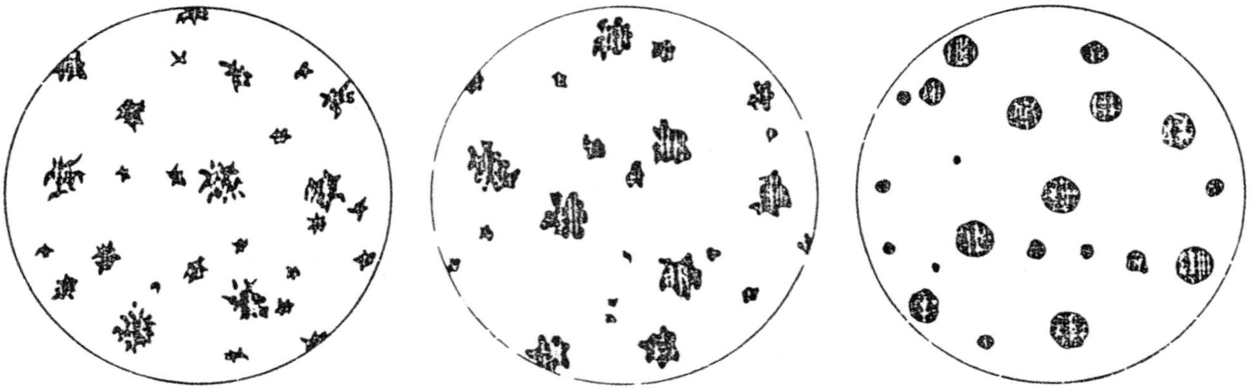

Ⅳ　　　　　　　　　　Ⅴ　　　　　　　　　　Ⅵ

（摘自 ISO 945-1：2019）

图 12-6　石墨形状（FORM）参考图　[100×（×0.8）]

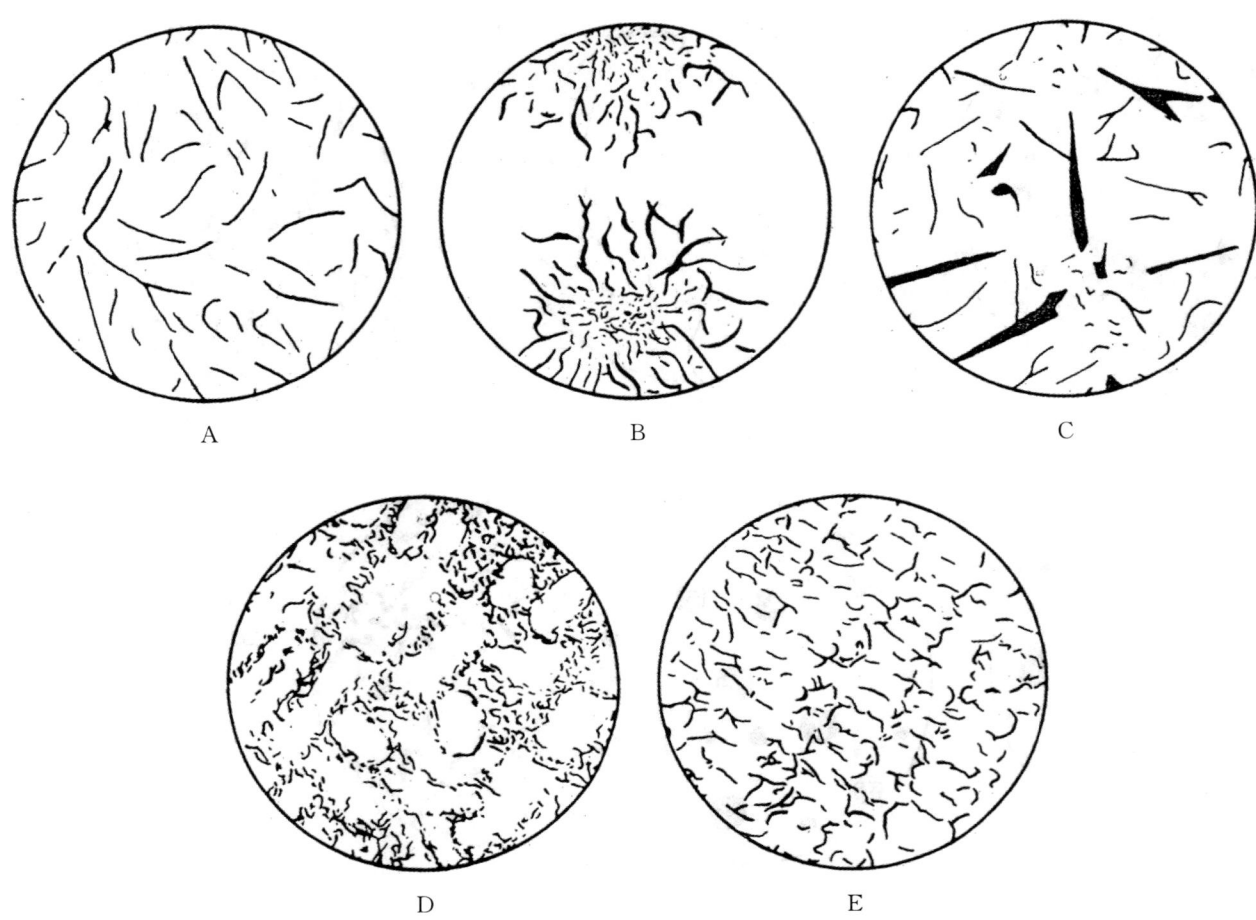

(摘自 ISO 945-1：2019)

图 12-7　片状石墨分布形态(DISTRIBUTION)参考图　[100×(×0.8)]

表 12-6　石墨的尺寸分级

级别	石墨的尺寸/mm（100 倍下）	真实尺寸	级别	石墨的尺寸/mm（100 倍下）	真实尺寸
1	>100	>1	5	6~12	0.06~0.12
2	50~100	0.5~1	6	3~6	0.03~0.06
3	25~50	0.25~0.5	7	1.5~3	0.015~0.03
4	12~25	0.12~0.25	8	<1.5	<0.015

注：1. 石墨尺寸为长度或直径。
　　2. 本表摘自 ISO 945-1：2019。

石墨的评级必须指明形态、分布形状和尺寸大小。例如ⅠA4 型的含义为 100 倍下观察到Ⅰ型石墨呈 A 类分布，具有 12~25 mm 最大尺寸。

如果观察的石墨位于两个尺寸之间，可以用两个参照图号表示，例如 3/4。在特定的情况下，占多数的石墨尺寸可以标出横线，以示强调，例如 3/4（即 3 级占多数）。

具有不同类型的石墨的混合组织，可以估计出各类型石墨的百分比（体积分数），予以表示。例如：60%ⅠA4+40%ⅠD7。

对石墨分布形状的观察，应在未浸蚀的试样上进行。放大倍数为 100 倍。

12.3.2.2 GB/T 7216—2009 灰铸铁石墨分布形状评级

国家标准 GB/T 7216—2009 中所颁布的石墨分布形状分为 6 种，除 ISO 945 所列 5 种以外，另增 F 型。图 12-8 为灰铸铁石墨分布形状的评定图例。

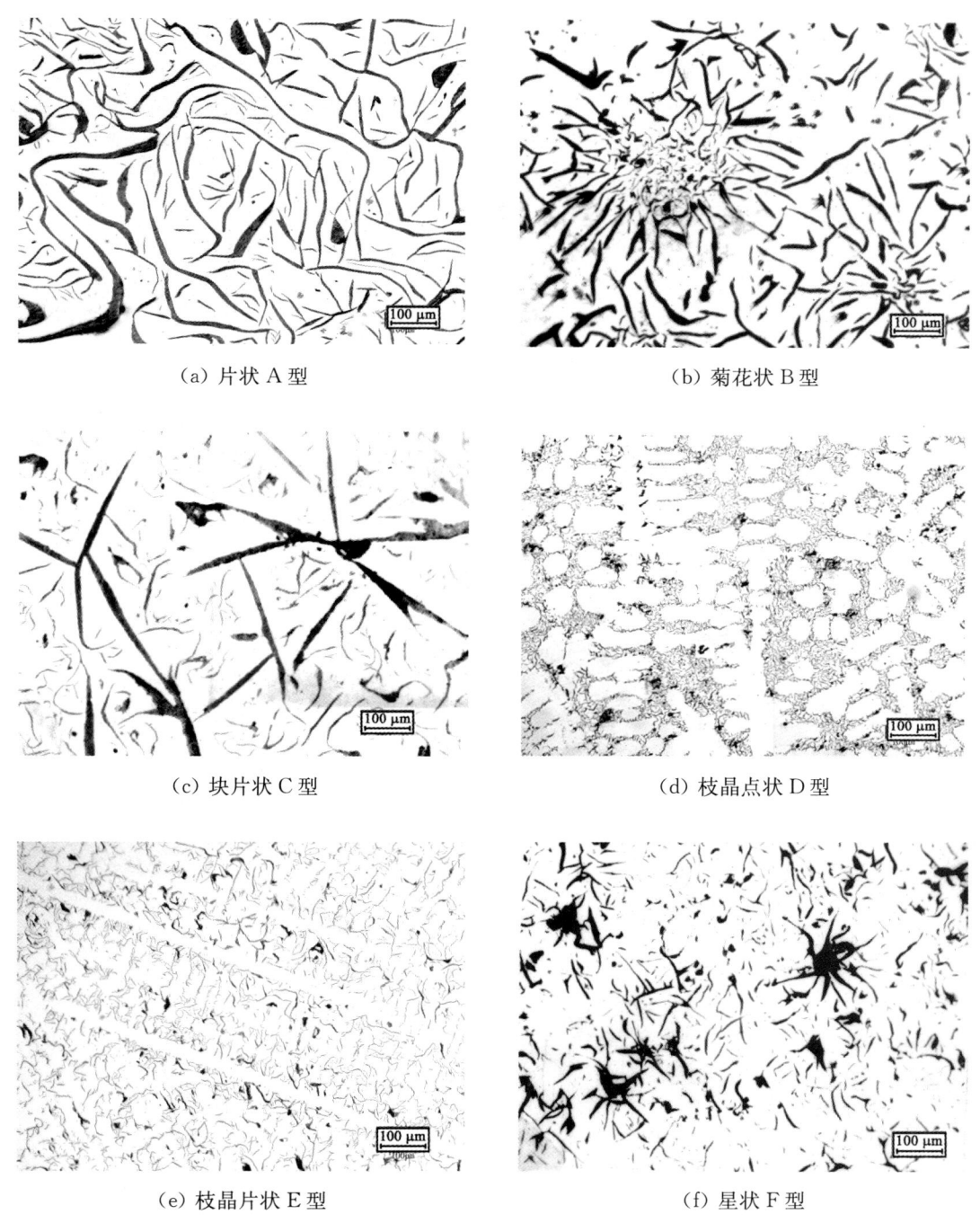

(a) 片状 A 型　　(b) 菊花状 B 型

(c) 块片状 C 型　　(d) 枝晶点状 D 型

(e) 枝晶片状 E 型　　(f) 星状 F 型

图 12-8　灰铸铁石墨分布形状的评定参考图

1. A 型分布石墨

A 型石墨片状石墨呈无方向性均匀分布。

这种石墨按结晶条件来看，纯属于在共晶范围内产生的。在共晶温度范围内由铁水同时结晶出石墨和奥氏体。若使铁水共晶温度范围内均匀结晶，同时生成片状石墨，其铁水成分应该结晶于共晶点，即碳当量 $CE=4.3\text{wt}\%$，共晶度 $SC=1$。保证 A 型石墨生成的结晶条件是具有不大的过冷度。只有这样才能造成均匀的生核与长大条件,各处结晶和生长速度相差不大,最终才有可能出现均匀分布。A 型石墨在整体上看是均匀的,但在微处也并不均匀。对于每个视场中的石墨均可能划分成许多密集的石墨团。这表明奥氏体和石墨在这个微区形成共晶团。壁厚大于 15 mm、砂型浇注的铸件容易形成 A 型石墨。

2. B 型分布石墨

B 型石墨是片状及细小卷曲的片状石墨聚集成菊花状分布。

这类石墨具有过冷和共晶石墨的特点,在菊花中心可认为是过冷状态,有点状晶间石墨存在。这种石墨可能是在较大过冷并有孕育的条件下产生的,当孕育剂加入铁水时,造成很多微区过冷,形成很多细小的奥氏体结晶和晶间石墨,但因不是在强烈过冷条件下结晶,过冷区域随结晶而被消除,在初晶产物放出潜热的条件下,减慢了包围着初晶产物外层铁水的结晶速度,因此,外层石墨呈片状生成和长大,直到遇到有临近的共晶团为止。这层石墨是继过冷石墨之后的共晶石墨。

B 型石墨生成的条件与铁水成分有关,一般在稍过共晶点的高磷铸铁中常见。如果铁水碳当量太低,即使是孕育也不会出现 B 型石墨。铸件壁厚太大或太小均不可能产生 B 型石墨。一般铸件壁厚在 10～15 mm 范围容易产生,离心浇注的汽缸套最容易产生 B 型石墨。

3. C 型分布石墨

C 型石墨是初生的粗大直片状石墨。

高碳,过共晶成分的铁水、厚壁铸件是生成 C 型石墨的充分必要条件。过共晶铁水中存在着大量过饱和析出碳或未溶的石墨,这些在结晶时均可作为领先相优先析出,铸件如果较厚,冷却速度慢,则可能形成 C 型石墨。

4. D 型分布石墨

D 型石墨是细小卷曲的片状石墨在枝晶间呈方向性分布。

这种石墨也可称为过冷共晶石墨,其含义是在过冷条件下生成的共晶石墨。因为生核很快,长大受到阻碍,所以成点状和短片状石墨分布在奥氏体晶间。除了强烈过冷(铁模浇注,特别薄的小件)之外,低碳和过热均是 D 型石墨生成的条件。

5. E 型分布石墨

E 型石墨是片状石墨在枝晶间呈方向性分布。

E 型石墨也和 D 型石墨相似,只是过冷度稍比 D 型石墨小。在所检验的试样表面层或多或少分布着 D 型石墨,D 型石墨在最外层,E 型石墨在 A 型石墨和 D 型石墨的中间区域。这种石墨是在结晶和长大都有可能,但又不顺利的条件下生成的。

6. F 型分布石墨

F 型石墨的特点是初生的星状(或蜘蛛状)石墨。

这种石墨形状在 ISO 945-1：2008(E)标准中没有,是根据我国的实际情况特意补充加入的。

F 型石墨是高碳铁水,在较大过冷条件下生成的。大块石墨可以认为是相当于 C 型中的初生石墨。这就表明,大块石墨成为核心,小片石墨在其上生长。生产活塞环时,为了防止白口,必须采用高碳(含碳量 3.8wt%),由于壁薄,必须加大孕育量,因此,促进了 F 型石墨的生成。

12.3.3 灰铸铁中的组织及分级

灰铸铁基体组织主要为铁素体、珠光体,以及可能出现的碳化物、磷共晶等。

12.3.3.1 珠光体数量

根据化学成分和冷却速度(铸件壁厚)的综合影响,可使铸铁得到不同程度的石墨化,铸铁的石墨化程度越高,铁素体含量就会越多。我们要尽可能获得珠光体组织,尤其是不经热处理而直接使用的铸件,因为珠光体的强度比较高,具有较好的综合力学性能。而铁素体量的增多,对材料塑性的增加不明显,但明显地使材料的硬度、强度下降,尤其是耐磨性的下降更为显著。

金相检验评定珠光体数量时,将珠光体数量百分比(珠光体%＋铁素体%＝100%),按大多数视场对照标准图片,按 A(薄壁铸件)、B(厚壁铸件)两组分八级进行评定,见表 12-7。

表 12-7 珠光体数量分级

级别	名称	珠光体数量/%	级别	名称	珠光体数量/%
1	珠98	≥98	5	珠70	<75~65
2	珠95	<98~95	6	珠60	<65~55
3	珠90	<95~85	7	珠50	<55~45
4	珠80	<85~75	8	珠40	<45

注：本表摘自 GB/T 7216—2009。

灰铸铁中珠光体一般呈片状，它是在奥氏体扩散温度范围内直接分解的产物。珠光体的片间距越小，强度和硬度越高，材料的弹性也好。但随着珠光体的片间距的增大，它的性能也就下降。因此，金相检验要求一般灰铸铁的耐磨件、结构件，要求具有较细和中等片状的珠光体组织。珠光体片间距的粗/细形态如图 12-9 所示，由于珠光体片间距相对珠光体数量对性能的影响很小，因此新的标准已将该项删除。

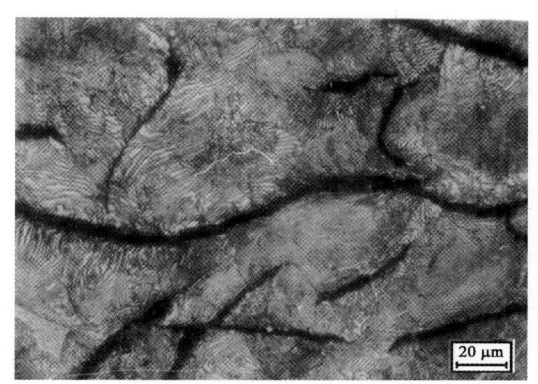 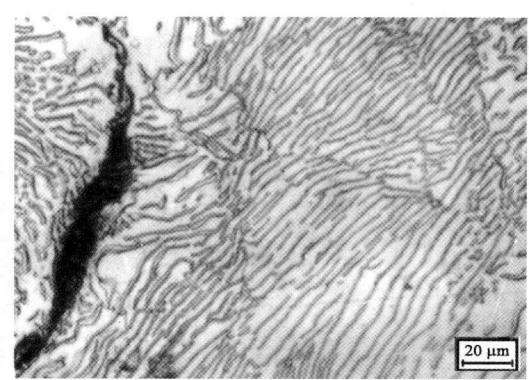

图 12-9 灰铸铁基体中珠光体不同片间距的形貌

12.3.3.2 灰铸铁中碳化物分布形状和数量

一般灰铸铁的基体组织除珠光体、铁素体以外，通常还有两个硬质相，即碳化物和磷共晶。

在灰铸铁中碳化物常有四种分布形状。

1. 针条状碳化物

实际上是过共晶形态的碳化物，从液态中直接析出，形成针条状的初生碳化物。

2. 网状碳化物

网状碳化物实际上是亚共晶形态的碳化物，一般为亚共晶成分。铁水形成奥氏体后在共晶转变时，由于有较大的过冷度而形成网状碳化物。

3. 块状碳化物

块状碳化物是在低碳当量、低合金铸铁在孕育条件下生成的游离状碳化物。

4. 莱氏体状碳化物

碳化物呈鱼骨状，与珠光体形成共晶体，它也属于共晶形态的碳化物。

灰铸铁中评定碳化物数量的意义，主要是由于铸铁中残留碳化物的多少，与铸件的加工性能以及铸造冷凝条件等综合工艺因素相关。有些在润滑条件下的耐磨铸铁基体要有一定数量的碳化物，如内燃机的汽缸套、气门座圈、机床导轨、轴承行业中的球磨板等，均要求含有一定数量的碳化物，以提高耐磨性延长使用寿命。

评定碳化物百分比，按大多数视场对照标准，在放大 100 倍下，进行评定。GB/T 7216—2009 规定碳化物数量分为六级：碳 1（≈1%）、碳 3（≈3%）、碳 5（≈5%）、碳 10（≈10%）、碳 15（≈15%）、碳 20（≈20%）。

但在有些耐磨铸件中，其碳化物含量（面积百分比）还可能超过 20%。

12.3.3.3 灰铸铁中的磷共晶

由于磷在铸铁中的固溶度都比较低,如在含碳量 3.5wt%C 的铸铁中,磷的固溶度为 0.3wt%,但实际上都具有区域偏析的倾向,以及碳和其他元素对磷的排斥作用,即使含磷量在 0.12wt% 时,在铸铁的基体组织作金相观察时就可发现有磷共晶的存在。磷共晶可以分为 4 种,如图 12-10 所示:

① 二元磷共晶:在磷化铁上均匀分布着 α-Fe 质点(有时为奥氏体分解产物);
② 三元磷共晶:在磷化铁上分布着 α-Fe 质点(有时为奥氏体分解产物)及粒状、条状或针状碳化物;
③ 二元复合磷共晶:二元磷共晶和大块状碳化物;
④ 三元复合磷共晶:三元磷共晶和大块状碳化物。

磷共晶的熔点比较低,二元磷共晶(含磷 10.5wt%,含铁 89.5wt%)熔点为 1005℃,三元磷共晶(含磷 6.89wt%,含碳 1.96wt%,含铁 91.15wt%)熔点为 953℃,因此,即使在其他组织凝固后,磷共晶仍然以液态形式存在,故磷共晶一般分布于铸铁的晶界上,并为此提高了铸铁的流动性,具有较高含磷量的铁水,容易得到比较致密的铸件。

磷共晶和碳化物一样,在铸铁中同属硬脆相。二元磷共晶的硬度为 700HV 左右,三元磷共晶的硬度为 800HV 左右。在高强度铸铁中磷的含量应控制在低的范围。但因为它具有高的硬度和耐磨性,在耐磨铸铁中同样能起到第一滑动面的作用,所以高磷铸铁已经在机械制造中得到了很好的应用,高磷铸铁的柴油机缸套就比原先的合金铸铁缸套或球墨铸铁缸套的使用寿命要长,而且也比较经济。

在铸铁中随着磷含量的增高,磷共晶的数量也随之增多,分布形式也随之变化。

磷含量在 0.2wt% 以下时,磷共晶呈孤立块状分布,数量不多;
磷含量在 0.4wt% 左右时,磷共晶呈大小不等的继续网状分布,数量增多;
磷含量在 0.6wt%~0.7wt% 时,磷共晶呈网状分布,数量增加很多。

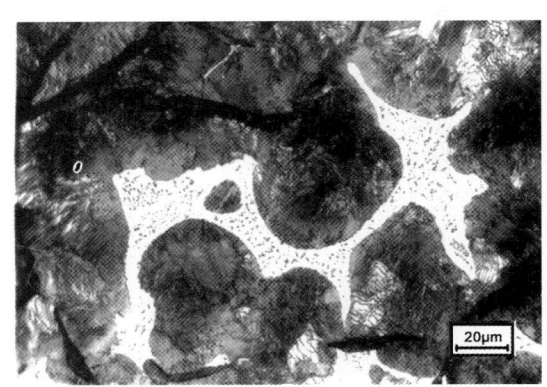
(a) 二元磷共晶

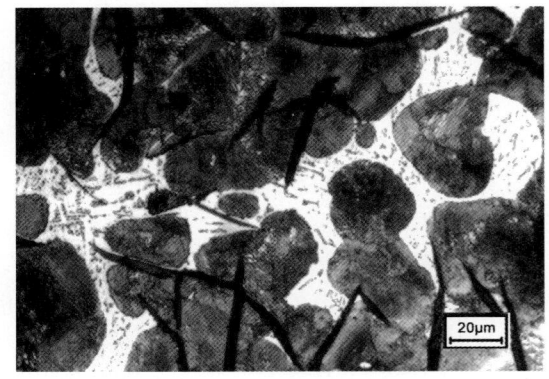
(b) 三元磷共晶

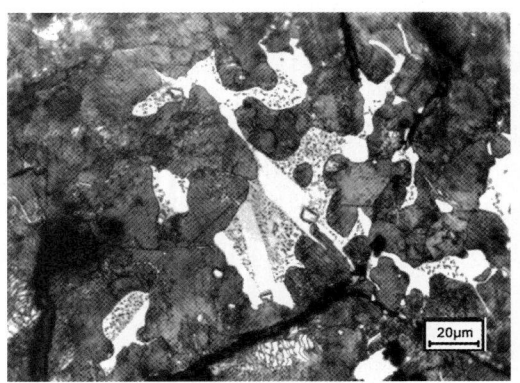
(c) 二元磷共晶—碳化物复合物

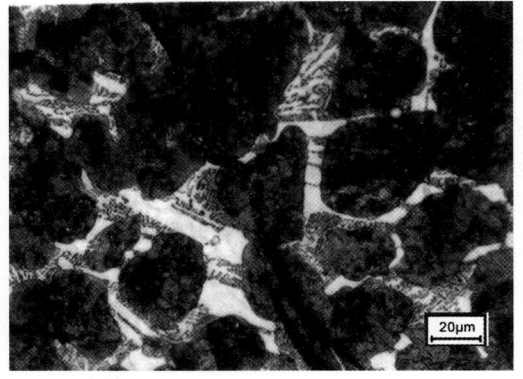
(d) 三元磷共晶—碳化物复合物

图 12-10 磷共晶的典型实例

根据 GB/T 7216 标准规定,还有"磷共晶数量"评定项目,将磷共晶数量的面积百分比,按大多数视场对照标准图片,按面积百分比约 1%(磷1)、约 2%(磷2)、约 4%(磷4)、约 5%(磷5)、约 6%(磷6)、约 8%(磷8)及 10%(磷10)分为 6 级。

关于磷共晶的鉴别方法有很多种,进行分析时常用效果较好的浸蚀试剂见表 12-8 所列。图 12-11 所示为同一视场的磷共晶,经 1 号试剂与 4 号试剂对比浸蚀的结果。

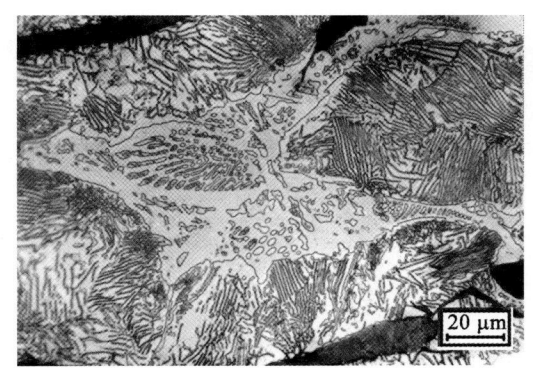

(a) 4%硝酸酒精溶液浸蚀　　　　　(b) 3 号试剂热浸蚀 1 min

图 12-11　化学浸蚀法染色后的磷共晶

表 12-8　鉴别磷共晶的浸蚀试剂

试剂编号	试剂配比	用法	特点
1	2%～5%(体积分数)硝酸酒精溶液	室温浸泡	Fe_3P 白亮色 α-Fe 有边界白亮色 碳化物亮白色
2	苦味酸 2 g 氢氧化钠 25 g 水 100 mL	40～70℃热浸	α-Fe 不变 碳化物棕色至黑色 Fe_3P 着色或轻度着色
3	赤血盐 10 g 氢氧化钠 10 g 水 100 mL	50～60℃热浸	α-Fe 不着色 碳化物呈淡棕色 Fe_3P 呈黄色
4	高锰酸钾 5 g 氢氧化钠 5 g 水 100 mL	40～50℃热浸	磷化铁深灰色 碳化物不着色

12.3.3.4　灰铸铁中的共晶团

铸件在凝固过程中,当达到共晶温度后,奥氏体和石墨同时结晶形成的共晶体称为共晶团。孕育方式、孕育效果对细化共晶团的尺寸有显著影响。孕育处理得越好,共晶团边界越致密。共晶团边界上富集着磷和其他元素,在作金相检查时容易显示出共晶团的形貌,反之孕育效果不佳,共晶团变粗,共晶团的形貌也显得模糊不清。低牌号的非孕育铸铁基本显示不出共晶团。共晶团的数目主要取决于铁水共晶结晶时石墨的基体晶核数目和过冷度。在一定大小的视场中,共晶的个数越多,它的力学性能就越高。所以在生产过程中,检验共晶团的个数,是灰铸铁金相检验的重要项目之一。图 12-12 为显示的共晶团形貌,经特殊浸蚀剂深浸蚀以后,基体组织连同石墨片呈现灰色一片,由于

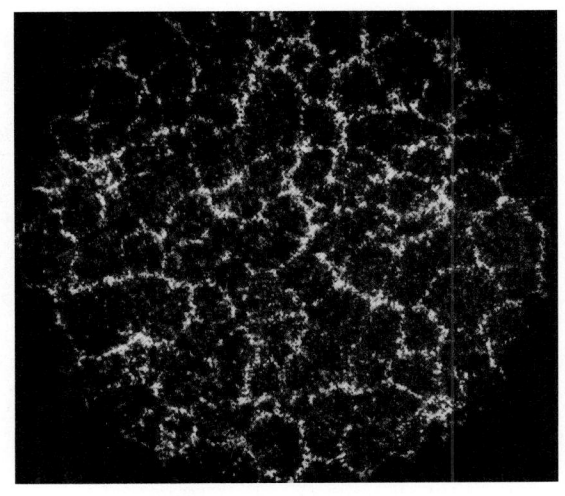

图 12-12　经特殊深浸蚀剂浸蚀的共晶团形貌　(10×)

放大倍数比较低,石墨已不易分辨。白色网络的共晶团边界明显可见。

检验共晶团数量根据选择的 10 倍或 50 倍放大倍数对照标准图片进行评定。试样用 1 g 氯化铜+4 g 氯化镁+2 mL 盐酸+100 mL 酒精的溶液或 4 g 硫酸铜+20 mL 盐酸+20 mL 水的溶液浸蚀。

灰铸铁共晶团数量的级别分为 8 级,见表 12-9。

表 12-9 共晶团数量分级的级别标准

级别	共晶团数量/个		单位面积中实际共晶团数量/ 个·cm^{-2}
	直径 70 mm 图片 放大倍率 10 倍	直径 87.5 mm 图片 放大倍率 50 倍	
1	>400	>25	>1 040
2	≈400	≈25	≈1 040
3	≈300	≈19	≈780
4	≈200	≈13	≈520
5	≈150	≈9	≈390
6	≈100	≈6	≈260
7	≈50	≈3	≈130
8	<50	<3	<130

注:本表摘自 GB/T 7216—2009。

12.4 球墨铸铁及金相检验

球墨铸铁是一种铸态下呈现球状石墨的铸铁。当向铁水中加入球化剂(纯镁,稀土镁等合金)和孕育剂(硅铁或硅钙合金),则可改变铸铁的共晶转变特性。一般灰铸铁在共晶转变时,液相既与奥氏体又与石墨接触,所以石墨呈片状生成。加镁铸铁在共晶转变时,它只与奥氏体接触,在石墨周围形成奥氏体外壳,当铸件凝固后碳是通过周围的奥氏体外壳向石墨堆集,使石墨均匀生长成为球状。

根据标准 GB/T 9441—2009《球墨铸铁金相检验》,检验项目计有球化分级、石墨大小、珠光体数量、分散分布的铁素体数量、磷共晶数量、碳化物数量等项,根据生产规定需要检验的项目对照该标准进行评定。

12.4.1 球墨铸铁牌号及性能

GB/T 1348—2009《球墨铸铁件》修改采用 ISO 1083:2004《球墨铸铁分类》,按力学性能划分出 14 种球墨铸铁的牌号。用单铸试块验收时,对球墨铸铁力学性能的要求见表 12-10、表 12-11。

表 12-10 单铸试块的力学性能

牌号[①]	相当牌号		抗拉强度 R_m/ MPa	屈服强度 $R_{p0.2}$/ MPa	断后伸长率 A/ %	参考	
	ISO	JIS	最小值			硬度/HBW	主要金相组织
QT350-22L	350-22-LT	FCD350-22L	350	220	22	≤160	铁素体
QT350-22R	350-22-RT		350	220	22	≤160	铁素体
QT350-22	350-22-LT	FCD350-22	350	220	22	≤160	铁素体
QT400-18L	400-18	FCD400-18L	400	240	18	120~175	铁素体

续表

牌号[①]	相当牌号		抗拉强度 R_m/MPa	屈服强度 $R_{p0.2}$/MPa	断后伸长率 A/%	参考	
	ISO	JIS	最小值			硬度/HBW	主要金相组织
QT400-18R	400-18-RT		400	250	18	120~175	铁素体
QT400-18	400-18	FCD400-18	400	250	18	120~175	铁素体
QT400-15	400-15	FCD400-15	400	250	15	120~180	铁素体
QT450-10	450-10	FCD450-10	450	310	10	160~210	铁素体
QT500-7	500-7	FCD500-7	500	320	7	170~230	铁素体+珠光体
QT550-5	500-5	—	550	350	5	180~250	铁素体+珠光体
QT600-3	600-3	FCD600-3	600	370	3	190~270	珠光体+铁素体
QT700-2	700-2	FCD700-2	700	420	2	225~305	珠光体
QT800-2	800-2	FCD800-2	800	480	2	245~335	珠光体或回火组织
QT900-2	900-2	FCD	900	600	2	280~360	贝氏体或回火马氏体

注：本表由作者根据 GB/T 1348—2009 整理所得。
① 字母"L"表示该牌号有低温（−20℃或−40℃）下的冲击性能要求；字母"R"表示该牌号有室温（23℃）下的冲击性能要求。

表 12-11　部分球墨铸铁 V 型缺口单铸试样的冲击吸收功

牌号	最小冲击吸收功/J					
	室温(23±5)/℃		低温(−20±2)/℃		低温(−40±2)/℃	
	三个试样平均值	个别值	三个试样平均值	个别值	三个试样平均值	个别值
QT350-22L	—	—	—	—	12	9
QT350-22R	17	14	—	—	—	—
QT400-18L	—	—	12	9	—	—
QT400-18R	14	11	—	—	—	—

注：本表摘自 GB/T 1348—2009。

ASTM A536-84(2014)《球墨铸铁件规范》标准中规定的牌号以单铸标准试块的力学性能为依据，对附铸试块未作规定，也没有规定硬度牌号，该标准规定的牌号及力学性能见表 12-12。

表 12-12　美国球墨铸铁件的牌号及力学性能

牌号	力学性能		
	抗拉强度 R_m/MPa ≥	屈服强度 $R_{p0.2}$/MPa ≥	断后伸长率 A/% ≥
60-40-18	414	276	18
65-45-12	448	310	12
80-55-06	552	379	6.0
100-70-03	689	483	3.0
120-90-02	827	621	2.0

DIN 1693 标准中规定了 7 种牌号的球墨铸铁，其力学性能见表 12-13、表 12-14。

表 12-13　DIN 1693 球墨铸铁牌号及单铸试棒力学性能

牌号	材料号	抗拉强度 R_m/MPa≥	屈服强度 $R_{p0.2}$/MPa≥	断后伸长率 A/%≥	组织
GGG-40	0.704 0	400	250	15	主要是铁素体
GGG-50	0.705 0	500	320	7	铁素体/珠光体
GGG-60	0.706 0	600	380	3	珠光体/铁素体
GGG-70	0.707 0	700	440	2	主要是珠光体
GGG-80	0.708 0	800	500	2	珠光体

表 12-14　DIN 1693 中保证缺口冲击值的球墨铸铁牌号及单铸试棒力学性能

牌号	材料号	抗拉强度 R_m/MPa≥	屈服强度 $R_{p0.2}$/MPa≥	断后伸长率/A%≥	缺口冲击值 KV/J≥	
					三个试样的平均值	单个值
GGG-35.3	0.703 3	350	220	22	−40℃时 14	−40℃时 11
GGG-40.3	0.704 3	400	250	18	−20℃时 14	−20℃时 11

　　球墨铸铁中的石墨呈球状分布,它对金属的切口作用大为减小,基本消除了因石墨片引起的应力集中现象,这样使其对基体强度的利用率可以达到 70%～90%的水平,使球墨铸铁的力学性能大为提高,包括材料的塑性和韧性得到一定程度的发挥。通过合金化和热处理等措施进一步提高它的使用性能,可以以铸铁代替钢来制造重要的机械零件,如发动机的曲轴、凸轮轴、连杆等,在国民经济当中发挥了非常重要的作用。

12.4.2　球状石墨的特性和结构

　　球状石墨在金相显微镜明场下观察,石墨呈球状分布,如图 12-13 所示。球状石墨在抛光完美的情况下,呈灰色、具有放射状结构。将石墨放大至高倍观察时是个多边形体。在偏振光下有明显的各向异性效应,将试样台做 360°转动时,发光和消光各四次,呈黑十字,如图 12-14 所示。

　　球状石墨的结晶结构如图 12-15 所示,其 C 轴放射状排列,轴之间有一定的角度,有时呈连续变化的方式排列。C 轴以连续变化方式排列时,形成完整的球状石墨,实际情况是两种混合出现的组织。图 12-16 是球状石墨剖面透射电镜高倍下的形貌,以六角形为核心呈层状长大的特征。

12.4.3　球墨铸铁的石墨评级

　　球墨铸铁的显著特点是石墨呈球状,但在大多数生产的球墨铸铁中,尤其是在以稀土镁作为球化剂的情况下,总伴随着大量的团状石墨或是团絮状石墨,甚至还会有少量的蠕虫状石墨出现,这就是稀土镁球墨铸铁的特点。

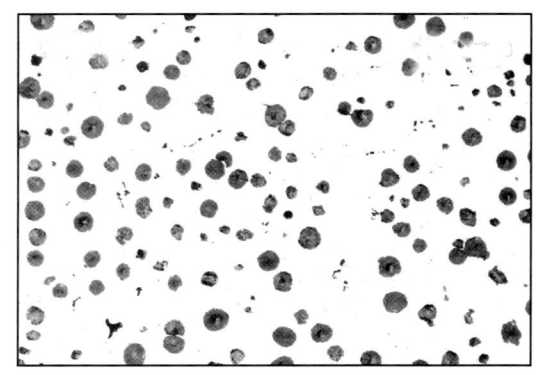

图 12-13　球状石墨形态 （100×）

图 12-14　球状石墨在偏振光下的特征 （500×）

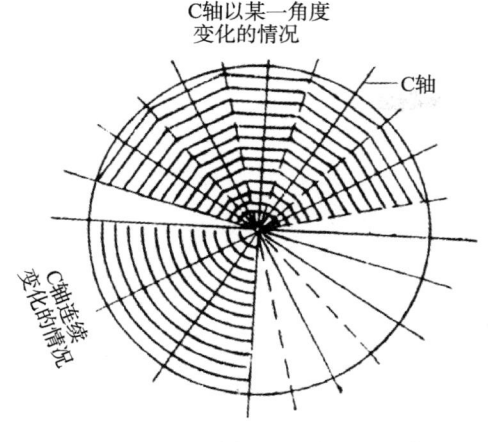

图 12-15 球状石墨的结晶构造

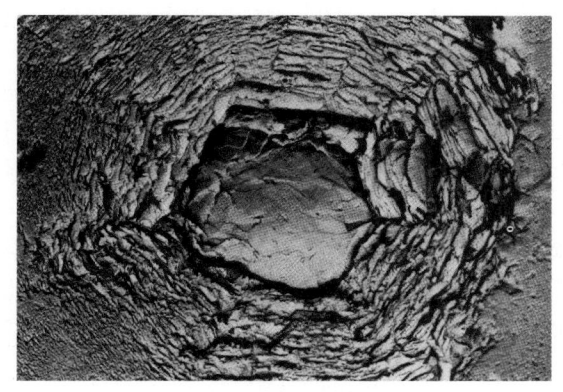

图 12-16 球状石墨断口的电镜照片 （3 000×）

12.4.3.1 球化率

球化分级是根据视场内石墨为球状（Ⅵ型）和团状（Ⅴ型）石墨个数所占石墨总数的百分比作为球化率，国家标准 GB/T 9441—2009 将球化级别分为 6 级，见表 12-15。

表 12-15 球墨铸铁的球化分级

球化级别	1	2	3	4	5	6
球化率/%	≥95	90	80	70	60	50

检验球化分级时，应首在抛光态 100 倍下，先观察整个受检面，然后从差的区域开始，连续观察五个视场（每个视场内的石墨数一般不少于 20 颗，少量小于 2mm 的石墨不计数），以其中三个差的视场对照相应的级别图评定，取平均值，不允许跨级评定。

12.4.3.2 石墨大小评定

球墨铸铁中石墨球的大小也会影响铸铁件的性能。

石墨大小的分级按 ISO 945-1 规定（见本章 12.3.2 节中表 12-6），GB/T 9441—2009 标准取其 3 级至 8 级，共 6 个级别。

在抛光态放大倍数 100 倍下，石墨为 6~8 级时，可选用 200 倍或 500 倍。首先通过观察全试面，选取代表性视场，3 级至 7 级的尺寸范围是由石墨的平均尺寸确定的，较小一级的石墨平均尺寸为上级石墨平均尺寸的一半，首先应确定最大石墨的直径，并计算直径大于该石墨半径的所有石墨的直径的平均值，对照相应的评级图评定。

12.4.3.3 石墨球数的测定

GB/T 9441—2009 标准中还规定了石墨球数的测定。

在抛光态下检测石墨球数，首先观察整个受检面，选取有代表性视场的石墨球数计算，通过计算一定面积内的石墨球数来测定单位平方毫米内的石墨球数。

可用计算法和图像分析仪两种方法计算，最后以单位平方毫米内石墨球个数取整数表示。

12.4.3.4 石墨球化率及石墨大小的影响因素及其与性能的关系

1. 化学元素对球化率的影响

元素对石墨的影响是极为复杂的，这里主要对球化及反球化元素的影响作简单论述。

促进石墨球化的元素，主要集中在元素周期表中的 1A、2A 和 3B 族，常见的有稀土元素、镁等，球化元素具有很强的金属性，脱氧、脱硫的能力强，球化元素属于铸铁中的表面活性元素，容易和铁等一些反球化元素形成金属间化合物。随着球化元素含量的增加，球化率是提高的，但某些球化元素过量后，石墨形态则会出现恶化。

反球化元素一般集中在元素周期表的 1B、2B、3A、4A、5A 和 6A 族。如硫、钛、铋等，反球化元素干扰石墨球化的原因，在于它们与球化元素形成化合物，降低了球化元素的浓度。

2. 冶金因素对球化率的影响

冶金因素中，如铁水的过热温度、保温时间、冷却速度等，往往使液态铸铁的结构发生变化，即使石墨球的形成过程的环境发生变化，从而对石墨的形态产生影响。如冷却速度过慢，会导致镁烧损，降低球化率，而冷却速度过快，则会产生渗碳体，因此冷却速度应控制在一个适当的范围。

3. 孕育剂对球化率的影响

球墨铸铁的生产中，孕育剂的加入量直接影响球化效果，孕育剂加入量太少会产生白口和石墨球形变坏，衰退也加快。相反，如果加入量太多，则造成铸铁收缩加大，夹渣可能性增加，并且含硅量过高会影响力学性能。

4. 球化率对铸件性能的影响

球墨铸铁的球化率越高，其材质的抗拉强度、塑性、耐磨性能都较高，反之，则较低。

12.4.4 球墨铸铁的组织分类及评定

在石墨充分球化的前提下，球墨铸铁的力学性能主要由基体组织来决定，习惯上球墨铸铁常以基体组织进行分类。

12.4.4.1 铁素体球墨铸铁

铁素体球铁是一种具有高韧性的球墨铸铁。属于铁素体球墨铸铁的有 8 个牌号见表 12-10。这类球墨铸铁主要用于制造汽车底盘上后桥传动机构壳体等零件，其中 QT350-22L、QT400-18L 为低温用铸铁，这类铸铁的铁素体基体可以经石墨化退火来获得，也可通过适当的化学成分及有效的孕育处理工艺直接获得铁素体基体。

12.4.4.2 珠光体球墨铸铁

在生产上也可采用正火处理来使球墨铸铁获得珠光体基体，即将铸件加热到 880～920℃，保温一定时间，然后出炉时采用喷雾冷却工艺。属于珠光体球墨铸铁的牌号为 QT700-2、QT800-2。这些牌号的球墨铸铁常用来制造要求强度为主的内燃机曲轴等零件。其中 QT800-2 牌号的球墨铸铁，一般要通过微量的合金元素和有效的孕育处理工艺来获得。

12.4.4.3 珠光体-铁素体球墨铸铁

在这类球墨铸铁中，珠光体和铁素体各占一定的比例。主要用于要求以强度为主，具有一定的延伸率，综合性能比较好的零件。属于这类球墨铸铁的牌号有 QT500-7、QT500-5、QT600-3。

铁素体以集中形态存在于球墨铸铁中，一般呈牛眼状分布，在一般砂型铸造条件下，铸铁组织通常呈现片状珠光体及牛眼状分布的铁素体。通过部分奥氏体化正火处理，可以获得分散分布的铁素体和片状珠光体的基体组织。分散分布的铁素体有利于球墨铸铁的塑性和韧性，尤其是当球墨铸铁含磷量较高的情况下。

12.4.4.4 贝氏体球墨铸铁

QT900-2 牌号的球铁，具有高强度高硬度以及一定的韧性，一般需加入少量合金元素（如钼、铜）和施以等温淬火后才能达到，用以制造凸轮轴、齿轮等耐磨零件，代替低碳钢和渗碳淬火处理的零件。根据淬火时等温转变温度的不同，可分为上贝氏体和下贝氏体两种组织。上贝氏体呈羽毛状，下贝氏体呈黑针状，两者都为等温淬火的转变产物，在分布形态上截然不同。

12.4.4.5 各组织数量评定

GB/T 9441—2009（ISO 945-1：2008）标准对未进行热处理的球墨铸铁的基体中各组织面积比进行评定。标准设定铁素体+珠光体=100%，有时还包含碳化物，代表性金相试样在 100 倍下，对照标准图进行评定。珠光体数量从约 5% 至 >90%，每 5% 递增，设定 12 级，分别标为"珠 5"（≈5%）～"珠 95"（>90%）。

分散分布的铁素体数量从约 5%～约 30%，每 5% 递增，设定 6 级，分别标注为"铁 5"（≈5%）～"铁

30"(≈30%)。

碳化物数量从约 1%、约 2%、约 3%、约 5% 至约 10% 分为"碳 1"~"碳 10"5 级。

12.5 可锻铸铁及金相检验

可锻铸铁是凝固为白口铸铁的坯件,经过固态石墨化—高温退火处理或氧化脱碳热处理,使共晶渗碳体分解,形成团絮状石墨的一种铸铁。由于石墨呈团絮状,大大削弱了石墨对基体的割裂作用,它的强度、塑性和韧性都较普通的灰铸铁高,其抗拉强度可达 300~600MPa,伸长率最高可达 16%,冲击吸收功超过 24J,而且工艺简便,成本低廉,便于组织大批量生产。

可锻铸铁又名"韧铁""马铁""玛钢"等。可锻铸铁实际上并不可锻,仅说明它具有一定的韧性和塑性。在使用中能承受一定的变形,适宜于制造各种管接头,汽车后桥外壳,低压阀门等零件。

12.5.1 可锻铸铁牌号及性能

按国家标准 GB/T 9440—2010《可锻铸铁件》(修改采用 ISO 5922:2005《可锻铸铁件》)规定了可锻铸铁的牌号和力学性能,见表 12-16 和表 12-17。

表 12-16 黑心可锻铸铁和珠光体可锻铸铁的牌号和力学性能

类型	牌号	抗拉强度 R_m /MPa	屈服强度 $R_{p0.2}$ /MPa	断后伸长率 A/%	硬度/ HBW	冲击吸收功 $K_{无缺口}$/J 参考
		≥				
黑心可锻铸铁	KTH275-05	275	—	5	≤150	—
	KTH300-06	300	—	6		—
	KTH330-08	330	—	8		—
	KTH350-10	350	200	10		90~130
	KTH370-12	370	—	12		—
珠光体可锻铸铁	KTZ450-06	450	270	6	150~200	80~120
	KTZ500-05	500	300	5	165~215	—
	KTZ550-04	550	340	4	180~230	70~110
	KTZ600-03	600	390	3	195~245	—
	KTZ650-02	650	430	2	210~260	60~100
	KTZ700-02	700	530	2	240~290	50~90
	KTZ800-01	800	600	1	270~320	30~40

注:1. 如果需方没有明确要求,供方可以任意选取 ϕ12mm 或 ϕ15mm 两种试棒直径中的一种。
2. 试样直径代表同样壁厚的铸件,如果铸件为薄壁件时,供需双方可以协商选取 ϕ6mm 或 ϕ9mm 试样。
3. KTZ650-02 及 KTZ800-01 需油淬加回火处理。

表 12-17 部分白心可锻铸铁的牌号及力学性能

牌号	试样直径 /mm	抗拉强度 R_m /MPa	屈服强度 $R_{p0.2}$ /MPa	断后伸长率 A/%	硬度/ HBW	冲击吸收功 $K_{无缺口}$/J 参考
		≥			≤	
KTB350-04	9	310	—	5	230	30~80
	12	350	—	4		
	15	360	—	3		

续表

牌号	试样直径 /mm	抗拉强度 R_m /MPa	屈服强度 $R_{p0.2}$ /MPa	断后伸长率 A/%	硬度/HBW	冲击吸收功 $K_{无缺口}$/J 参考
		≥			≤	
KTB360-12	9	320	170	15	200	130～180
	12	360	190	12		
	15	370	200	7		
KTB400-05	9	360	200	8	220	40～90
	12	400	220	5		
	15	420	230	4		
KTB450-07	9	400	230	10	220	80～130
	12	450	260	7		
	15	480	280	4		
KTB550-04	9	490	310	5	250	30～80
	12	550	340	4		
	15	570	350	3		

可锻铸铁由白口铸铁高温石墨化形成。当退火过程充分，基体为铁素体，析出石墨呈团絮状，其断口颜色由于石墨析出而呈黑绒色，故称为黑心可锻铸铁。若一次渗碳体和二次渗碳体石墨化后采用较快冷却速度，使共析渗碳体来不及分解，这时其断口呈白色，这种铸铁称白心可锻铸铁。

黑心可锻铸铁的金相组织主要是铁素体基体＋团絮状石墨。珠光体可锻铸铁的金相组织主要是珠光体基体＋团絮状石墨。

白心可锻铸铁的金相组织取决于断面尺寸。薄断面处为铁素体（＋珠光体＋退火石墨）。厚断面各区域不同，表面区域为铁素体，中间区域为珠光体＋铁素体＋退火石墨，心部区域为珠光体（＋铁素体）＋退火石墨。

我国以生产黑心可锻铸铁为主，也生产少量珠光体可锻铸铁，而白心可锻铸铁基本不生产。

12.5.2　可锻铸铁的石墨化机理

可锻铸铁的产生过程分为两个步骤，首先需获得白口铸铁的铸件毛坯，第二步是将白口铸铁坯件进行高温石墨化处理，以获得可锻铸铁的铸件。

浇注成白口铸铁的坯件的金相组织，由渗碳体＋珠光体＋莱氏体所组成，如图12-17所示。白口铸铁的渗碳体（包括莱氏体的渗碳体、二次渗碳体、珠光体中的渗碳体）是一种不稳定相，在高温下要分解为铁以及石墨。

在以上石墨化退火过程中，分为第一阶段石墨化和第二阶段石墨化。当白口铸件加热到共析临界温度范围以上（900～1050℃）时进行保温，促使渗碳体得到分解，这个过程成为第一阶段石墨化。随后冷却到共析温度范围以下（710～730℃）进行保温，或缓慢通过共析温度范围，使珠光体中的渗碳体得到分解，这个过程称为第二阶段石墨化。最后得到的是具有铁素体基体＋团絮状石墨的可锻铸铁，如图12-18所示。

渗碳体的石墨化过程，主要是渗碳体中的碳原子，通过向固溶体中的溶解，然后再从固溶体中析出，成为石墨结晶。为了得到比较紧密的团絮状石墨结构，要求坯件组织中不允许有片状石墨存在。如果在白口铸铁中有少量片状石墨，即使其数量甚微，也会在长期的石墨化过程中由渗碳体分解析出碳，并附在原先的片状石墨上，而生长成为片状石墨或蠕虫状石墨，破坏了石墨分布形状，使铸件的力学性能大为降低，成为废品。

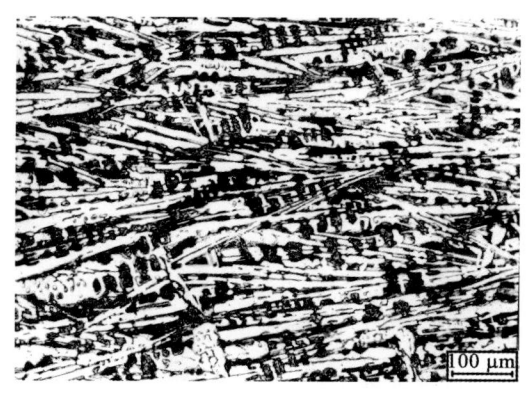

图 12-17 白口铸铁的正常组织

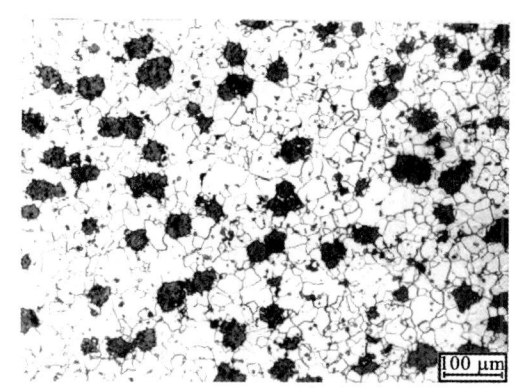

图 12-18 铁素体可锻铸铁

所以为了得到优质的可锻铸铁件，保证铸成白口铸铁是前提条件，并可石墨化处理。在可锻铸铁中，碳和硅的含量越低，越容易得到白口铸铁的铸件，但碳硅含量高，则易进行石墨化，这是互相矛盾的。为了保证铸件在通常冷却条件下获得白口组织，又能顺利地进行石墨化退火处理，选择合理的化学成分和退火工艺是至关重要的。

12.5.3 可锻铸铁的金相检验

根据 GB/T 25746—2010《可锻铸铁金相》，可锻铸铁金相检验项目主要有石墨形状分级、珠光体残留级别、渗碳体残留级别以及表皮厚度等，一般根据产品要求确定具体项目。

12.5.3.1 石墨形状和分级

可锻铸铁中最佳的石墨形状是团球状，它近于球墨铸铁中的石墨形状，大大有利于金属基体强度的提高，并具有较好的韧性。但在固态石墨化过程中形成的退火石墨（退火碳）不同于从液态中直接析出来的石墨，它的存在总呈比较松散的大量团絮状石墨，或絮状石墨。

1. 石墨形态

GB/T 25746—2010 标准将可锻铸铁中的石墨形态分为 5 种：

① 球状：石墨较致密，外形近似圆形，周界凹凸；
② 团絮状：类似棉絮状，外形较不规则；
③ 絮状：较团絮状石墨松散；
④ 蠕虫状：石墨松散，类似蠕虫状石墨聚集而成；
⑤ 枝晶状：由较多细小的短片状、点状石墨聚集成树枝状分布。

2. 石墨分级

在可锻铸铁中，石墨通常不可能以单一的形状出现，而是以两种或两种以上的形状存在于铸件中。鉴于不同的石墨形状对力学性能的影响有所不同，将石墨形状对性能的影响分为五级，第一级性能最好，第二级次之，以后各级依次变差。分级规定见表 12-18。

表 12-18 可锻铸铁中石墨形状分级

级别	说　明
1 级	石墨大部分呈球状，允许有不大于 15%（面积百分比）的絮状等石墨存在，但不允许有枝晶状石墨
2 级	石墨大部分呈球状、团絮状，允许有不大于 15%（面积百分比）的絮状、蠕虫状等石墨存在，但不允许有枝晶状石墨
3 级	石墨大部分呈团絮状、絮状，允许有不大于 15%（面积百分比）的蠕虫状及小于试样截面积 1% 的枝晶状石墨存在
4 级	蠕虫状石墨大于 15%（面积百分比），枝晶状石墨小于试样截面积的 1%
5 级	枝晶状石墨大于或等于试样截面积的 1%

注：本表由作者根据 GB/T 25746—2010 整理所得。

3. 石墨分布

该标准规定分为 3 级：

1 级：石墨分布均匀或较均匀。

2 级：石墨分布不均匀，但无方向性。

3 级：石墨有方向性分布。

4. 石墨颗粒数

石墨颗粒，以每平方毫米上颗粒数计。金相检查所见的单个石墨等于或大于 0.02 mm 以及视场边缘超过半颗以上者，应予以记数和评定。石墨颗数级别的测定，应在未浸蚀的试样上进行，放大倍数为 100 倍。石墨颗粒数分为 5 级，如表 12-19 所示。

表 12-19 可锻铸铁石墨颗粒数分级

级别	1 级	2 级	3 级	4 级	5 级
石墨颗数/1·mm^{-2}	>150	>110~150	>70~110	>30~70	≤30

注：本表由作者根据 GB/T 25746—2010 整理所得。

12.5.3.2 珠光体残留量级别

铁素体可锻铸铁一般应以铁素体组织为主，珠光体的出现虽可提高其强度，但使其伸长率下降，因此，对于珠光体的残留量必须加以控制，珠光体的存在也说明在工艺上第二阶段石墨化退火过程不完善的缘故。

珠光体的残余量分为 5 级，浸蚀试样后，100 倍下观察评定，见表 12-20。

表 12-20 铁素体可锻铸铁珠光体残余量评级

级别	1 级	2 级	3 级	4 级	5 级
珠光体残余量/%（面积分数）	≤10	>10~20	>20~30	>30~40	>40

注：本表由作者根据 GB/T 25746—2010 整理所得。

在残留的珠光体中，有时候还可能出现粒状珠光体形态。粒状珠光体的塑性和韧性要比片状珠光体好，因此残留量可适当放宽些。

目前，我国生产的可锻铸铁以铁素体基体为主，也生产少量的珠光体型可锻铸铁。珠光体可锻铸铁具有较高的强度、硬度和耐磨性，但塑性和韧性较差。

12.5.3.3 渗碳体残留量级别

在铁素体可锻铸铁中出现残留的渗碳体，会明显地影响铸件的塑性和韧性，因此，应将其残留量严格地控制。

GB/T 25746—2010 标准，将残留渗碳体分为两级：

1 级：残留渗碳体≤2%（面积分数）；2 级：残留渗碳体>2%（面积分数）。

在可锻铸铁中残留渗碳体的出现，是由于第一阶段石墨化处理不充分所造成的，在中间降温阶段由于冷却太快可能出现二次渗碳体，所以充分的石墨化处理和缓慢冷却的工艺都必须妥善处置。

12.5.3.4 表皮层厚度

可锻铸铁的表皮层，是因退火过程中氧化脱碳而形成的不均匀组织。它的存在将导致铁素体可锻铸铁延伸率的下降，同时，由于这一层表皮组织的不均匀。使铸件的切削性能恶化，因此尽可能要求降低表皮层的厚度。

表皮层实质为脱碳层，在长期的高温石墨化过程中是不可避免的。在最表面碳几乎被脱光，向内逐渐增加到正常含量。表皮层的测量一般是从试样边缘至含有珠光体层结束处的厚度。当表皮层不含有珠光体时，应测至无石墨的全铁素体层结束为止。

测定表皮层时，试样不可倒角，并应检查试样的整个边缘，以其中的最大厚度作为测定的结果。对于 $\phi16\mathrm{mm}$ 的试棒，根据表皮层的厚度，分为4级，见表12-21。

表12-21　表皮层厚度分级

级别	1级	2级	3级	4级
表皮层厚度/mm	≤1.0	>1.0~1.5	>1.5~2.0	>2.0

注：本表摘自 GB/T 25746—2010。

12.6　蠕墨铸铁及金相检验

蠕虫状石墨铸铁简称蠕墨铸铁，是一种新型的高强度铸铁。它的石墨结构处于灰铸铁的片状和球墨铸铁的球状石墨之间，因此，它的力学性能和物理性能也介于灰铸铁和球墨铸铁之间。由于蠕虫状石墨端部圆钝，较片状石墨尖端的切割作用大为减弱。故蠕墨铸铁有较高的强度，弯曲疲劳强度，刚性和冲击韧性接近于球墨铸铁，而致密性和热疲劳性也优于灰铸铁。蠕墨铸铁又有较好的铸造性能，熔制工艺也较简单，所以当今也得到广泛的应用。

12.6.1　蠕墨铸铁牌号及性能

GB/T 26655—2011《蠕墨铸铁件》规定，蠕墨铸铁件根据单铸试块的抗拉强度，分为5种牌号，见表12-22。

表12-22　蠕墨铸铁牌号及单铸试样力学性能

牌号	抗拉强度 R_m /MPa ≥	屈服强度 $R_\mathrm{p0.2}$ /MPa ≥	断后伸长率 A /% ≥	典型的布氏硬度范围[①] /HBW	主要基体组织
RuT300	300	210	2.0	140~210	铁素体
RuT350	350	245	1.5	160~220	铁素体+珠光体
RuT400	400	280	1.0	180~240	珠光体+铁素体
RuT450	450	315	1.0	200~250	珠光体
RuT500	500	350	0.5	220~260	珠光体

注：本表摘自 GB/T 26655—2011。
　　① 布氏硬度（指导值）仅供参考。

12.6.2　蠕墨铸铁的蠕墨化过程

蠕墨铸铁采用的蠕化剂，一般为稀土硅铁合金，其中含稀土总量为 17wt%~27wt%，硅含量 36wt%~40wt%，铁含量 21wt%~27wt%。蠕化剂在炉前加入铁水后起变质作用，使石墨呈蠕虫状，也可能出现少量的团状，球状石墨。但蠕化剂的加入强烈地阻碍铸铁的石墨化，增加材料的白口倾向，因此，还应加入一定数量的孕育剂，以促进石墨化。通常采用的孕育剂为 75wt%硅铁合金，促进铸铁的石墨化，防止出现白口组织。

12.6.3　蠕墨铸铁的金相检验

GB/T 26656—2011《蠕墨铸铁金相检验》规定了蠕墨铸铁金相组织中石墨形态、蠕化率、珠光体数量、磷共晶和碳化物的类型、数量的评定方法。

12.6.3.1 蠕虫状石墨分布

蠕墨铸铁中的石墨形态呈蠕虫状,外形似蠕动着的昆虫,形似桑蚕一般,分布无方向性。蠕虫状石墨与片状石墨相比,较弯曲且短小,表面不甚平整。端部比较圆钝。石墨的长与宽之比在 2~10 之间的石墨应判为蠕虫状石墨。

蠕虫状石墨铸铁中,有时候也可能伴有少量球状,也会出现珊瑚状、开花状和卷片状石墨,但不允许片状石墨存在。当出现较多珊瑚状石墨时,仍可视为是蠕墨铸铁,至于出现开花状石墨和球墨铸铁中可能出现的开花状石墨一样,一般发生在碳硅含量高和石墨聚集分布时,开裂部分嵌有金属基体。蠕虫状石墨可在金相试样上进行平面观察,也可深腐蚀后在扫描电镜下进行三维立体观察,如图 12-19 所示。

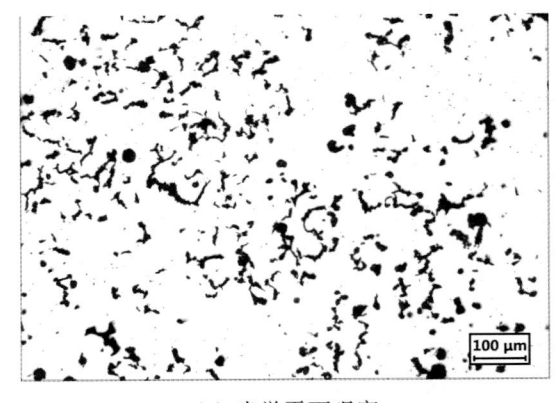

(a) 光学平面观察   (b) 电镜立体观察 (900×)

图 12-19 蠕虫状石墨形态

12.6.3.2 蠕墨铸铁的蠕化率

对蠕墨铸铁做金相检验时,要鉴别它的蠕化率,因为蠕化率直接影响其力学性能。一般是根据 GB/T 26656—2011《蠕墨铸铁金相检验》的蠕化率标准图 100 倍下对照评定。

蠕化率 V_G 是指蠕虫状石墨占视场内所有石墨的面积比例,标准中规定了以下计算方法:

$$V_G(\text{蠕化率}) = \frac{\sum A_{\text{蠕虫状石墨}} + 0.5 \sum A_{\text{团状、团絮状石墨}}}{A_{\text{每个石墨}}} \times 100\% \quad (12-4)$$

式中:$A_{\text{蠕虫状石墨}}$ ——蠕虫状石墨颗粒的面积;(圆形系数 $RSF<0.525$);

$A_{\text{团状、团絮状石墨}}$ ——团状、团絮状石墨颗粒的面积;(圆形系数 RSF 为 0.525~0.625);

$A_{\text{每个石墨}}$ ——每个石墨颗粒(最大中心长度≥10 μm)的面积。

蠕墨铸铁蠕化率的计算可参见 GB/T 26656—2011 标准的附录 C。

在蠕墨铸铁金相标准中,将蠕化率分为 8 个级别,见表 12-23。

表 12-23 蠕化率分级

级别	蠕 95	蠕 90	蠕 85	蠕 80	蠕 70	蠕 60	蠕 50	蠕 40
蠕化率/%	≥95	90	85	80	70	60	50	40

注:本表摘自 GB/T 26656—2011。

12.6.3.3 蠕墨铸铁的基体组织

蠕墨铸铁的基体组织,在铸造状态一般是由铁素体和珠光体所组成。铁素体多分布在石墨周围。在正常情况下,铁素体的面积含量在 15%~20%,稀土含量增加,珠光体的数量也会随之增多,可能出现一些渗碳体,此外,在铸件中也可能出现一些磷共晶。

1. 珠光体数量

在蠕墨铸铁中,珠光体数量按其体积百分数分为 10 级,由珠 95~珠 5(>90%~≤10%)平均递减。

2. 磷共晶类型和磷共晶含量

磷共晶类型分为二元磷共晶、三元磷共晶、二元磷共晶复合物和三元磷共晶复合物四种。

磷共晶按体积百分数分为 5 级，由 0.5%（磷 0.5）、1%（磷 1）、2%（磷 2）、3%（磷 3）至 5%（磷 5）。

3. 碳化物

蠕墨铸铁基体中的碳化物类型可分为骨骼状、块状和条状 3 种。

碳化物含量按体积百分数分为 6 个级别，碳 1、碳 2、碳 3、碳 5、碳 7、碳 10 分别相应含量约为 1%、2%、3%至 10%。

12.7 特种铸铁及金相组织

所谓特种铸铁是在铸铁加入一定量的合金元素，使铸铁具有某些特殊性能，如减摩性、抗磨性、耐蚀性、耐热性等，进而命名为减摩铸铁、抗磨铸铁、耐蚀铸铁和耐热铸铁等，并有相应的一些标准。还有一种特种铸铁是奥氏体铸铁，是以奥氏体为基体的灰铸铁或球墨铸铁，这种铸铁，通过成分调整可分别适用于减摩、抗磨、耐蚀和耐热要求的工况。ISO 及 ASTM、JIS 等标准化组织均已建立了该铸铁的标准。

我国特种铸铁牌号的命名规定可参见表 12-1 及相关说明。

12.7.1 减摩铸铁及金相组织

润滑条件下做相对运动的铸铁件，应具有摩擦系数小，磨损少等特性，这类铸铁称为减摩铸铁，亦称为耐磨铸铁。这类铸铁应用较多的有高磷铸铁、硼铸铁、钒钛铸铁、铜铬钼铸铁等，用于制造机床床身、发动机的气缸套，活塞环和滑动轴承的轴衬等。

在润滑条件下工作的这类零件一般都要经过机械加工，因此要求铸件具有良好的切削性能，这类零件的金相组织应该是珠光体基体，其上分布有硬质相。片状珠光体不仅有较高的强度和硬度，而且具有较高的耐磨性，硬质相能支承压力，这是耐磨所要求的条件。

往铸铁中加入合金元素如铜、锡、镍等，以促进珠光体组织的形成，提高基体的硬度和强度，加入的合金元素组成硬质相，如磷共晶、硼的碳化物或钒、钛的碳化物，这些都是硬度很高的、能支持负荷的硬质点，对耐磨损是十分有利的。

在这类铸铁中普遍存在着大量的片状石墨，由于石墨的存在，在有润滑的条件下，能促进润滑油膜的形成，保证了油膜的连续性和完整性。石墨可以吸附和保存润滑剂，当发生短期润滑不良或干摩擦时，仍能起到一定的润滑作用。

减摩铸铁的金相组织特点见表 12-24。

表 12-24 减摩铸铁金相组织的特点

组织	要求及说明	作用
基体	宜为细片状珠光体，越细越好，片间距越小越好。粒状珠光体中的碳化物易脱落，加剧磨损	珠光体中的铁素体为软基底，渗碳体构成滑动面承载，耐磨
石墨	1. 灰铁中宜为 A 型，中等片状适当数量，均布。过量、过粗大，削弱基体；过细，常伴生铁素体，均降低减摩性 2. 球墨铸铁的减摩性更优越，宜采用；考虑到减震性，机床床身铸件仍多用灰铸铁	作为"自生润滑剂"，吸附和保存润滑油，保持油膜连续性。减摩、润滑，抗咬合
硬质相	磷共晶细小，网状分布，硬度 500 HV 硼碳化物均匀分布，1000～1400 HV 钨、钒、钛、铌、铬等元素形成的碳化物细小、弥散	起主要滑动面作用；有独立相存在时，减摩性大增

12.7.1.1 高磷耐磨铸铁

高磷铸铁是目前最常用的减摩铸铁之一。在机床制造中使用时其含磷量为 0.3wt%～0.7wt%；在制造发动机气缸套时，其含量一般为 0.5wt%～0.8wt%，在相应的基体组织中含有大量呈断续网状分布的

图 12-20 高磷铸铁金相组织 （500×）

磷共晶,如图 12-20 所示。磷共晶在摩擦副中能支撑压力,减少磨损和改善润滑条件,因而显著地提高了铸件的耐磨性。高磷铸铁的抗拉强度多在 250～300 N/mm² 之间,硬度在 180～220 HB,其耐磨性比灰铸铁 HT250 要高出一倍左右。

关于高磷铸铁气缸套的金相检验应按照部标 JB/T 5082.2—2011(2017)《内燃机气缸套第 2 部分:高磷铸铁金相检验》的规定进行评定。

按照标准规定高磷铸铁的片状石墨形态主要为 A 型和 B 型,在一些薄小铸件中可能出现少量的 D 和 E 型石墨,但不允许有呈严重枝晶状的过冷 E 型石墨应加以控制。

高磷铸铁金相组织的特征,即具有一定数量呈断续网络状分布的磷共晶。对于磷共晶的检测要对照标准图片,鉴别并评定磷共晶的形态、尺寸、数量,以及分布形态,包括网孔大小,枝晶偏析等。对于具有明显枝晶分布的磷共晶应加以限制。同时,在珠光体基体上,游离渗碳体不应超过面积分数 3%,游离铁素体不应超过 3%。

12.7.1.2 硼铸铁

加硼铸铁可以提高其减摩性。在灰铸铁中加入微量的硼元素(0.03wt%～0.08wt%)可在组织中形成含硼碳化物,显微硬度为 960～1 100 HV,对提高耐磨性作用显著。含硼铸铁已广泛应用在内燃机的活塞环、气缸套的制造,无论在延长其使用寿命和经济效益上,其成绩都是很可观的。

硼元素加入普通铸铁中形成的碳化物,一般情况下为 $Fe_3(C,B)$ 硼碳化合物,冷却较慢时可能形成 $Fe_2(C,B)$,它们的硬度都很高,故常用于要求耐磨的场合,硼铸铁气缸套、硼铸铁活塞环就应运而生。硼铸铁中含硼硬质相的组成,分布形态,数量等均影响其性能,因此,除控制石墨形状,大小外,对含硼碳化物的数量、大小、分布以及渗碳体、莱氏体、游离铁素体数量等均有一定要求,具体可根据 JB/T 5082.1—2008(2017)《内燃机气缸套第 1 部分:硼铸铁金相检验》标准进行评定。

图 12-21 所示即为硼铸铁的金相组织形貌。基体除石墨片外为细片状珠光体,白色块状硼化物和共晶莱氏体呈聚集状分布,其中有含硼复合磷共晶体。

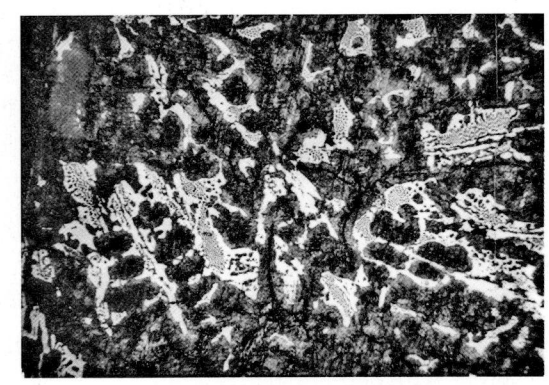

图 12-21 含硼碳化物和共晶莱氏体及复合磷共晶 （500×）

12.7.1.3 铜铬钼合金铸铁

铸铁中加入少量的铜、铬、钼合金元素,主要是为了细化晶粒,提高珠光体的含量,并细化珠光体,达到强化基体的目的,以提高铸铁的耐磨性能和物理化学性能,它们在铸铁中的作用简述如下:

铬:铸铁中加入铬能提高耐磨性能和力学性能,也提高铸铁的耐热性、耐蚀性。铬是强烈阻碍石墨化的元素,它能使铸铁中石墨的分布细小而均匀,同时能稳定和细化珠光体,从而显著地提高铸件的硬度、强度和耐磨性。通常铬的加入量为 0.2wt%～0.7wt%,超过 0.8wt%以后就容易出现碳化物,能获得更好的效果,可使阻碍石墨化的作用减少,而提高力学性能和物理化学性能的作用更为显著。

钼:钼的加入将显著提高铸铁的耐热性和高温时的耐磨性。钼是稳定碳化物的元素,可细化石墨,稳定珠光体,致密组织,提高铸件的力学性能。钼的加入量一般为 0.25wt%～0.8wt%。生产中一般常和铜、镍等配合使用。

铜:铸铁中加入铜,能使石墨分布均匀,组织细密,获得珠光体基体。含铜量超过它的固溶限度时,在基体上将会出现铜的超显微质点,从而显著提高其耐磨性,一般加入量为 0.3wt%～1wt%。

铜铬钼合金铸铁的石墨呈片状,长度较小,一般为 A 型和 B 型,有时也会出现 D 型和 E 型,方向性的 E 型石墨的数量不能太多。要控制在<10%。铜铬钼铸铁的显微组织基体为珠光体,呈索氏体型,

应按标准严格控制游离铁素体。

图 12-22 所示为铜铬钼合金铸铁的金相组织形貌：细片状珠光体基体上分布着 A 型石墨以及颗粒状碳化物。

12.7.1.4 稀土钒钛减摩铸铁及金相检验

利用我国富有的钒钛生铁的资源，试验稀土钒钛减摩铸铁获得成功，它的减摩性是普通孕育铸铁的四倍，用来制作机床的床身和工作台效果良好。

钒是强烈阻碍石墨的元素，能细化组织并促进珠光体的形成，其加入量一般为 0.2wt%～0.4wt%。

钛是强烈促进石墨化的元素，并能起到纯化铁水，去除氧和氮的有害作用，细化石墨和晶粒，提高铸件的性能，特别是耐磨性。钒钛耐磨铸铁其含钛量在 0.05wt%～0.12wt% 范围。

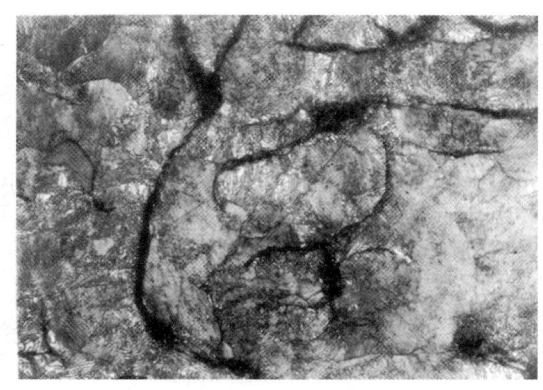

图 12-22 铜铬钼铸铁显微组织 （500×）

钒和钛可以溶于铁素体中，显著细化晶粒，钒和钛还可以形成高硬度的碳化物，提高基体的强度，并进一步提高铸铁的耐磨性。这种铸铁的石墨较细小，一般呈 A 型和 B 型，有时会出现少量 D 型和 E 型，E 型石墨应控制在 30% 以内。

上面已经提到，钒是强烈的反石墨化元素，具白口倾向；钛则是石墨化元素，促进铁素体的形成，钒和钛的联合加入，既防止出现白口，又能防止游离铁素体，使珠光体细化，获得细片状珠光体，一般也呈现索氏体型。

钒和钛，与碳和氮具有很强的亲和力，结果形成钒钛的碳化物和氮化物，或碳氮化合物。钒钛的氮化合物呈粉红色、多边形，具有高硬度，进一步有利于铸件耐磨性和提高使用寿命。

由于稀土钒钛耐磨铸铁具有很高的碳当量，并含有 0.3wt%～0.4wt% 的磷，再加上稀土的净化作用，因而在防止铸铁缺陷方面是有益的。图 12-23 为钒钛减摩铸铁金相组织形貌，较细的片状石墨，较细小的珠光体上分布有磷共晶及小块状钒、钛的碳、氮化合物。

12.7.2 抗磨铸铁及金相组织

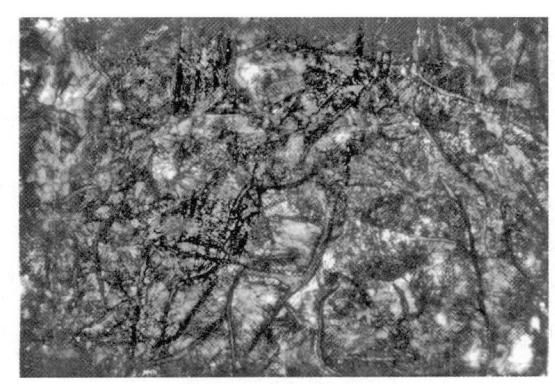

图 12-23 钒钛耐磨铸铁显微组织 （500×）

在干摩擦条件下工作的铸铁件如犁铧、磨球、轧辊、机车闸瓦等，工作条件比较苛刻，有的是被高温金属所磨损，有的在动载荷的冲击下工作，或者是经受高速运动的流沙、铁丸的磨损，适应这种服役条件的铸铁称为抗磨铸铁。

几种常见的抗磨铸铁的分类、特性、组织等见表 12-25。

表 12-25 几种抗磨铸铁分类、特性及组织

铸件种类		铸件特点	组织	硬度/HRC	备注
白口铸铁	普通白口铸铁	硬度高,抗磨(摩擦系数随碳当量提高而减小),脆性大,不能承受冲击载荷	珠光体+渗碳体	50～60	化学成分：高碳低硅,共晶或过共晶成分
	高韧性白口铸铁	具有一定的冲击韧性,比普通白口铁有较高的抗磨性 抗磨性比 65Mn 钢高 10%～15%	贝氏体+少量屈氏体+渗碳体	55～59	等温淬火
	合金白口铸铁	比普通白口铁具有更高的硬度和抗磨性,能承受一定载荷,在磨料作用下不易产生微观脆裂或剥落,有相应的热稳定性	马氏体+残留奥氏体+合金渗碳体	54～62	合金化元素：(国外)Ni、Cr；(国内)稀土、Cr、Mo、Cu、V、Mn、B,强化基体和碳化物

续 表

铸件种类		铸件特点	组织	硬度/HRC	备注
球墨铸铁	稀土镁合金球墨铸铁	经不同合金化,不同热处理后可获不同强化组织。 抗磨性：高于65Mn,高于锰钢和锻钢	珠光体或马氏体＋石墨球	50~58	硬度可调整
	中锰抗磨球墨铸铁	抗磨,具有一定的强度和韧性。 抗磨性：比冷硬铸铁高3~4倍	贝氏体＋马氏体或奥氏体＋石墨球		
冷硬铸铁		外表面硬度高,抗磨,与钢坯有足够高摩擦系数；心部有足够的强度、刚度和韧性	外部白口层,内部灰口	60~75(HS)	

12.7.2.1 含铬型类抗磨白口铸铁

在抗磨铸铁中,含铬型白口铸铁应用最广,其中又以高铬铸铁应用为主。

为提高铸铁的耐磨性,通常在铸铁中添加一定量的铬,以形成含铬的碳化物以提高耐磨性。这类铸铁通常可分为低铬铸铁(含铬量 1wt%~5wt%)、中铬铸铁(含铬量 5wt%~10wt%)及高铬铸铁(含铬量＞12wt%)。

低铬铸铁的组织与普通白口铸铁相差不大,为共晶碳化物＋珠光体,其韧性也与普通白口铸铁相当,但抗磨料磨损的耐磨性比之有较大的提高。主要应用于球磨机磨球。低铬铸铁组织形貌如图12-24所示,组织为黑色枝晶状细珠光体、共晶莱氏体和碳化物,莱氏体的骨架较细。

中铬铸铁通常根据化学成分的不同可选择不同的工艺状态。通常有铸态的珠光体型,及经过淬回火处理后的马氏体型组织。中铬铸铁的铸造性能介于低铬铸铁和高铬铸铁之间,且具有一定的耐蚀性能,一般可用于中等冲击载荷的磨料磨损和冲蚀磨损的工况。

高铬白口铸铁的含铬量 24wt%~30wt%,适量的硅(0.3wt%~0.8wt%)、锰(0.7wt%~1.0wt%),有时还加入少量的镍、钼、钒等元素。热处理型的高铬白口铸铁含铬量在 12wt%~20wt%,并含有钼≤3wt%、铜≤1.2wt%。高铬铸铁的金相组织形貌如图12-25所示。基体为马氏体和残留奥氏体,其上分布着条状及六角形的初晶碳化物、共晶碳化物,有时还可能出现贝氏体,特殊情况下也可能出现少量石墨和珠光体。

图12-24 低铬铸铁金相组织形貌 (100×)

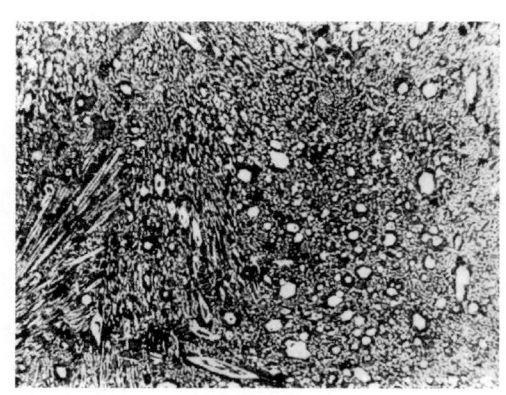
图12-25 高铬铸铁金相组织形貌 (100×)

高铬铸铁中的碳化物有(Fe、Cr)$_{23}$C$_6$、(Fe、Cr)$_7$C$_3$、(Fe、Cr)$_3$C 3种类型,通常简写为 M$_{23}$C$_6$、M$_7$C$_3$、M$_3$C。其中 M$_{23}$C$_6$ 及 M$_3$C 均为初生型碳化物,M$_{23}$C$_6$ 碳化物为白色的大块状多边形,M$_3$C 呈粗大的白色条块状；M$_7$C$_3$ 为共晶碳化物,它是高铬铸铁中最希望出现的碳化物类型,因为它呈孤立的六角杆状或片状分布在基体中,连续程度大为降低,使碳化物对基体的破坏作用大为降低,在增强铸铁耐磨性的同时还可保证较好的韧性。

高铬铸铁中的铬碳比(质量比)可影响铸铁中 M$_7$C$_3$ 型碳化物与总碳化物的相对数量,一般铬碳比大于 5 就可获得大部分的 M$_7$C$_3$ 型碳化物,同时铬碳比越高,铸铁的淬透性也越好。

高铬铸铁通常在热处理状态下使用,热处理时把铸件缓慢加热至奥氏体化温度并保温,使溶解于奥氏体中的过饱和碳、铬、钼等元素以二次碳化物的形式析出。这时奥氏体中合金元素含量减少,稳定性下降,马氏体转变点 M_1 升至室温以上,冷却后的奥氏体容易转变成为马氏体组织,这样也有利于耐磨。热处理型的耐磨铸铁不仅耐磨而且抗蚀。

高铬铸铁在具有较好硬度、耐蚀性及氧化性的基础上,同时还具有较普通白口铸铁高的韧性,因此广泛应用于各种磨料磨损场合及各种高温磨损和腐蚀磨损的工况。

GB/T 8263—2010《抗磨白口铸铁件》,修改采用 ASTM A532/A532M-2010(2014)《耐磨铸铁规范》,列出了 10 个耐磨白口铸铁件牌号。包括了低铬(含镍)、中铬、高铬 3 种类型,其化学成分见表 12-26,相关的金相组织及硬度见表 12-27。

表 12-26 抗磨白口铸铁件的牌号及化学成分

牌号	化学成分/wt%							
	C	Si	Cr	Mo≤	Ni	Cu≤	S≤	P≤
BTMNi4Cr2-DT	2.4~3.0	≤0.8	1.5~3.0	1.0	3.3~5.0	—	0.10	0.10
BTMNi4Cr2-GT	3.0~3.6	≤0.8	1.5~3.0	1.0	3.3~5.0	—	0.10	0.10
BTM Cr9Ni5	2.5~3.6	1.5~2.2	8.0~10.0	1.0	4.5~7.0	—	0.06	0.06
BTM Cr2	2.1~3.6	≤1.5	1.0~3.0	—	—	—	0.10	0.10
BTM Cr8	2.1~3.6	1.5~2.2	7.0~10.0	3.0	≤1.0	1.2	0.06	0.06
BTM Cr12-DT	1.1~2.0	≤1.5	11.0~14.0	3.0	≤2.5	1.2	0.06	0.06
BTM Cr12-GT	2.0~3.6	≤1.2	11.0~14.0	3.0	≤2.5	1.2	0.06	0.06
BTM Cr15	2.0~3.6	≤1.2	14.0~18.0	3.0	≤2.5	1.2	0.06	0.06
BTM Cr20	2.0~3.3	≤1.2	18.0~23.0	3.0	≤2.5	1.2	0.06	0.06
BTM Cr26	2.0~3.3	≤1.2	23.0~30.0	3.0	≤2.5	1.2	0.06	0.06

注:1. 牌号中,"DT"和"GT"分别是"低碳"和"高碳"的汉语拼音大写字母,表示该牌号含碳量的高低。
2. 均含有≤2.0wt%的 Mn。
3. 允许加入微量 V、Ti、Nb、B 和 RE 等元素。
4. 本表摘自 GB/T 8263—2010。

表 12-27 抗磨白口铸铁件的金相组织及硬度

牌号	硬化态表面硬度/HRC	金相组织	
		铸铁或铸态去应力	硬化态或硬化态去应力处理
BTMNi4Cr2-DT	≥56	共晶碳化物 M_3C +马氏体+贝氏体+奥氏体	共晶碳化物 M_3C +马氏体+贝氏体+残留奥氏体
BTMNi4Cr2-GT	≥56		
BTM Cr9Ni5	≥56	共晶碳化物(M_7C_3 +少量 M_3C)+马氏体+奥氏体	共晶碳化物(M_7C_3 +少量 M_3C)+二次碳化物+马氏体+残留奥氏体
BTM Cr2	—	共晶碳化物 M_3C +珠光体	—
BTM Cr8	≥56	共晶碳化物(M_7C_3 +少量 M_3C)+细珠光体	共晶碳化物(M_7C_3 +少量 M_3C)+二次碳化物+马氏体+残留奥氏体
BTM Cr12-DT	≥50	碳化物+奥氏体及转变产物	碳化物+马氏体+残留奥氏体
BTM Cr12-GT	≥58		
BTM Cr15	≥58		
BTM Cr20	≥58		
BTM Cr26	≥58		

注:本表由作者根据 GB/T 8263—2010 整理所得。

12.7.2.2 冷激型耐磨铸铁

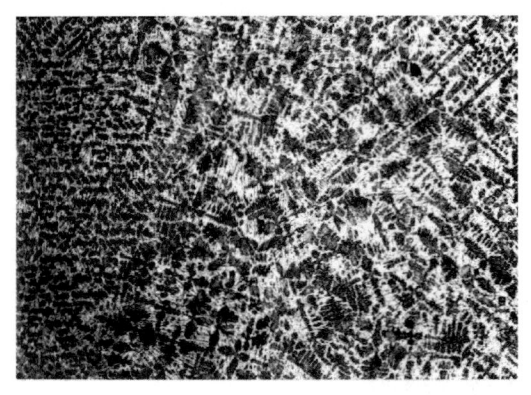

图12-26 冷激铸铁金相组织形貌 （100×）

冷激型耐磨铸铁是采用金属型或冷铁的激冷作用，使铸件表面一定的厚度范围内，因激冷而形成细小针状的渗碳体白口层，从而提高其耐磨性，而中心部位具有较高强度并可进行切削加工，处于过渡层的麻口区是珠光体与渗碳体组织。图12-26为铸态的冷激铸铁表面金相组织形貌。可见黑色枝晶状为珠光体和共晶莱氏体，图中左侧为表面冷铁处的莱氏体沿热扩散方向排列。

冷激型耐磨铸铁主要用于制造冶金或轻工用的轧辊、发动机的挺杆套筒等铸件。如直径200～400mm的轧辊，白口层深度一般要求为8～25mm、挺杆套筒的白口层控制在5～7mm。

冷激型耐磨铸铁加入的合金元素主要为镍、铬、钼、铜等，其表面白口层硬度高，耐磨性能更好。

高镍铬无限冷硬离心铸件轧辊，采用离心铸造表面冷却甚快，可以获得白口层组织。按GB/T 1504—2008《铸铁轧辊》标准，相关的石墨检验内容：

① 石墨形态：片状、蠕虫状、碎块状、团絮状、团虫状5种。

② 石墨数量：分5级，1%～2%至5%～6%，分别有A、B二组图片对照评定。

对基体组织检验：

① 基体组织特征分为四种：马氏体、下贝氏体、上贝氏体、回火贝氏体。

② 碳化物数量分为A、B二组，各为5级，由碳化物数量20%～25%(1级)至40%～45%(5级)。

12.7.3 耐热铸铁及金相组织

12.7.3.1 耐热铸铁的性能

铸铁在高温工作条件下会发生氧化反应，如加热炉底板、热风管、炉栅、熔炼用的铸铁坩埚、浇钢用的钢锭模等。氧化时首先在金属表面形成一层氧化膜，然后氧向内部渗透。当工作温度超过570℃时，铸件表面氧化膜的外层为Fe_2O_3和Fe_3O_4，内层为FeO，这种由氧化铁构成的氧化膜由于间隙较大，氧很容易渗透而继续向内部氧化，尤其是沿着石墨片向内部伸展。所以对这些在高温工作条件下的铸件，不仅要求具有一定的高温强度，同时希望有好的抗氧化性能和抗长大性能。

当向铸件中加入某些能形成致密氧化膜的合金元素，如加入硅、铝、铬等元素，在表面能形成致密的SiO_2、Al_2O_3、Cr_2O_3等保护膜，就能有效地阻止氧向工件内部的渗入，提高了铸件抗氧化的能力。耐热铸铁在高温下可抗氧化、抗生长、抗热变形、抗开裂。

1. 抗氧化性

普通铸铁400℃开始氧化，600℃氧化加剧，当加入某些合金元素时，铸铁的氧化膜致密，阻碍氧和金属原子扩散，具有抗氧化特性，这种氧化膜应有大的电阻系数。

加入的合金元素应有下述特点：元素的氧化物容积与元素本身容积之比应大于1，以形成连续的氧化膜；该元素的晶格常数和离子半径应小于母体元素的晶格常数和离子半径，氧化物熔点高，高温稳定，不被铁、碳还原，该元素能在较宽成分范围内形成溶入母体的固溶体，符合以上条件的合金元素是铬、铝、硅等。

铸铁的抗氧化性，可用在某一温度下单位时间内试样单位面积上的增质(重)，即氧化速度表示，单位为$g/m^2 \cdot h$，抗氧化试样方法见标准GB/T 9437—2009《耐热铸铁件》的附录E；该标准还规定，耐热铸铁的平均氧化增重速度应不大于$0.5g/m^2 \cdot h$。

2. 抗生长性

铸铁的抗生长性是指在高温工作时抵抗体积不可逆长大的能力。铸铁生长的原因为高温下渗碳体分解成石墨；元素被氧化长大；热应力和相变应力裂纹；加热和冷却时石墨溶入奥氏体和从奥氏体析出留下孔洞；在CO/CO_2气氛下工作的铸铁，加热时生长量比在空气中高14倍，原因是使铸铁裂纹处增碳。

铸铁的抗生长性,可用试样加热到某一温度,保温 150 h,然后降到初始温度,试样长度增长的百分数来衡量。抗生长性试验方法可见 GB/T 9437—2009《耐热铸铁件》附录 D 耐热铸铁的抗生长试验方法,该标准还规定,耐热铸铁的生长率应不大于 0.2%。

3. 抗热变形性

高温时,铸铁的抗变形能力迅速减小,一般用蠕变极限来衡量这种性能。用来提高蠕变极限的办法有加入铝、钛形成金属间化合物;加入镍,扩大奥氏体区;加入铬、钼、钒、铌、钨,形成稳定碳化物,作为高温强化相;加入钴、铜,强化固溶体。

12.7.3.2 耐热铸铁的种类

GB/T 9437—2009《耐热铸铁件》标准中,列出了 11 种的耐热铸铁牌号,其中 4 种灰铸铁,7 种球墨铸铁;按合金化分类,含铬耐热铸铁 4 种,中硅耐热铸铁 4 种;含铝耐热铸铁 3 种,相关化学成分及性能见表 12-28。

表 12-28 耐热铸铁的牌号、化学成分及其高温短时抗拉强度

铸铁牌号	化学成分/wt%						在下列温度时的最小抗拉强度 R_m/MPa
	C	Si	Mn	P	S	其他	
			不大于				
HTRCr	3.0～3.8	1.5～2.5	1.0	0.10	0.08	Cr:0.50～1.00	500℃:225 600℃:144
HTRCr2	3.0～3.8	2.0～3.0	1.0	0.10	0.08	Cr:1.00～2.00	500℃:243 600℃:156
HTRCr16	1.6～2.4	1.5～2.2	1.0	0.10	0.05	Cr:15.00～18.00	800℃:144 900℃:88
HTRSi5	2.4～3.2	4.5～5.5	0.8	0.10	0.08	Cr:0.5～1.00	700℃:41 800℃:27
QTRSi4	2.4～3.2	3.5～4.5	0.7	0.07	0.015	—	700℃:75 800℃:35
QTRSi4Mo	2.7～3.5	3.5～4.5	0.5	0.02	0.015	Mo:0.5～0.9	700℃:101 800℃:46
QTRSi4Mo1	2.7～3.5	4.0～4.5	0.3	0.05	0.015	Mo:1.0～1.5 Mg:0.01～0.05	700℃:101 800℃:46
QTRSi5	2.4～3.2	4.5～5.5	0.7	0.07	0.015	—	700℃:67 800℃:30
QTRAl4Si4	2.5～3.0	3.5～4.5	0.5	0.07	0.015	Al:4.0～5.0	800℃:82 900℃:32
QTRAl5Si5	2.3～2.8	4.5～5.2	0.5	0.07	0.015	Al:5.0～5.8	800℃:167 900℃:75
QTRAl22	1.6～2.2	1.0～2.0	0.7	0.07	0.015	Al:20.0～24.0	800℃:130 900℃:77

1. 含铬耐热铸铁

铬具有很强的抗氧化和长大作用,铬可以形成稳定的碳化物,并能在金属表面生成一层很致密的 Cr_2O_3 的保护膜,使铸件在高温气氛条件下有较高的耐热性。

含铬耐热铸铁分低铬耐热铸铁和高铬耐热铸铁两种。低铬耐热铸铁含铬量 0.5wt%～2.0wt%,基体组织为珠光体+石墨,有时会出现少量的铁素体。高铬耐热铸铁含铬量为 26wt%～30wt%,耐热温度可达 1000℃,当铬含量为 32wt%～36wt% 时,耐热温度为 1150℃,高铬耐热铸铁的基体组织为铁素体+少量碳化物+片状石墨。高铬铸铁主要是利用其铬提高相变临界温度使形成单相的铁素体组织,在工况温

度下不发生相变,工件表面的 Cr_2O_3 保护膜又非常牢固和致密,使铸件具有优良的耐热性能。

2. 中硅耐热铸铁

中硅耐热铸铁是一种常用的材料,含硅量一般为 5wt%~6wt%,有时还可以加入少量的钼元素,以提高其材料的强度。

加入硅使在铸件表面形成一层致密和完整的 SiO_2 保护膜,还提高了铸件的共析转变温度。同时,由于含硅量高可促使渗碳体的完全分解,在其工作温度范围内不再发生石墨化膨胀。中硅耐热铸铁可稳定在 850℃ 左右温度范围内使用,组织应为铁素体基体+片状石墨。

中硅球墨铸铁的强度比较高,铸件不容易破碎。石墨分布特征呈球状和团状,由于含硅量高有时还会出现一些开花状石墨,基体组织为铁素体,有时或者会出现少量的珠光体和渗碳体。

在中硅耐热铸铁中,加入 0.8wt%~1.0wt% 的铝则效果较好,可使工件在 900~950℃ 温度下稳定地工作。

3. 含铝耐热铸铁

含铝量一般为 5wt% 或大于这个量,使在铸件表面形成致密的 Al_2O_3 保护膜和单一稳定的铁素体组织,使铸件具有耐热的作用和一定的高温强度。

含 20wt%~24wt% 铝的高铝铸件耐热性更好,可制成各种加热炉的底板,但力学性能比较差,熔制工艺也较复杂。

12.7.4 耐蚀铸铁及金相组织

金属在周围介质的作用下会发生化学或电化学的腐蚀破坏,这些环境介质包括各种酸、碱、盐和海水等。腐蚀能造成铸铁材料强度的降低和零件的早期失效。这种腐蚀分为均匀腐蚀、局部腐蚀、晶间腐蚀三种,其中以晶间腐蚀的危害性最大。

在铸铁的各种组织中电极电位是不同的,在电介质中,石墨的电位是(+0.37 V),铁素体电位(-0.44 V)存在着很大的差异。在电解作用时高电位为阴极,低电位为阳极,发生电池反应,从而不断地腐蚀阳极组织,同时由于石墨片的存在使介质容易侵入铸铁内部从而造成零件的晶间腐蚀。

提高铸铁耐蚀性要靠加入合金元素,以获得适宜的组织和良好的保护膜。耐蚀铸铁的基体以致密均匀的单相组织——奥氏体或铁素体最好,而多相组织会形成数目众多的原电池。渗碳体与铁素体组成的原电池比石墨与铁素体组成的电动势小,故碳以化合态形式存在为好。石墨的大小、数量对耐蚀性的影响比较复杂:若石墨细小,则原电池数量多,易腐蚀,但同时组织致密,电解液不易浸入,又不利于腐蚀;反之,若石墨粗大,则原电池数量少,但组织疏松,电解液易进入内部;所以,石墨以中等大小,且互不连贯最有利,以球状或团絮状最有利。

合金元素的作用主要有下述 3 方面:

① 改变某些相在腐蚀介质中的电位,降低原电池的电动势。如铬、钼、铜、镍、硅等可提高铸铁基体的电极电位,从而提高耐蚀性;

② 改变铸铁组织(基体,石墨形状、大小和分布),减少原电池数量。例如加入 14wt%~18wt% 的硅,可获得单相铁素体和少量石墨,且提高铁素体的电极电位;

③ 在铸铁件表层形成致密而牢固的保护膜,如加入硅、铝、铬分别形成 SiO_2、Al_2O_3、Cr_2O_3 氧化膜。

耐蚀铸铁常用的合金元素有以硅为主,也加入铝、铜、钼、铬等。

生产中耐腐蚀性试验方法有静腐蚀和动腐蚀两类。动腐蚀又分为搅拌溶液腐蚀试验和运动试样腐蚀试验两种,选用的试验方法应尽量接近工作条件。

12.7.4.1 高硅耐蚀铸铁

硅含量 14.5wt% 时,可使铸铁零件在硝酸、硫酸、盐酸、磷酸以及在潮湿空气中显示出好的耐蚀性。硅含量超过 18wt%,则其耐腐蚀性能不再显著提高,反而使材料的脆性增大。所以一般将其含硅量控制在 14.5wt%~18wt% 范围。高硅铸铁适量加入铜、铬、钼等合金元素,以提高其力学性能。

高硅铸铁的基体组织为单相铁素体和石墨,还可能出现硅铁化合物,如 Fe_2Si、$FeSi$ 等相。硅铁化合物的存在增加铸铁的脆性。高硅铸铁的耐酸、耐蚀,主要得益于表面形成坚固的致密的 SiO_2 保护膜,在硫酸、硝酸中具有良好的耐蚀性,但在氢氟酸和氢氧化钠碱液中,SiO_2 膜被破坏,所以不适宜使用。高硅耐蚀铸铁一般用来制作化工用的耐蚀泵体、管件等零件。高硅铸铁通常要经消除残余应力的热处理后投入使用。

12.7.4.2 含铝耐蚀铸铁

含铝耐蚀铸铁其铝的加入量一般为 4wt%～6wt%,使表面存在 Al_2O_3 保护膜,可以在氧化性气氛的环境中工作,也可以做耐碱铸铁使用。

12.7.4.3 高铬耐蚀铸铁

铬在耐蚀铸铁中是常用的元素之一,当其含量在 0.5wt% 以下时,就能提高铸件在海水或弱碱中的耐蚀性。含铬量为 12wt%～36wt% 时,可使铸铁零件在很多介质包括酸、碱、盐类,特别是硝酸中具有很强的耐蚀性,但在盐酸介质中不宜使用高铬耐蚀铸铁,因为这时的 Cr_2O_3 保护膜容易破坏。高铬耐蚀铸铁的显微组织为铁素体+石墨,有时会存在少量的碳化物。

12.7.4.4 高镍耐蚀铸铁

高镍耐蚀铸铁的含镍量一般在 13.5wt%～36wt% 之间,有时为了进一步提高铸件的耐蚀性和力学性能,加入适量的铬、铜等元素,或有时用来代替一部分镍,降低一些铸件的成本。为了进一步提高其力学性能,采用球墨铸铁加入大量的镍,制作奥氏体型的耐蚀球墨铸铁铸件则发挥其更好的作用。

高镍耐蚀铸铁的基体组织为奥氏体+石墨,并存在有一定的碳化物。

GB/T 8491—2009《高硅耐蚀铸铁件》修改采用 ASTM A518/A518M-99(2008)《高硅耐蚀铸铁件规范》,列出了 4 个牌号的含硅量为 10.00wt%～15.00wt% 的高硅耐蚀灰铸铁,相关的成分及力学性能见表 12-29。

表 12-29 高硅耐蚀铸铁的化学成分及力学性能

牌号	化学成分/wt%						力学性能(最小值)	
	C	Si	Mn	Cr	Mo	Cu	抗弯强度 R_{bb}/MPa	挠度 f/mm
HTSSi11Cu2CrR	≤1.2	10.00～12.00	≤0.50	0.60～0.80	—	1.80～2.20	190	0.80
HTSSi15R	0.65～1.10	14.20～14.75	≤1.50	≤0.50	≤0.50	≤0.50	118	0.66
HTSSi15Cr4MoR	0.75～1.15	14.20～14.75	≤1.50	3.25～5.00	0.40～0.60	≤0.50	118	0.66
HTSSi15Cr4R	0.70～1.10	14.20～14.75	≤1.50	3.25～5.00	≤0.20	≤0.50	118	0.66

注:1. P、S 含量均≤0.10wt%。
2. 本标准所有牌号的 R 残留量均≤0.10wt%。
3. 本标准的所有牌号都适用于腐蚀的工况条件,HTSSi15Cr4MoR 尤其适用于强氯化物的工况条件,HTSSi15Cr4R 适用于阳极电板。
4. 本表由作者根据 GB/T 8491—2009 整理所得。

12.7.5 奥氏体铸铁及金相组织

奥氏体铸铁,在国际上一般以镍元素合金获得奥氏体基体,含镍量一般为 12wt%～36wt%,故也称高镍奥氏体铸铁。按石墨形态分为奥氏体灰铸铁以及奥氏体球墨铸铁两大类。奥氏体铸铁可适用于耐热、耐蚀和抗磨等特殊的工况条件,只是具体牌号的成分有所调整。

奥氏体铸铁的金相组织,除均匀分布的片状石墨或球状石墨外,基体为奥氏体,并布有少量碳化物。

我国主要发展以锰为奥氏体化合金元素的中锰奥氏体型耐磨铸铁,其锰含量为 8.0wt%～9.5wt%,基体组织主要为奥氏体和分散孤立分布的小块状碳化物,硬度可达 36～45 HRC。

ISO 2892:2007(E)《奥氏体铸铁分类》标准中,列出了 2 种奥氏体灰铸铁牌号,10 种奥氏体球墨铸铁;其中工程级别的 7 种,特殊用途级别的 5 种。

美国标准 ASTM A 436-84(2015)《奥氏体灰铸铁件规范》列出8种奥氏体灰铸铁牌号,ASTM A 439-2018《奥氏体球墨铸铁件规范》中列出了10种奥氏体球墨铸铁牌号。各标准中相应牌号的化学成分较接近。

12.8 铸铁常见缺陷及诊断

铸铁缺陷的种类很多,为了有效地提高铸件质量,把这些缺陷合理的分类以及提出防止措施是很必要的。以下仅从金相组织角度作简单介绍。

12.8.1 由气体引起的缺陷

12.8.1.1 气孔

由气体引起的缺陷总称为气孔。气孔的特征是一般出现在铸件上表面呈球形或扁平状的孔洞,孔洞的内壁光滑且有光泽,如图 12-27 所示。

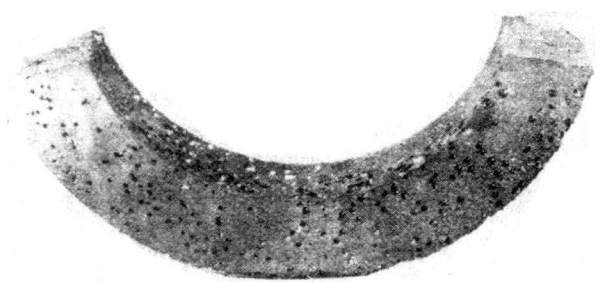

图 12-27 铸件内外表面经加工后,发现呈圆形和扁平的诸多气孔分布情况 (1:1)

气体的产生主要是由铁水带入的,或铸型所释放出来的气体。这些气体主要是 CO、CO_2 以及 H_2、N_2 等气体,它们在铸铁中可以达到最高含量如下:

O	N	H
0.05wt%	0.01wt%	0.002wt%

因此,防止气孔的产生,最根本的办法是减少铁水的含气量,和抑制铸型的发气量。具体做法在冶炼时必须使用无锈和洁净的原材料。当用冲天炉熔炼时要避免过量送风,以避免铁水表面被氧化后,FeO 大量进入铁水,与铁水反应放出 CO 气体。在电炉熔化时,则铁水的表面应得到很好的保护。另外,应具有足够高的熔化温度,增加铁水的流动性,使这些气体能上浮而达到自由逸出目的。如上所述,铁水不仅在炉内熔炼时可以被氧化,在铁水出炉倒入包内时,以至在浇铸过程中也会造成铁水的氧化,形成 FeO,这时的铁水温度已降低,FeO 发生二次反应所生成的气体在铁水内已较难逸出,很易形成气孔。为此,铸型或浇包要烘透,提高铸型的透气性,或增设透气孔等,这些都是防止气孔,提高铸件致密度的必要和有效的措施。

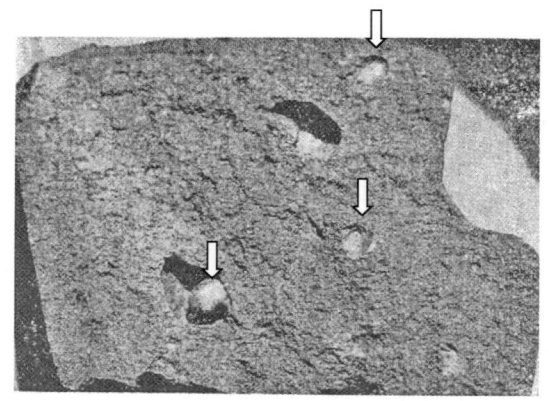

图 12-28 铸铁断口上由铁豆形成的孔洞 (1:1)

12.8.1.2 铁豆

在铸件上常常可以发现由于铁豆所造成的铁豆孔。它的形成过程也是铁水氧化反应的结果。浇注时,铁水在型腔内发生飞溅形成铁豆,铁豆表面发生氧化生成气泡。这时铁水温度有所降低,若气泡不能外逸,便形成了铁豆孔洞,铁豆孔的外形如图 12-28 所示,图中断口凹孔内的豆状物为浇注时铁液飞溅所造成的铁豆缺陷。

12.8.1.3 疏松

产生疏松的机理与气孔相似,但每个孔洞的尺寸较小,也没有气孔那么圆整。气孔一般比较分散,而疏松相对比较集中,呈蜂窝状,而且不一定都出现在铸件的表面,也可以存在于铸件的内部。图 12-29 所示即为疏松缺陷铸件的情况,发动机曲轴在研磨后其内圆工作面上有颇多的细小形状不规则的孔洞[图 12-29(a)],经金相检查磨面上存有诸多不规则的疏松孔洞[图 12-29(b)]。随着精加工后这些孔洞暴露于金属表面。这些孔洞的存在,破坏了金属基体的连续性。

(a) 表面疏松缺陷 (1∶1)

(b) 金相磨面上的疏松孔洞 (100×)

图 12-29 铸件表面研磨后表面疏松和金相磨面上的孔洞

疏松也是铸件中常见的缺陷之一,起因也是铁水中的气体和铸型中所产生的气体,因此,其防止方法亦与防止气孔相同。

12.8.2 针孔

大多数的针孔是由石墨剥落所形成的孔洞,如针尖扎过那样的孔洞缺陷。针孔常发生在铸件经机加工后,表面具有细小、形状不规则的一些分散分布的孔洞,如图 12-30 所示,在一只铜、铬、钼铸铁浇铸的气缸套上,精加工后发现内壁表面出现颇多的针孔。于针孔处取样作金相检验,发现试样内石墨极粗大,且在针孔边缘处有明显的残留石墨,如图 12-31 中箭头所指区域即为残留的灰色石墨,图中箭头 2 所指是已脱落了的石墨已成黑色孔洞。为了进一步证实针孔是否由于粗大块片状石墨而引起的,在附近另取样经仔细制备,结果如图 12-32 所示,铸件中存在的石墨片十分粗大。这些粗大的片状或块状石墨,在加工过程中极易引起剥落,因此,在工作表面上形成肉眼可见的针孔缺陷。

图 12-30 铸件表面针孔分布形貌 (1∶1)

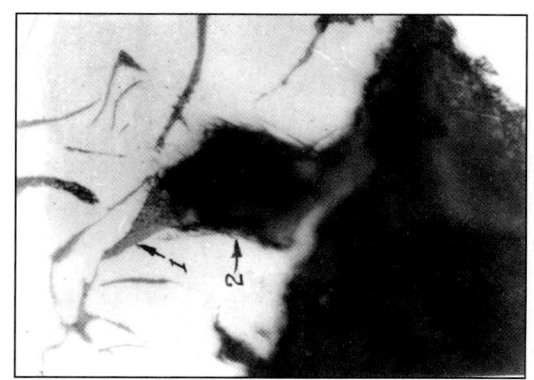

图 12-31 针孔边缘残留石墨 (500×)

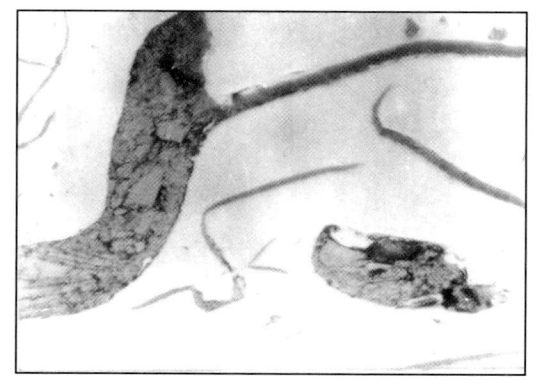

图 12-32 针孔试样中出现的粗大石墨 (500×)

上述在气缸套中出现不均匀分布的粗大片状和块状石墨,大大降低了金属基体的有效面积,同时还使金属基体的连接强度大为下降。粗大石墨针孔一旦出现,不仅影响材料的硬度和强度,而且在使用过程中,还可能导致气缸套产生漏油事故,因此粗大的石墨针孔对气缸套或是其他重要铸件都是不允许存在的缺陷。

消除和防止石墨针孔缺陷,可降低合金铸铁的碳、硅含量。首先是降低碳含量来达到。根据产生经验,合金铸铁中的含碳量适宜的规范应为 3.0wt%~3.3wt%。此外,原生铁石墨的遗传性亦是导致粗大石墨生成的因素之一。

12.8.3 缩孔

在铸件缺陷中,比例最高在生产中最成问题的当属缩孔缺陷。毫无疑问,缩孔是在铁水凝固过程中形成的。当铁水浇入铸型后,与铸型接触的部分先凝固,在表面首先形成一层硬壳,而这时内部还处于液体状态。温度继续下降,内部的液体金属逐层向中心凝固。若最后凝固的液体得不到有效的补充,便形成了缩孔。缩孔的表面很不平滑,经常可以看到相当发达的树枝状结晶的末梢。因此,很容易与气孔缺陷相区别。

缩孔的尺寸一般比较大,用肉眼就可以看出,故称为宏观缩孔,大而集中的缩孔也称为集中缩孔,一般存在于铸件较厚的热节处,是最后凝固的地方。细小分散的疏孔也有人称为疏松。这和气体所引起的疏松容易相混淆,它们形成的机理不一样,特征也有区别,但性质是一样。

也有一些肉眼所不能分辨的细小缩孔,称为微观缩孔,即在显微镜下可观察到在晶粒边界上,或树枝状晶的内部分布的小孔。这种微观缩孔与微观气孔有时会很难区别,往往也可能是同时发生的。

各种形式的缩孔或缩松,或微观疏松的存在,都使铸件的实际强度降低,这一方面是因为这些缺陷的存在,减小了铸件受力的有效面积,另一方面在这些孔洞附近会造成应力集中现象,使该部分金属强度大为削弱,会造成零件的开裂失效,或铸件经受水压试验时,就会产生漏水现象。缩松和微观疏松的危害性往往比集中缩孔还要大,因为前者有隐蔽性,易留下隐患。

缩孔和缩松是铸件重大缺陷之一,必须加以防止。应控制凝固方向,使缩孔最大可能集中在冒口内。铸件的凝固次序必须遵循以下原则,即后凝固的液体应尽可能补充先凝固部分的收缩。而设置冒口部分应是最后凝固部分。设计方面尽可能减少铸件的壁厚差,有时为加速厚壁部分的冷却速度,工艺上使用冷铁或保温冒口等都是比较行之有效的措施。另外,在可能范围的提高铸件的碳硅含量,以促进石墨化,因为石墨化过程伴随有体积膨胀,但这需要全面考虑充分评估。

12.8.4 石墨偏析

石墨偏析也是铸铁中常见的缺陷之一。溶解于铁水的碳随着温度和其他元素含量的变化而变化,若铁水中含有大量的碳,在结晶过程中,过饱和的碳一般会以石墨的形式析出,由于石墨的比重小,冷凝后即形成石墨偏析,漂浮于铸件的某一表面。

石墨漂浮现象实际上是铸件的比重偏析的结果。最早析出的粗晶石墨和母液的比重不同所造成的成分不均匀性,在过共晶铸铁中,一次石墨从铁水中析出,因比重小上浮表面,致铸件上部大量石墨聚集。球墨铸铁中的石墨漂浮现象就是属于比重偏析的例子。图 12-33 所示即为某一铸件断面上出现两种不同色泽的区域,箭头所指为铸件边缘处(表面)一层灰黑色带,即为石墨偏析带,其余断口则为银灰色细小晶粒的正常断口。经对灰黑色带状区取样进行金相检验,球状石墨粗大呈聚集状分布,如图 12-34 所示,显示其石墨数量远多于正常区域(图 12-35)。经化学分析证实,灰黑色带区的含碳量为 4.12wt%,正常区域的含碳量为 2.62wt%,无论从金相或化学成分偏析都是显而易见的。造成该铸件偏析的原因主要有以下二个原因:一是铸件卧浇后竖冷过早,二是铁水的浇注温度过高。

图 12-33　球墨铸铁铸件箭头所指处的石墨偏析

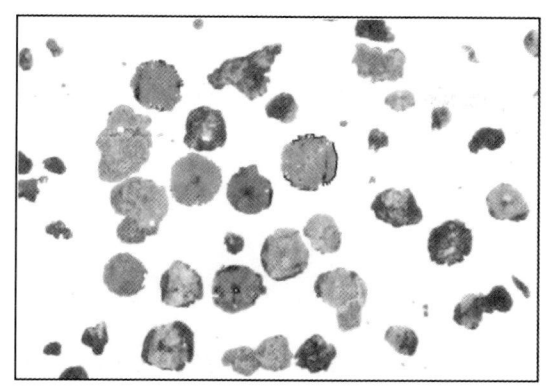

图 12-34 偏析带球墨的聚集分布 （100×）

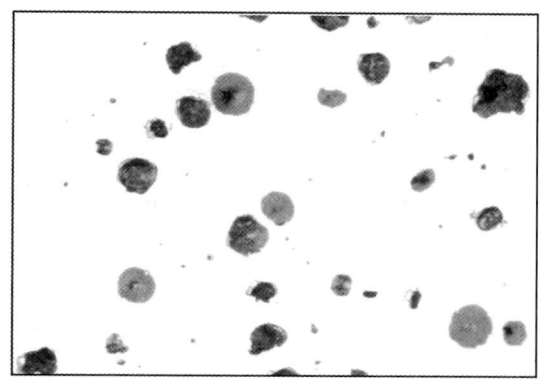

图 12-35 正常区域的球墨分布 （100×）

在铸铁中析出粗大片状的初生石墨或球墨铸铁中大量析出石墨聚集分布呈漂浮石墨,都将强烈降低铸铁的强度,而且石墨集中分布在铸件的上表面,容易产生石墨脱落而损害了零件的外表。

为了防止石墨漂浮现象的产生,必须调整化学成分,消除过饱和的碳。尤其是冷却速度缓慢的厚壁铸件,其碳当量不能过高。

12.8.5 组织的不均匀性

铸铁零件相对钢制零件,组织不均匀性尤为突出。这主要与铸件壁厚薄差异大有关,薄的部位冷却快,厚的部位冷却缓慢,两者由于结晶条件不一样,造成相互间的组织差异有时候可以达到相当悬殊的程度。

如图12-36所示那样,因铸件表面冷却较快,以至该区域析出颇多细小呈枝晶状的过冷石墨,而心部由于冷却较慢,析出的石墨碳较为粗大。图中显示铸件表面区域与较粗的石墨碳区域交界的情况。铸件厚大部位,由于冷却缓慢,析出粗大的石墨片,如图12-37所示。

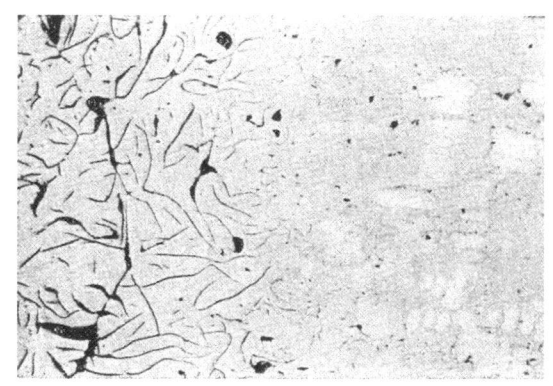

图 12-36 铸件表面细小石墨区与内部较粗石墨交界处形貌 （100×）

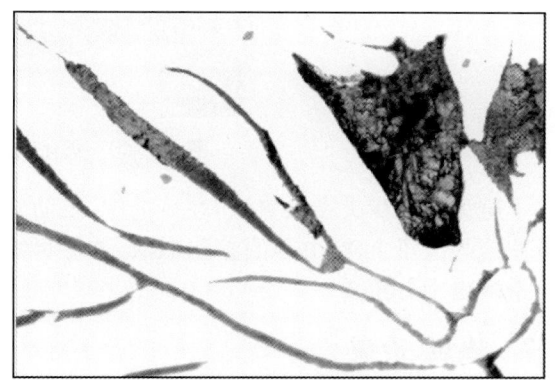

图 12-37 铸件厚大部位的石墨分布形貌 （500×）

心部粗大的石墨片,使得铸件的力学性能大为降低,在使用服役过程中易造成零件的早期失效。表面细小点状分布的过冷石墨密集析出,也易使运转过程中的零件表面氧化加速,不利于耐磨性。为了防止组织的严重不均匀性,有效地减少铸件的壁厚差,严格控制碳当量和化学成分等都很重要。

12.8.6 夹杂、夹渣

存在于铸件中的夹杂物非常多,主要有氧化物、硫化物及夹渣,氧化物如 FeO、SiO_2、Al_2O_3 等,在球墨铸铁中的氧化物还有 MgO;硫化物,如 FeS,在球墨铸铁中还有 MgS,或它们之间的复合物。第三类为夹渣,如炉渣、砂粒等,大块的或聚集成片的氧化物或硫化物夹杂,都是不允许的缺陷,图12-38为铸件异常断裂处发现的大块氧化物夹杂形貌,表明断裂与该缺陷相关。

如果大量 FeO、FeS 聚集,可在断口上形成宏观缺陷。如图 12-39 所示,球墨铸铁铸件的断口上有深达 40 mm 宏观夹渣带,此夹渣区域呈灰褐色,无金属色泽。在夹渣区取样作金相分析,发现有灰黑色条状的氧化皮夹渣和块状分布的 FeS 夹渣,或 FeO-FeS 的共晶体,图 12-40 所示为一长条状的氧化皮夹杂,在其两侧依附着很多的球状石墨。

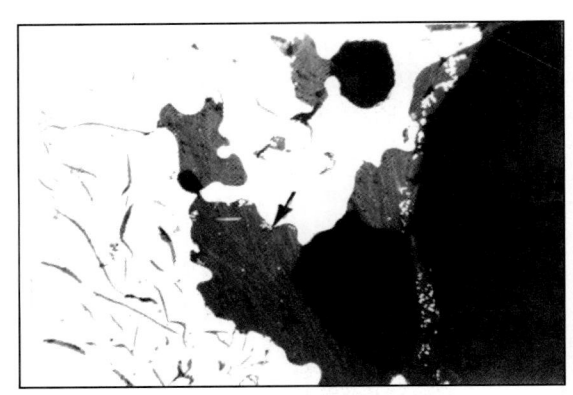

图 12-38　断口处的大块氧化物夹杂　（100×）

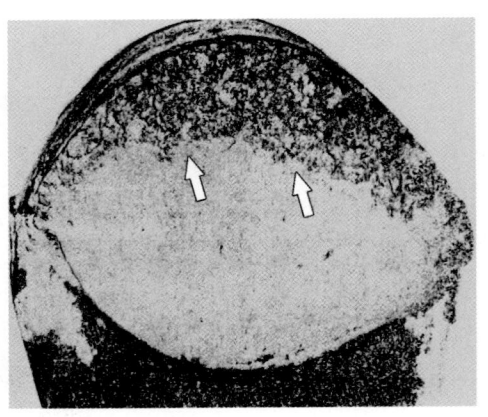

图 12-39　铸件断口夹渣分布形貌　（0.4×）

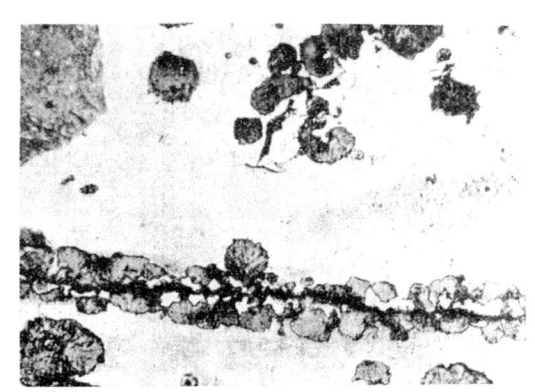

图 12-40　氧化铁夹杂分布形貌　（500×）

为了避免或减少夹杂及夹渣,在铸造中,要防止铁水的氧化,降低铁水中的含硫量。提高铁水的浇注温度可使这些渣子上浮,并认真多次扒渣,并尽可能去除这些渣子残留在铸件中,在工艺上设计一个好的浇冒口系统也十分重要。

12.8.7　热裂、冷裂

铸件在凝固过程中还因应力造成开裂,这是由于铁水在凝固过程中存在着不均匀冷却,使铸件的某一部分在膨胀、收缩中变形,产生内应力,当铸件经受不住这个应力时,便产生开裂现象。

热裂和冷裂产生的条件是相同的。热裂是铸件在达到室温前的冷却过程中产生的裂纹,由于形成温度较高,故与空气接触时表面往往会呈氧化色,或断口呈茶褐色或紫红色,这是热裂的断口特征。热裂的断口一般从表面开始,逐渐延伸到铸件内部,表面较宽,内部较窄,有时会贯穿整个铸件的断面。

冷裂是在铸件冷却后形成的裂纹。由于铸造时的残余应力,在冲击力等的作用下,如超过铸件的强度极限时就会产生冷裂纹。因为冷裂是在冷态下的破坏,所以其断口与一般正常的灰铸铁的断口相同呈灰色。

热裂的断口一般是从铸件不规则处、尖角处、截面厚薄有改变的地方,或其他类似可以产生内应力集中的地方开始,裂纹外形曲折而不规则,多沿晶粒、晶界、共晶团边界产生。

防止铸件的热裂,设计因素最为重要,首要的是减少铸件的壁厚差,并考虑不同壁厚的铸件如何获得均匀冷却的效果,有效使用冷铁。尽可能地提高碳当量,在允许的范围内都是必要的措施。

为了防止冷裂,只有采用消除内应力的退火处理,即加热至500~550℃的温度下,以每壁厚25 mm保温1h去除应力的退火工艺。在施行退火时加热应缓慢,防止加热过快而产生新的开裂。

参考文献

[1] 上海市金属学会. 金属材料缺陷金相图谱[M]. 上海:上海科学技术出版社,1966.
[2] 李炯辉,施友方,高汉文. 钢铁材料金相图谱[M]. 上海:上海科学技术出版社,1981.
[3] 杨国杰,陈国桢,庞凤荣. 铸铁件质量手册[M]. 北京:机械工业出版社,1989.
[4] 高汉文,任颂赞. 工厂理化测试手册[M]. 上海:上海科学技术文献出版社,1994.
[5] 王晓江. 铸造合金及其熔炼[M]. 北京:机械工业出版社,1999.
[6] 任颂赞,张静江,陈质如,等. 钢铁金相图谱[M]. 上海:上海科学技术文献出版社,2003.
[7] 贾志宏,钟小惠,傅明喜. 新编铸造标准实用手册[M]. 北京:化学工业出版社,2009.
[8] 任颂赞,叶俭,陈德华. 金相分析原理及技术[M]. 上海:上海科学技术文献出版社,2013.

第13章 粉末冶金材料及金相分析

粉末冶金是制造金属材料及机械零件的一种冶金方法。它将材料制造-加工-制品成型巧妙地结合起来，在制造材料的同时，赋予了材料以各种机械零件的形状，如齿轮、凸轮、含油轴承、连杆等。因此，粉末冶金是制造机械零件产品或半成品的一种金属成型技术、一种少或无切削加工工艺，有时还是用其他制造方法难以成型的各种精密机械零件的特种成型工艺，其中包括新兴的3D打印精密成型工艺。

13.1 粉末冶金材料概述

粉末冶金材料包括各种以粉末冶金工艺的各种金属及非金属材料，几乎大部分金属均能制成粉末进而制造各类相应合金，种类繁多，有多种分类及牌号命名方法。

13.1.1 粉末冶金材料的分类

粉末冶金材料包括各种以粉末冶金工艺制成的各种金属及非金属材料，可按成分、成型工艺、性能、用途等方法分类，表13-1为按用途展开的一种分类方法。

表13-1 粉末冶金材料分类

类别		主要性能特点	典型材料
结构材料	结构材料	较高的硬度；高的强度及韧性	铁基、铜基、不锈钢基结构材料
	摩擦材料	摩擦系数高、耐磨、耐热	铁基、铜基、碳基、半金属基摩擦材料
	减摩材料	摩擦系数低、耐磨、自润滑	铁基、铜基含油轴承，双金属减摩材料
	多孔材料	孔隙大小及分布、形态可控	铁基、铜基、不锈钢基、钛基多孔材料
工具材料	刀具材料	高热硬性、耐磨	硬质合金、粉末高速钢、精细陶瓷
	模具材料	高硬度及韧性、耐磨	钢结硬质合金、粉末高速钢
	金刚石工具材料	可控的胎体硬度、高的界面黏结强度	铁基、铜基、钴基黏结金刚石
高温材料	难熔金属	高热硬度、热强性	钨、钼、钽、铌、锆、钛基难熔合金
	弥散强化材料	热强性、抗蠕变	陶瓷弥散强化铝基、镍基、铁基合金
	精细陶瓷材料	热强性、热硬性、耐磨、抗氧化	氮化硅、碳化硅、氧化铝、氧化锆、氮化硼等
功能材料	触头材料	电导率、耐电弧、低温升	Cu-W, Ag-W, Cu-Cr, Ag-MeO, Ag-C
	集电材料	高电导、耐电弧、低摩擦因素	Cu-C, Ag-C, Cu-Cf 受电弓板、滑块
	电热材料	稳定的电阻率、耐高温	W, Mo, MoSi, SiC
	软磁材料	高的磁导率、磁感应强度、低矫顽力	Fe-Si, Fe-Si-Al, Fe-Ni
	硬磁材料	高磁能积	铁氧体、钕铁硼、铝镍钴

13.1.2 粉末冶金材料的牌号、成分及性能

粉末冶金材料的性能与化学成分和密度有关，也与制造工艺有关。例如同一成分的粉末冶金材料可

用各成分元素的单质粉末做原料,也可用调整好配比的化合物粉末做原料,这两种材料成分相同,但性能会有差异。因此粉末冶金材料的标识往往不仅要区别成分,还要区别制造工艺,有时还要标注性能。

13.1.2.1 用于结构件的烧结金属材料的牌号、成分及性能

GB/T 19076—2003《烧结金属材料规范》,等同采用 ISO 5755:2001《烧结金属材料规范》,规定了用于制造结构零件和轴承的烧结金属材料的性能标识,以及化学成分、物理力学性能。而 ISO 5755 标准基本上源于美国 MPIF(金属粉末工业联合会)制定与发布的 MPIF 标准 35《粉末冶金结构零件材料标准》。表 13-2 是 GB/T 19076—2003 中用于烧结金属材料的牌号标识系统的说明。

表 13-2 用于烧结金属材料的牌号标识系统

代码	组成	字(数)母代号及示例
描述代码	P(仅用于需要时)	代表粉末冶金材料
通用代码	GB/T 19076(仅用于需要时)	前缀,可不用
材料专用代码的第一组字符	包含 1 个到 3 个大写字母描述基体及添加合金元素	F:纯铁粉或混入有合金添加剂的铁粉 FD:加入有扩散合金化添加剂的铁粉末 FL:预合金化钢粉 FX:渗铜钢 C:混入有合金添加剂的铜粉 CL:预合金化铜基粉末 FLD:加入有扩散合金化添加剂的预合金钢粉 FLA:加入有合金化添加剂的预合金钢粉
材料专用代码的第二组字符	包含 2 个到 6 个字母-数字字符。 前两位不带小数点的数字表示溶解化合碳的质量分数(铜基材料和不锈钢除外)。 这 1 组中的第三个大写字母代表含量最高的合金元素(如果存在的话),随后是其质量分数,用一个或两个数字表示。 最后 1 个字符用 1 个大写字母表示含量第二高的合金元素(如果存在的话),但不标明其含量	不锈钢粉末冶金材料直接用不锈钢 3 位数字符号,例如:03 代表含碳量 0.3wt%,05 表示 0.5wt%,10 表示 10wt%,2 表示 2.0wt%。
材料专用代码的第三组字符	表示最小屈服强度值(对于热处理材料用拉伸强度)	单位:MPa H:表示材料经过热处理 N:含氮气氛中烧结
表示合金元素的字母	C=Copper(铜),G=Graphite(石墨),M=Molybdenum(钼),N=Nickel(镍) P=Phosphorous(磷),T=Tin(锡),Z=Zinc(锌)	

注:本表由作者根据 GB/T 19076—2003 整理所得。

相关牌号的举例如下:

例 1:-C-T10-K110,铜基合金,添加 10wt%的锡,径向压溃强度 110MPa。

例 2:-F-08C2-620H,铁基材料,含碳 0.8wt%,含铜 2wt%,在热处理状态下最小拉伸强度 620MPa。

例 3:-FD-05N4C-240,含 0.5wt%碳的铁基合金,加入有扩散合金化添加剂镍(4wt%)和铜,最小屈服强度 240MPa。

例 4:-FL-05N2M-860H,预合金化镍(2wt%)钼钢,含碳 0.5wt%,在热处理状态下,最小拉伸强度 860MPa。

例 5:-FX-08C20-410,渗铜铁基材料,最小屈服强度 410MPa。

例 6:-FL-304-260N,在含氮气氛中烧结的 304 不锈钢,最小屈服强度 260MPa。

例 7:GB/T 19076-F-05C2-620H 是用国家标准号的识别代码与材料专用代码连在一起的一个用于采购的例子。

部分结构零件用铁基粉末材料牌号、成分、性能见表 13-3 和表 13-4;部分结构零件用有色粉末材料

牌号、成分及性能见表13-5；部分轴承用粉末材料牌号、成分及性能见表13-6。

表13-3 部分结构零件用铁基粉末材料牌号、成分及性能

类别	牌号	化学成分(余量为Fe)/wt%					性能		
		$C_{化合}$	Cu	P	Ni	其他元素总和 ≤	屈服强度 $R_{p0.2}$/MPa ≥	拉伸强度 R_m/MPa ≥	密度(参考) ρ/g·m⁻³ ≥
铁	-F-00-100	<0.3	—	—	—	2	100	—	6.7
	-F-00-140	<0.3	—	—	—	2	140	—	7.3
碳钢	-F-05-140	0.3~0.6	—	—	—	2	140	—	6.6
	-F-05-480H[a]	0.3~0.6	—	—	—	2	—	480	7.0
	-F-08-240	0.6~0.9	—	—	—	2	240	—	7.0
	-F-08-550H	0.6~0.9	—	—	—	2	—	550	7.0
铜-碳钢	-F-05C2-270	0.3~0.6	0.5~2.5	—	—	2	270	—	6.6
	-F-05C2-500H[a]	0.3~0.6	0.5~2.5	—	—	2	—	500	6.6
	-F-08C2-350	0.6~0.9	0.5~2.5	—	—	2	350	—	6.6
	-F-05C2-620H	0.6~0.9	1.5~2.5	—	—	2	—	620	7.0
磷-碳钢	-F-05P05-270	0.3~0.6	—	0.40~0.50	—	2	270	—	6.6
	-F-05P05-320	0.3~0.6	—	0.40~0.50	—	2	320	—	7.0
铜-磷-碳钢	-F-05C2P-320	0.3~0.6	1.5~2.5	0.40~0.50	—	2	320	—	6.6
	-F-05C2P-380	0.3~0.6	1.5~2.5	0.40~0.50	—	2	380	—	7.0
渗铜钢	-FX-08C10-340	0.6~0.9	8~15	—	—	2	340	—	7.3
	-FX-08C10-760H[a]	0.6~0.9	8~15	—	—	2	—	760	7.3
	-FX-08C20-620H[a]	0.6~0.9	15~25	—	—	2	—	620	7.3
镍钢	-F-05N2-140	0.3~0.6	—	—	1.5~2.5	2	140	—	6.6
	-F-05N2-550H[a]	0.3~0.6	—	—	1.5~2.5	2	—	550	6.6
	-F-08N2-260	0.6~0.9	—	—	1.5~2.5	2	260	—	7.0
	-F-05N4-900H[①]	0.3~0.5	—	—	3.5~4.5	2	—	900	7.0

续 表

类别	牌号	化学成分(余量为Fe)/wt%					性能		
		$C_{化合}$	Cu	P	Ni	其他元素总和 ≤	屈服强度 $R_{p0.2}$/MPa ≥	拉伸强度 R_m/MPa ≥	密度(参考) ρ/g·m^{-3} ≥
镍-铜-钼钢[a]	-FD-05N2C-360	0.3～0.6	1.0～2.0	0.4～0.6	1.5～2.0	2	360	—	6.9
	-FD-05N2C-440	0.3～0.6	1.0～2.0	0.4～0.6	1.5～2.0	2	440	—	7.4
	-FD-05N2C-950H	0.3～0.6	1.0～2.0	0.4～0.6	1.5～2.0	2	—	950	7.1
	-FD-05N4C-1100H	0.3～0.6	1.0～2.0	0.4～0.6	3.5～4.5	2	—	1100	7.4
镍-钼-锰钢[a]	-FL-05M07N-620H	0.4～0.7	0.2～0.5	0.55～0.85	0.4～0.5	2	—	620	6.7
	-FL-05M1-1120H	0.4～0.7	0.10～0.25	0.75～0.95	—	2	—	1120	7.2
	-FL-05N2M-860H	0.4～0.7	0.1～0.6	0.50～0.85	1.75～1.90	2	—	860	7.0

注：本表由作者根据 GB/T 19076—2022 整理所得。
① 表示这些材料由预合金化粉末与石墨粉的混合粉制成的。

表 13-3 续　部分结构零件用铁基粉末材料：不锈钢类牌号、成分及性能

类别	牌号	化学成分(余量为Fe)wt%						性能		
		Cr	Ni	Mo	S	C	N	其他元素总和 ≤	屈服强度 $R_{p0.2}$/MPa ≥	拉伸强度 R_m/MPa ≥	密度(参考) ρ/g·cm^{-3} ≥
奥氏体不锈钢	-FL303-170Na (303)	17～19	8～13	—	0.15～0.30	<0.15	0.2～0.6	3	170	—	6.4
	-FL304-210Nb (304)	18～20	8～12	—	—	<0.08	0.2～0.6	3	210	—	6.4
	-FL316-170N (316)	16～18	10～14	2～3	—	<0.08	0.2～0.6	3	170	—	6.4
	-FL316-150 (316L)	16～18	10～14	2～3	—	<0.03	<0.03	3	150	—	6.9
马氏体不锈钢	-FL410-620H (410)	11.5～13.5	—	—	<0.03	0.10～0.25	0.2～0.6	3	—	620	6.5
铁素体不锈钢	-FL410-140 (410L)	11.5～13.5	—	—	<0.03	<0.03	<0.03	3	140	—	6.9
	-FL434-170 (434L)	16～18	—	0.75～1.25	<0.03	<0.03	<0.03	3	170	—	7.0

注：本表由作者根据 GB/T 19076—2022 整理所得。

表 13-5 部分结构零件用有色粉末材料牌号、成分及性能

类别	牌号	化学成分/wt%					性能		
		Sn	Zn	Ni	Cu	其他元素总和 ≤	屈服强度 $R_{p0.2}$/MPa ≥	拉伸强度 R_m/MPa ≥	密度(参考) ρ/g·cm^{-3} ≥
黄铜	-CL-Z20-75	—	余量	—	77~80	2	75	—	7.6
	-CL-Z20-80	—	余量	—	77~80	2	80	—	8.0
	-CL-Z30-100	—	余量	—	68~72	2	100	—	7.6
	-CL-Z30-110	—	余量	—	68~72	2	110	—	8.0
青铜	-C-T10-90R[①]	8.5~11.0	余量		余量	2	90	—	7.2
锌白铜	-CL-N18Z-120	—	余量	16~20	62~66	2	120	—	7.9

注：本表由作者根据 GB/T 19076—2003 整理所得。
① 字母 R 表示材料经过了复压。

表 13-6 部分轴承用粉末冶金材料牌号、成分及性能

类别	牌号[①]	化学成分(余量为Fe)/wt%					性能		
		$C_{化合}$[③]	Cu	Sn	石墨	其他元素总和 ≤	开孔孔隙度 P/% ≥	径向压溃强度 K/MPa ≥	密度(干态) ρ/g·cm^{-3} ≥
铁	-F-00-K170	<0.3	—	—	—	2	22	170	5.8
	-F-00-K220	<0.3	—	—	—	2	17	220	6.2
铁-铜	-F-00C2-K200	<0.3	1~4	—	—	2	22	200	5.8
	-F-00C2-K250	<0.3	1~4	—	—	2	17	250	6.2
铁-青铜[②]	-F-03C36T-K90	<0.5	34~38	3.5~4.5	0.3~1.0	2	24	90~265	5.8
	-F-03C36T-K120	<0.5	34~38	3.5~4.5	0.3~1.0	2	19	120~345	6.2
	-F-03C45T-K70	<0.5	43~47	4.5~5.5	<1.0	2	24	70~245	5.6
铁-碳-石墨[②]	-F-03G3-K70	<0.5	—	—	2.0~3.5	2	20	70~175	5.6
	-F-03G3-K80	<0.5	—	—	2.0~3.5	2	13	80~210	6.0
青铜	-C-T10-K110	—	余量	8.5~11.0	—	2	27	110	6.1
	-C-T10-K180	—	余量	8.5~11.0	—	2	15	180	7.0
青铜-石墨	-C-T10G-K90	—	余量	8.5~11.0	0.5~2.0	2	27	90	5.9
	-C-T10G-K160	—	余量	8.5~11.0	0.5~2.0	2	17	160	6.8

注：本表由作者根据 GB/T 19076—2003 整理所得。
① 所有材料都能浸渍润滑剂。
② 所给出径向压溃强度值的范围表明化合碳和游离石墨之间须保持平衡。
③ 仅指铁料的。

13.1.2.2 硬质合金的牌号、成分及性能

硬质合金是指由一种或多种难熔金属的碳化物作为硬质相,用金属黏结剂作为黏结相,经粉末冶金技术制造出来的材料。作为切削刀具用硬质合金,常用的碳化物有 WC、TiC、TaC、NbC 等,常用的黏结剂有钴、镍、铁。硬质合金的强度主要取决于黏结剂的含量。由于硬质合金具有高强度、高硬度、耐磨损、耐腐蚀、耐高温和膨胀系数小等优点,因此在工业部门中得到越来越广泛的应用。

硬质合金的品种很多,过去一般按成分分类,现在主要按使用条件分类。

按化学成分一般分为 3 类:

① 钨钴类(WC-Co)硬质合金,硬质相是 WC,黏结相是钴,其代号为 YG;

② 钨钛钴类(WC-TiC-Co)硬质合金,硬质相除 WC 外,还加有 TiC,黏结相也是钴,其代号为 YT;

③ 钨钛钽(铌)钴类(WC-TiC-TaC(NbC)-Co)硬质合金,这类硬质合金是在 YT 合金成分中添加 TaC(NbC)而成,其代号为 YW。

现行的相关国际标准及国家标准均按使用条件,即被加工材料的不同而分类。GB/T 18376.1—2008《硬质合金牌号 第 1 部分:切削工具用硬质合金牌号》(源于 ISO 513:2004)标准中规定,切削工具用硬质合金牌号按使用领域的不同分成 P、M、K、N、S、H 六类,见表 13-7。各个类别为满足不同的使用要求,以及根据切削工具用硬质合金材料的耐磨性和韧性的不同,分成若干个组,用 01、10、20……等两位数字表示组号。必要时,可在两个组号之间插入一个补充组号,用 05、15、25……等表示。

切削工具用硬质合金牌号由类别代码、分组号、细分号(需要时使用)组成,如图 13-1 所示。

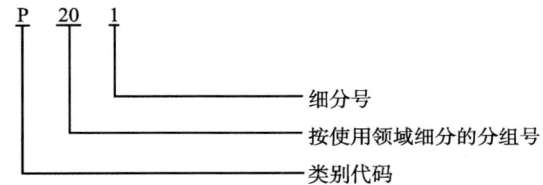

图 13-1 切削工具用硬质合金牌号由类别代码、分组号、细分号组成

表 13-7 各类硬质合金及其使用领域

类别	使用领域
P	长切屑材料的加工,如钢、铸钢、长切削可锻铸铁等的加工
M	通用合金,用于不锈钢、铸钢、锰钢、可锻铸铁、合金钢、合金铸铁等的加工
K	短切屑材料的加工,如铸铁、冷硬铸铁、短切屑可锻铸铁、灰口铸铁等的加工
N	有色金属、非金属材料的加工,如铝、镁、塑料、木材等的加工
S	耐热和优质合金材料的加工,如耐热钢,含镍、钴、钛的各类合金材料的加工
H	硬切削材料的加工,如淬硬钢、冷硬铸铁等材料的加工

切削工具用硬质合金各组别的基本成分及有关性能和相应旧牌号见表 13-8。

表 13-8 各组别硬质合金基本成分及相关性能

组别		基本成分	性能				相应原牌号
类别	分组号		洛氏硬度/HRA≥	维氏硬度/HV3≥	抗弯强度 R_{bb}/MPa,≥	密度 ρ/g·cm^{-3}	
P	01	以 TiC、WC 为基,以 Co(Ni+Mo、Ni+Co)作黏结剂的合金/涂层合金	92.3	1750	700	9.3～9.7	YT30
	10		91.7	1680	1200	11.0～11.7	YT15
	20		91.0	1600	1400	11.2～12.0	YT14
	30		90.2	1500	1550	12.5～13.2	YT5
	40		89.5	1400	1750	—	—

续 表

组别		基本成分	性能				相应原牌号
类别	分组号		洛氏硬度/HRA≥	维氏硬度/HV3≥	抗弯强度 R_{bb}/MPa,≥	密度 ρ/g·cm^{-3}	
M	01	以 WC 为基,以 Co 作黏结剂,添加少量 TiC(TaC、NbC)的合金/涂层合金	92.3	1730	1200	—	—
	10		91.0	1600	1350	12.6～13.5	YW1
	20		90.2	1500	1500	12.4～13.5	YW2
	30		89.9	1450	1650	—	—
	40		88.9	1300	1800	—	—
K	01	以 WC 为基,以 Co 作黏结剂,或添加少量 TaC、NbC 的合金/涂层合金	92.3	1750	1350	14.9～15.3	YG3
	10		91.7	1680	1460	14.6～15.0	YG6X
	20		91.0	1600	1550	14.6～15.0	YG8N
	30		89.5	1400	1650	14.5～14.9	YG8
	40		88.5	1250	1800	—	—
N	01	以 WC 为基,以 Co 作黏结剂,或添加少量 TaC、NbC 或 CrC 的合金/涂层合金	92.3	1750	1450	—	—
	10		91.7	1680	1560	—	—
	20		91.0	1600	1650	—	—
	30		90.0	1450	1700	—	—
S	01	以 WC 为基,以 Co 作黏结剂,或添加少量 TaC、NbC 或 TiC 的合金/涂层合金	92.3	1730	1500	—	—
	10		91.5	1650	1580	—	—
	20		91.0	1600	1650	—	—
	30		90.5	1550	1750	—	—
H	01	以 WC 为基,以 Co 作黏结剂,或添加少量 TaC、NbC 或 TiC 的合金/涂层合金	92.3	1730	1000	—	—
	10		91.7	1680	1300	—	—
	20		91.0	1600	1650	—	—
	30		90.5	1520	1500	—	—

注：本表由作者根据 GB/T 18376.1—2008 整理所得。

13.2 粉末冶金制品的工艺特点

粉末冶金制品的制造，是以金属(或少量非金属)粉末为原料，经混粉、成型(坯)、然后在粉料主要组员熔点以下温度进行烧结而成。金属粉末的颗粒大小、形态、成型坯的致密度、烧结固化效果均影响粉末冶金成品的质量，影响其应用范围。因此，相关的生产工艺均在不断发展过程中。

13.2.1 金属粉末的制取方法

粉末冶金的原料粉末主要是纯金属、合金、金属与非金属的化合物以及其他化合物。制取金属粉末的方法目前主要有雾化法、化学电解法以及机械研磨法等。不同成分、不同工艺条件下形成的粉料形状不尽相同，有的呈球状，有的呈碎块状，有的呈针状等，如图 13-2 所示。

雾化工艺方法可简单地定义为将液态金属粉碎至尺寸 150 μm 左右的液滴。而将制取较大颗粒的工艺称为"制粒"。用高压水流或气流冲击粉碎液体的工艺，分别称为"水雾化"工艺和"气雾化"工艺；用离心力粉碎液体者称为"离心力雾化"；在真空中雾化称为"真空雾化"或"溶气雾化"；利用超声波能量粉碎液

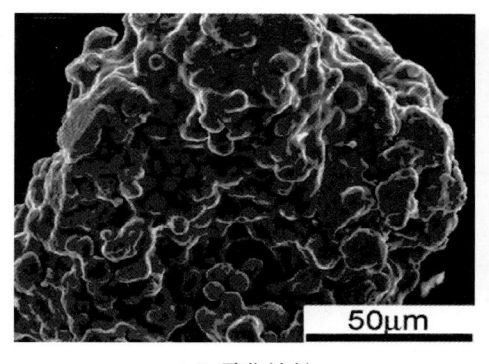 

（a）雾化铁粉　　　　　　　　　　（b）电解镍粉

图 13-2　几种不同形状的粉料颗粒

体流者称为"超声雾化"。雾化形成的粉料其化学成分基本上不发生变化。与其他工艺下生产的粉料相比，雾化粉料颗粒不含有细小孔隙，比较密实，填充密度高，表面积小，相应流动性好、压缩性好，烧结活性较小。雾化粉料尺寸较小，未经筛分时粉粒大小具有高斯粒度分布。

物理化学工艺方法是利用对原材料的化学或物理的作用，使其化学成分和集聚状态发生变化的工艺过程，适用于制取铁、镍、钴、钨、钼等各种合金及难熔化合物的粉料，也适用于有色金属。目前，可利用各种工艺因素和生产参数，严格控制粉料的粒度和颗粒形状。用还原氧化物、由溶液或气体沉淀、热离解、化学脆化、氢化物分解以及铝热反应制造的粉料都属该范畴，应用最广的是氧化物还原及由溶液沉淀和热离解方法。

对于较硬、脆的金属、生产片状金属颗粒的延性金属，以及化学脆性材料和敏化处理的不锈钢，最广泛使用的制粉料工艺是机械粉碎，而对于粉料进一步细化则需要机械研磨工艺。在研磨过程中，如在高能球磨机中，通过粉料颗粒之间、粉料颗粒与磨球之间长时间发生剧烈的研磨，粉料被破碎和撕裂，所形成的新生表面互相冷焊而逐步合金化，其过程反复进行最终达到机械合金化目的，即为机械合金化制粉工艺。该工艺的特点是所制备的复合粉料其成分可以任意选择和调节，这是一种机造弥散强化复合合金的理想技术。

制粉工艺方法目前还有自蔓延高温合成制粉工艺、快速凝固雾化制粉工艺以及超微粉末和纳米粉末制造工艺等。

13.2.2　粉末冶金制品的成型方法

粉末冶金制品的生产技术有多种，这些技术涵盖高压力的模压到无压成型，例如粉浆浇注，其中高压力的模压占主要地位。模压过程中，粉末成型同时达到一定程度致密化。粉末冶金产品的成型也可以通过其他低压力的方法实现，这通常需要黏结剂保持零件形状，并通过烧结达到进一步的固结。其他的方法还包括全致密化工艺，这是一种在高温下施加高应力的方法，使粉末冶金零件的力学性能达到甚至超过锻造零件的水平。粉末冶金制品的生产技术还包括制取高密度零件的金属粉末喷射成型。粉末冶金制品的成型与固结的常规工艺流程见图 13-3。

粉末冶金制品成型方法一般分为：
① 加入黏结剂的挤压（适于任意截面较简单形状的部位）；
② 注射成型（适于复杂形状的小部件，高性能材料）；
③ 粉浆浇注（适于大结构，恒定壁厚低精度部件）；
④ 连续带状浇注（适于非常简单形状部件，如平带等）。

这些方法一般使用黏结剂将粉末颗粒黏结在一起形成所需的形状，接着通过烧结将颗粒固结到较高的密度。部件成型的压力较低（与模压相比），生坯（未烧结的）孔隙度在 40%～60% 之间（不考虑可被脱除的黏结剂）。大多数黏结剂是聚合物，例如矿物油或聚乙烯。

制品成型后要进行压制，压制的主要目的之一是要得到一定密度的压坯，并力求其密度均匀分布。粉末在一定型腔的模具中经过压制，便能成为具有一定强度的压坯，当然压坯的形状和尺寸与最终粉末冶金

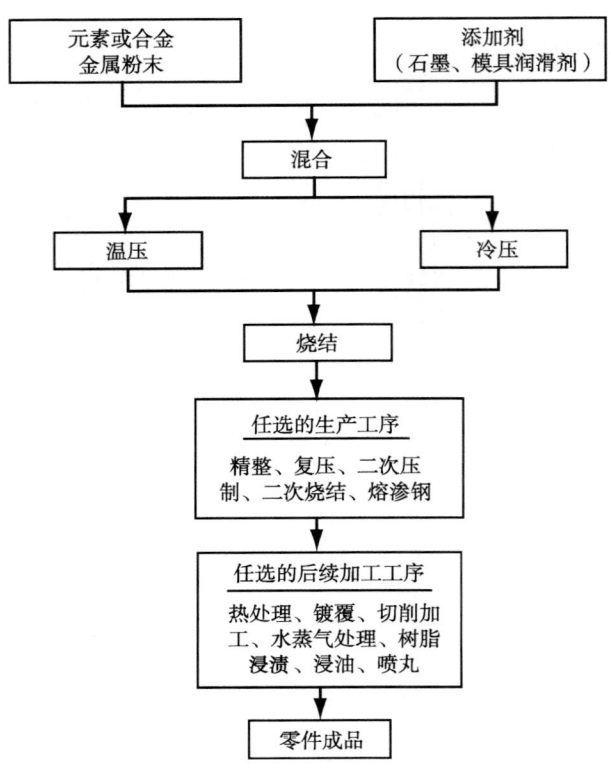

图 13-3 粉末冶金制品的成型与固结的常规工艺流程

制品的形状和几何尺寸非常接近,甚至可以完全一样。在粉末成型过程中前一阶段以颗粒滑动为主,后一阶段以颗粒变形为主。金属粉末越硬,塑性越差,达到致密所需要的压力就越大。铁基粉末制品坯压制压力约需 $800\ MN/m^2$,才能保证粉末进行塑性变形,低于此压力时所得的压件强度及密度不足。实践证明,若压件中密度分布不均匀,会影响压制过程的顺利进行和压制件的性能,并造成烧结制品各阶段的物理力学性能的差异。严重的造成变形、分层,裂纹等废品。压坯越高这种影响越大。因此正确地分析压件的密度分布是很重要的。此外压制对内在质量也将产生影响,如由于压制不当产生分层或裂纹,压制压力过大,特别在含碳量高的未经退火的粉末,或成型性差的粉末时,更容易出现纵向裂纹。由于模具设计得不合理,也会使压件产生裂纹。裂纹特别是微裂纹,在粉末冶金专业厂或车间的大批量流水生产线上往往不易被人们发现,直到经过后道工序-烧结后,在强度测试中由于强度下降才暴露出来。

随生产技术发展,目前有多种压制方法,它们之间的比较及适用范围见表 13-9。

表 13-9 粉末冶金制品坯的各压制工艺比较

工艺类别	粉末轧制	冷等静压	模压	温压	冷锻	爆炸成型
压力	低	中等(400 MPa)	高(700 MPa)	高(700 MPa)	很高(>800 MPa)	很高(>1 GPa)
温度	室温	室温	室温	室温	室温	室温
模具	硬	软	硬	硬,加热	硬	软
变形速率	低	低	高	高	高	很高
连续	是	否	否	否	否	否
加压方向	1	3	1	1	1	1
形状复杂性	低	中到高	高	中等	中等	低
聚合物含量	低	无	低	低	无	无
精度	高	低	高	高	中等	低
应用范围	中等	中等	宽	窄	窄	很窄

13.2.3 粉末冶金制品的固结

金属粉末的固结一般指的是烧结,即松散金属粉末或压坯中的粉末颗粒在高温下通过冶金结合形成致密的烧结坯的过程。在该过程中,烧结使粉末颗粒实现强的结合并使混合粉末合金化。除液相烧结之外,在大多数生产过程中,烧结温度低于主要组分的熔点。

烧结过程所经历的 6 个可能会有交叉或重叠的阶段是:
① 颗粒间的初始结合;
② 烧结颈长大;
③ 孔隙球化;
④ 孔道封闭;
⑤ 致密化与孔隙收缩;
⑥ 孔隙粗化。

烧结过程中出现的物质迁移机理包括黏性流动与塑性流动、蒸发与凝聚、表面扩散、体积扩散和晶界扩散。影响烧结过程的最重要的因素是温度和保温时间,温度的影响尤其重要。粉末粒度、压坯的孔隙度和粉末的预合金化对烧结过程也有影响。

在烧结过程中,压坯尺寸与密度的变化是烧结中的重要现象。导致压坯密度变化的首要原因是压坯组分的变化、合金化过程的变化或体积的变化,而不是其质量变化。尽管在烧结中由于压坯中润滑剂的烧除,一些组元的挥发(如黄铜中的锌),以及粉末颗粒表面氧化物的还原都会使压坯质量发生变化,但是,其变化量不大,不会对压坯密度变化造成很大影响。

一般压坯尺寸的变化导致烧结体收缩与致密化。随温度升高,收缩加大。当烧结温度达工艺要求后,随即按与升温相同的速度冷却,压坯进一步收缩至室温。

最简单的一类烧结是一元金属粉末的烧结,或均匀固溶合金粉末的烧结。用粉末冶金技术,可以通过按所需比例混合两种或两种以上粉末生产预定成分的合金。所混合的粉末可以是纯元素粉或是含有两种或更多合金元素的预合金化粉。如果用混合元素粉的方法制备均匀合金的话,必须严格控制烧结过程以获得所需的均匀化程度。

使用预合金化粉是另一种合金化方法。每一个粉末颗粒的化学成分与最终产品的化学成分相同。

在用元素混合粉生产烧结合金的过程中,不同粉末之间的化学成分均匀化是通过元素的互相扩散完成的。通常,这是一种化学元素的固态扩散过程。例如,铁与石墨混合粉,通过烧结可以达到完全的均匀化,这是由石墨在烧结温度下固溶到 γ-Fe(奥氏体)中所致。压坯的均匀化通过高温加热实现。因此,均匀化烧结需要更长的高温烧结时间。除均匀化烧结工艺外,还有以下几种烧结工艺。

(1) 活化烧结。在某些情况下,压坯是由一种高熔点的粉末和少量的低熔点的粉末组成,例如,钨粉中添加有少量镍粉。在远低于两者的熔点下烧结,这种压坯会比在没有少量添加剂的更高温度下烧结致密化得更快。

(2) 液相烧结。混合粉压坯可以在形成一定量液相的温度烧结,叫做液相烧结。液相烧结可以加速烧结过程,缩短烧结时间,因此在工业生产中得到广泛应用,诸如铁、铜、钨、钴及硬质合金。

(3) 加压烧结。最简单的加压烧结是单轴向热压。一种方式是于炉子内加热粉末与模具,同时对模冲施加外部压力。热等静压是另一种广泛应用的加压烧结(由于是利用高压气体促进致密化,有时又称为气压结合)。金属粉末在高温和高压同时作用下迅速地致密化。

13.2.4 粉末冶金材料的熔渗和浸渗处理

用常规的冷压制-烧结制造的粉末冶金部件,通常其中都会含有体积分数 12%~18% 的孔隙,而是这些孔隙大部分相连通的。对于像青铜含油轴承之类的产品,这么高的孔隙度可含有足够润滑油因而是比较理想的。但对于粉末冶金结构件,孔隙会增大材料内部应力集中效应,从而减低了材料的动态力学性能,因此这些孔隙对结构件十分不利。

13.2.4.1 粉末冶金材料的熔渗处理

熔渗法是一种比较常用的生产基本上无孔隙材料的一种工艺。熔渗法是将熔点低于烧结零件材料基体的金属或合金（熔渗剂），在熔融状态下熔渗于材料基体内部孔隙中的一种方法。利用熔渗工艺可大大减小烧结材料基体的孔隙度，且可使熔渗金属与被熔渗的烧结材料基体相互合金化，从而显著增高烧结零件材料的力学性能。用熔渗法生产的二类最重要的材料分别是，用铜与银熔渗的难熔金属和难熔化合物以及渗铜烧结钢。前者是粉末冶金电触头材料，在本节主要讨论渗铜烧结钢。

对于渗铜烧结钢零件，现在普遍采用一步熔渗法，即将压制成型的生坯的烧结与熔渗同时进行。从实用观点看，将熔渗后零件的材料密度设计为相对密度的92%~94%比较实用。这时，虽然熔渗不太充分，材料密度尚未达到理论密度，但可减小熔渗残渣黏附在烧结钢零上的倾向，同时又比未熔渗的烧结钢的力学性能有显著提高。

近年来，已可将渗铜烧结钢的残留孔隙度减小到体积分数低于1%。与之同时，采用粉末锻造用的高纯铁粉做原料粉时，生产的渗铜烧结钢的动态力学性能已可达到熔铸钢的相应性能范围的下限。图13-4为熔渗充分的渗铜钢组织形貌。

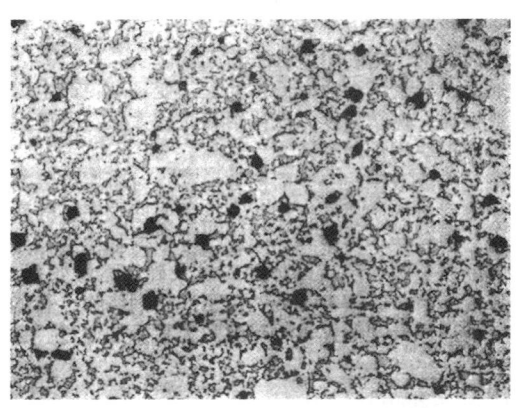

图13-4 经熔渗的渗铜钢组织形貌（未浸蚀）
（75×）

13.2.4.2 粉末冶金材料的浸渗处理

用液态树脂充填材料内部孔隙，这种方法在铸件和粉末冶金零件生产中已经实际使用了许多年。浸渗树脂可在很大程度上消除工件中的直径大于125 μm的孔隙；经过进一步改进工艺和使用低黏度的浸渗性好的树脂可以大大减少小孔径的孔隙。

浸渗树脂通常主要用于生产密封零件，但也用于：
① 提高耐蚀性；
② 为下一步表面处理或涂镀进行多孔性表面处理；
③ 改善切削性。

根据产品与用途不同，密封剂可以浸渗至零件内部浅层处，也可以很深，从而将零件的连通孔隙度减低最高达90%。当浸渗树脂用于准备进行表面光饰或电镀的零件表面处理时，其浸渗深度通常很浅；当含浸树脂用于需要保压或可切削加工的零件时，其浸渗深度通常就深得多。浸渗深度通常受控于浸渗时的浸渗时间与暴露面、树脂类型及内部孔隙的结构。

目前使用的树脂材料有好几种，其中有各种有机聚合物，诸如酚醛和丙烯酸酯；也有无机材料，诸如含水硅酸钠。其中厌氧树脂在粉末冶金零件中应用最为广泛。

常用的浸渗方法有以下4种：
① 湿式真空法；
② 湿式真空加压力法；
③ 干式真空加压力法；
④ 压力注射法。

为了得到好的浸渗效果，浸渗前对零件进行清洁预处理很重要，因为孔隙内的污垢会阻碍浸渗。

13.2.5 硬质合金生产的工艺特点

硬质合金是典型的粉末冶金制品，其基本生产工艺与上述粉末冶金制品相同，但硬质合金的生产工序相对长而复杂，几乎其中的每个因素都对合金的性能有着举足轻重的影响。在许多方面，这些工艺是硬质合金工业中所特有的。

硬质合金的生产流程主要是金属钨粉的生产、WC的制备、复式碳化物和其他碳化物的制备、同钴混合制取混合料、压制、预烧、成型加工、烧结(一般为液相烧结)，见图13-5。

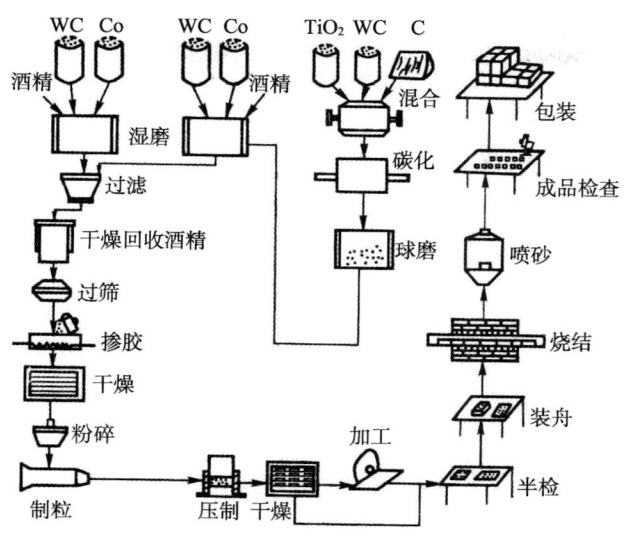

图13-5 硬质合金生产工艺流程

13.3 铁基粉末冶金制品的热处理

热处理是改善铁基粉末冶金零件力学性能、并提高其耐磨性和抗蚀性的有效方法之一。铁基粉末冶金的热处理与铸锻钢铁合金热处理工艺类同，一般是在零件烧结后可按需分别进行淬火、回火、表面热处理或化学热处理等。

粉末冶金烧结钢零件与铸锻钢零件的最大区别之一是前者存在有孔隙，并可能存在组织不均匀性和密度不均匀性，这些特点会明显影响热处理后零件的材料力学性能，因此了解烧结钢的热处理特点，对于合理选择热处理工艺，正确进行相关金相分析是十分重要的。

13.3.1 铁基粉末冶金制品的热处理特点

铁基粉末冶金零件，在热处理时应注意以下几点：

（1）由于基体中存在一定数量的孔隙，其传热能力较低，材料中提高淬透性的元素较少，且这些元素没能完全固溶到奥氏体中，因此它的淬透性比致密钢要差一些，热处理的淬火温度要高一些。

（2）零件孔隙在热处理过程中容易氧化和脱碳，一般高于体积分数10%孔隙度的工件应在保护气氛中或在固体填料保护下加热。

（3）孔隙度超过体积分数10%的结构零件，不适宜在熔盐浴炉中做无氧化无脱碳的加热，因熔盐渗入零件后很难清洗，孔隙内表易产生腐蚀。

（4）粉末冶金件中孔隙的存在可能促使出现淬火裂纹。如果零件密度分布不均匀，由于热应力和组织应力的作用，在冷却时易引起变形。粉末冶金零件应在油中急冷，不宜在盐水或碱水中急冷。

（5）铁基粉末冶金零件通常在保护气体炉中加热。考虑到经济性，一般采用的保护性气氛有氮气、氢气、分解氨、水煤气(碳氢化合物混合气体)。

13.3.2 铁基粉末冶金制品的整体淬火、回火处理

这种热处理工艺主要为了提高零件的耐磨性和改善心部强度。烧结钢零件一般含 0.5wt%～0.8wt%的碳，密度通常超过 6.8g/cm³。大多数烧结钢零件常用周期密封淬火炉(而不是连续网带炉)进行热处理。因为产品具有最终形状，所以在加热过程中不能相互接触或碰撞，否则会引起变形和软点。广泛用于热处理的气氛是用甲烷等和空气不完全燃烧而成并控制碳势的吸热性气氛。

当零件需要较深的淬硬层深度时,可使用带搅拌的油冷,提高冷却速度。淬火油的容量大小也是获得零件硬度均匀的关键性因素。一般情况是每 4 L 淬火油来冷却 0.5 kg 零件。

回火可减少零件内因淬火产生的热应力与组织应力,这种应力如不有效降低或去除,会增加烧结钢零件的脆性和缺口敏感性,使之较易断裂。这种应力随零件密度增大而增加。所有密度大于 6.7 g/cm³ 的零件淬火后,都应回火。回火温度范围一般为 150~200℃。在 200℃ 以上回火,会改善淬火零件韧性和断裂性能,提高抗拉强度和冲击强度。

13.3.3　铁基粉末冶金制品的渗碳及碳氮共渗

渗碳和碳氮共渗处理可用于高密度预合金化或部分合金化烧结钢零件,这些零件的碳含量低于 0.5wt%。孔隙度高于体积分数 10% 的零件不宜于进行这些处理,这是由于大量连通的孔隙会使碳迅速渗透零件,增加了零件的脆性。大多数高负载的齿轮都需进行该类工艺处理。

显微硬度能精确地表明锻造钢横截面剖面上硬度分布,但对于烧结钢则可能产生误差。烧结钢中表面下的孔隙能影响硬度读数。对表面下的每个渗层深度,至少取 3 个读数,取平均值确定实际渗层深度。

碳氮共渗是浅渗层处理。渗层深度一般不大于 0.5 mm。基于这一原因,处理时间相当短,通常仅需 30~45 min,主要决定于工艺温度、所需渗层深度以及密度。处理温度取决于烧结钢的成分和密度,通常为 870℃。

13.3.4　铁基粉末冶金制品的氮碳共渗

氮碳共渗作为粉末冶金零件的硬化处理工艺,正在越来越多的替代其他处理方式而得到广泛应用。

在氮碳共渗温度范围内,不发生奥氏体转变,因此关键是减少零件在油淬时可能发生的变形。氮和碳以一定的浓度扩散进零件表面,并在其表面形成氮化铁薄层,在金相观察时显示出白亮层。该白亮层提供的高硬度和润滑性改善了零件耐磨性,能使钢表层的摩擦系数与未处理前相比降低一半。渗氮层改善了零件表面耐黏着磨损性能。随后的氧化过程也能够提供耐蚀性和耐磨性。

由于气态氮碳共渗依靠扩散过程,所以应用于粉末冶金零件时,密度影响很大。如果氮从孔隙表面渗入并形成氮化物,会发生体积膨胀和脆化。基于这一原因,粉末冶金零件的密度应为理论密度的 92%。只有采用温压或复压工艺,才能达到这一密度水平,也可以用价格较低的蒸汽处理作共渗前的封孔处理,来解决这一问题。

离子氮碳共渗能够使零件保持良好的精度。在处理过程中零件被置于真空室中由离子轰击直接或间接加热。这种工艺常常用于像同步齿毂、凸轮翼等零件的生产中。应用辉光离子,将离子轰击到零件表面,并且使表面的氮、碳离子浓度和氮的扩散更为均匀。其内部孔隙表面的氮化很少,因此发生在气体氮碳共渗中的体积膨胀和脆化,在离子氮碳共渗中不明显。

氮碳共渗工艺可用于烧结密度超过 6.9 g/cm³ 的铁及预合金粉制取的零件。低于这一密度,零件中孔隙的变化会导致不均匀的尺寸变化。

13.3.5　铁基粉末冶金制品的烧结硬化

铁基粉末冶金制品由烧结温度冷却而发生马氏体相变的工艺称为烧结硬化。这样,零件在烧结后便可获得所需的高强度和高硬度。这种工艺对于大批量生产的零件成本是最经济的。

除经济性外,烧结硬化还有以下几个优点:
① 能够很好地控制显微组织,提供最佳性能;
② 孔隙不含油,对环境无污染;
③ 与整体淬火相比,复杂形状零件的变形小;
④ 改善尺寸稳定性,并能保证大批量生产的产量和质量的稳定。

烧结硬化的主要缺点是零件的成分中需要高的含碳量,才能获得必要的淬硬性。但高碳含量降低了烧结钢的综合力学性能。烧结硬化合金需要随后回火处理,以获得最佳硬度和韧性的结合。

这种工艺需要用预合金化粉末。最常用的合金粉是 4600 型粉末加入铜和碳。为获得烧结零件的最佳组织和性能,最重要的影响因素是冷却过程中合金转变为马氏体和(或)贝氏体的能力。烧结硬化需要控制烧结后从奥氏体相区(1120～1290℃)的冷却速度。决定合金烧结硬化能力的因素是,600℃和150℃之间的冷却速率,这包括各种烧结钢马氏体相变的起始点温度、合金元素含量、混合料成分。因此,了解冷却速率和合金成分是非常重要的。

烧结硬化钢的最佳显微组织是表层的马氏体体积分数大于90%,而心部组织的马氏体体积分数小于70%。这种组织结合了零件表面的硬度和心部的韧性,而没有油淬后的高应力集中。

13.3.6 铁基粉末冶金制品的水蒸气处理

很多粉末冶金零件通过水蒸气处理可以改善耐磨性、耐蚀性和密封性。在这种工艺中,烧结钢零件在水蒸气气氛中被加热到510～570℃,在孔隙表面形成一层黑色的带有磁性的氧化铁。其化学反应为

$$3Fe + 4H_2O(水蒸气) \rightleftharpoons Fe_3O_4 + 4H_2(气) \tag{13-1}$$

严格地讲,水蒸气处理不能看作为热处理,因为在基体中没有发生组织转变。在这一工艺中,Fe_3O_4 形成于连通的孔隙中,作为第二相充满孔隙。Fe_3O_4 具有相当于50 HRC的硬度。

水蒸气处理主要工艺参数为温度、时间和水蒸气压力。要注意防止氢氧化物和低价铁氧化物,FeO 和 Fe_2O_3 的形成。表面氧化物的黏着力是需要控制的重要因素,其主要受该温度下处理时间的影响。当处理温度高于570℃、处理时间超过4 h,表面氧化层会发生开裂、剥落。氧化层的最大厚度应不超过7 μm,否则由于表面拉应力的增加,会发生剥落。

水蒸气处理后的粉末冶金钢,其延展性显著降低,这是由于形成 Fe_3O_4 产生了内应力。在水蒸气处理高碳烧结钢时要十分小心,因为这些内应力可能引发显微裂纹,损失部分延展性。水蒸气处理工艺允许的最高碳含量为0.5wt%。

应用这一工艺提高强度和硬度时,烧结密度是一个重要参数。基体材料的耐磨性的增高取决于氧化时的有效孔隙度。随着密度增加,形成的氧化物量下降,从而减小了由于水蒸气处理而增加的表观硬度的增大幅度。图13-6为蒸汽处理时各种含碳量的铁基粉末制品硬度影响曲线。

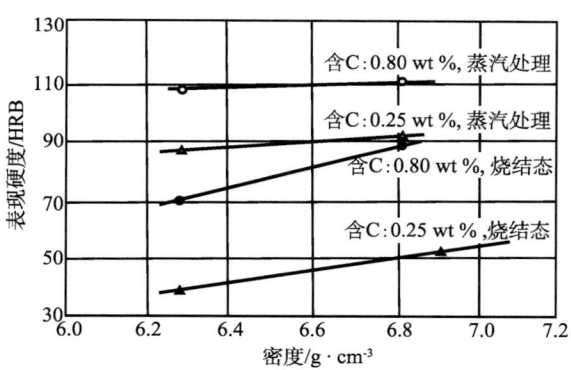

图13-6 为蒸汽处理对各种含碳量的铁基粉末制品硬度影响曲线

13.4 粉末冶金制品的金相检验

由于粉末冶金制品组织存在较多的孔隙,这给金相制样、金相分析带来了一些特殊性;同时,粉末冶金材料几乎涵盖了所有金属材料,本节仅介绍结构用及轴承用粉末冶金材料的金相检验方法。

13.4.1 粉末冶金材料金相制样的特点

粉末冶金材料的金相制样过程与一般金属材料基本相同。但由于粉末冶金材料基体中存在孔隙,而孔隙的形态分布及数量直接影响其性能,因此在截面上真实反映基体的孔隙度,并避免对其他组织形貌的干扰成为粉末冶金金相制样的关注重点。ISO/TR 14321:1997《烧结金属材料(不包括硬质合金)的金相制备与检验》标准中详细说明了制样步骤及操作要点。

在金相试样制备的全过程中始终基于以下两个方面：

① 保持金属表面被观察到的孔隙度与真实的孔隙度一致，并且孔隙内不得有其他夹杂物，切忌改变试样表面的孔隙形态；

② 确保试样表面的孔隙免受清洗剂、研磨料、润滑剂的干扰。

这些影响制备金相试样的各种因素中，样品清洗及树脂浸渍样品这两个环节很重要。当金相观察的目的主要是为了观测样品中缺陷（如裂纹、脱粘、烧结程度）时，由于评估的依据是采用观测原始颗粒的晶界，浸渍过程尤为重要。

13.4.1.1 样品切割后的清洗

切割的样品在切割时被冷却液浸渍，切割后表面饱含水分和添加剂，零件也可能由于前道工序而含有油或有机物，应对有机物等进行袪除。可根据 ISO 13944，通过索格利特（Soxhlet）提取器（见图 13-7）和一种适合的溶剂（如甲苯、丙酮、四氯化碳等不应影响组织结构溶剂）进行袪除清洗，然后干燥样品。

袪除和干燥反复进行，并持续足够长的时间（可能需要 24 h），以袪除样品表面和孔隙内的有机物，直到最后一次失重不超过 0.06% 为止。

对于允许加热的试样，可采用加热方法将一些液体袪除，其加热温度应低于会引发相变的温度。加热后应进行超声波清洗。可反复进行，以达到清洗效果。

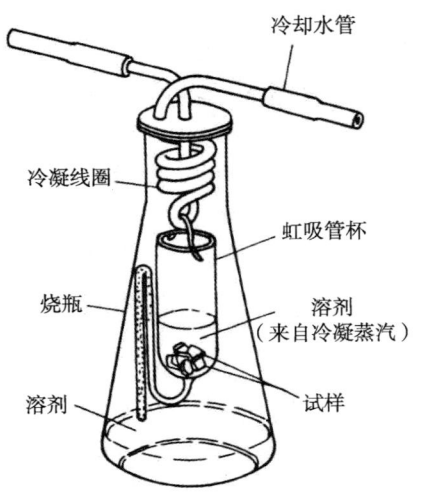

图 13-7 索格利特（Soxhlet）提取器

13.4.1.2 试样浸渍和镶嵌

一般用树脂浸渍样品孔隙，其目的：

① 完全填充样品中的孔隙，防止沙粒、抛光粉和腐蚀剂浸入样品；

② 强化靠近样品表面的孔壁，防止抛光过程中孔隙变形。孔隙变形可能导致靠近样品表面的孔逐渐靠近，因此可能得到与实际孔隙度不一致的错误结果；

③ 浸渍后使操作、抛光、腐蚀更方便。

浸渍应在一定的真空度下进行，并且在浸渍温度下浸渍流体应稳定，而在其后合适的固化温度下能固化成有一定硬度的固体。真空度不能太高，以免树脂翻滚溅起。图 13-8 为一典型的浸渍和镶样装置。模具内壁在浸渍前应涂上一层脱模剂，样品应该放在塑料或硅橡胶圆柱形模中，且被树脂浸没。两套件组合模具有利于其后移出样品。

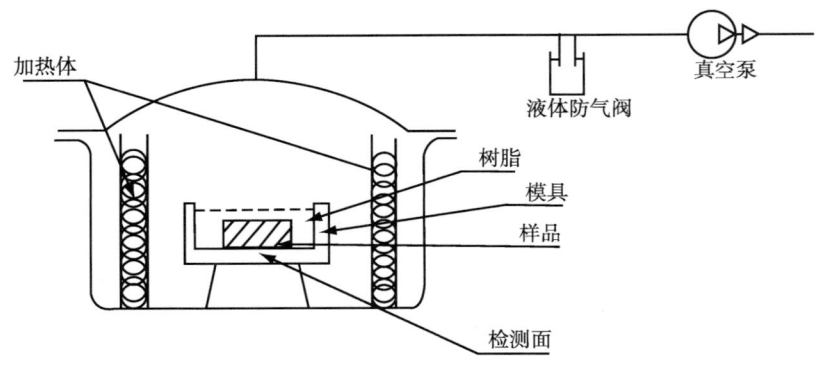

图 13-8 一种浸渍和镶样装置

把样品和模具一起放入真空室，抽真空和加热到 80℃ 浸渍（可根据不同树脂设置不同的温度），3 h 后缓慢放入空气（期间树脂不会固化，且树脂黏度较低），取出试样在空气中固化。所选树脂不应过度收缩。回复到常压后立即把模具置于 120℃ 的热空气箱，固化 12 h，这些条件取决于浸渍产品的特征。把试样从模具中取出，即可进行预抛光了。

对于金属粉末试样,液态树脂和金属粉末以2∶1的体积比例混合,并搅拌均匀;然后适当加入树脂,形成高度15~20 mm的试样模。其浸渍过程与其他多孔试样一样在真空状态下进行。应当避免树脂与粉末的分离。图13-9为烧结青铜试样抛光后的对比显微照片。

也有用充石蜡替代树脂浸渍的操作方法。把试样浸泡在175℃左右的熔融蜡液中约2~4 h,最好先在真空下保持30 min,使气体逐渐在蜡液中排除,然后再在常压下保证蜡液流入孔隙中,冷却后除去表面蜡层即可进行镶嵌和磨制。充蜡处理可以防止磨料、浸蚀剂及水分在制样过程钻入孔隙,从而保证良好的制样质量。

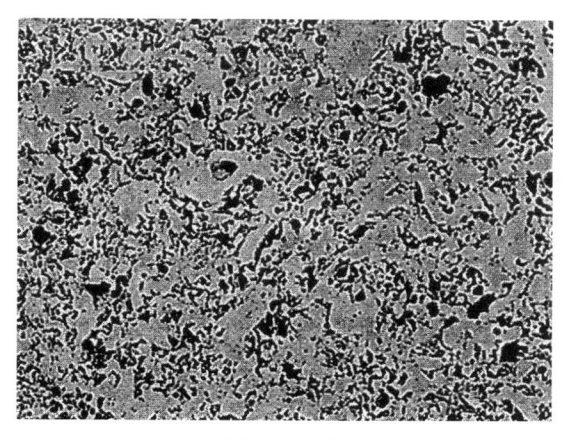

(a) 未浸渗 (100×)　　　　　(b) 浸渗后 (100×)

图13-9　烧结青铜试样抛光后对比显微照片

13.4.1.3　磨光及抛光的注意点

每磨一道砂纸需用水或含清洁剂的溶液清洗样品,有条件的可用超声波清洗。冲洗后用电吹风吹干样品,然后用更细一号的砂纸进行下一道磨光,一般对中等或低硬度的烧结金属材料用氧化铝抛光(铝合金粉末冶金除外),部分常用粉末冶金材料(不包括硬质合金)及高硬度烧结金属材料应采用金刚石抛光。当样品完全被树脂浸渍时,可采用电解抛光。

氧化铝与金刚石磨料不得混合使用,不同类型的磨料应对应不同的抛光盘,两者不可交叉使用。

宜采用短毛或无毛的布料(如尼龙等)抛光,抛光时间不宜过长,否则容易改变气孔的真实形态、使之变圆变大。抛光时,应经常旋转试样,以防止顺着磨制方向产生拖尾现象。此外,在磨、抛初期有的孔隙轮廓往往被闭合,为显示真实的孔隙外形,可在细磨时用浸蚀剂侵蚀试样表面,然后继续磨抛,即采用浸蚀和磨、抛交替进行的操作。抛光不当会使孔隙、石墨和非金属夹杂被拉曳,影响检验结果。因此,应注意避免粉末冶金试样与普通钢试样共用一个抛光布进行抛光,同时要及时调换抛光绒布并清洗。

试样抛光后,应放在流水中冲洗,用脱脂棉洗净。如试样表面存在水渍或锈斑,则必须将试样重新抛光和洗净作业,严重的锈斑必须用细砂纸重新磨光后,再抛光。

13.4.1.4　组织显示

一旦完成精抛光后,一般应在未浸蚀条件下进行孔隙、裂纹等缺陷检查。

粉末冶金制品金相样品的浸蚀方法与浸蚀剂与相应常规材料大致相同,见表13-10。然而由于孔隙的存在使浸蚀速度明显增快,所以一般要将溶液浓度适当降低。浸蚀时应掌握好程度,如过度浸蚀会使组织中的表观孔隙率明显增加,从而导致不正确的分析结果。

表13-10　部分常用粉末冶金材料金相浸蚀剂

金属类型	试剂	腐蚀条件	腐蚀相
铁、铜	硝酸($\rho=1.2\,g/cm^3$)　1~5 mL 乙醇(体积分数98%)　100 mL	浸泡或擦拭10~15 s (热处理材料6~7 s)	铁素体、珠光体、马氏体、贝氏体、晶界

13.4.3 粉末冶金制品的金相组织及评定

粉末冶金制品(不包括硬质合金)和相应的铸锻金属材料的金相特征,既有相似之处,又有不同之处。相似之处为同类型材料的显微组织基本相同,不同之处在于粉末冶金材料由于成型工艺特殊而组织形态有差异,并且有时会出现特殊的组织。

1. 粉末冶金制品的金相组织

粉末冶金制品材料烧结状态下的基本组织见表13-11及表13-12。

表13-11 用于结构零件的粉末冶金材料的基本金相组织

材料类别	烧结后基本组织	组织说明	参考图
铁、碳钢	铁素体+珠光体,可能有少量非化合碳,珠光体量与碳含量相关	由珠光体量可估计碳含量。1 040℃烧结5 min后很难看到非化合碳	图13-12
铜-钢 铜-碳钢	铁素体+珠光体,可能有少量残量或析出铜相,珠光体数量与硫含量相关	添加的铜粉约在1 080℃熔解渗入铁粉的颗粒之间和小孔隙中,有助于烧结。当含铜2wt%及以下的烧结合金有极微量或没有非溶解铜,当铜的含量较高时,可看到析出的铜相。铜溶于铁中,但不能渗入到较大颗粒的心部,当铜熔化时,发生扩散或迁移,在其后留下相当大的孔隙,这在显微组织中很容易观察到	图13-13
磷钢	当C<0.1wt%时:主要铁素体; 当C≥0.1wt%时:铁素体+珠光体;珠光体呈灰黑色片状,珠光体量与碳含量相关	经硝酸酒精溶液侵蚀后可识别高磷区和低磷区,若含有铜,能观察到网状富铜区	图13-14
镍钢	浅色奥氏体(高镍区),边缘为针状马氏体或贝氏体,热处理后,会形成奥氏体、马氏体以及可能细珠光体多相组织,各组织的比例与淬火速率相关	常规烧结中,与铁、石墨混合的细镍粉不能充分扩散,会形成多相组织。在高于1 150℃温度下烧结,富镍区体积分数将降低	图13-15
扩散合金化镍铜钼钢	奥氏体+贝氏体+马氏体。 边缘区贝氏体、马氏体比例较大	由添加石墨粉的扩散合金化粉末制成,具有多相组织 热处理后组织类似于热处理后的镍钢	—
预合金化镍钼锰钢	热处理后为均匀的回火马氏体组织	由添加有石墨粉的预合金钢粉烧结而成	—
渗铜钢 渗铜合金钢	珠光体+铁素体,以及高铜相	如果存在熔渗区,则能测定铜相的分布 虽铜不能填充所有孔隙,但会借助毛细管作用优先填充颗粒连接处的细孔	图13-16
奥氏体不锈钢	奥氏体,呈孪晶分布,可能少量颗粒状碳化物,氮化物或氧化物沿晶界分布	—	—
铁素体不锈钢	铁素体,残留微量碳或氮化合物,无明显起始颗粒界,氧化物或碳化物	—	—
马氏体不锈钢	马氏体	无论烧结后或淬火处理后都要进行回火处理	—
铜基合金	具有相应的黄铜、青铜和锌白铜的基体组织 正常烧结的青铜合金中,α晶粒都从原始晶粒簇开始生成长大,无青灰色的金属间化合物迹象	都应烧结到难以观察到原始颗粒界	图13-17

注:本表中参考图引用自参考文献[4]。

表 13-12　用于轴承的粉末冶金材料的基本金相组织

材料类别	烧结后基本组织	组织说明	参考图
铁-铜	铁素体+珠光体 当 Cu>2wt%时，可见游离铜	铜应渗入小孔隙中。应有一个最低程度的原始颗粒界	—
铁-碳-石墨	铁素体+珠光体，有少量游离石墨或游离石墨与化合碳的混合物	—	—
铁-青铜	兼有铁及青铜的基体组织	—	—
铜-锡青铜	α 铜，极少量淡红色富铜区	若合金化不完全则会形成灰色的 Cu-Sn 化合物（δ相）	图 13-18

注：本表参考图引用自参考文献[4]。

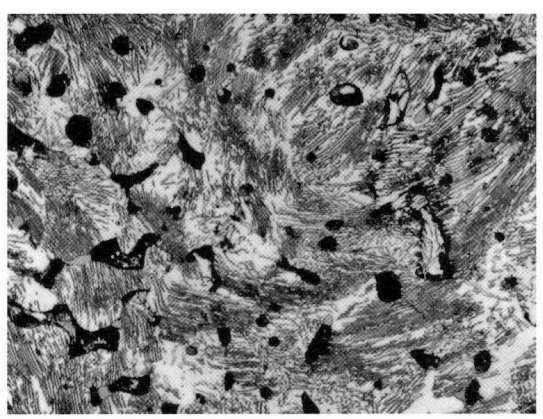

粗片状珠光体，少量白色铁素体，灰色非金属夹杂物，黑色为孔隙（2%硝酸酒精溶液浸蚀）

图 13-12　中碳铁基粉末冶金烧结钢组织　（300×）

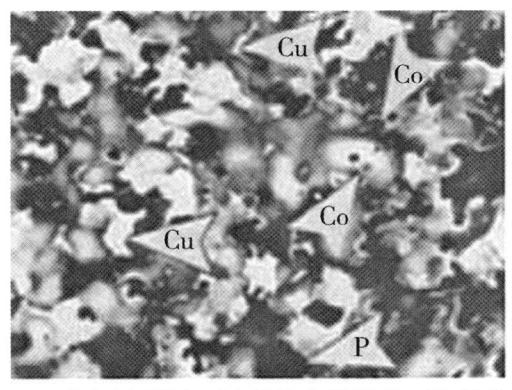

白色区（箭头 Cu）是熔化的富 Cu 相；箭头 Co 示铁颗粒心部；颗粒表面颜色较深区是 Cu 扩散然后冷却时富 Cu 相沉淀处。内部的浅色处表示 Cu 未扩散到之处；箭头 P 示之孔隙为以前的铜颗粒处。
（2%硝酸酒精溶液浸蚀）

图 13-13　（铁粉+10wt%Cu）烧结钢组织　（100×）

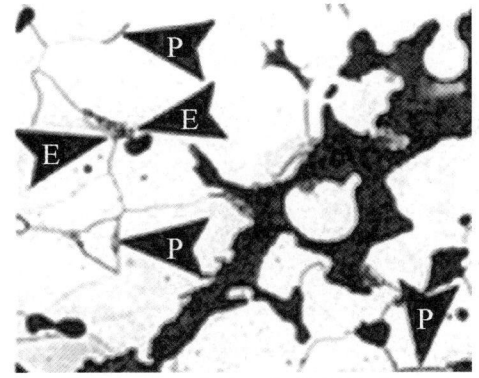

箭头 E 示细小的二相共析体或 Fe-C-P 共晶；箭头 P 示晶界上的孤立的富磷相；基体是所有白色的铁素体。
（2%硝酸酒精溶液浸蚀）

图 13-14　铁-磷合金（软磁材料）组织　（550×）

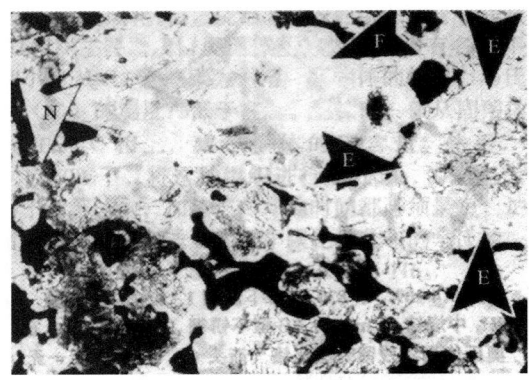

箭头 N 示含有马氏体或贝氏体薄层片晶的富 Ni 区;箭头 E 示—共析体团,其四周为白色扩散层。箭头 F 示铁素体。
(2%硝酸酒精溶液浸蚀)

图 13-15　扩散合金化钢(Fe-1.75Ni-0.5Mo-1.5Cu-0.5C)组织　(330×)

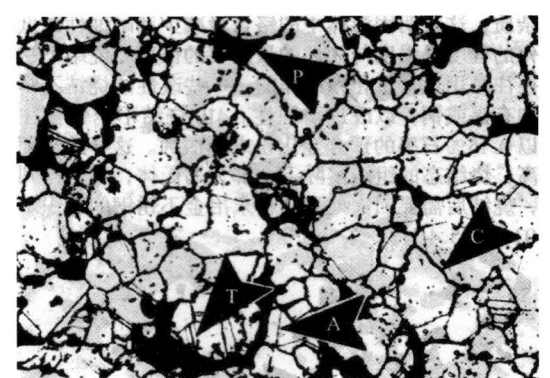

晶界上沉淀的有碳化物(箭头 C),箭头 A 示—标准的奥氏体晶界;箭头 T 示—孪晶晶界,和箭头 P 示—孔隙。
(Glyceregia 腐蚀剂浸蚀)

图 13-16　316 粉末冶金不锈钢组织　(350×)

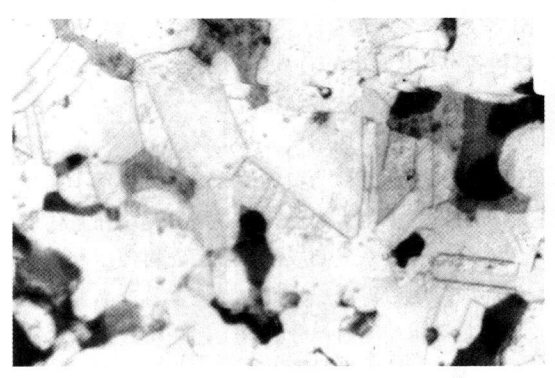

较粗大的单相 α(孪晶)固溶体在其上分布着灰色夹杂物及孔隙。
(氯化高铁盐酸酒精溶液浸蚀)

图 13-17　Cu-Zn 粉末冶金黄铜组织　(500×)

①区为 α 相②区为 α+δ 相,即出现脆性 Cu-Sn 化合物,黑色区为孔隙。
($K_2Cr_2O_7$ 试剂浸蚀)

图 13-18　(Cu-10Sn)粉末轴承组织

2. 铁基粉末冶金制品金相组织评定

JB/T 2798—1999(2017)《铁基粉末冶金烧结制品的金相标准》规定了铁基粉末冶金烧结制品金相组织中珠光体及渗碳体的数量评定等级。

珠光体数量评定按面积百分比从 10%～90%等分 9 个级别;珠 10～珠 90 按珠光体的粗细程度分为 A(细)组和 B(粗)组两种。图 13-19 为 GB/T 2798—1999 中部分珠光体数量评级图。至少应观察 5 个视场后评定,当各视场级别不大于 2 级时,其结果取平均值,当差别大于 2 级时,应在报告中说明。

渗碳体数量评定按视场的面积百分比从 1%、3%、5%、7%、10%至 13%分为 6 个级别:相应标注为渗 1～渗 13,GB/T 2798—1999 部分评级图见图 13-20。要求至少观察 5 个视场,以最高级别视场判定。

评定试样经正常制样后,应在 4wt%苦味酸酒精溶液中浸蚀后在 250 倍或 300 倍下观察、评定。

3. 铁基粉末冶金制品渗碳,碳氮共渗后的金相检验

铁基粉末冶金制品渗碳或碳氮共渗并淬火、回火后的金相检验基本与锻制钢件相同,但由于孔隙及组织不均匀的干扰,应作综合评定,或根据详细的企业技术标准评定。一般推荐采用热固性塑料浸渍制备试样,以减少空隙的干扰。

关于有效硬化层深度的测定,可按 ISO 4507:2000《渗碳、碳氮共渗的烧结铁基材料表面硬化层深度的测定与鉴定(显微硬度法)》标准进行。该标准的测试原理与锻钢件一致(ISO 4498),但对具体硬度测试

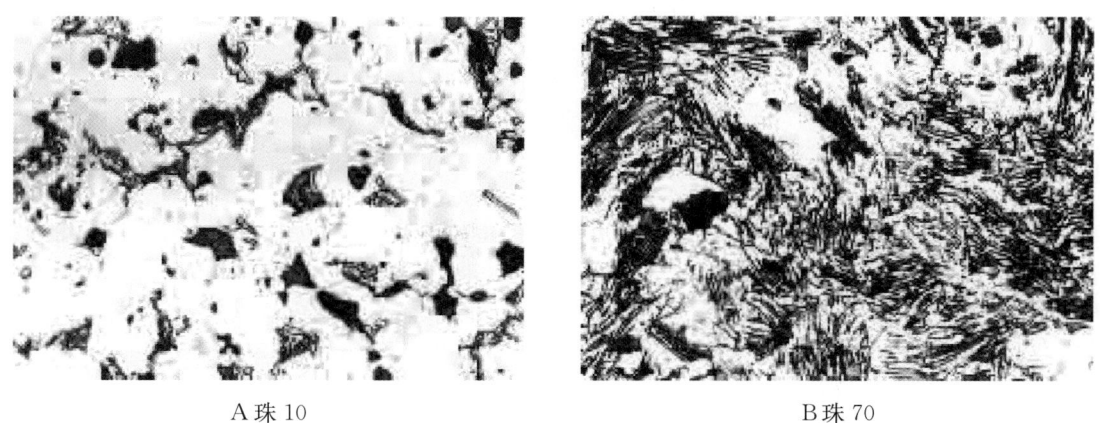

A 珠 10　　　　　　　　　　　　　　B 珠 70

图 13-19　部分珠光体数量评级图　(250×)

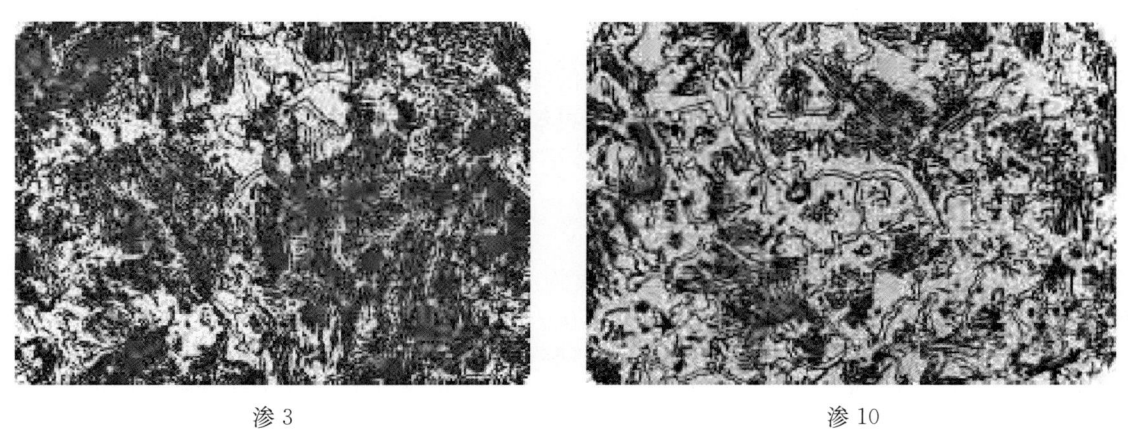

渗 3　　　　　　　　　　　　　　渗 10

图 13-20　部分渗碳体数量评级图　(250×)

区域,点数等有特殊规定。

硬化层深度测定时,选择一系列由表面起始的深度,压痕的深度 d_1、d_2、d_3 等应精确到毫米,一般取如下所示数值:

0.05、0.1、0.2、0.3、0.4、0.5、0.75、1.0、1.5、2.3 等。

对于每个深度 d_1、d_2、d_3 等,至少测量 3 个压痕。如果某点硬度值明显很低,可排除此点(例如:孔隙原因)。如果包含该低值,使得硬度值的高低值相差 2 倍以上,也应舍弃该硬度值。舍弃 1 个低值后,需另选一点测量。

校核有效硬化层深度,可根据技术要求或以往对类似材料的经验或同类型材料显微硬度与硬化层深度的经验选取 d_1 与 d_2,使 d_1 小于估计的表面硬化深度,使 d_2 大于估计表面硬化深度而小于截面总深度,在每个深度至少都打 5 个以上的压痕。

每个深度上取各硬度测量值的算术平均值。有效硬化层深度具体计算方法可见第 29 章介绍。据美国金属粉末工业联合会(MPIF)推荐的测量精度:在同一实验室内,对于已知硬化层深度 0.75 mm,其上下偏差不超过 0.14 mm 的置信度是 95%。

13.5　硬质合金的金相检验

硬质合金归属于粉末冶金材料,但由于硬质合金主要是由碳化物等硬质颗粒组成的高硬度材料,在组织、性能等方面均显示出有别于一般粉末冶金材料的特殊性,因此大部分有关粉末冶金的检测、分析标准均特别指明"不包含硬质合金",硬质合金有其独立标准。

我国常用的硬质合金牌号标准:

GB/T 18376.1—2008《硬质合金牌号　第1部分：切削工具用硬质合金牌号》
GB/T 18376.2—2014《硬质合金牌号　第2部分：地质、矿山工具用硬质合金牌号》
GB/T 18376.3—2015《硬质合金牌号　第3部分：耐磨零件用硬质合金牌号》

13.5.1　硬质合金金相制样特点

由于硬质合金的工艺特点，基体存在孔隙、污垢、石墨等，同时硬度非常高，因此硬质合金的截取和制备与其他金属不同。GB/T 3488.1—2014/ISO 4499-1：2008《硬质合金　显微组织的金相测定　第1部分：金相照片和描述》中详细规定了硬质合金的制样方法。以下介绍常用方法。

13.5.1.1　取样和磨制

硬质合金的金相试样过去常以合金的折断面作为磨面，现一般用线切割或金刚石锯片（小试样）截取试面，因为硬质合金制品其表面与中心处孔隙、组织有较大差异，如果简单地取成品表面作为试样磨面，就不能反映整个试样的组织状况。也可取一个比较具有代表性的表面，然后将其磨去几个毫米或更多一些，这需要花费较长的磨制时间。

将选定的试样磨面在粒度为60～100目中软质的绿色碳化硅（SiC）砂轮上磨制。在磨制过程中应防止试样过度发热或产生裂纹，与磨制金属试样一样，可经常用水冷却试样。在砂轮上磨制时，必须注意不要经常调换试样磨面的磨削方向，以保证取得一个较平整的磨面，这时制备试样工序中非常重要的一环，也是以后磨抛工序能否顺利进行的关键。

试样可根据需要进行热镶嵌或冷镶嵌。

经砂轮初步磨平的试样用碳化硼或碳化硅（粒度为1200目或1600目）粉研磨。使用时，把碳化硅（或碳化硼）粉用水调成糊状，将此研磨剂撒在转速约450 r/min的铸铁磨盘上进行研磨。在研磨的过程中，要不断撒上研磨液，使磨盘上保持一层薄的研磨液。研磨数分钟后，用水清洗试样表面，表面会出现一平滑而呈灰暗色的区域，该区域的出现说明砂轮的磨痕基本消除。继续研磨至平滑的灰暗色区域逐渐扩大整个磨面，此时试样的磨制过程结束。一般试样约需研磨15～20 min。

目前有一种金刚石磨盘，可直接用于硬质合金试样的磨制。

13.5.1.2　抛光

硬质合金试样的抛光一般在短绒或无绒织物上进行，使用金刚石磨料，粒度从15目开始依次减小。抛光中还应使用润滑剂，其一方面起冷却作用，防止一些相在抛光中升温发生变化，另一方面可及时把抛光中产生的磨屑从抛光织物上清除。一般推荐使用金刚石喷雾剂，其中磨料较均匀，同时配制含酒精的润滑剂。

还有一种腐蚀性抛光剂，即把化学腐蚀与物理抛磨结合在一起，其效果虽不及金刚石。但有一定实用性腐蚀抛光液的配制成分为1 000 mL水加10 g $K_3[Fe(CN)_6]$（铁氰化钾）、10 g KOH（氢氧化钾）及约40 g Cr_2O_3（三氧化二铬）或氧化铝粉。在使用时，要经常搅动抛光液，使抛光粉在溶液中占一定比例。用该腐蚀剂抛光，试样不可避免会产生一些浮雕现象，这对显示 μ 相及游离石墨有一定影响。为改善这种状况，抛光后可用3～6 μm 人造金刚石研磨膏精抛。

13.5.1.3　清洗

由于硬质合金中存在孔隙，不仅原始状态可能带有夹杂、污物等，在磨抛过程中还会嵌入一些异物，因此不论抛光后直接观察，还是进一步浸蚀显示组织，在抛光后都应进行彻底的清洗。一般建议用超声波仪中进行清洗，清洗介质可选用适当添加清洗剂的水。

13.5.1.4　浸蚀

显示硬质合金金相组织的方法可以有两种，常用方法为化学试剂浸蚀法，另一种方法为空气炉中加热氧化着色法。

1. 化学浸蚀法

对于铁基硬质合金，一般可在相应同种钢铁试样的浸蚀剂中进行选择。常推荐使用碱性铁氰化钾水溶液(Murakami's 试剂),用于硬质合金中相的浸蚀显示;有时还辅助使用酸基浸蚀液,如盐酸水溶液、硝酸乙醇溶液、氢氟酸水溶液、饱和三氯化铁盐酸水溶液或王水等。常用试剂及使用方法见表 13-13。

表 13-13 硬质合金常用浸蚀试剂及使用

方法	浸蚀剂配方	浸蚀条件	浸蚀应用
A1	① 铁氰化钾　　　　　　　　　　　　10～20 g 　　水　　　　　　　　　　　　　　　100 mL ② 氢氧化钾(钠)　　　　　　　　　　10～20 g 　　水　　　　　　　　　　　　　　　100 mL	约在20℃下,浸蚀时间:0.5～6 min (根据显示相组织效果确定)	主要显示 α 相等
A2	使用时①②溶液1:1(体积分数)混合(常称为碱性铁氰化钾水溶液,具体浓度可按需调整。)	约20℃下,浸蚀1 s～20 s 后,立即水冲洗、乙醇冲洗、干燥,不要擦拭,以免破坏氧化层。	显示 η 相
B	浓盐酸与水1:1(体积分数)溶液	① 上述 A 溶液20℃下浸蚀3～4 min 后水洗 ② B 溶液浸蚀10 s 后水洗、乙醇冲洗、干燥 ③ 再在 A 溶液浸蚀20 s	显示 γ 相

注:本表由作者根据 ISO 4499-1:2010 整理所得。

浸蚀过程应在通风良好的地方进行,因为酸性溶液对钴相比较敏感,甚至酸雾也能腐蚀钴相,以致影响钴相的正确显示。

对于用树脂(胶木)、导电胶木等镶嵌的试样,由于浸蚀过程中镶嵌料(包括导电胶木中铝、铜等颗粒)可能部分溶解而污染试面,因此建议硬质合金试样先从镶嵌料中取出再浸蚀。

2. 氧化着色法

氧化着色法主要使 P 类硬质合金中的 TiC-WC 固溶体氧化,使颜色加深,使各相容易区分。其方法是:经抛光清洗吹干后的试样置于 450～500℃ 的箱式电炉内加热约 10～15 min(加热时间视试样抛光面的大小而定)。氧化腐蚀至试样抛光面呈浅黄色时即可取出进行自然空冷,试样冷至室温后即可在显微镜下观察。这种显示方法能使 P 类合金中的 WC、TiC-WC、钴相三种组织明显分开,其效果要比化学浸蚀法为优。如炉中氧化时间过长,则抛光面呈深蓝色,已属过氧化,必须重新磨抛后再重新加热氧化。图 13-26 为 P10(YT15)合金经氧化腐蚀后的清晰的组织形貌,可见效果较好。

13.5.2　硬质合金的孔隙及非化合碳(石墨)检测

13.5.2.1　硬质合金的孔隙

硬质合金是一种粉末冶金材料,基体中的孔隙影响材料的致密度、强度及耐磨性等。

试样在抛光未浸蚀状态下,孔隙呈现黑色孔形且边缘较清晰,见图 13-21。若抛光面上孔隙异常多时,应考虑是否因制样不当导致的假象。孔隙的评定不仅要测孔的大小,还要评定其所占面积的百分数——孔隙度。

13.5.2.2　硬质合金中的非化合碳

硬质合金中非化合碳(即石墨)一般是由于碳含量高而过剩形成,其形态呈巢状、点状,一般均细小,见图 13-22(b)。其形态及粗细与非化合碳(石墨)的含量有关,如当非化合碳含量体积分数达 2.0% 时,石墨则呈片状。

石墨的硬度很低,因此试样在磨抛过程中石墨容易剥落,金相观察到的是许多小孔连接或积聚在一起的石墨痕迹。当石墨含量过高时,则显著降低合金的耐磨性和强度。如在 K30(YG8)刀片中石墨含量体积分数达到 0.2% 时,即能显著降低合金的切削系数。在硬质合金制品中,有时石墨是与孔隙同时共存的,少量的石墨存在尚属允许。

13.5.2.3　硬质合金的孔隙度和非化合碳的评定

硬质合金的孔隙度和非化合碳的评定可按 GB/T 3489—2015/ISO 4505:1978《硬质合金　孔隙度和非化合碳的金相测定》操作。均在抛光态下,在 100 倍(或 200 倍)下,选择具有代表性的视场,对照标准图片或实际测量进行评定,具体分级见表 13-14。

表 13-14 硬质合金中孔隙度及非化合碳评定

孔隙最大尺寸	放大倍率	分级		图例
		级别	参数	
孔隙度评定				
≤10 μm	100 倍或 200 倍	A02	孔隙体积分数为 0.02%	—
		A04	孔隙体积分数为 0.06%	—
		A06	孔隙体积分数 0.2%	图 13-21(a)
		A08	孔隙体积分数 0.6%	—
10 μm～25 μm	100 倍	B02	孔隙体积分数为 0.02% 140 个孔隙/cm²	—
		B04	孔隙体积分数为 0.06% 430 个孔隙/cm²	—
		B06	孔隙体积分数为 0.2% 1 300 个孔隙/cm²	图 13-21(b)
		B08	孔隙体积分数为 0.6% 4 000 个孔隙/cm²	—
>25 μm	100 倍	25～75 μm	实测孔隙率数/cm²	—
		75～125 μm		
		>125 μm		
非化合碳评定				
选取非化合碳最多视场	100 倍	C02		—
		C04		图 13-22(a)
		C06		—
		C08		图 13-22(b)

注：1. 若未检测到 A 型、B 型孔隙或 C 型非化合碳，应评定为 A00、B00 或 C00。
2. 本表由作者根据 GB/T 3489—2015 整理所得。表中图例摘自 GB/T 3489—2015。

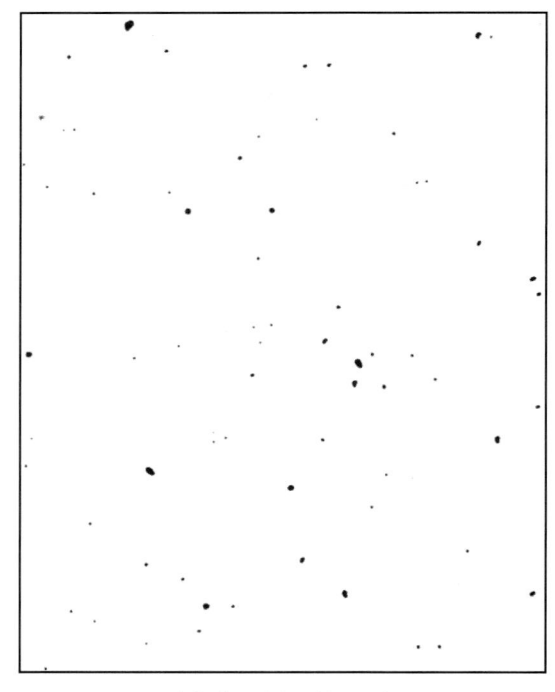 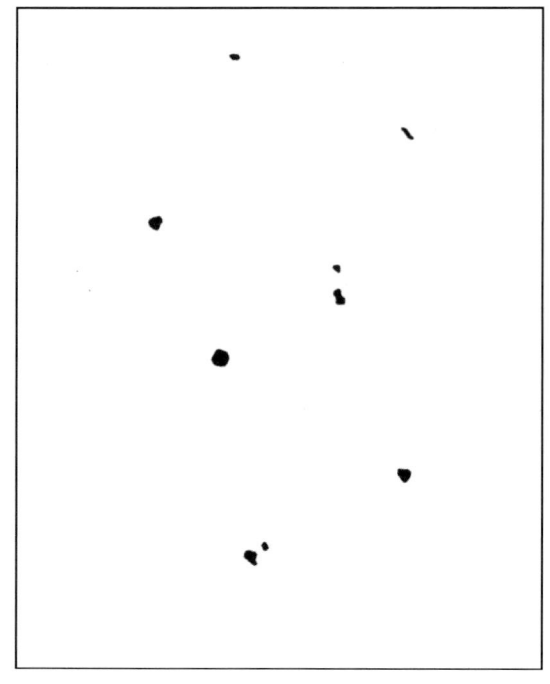

(a) A06 级 （200×）　　　　　　　(b) B06 级 （100×）

图 13-21　孔隙分布部分评级图

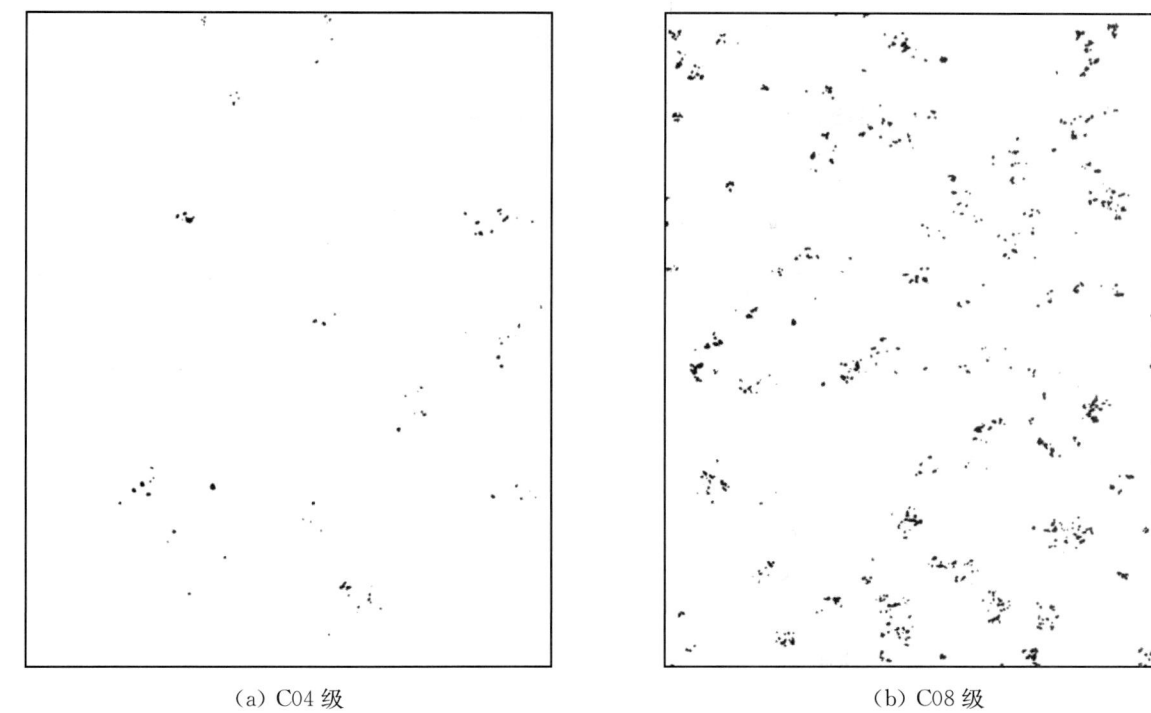

(a) C04 级　　　　　　　　　　　　(b) C08 级

图 13-22　非化合碳部分评级图　（100×）

若孔隙或非化合碳在检测面上分布不均匀,则必须在各部位分别评定,并要标注具体部位。

13.5.3　硬质合金的金相组织评定

13.5.3.1　硬质合金的相组成

硬质合金金相组织的相组成相对简单,主要相及说明见表 13-15。

表 13-15　硬质合金基体组织主要相及说明

主要相	说　　明
α 相	碳化钨(WC)
β 相	黏结相,如以钴、镍、铁为基体的黏结相。钴相、镍相等
γ 相	具有立方晶格的碳化物(如 TiC、TaC)。此碳化物可以以固溶体形式包含其他碳化物(如 WC)
η 相	W 和至少含有一种黏结相金属的复合碳化物,如 W_3Co_3C、W_4Co_2C 等。

用表 13-12 中的及其他各方法,经逐步腐蚀的方法显示各相,检测金相组织。由于硬质合金组织十分细小,常要放大 1500 倍下观察,如需要可置扫描电镜下以更高倍率观察分析。

硬质合金试样经表 13-12 中 B 方法浸蚀后,γ 相呈浅黄褐色,且具有典型的球状,相关的 α 相呈灰白色,常具有棱角形状,边界清晰。

若要测定 β 相(Co 黏结相)的体积分数时,可用 $FeCl_3$ 饱和水溶液,使 β 相优先浸蚀呈黑色,从而与硬质相区分开。对于 TiC 基硬质合金,则可用体积分数 20% 的过氧化氢的水溶液浸蚀。

当硬质合金中局部含碳量不足时,烧结后则出现贫碳相——η 相,在硬质合金的金相检验中,检测 η 相是主要项目之一。按表 13-12 中 A2 方法浸蚀 3～5 s 后,η 相呈橙黄至橙红色。如浸蚀时间增加,则 η 相的颜色逐渐变深或变黑。有时在 100 倍下仅观察到黑色小点,而放大至 1500 倍下才观察到颗粒状聚集在一起,见图 13-23,有时形成汉字状。

WC-Co 类(K 类)合金通常由两相组成,即呈几何形状大小不一的 α 相(WC 相)和 β 相(钴相),随钴含量的增加,β 相也随之增多。

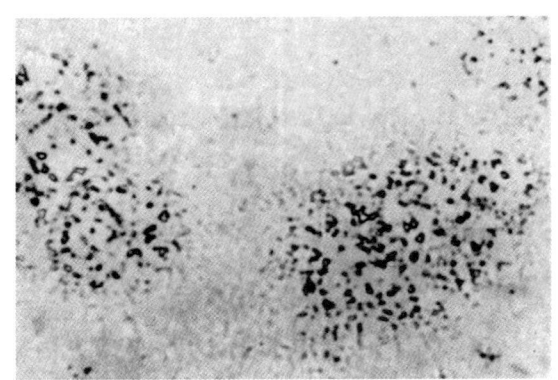
图 13-23 K30(YG8)硬质合金中 η 相分布形貌 （1500×）

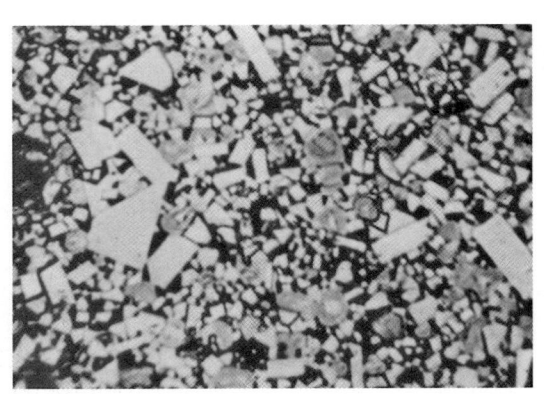
图 13-24 P30(YT5)硬质合金组织形貌 （1500×）

（经高温氧化腐蚀）
图 13-25 P10(YT15)合金组织 （1500×）

WC-TiC-Co 类（P 类）合金的金相组织通常由三相组成，即 WC 溶于 TiC 内的固溶体 γ 相，呈多种几何形态的 α 相（WC 相）以及 WC、TiC 溶于钴内的固溶体 β 相（黏结相）。也可能出现少量过剩石墨，或可能出现少量贫碳的 η 相。

图 13-24 为 P30(YT5)合金的金相组织，白色大小不一的几何形状的 WC(α) 相，灰色（显微镜下为灰褐色）圆形的 γ 相，黑色为黏结钴（β）相，个别深黑色为孔隙。

图 13-25 为 P10(YT15)硬质合金试样经氧化腐蚀（试样面空气炉内经 400℃、40 min 氧化腐蚀）后的组织形貌，白色几何状为 WC(α) 相，黑色为 Co(β) 相，灰色圆块形为 TiC-WC(γ) 相。

13.5.3.2 硬质合金的金相组织评定

硬质合金的相组成相对简单，其评定除缺陷（孔隙，非化合碳）、分布外，最主要的是评定组织的粗细及相的大小尺寸。

GB/T 3488.1—2014/ISO 4499-1:2018《硬质合金 显微组织金相测定 第 1 部分：金相照片和描述》及 GB/T 3488.2—2018/ISO 4499-2:2008《硬质合金 显微组织的金相测定 第 2 部分：WC 晶粒尺寸的测量》中规定，对 α(WC) 相及 γ 相按组织的粗、中、细分三档定性评定，用标准图片对照法进行。

在 ISO 4499-1 及 ISO 4499-2 中，对 WC(α) 相晶粒的大小分为 7 个级别，其尺寸分布见表 13-16。

表 13-16 WC(α)相晶粒大小分级

级别	纳米	超细	亚微米	细小	中等	粗大	特粗[①]
晶粒尺寸/μm	<0.2	0.2～0.5	0.5～0.8	0.8～1.3	1.3～2.5	2.5～6.0	>6.0
示图（ISO 4499-1）	图 13-26	图 13-27	图 13-28	图 13-29	图 13-30	图 13-31	图 13-32

注：① Extra coarse。

在 ISO 4499-1:2008 中，WC(α) 相大小可按其标准图片对照评定，由于组织相对细小，评定时要高倍率下，约 1500 倍，有时用扫描电镜观察更为方便，因此该标准提供了光镜及扫描电镜的两套标准图片。在 ISO 4499-2:2008 中，规定了定量测定方法，主要为截距法。

若用截距法测定 200～600 个晶粒，其测量的不确定性约达 10%，由此，ISO 4499-2:2008 建议，测量 WC(α) 晶粒的尺寸接近分级界限值时，应慎重对待，一般可采用以下评级方法：

0.19 μm(0.20 μm)时可评为纳米(Nano)/超细(Ultrafine)　　0.21 μm 时可评为超细/纳米
0.79 μm(0.80 μm)时可评为亚微米(Submicron)/细少(Fine)　　0.81 μm 时可评为细/亚微米
1.29 μm(1.30 μm)时可评为细少(Fine)/中等(Medium)　　1.31 μm 时可评为中等/细
2.4 μm(2.5 μm)时可评为中等/粗大(Coarse)　　2.6 μm 时可评为粗/中等

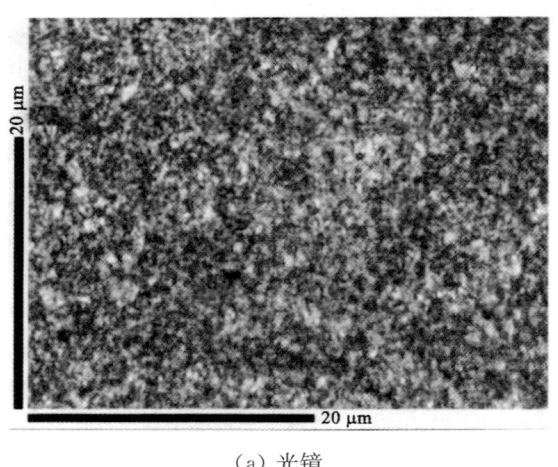
(a) 光镜

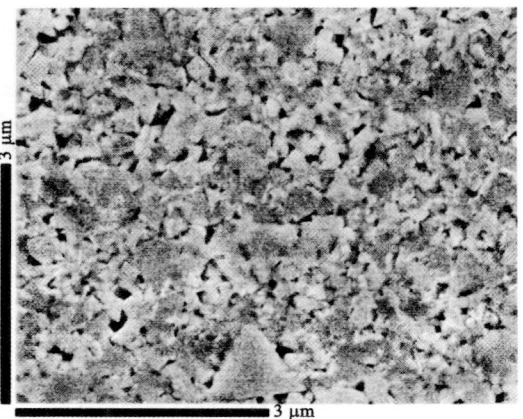
(b) 扫描电镜

图 13-26　WC(α)相纳米级晶粒形貌

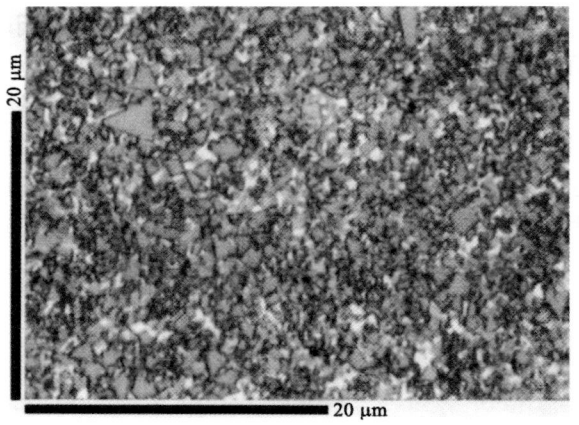

图 13-27　WC(α)相超细晶粒形貌

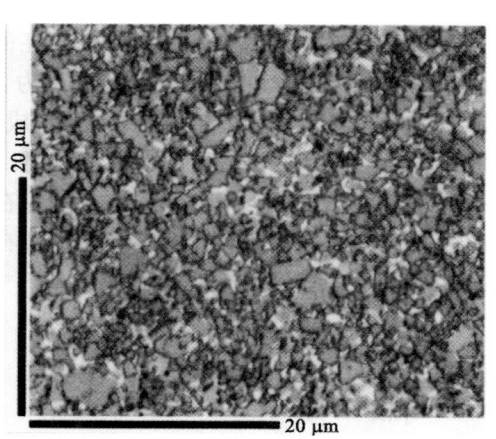

图 13-28　WC(α)相亚微束晶粒形貌

图 13-29　WC(α)相细小晶粒形貌

图 13-30　WC(α)相中等晶粒形貌

匀、弥散的共格或半共格过渡相,这种相在基体中能造成较强烈的应变场,提高对位错运动的抗力。表14-1中除铜外,虽然它们在铝中都有较高的极限溶解度,并随温度下降而急剧减小,但沉淀相的强化作用不够明显。其原因是多方面的,有的是由于共格界面错配度低,相应的应变场很弱,如 Al-Mg 系;有的是由于预沉淀阶段极短,很快丧失共格,而形成非共格的平衡相,如 Al-Si,Al-Mn 系。因此沉淀硬化型铝合金选用复杂合金系,以形成新的强化相。如 Al-Zn 中加镁,即 Al-Zn-Mg 三元系中出现的 $MgZn_2$ 和 $Al_2Mg_3Zn_3$;Al-Mg 系中加硅形成的 Mg_2Si 相,都有很好的沉淀硬化效果。即使对于沉淀硬化能力已较高的 Al-Cu 合金,加镁形成 Al-Cu-Mg 三元系,除原有的强化相 $CuAl_2$ 外,还可形成新的 Al_2CuMg 强化相,使强化能力进一步提高。一般热处理强化的铝合金大多分属 Al-Cu-Mg、Al-Mg-Si 和 Al-Zn-Mg 系。

3. 耐热能力

许多过渡元素与铝形成包晶系,因此有较高的熔点,一般能提高铝合金的高温性能,效果比较显著。如 Al-Ti 包晶温度为 665℃,Al-Cr 为 661℃;即使是共晶系,共晶温度也比较高。如 Al-Mn 系共晶温度为658.5℃,Al-Fe 为 655℃。相比之下,非过渡族元素大多与铝组成共晶温度较低的共晶系,如常用的 Al-Mg 系为 450℃,Al-Zn 系为 382℃。显然其耐热性也越差。再结晶温度也是反映耐热性的一项指标,过渡族元素加锰、铬、锆、钛等都有强烈阻碍再结晶过程的作用,使再结晶温度明显提高。

铝合金的耐热性与基体的抗软化能力有关,组织中的第二相在高温下的稳定性也十分重要。稳定而弥散分布的第二相,将减少高温晶界滑移以及基体的位错运动,从而保证较好的热强性。一些含过渡族元素的金属间化合物,如 $T(Al_{12}MnCu)$、Al_9FeNi、$MnAl_6$、$CrAl_7$、$NiAl_3$ 等相具有较好的热强性,加热时不容易发生聚集长大。

4. 基体组织强化能力

通过细化晶粒包括细化亚结构及增加位错密度,使合金保持未再结晶的组织,可使材料的强度提高10%～30%,同时纵向的断裂韧性和应力腐蚀抗力也可获得改善。

为了使变形制品在热处理后仍保留未再结晶的纤维状组织,通常是加入少量过渡族元素锰、铬、锆、钛,这类元素溶入基体能强烈提高其再结晶温度,当呈弥散第二相质点析出时,可有效地阻止再结晶过程及晶粒长大。铸造铝合金中常加入微量元素(如钠、钠盐或锑)作变质剂进行变质处理来细化合金组织。变质处理对不能热处理强化的铝合金有很重要意义。

14.1.2.2 合金化元素作用

1. 镁

镁原子半径比铝大 13%,溶入铝后对铝晶格造成很大畸变,因此其固溶强化作用明显,每增加 1wt% 镁,铝合金的抗拉强度约可增 34 MPa。

在 Al-Mg 系铝合金中,镁含量一般控制在 4.5wt%～11.0wt%,大于 12wt% 时组织中 $β(Mg_5Al_8)$ 相不能完全溶于 α(Al) 中,不仅有损力学性能,还由于其电极电位与基体相差较大,使铝合金的耐蚀性急骤下降;尤其当 $β(Mg_5Al_8)$ 沿晶分布时会引发晶界腐蚀。

在 Al-Si 系铝合金中,镁含量控制在 0.25wt%～1.30wt% 范围内。镁在 Al-Si 合金中会形成晶格较复杂的正常价化合物 Mg_2Si 脆性相,这种相在热处理后会弥散析出使合金得到强化。但若镁含量过多,形成的 Mg_2Si 脆性相在热处理中不能全部溶入基体,残留下的较粗大 Mg_2Si 脆性相会使合金塑性迅速下降。

在 Al-Cu 系铸造铝合金中,镁为有害杂质,镁含量应严格控制在 0.05wt% 以下,否则会形成 α(Al)＋Al_2Cu＋Si(Al_2CuMg) 三元低熔点共晶体,会增加铸造中热裂及热处理中过烧的发生概率。

2. 硅

硅是铝合金的主要添加元素。硅的密度和线膨胀系数比铝小,熔化潜热大,加入铝基体中形成二元或三元共晶组织,可提高合金的液态流动性,降低铝合金的收缩量和热倾向,减少铸造缺陷,从而可获致密铸件。同时,由于共晶硅和初晶硅脆而硬,可提高零件的耐磨性。

硅在 α(Al) 固溶体中溶解度随温度升高而增加,在室温时仅为 0.05wt%,而在 577℃ 时溶解度达1.65wt%,超过该限度后,硅以 β 相存在,β 相含有极少量铝,因此可看作纯硅,生产中称为初晶(或初生)硅。Al-Si 系合金中含硅量小于 8wt% 为亚共晶含量,硅量在 8wt%～14wt% 为共晶合金,含硅量大于

14wt%为过共晶合金。β相在不变质处理时呈粗大多角形,会割裂基体并产生应力,降低性能。

硅与镁在铝基体中会形成粗大骨骼状 Mg_2Si 相,该相超过一定量后热处理中不能溶解而有损性能,故在 Al-Mg 铝合金中硅含量应控制在 0.3wt% 以下。

硅在 Al-Cu 系铝合金中是有害元素,会降低铜在 α(Al) 中的溶解度,降低力学性能;同时还会出现低熔点三元共晶体($\alpha+Al_2Cu+Al_{10}Mn_2Si$),增加热处理过烧的风险。

3. 铜

铜在铝基体中有一定的固溶强化作用,同时,析出的 Al_2Cu 有明显的时效强化作用,随着铜含量增加强度不断升高。铜含量在 4.5wt%~5.5wt% 时有很好的综合力学性能和高温强度。但当铜超过 5.5wt% 时,由于热处理后有未溶 Al_2Cu 脆性相存在,使力学性能显著下降。随铜含量增加,合金的凝固间隔变宽,易出现各种铸造缺陷。

在 Al-Si-Mg 系铝合金中加入铜后,由于 θ(Al_2Cu) 和 ψ($Al_xCu_4MgSi_4$) 的出现,使合金的强度和热强性得到改善,但塑性有所下降。

4. 锌

锌在铝基体中很高的溶解度,在 Al-Zn 系铸造铝合金中锌可完全固溶于铝基体中,在铸造冷却过程中也不发生分解,具有固溶强化效应。但在变形条件下,锌对变形铝合金的强化作用相对有限,尤其会增加铝合金的应力腐蚀倾向。

在 Al-Zn 系合金中,锌含量大于 1wt%,由于锌同时溶入 α(Al) 和 β(Mg_5Al_8) 相中,降低了镁的扩散能力,抑制了 Al-Mg 系铝合金的自然时效。但由于使 β(Mg_5Al_8) 相呈不连续分布,提高了抗应力腐蚀能力,尤其当 Zn/Mg 比控制在 2 附近时,应力腐蚀倾向最小。

在 Al-Cu-Mn-Ti 系铝合金中含有少量锌时,由于削弱了 α(Al) 固溶体原子间的结合力,将降低其热强性。

5. 锰

锰单独溶入铝基体中除固溶强化外,还会形成弥散分布的 Al_6Mn 脆性化合物相,随其含量增加,合金强度随之提高。当锰含量达 1.0wt%~1.6wt%,变形铝合金不但有较高的强度而且有良好的塑性和工艺性能,但当锰含量高于 1.6wt% 的合金,由于 Al_6Mn 脆性相过多,难以变形加工。

Al_6Mn 相能提高结晶温度,使组织细化;同时还能溶解杂质铁,形成 $Al_6(FeMn)$,减少铁的有害影响。这类 Al-Mn 系变形铝合金不能用热处理强化。

在铸造铝合金中添加少量锰除起固溶强化外,还可使粗针 β($Al_9Si_2Fe_2$) 相转化为骨骼状的 AlMnFeSi 相,从而减轻杂质铁的有害影响,一般认为 Mn/Fe 比值在 0.7~0.8 时效果较好。

在 Al-Cu 系铝合金中加入锰,会形成热稳定性很高的 T($Al_{12}Mn_2Cu$) 相,使 Al-Cu 系铝合金具有良好耐热性。但当锰含量超过 1wt% 时,会因不溶的初生 T($Al_{12}Mn_2Cu$) 相过多使铝合金脆性增大,室温强度降低。

6. 钛、锆、硼

钛、锆和硼是高强度铝合金的常用添加元素。微量的钛(0.1wt%~0.35wt%)、锆(0.1wt%~0.3wt%)和硼(0.005wt%~0.06wt%)后,合金中可形成细小的不溶 Al_3Ti、Al_3Zr、TiB_2 等金属间化合物,可起到细化晶粒的作用,增加合金热处理效果。

14.1.3　变形铝合金的分类及牌号

变形铝合金是一类经挤压、轧制或锻压成材或成型的铝合金。由于要经变形加工,组织中不允许有过多的脆性第二相,大部分变形铝合金的合金总量相对铸造铝合金较低,一般总量小于 5wt%,但部分特殊高强度变形铝合金总量可达 14wt% 左右。

变形铝合金的分类方法很多,如按合金状态及热处理特点分为可热处理强化变形铝合金和不可热处理强化变形铝合金两大类;按合金的性能和用途分为工业纯铝、锻铝、硬铝、超硬铝、防锈铝等。目前世界各国普遍采用的是按铝合金中所含主要合金元素划分,具体采用 4 位数码(或字符)法分类。这种分类方法能较本质反映合金基本性能,也便于编码和计算机管理。

变形铝合金分类的四位数编码系统源自美国铝业协会[①]的标准，1978年被美国国家标准采纳用于ANSIH351-1978；国际标准化组织1983年起又将其纳入ISO 2107：2007标准。英国、加拿大以及欧洲铝业协会等均沿用这种变形铝合金的四位数编码系统。

日本的相关JIS标准规定变形铝合金的牌号分三部分。最前面的为"A"，表示铝及铝合金；第二部分是国际数字牌号；第三部分是表示材料品种或尺寸精度等级的大写英文字母，如A2024P，P代表板材。

在四位数字的牌号中，第一位数字表示合金系列。按铝合金中主要元素的分类见表14-2。

表14-2 变形铝合金分类系列表

变形铝合金组别	牌号系列	变形铝合金组别	牌号系列
Al-Cu系合金	2×××系列	Al-Si-Mg系合金	6×××系列
Al-Mn系合金	3×××系列	Al-Zn系合金	7×××系列
Al-Si系合金	4×××系列	其他元素合金	8×××系列
Al-Mg系合金	5×××系列	备用系	9×××系列

注：工业纯铝(Al≥99.00%)，编为1×××系列。

在2×××～8×××合金系列中，牌号最后两位数字只用来区别该型号中不同牌号的铝合金。第二位数字表示对合金的修改，如为零，则表示原始合金；若为1～9中的任一整数，则表示对合金的修改次数。

对于试验合金的牌号，在4位数字前加"×"。

我国变形铝及铝合金牌号和表示方法依据GB/T 16474—2011《变形铝及铝合金牌号表示方法》规定，凡是化学成分与变形铝及铝合金国际牌号注册协议组织（简称国际牌号注册组织）命名的合金相同的所有合金，其牌号直接采用国际四位数字体系牌号，未与国际四位数字体系牌号的变形铝合金接轨的，采用4位字符牌号（但试验铝合金在四位字符牌号前加×）命名，并按要求注册化学成分。

4位字符体系牌号的第一、第三、第四位为阿拉伯数字，第二位为英文大写字母(C、I、L、N、O、P、Q、Z字母除外)。牌号的第一位数字表示铝及铝合金的组别，同上述表14-3，除改型合金外，铝合金组别按主要合金元素来确定，即极限含量算术平均值为最大的合金元素。当有一个以上的合金元素极限含量算术平均值同为最大时，应按铜、锰、硅、镁、锌、其他元素的顺序来确定合金组别。最后两位数字用以标认同一组中不同的铝合金或表示铝的纯度。

GB/T 3190—2020《变形铝及铝合金化学成分》标准中，收录了232个国际四位数牌号合金以及142个国内四位字符牌号铝合金，并列出了各牌号铝合金的成分要求。

14.1.4 铸造铝合金分类、牌号及成分

铸造铝合金的合金化体系与变形铝合金相同，具有除变形强化外的相同的合金强化机理，同样可分为能否热处理强化型两大类。铸造铝合金与变形铝合金的主要差别在于：铸造铝合金的合金化原始含量一般较多，约达8wt%～25wt%，除含有强化合金元素外，还必须含有足够的以硅为主的共晶型元素，以使铝合金有良好流动性，适应铸造工艺。

14.1.4.1 铸造铝合金分类及命名

目前国际上无统一的铸造铝合金牌号命名方法，一般均按合金化分类及按铸造用途（型砂铸造用、压铸用等）分类。铸造铝合金目前主要有Al-Cu、Al-Cu-Si、Al-Si、Al-Mg、Al-Zn-Mg及Al-Sn等6类合金。

美国铝业协会(AA)规定铸造铝合金用3位数字加小数点表示。3位数字的第一位表示合金化系列合金，见表14-3。3位数字的第二、第三位则表示该系列的序号。小数点后是"0"（即×××.0)表示铝及铝合金铸件，小数点后是"1"或"2"（即×××.1或×××.2)表示铝及铝合金铸锭。美国铝业协会(AA)的这种命名分类方法影响较大，被引用面也较广，我国的GB/T 8733—2016《铸造铝合金锭》就引用该分类方法。

[①] The Aluminium Association，AA

表 14-3　美国铝业协会(AA)对铸造铝合金的分类系列

铸造铝合金类别	牌号系列	铸造铝合金类别	牌号系列
铸造纯铝	1×××	含 Mg 且以 Mg 为主 Al-Mg 系	5×××
含 Cu 且以 Cu 为主 Al-Cu 系	2×××	未用	6×××
含 Mg、Cu 的 Al-Si 系	3×××	含 Zn 且以 Zn 为主 Al-Zn 系	7×××
Al-Si 二元系	4×××	含 Sn 且以 Sn 为主 Al-Sn 系	8×××

ISO 铸造铝合金标准号有 R164、R214 及 3522，铸造铝合金牌号的表示用 Al 加元素符号及元素的平均含量表示，牌号前加标准号，例如 3522AlCu4MgTi、R164AlCuMgTi、R214AlCuMgTi 等。

日本铸造铝合金牌号形式为大写字母"A"+铸造代号+种类号+(型号)。其中"A"表示为铸造铝合金；铸造代号"C""D"表示为砂型(或金属型)、压铸型；种类号表示类别；对相近合金，牌号有时还添加 A、B、C 等型号以表示区别。如 ACZA 表示砂型(或金铸型)用第二类铸造合金。ADC12 表示压铸用第十二类铸造铝合金。

GB/T 1173—2013 规定的中国铸造铝合金表示方法为，由 ZAl+主要合金元素符号以及名义百分含量的数字组成。对于优质合金，在牌号后面标注大写字母"A"。例如 ZAlSi7Mg 表示铸造铝合金，平均硅含量为 7wt%，平均镁含量小于 1wt%。对于压铸用铝合金则用 YZ 为前缀，如 YZAlSi9Cu4。

GB/T 1173—2013 标准中还规定了铸造铝合金的合金代号，其形式为，大写字母"ZL"+×××(数字)+(A)。其中"ZL"表示铸造铝合金；3 位数字中首位表示合金类型(1：Al-Si 系，2：Al-Cu 系，3：Al-Mg 系，4：Al-Zn 系)，后两位表示序号；部分牌号需要对某些微量元素进行控制，后加以大写字母"A"表示区别。对应压铸件，GB/T 15114—2009《铝合金压铸件》则规定合金代号前缀用 YL 表示，其他相同。

14.1.4.2　常用铸造铝合金牌号及成分

GB/T 1173—2013《铸造铝合金》中列出我国主要的铸造铝合金牌号及成分，共有 28 个牌号。可参见本章 14.3 节中介绍。

日本 JIS H 5302《铝合金压铸件》中所列的压铸用铝合金牌号应用较广，其牌号及化学成分见表 14-4。

表 14-4　日本压铸铝合金的牌号及化学成分

合金牌号	化学成分(余量为 Al)/wt%									
	Si	Mg	Fe	Cu	Mn	Zn	Ti	Ni	Pb	Sn
ADC1	11.0~13.0	0.3	1.3	1.0	0.3	0.5	—	0.5	—	0.1
ADC2	11.0~13.5	0.10	1.3	0.10	0.5	0.1	0.20	0.1	0.1	0.05
ADC3	9.0~10.0	0.4~0.6	1.3	0.6	0.3	0.5	—	0.5	—	0.1
ADC5	0.3	4.0~8.5	1.8	0.2	0.3	0.1	—	0.1	0.1	0.1
ADC6	1.0	2.5~4.0	0.8	0.1	0.4~0.6	0.4	—	0.1	0.1	0.1
ADC7	4.5~6.0	0.1	1.3	0.10	0.5	0.1	0.20	0.1	0.1	0.1
ADC8	5.0~7.0	0.3	1.3	3.0~5.0	0.2~0.6	2.0	0.2	0.2	0.2	0.1
ADC10	7.5~9.5	0.3	1.3	2.0~4.0	0.5	1.0	—	0.5	—	0.2
ADC11	7.5~9.5	0.3	1.3	2.5~4.0	0.5	1.2	0.2	0.5	0.3	0.2
ADC12	9.6~12	0.3	1.3	1.5~3.5	0.5	1.0	—	0.5	—	0.2
ADC12Z	9.6~12.0	0.3	1.3	1.5~3.5	0.5	3.0	—	0.5	—	0.2
ADC14	16.0~18.0	0.45~0.65	1.3	4.0~5.0	0.5	1.5	—	0.3	—	0.2

注：含量为单值的表示为杂质限量的上限值。

14.1.5 铝合金工艺状态代号

由于铝合金的性能与工艺状态,尤其是热处理状态密切相关,因此对于具体铝合金牌号后往往带有状态名称代号。标准的状态名称系统一般由一个表示基本状态的字母和一个或几个数字组成。变形铝合金和铸造铝合金的状态代号不尽相同,分属两个标准体系。各个国家的相关状态代号也不完全一致。

14.1.5.1 变形铝合金工艺状态代号

GB/T 16475—2008《变形铝合金及铝合金状态代号》标准修改采用 ISO 2107:2007《变形铝合金及铝合金产品代号》标准,该标准规定变形铝合金状态代号分为基础代号和细分代号。

1. 变形铝合金基础状态代号

GB/T 16475—2008 中基础状态的分类、代号及说明见表 14-5。

表 14-5 基础状态代号说明

状态代号	基础状态	说　明
F	自由加工状态	适用于在成型过程中,对于加工硬化和热处理条件无特殊要求的产品,该状态产品对力学性能不作规定
O	退火状态	适用于经完全退火后获得最低强度的部品状态
H	加工硬化状态	适用于通过加工硬化提高强度的产品
W	固溶热处理状态	适用于经固溶热处理后,在室温下自然时效的一种不稳定状态。该状态不作为产品交货状态,公表示产品处于自然时效阶段
T	不同于 F、O 或 H 的热处理状态	适用于固溶热处理后,经过(或不经过)加工硬化达到稳定的状态

注:本表由作者根据 GB/T 16475—2008 整理所得。

2. T 状态的细分状态代号

T 后面的附加数字 1~10 表示的热处理说明见表 14-6。

T1~T10 后面的附加数字表示影响产品特性的特殊处理,具体说明可见 GB/T 16475—2008 中 6.2 条款说明。

表 14-6 变形铝合金 T1~T10 热处理状态代号说明

状态	代 号 释 义
T1	高温成型+自然时效 适用于高温成型后冷却自然时效,不再进行冷加工(或影响力学性能极限的矫平、矫直)的产品
T2	高温成型+冷加工+自然时效 适用于高温成型后冷却,进行冷加工(或影响力学性能极限的矫平、矫直)以提高强度,然后自然时效的产品
T3	固溶热处理+冷加工+自然时效 适用于固溶热处理后,进行冷加工(或影响力学性能极限的矫平、矫直)以提高强度,然后自然时效的产品
T4	固溶热处理+自然时效 适用于固溶热处理后,不再进行冷加工(或影响力学性能极限的矫平、矫直),然后自然时效的产品
T5	高温成型+人工时效 适用于高温成型后冷却,不经冷加工(或影响力学性能极限的矫平、矫直),然后进行人工时效的产品
T6	固溶热处理+人工时效 适用于固溶处理后,不再进行冷加工(或影响力学性能极限的矫平、矫直),然后人工时效的产品
T7	固溶热处理+过时效 适用于固溶处理后,进行了过时效至稳定化状态。为获取除力学性能外的其他某些重要特性,在人工时效时,强度在时效曲线上越过了最高峰点的产品

续表

状态	代号释义
T8	固溶热处理+冷加工强化+人工时效 适用于固溶热处理后，以冷加工（或影响力学性能极限的矫平、矫直）以提高强度，然后人工时效的产品
T9	固溶热处理+人工时效+冷加工强化 适用于固溶热处理后，人工时效，然后进行冷加工（或影响力学性能极限的矫平、矫直）以提高强度的产品
T10	高温成型+冷加工+人工时效 适用于高温成型后冷却，经冷加工（或影响力学性能极限的矫平、矫直）以提高强度，然后进行人工时效的产品

某些6×××系或7×××系合金，无论是炉内固溶热处理，还是高温成型后急冷以保留可溶性组分在固溶体中，均能达到相同的固溶热处理效果，这些合金的T3、T4、T6、T7、T8和T9状态可采用上述两种处理方法的任一种，但应保证产品的力学性能和其他性能（含抗腐蚀性能）

注：本表摘自 GB/T 16475—2008。

3. H 状态的细分状态代号

根据 GB/T 16475—2008 标准规定：

H 后面的第 1 位数字表示获得该状态的基本工艺（处理程序），用数字 1~4 表示。

H 后面的第 2 位数字表示产品的最终加工硬化程度，用数字 1~9 表示。

H 后面的第 3 位数字或字母表示影响产品特性（最终硬化程度），但特性仍接近其前两位数字状态的特殊处理。

14.1.5.2 铸造铝合金工艺状态代号

铸造铝合金的状态代号不同于变形铝合金的状态代号，我国按 GB/T 1173—2013《铸造铝合金》标准的规定。

1. 铸造铝合金基础工艺状态代号

用英文字母表示工艺状态，见表 14-7。

表 14-7 铸造铝合金工艺状态代号

F	S	J	R	K	B	TX
铸态	砂型铸造	金属型铸造	熔模铸造	壳型铸造	变质处理	热处理态

注：本表由作者根据 GB/T 1173—2013 整理所得。

2. 铸造铝合金热处理状态类别代号

铸造铝合金热处理细分类别及代号见表 14-8。

表 14-8 铸造铝合金热处理状态的类别代号及说明

热处理状态代号	热处理类别	说明
T1	人工时效	对湿砂型、金属型特别是压铸件，由于凝固冷却速度较快有部分固溶效果，人工时效可提高强度、硬度，改善切削性能
T2	退火	消除铸造和加工过程中产生的应力，提高尺寸稳定性及合金的塑性
T4	固溶处理+自然时效	提高工件的力学性能，特别是提高工件的塑性及常温抗腐蚀性能
T5	固溶处理+不完全人工时效	时效是在较低的温度或较短的时间下进行，进一步提高合金的强度和硬度
T6	固溶处理+完全人工时效	时效在较高温度或较长时间下进行，可获得最高的抗拉强度，但塑性有所下降
T7	固溶处理+稳定化回火处理	提高铸件组织和尺寸稳定性及抗腐蚀性能，主要用于较高温度下工作的零件，稳定化温度可接近于铸件的工作温度

续表

热处理状态代号	热处理类别	说 明
T8	固溶处理+软化回火处理	固溶处理后采用高于稳定化处理的温度进行处理,获得高塑性和尺寸稳定性好的铸件
T9	冷热循环处理	充分消除铸件内应力及稳定尺寸。用于高精度铸件

注：本表由作者根据 GB/T 1173—2013 整理所得。

14.2 铝合金的热处理

铝合金的热处理类型有退火(包括均匀化退火以及变形铝合金的回复再结晶退火)、固溶处理(淬火)、时效(包括人工、完全及不完全时效、自然时效)、稳定化处理以及冷热循环处理等。由于铸造铝合金及变形铝合金的合金化程度不同,原始组织状态不同,各自的适用工艺及工艺参数各不相同。

14.2.1 铝合金的均匀退火处理

在生产条件下,铝合金凝固后的铸态组织通常偏离平衡状态,一般需要进行均匀化退火,使组织中枝晶偏析消除,非平衡相溶解和过饱和的过渡元素相沉淀溶质的浓度趋向均匀化。

均匀化退火后的组织发生变化,使室温下塑性提高并使冷、热变形工艺性能改善,降低铸锭热轧开裂的危险,改善热轧带板的边缘品质,提高挤压制品的挤压速度。同时,均匀化退火可降低变形抗力,减少变形功消耗,提高生产效率。均匀化退火还可消除铸件残余应力,改善铸件的机械加工性能。

均匀化退火的工艺参数除温度、保温时间外还要考虑加热及冷却速度。

1. 均匀退火温度

为加速均匀化过程,通常采用的均匀化退火温度为$(0.9\sim0.95)T_m$。T_m为铸件实际开始熔化温度,它低于平衡相图上的固相线。

2. 均匀化退火保温时间

保温时间基本上取决于非平衡相溶解及晶内偏析消除所需时间。一般均匀化完成时间可按非平衡相完全溶解的时间来估计。

在均匀化过程中,扩散物浓度差逐渐减少,扩散过程趋缓,因此过分延长退火时间效果不大,陡然增加能耗。铝合金均匀化退火保温时间一般均在10 h 以上;有的达24 h,少的也有需3 h。

3. 均匀退火的加热速度及冷却速度

均匀化退火的加热速度的大小以铸件不产生裂纹和不发生大的变形为原则。有些合金冷却太快会产生淬火效应;而过慢冷却又会析出较粗大第二相,使加工时易形成带状组织,固溶处理时难以完全溶解,因此减小了时效强化效应。如对于6063合金,均匀化退火最好快速冷却,甚至在水中冷却。

14.2.2 铝合金的回复与再结晶退火

变形铝合金由于冷变形储能的作用在退火过程会发生回复及再结晶。

14.2.2.1 回复退火

变形铝合金变形储能的形式是晶格畸变和形成各种晶格缺陷,如点缺陷,位错及亚晶界等。在退火温度较低、退火时间短条件下,这种晶格畸变将恢复、各种晶格缺陷将会减少、再组合,组织与结构将向平衡状态转化,即称为回复过程。

回复过程的本质是点缺陷运动和位错运动及其重新组合,在精细结构上表现为多边化过程,形成亚晶组织。退火温度升高或退火时间延长,亚晶尺寸逐渐增大,位错缠结逐渐消除,呈现鲜明的亚晶晶界,在一定条件下,亚晶可以长大到很大尺寸(约$10\mu m$),这种情况称为原位再结晶。

回复不能使冷变形储能完全释放,只有再结晶过程才能使加工硬化效应完全消除。

14.2.2.2 再结晶退火工艺

变形铝合金在较高的退火温度下,基体组织中新晶粒开始形核并长大,这种现象称为再结晶。再结晶晶粒与基体中原晶粒间的界面一般为大角度界面,这是再结晶晶粒与多边化过程所产生的亚晶间的主要区别。

再结晶过程首先是在变形基体中形成一些晶核,这些晶核由大角度界面包围且具有高度结构完整性。然后这些晶核以"吞食"周围变形基体的方式长大,直至整个基体被新晶粒占满为止。再结晶形核机制主要有两种:应变诱发晶界迁移机制和亚晶长大形核机制。

1. 再结晶温度

开始发生再结晶的温度称为再结晶温度($T_{再}$),再结晶温度不是一个常数,在合金成分一定的情况下,它主要与变形程度及退火时间有关。若使变形程度及退火时间恒定,则再结晶既有其开始发生的温度 $T_{再}^{开}$,也有其完成的温度。再结晶终了温度总比再结晶开始温度高。

冷变形程度是影响再结晶温度的重要因素。退火时间一定(一般取 1 h)时,变形程度与再结晶开始温度呈图 14-2 所示的关系。变形程度增加,$T_{再}^{开}$ 降低。当变形程度达一定值后,$T_{再}^{开}$ 趋于一定值($T_{再}$)。通常将变形程度在 60%~70% 以上、退火 1~2 h 的最低再结晶开始温度 $T_{再}$ 作为该金属的再结晶温度。

2. 退火时间

退火时间增加,再结晶温度降低,一般呈图 14-3 所呈关系。

在铝合金固溶体范围内,加入少量元素通常能急剧提高再结晶温度,但达一定温度后基本不再提高。再结晶启动后,一般情况下晶粒会正常均匀长大。由于无法准确掌握再结晶恰好结束时间,因此通常退火后的晶粒都会有一定程度的长大。然而,由于基体组织中晶粒长大驱动能或阻力有差异,某些晶粒发生选择性急剧长大,这种现象称为二次再结晶。二次再结晶发生在较高温度,晶粒直径可达数毫米。

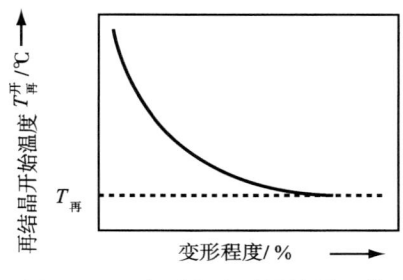

图 14-2 变形程度对再结晶开始
温度的影响示意

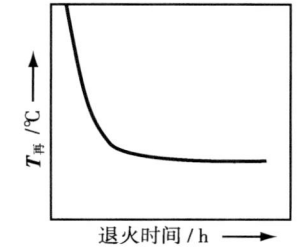

图 14-3 退火时间现再结晶
温度的关系示意

14.2.2.3 影响再结晶晶粒尺寸的因素

影响再结晶晶粒大小的主要因素有成分及工艺两方面。

1. 成分影响

一般来说,随合金元素及杂质含量增加,晶粒尺寸减小。因为不论合金元素溶入固溶体中,还是生成弥散相,均阻碍界面迁移,有利于得到细晶粒组织。但某些合金,若固溶体成分不均匀,则反而可能出现粗大晶粒组织。

2. 变形程度的影响——临界变形程度

变形程度与晶粒尺寸的关系示于图 14-4。由某一变形程度开始发生再结晶并且得到极粗大晶粒,这一变形程度称为临界变形程度或临界应变,用 ε_c 表示,一般条件下为 1%~15%。

实验证实,变形程度小于 ε_c,退火时只发生多边化过程,原始晶界只需做短距离迁移就足以消除应变的不均匀性。当变形程度达 ε_c 时,个别部位变形不均匀性很大,其驱动力足以引起晶界大规模移动而发生再结晶,但由于此时形核率小,因而得到粗大晶粒。此后,在变形程度增大时,N/G 值不断增高,再结晶晶粒不断细化。

为使退火得到细小晶粒,应防止变形程度处在 ε_c 附近。特别要注意机加工造成局部变形达 ε_c,退火粒有越来越大的趋势。

回归处理的温度必须高于原先的时效温度,两者差别越大,回归越快、越彻底。回归处理的加热时间一般很短,否则,会出现对应于该温度下的脱溶相,达不到回归效果。

回归处理后可再时效处理。对人工时效状态的铝合金进行了回归处理,随后再重复原来的人工时效,这种热处理工艺称作回归再时效处理(工艺代号为RRT),又称回归热处理工艺(工艺代号为RHT)。这种工艺较适用于 Al-Cu-Mg、Al-Mg-Si、Al-Zn-Mg-Cu 系合金。通过这种 RRT 工艺,使该系列合金兼有固溶-时效状态的高强度及分级过时效处理状态的优良应力腐蚀抗力。

14.2.6 铝合金的冷(冷热循环)处理

铝合金在低温下没有脆性断裂的倾向,随着温度的降低,强度有所提高,但塑性却降低得很少,所以有时为减小或消除部件内应力,可将铸造或淬火后的部件,冷却到－50℃、－70℃或更低的温度,保持2~3h,随后在空气或热水中加热到室温,或者是接着进行人工时效,这种工艺称冷处理。

14.2.7 铸造铝合金热处理及力学性能

铸造铝合金常采用的热处理工艺有固溶处理、时效处理以及循环处理等。

由于铸造铝合金的组织往往粗大,偏析较发达,因此热处理加热温度偏向上限,保温时间相对长。固溶(淬火)处理冷却水温度要高些,铸件壁厚差较大时水温常控制在 80~100℃ 范围内,以减少变形和开裂。表 14-9 摘自 GB/T 25745—2010《铸造铝合金热处理》的部分铸造铝合金的热处理工艺及相关热处理后的力学性能。

表 14-9 部分可热处理强化铸造铝合金热处理工艺及性能

合金代号	热处理状态代号	固溶处理		时效处理		力学性能,不低于(参考)		
		温度/℃	冷却介质及温度/℃	温度/℃	保温时间/h	抗拉强度 R_m/MPa	断后伸长率 A/%	布氏硬度/HBW(5/250)
ZL101	T2	—	—	290~310	2~4	135	2	45
	T4	530~540	水,60~100	室温	≥24	175	4	50
	T5	530~540	水,60~100	145~155	3~5	195	2	60
	T6	530~540	水,60~100	195~205	3~5	225	1	70
ZL101A	T6	530~540	水,60~100	室温再175~185	不少于8 3~8	275	2	80
ZL102	T2	—	—	290~310	2~4	135	4	50
ZL104	T6	530~540	水,60~100	170~180	8~15	225	2	70
ZL105	T5	520~530	水,60~100	170~180	3~10	195	1	70
	T7	520~530	水,60~100	220~230	3~10	175	1	65
ZL105A	T5	520~530	水,60~100	155~165	3~5	275	1	80
ZL108	T1	—	—	190~210	10~14	195	—	85
	T6	510~520	水,60~100	175~185	10~16	255	—	90
ZL111	T6	500~510 再 530~540	水,60~100	170~180	5~8	255	1.5	90
ZL114A	T5	530~540	水,60~100	155~165	4~8	290	2	85
ZL201A	T5	530~540 再 540~550	水,60~100	155~165	6~9	390	8	100

续 表

合金代号	热处理状态代号	固溶处理		时效处理		力学性能,不低于(参考)		
		温度/℃	冷却介质及温度/℃	温度/℃	保温时间/h	抗拉强度 R_m/MPa	断后伸长率 A/%	布氏硬度/HBW(5/250)
ZL203	T4	510～520	水,60～100	室温	≥24	195	6	60
	T5	510～520	水,60～100	145～155	2～4	215	3	70
ZL205A	T5	533～543	水,室温～60	150～160	8～10	440	7	100
	T6	533～543	水,室温～60	170～180	4～6	470	3	120
ZL301	T4	425～435	沸水或油,50～100	室温	≥24	280	10	60
ZL402	T1	—	—	175～185	8～10	215	4	65

14.2.8 变形铝合金热处理及力学性能

变形铝合金的热处理工艺通常有均匀化退火、固溶处理、时效处理及回归处理等。

部分可热处理强化变形铝合金的热处理工艺及力学性能参考数据见表 14-10,其中固溶处理时的保温时间要根据构件的壁厚及加热炉(介质)的不同而确定,冷却过程均采用水淬,构件由炉内转移至淬火介质的转移时间要尽可能短,小件不超过 10 s,大件不超过 15 s。

表 14-10 部分可热处理强化变形铝合金的热处理工艺与性能

合金牌号	热处理工艺			热处理状态代号	力学性能(参考)			
	固溶温度①/℃	时效温度及时间			抗拉强度 R_m/MPa	屈服强度 $R_{p0.2}$/MPa	断后伸长率 A/%	硬度/HBW
		/℃	/h					
2A04	503～508	自然时效	≥96	T4	451	274	23	115
2A10	520±5	自然时效 人工时效	≥96 24	T4	392	245	20	90
2A11	500±5	160	14	T3 T8	380 405	295 310	15 10	95 100
2A12	495±5	自然时效 185～195	≥96 6～12	T4 T6	420 520	275 430	12 10	120 140
2A14	500±5	170	10	T6	430	315	10	≥120
2A50	520±5	150～160	6～12	T6	380	275	≥10	≥115
2A70	530±5	195	10	T6	400	320	15	130
2A80	530±5	190	10	T6	395	255	12	130
2A90	510±5	170	5～7	T6	365	235	8	≥95
2011	525±5	160	14	T3 T8	380 405	295 310	15 12	95 100
2014	500±5	160	18	T6	485	415	13	135
2048	495～500	190	6～12	T6	465	420	7～8	130
4A11	505～515	170	6	T6	380	315	9	120
6A02	520±5	160	8	T6	295	235	12	≥95
6010	565±5	177	6	T6	386	372	11	≥100

续　表

合金牌号	热处理工艺			热处理状态代号	力学性能（参考）			
	固溶温度① /℃	时效温度及时间			抗拉强度 R_m/MPa	屈服强度 $R_{p0.2}$/MPa	断后伸长率 A/%	硬度/HBW
		/℃	/h					
6061	525～530	170	6	T6	310	275	12	≥95
6063	520±5	180	10	T6	270	250	>12	≥80
7A04	470±5	120～160	3/3	T6	530	440	6	140～170
7A09	460～470	110～170	6/24	T6	570	505	9	150
7A10	470±3	110～180	7/9	T6	490	382	6	130

注：① 固溶处理冷却均为水淬。

14.3　铸造铝合金及其金相分析

铸造铝合金的合金元素含量较高（8wt%～25wt%），并含有足够的硅以保证铸造性能。铸造铝合金的组织、性能主要与其成分相关，同时还与铸造工艺和热处理规范有关。

14.3.1　Al-Si 系铸造铝合金及其金相分析

常用 Al-Si 系铝合金中硅含量约为 5wt%～13wt%，根据图 14-5 所示的 Al-Si 合金相图可知属于亚共晶和共晶型合金。其中包括简单的 Al-Si 二元铝合金以及在 Al-Si 二元合金中再加入铜、镁、锰、镍和锌等合金元素形成复杂三元、四元等合金。为适应更高的耐磨、耐腐蚀要求，还发展了过共晶的 Al-Si 系合金。目前，国内外过共晶 Al-Si 系合金的含硅量级别可分为 3 组：Ⅰ 组的硅含量为 17wt%～19wt%；Ⅱ 组的硅含量为 20wt%～23wt%；Ⅲ 组的硅含量为 24wt%～26wt%。常用的是 Ⅰ、Ⅱ 两组，如 393.0（美国）、ZL117、ZL23（企标）合金等。第 Ⅲ 组由于结晶范围大，铸造性能差，一般很少用。

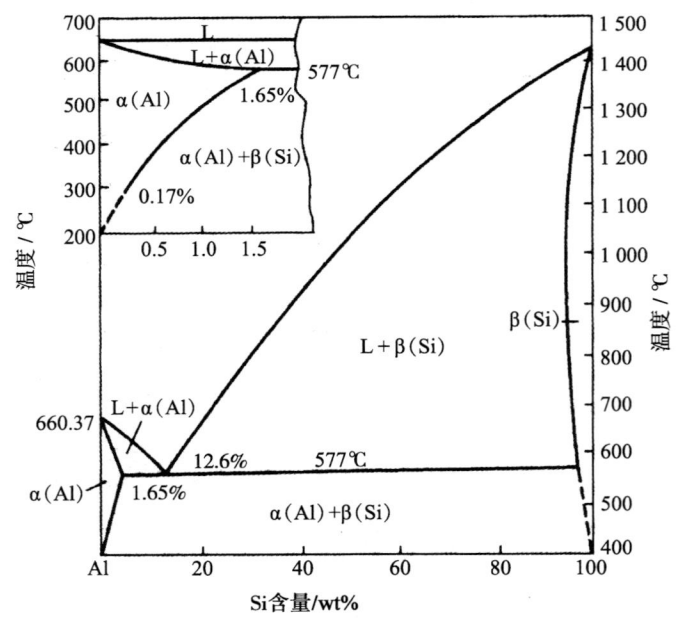

图 14-5　Al-Si 合金相图

14.3.1.1　铸造铝合金变质处理及评级

由 Al-Si 合金相图可知铝与硅不形成化合物而形成共晶体。在共晶温度 577℃ 时硅在铝中最大溶解度为 1.65wt%，室温时溶解度小于 0.01wt%。故室温时 α(Al) 相为硅溶于铝中的固溶体，其性能相当铝。β 相是铝溶于硅的固溶体，其溶解度极微，故可看作为纯硅。Al-Si 系合金在铸造的缓慢结晶时，会出现紊乱分布的粗片状、针状共晶硅，还可能出现块状和不规则初晶硅，这必然使铝合金的力学性能恶化。生产上用钠(盐)、锶、锑、磷(盐)以及稀土等来进行变质处理，以细化和改变共晶硅的形态，可改善或消除粗大共晶硅的有害作用，有时可使抗拉强度提高 50%，伸长率增加 5 倍。

钠(盐)的加入，使 Al-Si 合金的共晶点向左、向下移动，使原共晶、过共晶的 Al-Si 合金处于亚共晶范围；同时共晶温度下降，过冷度增大，使铸态组织中块状初晶硅消失、粗条片状共晶硅细化。但钠作为变质剂其效果容易衰退，同时会降低液态 Al-Si 合金的流动性，影响铸件质量。

金属锶靠吸附在共晶硅的生长台阶上阻碍其长成片状而达到细化共晶组织的效果，变质效果与钠相当，但处理后铸件不易除氢，较易生成针孔。磷、锑、碲、铋、钙、硼等元素均会毒化锶变质效果。同时还会产生过变质现象。

金属锑加入 Al-Si 合金使共晶硅组织以片状形式产生分枝并分布均匀，从而细化组织，锑变质时冷却速度敏感，冷速快，变质效果好，对壁厚较厚的砂型 Al-Si 铸件无变质效果。

当锑、钠、锶同时加入 Al-Si 合金时，会形成 Na_2Sb 等化合物，变质作用相互抵消，降低变质效果。

磷(盐)加入共晶或过共晶成分的 Al-Si 合金中，磷和铝形成熔点高达 1 000℃ 以上的化合物 AlP。由于 AlP 质点和硅的晶型相同，晶格常数相近，因而 AlP 可作为硅结晶时的异质晶核，促进初晶硅形成。同时由于各相过冷度差异，在共晶转变之前，一部分硅以 AlP 为核心首先形成初晶硅，凝固后组织为 α(Al)+细小杆状硅组成的共晶及分布均匀的小块初晶硅。但加磷(盐)后会产生 P_2O_5 有毒烟雾，要控制使用。

对于铸造铝合金的变质后质量可由 JB/T 7946.1—2017《铸造铝合金金相铸造铝合金变质》标准进行评定。一般在抛光态下进行评定，也可经氢氟酸水溶液浸蚀后，对照相关标准图进行评定。

铸造 Al-Si 合金钠变质后的组织可分为六个级别，见表 14-11 说明，部分标准评定图见图 14-6。

表 14-11 铸造 Al-Si 系合金钠变质后组织分级说明

级别名称	金相组织特征	图号
未变质	共晶硅为长针状，分布无规律。可有 α 枝晶或少量块状初晶硅	图 14-6(a)
变质不足	α 枝晶与共晶体分布均匀，部分共晶硅为短杆状，部分为针状	—
变质正常	α 枝晶与共晶体分布均匀，共晶硅为点状或蠕虫状	图 14-6(b)
变质衰退	α 枝晶与共晶体分布不够均匀，共晶硅变粗，部分为短杆状，部分为针状	图 14-6(c)
轻度过变质	α 枝晶与共晶体分布基本均匀，但在一些共晶体中出现线性的 α 带	—
严重过变质	α 枝晶与共晶体分布很不均匀，出现粗过变质带(细密共晶体中出现波浪状分布的 α 带，带中有许多粗大的共晶硅)	图 14-6(d)

注：本表摘自 JB/T 7946.1—2017。

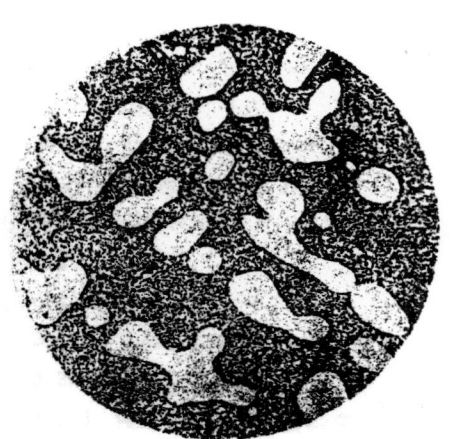

(a) 未变质　　　　　　　　　　　　(b) 变质正常

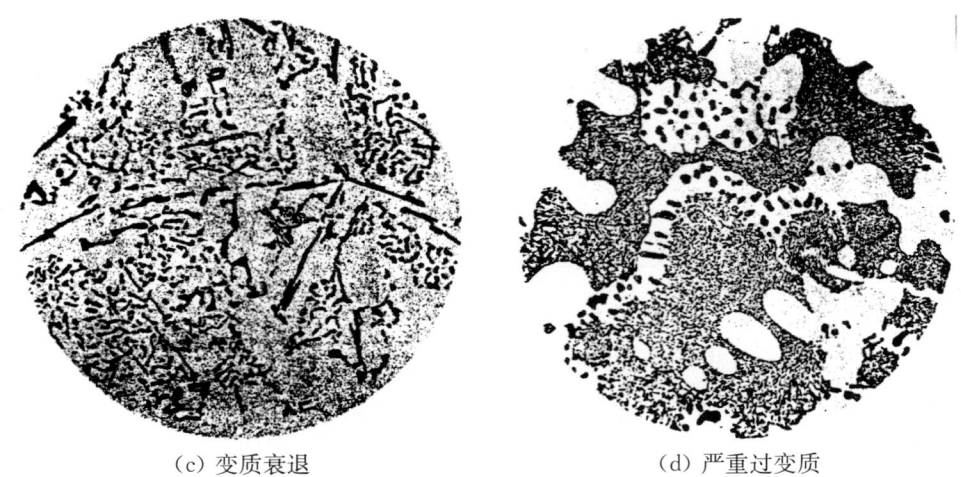

(c) 变质衰退　　　　　　　　　　　(d) 严重过变质

图 14-6　铸造 Al-Si 合金钠变质部分分级图　（200×）

铸造亚共晶 Al-Si 合金和共晶 Al-Si 合金经锶变质的组织分级说明见表 14-12，部分相关标准图见图 14-7。

铸造亚共晶 Al-Si 合金经锑变质的组织分级说明见表 14-13，部分相关标准图见图 14-8。

用磷（合金）变质处理的铸造共晶 Al-Si 合金的分级说明见表 14-14，相关标准图见图 14-9；用磷（合金）变质处理的铸造过共晶 Al-Si 合金的组织分级说明见表 14-15，相关标准图见图 14-10。

表 14-12　铸造亚共晶铝硅合金和共晶铝硅合金锶变质分级说明

级别名称	金相组织特征	图号
未变质	共晶硅为长针状，分布无规律	
变质不足	α 枝晶与共晶体分布不均匀，部分共晶硅为短杆状，部分为针状	图 14-7(a)
变质正常	α 枝晶与共晶体分布均匀，共晶硅为点状或蠕虫状	图 14-7(b)
变质衰退	α 枝晶与共晶体分布不均匀，共晶硅变粗，部分共晶硅为短杆状，部分为针状	

注：本表摘自 JB/T 7946.1—2017。

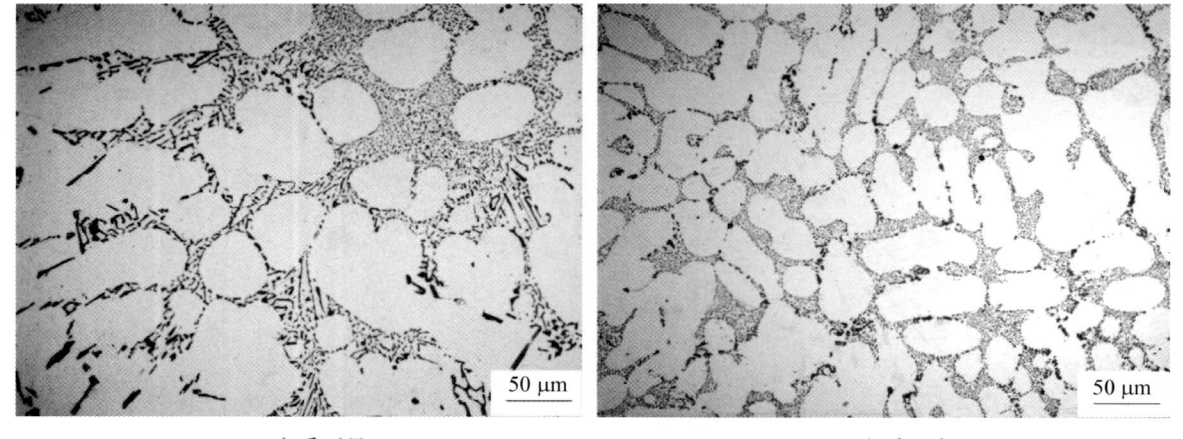

(a) 变质不足　　　　　　　　　　　(b) 变质正常

图 14-7　铸造亚共晶铝硅合金和共晶铝硅合金锶变质金相组织

表 14-13 铸造亚共晶铝硅合金锑变质分级说明

级别名称	金相组织特征	图号
未变质	共晶硅为长针状,分布无规律	
变质不足	α枝晶与共晶体分布不均匀,大部分共晶硅为短杆状,少部分为针状	图 14-8(a)
变质正常	α枝晶与共晶体分布较均匀,部分共晶硅为短杆状,部分为点状	图 14-8(b)
变质良好	α枝晶与共晶体分布均匀,共晶硅为点状	

注:本表摘自 JB/T 7946.1—2017。

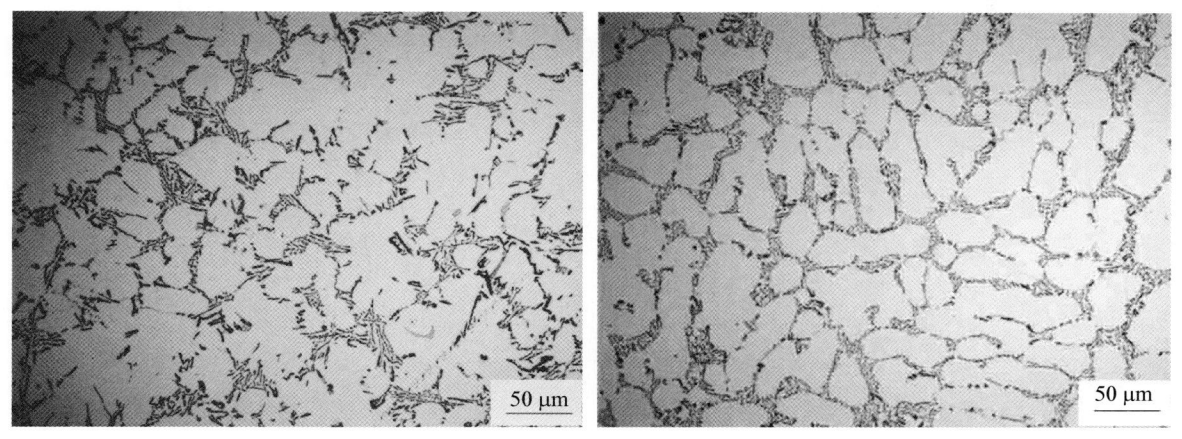

(a) 变质不足　　　　　　　　　　　　(b) 变质正常

图 14-8　铸造亚共晶铝硅合金锑变质金相组织

表 14-14　铸造共晶铝硅合金磷变质分级说明

级别名称	金相组织特征	图号
未变质	无明显 α枝晶,共晶硅为针状,分布不均匀	
变质不足	有发达的 α枝晶,明显的亚共晶型组织	图 14-9(a)
变质正常	有少量 α枝晶,共晶硅为针状,分布不均匀,初晶硅呈较小多边形状,平均边长>20μm	图 14-9(b)
变质良好	无 α枝晶,共晶硅为短杆状,分布均匀,初晶硅呈细小多边形状,平均边长≤20μm	

注:本表摘自 JB/T 7946.1—2017。

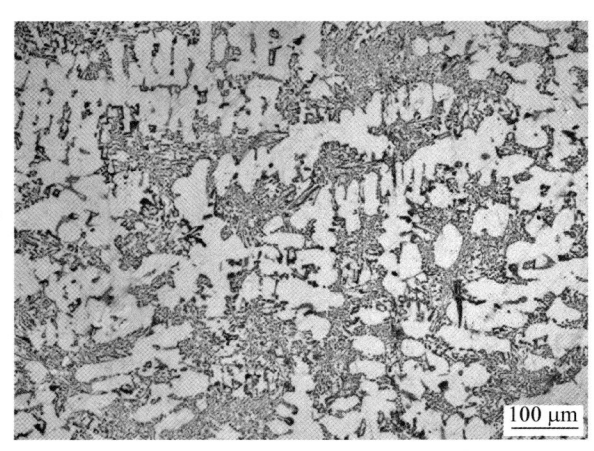 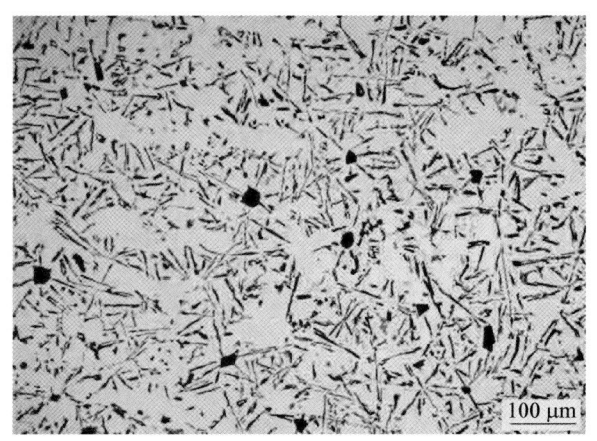

(a) 变质不足　　　　　　　　　　　　(b) 变质正常

图 14-9　铸造共晶铝硅合金磷变质金相组织

表 14‑15　铸造过共晶铝硅合金磷变质分级说明

级别名称	金相组织特征	图号
未变质	共晶硅呈长针状,初晶硅呈粗大多边形状,初晶硅平均边长>120μm	
变质不足	共晶硅呈长针状,初晶硅呈较大多边形状,90μm<初晶硅平均边长≤120μm	图 14‑10(a)
变质正常	共晶硅呈短杆状,初晶硅呈较细多边形状且分布均匀,70μm<初晶硅平均边长≤90μm	图 14‑10(b)
变质良好	共晶硅呈短杆状,初晶硅呈细小多边形状且分布均匀,初晶硅平均边长≤70μm	

注：本表摘自 JB/T 7946.1—2017。

(a) 变质不足

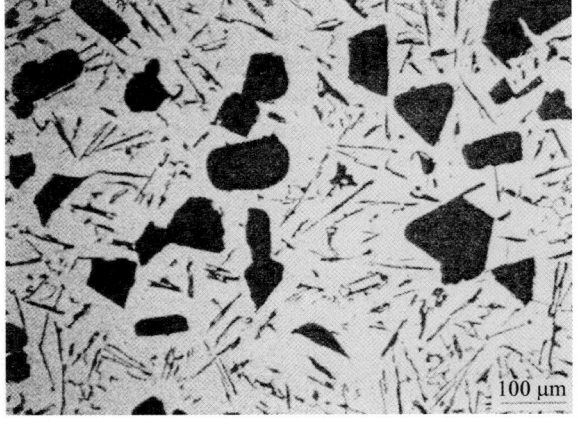
(b) 变质正常

图 14‑10　铸造过共晶铝硅合金磷变质金相组织

14.3.1.2　Al‑Si 二元合金及其金相分析

Al‑Si 二元合金的代表性牌号为 ZL102(ZAlSi12),它含有 10.0wt%～13.0wt%的硅,余量为铝；主要杂质铁,砂型铸造时不大于 0.7wt%。

ZL102 合金的含硅量在 Al‑Si 相图共晶点成分左右,所以在合金中,除有大量的 α(Al)＋Si 共晶组织以外,尚可出现少量的初生硅相或初生 α(Al)相。该合金必须进行变质处理,使共晶体中的硅相变细,以改善合金的力学性能和切削加工性能。对于含铁量较低,且含硅量处于共晶点成分二元共晶反应,最后以 L→α(Al)＋Si＋β($Al_9Fe_2Si_2$)三元共晶反应结束。若合金含硅量较高,或有较多的含磷量时,则首先结晶出初生硅相。当 ZL102 合金中含有较多的铁时,则可产生初生的($Al_9Fe_2Si_2$)相和 α(Al)＋Si＋β($Al_9Fe_2Si_2$)二元共晶。当合金不平衡结晶时,还可能有 α($Al_{12}Fe_3Si$)相出现。变质处理的合金,凝固时的过冷度增大,使共晶型合金获得亚共晶组织,即出现较多的初生 α(Al)。

因此 ZL102 合金在凝固后铸态下的相组成有 α(Al)、Si、β($Al_9Fe_2Si_2$),有时还有 α($Al_{12}Fe_3Si$)相,当有锰存在时,可能出现 AlFeMnSi 相。

α($Al_{12}Fe_3Si$)和 β($Al_9Fe_2Si_2$)是两种不同的 Al‑Fe‑Si 三元化合物,可以根据其形状、成分、结构和对浸蚀剂的不同反应加以区别。一般以共晶形式结晶的 α($Al_{12}Fe_3Si$)相为骨骼状,而 β($Al_9Fe_2Si_2$)相为片状或针状。但是这两相在不同文献中标记不同,如 α($Al_{12}Fe_3Si$)相也有称为 $Al_{12}Fe_3Si_2$、Al_8FeSi_2、α(Al‑Fe‑Si)、$Al_{15}Fe_6Si_5$ 等；而 β($Al_9Fe_2Si_2$)相也有称为 β(Fe‑Si)、β(Al‑Fe‑Si)、Al_5FeSi 等,这可能是由于实验方法的不同或这些化合物本身成分的可变性所造成。

图 14‑11 所示为 ZL102 合金精密铸造缓冷后的组织形貌,铁杂质含量较高,组织中有较多富铁杂质相,浅灰色片状相是 β($Al_9Fe_2Si_2$),灰白色骨骼状相是 α($Al_{12}Fe_3Si$),深灰色的片状相是硅。

图 14‑12 所示为 ZL102 合金经金属型铸造后的金相组织,为变质不足的组织,共晶体中硅未完全细化,浅灰色的骨骼状相是 α($Al_{12}Fe_3Si$)。

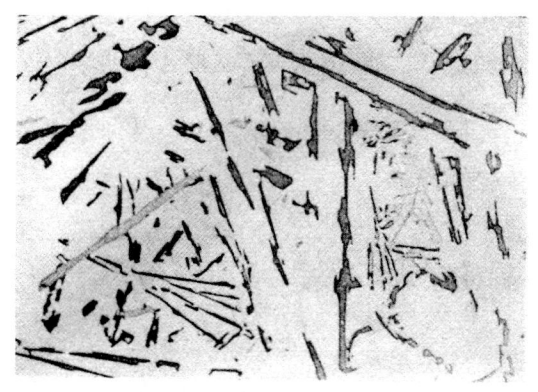
图 14-11 ZL102 精铸后组织形貌 （200×）

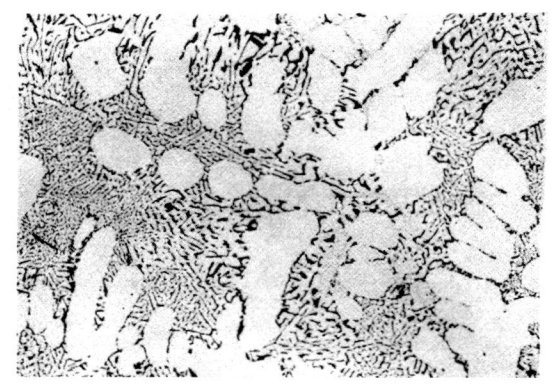
图 14-12 ZL102 金属型铸造后组织形貌 （400×）

ZL102 合金不能进行热处理强化，一般只进行去应力退火处理。

14.3.1.3 Al-Si-Mg 合金及其金相分析

Al-Si-Mg 三元合金是在 Al-Si 系二元合金的基础上适当降低硅含量而同时加入少量镁而成。根据图 14-13 所示的 Al-Si-Mg 合金相图可见，加入镁可形成 Mg_2Si 相，能显著提高合金的时效强化能力，提高力学性能。

典型的 Al-Si-Mg 三元合金是 ZL101（ZAlSi7Mg），为改善杂质铁的有害影响，以添加少量锰，并增加硅含量则形成 ZL104（ZAlSi9Mg）合金，它们的组成见表 14-16。

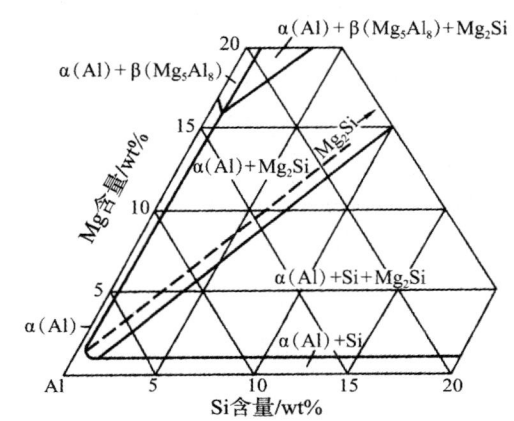
图 14-13 Al-Si-Mg 合金相图

表 14-16 ZL101、ZL104 成分   wt%

合金牌号	Si	Mg	Mn	其他
ZL101	6.5～7.5	0.25～0.45	—	（Ti：0.08～0.2）
ZL104	8.0～10.5	0.17～0.35	0.2～0.5	—

根据 Al-Si-Mg 三元合金相图，ZL101 合金的结晶过程为，首先是 α(Al) 结晶，然后有 L→α(Al)+Si 二元共晶反应，一直到完全凝固为止。但在不平衡结晶时，镁不能完全进入 α(Al) 中，所以液相中的含镁量不断增高，而有 L→α(Al)+Si+Mg_2Si 三元共晶反应（出现 Mg_2Si 相）。ZL101 合金实际铸造组织是处于 α(Al)+Si+Mg_2Si 三相区中。

该合金中存在的杂质铁，将使合金的结晶过程和相组成更为复杂，ZL101 合金中出现的含铁杂质相，除 α($Al_{12}Fe_3Si$)、β($Al_9Fe_2Si_2$) 以外，还出现一种四元相 $Al_8FeMg_3Si_6$。当形成这种共晶体时，合金的熔点降低到 544℃，造成热处理容易过烧。

当锰和铁同时存在时，可形成一种复杂的 AlFeMnSi 相，其形成方式，与合金中的铁、锰含量有关；在高铁低锰的 Al-Si 系合金中，以 α($Al_{12}Fe_3Si$) 相为基，溶入锰取代部分铁而形成 AlFeMnSi 相，在高锰低铁的合金中则以 $Al_{15}Mn_3Si_2$ 相为基，溶入铁取代部分锰而形成。总之这种相的成分是可变的，在浸蚀剂作用下颜色的变化也不完全相同。当合金中杂质铁较高时，AlFeMnSi 相中的铁含量也随之增高，并且容易受到浸蚀，在 0.5%HF 溶液中受浸蚀而变成棕色或黑色。在 Al-Si 合金中，这种相由共晶反应形成，呈骨骼状。

从这两个合金的金相分析中看出，以二元共晶形成的硅、Mg_2Si、AlFeMnSi 相是较粗大的，但在三元共晶中，这些相都比较细小而分散，共晶组织往往成为圆球状。

在 ZL101 合金中，特别是 ZL104 合金中含镁量较低，Mg_2Si 相数量很少，而且较细，通常在金相观察时不易发现，只有当镁含量偏高或偏析时，才能看到较多 Mg_2Si 相。

ZL104 合金含硅量较高，浇注砂型零件前需要进行变质处理。变质处理不但使共晶体中的硅变细，也使得与硅同时结晶的其他共晶相变细,即使放大倍数较高,也不易分辨其形貌。

由于 Al-Si-Mg 合金中 Mg_2Si 相在固溶和时效处理过程中具有明显的沉淀硬化作用,因此 ZL101、ZL104 一般均在 T6 状态下使用。

ZL101 及 ZL104 合金铸造及热处理后的相组成见表 14-17。

表 14-17　部分 Al-Si-Mg 系合金相组成

合金牌号	铸　态	热处理后
ZL101	$\alpha(Al)$、Si、Mg_2Si、$\beta(Al_9Fe_2Si_2)$、$\alpha(Al_{12}Fe_3Si)$、$Al_8FeMg_3Si_6$ 等	Mg_2Si 溶入 $\alpha(Al)$ 后沉淀析出
ZL104	$\alpha(Al)$、Si、Mg_2Si、$\beta(Al_9Fe_2Si_2)$、AlFeMnSi 等	

注:铁相会因 Fe 含量不同不一定出现

图 14-14 所示为 ZL101 铸态组织,在 $\alpha(Al)$ 基体上灰色片状相是硅,显相界的浅灰色骨骼相是 $\alpha(Al_{12}Fe_3Si)$,不显相界的灰色骨骼状相是 $Al_8FeMg_3Si_6$,黑色细小的枝杈状和点状相是 Mg_2Si,显相界的浅灰色片状相是 $\beta(Al_9Fe_2Si_2)$。

图 14-15 所示为 ZL104 铸态组织,在 $\alpha(Al)$ 基体上浅灰色片状相是共晶体中硅相,黑色骨骼状相是 AlFeMnSi,少量的黑色骨骼状相是 Mg_2Si,不易与 AlFeMnSi 相区别。

　　　　(0.5%HF 水溶液浸蚀)　　　　　　　　　　　　(0.5%HF 水溶液浸蚀)
　　图 14-14　ZL101 铸态组织形貌 (200×)　　　图 14-15　ZL104 铸态组织形貌 (200×)

14.3.1.4　Al-Si-Cu 合金及金相分析

铜在 $\alpha(Al)$ 的溶解度比镁大,对 Al-Si 系合金有相同的强化效应。Al-Si-Cu 合金耐热性能比 Al-Si-Mg 好,热处理后强度高,而且铸造性能和加工性能都较好,广泛用于压铸件生产。

ZL107(ZAlSi7Cu4)铝合金及日本的 ADC12 牌号压铸铝合金均是典型的 Al-Si-Cu 合金,ZL107 含有 6.5wt%~7.5wt% 的硅,3.5wt%~4.5wt% 的铜。

由图 14-16 所示的 Al-Si-Cu 三元相图中可看到,这类合金中不形成任何三元化合物,仅在 525℃ 成分为 27wt%Cu、5wt%Si 时有一个三元共晶反应 L→$\alpha(Al)$+Si+Al_2Cu。在不平衡结晶条件下,首先结晶出 $\alpha(Al)$ 及 $\alpha(Al)$+Si 二元共晶,由于还有液相存在,并且其中铜的浓度增高,最后为三元共晶反应,直到结晶终了。所以实际的铸造组织是 $\alpha(Al)$、Si、Al_2Cu 三相组成。

由于三元共晶的产生,增加了合金中共晶体的含量,改善了合金的铸造性能。

ZL107 合金中存在有杂质铁时,将有 $\beta(Al_9Fe_2Si_2)$ 相出现,它一般是 $\alpha(Al)$+Si+$\beta(Al_9Fe_2Si_2)$ 三元共晶或 $\alpha(Al)$+Si+Al_2Cu+$\beta(Al_9Fe_2Si_2)$ 四元共晶中的一个相,合金组织中某些部位也可能出现少量的 N(Al_7Cu_2Fe)相。

铜在 $\alpha(Al)$ 中有较高的固溶度,随着温度的降低固溶度变小,所以,ZL107 合金经淬火和时效处理以后,可达较高力学性能,而且随着含铜量的适当增加,热处理强化效果会更好。

此外,当合金中铁含量较高时,形成粗大片状 $\beta(Al_9Fe_2Si_2)$ 相,对合金的力学性能有不良影响。合金

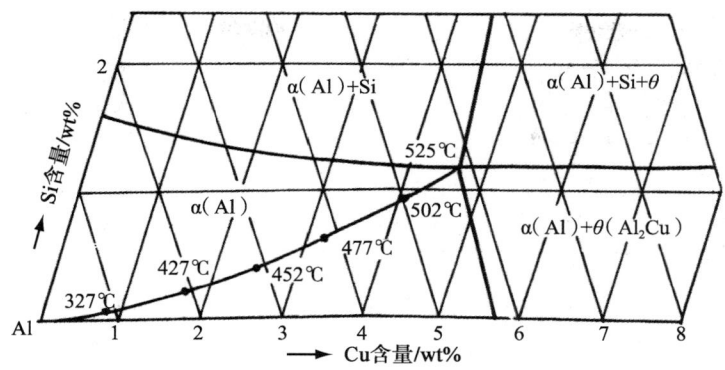

图 14-16 Al-Si-Cu 三元相图

中加入少量的锰，将形成骨骼状的(AlMnFeSi)相，可抵消片状 β($Al_9Fe_2Si_2$)相的有害作用。

铸造状态下 ZL107 合金的相组成有 α(Al)、Si、Al_2Cu、β($Al_9Fe_2Si_2$)。θ(Al_2Cu)相是 ZL107 合金中的热处理强化相，当淬火加热时，它溶入 α(Al)中，有时溶解不完全，组织中有残留 θ(Al_2Cu)相。

图 14-17 所示为 ZL107 合金铸态组织形貌 α(Al)＋灰色片状共晶硅＋轮廓清晰的白亮色块状 Al_2Cu＋黑色针状 β($Al_9Fe_2Si_2$)相，黑色块状为孔洞。

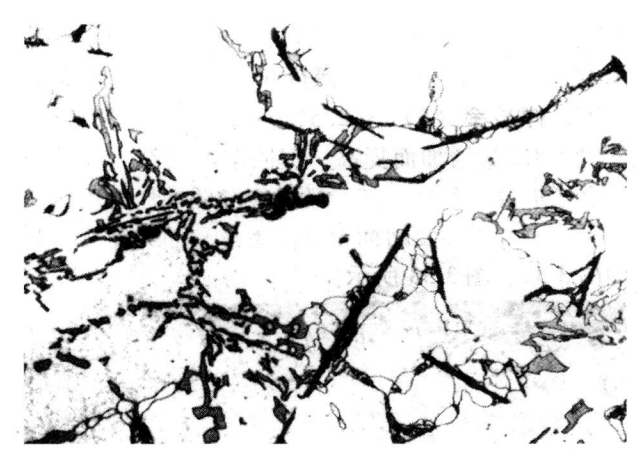

（硫酸水溶液浸蚀）

图 14-17 ZL107 合金铸态下组织形貌 （200×）

14.3.1.5 Al-Si-Mg-Cu 合金及其金相分析

在 Al-Si 系二元铝合金中，同时加入铜、镁来改变合金组织和力学性能。铝合金的组织随着加入不同合金元素和数量而异，其强化效果也随之改变。当合金中有 Al_2Cu 和 W($Al_xCu_4Mg_5Si_4$)相存在时，不仅使合金强化效果更为显著，而且能进一步提高铝合金的室温和高温力学性能，同时改善了合金的加工性能和表面粗糙度。

ZL105、ZL106、ZL108、ZL110、ZL111 以及 ADC14 等合金同属于 Al-Si-Mg-Cu 系合金，它们的化学成分见表 14-18。

表 14-18 部分 Al-Si-Mg-Cu 系合金成分

合金代号	合金元素含量/wt%					Fe，不大于	
	Si	Cu	Mg	Mn	Ti	砂模	金属模
ZL105	4.5～5.5	1.0～1.5	0.4～0.6	—	—	0.6	1.0
ZL106	7.5～8.5	1.0～1.5	0.3～0.5	0.3～0.5	0.1～0.25	0.6	0.8

续表

合金代号	合金元素含量/wt%					Fe,不大于	
	Si	Cu	Mg	Mn	Ti	砂模	金属模
ZL108	11.0~13.0	1.0~2.0	0.4~1.0	0.3~0.9	—	—	0.7
ZL110	4.0~6.0	5.0~8.0	0.2~0.5	—	—	—	0.8
ZL111	8.0~10.0	1.3~1.8	0.4~0.6	0.10~0.35	0.1~0.35	0.4	0.4

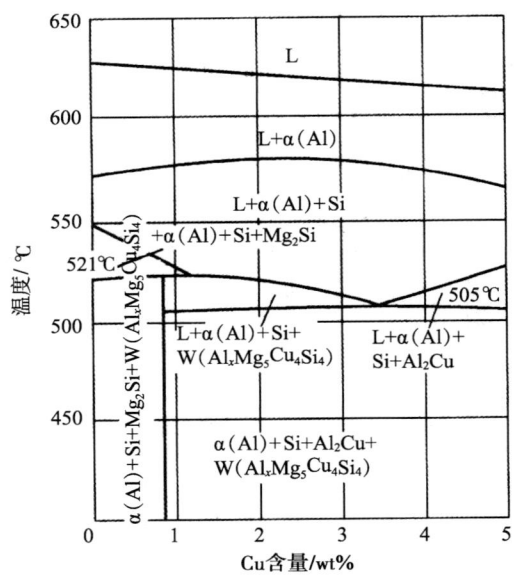

注：平行于 Si-Al_2Cu 边，Al：90wt%，Mg：0.4wt%

图 14-18 Al-Si-Mg-Cu 合金相图

图 14-18 是 Al-Si-Mg-Cu 系相图，由图看出：首先从液体中结晶出 α(Al)，随后有 L→α(Al)+Si 二元共晶反应；当铜量为 0.8wt%~3.0wt% 时，合金中则有 L→α(Al)+Si+W($Al_x Cu_4 Mg_5 Si_4$) 三元共晶，或者在 521℃ 发生 L+Mg_2Si→α(Al)+Si+W 包共晶反应。最后在 505℃ 有 L→α(Al)+Si+Al_2Cu+W 四元共晶反应，直至结晶完毕。所以，对于含铜量大于 0.8wt% 的合金，平衡结晶后铸态下由 α(Al)+Si+Al_2Cu+W 四相组成。

ZL105 和 ZL111 合金缓慢结晶的组织中均可看到 W 相，有的呈片状、密集的块状，也有的呈骨骼状。

当合金为不平衡结晶时，凝固后的合金组织中有 Mg_2Si 与 Al_2Cu 和硅相同时出现；Mg_2Si 相可能是由于不平稳结晶时包晶反应不能充分进行，反应不完全而残余的，也可能是包晶反应不发生，而由 L→α(Al)+Si+Mg_2Si 三元共晶或 L→α(Al)+Si+Mg_2Si+Al_2Cu 四元共晶形成 Mg_2Si，此时 W 相将不出现。所以，不平衡结晶的组织由 α(Al)+Si+Mg_2Si+Al_2Cu 四相组成。

当合金中有杂质铁存在时，可形成 β($Al_9 Fe_2 Si_2$)、N($Al_7 Cu_2$Fe) 相和 $Al_8 FeMg_3 Si_6$ 相；在添加锰的合金中能形成 AlMnFeSi 相。对共晶型 Al-Si 合金（如 ZL108 合金），由于少量磷的作用，还可出现 AlP 相和初生硅相。在含钛的合金中，还有 Al_3Ti 相出现。

部分 Al-Si-Mg-Cu 合金主要组成相见表 14-19，其中铁相因铁含量不同不一定出现。

表 14-19 Al-Si-Mg-Cu 系铝合金主要组成相

合金代号	铸态主要组成相	热处理加热后变化	备注
ZL105	α(Al)、Si、Al_2Cu、Mg_2Si、β($Al_9 Fe_2 Si_2$)、W 相($Al_x Cu_4 Mg_5 Si_4$)、$Al_8 FeMg_3 Si_6$	Al_2Cu、Mg_2Si 可溶入 α(Al) 中，W 相部分溶解	对共晶型 Al-Si-Cu-Mg 系合金，还可能出现初生硅相
ZL106 ZL108	α(Al)、Si、Al_2Cu、Mg_2Si、AlFeMnSi	Al_2Cu、Mg_2Si 可溶入 α(Al) 中	
ZL110	α(Al)、Si、Al_2Cu、Mg_2Si、β($Al_9 Fe_2 Si_2$)、N($Al_7 Cu_2$Fe)	Al_2Cu、Mg_2Si 可溶入 α(Al) 中	
ZL111	A(Al)、Si、Al_2Cu、Mg_2Si、W($Al_x Cu_4 Mg_5 Si_4$)、$Al_8 FeMg_3 Si_6$、Al_3Ti、AlFeMnSi	Al_2Cu、Mg_2Si 可溶入 α(Al) 中，W 相部分溶解	

图 14-19 所示为 ZL108 合金铸态下组织形貌：在 α(Al) 基体上分布有深灰色片状硅相，浅灰色显示

相界的骨骼状 AlFeMnSi 相，黑色骨骼状 Mg_2Si，浅灰色圆形花纹状 $\theta(Al_2Cu)$ 相。

图 14-20 所示为 ZL111 合金铸态下组织形貌：在 $\alpha(Al)$ 基体上有灰色片状硅相，浅灰色的骨骼状 AlFeMnSi 相，浅灰色不显相界的分散块状 $W(Al_xCu_4Mg_5Si_4)$ 相，白色花纹状 $\theta(Al_2Cu)$ 相。

（0.5%HF 水溶液浸蚀）
图 14-19　ZL108 合金铸态组织形貌　（500×）

（0.5%HF 水溶液浸蚀）
图 14-20　ZL111 合金铸态组织形貌　（200×）

Al-Si-Mg-Cu 系合金经固溶处理后，共晶硅呈椭圆形，强化相溶入 $\alpha(Al)$ 基体起时效强化作用，在光镜下只能观察到 $\alpha(Al)+[\alpha(Al)+Si]$ 共晶和 AlMnFeSi 等不溶化合物，见图 14-21。

14.3.1.6　Al-Si-Mg-Cu-Ni 合金及其金相分析

在 Al-Si-Mg-Cu 系合金基础上加入 0.8wt% ~ 1.5wt%Ni，并适当提高镁含量，硅含量取与 ZL108 合金相当，即形成 ZL109（ZAlSi12Cu1Mg1Ni10）合金，可使合金具有优良的铸造性能和气密性，以及较高的高温强度，耐磨性和耐蚀性也得到了提高，线膨胀系数和密度则有较大的降低，适用于内燃发动机活塞及要求耐磨、尺寸稳定的零件。

（0.5%HF 水溶液浸蚀）
图 14-21　ZL108 固溶处理后组织形貌　（100×）

ZL109 合金成分复杂，相组成也较复杂。其中主要组元硅，除了形成硅相外，还与镁形成 Mg_2Si 相，与镁、铁、镍形成骨骼状 AlFeMgSiNi 相。合金中镍还与铝形成 Al_3Ni 相，还与镍和铜形成 $Al_3(CuNi)_2$、Al_6Cu_3Ni 相。合金中含铜较高时，形成 Al_2Cu 相。合金中含铁较高时，还出现针状 AlFeSiNi 相。

AlFeMgSiNi 相形态和在各种浸蚀剂中的反应与 $Al_8FeMg_3Si_6$ 相很相似，化学成分相近，在偏振光下的变色反应相同，因此这种相可能是在 $Al_8FeMg_3Si_6$ 相中溶入镍，取代部分铁而形成的。这种相在 ZL109 合金中数量相当多，呈浅灰色骨架状，不易受浸蚀。金相观察时需注意与 Al_6Cu_3Ni 相的区别。Al_6Cu_3Ni 相在合金组织中数量较少，外形比较圆滑，骨骼状，颜色较亮，浸蚀时易显示相界。

在合金凝固后的冷却过程中，由于含有铜和镁的 $\alpha(Al)$ 固溶体分解，晶内可析出绒毛状的 $S(Al_2CuMg)$ 相。ZL109 合金含硅量较高，若有少量磷存在，生成 AlP 相作结晶核心，促进初生硅相的形成。

在 ZL109 合金铸态组织中，可以见到以下各相：$\alpha(Al)$、Si、Mg_2Si、Al_3Ni、$Al_3(CuNi)_2$、Al_6Cu_3Ni 和 AlFeMgSiNi，局部还可以出现 Al_2Cu 相；当杂质铁较高时，还有 AlFeSiNi 相。

图 14-22 所示为 ZL109 合金铸态下组织形貌：在 $\alpha(Al)$ 基体上分布有灰色片状硅相，黑色骨骼状和块状的 Al_3Ni 和 $Al_3(CuNi)_2$ 相，黑色针状相 AlFeNiSi，灰白色不显相界的骨骼状 AlFeMgSiNi 相，显相界的骨骼状相 Al_6Cu_3Ni（与黑色的 $Al_3(CuNi)_2$ 相混在一起）。试样用浓度较高的混合酸浸蚀，在晶粒边缘

显现出绒毛状的 S(Al₂CuMg) 相。

在淬火加热时，Al₂Cu 和大部分 Mg₂Si 溶入 α(Al)中，Al₃(CuNi)₂ 相可部分溶解而变得支离破碎，其他各相有不同程度的钝化和集聚现象。因为合金中含有较高的镁，形成数量较多的 Mg₂Si 相，在淬火温度下该相固溶度较小，不能全部固溶，残余的 Mg₂Si 相呈黑色圆形质量存在。

图 14-23 所示为 ZL109 合金经 T6 处理后组织形貌：α(Al)+灰色小条状和颗粒状硅+不显相界的 AlFeMgNiSi+黑色 Mg₂Si 相。

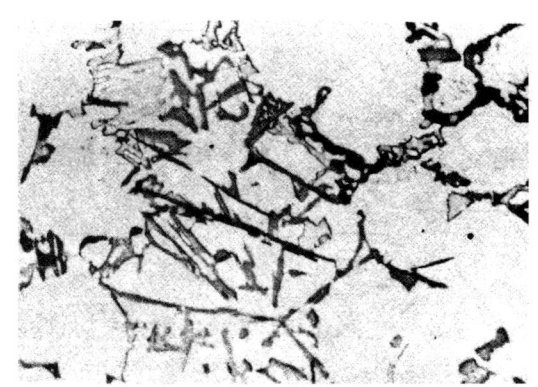
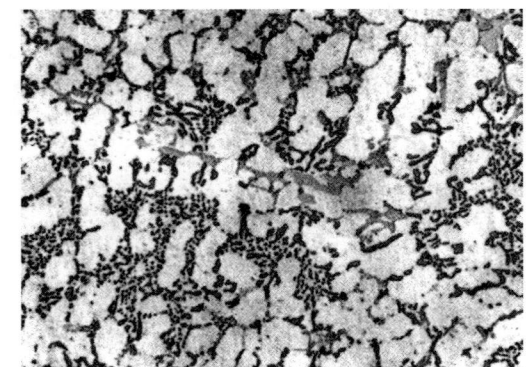

（混合酸水溶液浸蚀） （0.5%HF 水溶液浸蚀）

图 14-22 ZL109 合金铸态下组织形貌 （200×） 图 14-23 ZL109 合金 T6 处理后组织形貌 （200×）

14.3.2 Al-Cu 系铸造铝合金及其金相分析

Al-Cu 系铸造合金中含铜量在 3wt%~11wt%范围内，根据图 14-24 所示的 Al-Cu 二元相图可知其主要强化相为 Al₂Cu，并可通过热处理强化。在室温和高温下具有高的强度和热稳定性而且具有良好的机械加工、阳极化、电镀和抛光的工艺性能。适用于 175~300℃ 条件下工作。其主要缺点是铸造性能低于 Al-Si 合金，抗蚀性差，气密性低、密度及热裂倾向大、耐蚀性能差。为改善这些缺点，在 Al-Cu 二元合金基础上可添加锰和各种微量元素形成 Al-Cu-Mn 合金系。这类合金主要用于承受大载荷的结构件和较高温度下服役的零件。

14.3.2.1 Al-Cu 二元合金及其金相分析

Al-Cu 二元合金的典型牌号为 ZL203(ZAlCu4，Cu：4.0wt%~5.0wt%)和 ZL202(ZAlCu10，Cu：9.0wt%~11.0wt%)。

对于含铜低于 5.7wt%的 ZL203 合金，按 Al-Cu 二元相图可知，平衡态结晶时，在固相线以下溶解度曲线以上温度区间为单相 α(Al)固溶体。在温度降低到溶解度曲线以下时，从 α(Al)中析出 Al₂Cu 相。

在实际生产条件下，冷凝结晶加快，使铜在 α(Al)中的溶解度降低，固相线左移（如图 14-24 中虚线），使固溶体成为亚共晶型合金，形成 L→α(Al)+Al₂Cu 二元共晶反应，在先形成的

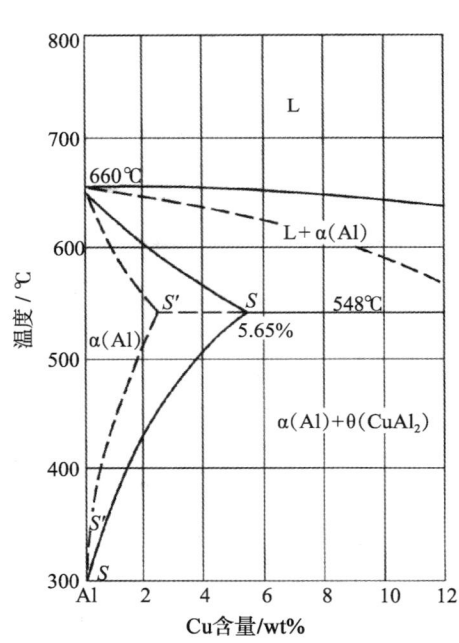

（实线为平衡态，虚线为非平衡态）

图 14-24 Al-Cu 系二元相图的 Al 角部分

α(Al)枝晶周围分布着 α(Al)+Al₂Cu 共晶体，如图 14-25 所示，在低倍下不易分辨，高倍下可见花纹状的 α(Al)+Al₂Cu 共晶相形貌如图 14-26 所示。在铸造过程中，因局部成分偏析，在含铜量偏高部位易形成 α(Al)+Al₂Cu 共晶反应。

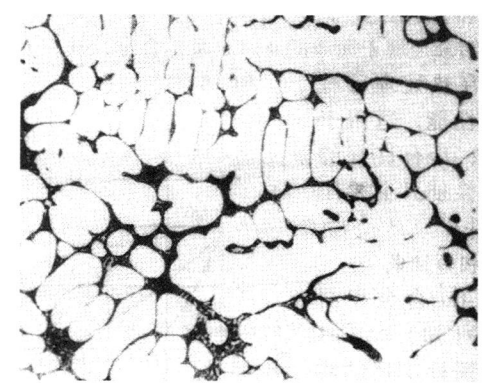

（25%硝酸水溶液浸蚀）

图 14-25　ZL203 铸态组织　（63×）

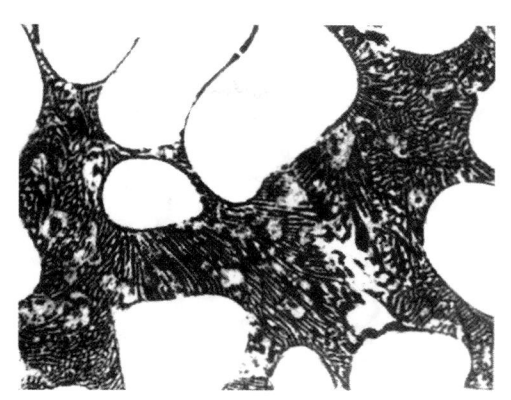

（25%硝酸水溶液浸蚀）

图 14-26　ZL203 铸态组织　（400×）

Al-Cu 系铝合金中允许有少量的硅（含量小于 1.2wt%）对合金的铸造性能及致密性有益，并能改善热裂倾向。根据 Al-Cu+Si 合金相图可知，硅的存在除了结晶过程先生成 α(Al) 相外，还可能形成二元共晶及三元共晶体，尤其偏析区更为明显，如图 14-27 所示，其组织为：α(Al)＋[α(Al)＋黑色 Al_2Cu＋灰色硅]三元共晶体＋[α(Al)＋Al_2Cu]二元共晶体＋[α(Al)＋Si]二元共晶体。

合金中有杂质铁时，还会有针状 N(Al_7Cu_2Fe) 分布于晶界。不平衡结晶时还可能出现 Al_3Fe 相。在实际生产中 Al-Cu 系铝合金中同时存在硅和铁，所以合金组织中的相更为复杂，除上述相外，还可能出现 β($Al_9Si_2Fe_2$) 相。当合金中铁含量大于硅时，N(Al_7Cu_2Fe) 相增加，而 β($Al_9Si_2Fe_2$) 减少；当铁含量小于硅时，则有较多的 β($Al_9Si_2Fe_2$) 相。合金液缓慢冷却时，还会出现 AlCuFeSi 相，该相是 α($Al_{12}Fe_3Si$) 溶入铜而形成的。

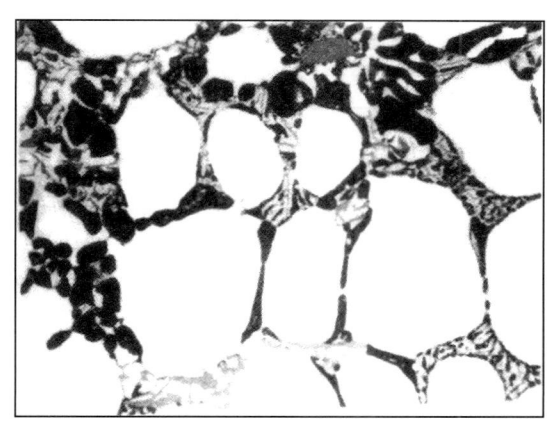

[$Fe(NO_3)_3$ 水溶液浸蚀]

图 14-27　Al-Cu 系合金中杂质 Si 偏析区组织（400×）

在 Al-Cu 系铝合金中由于铁相的存在，其热硬性较高有利于改善合金的耐热性，但铁能与合金中铜、锰形成 AlCuMnFe 化合物，使 α(Al) 中铜、锰减少使室温和高温性能降低，所以铁作为有害杂质控制。

当合金中有少量镁时，可出现 α(Al)＋Al_2Cu＋S(Al_2CuMg) 三元共晶。Al_2Cu 和 S(Al_2CuMg) 相在淬火加热时均可溶入 α(Al) 固溶体中起强化作用，但 S(Al_2CuMg) 相易形成低熔点（507℃）的 α(Al)＋Al_2Cu＋S(Al_2CuMg) 三元共晶组织，淬火加热时易引起过烧。

ZL202 合金的金相组织与 ZL203 合金相似，只是由于合金含有更高的铜，组织中有更多的 α(Al)＋Al_2Cu 共晶体，而在淬火以后有较多 Al_2Cu 相残留下来。

图 14-28 所示为 ZL203（硅含量为 2.0wt%）的铸态组织：α(Al)＋Q(Al_2Cu)＋硅共晶体，其中灰色片状和骨骼状为硅相，白色为 Q(Al_2Cu)，少量 N(Al_7Cu_2Fe) 和 β($Al_9Fe_2Si_2$) 因细小难以分辨。相同合金经 T4 处理后组织为 α(Al)＋灰色颗粒硅相＋黑色针状 N(Al_7Cu_2Fe) 相＋少量未溶的白色片状 Q(Al_2Cu)，见图 14-29。

14.3.2.2　Al-Cu-Mn 合金及其金相分析

在 Al-Cu 系二元合金的基础上，添加少量的锰和各种微量元素形成 Al-Cu-Mn 系铝合金（表 14-20），锰可溶入 α(Al) 强化基体，并可形成 T($Al_{12}Mn_2Cu$) 相。固溶在 α(Al) 中的锰能使固溶体点阵电子重新分配，可显著地增加原子间的结合力，降低基体原子扩散速度，延缓时效过程，使沉淀硬化效果保持到更高的温度；在温度、应力的长期作用下聚集长大倾向小，改善了 Al-Cu 合金的耐热性，也可改善铸件的热裂倾向。

14.3.3 Al-Mg 系铸造铝合金及其金相分析

图 14-33 为 Al-Mg 二元合金相图,可看到镁在 α(Al) 中有较大的溶解度。当以镁为主要强化元素时,即组成 Al-Mg 系铸造合金,在 GB/T 1173 中该合金系有 3 种牌号,见表 14-22。

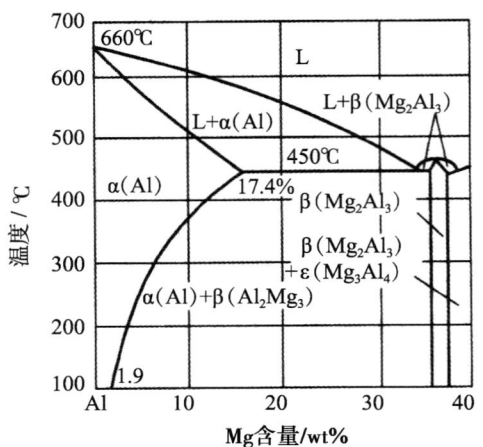

图 14-33 Al-Mg 二元合金相图

表 14-22 Al-Mg 系铝合金主要合金成分　　　　wt%

合金代号	Si	Mg	Zn	Mn	Ti	其他
ZL301	—	9.5～11.0	—	—	—	—
ZL303	0.8～1.3	4.5～5.5	—	0.1～0.4	—	—
ZL305	—	7.5～9.0	1.0～1.5	—	1.0～0.2	Be: 0.03～0.1

14.3.3.1 Al-Mg 二元合金及金相分析

ZL301 合金是典型的 Al-Mg 二元合金,其镁含量小于 17.4wt%,由 Al-Mg 合金相图可看到,平衡结晶时,该合金只出现初生 α(Al),不出现 α(Al)+β(Al_3Mg_2) 二元共晶组织;但在不平衡结晶时,将有 L→α(Al)+β(Al_3Mg_2) 共晶反应,形成 α(Al)+β(Al_3Mg_2) 二元共晶体。

β(Al_3Mg_2) 也称为 β(Al_8Mg_5) 相,是一种成分可变的化合物,有一个较窄的成分区间。当合金中存在杂质硅时,会有 L→α(Al)+Mg_2Si 或 L→α(Al)+β(Al_3Mg_2)+Mg_2Si 共晶反应。

当 ZL301 合金中存在杂质铁时,组织中将出现 Al_3Fe 相,它以 α(Al)+Al_3Fe,α(Al)+β(Al_8Mg_5)+Al_3Fe 或 α(Al)+β(Al_3Mg_2)+Mg_2Si+Al_3Fe 的共晶方式存在。

铸造状态下 ZL301 合金组织中存在的相有 α(Al)、β(Al_3Mg_2),当有杂质硅、铁等时会出现、Mg_2Si、Al_3Fe 和 Al_3Ti 等有害杂质相。

淬火加热时,β(Al_8Mg_5) 相可溶入 α(Al) 固溶体中。在高镁合金中,淬火加热时 Mg_2Si 相不能完全溶解,淬火后由于 Mg_2Si 和 Al_3Fe 相存在,合金塑性较低。

在 ZL301 合金中添加少量的钛及铍时,形成 Al_3Ti 相,细化 α(Al) 晶粒,而微量铍溶入 α(Al) 中,不出现含铍相。当这种合金再减少些镁含量并加入锌元素时,即成为 ZL305 合金。该合金克服了 ZL301 合金的力学性能稳定差等不足。

图 14-34 所示为 ZL301 合金铸态组织形貌:在 α(Al) 基体上白色显相界的不定形相是 β(Al_8Mg_5),黑色块状或枝杈状相是 Mg_2Si,灰色片状是 Al_3Fe,浅灰色块状相是 Al_3Ti。

14.3.3.2 Al-Mg-Si 三元合金及金相分析

ZL303 是典型的 Al-Mg-Si 三元合金,该合金平衡结晶过程是,首先结晶出 α(Al),然后有 L→α(Al)+Mg_2Si 共晶反应,直至结晶完毕。不平衡结晶时,可能出现 L→α(Al)+Mg_2Si+β(Al_3Mg_2) 共晶反应。

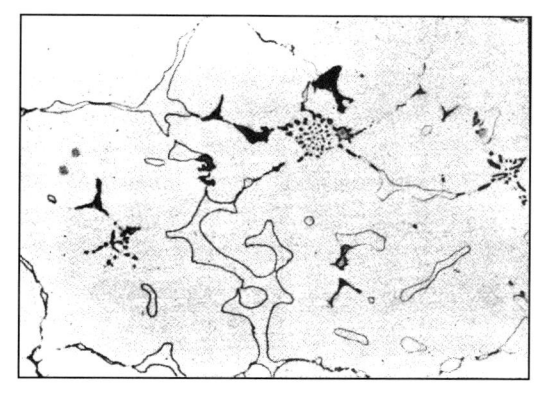
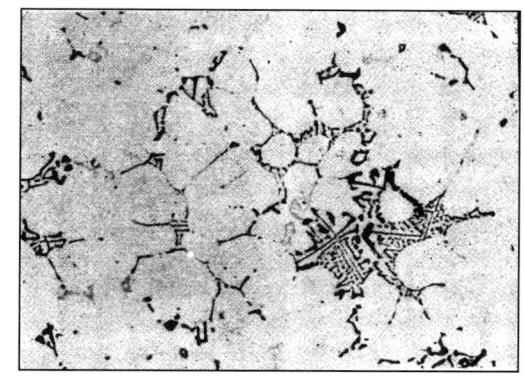

(0.5%HF 水溶液浸蚀)

图 14-34 ZL301 合金铸态组织形貌 （200×）　　图 14-35 ZL303 合金铸态组织形貌 （200×）

ZL303 合金中含镁量较低时，组织中 β 相很少，难以发现。由于合金中有较多的硅，组织中出现呈蜘蛛网状、骨骼状的 Mg_2Si。锰会形成 $Al_{10}Mn_2Si$ 相。当合金中有杂质铁时，可溶入 $Al_{10}Mn_2Si$ 相，取代部分锰，锰与铁结合可成 $Al_6(FeMn)$ 相。当合金中含镁量大于硅时，主要形成 Mg_2Si 相，合金中还可能生成 $Al_{10}(FeMn)_3$ 或 $Al_{10}Mg_2Mn$ 相。

ZL303 合金铸态下的相组成主要有 α(Al)、Mg_2Si 和 AlMgMnSi 相等，当有一定量的杂质时，会出现上述一些杂质相。

该合金一般不采用热处理强化，仅去应力退火后直接在铸态下使用。

图 14-35 所示为 ZL303 合金铸态组织形貌：α(Al) 基体上黑色骨骼状相是 Mg_2Si，灰色骨骼状相是 AlMgMnSi。

14.3.4　Al-Zn 系铸造铝合金及其金相分析

锌在铝中有很大的溶解度，在 275℃ 时溶解度在 31.6wt% 以上，室温时，α(Al) 固溶体中锌的溶解度急剧下降至约 2wt%。Al-Zn 系合金，在铸造冷却条件下，锌大部分固溶于 α(Al) 中，处于自动淬火状态，随后能在室温下自然时效，使合金强化，有很大的生产经济性。但其铸造性能和耐蚀性较差，强度也不高，因此无实用性。工业上通过加入镁、硅等合金元素改善铸造性及实用性能。表 14-23 所示两种牌号为典型的 Al-Zn 系合金。

表 14-23　Al-Zn 系铸造铝合金成分　　　　wt%

合金代号	Si	Mg	Zn	Mn	Ti	Cr	Al
ZL401	6.0～8.0	0.1～0.3	9.0～13.0	0.1～0.4	—	—	余量
ZL402	—	0.5～0.65	5.0～6.5	0.1～0.4	0.15～0.25	0.4～0.6	余量

注：本表摘自 GB/T 1173—2013。

14.3.4.1　Al-Zn-Si-Mg 合金及其金相分析

ZL401(ZAlZn11Si7) 为 Al-Zn-Si-Mg 系合金，合金中的锌可全部溶入 α(Al) 中，不出现含锌化合物。ZL401 合金的硅和镁含量与 ZL101 合金相近，所以 ZL401 合金的结晶过程和相组成与 ZL101 合金相似。镁部分溶入 α(Al) 中，部分形成 Mg_2Si 相，由于含镁量低，组织中不易观察到 Mg_2Si 相。

ZL401 合金的铸造组织相当于淬火组织，因为全部的锌和部分镁在凝固时已溶入 α(Al) 中，形成过饱和固溶体，使合金有较高的强度。在时效时，固溶体分解，析出沉淀强化相，使合金性能得到进一步提高。

铸态下 ZL401 合金的相组成有 α(Al)、Si、Mg_2Si，当合金中含杂质铁时，会形成 β($Al_9Fe_2Si_2$) 或 $Al_8FeMg_3Si_6$ 相。

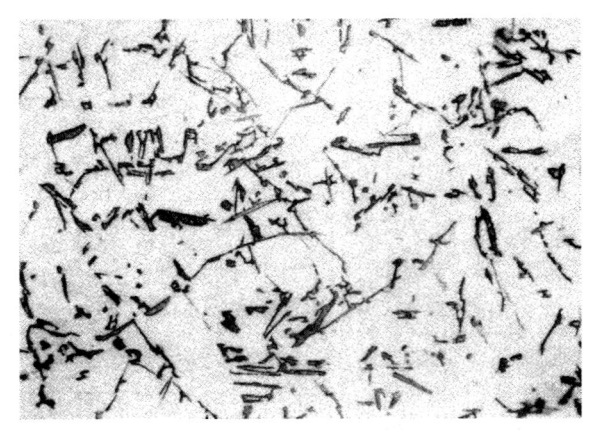

图 14-36　ZL401 合金铸态下组织形貌　（100×）

图 14-36 为 ZL401 合金铸态下组织形貌：α(Al)＋灰色杆及片状硅＋灰色细针状 β($Al_9Fe_2Si_2$) 相。

14.3.4.2　Al-Zn-Si-Mg 合金及金相分析

ZL402(ZAlZn6Mg) 是添加有少量铬、钛的 Al-Zn-Mg 系合金。随着锌、镁总量的增多，Al-Zn-Mg 合金的强度随之提高，但塑性和耐蚀性变差。为兼顾上述两个方面，Zn＋Mg 总量通常控制在 6wt%～7wt% 范围内，而 Zn/Mg 比值约在 5∶1～10∶1 之间，便能获得较好的综合力学性能。

ZL402 合金中不出现 $MgZn_2$ 和 $Al_2Mg_3Zn_3$ 相，铬形成 Al_7Cr 相，钛形成 Al_3Ti 相。

铁和硅是合金中的主要杂质，少量铁可溶入 Al_7Cr 相中。若两者同时存在可形成 α($Al_{12}Fe_3Si$) 相。铬可溶入 α($Al_{12}Fe_3Si$) 中取代部分铁而成为 $Al_{12}(CrFe)_3Si$ 相。硅和镁结合形成 Mg_2Si 相。某些资料认为含铬的 Al-Zn-Mg 合金中有杂质硅时，可形成有少量 $Al_{13}Cr_4Si_4$ 相。有铁时，铁取代部分铬形成 $Al_{13}(CrFe)_4Si_4$ 相。

含有少量杂质铁和硅的 ZL402 合金，铸态下的相组成有 α(Al)、Al_7Cr、Al_3Ti、Mg_2Si 和 $Al_{12}(CrFe)_3Si$ 等。

图 14-37 为 ZL402 合金铸态下组织形貌：α(Al) 上，黑色枝杈状和点状为 Mg_2Si，骨骼状为 $Al_{12}(CrFe)_3Si$，灰色块状为 Al_7Cr，由于铬量偏高，Al_7Cr 相较粗大。

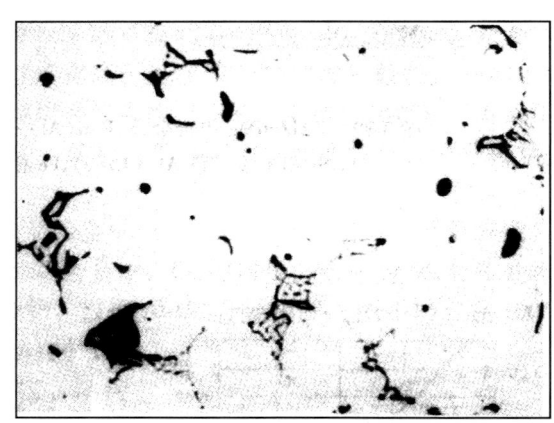

（0.5%HF 水溶液浸蚀）
图 14-37　ZL402 合金铸态组织形貌　（200×）

14.3.5　Al-Re 系铸造铝合金及金相分析

以 Al-Re 为基的铸造铝合金主要有 ZL207 合金，其成分见表 14-24。

表 14-24　ZL207 成分　　　　wt%

Re（富铈混合稀土）	Cu	Si	Mg	Mn	Ni	Zr
4.4～5.0	3.0～3.4	1.6～2.0	0.15～0.25	0.9～1.2	0.2～0.3	0.15～0.25

注：本表摘自 GB/T 1173—2013。

该系铝合金的耐热性能大幅度提高，可在 400℃ 高温下较长时间的工作，同时还具有良好的铸造性能和气密性，不易产生热裂和疏松，可采用金属铸造形状复杂的零件。其缺点是室温力学性能较差，成分较复杂，应用上受到一定限制。

由于富铈混合稀土在铝中溶解度很小,强化效果不大,力学性能不高。合金中加入适量铜、镍、锰和镁等元素以提高力学性能。部分铜、锰和铈形成结构复杂、耐热性好的 Al_8CuCe 和 Al_8Mn_4Ce 等化合物,与 α(Al) 形成共晶体分布在晶界上。因此有很好的热强性。由于含铈量高,密度大,容易形成黑色块状的初生 Al_4Ce 化合物和偏析,并出现含有较高的铈、铜和少量硅、铁和镍的复杂化合物 AlCeNiFeSi,经电子探针微区分析,该化合物含 55wt%Ce、18wt%Cu、1.5wt%Fe、1.2wt%Ni,余为 Al,并呈细小弯曲的针状和片状分布于合金内,合金中还可能形成含铈的 AlFeMnSi 相和 Al_3Zr 化合物以及块状初生 Al_4Ce 相和骨骼状的 AlFeMnSi 相。

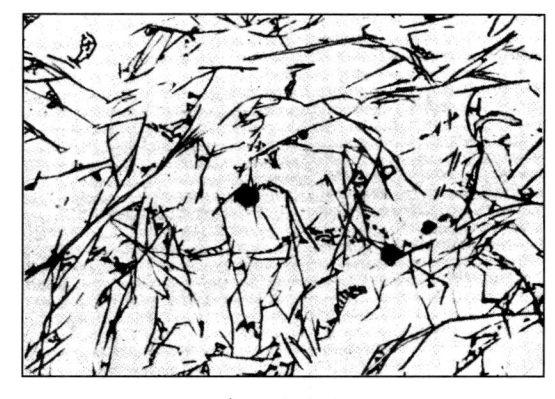

(0.5%HF 水溶液浸蚀)

图 14-38 ZL207 合金 T_1 状态下组织形貌 (200×)

图 14-38 所示为 ZL207 合金钛状态下组织形貌:白色 α(Al)+针状 AlCeCuNiFeSi 化合物+黑色块状初生 AlCe+骨骼状 AlFeMnSi 相。

14.4 变形铝合金的金相分析

变形铝合金的合金化程度一般比铸造铝合金低,离共晶成分远,具有良好的塑性,能承受冷热加工变形,适用于制造各种型材及结构件。合金中有形成强化相的合金元素,可通过不同的热处理工艺来改善材质的性能。

变形铝合金在压力变形加工前,一般为铸锭,其组织的金相分析相当于铸造铝合金的金相分析,形成的相关化合物的形态与铸造铝合金是一致的;但经压力变形加工后,基体内的强化相会随之碎化趋弥散分布,这给金相分析带来困难。

14.4.1 1×××系铝合金及其金相分析

1×××系铝合金为工业纯铝,铝含量为 99.99wt%~99.0wt%,分别列为不同牌号。

铁、硅和铜是工业纯铝中常见的主要有害杂质,它们对铝的物理、力学和化学性能均有较大的影响。杂质的存在破坏了铝表面的完整性,使铝的耐蚀性下降,尤其是铁、和铜能显著降低铝的耐蚀性。

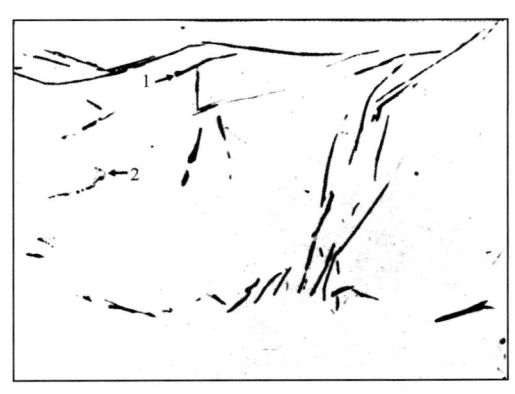

(20%H_2SO_4 水溶液浸蚀)

图 14-39 1235 工业纯铝合金铸态组织形貌 (200×)

铁和铝能形成金属间化合物 $FeAl_3$,使组织中形成 α(Al) 固溶体和 [α(Al) 固溶体+$FeAl_3$] 共晶组织。而杂质硅室温下在铝中的最大溶解度仅为 0.05%(体积分数),多余的硅以游离状态存在。当硅和铁同时存在时,组织中除 $FeAl_3$ 和硅相外,还存在 α($Al_{12}Fe_3Si$) 和 β($Al_9Si_2Fe_2$) 等三元化合物,图 14-39 为 1235 工业纯铝合金组织,图中黑色相为 $FeAl_3$ 相,暗灰色相为 α($Al_{12}Fe_3Si$) 相。当 Fe/Si>1 时,形成 α($Al_{12}Fe_3Si$) 相;当 Fe/Si<1 时,则形成硬而脆的 β($Al_9Si_2Fe_2$) 相。所以,在纯铝中可能存在的相除 α(Al) 外,还可能有 $FeAl_3$、α($Al_{12}Fe_3Si$) 相、β($Al_9Si_2Fe_2$) 相等杂质相。α($Al_{12}Fe_3Si$) 相有两种形态存在,一种是初晶 α($Al_{12}Fe_3Si$) 相,呈不定形片状;另一种是共晶 α($Al_{12}Fe_3Si$) 相,呈骨骼状,浸蚀前在抛光态呈亮灰色,较 $FeAl_3$ 相及 β($Al_9Si_2Fe_2$) 相为亮。可用浸蚀剂加以区分;采用体积分数 20%硫酸水溶液浸蚀后,α($Al_{12}Fe_3Si$) 相颜色发暗,而在体积分数 25%硝酸水溶液浸蚀仅受轻微腐蚀,颜色不变。

工业纯铝不能热处理强化,只能通过冷作硬化的方式来提高强度,冷变形程度越大,强度和硬度越高,而塑性下降。冷加工变形使铝合金中的化合物杂质相破碎并沿晶粒变形方向排列,在未退火处理时变形晶粒呈纤维状分布,如图 14-40 所示。当经高于 200℃ 退火时,强度明显下降,纤维组织中出现少量的再结晶组织;在 400℃ 以上退火时,强度继续下降,伸长率迅速增加,变形后的纤维组织完全变成均匀的等轴晶组织,如图 14-41 所示。纯铝的金相组织通常要经电解抛光和阳极覆膜后才能显示。

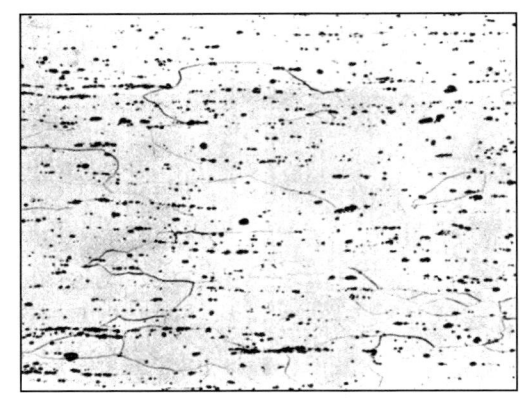

图 14-40　71235 合金冷变形后组织　（200×）

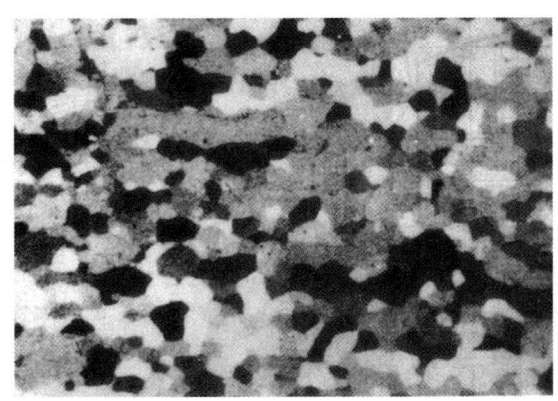

阳极覆膜

图 14-41　1235 合金冷变形后经 480℃ 退火后组织　（100×）

14.4.2　2×××系铝合金及其金相分析

14.4.2.1　2×××系铝合金的成分组成

2×××系铝合金为 Al-Cu 系的可热处理强化的加工铝合金,铜与镁是其主要合金元素,还含有少量的锰、铬、锆等元素。该合金铜含量为 2wt%～10wt%,其中含 4wt%～6wt% 铜的合金具有最高的强度。如 2017、2024 等系列材料的强度可与钢相抗衡。铜提高合金的强度与硬度,而使其伸长率略有下降;也使其耐蚀性变差,若要置于容易腐蚀的场合,须另外做防蚀处理,如与纯铝压延在一起可达到防蚀目的。该系列合金的焊接性能较差。Al-Cu 合金具有明显的时效特性,实际应用的大多为含有其他元素的多元 Al-Cu 合金。

向 Al-Cu 合金可添加的主要元素为镁,可显著提高人工时效后的强度,但伸长率有较大降低。对于镁含量低的 Al-4wt%Cu-0.5wt%Mg 合金,杂质铁及硅的含量一定要搭配好,以免因形成 Cu_2FeAl_7 而降低热处理效果;如果铁与硅形成 α(AlFeSi),对合金性能的影响就小。硅也能与镁形成少量的强化相 Mg_2Si。

2×××系合金通常都含有少量的锰,在锰和镁都增加时,合金的强度增加,但伸长率却有所下降。因此 2×××系合金的锰含量都≤1.0wt%,以保证材料所具有一定的塑性。钴、铬、钼在合金中的作用与锰的相似,其效果都比锰小。

14.4.2.2　2×××系铝合金及其金相分析

根据 Al-Cu-Mg 三元合金相图,其平衡结晶终了的 Al 角部分(图 14-42),主要由 S(Al_2CuMg)、θ(Al_2Cu)、T(Al_6CuMg_4)、β(Mg_2Al_3)和 α(Al)等相组成。由于 Al-Cu-Mg 系合金中实际含 Mg 量较低,因此,合金中只有 θ(Al_2Cu)和 S(Al_2CuMg)两个主要强化相,不出现 T 相和 β 相。合金所处的相区不同,合金相的组成和固溶时效强化能力也不同。在这里 Cu/Mg 比值是决定相组成的主要因素。S(Al_2CuMg)相中 Cu/Mg 比值为 2.61,在相图上是一条直线上,低于此比值的合金在直线的右边,主要强化相为 S(Al_2CuMg)的相,凡是比值大于 2.61 的合金均在直线左边,平衡状态下为 α(Al)+θ(Al_2Cu)+S(Al_2CuMg)三相组成。随着含铜量的增加及镁含量的减少,主要强化相由 S(Al_2CuMg)相逐渐过渡到 θ(Al_2Cu)相,见表 14-25。铜和镁总量越大,强化相数量增多,强化效果越大;S(Al_2CuMg)相越多,耐热性越好。

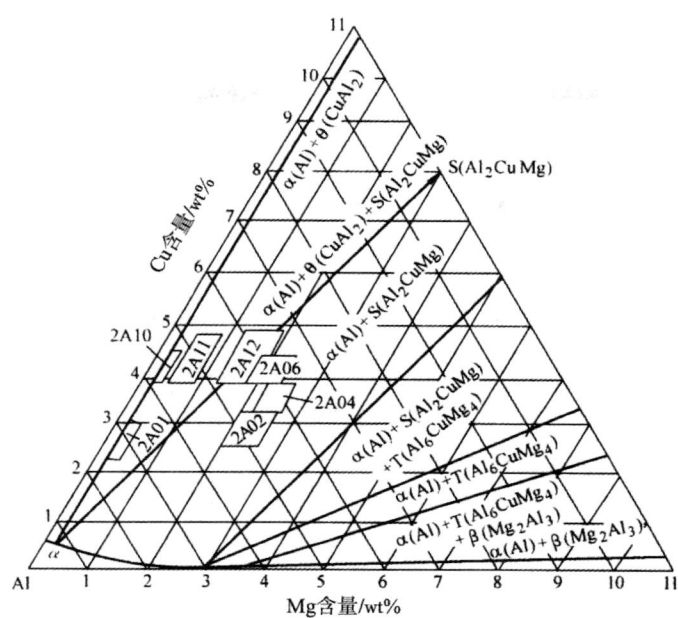

图 14-42　部分铝合金成分在 Al-Cu-Mg 三元合金相图中的部位

表 14-25　合金成分中 Cu/Mg 比值对组成相的影响

合金牌号	2A02	2A04	2A06	2A12	2B12	2B11	2A11	2A01	2A10
Cu/Mg 比值	1.32	1.4	2	2.9	2.96	6.9	7.2	7.4	18.7
主要强化相[①]	$S(Al_2CuMg)$	$S(Al_2CuMg)$	$S(Al_2CuMg)$	$S(\theta)$	$S(\theta)$	$S(\theta)$	$S(\theta)$	$S(\theta)$	$\theta(Al_2Cu)$

注：① 主要强化相中括号内的相表示在合金中数量较少。

在 Al-Cu-Mg 系合金中，还有锰和钛等少量添加元素以及铁、硅杂质元素。铁、硅分别和主要元素形成 Mg_2Si 相和 $N(Al_7Cu_2Fe)$。钛由于加量较少，一般见不到钛相；2A13 和 2A01 合金中不含或只含很少量锰，合金组织中不出现含锰相，铁、硅杂质可能形成 $\alpha(Al_{12}FeSi)$ 相。其他合金系均含有 0.3wt%～1.0wt% 的锰，合金组织中出现 $(MnFe)_3SiAl_{12}$ 相，偶尔还出现 $(MnFe)Al_3$ 或 $(MnFe)Al_6$ 相。杂质铁和硅在 Al-Cu-Mn 系合金中有时还可能出现 $(MnFe)Al_6$ 相。

Al-Cu-Mn 系的 2A12 和 2A16 等半连续铸造合金中主要组成相为 $\alpha(Al)+\theta$ 共晶体，其次是 $N(Al_7Cu_2Fe)$ 和 $(MnFe)_3SiAl_{12}$ 相，还可能有 $(MnFe)Al_6$ 相。该合金同时含有钛和锆，当两者含量均为上限时，可能出现含钛和锆的化合物初晶。2A17 合金含 0.25wt%～0.45wt% 的镁，合金铸造组织中，除有 θ、$N(Al_7Cu_2Fe)$ 和 $(MnFe)_3SiAl_{12}$ 相外，还有 Mg_2Si 以及少量的 S 相，有时也可能出现 $(MnFe)Al_6$ 相。2A17 合金中尽管加入钛，但加入量在 0.2wt% 以下，一般不会出现 $TiAl_3$ 化合物初晶体。

在 Al-Cu-Mg-Fe-Ni-Si 系中，2A70 和 2A80 合金中 Mg 含量较高，只形成 S 相，一般不形成 θ 相。当 Fe∶Ni=1∶1 时，组织中出现大量 $(FeNi)Al_9$ 相；只有铁或镍稍有剩余时才可能生成少量 Al_7Cu_2Fe 或 Al_6Cu_3Ni 相。2A70 合金中，杂质硅可能和镁形成少量 Mg_2Si 相。2A80 合金中铜、镁、铁和镍的含量与 2A70 合金相同，组织中同样含有 S、$(FeNi)Al_9$，以及少量 Al_7Cu_2Fe 或 Al_6Cu_3Ni 相。所不同的是，2A80 合金中加入 0.5wt%～1.2wt% 的硅，因而组织中出现了较多的 Mg_2Si 相，还可能生成 W 相。2A90 合金镁含量较少，铜含量较多，组织中 θ 和 S 相同时存在。合金中镍超过铁一倍时，合金组织中除生成 $(FeNi)Al_9$ 相外，还出现一定的 Al_6Cu_3Ni 相。该合金中加入 0.5wt%～1.0wt% 的硅，合金组织中出现 Mg_2Si 相，有时生成少量 $(Fe_3Si_2Al_{12})$ 相。

表 14-26 为 2××× 系铝合金常用牌号半连铸态的相组成。

表 14-26 部分 2×××系常用牌号铝合金的金相组织

类	牌号	除 α(Al)外的组成相(方括号内为少量的或可能的相)
Al-Cu-Mg	2A10	$\theta(CuAl_2)$、Mg_2Si、N(Al_7Cu_2Fe)、$(MnFe)_3SiAl_{12}$、S(Al_2CuMg)、$(MnFe)Al_6$
	2A01	θ、Mg_2Si、N、$\alpha(Al_{12}Fe_3Si)$、[S]
	2A13	θ、Mg_2Si、N、$\alpha(Al_{12}Fe_3Si)$、[S]
	2B11	θ、Mg_2Si、N、$(MnFe)_3SiAl_{12}$、[S]、$(MnFe)Al_6$
	2A11	θ、Mg_2Si、N、$(MnFe)_3SiAl_{12}$、[S]、$(MnFe)Al_6$
	2B12	S、θ、Mg_2Si、N、$(MnFe)_3SiAl_{12}$、[S]、$(MnFe)Al_6$
	2A12	S、θ、Mg_2Si、N、$(MnFe)_3SiAl_{12}$、[S]、$(MnFe)Al_6$
	2A06	S、Mg_2Si、N、$(MnFe)_3SiAl_{12}$、[S]、$(MnFe)Al_6$
	2A04	S、Mg_2Si、N、$(MnFe)_3SiAl_{12}$、[S]、$(MnFe)Al_6$
	2A02	S、Mg_2Si、N、$(MnFe)_3SiAl_{12}$、[S]、$(MnFe)Al_6$
Al-Cu-Mn	2A16	θ、N、$(MnFe)_3SiAl_{12}$、[$(MnFe)Al_6$、$TiAl_3$、$ZrAl_3$]
	2A17	θ、N、$(MnFe)_3SiAl_{12}$、Mg_2Si、[S]、$(MnFe)Al_6$
Al-Cu-Mg-Si-Mn	2A50	Mg_2Si、W、θ、AlFeMnSi、[S]
	2B50	Mg_2Si、W、θ、AlFeMnSi、[S]、[$TiAl_3$]
	2A14	Mg_2Si、W、θ、AlFeMnSi、[S]
Al-Cu-Mg-Fe-Ni-Si	2A70	S、$(FeNi)Al_9$、[Mg_2Si、N 或 Al_6Cu_3Ni]
	2A80	S、$(FeNi)Al_9$、[Mg_2Si、N 或 Al_6Cu_3Ni]
	2A90	S、θ、$(FeNi)Al_9$、Mg_2Si、Al_6Cu_3Ni[$\alpha(Al_{12}Fe_3Si)$]

14.4.3 3×××系铝合金及其金相分析

14.4.3.1 3×××系铝合金的成分组成

3×××系合金的主要合金元素是锰,其锰含量在 1.0wt%～1.6wt%(如 3A21 铝合金),铁、硅是主要杂质元素,它们的含量对合金相和显微组织有很大影响,必须严格控制其含量。可以认为 3×××系合金是 Al-Mn-Fe-Si 基合金。

该系合金中有时加入 0.4wt%～0.7wt%范围内的铁,能使板材的退火时得到较细的晶粒。但铁和锰之和不应大于 1.85wt%,否则,形成大量的(FeMn)Al_6 粗大片状难溶相,质硬而脆,会显著地降低合金的力学性能和工艺性能。

杂质硅能增大合金的热裂倾向,降低铸造性能,因此硅含量应严加限制。

向 Al-Mn 合金中加入少量铜(<0.3wt%),对合金的抗蚀性提高有利,可由点腐蚀变成全面的均匀腐蚀。

3×××系铝合金中锰可单独加入,也可与镁一同加入。用于制造罐身的 3004 合金含有 0.8wt%～1.3wt%的镁,相对不含镁的 3003 铝合金有更高的强度。

3×××系合金铝合金不能通过热处理强化,冷作硬化是提高强度的唯一方法。该类合金经高温退火后是单相固溶体,故抗蚀性能高,塑性好。对于 3A21(LF21)类铝合金,若铸态组织存在锰偏析,在退火时极易产生粗大晶粒。

14.4.3.2 3×××系铝合金及其金相分析

3×××系合金的铸态组织除基体 α(Al)外,在枝晶间存在粗大富铁共晶化合物,化合物有两种类型:正交 $Al_6(MnFe)$ 和 $Al_{12}(MnFe)_3Si$,其相对数量取决于合金成分及冷却速度。半连续铸造的冷速有利于 $Al_6(MnFe)$ 相的生成,在双辊铸造较高的冷速下 $Al_{12}(MnFe)_3Si$ 为主要共晶相。在铸造快速冷却过程中,锰以过饱和的形式存在于铝基体中。在铸锭加热过程中,$Al_6(MnFe)$ 和 $Al_{12}(MnFe)_3Si$(当硅含量低于约 0.07wt%时)在富锰的枝晶间以细小颗粒状弥散析出。锰在铝中的扩散很慢,硅加速锰的析出,铁降低锰在铝中的固溶度因而也加快锰的析出速度。这些细小颗粒的尺寸、分布对再结晶过程有很大的影响。必须选择合适的铸锭均匀化工艺,控制析出相的尺寸和分布,从而有效控制板材再结晶后的合金晶粒度。

图 14-43 所示为 3A21 铝合金半连续铸锭的基体金相形貌,组织为:α(Al)+Al_4Mn+[α(Al)+$Al_{12}Mn_3Si$]共晶+Al_3(FeMn)。

图 14-44 所示为 3A21 铝合金板材纵向截面上组织形貌,可见化合物破碎后沿延压方向排列,呈层状,从 α(Al)基体上析出 Al_6Mn 等相质点。

(经 10%NaOH 水溶液浸蚀)
图 14-43 3A21 半连铸组织形貌 (200×)

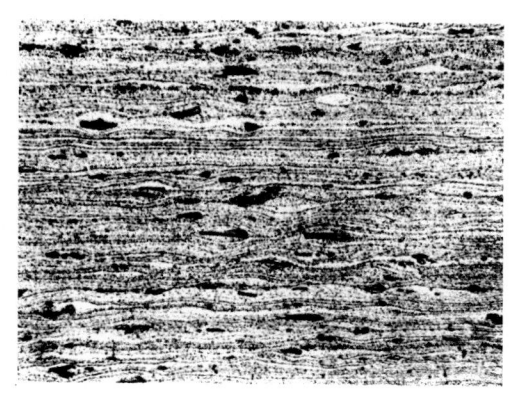
(经 10%NaOH 水溶液浸蚀)
图 14-44 3A21 板材纵截面上组织形貌 (200×)

14.4.4 4×××系铝合金及其金相分析

14.4.4.1 4×××系铝合金的成分组成

4×××系合金属 Al-Si 系变形铝合金,其含硅量相当于铸造铝合金中的 ZL1××系,低含量的约为 4.5wt%~6.0wt%,高含量的约为 11.5wt%~13.5wt%。铝合金中添加了硅,可抑制它的线膨胀,改善其耐磨性,如 4032 合金,其硅含量可高达 13.5wt%;若再添加一些铜、锡、镍、镁等会改善它的耐热性,当作活塞材料使用。用于轧制钎焊板的变形铝合金的硅含量可高达 12wt%。含硅量约 5wt%的 4043 的熔点低,还可当作焊材。

14.4.4.2 4×××系铝合金及其金相分析

该系列应用较多的 4A01、4A13 和 4A17 三个合金均含有 α+Si 共晶体和 β($FeSiAl_5$)相。由于各合金中硅含量不同,其组织中的共晶体量也依次递增。在含锰的 4×××系合金中,AlFeMnSi 相也是常见的一个多元相。

表 14-27 为 4×××系常用牌号铝合金半连铸态下相组成。

表 14-27 4×××系常用牌号铝合金半连铸态下相组成

类	牌号	除 α(Al)外的组成相(方括号内为少量的或可能的相)
Al-Si	4A01	Si(共晶)、β($FeSiAl_5$)
	4A13	Si(共晶)、β、AlFeMnSi[S]
	4A17	Si(共晶)、β、AlFeMnSi[S]
	4A11	Si(共晶)、S、(FeNi)Al_9、Mg_2Si、β($FeSiAl_5$)、[初晶硅]

14.4.5 5×××系铝合金及其金相分析

14.4.5.1 5×××系铝合金的成分组成

镁是 5×××系铝合金的主要合金元素,在常用的该系合金中,镁含量一般不超过 5.5wt%。该系合金为金属热处理不可强化的铝合金。镁能显著提高铝合金的强度但又不会使其塑性过分降低。Al-Mg 合金有良好的抗蚀性与可焊性能。但镁在铝合金基体中会优先形成呈阳极的 Mg_5Al_8 或 Mg_5Al_3 在晶界沉淀，会使合金有产生晶间裂纹及应力腐蚀的倾向。

Al-Mg 合金还含有少量的锰、铬、铍、钛等。合金中的锰除少量固溶外，大部分形成 $MnAl_6$。加入锰的益处是：可使含锰相沉淀均匀，提高合金的抗蚀性，特别是抗应力腐蚀开裂的能力；对提高合金强度的效果比镁大，每增加 1wt% 的镁，可使强度提高约 35 MPa，而加入同量锰的效果则几乎大一倍；可提高合金的再结晶温度，抑制晶粒长大。但是锰的含量过多时，提高强度不多，反而使塑性显著降低，尤其在有微量钠存在的情况下，在热轧时会产生"钠脆"现象，故该系合金的锰含量均小于 1.0wt%。

在 5××× 系合金中铬的作用与锰的相似，即提高抗应力腐蚀开裂能力，提高基体金属和焊缝强度，降低焊接裂纹倾向，但其含量一般不超过 0.35wt%，否则铬会与其他合金元素或杂质诸如锰、铁、钛等形成粗大的金属间化合物，降低成型性能与断裂韧度等力学性能。铬的扩散速度低，在压力加工过程中形成细小的分散相，能抑制晶粒长大，因此可用铬控制合金的显微组织。铬可使阳极氧化膜呈黄色。

在镁含量高的 Al-Mg 合金中加入 0.0001wt%～0.005wt% 的铍，能降低熔炼烧损，减少铸锭的裂纹倾向，改善板材的表面质量。钛能细化合金的晶粒。铁、硅、铜、锌等为杂质元素，应严格控制在标准规定的范围内。

14.4.5.2 5××× 系铝合金及其金相分析

5××× 系合金中可能存在的相随基体成分的不同而不同。由于 Mg_2Si 在铝中溶解度极小，Mg_2Si 是该系合金中的主要存在相。锰及杂质元素铁、硅在合金中形成含铁、锰、硅的相，如 $(MnFe)_3SiAl_{12}$、$(MnFe)Al_6$ 或 Al_3Fe 等。由于硅和镁形成 Mg_2Si 相，因此在铸锭均匀化加热过程中，锰倾向于以 $(MnFe)Al_6$ 化合物，而不是 $(MnFe)_3SiAl_{12}$ 化合物的形式析出。5××× 系合金中的镁通常处于过饱和状态，这种过饱和固溶体在室温下相当稳定。如果将合金进行一定的变形加工并在一定的温度下加热，则固溶体中将析出 $\beta(Al_3Mg_2)$（即 Al_8Mg_5）平衡相或 $\beta'(Al_3Mg_2)$ 亚稳相。在较低温度下，β' 相相当稳定，较长时间的时效也不发生向平衡 β 相的转变。β 相或 β' 相的时效强化效果不大，而且易于沿晶或剪切带析出，恶化合金的抗腐蚀性能。在含铬和锰的 5××× 系合金中，在铸造和铸锭均匀化加热过程中还会形成铝、锰、铬三元相。在压力加工的板材产品中，铬经常以细小分散的 $E(Al_{12}Mg_2Cr)$ 相存在。

因此，5××× 系铝合金中主要组成相除 $\alpha(Al)$ 外，还有 $\beta(Al_3Mg_2)$、$MnAl_6$、$CrAl_7$、$TiAl_7$ 和杂质相 Al_3Fe、$(MnFe)Al_6$、Mg_2Si 等。

图 14-45 为 5A06(LF6) 合金板材热变形后组织形貌；化合物破碎沿压延方向成行排列，从 $\alpha(Al)$ 基体中析出大量的 $\beta(Al_3Mg_2)$ 等相的质点，基体已再结晶，晶粒沿延压方向拉长。

图 14-46 为 5A03(LF3) 铝合金热挤压棒的纵向截面上组织分布形貌；在 $\alpha(Al)$ 基体上均匀分布着 $\beta(Al_3Mg_2)$ 相及沿挤压方向分布的黑色 $MnAl_6$ 等相。

（经混合酸水溶液浸蚀）

图 14-45 5A06 板材纵截面上组织分布形貌 （200×）

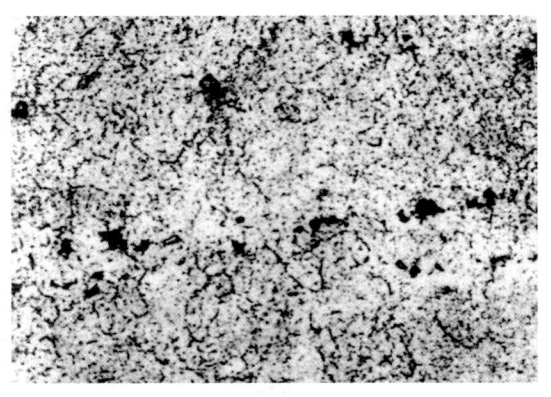

（经混合酸水溶液浸蚀）

图 14-46 5A03 热挤压棒纵截面上组织分布形貌 （200×）

表 14-28 为 5××× 系常用牌号铝合金的半连铸下的相组成。

表 14-28　5××× 系常用牌号铝合金的半连铸下的主要相组成

牌号	除 α(Al) 外的组成相（方括号内为少量的或可能的相）
5A02、5A03、5082、5A43	Mg_2Si、$(MnFe)Al_6$、$[\beta(FeSiAl_5)]$
5A05	$\beta(Mg_5Al_8)$、Mg_2Si、$(MnFe)Al_6$
5A06	$\beta(Mg_5Al_8)$、$(MnFe)Al_6$
5B06	$\beta(Mg_5Al_8)$、$(MnFe)Al_6$、$[TiAl_3]$
5A33	$\beta(Mg_5Al_8)$、Mg_2Si、$[(MnFe)Al_6]$
5A12	β（大量）、Mg_2Si
5A13	β（大量）、Mg_2Si、$(MnFe)Al_6$
5A41	$\beta(Mg_5Al_8)$、Mg_2Si、$[(MnFe)Al_6]$
5A66	$[\beta]$
5183	Mg_2Si、W、$(MnFe)_3Si_{12}Al_{15}$、$[Fe(Cr)_4Si_4Al_{13}]$
5086	Mg_2Si、W、$(MnFe)_3Si_{12}Al_{15}$

14.4.6　6××× 系铝合金及其金相分析

14.4.6.1　6××× 系铝合金的成分组成

6××× 系列合金的主要强化合金元素是镁（一般在 0.4wt%～1.0wt%）与硅（一般在 0.3wt%～1.3wt%），并形成 Mg_2Si 相。若含有一定量的锰和铬，可以中和铁的不良影响；有时还添加少量的铜或锌，以提高合金的强度，而又不使其抗蚀性有明显降低；导电材料中有少量的铜，以抵消钛和钒对导电性能的不良影响；锆或钛能细化晶粒与控制再结晶组织。为改善可切削性能，可加入铅与铋。在 Mg_2Si 中，Mg/Si 比为 1.73，但是在实际生产中大部分合金不是含过剩的镁，就是硅含量过剩。当镁含量过剩时，合金的抗蚀性好，但强度与成型性能较低；当硅含量过剩时，合金的强度高，但其成型性及焊接性能低，抗晶间腐蚀倾向稍好。

6××× 系铝合金可分为 Al-Mg-Si 系及 Al-Mg-Si-Cu 系合金。Al-Mg-Si-Cu 系合金中铜一般在 0.6wt% 以下，同时还加入 0.20wt%～0.80wt% 锰或铬。

6060 及 6063 型合金中，镁、硅含量低，且不含锰、铬等。合金中铁最佳含量为 0.15wt%～0.20wt%，铁含量过低，晶粒粗大；过高对材料的表面处理性能不利，降低表面光亮度，甚至出现暗斑、条纹等缺陷。如果合金中的铁含量较高，则硅的含量也应高一些，以便在形成 α(AlFeSi) 相后还有足够的过剩硅，以保证合金有高的力学性能。

14.4.6.2　6××× 系铝合金及其金相分析

6××× 系铝合金中 Al-Mg-Si 系合金没有三元化合物，只有两个二元化合物 β 和 Mg_2Si 相。Mg_2Si 相是该系合金的主要强化相，常用的 Al-Mg-Si 系合金中镁、硅比为一般小于 1.73，按相图应有硅过剩，过剩硅在合金中以单质硅形式存在，形成 α(Al)+Mg_2Si+Si 三相共晶。由于工业合金中还含有铜、铁、和锰等组元，硅将和锰形成多元复杂化合物。Al-Mg-Si-Cu 系合金中，当镁含量大于 0.3wt%、硅大于 0.2wt% 时合金组织中出现 Mg_2Si 相；硅含量大于镁且铜大于 0.1wt%，或含有等量的镁和硅且铜含量大于 0.3wt%，即出现 $W(Cu_2Mg_8Si_6Al_5)$ 相。合金中锰或铬加入量大于 0.1wt%，且合金中硅含量等于或大于镁含量时，还会出现 $(MnFe)_3Si_2Al_{15}$ 或 $(CrFe)_4SiAl_{13}$ 相。

若该系铝合金中无锰及铜时，则铁以 $FeAl_3$、$FeAl_6$、Fe_2SiAl_8 等形式存在。主要合金相 Mg_2Si 在热处理状态下固溶于 α(Al) 基体中，发挥固溶强化作用。

6061 和 6063 合金半连续铸造状态主要组成为 α(Al)+Mg_2Si 二元共晶体，6070 合金则为 α(Al)+

Mg_2Si+W 三相共晶体。此外,由于这些合金中均含有锰,组织中将出现 $(MnFe)_3Si_{12}Al_{15}$ 相,6083 合金中若以铬代锰则生成 $(CrFe)_4Si_4Al_{13}$ 相。

图 14-47 为 6A02 铝合金半连续铸造状态下的金相组织形貌,其组织为 $α(Al)+Mg_2Si$(←①多角、片状、暗蓝色)$+Al_2Cu$(←②浅红色)$+S(CuMgAl_2)$(←③蜂窝状、灰黄色)$+(FeMnSi)Al_6$(←④骨骼状,浅灰色)。

图 14-48 为 6A02 铝合金挤压状态下金相组织,原铸态下相的特定形态遭到破碎,沿压延方向呈断续分布,Mg_2Si 相呈黑色颗粒状,与 $(FeMnSi)Al_6$ 等杂质相混不易分辨,少量 Al_2Cu 相呈浅灰色椭圆形,固溶体基体上还均匀分布着细小锰相质点。

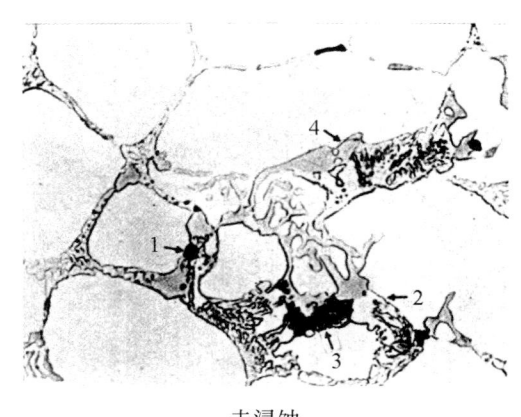
未浸蚀
图 14-47 6A02 铝合金半连续铸态 (600×)

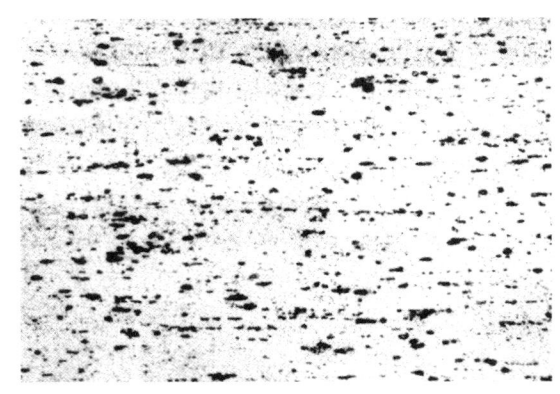
混合酸水溶液浸蚀
图 14-48 6A02 铝合金半挤压退火后的组织形貌 (100×)

14.4.7 7×××系铝合金及其金相分析

14.4.7.1 7×××系铝合金的成分组成

7×××系铝合金有 Al-Zn、Al-Zn-Mg、Al-Zn-Mg-Cu 三类合金,其中 Al-Zn-Mg-Cu 铝合金是目前室温强度最高的变形铝合金。含锌的 $α(Al)$ 固溶体有更负的电位,因此可用它作为牺牲阳极和某些铝合金的包覆层。含锌铸造铝合金有很高的热裂纹倾向,而含锌变形铝合金则有很强的应力腐蚀裂纹敏感性,故未能获得应用。向该系合金中添加镁与铜及其他微量元素,制成一批有实用价值的 7×××系合金。

在锌含量为 3wt%～7.5wt% 的铝合金中添加镁,可形成强化效果显著的 $MgZn_2$,使合金的热处理效果也胜过 Al-Zn 二元合金,提高合金中的锌、镁含量,抗拉强度虽会得到进一步提高,但其抗应力腐蚀和抗剥落腐蚀的能力会随之下降。为获得综合性良好的高强度合金,有效的措施为过时效,严控淬火速度,加入微量元素锆以控制再结晶组织,使 Zn/Mg 比接近 3/1 等。合金的时效过程决定于锌与镁,铜能增加固溶体的过饱和度与形成 $CuMgAl_2$ 而提高时效速度,铜还能提高合金的淬火敏感性,但降低了 Al-Zn-Mg 合金的普通耐蚀性能,增强其抗应力腐蚀的能力。

该系铝合金中加入微量铬、锰会形成细小的 $MnAl_6$、$CrAl_7$ 等金属间化合物质点,可有效地抑制晶粒长大,在固溶体分解时作为晶核促使含镁和锌的析出相($MgZn_2$、$Al_2Zn_3Mg_3$)质点在晶内出现,进一步提高了合金的强度和应力下的耐蚀性。

在这类铝合金中,铁和硅都是有害的杂质。铁与锰形成难溶的复杂化合物,降低了压挤制品的力学性能。铁可使 7A03 合金线材的剪切强度下降,可铆性变坏。硅与合金中的镁生成 Mg_2Si,减少合金中主要强化相 $MgZn_2$ 和 $T(Mg_3Zn_3Al_2)$ 相的数量,因而降低了合金的强度,所以这类合金中的硅应尽量控制在下限。硅的存在也会使线材的抗剪强度下降,但不影响其可铆性。铁和硅同时存在时,对这类合金性能的影响比单独存在时要小。

14.4.7.2 7×××系铝合金及其金相分析

1. 7×××系的 Al-Zn-Mg 系合金

成分处于 Al-Zn-Mg 合金相图 $α+T+η(MgZn_2)$ 相区内,即使在快速冷却的半连续铸造情况下,镁含量大于 3wt%，Zn/Mg 比大于 2.2 时，也出现 η 相。

7003 合金铸态组织中，除 T 相外，还有 η 相。铁、硅杂质在 7003 合金组织中以 AlFeMnSi 相存在，硅还和镁形成 Mg_2Si 相。为改善合金的焊接性能，7003 合金中同时加入铬、钛、锆等过渡元素。这些元素除部分溶入 α(Al) 中外，还会溶入 AlFeMnSi 相中或生成 $ZrAl_3$ 初晶。因此 7003 合金的铸态化合物包括 η、T、Mg_2Si、AlFeMnSi 和 $ZrAl_3$ 初晶。

2. 7×××系的 Al-Zn-Mg-Cu 系合金

成分处在 [α(Al)+T(AlZnMgCu)]、[θ+T(AlZnMgCu)+S(Al_2CuMg)]、[α(Al)+η($MgZn_2$)+T(AlZnMgCu)] 和 [α(Al)+η($MgZn_2$)+S+T(AlZnMgCu)] 4 个相区的交界附近，因此随铸造时的冷却速度不同，或合金成分的变化，常出现不同组织。当合金中的铜含量小于镁的含量，Zn/Mg 小于 2.2 时，半连续铸造 Al-Zn-Mg-Cu 系合金组织中只有 α(Al)+T(AlZnMgCu) 共晶体。当锌含量大于 3wt%，铜和镁含量各大于 1wt%，且铜含量大于镁含量时，则生成 S 相；Zn/Mg 大于 2.2 时，则出现 η 化合物。

7A03 合金中 Zn/Mg 为 4.5，且铜含量大于镁含量，合金铸态组织为 η、T(AlZnMgCu) 和 S 相，另外微量的铁、硅、锰在 7A03 合金中可能生成 Mg_2Si 和 AlFeMnSi 相。

7A04 合金中铜含量小于镁含量，Zn/Mg 为 2.6，合金铸态组织主要为 α(Al)+T(AlZnMgCu) 共晶体，η 相较少，一般不出现 S 相，当然也有 Mg_2Si 和 AlFeMnSi 相。

7A09 合金中铜含量小于镁含量，Zn/Mg 比小于 2.2，合金铸态组织中只有 α(Al)+T(AlZnMgCu) 共晶体和少量 Mg_2Si 和 AlFe Mn Si 相，不出现 η 相，合金中含有 0.16wt%～0.3wt% 铬，可能出现 $CrAl_7$ 初晶。

7A10 合金中含锌较少，组织中 T(AlZnMgCu) 相数量也较少，没有 η 和 S 相，存在一定量的 Mg_2Si 和 AlFeMnSi 相。

图 14-49 为 7A04 铝合金半连续铸造状态下组织形貌，组织为 α(Al)+[α(Al)+T(AlZnMgCu)] 共晶+[α(Al)+Mg_2Si] 共晶+[AlMnFeSi+(FeMn)Al_6]。

图 14-50 为 7A04 铝合金板材纵向中心部位组织形貌，合金已完全再结晶，还残存 S(Al_2CuMg) 相和 T(AlZnMgCu) 相及难溶相 AlMgFeSi 等。

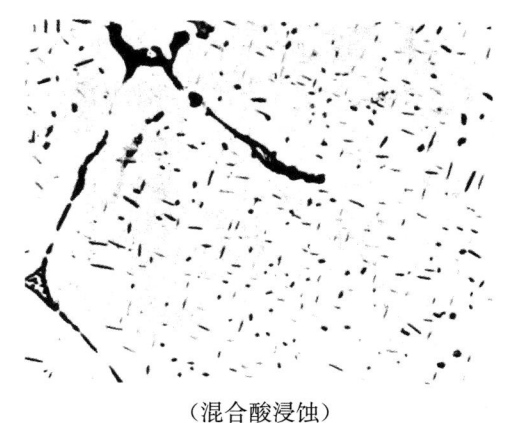

（混合酸浸蚀）

图 14-49　7A04 铝合金铸态组织形貌　（200×）

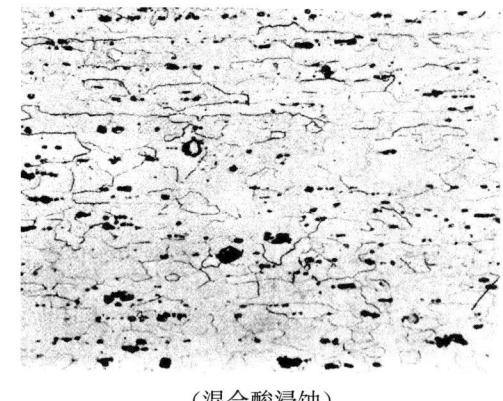

（混合酸浸蚀）

图 14-50　7A04 铝合金板材纵截面组织形貌　（200×）

14.5　铝合金的相鉴别及试样制备

铝及铝合金的金相分析中重要内容之一是合金相的确认，即要正确鉴别，而正确的金相样品的制备是准确鉴别合金相的基础。

14.5.1　铝合金金相试样制备特点

铝及铝合金金相试样的制备方法可参考 GB/T 3246.1—2012《变形铝及铝合金制品显微组织检验方法》及 JB/T 7946—2017《铸造铝合金金相》中相关条款说明。

1. 取样

铝及铝合金金相试样的截取应按有关规定或技术协议。一般情况下,对于变形铝合金型材、挤压制品在板材的尾部取样。对于检测热处理过烧组织,一般应带表皮取样或在最易过烧部位取样。

取样方法以在取样过程中不引起组织变化及组织变形为准则。因铝合金硬度较低,故一般均用机械加工方法手工锯切方法。

2. 样品制备

试样观察面先用砂纸(最好用水砂纸)由粗到细依次磨制,粗磨用360号(粒度号240号)以下砂纸;细磨用1000号以上砂纸。

将磨好的试面清洗后在抛光机上进行粗抛、洗抛。抛光织物一般用丝绒(不要用化纤类的),磨料一般选用氧化铝悬浮液或者金刚砂喷剂(2.5左右)。抛光时候注意压力不能太重,线速度不能太高,以防出现变质、扰乱层,而不能反映出试样的基体真实形貌。精抛时抛光机转速一般在150~200 r/min为宜。

抛光布的湿度以抛光的试样取出后能迅速从表面的一端干到另一端为宜,磨料太稀或磨料加的次数太多均易使样品表面在抛光过程中发生氧化现象,在试样表面产生一层灰色的氧化膜。试样一腐蚀,表面立即发灰,高倍下观察时可见铝基体上很多小黑点,实为组织假象。精抛光时滴入洗涤剂,以利磨面光亮,到样品表面极光亮、无磨痕时即可进行浸蚀、观察。

用电解抛光仪对铝合金试样进行电解抛光可克服机械抛光易主生扰乱层的缺陷。

表14-29为GB/T 3246.1—2012推荐的抛光工艺。

表14-29 铝合金电解抛光工艺

电解液	工艺参数	操作说明
70%(体积分数)的高氯酸 10 mL 无水乙醇 90 mL	阴极:不锈钢板或铝板; 起始电压:25~60 V; 电解时间:6~35 s; 电解液温度:低于40℃	(1) 试样先期用20%(体积分数)硝酸溶液洗去表面油亏,再水、无水乙醇冲洗吹干; (2) 电解时可摆动试样,不能离电解液; (3) 电解后试样在30%~50%(体积分数)硝酸溶液中清洗表面上的电解产物

3. 样品试面浸蚀

铝及铝合金的金相分析有时不需浸蚀直接在抛光态下观察,大多要根据不同样品不同分析目的选择不同的试剂进行浸蚀。最常用的浸蚀剂为0.5% HF水溶液,还有混合酸水溶液、H_2SO_4水溶液、HNO_3水溶液等,可参见表14-31所列配方。

有些铝合金用一般的化学浸蚀法晶界往往难以分辨,很难分清每一个晶粒。常采用阳极化制膜处理,在试样表面形成与结晶学位向相关的不同厚度的薄膜,在显微镜的偏光照明下不同位向的晶粒有不同的亮度,可测定晶粒的形状和大小。表14-30所列为GB/T 3246.1—2012列出的制膜工艺。

表14-30 铝合金阳极化制膜工艺

适用铝合金系	制膜液	工艺参数	
纯铝、铝-镁及铝-锰系等软合金	95%~98%(体积分数)的硫酸 38 mL 85%(体积分数)的磷酸 43 mL 水 19 mL	制膜工艺参数 电压 电流密度 时间 温度	20~30 V 0.1~0.5 A/cm² 1~3 min <40℃
其他铝及铝合金	氟硼酸(HBF_4)水溶液①(16.8 g/L)	电压 电流密度 时间 温度	20~45 V 0.1~0.5 A/cm² 1~3 min <40℃

注:① 氟硼酸溶液制备:称取117 g硼酸(H_3BO_3)于塑料容器内,加入500 mL水,333 mL氢氟酸(ρ:1.15 g/mL),待硼酸溶解完后冷却,用水稀释至1 L,即配成所需氟硼酸溶液(16.8 g/L)。

14.5.2 铝合金相的鉴别

铝及铝合金中有不同的合金元素且含量也不同,形成不同的相。由于各种相之间有时十分相似,仅从外形难以区分;有时一些相由于变形难以辨认,因此,要从其几何形态、物理特性(光学特性硬度等)、化学特性(各种试剂下不同反应等)以及化学成分组成来综合进行准确鉴别。

铝合金的相鉴别一般在铸态或铸后热处理状态下进行。若经锻压、轧制,有些强化相、杂质相往往被破碎,在某些热处理条件下有些相还会聚集长大,给相鉴别带来困难。

铝合金中主要相在铸态下的形貌见图 14-51。

铝合金主要相的化学试剂鉴别方法见表 14-31。

当铝合金相破碎变形后,以及一些四元或多元复杂化合物相,单用上述方法已较难鉴别,而要借助 X 光结构分析仪、电子探针或能谱分析仪等手段从晶体结构、化学成分组成来鉴别。

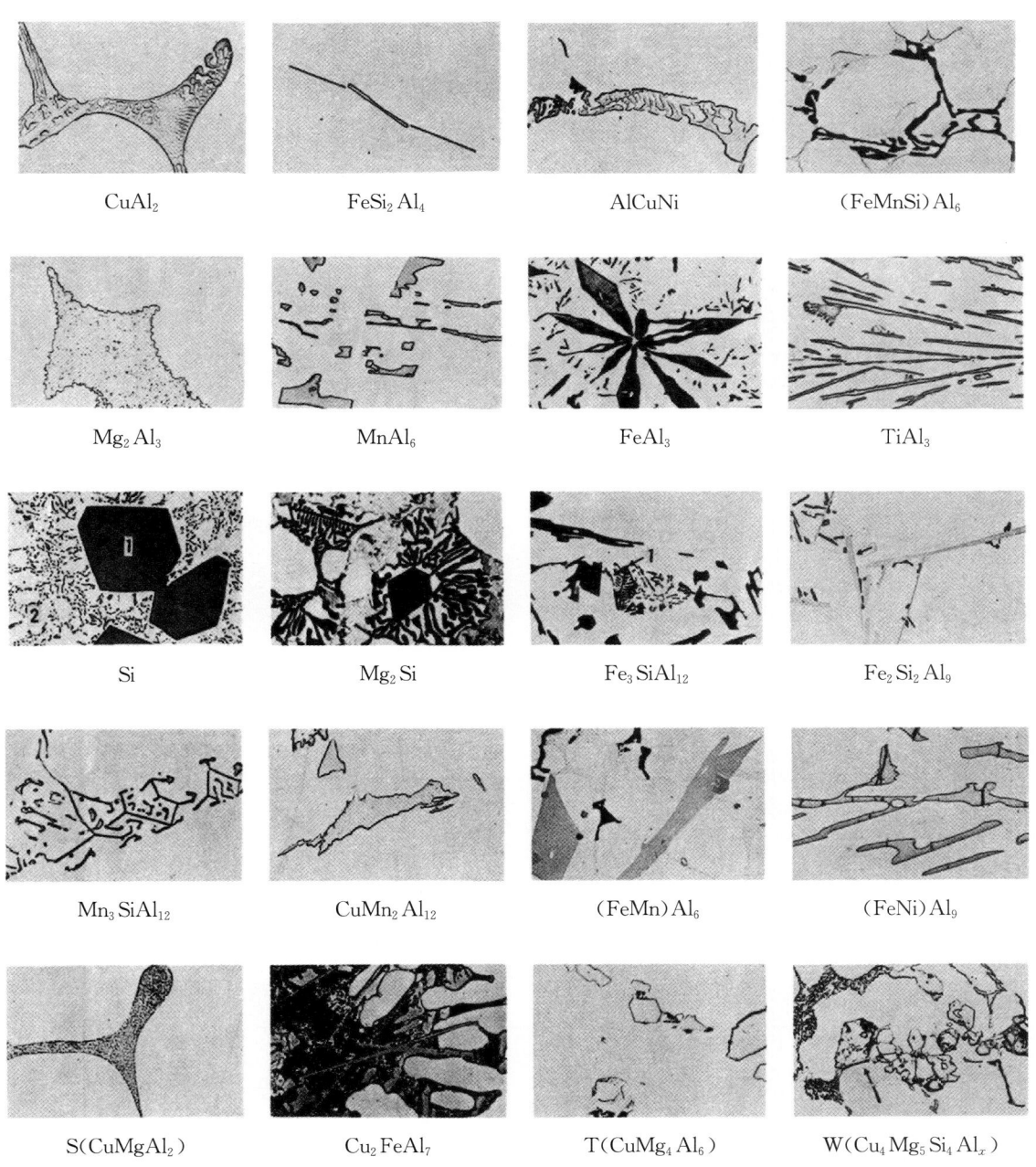

图 14-51 铝合金(铸态)的常见合金相的形态特征

表 14-31 铸造铝合金中主要相浸蚀前后的特征

序号	相组成	抛光后侵蚀前相的颜色及形态	1 mL HF 200 mL H₂O 20℃, 15 s	2 mL HF 3 mL HCl 5 mL HNO₃ 190 mL H₂O 1:4 稀释 20℃, 10 s	25 mL HNO₃ 75 mL H₂O 70℃, 40 s	20 mL H₂SO₄ 80 mL H₂O 70℃, 30 s	1 g NaOH 100 mL H₂O 50℃, 15 s	10 g NaOH 100 mL H₂O 70℃, 5 s	10 mL H₃PO₄ 100 mL H₂O 20℃, 2 min	1 g Fe(NO₃)₃·9H₂O 90 mL H₂O 20℃, 30 s
						浸蚀后相的颜色及变化				
1	Al7Cr	亮灰色片状结晶	不浸蚀	不浸蚀	不浸蚀	不浸蚀	不浸蚀	浸蚀为浅棕色	不浸蚀	不浸蚀
2	Al2Cu	带粉红色的白色结晶轮廓圆滑	不浸蚀	不浸蚀	强烈浸蚀变黑褐色或深棕色	微浸成浅棕色	不浸蚀	浸蚀为浅棕色	不浸蚀	强烈浸蚀变黑褐色
3	Al₃Fe	灰色的针状或片状结晶	不浸蚀	不浸蚀	不浸蚀	浸蚀变黑局部溶去	不浸蚀	浸蚀变暗黄色	不浸蚀	不浸蚀
4	B Al₁₈Mg₅, Al₃Mg₂	浅黄色的网格状结晶	不浸蚀	不浸蚀	不浸蚀	微浸变暗黄色	不浸蚀	不浸蚀	不浸蚀	不浸蚀
5	Al₆Mn	亮白色处状结晶	浸蚀变深蓝色	不浸蚀	不浸蚀	不浸蚀	浸蚀成粉红色	强裂浸蚀成杂色	不浸蚀	不浸蚀
6	Al₆(MnFe)	亮白色处状结晶	微浸变灰色	不浸蚀	不浸蚀	不浸蚀	浸蚀成杂蓝色	浸蚀变灰色	不浸蚀	不浸蚀
7	Al₄Mn	浅灰色片状结晶较 Al₆Mn 暗	不浸蚀	不浸蚀	不浸蚀	不浸蚀	微浸成浅棕色	微浸变浅棕色	不浸蚀	不浸蚀
8	Al₃Ni	浅灰色片状结晶	不浸蚀	浸蚀变暗棕色	不浸蚀	不浸蚀	不浸蚀	微浸发暗	不浸蚀	不浸蚀
9	Al₃(CuNi)₂	灰色的枝状或骨骼状结晶	浸蚀变棕色	浸蚀变棕色	浸蚀变棕色	浸蚀成浅棕色	不浸蚀	浸蚀变棕色	不浸蚀	不浸蚀
10	Si	灰白色的片状、针状、点状结晶	不浸蚀	不浸蚀	不浸蚀	不浸蚀	不浸蚀	不浸蚀	不浸蚀	不浸蚀
11	Al₃Ti	亮灰色片状结晶	不浸蚀	不浸蚀	不浸蚀	不浸蚀	不浸蚀	不浸蚀	不浸蚀	不浸蚀
12	Al₃Zr	亮灰色片状结晶	不浸蚀	不浸蚀	不浸蚀	不浸蚀	不浸蚀	微浸发暗	不浸蚀	不浸蚀

续表

序号	相组成	抛光后侵蚀前相的颜色及形态	浸蚀后相的颜色及变化							
			1 mL HF 200 mL H$_2$O 20℃，15 s	2 mL HF 3 mL HCl 5 mL HNO$_3$ 190 mL H$_2$O 1:4 稀释 20℃，10 s	25 mL HNO$_3$ 75 mL H$_2$O 70℃，40 s	20 mL H$_2$SO$_4$ 80 mL H$_2$O 70℃，30 s	1 g NaOH 100 mL H$_2$O 50℃，15 s	10 g NaOH 100 mL H$_2$O 70℃，5 s	10 mL H$_3$PO$_4$ 100 mL H$_2$O 20℃，2 min	1 g Fe(NO$_3$)$_3$·9H$_2$O 90 mL H$_2$O 20℃，30 s
13	N Al$_7$Cu$_2$Fe	亮灰色针状结晶	不浸蚀	浸蚀变浅棕色	浸蚀变褐色	强烈浸蚀变褐色	不浸蚀	不浸蚀	不浸蚀	不浸蚀
14	S Al$_2$CuMg (Al$_5$Cu$_2$Mg$_2$) Al$_{13}$Cu$_7$Mg$_8$)	浅黄色蜂窝状结晶	浸蚀变浅棕色	浸蚀变褐色	浸蚀变褐色	浸蚀变褐色	浸蚀变褐色	浸蚀变棕色	浸蚀变棕色	浸蚀变棕色
15	T Al$_{12}$CuMn$_2$	浅灰色的树枝状或片状	强烈浸蚀变褐色	变褐色	不浸蚀	强烈浸蚀变黑	不浸蚀	不浸蚀	不浸蚀	不浸蚀
16	T$_{Ni}$ Al$_6$Cu$_3$Ni	浅灰色的树枝状或骨骼状结晶 Al$_3$(CuNi)$_2$ 亮	不浸蚀	暗灰色	发暗局部溶去	不浸蚀	不浸蚀	不浸蚀	不浸蚀	不浸蚀
17	Al$_9$FeNi	亮白色的针或片状结晶	浅棕色	不浸蚀	不浸蚀	不浸蚀	不浸蚀	棕色	浅棕色	不浸蚀
18	α (Al$_{12}$Fe$_3$Si)	浅灰色骨骼状结晶	亮黄色	不浸蚀	不浸蚀	暗黄色	不浸蚀	棕色	浅棕色	不浸蚀
19	β (Al$_9$Fe$_2$Si$_2$)	亮白色的针状或片状结晶	浅棕色	不浸蚀	不浸蚀	变暗局部溶去	不浸蚀	浅黄色	浅棕色	不浸蚀
20	Mg$_2$Si	树枝状或骨骼状结晶因抛光呈蓝色或杂色	海蓝色或杂色	深褐色或杂色局部溶去	黑褐色溶去	变黑局部溶去	蓝色或杂色	海蓝色	褐色	褐色
21	T Al$_2$Mg$_3$Zn$_3$	浅灰色蜂窝状结晶	不浸蚀	黑褐色	褐色	严重浸蚀变褐色	不浸蚀	浸蚀不均匀为杂色	浸蚀变浅棕色	不浸蚀
22	Al$_{10}$Mn$_2$Si	灰色的树枝状或片状结晶	微浸变深灰色	不浸蚀	不浸蚀	严重浸蚀变褐色	不浸蚀	不浸蚀	不浸蚀	不浸蚀

续表

序号	相组成	抛光后侵蚀前相的颜色及形态	浸蚀后相的颜色及变化							
			1 mL HF 200 mL H$_2$O 20℃, 15 s	2 mL HF 3 mL HCl 5 mL HNO$_3$ 190 mL H$_2$O 1:4稀释 20℃, 10 s	25 mL HNO$_3$ 75 mL H$_2$O 70℃, 40 s	20 mL H$_2$SO$_4$ 80 mL H$_2$O 70℃, 30 s	1 g NaOH 100 mL H$_2$O 50℃, 15 s	10 g NaOH 100 mL H$_2$O 70℃, 5 s	10 mL H$_3$PO$_4$ 100 mL H$_2$O 20℃, 2 min	1 g Fe(NO$_3$)$_3$·9H$_2$O 90 mL H$_2$O 20℃, 30 s
23	W(Al$_x$Cu$_4$Mg$_5$Si$_4$)	青灰色,块状或骨骼状结晶	不浸蚀	不浸蚀	不浸蚀	不浸蚀	不浸蚀	不浸蚀	不浸蚀	不浸蚀
24	Al$_8$FeMg$_3$Si$_6$	浅灰色树枝或骨骼状结晶	不浸蚀	不浸蚀	不浸蚀	不浸蚀	不浸蚀	不浸蚀	不浸蚀	不浸蚀
25	AlFeMnSi	浅灰色块状或骨骼状结晶	浅棕色	灰黄色	不浸蚀	强烈浸蚀呈黑褐色局部溶去变黑	不浸蚀	微浸变白亮色	不浸蚀	不浸蚀
26	AlCuFeSi	亮灰色骨骼状结晶	不浸蚀	微浸变暗	不浸蚀	强烈浸蚀呈黑褐色	不浸蚀	不浸蚀	不浸蚀	不浸蚀
27	AlFeMgSiNi	浅灰色树枝状或骨骼状结晶	不浸蚀	不浸蚀	强烈浸蚀变黑局部溶去	微浸变暗	不浸蚀	不浸蚀	不浸蚀	不浸蚀
28	AlFeSiNi	浅灰色的针状结晶	浅棕色	浅棕色	不浸蚀	浸蚀变暗局部溶去	不浸蚀	不浸蚀	不浸蚀	不浸蚀
29	δ(Al$_4$FeSi$_2$)	浅灰色,通常呈片状结晶	浸蚀微弱	浸蚀微弱着色稍变暗	浸蚀微弱	颜色发暗	颜色发暗	颜色发暗	浸蚀微弱	受浸蚀颜色发暗
30	S$_{Ni}$ Al$_3$(CuNi)$_2$	暗灰色,呈极分散的树枝状结晶	受浸蚀、颜色变成接近于浅色	浸蚀微弱	褐色	浸蚀微弱	浸蚀微弱	浸蚀微弱长时间浸蚀颜色变或浅到浅褐色	浸蚀微弱	浸蚀微弱

14.6 铝及铝合金晶粒度的测定

有关铝及铝合金晶粒度测定的方法及标准在第5章5.5.4节中介绍。

14.7 铝合金的常见缺陷及诊断

铝合金在铸造成型（成坯）、热处理、变形铝合金还经变形成型的各工艺过程中会产生各种缺陷，直接影响铝合金的性能。

14.7.1 铝合金的常见铸造缺陷及诊断

正确判断铸造中产生的各种缺陷有效准确对改进工艺十分重要。

14.7.1.1 气孔及针孔度评定

铝合金材质中的气孔在试面呈现圆形或梨形孔洞，孔内壁光亮而圆滑，若经挤压往呈液滴状。气孔在断口面上呈现白色圆凹坑或片状白斑。当气孔分布在铸件皮下1~3 mm范围内时称为皮下气泡。

气孔的形成主要是由于高温液态铝合金中溶解的气体在冷却过程析出后未能在凝固时排出体外所致。铝合金形成气孔的倾向取决于凝固时液态铝合金中的含气量及铸件冷却条件，也与合金成分的有关。

当液态铝合金冷却时析出的气泡较多，较分散，又来不及上浮排出，就形成了大量细小、分散的气孔，称为针孔。在一般生产条件下，特别是厚大的砂型铸件中很难避免针孔的产生。在相对湿度大的环境中熔炼和浇注时，铸件中容易形成更为严重的针孔缺陷。

铝合金铸件中的针孔直径通常小于或等于1 mm，随其不同的分布密度，会使合金组织致密性不同程度降低，力学性能随之下降，使一些承压壳体渗液、漏气。

为评定这种铸造铝合金的针孔缺陷严重程度，JB/T 7946.3—2017《铸造铝合金金相第3部分：铸造铝合金针孔》规定了分级及评定方法，把针孔严重程度分为6个级别，包括无针孔01级，其中5级最严重，见表14-32。

表14-32 针孔严重程度分级

1级	2级	3级	4级	5级
在 1 cm² 范围内孔洞数量和孔洞平均直径				
不超过5个，其中 4个不超过0.1 mm 1个不超过0.2 mm	不超过10个，其中 8个不超过0.1 mm 2个不超过0.2 mm	不超过15个，其中 12个不超过0.3 mm 3个不超过0.5 mm	不超过20个，其中 14个不超过0.5 mm 6个不超过1.0 mm	不超过25个，其中 15个不超过0.5 mm 7个不超过1.0 mm 3个不超过1.5 mm
参考图像				

在检测面上无孔洞评为01级

试样按技术文件规定截取,试面加工至 $Ra \leqslant 1.6 \mu m$,并应该用汽油或丙酮清洗干净后用 10%～15%(体积分数)NaOH 氢氧化钠水溶液浸蚀,浸蚀时间与温度有关。一般浸蚀到在被检表面上形成黑膜为止。冲选后,用 20%～30%(体积分数)HNO_3 水溶液除去该黑膜。应在有良好照明的条件下评定被检位置的针孔度。最适宜的照明角度应沿与检验方向相反的方向成 10°～15°。建议不要在散射照明条件下对表面进行评定。

JB/T 7946.3—2017《铸造铝合金金相第 3 部分:铸造铝合金针孔》对针孔缺陷的分级、评定有相似的规定。

14.7.1.2 疏松及缩孔

液态铝合金在凝固过程中,当体积收缩得不到补缩时,在铸件最后凝固区域会形成孔洞类缺陷,当孔洞缺陷在微观尺度称为疏松,当孔洞缺陷在目视尺度则称缩孔。在铸件晶粒粗大、组织不致密的部位容易产生疏松,例如在铸件内浇口附近或冒口根部、厚大的热节部位以及具有大平面的薄壁处等区域。

疏松缺陷在低倍试面上呈分散、不成型的海绵状疏孔,在高倍下一般呈沿枝晶间隔分布状,见图 14-52。有时,较大的不规则的沿晶状或沿粗大相分布状孔洞类缺陷称为缩松,见图 14-53。

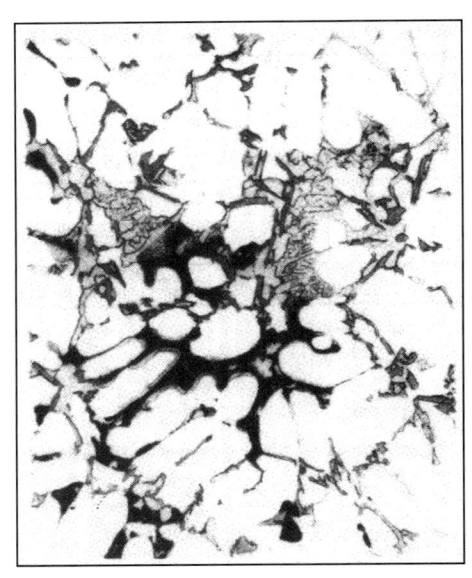 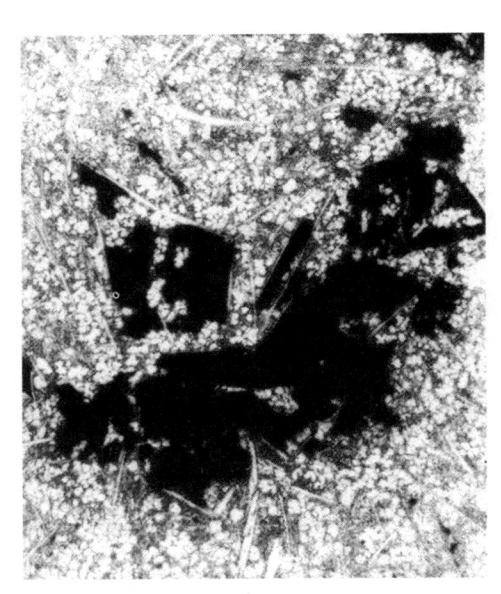

图 14-52 铸铝疏松分布形貌 (500×)   图 14-53 铸铝粗大疏松(缩松)分布形貌 (50×)

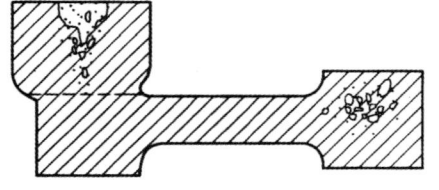

图 14-54 缩孔产生部位示意图

当这类孔洞类缺陷成为目视可见的管状或枝杈状等孔洞时,称为缩孔,如图 14-54 示意。其形状为不规则的封闭孔或敞露于表面的孔洞,孔壁粗糙,带有枝晶组织。由于共晶体处于凝固结晶的最后阶段,所以缩孔容易产生在共晶体多的区域和铸件最后凝固的部位(热节处),疏松和缩孔的产生与合金成分、合金液的凝固速度和补缩条件有密切关系。

合金液态收缩和凝固收缩大于固态收缩、凝固期过长、气体含量过多,都会促使疏松和缩松的形成,而且容易在最后凝固部位(热节处)出现缩孔和缩松。铸造工艺不合理,不能建立起合理的凝固顺序,或冒口设置不当,补缩效果不好,或浇注温度过高,浇注速度过快,冷却速度过慢,都容易产生疏松和缩松。所以金属型铸造比砂型铸造疏松和缩松要少。

14.7.1.3 铸造裂纹

铸造裂纹可分为二种不同的类型:在液-固收缩过程中,在铸造应力的作用下,使铸件的某些薄弱部分产生裂纹。称为热裂纹。当铸件完全凝固冷却至弹性状态时,铸造应力超过金属强度极限而形成的裂纹,称为冷裂纹。

热裂纹根据在铸件上的位置又可分为内部热裂纹及外部热裂纹两种。内部热裂纹产生于铸件内部最后凝固的区域，一般不延伸至铸件表面，其裂纹表面不平滑，常有很多分叉，氧化程度较轻。外部热裂纹一般经吹砂清理后目视即可发现，裂纹呈不连续无规则的曲线，起始裂纹较宽，尾部逐渐变细，多发生在铸件内圆角处、厚薄壁厚交界部位及浇冒口与铸件的热节区等处。

热裂纹的成因：金属由液态向固态转变时，产生线收缩往往被铸型、型芯或铸件本身阻碍形成拉应力而产生热裂纹。

冷裂纹主要出现在受拉应力的部位，如应力集中的内尖角处，以及疏松、缩孔和夹杂等薄弱部位和结构复杂的大型铸件上。冷裂纹外观上呈直线或弯曲形小线状，往往不易发现。裂纹起源较宽，沿着延伸方向逐渐变细，有一定的深度甚至贯穿整个铸件截面，裂面有金属光泽，有的裂面有轻微的氧化色，并有疏松、缩孔和夹杂物等缺陷存在，裂纹沿缺陷方向发展。

冷裂纹形成的主要原因是铸造内应力超过铸件强度极限所致。与应力的大小与铸件合金成分、组织、铸件结构以及冷却速度等因素有关。另外，铸件清理、去浇冒口、校正和搬运时，受到一定外力等因素，也会在铸件的薄弱部位形成冷裂纹。

14.7.1.4 冷隔

冷隔，顾名思义与金属液浇铸温度偏低有关，是一种在铸件上未熔合的不规则形，呈穿透的缝隙，其缝隙边缘一般呈圆角。大多出现在厚薄壁交界处，远离浇口的大表面，以及金属液流会合和激冷等部位。冷隔的成因除浇铸温度低外，还可能与成分选择不当，金属流动性差，或浇注系统设计不合理有关。

冷隔裂纹的主要特征为裂纹两侧不匹配且光滑，往往一边呈弧形分布，见图 14-55、图 14-56。

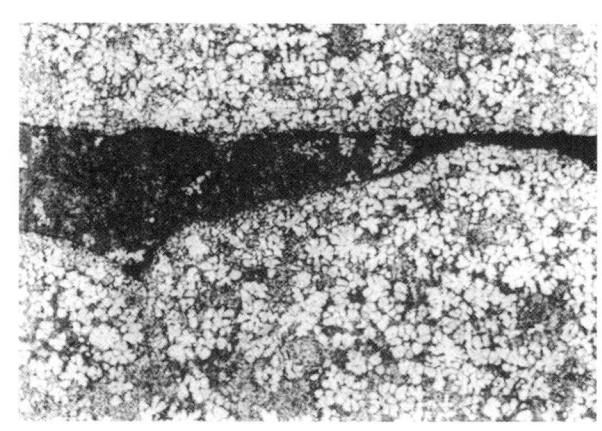

图 14-55　Al-Si 铸造铝合金铸件内冷隔形貌　（100×）

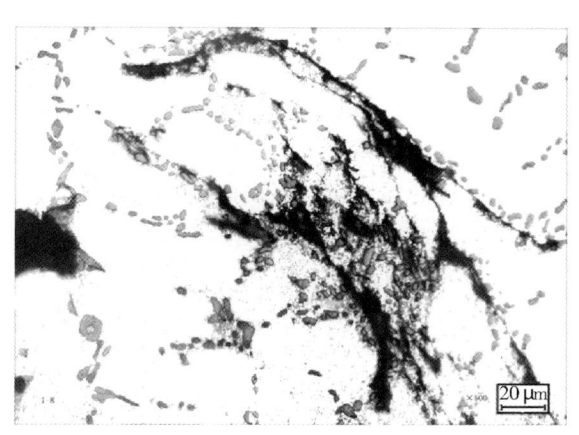

图 14-56　AlSi7Mg0.6 铝合金 T6 处理冷隔裂纹形貌

14.7.1.5 脆性相及硬质颗粒

粗大的脆性相存在基体内十分有害，在应力下容易在脆性相产生裂纹。常见的粗大脆性相有针状铁相及片状共晶硅等。图 14-57 中粗大黑色针状相即为 $\beta(Al_9Si_2Fe_2)$ 铁相。有关脆性铁相的成因在铸造铝合金金相分析一节已述及。QC/T 553—2008《汽车摩托车发动机铸造铝活塞金相检验》标准中，规定了针状铁相夹杂的评定方法。主要以其长度分为 6 级，其中细小且长度≤0.03 mm 时定为 2 级，较短且长度≤0.05 mm 时定为 3 级，少量且长度≤0.07 mm 时定为 4 级等。

Al-Si 系铝合金中强化相在热处理时未能完全固溶而残留沿晶界分布，在应力下极易发生沿强化相的扩展的脆性开裂。图 14-58 为 ZL106 铝合金基体中粗大的 Al_2Cu 相沿晶分布形貌。Al-Si 系铝合金若成分及浇注工艺控制不当，

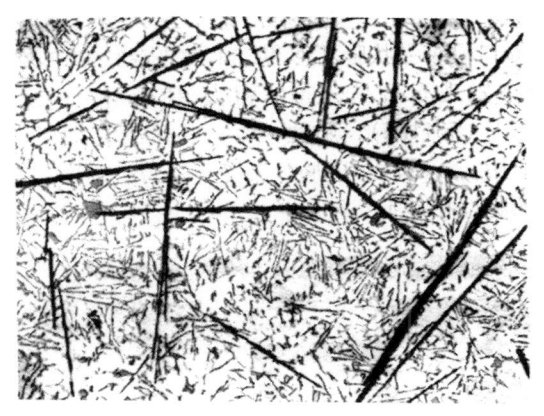

（硫酸水溶液浸蚀）

图 14-57　AC₄B（ZL106）铝合金砂铸后基体中粗大针状铁相形貌　（100×）

容易形成高硬度化合物,不仅影响加工性能,还严重影响加工表面质量和阳极氧化膜质量。例如：ZL108铝合金,当硅<12wt%、(Mn+Fe)>0.8wt%时,即会生成高硬度$Al_2Si(Mn+Fe)_3$颗粒状化合物,见图14-59,图中白色枝晶和雪花状为α(Al)相,灰色为[α(Al)+Si]共晶体,灰色颗粒为$Al_2Si(Mn+Fe)_3$相硬质点,该硬质点形态呈不规则颗粒状也可能呈骨骼状,极易与初晶硅相混淆,有时可由能谱分析鉴别。

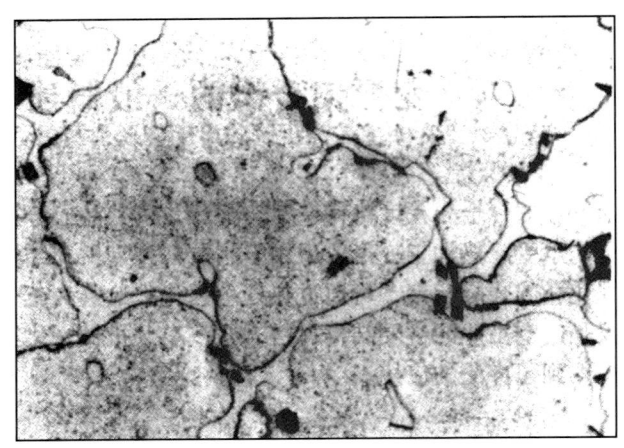

（0.5%的HF水溶液浸蚀）

图14-58 ZL106铝合金中粗大的Al_2Cu相沿晶分布形貌 （400×）

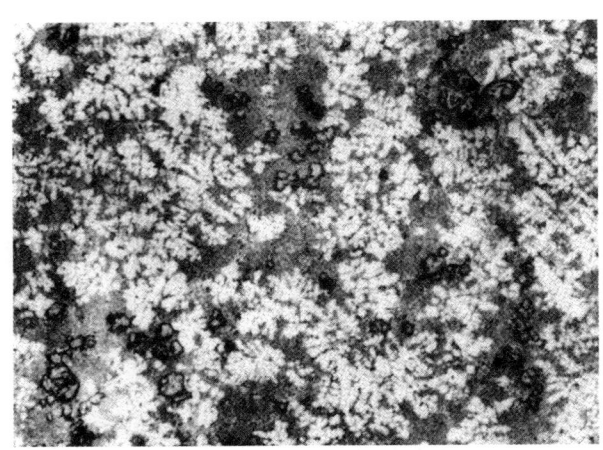

（混合酸水溶液浸蚀）

图14-59 ZL108金属模铸造后组织中颗粒状硬质化合物形貌 （50×）

14.7.1.6 变质处理缺陷

铸造铝合金的变质处理是细化共晶硅和α(Al)形态改变的工艺手段。变质处理缺陷是指变质不足、变质衰退及过变质,具体鉴别在本章14.3.1节论述。

14.7.1.7 其他铸造组织缺陷

铸造铝合金铸态下其他组织缺陷有偏析、夹杂（渣）、冷豆等。

铝合金在凝固过程中,各部分化学成分和组织不均匀现象称为偏析,常见的有区域性偏析（共晶硅偏析、强化相偏析等）、密度偏析（各组成相密度不同而沉浮造成共晶偏析（晶内凝固先后造成）等。

铸造铝合金中主要夹杂为氧化物、造型材料残留和溶剂渣等,氧化物夹杂的含量是反映铝合金冶金质量的重要标志之一。

14.7.2 变形铝合金压力加工低倍组织缺陷及诊断

变形铝合金的铸锭成型过程中可能出现的缺陷基本与铸造铝合金的铸造缺陷相类似,可参见上节内容。

变形铝合金的各种成品均要经压力加工成型。压力加工过程中可能出现的缺陷大多以低倍缺陷形态出现。GB/T 3246.2—2012《变形铝及铝合金制品组织检验方法 第2部分：低倍组织检验方法》对变形铝合金低倍组织缺陷进行了分类及定义。

低倍组织检验试面加工后的粗糙度应不低于$Ra3.2\mu m$。试面经NaOH溶液（150~250 g/L）室温下浸蚀,浸蚀时间按不同铝合金牌号及不同室温而不同,一般在10~30 min,应以显示组织或缺陷为准。试样经碱蚀后应迅速清洗,再经20%~30%（体积分数）的HNO_3水溶液中冲洗,最后再清洗、吹干。用目视或10倍以下放大镜下进行了检查。

常见的变形铝合金低倍缺陷有以下几类,其中图14-60、图14-64~图14-66选自GB/T 3246.2—2012。

14.7.2.1 粗晶环

在淬火处理后的挤压制品横向低倍试面上,沿制品周边出现的粗大再结晶晶粒组织区,称为粗晶环。单孔挤压呈环形,多孔挤压呈月牙形,见图14-60、图14-61。

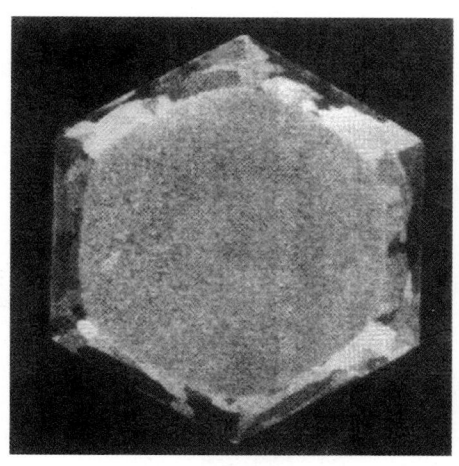
图 14-60 六角棒的环状粗晶环 （1:1）
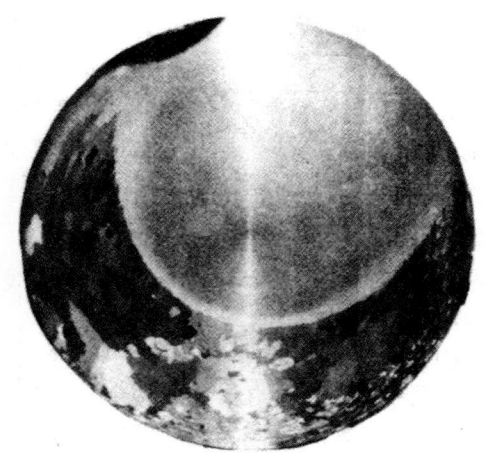
图 14-61 棒材的月牙形粗晶环 （1:1）

由于粗晶部分的强度比细晶区低，而且对随后的加工质量有很大的影响，因此，有关的技术文件都规定对粗晶环深度的控制范围。粗晶环深度的测量，一般取其最大深度，对于制品断面形状复杂的粗晶环，则在环区一侧取长、宽方向的正方形，其边长即为粗晶环的深度。

粗晶环形成的机理及影响因素十分复杂，其涉及合金成分及热处理工艺，更主要与挤压工艺有关。在热挤压（或其他压力变形加工）过程中，由于与工模具的摩擦作用使型材表面产生比内层大得多的剧烈变形，使表层的能量比内层高，从而降低了表层的再结晶起始温度，使之处于再结晶不完善状态，而中心区组织处于未结晶状态。在随后的热处理加热过程中表层剧烈变形区的晶粒会异常长大，形成粗晶环。

压力加工的工艺条件不同，粗晶区不一定在外表，也可能在中心区等其他区域。

14.7.2.2 氧化夹杂及氧化膜夹杂

铝合金中非金属夹杂物主要为氧化夹杂。氧化夹杂呈脆性，不规则状，取样抛光后大块夹杂及剥落形成黑色空隙，见图 14-62。

氧化膜在低倍试样上呈短线状裂纹，多集中于最大变形部位，并沿金属流线方向分布，如图 14-63 所示。其断口呈白色、灰色或金黄、黄褐色的小平台，对称或对偶地分布在断裂面上，氧化膜夹杂主要来源于熔炼和浇铸过程中，由于金属液产生湍流、翻滚和飞溅，引起金属液表面和内部发生氧化，以及黏附在工具

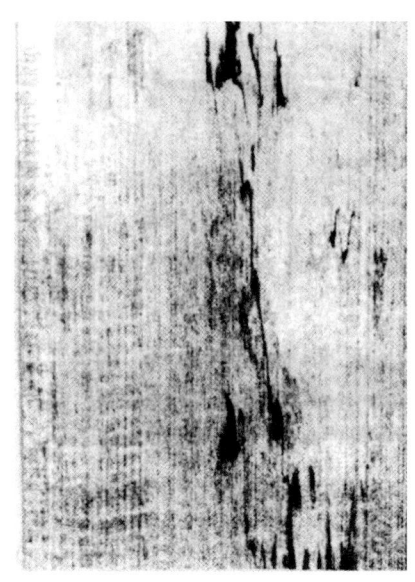
图 14-62 铝合金零件表面的氧化夹杂物 （5×）
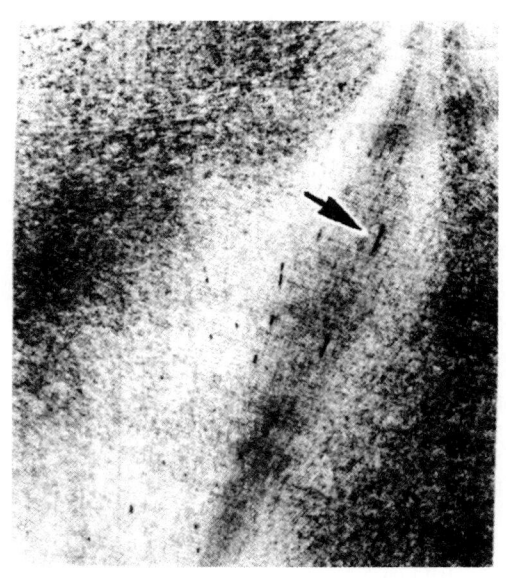
图 14-63 铝合金中锻造变形大的部位出现的氧化膜夹杂

上的氧化膜落入金属液中,由于氧化膜密度较金属液密度大,难以上浮入渣,故形成细小薄片漂浮在金属液中,浇注时进入铸锭形成氧化膜夹杂。

氧化膜与夹杂物不同,未经变形很难看到,只有合金变形后才能清晰显现,而且随着变形量的增加,氧化膜出现的概率增大。这是由于氧化膜和氧化微粒既硬又脆,与金属基体无有机联系,在各种应力的共同作用下开裂并形成小分层。所以,氧化膜都集中在变形量最大的部位,这是氧化膜和夹杂物的主要区域。

14.7.2.3 光亮晶粒

光亮晶粒在横向低倍试样上为色泽光亮,对光线无选择性,并有树枝状结晶特征的组织,如图 14-64 所示。其显微组织特征是枝晶粗大,网络稀薄。

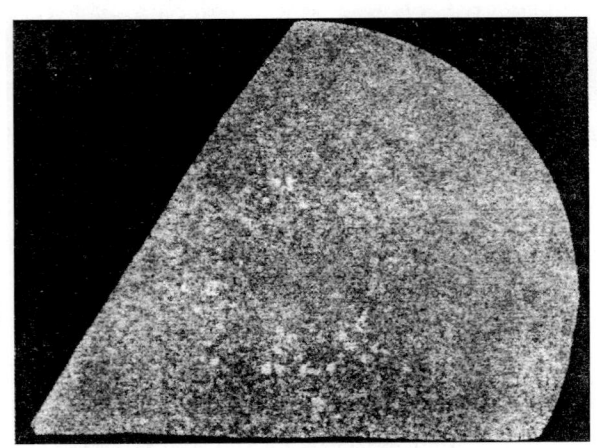

图 14-64 光亮晶粒低倍组织 (1∶1)

光亮晶粒实质是铝合金内合金组元贫乏的固溶体。如 2A12 铝合金中的光亮晶粒区为铜和镁的贫乏区;7A04 铝合金中的光亮晶粒为铜、镁和锌的贫乏区。形成光亮晶粒的原因是由于铸造时工艺控制不当,在铸锭底部形成低合金成分的固溶体一次晶体,在散热缓慢中不断地按原成分长大,即生成粗大的低成分固溶体一次晶。该缺陷可延续到挤压制品中,可使抗拉强度和硬度大为降低,特别是对可热处理强化的铝合金影响更大,一般要予以控制。

14.7.2.4 裂纹

低倍组织上可见的裂纹,主要可分为挤压裂纹、锻造裂纹、纵向裂纹以及淬火裂纹,各有特征,应严格鉴别,以便采取改进措施。

1. 挤压裂纹

在挤压制品的表面层产生的锯齿状开裂称为挤压裂纹。一般出现在横向试样的边缘,呈小弧裂口,在纵向则呈周期性的开裂,从制品表面容易发现,严重的呈锯状,轻者往往隐于皮下,低倍检查才能发现。

2. 锻造裂纹

在锻造过程中,由于张力作用所引起的开裂现象,称锻造裂纹。出现在试样边部的分散发状裂纹区为边部裂纹;出现在试样心部的不规则孔洞,称中心裂纹,如图 14-65 所示。

3. 纵向裂纹(纵向开裂)

在轧板表面沿纵向有一条或几条笔直的裂纹,其断面可看到开裂深度称纵向裂纹。

4. 淬火裂纹

经淬火处理的加工制品低倍试样上,沿晶界开裂的网状裂纹,称淬火裂纹,如图 14-66 所示。轻者分布于边部粗晶区,重者则能扩展到中心细晶区。

14.7.2.5 分层和板材分层

分层是挤压时表面层与内层金属发生分离的缺陷。它主要是由于挤压料、挤压工具不清洁、磨损较大,致使挤压过程中脏物随着金属流动,并逐渐集聚至一定数量后随着金属流出模孔,包贴在制品表面层,形成明显的壳状分层,或弧状形裂纹,如图 14-67 所示。

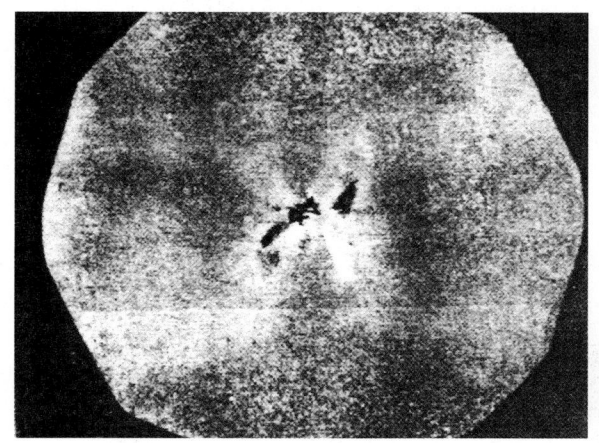 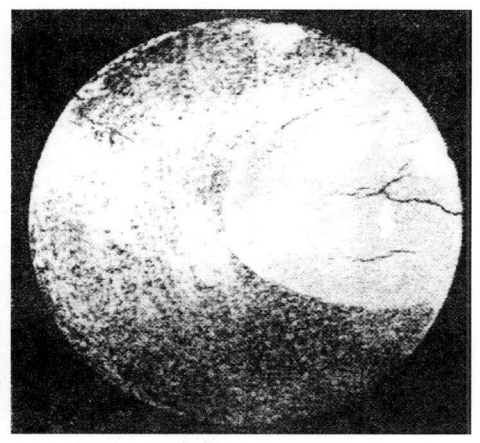

图 14-65　锻件中心裂纹　（1∶1）　　　　图 14-66　严重淬火裂纹　（1∶1）

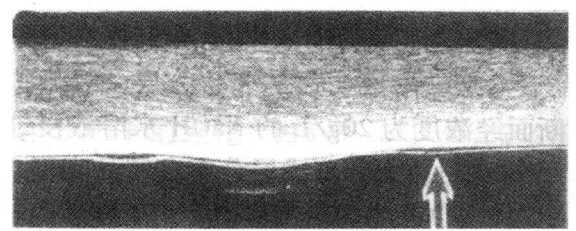

图 14-67　2A02 铝合金分层起泡缺陷　（1∶1）

板材分层是板材中常见缺陷之一。较大的分层可降低材料的强度和塑性，在变形时易引起材料破裂，焊接时会形成蜂窝、熔渣和严重疏松，还会引起局部腐蚀，所以是不允许存在的缺陷。

分层有两种：一种是轧制分层，铸锭在轧制过程中，金属内外层流动不均匀，当变形未深入到铸锭中心层时易出现分层和张口，而又残留在板材中，其特点是裂纹较宽而且呈张口状；另一种为冶金遗留分层，由于铸锭中存在非金属夹杂物，聚集的金属间化合物和严重疏松时，在轧制方向呈连续分布在板材内构成分层缺陷。分层内表面呈光亮色、灰色、灰黄色和黑色。

14.7.2.6　流纹不顺

金属模压变形时，反映金属流动景象的流线未能按制品外形轮廓分布，称流纹不顺。其中，流线呈树木年轮状或流旋涡状时称涡流，流线贯穿制品截面时称穿流，如图 14-68、14-69 所示。

 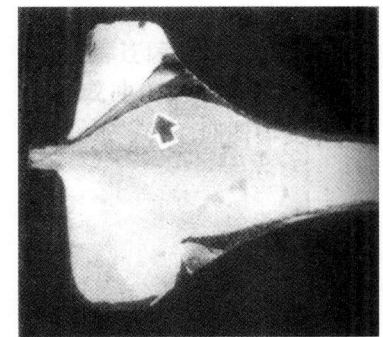

图 14-68　流线呈涡流状分布　（1∶1）　　　图 14-69　流线呈直线状分布（穿流）　（1∶1）

锻件流线不顺产生的原因，除与模具形状、锻造工艺不合理、润滑不良等引起金属在模腔内发生紊乱外，还与原始坯料的形状和体积，以及制造模锻件所采用的过渡锻模的数量相关。

锻件流线不顺一般认为对力学性能有影响。

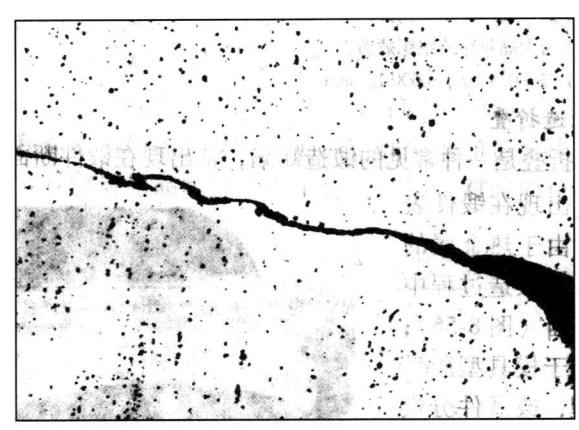

未浸蚀

图 14-70　2A02 铝合金叶片表面折叠裂纹分布形貌（50×）

14.7.2.7　锻造折叠

锻造折叠常出现在锻件截面突变的拐弯部位,也有出现在锻件表面,都是由于非正常的热金属凸起在锻造过程中被压入表面而形成;其折叠纹与零件表面呈一定的角度,头部较宽,内有氧化物,抛光制备金相试样时容易剥落,只能见到裂纹。折叠一般比较直而无分枝,尾端较钝;有的折叠在后期会扩展呈直线穿晶状或呈分枝状。有的折叠尾部氧化物较少,在高温下受到锻打使其和基体局部熔合,宏观上不易发现。

图 14-70 为 2A02 铝合金叶片表面折叠扩展裂纹在截面上形貌,裂纹斜向分布,左侧开口处呈弧形。

14.7.3　铝合金热处理缺陷及判断

可热处理强化铝合金热处理过程中最常见的缺陷是过烧以及固溶不充分。

14.7.3.1　固溶不充分

铝合金固溶处理时需要足够的淬火加热温度和较长的保温时间,以使强化相在固溶体内达到最大的溶解度。尤其铸造铝合金,由于组织粗大,还存在杂质和铸造缺陷,更要有足够的保温时间。若固溶温度低、时间短,强化相未得到充分的溶解,基体组织中保留有较多的残留相。同时若淬火冷却过程中转移速度较慢,使得冷却速度不够,会使强化相沿晶界析出。

固溶不充分会降低铝合金热处理后的力学性能和耐蚀性能,而消除这种缺陷必须再次进行热处理。

固溶不充分的铝合金基体中能看到未溶的强化相,有时强化相沿着晶界析出。

14.7.3.2　过烧

铝合金固溶处理加热温度与铝合金的过烧温度较接近,如果固溶加热温度过高,或炉内循环气流不良,温度不均匀,控温系统失控,工件过于靠近加热器等,则容易引起合金中的低熔点共晶体复熔,组织中出现复熔球和共晶复熔、出现三角晶界或晶界熔化,即称为过烧。见图 14-71。严重过烧时,组织中会出现黑色的复熔三角晶界,工件表面呈黑灰色,有所谓的汗珠渗出现象。有的还会出现无规律的鼓泡,有的甚至发生开裂。铝合金工件一旦发生过烧,只能报废处理。

铝合金热锻加热过程中,也会发生过烧缺陷,见图 14-72。

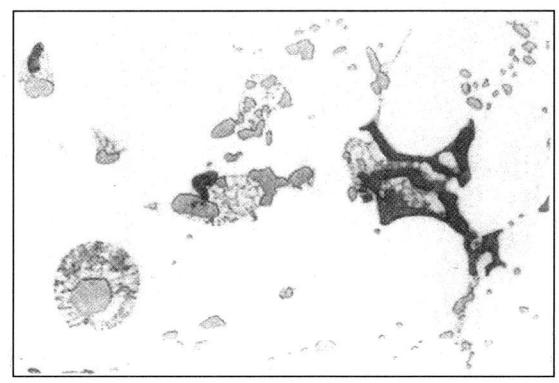

图 14-71　ZL101 铝合金,J,过烧复熔球和共晶体复熔　(300×)

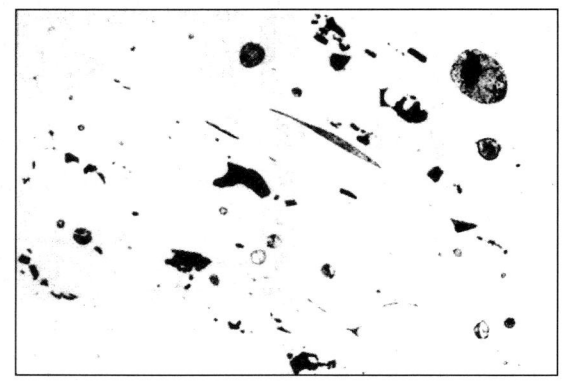

图 14-72　2A50 铝合金锻造温度过高引起的过烧组织　(400×)

铝合金过烧是低熔点组成物(共晶体)在加热过程中发生重熔的现象。每种合金成分、加工情况、低熔点共晶体的组成、存在的数量和分布情况各异,过烧程度和敏感性也不同。

产生的过烧组织会降低了铝合金的力学性能和耐腐蚀性能。铝合金中出现轻微过烧时,其静力拉伸强度和塑性反应不明显,甚至还高于正常淬火条件下的性能,只有当过烧严重时,才使抗拉强度和塑性迅速下降,而显微组织的变化却十分敏感,因此生产中常采用金相法来检查铝合金的过烧组织。

铝合金加热过烧除上述共性特征外,铸造铝合金和变形铝合金还各有判定特征。

1. 铸造铝合金的过烧组织评定

铸造铝合金在热处理过程中产生的过烧组织分级和判定方法,目前有 JB/T 7946.2—2017《铸造铝合金金相 第2部分:铸造铝硅合金过烧》及 QJ 1676—1989《铸造铝合金过烧金相试验方法》等标准。评定过烧组织的金相试样一般不需浸蚀。

JB/T 7946.2—2017 标准的评定级别分为正常组织、过热组织、轻微过烧组织、过烧组织及严重过烧组织 5 个级别,见表 14-33。热处理温度过高,引起共晶硅的强烈聚集,边角圆滑和粗化,它先于复熔球、熔化三角晶界之前,是组织过烧的前奏和过烧征兆之一,见图 14-73,称为过热组织,对工件的力学性能有一定的影响。

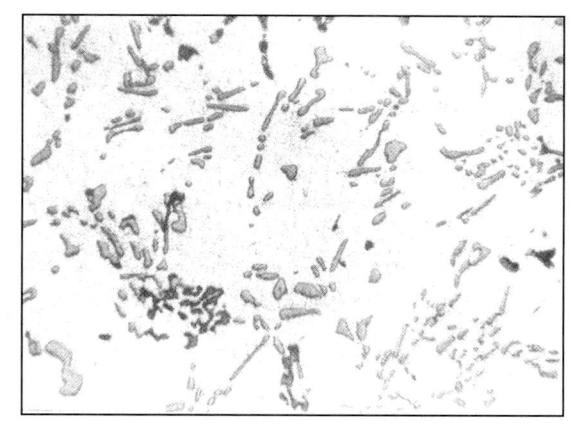

图 14-73 ZL107 铝合金,S,T6,过热组织 (100×)

表 14-33 铸造铝合金过烧级别与特征

级别名称	显微组织特征	参考图
正常组织	共晶硅边角已圆滑,但不聚集长大	图 14-74
过热组织	共晶硅边角已圆滑,并聚集长大但无过烧特征	图 14-75
轻微过烧组织	共晶硅进一步长大,边角已开始出现多边化(共晶硅边平直),但大部分共晶硅边角还圆滑,并出现过烧三角或晶界熔化	图 14-76
过烧组织	共晶硅聚集长大,大部分边角平直,出现典型的复熔球及多元复熔共晶体组织	
严重过烧组织	硅相几乎全部多边化,复熔共晶体组织粗大	图 14-77

2. 变形铝合金的过烧及组织评定

当变形铝合金基体中有低熔点相偏析,或压力加工变形量小不能充分破碎这些低熔点组成相,则在加热时容易造成局部熔化—过烧。因此变形铝合金热处理过烧的控制,不仅与成分、加热温度有关,还要考虑锻压变形工艺等因素,如锻件固溶处理应取下限温度等。

不同成分的变形铝合金等过烧组织特征也会有所不同,如 2A80(LD8)过烧后可能会出现复熔球,并伴随出现晶界熔化,而 2A70(LD7)过烧后往往出现复熔球,当严重过烧时会出现三角晶界。

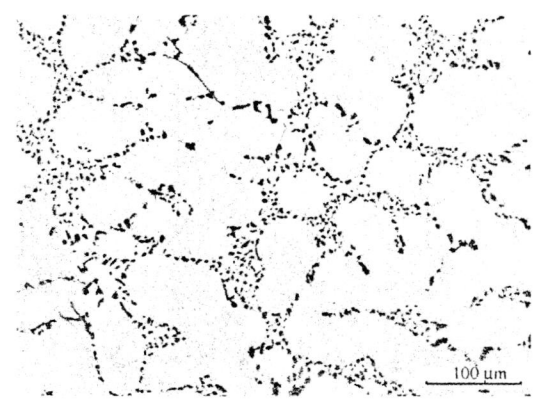

图 14-74 正常组织

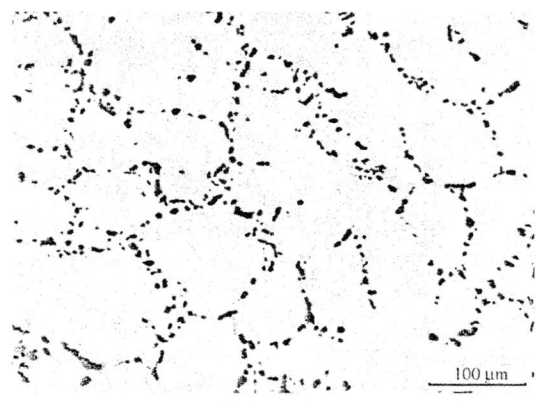

图 14-75 过热组织

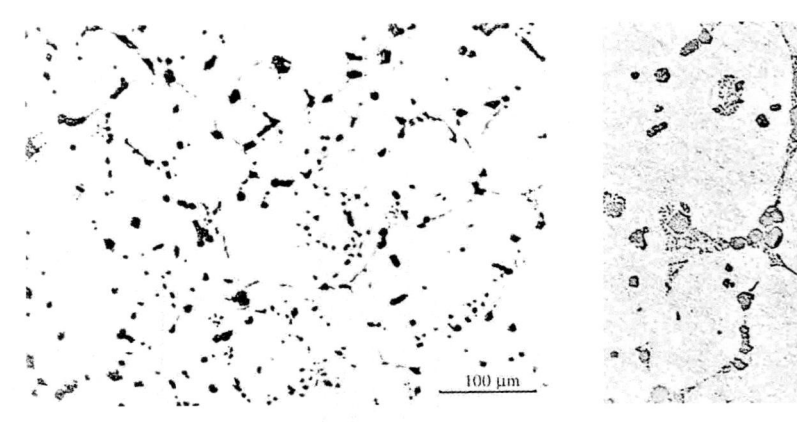

图 14-76 轻微过烧组织　　　　　　　图 14-77 严重过烧组织

评定变形铝合金过烧的金相试样,一般采用 0.5%(体积分数)HF 水溶液或混合酸浅浸蚀,但不允许采用电解浸蚀的方法。

变形铝合金过烧组织的评判标准主要有 GB/T 3246.1—2012《变形铝及铝合金制品组织检验方法 第 1 部分:显微组织检验方法》,及 QJ 1675—1989《变形铝合金过烧金相试验方法》等。铝合金过烧组织可分为三种典型特征,标准规定出现任何一种特征均可判定过烧:

① 复熔共晶球(或复熔共晶块)成规则或不规则圆形;
② 晶界局部复熔加粗。晶界局部呈现鼓包状或纺锤状或弧线状(见图 14-78);
③ 复熔三角晶界。在三个晶粒交界处呈内凹状三角形,其尖角与晶界清晰相连(见图 14-79)。

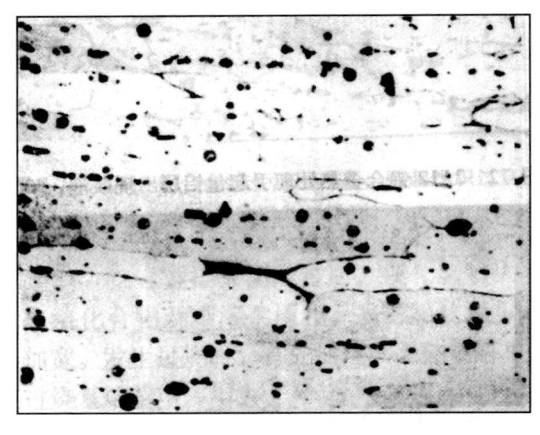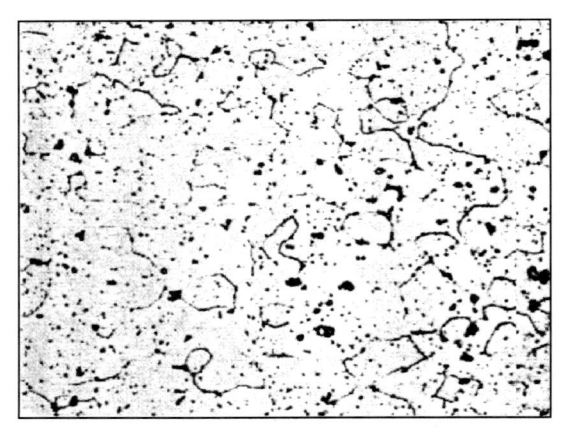

混合酸浸蚀

图 14-78　2A12 铝合金淬火后过烧组织　(400×)　　图 14-79　7A04(LC4)合金型材淬火过烧　(240×)

在变形铝合金热处理时,还会出现高温氧化缺陷,即在较高温度处理铝合金材料时候,由于炉内空气湿度大,热处理后材料表面起泡或靠近次表层沿晶界出现气孔,此现象称为高温氧化(HTO)。

14.7.4　铝合金的腐蚀及诊断

铝合金虽有致密的氧化膜,但在一定腐蚀环境下还会发生因腐蚀引起的失效。铝合金腐蚀的形式主要有应力腐蚀、晶间腐蚀及点腐蚀等。

14.7.4.1　铝合金的应力腐蚀

应力腐蚀是在腐蚀环境和拉应力的协调作用下发生的低应力腐蚀破裂。一般铝合金在含铜、镁、硅和锌等可溶性合金元素后,即容易产生应力腐蚀破裂,且随合金化程度提高,应力腐蚀敏感增加。强度越高应力腐蚀敏感性越大。铝合金的抗应力腐蚀敏感性还随晶粒取向不同而不同。铝合金在固溶状态下具有较高的抗应力腐蚀性能,在随后时效过程中强度提高,其应力腐蚀敏感性增大,尤其当固溶温度过高,其时效的应力腐蚀敏感性变大。

应力腐蚀断裂的宏观形貌都呈脆性断裂特征,断裂附近看不到明显的塑性变形,裂纹垂直于拉应力。应力腐蚀破裂零件的外表面腐蚀程度一般较轻微,或不发生普遍腐蚀,有的出现分叉状裂纹。应力腐蚀断口较粗糙,有亮区和暗区两个区域。亮区为瞬时断裂区;裂纹起源和亚稳态扩展区因有腐蚀产物覆盖而失去金属光泽呈暗色区。

铝合金应力腐蚀断面在微观上一般呈现沿晶开裂形态,这往往与晶界析出电化学呈阳极的相有关。如 Al-Mg 铝合金在晶界析出的 Mg_3Al_2,Al-Zn-Mg-Cu 铝合金在晶界析出 MgZn 等都呈阳极相,容易发生晶界腐蚀,在应力下促进腐蚀、开裂。由于主要是腐蚀过程,因此开裂的晶面上往往出现腐蚀坑及条纹,见图 14-80。

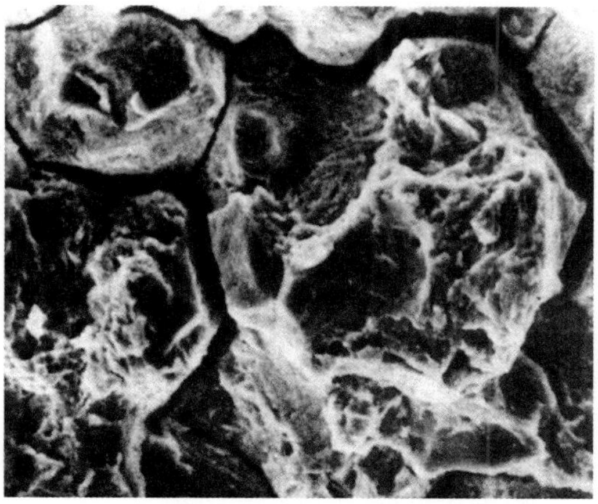

图 14-80 2A12 铝合金应力腐蚀沿晶分离形貌 （500×）

14.7.4.2 铝合金的晶界腐蚀

铝合金的晶界腐蚀是一种从表面开始的沿晶界无规则向内扩张的腐蚀形式,它与应力腐蚀的区别主要在于后者是在"应力"促进下有方向的扩展性腐蚀。

晶界腐蚀的实质是晶界与晶内电化学电位的不同而发生的选择性腐蚀,因此一切与晶界生成物相关的因素都会影响晶界腐蚀的敏感性,如化学成分、热处理工艺等。从铝合金系列来看,2×××系列对晶界腐蚀敏感,7×××系列铝合金对晶界腐蚀相对较敏感,5×××及3×××系列铝合金对晶界腐蚀相对不敏感。合理的热处理工艺可使沉淀强化相均匀分布在晶内,限制或不形成第二相分布在晶界上,就不容易发生在晶界腐蚀。当热处理控制不当,就极易出现严重的晶界腐蚀倾向。

变形铝合金的晶粒未发生明显变形时,腐蚀沿晶发展,会造成部分晶粒剥落,如图 14-81 及图 14-82。当铝合金的板材或锻件中晶粒变形严重,其长度和宽度远大于其厚度,具有层状取向并与表面趋于平行时,晶界腐蚀常以剥蚀形态发生,分层开裂。

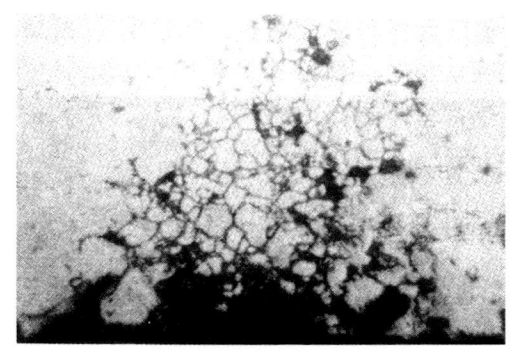

（均未浸蚀）

图 14-81 6A02 铝合金沿晶腐蚀向内扩展形貌 （300×）

（均未浸蚀）

图 14-82 2A02 铝合金防护层破裂引起的局部剥蚀 （100×）

GB/T 7998—2005《铝合金晶间腐蚀测定方法》[参考 ASTM G110-1992(2015)《用浸入氯化钠+过氧化氢溶液方法评定可热处理铝合金的晶间腐蚀性能的规程》编制]可用于2×××系、7×××系以及5×××系合金加工制品的晶界腐蚀检查和测定。

参考文献

[1] 金相图谱编写组.变形铝合金图谱[M].北京:冶金工业出版社,1975.
[2] 有色金属及热处理编写组.有色金属及热处理[M].北京:国防工业出版社,1981.

［3］龚磊清,金长庚. 铸造铝合金金相图谱[M]. 长沙：中南工业大学出版社,1987.
［4］王视堂. 铝合金及其加工手册[M]. 长沙：中南工业大学出版社,2000.
［5］张士林,任颂赞. 简明铝合金手册[M]. 上海：上海科学技术文献出版社,2006.
［6］潘复生,张丁非. 铝合金及应用[M]. 北京：化学工业出版社,2006.
［7］丁惠麟,辛智华. 实用铝、铜及其合金金相热处理和失效分析[M]. 北京：机械工业出版社,2007.
［8］王群骄. 有色金属热处理技术[M]. 北京：化学工业出版社,2008.
［9］任颂赞,叶俭,陈德华. 金相分析原理及技术[M]. 上海：上海科学技术文献出版社,2013.

第 15 章

铜、铜合金及金相分析

铜是人类历史上应用最早、广泛的金属材料,它不但具有优良的导电性、导热性、无磁性和低温脆性,还有良好的耐磨性、可加工性和装饰性等特性。至今是应用最为广泛的金属材料之一。同时,铜可以循环使用,不产生垃圾,而且还可保持原有的优良性能,与其他材料相比,可称为最佳的环境友好金属材料。

15.1 铜及铜合金的合金化以及分类、牌号

纯铜的强度不高,抗拉强度仅为 230~240 MPa,布氏硬度为 40~50 HBW,断后伸长率为 50%。使用冷作硬化方法可将铜的抗拉强度提高到 400~500 MPa,布氏硬度提高到 100~200 HBW。但与此同时,断后伸长率急剧下降到 2% 左右。因此,要进一步提高合金的强度并保持较高的塑性,就必须在铜中加入适当的一种或多种合金元素使其合金化,由此形成繁多的铜及铜合金的种类和牌号。

15.1.1 铜的合金化

铜为第 I 副族元素、原子量为 63.5,为面心立方晶格,晶格常数为 0.036 07 nm,固态无同素异构转变。密度高于铁,达 8.9 g/cm³。

铜和许多金属可以互溶。有 22 个元素在固态铜中的极限溶解度大于 0.2wt%,可用以固溶强化。但常用的为锌、锡、镍、锰等,它们在铜中的固溶度均大于 9.4wt%。有些元素,如铂、铟、钯等在铜中的固溶度也很大,但形成的合金的塑性下降很大,故不用作固溶强化元素。通过固溶强化,铜合金的强度可提高到 650 MPa 左右。

有很多的元素,如铍、镍等,在固溶态铜中的溶解度随温度的降低而明显减小,因此具有固溶(淬火)时效强化作用。如含有 2wt% 铍的 Cu-Be 合金,经热处理后强度可达 1 400 MPa。

钒、钛、钨或硼以极微量(0.01wt%~0.05wt%)加入相关铜合金中能强烈细化合金晶粒。少量铁加入铝青铜合金会形成 $FeAl_3$ 质点,在凝固过程中可作为晶核,使晶粒细化。各类铜及铜合金的合金化规律见以下相关章节介绍。

15.1.2 铜及铜合金的分类

我国传统上把铜及铜合金按其外表色泽(经不同的合金化后呈现的色泽)分为紫铜(工业纯铜)、黄铜、青铜和白铜四大类。每一大类又按具体合金元素进一步第二层分类。常规的分类图示见图 15-1。

工业生产中,铜及铜合金常按加工工艺分为铸造铜及铜合金和加工铜及铜合金。

15.1.3 铜及铜合金牌号命名

铜及铜合金的种类和牌号繁多,不同国家和国际组织的分类和命名各不相同,有代表性且较类似的标准有国标(GB)、美国材料与试验协会标准(ASTM)、国际标准化组织标准(ISO)、德国标准化学会(DIN)、日本工业标准(JIS)等 9 类。这些标准可概括为 3 大类:

① 按紫、黄、青、白分类标注,如 GB、俄罗斯标准等;
② 以元素化学符号+含量直接标注,如 ISO、DIN 等;
③ 以字母+数字表示,如 ASTM、JIS 等。

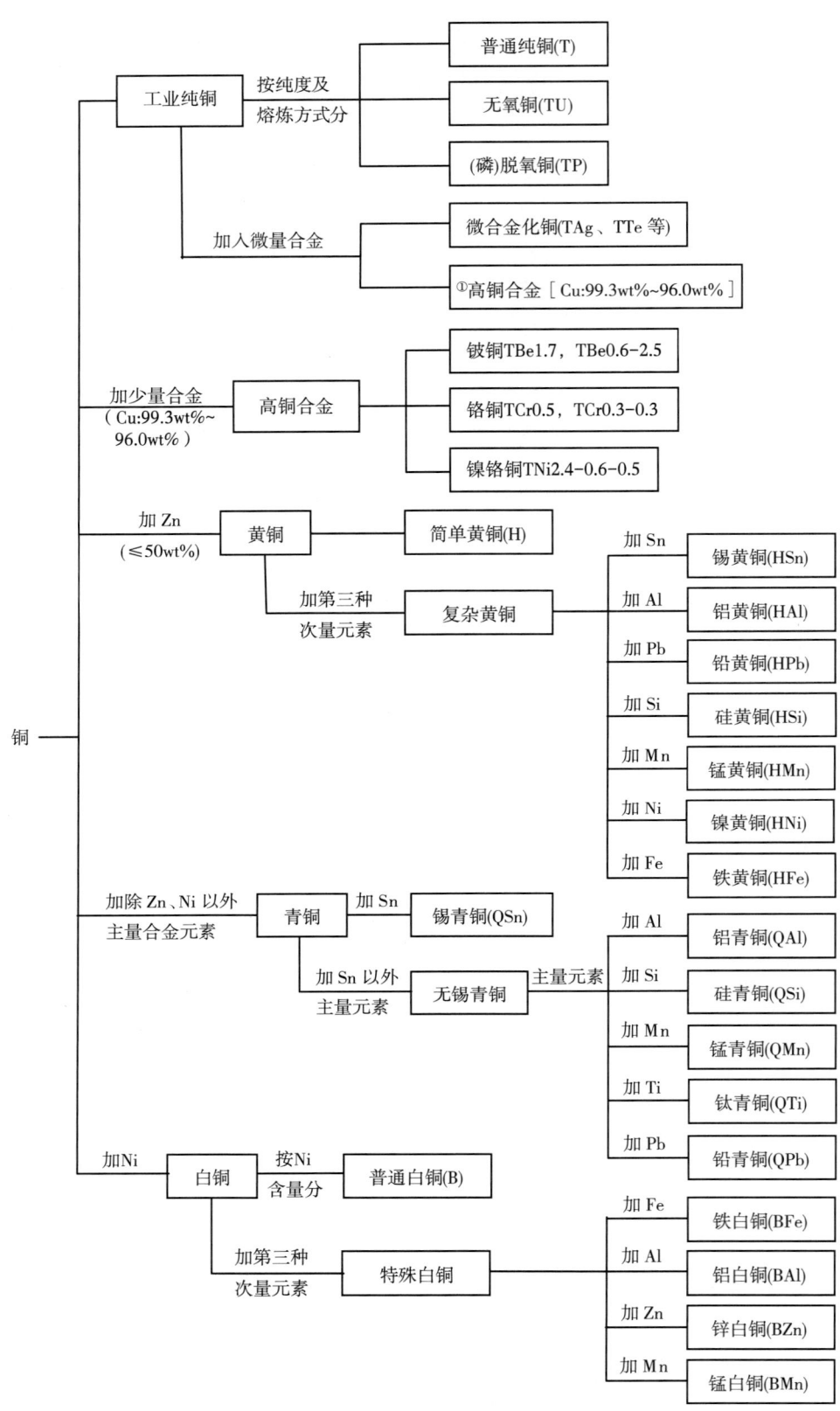

图 15-1 铜及铜合金常规分类图

我国加工铜及铜合金的牌号命名方法(GB/T 29091—2012)见表 15-1。

表 15-1 我国加工铜及铜合金的牌号命名方法

分类		牌号组合	示例
工业纯铜	纯铜	T+顺序号[①]	T2
	无氧铜、磷脱氧铜	TU+顺序号[①]、TP+顺序号	TU1、TU2、TP2
	纯铜(添加其他元素)、高铜	T+添加元素化学符号+添加元素含量[②]	TAg0.1、TPb1、TuAg0.2
黄铜	普通黄铜(二元)	H+铜含量	H90、H65
	复杂黄铜(三元以上)	H+第二主添加元素化学符号+除锌以外的元素含量(数字间以"-"隔开)	HPb89-2、HFe58-1-1、HMn62-3-3-0.7
青铜	青铜	Q+第一主添加元素化学符号+除铜以外的元素含量(数字间以"-"隔开)	QAl5、QSn6.5-0.1、QAl10-4-4
白铜	普通白铜(二元)	B+镍(含钴)含量	B5、B30
	复杂白铜(三元以上)	B+第二主添加元素化学符号+除铜以外的元素含量(数字间以"-"隔开)	BZn15-20、BAl6-1.5、BFe30-1-1

注：① 铜含量随着顺序的增加而降低。
② 元素含量为名义百分含量(以下同)。

铸造铜及铜合金牌号则以"Z"字母为前缀,后面则加上相应的加工铜及铜合金的牌号,或在"ZCu"后面加上(合金元素符号+含量),如铸造黄铜 ZCuZn38。

为了便于同 ASTM 接轨,我国对铜及铜合金也可以代号来表示,方法为"字母 T+5 位阿拉伯数字",5 位阿拉伯数字同 ASTM 对应牌号相一致,具体命名见表 15-2。

表 15-2 我国及美国的加工铜及铜合金代号的命名

分类	GB 编号	ASTM UNS 编号
铜	T10100~T15815	C10100~C15815
高铜合金	T16200~T19900	C16200~C19900
铜-锌合金(普通黄铜)	T21000~T28000	C21000~C28000
铜-锌-铅合金(铅黄铜)	T31200~T38500	C31200~C38500
铜-锌-锡合金(锡黄铜)	T40400~T48600	C40400~C48600
铜-锡-磷合金(锡磷青铜)	T50100~T52480	C50100~C52480
铜-锡-铅-磷合金(含铅锡磷青铜)	T53400~T54400	C53400~C54400
铜-磷和铜-银-磷合金(铜焊合金)	T55180~T55284	C55180~C55284
铜-铝合金(铝青铜)	T60800~T64210	C60800~C64210
铜-硅合金(硅青铜)	T64700~T66100	C64700~C66100
其他铜-锌合金(其他复杂黄铜)	T66300~T69710	C66300~C69710
铜-镍合金(白铜)	T70100~T72950	C70100~C72950
铜-镍-锌合金(镍银)	T73500~T79830	C73500~C79830

ISO 1190-1:1982《铜及铜合金牌号表示方法第 1 部分:材料牌号》规定,铜及铜合金的牌号用材料的化学成分表示。基体元素和主要合金化元素应采用国际化学元素符号,其后加上表示金属特征的字母或表示合金名义成分的数字。加工铜及铜合金牌号的组成见表 15-3。

表 15-3 ISO 1190-1：1982 加工铜及铜合金分类和牌号命名方法

分类	牌号组成	示例
纯铜	Cu-铜类型的大写字母[①]	Cu-FRHC、Cu-FRTP、Cu-OF
铜合金	Cu+添加元素化学符号及其含量[②]	CuZn37Pb1、CuCr1Zr、CuAl10Ni5Fe5

注：对于铸造铜及铜合金则在上述牌号前加"G"前缀。
① 字母代号含意：ETP—电解精炼韧铜；FRHC—火法精炼高导电铜；FRTP—火法精炼韧铜；OF—无氧铜；HCP—含磷高导电铜；LP—低磷脱氧铜；DHP—高磷脱氧铜。
② 元素含量尽量取整数。当元素含量<1wt%时，不标注元素含量。

15.2 铜及铜合金的热处理

根据其使用目的和要求的不同，常用的热处理工艺有退火、淬火及回火等工艺。

15.2.1 退火

铜及铜合金的退火可分为均匀化退火，再结晶退火以及去应力退火。部分铜合金的常用退火工艺见表 15-4。

表 15-4 部分铜合金常用的退火工艺规范

铜合金牌号		中间退火		去应力退火	
		温度/℃	时间/h,冷却介质	温度/℃	时间/h,冷却介质
普通黄铜	H95、H90	540~600	1.5~3,水、空	150~170	2~3,空冷
	H68	520~650	1.5~3,水、空	260~280	2~3,空冷
	H62	600~700	1.5~3,水、空	280~300	2~3,空冷
铅黄铜	HPb63-3	600~650	1.5~3,水、空	—	—
	HPb59-1	600~650	1.5~3,水、空	280~300	2~3,空冷
锡黄铜	HSn70-1	560~580	1.5~3,水、空	280~320	2~3,空冷
	HSn62-1	600~700	1.5~3,水、空	300~350	2~3,空冷
铝黄铜	HAl77-2	600~650	1.5~3,水、空	280~300	2~3,空冷
锰黄铜	HMn58-2	600~650	1.5~3,水、空	—	—
锡青铜	QSn4-4-2.5	480~650	1~3,空冷	200~290	2~3,空冷
	QSn4-0.3	500~620	1~3,空冷	150~280	2~3,空冷
	QSn6.5-0.1	500~620	1~3,空冷	150~280	2~3,空冷
	QSn7-0.2	600~650	1~3,空冷	200~260	2~3,空冷
铝青铜	QAl7	590~610	1~4,空冷	300~400	1,空冷
	QAl0.3-1.5 QAl10-4-4	650~750	1~2,空冷	—	—
铍高铜	QBe1.7	630~670	2~4,空冷	200~260	1~2,空冷
	QBe1.9-0.1	550~570	2~4,空冷	200~260	1~2,空冷
	QBe2	630~680	2~4,空冷	200~260	1~2,空冷
硅青铜	QSi3-1	550~650	2~4,空冷	270~300	1~2,空冷
锌白铜	BZn15-20	650~700	△	325~375	△

续　表

铜合金牌号		中间退火		去应力退火	
		温度/℃	时间/h,冷却介质	温度/℃	时间/h,冷却介质
锰白铜	BMn40-1.5	750～850	0.5,炉冷或空冷	—	—
铸造铜合金	ZCuZn16Si	450	2～3,空冷	200～260	1～2,缓冷
	ZCuAl10Fe3	650～700	2～4,空冷	400	1～2,空冷
	ZQSn6-6-3	—	—	280	1～2,空冷
	ZCuSn10P2			260～400	
	ZCuPb10Sn10			260～300	

注：△表示白铜的热处理制度与使用性能有很大的关系,一般根据具体情况确定热处理制度。

1. 均匀化退火

为了消除铸件在化学成分和组织上的不均匀,提高塑性,防止加工中破裂,铜合金在轧制前必须进行均匀化退火,也称为扩散退火,以消除δ相等非平衡组织,使晶内成分偏析扩散均匀。为提高原子的扩散能力。加速其向平衡态转变,需要高的加热温度和较长的保温时间,一般是采用高于中间退火温度约100℃的温度($0.9T_m$～$0.95T_m$),若在燃烧炉内进行,炉气成分应控制在"中性"。由于黄铜和铝青铜的铸件凝固温度范围较窄,偏析程度较小,尤其是黄铜铸件在高温下表面容易脱锌而降低耐蚀性,所以一般不采用均匀化退火工艺。

铸造锡青铜经过均匀化退火后应进行水冷,以防止脆性相的析出而恶化力学性能。

2. 再结晶退火

再结晶退火又称为软化退火,把工件加热到再结晶温度以上,保持一定的时间,然后以缓慢的速度冷却(如图15-2中曲线2所示)的工艺称为再结晶退火,包括中间退火和最终退火。中间退火的目的是把经过冷加工的合金加热到在结晶温度以上,使其产生再结晶软化,恢复塑性,获得细小晶粒,以利于冷加工的继续进行。对于不能热处理强化的合金,冷速对性能无影响,对于能热处理强化的合金,则需缓慢冷却。

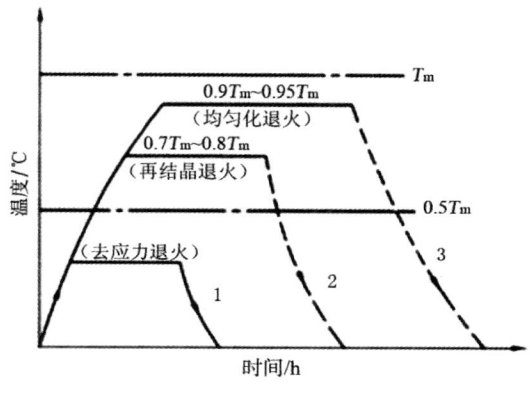

图15-2　退火规范示意图

再结晶过程是一个形核和核长大过程。经过冷变形,内应力大,很不稳定,当加热温度到一定程度后,在那些晶格弹性畸变(即扭曲)最严重的地方,首先形成无扭曲的正常晶格的晶粒。这些晶核逐渐"吃"掉周围晶格扭曲的旧晶粒而形成晶格无扭曲的新晶粒,当旧晶粒完全消失,新晶粒互相接触,即开始再结晶的另一个过程,即晶粒长大。晶粒长大过程,一般称为聚集再结晶。

为了获得细晶粒组织,必须正确控制加热温度、保温时间及加热速度这三个因素。对同一合金来说,加热温度越高,保温时间越短,否则将进入聚集再结晶阶段,使晶粒长大。加热温度越低,保温时间越长,再结晶过程进行不充分,达不到再结晶退火的目的。

加快加热速度,提高加热温度,有利于获得高的生产率,得到细小均匀的组织,但保温时间要相应缩短。

一般所说的再结晶温度是指冷变形70%以上,在1h的保温时间内能完成再结晶的最低温度。对现有工业有色金属合金所使用的再结晶温度的统计表明,有色金属及其合金最佳的再结晶温度为$0.7T_m$～$0.8T_m$(T_m为合金熔点的绝对温度)。

金属于冷变形后加热,开始再结晶的最低温度称为再结晶起始温度。

影响再结晶温度的主要因素如下：

① 变形程度：变形量越大,再结晶温度越低；

15.3.2 微量合金元素对纯铜组织及性能影响

15.3.2.1 纯铜中的微量合金元素分类

合金元素对纯铜组织与性能的影响可归纳为3类。

1. 微量可固溶于铜基体中的合金元素

微量的铍、镁、钛、铬、锰、铁、钴、镍、铂、金、银、铝、锡、磷、硅、砷等均可固溶于铜中,而基体仍为α单相组织,显微镜下不能被发现。它们都不同程度地提高了纯铜的强度和硬度而不降低其塑性;但更主要的是不同程度地降低其导电、导热性。按降低程度由大到小依次为钛、磷、铁、硅、砷、铍、铝、锑、锰、镍、银、铬、镉、锌、锆。

2. 极少固溶于铜基体中的合金元素

铅、铋等元素极少固溶于铜,而与铜形成低熔点的共晶出现于晶界,而此共晶又几乎由纯铅、纯铋所组成,共晶温度分别为360℃和270℃。

在结晶过程中,这些低熔点共晶体最后结晶,在晶界上形成极薄的膜(最薄的铋的膜只有几个原子层厚),热加工时这些膜先期熔化,使金属的晶粒与晶粒之间的结合力降低,造成材料中热加工过程中的热脆现象,因而发生晶间破裂。铋与铜还会形成脆性相,造成铜材冷脆。故铜材中的杂质铋与铅的含量限制很严,铋的最大允许含量不超过 0.002wt%~0.003wt%,铅的最大允许含量 0.005wt%~0.05wt%。

铜中含有较高的铋与铅以致不能轧制时,可加入微量的钙、铈或锆,使铋、铅与之形成难溶的化合物,它们的有害影响即可消除。

3. 与铜形成高熔点共晶或脆性化合物的元素

氧、硫、磷、硒、碲等元素几乎不固溶于铜,而与铜形成熔点较高的共晶或脆性化合物。这类共晶组织含量很少时,对室温下力学性能影响不大。脆性化合物会降低铜的塑性,但对导电、导热性影响不大。硒、碲均能提高纯铜的切削性能。

15.3.2.2 合金元素对纯铜组织、性能影响

1. 氧对纯铜组织性能影响

氧在100℃以下能与铜生成黑色的氧化铜(CuO),随着温度的升高,氧化速度加快并在表面生成红色的氧化亚铜(Cu_2O)。Cu_2O 能溶解于铜液,凝固后 Cu_2O 与铜生成粒状共晶分布于晶界。随着含氧量的增加,Cu-Cu_2O 共晶网络的数量也在不断增加。当氧达到共晶成分点 0.39wt% 时,金相试片上将全部为共晶组织。故纯铜中的氧含量(y)可近似地用下式计算:

$$y = (0.39wt\% \times \varphi_{共晶}/100) \quad (15-1)$$

式中($\varphi_{共晶}/100$)为磨片 Cu-Cu_2O 上共晶体所占的体积分数。据此纯铜中的含氧量可用金相法较精确地予以测定。

含氧较高的纯铜的塑性及韧性均较差,冷拉时表面会出现毛刺。大量 Cu_2O 的存在使纯铜由粉红色的韧性断口变成红砖样的脆性断口,会造成加工或使用时破裂。含有 Cu_2O 的纯铜在含有 H_2、CH_4、CO 等还原性气氛中加热时,这些气体可扩散至材料内部与 Cu_2O 发生反应而生成水蒸气或 CO_2,它们将产生一定的压力以求析出。当压力大于金属此时的高温抗拉强度时,便会引起材料内部出现空洞及表层沿晶界的开裂(见图15-3),严重时肉眼即可见到表面的起泡,即所谓的"氢病"。

有时,纯铜中有些牌号允许有微量氧的存在。因为这样会使那些强烈降低导电性的杂质得以氧化,从而降低了杂质的危害。

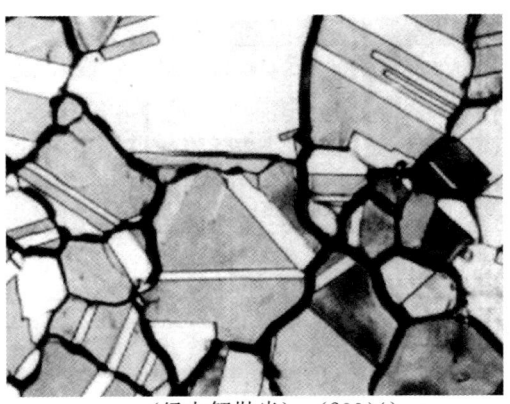

(经电解抛光) (200×)

图15-3 TU1合金挤压并830℃氢气退火后开裂形貌

2. 硫对纯铜组织性能影响

液态下硫能很好地溶解于铜液中,固态下却几乎全部固

溶而与铜生成 Cu_2S 并形成 Cu-Cu_2S 共晶。Cu_2S 在铜液中的聚集作用较大,故多呈较大的圆滴或橄榄状,共晶网络也较粗疏。硫对铜的导电导热影响较小,但却能明显降低铜在高温和低温下的塑性。当 Cu_2S 呈弥散质点分布时,可改善纯铜的切削性能。

3. 磷对纯铜组织性能影响

磷在铜的熔炼中能有效地进行脱氧,提高铜液的流动性,微量磷还能提高成品铜的焊接性。但磷会强烈地降低铜的导电导热性。高温下磷在铜中的固溶度最高可达 1.75wt%。温度下降时固溶度也明显下降并析出蓝灰色的 Cu_3P 相。714℃时化合物 Cu_3P 可与铜生成放射状的 Cu-Cu_3P 共晶。

为改善紫铜的某些性能,比如提高铜的软化温度、提高力学性能或其他工艺性能,常采用添加某些微量元素或在铜中保留一定量脱氧剂元素的方法。

微量元素(包括杂质)对铜的软化温度有较大的影响。固溶和生成弥散析出相的杂质和微量元素均提高铜的软化温度,在一定范围内随着这些元素含量的增加,铜的软化温度增高;但生成氧化物的杂质,大都对铜的软化温度没有明显影响。铜的软化温度增值,不是单个元素影响的算术和,而只是比具有最大影响的元素所提高的软化温度略高一点而已。此外,铜的软化温度与很多工艺因素有关,例如,冷加工率大,冷加工前的退火温度低、冷却慢(固溶体的过饱和程度小),冷加工后的退火时间长等,则铜的软化温度低。

15.3.3 纯铜的金相组织及评定

15.3.3.1 纯铜的基体组织

工业纯铜基本组织为 α 单相组织,铸态下低倍组织为发达的柱状晶。见图 15-4,其中心区为细小等轴晶,周边为发达的柱状晶。纯铜由很高的塑性,一般经各种压力加工,使铸态下柱状晶拉长、破碎,并产生大量滑移带,可提高其力学性能。图 15-5 为 T2 铜经 54% 冷拉加工后的组织形貌。加工变形材料经再结晶退火,呈等轴单相 α 固溶体以及退火孪晶,见图 15-3,该样品因含氧量高,在氢气退火中发生沿晶开裂。

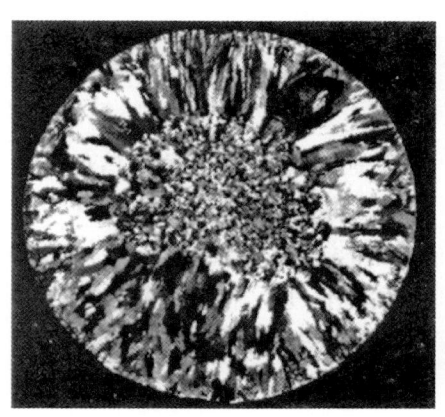

(经硝酸水溶液浸蚀) (0.25×)

图 15-4 T2 半连铸圆锭组织

(经硝酸高铁酒精溶液浸蚀) (200×)

图 15-5 T2 铜经冷拉加工的组织

15.3.3.2 纯铜中的夹杂物相

当纯铜中含有氧时,会出现 Cu_2O 颗粒,含量多时沿晶界形成共晶(α+Cu_2O)网络。

Cu_2O 性硬而脆,铸态下多呈细粒状并构成共晶网络,经加工变形后共晶网络被破坏而沿加工方向伸长。经退火后可聚集成较大颗粒。未浸蚀前呈淡天蓝色,在偏光(正交)或暗场下呈红宝石色。用氯化高铁盐酸水溶液浸蚀后,Cu_2O 可转为暗黑色。图 15-6 为某纯铜试样抛光态下 Cu_2O 分布形貌。

含 Cu_2O 的纯铜在 H_2 气氛中加热,会因氢的渗入形成水汽(或 CO_2)而会造成沿晶开裂。根据该原理制定的 YS/

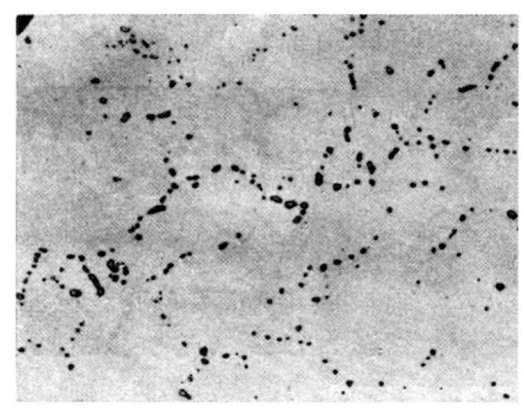

图 15-6 纯铜抛光态下 Cu_2O 分布形貌 (200×)

T 335—2009(2017)《无氧铜含氧量金相检验方法》可相当灵敏地检出铜中微量氧含量,并可评级。该标准的实施线路为将制备好的试样在含有体积分数为10%氢的气氛中加热(820~850℃,20 min),并在试样不与空气接触的条件下冷却,根据铜中氧化亚铜与还原性氢气反应使晶界产生裂纹或开裂的特征,用金相显微镜200倍、明场下观察,视裂纹或开裂情况,并用比较法与标准中的评级图对照评定其含氧量等级。

纯铜中的氧含量也可用公式(15-1)推算。

用于导线的无氧铜中Cu_2O极少,看不到铸态($\alpha+Cu_2O$)共晶体特征。但当导线因电流过载或火灾高温而熔断成熔珠,即经过瞬时的熔化铸造过程,在外界氧、水汽的作用下,熔珠的基体组织中会出现小气孔及($\alpha+Cu_2O$)共晶体。电流过载及火灾导致导线熔断外形虽相似,但由于熔化凝固条件差异,可以从共晶体($\alpha+Cu_2O$)有无和多少、气孔的大小进行鉴别。一般火灾导致导线熔断凝固过程中,冷却速度相对慢、过冷度小、凝固时间长、溶入氧相对多,反应时间长,因此气孔大,($\alpha+Cu_2O$)共晶体明显且较多。

当纯铜基体中含硫时,会出现Cu_2S颗粒,呈网状分布于基体,其颜色在明场下与Cu_2O颇为相似,但在偏光下不发红,浸蚀后也不变色。高温下铜与SO_2可能发生反应生成Cu_2O及Cu_2S,故在显微镜下有时可见两者共存的现象。图15-7为铸造Cu-S合金抛光态下形貌,可见Cu_2S颗粒呈网状分布在α基体上。

有关的部分夹杂物在光镜下的颜色、形态等特征见表15-7。在有X射线能谱仪条件下,可通过成分测定推断出夹杂物的类别。

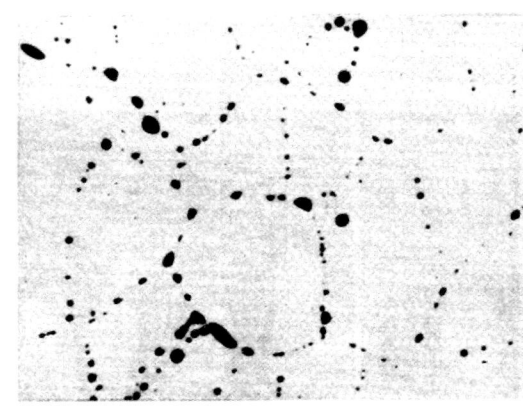

（抛光态）（200×）

图15-7 铸造铜中Cu_2S分布形貌

表15-7 铜及铜合金中夹杂物在光镜下的形貌

夹杂类型	明场下形貌	正交偏光下形貌	浸蚀后形貌
Cu_2O	点状或球状,灰蓝色	血红色,各向异性	氯化高铁盐酸水溶液浸蚀后呈暗黑色
Cu_2S	点状或块状,青灰色	不透明,各向同性	上述试剂浸蚀后不变色
Cu_3P	不规则形状,深灰褐色	不透明	—
BeC	规则几何形状,灰紫色	不透明	—
Pb	点状或呈网状,深灰色	不透明	—
Fe	星形或点状,蓝灰色	不透明	—

15.3.3.3 部分纯铜的基本相组成及特点

部分纯铜(高铜)的基体中的相组成及组织特点见表15-8。

表15-8 部分纯铜(高铜)的基体组织特点

类别	代表合金	基本相组成	组织特点
普通纯铜	T2	α	含O后出现Cu_2O颗粒,含量较多时沿晶界形成共晶网络,含S后出现Cu_2S颗粒,呈网状分布于基体上
无氧铜	TU1	α	含O后H_2退火晶界出现开裂
磷脱氧铜	TP1	$\alpha+Cu_3P$质点	基体为α,分布少量Cu_3P质点,铸造组织显示轻微树枝状,质点附近往往聚集其他夹杂和气孔,导致加工材料含H退火后鼓泡
银铜	TAg0.1	α	O含量高时出现Cu_2O颗粒
	Tag3-0.5	$\alpha+Cu_3Zr$	基体为α,分布少量Cu_3Zr质点

续表

类别	代表合金	基本相组成	组织特点
碲铜	TTe0.5	α+Cu₂Te	基体为α，分布少量Cu_2Te质点。铸造组织出现共晶，共晶特征不明显，呈粗大圆滴状，加工后形成弥散质点锆铜 TZr0.2 α+(α+Cu₃Zr)
硫铜	TS0.4	α+(Cu-Cu₂S)	铸造组织为α基体，(α+Cu₃Zr)共晶分布在晶界和晶内，加工后共晶体或单独的Cu_3Zr沿加工方向分布

15.4 黄铜及其金相分析

以锌为主要合金元素的铜合金称为黄铜。当锌含量在15wt%时黄铜仍呈红色，随锌含量增加，其色泽才向金黄色转变。黄铜具有良好的工艺性能、力学性能和耐蚀性能，导电、导热性也较高，色泽好，易于熔铸和加工，是铜合金应用最广泛的合金材料之一。

15.4.1 黄铜的分类、牌号和化学成分

二元铜锌合金称为普通黄铜或简单黄铜，在此基础上再加入其他合金元素的铜锌合金称为复杂黄铜或特殊黄铜，黄铜的分类可见图15-1。

列入GB/T 5231—2012《加工铜及铜合金牌号和化学成分》的黄铜牌号有78个。表15-9为部分加工黄铜牌号及成分。

GB/T 1176—2013《铸造铜及铜合金》参照 ISO 1338：1977《铸造铜合金—成分和力学性能》制定，列入了铸造黄铜牌号11个，表15-10为部分铸造黄铜牌号、成分及力学性能。

表15-9 部分加工黄铜牌号及化学成分

组别	名称	牌号[①]	化学成分(余量为Zn)/wt%					杂质总和
			Cu	Fe	Pb	Ni	其他元素	
普通黄铜	95黄铜	H95	94.0～96.0	0.10	0.03	0.5	—	0.2
	90黄铜	H90	88.0～91.0	0.10	0.03	0.5	—	0.2
	85黄铜	H85	84.0～86.0	0.10	0.03	0.5	—	0.3
	80黄铜	H80	79.0～81.0	0.10	0.03	0.5	—	0.3
	70黄铜	H70	68.5～71.5	0.10	0.03	0.5	—	0.3
	68黄铜	H68	67.0～70.0	0.10	0.03	0.5	—	0.3
	65黄铜	H65	63.5～68.0	0.10	0.03	0.5	—	0.3
	63黄铜	H63	62.0～65.0	0.15	0.08	0.5	—	0.5
	62黄铜	H62	60.5～63.5	0.15	0.08	0.5	—	0.5
	59黄铜	H59	57.0～60.0	0.3	0.5	0.5	—	1.0
镍黄铜	65-5镍黄铜	HNi65-5	64.0～67.0	0.15	0.03	5.0～6.5	—	0.3
	56-3镍黄铜	HNi56-3	54.0～58.0	0.15～0.5	0.2	2.0～3.0	Al：0.3～0.5	0.6
铁黄铜	59-1-1铁黄铜	HFe59-1-1	57.0～60.0	0.6～1.2	0.20	0.5	Al：0.1～0.5 Mn：0.5～0.8 Sn：0.3～0.7	0.3
	58-1-1铁黄铜	HFe58-1-1	56.0～58.0	0.7～1.3	0.7～1.3	0.5	—	0.5

续表

组别	名称	牌号[1]	化学成分(余量为 Zn)/wt%					杂质总和
			Cu	Fe	Pb	Ni	其他元素	
铅黄铜	89-2 铅黄铜	HPb89-2[C31400]	87.5～90.5	0.10	1.3～2.5	0.7	—	—
	66-0.5 铅黄铜	HPb66-0.5[C33000]	65.0～68.0	0.07	0.25～0.7	—	—	—
	63-3 铅黄铜	HPb63-3	62.0～65.0	0.10	2.4～3.0	0.5	—	0.75
	63-0.1 铅黄铜	HPb63-0.1	61.5～63.5	0.15	0.05～0.3	0.5	—	0.5
	62-0.8 铅黄铜	HPb62-0.8	60.0～63.0	0.2	0.5～1.2	0.5	—	0.75
	62-3 铅黄铜	HPb62-3[C36000]	60.0～63.0	0.35	2.5～3.7	—	—	—
	62-2 铅黄铜	HPb62-2[C35300]	60.0～63.0	0.15	1.5～2.5	—	—	—
	61-1 铅黄铜	HPb62-1[C37100]	58.0～62.0	0.15	0.6～1.2	—	—	—
	60-2 铅黄铜	HPb60-2[C37700]	58.0～61.0	0.30	1.5～2.5	—	—	—
	59-1 铅黄铜	HPb59-1	57.0～60.0	0.5	0.8～1.9	1.0	—	1.0
铝黄铜	77-2 铝黄铜	HAl77-2[C68700]	76.0～79.0	0.06	0.07	—	Al：1.8～2.5 As：0.02～0.06	—
	67-2.5 铝黄铜	HAl67-2.5	66.0～68.0	0.6	0.5	0.5	Al：2.0～3.0	1.5
	66-6-3-2 铝黄铜	HAl66-6-3-2	64.0～68.0	2.0～4.0	0.5	0.5	Al：6.0～7.0 Mn：1.5～2.5	1.5
	60-1-1 铝黄铜	HAl60-1-1	58.0～61.0	0.70～1.50	0.40	0.5	Al：0.70～1.50 Mn：0.1～0.6	0.7
	59-3-2 铝黄铜	HAl59-3-2	57.0～60.0	0.50	0.10	2.0～3.0	Al：2.5～3.5	0.9
锰黄铜	62-3-3 锰黄铜	HMn62-3-3-0.7	60.0～63.0	0.1	0.05	—	Mn：2.7～3.7 Al：2.4～3.4 Si：0.5～1.5	1.2
	58-2 锰黄铜	HMn58-2	57.0～60.0	1.0	0.1	0.5	Mn：1.0～2.0	1.2
	57-3-1 锰黄铜	HMn57-3-1	55.0～58.5	1.0	0.2	0.5	Al：0.5～1.5 Mn：2.5～3.5	1.3
	55-3-1 锰黄铜	HMn55-3-1	53.0～58.0	0.5～1.5	0.5	0.5	Mn：3.0～4.0	1.5
锡黄铜	90-1 锡黄铜	HSn90-1	88.0～91.0	0.10	0.03	0.5	Sn：0.25～0.75	0.2
	70-1 锡黄铜	HSn70-1	69.0～71.0	0.10	0.05	0.5	Sn：0.8～1.3	0.3
	62-1 锡黄铜	HSn62-1	61.0～63.0	0.10	0.10	0.5	Sn：0.7～1.1	0.3
	60-1 锡黄铜	HSn60-1	59.0～61.0	0.10	0.30	0.5	Sn：1.0～1.5	1.0
加砷黄铜	85A 加砷黄铜	H85A	84.0～86.0	0.10	0.03	0.5	As：0.02～0.08	0.3
	70A 加砷黄铜	H70A[C26130]	68.5～71.5	0.05	0.05	—	As：0.02～0.08	—
硅黄铜	80-3 硅黄铜	HSi80-3	79.0～81.0	0.6	0.1	0.5	Si：2.5～4.0	1.5

注：无对应外国牌号的黄铜(Ni 为主成分者除外)的 Ni 含量计入 Cu 中；
[1] 方括号内为 ASTM 相应牌号。

表 15-10 部分铸造黄铜牌号、成分及力学性能

组别	合金牌号（名称）	化学成分（余量为 Zn）/wt%					铸造方法①	力学性能≥			
		Cu	Mn	Al	Fe	其他		抗拉强度 R_m/MPa	屈服强度 $R_{p0.2}$/MPa	断后伸长率 A/%	硬度/HBW
普通黄铜	ZCuZn38（38黄铜）	60.0~63.0	—	—	—	—	S	295	—	30	60
							J	295	—	30	70
铝黄铜	ZCuZn25Al6Fe3Mn3（25-6-3-3铝黄铜）	60.0~66.0	2.0~4.0	4.5~7.0	2.0~4.0	—	S	725	380	10	160
							J	740	400	7	170
	ZCuZn26Al4Fe3Mn3（26-4-3-3铝黄铜）	60.0~66.0	2.0~4.0	2.5~5.0	2.0~4.0	—	S	600	300	18	120
							J	600	300	18	130
	ZCuZn31Al2（31-2铝黄铜）	66.0~68.0	—	2.0~3.0	—	—	S	295	—	12	80
							J	390	—	15	90
	ZCuZn35Al2MnFe1（35-2-2-1铝黄铜）	57.0~65.0	0.1~3.0	0.5~2.5	0.5~2.0	—	S	450	170	20	100
							J	475	200	18	110
锰黄铜	ZCuZn38Mn2Pb2（38-2-2锰黄铜）	57.0~60.0	1.5~2.5	—	—	Pb：1.5~2.5	S	245	—	10	70
							J	345	—	18	80
	ZCuZn40Mn2（40-2锰黄铜）	57.0~60.0	1.0~2.0	—	—	—	S	345	—	20	80
							J	390	—	25	90
	ZCuZn40Mn3Fe1（40-3-1锰黄铜）	53.0~58.0	3.0~4.0	—	0.5~1.5	—	S	440	—	18	100
							J	490	—	15	110
铅黄铜	ZCuZn33Pb2（33-2铅黄铜）	63.0~67.0	—	—	—	Pb：1.0~3.0	S	180	(70)	12	(50)
	ZCuZn40Pb2（40-2铅黄铜）	58.0~63.0	—	0.2~0.8	—	Pb：0.5~2.5	S	220	—	15	(80)
							J	280	(120)	20	(90)
硅黄铜	ZCuZn16Si4（16-4硅黄铜）	79.0~81.0	—	—	—	Si：2.5~4.5	S	345	—	15	90
							J	390	—	20	100

注：本表由作者根据 GB/T 1176—2013 整理所得。
① S—砂型铸造；J—金属型铸造，其力学性能与离心铸造、连续铸造状态一致。

15.4.2 普通黄铜的组织与性能

普通黄铜按组织不同将其分为 3 类：

① α 黄铜即单相黄铜，锌含量小于 36wt%；
② α+β 双相黄铜，锌含量在 36wt%～46.5wt%；
③ β 黄铜，锌含量在 46.5wt%～50wt%。β 黄铜仅用作焊料，工业上一般应用前二类黄铜。

15.4.2.1 普通黄铜的金相组织

Cu-Zn 二元平衡相图见图 15-8，该相图包括 5 个包晶反应，1 个共析反应和 1 个有序无序转变，固态下有 α、β、γ、δ、ε、η 6 个相。这些相结构及特征见表 15-11。在锌含量<50wt% 的区域内可见 α、(α+β) 以及 β 三个相区，分别称为 α 黄铜、(α+β) 双黄铜以及 β 黄铜。由相图中可见 α 黄铜及 (α+β) 黄铜的结晶间隔较窄，因此铸造中易生成柱状晶和集中缩孔。

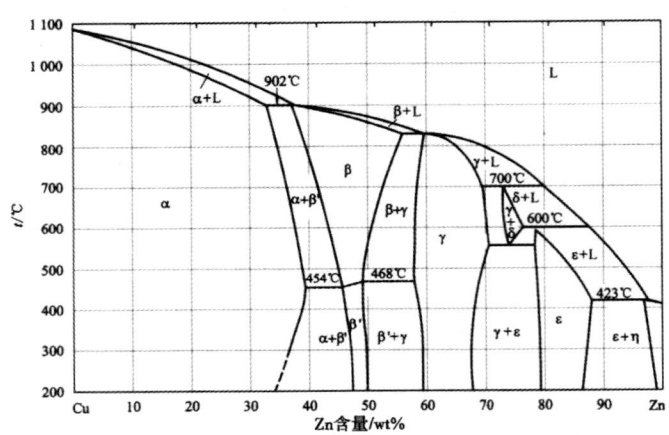

图 15-8 Cu-Zn 二元平衡相图

表 15-11 普通黄铜的相结构及特征

名称	电子化合物		晶格类型	晶格常数/nm	锌含量/wt%	特征
	分子式	电子浓度/原子数				
α	—	—	面心立方	0.3607~0.3693	0~38	塑性好,适于冷、热加工
β, β'	CuZn	3/2	体心立方	0.2942~0.2949	45~49	无序的 β 相塑性极高,适于热加工;有序的 β' 相硬脆,冷变形困难
γ	Cu_5Zn_8	21/13	复杂立方	0.883~0.885	—	性脆而硬,不适于压力加工
δ	$CuZn_5$	7/4	体心立方	0.3006~0.3018	—	
ε	$CuZn_3$	7/4	密集立方	0.274~0.276	—	
η	—	—	密集立方	0.2172~0.2659	—	

α 相为锌在铜中的固溶体。锌能大量固溶于铜,在平衡状态下,含锌量为 34wt% 以下的二元黄铜应为单一的 α 相组织,但在实际生产中,特别是现在采用了半连续铸造工艺后,不平衡冷却使含锌量 31wt%~32wt% 的铸态黄铜仍会出现少量的 β 相。对于锌含量为 38wt% 的 H62 黄铜,其 β 相在任何状态下都能见到,故属 α+β 双相黄铜。α 相的特征是不易受浸蚀,在显微镜下通常呈亮白色,经形变退火后与加工纯铜相似,但随着锌含量的增加会出现更多的退火孪晶带。

β 相是以电子化合物 CuZn 为基的固溶体,为体心立方晶格。β 相因含锌量较高,金相样品易受浸蚀而在明场下颜色较深,易变黄或变黑。在单一的 β 相黄铜中可以看到其平直的晶界及多变形的晶粒,再结晶退火后无孪晶出现。在 α+β 两相黄铜且 α 相占很大比例时,由于在冷却过程中经历了包晶反应及 α 相首先自 β 相晶界析出过程,明场下一般难以显现其铸造晶界和整个晶粒的形状,借助偏光或暗场可以看到高温下存在而室温下已分解的 β 晶粒外形。

两相黄铜中的 α 相依锌在铜基体的固溶度的改变而自 β 晶粒析出。析出的 α 相与 β 相有着 $\{110\}_\beta // \{110\}_\alpha$、$<111>_\beta // <110>_\alpha$ 的位向关系。因而 α 相多呈针条状或长卵条状且具有魏氏组织的特征,含锌量高,冷却速度越大,α 相沿 β 相惯习面呈片状或针状析出形态越显著。具有高塑性的高温 β 相缓冷至 450~468℃ 以下时会发生无序的 β 相向有序的 β' 相转变,有序的 β' 相明显比 β 相硬而脆。

当锌含量接近 50wt% 时,黄铜(主要是复杂黄铜)基体中可能出现 γ 相。γ 相是以电子化合物 Cu_5Zn_8 为基的固溶体,性脆而硬,不适于压力加工,因而对于有 γ 相的复杂黄铜,加工时应避开在 γ 相区进行。一般要控制黄铜中出现 γ 相。γ 相不易受浸蚀,在未浸蚀的金相试面上就能显现蓝灰色的颗粒或星花状的 γ 相,见后面的图 15-16(a)。

部分普通黄铜的金相组织及组织说明见表 15-12。

表 15-12 部分普通黄铜的金相组织说明

普通黄铜牌号	工艺状态	基本组织	组织说明	图例
H68(单相铜)	铸态	α相+少量黑色β相	按平衡状态应为α单相,但由于非平衡冷却或有时锌含量偏高,故出现少量β相	图 15-9(a)
	冷轧后退火	α单相,等轴状,并有孪晶	α固溶体晶粒退火后呈等轴状,并会出现退火孪晶,浸蚀后由于晶面不同而出现亮色及黑色	图 15-9(b)
H62(双相铜)	铸态	α+β,α相明亮色,拉长状,β相呈暗黑色	快冷时α相呈拉长形态,有时呈针状,缓冷时则为均匀α晶粒。其中细针状分布α相组织强度相对高,若呈网分布则强度及抗蚀性会明显降低	图 15-10(a)
	热轧	等轴孪晶的α相+黑色链条状β相	两相黄铜随锌含量增加β相量也会增多。β相在轧制中被拉长破碎。若经退火β相会有一定量溶入α相	图 15-10(b)

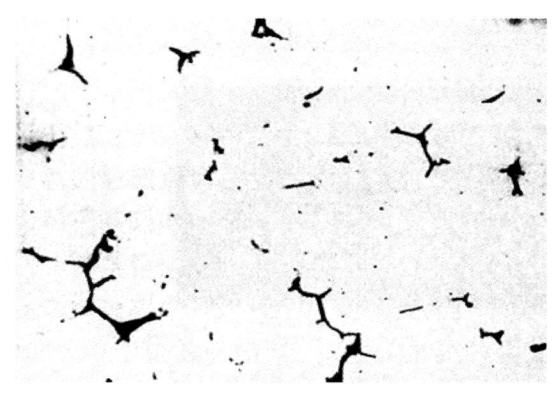
(a) 铸态 (120×)
(硝酸高铁酒精溶液浸蚀)

(b) 冷轧后退火 (120×)
(三氯化铁盐酸水溶液浸蚀)

图 15-9 H68 黄铜组织形貌

(a) 铸态 (200×)

(b) 热轧 (120×)

(均经三氯化铁酒精水溶液浸蚀)

图 15-10 H62 黄铜组织形貌

15.4.2.2 普通黄铜的性能

普通黄铜的性能与锌含量及相组成密切相关。

1. 普通黄铜的力学性能

单相黄铜的塑性(断后伸长率)随锌含量的增加而增高,在出现β'相之前达到最大值。随着β'相的出

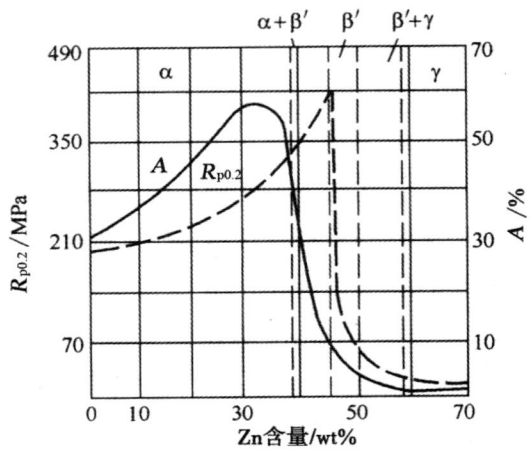

图 15-11 铸态普通黄铜锌含量对力学性能影响

现及增多其塑性急剧下降；而屈服强度（$R_{p0.2}$）却一直到锌含量为 45wt%～47wt% 时，即 γ 相出现时才发生明显的下降。图 15-11 为铸态普通黄铜的力学性能与锌含量的关系图。

2. 普通黄铜的铸造性能

普通黄铜的凝固温度范围小，偏析倾向小，流动性好，具有较高的可铸性，但易形成集中缩孔。锌有脱气作用，不易形成分散的气孔。高锌黄铜（30wt%～33wt%）的凝固温度较宽，若冷却速度快，铸锭中心部含锌可能高些，会出现少量的 β 相。

3. 普通黄铜的加工性能

α 黄铜尤其是含锌量 30wt%～33wt% 的黄铜具有很好的冷加工性能，两次中间退火之间的加工变形率可达 70%（板材）和 90%（线材）。α 黄铜的再结晶温度随其含锌的增加而降低，生产中采用的退火温度为 500～700℃，组织为等轴的 α 晶粒，晶粒越细硬度越高。热轧 α 黄铜板的组织虽与冷加工和退火的 α 黄铜板组织相似，但其晶粒大小参差不齐，不宜深冲。冷加工黄铜长期存放或在低于 250℃ 的温度下退火时，会出现强度性能多峰值的异常硬化现象，并且材料的晶粒越细硬化现象越严重。

α+β 两相黄铜由于室温下 β′ 较脆，故塑性较 α 黄铜为差。但 β′ 相在 450～460℃ 时有一个 β′-β 的有序无序转变，无序的 β 相远比有序的 β′ 相塑性高，故 α+β 两相黄铜常需加热至无序 β 相区进行热加工并保留少量的 α 相，以防止 β 相晶粒长大。纯 β 相黄铜室温下硬而脆，故只适于热变形。还应指出的是所有黄铜在 200～700℃ 之间均有一个脆性区，随着含锌量不同其脆性温度范围有所改变，脆性区的出现十分复杂，主要决定于微量杂质铅、锑、铋等的含量。热加工时必须避开这一温度范围，以防止材料开裂。两相黄铜组织与退火状态相似，冷加工后 α 相与 β 相均有不同程度的拉长、破碎。

热加工中，加热和冷却条件对两相黄铜的组织与性能有很大影响，如加热时（α+β）→β 转变过程的过热度较大，冷却较快，α 相将以细针状析出。反之，α 相粗大。在 α 相的析出物构成连续基体时，对材料的塑性十分有利。

4. 黄铜的耐蚀性

黄铜的耐蚀性是它重要使用性能之一。锌含量小于 15wt% 的单相黄铜在多种腐蚀介质中有与纯铜完全相似的耐蚀性。但锌含量大于 15wt% 的黄铜特别是（α+β）双相黄铜在一定条件下发生脱锌腐蚀和应力腐蚀是其突出的特性。

黄铜脱锌是典型的成分选择性腐蚀。其机理主要有两种：一是铜的二次沉积。铜和锌同时被溶解下来，而溶解的铜离子在一定条件下又沉积出来形成"海绵铜"。二是锌的溶解。锌首先选择性地溶解，而剩下"海绵铜"。黄铜脱锌有两种形态，即均匀的层状脱锌和局部的栓状脱锌。栓状脱锌容易早期穿孔，危害性更大。一般说来，简单黄铜多见层状脱锌；而耐腐蚀性较好的复杂黄铜则多见栓状脱锌。腐蚀性强的介质（如弱酸、弱碱或海水）易发生层状脱锌，而腐蚀性弱的介质（如河水）反而容易发生栓状脱锌。

添加微量砷、磷或铁能有效地抑制 α 黄铜的脱锌腐蚀。但当含砷量超过 0.06wt% 时，砷在晶界析出，引起晶界腐蚀。砷的有利作用在水温高于 60℃ 时会降低。

黄铜应力腐蚀又称为季节开裂，即在潮湿大气中存放和因有残余应力或使用中发生的开裂，简称季裂。它是黄铜在氨、水蒸气、氧等介质和拉应力的共同作用下，导致材料破裂的现象。应力腐蚀所引起的开裂特征与疲劳及腐蚀疲劳有相同之处，即材料的脆断，破裂处几乎不产生任何收缩变形。

黄铜的应力腐蚀可能首先在富锌点（如 β 相）开始，这些富锌点可能存在于未退火的 α 黄铜中，而且大多发生于晶界，因此晶界首先被腐蚀。黄铜的应力腐蚀开裂有穿晶型的（在 β 相内），也有晶间型的（在 α 相内），见图 15-46。而腐蚀疲劳总是穿晶的。采取低温长时间退火消除或减小材料的残余内应力，减小综合拉应力，是避免应力腐蚀断裂的有效措施。含锌量低于 20wt% 的黄铜，一般不发生应力腐蚀。在 α 黄铜中添加少量的硅（约 0.5wt%），可以显著提高其抗应力腐蚀的稳定性。若添加镍、锡和磷，也有良好的效果。加工黄铜中锌含量越高,所受应力越大,则在腐蚀介质中破裂前的持续时间越短。实验室常用氨介质和汞盐法进行应力腐蚀检验。

15.4.3 复杂黄铜的组织与性能

在 Cu-Zn 二元合金中再加入少量其他合金元素构成的多元黄铜称为复杂黄铜或特殊黄铜,其耐蚀性、强度、硬度和切削性等性能较普通黄铜有了不同程度的改善和提高。加入的第三组元为锡的黄铜称为锡黄铜,同样的还有镍黄铜、铁黄铜、铅黄铜、锰黄铜、砷黄铜、硅黄铜、铝黄铜和镁黄铜等。第四、第五组元则不在名称或符号中标出,仅以数字表示其名义加入量。

15.4.3.1 复杂黄铜的"锌当量系数"

向 Cu-Zn 二元合金添加另一种合金元素时可使 α 相区缩小,如硅、铝、锡、镁、铅、镉、铁、锰等;也有扩大 α 相区的,如镍、钴等。新元素加入后应根据其相应的多元相图来了解金相组织,但在实际生产中,在添加元素含量不多的情况下,可用 Cu-Zn 相图作基础,再考虑添加元素对 α→α+β 相界线左右移动的情况来大致了解其合金组织。人们把加入某元素的质量分数达到 1% 后,其金相组织的变化相当于增加或减少多少锌含量的系数因子,称为该元素的"锌当量系数"(又称为海茵当量)。各添加元素的"锌当量系数"见表 15-13。

表 15-13 常用合金元素的锌当量系数

合金元素	Si	Al	Sn	Mg	Cd	Pb	Fe	Mn	Ni	Co
锌当量系数 n	10～12	4～6	2	2	1	1	0.9	0.5	−1.5	−0.1～−1.5

根据锌当量系数对合金成分计算出复杂黄铜的锌当量,就可以借助 Cu-Zn 二元合金相图来判断复杂黄铜的基本组织特征。锌当量(X)可由以下公式求出:

$$X = \frac{A + \sum Cn}{A + \sum Cn + B} \times 100\% \tag{15-2}$$

式中:A——黄铜中的锌含量(wt%);

B——黄铜中的铜含量(wt%);

C——加入的合金元素含量(wt%);

n——加入的元素的锌当量系数。

此公式是一种近似的估算,加入合金元素含量不大时才适用,含量大时则不够准确,尤其锌当量系数高的合金元素含量大时误差较大。其原因是合金元素的加入与其对组织的影响不可能总是呈正比的直线关系。

判断相组成的标准是:在平衡状态下当 $X<36$wt% 时为 α 单相,X 在 36wt%～46.5wt% 时为 α+β 双相,X 在 46.5wt%～50wt% 时为 β 相。以 HAl59-3-2 为例,铝的锌当量系数为 6,镍的锌当量系数为 −1.5,代入锌当量计算公式得出 $X=46.4$wt%,可见 HAl59-3-2 的组织应以 β 相为基,而实际生产检验中也确实如此。实际上仍要考查具体的多元合金相图后,方能更准确地了解此合金的相组成,故实际的 HAl59-3-2 在铸态下常有 γ 相存在。经热处理后还可以看到 α+β+γ 的三相并存。在铅黄铜中只要加入约 1wt% 的铅就可以在任何状态下发现有第三相—游离铅的存在。

还要指出的是复杂黄铜中的 α 相、β 相已呈多元合金的固溶体,故其强化效果较铜锌二元合金的 α 相、β 相强得多,具有更高的强度。

15.4.3.2 锡黄铜的组织与性能

锡在黄铜中的重要作用是抑制脱锌,提高黄铜的耐蚀性,在海水、酸性矿水中有良好的耐蚀性,故锡黄铜有"海军黄铜"之称。

少量的锡还能固溶入 α 黄铜和(α+β)黄铜中,可提高合金的强度和硬度。在锌含量由零增加到

38wt%的α相中,锡的溶解度由15wt%降至0.7wt%,但当锌含量增加到出现β相时,锡的溶解度又有所提高。故通常黄铜中锡含量一般不超过1.5wt%,但也有例外,如ASTM C41900,锡含量达4.8wt%~5.5wt%。常用的锡黄铜有HSn70-1和HSn62-1,相关的相组成、分布见表15-14。

锡黄铜能较好地承受热和冷压力加工,但HSn70-1的热加工易裂,需要严格控制杂质含量,铜取上限,锡取下限,这样在热轧或挤压时可获得良好效果。

表15-14 部分锡黄铜的金相组织及说明

锡黄铜牌号	工艺状态	基本组织	组织说明	图例
HSn62-1	铸态	α+β	浸蚀后β呈黑色	图15-12(a)
	退火	α+β+少量亮白色γ	退火加热后缓冷时γ相从黑色β相中析出	图15-12(b)
	轧制	α+β,组织趋带状分布	β相沿轧制方向变形	图15-12(c)
HSn70-1	铸态	α+灰色的(α+γ)共析体	平衡态下应为α单相,实际冷却中不平衡β相分解出γ相	图15-13(a)
	冷轧退火	α固溶体,有退火孪晶	(α+γ)共析体在热处理中消除	图15-13(b)

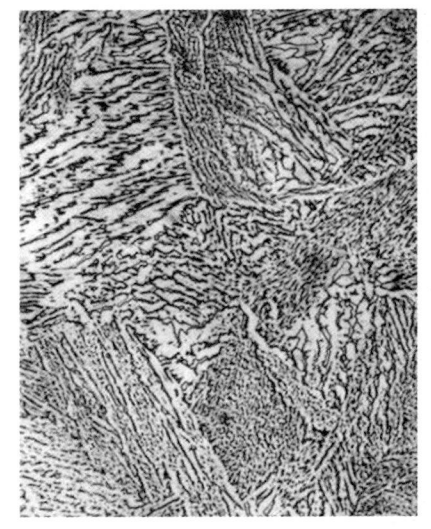
(a) 铸态
(硝酸高铁酒精溶液浸蚀)(70×)

(b) 退火
(三氯化铁盐酸水溶液浸蚀)(200×)

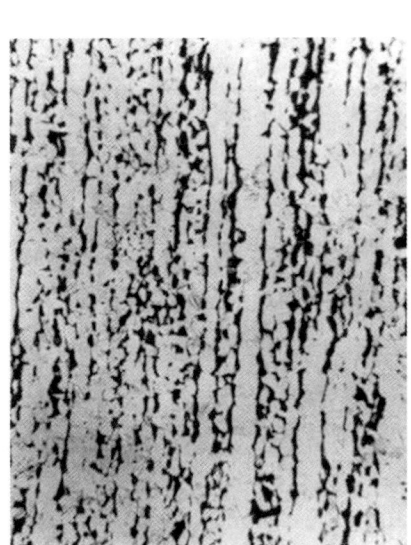
(c) 轧制
(三氯化铁盐酸水溶液浸蚀)(120×)

图15-12 HSn62-1锡黄铜各工艺状态下组织

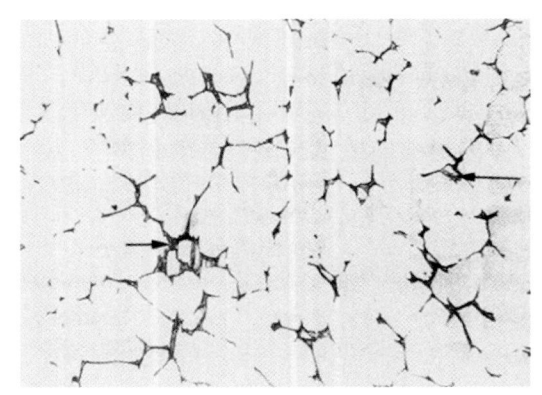
(a) 铸态 (120×)
(三氯化铁盐酸水溶液浸蚀)

(b) 冷轧后退火 (100×)
(三氯化铁酒精溶液浸蚀)

图15-13 HSn70-1锡黄铜各工艺状态下组织

15.4.3.3 铅黄铜的组织与性能

铅常呈游离态存在于黄铜中,游离的铅质点既有润滑剂作用又能改善材料的切削性能,故铅黄铜能进行高速切削而获得光洁表面。但铅含量超过3wt%后加工性能不再明显进一步改善,故铅的含量通常不超过3wt%。铅在α相中溶解度小于0.07wt%,在β相中能溶解0.3wt%以上。两相黄铜在加热时产生α+β′向β相的转变时,游离铅可由晶界转入晶内,从而大大减轻铅对黄铜的危害,提高材料的高温塑性,因而可进行热加工。单相α铅黄铜及含铅过高的铅黄铜则只能冷加工。铅的分布形态对黄铜的性能影响很大。当铅分布不均匀时,对精密加工带来不利。

图15-14为HPb63-3铅黄铜铸态下形貌:基体为α相,块状为β相,网状分布的黑点为铅相。

图15-15为HPb60-2铅黄铜经冷轧后组织形貌:基体α相、块状β相以及黑色颗粒状铅相,β相及铅相沿加工方向拉长。

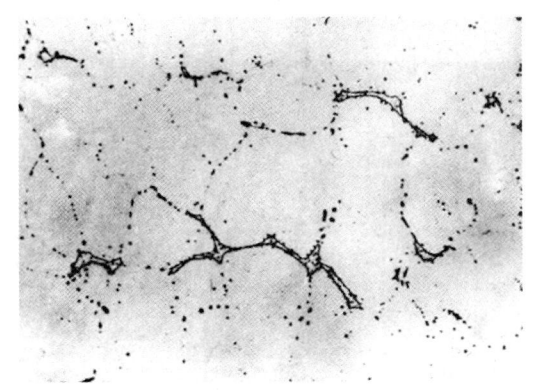

(硝酸高铁酒精溶液浸蚀) (200×)

图15-14 HPb63-3铅黄铜铸态组织

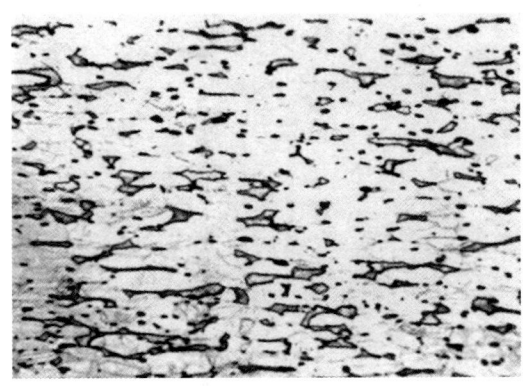

(硝酸高铁酒精溶液浸蚀) (100×)

图15-15 HPb60-2铅黄铜冷轧后组织

15.4.3.4 铝黄铜的组织与性能

铝的锌当量仅次于硅,加入铝后缩小α相区,β相区扩大,含铝量过高时会出现γ相。铝的强化效果好,但塑性会剧烈下降。铝在铝黄铜中表面上的离子化倾向比锌大,能优先与腐蚀介质中的氧结合而形成坚硬而致密的氧化薄膜,从而提高黄铜的耐海水腐蚀性能。但加铝过多会使铸造组织粗化,故含量均控制在2wt%以下。

HAl77-2是常用的冷凝器材料,加入少量的砷能很好地防止脱锌,而不出现新相。

在HAl59-3-2中的镍能细化晶粒,提高合金的抗蚀性,合金组织由强度很高的β相基体和硬度很高的γ相组成,常用于常温下要求高强度、耐蚀性材料。

复杂铝黄铜材料如HAl64-4-3-1(Cu-Al-Fe-Mn)、HAl65-5-4-1和HAl61-4-3-1A等广泛用于同步器齿环,此类合金具有很高的耐磨、耐腐蚀和力学性能,并能通过热处理改变其性能从而达到不同的使用要求。

部分铝黄铜基体的相组成、分布见表15-15。

表15-15 部分铝黄铜的金相组织及说明

铝黄铜牌号	工艺状态	基本组织	组织说明	图例
HAl77-2	铸态	α	α固溶体,树枝状偏析分布	
	挤压		挤压后晶粒变形,退火后呈等轴状	
HAl59-3-2	铸态	β+星状γ	β为基,γ相呈星状、颗粒状	图15-16(a)
	热处理	β+星状γ+针状α	热处理后α相从晶界、晶内以针状析出	图15-16(b)

续 表

铝黄铜牌号	工艺状态	基本组织	组织说明	图例
HAl61-4-3-1	铸态	β+强化相，有时还有α相	β基体上分布有球状和块状（颗粒）状的 Co-Ni-Fe-Si 强化相，一定条件下可见α相呈针或块状沿晶呈网分布	图 15-17
HAl65-5-4-2	铸态	β+富铁强化相，有时还有α相	以β相为基体，其上分布有块状、颗粒状或雪花状富铁强化相。有时在β晶界有α相	图 15-18

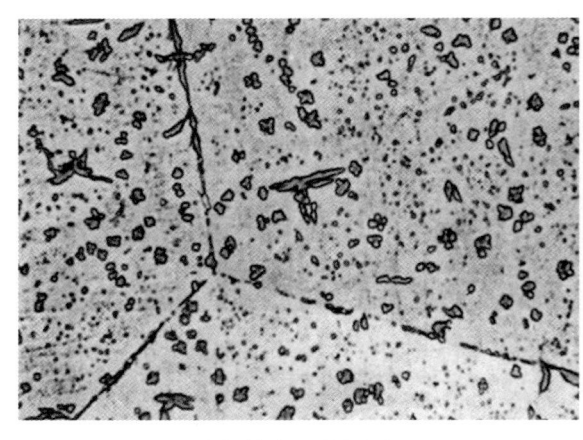

(a) 铸态 (270×)

（硝酸高铁酒精溶液浸蚀）

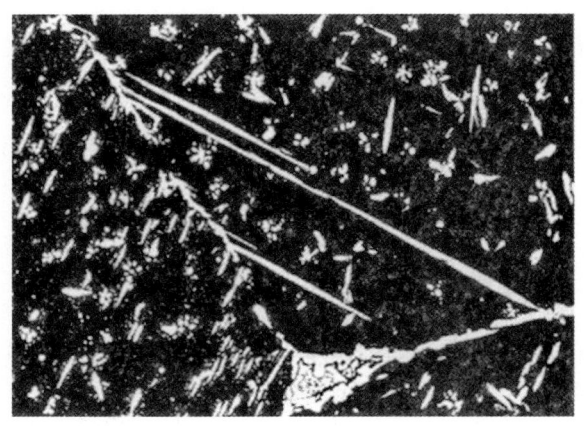

(b) 退火 (500×)

（三氯化铁盐酸水溶液浸蚀）

图 15-16 HAl59-3-2 铝黄铜各工艺状态下组织

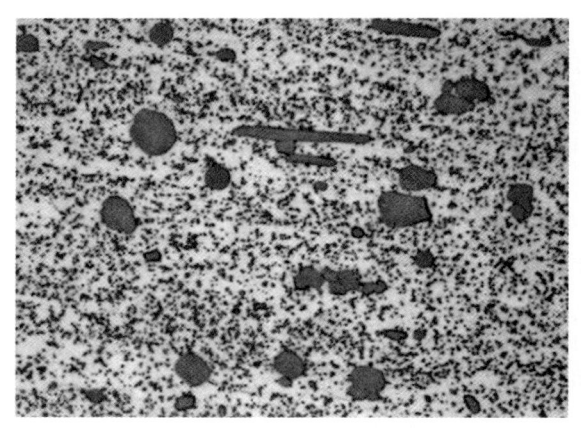

（经硝酸高铁酒精溶液浸蚀）(500×)

图 15-17 HAl61-4-3-1 铝黄铜铸态组织

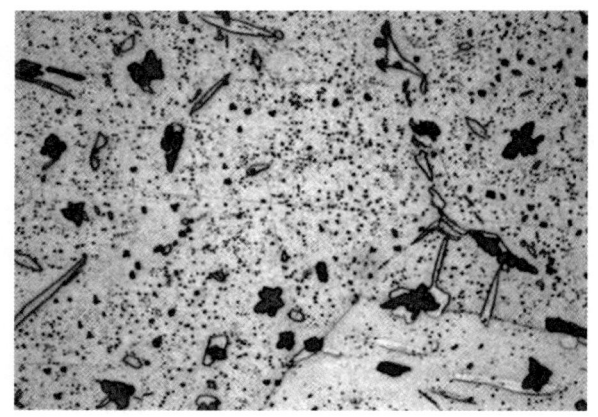

（经硝酸高铁酒精溶液浸蚀）(500×)

图 15-18 HAl61-5-4-2 铝黄铜铸态组织

15.4.3.5 锰黄铜的组织及性能

锰能显著提高黄铜的力学性能及在海水、热蒸汽中的抗蚀性，并能提高黄铜的工艺性能，锰含量小于 4wt% 的两相锰黄铜在提高强度的情况下，对塑性影响不大，因此，在工业上应用较广泛。但锰黄铜有应力腐蚀倾向。

在锌含量约 30wt% 的黄铜中，只需加入 10wt% 的锰就可以使合金变成类似白铜的银白色。当锰含量为 12wt%，即可部分地代替白铜。应用于工业上的高锰黄铜经淬火与时效可获得很高的强度（R_m 为 840 MPa），以及很高的硬度（400 HV）。

HMn62-3-3-0.7，具有优异的力学性能与耐蚀性，广泛地用来制作轿车同步齿轮环，其相组成为 $\beta+\alpha+Mn_5Si_3$，并可通过淬火及时效处理改变其组织与性能。

部分锰黄铜的相组织及说明见表 15-16。

表 15-16 部分锰黄铜的金相组织及说明

锰黄铜牌号	工艺状态	基本组织	组织说明	示图
HMn57-3-1	热轧	$\beta+\alpha$	铸态组织以 β 为基。退火或热轧后白色针状 α 在黑色 β 基体上析出	图 15-19
HMn62-3-2-0.5	铸造	$\beta+\alpha+$ 强化相（Mn_5Si_3 等）	α 相以竹叶状和条针状析出，强化相（Mn-Si-Fe、Mn_5Si_3）以球状、长条及不规则块状分布	图 15-20

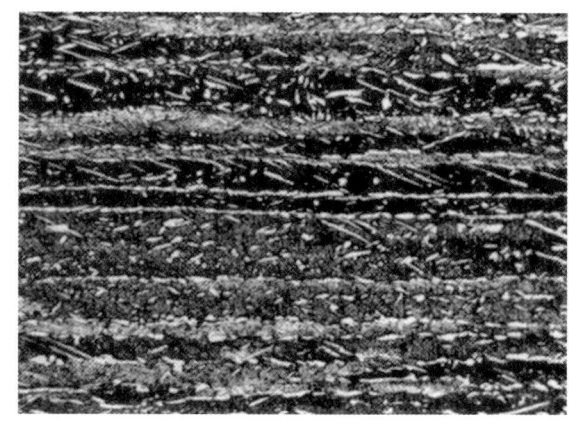

（经三氯化铁盐酸水溶液浸蚀）（70×）

图 15-19　HMn57-3-1 锰黄铜热轧态组织

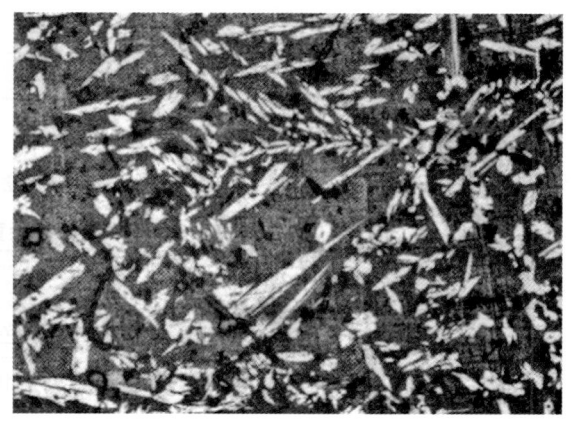

（经硝酸高铁酒精溶液浸蚀）（200×）

图 15-20　HMn62-3-2-0.5 锰黄铜铸态组织

15.4.3.6 铁黄铜的组织及性能

铁在黄铜中的溶解度极小，通常以游离的富铁相（FeZn10）存在。

铁能以元素状态从合金溶液中分离出细小粒子，作为 α 固溶体的形核核心，因此能有细化晶粒的作用。铁还能提高黄铜的强度，而且使黄铜有很高的韧性、耐磨性及在大气和海水中有优良的抗蚀性。

但含铁量过高时，富铁相的增加，可引起铁相的偏析反而会降低合金的耐蚀性。通常在黄铜中铁不超过 1.5wt%，如同时存在硅时，硅与铁可形成高硬度的 Fe_3Si 质点（950 HV），使合金的加工性能变差。

常用的铁黄铜有 HFe59-1-1，其基体组织为灰黑色 β 相基体＋白色条状 α 相＋黑色颗粒富 Fe 相（FeZn10），见图 15-21。

15.4.3.7 硅黄铜的组织及性能

硅黄铜在大气和海水中有较好的耐蚀性，比一般黄铜耐应力腐蚀，并耐寒可焊。常用于制作高强度的耐蚀零件。

硅的锌当量系数很高，α 相区在硅的影响下显著地向铜角移动。硅能显著地提高合金的强度，但锌、硅含量较高时（锌大于 20wt%、硅大于 40wt%），塑性将急剧降低。含硅量升高时合金中会出现 K 相，K 相在高温下有很高的塑性，而在 545℃ 分解为 $\alpha+\gamma$ 共析体（Cu_5Si）。

硅黄铜对有害杂质，特别是铝、铁、铅、锑、砷、磷等元素非常敏感，故应严格控制其含量。

常用的硅黄铜有 HSi80-3，其铸态基体组织为黑色 α 相基体＋白色树枝状排列的 β 相，见图 15-22；若经热挤压或热处理后 β 相消失，即基体组织为单相 α 固溶体。

续表

合金牌号（名称）	化学成分(余量为Cu)/wt%					铸造方法①	力学性能≥			
	Sn	Zn	Pb	P	Ni		抗拉强度 R_m/MPa	屈服强度 $R_{p0.2}$/MPa	断后伸长率 A/%	硬度/HBW
ZCuSn10Pb1（10-1 锡青铜）	9.0～11.5	—	—	0.8～1.1	—	S	220	130	3	80
						J	310	170	2	90
ZCuSn10Zn2（10-2 锡青铜）	9.0～11.0	1.0～3.0	—	—	—	S	195	—	10	70
						J	245	—	10	70
ZCuSn10Pb5（10-5 锡青铜）	9.0～11.0	—	4.0～6.0	—	—	S	240	120	12	70
						J	245	140	6	80

注：本表由作者根据 GB/T 1176—2013 整理所得。
① 见表 15-10 注。

15.5.1.2 Cu-Sn 二元合金的相组成

图 15-23 为 Cu-Sn 二元合金富铜一侧相图，在锡含量不超过 20wt% 区域内可能出现的相有 α、β、γ、δ、ε 等。这些相的晶格类型、参数以及特征说明见表 15-20。在这区域内相关温度下等温反应见表 15-21。

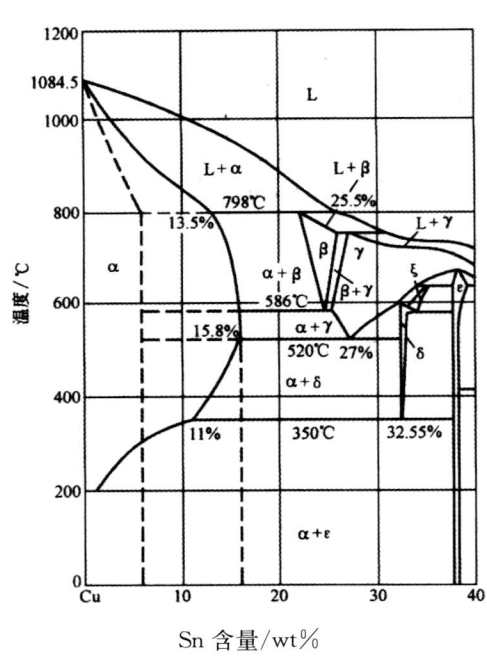

图 15-23 Cu-Sn 相图

表 15-20 Cu-Sn 二元相图中富铜侧出现的各相特征

相名称	晶格类型	晶格常数/nm	固溶体基体	特征说明
α	面心立方	3.7053	Cu	软质，有良好的塑性，锡青铜基本组成相
β	体心立方	2.981～2.991	Cu_5Sn	只有在高温下稳定，温度下降时迅速分解→α+γ。高温下塑性较好，若在β相高温区淬火急冷，可得到硬脆β′非稳马氏体相
γ	复杂立方	2.981～2.991	$Cu_{31}Sn_8$	只在高温下稳定，温度下降时迅速分解→α+δ
δ	复杂立方	17.951～17.960	$Cu_{31}Sn_8$	硬而脆，350℃ 共析转变→α+ε，但共析分解极慢，故室温下也会出现δ，会使合金塑性下降

续表

相名称	晶格类型	晶格常数/nm	固溶体基体	特征说明
ε	正方	a=4.328 b=5.521 c=33.25	Cu_3Sn	由δ相共析分解生成，因δ相分解极慢，在含Sn20wt%以下的合金中实际没有ε相

表 15-21 Cu-Sn二元相图中富铜侧的等温反应

温度/℃	反应类型	相变关系
798	包晶	液相L+α(13.5wt%Sn)→β(22wt%Sn)
586	共析	β(24.6wt%Sn)→α(15.8wt%Sn)+γ(25.4wt%Sn)
520	共析	γ(27wt%Sn)→α(15.8wt%Sn)+δ(32.4wt%Sn)
约350	共析	δ(32.6wt%Sn)→α(11.0wt%Sn)+ε(37.8wt%Sn)

由 Cu-Sn 二元相图可见结晶间隔较宽，且锡在铜中扩散很困难，实际生产中难以达到相同实线所示平衡组织，此时α相界线显著向铜侧移动，相偏移结果如相图中虚线所示。

15.5.1.3 合金元素对锡青铜性能的影响

二元锡青铜的结晶间隔宽，其铸造流动性差，凝固时线收缩小，易在铸件的断面形成分散的疏松，降低了铸件的致密度，并易出现含锡量边部高中心低的反偏析现象，严重时在铸件表面出现白色的"锡汗"瘤（实际是δ相）。为了克服这些缺陷，工业应用锡青铜都分别加入了一定量的磷、锌、铅等组成多元锡青铜，其性能及组织得到很大的提高与改善。

1. 磷

Cu-Sn 合金加入磷能改善铸造性能，提高其流动性，并能有效地脱氧。磷提高合金的强度和硬度，以及弹性极限、弹性模量、疲劳强度和耐磨性。锡磷青铜是工业上广泛使用的弹性材料之一。Cu-Sn 合金加磷后，α相区急剧向铜角缩小而出现 Cu_3P 相。

当锡、磷的含量都达到一定含量时，Cu_3P 与(α+δ)形成(α+δ+Cu_3P)的三元共晶 T 相，在该点(Cu：80.7wt%、Sn：14.8wt%、P：4.5wt%)，熔点为628℃。

三元共晶 T 相的存在会导致合金的热脆。变形锡青铜中，磷含量不能超过 0.5wt%，否则将引起加工时的热裂。

2. 锌

在 Cu-Sn 合金中加入锌后，结晶温度范围变窄，提高了合金在液态下的流动性。锌还促进熔炼铸造的脱氧除气，减少反偏析倾向，提高合金的致密度，减轻晶内偏析程度。锌能大量固溶于锡青铜的α相中，提高合金化程度，改善材料的力学性能，降低生产成本。在一定量的含锌范围内合金的显微组织无明显改变。

3. 铅

铅实际上不溶于锡青铜，而以游离铅相的形态分布于结晶枝杈或填充于锡青铜易于出现的显微疏松处，从而提高了铸件的致密度。锡含量超过 10wt% 的锡青铜因其硬脆而不能进行压力加工，但加入一定量的铅和锌后，其铸造性能和作为轴瓦的磨合适应能力大大提高。铅还能显著提高锡青铜的减磨性能和切削性能，但力学性能将有所下降。由于铅引起材料的热脆性，故锡锌铅青铜只能经均匀化退火后在冷态下加工变形。这类合金多用作耐蚀耐磨易切削的轴套、轴承内衬等。此外，通过加入少量镍能改善铅的分布并细化组织。

15.5.1.4 锡青铜的金相组织

根据 Cu-Sn 二元实际相图，当锡含量小于 6wt% 时，锡青铜的基体组织为α固溶体。但在铸态下还常出现δ相，其铸造组织均有极明显的树枝状晶内偏析。在三氯化铁或硝酸高铁溶液浸蚀下，先析α相因含铜量高不易浸蚀,其周围因含铜量的减少含锡量的增高,颜色逐渐变黑或出现浮雕。当锡在6wt%以上时,位于枝晶枝杈间的锡达到一定的含量便会出现由高温γ相分解出(α+δ)共析体。(α+δ)相多呈不规则块状,浸蚀前呈蓝灰色,浸蚀后内有斑纹。树枝状晶内偏析及含锡量较低时出现的δ相经高温长时间退火(650~700℃×8h以上)通常可以完全消除,从而得到单一的α相,合金的塑性得到明显地提高。变形锡青铜中锡最高不超过8wt%,故经加工退火后均为有明显孪晶的α单相合金。

当锡青铜中含有一定量磷后,会出现Cu_3P相。Cu_3P与δ相在显微镜下相似,但颜色较δ相为深,缓冷时形成的Cu_3P呈放射层状。激冷下呈蓝灰色颗粒。用体积分数为50%的硝酸浸蚀时Cu_3P不变色,而(α+δ)共析体可全部呈黑色。用体积分数为5%的赤血盐水溶液浸蚀时,Cu_3P可随浸蚀时间的延长而加深成黑灰色,但(α+δ)不变色。

当锡青铜中Sn、P都达一定含量时会出现(α+δ+Cu_3P)三元共晶T相。用赤血盐水溶液浸蚀时,可见Cu_3P位于共晶体的边缘呈黑灰色,(α+δ)则呈蓝灰色不规则块状,且内有斑纹。

部分锡青铜的金相组织及说明见表15-22。

表15-22 部分锡青铜金相组织及说明

锡青铜牌号	工艺状态	基本组织	组织说明	图例
QSn6.5-0.1 (Cu-Sn-P)	铸态	α+(α+δ)共析体+少量Cu_3P	树枝状偏析,枝晶间分布(α+δ)共析体(高倍可见灰色带斑纹块状)及Cu_3P相,容易出现显微疏松	图15-24
	均匀化退火	α固溶体	有孪晶	
QSn6-6-3 (Cu-Sn-Zn-Pb)	铸态	α+(α+δ)共析体+Pb相	α基体,树枝状偏析,枝间分布灰色(α+δ)共析体,黑色铅相呈颗粒状分布基体上	图15-25
	均匀化退火	α+Pb相	有孪晶	
ZCuSn10Zn2	铸态	α+(α+δ)共析体	白色基体α固溶体,呈树枝分布,枝晶间灰黑色为高锡的α固溶体,枝晶间白色岛状为(α+δ)共析体	图15-26
ZCuSn10P1	铸态	α+(α+δ)共析体+(α+δ+Cu_3P)三元共晶体	α基体,晶界上白色岛状为(α+δ+Cu_3P)三元共晶体,其中灰色大颗粒为Cu_3P相,白色颗粒为(α+δ)共析体。650℃高温回火后,三元共晶组织会熔化,并成为重熔组织	图15-27

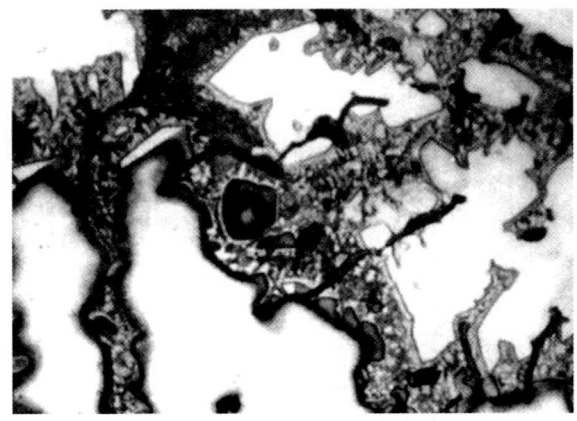

(硝酸高铁酒精溶液+赤血盐水溶液擦拭)（500×）

图15-24 QSn6.5-0.1锡青铜铸态组织

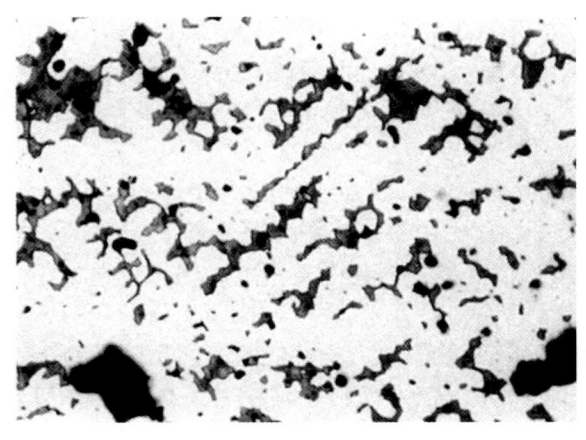

(硝酸高铁酒精溶液浸蚀)（200×）

图15-25 QSn6-6-3锡青铜铸态组织

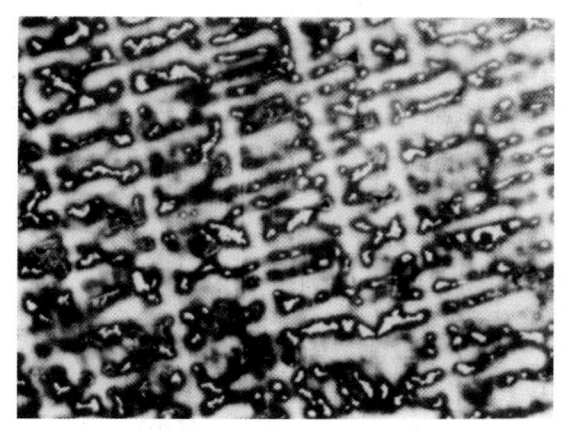

（氯化高铁盐酸水溶液浸蚀）（100×）

图 15-26　ZCuSn10Zn2 铸态组织

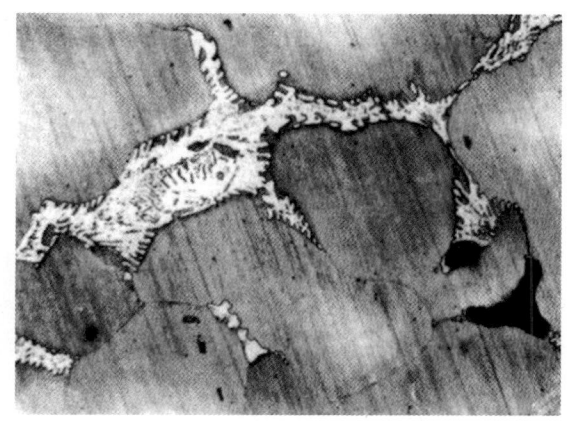

（氯化高铁盐酸水溶液浸蚀）（400×）

图 15-27　ZCuSn10P1 铸态组织

15.5.2　铝青铜及其金相分析

铝青铜具有比黄铜和锡青铜更好的力学性能，液态下流动性良好，铸件晶内偏析及疏松倾向小，耐蚀，耐低温，耐磨，可通过热处理改变其性能，是一种优良的铜合金品种。其缺点是凝固时线收缩率大，融体易被氧化铝膜夹杂污染，较难焊接。

15.5.2.1　铝青铜的牌号、成分及性能

铝青铜又分为普通铝青铜和复杂铝青铜。其中二元 Cu-Al 合金称为普通铝青铜或简单铝青铜，同时又加入锰、铁、镍等其他元素的称为复杂铝青铜。

表 15-23 为列入 GB/T 5231—2001 标准的铝青铜的牌号及成分。表 15-24 为列入 GB/T 1176—2013 标准的铸造铝青铜牌号、成分及力学性能。

表 15-23　部分加工铝青铜牌号及化学成分

名称	牌号	化学成分（余量为 Cu）/wt%										
		Sn	Al	Si	Mn	Zn	Ni	Fe	Pb	P	其他元素	杂质总和
5 铝青铜	QAl5	0.1	4.0～6.0	0.1	0.5	0.5	0.5	0.5	0.03	0.01	—	1.6
7 铝青铜	QAl7 [C61000]	—	6.0～8.5	0.10	—	0.20	0.5	0.50	0.02	—	—	—
9-2 铝青铜	QAl9-2	0.1	8.0～10.0	0.1	1.5～2.5	1.0	0.5	0.5	0.03	0.01	—	1.7
9-4 铝青铜	QAl9-4	0.1	8.0～10.0	0.1	—	1.0	—	2.0～4.0	—	0.01	—	1.7
9-5-1-1 铝青铜	QAl9-5-1-1	0.1	8.0～10.0	0.1	0.5～1.5	0.3	4.0～6.0	0.5～1.5	0.01	0.01	As：0.01	0.6
10-3-1.5 铝青铜	QAl10-3-1.5	0.1	8.5～10.0	0.1	1.0～2.0	0.5	0.5	2.0～4.0	0.03	0.01	—	0.75
10-4-4 铝青铜	QAl10-4-4	0.1	9.5～11.0	0.1	0.3	—	3.5～5.5	3.5～5.5	0.02	—	—	1.0
10-5-5 铝青铜	QAl10-5-5	0.20	8.0～11.0	0.25	0.5～2.5	0.50	4.0～6.0	4.0～6.0	0.05	—	Mg：0.10	1.2
11-6-6 铝青铜	QAl11-6-6	0.2	10.0～11.5	0.2	0.6	—	5.0～6.5	5.0～6.5	0.05	—	—	1.5

注：本表摘自 GB/T 5231—2012。

表 15-24 部分铸造铝青铜牌号、成分及力学性能[1]

合金牌号（名称）	化学成分(余量为Cu)/wt%				铸造方法	力学性能≥			
	Ni	Al	Fe	Mn		抗拉强度 R_m/MPa	屈服强度 $R_{p0.2}$/MPa	断后伸长率 A_5/%	硬度/HBW
ZCuAl8Mn13Fe3（8-13-3 铝青铜）	—	7.0~9.0	2.0~4.0	12.0~14.5	S	600	270	15	160
					J	650	280	10	170
ZCuAl8Mn13Fe3Ni2（8-13-3-2 铝青铜）	1.8~2.5	7.0~8.5	2.5~4.0	11.5~14.0	S	645	280	20	160
					J	670	310	18	170
ZCuAl9Mn2（9-2 铝青铜）	—	8.0~10.0	—	1.5~2.5	S	390	—	20	85
					J	440	—	20	95
ZCuAl9Fe4Ni4Mn2（9-4-4-2 铝青铜）	4.0~5.0	8.5~10.0	4.0~5.0	0.8~2.5	S	630	250	16	160
ZCuAl10Fe3（10-3 铝青铜）	—	8.5~11.0	2.0~4.0	—	S	490	180	13	100
					J	540	200	15	110
ZCuAl10Fe3Mn2（10-3-2 铝青铜）	—	9.0~11.0	2.0~4.0	1.0~2.0	S	490	—	15	110
					J	540	—	20	120

注：本表由作者根据 GB/T 1176—2013 整理所得。

15.5.2.2 Cu-Al 二元合金的相组成及相变

Cu-Al 二元相图富铜一侧部分见图 15-28。图中可见铝在铜中的最大溶解度可达 9.4wt%，形成固溶体。在铝含量不超过 12wt% 时可能出现 α 相、β 相以及 γ_2 相等。这些相的特征见表 15-25。在这区域内相关温度下等温反应见表 15-26。

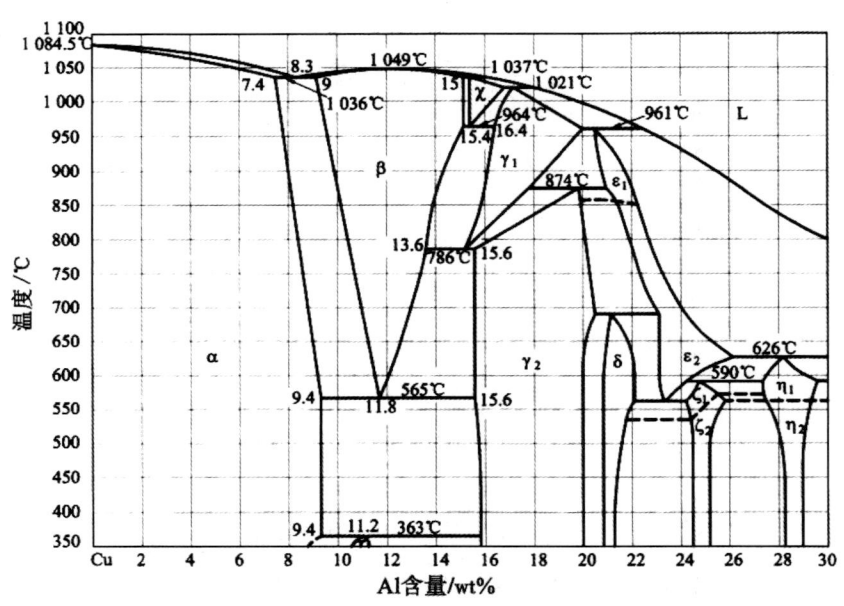

图 15-28 Cu-Al 二元平衡相图富铜一侧

表15-25　Cu-Al二元相图中富铜一侧出现各相特征

相名称	晶格类型	固溶体基体	特征说明
α	面心立方	Cu	具有较高力学性能和塑变能力，铝青铜的基本组成相
β	体心立方	Cu_3Al	565℃以上稳定存在，有热塑性，可承受热加工变形。565℃时发生共析转变：β→(α+$γ_2$)，共析反应随冷却速度不同而产生不同性质产物：贝氏体或马氏体
$γ_2$	复杂立方晶体	$Cu_{32}Al_{19}$	极硬而脆，硬度可达520 HV

表15-26　Cu-Al二元平衡图铜侧某些等温反应的特征

温度/℃	反应类型	相变关系
1036	共晶	L(8.3wt%Al)→α(7.4wt%Al)+β(9.0wt%Al)
1037	包晶	L+β(15.0wt%Al)→X
964	共析	X→β(15.4wt%Al)+$γ_1$(16.4wt%Al)
786	包析	β(13.6wt%Al)+$γ_1$(15.6wt%Al)→$γ_2$(15.6wt%Al)
565	共析	β(11.8wt%Al)→α(9.4wt%Al)+$γ_2$(15.6wt%Al)

铝含量在7.4wt%以下的铝青铜具有单相α固溶体组织，这类合金的塑性良好，易于进行热态和冷态加工。含铝在7.4wt%～9.4wt%之间的铝青铜，按平衡图高温下应为α+β组织，565℃以下应为单相的α固溶体，但在实际生产中β→α的转变往往不能完成而保留少量β相，β相随后分解为(α+$γ_2$)共析体，此时强度明显升高而塑性有所下降。

铝含量超过9.4wt%以后，合金的相变过程变得非常复杂。缓慢冷却时，合金在565℃发生β→(α+$γ_2$)的共析转变。生成的共析体与退火钢中的珠光体相似，有明显的层状组织。若冷却非常缓慢而导致出现粗大的$γ_2$相时，合金将严重变脆，这就是所谓"自发退火"现象。当冷却速度加快时β→(α+$γ_2$)的共析分解被抑制，所形成的亚稳定组织依冷却时到达的温度和在此温度下停留的时间不同而生成上贝氏体或下贝氏体或无扩散型相变生成的针状马氏体β′组织。β′相硬度约为171 HV，比α相硬度高但比$γ_2$相低，也不如共析组织(α+$γ_2$)(272 HV～305 HV)那么硬。β′相是一种亚稳定组织，经回火后自β′相中析出大量α相时，其硬度及强度均会降低，当自β′相析出细密的(α+$γ_2$)共析体时，强度和硬度又会提高。因此铝青铜可以通过淬火及不同温度的回火处理，使之得到不同的组织与性能。

图15-29所示为铝含量为11.8wt%的铜铝合金的β相等温分解动力学曲线(S曲线)，合金从高温降至565℃保温时生成珠光体；400～500℃保温时生成贝氏体；如急冷至385℃以下(即马氏体转变开始温度M_S)保温时则形成针状马氏体β′。

铝青铜的相变极为复杂，平衡态下363℃附近尚有一个α+$γ_2$→$α_2$的包析转变，但该过程进行极慢，以致在实际生产中并不出现。

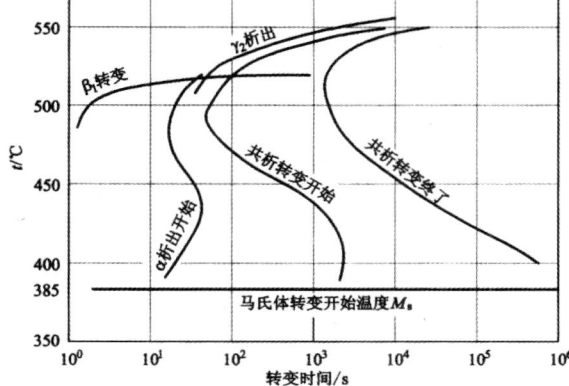

图15-29　Cu-Al(11.8wt%)合金的(S曲线)

15.5.2.3　合金元素对Cu-Al二元合金性能影响

为改进铝青铜的组织与性能，在普通铝青铜的基础上加入铁、镍、锰等元素形成复杂铝青铜。

1. 铁

在Cu-Al合金中铁的含量达2wt%～3wt%，能固溶于α相中。当铁含量超过4wt%时，则出现Al_3Fe化合物(K相、富铁相)呈颗粒状析出。此时铁可起变质作用细化晶粒。含铁量进一步增加便会有针状的Al_3Fe析出，降低了合金的力学性能和耐蚀性。铝青铜中铁一般不超过6.5wt%，铁在较低温度下能抑制相变过程的进行，增加β相的稳定性，显著减轻合金因"自发退火"而变脆的倾向。

2. 锰

锰能较多地固溶于铝青铜中的α相,产生固溶强化。同时又能降低铝在α相中的固溶度。锰能稳定β相,推迟共析转变的发生,还能改善铸造性能。在QAl9-2中,含铝量在下限时为α单相组织,若含铝为上限则出现(α+γ₂)组织,由于锰的作用使共析体非常细密,使此合金有较高的强度、塑性、耐磨、耐冲击,并在250℃时还可保持较高的强度。含锰的铝青铜再加入一定量的铁可进一步细化组织,其力学性能及耐磨性能得到进一步的提高,消除因γ₂相的出现而导致的选择性腐蚀。复杂铝青铜QAl10-3-1.5既可通过热处理(淬火、回火)改变其性能,还可通过加钛、硼、钒约0.01wt%~0.05wt%进行变质处理,可使合金的强度及硬度大幅度提高。

3. 镍

镍能提高铝青铜的强度、硬度、热稳定性和耐蚀性,经热加工后可不经过再加热淬火便能够进一步时效强化。镍还提高Cu-Al合金的共析转变温度及共析点的含铝量。在复杂高铝青铜中,往往同时加入镍和铁以获得更好的综合性能,镍铁铝青铜从零下200℃到零上300℃都有很高的综合力学性能,且耐蚀、耐磨。

15.5.2.4 铝青铜的金相组织

铝青铜的基体组织中除Cu-Al二元合金所形成α固溶体、(α+γ₂)共析体外,还会出现第三、第四种合金元素加入后形成的相,如富铁相、K相(Ni-Fe-Al相),以及热处理后出现的β′(贝氏体、马氏体)等。

在Cu-Al-Ni-Fe四元复杂铝青铜中会出现一种K相(Ni-Fe-Al相),为有序体心立方晶格,其结构与NiAl、FeAl相似,此相能固溶于α相与β相中,固溶度随温度的升高而增加。当温度超过925~950℃时,K相可全部固溶。冷却时K相从α相及β相中析出,产生明显的沉淀硬化。α相中的K相的析出温度较从β相中析出的温度低。实验表明:合金中的含铝量、铁、镍含量及相互比例以及合金的热处理条件都会影响K相的析出形态及合金的性能,见表15-27。

表15-27 Cu-Al-Ni-Fe四元铝青铜中K相形态

成分条件	Ni含量>Fe含量	Ni含量<Fe含量	Ni、Fe含量约相同
K相析出形态	层状	块状	细粒状

K相为细粒状时合金力学性能较高。当铁、镍含量为4wt%~6wt%时,能扩大α+K相区,缩小β相区,此时若提高合金中的含铝量,会提高材料的合金化程度,提高合金的强度。对含镍铝青铜加入少量锰,也可促进K相以细粒状析出。

Cu-Al-Ni-Fe四元铝青铜的相变较复杂。成分配比不同,变形合金在冷却中会经历不同的相变过程,最终室温组织可以是α+K(QAl10-4-4),也可以是α+K+γ₂(QAl11-6-6)。

对这类合金加热到完全β相区并随后淬火时,将发生无扩散马氏体相变,生成针状β′马氏体。若再加热到不同温度进行回火,β′相将发生分解引起组织和性能的明显改变。挤压的QAl10-4-4硬度约在160 HBW。经980℃淬火并随后在400℃下回火2h,硬度可猛增到400 HBW。

表15-28所示为几种铝青铜室温下金相组织及说明。

表15-28 部分铝青铜金相组织及说明

铝青铜牌号	工艺状态	基本组织	组织说明	图例
QAl9-2 (Cu-Al-Mn)	铸态	α+(α+γ₂)共析体	白色α固溶体,黑色(α+γ₂)共析体,呈枝晶分布	图15-30
	轧制	α+(α+γ₂)共析体	α基体上分布有黑色的破碎的沿轧制方向分布的(α+γ₂)共析体	—
QAl10-3-1.5 (Cu-Al-Fe-Mn)	铸态	(α+γ₂)共析体+ α+Fe相	黑色(α+γ₂)基体上α相呈针状析出,铁相极细很难分辨。若铝含量过高,会出现玫瑰花状的β′相	图15-31(a)
	900℃ 淬火	β′+α+Fe相	针状β′相基体(有时为粗大β′马氏体)晶界上有少量羽毛状α析出相,少量灰色颗粒状未固溶Fe相	图15-31(b)
QAl10-4-4 (Cu-Al-Ni-Fe)	铸态	α+(α+K)	白色条(或针)状为α相,黑色区为(α+K)组织,其中K相呈颗粒状。随Fe、Ni比例不同,K相可点状、块状及层状	图15-32(a)
	950℃ 淬火	β′+α	高温下K相全部溶入β相,淬火冷却可得针状β′组织,从β相还会沿晶界析出羽毛状α相	图15-32(b)

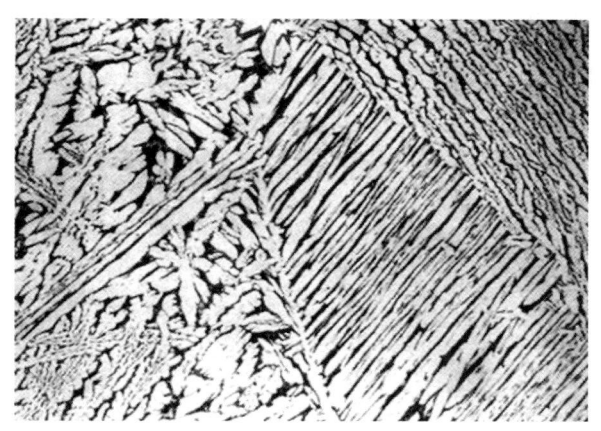

（经三氯化铁酒精溶液浸蚀）（70×）
图 15-30　QAl9-2 合金铸态组织

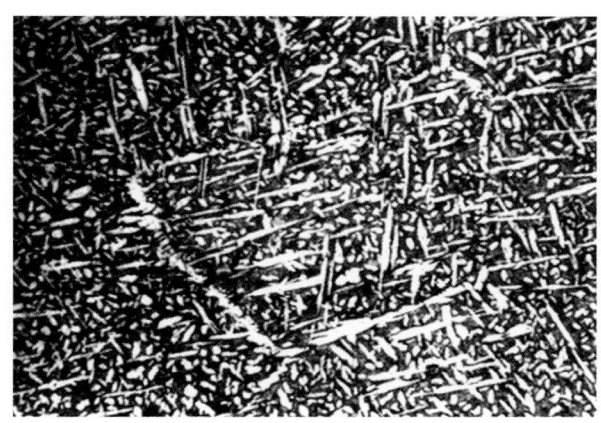

（a）铸态
（经三氯化铁酒精溶液浸蚀）（120×）

（b）900℃淬水
（经三氯化铁盐酸水溶液浸蚀）（400×）

图 15-31　QAl10-3-3-1.5 合金组织形貌

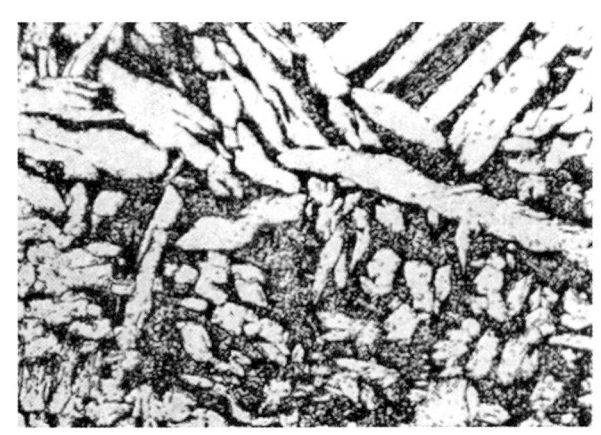

（a）铸态
（经三氯化铁盐酸酒精溶液浸蚀）（400×）

（b）挤压后 950℃淬水
（经三氯化铁盐酸酒精溶液浸蚀）（400×）

图 15-32　QAl104-4-4 合金组织形貌

15.5.3 其他青铜及其金相分析

常用青铜中还有硅青铜及锰青铜等。

15.5.3.1 硅青铜及金相组织

硅青铜中硅的含量一般不超过 4wt%，同时还要加入锰、镍或少量锌、铁，从而提高硅青铜的强度、耐蚀性、耐磨性以及铸造、加工、焊接性。表 15-29 为加工硅青铜的牌号及成分。

表 15-29 加工硅青铜牌号及成分

牌号		化学成分(余量为 Cu)/wt%										
名称	代号	Sn	Al	Si	Mn	Zn	Ni	Fe	Pb	P	As	Sb	杂质总和
3-1 硅青铜	QSi3-1	0.25	—	2.7~3.5	1.0~1.5	0.5	0.2	0.3	0.03	—	—	—	1.1
1-3 硅青铜	QSi1-3	0.1	0.02	0.6~1.1	0.1~0.4	0.2	2.4~3.4	0.1	0.15	—	—	—	0.5
3.5-3-1.5 硅青铜	QSi3.5-3-1.5	0.25	—	3.0~4.0	0.5~0.9	2.5~3.5	0.2	1.2~1.8	0.03	0.03	0.002	0.002	1.1

注：本表摘自 GB/T 5231—2012。

据 Cu-Si 二元合金相图，硅含量约<4wt%时，室温下组织为 α(Cu)固溶体。当硅含量≥4.6wt%，高温下 Cu-Si 合金中除 α 相基体外，还会出现 K 相，并在 555℃有一个 K→(α+γ)的共析转变，但在实际冷却条件下这种反应很难进行，故 K 相可保留至室温。K 相为六方晶系，各向异性，偏光下有消光现象，加工退火后无退火孪晶出现，从而可与 α 相分开。当硅含量≥3.5wt%时，低温下可能有脆性 γ 相的脱溶，但其强化效果微弱且还会降低合金的塑性和韧性，是有害相，但实际上因反应慢通常很少出现。

硅青铜中加入锰，可产生固溶强化，在熔炼铸造中有脱氧作用。QSi3-1 硅青铜中硅达 3wt%、锰达 1wt%，室温下基体组织为 α 固溶体，并有少量 Mn_2Si 化合物沉淀析出。在硅锰青铜的拉伸制品中，由于冷变形促进了脆性相 Mn_2Si 的析出，导致材料出现所谓的"自脆破裂"。含硅量越高，产生自脆破裂的现象越严重。故在硅锰青铜中含硅量应取下限，并对成品应及时进行一次低温退火，即可避免自脆破裂的产生。

镍加入硅青铜能提高其强度及耐蚀性，还提高导电性。硅青铜中镍与硅形成 Ni_2Si 化合物，其在 1025℃时溶解度可达 9wt%，而在室温下几乎为零，因此可通过固溶时效处理强化合金。由于 Ni_2Si 中镍与硅的质量比接近 4∶1，因此 QSi1-3 硅镍青铜中硅含量与镍含量应按此比例设计。QSi1-3 合金经 900℃固溶、500℃×1h 时效后，其硬度可增 2 倍以上。图 15-33 为 QSi1-3 合金热挤压后组织形貌，基体为 α 单相结晶组织，灰色颗粒 Ni_2Si 相在晶内及晶界上分布。

铁在 Cu-Si 中含量>0.3wt%时，会出现游离的 α-Fe 相以及 FeSi 化合物。铁的出现会降低 Cu-Si 合金的耐蚀性，但若同时加入锌、铁、锰，利用铁相阻止高温下晶粒长大，可提高合金的耐热性和耐磨性。该成分的合金有 QSi3.5-3-1.5，其组织为 α+FeSi 相，FeSi 多呈灰蓝色的颗粒或玫瑰花状，见图 15-34。

15.5.3.2 锰青铜及金相分析

锰能大量固溶于铜中，对铜可产生固溶强化作用，其强度和硬度随锰含量的增加而提高，少量锰还可使铜的断后伸长率增加，若进一步增加锰含量断后伸长率虽有所下降但变化不大。锰能使铜的再结晶温度提高 150~200℃。QMn5 合金在 400℃时仍能保持室温时的力学性能，因此可作为高温下的电极合金材料。

GB/T 5231—2012 标准中锰青铜牌号有 3 个：QMn1.5(Mn：1.20wt%~1.80wt%)、QMn2(Mn：1.5wt%~2.5wt%)和 QMn5(Mn：4.5wt%~5.5wt%)。这 3 种锰青铜的金相组织均为 α 固溶体，铸态下有轻微树枝状偏析。

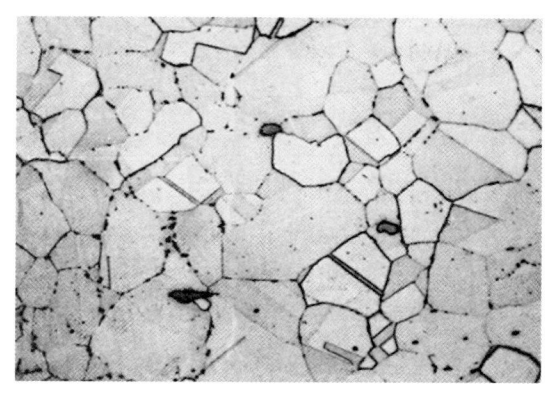

（硝酸高铁酒精溶液浸蚀）（250×）

图 15-33 QSi1-3 合金热挤压后组织

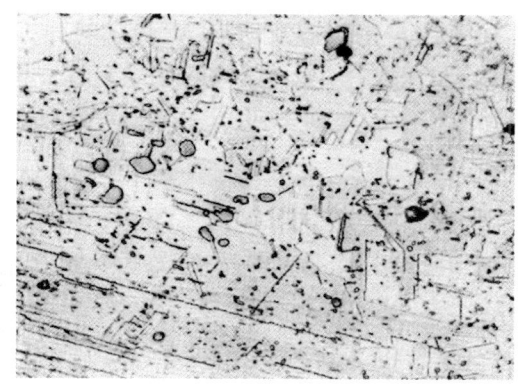

（三氯化铁酒精溶液浸蚀）（400×）

图 15-34 QSi3.5-3-1.5 合金热挤压后组织

含铝的锰青铜经时效处理，其强度可达到结构钢水平，且具有较高的阻尼性能，是一种消震材料。

15.6 白铜及其金相分析

Cu-Ni 合金通称白铜。在 Cu-Ni 二元系中镍含量超过 15wt% 以后合金才逐呈银白色。Cu-Ni 二元合金称为普通白铜，同时再加入铁、铝、锌、锰等其他合金元素的白铜称为复杂白铜或特殊白铜。白铜的突出特点是在各种腐蚀介质中有极高的化学稳定性，具有优异的耐蚀性，其力学性能及物理性能也良好。

15.6.1 白铜的牌号和化学成分

白铜的进一步分类见图 15-1。在 GB/T 5231—2012 标准中列入了 37 种白铜牌号，部分牌号以及成分见表 15-30。

表 15-30 部分白铜的牌号及成分

牌号	化学成分(余量为 Cu)/wt%									
	Ni+Co	Fe	Mn	Pb	Si	P	S	C	Mg	其他元素	杂质总和
普通白铜
0.6 白铜 (B0.6)	0.57~0.63	0.005	—	0.005	0.002	0.002	0.005	0.002	—		0.1
5 白铜 (B5)	4.4~5.0	0.20	—	0.01	—	0.01	0.01	0.03	—		0.5
19 白铜 (B19)	18.0~20.0	0.5	0.5	0.005	0.15	0.01	0.01	0.05	0.05	Zn：0.3	1.8
25 白铜 (B25)	24.0~26.0	0.5	0.5	0.005	0.15	0.01	0.01	0.05	0.05	Zn：0.3，Sn：0.03	1.8
30 白铜 (B30)	29~33	0.9	1.2	0.05	0.15	0.006	0.01	0.05	—		—
铁白铜
5-1.5-0.5 铁白铜 (BFe5-1.5-0.5) [C70400]	4.8~6.2	1.3~1.7	0.30~0.8	0.05						Zn：1.0	

续 表

牌号	化学成分(余量为 Cu)/wt%										杂质总和
	Ni+Co	Fe	Mn	Pb	Si	P	S	C	Mg	其他元素	
10-1-1 铁白铜 (BFe10-1-1)	9.0~11.0	1.0~1.5	0.5~1.0	0.02	0.15	0.006	0.01	0.05	—	Zn:0.3, Sn:0.03	0.7
30-1-1 铁白铜 (BFe30-1-1)	29.0~32.0	0.5~1.0	0.5~1.2	0.02	0.15	0.006	0.01	0.05	—	Zn:0.3, Sn:0.03	0.7
锰白铜											
3-12 锰白铜 (BMn3-12)	2.0~3.5	0.20~0.50	11.5~13.5	0.020	0.1~0.3	0.005	0.020	0.05	0.03	Al:0.2	0.5
40-1.5 锰白铜 (BMn40-1.5)	39.0~41.0	0.50	1.0~2.0	0.005	0.10	0.005	0.02	0.10	0.05		0.9
43-0.5 锰白铜 (BMn43-0.5)	42.0~44.0	0.15	0.10~1.0	0.002	0.10	0.002	0.01	0.10	0.05		0.6
铝白铜											
13-3 铝白铜 (BAl13-3)	12.0~15.0	1.0	0.50	0.003	—	0.01	—	—	—	Al:2.3~3.0	1.9
6-1.5 铝白铜 (BAl6-1.5)	5.5~6.5	0.50	0.20	0.003	—	—	—	—	—	Al:1.2~1.8	1.1
锌白铜											
18-18 锌白铜 (BZn18-18) [C75200]	16.5~19.5	0.25	0.50	0.05	—	—	—	—	—	63.5~66.5	
18-26 锌白铜 (BZn18-26) [C77000]	16.5~19.5	0.25	0.50	0.05	—	—	—	—	—	53.5~56.5	
15-20 锌白铜 (BZn15-20)	13.5~16.5	0.5	0.3	0.02	0.15	0.005	0.01	0.03	0.05	62.0~65.0	0.9
15-21-1.8 加铅锌白铜 (BZn15-21-1.8)	14.0~16.0	0.3	0.5	1.5~2.0	0.15	—	—	—	—	60.0~63.0	0.9
15-24-1.5 加铅锌白铜 (BZn15-24-1.5)	12.5~15.5	0.25	0.05~0.5	1.4~1.7	—	0.02	0.005	—	—	58.0~60.0	0.75

注：本表由作者根据 GB/T 5231—2012 整理所得。

在 GB/T 1176—2013《铸造铜及铜合金》中，铸造白铜 ZCuNi10Fe1Mn1（10-1-1 镍白铜）及 ZCuNi30Fe1Mn1（30-1-1 镍白铜），两者成分相当于加工白铜的 BFe10-1-1 及 BFe30-1-1。

15.6.2　普通白铜及金相组织

15.6.2.1　Cu-Ni 二元相图

铜与镍在元素周期表中相邻，原子半径差很小，同为面心立方结构，是典型的可相互无限固溶的固溶体。因此，不论镍在铜中含量多少，均为单一 α 相组织，见图 15-35 所示的 Cu-Ni 二元相图。图中可见液相与固相线水平距离较大，加上镍在铜中扩散很慢，因此 Cu-Ni 二元合金在铸态呈发达的树枝晶状组织，这种树枝组织可一直残留至热加工之后。

白铜在温度低于322℃时存在一个亚稳分解的相当宽的成分—温度区域,向Cu-Ni合金添加第三元素如铁、铬、锡、钛、钴、铝等可改变亚稳分解的成分—温度区域大小和位置,同时改善合金的性能。白铜除做结构材料外,另一重要应用是高电阻合金和热电偶合金。

15.6.2.2 杂质元素对白铜组织性能影响

碳、氧、硫等元素对于白铜是杂质元素,对白铜的性能有不利影响。

1. 碳

碳在白铜中溶解度很小,含量超过溶解极限时,会以石墨形态成条状沿晶界析出,或在晶内呈团状石墨形态析出。碳的这种不良分布会使白铜出现冷脆,降低耐蚀性。

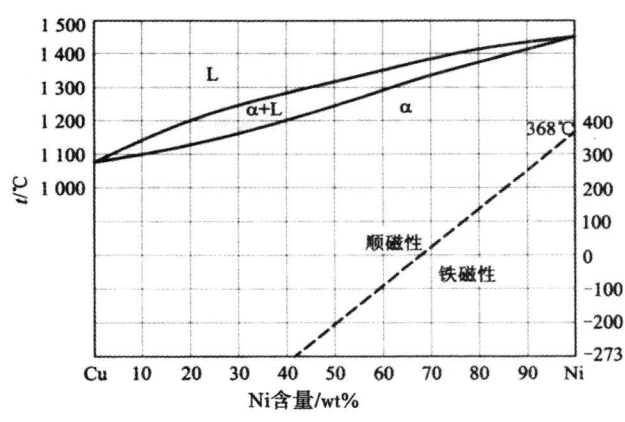

图 15-35 Cu-Ni 二元合金相图

2. 氧

氧与镍能形成点状 Ni-NiO 共晶组织(氧含量达0.25wt%)。当白铜中含NiO较多时,会导致合金的冷脆;同时,在氢气氛高温(800～900℃)加热时也会出现类似紫铜的"氢瘤"—开裂或起泡。

3. 硫

白铜中含有硫时,将有灰色的NiS细条沿晶界析出,造成加工过程的热裂和冷脆。Cu-Ni合金即使含硫甚少,而在含硫较高的气氛中加热,也会造成硫从晶界和表面向内部的扩散,致使产品在冷热加工中破裂。含镍越高,高温下表面渗硫而脆裂的现象越显著。

4. 其他元素

在白铜中加入难溶元素如钛、锆、铌、钼等能改善合金的铸造组织,提高高温性能和可焊性。白铜中加入了少量的硅(0.3wt%～0.8wt%)或铍(0.5wt%～1.0wt%)后,能形成 Ni_2Si 或 NiBe 的强化相,通过1 000℃左右的淬火和550℃时效,其强度可大大提高,抗拉强度最高可达800～1 000 MPa,即比普通白铜提高一倍以上。

15.6.2.3 普通白铜的金相组织

含镍较低(如0.6wt%)的普通白铜的铸态组织与纯铜(紫铜)相同,为柱晶状分布的α固溶体。随镍含量增加,普通白铜的铸态组织树枝状偏析越趋发达。

经退火再结晶后,普通白铜的α固溶体呈等轴状分布。

15.6.3 复杂白铜及其金相组织

常见的复杂白铜包括铁白铜、铝白铜、锌白铜和锰白铜。

15.6.3.1 铁白铜

铁在白铜中的固溶度较小,950℃时固溶度为5.8wt%,300℃时降至0.1wt%。铁含量在2wt%以下时可全部固溶于白铜而不出现新相,能显著提高该种合金在流动的海水中的抗冲击腐蚀能力和力学性能。一般铁白铜中铁含量不超过2wt%,否则合金有应力腐蚀开裂倾向,若超过5wt%则腐蚀加剧。

由于铁白铜中铁含量一般较低(≤2wt%),均固溶于Cu-Ni合金中,因此金相组织中一般不出现独立的含铁化合物。BFe30-1-1是较常用的Cu-Ni-Fe-Mn四元铁白铜,有良好的耐蚀、抗氧化和耐热性,常用于冷凝器管的制造。该合金的铸态组织为α固溶体呈树枝状偏析,枝晶间会有少量低熔点颗粒;轧制退火后呈单相再结晶(等轴状)组织,第二相颗粒沿冷加工方向分布。

15.6.3.2 铝白铜

铝在白铜中的固溶度不大,随着温度的下降,溶解度减小,并析出质点状灰色的θ相(Ni_3Al)及β相($NiAl_2$),引起明显的沉淀硬化,以BAl13-3为例,热处理前抗拉强度为350～380 MPa、断后伸长率20%;

经900℃淬火,550℃回火2～3h,抗拉强度可达800～900MPa、断后伸长率5%。

铝能显著提高白铜的强度和耐蚀性,但其塑性会有所降低,使其加工性能变差。在Cu-Ni-Al合金中加入适量的锰可改善其塑性,尤其当镍与铝质量分数比约为10∶1时,合金具有最佳的综合性能。

图15-36为BAl13-3合金经热轧、固溶及时效后的组织形貌;α单相再结晶组织,Ni_3Al化合物(θ相)沿晶界呈点状析出。若在铸态下,则为树枝偏析状的α单相组织,还可见黑点夹杂。

15.6.3.3 锌白铜

锌能大量固溶于Cu-Ni合金的α相中,有较大的固溶强化作用,而且耐蚀性也有进一步提高。实际应用的锌白铜一般铜含量为53wt%～72wt%,镍含量为5wt%～18wt%,余量为锌,显微组织均保持α单相组织,其耐蚀性、弹性及强度均较高。在此成分范围内可适当降低镍含量,增加锌成分以降低成本,减小密度。

锌白铜外表呈美观的银白色,其不仅广泛用于制造耐蚀性结构件,而且在乐器、餐具、眼镜框及装饰工程等方面广泛应用。在锌白铜中加入少量铅(如BZn17-18-1.8),使基体中分布有少量铅的游离相,可改善合金的切削性能,这类合金大量用于钟表、光学仪器等精密仪器零件。

图15-37为BZn17-18-1.8(Cu-Ni-Zn-Pb)锌白铜经退火处理后的组织形貌,等轴状的再结晶α相上分布有黑点颗粒状铅相。

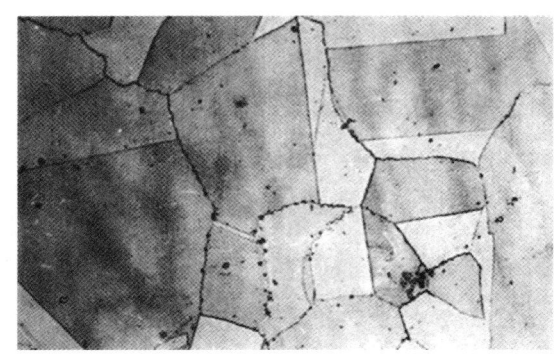
(经硝酸高铁酒精溶液浸蚀) (400×)
图15-36 BAl13-3合金热轧、固溶、时效后组织

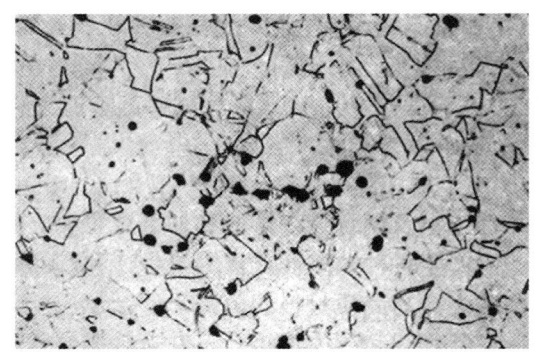
(经硝酸高铁酒精溶液浸蚀) (120×)
图15-37 BZn17-18-1.8合金退火后组织

15.6.3.4 锰白铜

锰在Cu-Ni合金中的溶解度一般不超过15wt%,在锰白铜中可形成MnNi化合物有沉淀硬化作用。锰能提高Cu-Ni合金抗湍流冲击腐蚀能力,在含铁量不高的白铜中,锰能加强铁对合金的有利作用,消除熔炼时碳的不良影响,改善工艺性能。

锰白铜是一类精密电阻合金,通常以线材或板材供应。其中BMn40-1.5锰白铜还可以化为热电偶补偿导线。

15.7 高铜合金及其金相分析

高铜合金是指铜含量在99.3wt%～96.0wt%的铜合金,以前基本均归纳入青铜一类。

15.7.1 铍铜及其金相分析

铍铜,常称铍青铜,现归为高铜合金,是铜合金中综合性能最好、时效效果极好的一种合金。除铍元素外,合金中还加镍、钴、钛、铝等合金元素。铍铜经适当热处理后,具有很高的强度、硬度和弹性极限;且弹性滞后小,稳定性高,抗蠕变、耐磨、耐蚀、耐疲劳、无磁性、导电导热性能高,冲击时不产生火花等优良性能。缺点是生产中有毒性。

15.7.1.1 铍铜的牌号、化学成分及性能

铍铜在 GB/T 5231—2012 标准中列入了 8 个牌号,其中铍含量最低为 0.3wt%,最高为 2.0wt%,见表 15 - 31。

表 15 - 31 铍铜牌号及成分

牌号[①]	化学成分(余量为 Cu)/wt%								
	Al	Be	Si	Ni	Fe	Pb	Ti	其他	杂质总和
TBe2	0.15	1.80~2.1	0.15	0.2~0.5	0.15	0.005	—		0.5
TBe1.9	0.15	1.85~2.1	0.15	0.2~0.4	0.15	0.005	0.10~0.25		0.5
TBe1.9-0.1	0.15	1.85~2.1	0.15	0.2~0.4	0.15	0.005	0.10~0.25	Mg:0.07~0.13	0.5
TBe1.7	0.15	1.6~1.85	0.15	0.2~0.4	0.15	0.005	0.10~0.25		0.5
TBe0.6-2.5 [C17500]	0.20	0.40~0.7	0.20	—	0.10			Co:2.4~2.7	1.0
TBe0.4-1.8 [C17510]	0.20	0.20~0.6	0.20	1.4~2.2	0.10			Co:0.30	1.3
TBe0.3-1.5	0.20	0.25~0.50	0.20	—	0.10			Co:1.40~1.70 Ag:0.90~1.10	0.5
TBe1.9-0.4	0.20	1.80~2.00	0.20	—	—	0.20~0.60		—	0.9

注:本表由作者根据 GB/T 5231—2012 整理所得。
① 方括号内为 ASME 相应牌号。

15.7.1.2 铍铜的相组成及相变

Cu-Be 二元相图富铜部分见图 15 - 38。在该成分范围内铍铜可能出现 α、β、γ 3 种固态相,各相的特征说明见表 15 - 32,各相在不同状态下具有不同的硬度,见表 15 - 33。

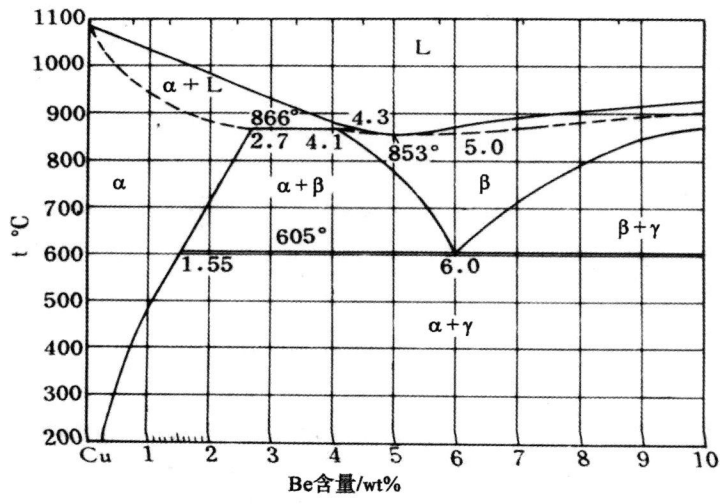

图 15 - 38 Cu-Be 二元相图富铜部分

表 15-32　Cu-Be 相图富铜部分出现各相的特征

相名称	晶格类型	固溶体基体	特 征 说 明
α	面心立方	Cu	硬度低,塑性好
β	体心立方	$CuBe_2$(无序)	高温塑性好,高温稳定相。605℃发生共析反应 β→(α+β);经淬火可保留至室温,室温下较硬、较脆
γ	体心立方	CuBe(有序)	硬度高,脆性大

表 15-33　铍铜中各相的维氏硬度

相及其状态	维氏硬度/HV	相及其状态	维氏硬度/HV
780℃淬火后的 α 相	100～130	780℃淬火后的 β 相	200～240
冷变形后的 α 相	200～280	冷变形后的 β 相	340～400
320℃时效 2h 后的 α 相	320～400	320℃时效后的 γ 相	600～660

由图 15-38 所示相图可见,在 866℃时,铍在铜中的溶解度达 2.7wt%,在室温时仅为 0.2wt% 以下。因此,在温度下降过程中,铍在铜中溶解度变化很大,可有与铝合金相似的时效硬化现象。

铍含量为 2wt% 的铍铜在铸造凝固时,由于偏析,高温时得不到单相 α 组织,由树枝状 α 相及枝晶间隙中 β 相组成。随温度降低,由 α 相析出二次 β 相;在 605℃时,发生 β→(α+γ) 的共析反应,同时 α 相中析出呈点状分布的二次 γ 相。由于实际生产中 β→(α+γ) 的共析反应不能充分进行,故在室温下仍会残留有较多 β 相,会影响材料的性能,加工变形时容易引发沿 β 相分布的开裂。一般来说,铍含量越低,β 相越细,分布越均匀,危害性越小。在保证性能要求条件下,加入其他合金元素并降低铍含量使之室温下不出现 β 相,是改善金相组织均匀性及性能的主要措施之一。

15.7.1.3　合金元素对铍铜组织性能的影响

在 Cu-Be 二元合金中一般还加入镍、钴、钛、铝等合金元素,以提高铍铜的综合性能。

1. 镍和钴

此二元素能与铍形成 NiBe、CoBe 化合物,它们在 α 相中的固溶度随温度的降低而急剧减少,通过时效处理也起时效强化作用,少量的镍与钴能延缓再结晶,阻止晶粒长大并延缓固溶体的分解,降低晶界的脱溶速度,抑制晶界反应,显著推迟时效软化,因而提高了合金的稳定性。其不良作用是降低铍在 α 相中的固溶度,使 β 相"提前"出现,以致造成组织不均匀,故其加入量需要控制在下限。一般镍含量控制在 0.2wt%～0.4wt%。

2. 钛

钛与铍能形成化合物 Be_2Ti,在 α 相中的固溶度最大可达 3.7wt%,温度下降时,溶解度急剧减少,故钛可提高合金的时效强化效果。含镍的铍铜加入 0.1wt%～0.25wt% 的钛后,在保证与同类材料力学性能相当的条件下,可降低合金中的铍、镍含量,减少 β 相,提高合金的组织均匀性。钛还能细化铸造晶粒,降低铍在晶界的浓度与扩散速度,抑制晶界反应,阻止晶界 γ 相的析出,因而合金的加工性能、弹性稳定性及弹性滞后均得到改善。

15.7.1.4　铍铜的热处理

铍铜一般均要经过固溶(淬火)—时效处理以达使用性能。

1. 铍铜的固溶处理(又称淬火处理)

固溶处理是将铍铜中的铍在高温下固溶于 α 基体中,然后快速冷却,以获得饱和固溶体,为时效硬化作准备,或使加工硬化后的材料软化。例如 TBe1.9 铍铜的淬火工艺为 790℃加热,保温 1h 水冷淬火,可得到呈等轴状晶粒的过饱和 α 固溶体,并有孪晶存在,硬度仅为 90～100HV,有良好的塑性,可承受进一步的变形加工,变形后晶内会出现大量应变线,使硬度、强度提高,但塑性较低。对铸件进行固溶处理可消除枝晶偏析。

固溶处理的固溶温度、保温时间和冷却速度,是保证合金淬火后能否获得最大的过饱和固溶体和时效处理获得最佳性能的三大要素。若加热温度过低,富铍相不能充分固溶于基体中,而且分布不均匀,不仅降低沉淀硬化效果,时效过程中还容易发生不连续脱溶,出现过时效现象而恶化性能;若淬火温度过高,会引起晶粒急剧长大,恶化合金成型后的表面质量和力学性能,甚至出现局部熔化(过烧),使合金变脆,容易开裂而不能使用。

一般铍铜固溶加热温度以 780℃±10℃ 为好,铍铜在固溶处理时容易发生晶粒长大现象,除了与合金化学成分和淬火前冷变形程度有关外,在相同条件下与淬火温度和保温时间有密切关系。合金晶粒度随着淬火温度的提高(至 700℃ 以上)或保温时间的延长,而迅速长大。一般铍铜在分解氨保护炉中的淬火保温时间为 5 min(厚度<0.1 mm)~30 min(厚度约 5 mm)。

淬火加热和保温后应尽快淬入 25℃ 以下的水中冷却,以保证固溶组织不发生分解,防止晶界沉淀物析出,降低时效硬化效果。一般淬火转移时间在 3 s 内,即使较大的零件也不得超过 7 s。

2. 铍铜的时效

铍铜固溶处理得到的 α 相是不稳定的过饱和固溶体,在随后的加热过程中会沉淀析出,并伴随着沉淀析出过程合金的强度、硬度和弹性等性能会得到大幅度提高,这就是时效沉淀硬化现象。

铍铜的沉淀硬化机理具有类似 Al-Cu 合金特征,但铍铜过饱和固溶体的沉淀有两种不同方式:即晶内的连续脱溶和晶界的不连续脱溶。连续脱溶过程到最后转变为另一种与母相半共格的中间过渡相 γ',这是提高铍铜性能的主要阶段。不连续脱溶是一种类似于珠光体转变的两相式分解,从过饱和固溶体的晶界上非均匀地形核析出 γ_1 相,并不断向晶内长大,同时 α 固溶体的成分趋向饱和(即平衡)状态。不连续脱溶的产物中间过渡相 γ_1,其形态、枝晶结构、晶格常数及位向与连续脱溶的产物 γ' 相同。在 380℃ 以下时效,不连续脱溶只在晶界周围相当小的晶界区域内发生,也称晶界反应,而连续脱溶是 $\alpha_{过饱和}$ 固溶体的主要分解形式。在 380℃ 以上时效,则不连续方式占优势,整个析出产物呈瘤状沿晶界分布,见图 15-43。晶界反应不仅在时效时产生,在淬火冷却速度缓慢时也会有晶界反应。晶界反应越严重,合金性能越低。因此晶界反应量必须严格控制,一般为 12%(面积百分比)以下。

时效处理的主要参数是时效温度和时效保温时间。时效温度低,不能得到充分沉淀硬化,硬度低;时效温度过高,晶界反应严重,形成过时效状态,硬度迅速下降;320℃ 时效,硬度可达到最佳值,而且随着时效时间的延长,硬度仍可保持最佳水平;时效温度高,虽然短时间可获得较高的硬度,但不能获得最佳硬度值,而且随着时效时间的延长,硬度迅速下降。图 15-39 和图 15-40 分别表示时效温度及时效时间对 TBe2 合金性能影响。由图可见,不同的温度及时间可获得不同性能,因此应根据工件的实际服役条件制定具体时效工艺。对于特殊要求的工件,可采用分级时效、欠时效以及过时效等工艺,相关工艺特点见表 15-34。

部分铍铜固溶处理后以及时效处理后的力学性能见表 15-35。

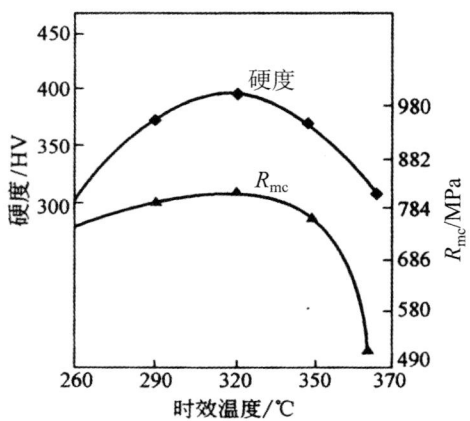

图 15-39 时效温度时 TBe2 铍铜性能的影响

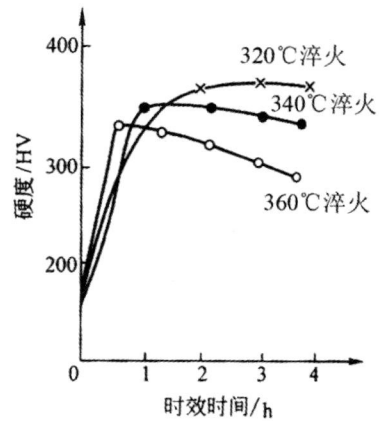

图 15-40 时效时间对 TBe2 铍铜硬度的影响

表 15-34 铍铜的几种特殊时效工艺及特点

工艺名称	工艺参数	特点	适用范围
欠时效	240～260℃，保温 60～180 min	时效温度低，沉淀物析出不充分，强度、弹性较正常沉淀硬化处理后的低，但韧性和耐蚀性能较高。	可适当改善机械加工性能
欠时效	280～300℃，保温 60～120 min		强度、弹性较一般时效处理后低，但韧性和抗蚀性较高。适用于韧性和抗蚀性要求较高的制件
分级时效	先欠时效，再正常时效或过时效	一般分两级时效，一级低温欠时效，只在基体形成一定数量的稳定晶核；二级时效（过时效或正常时效）时，在上述晶核的基础上进一步析出 γ′ 相，可抑制不连续析出物形成，使 γ′ 更弥散、均匀，获更优越力学性能。	第一级时效通常不用装夹具，可减少残余应力对正常时效过程变形的影响，适用于几何尺寸要求严格的弹簧、膜片等制件
过时效	350～380℃，保温 120～180 min	时效温度较高，晶界反应较多，强度和硬度较正常时效处理后的低，但能提高制件的高温工作的稳定性。同时，可减少沉淀硬化过程中的变形翘曲。	强度、硬度较正常时效处理后低。能够减少制件变形翘曲，并可提高制件的高温工作稳定性。一般推荐采用 350℃过时效处理
过时效	380～420℃，保温 120～180 min		用于降低铸件硬度，改善机械加工

表 15-35 部分铍铜固溶处理后及时效处理后力学性能

合金牌号	固溶处理后				时效处理后					
	抗拉强度 R_m/MPa ≥	断后伸长率/%		维氏硬度 HV ≤	时效后状态	抗拉强度 R_m/MPa	屈服强度 $R_{p0.2}$/MPa	断后伸长率/%		维氏硬度 /HV
		A_{10}	A					A_{10}	A	
		≥				≥				
TBe2（条、带）	390～590	30	—	180	软	1130～1320	980	2	—	340
					半硬	1180～1370	1 030	2	—	355
					硬	1275～1470	1 130	1.5	—	380
TBe1.9（条、带）	390～590	30	—	180	软	1130～1320	980	2	—	340
					半硬	1180～1420	1 030	2	—	355
					硬	1275～1520	1 130	1.5	—	380

15.7.1.5 铍铜的金相组织及评定

含铍约 2wt％的铍铜（TBe2）铸态下组织为 α 相基体，枝晶间为（α+γ）共析体。经硝酸高铁酒精溶液浸蚀后，（α+γ）共析体呈黑色，参见图 15-41。

二元铍铜由铸态固溶（淬火）加热时，（α+γ）共析体→β 相，经淬火冷却保留至室温。因此铍铜淬火组织为 α+β，经氯化铜氨水溶液浸蚀后，β 相呈亮白色；单元铍铜为单相 α 固溶体；均不应有 γ 相析出痕迹。图 15-42 为 TBe2 热轧后经 780℃加热 1 h 后淬火的组织。

铍铜固溶（淬火）中晶粒极易长大。对于固溶（淬火）组织的控制一般为晶粒度及 β 相的数量（面积含量）及分布，可参考 HB/Z 135—2014《铍青铜热处理》。一般晶粒度控制见表 15-36。关于晶粒度的评定可参见第 5 章。β 相一般用氯化铜氨水溶液浸蚀方法显示，用标准图对照评定。

表 15-36 铍铜材料固溶（淬火）后晶粒度控制要求

材料类别	条、带		棒	
尺寸/mm	厚<0.3	厚 0.3～1.5	直径<20	直径≥20
晶粒尺寸/mm	0.015～0.045	0.015～0.055	0.015～0.055	0.015～0.075

注：本表由作者根据 HB/Z 135—2014 整理所得。

铍铜固溶(淬火)的冷却速度若不够迅速,即会有γ相析出,这是应避免的。

铍铜固溶(淬火)后,在时效过程中γ′相脱溶析出,从晶界开始并比晶内更大速度发展。γ′相极细小在光镜下不能分辨,但在晶界上聚集后呈瘤状。金相分析中,可以晶界反应产物的数量来判断时效温度,一般要求≤12%(面积百分比)。图15-43为TBe1.9铍铜固溶时效后组织:α+γ′,晶界反应量(γ′)为12%(面积百分比)(该图摘自HB/Z 135—2014)。

图15-44为TBe2合金固溶后过时效组织,黑色γ′相大量在晶界聚集球化,基体为α相。

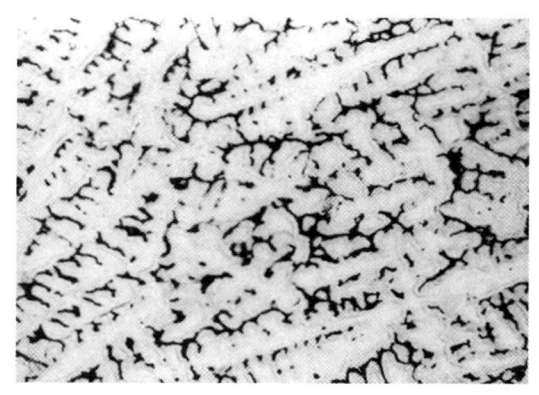

(硝酸高铁酒精溶液浸蚀)　(120×)

图15-41　TBe2合金铸态组织

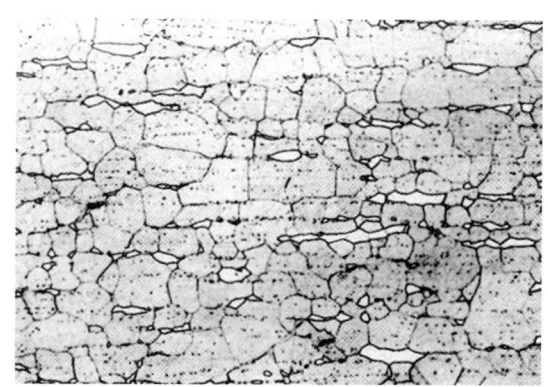

(氯化铜氨水溶液浸蚀)　(200×)

图15-42　TBe2合金热轧淬火后组织

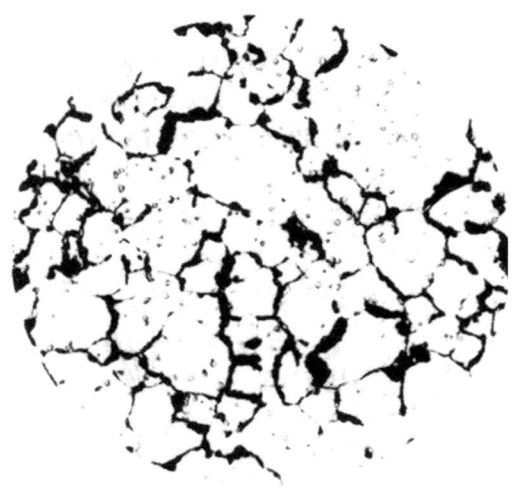

(铬酸水溶液电解)　(400×)

图15-43　TBe1.9合金固溶时效后晶界反应量为12%(面积百分比)形貌

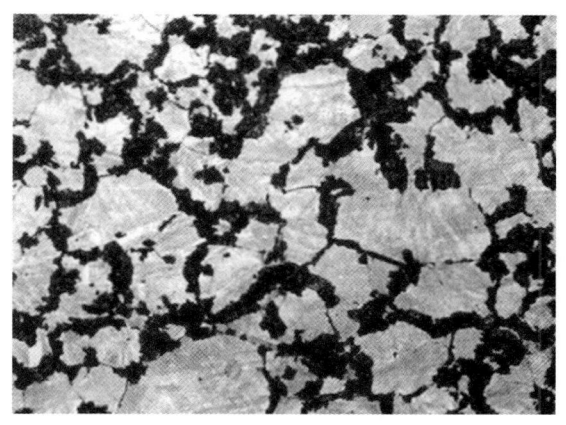

(铬酸水溶液电解)　(200×)

图15-44　TBe2合金固溶后过时效组织

15.7.2　铬铜

铬在铜的固溶度:1076℃时为0.7wt%、800℃时为0.15wt%。降温过程中,固溶的铬会析出铬相(β相)。因此铬青铜可固溶(1000~1030℃淬火)时效(450~500℃)强化。

GB/T 5231—2012标准中列入5种铬铜为TCr0.5(Cr:0.4wt%~1.1wt%)、TCr0.5-0.2-0.1(Cu-Cr-Mg-Al)、TCr0.3-0.3(Cu-Cr-Cd)、TCr0.5-0.1(Cu-Cr-Ag)和TCr0.7(Cr:0.55wt%~0.85wt%)。

铬铜在铸态下,组织为α+(α+Cr)共晶体呈网状分布,有时(富铬时)还会有富铬夹杂。变形加工后,铬颗粒沿加工方向分布。

在铬铜中加入少量铝与镁后不出现新相,但可在合金表面生成一层致密的高熔点电阻低挥发性的保护膜,从而有效地防止高温氧化,增强了合金的耐热性。

15.7.3 锆铜

锆在铜中固溶度很小,965℃(共晶点)时为0.11wt%,温度下降时随溶解度的降低而析出β相(Cu_3Zr或Cu_5Zr),并由此产生沉淀硬化,提高合金的力学性能。Cu_3Zr在高温下为密集六方晶格,低温时为面心立方晶格。

锆能细化铜的晶粒,减弱易熔杂质的有害影响,改善铜的高温塑性,显著提高铜合金的再结晶温度。锆和铬对铜的导电性和导热性降低较少。工业上多用于电接触零件。锆青铜中加入少量铬后,会出现可固溶于α相的Cr_2Zr,时效后可析出细小的呈面心立方的$CrCu_2$。

TZr0.2(Zr:0.15wt%~0.30wt%)、TZr0.4(Zr:0.30wt%~0.5wt%)为二种常用的Cu-Zr二元锆铜。

锆铜的显微组织应为α+(α+Cu_3Zr)共晶组织,铸态时(α+Cu_3Zr)共晶体呈灰色分布于晶界及晶内。拉制状态下,(α+Cu_3Zr)共晶体沿加工方向分布,有时Cu_3Zr相呈独立分布。

15.7.4 铁铜

铁在铜中溶解度不大,1050℃时为3.5wt%,635℃时下降到0.15wt%,降温过程中析出的铁呈较粗大的α-Fe颗粒。

铁能细化铜晶粒,延迟铜的再结晶过程,提高其强度与硬度,但是降低塑性、电导率与热导率。如果铁在铜中呈独立的相,则铜具有铁磁性。

含量0.45wt%~4.5wt%铁的铜合金具有高强度、良好的耐热性、导电性、可焊性与加工成型性,可广泛用作冷却散热器,波导元件以及仪表、半导体等电工材料。可承受在组装某些电子器件时的短时高温(如500℃下数秒影响)。

TFe2.5铁青铜中,除2.1wt%~2.5wt%的铁外,还加了0.015wt%~0.15wt%的磷以及0.05wt%~0.20wt%的锌。铁和磷在该类合金中会结合形成Fe_2P或Fe_3P从基体中析出,不仅可净化铜基体,还能起到细化晶粒、阻止再结晶发生的作用,从而提高耐高温性能以及强化基体。

TFeZr5合金组织为α固溶体+Fe_2P+Fe,Fe_2P(或Fe_3P)、富铁相呈点状或颗粒状分布,轧制变形后呈点粒状沿加工方向分布。

15.8 铜及铜合金的缺陷组织及判别

铜及铜合金和其他金属类似,在铸造过程、变形加工过程、热处理过程均会产生各种缺陷,有些是共性的,有些是各种金属特有的。

15.8.1 铜及铜合金的"氢病"

纯铜若含有一定量的氧(体积分数0.02%~0.06%),在含有氢等还原性气氛中退火,会发现破裂现象,在金相组织中可看到沿晶开裂形貌(见图15-5),在以后压力加工或使用中会发生脆性开裂,这种现象称"氢病",其形成原因可参见15.3.2节介绍。

铜的"氢病"主要与氧化物及含量有关,可根据相关标准(如YS/T 335—2009)进行评定并进行控制。白铜中含有Ni_2O时,也会出现"氢病"。

15.8.2 应力腐蚀

铜合金,尤其是黄铜在氨、水蒸气、氧等环境条件及拉应力下,工件发生破裂的现象称为应力腐蚀(SCC)。关于黄铜发生应力腐蚀(季裂)的机理见本章15.4.2介绍。应力腐蚀(季裂)主要发生在黄铜工件上。可沉淀硬化的铍铜和黄铜相似,在含有NH_3的潮湿空气中也会有应力腐蚀(季裂)的敏感性,当应力高达90%的屈服强度时即会应力腐蚀断裂,而且随着温度升高腐蚀断裂时间缩短。

应力腐蚀的敏感性与机械加工程度有关，少量的机械加工，由于表面有较高的残余应力，因而使应力腐蚀敏感性增加；当进行深度加工时，一方面由于残余应力的分布较均匀，另一方面晶粒形状严重畸变，从而使应力敏感性下降。

晶粒大小对应力腐蚀有一定的影响，一般同一种合金，晶粒细小的比晶粒粗大的更具有抗应力腐蚀的性能。

黄铜中的显微组织不同，应力腐蚀开裂扩展走向不同，α相黄铜裂纹一般是沿晶扩展，β相黄铜为穿晶扩展，而α+β两相黄铜则为穿过β相晶粒，及沿α相晶界发展。图15-45为黄铜制得的回油阀，在使用过程中发生应力腐蚀，可见裂纹在外表沿螺纹根部分叉，在内表呈弧形分叉分布。纵截面上裂纹分布形貌见图15-46，裂纹由表向内发展，并沿α相晶界分叉发展。裂面在扫描电镜下观察，可见呈沿晶开裂形貌，见图15-47。

图15-45　回油阀外形及裂纹分布形貌　（1:1）

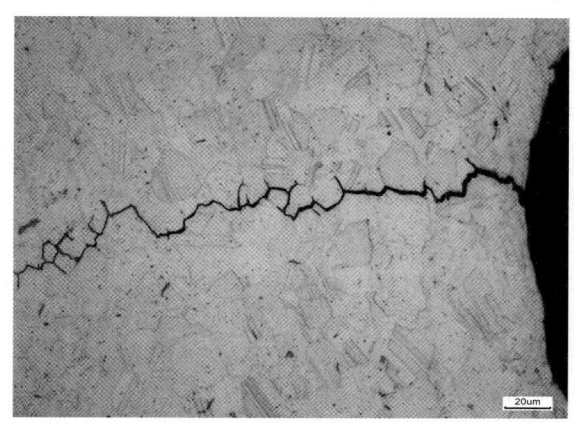

（三氯化铁盐酸水溶液浸蚀）
图15-46　纵截面裂纹分布形貌

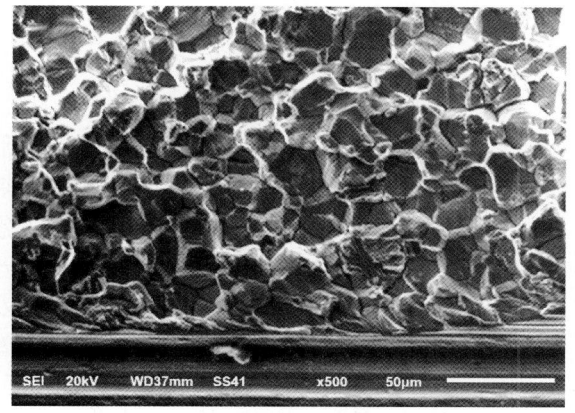

图15-47　扫描电镜下近表裂纹面形貌

15.8.3　黄铜的脱锌及脱铝腐蚀

黄铜在腐蚀性介质中，由于表层的锌优先腐蚀，致使表层残留一层多孔的海绵状的纯铜，称为脱锌腐蚀。

有关黄铜脱锌腐蚀机理及抑制方法见本章15.4.2介绍。

热处理控制不当也会产生脱锌，如高温退火保温时间过长，也可引起脱锌而降低零件的力学性能。

黄铜脱锌后宏观表面失去金属光泽，并出现溃伤状腐蚀孔洞，在其周边有一层紫红色纯铜层，铜管出现管壁减薄及穿孔现象。在高倍显微镜下，可看见腐蚀坑周边有层状和基体不同的疏松状的淡红色纯铜层，这是由于腐蚀介质引起的脱锌所致。

合金中α相和β相都有脱锌现象，但两相共存时，则锌含量高的β相将优先脱锌，然后与α相形成一对电极，可加速腐蚀过程。所以，黄铜中α相应避免网状及条状分布。

表面区域可见有紫铜色沿晶分布的条状脱锌组织，表层区域β相明显减少并可见有疏松状腐蚀点，基体组织为：α+β，见图15-48。对表层进行X射线能谱分析，表层区域锌元素分布曲线见图15-49。

在黄铜和青铜这加入一定量的铝能显著提高合金的强度，但在一定的溶液中会发生脱铝现象。脱铝的过程与脱锌相似。由于铝比锌活泼，所以优先溶解，在脱铝后的零件表面也呈紫色斑点，降低强度和塑性。通过细化组织，可减缓脱铝。

图 15-48 H62黄铜表面脱锌层组织形貌

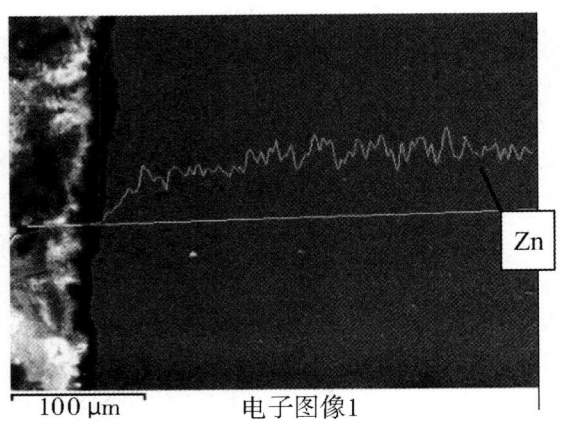
图 15-49 H62黄铜表面锌元素分布曲线

15.8.4 晶粒粗大、不均匀

铜及铜合金在再结晶退火或固溶处理后,有时会出现晶粒大小不均匀及部分过于粗大、会使力学性能恶化,在随后的加工会出现开裂现象。图 15-50 为 TBe1.9 铍铜固溶处理后出现的晶粒不均匀、粗细晶粒趋带状分布的形貌。

铜及铜合金经机械加工和再结晶退火后的晶粒大小,不仅与温度有关,而且与冷变形量有关。对于一般金属而言,冷变形量越大,产生的滑移越多,位错增加,晶格畸变越严重,退火后晶粒越细小;若冷变形量处于 2%～10% 之间,则退火后晶粒迅速长大,该变形量即为临界变形量。由于冷变形量不均匀和变形量控制不当,将导致再结晶退火后的晶粒大小不均匀或过于粗大。因此铜及铜合金在退火或固溶处理前的最终冷变形量必须严格控制。

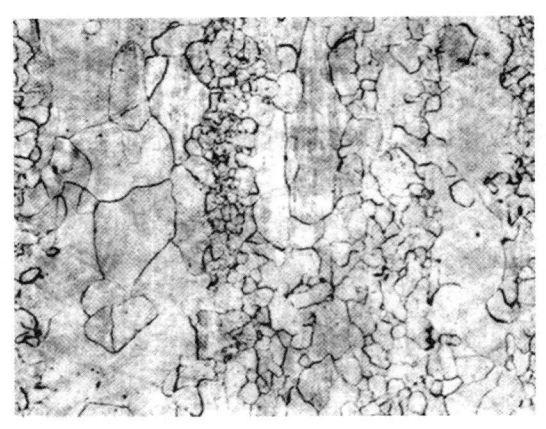
(经三氯化铜氨水溶液浸蚀)　(100×)
图 15-50 TBe1.9板材固溶后组织不均匀形貌

15.8.5 锡汗

锡青铜铸件易出现"反偏析"现象,情况严重时能在铸件及铸锭表面上出现白色点状分泌物,称为锡汗。锡汗的含锡量约为 15wt%～18wt%。主要组织为 δ 相,性脆,影响铸件的质量,故应严格控制铸造条件。反偏析产生的原因,一般认为是含锡量易溶相在体积收缩和气体的作用下,被迫沿柱状晶或微缩孔由中心向四周排出,甚至排到铸件表面所致。

15.9　铜及铜合金金相制样特点

铜及铜合金金相制样方法可参考行业标准 YS/T 449—2002(2017)《铜及铜合金铸造和加工制品显微组织检验方法》。相对一般钢铁材料,铜及铜合金制样特殊之处主要在抛光过程及组织显示。

15.9.1　铜及铜合金的抛光

铜及铜合金金相试样的抛光同样可采用机械抛光、电解抛光以及化学抛光,其中比较实用的方法是机械抛光+化学抛光的混合方法,具体是在机械抛光中辅以化学抛光,或化学抛光辅以机械抛光。

由于铜(尤其纯铜)较软,机械抛光中转速不能太快(要求 500～1 000 r/min)压力不能太大。一般推荐采用机械抛光与化学浸蚀(抛光)交替操作的方法,可消除机械抛光中可能形成的扰乱层或细划痕、滑移线。可在机械抛光时,随同抛光液加入氢氧化铵水溶液(100 mL 水中少许氢氧化铵)或三氯化铁盐酸水溶液(三氯化铁 1 g+盐酸 5 mL+水 100 mL)或硝酸高铁酒精溶液(硝酸高铁 2 g+酒精 80 mL)。

化学抛光与电解抛光的原理相同,均是磨面凸起部分的溶解速度大于凹处的溶解速度而逐使磨面趋平整,但化学抛光中这两者溶解速差不甚悬殊,因此,化学抛光前一般均要求进行机械细抛,或两者交替进行以获得满意效果。

化学抛光液的选择,应根据合金化学成分来确定。化学抛光液主要由氧化剂和黏滞剂组成。其中,氧化剂起抛光作用,它们是酸类和过氧化氢。常用的酸类有磷酸、铬酸、硫酸、醋酸、硝酸和氢氟酸等。黏滞剂用于控制溶液中的扩散和对流速度,使化学抛光过程均匀进行。

化学抛光液的成分和操作条件见表 15-37。

表 15-37 铜及铜合金化学抛光试剂及操作条件

抛光液序号	成分/mL				操作条件		适用
	磷酸	冰醋酸	硝酸	盐酸	温度/℃	时间/min	
1	33	33	33		60~70	0.5~1.5	纯铜
2[①]	10	50	30	10	70~80	1.0~2.0	铜合金
3	15	55	30		85	0.5~2.0	纯铜
4	50	28	28		室温	5 s~9 s	铜合金,尤其单相 α 黄铜[②]
5	17	66	17		48~55	0.5~1.0	铜合金,尤其 α+β 两相黄铜

注:① 抛光时应摇动。
② 若出现晶粒不完整,可采用 10 g $FeCl_3$+8 mL HCl+54 mL 酒精+50 mL 蒸馏水的溶液补充浸蚀即可清晰显现。

15.9.2 铜及铜合金的组织显示

由于化学浸蚀显示组织的方法设备简单、操作方便、显示全面、重复性好等优点,是金相分析最常用方法。

显示铜及铜合金组织时,可用酸性溶剂,也可使用碱性溶剂。稀释的酸性溶液(除盐酸外),对铜只起轻微的浸蚀作用,必须加入能使铜氧化的试剂,如铵能起到非常活性的作用,所以常利用铵和过氧化氢、氯化铜的铵溶液,过硫酸铵和铬酸的盐酸等溶液作为浸蚀剂。铜和加有过氧化氢的铵发生氧化作用,即可显示出孪晶晶界。但过量的氧会造成晶粒的强烈氧化,而氧不足时又会形成不溶解的薄膜,而使组织显示不清,此时可加入水稀释溶液,以调节溶解作用。

在铵溶液中加入过氧化氢,则浸蚀时间可大大缩短。在铵溶液中加入苛性钾,可防止形成致密的氧化层。加入草酸铵或砷酸钾弱氧性添加剂,进行长时间浸蚀(20 h 左右),可以很清晰地显示组织。但浸蚀时间太长,不适用于工业生产的要求。而由铬酸和磷酸组成的混合液是铜的强烈氧化剂,使用前在溶液内滴几滴过氧化氢,可以加速铜的溶解。在铬酸和硝酸的共同作用下,可促使铜在很短的时间内发生强烈的氧化,同时会引起晶界的腐蚀和晶粒着色。为了缓和硝酸的氧化作用,可在硝酸内加入少量醋酸或醋酸和甘油,可以使晶界不至于强烈地腐蚀。

形变纯铜可以采用氯化铁、铬酸和硝酸等酒精液,以及含有过氧化氢的氨溶液浸蚀,均能显示组织。含锌较低的单相黄铜,采用氨和过氧化氢,或铬酸溶液浸蚀,均能很好地显露组织,若再用含有盐酸的氯化铁溶液短时间浸蚀一下,则可提高组织的清晰度。

铸造黄铜中含有微量的锑杂质时,在氨的氯化铜溶液浸蚀后,可看到 α 相边界上发黑的偏析区。而用氨和过氧化氢浸蚀时,偏析区和 α 相颜色相同而不容易区分,而且对晶界腐蚀速度较快,故不宜用作双相黄铜的浸蚀剂。由于粗晶 α 相和 β 相的晶界腐蚀要比 α 相晶粒内的孪晶强烈,所以 α+β 双相黄铜腐蚀后在高倍下各相界间呈较宽的黑色线。

对含有铁和锰的复杂黄铜,除 α 和 β 两相外,还存在富铁相,这种相经氨和过氧化氢浸蚀后呈黑色。

含锌、铝和镍的复杂黄铜,浸蚀后 Al-Ni 相呈灰色,α 相为暗黑色,而 β' 相仍保持白亮色。合金中富硅相呈浅蓝色。采用不同的浸蚀剂浸蚀,可通过相的颜色变化来确定和区分相,如用氯化铁酒精溶液浸蚀后,枝晶中富铜区呈暗黑色,而用过氧化氢的硫酸铵浸蚀时,这些区域仍保持白亮色。黄铜用铬酸溶液浸蚀后 β 相呈柠檬色,采用双重浸蚀(先用重铬酸盐溶液,后用氯化铁溶液),则 β 相呈暗黑色。

低锡青铜的显微组织显示时,浸蚀不如黄铜强烈,因此,必须相应地延长浸蚀时间。α 固溶体中含锡量越多,受蚀程度越微,甚至仍保持白亮色。因此,在锡青铜中枝晶不均匀性表现特别明显。氨和过氧化氢溶液浸蚀时间和温度掌握适当,可清晰地显示锡青铜,磷青铜和硅青铜组织。对铝青铜除含过氧化氢的氨溶液外,还可采用重铬酸盐、过硫酸铵、混合酸等浸蚀剂,而磷酸不仅能显示黄铜、青铜和其他复杂合金的一般组织,而且能显露这些合金中的弥散状析出物。

铜合金焊接处组织,可采用铬酐水溶液或醋酸溶液加 1~2 滴过氧化氢溶液浸蚀,可清晰地显现焊接区和焊接金属的组织变化。

表 15-38 为铜及铜合金宏观组织浸蚀剂及应用说明。

表 15-39 为铜及铜合金显微组织浸蚀剂及应用说明。

表 15-38 铜及铜合金宏观浸蚀剂应用说明

名称	组成		适用范围	备注
硝酸水溶液	硝酸 蒸馏水	20~50 mL 80~50 mL	加工铜、黄铜、青铜及白铜(腐蚀白铜可加少量醋酸)	试剂成分可依浸蚀效果变动,试样浸蚀应在溶液中摇动或擦拭,如表面出现污膜,可用稀硝酸溶液擦洗,能显示晶粒,裂纹等缺陷
硫酸过氧化氢溶液	硫酸 过氧化氢	10 mL 90 mL	锡青铜、白铜	可有效地避免硝酸溶液浸蚀时产生的黑膜
盐酸三氯化铁水溶液	盐酸 三氯化铁 蒸馏水(或甲醇)	30 mL 10 g 120 mL	加工铜、黄铜	表面粗糙度要求较高,晶粒对比明显
铬酐氯化铵硝酸硫酸水溶液	铬酐 氯化铵 硝酸 硫酸 蒸馏水	40 g 7.5 g 50 mL 8 mL 100 mL	硅黄铜及硅青铜	晶粒清晰
醋酸铬酸氯化高铁水溶液	醋酸 5%铬酸水溶液 10%氯化高铁水溶液 蒸馏水	20 mL 10 mL 5 mL 100 mL	普通黄铜的变形组织	深浸蚀,蒸馏水的比例可以改变

表 15-39 铜及铜合金显微组织浸蚀试剂及说明应用

名称	组成		适用范围	备注
硝酸高铁酒精溶液	硝酸高铁 酒精(可用部分水代替酒精)	2 g 50 mL	铜及铜合金	适用范围宽,作用柔和,去细小磨痕能力强;组织干净清晰;可用浸入法或擦拭法,但有时易出现浮雕;用部分水代替酒精可使单相合金的晶粒染色倾向增大
三氯化铁盐酸酒精溶液	三氯化铁 盐酸 酒精(或丙酮)	5 g 5~30 mL 100 mL	铜及铜合金,α+β 黄铜及铝青铜中 β 相变暗	用浸蚀法或擦拭法 1 s 至数分钟

续　表

名称	组成	适用范围	备注
三氯化铁盐酸水溶液	三氯化铁盐酸水溶液各种配比： 三氯化铁/g　盐酸/mL　蒸馏水/mL 　　1　　　　20　　　　100 　　3　　　　10　　　　100① 　　5　　　　10　　　　100② 　19(20)　　6(5)　　　100③ ① 加入二氯化铜1g ② 又称格莱氏No2试剂，使用时可加入二氯化铜1g及二氯化锡0.5g ③ 又称格莱氏No1试剂	纯铜、黄铜、青铜，黄铜中β相浸蚀后变黑	消除细小磨痕能力较强，可用浸入法或擦拭法；使用时可加入50%（体积分数）酒精混合使用
三氯化铁酒精溶液	三氯化铁　　　　　　3g 酒精（或丙酮）　　100 mL	硅青铜等	试剂现配现用，可蘸溶液反复擦拭试样，组织干净，去磨痕能力强
过硫酸铵水溶液	过硫酸铵　　　　5～10g 蒸馏水　　　　　100 mL	纯铜、黄铜、锡青铜、铝青铜及白铜	浸入法，可以冷浸，也可以热浸
硝酸醋酸丙酮溶液	硝酸　　　　　　　20 mL 醋酸（75%）　　　30 mL 丙酮　　　　　　　30 mL	白铜	浸蚀后NiAl呈鸠灰色，Ni_3Al呈暗灰色
硝酸冰醋酸水溶液	硝酸　　　　　　　30 mL 冰醋酸　　　　　　42 mL 蒸馏水　　　　　　28 mL	加工铜及退火锡青铜	有良好的晶粒对比度
铁氰化钾水溶液	铁氰化钾　　　　1～5g 蒸馏水　　　　　100 mL	锡磷青铜	能区分($α+δ+Cu_3P$)中的δ相和Cu_3P相，δ相浸蚀后不变色，Cu_3P相随浸蚀时间延长由蓝变到深灰色
氢氧化铵过氧化氢溶液	氢氧化铵　　　　　20 mL 蒸馏水　　　　　0～20 mL 过氧化氢　　　8 mL～20 mL	铜及铜合金（用新配的试剂）	浸蚀法或擦拭1 min，过氧化氢浓度随浸蚀时间或含铜量降低而减少，最好用新鲜的过氧化氢；铝青铜浸蚀后表面上的膜可用弱的格莱氏试剂去除
氢氧化铵过硫酸铵水溶液	氢氧化铵　　　　　25 mL 2.5%过硫酸铵水溶液　50 mL 蒸馏水　　　　　　25 mL	铜及铜合金	浸蚀或擦拭
二氯化铜氢氧化铵溶液	二氯化铜　　　　8～20g 氢氧化铵　　　8～100 mL	铍铜和白铜	铍铜α相变暗，β相呈亮白色
醋酸、硝酸、磷酸溶液	醋酸　　　　　　　66份 硝酸　　　　　　　17份 磷酸　　　　　　　17份	铜及铜合金	浸蚀
铬酸硫酸钠盐酸水溶液	铬酸　　　　　　　20g 硫酸钠　　　　　　2g 盐酸　　　　　　　7 mL 蒸馏水　　　　　100 mL	青铜	浸蚀法或擦拭法
二氯化铜氨水溶液	二氯化铜　　　　　　1g 氨水　　　　　8～100 mL	脱锌试剂	75℃浸蚀24 h
热染色	抛光后电炉内加热，视表面氧化色调整	锡磷青铜	能很好地区分δ相和Cu_3P相，热染后δ相颜色较淡而Cu_3P呈亮蓝色晶体

参考文献

[1] 有色金属及其热处理编写组. 有色金属及其热处理[M]. 北京：国防工业出版社，1981.
[2] 洛阳铜加工厂中心试验室金相组. 铜及铜合金金相图谱[M]. 北京：冶金工业出版社，1983.
[3] 中国腐蚀与防护学会. 金属腐蚀手册[M]. 上海：上海科学技术出版社，1987.
[4] 王群娇. 有色金属热处理技术[M]. 北京：化学工业出版社，2008.
[5] 丁惠麟，辛智华. 实用铝、铜及其合金金相热处理和失效分析[M]. 北京：机械工业出版社，2008.
[6] 路俊攀、李湘海. 加工铜及铜合金金相图谱[M]. 长沙：中南大学出版社，2010.
[7] 任颂赞，叶俭，陈德华. 金相分析原理及技术[M]. 上海：上海科学技术文献出版社，2013.

第16章

钛、镁、锌及合金的金相分析

钛、镁、锌均属于有色金属范畴,相对锌合金,前两者的合金开始应用于生产领域较晚,但发展迅速,本章主要从金相组织分析角度进行介绍。

16.1 钛及钛合金的金相分析

钛及钛合金具有各种优良性能(密度小、比强度高、耐腐蚀、耐高温性能好、无磁、无毒等)已经被广泛应用于航天、航空、航海、石油、化工、轻工、冶金、机械、医疗、能源等许多领域。在地壳中含量最丰富的结构金属中,钛排列第四位,仅次于铝、铁和镁,在应用上被称为"第三金属"。但由于制取金属纯钛难度很大,成本高,给大规模应用带来一定难度。

16.1.1 钛及钛合金的特性、分类及牌号

16.1.1.1 纯钛及钛的基本特性

目前大量应用的纯钛,是用镁还原四氯化钛($TiCl_4 + 2Mg \xrightarrow{950℃} 2MgCl_2 + Ti$)的方法生产的,所以称为镁热法钛或工业纯钛,其纯度可达99.5%。纯度特别高的钛是用热分解四碘化钛($TiI_4 \longrightarrow 2I_2 + Ti$)的方法生产的,所以称为碘化法钛或碘化钛,其纯度可达99.9%,但价格昂贵,只用于科学研究。

钛是元素周期表中第一长周期ⅣB族的元素,它和大多数过渡金属一样,在固态温度范围内存在着同素异构转变。纯钛在低于883℃的温度范围内具有密排六方结构,称为α-Ti,而在高于883℃至其熔点间的温度范围内则具有体心立方结构,称为β-Ti。

钛的表面上很容易形成薄而致密、坚韧的惰性氧化膜,因此钛在氧化性和中性介质中极耐腐蚀。钛在工业和海洋环境的大气中不会发生腐蚀,钛在海水中的耐蚀性几乎没有什么金属材料能胜过它。钛不会被硝酸、盐酸和硫酸的稀溶液、大多数的有机酸、稀卤、多数的盐等所腐蚀。钛对王水、硫化氢、二氧化硫等也具有高的耐蚀性。另一方面,钛却会被氢氟酸、浓盐酸、浓硫酸、正磷酸几种浓热的有机酸和三氯化铝所腐蚀,其中氢氟酸不论浓度和温度高低,对钛都有强烈的腐蚀作用,因此成为钛及钛合金金相腐蚀剂的主要成分。钛有很好的生物相容性,因此是生物医学用的主要金属材料。

钛的力学性能在很大程度上与其杂质含量有关。钛中常见的杂质为铁、硅、氮、氧、碳和氢,其中铁和硅是呈置换原子固溶于钛的晶体中,对钛的力学性能影响较小,仅使钛产生不大的强化。氧、氮和碳则呈间隙原子固溶于钛的晶体中,对钛的力学性能有很大的影响。氮、氧、碳固溶于钛中可使钛的晶格产生很大畸变,使钛强烈地强化和脆化。氢在钛中的存在虽然对钛的静力学性能没有什么影响(在含氢量不超过0.22wt%时),但微量氢的存在却使钛的冲击韧性强烈下降。这是因为氢在α-Ti中的固溶度随温度下降而下降(氢在α-Ti中的固溶度在320℃时达0.18wt%,而120℃时下降到不超过0.0030wt%),因此含氢的钛的显微组织中会出现自α-Ti中析出的脆性氢化物TiH_x,使钛的冲击韧性强烈下降,并增大钛的缺口敏感性。图16-1所示为TA16合金充氢处理,并拉伸后的组织形貌,图中黑色点状物为TiH_x,裂纹为拉伸脆性开裂所致。TiH_x有时呈针状,甚至呈针叶状析出。

α-Ti虽具有密排六方结构,其塑性却远较锌、镁等较常见的密排六方金属为高。这主要是由于锌、镁晶胞的轴率c/a分别大于和接近于1.633(锌为1.856,镁为1.624),因此锌和镁的晶体中只有一组原子最密集的晶面即(0001)面构成滑移面,故塑性较低,而α-Ti晶胞的轴率c/a为1.587,较1.633小

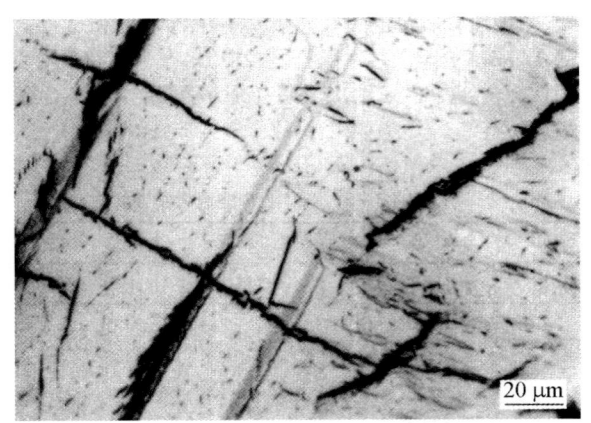

图 16-1 TA16 钛合金经加氢处理后并经拉伸的组织

得多,其原子最密集的晶面是$\{10\bar{1}0\}$面,因此滑移可以在$\{10\bar{1}0\}$面所包含的三组互不平行的晶面上进行,故塑性较高。

工业纯钛有很好的可锻轧压性、可铸性、可焊性,因此可制成板材、棒材、管材、线材、铸件以及焊接件。

16.1.1.2 钛的合金化

根据对 α⇌β 转变温度的影响,钛的合金化元素可分为中性元素、α相稳定化元素和β相稳定化元素,合金化元素(M)对钛合金相图的影响如图 16-2 所示。

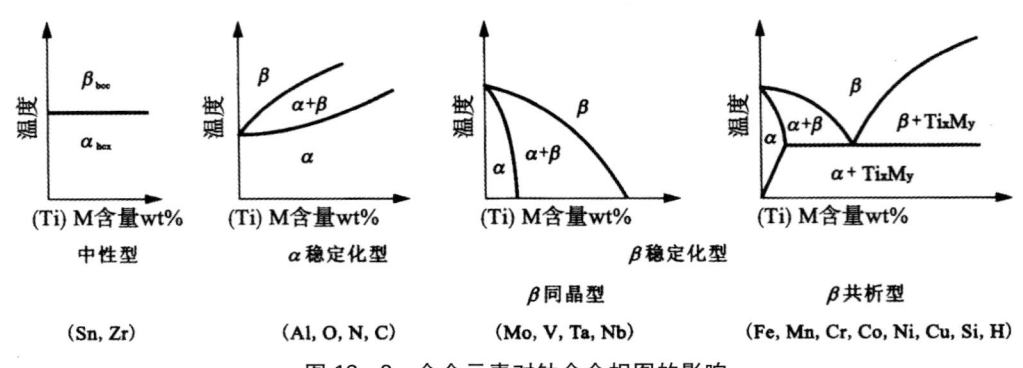

图 16-2 合金元素对钛合金相图的影响

1. 稳定 α 相的元素

这类元素在 α-Ti 中有很大的固溶度,同时随着这类元素含量的增加,合金的 α⇌β 转变上升到更高的温度,从而扩大了 α 相稳定存在的温度范围。属于这一类的元素有铝、氧、碳、氮,其中铝是最重要的合金化元素。钛合金中常用铝当量综合评定合金元素对稳定 α 相的作用。铝当量的常用公式:

$$[Al] = Al(wt\%) + Sn(wt\%)/3 + Zr(wt\%)/6 + 10(O + 2N + C)(wt\%) \quad (16-1)$$

随铝含量的增加钛合金的抗蠕变性和抗氧化性而提高,但同时其塑性和变形能力下降。一般情况下钛合金中铝当量不得超过 9wt%。否则,合金将析出导致合金脆化的金属间化合物 Ti_3Al。由于这个原因,在很长一段时间内,传统钛合金中的最高铝含量被限制为 6wt%。目前,利用以 $Ti_3Al(\alpha_2)$ 为基,尤其是以 $TiAl(\gamma)$ 为基的金属间化合物的优异性能,已经突破了这一界限。

α 相稳定化元素除了将 α 相区扩展到更高温度以外,还形成了 α+β 两相区。

2. 稳定 β 相的元素

这类元素在 β-Ti 中的固溶度远大于在 α-Ti 中的固溶度,同时随着这类元素含量的增加,合金的 α⇌β 转变被降低到更低的温度,从而扩大了 β 相稳定存在的温度范围。属于这一类的元素可以细分为 β 同晶型元素和 β 共析型元素。β 相同晶型元素(如钼、钒和钽)都与钛无限互溶;β 共析型元素(如铁、锰、铬、钴、镍、铜、硅和氢)在 α-Ti 中溶解度都很小,即使加入量很少(体积分数)也可以与钛形成 Ti_xM_y 型金属间化合物。对于 β 型钛合金,常用钼当量综合评价合金元素对稳 β 相的作用,常用的钼当量[Mo]公式:

$$[Mo] = Mo(wt\%) + Nb(wt\%)/3.3 + Ta(wt\%)/4 + W(wt\%)/2 + Cr(wt\%)/0.6$$
$$+ Mn(wt\%)/0.6 + V(wt\%)/1.4 + Fe(wt\%)/0.5 + Co(wt\%)/0.9 + Ni(wt\%)/0.8 \quad (16-2)$$

3. 中性元素

这类元素在元素周期表中与钛同属于ⅣB族,且晶体结构与钛相同,原子体积与钛相近,故在 α-Ti 和 β-Ti 中均能无限固溶,对 α/β 相界几乎无影响,故被看作中性元素。属于这类元素有锡、锆等。

合金元素对钛合金组织结构及性能影响概况见图16-3。

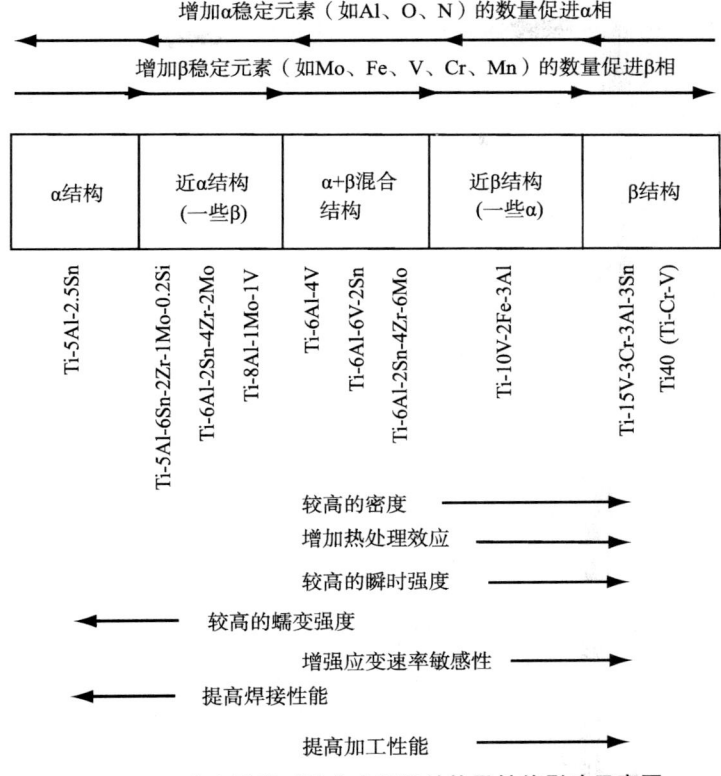

图16-3 合金元素对钛合金组织结构及性能影响示意图

16.1.1.3 钛合金的分类和性能

通常将钛合金划分为三大类：α型、α+β型和β型合金，进一步细分α型可以分为α型和近α型；β型合金可以分为β型和亚稳β型钛合金。

1. α型钛合金

这一类钛合金主要加入稳定α相的元素作为合金元素，因此室温时具有α单相组织。

在稳定α相的元素中铝是主要强化元素，而氧、碳、氮、铁等虽然能显著提高钛的室温强度，但使塑性特别是韧性强烈下降，增加冷脆倾向，并恶化合金的压力加工性和焊接性。此外，这些间隙元素的强化效果随温度上升而迅速下降，因此它们通常被当作杂质而不作为合金元素有意地加入钛合金中。

α型钛合金有如下特性：

不能热处理强化。室温强度较β型和α+β型钛合金为低，但高温下的抗氧化能力和热稳定性却较β型和α+β型钛合金为高。这类钛合金的β→α相变温度较高，相变速度快，冷却时β相不会残留下来，也不会产生ω脆性，因此这类钛合金焊接后不会变脆，具有优良的焊接性能。由于α相具有六方结构，这类钛合金的压力加工成型性能较低。

α型钛合金主要应用于长期工作温度不超过500℃的化工和加工工业。在这些工业中首先要考虑的是材料必须具有优异的抗腐蚀性能以及一定的变形能力和焊接性能，而对高比强度性能的要求次之，因此一般严格控制氧含量。而钛合金的含氧量是各种级别商业纯钛（CP）的主要差别。

近α型钛合金为典型的高温合金。由于它们兼具α型钛合金优异的抗蠕变性能和(α+β)合金的高强度，高温应用选择这类合金很理想。目前，这类合金的最高使用温度为500~550℃，个别牌号可达600℃。

2. 亚稳态β型钛合金

这一类钛合金在室温并不具有热力学上稳定的β单相组织，但由于这一类合金含有大量稳定β的合金元素，因此加热到β相区内空冷即能将高温下的β相保持下来，从而在室温获得亚稳定的β单相组织。

亚稳态 β 型钛合金具有的特性如下：

能通过固溶处理和随后的时效而获得很高的强度，目前已可达 1 400 MPa。虽然这类钛合金较 α 型和 α+β 型钛合金具有较大的比重，但能提供特别高的比强度。固溶处理后所具有的体心立方结构的 β 单相组织，使这类钛合金具有极好的塑性，能很好地承受冲击及其他形式的冷成型加工，并且零件能通过最终的时效而获得很高强度。具有良好的焊接性能，焊接后能获得高强度和高塑性的接头。此外，由于这类合金固溶处理后的 β 单相组织中固溶有大量合金元素，因此不进行时效处理已具有高的强度。然而，这类钛合金在较高温度下长期工作时，有析出脆性的中间相而变脆的倾向，因此不适宜在较高温度下长期工作。

β 型钛合金主要用于工作温度不高，但要求高强度（特别是比强度）和可焊性的场合。有代表性的牌号为 TB1。

3. α+β 型钛合金

在三类钛合金中，α+β 型是应用最广泛和最重要的一类，其退火后的显微组织由 α 相与 β 相所组成。

由于 β 相是钛的高温相，因此要使钛合金化后在室温具有稳定或亚稳定的 α+β 两相组织，必须在钛中加入稳定 β 的合金元素，如锰、钒、铬、钼、铁、硅等。此外，这类钛合金中一般还加有一定量的铝。铝在这类合金中主要固溶于 α 相中，通过对 α 相的固溶强化，提高合金的强度，特别是高温强度和抗蠕变能力。铝还能抑制合金在热处理过程中可能产生的 ω 脆性，并降低合金的氢脆敏感性。

α+β 型钛合金的特性如下：

能通过淬火和随后的时效而强化。室温强度较 α 型钛合金为高，但高温下的抗氧化能力、抗蠕变能力和热稳定性却较 α 型钛合金（特别是含铝量较高者）为低。这类合金中由于有大量体心立方结构的高塑性 β 相存在，因此塑性较 α 型钛合金为高，锻造、冲压和轧制都比 α 型钛合金容易进行。这类合金除少数牌号例如 TC4 外，多数的焊接性能均较 α 型钛合金为差，焊缝及热影响区有变脆而具有低塑性的倾向。

16.1.1.4 钛、钛合金牌号及力学性能

目前钛合金约有 100 多种，GB/T 3620.1—2016《钛及钛合金牌号和化学成分》标准中列出了 76 种牌号。常用的约 30 多种。在这些合金中，Ti-6Al-4V（TC4）合金最为典型，其应用占了 50% 以上；另外有 20%～30% 是未合金化的纯钛。

我国钛合金牌号的命名由字母、数字分 3 部分组成：第 1 部分用 T 字母表示钛基体。第 2 部分用一个字母表示组织结构类型，"A"表示工业纯钛、α 型及近 α 型钛合金，"B"表示 β 型及近 β 型钛合金，"C"表示 α+β 型钛合金。第 3 部分由数字或数字加字母表示该类钛合金的注册序列等信息。相同牌号的超低间隙合金在数字后加大写字母"ELI"，数字与"ELI"之间无间隔。铸造钛合金命名则定在上述命名的合金牌号前加 Z，如 ZTC4。

表 16-1 为部分钛合金成分及力学性能。

表 16-1 部分钛合金的成分及力学性能

合金	化学成分/wt%	β 转变温度/℃	硬度/HV	弹性模量/GPa	屈服强度/MPa	抗拉强度/MPa	断后伸长率/%	断裂韧性/MPa·m^{-2}
工业纯钛、α 型和近 α 型钛及钛合金								
高纯 Ti	99.98Ti	882	100	100~450	140	235	50	
TA1	Fe≤0.25，O≤0.20	890	120	170~310	>240		24	
TA4G	Fe≤0.50，O≤0.40	950	260	100~120	480~655	>550	15	
TA7	(Ti-5Al-2.5Sn)	1 040	300	109	827	861	15	70

续表

合金	化学成分/wt%	β转变温度/℃	硬度/HV	弹性模量/GPa	屈服强度/MPa	抗拉强度/MPa	断后伸长率/%	断裂韧性/MPa·m^{-2}
TA19	Ti-6Al-2Sn-4Zr-2Mo-0.08Si	995	340	114	990	1010	13	70
TIMETAL685	Ti-6Al-5Zr-0.5Mo-0.25Si	1020		120	850~910	990~1020	6~11	68
TIMETAL834	Ti-5.8Al-4Sn-3.5Zr-0.5Mo-0.7Nb-0.35Si-0.06C	1045	350	120	910	1030	6~12	45
TIMETAL125	Ti-6Al-6Mo-6Fe-3Al				1590	1620	6	
(α+β)钛合金								
TC4	Ti-6Al-4V	995	300~400	110~140	800~1100	900~1200	13~16	33~110
TC10	Ti-6Al-6V-2Sn-0.5Cu-0.5Fe	945	300~400	110~117	950~1050	1000~1100	10~19	30~70
Ti-6-2-2-2-2	Ti-6Al-2Sn-2Zr-2Mo-2Cr-0.25Si			110~120	1000~1200	1100~1300	8~15	65~110
Ti-17	Ti-5Al-2Sn-2Zr-4Mo-4Cr	890	400	112	1050	1100~1250	8~15	30~80
TC19	Ti-6Al-2Sn-4Zr-6Mo	940	330~400	114	1000~1100	1100~1200	13~16	30~60
β型和近β型钛合金								
TB5	Ti-15V-3Cr-3Al-3Sn	760	300~450	80~100	800~1000	800~1100	10~20	40~100
TB6	Ti-10V-2Fe-3Al	800	300~470	110	1000~1200	1000~1400	6~16	30~100
TB9	Ti-3Al-8V-6Cr-4Mo-4Zr	795	300~450	83~115	800~1200	900~1300	6~16	50~90
βⅢ	Ti-11.5Mo-6Zr-4.5Sn	760	250~450	83~103	800~1200	900~1300	8~20	50~100
SP700	Ti-4.5Al-3V-2Mo-2Fe	900	300~500	110	900	960	8~20	60~90

在所有的金属材料之中，只有最高强度钢的比强度高于钛合金。传统钛合金的屈服强度大多在 800~1200 MPa 之间，其中亚稳 β 合金强度最高。对于一些特殊的应用，如螺栓或螺钉紧固件，要求材料具有最高的抗拉强度和疲劳强度。可以通过三种措施来提高钛合金的强度：合金化、加工工艺和复合材料技术。一般很少单独利用合金化来提高钛合金的强度。

16.1.2 钛合金的相变及热处理

钛合金中最基本的相是 α 相和 β 相，α 相是合金元素溶入 α-Ti 中形成的固溶体，呈密排六方结构，β 相是合金元素溶入 β-Ti 中形成的固溶体，呈体心立方结构。两相之间的相互转变是钛合金一切相变的基础。但在相变过程中，随着合金成分和外界条件（应力状态、温度等）的改变，β 相往往不能直接转变成 α 相，这就使得钛合金的相复杂多样。同时，α 相和 β 相的尺寸、形貌及分布强烈影响着钛合金的力学性能。

16.1.2.1 钛合金的相变

1. 钛合金在 β 相相区冷却时的转变

钛及钛合金从 β 相区缓慢冷却到 α+β 相区时，要发生 β→α 的多型性转变。在高纯钛中已经得到证实，此时的 α 相的形核是马氏体型的，长大则靠热激活过程。形核时，试样表面也有通常马氏体型相变浮凸，而且也同样与母相保持严格的 B 位向关系[①]。

钛及钛合金在由 β 相区快速冷却时发生的转变及转变产物随着 β 稳定元素含量的变化有所不同，见表 16-2。

表 16-2　钛及钛合金在快速冷却时的转变及转变产物

转变类型	转变产物	晶格类型	生成条件	转变机制及形态	特点
马氏体型相变	α′	六方	α 型合金或 β 相稳定元素含量较小的 α+β 合金，从 β 相区或接近 α+β/β 相变点的高温淬火	依 β 相稳定元素含量多少而不同，含量少时 β 相以块状机制转变；含量多时 β 相以针状机构转变	块状马氏体无法测得位向关系；针状马氏体 α′与 β 相保持 B 位向关系。惯习面为 (334)$_β$ 或 (344)$_β$
马氏体型相变	α″	斜方	在 β 相稳定元素较多的 α+β 型合金中，由 β 相区或接近 α+β/β 相变点的高温淬火	—	在 Ti-Mo, Ti-W, Ti-Re 中发现，但 Ti-V 系却没有；α″的点阵参数随成分而变化；α″使合金塑性降低
淬火 ω 相形成	$ω_q$（无热 ω 相）	六方	在 β 相稳定元素含量处于临界浓度附近的系统中，在 β 相区淬火	通过位移控制型相变方式进行	$ω_q$ 是尺寸很小的粒子，$ω_q$ 使弹性模量及硬度提高，使塑性下降
高温 β 相的保留	稳定的 β 相	体心立方	β 相中 β 稳定元素含量在临界浓度以上，其成分在室温时处于 β 相区，合金在温度变化时没有相变发生	高温相保留	温度和应力不能使其发生分解
高温 β 相的保留	亚稳 β 相（$β_m$）	体心立方	β 相中 β 稳定元素含量在临界浓度以上，其成分在室温时处于 α+β 相区，但合金在快冷至相变点以下时未发生 β→α+β 相变	高温相保留	提高温度或施加应力可以发生分解
过饱和 α 相的形成	过饱和 α 相	六方	在钛与快共析型 β 稳定元素的系统中，亚共析成分，于共析温度之下快速冷却	高温相保留	提高温度可以发生分解

2. 钛合金淬火（固溶）后在时效中的转变

钛及钛合金在快速冷却中生成的亚稳定相，在时效时均要向平衡的组织转变。相变过程主要有亚稳定 β 相的分解、马氏体回火、过饱和 α 相的分解。相关转变条件、方式等见表 16-3。

表 16-3　钛及钛合金在时效时的转变及转变产物

转变类型	转变过程	转变条件	转变方式	形态及特点
亚稳定 β 相的分解	$β_m → β+ω_a$ → β+α	亚稳定 β 相在 550℃ 以下温度时效首先析出 $ω_a$（热 ω 相），继续时效 $ω_a$ 转变为 α 相	$ω_a$ 向 α 相转变可按合金系统和时效温度分为 3 种情况：①在 $β_m/ω_a$ 之间点阵错配度小的系统中，α 相在 $β_m$ 晶界或 $β_m+ω_a$ 母相上不均匀形核，长大并吞食 $ω_a$；②在点阵错配度大的系统中，α 相在 $β_m/ω_a$ 界面位错或锋刃处形核并吞食 $ω_a$ 长大；③在接近 $ω_a$ 相稳定限的高温时效，上述系统中 $ω_a$ 均以单析反应析出 α 相	在全部分解方式中，这是最快的一种：$ω_a$ 呈椭球形态，最终组织为片层状 α+β 瘤状区或不均匀的 α 针；$ω_a$ 呈立方形态，α 相粒子均匀弥散

---

① B 位向关系：伯格斯矢量（Burgers vector）关系

续表

转变类型	转变过程	转变条件	转变方式	形态及特点
亚稳定β相的分解	$\beta_m \to \beta + \beta'$ $\to \beta + \alpha$	在 ω_a 不能出现的低温时效,或在β稳定元素含量高或因第三组元作用 ω_a 被抑制的系统中于低温时效	$\beta_m \to \beta + \beta'$ 为相分离反应,是通过调幅分解方式进行;β' 向 α 相转变是直接由 β' 相上生核,长大过程则依合金系统而异	β' 与 β_m 具有相同的晶格,粒子极小,且均匀弥散,此时 α 粒子也细小弥散
	$\beta_m \to \alpha$	在相分离反应和 ω_a 相均不能出现的高温时效	在β稳定元素含量较小和有大量铝的系统中,β_m 直接析出魏氏体 α,与母相保持布拉格位向关系;在β相稳定元素含量较多和少铝或无铝的系统中,β_m 则以群集的 α 粒子或透镜状 α 片形式析出	无论怎样,α 相是不均匀的
马氏体 α' 的回火	$\alpha' \to \beta + \alpha$	在钛与同晶型β相稳定元素的系统中,α' 的回火	在 α' 相界面或亚结构上非均匀形核,在回火后期,在平衡β少的系统中,α 母相发生再结晶;在平衡β量多的系统中,β 相在 α' 界面上形成连续的 β 层	—
	$\alpha' \to \alpha +$ 化合物	在钛与快共析元素形成的系统中,α' 的回火	回火初期首先生成富溶质区,即 GP 区,与母相共格,进而共格关系破坏产生化合物相	—
	$\alpha' \to \beta +$ 化合物	在钛与慢共析元素形成的系统中,α' 的回火	首先生成 β 相而后再析出化合物	析出化合物的过程十分缓慢
马氏体 α'' 的回火	$\alpha'' \to \beta + \alpha$	在 $M_S(\alpha'')$ 明显高于室温的系统中	α 相首先在 α'' 基体上均匀析出,随后变粗,最终形成 α+β 瘤状区	—
	$\alpha'' \to \beta \to$ 再分解	在 $M_S(\alpha'')$ 接近室温的系统中	α'' 向 β 相转变而后 β 相再分解	—
过饱和 α 相的分解	$\alpha_{过饱和} \to \alpha +$ 化合物	在钛与共析型β稳定元素形成的系统中,主要是快共析元素,铜、硅等	与相同系统 α' 回火的过程和方式相同	—
	$\alpha_{过饱和} \to \alpha_2 + \alpha$	在钛与铝、锡、镓等元素形成的系统中	析出方式随合金系统和时效温度而变化	—

3. 钛合金的共析转变

钛合金的共析转变仅在一定条件下才可能发生。

如 Ti-Cu 二元系亚共析成分的合金,在 100℃/s 的冷却速度下出现了很细小的珠光体型片层状组织,一般这种共析转变后组织使合金塑性降低。

16.1.2.2 钛合金的热处理

钛合金能进行的热处理工艺较多,有退火、淬火、时效、化学热处理、形变热处理等。淬火时效是利用相变产生强化效果,故又称强化热处理。退火的目的是消除内应力,提高塑性及稳定组织,但同时会丧失加工硬化的效果。

钛合金的热处理有以下特点:

① 淬火中马氏体相变不能引起合金的显著强化,这个特点与钢的马氏体相变不同,钛合金的热处理强化只能依赖淬火形成的亚稳相(包括马氏体相)的时效分解;

② 淬火中应避免形成 ω 相。形成 ω 相会使合金变脆,正确选择时效工艺(如采用高一些的时效温度),即可使 ω 相分解为平衡的 α+β;

③ 同素异构转变难于细化晶粒；

④ 导热性差。导热性差可导致钛合金,尤其是 α+β 型钛合金的淬透性差,淬火热应力大,淬火时零件易翘曲。由于导热性差,钛合金变形时易引起局部温升过高,使局部温度有可能超过 β 相变温度而形成魏氏组织；

⑤ 化学性活泼。热处理时,钛合金易与氧和水蒸气反应,在工件表面形成具有一定深度的富氧层或氧化皮,使合金性能变坏。钛合金热处理时容易吸氢,引起氢脆；

⑥ β 相变温度差异大,即使是同一成分,但冶炼炉次不同的合金,其 β 相转变温度有时差别很大(一般相差 5~70℃)。这是制定工件加热温度时要特别注意的特点；

⑦ 在 β 相区加热时 β 晶粒长大的倾向大。β 晶粒粗化可使塑性急剧下降,故应严格控制加热温度与时间,并慎用在 β 相区温度加热的热处理。

1. 淬火

对钛合金进行淬火的目的,是为了获得亚稳定的过饱和固溶体,以便通过随后的时效而使合金强化。

3 种类型的钛合金中,只有 β 型和 α+β 型钛合金才进行淬火处理。

对钛合金进行淬火处理时,β 型钛合金应加热到 β 单相区保温,然后空冷或淬水(视零件的有效厚度而定)。对于 α+β 型钛合金来说,淬火加热时通常并不加热到 β 单相区保温,而是加热到 α+β 两相区的上部保温,然后淬水。因为这类钛合金向 β 单相区转变温度远较 β 型钛合金为高,将 α+β 型钛合金加热到 β 单相区导致 β 相晶粒急剧长大,从而使热处理后的材料变脆。这种脆性是由于材料加热到 β 单相区导致 β 相晶粒急剧长大所致,故称为 β 脆性。

这种加热至 β 相区而产生的粗晶粒组织,是不能用常规的热处理方法消除的。为了使钛合金的晶粒细化,只有对合金再次进行热加工,或者冷变形后进行再结晶退火,但这些细化晶粒的方法对于尺寸已达最终要求的钛合金半成品或零件来说,是无法应用的。为了避免 β 脆性,不但对 α 型和 α+β 型钛合金进行热处理时不允许加热至 β 单相区,同时锻制零件时的加热温度一般也不应进入 β 单相区。

钛合金淬火冷却时,高温相 β 无论单独存在或与 α 相平衡共存,只要 β 相中稳定 β 的合金元素含量超过某临界含量,都能通过淬火保持到室温而不发生转变或发生共析分解。如果 β 相中稳定 β 的合金元素含量低于上述临界含量,由于 β 相的马氏体转变开始温度 M_s 高于室温,淬火冷却时高温相 β 就会部分或完全(视 β 相的马氏体转变终了温度 M_f 低于还是高于室温而定)通过无扩散的马氏体型相变转变成马氏体 α′(通过马氏体型相变形成的过饱和 α 固溶体)。

α+β 两相区的淬火加热温度对 α+β 型钛合金淬火后的组织有很大影响,因为 α+β 两相区内的淬火加热温度,既影响加热终了时与 α 相相平衡的 β 相的数量,又影响 β 相中稳定 β 相的合金元素含量。由于 α+β 型钛合金淬火组织中的 β 相和 α′相在随后时效时均能发生时效硬化,而 α 相则不发生时效硬化,合金自 α+β 两相区的较高温度淬火与较低温度淬火相比较,由于前者 α 相的量相对少,故时效后能获得更大的强度。

应当指出,钛合金中稳定 β 相的合金元素含量在临界含量左右的高温 β 相,如果淬火冷却不够激烈,部分 β 相在淬火冷却过程中会转变成 ω 相(图 16-4),这类 ω 相叫做无热 ω 相,标注为 $ω_q$。有些合金其高温 β 相转变成 ω 相的转变进行得非常快,即使采取最急速的淬火,也不能完全抑制 ω 相的形成。ω 相为一过渡共格相具有复杂六方结构,它的形成会给合金带来严重的脆性,这种脆性通称为 ω 脆性。钛合金中的 ω 相晶粒极细小,在光镜中不能分辨。一般来说,如果 α+β 型钛合金刚淬火状态的维氏硬度就超过 400 HV,则意味着淬火冷却过程中有 ω 相形成。

TC4 合金在不同加热温度,不同冷却速度(条件)下的组织形貌如图 16-5 所示。

钛合金淬火时所形成的马氏体 α′,虽然通常也具有钢中马氏体那

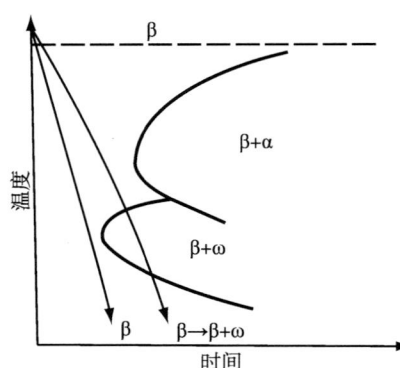

图 16-4 稳定 β 相合金元素含量在临界含量左右的 β 相淬火时的转变示意图

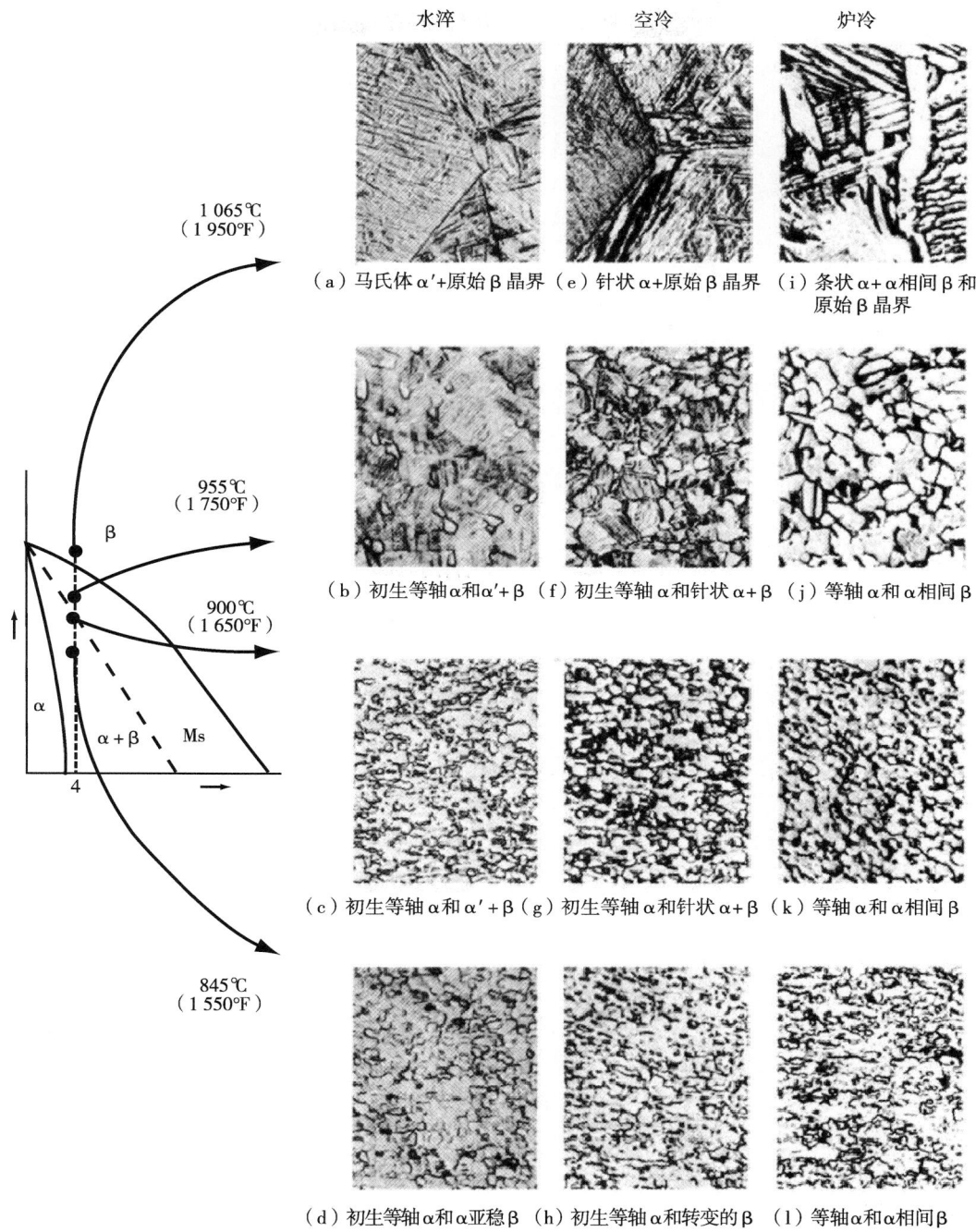

浸蚀剂：10HF+5%HNO₃+85%H₂O(体积分数) (200×)

图 16-5 TC4 合金在不同加热温度,不同冷却速度(条件)下的组织形貌

样的针状组织,见图16-6,却不像钢中马氏体那样具有高的强度和硬度,因为钛合金中的合金元素一般为金属元素,因此在钛合金的马氏体中,合金元素原子呈置换原子形式存在,而不像钢的马氏体中碳原子那样呈间隙原子形式存在。由于置换原子阻碍位错运动的能力远较间隙原子为小,因此钛合金中的马氏体 α′在很大程度上仍然保持着 α 相软而韧的性能。由于这种缘故,马氏体强化在钛合金中远没有钢中那样重要。钛合金的热处理强化主要还是利用淬火后所获得的过饱和固溶体在随后时效时所产生的沉淀硬化。

2. 时效

钛合金淬火后所获得的亚稳定过饱和固溶体主要有两种,一种是被保持下来的高温 β 相,另一种是淬

图 16-6　TC4 合金 900℃/1h 加热后水淬的组织　(500×)

火冷却过程中形成的马氏体相 α′。前者是 bccβ 钛的固溶量达到过饱和形成的，后者是 hcpα′ 相中合金元素的固溶量达到过饱和形成的。

淬火后的钛合金在不超过约 540℃ 的温度时效时，对于无共析反应的钛合金系的组织转变可用以下两式表示：

$$\beta_0 \xrightarrow{1} \beta_r + \omega \xrightarrow{2} \beta_r + \omega + \alpha \xrightarrow{3} \beta_e + \alpha \quad (16-3)$$

$$\alpha' \longrightarrow \alpha + \beta \text{（若有 α′ 相）} \quad (16-4)$$

对于有共析反应的钛合金系的组织转变可用以下 2 式表示：

$$\beta_0 \xrightarrow{1} \beta_r + \omega \xleftarrow{2} \beta_r + \omega + \alpha \xrightarrow{3} \beta_r + \alpha \xleftarrow{4} \alpha + Ti_xM_y \quad (16-5)$$

$$\alpha' \rightarrow \alpha + Ti_xM_y \text{（若有 α′ 相）} \quad (16-6)$$

式中：β_0——淬火后被保持下来的 β 相；

β_r——由于脱溶出 ω 相或 α 相而富集了合金元素的 β 相；

β_e——最后与 α 相处于平衡状态的 β 相；

ω——α 相脱溶前所形成的一种具有复杂立方结构的过渡共格相；

Ti_xM_y——最后获得的金属间化合物。

反应的第一阶段，是超光学显微的过渡共格相 ω 自 β_0 中脱溶，这类 ω 相称为热（等温）ω 相，标注为 ω_a。无热 ω_q 与热 ω_a 晶体结构相同，只是 ω_q 更为细小。ω 相的合金元素含量较 β_0 为低，因此 ω 相的脱溶，时效过程中伴随着 ω 的形成会使 β_0 富集合金元素而变为 β_{r0}，合金会获得很高的硬度和脆性（所谓 ω 脆性）。

应当指出，淬火后的钛合金进行时效时，当过渡共格相 ω 刚被高度弥散的 α 相所取代时，合金能获得高强度及满意的塑性和韧性的配合。继续时效时，由于 α 相粒子聚集长大，合金的强度发生下降，同时如果合金是属于 β 相在低温下存在共析反应的合金系，还可能发生上式中第四阶段的转变而脱溶出脆性的金属间化合物 Ti_xM_y 而使合金变脆。因此对淬火后的钛合金进行时效时，时效应在 ω 刚被 α 所取代时终止。

钛合金淬火后的时效，一般是在 425～550℃ 的温度范围内进行。时效温度若太高，脱溶物会变得粗大，不利于通过时效而获得高强度。时效温度若太低，为了使 ω 相被高度分散的 α 所取代而避免 ω 脆性，就需要时效很长的时间而不利于缩短热处理周期和提高生产率。

3. 退火

钛合金的退火主要用于消除加工硬化而恢复材料的高塑性、降低强度以获得适当的韧性、改善切削加工性，此外，对 α+β 型钛合金来说，还用于改善合金在较高温度工作时的尺寸稳定性和组织稳定性。

对于 α 型和 α+β 型钛合金来说，加热到 β 单相区会产生 β 脆性，因此退火时的加热温度均不得进入 β 单相区。

对于强度要求不高的 α+β 型钛合金零件，为了使合金在较高温度长期间工作时具有最大的组织稳定性，退火时可在 α+β 两相区的较高温度保温后，应在炉中缓慢地冷却到 α+β 两相区的较低温度，可促进 β 相析出较多的 α 相从而富集稳定 β 的合金元素使组织趋向稳定化，然后空冷。可避免在较高温度长期工作时脱溶出脆性的过渡共格相 ω，甚至发生共析分解而产生 Ti_xM_y 脆性金属间化合物，使合金变脆。

4. 去应力退火

去应力退火能在基本上不降低材料强度的条件下，去除或降低由于压力加工、切削加工及焊接等所引起的残余内应力，从而改善制件的尺寸稳定性。

钛合金进行去应力退火时，退火温度应控制适当。若去应力退火温度过低，残余应力不能充分去除，若去应力退火温度过高,会导致不希望发生的再结晶、过时效等而降低制件的强度,同时对 α+β 型钛合金来说,还会形成不够稳定的 β 相,这种 β 相在较高温度工作时,将会脱溶出 ω 相,使合金变脆而发生损坏。

部分常用钛合金的热处理规范列于表 16-4 中。

表 16-4 部分钛合金的热处理规范

牌号	β/α+β 转变点温度(℃)	推荐的热处理规范		
		去应力退火	退火	淬火及时效
TA1	~888	540~595℃,0.5 h,空冷	675~705℃,2 h,空冷	—
TA2	~913	同上	同上	—
TA3	~913	同上	同上	—
TA7	~1040	540~650℃, 15 min~2 h,空冷	720~845℃, 10 min~4 h,空冷	
TB1	~700	550~650℃,0.5 h~2 h,空冷	与淬火处理相同	790~810℃,0.5~1 h,淬水或空冷,480~500℃,15~25 h+550~570℃,1/4 h,空冷
TC4	~990	480~650℃,1~4 h 空冷(通常 595℃,1h,空冷)	815~845℃,1~8 h,炉冷至 565℃,空冷	815~955℃,5 min~1 h,淬水,480~540℃,4~8 h,空冷
TC10	~945	595℃,2 h,空冷	705~760℃,1~2 h,空冷或炉冷至 595℃后空冷	870~915℃,1 h,淬水;480~595℃,4~8 h,空冷

16.1.3 钛及钛合金的金相组织

钛及钛合金的基本组织相对简单,主要是 α 相、β 相以及 α 相+β 相,但在不同工艺条件下,组织形态及分布多变,还可能出现一些中间相及杂质相。

16.1.3.1 α 型钛合金的金相组织

α 型钛合金中又分为全 α 型合金及近 α 型合金。工业纯钛属于 α 型合金,此外一般 α 型合金含有 6wt% 左右的铝和少量中性元素,退火后几乎全部是 α 相,典型合金包括 TA1~TA7 合金等。近 α 型合金中除含有铝和少量中性元素外,还有不超过 4wt% 的 α 稳定元素,如 TA11、TA17 合金等。

α 型钛合金其显微组织基本上完全由 α 相所组成,而当铁、锰等含量较高时可能出现微量 β 相残迹。这种 α 相组织有两种不同的形态—等轴的和片状或针状的。在 α 单相区压力加工和退火者具有类似于工业纯钛的等轴 α 晶粒组织。此合金退火时如果加热温度超过了合金的 α/(α+β) 转变点(约为 955℃),或超过了合金的 (α+β)/β 转变点(约为 1040℃),则随后无论炉冷或空冷,高温 β 相都会转变成具有魏氏组织特征的片状或针状 α 组织。随炉冷时形成大而圆的片状 α 组织,空冷时则形成细而尖的针状 α 组织。片状和针状 α 组织与等轴 α 组织相比较,对合金的拉伸强度性能影响不大,但会降低合金的塑性。

图 16-7 为 TA1 板材 650℃、1 h 退火态组织:等轴状 α+少量晶间深色 β 相。

图 16-8 为 TA7 合金 1 177℃、30 min 退火后不同冷却条件下的组织形貌。其中(a)图为随炉冷却至 788℃后再空冷试样,组织为大片状 α 相,趋魏氏组织分布;其中(b)图为直接空冷试样,组织为细而尖的针状 α 相,同样趋魏氏组织分布。

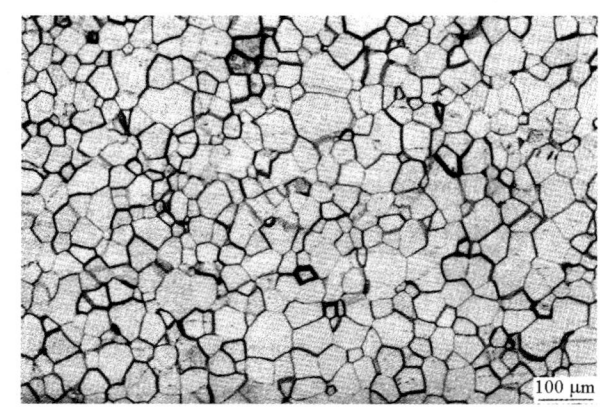

图 16-7 TA1 板材退火后组织

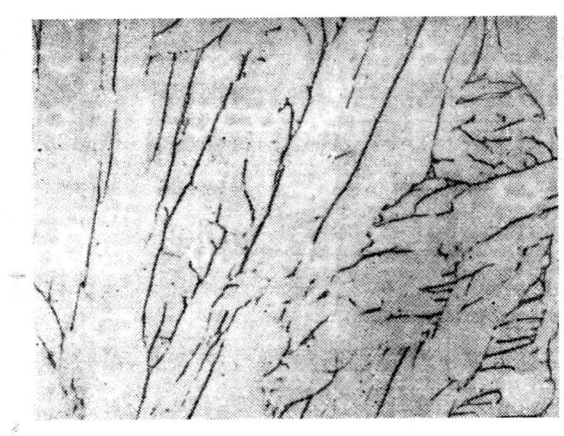 

(a) 随炉冷至788℃后空冷 （100×）　　　　(b) 空冷 （100×）

图16-8　TA7合金退火后不同冷却条件下组织形貌

TA11合金一类的近α型钛合金，在一定工业条件下室温的基体仍可出现α、β两相。图16-9为TA11合金在两相区加工并于1000℃退火状态下的双态组织：在转变的β基体(暗色)上含有细针状α，及等轴初生α晶粒(亮色)。

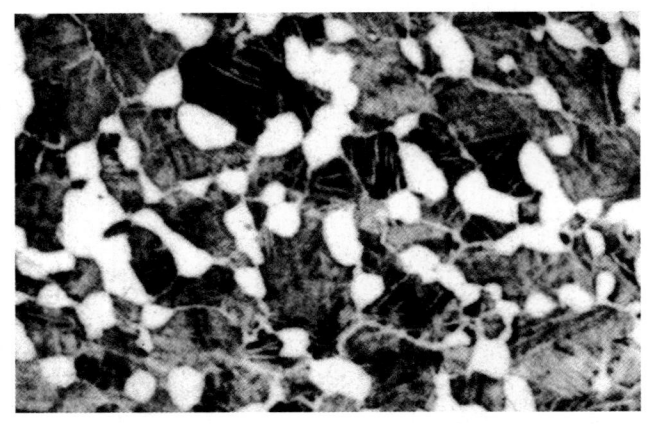

图16-9　TA11合金在两相区加工并1000℃退火形成的双态组织　（200×）

16.1.3.2　(α+β)型钛合金的金相组织

(α+β)型钛合金含有一定量的铝(<6wt%)和不同量的β稳定元素及中性元素，退火后有不同比例的α相及β相。这类合金可焊性较好，可热处理强化，一般冷成型及冷加工能力差。典型合金包括TC4、TC11、TC21等。

TC4合金是应用最广泛的(α+β)型钛合金，一般在热加工后经退火使用，也可在淬火、时效后使用。这种合金组织中α相与β相的比例、形状、尺寸及分布对于热加工工艺非常敏感。

TC4合金一般在(α+β)相区温度范围内锻造，图16-10所示为正常锻造后的组织：在β基体上分布着再结晶细小等轴状α晶粒。在(α+β)相区内加热温度的高低决定α相与β相转变组织的比例，变形量则影响β转变组织的形态。当锻造温度过高或偏低均会出现不正常组织，当锻造温度偏低时，α相不能发生再结晶而沿流线延伸成条状，若随后热处理的温度也偏低，则热处理过程中α晶粒既不会发生再结晶，也不会固溶于β相基体中，从而将锻造时被延伸的α晶粒保留下来，如图16-11所示，伸长的α晶粒在β转变组织的基体上条带状分布，这种组织具有低的疲劳强度。若在锻造前、锻造过程中或锻造后加热时超过了β/(α+β)转变点，导致β相发生晶粒长大，并在随后冷却时全部转变为粗大的片、块状α相，见图16-12。

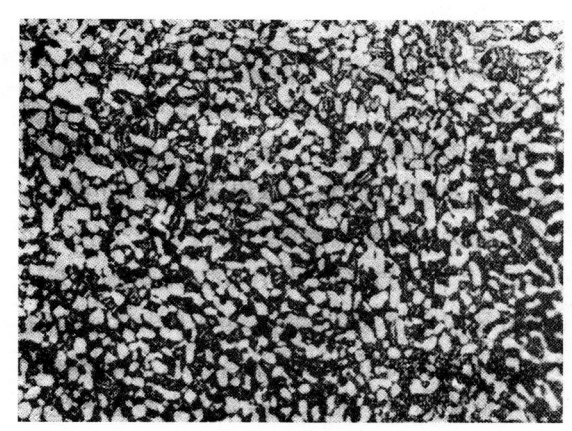
图 16-10　TC4 合金正常锻造后组织　（100×）

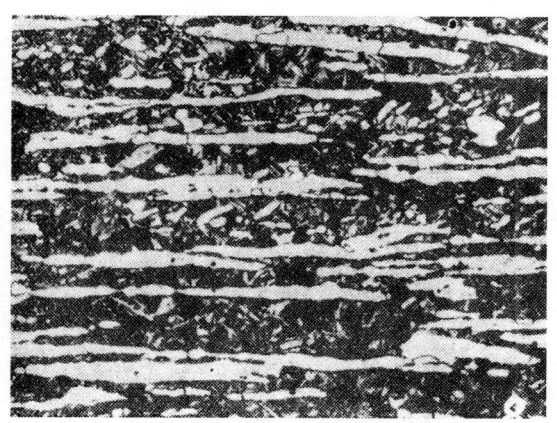
图 16-11　TC4 合金锻造温度偏低状态下组织　（150×）

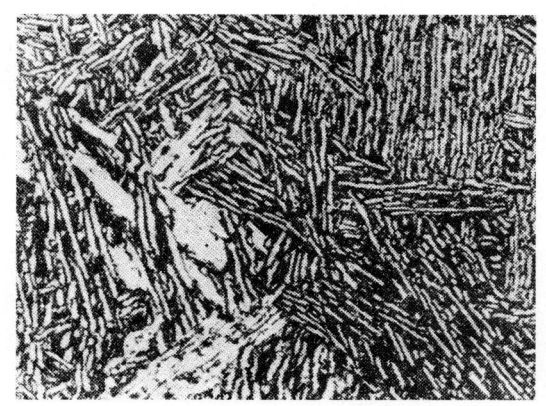
图 16-12　TC4 合金锻造温度偏高状态下组织　（300×）

TC4 合金自 955℃ 淬火后合金的显微组织，是由少量等轴的初生 α 晶粒分布在 α′ 与残余 β 的基体上所组成，这种组织经过时效处理后既具有最高的强度性能，又具有较佳的塑性。自 845℃ 淬火后的显微组织，是由初生 α 晶粒与亚稳定的 β 相所组成，这种组织虽然时效后的强度较低，但淬火态具有最高的塑性和最低的屈强比，因此成型性最好，对于淬火态需要进行冷成型加工的零件来说，这种淬火态的组织是很合适的。图 16-13 和图 16-14 是分别自 955℃ 和 845℃ 淬火的 TC4 合金轧制棒于 540℃ 时效 24 h 后的显微组织。前者是由少量等轴的初生 α 晶粒分布在时效硬化后的 α′-β 基体上所组成，同时基体中时效硬化后的 α′ 仍然保持着淬火态 α′ 的针状组织特征；后者是由初生 α 晶粒与时效硬化后的 β 相所组成。

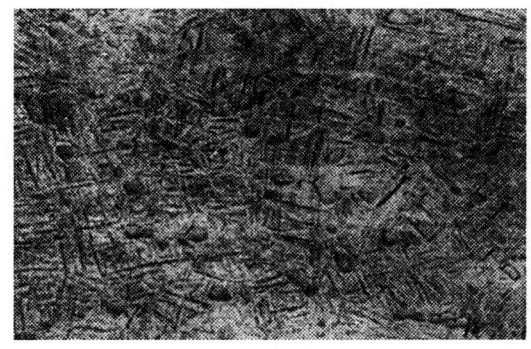
图 16-13　TC4 合金自 955℃ 淬水于 540℃ 时效后的组织　（500×）

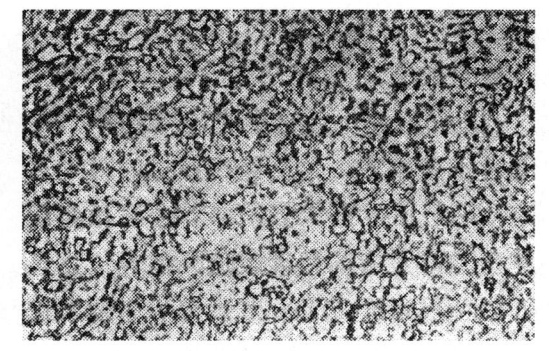
图 16-14　TC4 合金自 845℃ 淬水于 540℃ 时效后的组织　（500×）

此合金的淬火温度若超过合金的 β/(α+β) 转变点而进入 β 单相区，则淬火后的显微组织由针状马氏体（α′）组成，并可见到原来粗大β晶粒的晶界，见图 16-15。这种组织经过时效处理后虽然能获得很高的强度，但塑性、韧性很低，疲劳性能也较差。(α+β)型合金在高温加热过程中，若暴露于空气中，在表面会因富集氧、氮及碳而形成稳定的表面层，形似碳钢的脱碳层，见图 16-16 摘自 GB/T 6611—2008《钛及钛合金术语和金相图谱》。α 层通常硬而脆，被认为是有害的。

（α+β）型钛合金在淬火或等温过程中，从β相析出α相时有时会形成过渡相——脆性的ω相，是一种通过成核长大形成的一种非平衡亚显微相，见图 16-17（摘自 GB/T 6611—2008）。

图 16-15 TC4 合金于 1 065℃保温淬水后组织（250×）

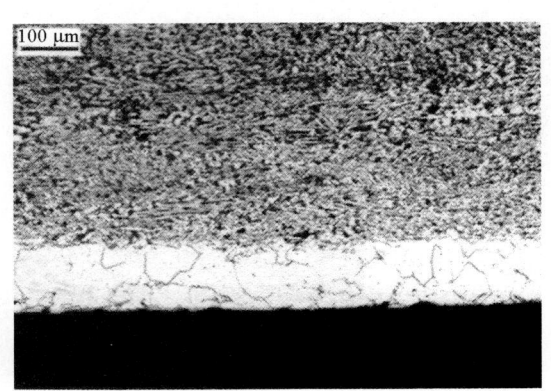
图 16-16 TC4 合金近表 α 层分布形貌

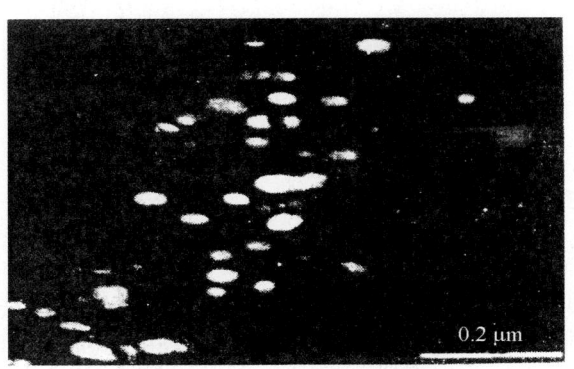
图 16-17 Ti-11.5Mo-6Zr-4.5Sn 合金出现的 ω 相形貌

16.1.3.3 β型钛合金及金相组织

β型钛合金又可细分为稳定β型合金、亚稳定β型合金及近β型合金。

β型钛合金金相组织中的β相晶粒尺寸，α相（初生、次生）的数量、尺寸形态，晶界上α相的分布等是控制其性能的重要因素。

1. 稳定β型合金

含有足够的β稳定元素，可抑制合金淬火至室温过程中发生马氏体转变，退火后及淬火后基体组织为等轴状β相，高温蠕变后会形成孪晶。该类合金室温强度较低，冷成型性好，在还原性介质中耐蚀性较好。

2. 亚稳定β型合金

含有临界浓度以上的β稳定元素（钼当量约为 10wt%），少量的铝（≤3wt%）和中性元素，从β相区固溶处理后，几乎全部为亚稳定β相，时效后会析出α相，这类合金冷加工性好，时效强度高。在β型钛合金中亚稳定β型钛合金应用最广，典型牌号有 TB2、TB3、TB5(Ti-15-3)等。

图 16-18 为 TB5 合金经 800℃、20 min、空冷的固溶处理后的组织：等轴状β晶粒。若保温后随炉冷，则会在晶粒内有黑斑点状的次生α相析出。固溶（空冷）处理＋时效处理后，β晶粒内次生α相会充分析出，若时效充分，则次生α相不仅充分析出，还会聚集长大呈颗粒及小条状，见图 16-19，为 TB5 合金经

(800℃、20 min、空冷)+(630℃、8 h、空冷)后的组织形貌。

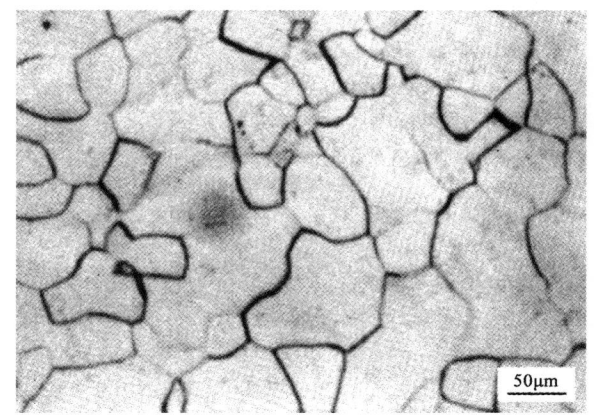

图 16-18　TB5 合金固溶空冷后组织

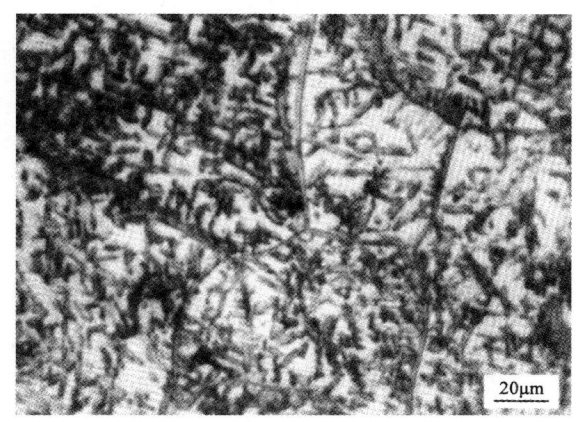

图 16-19　TB5 固溶空冷+时效后组织

3. 近 β 型合金

含有临界浓度左右的 β 稳定元素,和一定量的中性元素及铝,从 β 相区固溶处理后有大量亚稳定 β 相及其他亚稳定相(α 或 ω 相),时效后,主要是 α 相和 β 相,这类合金适合加工成锻件产品,具有优良的强韧性匹配。

TB6(Ti1023,Ti10V2Fe3Al)是典型的近 β 型钛合金之一,其相变点为 780～800℃。当在 β 相区加热固溶+时效处理时,基体组织将粗化,大晶粒的 β 相基体上析出亮色的针状次生 α 相,见图 16-20。当在 760℃(α+β 两相区)、保温 2 h、水淬固溶处理后再经 525℃、8 h、空冷时效,组织为白亮的颗粒状初生 α 相及在 β 基体上析出的暗黑点粒状次生 α 相,见图 16-21。

图 16-20　TB6 合金 β 相区加热+时效后组织

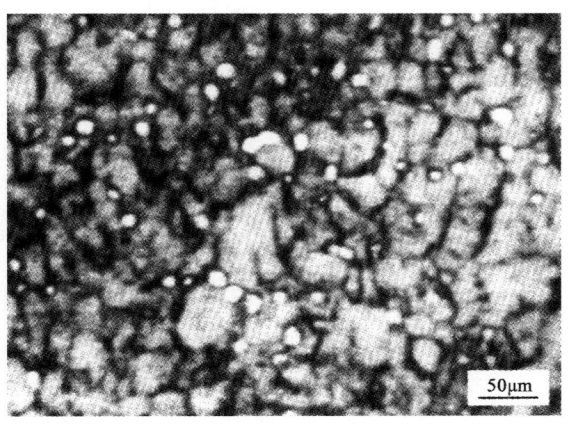

图 16-21　TB6 合金 760℃ 固溶+时效后组织

16.1.4　钛及钛合金金相制样特点

与其他金属相比,钛的热导率相对较低,所以切割钛试样时必须采用水冷,以防止局部过热。此外,还应减小锯片的切割速率和进给速率。材料有软硬之分,因此除 SiC 锯片外,金刚石锯片也很有效。建议采用黏接强度相对较弱的金刚石锯片,例如采用环氧树脂充当锯片黏结剂。

钛容易产生表层变形,从而容易出现组织假象,尤其是高纯钛,一般要用电解抛光方法才能避免变质层产生。有关电解抛光液配方见表 16-5。

钛合金常用机械抛光方法制样,但要控制压力、转速。最后的抛光通常采用多次短时重复进行,然后对金相试样进行浸蚀,常用浸蚀剂见表 16-6。建议抛光⇌浸蚀交替进行,一般经 3 次重复,即可显露出较清晰的组织形貌。

表 16-5　钛及钛合金电解抛光液

抛光液种类	抛光液配方		电解抛光条件
A	甲醇 丁醇 乙二醇丁醚 乙酸 高氯酸	630 mL 50 mL 260 mL 2 mL 60 mL	电压 25～40 V，时间 10～30 s
B	高氯酸 蒸馏水 乙醇 乙二醇丁醚	78 mL 120 mL 700 mL 100 mL	电压 40 V±1 V，时间大约 5 s
C	高氯酸 冰醋酸	50 mL 950 mL	电压 55～60 V，时间 20～40 s

注：本表由作者根据 GB/T 5168—2020 整理所得。

表 16-6　钛及钛合金浸蚀液

浸蚀液配方		适用说明
氟化氢(40wt%) 硝酸(65wt%) 过氧化氢 水	3 mL 5 mL 少量 100 mL	微观组织显示
氟化氢(40wt%～42wt%) 硝酸(65wt%～68wt%) 水	2%～5%(体积分数) 10%～12%(体积分数) 余	微观组织显示
硝酸 氟化氢 水	13%～30%(体积分数) 10.5%～16%(体积分数) 余	低倍组织显示

16.2　镁及镁合金的金相分析

以希腊古城 Magnesia 命名的镁是所有结构用金属合金材料中密度最低的金属。镁及镁合金具有比强度高、比刚度高、减震性强、电磁屏蔽和抗辐射能力强、易切削加工、易回收等一系列优点，被称为 21 世纪的绿色工程材料。尤其是机械结构轻量化及环保问题的需求促进了镁和镁合金的研发和应用的发展。

16.2.1　镁及镁合金的特性、分类及牌号

16.2.1.1　纯镁及镁的基本特性

根据镁矿资源和种类不同，目前生产镁的方法主要有两大类：热还原法和电解法，前者已占总产量的 90%。高纯度的精炼镁通常由原镁经真空精炼而成。

镁的原子序数为 12，相对原子质量为 24.32，位于周期表中第 3 周期第 2 族。镁的晶体结构为密排六方，在 25℃时的晶格常数为 $a=0.3202$ nm，$c=0.5199$ nm；晶胞的轴比为 $c/a=1.6237$。

镁在 20℃时的密度只有 1.738 g/cm³，是常用结构材料中最轻的金属，镁的这一特征与其优越的力学性能相结合成为大多数镁基结构材料应用的基础。镁的热容比其他所有的金属都低，合金元素对镁的热容的影响也不大，因此镁及其合金的一个重要特性是加热升温与散热降温都比其他金属快。

镁在金属中是电化学顺序最后的一个，因此镁还具有很高的化学活泼性。镁在潮湿大气、海水、无机酸及其盐类、有机酸、甲醇等介质中均会引起剧烈的腐蚀，但镁在干燥的大气、碳酸盐、氟化物、铬酸盐、氢

氧化钠溶液、苯、四氯化碳、汽油、煤油及不含水和酸的润滑油中却很稳定。在室温下，镁的表面能与空气中的氧起作用，形成保护性的氧化镁薄膜，但由于氧化镁薄膜比较脆，而且也不像氧化铝薄膜那样致密，故其耐蚀性很差。由于镁在液态下容易剧烈氧化、燃烧，所以镁合金必须在熔剂覆盖下或在保护气氛中熔炼。镁合金铸件的固溶处理也要在 SO_2、CO_2 或 SF_6 气体保护下进行，或在真空下进行。

镁的室温塑性很差。纯镁单晶体的临界切应力只有 48~49 MPa，纯镁多晶体的强度和硬度也很低，因此都不能直接用做结构材料，其主要用途是配制镁合金及其他合金。

金属的弹性模量 E 的大小主要取决于原子间的结合力。而原子间结合力的大小又与原子的间距有关，所以单晶体的弹性模量是有方向性的。镁的弹性模量比较低，约为铝的 60%，钢的 20%，但镁单晶体的弹性模量的各向异性不像锌、镉等那样大。由于金属的弹性模量是一个对组织不敏感的指标，因此镁合金同镁一样弹性模量也很低。当受同样外力时，镁合金结构件能够产生较大的弹性变形，受到冲击载荷时能够吸收较大的冲击功。正是由于这个原因，镁合金被用于制造飞机起落架轮毂、赛车的轮毂、风动工具的零件等受冲击载荷物件。

镁属于密排六方晶体结构，其塑性变形依赖于滑移与孪生的协调动作，并最终受制于孪生；滑移与孪生的协调动作是此类晶体结构合金塑性变形的一个重要微观特征。实际上，同为密排六方晶体的金属，但若轴比(c/a)不同，晶体的塑性变形能力也存在着很大的差别。拉伸时，若 $c/a>1.732$，晶体会表现出较高的塑性变形能力。镁的 $c/a=1.6237$，小于 1.732，这正是在拉伸时，镁的塑性比同是密排六方晶体结构的锌($c/a=1.856$，断后伸长率 $A=40\%$)要低得多的一个重要原因。虽然镁在拉伸时表现得比较脆，但其承受压应力时却会表现出较好的塑性，因而挤压、锻造、轧制和冲压等压力加工方法都很适合于镁的塑性成型。镁在受压应力时，一旦滑移面趋向平行于受力方向，镁晶体中的滑移系虽然停止运动，但外力的持续增加往往会导致孪生的发生，一旦发生孪生，在孪晶内由于晶体取向的变化，滑移面不再平行于受力方向，原有的滑移系又会继续启动，直至断裂，塑性变形才会结束。一些研究结果认为镁合金的超塑性行为还与位错的黏性滑移有关，其力学性能强烈地依赖于晶粒尺寸和晶界滑移。

16.2.1.2 镁的合金化

镁通过合金化而改变镁合金的物理、化学、力学和工艺性能。

在镁合金的所有合金元素中，铝是最重要的合金元素。通过形成 $Mg_{17}Al_{12}$ 相显著提高镁合金的抗拉强度；锌和锰具有类似的作用，银能提高镁合金的高温强度；硅能恶化镁合金的铸造性能并导致脆性；锆有异质形核作用，可导致晶粒细化；稀土元素镱、钕和铈等通过沉淀强化而大幅度提高镁合金强度；铜、镍和铁等因影响腐蚀性而很少采用。下面分别介绍镁合金中常见主要合金元素的作用。

1. 铝

铝是镁合金中最常用的合金元素。铝与镁能形成有限固溶体，在共晶温度(437℃)下的饱和溶解度为 12.7wt%，在提高合金强度和硬度的同时，也能拓宽凝固区，改善铸造性能。由于溶解度随温度下降而显著减小，所以 Mg-Al 合金可以进行热处理。含铝量过高时，合金的应力腐蚀倾向加剧，脆性提高。工业镁合金的铝含量通常低于 10wt%，含量为 6wt% 时，合金的强度和延展性匹配得最好。

2. 锌

锌是除铝以外的另一种非常有效的合金化元素，锌在镁中的最大固溶度为 6.2wt%，具有固溶强化和时效强化的双重作用。锌通常与铝结合起来提高室温强度。当镁合金中铝含量为 7wt%~10wt% 且锌添加量超过 1wt% 时镁合金的热脆性明显增加。锌也同锆、稀土或钍结合，形成强度较高的沉淀强化镁合金。高锌镁合金由于结晶温度区间间隔太大，合金流动性大大降低，从而铸造性能较差。此外，锌也能减轻因铁、镍存在而引起的腐蚀作用。

3. 锰

镁合金中添加锰对抗拉强度几乎没有影响，但是能稍微提高屈服强度。锰通过除去铁及其他重金属元素避免生成有害的晶间化合物来提高 Mg-Al 合金和 Mg-Al-Zn 合金的抗海水腐蚀能力，在熔炼过程中把部分有害的金属间化合物分离出来。锰在镁中的固溶度较低，含量通常低于 1.5wt%；在含铝的镁合金中，锰的固溶度不到 0.3wt%。此外，锰还可以细化晶粒，提高可焊性。

4. 锆

锆在镁中的固溶度很小，在包晶温度下仅为 0.58wt%，具有很强的晶粒细化作用。α-Zr 的晶格常数与镁非常接近，在凝固过程中先形成的富锆固相粒子将为镁晶粒提供异质形核位置，充当晶粒细化剂。由于只有固溶体中的锆才有晶粒细化作用，因此当锆与铝、锰以及铁、硅、碳、氮、氧等形成稳定化合物而从固溶体中分离出来，则这些锆无细化晶粒作用。锆在变形镁合金中可抑制晶粒长大，因而含锆镁合金在退火或热加工后仍具有较高的力学性能。

5. 稀土（RE）

稀土（RE）是一种重要的合金化元素，稀土镁合金的固溶和时效强化效果随着稀土元素原子序数的增加而增加。稀土元素原子扩散能力差，这种特性，既可以提高镁合金再结晶温度和减缓再结晶过程，又可以析出非常稳定的弥散相粒子，从而能大幅度提高镁合金的高温强度和蠕变抗力。有研究表明，钇、镝和镱等通过影响沉淀析出反应动力学和沉淀相的体积分数来影响镁合金的性能，Mg-Nd-Gd 合金时效后的抗拉强度高于相应的 Mg-Nd-Yb 和 Mg-Nd-Dy 合金。镁合金中添加两种或两种以上稀土元素时，由于稀土元素间的相互作用，能降低彼此在镁中的固溶度，并相互影响其过饱和固溶体的沉淀析出动力学，后者能产生附加的强化作用。此外，稀土元素能使合金凝固温度区间变窄，并且能减轻焊缝开裂和提高铸件的致密性。

6. 锂

锂在镁中的固溶度相对较高，可以产生固溶强化效应，并能显著降低镁合金的密度，甚至能够得到比纯镁密度还低的 Mg-Li 合金。锂还可以改善镁合金的延展性，特别是当锂含量达到约 11wt% 时，能形成具有体心立方结构的相，从而大幅度提高镁合金的塑性变形能力。锂能提高镁合金的延展性，但同时也会显著降低强度和抗蚀性。温度稍高时，Mg-Li 合金会出现过时效现象，但有时也能产生时效强化效应。由于 Mg-Li 合金的成本、腐蚀、加工以及强度问题，其应用至今仍然非常有限。此外，锂增大了镁蒸发及燃烧的危险，只能在保护密封条件下冶炼。当锂含量达到约 30wt% 以上时，Mg-Li 合金具有面心立方结构。

7. 银

银在镁中的固溶度最大可达到 15.5wt%。银的原子半径与镁的相差 11%，当银溶入镁中后，间隙式固溶原子造成非球形对称畸变，产生很强的固溶强化效果。此外，银与空位结合能较大，可优先与空位结合，使原子扩散减慢，阻碍时效析出相长大，阻碍溶质原子和空位逸出晶界，减少或消除了时效处理时在晶界附近出现的沉淀带，使合金组织中弥散性连续析出的 γ 相占主导地位。因此，镁合金中添加银，能增强时效强化效应，提高镁合金的高温强度和蠕变抗力，但降低合金抗蚀性。随银含量增加，Mg-Al-Zn 合金屈服强度和抗拉强度显著提高。

铁、铜、镍等均会降低镁合金的抗蚀性，因此对镁合金是一类有害杂质元素，一般均应控制在 ≤ 0.005wt%。

16.2.1.3 镁合金的分类

镁合金一般按 3 种方式分类：合金的化学成分、成型工艺以及是否含锆。

按化学成分分类：镁合金可分为二元、三元或多元合金系。但在实际中，为了分析问题的方便，也是为了简化和突出合金中的最主要合金元素，一般习惯上总是依据镁与其中的一个主要合金元素，将镁合金划分为二元合金系，如 Mg-Al、Mg-Zn、Mg-Mn、Mg-RE、Mg-Ag 和 Mg-Li 系等。

按成型工艺分：可分为变形镁合金和铸造镁合金两大类。铸造镁合金比变形镁合金应用要广泛得多，进一步还可细分为（砂型）铸造镁合金以及压铸镁合金等。变形镁合金和铸造镁合金在成分、组织和性能上存在着很大的差异。变形镁合金的塑性变形性能相对优良，强度虽然较低，但一般高于铸造镁合金。

按是否含锆分：不含锆的镁合金有 Mg-Al、Mg-Zn、Mg-Mn 系列；含锆的镁合金系列有 Mg-Zn-Zr、Mg-RE-Zr、Mg-Ag-Zr 系。

其中按化学成分的分类方法更便于镁合金的组织、性能探讨，应用更广泛。

1. Mg-Al 合金系

Mg-Al 合金系是最早用于铸件的二元合金系，该系既包括铸造合金又包括变形合金，是目前牌号最多，应用最广的系列。大多数 Mg-Al 合金实际上还包括其他的合金元素，以此为基础发展的三元合金系有 Mg-Al-Zn、Mg-Al-Mn、Mg-Al-Si 和 Mg-Al-RE 共 4 个系列。

Mg-Al 二元合金的平衡和非平衡结晶过程可借助于 Mg-Al 二元合金相图来讨论，图 16-22 是 Mg-Al 二元合金相图富镁部分的放大。其中，实线表示慢速冷却，即平衡状态的情况；虚线代表快速冷却，即非平衡冷却的情况。铝在镁中的最大溶解度是在 437℃ 时为 12.7wt%，降至室温时铝的溶解度只有大约 2wt%。因此，当铝在镁中的溶解度在 2wt%～12.7wt% 内慢速冷却至相图中的液相线时，合金首先发生的是匀晶反应 L→α，当合金冷至固相线时，匀晶反应结束，伴随着的缓慢冷却过程，铝原子通过扩散使 α-Mg 固溶体的合金成分不断地趋于均匀化。随着 α-Mg 单相固溶体继续冷却到固溶度曲线以下时，Mg-Al 化合物 $\beta\text{-}Mg_{17}Al_{12}$ 将开始从 α 固溶体中沉淀析出，这一过程一直持续至室温。因此，合金成分在这一范围的镁合金平衡结晶的室温组织应当是 α 固溶体与 $\beta\text{-}Mg_{17}Al_{12}$ 沉淀相的混合物，没有共晶组织。但在实际的凝固条件下，大多数 Mg-Al 系合金，特别是含铝较多的镁合金（如 AZ91、AM100），尽管合金中铝的含量小于其溶解度极限（12.7wt%），其铸态组织中仍存在一些分布在 α-Mg 晶界上的 $\beta\text{-}Mg_{17}Al_{12}$ 共晶组织。这表明，Mg-Al 二元合金的实际结晶过程大多是在非平衡条件下进行的，其冷却过程中相的平衡关系应当如图 16-22 中的虚线所示。在 c 点以左 b 点以右，特别是成分接近 c 点的合金，当以较大的冷却速度结晶时，在 L→α 的转变过程中，由液相生成的初生 α-Mg 中的溶质铝来不及扩散均匀化，致使溶质铝在尚未凝固的液相中富集，并超过溶解度极限（12.7wt%），使凝固组织中产生共晶组织。虚线的位置依赖于具体的凝固条件。铸件的冷却速度越大，非平衡态就越远离平衡态，Mg-Al 二元合金相图中的虚线对实线的偏离就越大。在这种情况下，在 c 点以左 b 点以右的合金，特别是成分接近 c 点的合金在足够大的冷却速度下，有可能得到一些非平衡的共晶组织。冷却速度越大，先共晶 α-Mg 固溶体中铝的偏析倾向也越大，先共晶 α-Mg 晶粒与 $\beta\text{-}Mg_{17}Al_{12}$ 相的组织的尺寸越小，铸态显微组织更加细密。

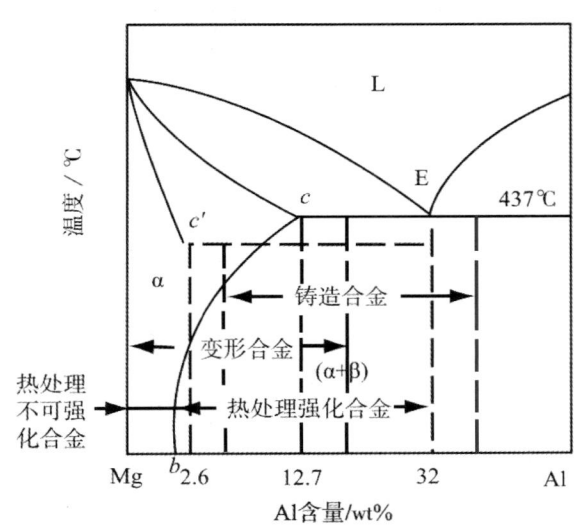

图 16-22 Mg-Al 二元合金富 Mg 部分相图

Mg-Al 合金中往往还含有一些其他的合金元素，但其中最重要的就是锌和锰。锌在 Mg-Al 合金中主要是以固溶状态存在于 α 固溶体和 $\beta\text{-}Mg_{17}Al_{12}$ 相中。锌的添加量 >2wt%，会降低断后伸长率。这在固溶处理状态非常明显，使得该合金从固溶处理温度淬火时，由于热应力的存在而易于发生裂纹。锰则以游离状态存在，锰和铝还能形成化合物 $MnAl_4$ 或 $MnAl_6$；当有铁存在时，则能生成 Mn-Al-Fe 三元化合物。

由于 $\beta\text{-}Mg_{17}Al_{12}$ 相的熔点仅为 460℃，当温度升高超过 120～130℃ 时，$\beta\text{-}Mg_{17}Al_{12}$ 相开始软化，不能起到钉扎晶界和抑制高温晶界的转动的作用，导致合金的持久强度和蠕变性能急剧降低。可通过向 Mg-Al 合金系中加入硅或稀土，以形成熔点高、硬而稳定的 Mg_2Si 相或 $Mg_{12}Nd$ 相而改善 Mg-Al 系合金的高温性能。

Mg-Al 和 Mg-Al-Zn 铸件有形成微孔倾向，但铸造性能和抗腐蚀性能优良。大多数变形镁合金一般基于 Mg-Al-Zn-Mn 系。

2. Mg-Mn 合金系

图 16-23 为 Mg-Mn 二元合金的富镁部分相图，可见在 652℃ 发生包晶转变：L+β(Mn)→α 固溶体。在包晶温度下，锰在 α 固溶体内的溶解度为 3.3wt%。随温度下降，固溶度迅速减小，620℃ 为 2.06wt%，455℃ 为 0.25wt%。由于 β-Mn 相实际上是纯锰，故 Mg-Mn 合金的热处理强化作用小，一般在退火状态下使用。

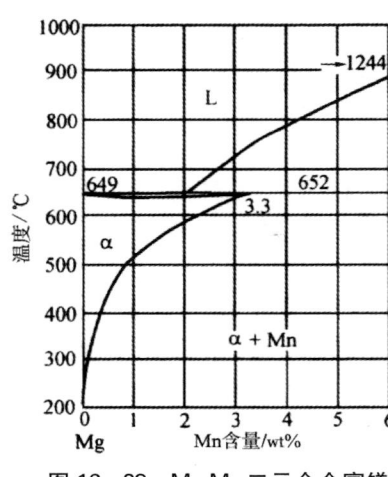

图 16-23 Mg-Mn 二元合金富镁部分相图

在铸造状态下，虽然锰对镁合金的强化作用很弱，但合金经变形后，强度仍有一定的提高。Mg-Mn 系合金的铸造工艺性能差，凝固收缩大，热裂倾向比较高，故 Mg-Mn 系合金都属于变形镁合金。Mg-Mn 系合金存在着挤压效应，挤压制品的强度超过轧制产品。Mg-Mn 系合金最主要的优点是具有优良的抗蚀性和焊接性。由于锰容易同有害杂质元素化合，从而清除了铁对抗蚀性的有害影响，使得腐蚀速度特别是在海水中的腐蚀速度大大降低。Mg-Mn 合金中锰含量达 1.5wt% 时可获最佳耐蚀性，过量反而造成耐蚀性和塑性下降。

Mg-Mn 合金容易出现锰偏析夹杂，它们对合金的抗拉强度、屈服强度、疲劳性能没有明显影响，对合金的断后伸长率、冲击韧性有一定的影响，并随锰偏析夹杂含量的增加而影响加剧。

3. Mg-Zn 合金系

锌在镁中最大固溶度 340℃ 时高达 8.4wt%，并且固溶度随温度降低而下降，因此 Mg-Zn 合金能进行时效强化。在 348℃，Mg-Zn 合金发生共晶转变 L→α+MgZn，该合金系中的 MgZn 化合物是强化相，具有六方结构。

纯粹的 Mg-Zn 二元合金在实际中几乎没有得到应用，因为该合金的组织粗大，对显微缩孔非常敏感。一般通过加入第三种合金元素细化晶粒，改善性能。

在 Mg-Zn 合金中加入铜，形成 Mg-Zn-Cu 三元合金，使 Mg-Zn 的铸态共晶组织发生改变，α-Mg 晶界及枝晶臂之间的 MgZn 相的形态由完全离异的不规则块状，转变为片状。但是由于铜的加入使合金的耐蚀性能降低。

也可通过加入锆，形成含锆的镁合金 Mg-Zn-Zr，使晶粒细化，并可时效强化。若加入适量的稀土元素，可降低形成显微缩松的倾向，改善铸造性能，提高蠕变抗力。

4. Mg-Li 系合金

Mg-Li 合金系的密度低于纯镁，被称为超轻镁合金。Mg-Li 合金属于共晶系，平衡结晶时在 588℃（锂含量达 7.5wt%），发生共晶反应：L→α+β。其中 α 相和 β 相分别是以镁和锂为基的固溶体，β 相为体心立方结构，其塑性高于 α 相，具有较好的冷成型性。在共晶温度下，锂在 α 相的溶解度极限是 5.7wt%，温度下降，溶解度基本不变。锂含量超过 5.7wt% 以后，由于组织中出现性质较软的 β 相，即为 (α+β) 组织合金的强度反而下降，塑性则急剧提高；锂含量大于 10wt% 时，合金为单相 β 组织，其强度较低，但在常温和低温时的塑性远远超过普通镁合金，容易加工，铸造的 Mg-Li 合金在室温下就可加工成型，允许变形量达 50%~60%。Mg-Li 合金由此分为三类，即 α 型、(α+β) 型和 β 型合金。

Mg-Li 合金的缺口敏感性小，焊接容易。但由于锂原子尺寸小，原子扩散能力强，因而耐热性很差，在稍高温度(50~70℃)下，二元合金就变得不稳定并过时效，导致在较低载荷下发生过度蠕变，故只适合在常温下工作。加入其他合金元素可在一定程度上提高 Mg-Li 合金的强度及热稳定性。

Mg-Li 合金的缺点是化学活性很高，锂极易与空气中的氧、氢、氮结合成稳定性很高的化合物，因此熔炼和铸造必须在惰性气体中进行，采用普通熔剂保护方法很难得到优质铸锭。此外，Mg-Li 合金的抗蚀性低于一般镁合金，应力腐蚀倾向严重。

16.2.1.4 镁及镁合金的牌号、成分

国际 ISO 组织在镁及镁合金相关的材料牌号方面标准目前有 3 项：ISO 121：1980(E)《镁-铝-锌合金锭及铸件》、ISO 3115：1981(E)《含锆的镁合金铸件》以及 ISO 3116：2007《镁和镁合金　锻制镁合金》，分别列出了 12 种铸造镁合金牌号及 11 种变形(加工)镁合金牌号。该标准系列中的镁合金牌号的编制方法之一是沿用传统的元素符号及名义百分含量命名，如 MgAl8Zn（铸造镁-铝-锌合金）、ISO-MgZn6Zr（加工镁-锌-锆镁合金）。还有一种特定的数字命名方法。

国际上，各国对镁合金命名的标准不尽相同，但美国 ASTM 标准的镁合金命名规定应用最为广泛。ASTM 命名法规定镁合金牌号由字母-数字-字母 3 部分组成。

第一部分：由两种主要合金元素的代码组成，按含量高低顺序排列，元素代码，见表16-7。
第二部分：由这两种元素的质量分数组成，按元素代码顺序排列。
第三部分：由指定的字母如A、B和C等组成，表示合金发展的不同阶段。大多数情况下，该字母表征合金的纯度，区分具有相同名称、不同化学组成的合金。

表16-7 镁合金牌号中的元素代码

英文字母	元素符号	元素名称	英文字母	元素符号	元素名称
A	Al	铝	M	Mn	锰
B	Bi	铋	N	Ni	镍
C	Cu	铜	P	Pb	铅
D	Cd	镉	Q	Ag	银
E	RE	混合稀土	R	Cr	铬
F	Fe	铁	S	Si	硅
G	Ca	钙	T	Sn	锡
H	Th	钍	V	Gd	钆
J	Sr	锶	W	Yb	钇
K	Zr	锆	Yb	Sb	锑
L	Li	锂	Z	Zn	锌

注：本表摘自 GB/T 19078—2016。

我国 GB/T 5153—2016《变形镁及镁合金牌号和化学成分》标准基本采用上述 ASTM 的合金命名方法，以下为2个示例：

示例1：

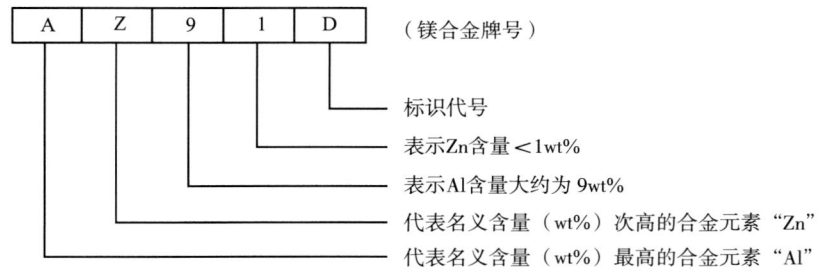

示例2：

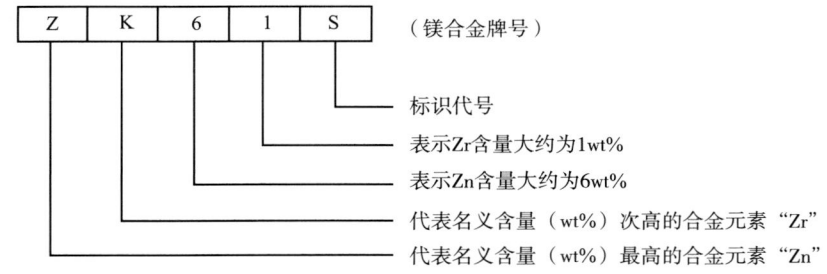

GB/T 5153—2016 中列出了 66 个变形镁合金牌号，分为 8 个组别，部分牌号见表 16-8。
相关的镁合金工艺状态代码见表 16-9，部分变形镁合金的力学性能见表 16-10。

表 16-8　部分变形镁合金牌号及成分

合金组别	牌号	化学成分(余量为 Mg)/wt%									其他元素[①]	
		Al	Zn	Mn	Si	Fe	Cu	Ni	Be	其他	单个	总计
MgAl	AZ31B	2.5~3.5	0.60~1.4	0.20~1.0	≤0.08	≤0.003	≤0.01	≤0.001	—	Ca≤0.04	≤0.05	≤0.30
	AZ31S	2.4~3.6	0.50~1.5	0.15~0.40	≤0.10	≤0.005	≤0.05	≤0.005	—	—	≤0.05	≤0.30
	AZ31T	2.4~3.6	0.50~1.5	0.05~0.40	≤0.10	≤0.05	≤0.05	≤0.005	—	—	≤0.05	≤0.30
	AZ40M	3.0~4.0	0.20~0.80	0.15~0.50	≤0.10	≤0.05	≤0.05	≤0.005	≤0.01	—	≤0.01	≤0.30
	AZ41M	3.7~4.7	0.80~1.4	0.30~0.60	≤0.10	≤0.05	≤0.05	≤0.005	≤0.01	—	≤0.01	≤0.30
	AZ61A	5.8~7.2	0.40~1.5	0.15~0.50	≤0.10	≤0.005	≤0.05	≤0.005	—	—	—	≤0.30
	AZ61M	5.5~7.0	0.5~1.5	0.15~0.50	≤0.10	≤0.05	≤0.05	≤0.005	≤0.01	—	≤0.01	≤0.30
	AZ61S	5.5~6.5	0.5~1.5	0.15~0.40	≤0.10	≤0.005	≤0.05	≤0.005	—	—	≤0.05	≤0.30
	AZ62M	5.0~7.0	2.0~3.0	0.20~0.50	≤0.10	≤0.05	≤0.05	≤0.005	≤0.01	—	≤0.01	≤0.30
	AZ63B	5.3~6.7	2.5~3.5	0.15~0.60	≤0.08	≤0.003	≤0.01	≤0.001	—	—	—	≤0.30
	AZ80A	7.8~9.2	0.20~0.80	0.12~0.50	≤0.10	≤0.005	≤0.05	≤0.005	—	—	—	≤0.30
	AZ80M	7.8~9.2	0.20~0.80	0.15~0.50	≤0.10	≤0.05	≤0.05	≤0.005	≤0.01	—	≤0.01	≤0.30
	AZ80S	7.8~9.2	0.20~0.80	0.12~0.40	≤0.10	≤0.005	≤0.05	≤0.005	—	—	≤0.05	≤0.30
	AZ91D	8.5~9.5	0.45~0.90	0.17~0.40	≤0.08	≤0.004	≤0.025	≤0.001	0.0005~0.003	—	≤0.01	—
MgMn	M1C	≤0.01	—	0.50~1.3	≤0.05	≤0.01	≤0.01	≤0.001	—	—	≤0.05	≤0.30
	M2M	≤0.20	≤0.30	1.3~2.5	≤0.10	≤0.05	≤0.05	≤0.007	≤0.01	—	≤0.01	≤0.20
	M2S	—	—	1.2~2.0	≤0.10	—	≤0.05	≤0.01	—	—	≤0.05	≤0.30
MgRE	EZ22M	≤0.01	1.2~2.0	≤0.01	≤0.0005	≤0.001	≤0.001	≤0.0001	—	Er：2.0~3.0 Ce：0.15~0.35	≤0.01	≤0.30

续表

合金组别	牌号	化学成分(余量为Mg)/wt%									其他元素①	
		Al	Zn	Mn	Si	Fe	Cu	Ni	Be	其他	单个	总计
MgZn	ZK61M	≤0.05	5.0~6.0	≤0.10	≤0.05	≤0.05	≤0.05	≤0.005	≤0.01	Zr:0.30~0.90	≤0.01	≤0.30
	ZK61S	—	4.8~6.2	—	—	—	—	—	—	Zr:0.45~0.80	≤0.05	≤0.30

注：① 其他元素指在本表头中列出了元素符号，但在本表中却未规定极限数值含量的元素。

表 16-9 镁合金牌号中的工艺状态代码

代码		工艺状态	代码		(热处理)工艺状态
一般分类	F O H T W	铸态 退火、再结晶(对锻制产品而言) 应变硬化 热处理以获得一定的稳定性能 固溶处理(性质不稳定)	T 细分	T1 T2 T3 T4 T5 T6 T61 T7 T8 T9 T10	冷却后自然时效 退火态(仅指铸件) 固溶处理后冷加工 固溶处理 冷却和人工时效 固溶处理和人工时效 热水中淬火和人工时效 固溶处理和稳定化处理 固溶处理、冷加工和人工时效 固溶处理、人工时效和冷加工 冷却、人工时效和冷加工
H 细分	H1 H2 H3	应变硬化 应变硬化和部分退火 应变硬化后稳定化			

表 16-10 部分变形镁合金的力学性能

牌号	产品类别	状态	厚度(直径) t/mm	抗拉强度 R_m/MPa≥	屈服强度 $R_{p0.2}$/MPa≥	断后伸长率 A/%≥
ISO-MgAl3Zn1（AZ31）	棒材或均衡截面件	F	1≤t≤10	220	140	10
		F	10<t≤65	240	150	10
	管或中空件	F	1≤t≤10	220	140	10
	锻件	F	全部	235	130	8
	板材、片材	O	0.5≤t≤6	220	105	11
		O	6<t≤25	210	105	9
		H2	0.5≤t≤6	250	160	5
		H2	6<t≤25	250	120	8
ISO-MgAl6Zn1（AZ61S、AZ61A）	棒材或均衡截面件	F	1≤t≤10	260	160	6
		F	10<t≤40	270	180	10
	管或中空件	O	1≤t≤10	260	150	10
	锻件	O	全部	270	152	6

续表

牌号	产品类别	状态	厚度(直径) t/mm	抗拉强度 R_m/MPa≥	屈服强度 $R_{p0.2}$/MPa≥	断后伸长率 A/%≥
ISO-MgAl8Zn（AZ80S、AZ80A）	棒材或均衡截面件	F	t≤40	295	195	10
		F	40＜t≤60	295	195	8
		F	60＜t≤130	290	185	8
		T5	t≤6	325	205	4
		T5	6＜t≤60	330	230	4
	管或中空件	F	t≤10	295	195	7
	锻件	F	全部	290	200	6
ISO-MgMn2(M2S)	棒材或均衡截面件	F	t≤10	230	120	3
		F	10＜t≤50	230	120	3
		F	50＜t≤100	200	120	3
	管或中空件	F	t≤2	225	165	2
		F	t＞2	200	145	1.5
ISO-MgZn6Zr（ZK61S）	棒材或均衡截面件	F	t≤50	300	210	5
		T5	t≤50	310	230	5
	管或中空件	F	全部	275	195	5
		T5	全部	315	260	4
	锻件	T5	t≤75	290	180	7
		T6	t≤75	295	220	4
ISO-MgZn7Cu1（ZC71A）	棒材或均衡截面件	F	10≤t≤130	250	160	7
		T6	10≤t≤130	325	300	3
ISO-MgYb5RE4Zr（WE54A）	棒材或均衡截面件	T5	10≤t≤50	250	170	6
		T6	10≤t≤50	250	160	6
	锻件	T5	全部	290	155	6
		T6	全部	260	165	6

注：本表由作者根据 ISO 3116：2007(E)整理所得。

相对而言，铸造镁合金应用更为广泛，而且适应各种铸造工艺：砂型铸造、永久（金属）模铸造、压力铸造以及熔模铸造等。为适应各种铸造工艺，往往同一牌号的镁合金成分中某些元素含量有变动，由此会制定各种铸造工艺条件下的技术标准，如 GB/T 1177—2018《铸造镁合金》、GB/T 25748—2010《压铸镁合金》等。

我国 GB/T 19078—2016《铸造镁合金锭》标准参考 ASTM B93M-09《砂型铸件、永久模铸件及熔模铸件用镁合金锭》及 ISO 16220《镁及镁合金锭和铬件》标准而制定。该标准不仅规定了铸造镁合金锭的牌号成分，而且规定了各种铸造工艺条件下的镁合金牌号及成分，部分牌号及成分见表 16-11，部分铸造镁合金的力学性能可参见表 16-16。

表 16-11 部分铸造镁合金的化学成分

合金组别	牌号	铸造工艺	化学成分(未标明范围者,均为最大值,余量为Mg)/wt%									其他元素		Fe/Mn
			Al	Zn	Mn	RE	Zr	Si	Fe	Cu	Ni	其他	单个	总计	
MgAl	AZ81A	S、K、L	7.0~8.1	0.40~1.00	0.13~0.35	—	—	0.30	—	0.10	0.01	—	—	0.30	—
	AZ81S	D	7.0~8.7	0.35~1.00	0.10~0.50	—	—	0.10	0.005	0.03	0.002	—	0.01	—	—
		S、K、L	7.0~8.7	0.40~1.00	0.10~0.35	—	—	0.20	0.005	0.03	0.001	—	0.01	—	—
	AZ91D	D	8.3~9.7	0.35~1.00	0.15~0.50	—	—	0.10	0.005	0.03	0.002	—	0.01	—	0.032
		S、K、L	8.3~9.7	0.40~1.00	0.17~0.35	—	—	0.20	0.005	0.03	0.001	—	0.01	—	0.032
	AZ91S	D、S、K、L	8.0~10.0	0.30~1.00	0.10~0.60	—	—	0.30	0.003	0.2	0.01	—	0.05	—	—
	AZ63A	S	5.3~6.7	2.5~3.5	0.15~0.35	—	—	—	0.005	0.25	0.01	—	—	0.30	—
	AM20S	D	1.6~2.6	0.20	0.33~0.70	—	—	0.10	0.004	0.01	0.002	—	0.01	—	0.012
	AM50A	D	4.4~5.4	0.20	0.26~0.60	—	—	0.10	0.004	0.01	0.002	—	0.01	—	0.015
	AM60B	D	5.5~6.5	0.20	0.24~0.60	—	—	0.10	0.005	0.01	0.002	—	0.01	—	0.021
	AM100A	S、K、L	9.3~10.7	0.30	0.10~0.35	—	—	0.30	—	0.10	0.01	—	—	0.30	—
	AS21S	D	1.8~2.6	0.20	0.18~0.70	—	—	0.7~1.2	0.004	0.01	0.002	—	0.01	—	0.022
	AS41B	D	3.5~5.0	0.12	0.35~0.70	—	—	0.5~1.5	0.0035	0.02	0.002	—	0.02	—	0.010
MgZn	ZC63A	S、K、L	0.2	5.5~6.5	0.25~0.75	—	—	0.20	0.05	2.4~3.0	0.01	—	0.01	0.30	—
	ZK51A	S	—	3.6~5.5	—	—	0.5~1.0	—	—	0.10	0.01	—	—	0.30	—
	ZK61A	S、L	—	5.5~6.5	—	—	0.6~1.0	—	—	0.10	0.01	—	—	0.30	—
	ZE41A	S、K、L	—	3.5~5.0	0.15	0.75~1.75	0.4~1.0	0.01	0.01	0.03	0.005	—	0.01	0.30	—
MgZr	K1A	S、L	—	—	—	—	0.4~1.0	—	—	—	—	—	—	0.30	—
MgAg	QE22A	S、K、L	—	—	—	1.8~2.5	0.4~1.0	—	—	0.10	0.01	Ag:2.0~3.0	—	0.30	—
	QE22S	S、K、L	—	0.20	0.15	2.0~3.0	0.4~1.0	0.01	0.01	0.03	0.005		0.01	—	—

续 表

合金组别	牌号	铸造工艺	化学成分(未标明范围者,均为最大值,余量为Mg)/wt%									其他元素		Fe/Mn
			Al	Zn	Mn	RE	Zr	Si	Fe	Cu	Ni	其他	单个	总计	
MgRE	EZ33A	S、K、L	—	2.0~3.1	0.15	2.5~4.0	0.5~1.0	0.01	0.01	0.03	0.005	—	0.01	0.30	—
	EQ21A	S、K、L	—	—	—	1.5~3.0	0.4~1.0	—	—	0.05~0.10	0.01	Ag:1.3~1.7	—	0.30	—
MgYbRE-Zr	WE54A	S、K、L	—	0.20	0.15	1.5~4.0	0.4~1.0	0.01	0.01	0.03	0.005	Yb:4.75~5.50 Li:0.2	0.01	0.30	—

注：1. MgZnREZr 组别中的稀土富铈；
2. MgREAgZr 组别中的稀土富钕，钕含量不小于 70wt%；
3. MgYbREZr 组别中的稀土富钕和重稀土，WE54A 含稀土元素钕为 1.5wt%~2.0wt%，余量为重稀土；
4. 其他元素是指本表表头中列出了元素符号，但在本表中却未规定极限数值含量的元素；
5. 如果 Mn 含量达不到表中最小极限值，或 Fe 含量超出表中规定的最大极限，则 Fe/Mn 值应符合表中规定；
6. 铸造工艺代号：S：砂型铸造，K：永久模铸造，L：熔模铸造，D：压铸；
7. 本表摘自 GB/T 19078—2016。

我国铸造镁合金的牌号命名与变形镁合金牌号命名一样，同样采用 ASTM 方法，各元素的代表字符、工艺状态代号见上述相关表格。在具体某铸造工艺用合金标准中，在材料牌号的前缀用专门字母区别，如用"YZ"表示压铸用合金。

16.2.2 镁合金的热处理

镁合金的常规热处理工艺主要为退火和固溶时效两大类。通过退火工艺可以降低镁合金的铸造或变形内应力或者淬火应力，从而提高构件的尺寸稳定性。镁合金能否进行热处理强化完全取决于合金元素的固溶度是否随温度变化。某些热处理强化效果不显著的镁合金通常选择退火作为最终热处理工艺。镁合金还有一种特殊的氢化处理(主要适用 Mg-Zn-RE-Zr 等合金)以改善组织和性能。

镁合金热处理在工艺上主要应注意防止零件在高温加热过程中发生氧化与燃烧，加热炉常用空气循环电炉，炉温波动应小于等于±5℃，加热体与零件之间应安置屏蔽罩，一般用不锈钢制作。炉内需保持中性气氛(CO_2 或 Ar)或含体积分数 0.5%~1% 的 SO_2 气氛。

16.2.2.1 退火工艺(T2)

镁合金的退火工艺可细分为均匀化退火，完全退火及去应力退火。

均匀化退火主要用于镁合金铸锭及铸件，以消除枝晶偏析和内应力，提高其塑性。由于铝、锌等合金元素扩散速率十分小，为达"均匀"所需退火温度较高，退火时间很长，如 AZ40M(MB2)合金均匀化退火温度为 390~410℃，时间为 10~20 h；对于 ZK61M(MB15)则要 420℃、60 h。

完全退火可以消除镁合金在塑性变形过程中产生的加工硬化效应，恢复和提高其塑性，以便进行后续变形加工。几种变形镁合金的完全退火工艺规范见表 16-12。对于 ME20M(MB8)合金，当要求其强度较高时，退火温度可定在 260~290℃之间；当要求其塑性较高时，退火温度可以稍高一些，一般可以定在 320~350℃之间。

表 16-12　部分变形镁合金完全退火工艺

合金牌号	M2M(MB1)	AZ40M(MB2)	ME20M(MB8)	ZK61M(MB15)
退火温度/℃	340~400	350~400	280~320	380~400
保温时间/h	3~5	3~5	2~3	6~8

如果仅要求降低变形镁合金工件的变形程度,可采用去应力退火,部分变形镁合金的去应力退火工艺见表 16-13。

表 16-13　部分变形镁合金常用的去应力退火工艺

合金牌号	板材		冷挤压件和锻件	
	温度/℃	时间/h	温度/℃	时间/h
M2M(MB1)	205	1	260	0.25
AZ40M(MB2)	150	1	260	0.25
AZ41M(MB3)	250~280	0.5	—	—
ZK61M(MB15)	—	—	260	0.25

所有退火工艺的冷却方式均为空冷。

镁合金铸件中的残余应力一般不大,但是由于镁合金弹性模量低,因此在较低应力下就能使镁合金铸件产生相当大的弹性应变。因此,必须彻底消除镁合金铸件中的残余应力以保证其精密机加工时的尺寸公差、避免其翘曲和变形以及防止 Mg-Al 铸造合金焊接件发生应力腐蚀开裂等。此外,机加工过程中也会产生残余应力,所以在最终机加工前最好进行中间去应力退火处理。所有工艺都可以在不显著影响力学性能的前提下彻底消除铸件中的残余应力。对于 Mg-Al-Mn 及 ZE41A 合金去应力退火温度一般为 330℃,保温 2h;ZK61K 要采用分段退火:(330℃、2h)→(130℃、48h)。

16.2.2.2　固溶处理(淬火、T4)

镁合金经过固溶淬火后不进行时效可以同时提高其抗拉强度和断后伸长率。Mg-Al-Zn 合金经过固溶处理后 $Mg_{17}Al_{12}$ 相溶解到基体镁中,合金性能得到较大幅度提高。如 AZ81 合金,铸态时抗拉强度为 180MPa、断后伸长率为 3.5%,而经固溶处理后分别提高到 250MPa、8.5%。

为了获得最大的过饱和固溶度,固溶(淬火)加热温度通常只比固相线低 5~10℃。镁合金原子扩散能力弱,为保证强化相充分固溶,需要较长的加热保温时间,特别是砂型厚壁铸件。对薄壁铸件或金属型铸件加热保温时间可适当缩短,变形合金则更短。这是因为强化相溶解速度除与本身尺寸有关外,晶粒度也有明显影响。例如 AZ81(ZM5)金属型铸件,淬火加热规程为 415~420℃、8~16h,壁薄(10mm)砂型铸件加热保温时间延长到 12~24h;而厚壁(>20mm)铸件为防止过烧应采用分段加热,即(360℃、3h)+(420℃、21h~29h)。

固溶(淬火)加热保温后一般在空气中冷却,以减少构件变形和简化热处理操作。在条件允许时,可选用更快的冷却方式,如在热水中淬火,时效强度可提高 10%~15%,但应避免冷水淬火,以防止晶间开裂。

16.2.2.3　固溶处理+人工时效(T6、T61)

固溶处理后人工时效(T6、T61)可以提高镁合金的屈服强度,但会降低部分塑性。这种工艺主要应用于 Mg-Al-Zn 和 Mg-RE-Zr 合金。此外,含锌量高的 Mg-Zn-Zr 合金也可以选用 T6 处理以充分发挥时效强化效果。

在固溶+人工时效过程中,固溶处理获得的过饱和固溶体在人工时效过程中发生分解并析出第二相。时效析出过程和析出相的特点受合金系、时效温度以及添加元素的综合影响,情况十分复杂,部分典型镁合金的时效析出相见表 16-14。

表 16-14　典型镁合金的时效析出相

合金系	时效初期（GP 区等）	时效中期（中间相）	时效后期（稳定相）
Mg-Al	—	—	β 相：$Mg_{17}Al_{12}$（六方晶）连续析出和不连续析出
Mg-Zn	GP 区：板状（共格）	$β'_1$ 相：$MgZn_2$（六方晶，共格） $β'_2$ 相：$MgZn_2$（六方晶，共格）	β 相：Mg_2Zn_3（三方晶，非共格）
Mg-Mn	—	—	α-Mn（立方晶）棒状
Mg-Yb	$β''$ 相：DO_{19} 型规则结构	$β'$ 相：底心正交晶	β 相：$Mg_{24}Yb_5$（体心立方晶）
Mg-Nd	GP 区：棒状（共格） $β''$ 相：DO_{19} 型规则结构	$β'$ 相：面心立方晶	β 相：$Mg_{12}Nd$（体心正交晶）
Mg-Yb-Nd	$β''$ 相：DO_{19} 型规则结构	$β'$ 相：$Mg_{12}NdYb$（底心正交晶）	β 相：$Mg_{14}Nd_2Yb$（面心立方晶）
Mg-Th	$β''$ 相：DO_{19} 型规则结构	—	β 相：$Mg_{23}Th_6$（面心立方晶）
Mg-Ca Mg-Ca-Zn	—	—	Mg_2Ca（六方晶），添加 Zn 微细析出
Mg-Ag-RE(Nd)	G.P. 区：棒状及椭圆状	γ 相：棒状（六方晶，共格） β 相：等轴状（六方晶，半共格）	$Mg_{12}Nd_2Ag$：复杂板状（六方晶，非共格）

在固溶＋人工时效处理中，固溶淬火通常采用空冷（代号 T6）；也可以采用热水淬火（代号 T61）来提高强化效果。特别是对冷却速度敏感性较高的 Mg-RE-Zr 系合金常常采用热水淬火。例如，[Mg-(2.2～2.8)wt%Nd-(0.4～1.0)wt%Zr-(0.1～0.7)wt%Zn]（相当 WE43A）合金经过 T6 处理后其强度比相应的铸态合金高约（40%～50%），而 T61 处理后可以提高约（60%～70%）且断后伸长率仍保持原有水平。

16.2.2.4　直接人工时效（T5）

部分镁合金经过铸造或加工成型后不进行固溶处理而是直接进行人工时效。这种工艺很简单，也可以获得相当高的时效强化效果。特别是 Mg-Zn 系合金，重新加热固溶处理将导致晶粒粗化，从而通常在热变形后直接人工时效以获得时效强化效果。

16.2.2.5　氢化处理

Mg-Zn-Zr 系合金的特点是常温强度超过 Mg-Al-Zn 及 Mg-RE-Zr 系，但工艺性能差，显微疏松和热裂倾向比较严重，焊接性能也不好。若在 Mg-Zn-Zr 基础上添加稀土元素如钕，可明显改善工艺性，但也伴随产生一个新的问题，即 Mg-Zn-RE-Zr 系中，第二相 Mg-RE-Zn 化合物常以粗块状聚集在晶粒边界构成脆性网络，从而大大降低了合金的强度和塑性。这种晶界相十分稳定，常规热处理难以使其溶解和破碎，因而不能有效地改进性能。

如将上述合金在氢气气氛中加热固溶处理，则可见连续的粗块状化合物已被断续的细点状化合物取代，数量上也有所减少。这是因为氢气处理时，氢扩散到金属基体内部与 Mg-RE-Zn 化合物发生反应。稀土元素与氢有很高的亲和力，化合成稀土氢化物，呈黑色小颗粒状，而原化合物中的锌与氢不发生反应，被释放出来，转入基体。经此处理既改善了晶界结构，也提高了基体的固溶度，从而显著提高了合金的力学性能。表 16-15 为（Mg-6wt%Zn-2.5wt%RE-0.5wt%Zr）合金（相当 ZE63 合金）采用氢化处理后的力学性能。

表 16-15　Mg-6wt%Zn-2.5wt%RE-0.5wt%Zr 合金各工艺条件下力学性能

工艺状态	力学性能		
	抗拉强度 R_m/MPa	屈服强度 $R_{p0.2}$/MPa	断后伸长率 A/%
铸态	160	129	2
氢化处理	292	127	12.1
氢化处理后人工时效	316	223	7.1

氢化处理的缺点是氢扩散较慢,厚壁铸件所需保温时间较长。如 ZE63 合金在 480℃和 101 kPa 压力下氢气的渗入速度仅为 6 mm/24 h,增加氢气的压力可以提高渗入速度,但是由于氢化物的形成速度很慢,所以氢化处理通常只适用于薄壁件。

16.2.2.6 镁合金常用固溶、时效工艺

表 16-16 为部分镁合金的常用固溶、时效参考工艺以及相应的力学性能。

表 16-16 部分镁合金的固溶、时效工艺及相应力学性能

合金	状态	热处理工艺				力学性能			JIS 相当合金
		固溶处理		人工时效		屈服强度 $R_{p0.2}$/MPa	抗拉强度 R_m/MPa	断后伸长率 A/%	
		温度/℃	时间/h	温度/℃	时间/h				
AM100A	F	—	—	—	—	83	150	2	MC5
	T4	425	16~24	—	—	90	275	10	
	T61	425	16~24	230	5	150	275	1	
AZ63A	F	—	—	—	—	97	200	6	MC1
	T4	385	10~14	—	—	97	275	12	
	T5	—	—	260	4	105	200	4	
	T6	385	10~14	220	5	130	275	5	
AZ81A	T4	413	18	—	—	83	275	15	
AZ91C	F	—	—	—	—	97	165	2.5	MC2A
AZ91D	T4	415	16~24	—	—	90	275	15	MC2B
	T6	415	16~24	170	16	145	275	6	
AZ92A	F	—	—	—	—	97	170	2	MC3
	T4	405	16~24	—	—	97	275	10	
	T5	—	—	230	5	115	170	1	
	T6	405	16~24	260	4	150	275	3	
EQ21A	T6	520	8	200	16	170	235	2	—
EZ33A	T5	—	—	215	5	110	160	3	MC8
QE22A	T6	525	4~8	205	8~16	195	260	3	MC9
WE43A	T6	525	8	250	16	165	250	2	
WE54A	T6	525	8	250	16	160	250	6	
ZC63A	T6	440	8	190	16~24	125	210	4	—
ZE41A	T5	—	—	(330/3)+(180/16)		140	205	3.5	MC10
ZK51A	T5	—	—	225	8	140	205	3.5	MC6
ZK61A	T5	—	—	230	5	185	310		MC7
	T6	500	2	130	48	195	310	10	
AZ80A	T5	—	—	180	16	275	380	7	MB3
WE43A（挤压棒）	T5	—	—	200	24	195	270	15	—
	T6	525	4~8	250	16	160	260	15	

续 表

合金	状态	热处理工艺				力学性能			JIS相当合金
		固溶处理		人工时效		屈服强度 $R_{p0.2}$/MPa	抗拉强度 R_m/MPa	断后伸长率 A/%	
		温度/℃	时间/h	温度/℃	时间/h				
WE54A（挤压棒）	T5	—	—	200	24	215	315	10	—
	T6	525	4~8	250	16	190	275	10	—
ZC71（挤压棒）	T6	435	8	180	16	185	285	12	
ZK60A	T5	—	—	150	24	305	365	11	MB6
	T6	500	1	150	24	330	365	—	MS6

镁合金固溶处理时，通常采用空冷，对冷却速度敏感性较高的合金（如 Mg-RE-Zr 等）常采用热水淬火冷却。

16.2.3 镁及镁合金的表面处理

虽然镁合金比碳钢更耐腐蚀，一般环境内某些镁合金不需要表面处理。但为适应一些特殊环境或恶劣条件，镁及镁合金常需要进行表面处理，以提高抗蚀能力，或起装饰作用，或赋予一些特殊物理、化学、电子等方面功能。

有关表面处理的一些基本原理及相关内容可参阅第 19 章。

镁及镁合金表面处理除涂刷外，常用方法主要有阳极氧化（包括微弧阳极氧化）、化学转化膜以及镀镍，使镁合金表面形成一层新的改性膜。镁合金表面形成含 MgO、$MgAl_2O_4$、MgF_2、$Mg_{17}Al_{12}$ 等的保护膜均有利于提高镁合金表面的耐蚀性。

16.2.3.1 阳极氧化

阳极氧化是在相应的电解液和特定的工艺条件下，以镁或镁合金为阳极，通过外加电流在镁或镁合金表面上形成一层氧化膜的过程。

根据电解条件，镁阳极上可能存在不同的过程：镁的阳极溶解、阳极表面形成极薄的钝化膜同时也伴随着膜的化学溶解。通过阳极氧化处理，可以得到具有防护、装饰和提供优良的涂装基底等多种功能的膜层，该膜层的耐蚀性和耐磨性以及硬度一般均比化学方法制备的膜层高。缺点是复杂制件难以得到均匀膜层，膜的脆性也较大，膜层多孔。与铝合金阳极氧化膜层相比，镁合金的氧化膜与基体的结合力要差些。

根据阳极氧化液的酸碱性，可将镁合金的阳极氧化分为碱性和酸性两大类。具有代表性的方法分别是 HAE 和 DOW17。

HAE 方法是镁合金在碱性溶液中阳极氧化的一种工艺，可用于所有牌号的镁合金（只要其不接触或嵌入其他金属）。在 HAE 方法中，基体镁合金将被消耗掉一部分，膜厚的增长部分有一半将弥补被消耗掉的基体，工件尺寸的增厚实际只有产生膜厚的一半。HAE 阳极氧化处理工艺流程如下：蒸汽脱脂→碱洗→冷清洗→重铬酸盐双氟盐浸蚀→空气吹干→加热湿气时效，若要适应苛刻环境，则应进行树脂或涂漆封闭。

DOW17 方法是在酸性溶液中进行阳极氧化的一种工艺。该方法可应用于所有形式和系列的镁合金上。经过 DOW17 处理后，合金表面产生两相双层膜，在低压下形成厚约 $5.0\mu m$ 浅绿色或绿黄褐色膜，这种膜主要用于涂装打底。有时这层薄膜厚约 $30.4\mu m$ 且透明的深绿色的第二相膜所覆盖。第二相膜脆性很强且有极好的耐磨性，在高压时形成，其耐蚀性和作为涂装底层的性能优异，用树脂或漆封闭后效果更好。镁合金在酸性溶液中阳极氧化得到的膜层，组成比较复杂，大致为含镁的磷酸盐和氟化物。此外还含有铬。膜的耐热性十分好，在 400℃ 的高温下可承受 100 h，其性能和与基底金属的结合力均不受影响。

上述两种工艺方法，随电解的终电压的不同可分别得到 3 种性能不同的膜层：软膜、轻膜以及硬膜（仅 HAE 法）。

16.2.3.2 微弧氧化

微弧阳极氧化又称微弧等离子体氧化或阳极火花沉积,简称微弧氧化,它是在铝合金微弧阳极氧化和普通阳极氧化的基础上开发的一种新技术。

微弧氧化滞后得到乳白色或咖啡色的完整膜层。膜层厚度可根据要求通过工艺调整一般控制在 2.5~30 μm 之间,中性盐雾试验可达 500 h,显微硬度在 400 HV 左右,漆膜附着力为 0 级。微弧氧化后需要进一步实施涂装保护。

镁合金微弧氧化膜具有三层结构,最外层为疏松层,次表层为致密层,然后是界面层。疏松层占整个膜层厚度的 20% 左右,致密层占整个膜层厚度的 60%~70%,界面层是致密层与金属的结合处,氧化物与基体相相互渗透、相互契合,是典型的冶金结合。

16.2.3.3 化学转化膜

通过镁合金基体与某种特定溶液相接触,在金属表面形成一层附着力良好的难溶化学转化膜层。这层膜能保护基体金属不受水和其他腐蚀性环境的影响,同时可提高后续涂装步骤的漆膜附着性。但由于化学转化膜非常薄而软,所以除作装饰和中间工序防护外,很少单独使用。表面膜是控制腐蚀动力学的关键,膜的性质决定腐蚀控制的效果。好的钝化膜可以阻止有害的阴离子、氧化剂从外部向膜内金属相表面流入,并且当表面膜局部破损后能迅速自我修复。钝化膜的防护能力与膜本身的结构和成分紧密相关。钝化膜破裂引起的腐蚀常常导致严重的后果。

为提高镁合金的耐蚀性,一般在化学氧化、磷化之后都要喷涂油漆、树脂及塑料等有机膜。

镁合金的化学转化膜按溶液的不同可以分为不同工艺方法,出于环境等因素,目前主要以高锰酸钾加氢氟酸或硝酸处理为主。

16.2.3.4 其他表面处理方法

1. 含氟协和涂层

金属表面协和涂层技术是基于军事目的的研究发展起来的一种新型表面复合改性涂层技术。其基本原理是在铝、镁、钛、铁或铜件表面的多孔硬质基底层中通过物理或化学(电化学)方法引入所需的功能物质,再通过精密处理对其进行改性,最终得到一种精密整体涂层,其综合性能远远超过一般意义上的复合涂层。它还是一种"可设计"的复合改性涂层,通过引入不同的功能物质,可得到不同的表面功能特性,使其具有极大的应用价值。

镁合金进行协和涂层处理时,首先用电化学方法使其表面转化为多孔性水合氧化镁($MgO \cdot H_2O$)晶态膜或类似的硬质复合膜,随后通过一个控制时间及温度的精密工艺过程将润滑剂(氟聚合物或 MoS_2)或封闭剂材料注入水合氧化镁膜层中,氟聚合物与氧化镁基层相结合并形成坚硬、平滑的晶形陶瓷涂层。

2. 热喷铝扩散处理

在镁合金表面用热喷涂方法喷涂铝层,约 0.1~0.85 mm 厚。

在热喷铝层中除少量铝被氧化外,镁合金表面仍含有大量的铝,将工件加热,实施融合扩散处理,其目的是消除喷涂层中的孔隙,同时使表面喷涂的铝与基体镁发生相互扩散,形成新相,得到表面致密且具有强化作用的第二相和表面耐蚀的铝的混合涂层。

3. 镀镍

镁合金化学镀镍有两种方法:一种是传统的 DOW 浸镍;另一种是直接化学镀镍。前者工艺稳定,镀层效果较好,过去使用比较多,但由于含有铬离子,有一定的毒性,使用受到了限制;后一种方法由于工艺简单,毒性小,废水处理简单,镀层结合好,成为近年来的发展方向。

其他表面处理方法还有激光处理、离子注入与气相沉积等。

16.2.4 镁合金的金相组织

镁合金的金相组织与成分(合金系)、加工工艺以及热处理工艺有关。

16.2.4.1 铸造镁合金的金相组织

镁的原子尺寸大,固态下扩散激活能较高,结晶潜热小,凝固过程快,这些原因都导致了镁合金在实际的铸造过程中都会得到远离平衡态的组织,其偏离程度取决于铸造方法和铸件尺寸。压力铸造中由液态金属凝固成铸件的速度要快于砂型铸造的铸件,因此压力铸造的铸件的金相组织必然相对细小些,析出相尺寸也相对小。表 16-17 为铸造镁合金的铸态下以及热处理后的金相组织说明。

表 16-17 铸造镁合金的金相组织

合金组别	铸态主要金相组织	热处理后金相组织
Mg-Al-Zn（AZ 系）	$\alpha(Mg)$ 固溶体,晶界上白色并具有黑色轮廓线的 $\gamma(Al_{12}Mg_{17})$ 离异共晶体,部分或为 $\gamma[(Al、Zn)_{12}Mg_{17}]$,见图 16-24。该共晶组织中的 $\alpha(Mg)$ 依附于原先共晶 $\alpha(Mg)$ 上,$\gamma(Al_{12}Mg_{17})$ 或 $\gamma[(Al、Zn)_{12}Mg_{17}]$ 以不规则的块状分布在晶界上。离异共晶 γ 相周围的黑色组织是在共晶反应后的冷却过程中,由 $\alpha(Mg)$ 固溶体中以薄片形态析出的二次 γ 相,见图 16-25。γ 相的数量随铝含量下降而减少。组织中还可能出现点状 $\alpha(Mn)$。当合金中 Al/Zn<3 时,组织中会出现三元化合物 $Mg_{32}(Al、Zn)_{49}$ 相。[注：γ 相（根据 Mg-Al 相图确定）,大部分文献中命名为 β 相。]	固溶处理(T4)后：$\gamma(Al_{12}Mg_{17})$ 可全部溶入 $\alpha(Mg)$,形成单相过饱和的 $\alpha(Mg)$ 固溶体,见图 16-26。固溶+时效(T6)后：$\alpha(Mg)$ 固溶体、沿晶析出胞状 γ 相,晶内有少量片状 γ 相
Mg-Al-Mn（AM 系）	$\alpha(Mg)+\gamma(Al_{12}Mg_{17})+MnAl$,当 Mn>0.6wt%时,还会出现脆性相	T6 处理后：$\alpha(Mg)$ 晶界上析出具有 Laves 相晶体结构的 $MgZn(\beta')$ 相
Mg-Al-Si（AS 系）	$\alpha(Mg)+\gamma(Al_{12}Mg_{17})+Mg_2Si$,$Mg_2Si$ 呈枝晶状或汉字状(Al 含量较低时)沿晶界分布	
Mg-Zn-Cu（ZC 系）	$\alpha(Mg)$+条状 $Mg(Cu、Zn)_2$ 共晶体	固溶处理中,$Mg(Cu、Zn)_2$ 共晶体部分溶化并在 α 相中呈圆棒或板条状析出
Mg-Zn-Zr（ZK 系）	$\alpha(Mg)$、沿晶界分布的 MgZn 化合物,见图 16-27。该类合金铸态容易偏析,锆集中在晶中心区,浓度向晶界逐渐下降,有时经浸蚀呈年轮或花纹状,而锌在晶界偏析,向晶内浓度逐渐下降	人工时效后,组织形态无明显变化。均匀化退火后,MgZn 化合物可全部溶入 $\alpha(Mg)$,晶界清楚,见图 16-28
Mg-Zn-RE-Zr（EZ、ZE 系）	$\alpha(Mg)$ 固溶体,在网状枝晶间分布有条状化合物,基体上也有少量点、块状含稀土析出相。对于 EZ31 合金,化合物、析出相均为 $Mg_{12}Nd$ 相,见图 16-29	氢气中固溶处理+时效(T6)：原粗大、块状化合物被黑色点状稀土氢化物取代,化合物中的 Zn 原子溶于 $\alpha(Mg)$ 固溶体内。时效后从 $\alpha(Mg)$ 固溶体中析出弥散点状化合物(β')强化相,沿一定惯习面呈方向性排列,见图 16-30
Mg-RE-Ag-Zr（QE、EQ 系）	$\alpha(Mg)$ 固溶体,以及含稀土的化合物	固溶+时效(T6)后：$\alpha(Mg)$ 基体上析出 MgNd 相；当合金中 Ag 含量>2wt%,则会有 $Mg_{12}Nd_2Ag$ 强化相析出

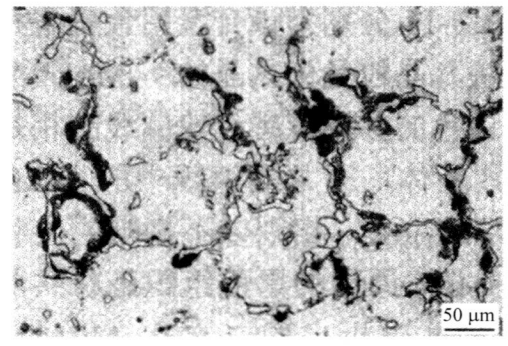 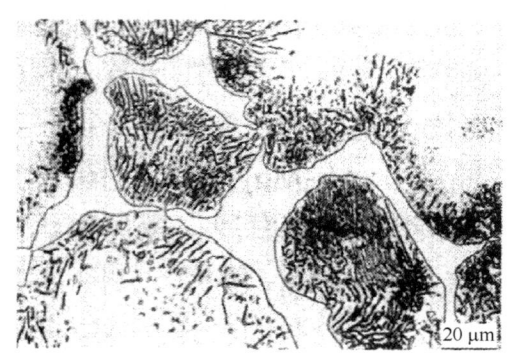

图 16-24　AZ92 镁合金铸态（金属型）基体组织　　图 16-25　AZ92 镁合金铸态组织中离异共晶 γ 相形貌

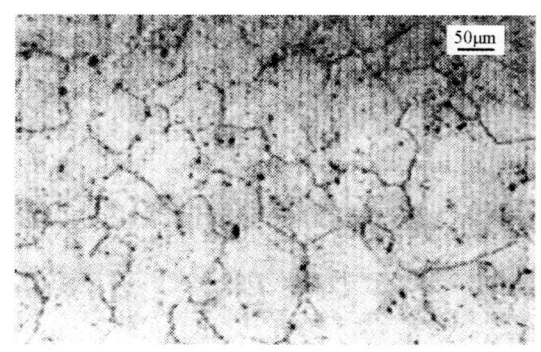

（经硝酸、醋酸、乙二醇水溶液浸蚀）

图 16-26　AZ91 镁合金固溶处理后单相组织

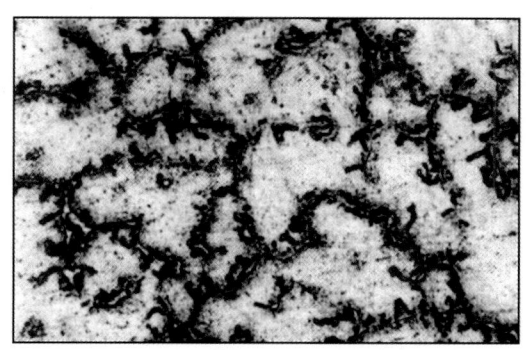

（经 5%（体积分数）硝酸水溶液浸蚀）

图 16-27　ZK60 镁合金铸态组织　（200×）

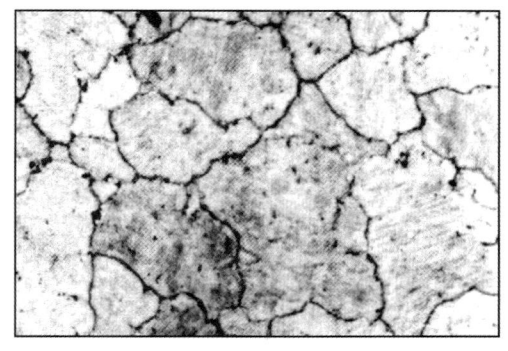

［经 5%（体积分数）硝酸水溶液浸蚀］

图 16-28　ZK60 镁合金铸造成型经均匀
退火后组织　（200×）

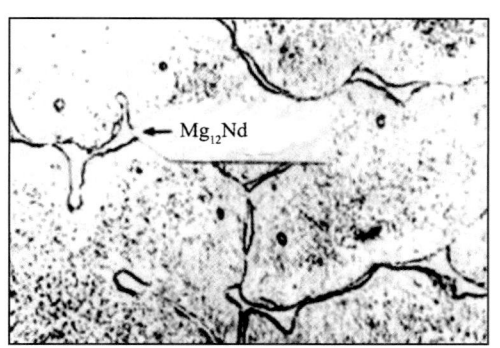

（经硝酸、醋酸、乙二醇水溶液浸蚀）

图 16-29　EZ31 镁合金铸态组织　（500×）

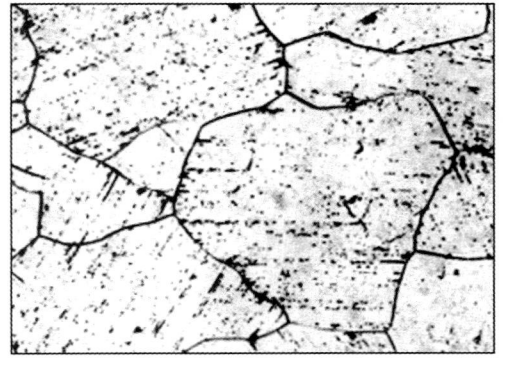

（经硝酸、醋酸、乙二醇水溶液浸蚀）

图 16-30　EZ31 镁合金 T6 处理后组织　（400×）

16.2.4.2　常用变形镁合金的金相组织

变形镁合金的金相组织，在变形加工前，基本为铸锭状态，即为铸态组织形态；变形加工后晶粒沿变形方向拉长，化合物相则大部分破碎沿加工变形方向排列。

常用变形镁合金主要有 Mg-Al-Zn（AZ 系）、Mg-Mn（M 系）、Mg-Zn-Zr（ZK 系）以及 Mg-Mn-RE（ME 系）四个组别。其中 Mg-Al-Zn（AZ 系）以及 Mg-Zn-Zr（ZK 系）两组合金的金相组织在铸造镁合金中已做介绍，经变形加工后，若强化相等均破碎，组织形貌较难鉴定。

图 16-31 为 AZ61 镁合金经轧制（变形量 40%）的组织形貌，主要呈变形组织形貌，变形孪晶相互交叉。图 16-32 为 ZK60 镁合金轧制后经 200℃×1h 退火后的组织形貌，可见从轧制变形组织中开始出现

再结晶组织,但变形组织并未消除。

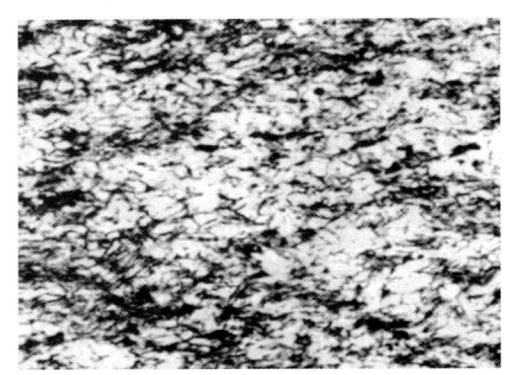

（经硝酸、醋酸、乙二醇水溶液浸蚀）
图 16-31 AZ61 镁合金轧制后组织 （200×）

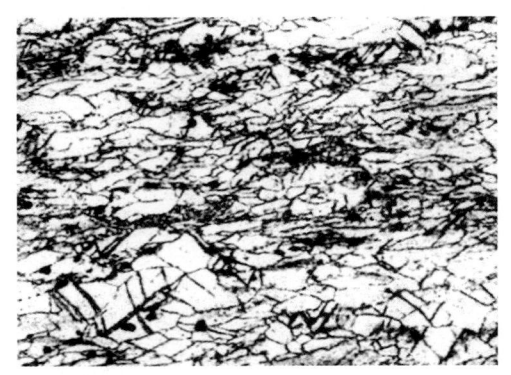

（经硝酸、醋酸、乙二醇水溶液浸蚀）
图 16-32 ZK60 镁合金轧制退火后组织 （200×）

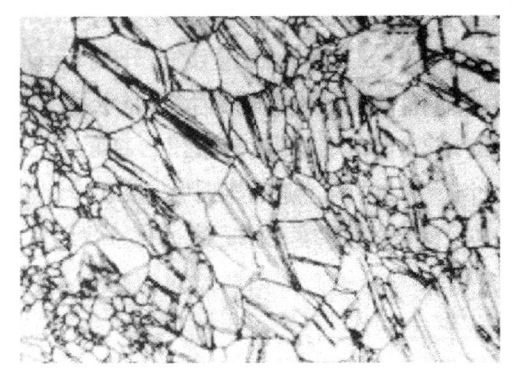

（经硝酸、醋酸、乙二醇水溶液浸蚀）
图 16-33 AZ31 镁合金热轧后组织形貌 （250×）

图 16-33 所示为 AZ31 镁合金在 300℃下、变形量为 33% 轧制后所得的金相组织。可见在轧制板材中只有少量的再结晶组织,孪晶和大晶粒占绝大多数。晶粒平均尺寸为 37 μm,细晶粒的体积比例为 12% 左右,其余的大晶粒尺寸超过 50 μm。原先分布在晶界的二次相 $Al_{12}Mg_{17}$ 大部分弥散分布在晶粒内。

Mg-Mn(M 系)镁合金由于铸造性能差、凝固收缩大,热裂倾向高,故只作为变形镁合金。锰对镁合金强化作用不强,且热处理强化作用也小,但挤压变形硬化效应明显。由于锰在加热时可阻碍晶粒长大,因此 Mg-Mn 系镁合金在热变形或退火后力学性能降幅不大。Mg-Mn 镁合金主要优点是具有良好的焊接性和抗蚀性。Mg-Mn 合金铸态下金相组织为 α(Mg)固溶体＋少量点状 α(Mn)相。

Mg-Mn-RE(ME 系)镁合金也是专用于变形加工,是在 Mg-Mn 合金基础上添加稀土元素,主要是铈（约 0.15wt%～0.35wt%）,使铸态的晶粒得到细化,特别是在压缩状态下的屈服强度因晶体中的孪生受到抑制而显著地增长。锰是提高镁合金耐热性能比较显著的元素之一,但稀土的作用则更加显著。

Mg-Mn-RE 镁合金铸态下组织为 α(Mg)固溶体＋分布有少量点状 α(Mn)相,此外还有一些光镜下难以分辨的 Mg_9Ce 化合物。

16.2.5　镁及镁合金的制样特点及组织判定

镁及镁合金由于软,易氧化,其组织检验用样品的制备有其特点。其组织评定主要对基体组织（低倍、微观）及缺陷进行定性或定量评定,用以进行质量判定。

16.2.5.1　镁及镁合金金相试样的制样特点

镁及镁合金较软,一般用机械切割方法取样。取样部位、大小应按技术规范要求,对于要进行淬火处理的试样,为避免产生粗晶,应在试面上留有 20 mm 的切除量。

由于软金属抛光时容易在抛磨面表层形成变质层,造成组织假象,由此,抛磨时压力应小,抛光机转速通常控制在 400～600 r/min,精抛时应更低的转速,以 150～200 r/min 为宜。

为改善抛光质量,可在粗抛后进行化学抛光,抛光液配比可参考表 16-18,浸蚀抛光时间约 30～35 s,以实际效果而定。

表 16-18　镁及镁合金化学抛光液　　　　　　　　　　　　　　　　　　　　　　　　　　　　　　　　　　　mL

甘油	盐酸	硝酸	乙酸
20	2	3	5

镁及镁合金的微观试样的常用浸蚀剂配制、使用见表 16-19。有时镁合金试样进行阳极化处理形成氧化薄膜,用金相显微镜的偏振光观察方法分析结晶组织(晶粒)、晶粒位相差、再结晶、应力线等。

镁及镁合金低倍试样浸蚀剂以及浸蚀后的光洗剂见表 16-20 及表 16-21。

表 16-19　显示镁合金金相显微组织的浸蚀剂及操作、应用

序号	浸蚀剂组成	浸蚀时间/s	操作程序	应用范围
1	硝酸　　　　　　　　　　0.5 mL 乙醇(或蒸馏水)　　　　99.5 mL	3～10	用浸蚀剂将试样表面浸湿,然后用乙醇或热水洗涤	显示铸造及热处理后镁合金的显微组织
2	乙二醇(或二乙二醇醚)　75 mL 硝酸　　　　　　　　　　1 mL 蒸馏水　　　　　　　　　24 mL	5～10(热处理前) 1～2(热处理后)	将浸蚀剂涂在试样上,经过数秒后用热水洗涤试样,然后干燥	显示铸造或失效镁合金的显微组织
3	氢氟酸(48wt%)　　　　　1 mL 蒸馏水　　　　　　　　　99 mL	10～20	用浸有浸蚀剂的棉花擦拭试样,用热水洗涤若干次,然后干燥	显示 Mg-Mn 和 Mg-Al-Zn 系合金的显微组织。浸蚀剂能使晶粒边界变暗,所以适用于含铝量低的合金
4	草酸　　　　　　　　　　2 mL 蒸馏水　　　　　　　　　98 mL	2～5	用浸有浸蚀剂的棉花擦拭试样	显示铸造或变形镁合金的显微组织
5	A:氢氟酸(48%体积分数) 10 mL 蒸馏水　　　　　　　　　90 mL B:苦味酸　　　　　　　　0.5 g 乙醇　　　　　　　　　　10 mL 蒸馏水　　　　　　　　　90 mL	1～2 15～30	用浸有浸蚀剂 A 的棉花擦拭试样,先用水洗涤,然后用乙醇洗涤,接着用浸有浸蚀剂 B 的棉花擦拭试样,洗涤并干燥	显示 Mg_4Al_3 成黑色,$Mg_xAl_xZn_x$ 成白色
6	硝酸　　　　　　　　　　1 mL 乙酸　　　　　　　　　　1 mL 草酸　　　　　　　　　　1 g 蒸馏水　　　　　　　　　150 mL	10～25		用于变形镁合金试样浸蚀
7	苦味酸　　　　　　　　　3 g 乙醇　　　　　　　　　　50 mL 乙酸　　　　　　　　　　20 mL 蒸馏水　　　　　　　　　20 mL	5～30		用于变形镁合金试样浸蚀
8	苦味酸　　　　　　　　　6 g 乙酸　　　　　　　　　　2 mL 磷酸　　　　　　　　　　0.5 mL 乙醇　　　　　　　　　　100 mL 蒸馏水　　　　　　　　　1 mL	60～300		薄膜浸蚀剂,用于偏光下观察组织试样的制备

表 16-20　镁合金低倍组织浸蚀剂

序号	成分	浸蚀时间/s	操作程序	应用范围
1	硝酸　　　　　15 mL 蒸馏水　　　　85 mL	10～30	用浸蚀剂将试样表面浸湿,经过数秒钟后用热水洗涤,然后干燥	用于 Mg-Mn 系变形合金的低倍组织
2	醋酸　　　　　10 mL 蒸馏水　　　　90 mL	10～120	用浸蚀剂将试样表面浸湿,然后用乙醇洗涤	显露纯镁的低倍组织

续表

序号	成分	浸蚀时间/s	操作程序	应用范围
3	硝酸 50 mL 盐酸 1 mL 硫酸 1 mL 柠檬酸 5 g 蒸馏水 1 000 mL			用于镁合金铸锭的浸蚀
4	硝酸 100 mL 盐酸 3 mL 硫酸 12 mL 柠檬酸 40 g 蒸馏水 1 000 mL			用于镁合金加工制品的浸蚀
5	苦味酸 3 g 乙醇 50 mL 乙酸 20 mL 蒸馏水 20 mL			用于镁合金加工制品的浸蚀

表 16-21 镁合金低倍试样浸蚀后两种光洗剂

序号	成分	应用	序号	成分	应用
1	铬酐 20 g 硝酸钠 1 g 蒸馏水 200 mL	用于表 16-20 中 1 号、2 号浸蚀剂浸蚀后	2	氢氟酸 50 mL 蒸馏水 50 mL	用于表 16-20 中 3 号浸蚀剂浸蚀后

16.2.5.2 镁合金的晶粒度测定

GB/T 4296—2004《变形镁合金显微组织检验方法》及 GB/T 4297—2004《变形镁合金低倍组织检验方法》中分别规定了变形镁合金微观及宏观晶粒度的测定方法。其具体方法与铝合金晶粒度测定方法相同。

16.2.5.3 镁合金的低倍组织评定

镁合金的低倍组织检验可包括断口检验,经常应用的是低倍组织检验,主要检测缺陷组织的类别(定性)以及缺陷的大小等(定量、半定量)。

1. 铸态镁合金的低倍组织缺陷

铸态镁合金,包括铸造镁合金铸件以及变形镁合金的铸锭,有关铸态组织缺陷见表 16-22。

表 16-22 常见铸态镁合金组织缺陷

缺陷	形态及成因
疏松	在晶界及枝晶网络等地方产生的宏观或微观的分散性缩孔称为疏松。产生的主要原因与合金的结晶间隔较大、铸造过渡带较宽、铸造速度较大有关,或者是温度过低,流动性不好,并在潮湿气体的条件下结晶时,晶界及枝晶网络间的低熔点物质凝固收缩或补充不及时造成。有些疏松孔常被从金属中析出的气体所填充,此时既是疏松,也是气孔
外来非金属夹杂	混入铸锭中的熔渣或落入铸锭内的其他外来非金属夹杂物称为外来非金属夹杂。造成的主要原因是在金属熔炼过程中,原料及工艺装备不清洁,净化用的物质质量不好,熔炼时反复补料、冲淡、扒渣不干净,以及在铸造过程中金属温度低、流动性差、杂质不易上浮、流盘和其他铸造工具不清洁,使涂料脱落掉入金属液流中而造成的
外来金属夹杂	外来金属夹杂是在铸造过程中,由于操作不慎,将其他金属的条、块掉入铸锭而造成。经浸蚀后,外来金属夹杂多呈边缘清晰的几何形状,其颜色与周围基体金属显著不同。有一些较耐浸蚀的外来金属夹杂,常形成浅灰色略有凸起的特征。白斑的实质也是金属夹杂,是在铸造开始时,由于操作不小心使漏斗底结物落入铸锭内,或者是由于合金熔体的液流冲动,使铺底镁液中的悬浮晶体卷入铸锭内而造成的

续表

缺陷	形态及成因
气孔	铸造时熔体金属内含有大量气体而凝固,在铸锭中形成内表面光滑的圆形孔洞,即为气孔。产生的主要原因是使用的原料潮湿,炉子及工具没有彻底干燥;熔炼温度较高,覆盖不良,在高温下的停留时间又长,熔体吸收大量气体等。压力加工后,气孔可被压缩,但不易压合,容易在加工、热处理后的制品中引起起皮及气泡等缺陷
冷隔	铸造过程中由于液流中断或供给不足,造成铸件(锭)不能形成一结晶整体而分成有界的两区,这种缺陷称为冷隔。冷隔缺陷试样不经浸蚀即可见
氧化膜	氧化膜的产生主要是金属在熔炼和转注过程中,特别是从静置炉向结晶槽转注时,由于密封不良、落差大,使液体金属发生湍流、翻滚、飞溅,或由于原料、工具不洁净和金属净化工序不彻底等,使熔体金属表面和内部以及黏在工具上的氧化膜落入铸锭内而造成的。该缺陷的形状多变,在铸态金属中,它们具有涡纹状、皱缩状和隆起分布形式。而在变形金属中,它们大部分成几何规则分布的小块,浸蚀后,在宏观试片上呈短线状裂缝。氧化膜多集中在变形最大的部位。氧化膜缺陷实际上是由一些线状和不定形的块状物质串在一起,在其间隙中包有与合金基体一致的组成物,所包合金的断面积比线状物和块状物大得多。线状物分布紊乱,在缺陷中呈不同的角度弯曲着,形成涡纹状。其形状由黑色线状物与块状物分布状态而定,呈各种形状的图案。在变形过程中氧化膜发生断裂,故常在其中部形成直角的小阶梯
花纹状组织	可认为是柱状晶的一种变态。在连续及半连续铸造快速冷却时,液穴形成很大的温度梯度。当过热的熔体经流槽进入液穴中时,临近结晶槽区域迅速结晶为细小等轴和柱状晶,形成较平坦的结晶前沿。继续进入过热熔体时,在进入点附近将半凝固区冲成半圆形凹坑,这时新的晶核垂直凹坑的方向即(111)面的<110>方向成长为许多平行的连续薄皮组成的大晶粒。这就是花纹组织。该组织为许多平行的细条组成,在光的反射下整个花纹状晶区分成不同的领域,并与柱状晶主轴呈比较小的角度排列。显微观察时,花纹状组织的枝晶网络比柱状晶和等轴晶都细,而且化合物的分布比较连续。偏振光下观察时,可看到由很多平行的薄皮组成,每个薄皮又由一共同孪晶面分为明暗两部分
金属间化合物一次晶	在易于形成高熔点金属间化合物的合金的铸造过程中,由于铸造温度低、速度慢、液穴深度较大,容易生成金属间化合物的一次晶。此外,铸造漏斗的导热性不好,预热不够或沉入熔体过深时,也极易在漏斗底部生成金属间化合物的一次晶。这种化合物的一次晶硬度高、性脆,特别是当这些化合物聚集时,将严重影响力学性能。该缺陷经浸蚀后,在铸锭的宏观横向试片上呈凹凸的清晰轮廓。有时由于化合物被浸蚀脱落而凹下,此时易与夹杂、疏松相混淆。该缺陷延续到挤压制品横向宏观试片上则多呈点状。借助显微观察时,该缺陷为规则形状的粗大一次晶体。断口上该缺陷为闪烁反光的小晶块
光亮晶粒	光亮晶粒实质上是合金元素含量较低的固溶体一次晶。在铸造开始时,由于漏斗预热不够,在其底部易形成低成分固溶体一次晶的底结物。因底部温度低、散热缓慢,且不断得到新的合金熔体的补充冲淡,使底结物不断地按原成分长大,而形成粗大的低成分的固溶体一次晶。底结物长到一定的程度或漏斗受到震动时,使这种底结瘤掉入铸锭内形成了光亮晶粒。该缺陷一般分布在铸锭横截面的中心及半径的 1/2 处。该缺陷经浸蚀后,在横向宏观试片上,对光线无选择性,呈色泽光亮的树枝状组织。显微观察时,此处晶枝粗大,网络稀薄(共晶少),显微硬度较基体低。组织内出现成分很低的固溶体一次晶使该处合金的强度、硬度大大降低
铸锭粗大晶粒	铸锭的晶粒大小,主要取决于单位时间内晶核生成的数目及晶粒长大的速度。如果熔体过热、铸造温度又高,晶核数量就会显著减少,加上冷却强度较弱,晶核急骤成长,这样在铸锭的组织中便会出现粗大的结晶组织。铸锭的粗大晶粒将影响最终制品的力学性能
铸造裂纹	铸造时,铸锭截面和高度上存在着温度梯度,因而产生内应力,若内应力超过了铸锭本身的抗拉强度,合金在结晶过程中或者在完全凝固后发生开裂,此现象称为铸锭裂纹。铸造裂纹分为热裂纹和冷裂纹两类。 热裂纹又称结晶裂纹,主要是在铸锭结晶和冷却过程中,由于固液区内结晶收缩困难而引起的铸锭内部开裂。该缺陷经浸蚀后,在宏观试片上裂纹呈网状或弯曲线状并常带有分叉,断裂处被氧化为褐色。显微观察时,热裂纹是沿着晶粒边界和枝晶网边界开裂和发展的。 冷裂纹是铸锭凝固以后,铸锭本身的抗拉强度小于铸锭内应力而其塑性又很低时,所引起的铸锭开裂。冷裂纹比较明显,有时未经浸蚀即可发现。断口检验时,冷裂纹处呈亮晶色。显微观察时,裂纹穿过晶粒或枝晶网内部。

2. 变形镁合金的低倍组织评定

在 GB/T 4297—2004《变形镁合金低倍组织检验方法》的标准中,把变形镁合金的低倍组织缺陷归纳为 13 种。变形镁合金的低倍缺陷与变形铝合金基本相似,其低倍组织的主要缺陷及形态、成因见表 16-23。

表 16-23 变形镁合金缺陷、形态及成因

缺陷	形态及成因
非金属夹杂物（包括熔剂夹渣）	在低倍试样上,该缺陷呈边界不清的黑色点状或非定形状物质,经加工变形后沿金属流动方向伸长,浸蚀后表面凹陷或出现孔洞,其分布没有规律。显微组织为黑色线状物与块状物组成的紊乱组织或涡纹状组织,如图 16-34 所示。熔剂夹渣在腐蚀好的试样上为白色结瘤物(可用能谱或化学沉淀法证实)
气孔	在横向低倍试样上,未经浸蚀即可显现的内壁光滑的圆形或椭圆形的孔洞,压力加工后,气孔可被变形,但不能压合。参见表 16-22 中"气孔"一栏
初晶偏析	在低倍试样上,该缺陷呈凸起的、边界轮廓清晰的、比基体稍暗的点状聚集物,对光线有选择性。显微组织为许多颗粒或块状金属间化合物的初晶体聚合在一起,经加工变形后沿变形方向排列,有时与夹渣共存,如图 16-35 所示。断口上呈具有一定光泽的小晶体群
锰夹杂	在低倍试样上,该缺陷呈银灰色的点状聚集物,凸起于基体组织,可用能谱证实。断口上呈不定形的褐色聚集物
大晶粒	在低倍试样上,该缺陷呈扇形粗大晶粒,断口上呈条形或片状组织。参见表 16-22 中"铸锭粗大晶粒"一栏
缩尾	在挤压制品横向试样的外层强烈变形区内,出现同心圆状或多层环状,凸出表面,严重的颜色发黑或开裂,称为缩尾,如图 16-36 所示。如不凸起或表面凹陷,未破坏金属连续性,则称为环状条纹
成层	在挤压制品横向试样的边缘,出现圆弧状或环状线条,凸出表面或开裂,称为成层,如图 16-37 所示
粗晶环	在挤压制品横向试样上,沿周边出现粗大再结晶晶粒组织,称为粗晶环。一般认为与局部达临界变形量有关,但难以消除
光亮环	在挤压制品横向试样的边缘,出现环形光亮带,称为光亮环,显微组织观察该光亮带为细小的再结晶晶粒。如果没有开裂现象则不认为是缺陷,有开裂现象则按成层处理
挤压裂纹	在挤压制品横向试样的边缘,呈现弧状裂纹,在纵向表面则呈周期性的开裂,特别严重的成锯齿状。与金属的挤压温度较高和挤压速度较快,金属流动很不均匀有关
压折	在锻件低倍试样的边缘,出现由外向里斜向延伸的光滑折缝线,称为压折。压折处一般伴随流纹不顺。由于锻模设计不合理,使用的锻造坯料尺寸形状不合适,以及在模锻开始时润滑不当等,锻造过程中金属在模子中流动变形极不均匀,金属填充时产生对流现象,使一部分金属与另一部分金属机械压合
片层状断口	试样折断后出现层状组织,称为片层状断口
流纹不顺	在模锻件的低倍试样上,金属流线不按制件的外形轮廓分布,称为流纹不顺。如流线贯穿制件试样截面的称为穿流。产生缺陷的主要原因是模具设计及工艺不合理,如在锻造开始时润滑不当,使金属于模内发生较紊乱的流动,轻者呈旋涡状,重者呈流线贯穿截面状

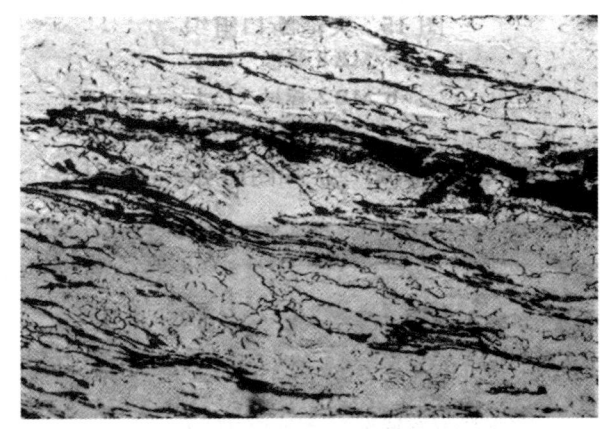

（硝酸柠檬酸溶液浸蚀）

图 16-34　镁合金中夹渣显微组织　（200×）

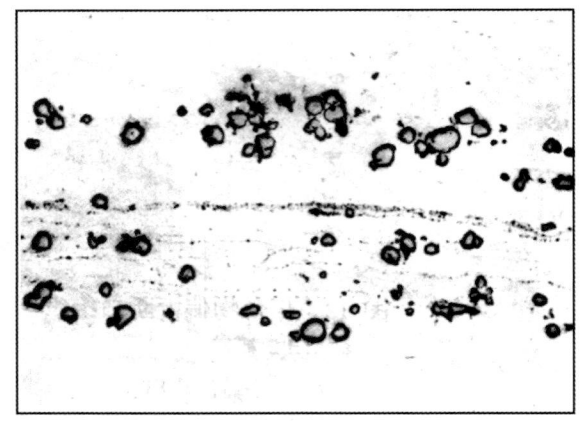

（未浸蚀）

图 16-35　镁合金中初晶偏析与夹渣共存形貌　（200×）

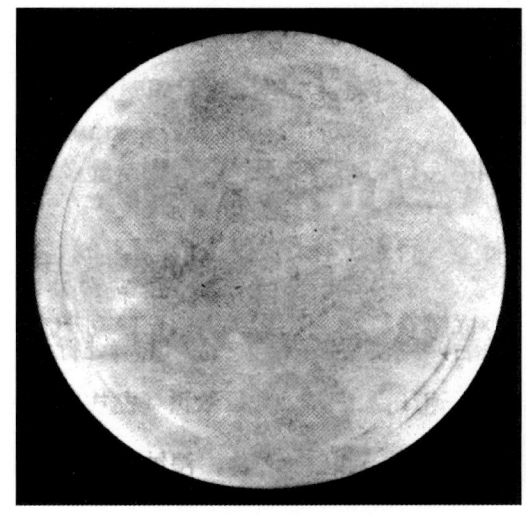

（经硝酸柠檬酸溶液浸蚀）

图 16-36　多孔模正向挤压棒材　缩尾　（1:1）

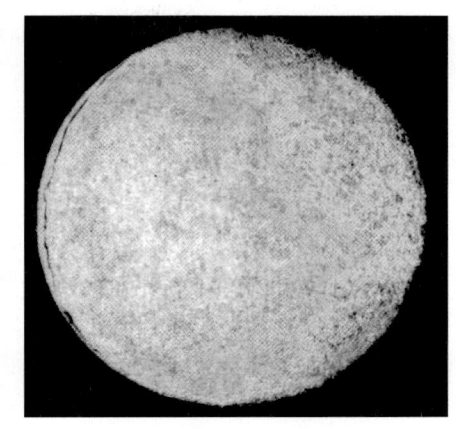

（经硝酸柠檬酸溶液浸蚀）

图 16-37　单孔模正向挤压棒材　成层　（1:1）

16.3　锌及锌合金的金相分析

锌及锌合金的应用也十分广泛，除了作为结构件，还作为防腐的镀覆材料等，在有色金属中被消费量仅次于铝和铜。

16.3.1　锌及锌合金的特性、分类及牌号

16.3.1.1　纯锌及锌合金的基本特性

目前，工业上炼取纯锌的方法可分为两大类，一类为火法（蒸馏法）炼锌，另一类为湿法（化学法）炼锌。含锌大于 99.99wt% 的纯锌称为 4N 高纯锌，一般用作锌压铸合金制品，其性能随锌纯度提高而提高。平均含锌量大于 99.999wt% 的锌称为 5N 高纯锌，主要用于半导体生产。高纯锌的生产方法主要为电解法。

锌位于元素周期表中第 4 周期，第 2 族副族，原子序数 30。

锌是同素异晶型金属。在低于 170℃ 时，以 η 形式存在，在 170～330℃ 范围以 β 形式存在，在 330～419℃ 范围以 α 形式存在。η 相具密排六方结构，因此室温下锌通常形成六面体晶体，在断裂面上出现结晶状。每个锌原子周围有 12 个邻位原子，原子之间的结合力要比层间强。这就是锌各向异性的根源所在。

锌晶体学的另一个特点是高温条件下原子在晶格中的易动性以及纯锌在室温条件下变形后会再结晶。对纯锌而言，几乎不发生加工硬化，因为再结晶会使加工造成的应力得到松弛。由于锌的恢复特性及加工硬化程度很小，因此其蠕变抗力或在长期作用下承受变形的能力较小。这就是纯锌不能用作工程材料的原因。但是如果加入某些合金元素如钛及铜等，蠕变抗力会增加许多倍。

由于基面上的原子要比层间原子距离近，即层间原子的结合弱，在应力作用下，晶格将沿基面滑移。在滑动中，只有部分晶格在运动。在室温以上，晶体倾向于沿(1010)面活动。在应力作用下，锌的另一种变化是在(1012)面形成孪晶。在形成孪晶时，孪晶基面与原始基面呈 94°角。由孪晶造成的变形，在垂直于原始基面的方向减少了 6.75% 厚度。孪晶发生后，新的基面导致滑移易于进行，这为进一步变形提供了条件。但是，对于多晶体而言，情况稍微复杂。主要是晶粒边界对变形也起作用。除了滑移和孪生变形外，在多晶体中还会出现扭曲。

锌的熔点为 419.5℃。沸点为 907℃。在未合金化时，它是一种较软的金属，其强度和硬度值要比锡和铅大，但比铝和铜要小。纯锌在铸造后，如在水中淬火，可变得相当硬。商品锌因含有杂质，因而性脆且

硬度高。但温度高于100℃时可以变形,能被压成薄板或拉制成金属丝。加热到250℃后,这种锌会变脆,在钵中能研成粉末。所以锌的延性与杂质和温度有关。

锌有良好的抗腐蚀性能,在常温下与湿空气接触时,表面会逐渐被氧化生成灰白色的致密的碱式碳酸锌[$ZnCO_3 \cdot Zn(OH)_2$]薄膜层。这种薄膜可以保护锌的内部不被继续腐蚀。在常温下,不含空气的水对锌没有作用;但在红热温度条件下,锌易分解水蒸气,生成氧化锌。金属锌在空气中加热至熔点以上时,表面会形成一层有氧化锌等组成的氧化物薄膜。在200℃以上,锌会迅速氧化。若锌在空气中被加热至505℃时,发生燃烧现象,生成非晶形氧化锌。锌只要开始燃烧,会持续不断进行下去。

纯锌不与纯硫酸和纯盐酸发生化学反应。但是含有杂质的锌却能与硫酸或盐酸作用,产生氢气。据此性质,锌在电池中可用作电极。锌易溶于烧碱中以形成锌酸盐如Na_2ZnO_2。锌很容易与无机物如氯化物、硫化物或磷化物发生反应。锌能与不少金属组成合金。工业上用得最普遍的氧化物是氧化锌。

16.3.1.2 锌的合金化及锌合金分类、性能

形成锌合金的主要合金化元素有铝、铜和镁,还有硅、锰、钛、锆或稀土金属等。

1. 铝在锌合金中作用及 Zn-Al 二元合金

锌中加入0.02wt%的铝,可减少锌的氧化,提高铸件表面质量。加入0.1wt%的铝可抑制$FeZn_7$脆性化合物的形成,减少铸锭脆性,同时减轻锌对铁型模壁的浸蚀。微量铝还可以细化晶粒。铝能提高锌的抗拉强度和冲击韧度。在铝含量为3wt%~5wt%时,Zn-Al 合金的综合性能(包括抗拉强度、冲击韧度和流动性)最好。显然,在这一成分范围是构成铸造锌合金的基础。大多数 Zn-Al 合金,在高温下的组织多为($\alpha+\eta$)共晶体,在低于275℃时,α(Al)$_{(22.3wt\%Al)}$相发生偏析转变。温度继续降低时,α(Al)固溶体发生分解,并且合金有体积变化。

铝含量及热处理对 Zn-Al 合金力学性能的影响如图16-38所示。合金中铝含量增加抗拉强度提高,密度减小,表现出比强度的优越性。含25wt%左右铝的 Zn-Al 合金抗拉强度最高。

含22wt%铝的共(偏)析合金冲击韧度和断后伸长率较好,有良好的超塑性。砂型铸造,含铝量为10wt%~15wt%合金的强度较高,而断后伸长率和冲击韧度随铝含量的变化不大。

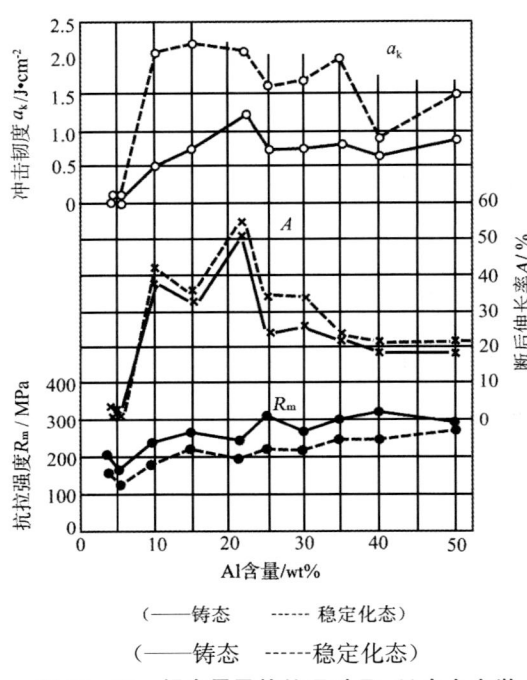

（——铸态　------ 稳定化态）
（——铸态　------ 稳定化态）

图 16-38 铝含量及热处理对 Zn-Al 合金力学性能影响

在共晶成分附近的锌合金有严重的晶间腐蚀倾向,通过调整和添加合金元素,改善合金性能,共晶类型 Zn-Al 合金成为锌合金重要基础。

图 16-39 为 Zn-Al 的二元合金相图。相图中可见,锌和铝在液态下可无限互溶,而在固态下有限互溶。在443℃会发生包晶反应:

$$L_{(14wt\%Al)} + \alpha(Al)_{(30wt\%Al)} \xrightarrow{443℃} \gamma(ZnAl)_{(28.4wt\%Al)} \tag{16-7}$$

在382℃会发生共晶反应:

$$L_{(5.1wt\%Al)} \xrightarrow{382℃} \gamma(ZnAl)_{(19.2wt\%Al)} + \eta(Zn) \tag{16-8}$$

分别在340℃和275℃会发生共析反应:

$$\alpha_{2(30.5wt\%Al)} \xrightarrow{340℃} \alpha_{1(51wt\%Al)} + \gamma(ZnAl)_{(29.1wt\%Al)} \tag{16-9}$$

$$\gamma(ZnAl)_{(22.3wt\%Al)} \xrightarrow{275℃} \alpha(Al)_{(68.4wt\%Al)} + \eta(Zn) (实为偏析反应) \qquad (16-10)$$

在该二元相图的共析一侧，存在 $\alpha_1+\alpha_2$ 的两相区，表明冷却时单相固溶体分解成晶体结构相同（面心立方晶体）而成分不同的两相混合物。在两相区内的 α_1 和 α_2 是平衡的，由此可作出调幅分解线。

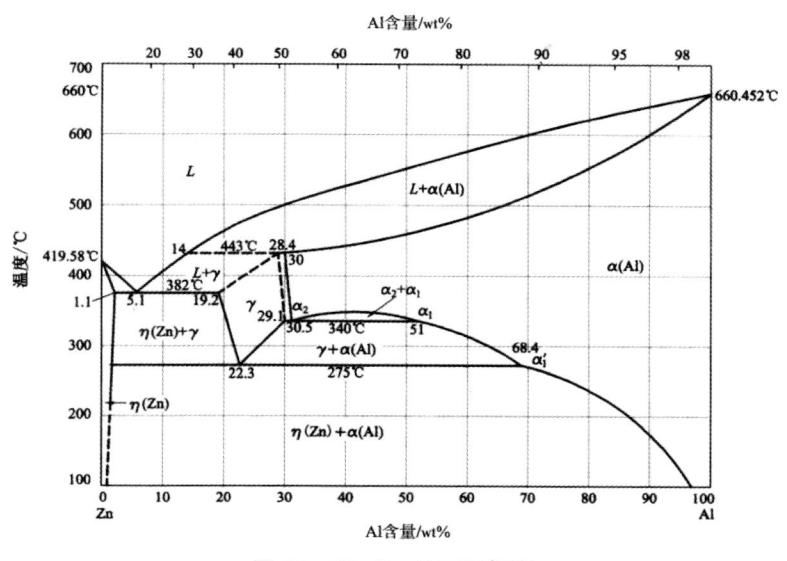

图 16-39　Zn-Al 二元相图

2. 铜在锌合金中作用及 Zn-Cu 二元合金

铜能提高锌的蠕变抗力，能改善 Zn-Al 合金的耐蚀性，但铜含量过高会降低锌合金的尺寸稳定性。

图 16-40 为 Zn-Cu 二元相图。该合金体系有五个包晶转变、一个共析转变和一个有序化转变。固态下有 α、β、γ、δ、ε 及 η 6 个相。锌合金中，一般含铜量比较少。锌中加铜形成第一个中间相（金属间化合物）是 $\varepsilon(CuZn_5)$，有人认为是 $\varepsilon(CuZn_4)$，铜在锌中形成的固溶体，一般称 η 相，也有用 η(Zn) 或 Zn(Cu) 表示的。

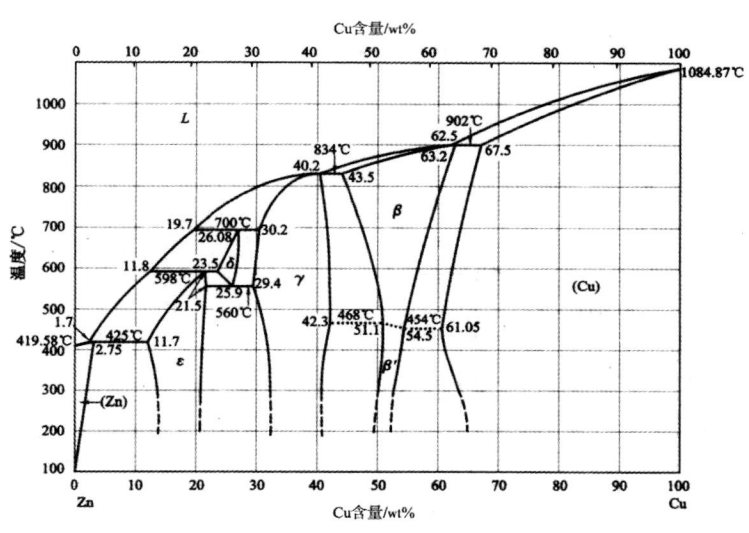

图 16-40　Zn-Cu 二元相图

$\varepsilon(CuZn_5)$ 相是由 $\delta(CuZn_3)$ 相和液相在 598℃ 包晶反应形成的。形成 ε 相，能提高锌合金的硬度、抗拉强度和冲击韧度，但降低流动性和塑性。

纯锌及含有小于 2wt% 铜的锌合金完全由 η 构成。超过 2wt% 铜后，出现 ε 相，分布于 η 基体中。ε 相 η 相皆具有密排六方晶格结构。随着铜量增加，ε 相的体积分数及平均尺寸增大。强度及韧度不断提高，当ε相增长到其枝晶相互接触时,合金的韧性开始降低。

少量铜加速偏析转变,促使体积变化。铜含量较多的合金,从高温缓慢冷却或在某一温度下长时间保温,将有ε相析出,同时明显地引起体积收缩,如含1wt%、2wt%和3wt%铜的Zn-Cu合金,在金属型铸造后,再于95℃时效324 h,分别收缩0.004%、0.009%和0.02%。

3. 镁、镍、钛、铅等元素在锌合金中作用

(1) 镁的作用。镁与锌形成硬而脆的化合物,微量的镁就能对锌的力学性能产生重大的影响,当镁含量不小于0.005wt%时,显著提高锌板冷轧后的抗拉强度,如含0.01wt%镁的锌合金,加工率为40%的冷轧板,抗拉强度可达260 MPa,不含镁时,仅为170 MPa。加少量镁可延缓偏析转变,阻滞合金体积变化,提高Zn-Al合金的尺寸稳定性,能抵消少量铅在Zn-Al合金的有害影响,减轻晶间腐蚀倾向和产生膨胀的现象。在含铅的Zn-4Al合金中加入少量镁,能保持合金有较好的冲击韧度,但降低流动性。在Zn-Al-Cu系合金中,大都加入少量(如0.02wt%~0.05wt%)的镁,过多会降低合金的高温塑性。

(2) 镍的作用。镍的作用与镁相类似,提高锌合金的尺寸稳定性,提高锌的耐蚀性。但超过0.2wt%,会出现脆性化合物。

(3) 钛的作用。钛在锌中溶解度很小,300℃时仅有0.007wt%~0.015wt%。锌中加入0.08wt%~0.12wt%的钛,会形成细小的$TiZn_{15}$相,能细化晶粒,提高合金的力学性能和再结晶温度。

(4) 铅的作用。铅几乎不能固溶于锌中。即使Zn-Pb合金体系含有0.001wt%的铅,在锌晶界上也可以看到铅粒。因此,铅对锌的力学性能影响不大。但是,它的存在降低了锌的工作温度。在某些情况下,如在干电池中,铅可减轻锌的腐蚀。

(5) 其他合金元素的作用。

① 锰与锌形成化合物,在Zn-Al-Cu合金中,加入0.3wt%锰就能观察到含锰相。加入锰对合金的力学性能和耐磨性能有好处,但不宜多;

② 硅在锌合金中是以纯硅形式存在,对提高耐磨性有好处;

③ 锑在锌合金中形成化合物,加少量锑对抗拉强度影响不大,能提高其断后伸长率和耐磨性能,有抑制偏析转变的作用;

④ 稀土金属有富镧混合稀土和富铈混合稀土之分,一般不用单一的纯稀土元素,因为很贵。锌合金中加入少量混合稀土金属就形成化合物,因为其溶解度很小。它有中和有害杂质的作用和细化晶粒,能提高合金的抗拉强度、断后伸长率和冲击韧度,还能改善摩擦磨损和耐腐蚀性能;

⑤ 铍、铬、锂等元素能改善Zn-Al合金的耐蚀性能,锂可达到与镁同样的效果;

⑥ 锡、铅及镉是锌中最常出现而又公认的有害杂质元素,过量会严重影响锌合金的耐蚀性能。锌合金中著名的"老化"问题,是在特殊环境(湿热气氛)中,由晶间腐蚀引起的尺寸及性能不稳定的现象。多数人认为锡比铅危害性大,所以对锡的限制要比铅严格些。镉虽然也是有害杂质,危害性比锡和铅小。杂质对共(偏)析合金的危害比对共晶合金要大。

16.3.1.3 锌合金的分类

锌合金的分类有多种方法,习惯上锌合金一般按加工方法分类,可分为铸造锌合金、变形锌合金和镀用锌合金。

也有按成分分类,可分为Zn-Al系、Zn-Cu系、Zn-Pb系以及Zn-Al-Pb系等锌合金。

Zn-Al系一般都含有少量铜、镁以提高强度和改善耐蚀性。Zn-Cu系是抗蠕变合金,一般还含有钛,即实际使用时多为Zn-Cu-Ti三元为基的合金,有时也加有少量铬。Zn-Pb系多作为冲制电池壳用,并可制成各种小五金及体育运动器材等。Zn-Al-Pb系是镀锌用合金。

还可按性能和用途分类,如超塑性锌合金(Zn-Al二元合金)、抗蠕变锌合金(Zn-Cu-Ti合金)、阻尼锌合金、模具锌合金、耐磨锌合金及防腐锌合金等。

16.3.1.4 铸造锌合金的牌号、成分

用于铸造的锌合金主要为Zn-Al合金,并添加铜及少量镁。铸造锌合金进一步还分为(重力)铸造锌合金及压铸锌合金,在我国分列两个国家标准:GB/T 1175—2018《铸造锌合金》及GB/T 13818—2009

《压铸锌合金》,但在国际上基本上均列在一个标准内。GB/T 13818—2009《压铸锌合金》标准列出了 7 种牌号的压铸锌(铝)合金,见表 16-24;典型的力学性能(ASTM B86-2018)见表 16-25。

压铸锌合金牌号是由锌及主要合金元素的化学符号组成。主要合金元素后面跟有表示其名义百分含量的数字(名义百分含量为该元素的平均百分含量的修约化整值)。牌号前缀用"Y""Z"表示"压""铸"造。

GB/T 13818—2009 中合金代号的前缀由"Y""X"表示"压""铸""锌"合金,其后面的前两位数字表示合金中化学元素铝的名义百分含量,第三个数字表示合金中化学元素铜的名义百分含量,末位字母用以区别成分略有不同的合金。

表 16-24 压铸锌合金牌号及化学成分   wt%

序号	合金牌号[①]	合金代号	主要成分(Zn 为余量)			杂质含量(不大于)			
			Al	Cu	Mg	Fe	Pb	Sn	Cd
1	YZZnAl4A (AG40A)	YX040A	3.9~4.3 (3.7~4.3)	≤0.1	0.030~0.060 (0.020~0.060)	0.035 (0.05)	0.004 (0.005)	0.0015 (0.002)	0.003 (0.004)
2	YZZnAl4B[②] (AG40B)	YX040B	3.9~4.3 (3.7~4.3)	≤0.1	0.010~0.020 (0.005~0.020)	0.075 (0.05)	0.003	0.0010	0.002
3	YZZnAl4Cu1 (AC41A)	YX041	3.9~4.3 (3.7~4.3)	0.7~1.1 (0.7~1.2)	0.030~0.060 (0.020~0.060)	0.035 (0.05)	0.004 (0.005)	0.0015 (0.002)	0.003 (0.004)
4	YZZnAl4Cu3 (AC43A)	YX043	3.9~4.3 (3.7~4.3)	2.7~3.3 (2.6~3.3)	0.025~0.050 (0.020~0.060)	0.035 (0.05)	0.004 (0.005)	0.0015 (0.002)	0.003 (0.004)
5	YZZnAl8Cu1 (ZA-8)	YX081	8.2~8.8 (8.0~8.8)	0.9~1.3 (0.8~1.3)	0.020~0.030 (0.010~0.030)	0.035 (0.075)	0.005 (0.006)	0.0050 (0.003)	0.002 (0.006)
6	YZZnAl11Cu1 (ZA-12)	YX111	10.8~11.5 (10.5~11.5)	0.5~1.2	0.020~0.030 (0.010~0.030)	0.050 (0.075)	0.005 (0.006)	0.0050 (0.003)	0.002 (0.006)
7	YZZnAl27Cu2 (ZA-27)	YX272	25.5~28.0 (25.0~28.0)	2.0~2.5	0.012~0.020 (0.01~0.02)	0.070 (0.075)	0.005 (0.006)	0.0050 (0.003)	0.002 (0.006)

注:① YZZnAl4B(AG40B)Ni 含量为 0.005~0.020(wt%)。
② 括号内为相应的 ASTM B86-2018 标准的牌号及有差异的成分。

GB/T 1175—2018《铸造锌合金》标准中列出了 8 种牌号的锌铝合金,大部分选自 ASTM B86 的牌号。各国相关锌合金牌号的对照见表 16-26。

表 16-25 部分铸造锌铝合金典型力学性能

合金牌号[①]	状态	抗拉强度 R_m/MPa	屈服强度 $R_{p0.2}$/MPa	断后伸长率 A/%	压缩屈服强度 $R_{pc0.1}$/MPa	冲击吸收功 K 无缺口/J	剪切强度 τ/MPa	疲劳强度[②] /MPa	硬度/HBW 10/500
YX040A (No.3)		283	221	10	414	58	214	47.6	82
YX040B (No.7)		283	221	13	414	58	214	46.9	80
YX041 (No.5)		328	228	7	600	65	262	56.5	91
YX043 (No.2)		359		7	641	47	317	58.6	100
YX081 (ZA-8)	砂型	263	198	1~2	199	20			85
	金属型	221~255	208	1~2	210		241	51.7	87
	压铸	374	290	6~10	252	42	275	103	103

续　表

合金牌号[1]	状态	抗拉强度 R_m/MPa	屈服强度 $R_{p0.2}$/MPa	断后伸长率 A/%	压缩屈服强度 $R_{pc0.1}$/MPa	冲击吸收功 $K_{无缺口}$/J	剪切强度 τ/MPa	疲劳强度[2] /MPa	硬度 /HBW 10/500
YX111 (ZA-12)	砂型	276～317	211	1～3	230	25	253	103	94
	金属型	310～345	268	1～3	235	29	241		89
	压铸	404	320	4～7	269		296	117	100
YX272 (ZA-27)	砂型	400～441	371	3～6	330	48	292	172	113
	砂型（退火）	310～324	257	8～11	257	58	225	103	94
	压铸	425	376	1～3	385	12.8	325	145	119

注：[1] 括号内为相应的北美商业（NADCA）的牌号。
　　[2] 此处的旋转弯曲疲劳，5×10^7 循环。

表 16-26　部分锌合金各国标准对照

中国		ASTM B86	北美商业（NADCA）	ISO 15201 (EN 1774)	JIS H5301	AS 1881	UNS
GB/T 13818	GB/T 1175						
YX040A		AG40A	No. 3	ZnAl4	ZDC2	ZnAl4	Z33521
YX040B		AG40B	No. 7				
YX041	ZA4-1	AC41A	No. 5	ZnAl4Cu1	ZDC1	ZnAl4Cu1	Z35531
YX043	ZA4-3	AC43A	No. 2	ZnAl4Cu3			Z35541
YX081	ZA8-1	ZA-8	ZA-8	ZnAl8Cu1			Z35636
YX111	ZA11-1	ZA-12	ZA-12	ZnAl11Cu1		ZnAl11Cu1	Z35631
YX272	ZA27-2	ZA-27	ZA-27	ZnAl27Cu2		ZnAl27Cu2	Z35841

16.3.1.5　变形锌合金的牌号、成分

变形锌合金进一步可分为轧制锌合金、挤压锌合金和拉拔锌合金。

锌合金板、带、箔都是用轧制方法生产，由于其焊接性能好，容易二次成型加工，故应用较广泛。较典型的轧制锌、锌合金成分以及用途见表 16-27 简介；表 16-28 为我国部分变形 Zn-Al 合金代号及成分。

表 16-27　部分轧制锌合金化学成分及用途

合金系及化学成分/wt%	用途
纯锌	深拉五金，网眼板等
Zn-Cu 系如 Zn-0.8Cu	建筑结构，深拉五金及硬币等
Zn-Cu-Ti 系如 Zn-0.2Cu-0.1Ti	屋面，槽，下水管，建筑结构，深拉五金，号码牌及太阳能收集器等
Zn-Pb-Cd 系如 Zn-0.07Pb-0.05Cd	建筑结构，干电池壳，深拉五金，号码牌及电子元件等
Zn-Al-Cu-Mg 系如 Zn-22Al-0.5Cu-0.01Mg	成型构件，如打字机零件，计算机操作盘及外壳等
Zn-Al-Mg 系如 Zn-0.1Al-0.06Mg	光刻盘等

表 16-28　我国部分变形 Zn-Al 合金的代号及成分、用途

合金代号	主要成分/wt%				用　　途
	Al	Cu	Mg	Zn	
ZnAl15	14.0～16.0	—	0.02～0.04	余量	用于挤压,可作黄铜代用品
ZnAl10-5	9.0～11.0	4.5～5.5	—	余量	
ZnAl10-1	9.0～11.0	0.6～1.0	0.02～0.05	余量	
ZnAl4-1	3.7～4.3	0.6～1.0	0.02～0.05	余量	用于轧制和挤压,可作 H59 黄铜的代用品
ZnAl0.2-4	0.20～0.25	3.5～4.5	—	余量	用于轧制和挤压,供制造尺寸要求稳定的零件

变形 Zn-Cu-Ti 合金与其他合金不同的是经过冷轧后会明显变软,硬度和强度降低而塑性提高。冷轧加工率越大,软化程度越大。这是由于变形热导致再结晶,析出的 ε 相较多,使固溶铜含量减少所造成的。相反,热轧可以提高强度、硬度和抗蠕变性能。在 200～500℃ 轧制可获得最高强度。温度再高,强度虽然有降低,抗蠕变性能会提高。冷轧后若经退火会使合金硬度、强度有所提高,塑性相应地下降。变形锌合金的性能受成分、变形温度和变形量等因素综合影响,选择加工工艺时要全面考虑。

变形锌合金还用作电池壳(锌饼和锌板)、阳极板、胶印板及照相板等,并有相应的标准。

16.3.2　铸造锌合金的变质、细化处理

虽然变质处理和细化处理均使铸造锌合金组织细化,但它们的目的不同,工作原理也完全不同。

16.3.2.1　铸造锌合金的变质处理

变质处理可以有效地细化锌合金尤其是含铝较多的锌合金铸态组织中的固溶体颗粒,减少枝晶间距,消除网状结构,从而显著提高力学性能,改善铸造性能,减少热裂、疏松等铸造缺陷。

变质处理工艺的关键是控制变质温度、时间、变质剂用量和变质操作方法,必须按具体材质制定具体工艺。一般采用钛合金和硼合金作为变质剂效果较好。

16.3.2.2　铸造锌合金晶粒细化处理

铸造锌合金晶粒细化可使材料力学性能尤其是断后延伸率显著提高。同时,锌合金的铸造性能得到改善,铸件缺陷也会明显减少。

锌合金晶粒细化处理方法的种类较多,可分为化学细化、物理细化、机械细化及热力学细化等。生产中广泛使用的是化学细化方法,即在金属液中加入一定量的特殊添加剂,如钛盐类细化剂、氟硼(或钛)酸钾以及稀土等。

16.3.3　锌合金的热处理

锌合金应用以 Zn-Al 系合金为主。在 Zn-Al 二元合金相图中可看到,在固相区内有以铝为基的 α 固溶体,有以锌为基的 η 固溶体,还有能发生共析(偏析)分解的 γ(ZnAl) 或 $α_2$ 固溶体相区。这些固态相的相互转化是 Zn-Al 系合金热处理的基础。通过相关热处理可获取所需性能,如在共(偏)析转变温度上下热循环处理可得微细晶粒,而获超塑性;再如通过过饱和固溶体的不连续脱溶(分解)反应,可获得极细的层片状双相组织,而有利于减震性能的提高。而锌合金铸件体积收缩及膨胀十分明显,由此还会进一步由膨胀引发晶界腐蚀,而造成"老化"现象,因此锌合金的稳定化处理十分重要。

16.3.3.1　稳定化处理

锌合金铸件由于凝固时冷却速度快,其组织是亚稳定的。在存放或者使用过程中,随着时间的延长,有向稳定状态转变的过程,即相变一直在缓慢地进行。随之而来的是铸件尺寸和力学性能也在变化,变化的程度和速率与原始状态的环境有关。尺寸变化,有点收缩,也有的膨胀;有时收缩,也有时膨胀,一般情况下,如室温存放或使用,均是收缩。Zn-Al 压铸合金收缩,在几周之内连续发生,而 α 固溶体分解在几天之内就已经完成了。说明收缩不仅是由于 α 固溶体分解引起的,更主要的是由于从锌基 η 固溶体中析出 α 相所致。

不含铜的 Zn-Al 合金时效时仅表现出单向的收缩,而添加铜后,则在收缩以后还表现出膨胀。添加铜量越多,膨胀现象越严重,尤其在 90℃ 环境中。

在低温下进行稳定化处理也称为时效或低温退火,使相变加快,消除应力,尺寸和性能自然也就稳定了。稳定化处理温度越高,稳定化所需要的时间越短,如在 100℃ 保温需 3~6 h,在 85℃ 保温需 5~10 h,而在 70℃ 保温就需要 10~20 h。稳定化退火的冷却可随炉冷却或出炉后空气中冷却。

16.3.3.2 均匀化退火

均匀化退火的对象是铸锭或铸件,是利用第二相溶解—析出机制,使非平衡结晶枝晶内化学成分均匀或消除或部分消除共晶网状组织,以改善合金材料的工艺性能和使用性能。目前一般都是在高铝锌合金中采用。如 ZA27 合金砂型铸造的零件,有枝晶偏析和非平衡结晶造成的不良组织,铸态的抗拉强度为 385 MPa,断后伸长率为 3.1%。如果在 320~400℃ 保温 3~8 h,然后随炉冷却,消除枝晶偏析而获得细层状组织,使断后伸长率提高到 3.5%,抗拉强度下降为 370 MPa。

16.3.3.3 重结晶退火

Zn-Al 合金的重结晶退火是合金在共析转变温度以上的高温单相 γ 区时,缓慢冷却,发生共析转变,获得共析组织的退火。由于这种变化,金属材料的组织、结构和性能也发生改变。如果 Zn-Al 合金加热至相变临界点以上使之发生多型性转变,然后又冷却至临界点以下使之发生逆转变,这种热作用的循环并不会改变金属在一定温度下所应具有的晶体结构,但多型性转变也是形核和长大的过程,像再结晶一样,只要适当控制加热和冷却操作,就可能使金属的组织(晶粒大小)发生符合技术要求的变化,可达到超塑性所必需的微晶条件,获得相变超塑性。

16.3.3.4 强化热处理

锌合金的强化热处理,多半是用在高铝锌合金中,淬火得到过饱和固溶体和随后的时效,获得大量的弥散的中间相,使其强度提高。淬火前的固溶可使成分均匀化,一般铸造锌合金产品,淬火后可以提高强度、塑性和改善耐蚀性。

锌合金淬火后强度有提高,自然时效最初抗拉强度是继续提高的,达到一定程度后又下降,最终比铸态强度高出 15% 以上;淬火后断后伸长率比铸态的还低,时效时断后伸长率逐渐提高,乃至比铸态高出 3 倍以上。

高铝锌合金由于固溶化温度高于共析温度,淬火时效后使铸态组织有很大改变,冲击韧度得到改善,降低了摩擦磨损性能。若做减摩耐磨结构件,既要求有优良的力学性能,也要求有良好的摩擦磨损性能,则保留铸造组织是必要的,因此热处理的温度不能高于共析温度,一般采用铸造状态下进行 250℃ 退火(时效)。

ZA27 合金淬火时效后的力学性能对比见表 16-29。

表 16-29 淬火时效对砂型铸造 ZA27 合金力学性能的影响

力学性能	铸态	150℃×10 h 退火	365℃×2 h 水中淬火	固溶处理 365℃×2 h 水中淬火后自然时效/d			
				5	10	15	30
R_m/MPa	385	337	472	495	456	448	446
A/%	3.1	8.2	1.9	5.0	6.3	10.5	10.5

16.3.4 锌及锌合金的金相组织及制样特点

锌及锌合金金相组织分析可分为宏观检测及微观检测,其宏观检测内容(包括断口)基本与铝合金、镁合金类似。

16.3.4.1 锌及锌合金的金相组织

锌及部分锌合金的铸态(铸锭)的金相组织见表 16-30。变形锌合金由于合金相组织受挤压破碎,一般较难鉴别,但其分布及晶粒大小、缺陷等仍为金相检验的关注点。

表 16-30 锌及部分锌合金的金相组织

合金类	铸态下金相组织
工业纯锌	基本均为等轴状晶粒[η(Zn)]，一般比较粗大。在机械抛光时容易在晶内产生一些孪晶形貌，参见图 16-41
Zn-Al 合金	一般情况下，铸件的共析分解和过饱和固溶体的沉淀都在室温进行，最后组织为白色的初生枝晶状 η(Zn) 固溶体＋层状共晶体。 随该合金中铝含量减少(≤5wt%)，白色初生枝晶 η(Zn) 逐渐增多，而层状共晶体减少
Zn-Al-Cu 合金	ZA4-1 合金，铸态组织：白色基体的 η(Zn) 固溶体＋黑白相间层片状的[η(Zn)＋α_1(Al)＋ε(CuZn5)]共晶体(已分解)，在白色初晶中有少量黑色[η(Zn)＋α_1(Al)]共析体，见图 16-42
	ZA8-1 合金，铸态组织：白色初生枝晶 η(Zn)＋黑色[α_1(Al)＋η(Zn)]共析混合物，见图 16-43
	ZA11-1 合金，铸态组织：白色枝晶状[α_1(Al)＋η(Zn)]＋黑色[α_1(Al)＋η(Zn)]共晶混合物，实际为两相组织：α_1(Al)＋η(Zn)。若砂型铸造冷速慢，组织粗大，在树枝状初晶中可见析出的[α_1(Al)＋η(Zn)]共析体，见图 16-44
	ZA27-2 合金，铸态组织：白色初生枝晶 η(Zn) 固溶体＋黑色[α_1(Al)＋η(Zn)＋ε(CuZn5)]共析混合物，见图 16-45
Zn-Cu-Ti 合金	Zn-0.55wt%Cu-0.12wt%Ti 合金铸态组织：白色基体为 η(Zn) 固溶体；枝晶间存在 ε(CuZn5) 化合物，钛以细小 TiZn15 相质点析出，起强化作用，见图 16-46

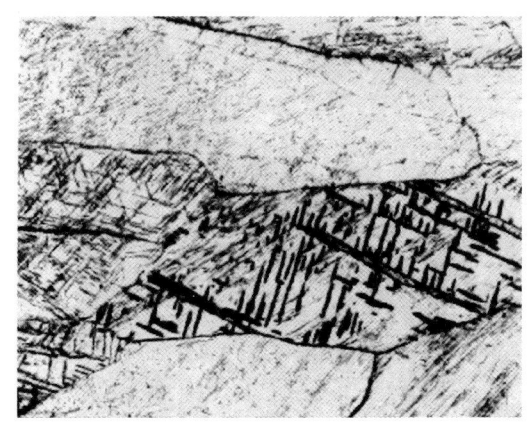

（经氧化铬硫酸钠水溶液浸蚀）

图 16-41 工业纯锌铸态组织 （100×）

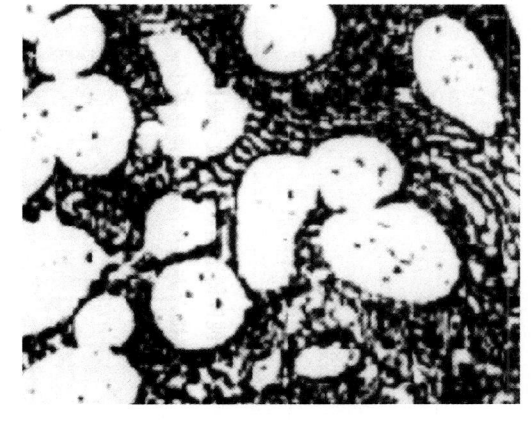

（经氧化铬硫酸钠水溶液浸蚀）

图 16-42 ZA4-1 锌合金铸态(砂型)组织 （250×）

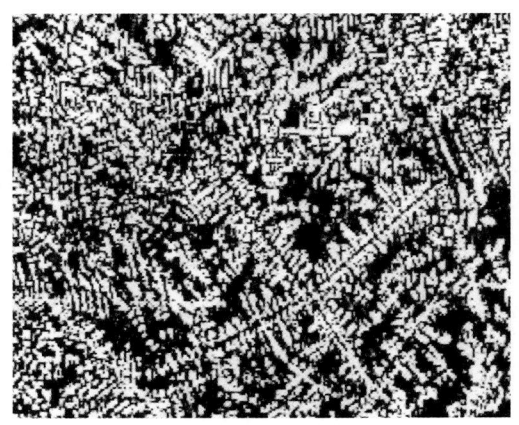

（经氧化铬硫酸钠水溶液浸蚀）

图 16-43 ZA8-1 锌合金铸态(金属型)组织 （100×）

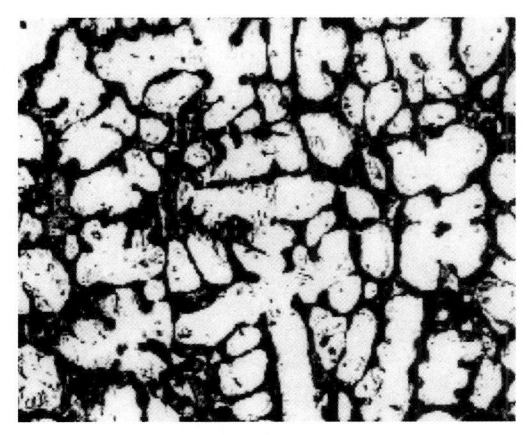

（经氧化铬硫酸钠水溶液浸蚀）

图 16-44 ZA11-1 锌合金铸态(砂型)组织 （100×）

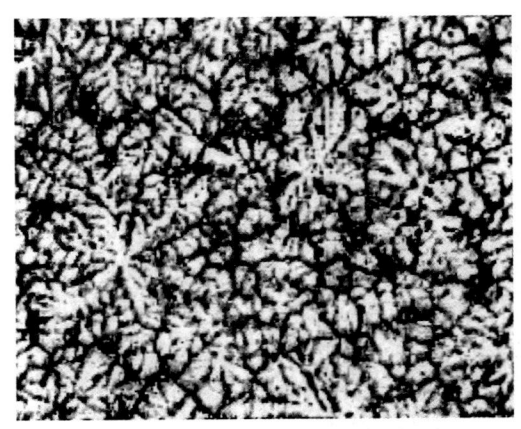
（经氧化铬硫酸钠水溶液浸蚀）
图 16-45 ZA27-2 锌合金铸态（金属型）组织 （100×）

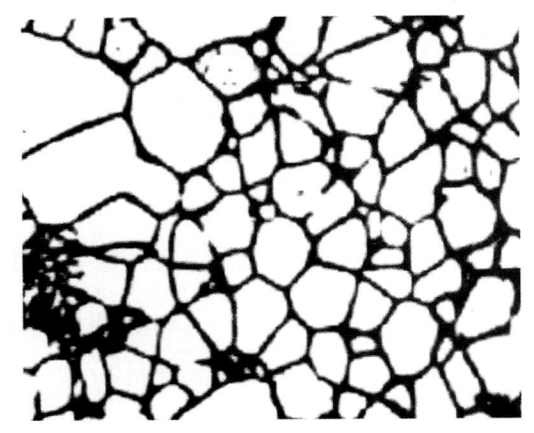
（经氧化铬硫酸钠水溶液浸蚀）
图 16-46 Zn-Cu-Ti 锌合金压铸态组织 （250×）

16.3.4.2 锌及锌合金金相制样特点

锌及锌合金的金相取样、制样方法基本与铝合金、镁合金相似。

1. 锌及锌合金金相试样的磨抛

锌及锌合金试样的磨光中可用水进行冷却和润滑，一般推荐用煤油。

锌合金试样的抛光同样可采用机械抛光、化学抛光以及电解抛光，有时也有用机械、化学联合抛光。

对于 Zn-Al-Cu 等铸造合金或 Zn-Cu-Ti 等抗蠕变锌合金的金相试样一般采用机械抛光方法。粗抛光时转速宜为 400~600 r/min，精抛光时宜为 150~200 r/min。抛光剂一般采用金刚石喷雾剂。

对于锌合金带材、冲压制品，如电池锌板、嵌线锌板等金相试样推荐采用化学抛光方法，其抛光液配方见表 16-31。

表 16-31 两种锌合金化学抛光液

A 试剂		B 试剂	
硝酸	5 mL	氧化铬	20 g
硫酸钠	1.5 g	硝酸	5 mL
氧化铬	20 g	硫酸锌	4 g
蒸馏水	100 mL	蒸馏水	95 mL

锌及锌合金的电解抛光液成分以及参考工艺条件见表 16-32。由于电解抛光的影响因素较多，具体抛光效果应在实验操作调整。

表 16-32 锌及锌合金电解抛光液成分及工艺条件

电解液成分		电流密度/A·cm^{-2}	直流电压/V	温度/℃	时间/s
磷酸	370 mL	0.02~0.03	<1	12~20	12~20 min
乙醇	630 mL				
氧化铬	200 g	2.5~3.5	60	20	40~45
蒸馏水	1 000 mL				
氢氧化钾	250 g	0.16	4~5	室温	15 min
蒸馏水	1 000 mL				

2. 锌及锌合金的组织显示

锌及锌合金低倍组织浸蚀显示试剂及操作条件,见表 16-33。

表 16-33 锌及锌合金低倍浸蚀剂成分

浸蚀剂成分	操作条件	适用范围
蒸馏水　　　　　　　　　　　50 mL 盐酸(或硝酸)　　　　　　　　50 mL	擦拭浸蚀 15 s 在流水下冲洗去除表面薄膜	纯锌,不含铜的锌合金,锌铸件
蒸馏水　　　　　　　　　　　100 mL 氧化铬(Ⅲ)　　　　　　　　　20 g 硫酸钠(无水)　　　　　　　　1.5 g (如用 $Na_2SO_4 \cdot 10H_2O$ 应增加到 3.5 g)	擦拭浸蚀几秒到几分钟。流水下冲洗并去除表面薄膜	含铜的锌合金
盐酸　　　　　　　　　　　　5 mL 无水乙醇　　　　　　　　　　95 mL	浸蚀几秒至几分钟	锌合金

锌及锌合金的金相组织浸蚀显示液及操作条件见表 16-34。

表 16-34 锌及锌合金金相试样浸蚀剂及操作条件

浸蚀液成分	浸蚀条件	说明
氧化铬　　　　　　　　　　　20 g 硫酸钠　　　　　　　　　　　1.5 g 蒸馏水　　　　　　　　　　　100 mL	2～3 min	用于大多数锌合金
氢氧化钠　　　　　　　　　　10 g 蒸馏水　　　　　　　　　　　100 mL	1～5 s	工业用纯锌,Zn-Co 和 Zn-Cu 合金,一般用于低合金 Zn
硝酸　　　　　　　　　　　　1～2 mL 甲醇或乙醇　　　　　　　　　98～99 mL	抛光后立即浸蚀或擦洗 5～10 s	显示压铸锌合金的显微组织
硝酸　　　　　　　　　　　　20 mL 盐酸　　　　　　　　　　　　20 mL 氢氟酸　　　　　　　　　　　5 mL 蒸馏水　　　　　　　　　　　60 mL	浸渍或擦洗 10～30 s	显示高铝锌合金的显微组织
盐酸　　　　　　　　　　　1 mL～5 mL 蒸馏水或乙醇　　　　　　　　100 mL 有时增加水含量	数秒～1 min	锌和高锌合金,Zn-Cu-Al 合金
苦味酸　　　　　　　　　　　0.3 g 乙醇　　　　　　　　　　　　30 mL 蒸馏水　　　　　　　　　　　70 mL	数秒～3 min	含有铁的锌合金以及用于镀锌层的检验
三氯化铁　　　　　　　　　　4 g 盐酸(1.19)　　　　　　　　　30 mL 蒸馏水　　　　　　　　　　　1 250 mL	数秒～1 min	含较多铜、银、金的锌合金
硫酸　　　　　　　　　　　　15 mL 氢氟酸　　　　　　　　　　　1 mL 蒸馏水　　　　　　　　　　　100 mL	不超过 30 min	显示锌合金总晶界并评定晶粒尺寸
过硫酸铵　　　　　　　　　　11 g 柠檬酸　　　　　　　　　　　1 g 蒸馏水　　　　　　　　　　　100 mL	数秒～1 min	锌挤压合金中的纤维组织

参考文献

[1] 刘正,张奎,曾小勤. 镁基轻质合金理论基础及其应用[M]. 北京:机械工业出版社,2002.
[2] 陈振华,严红革,陈吉华. 镁合金[M]. 北京:化学工业出版社,2004.
[3] [德]C. 莱茵斯,M. 皮特尔斯. 陈振华,译. 钛与钛合金[M]. 北京:化学工业出版社,2005.
[4] 韩德伟,张建新. 金相试样制备与显示技术[M]. 长沙:中南大学出版社,2005.
[5] 耿浩然,王守仁,王艳. 铸造锌、铜合金[M]. 北京:化学工业出版社,2006.
[6] 刘楚明,朱秀荣,周海涛. 镁合金金相图集[M]. 长沙:中南大学出版社,2006.
[7] 李炯辉,林德成. 金属材料金相图谱[M]. 北京:机械工业出版社,2006.
[8] 耿浩然,腾新营,王艳. 铸造铝、镁合金[M]. 北京:化学工业出版社,2007.
[9] 王群娇. 有色金属热处理技术[M]. 北京:化学工业出版社,2008.
[10] 田荣璋. 锌合金[M]. 长沙:中南大学出版社,2010.
[11] 郭学锋. 细晶镁合金制备方法及组织与性能[M]. 北京:北京冶金工业出版社,2010.
[12] 赵永庆,洪权,葛鹏. 钛及钛合金金相图谱[M]. 长沙:中南大学出版社,2011.
[13] 任颂赞,叶俭,陈德华. 金相分析原理及技术[M]. 上海:上海科学技术文献出版社,2013.

第17章

钢件渗碳、碳氮共渗处理及金相分析

渗碳是将钢件置于渗碳介质中加热至奥氏体状态,使碳渗入钢件表面的典型的常用化学热处理方法。经渗碳淬火之后,钢件表面具有高碳钢淬火后的硬度和耐磨性,心部则具有低碳马氏体或临界区淬火的强韧性,有利于提高钢件的承载能力和使用寿命。

钢件同时渗碳和渗氮,且以渗碳为主的工艺称为碳氮共渗。由于该工艺以渗碳为主,与渗碳工艺在工艺的基本原理、处理后的渗层确定方法、组织评定方法等方面有类似之处,故在本章一并讨论。

17.1 化学热处理的基本原理

钢件渗碳或碳氮共渗均属化学热处理。

17.1.1 化学热处理的3个基本过程

化学热处理工艺虽然很多,但它们的基本过程是相同的,可以概括为渗剂介质的分解、吸收、扩散3个基本过程。这3个过程是相互配合、相互制约、交错进行的,进行的程度取决于介质的性质、处理温度和保温时间这3个工艺因素。

1. 分解

指从活性介质(渗剂)中分解出具有渗入元素的活性原子(离子)的过程。分解的速度主要取决于渗剂及其浓度、分解温度和催化剂的作用等。

2. 吸收

指介质分解出来的活性原子(离子)被钢件表面吸附和溶解或形成化合物的过程。由于钢件表面原子和内部原子所处的情况不同,表面原子具有吸附其他原子的能力。吸收的强弱主要取决于零件的成分、组织结构及表面状态、渗入元素的性质、渗入元素从活性介质中析出速度及向钢件内部扩散的速度等因素。

3. 扩散

指介质的活性原子从钢件表面向其深处迁移的过程。一般是先形成固溶体而后才形成化合物,因此扩散具有两种方式:

(1) 固溶体扩散。是活性原子在固溶体中的迁移现象。它的特点是在扩散过程中不产生新相而保持基本的晶格类型,扩散元素在固溶体中的最大浓度不超过扩散温度下的固溶体极限溶解度,扩散结果,渗入元素的浓度从表面至心部逐步平缓下降。如渗碳时,碳在奥氏体中的扩散就是一例。

(2) 相变反应扩散。当渗入元素的原子在固溶体中浓度达到饱和之后,继续增加渗入元素的浓度便出现新相(固溶体或化合物),新相不同于原先固溶体的晶格类型。此时渗入元素的浓度分布是跳跃式的。

钢经过化学热处理后所获得的良好性能是与组织分不开的。化学热处理的正常组织从表向内,一般可分为表面渗层(化合物层)→过渡层→基体3部分。

17.1.2 扩散系数

由扩散第一定律可知,单位时间内扩散通量的大小(扩散速度的快慢)取决于扩散系数 D 和介质(渗剂)浓度梯度。浓度梯度取决于有关条件,因此在一定的条件下,扩散的快慢主要取决于扩散系数。扩散系数与温度和扩散激活能等有关,可用下式表示

$$D = D_0 e^{-Q/RT} \tag{17-1}$$

式中：D——扩散系数；

D_0——扩散常数；

R——气体常数；

Q——扩散激活能；

T——热力学温度；

e——自然对数的底数。

这表明，T 和能够改变 D_0、Q 的因素都影响着扩散过程。

17.2 钢件渗碳原理及工艺

渗碳的方法按渗碳介质在渗碳时状态可分为固体渗碳、液体渗碳、气体渗碳和离子渗碳等。固体渗碳法采用木炭加催渗剂作为渗碳原料；液体渗碳以熔化的盐浴作为渗碳介质。前者能耗大，劳动条件差，且质量不易控制；后者由于存在一定的公害问题，有些已被淘汰，在现代工业生产中大量采用的是气体渗碳法。

17.2.1 气体渗碳原理

17.2.1.1 分解活性碳原子

向密封的炉罐中通入能够分解出碳原子的介质，形成渗碳气氛（见表 17-1）。

表 17-1 几种气体渗碳法的炉气基本成分

气氛类型	炉气基本成分/%（体积分数）			
	CO	H_2	N_2	CH_4
用甲烷制备的吸热型气体	~20	~40	~40	<1.5
用丙烷制备的吸热型气体	~23	~30	~46	<1.5
氮甲醇气氛（氮与甲醇的摩尔比为 2∶1）	~20	~40	~40	<1.5
丙烷加空气直接生成气氛	~23	~30	~46	<2
滴注式气氛（甲醇与乙酸乙酯）	~32	~65	—	<2
滴注式气氛（甲醇与异丙醇或甲醇与丙酮）	25/30	70/75	—	<2

通过下述反应实现渗碳

$$2CO \longrightarrow CO_2 + [C] \tag{17-2}$$

$$CO \longrightarrow \frac{1}{2}O_2 + [C] \tag{17-3}$$

$$CO + H_2 \longrightarrow H_2O + [C] \tag{17-4}$$

$$CH_4 \longrightarrow 2H_2 + [C] \tag{17-5}$$

其中 CO、CH_4 等气体均能起渗碳作用，它们在高温下直接接触到钢的表面时，进一步分解而产生具有活性很强的、渗入能力很大的活性碳原子，即为上式中[C]。

必须指出，只有当分解产生的碳呈原子状态时才具有渗碳能力，当碳原子变成分子状态时，就会丧失渗碳能力。

反应过程中生成的 CO_2、H_2、O_2、H_2O 等气体对渗碳不利，它们会使钢件表面产生脱碳，甚至造成氧化等缺陷,因而须加以控制。

17.2.1.2 活性碳原子的吸收

碳在 α-Fe 中溶解度很小,而在 920℃时 γ-Fe 中碳的最大固溶度可达 1.2wt%左右,因此,渗碳应在奥氏体状态下进行,而且只有当炉内碳浓度(碳势)高于钢表面碳浓度时,钢件才能吸收活性碳原子。

为了控制渗碳层的碳含量,发展了"计算机模拟碳势控制"技术。"碳势"是工程术语,被定义为与气相平衡的钢中碳浓度(wt%)。将厚度小于 0.1mm 的钢箔置于渗碳炉内,经过穿透渗碳后测定其含碳量,即代表炉气的"碳势"。

碳势控制技术以化学热力学为理论依据,按照某个反应的平衡常数可以计算出气相的碳势。例如,由炉内 CO 及 CO_2 气体的压力 P_{CO}、P_{CO_2} 按照反应式(17-2),有

$$a_c = K_{p1} \frac{P_{CO}^2}{P_{CO_2}} \tag{17-6}$$

式中:a_c——碳活度(炉中碳浓度);
　　　K_{p1}——平衡常数,可由下式求得

$$\lg K_{p1} = \frac{8978}{T} - 9.247 \tag{17-7}$$

碳活度(炉中碳浓度)与钢中碳浓度的关系为

$$a_c = f_c [\text{wt\%C}] \tag{17-8}$$

f_c 为活度系数,与钢中碳浓度的关系为

$$\lg f_c = \frac{2300}{T} - 2.24 + \frac{181}{T}[\text{wt\%C}] \tag{17-9}$$

由此计算出的[wt%C]是反应式(17-2)达到平衡时钢中的碳浓度,常用 C_{p1} 表示,这就是红外仪(CO_2)进行碳势控制的依据。

若按反应式(17-3)的反应平衡常数,计算该反应式达到平衡时钢中的碳浓度,用 C_{p2} 表示,这就是用氧探头进行碳势控制的依据。

渗碳时,吸收碳的强弱是与活性碳原子分解速度、扩散速度、零件的成分以及表面状态等有关。

17.2.1.3 活性碳原子的扩散

扩散阶段,就是被钢件表面所吸收的活性碳原子[C]向钢件深处的迁移,保温一定时间下就形成一定厚度的扩散层即渗碳层。

[C]在 γ-Fe 固溶体中扩散是以形成间隙固溶体方式进行的。扩散层深度 d(mm)与扩散温度 T(K)有以下指数关系

$$d = A e^{-\frac{a}{T}} \tag{17-10}$$

式中:A、a——与扩散系数、碳势等有关的实验系数。

扩散层深度 d(mm)在一定扩散温度下也随扩散时间 t(h)的递增而增加,其渗层速度遵循抛物线规律

$$d = k\sqrt{t} \tag{17-11}$$

式中:k——常数。

图 17-1 为渗碳温度及渗碳时间对渗层深度的影响曲线,由图可见渗碳温度对渗碳扩散速度影响相对更大,即渗碳温度越高,其渗入速度越快。因此,从节能增效而言,高温渗碳是研究方向。

渗碳工艺过程中的分解、吸收和扩散三个阶段是在渗碳炉内同时进行的,并且三者相互制约的。实践证明,渗碳过程中分解速度必须大于吸收速度,而吸收速度又必须大于扩散速度,这样才能使渗碳层得到

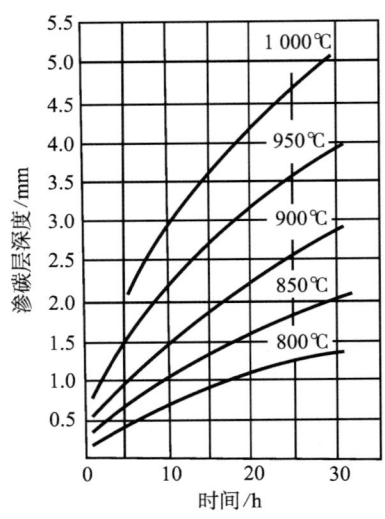

图 17-1 渗碳温度和时间对渗层深度的关系

由高碳到低碳的正常碳浓度梯度。也就是说渗碳介质分解提供的活性碳原子的数量要与活性碳原子向深处扩散的数量相适应,一般生产条件下,碳原子往深处的扩散速度总是小于表面吸收的速度。如果活性碳原子的数量少于表面吸收的数量,就会使表层含碳量偏低,造成渗碳速度缓慢。如果活性碳原子过多,则未被钢表面吸收的活性碳原子失去活力而以分子形式出现,即形成炭黑沉积在钢材表面上亦会阻碍渗碳速度。为此在渗碳时必须选择最佳的工艺操作,以得到快的渗碳速度、合理浓度梯度和所需渗层深度的渗碳质量。

渗碳过程中,从分解、吸收和扩散三阶段进行的速度来看,其中以扩散阶段的进行速度最慢,因此,扩散过程决定了渗碳速度。

17.2.2 钢件气体渗碳工艺

钢件气体渗碳的工艺参数主要为渗剂、渗碳温度以及渗碳时间。

17.2.2.1 渗剂

表 17-2 所列为常用的部分渗碳剂。

表 17-2 几种常用气体渗碳剂

渗剂名称	主要成分(体积分数)	特点
丙烷(C_3H_8) 丁烷(C_4H_{10})	C_3H_8、C_4H_{10} >90%,烯烃≤5%,C_5 以上烃≤2%,H_2S≤0.29 g/m³,无游离水分	易燃易爆物质,气态相对密度为空气的1.5倍,爆炸下限较低(2%左右),贮存、使用中须采取安全措施
1号渗碳油	主要含石蜡烃、烷烃及芳香烃,含硫≤0.04%,芳香烃≤7%,少量阻聚剂	馏程干点不高于255℃,渗碳速度比煤油快,生成炭黑较少
甲醇(CH_3OH)	纯度≥99.5%,水<0.3%	是弱的渗碳气氛,常用做稀释气体
乙醇(C_2H_5OH)	纯度≥90%,水<0.5%	无色透明挥发液体
异丙醇[$(CH_3)_2CHOH$]	纯度≥98.5%,水<0.3%	这类有机滴注剂分子结构简单,高温下易裂解,形成炭黑少,与一定比例的甲醇同时滴入炉内能实行可控渗碳
丙酮(CH_3COCH_3)	纯度≥99%,水<0.5%	
醋酸乙酯($CH_3COOC_2H_5$)	纯度≥98%,水<0.4%	

注:本表由作者根据 JB/T 9209—2008 整理所得。

渗碳过程中,必须不断地补充适量的渗碳剂,使炉内的热分解气体不断更新,并不断提供新的活性碳原子,保证渗碳过程的持续进行。渗层深度和表面碳浓度随着渗碳剂供给量的增加而增加。但是渗碳剂用量超过一定限度时,就会产生大量的炭黑,反而阻碍渗碳的正常进行。

在渗碳过程中,工件表面对碳的吸收能力随时间延长而逐渐降低。因此,为了充分利用渗剂和减少炭黑,渗剂的供给量应随渗碳时间延长相应减少。

17.2.2.2 渗碳温度

渗碳温度对于渗碳速度有很大影响。首先,碳在奥氏体中的扩散系数随着温度升高而迅速增大,其次碳在奥氏体中的最大溶解度也随着温度提高而增加。因此在同样的渗碳时间内,渗碳温度增加100℃,几乎可使总深度增加1.7倍,或者说渗碳温度增加55℃只需要大约1/2的原渗碳时间就可以得到同样的渗层深度。因此,为提高渗碳效率,节约能源,在一定条件下提高渗碳温度是该工艺发展方向。

最常用的渗碳温度是 920~930℃。在这样的温度下渗碳速度已较快,而渗碳炉仍可保持较长的寿命。此外,大多数渗碳用钢都是本质细晶粒钢,在930℃渗碳还不会引起晶粒过分长大。

对于一些要求薄层渗碳的零件,经常采取较低的渗碳温度(例如 870℃),因为在较低的渗碳速度下比较容易对薄层渗碳的深度进行较精确控制。

一般地说，不论在什么温度下，渗碳时间越短，精确控制渗层深度就越困难。

17.2.2.3 渗碳时间

同一渗碳温度下，保温时间越长，渗层越深，两者关系见公式(17-11)。但深度增加到一定程度，渗碳速度会减慢。这是由于渗层中碳浓度差减少，使碳在钢的扩散速度也随之降低的缘故。

保温时间由所要求的渗层深度确定，表17-3所示是在井式渗碳炉中低碳钢用煤油作渗碳剂时，渗碳时间与渗层深度的关系。在实际生产中，往往是在渗碳过程中通过检查试样的渗层深度来调整保温时间的。

表17-3 920℃渗碳层深度与时间的关系

渗碳时间/h	2	4	6	8
渗碳层深度/mm	0.4~0.7	0.7~1.0	1.0~1.3	1.2~1.5

17.2.2.4 渗碳过程中的碳势控制

零件的服役条件不同，对性能的要求也不同，这就要求根据工艺寻找最合适的渗碳方法，使渗层达到预期的碳浓度分布和层深要求，以大幅度提高工件的使用寿命。根据不同的层深要求，其碳势控制方式可以分为固定(一段)碳势控制渗碳法和多段(两段)碳势控制渗碳法。

固定碳势法是指在整个渗碳保温过程中，使炉内碳势基本保持不变，渗剂供给始终保持恒定。这种方法的优点是操作和控制简便，缺点是渗剂耗量多，渗碳速度慢，目前只用于渗层要求很浅的零件。

分段控制法是一种在我国应用较广泛的气体渗碳工艺，渗碳过程由排气、强烈渗碳、扩散及降温4个阶段组成。

图17-2为一种典型的井式炉气体渗碳多段碳势控制工艺(RJJ-95-9T)的示意图。

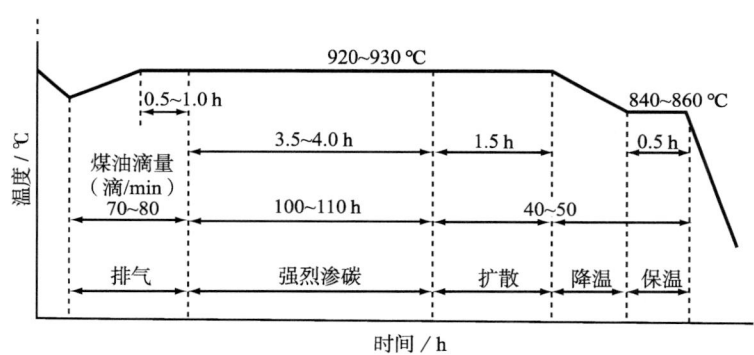

图17-2 井式炉气体渗碳多段碳势控制的典型工艺

17.2.3 渗碳工艺的发展

17.2.3.1 高温渗碳

高温渗碳通常在980~1100℃之间进行，最高渗碳温度受到炉子设备寿命等一些实际因素的限制。高温渗碳的最主要优点是渗碳速度快，节能效果显著。

在高温渗碳的条件下，要严格控制碳势和渗层深度，炉子的气氛必须精确自动控制。为了使工件均匀加热和渗碳均匀，还必须设法使炉气快速循环。

在深层渗碳的情况下，高温渗碳的效益更为显著，如9310钢要求渗层深度4~5 mm时，900℃下需72 h，而在1010℃时仅需16 h。

GB/T 32539—2016《高温渗碳》工艺标准，适用渗碳温度为950~1050℃。

17.2.3.2 真空渗碳

真空渗碳，更确切地说是在低于大气压力下的渗碳气氛中进行的渗碳过程。20世纪70年代以来发展了冷壁内热式真空炉,用石墨元件作为加热体,采用石墨纤维毡作为隔热材料,不仅可以进行高温渗碳,而且由于炉子的热容小,设备可以在几分钟内启动和停止,因而能大幅度减少能耗。

真空渗碳是通过碳氢化合物气体在钢表面分解和直接吸收而进行的。目前一般用丙烷作为渗碳介质,但容易出现"炭黑",因此采用乙烯、乙炔、丙烯作为替代方案。

真空渗碳目前有两种工艺:一次式真空渗碳及真空脉冲渗碳。脉冲式真空渗碳工艺除了具有一次式真空渗碳的优点之外,还特别适用于一些带有小孔或者盲孔的零件,可改善小孔或者盲孔内壁的渗碳效果。

真空渗碳可以避免渗层组织的内氧化,使渗碳零件的力学性能得到改善。此外,减少环境污染和改善劳动条件也是真空渗碳的优点之一。真空渗碳的缺点有设备费用昂贵,碳势控制比较困难,工件表面的位置和方向不同时表面的碳含量和渗层深度都可能有差异。因此在真空渗碳时还必须要有良好的气体循环,才能保证其均匀性。

17.2.3.3 离子渗碳

离子渗碳是在压力低于 105 Pa 的渗碳气氛中,利用工件(阴极)和阳极间产生辉光放电进行渗碳的工艺。在离子渗碳过程中,离子比气态分子能量高上百倍,足以打破化学键的大量电子的碰撞,使正常热力学条件下难以实现的解离得以进行,形成大量碳、氢离子。等离子中大量带正电荷的碳离子,在高压电作用下,轰击阴极并吸附于工件表面。碳离子在工件表面得到电子,形成活性碳原子,进而被奥氏体吸收或与铁及某些金属元素化合形成化合物,甚至直接注入奥氏体晶格之中。氢离子则破坏和还原工件表面的氧化膜,进一步清除了阻碍碳渗入壁垒,使表面活性大大提高,加速了气固界面的反应和扩散。

离子渗碳工艺方法与气体渗碳相比,具有缩短渗碳时间、渗层均匀、工件少氧化或无氧化、能够对常压下难以处理的钢(如 SUS410 等)进行渗碳等优点。

17.2.3.4 奥氏体不锈钢低温渗碳

奥氏体不锈钢在 300~550℃ 低温下进行离子渗碳,在表层可获得 S 相,其耐蚀性仍保持奥氏体不锈钢基体,具体介绍可见本书 18.7 章节。

17.2.4 钢件渗碳后的热处理工艺

工件渗碳后要进行热处理,以提高渗层表面的强度、硬度和耐磨性;提高心部的强度和韧性;细化晶粒;消除网状渗碳体和减少残留奥氏体量。按渗碳工件材质不同,工作条件不同,其渗碳后的热处理方法也不同。

17.2.4.1 直接淬火法

直接淬火法是指工件渗碳后随炉降温(或出炉预冷)到 760~860℃ 后直接淬火的方法,如图 17-3(a)所示。

随炉降温或出炉预冷的目的是减少淬火内应力与变形,同时使高碳的奥氏体中析出一部分碳化物,降低奥氏体中的碳浓度,从而减少淬火后残留的奥氏体,获得较高的表面硬度。

预冷的温度要根据零件的技术要求和钢的 Ar_1 点位置而定。

直接淬火法的优点是减少加热和冷却的次数,提高生产率,降低能耗及生产成本,还可减少零件变形及表面氧化、脱碳。

直接淬火适用于本质细晶粒钢制作的零件。此外,如果渗碳时表面碳浓度很高,则同样不适宜于采用直接淬火,因为预冷时碳化物一般沿奥氏体晶界呈网状析出,使脆性增大。

17.2.4.2 重新加热淬火

图 17-3(b)、图 17-3(c)所示为重新加热淬火过程。工件在渗碳后冷却到奥氏体完全转变,可能转化为铁素体/珠光体,或马氏体组织,接着重新将它加热到所要求的淬火温度,然后淬火。这种方法可以得到晶粒较细的组织。此外,也可以安排一次中间回火,在最后淬火加热之前还可以进行一些切削加工,例如切除部分渗碳层。为了避免重复加热引起太大的畸变,对易于变形的工件,可规定进行一次或几次预热。

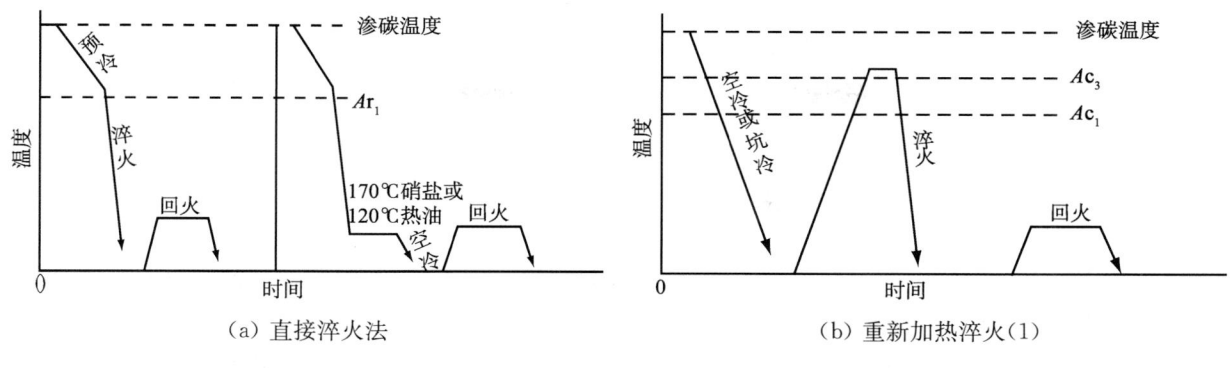
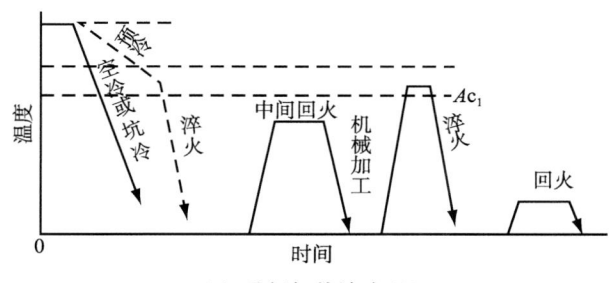

图 17-3 几种渗碳后热处理工艺

17.2.4.3 回火

渗碳零件淬火后,接着进行回火处理,对于非合金钢,回火温度一般为 150~180℃,对于合金钢则为 160~200℃。经过这种处理,可降低组织应力,而在最外层保持有利的压应力。此外,回火改善了渗碳淬火零件的可磨削性,降低了磨削裂纹敏感性。在此温度范围内,硬度的降低最多为 5 HRC,大多为 1~3 HRC。回火对于耐磨性和疲劳强度的影响有不同的见解。

17.2.4.4 高合金钢件渗碳后的热处理

高强度合金渗碳钢,特别是铬镍钢(如 12CrNi3A、12Cr2Ni4A、20Cr2Ni4A、18Cr2Ni4W 等),因合金元素含量较高,经渗碳后表面含碳量会达到 0.8wt%~1.0wt%时,若此时采用直接淬火会显著地增加残留奥氏体量,严重地影响零件的使用寿命。对这类钢,渗碳后的热处理必须设法减少残留奥氏体量,还要注意改善切削加工性的问题。一般采用在渗后、重新加热淬火之前增加中间高温回火,一般为 640~680℃,3~8 h。有的钢种根据需要,要进行 2~3 次高温回火。

17.3 渗碳用钢

渗碳用钢是由工件的服役条件及渗碳工艺决定的。含碳量不大于 0.4wt%的碳钢及合金结构钢均可用作渗碳钢,通常含碳量在 0.15wt%~0.25wt%,对于重载件可提高到 0.25wt%~0.35wt%。但重要用途件,一般含碳量在 0.20wt%以下。而渗碳用钢,尤其是大量用于齿轮的渗碳钢则是根据渗碳工艺特点、工件服役条件研发了一类专用合金钢。

17.3.1 渗碳用钢的成分特点

渗碳钢的成分设计要考虑工艺、性能、组织等众多因素。

17.3.1.1 合金元素对渗碳件性能影响

1. 渗层表面硬度

高的表层硬度对于抗磨损和抗疲劳都是极为重要的。提高表层硬度最有效的方法是提高表面含碳量。但表面含碳量并非越高越好。因为一方面，由于残留奥氏体的增多，硬度有一个饱和值，另一方面，过高的含碳量还可能使表层碳化物呈大块状或网状分布，导致渗层性能恶化。许多合金渗碳钢都有其对应的最佳表面碳浓度。其中，含钼的合金渗碳钢可以在较宽的表面碳含量范围（0.5wt%～1.0wt%）内均可达到较高的表面硬度值。

2. 过载抗力

渗碳钢除应有高的疲劳强度以外，还必须具有高的过载抗力。抗过载能力的衡量方法是弯曲冲击断裂强度。根据Climax钼公司的研究，合金元素的作用分成3档：高钼的Mo-Cr-Ni钢冲击断裂强度最高；钼含量较低的Mo-Cr钢属中间水平；不含钼的Cr-Mn钢，冲击断裂强度最低。此外，前者已指出，如果渗层中出现非马氏体组织也是不利的。还可看出，心部含碳量提高，冲击断裂强度降低。这是因为心部较高碳的马氏体，减少了渗层的残余压应力及降低了心部和过渡区域的断裂韧度。提高韧性除添加合金元素外，还需控制磷、硫夹杂以及硅元素，最有效措施是把含氧量降至$\leqslant 10\times 10^{-6}$wt%。

17.3.1.2 对渗碳工艺的影响

1. 对表面碳浓度及渗层深度影响

一般地说，碳化物形成元素（铬、钼、钨等）可提高渗碳层表面碳浓度，使碳浓度梯度较陡；非碳化物形成元素（镍等）则降低渗碳层表面碳浓度，使碳浓度梯度平缓，见图17-4。

合金元素对渗碳层深度的影响如图17-5所示。铬、钼等碳化物形成元素增加表层含碳量，提高表里的碳浓度差，因而加速了碳原子的扩散。但它们与碳的结合力较强，又减慢了碳在γ-Fe中的扩散速度，前者作用大于后者，所以渗层深度稍有增加。镍等元素降低表面碳浓度，但又略微削弱碳在γ-Fe晶格内的结合力，增加碳在γ-Fe中的扩散速度。由于前者作用大于后者，所以渗碳层深度明显减少。

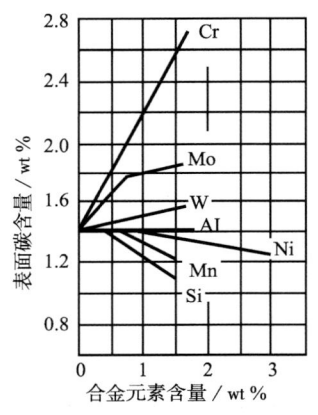

图17-4 合金元素对钢件表面碳浓度的影响（900～920℃渗碳60 h）

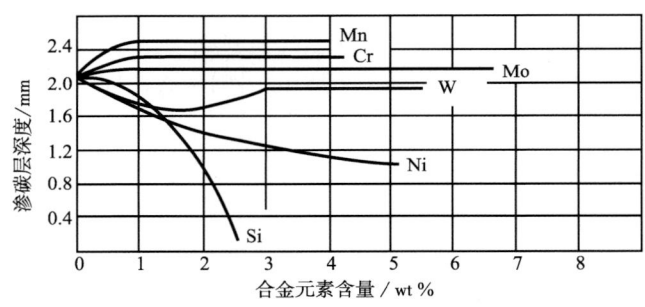

图17-5 合金元素对渗碳层深度的影响

2. 对淬透性影响

控制心部和表层的显微组织的核心都是淬透性。不同的是心部淬透性以形成50%马氏体为判据，而渗层淬透性则以形成100%马氏体为判据。不论在低碳（心部）和高碳（渗层）水平下，钼对淬透性的贡献均居元素之首，且在高碳情况下更强烈；硅对心部材料的淬透性影响可以忽略不计，而对渗层的淬透性作用却跃居于铬、锰之上；铬、锰、镍、铋等元素对心部和渗层的淬透性都有明显作用。

3. 对晶粒长大影响

常温下晶粒越大性能越差，加入一定的合金元素可以阻止在920℃渗碳时晶粒长大。尤其是加入钛、钒、铌等元素以微小碳化物粒子阻止高温下晶粒长大。

4. 对热处理畸变影响

控制渗碳工件的畸变，除采用淬火夹具外，在冶炼及浇铸中必须控制材料成分的均匀性，使淬透性保持一致。在合金成分设计上可选用高淬透性元素，像钼、铬、锰等，以便为慢速淬火奠定基础。在慢速淬火能使渗层得到全马氏体的条件下，可使畸变减到最小，而且由于组织相变顺序可以"从容不迫"地由里向外发展，从而导致合理的残余应力分布。

17.3.1.3 对渗碳件组织影响

1. 对渗层表面氧化影响

渗碳处理时，气体混合物中含有氧气，导致渗碳层中与氧亲和力大的元素发生氧化。渗层中一旦出现氧化，其作用就像生成了表面裂纹，它以两种方式降低疲劳性能：氧化的晶粒边界成为裂纹的萌生位置；在基体中由于优先氧化的合金元素消耗，降低了淬透性，导致非马氏体组织的形成，它降低了表面处的残余压应力，严重者可能产生残余拉应力。硅可强烈提高渗层的淬透性，抑制非马氏体组织的产生。但由于它与氧的亲和力比铬和锰高 10 倍而容易产生渗层氧化缺陷。故现代渗碳钢的硅含量从以前曾达 0.5wt%左右限制在 0.15wt%以下。

2. 对渗层组织中出现贝氏体影响

渗层显微组织中如果出现贝氏体会降低冲击断裂强度和疲劳抗力。合金元素可以抑制渗层中贝氏体的出现。当合金元素单独添加时抑制贝氏体出现的能力，如图 17-6 所示。图中，DFB(Distance Frist Bainte，出现贝氏体时距表面距离)用于表示显微组织中从渗碳的淬透性试样的淬火末端到贝氏体开始出现的距离。DFB 的较大值对应于抑制贝氏体生成的较大能力。从图 17-6 可见，在抑制渗层中贝氏体的出现方面，钼和铬比锰和镍具有更大的作用。而钼、铬等元素复合加入后，在抑制渗碳中贝氏体作用更为显著。

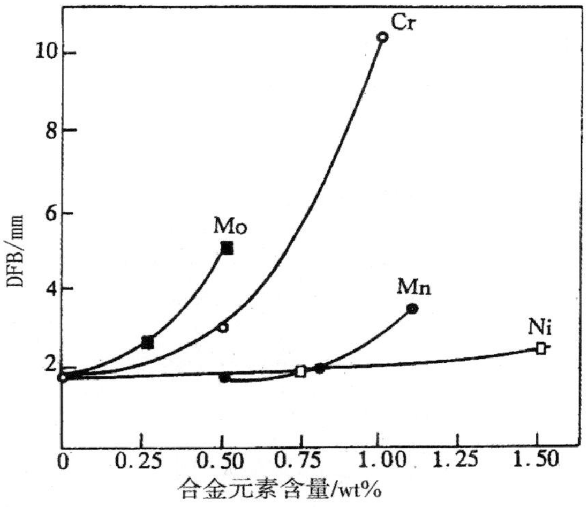

图 17-6 合金元素抑制渗层贝氏体的能力

17.3.2 渗碳用钢系列

渗碳钢品种繁多，世界各国都根据使用性能要求和本国的资源条件，建立各自的渗碳用钢系列。由各国渗碳钢号可以看出：

① 当前实际常用钢系，法国和日本以 Cr-Mo 钢系为主，德国以 Cr-Mn 钢系为主，美国 Cr-Ni-Mo 钢用得较普遍；

② 围绕碳含量的改变建立系列钢号。日本、法国、德国都有这种状况，最典型的是美国的"86"系列，从 8615～8630，每隔 0.02wt%C～0.03wt%C 就确立一个钢号。它除了淬硬性和强度要求外，还蕴含有淬透性"微调"问题。因此可以反映出国外齿轮制造厂从材料角度控制齿轮制造的热处理畸变较为广泛；

③ 美国渗碳钢种几乎都含有钼，其他国家也有许多含钼钢，显然，这与钼的优异作用有关；

④ 除我国沿用苏联推荐的(18)20CrMnTi 钢含有钛以外，其他世界各国的渗碳钢都不含有钛。近年来，有些厂家明确规定钛不得超过 0.01wt%。这是因为钛加入钢中形成具有棱角尖锐的难变形的 TiN 夹杂，而使疲劳裂纹很容易在它和基体的界面处萌生，导致零件过早失效。

17.3.3 渗碳用钢的质量控制要点

渗碳用钢的质量控制，除主要化学成分检验、晶粒度测定等以外，还应注意以下两点。

1. 氧含量控制

现代渗碳钢对氧含量的限制并不逊于轴承钢对氧含量的严格要求。这是因为钢中氧含量的降低，氧化物夹杂也随之减少，从而使渗碳工件的疲劳寿命相应提高。根据目前冶炼水平，氧含量的控制一般可达≤20×10^{-6}wt%，希望达到≤10×10^{-6}wt%。

2. 窄淬透性带控制(末端淬透性试验)

渗碳齿轮钢与其他钢种不同的一个突出指标是淬透性带必须很窄，且要求批量之间的波动很小，以使批量生产的齿轮的热处理畸变较小，配对率提高，使用寿命延长。我国目前基本可达 4～6 HRC 的国际水平。

压窄淬透性带宽的关键在于化学成分波动范围的严格控制和成分的均匀性。尤其是那些对淬透性影响大的元素,例如 C≤±0.01wt%、Cr≤±0.03wt%、Mn≤±0.03wt%,当然,Cr-Mn 之间可以当量互换。

淬透性带的评定是以末端淬透性试验为基础,具体评定要以相关标准为依据。

17.4　钢件渗碳及淬回火后的组织、性能

钢件渗碳过程仅在表面渗层发生组织转变,其金相分析主要考查渗碳工艺;而淬火、回火后则心部组织也要发生不同转变,该状态下表层及心部组织、性能直接影响工件的服役性能。

17.4.1　钢件渗碳(缓冷)后的组织

低碳钢或低碳合金钢,经过高温渗碳后在缓慢冷却的条件下,就可以得到平衡状态的组织。它由表及里分为过共析层、共析层、亚共析过渡层以及心部原始组织,共 4 个部分,见图 17-7。

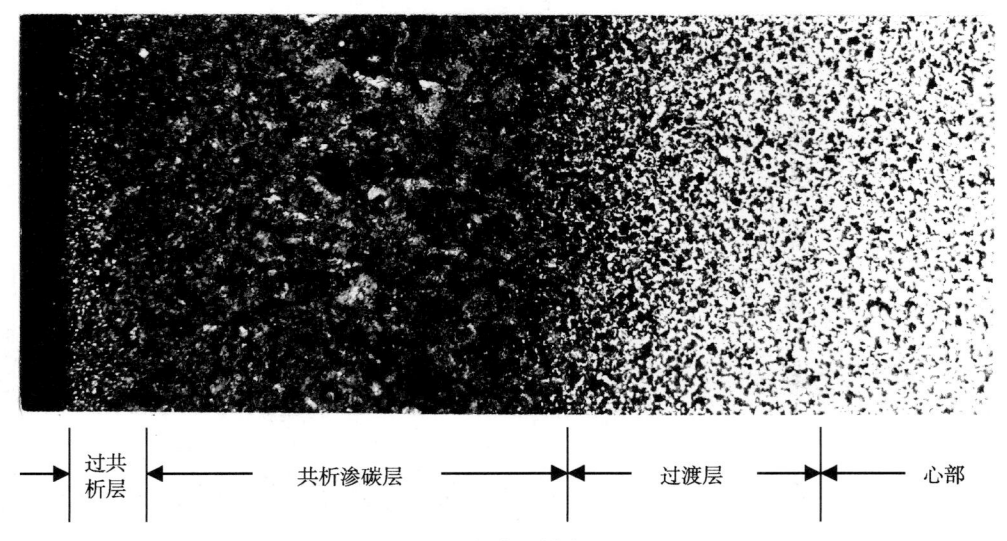

图 17-7　20Cr 钢渗碳后缓冷组织　(100×)

1. 过共析渗碳层

它是在零件的最表层,碳浓度最高,在一般正常的渗碳工艺条件下,这一层的含碳量约在 0.8wt%～1.0wt%之间。高倍下可以清晰地观察到在层片状珠光体基体上分布有白色颗粒状的或呈网状分布在原奥氏体的晶界上的二次渗碳体(碳化物)。

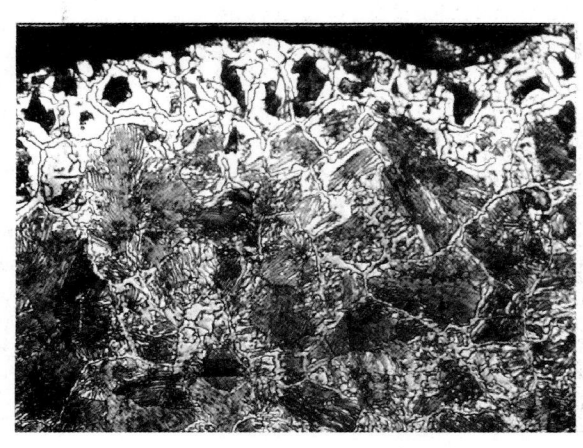

图 17-8　20 钢渗碳后缓冷反常组织　(500×)

有时由于渗碳工艺不当,在表层亦可能出现部分贫碳而有少量网状、条状分布的铁素体组织,它也是呈白色,很容易与过共析的二次渗碳体(碳化物)相混淆。可用碳化物染色剂进行鉴别。图 17-8 所示为 20 钢 920℃渗碳后缓冷组织形貌,表面白色铁素体包围着白色条网状碳化物,次表层为片状珠光体和少量趋网条状二次渗碳体,这种组织称之为反常组织。

不加分析地把渗碳缓冷下出现网状分布的二次渗碳体作为缺陷组织,这是不正确的。因为渗碳后,当表面层含碳浓度大于共析成分时,在缓慢冷却条件下,按照平衡相图的规律,当缓冷接触到 SE 线段时,必然首先析出二次渗碳体,而且是在奥氏体晶界处形成;当缓

冷到共析温度时,奥氏体才发生共析转变成珠光体。因此二次渗碳体呈网状分布是正常的,而且随着碳浓度的不同,其形成的网络也将厚薄不等。

碳钢的渗碳过程近似于二元系的扩散,不可能在渗碳温度下形成($\gamma+Fe_3C$)两相区,只可能形成高碳的奥氏体,如果随后缓冷,将在γ-Fe 晶界上析出网状渗碳体。因此,在碳钢渗碳过程中不可能获得颗粒状渗碳体。

合金钢的渗碳和碳氮共渗属多元扩散,可在等温下得到γ-Fe 及碳化物的二相区,甚至多相区。渗碳和碳氮共渗的温度都比较高,不仅间隙原子可以做长程扩散,而且置换原子也可做长程扩散,两者将结合为稳定型的化合物。其形态如何,取决于晶界上形核倾向与晶内形核倾向的相对大小。

晶界上的形核功小于晶内形核功,依照能量条件,晶界形核比晶内形核有利,即形成网状碳化物的倾向大于形成颗粒状碳化物的倾向。想要得到颗粒状碳化物,就必须创造有利于晶内形核条件。

在生产中,渗碳缓冷后,对析出的二次渗碳体网状的粗细、厚薄及所出现的块状,甚至出现的针状等必须进行观察并对表层含碳量做出估计,这就为工艺人员制订淬火工艺时提供比较可靠的依据。

由于在工件渗碳后还要进行淬火、回火处理,碳化物还有一个部分溶解及析出过程,因此考核评定碳化物的分布及形态,应该在淬火及低温回火后进行之,而不是在渗碳后缓冷的条件下进行。

2. 共析层

共析层是紧接着过共析层后面出现的一层珠光体。共析层中珠光体片间距的大小,将视零件的冷却速度而定。渗碳后,空冷速度越大,则珠光体的片间距越小,硬度亦越高。反之,则得到硬度较低的粗片状珠光体。对难于分辨出层片状者称之为细珠光体,又可称之为索氏体型珠光体。

共析渗碳层在渗碳层中占有很重要的地位。这一层中的含碳量,并非各处都属共析成分,而是由表及里地逐渐降低的。含碳略高于或略稍低于共析成分的奥氏体,在一般生产所采用的冷却条件下,将会形成伪共析组织,当冷却速度越大时,"共析层"则将越宽。鉴于渗碳工件几乎全部在淬火回火状态下使用,因而渗碳缓冷状态下的珠光体片间距是不作为考核指标的。

3. 亚共析过渡层

这一层是紧接着共析层的,从开始析出铁素体起,一直延伸过渡到与心部组织交界处为止。它离表面较远,含碳浓度低于共析,且随着深度的增加而减少,一直过渡到心部低碳成分为止。因此这一层组织是由珠光体和铁素体混合分布,并随着深度的增加,珠光体数量不断减少,而铁素体数量不断上升。

当渗碳温度偏高时,晶粒长大,如在渗碳后空冷速度较快,则容易获得较多的伪共析珠光体组织,从而过渡层亦加深了。一般钢材在渗碳后可采用降温出炉空冷或坑冷等情况下得到的平衡组织,就可以测量其渗层深度。

4. 心部组织

该区域即为原材料的组织,为铁素体及珠光体。以低碳钢(20 钢)来说,珠光体约占视场面积 25%。

对某些合金元素较高的钢,虽在渗碳后进行缓冷,还是得不到平衡组织,而出现马氏体或贝氏体等组织。如 18Cr2Ni4WA 钢渗碳后随炉冷却,心部为低碳马氏体组织,在交界处有贝氏体,因此对测定马氏体型钢的渗层深度,将采用特殊的方法,这将在渗碳层深度测量一节介绍。

17.4.2 钢件渗碳淬回火后组织及评定

相对于钢件渗碳的平衡态下过共析→共析渗层组织的淬回火后组织依次转变为针状马氏体+少量碳化物+残留奥氏体→针状马氏体+少量残留奥氏体→马氏体;心部组织为低碳马氏体,对于淬透性较小的钢种或大尺寸工件,心部还可能出现托氏体或贝氏体或铁素体。此外,渗碳表层还可能出现内氧化现象。

由于钢件渗碳淬火后的组织直接影响其性能,因此有必要按相关标准对其进行定性或定量的评定、控制。国际上相关渗碳淬火的金相检验标准不多,其中美国的美国齿轮制造协会(AGMA)标准中关于渗碳淬火后残留奥氏体含量评定图被引用较多。在我国各行业制定了适应各自行业的特点的相关金相检验标准,主要标准如下:

QC/T 262—1999(2005)《汽车渗碳齿轮金相检验》

JB/T 6141.3—1992《重载齿轮 渗碳金相检验》

JB/T 7710—2007《薄层碳氮共渗或薄层渗碳钢件　显微组织检测》

GB/T 25744—2010《钢件渗碳淬火回火金相检验》,该标准有广泛适用性,本节主要介绍该标准的组织评定方法

17.4.2.1 渗碳层中马氏体的评定

渗碳层中的马氏体在光镜下呈黑色针状分布。由马氏体针叶的大小可反映出工件渗碳后淬火温度的高低。高温下粗大马氏体会导致工件脆性增加开裂风险,因此各行业对马氏体针叶长度进行检测,如 QC/T 262—1999(2005)中要求一般不得超过 0.030 mm(6 级)。

GB/T 25744—2010 标准中采用量化方式划分级别,将马氏体按针长评级分为 6 级,并采用独立标准评级图。其标称值和应用范围见表 17-4。图 17-9 为该标准中部分评级图(500 倍)。

表 17-4　马氏体分级及长度

马氏体级别	1 级	2 级	3 级	4 级	5 级	6 级
马氏体针长标称值/μm	≤3	5	8	13	20	30
马氏体针长范围/μm	≤3	>3～≤5	>5～≤8	>8～≤13	>13～≤20	>20～≤30
相当于 QC/T 262 的级别	1	2	3	4	5	6

注：本表由作者根据 GB/T 25744—2010 整理。

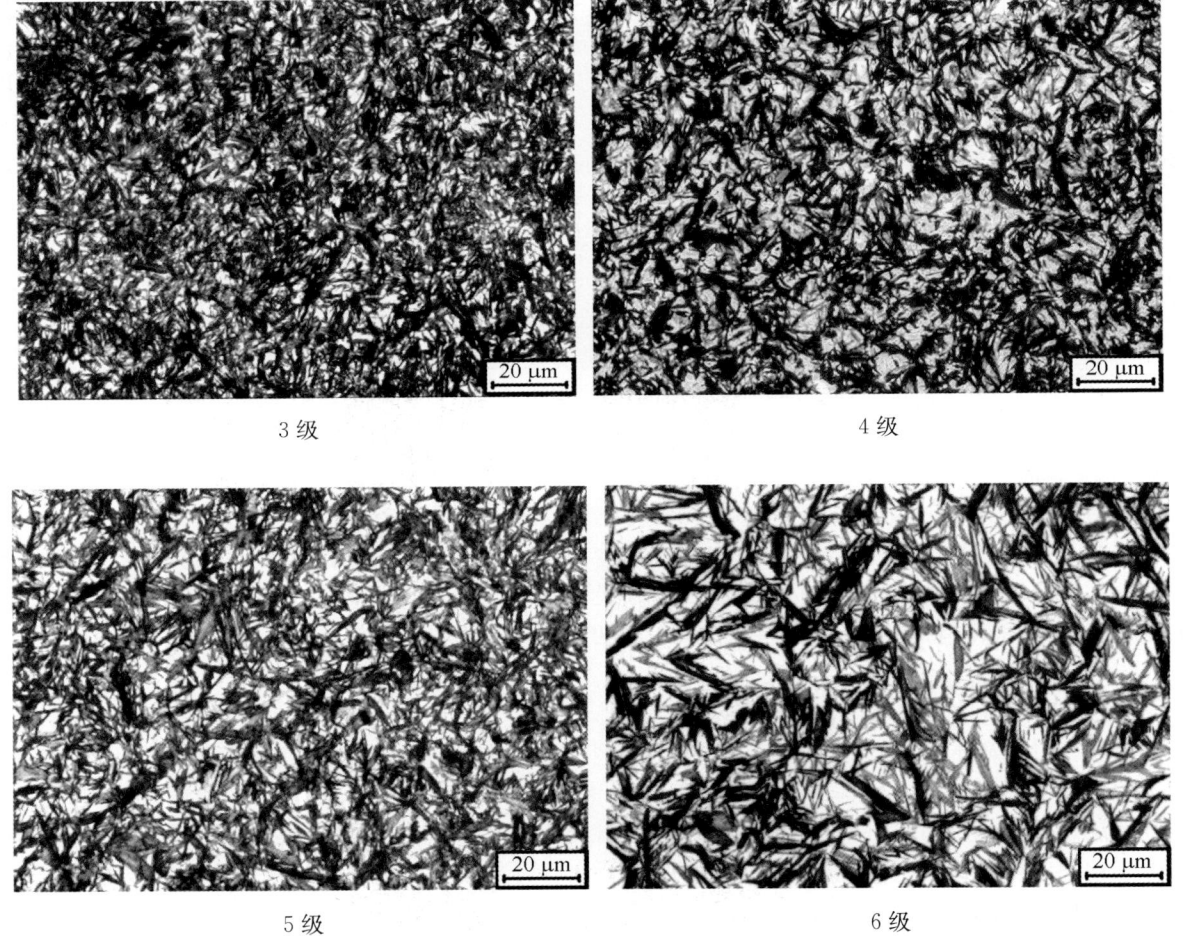

3 级　　　　　　　　　　　　　4 级

5 级　　　　　　　　　　　　　6 级

图 17-9　马氏体级别图

对于渗碳层深<0.3 mm 的渗碳件,其渗层可能碳势低而生成中碳的条状马氏体,可按 JB/T 7710—2007 进行评定。

17.4.2.2 渗碳层中残留奥氏体的评定

由钢铁材料加热及冷却转变特点可知,渗碳层中残留奥氏体的数量与钢材成分有关,也与淬火及回火工艺有关。渗层中存在一定量的残留奥氏体有利于渗碳层综合性能的提高。但具体的最佳"量"目前说法不一,各国各行业有各自的标准。

残留奥氏体数量的控制可通过降低淬火温度,提高回火温度,尤其通过冷处理而实现。残留奥氏体含量的测定常用 X 射线衍射法,但在生产中一般采用金相比较法。在光镜下,浸蚀后的视场内呈白色的区域主要是残留奥氏体,但不全是残留奥氏体,仔细观察还可见部分浮凸的马氏体。因此,评定残留奥氏体时,浸蚀要偏深些,尤其用定量金相软件自动检测时。

GB/T 25744—2010 标准中,把残留奥氏体按体积百分含量划分为 6 个级别,见表 17-5,部分评级图(500 倍)见图 17-10。

表 17-5 残留奥氏体分级及含量

残留奥氏体级别	1 级	2 级	3 级	4 级	5 级	6 级
残留奥氏体标称含量体积分数	≤5%	10%	18%	25%	30%	40%
残留奥氏体含量范围	≤5%	>5%～≤10%	>10%～≤18%	>18%～≤25%	>25%～≤30%	>30%～≤40%
相当于 QC/T 262 级别	1	2	3	4	5	6

注:本表由作者根据 GB/T 25744—2010 整理。

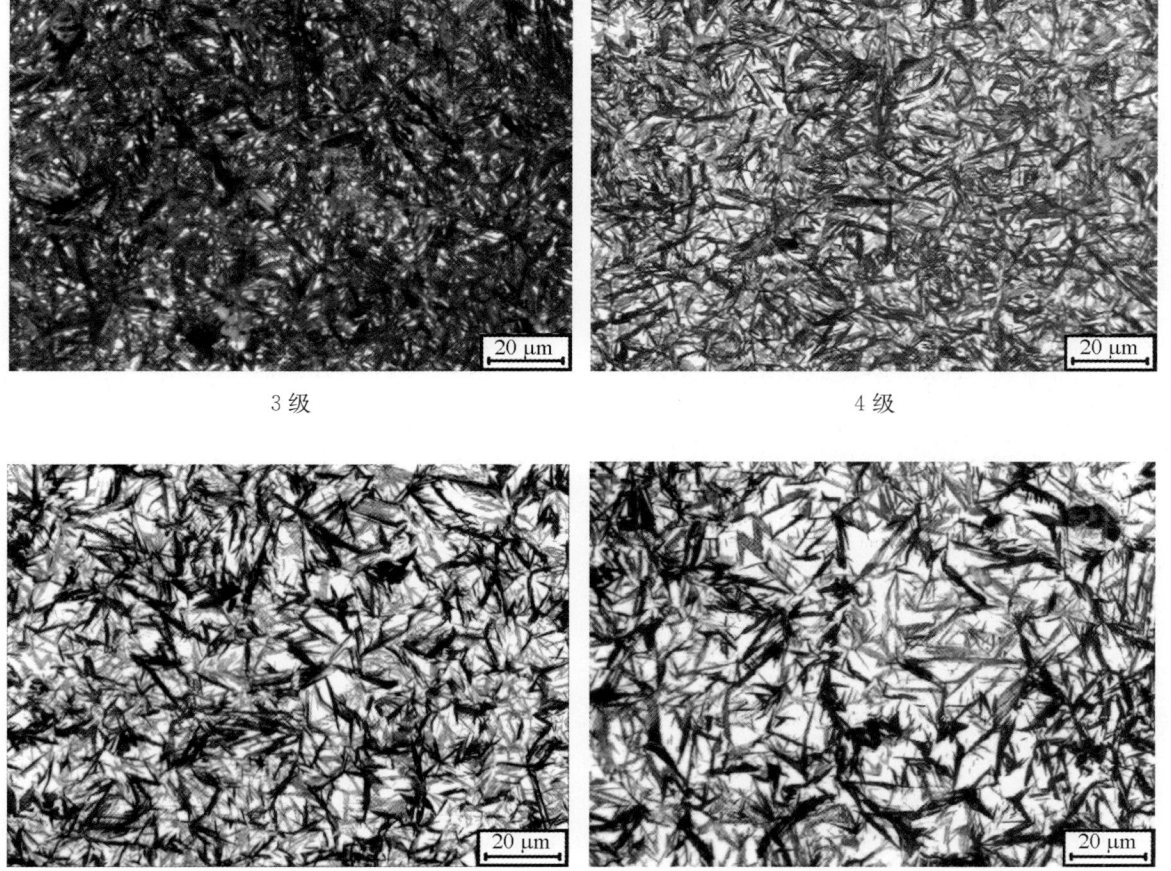

3 级 　　　　　　　　　　　　　　4 级

5 级 　　　　　　　　　　　　　　6 级

图 17-10 残留奥氏体级别图

17.4.2.3 渗碳层中碳化物评定

渗碳层中的碳化物在提高渗层的硬度、耐磨性方面起着主要作用,但若碳化物过多,且成网状,呈大块分布则会导致渗层的脆性并引发渗层剥落、开裂等。碳化物的"利""弊"之间在于其分布、大小、形态及数量。

要控制碳化物分布大小及形态,尤其是要抑制沿晶网状碳化物,对于合金钢主要从增加晶内碳化物形核率着手。一方面可调整合金成分选择晶内形核倾向大的钢种;另一方面可调整工艺,利用非自发形核提高晶内形核优势,如不均匀奥氏体渗碳,两段渗碳法(先低温 830℃ 渗碳形成晶内碳化物质点,再 930℃ 高温渗碳使厚质点长大成晶内碳化物形核)等。

GB/T 25744—2010 标准采用两个系列:以网状分布的碳化物和以粒状块状分布的碳化物,并将碳化物分为 6 级,其特征见表 17-6,部分评级图(500 倍,×0.8)见图 17-11。由于渗层内碳浓度是递减过程,碳化物的分布也是渐变的,因此,评定视场一般规定按最严重处评定。

表 17-6 碳化物级别及特征说明

碳化物级别	特征说明	
	网系	粒块系
1 级	无或极少量细颗粒状碳化物	
2 级	细颗粒状碳化物加趋网状分布的细小碳化物	细颗粒状碳化物加稍粗的粒状碳化物
3 级	细颗粒状碳化物加呈断续网状分布的小块状碳化物	细颗粒状碳化物加较粗的碳化物
4 级	细颗粒状碳化物加呈断续网状分布的块状碳化物	细颗粒状碳化物加粗块状碳化物
5 级	细颗粒状碳化物加网状分布的细条状、块状碳化物	细颗粒状碳化物加角块状碳化物
6 级	颗粒状碳化物加网状分布的条块状碳化物	颗粒状碳化物加大量粗大角块状碳化物

注:本表摘自 GB/T 25744—2010。

3 级(网系)

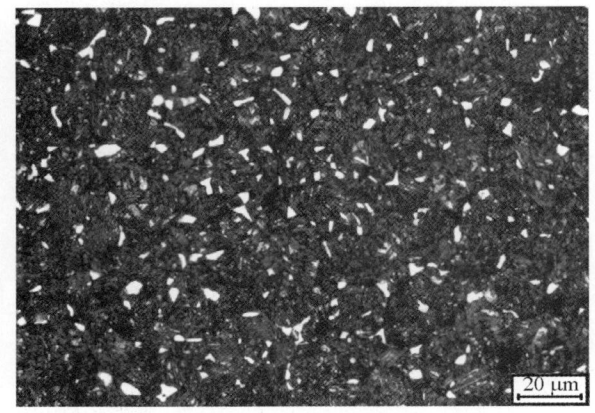

3 级(粒块系)

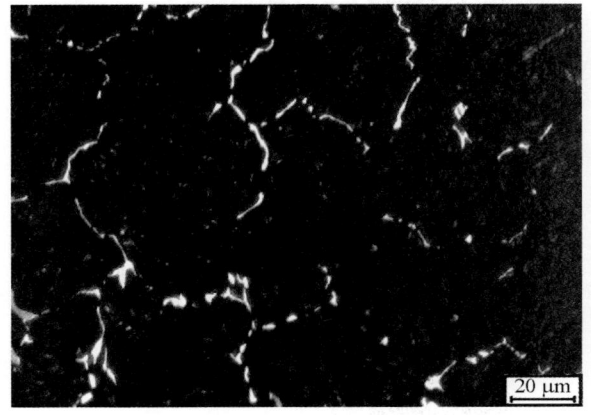

4 级(网系)

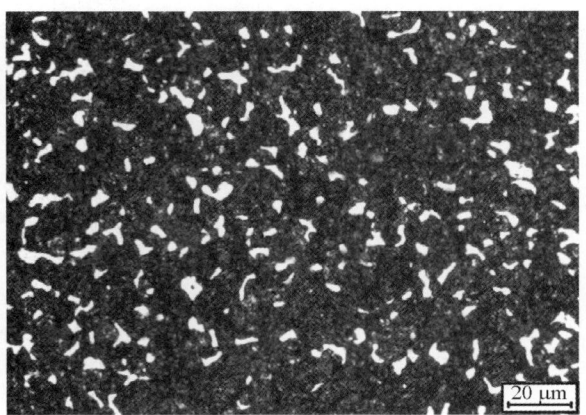

4 级(粒块系)

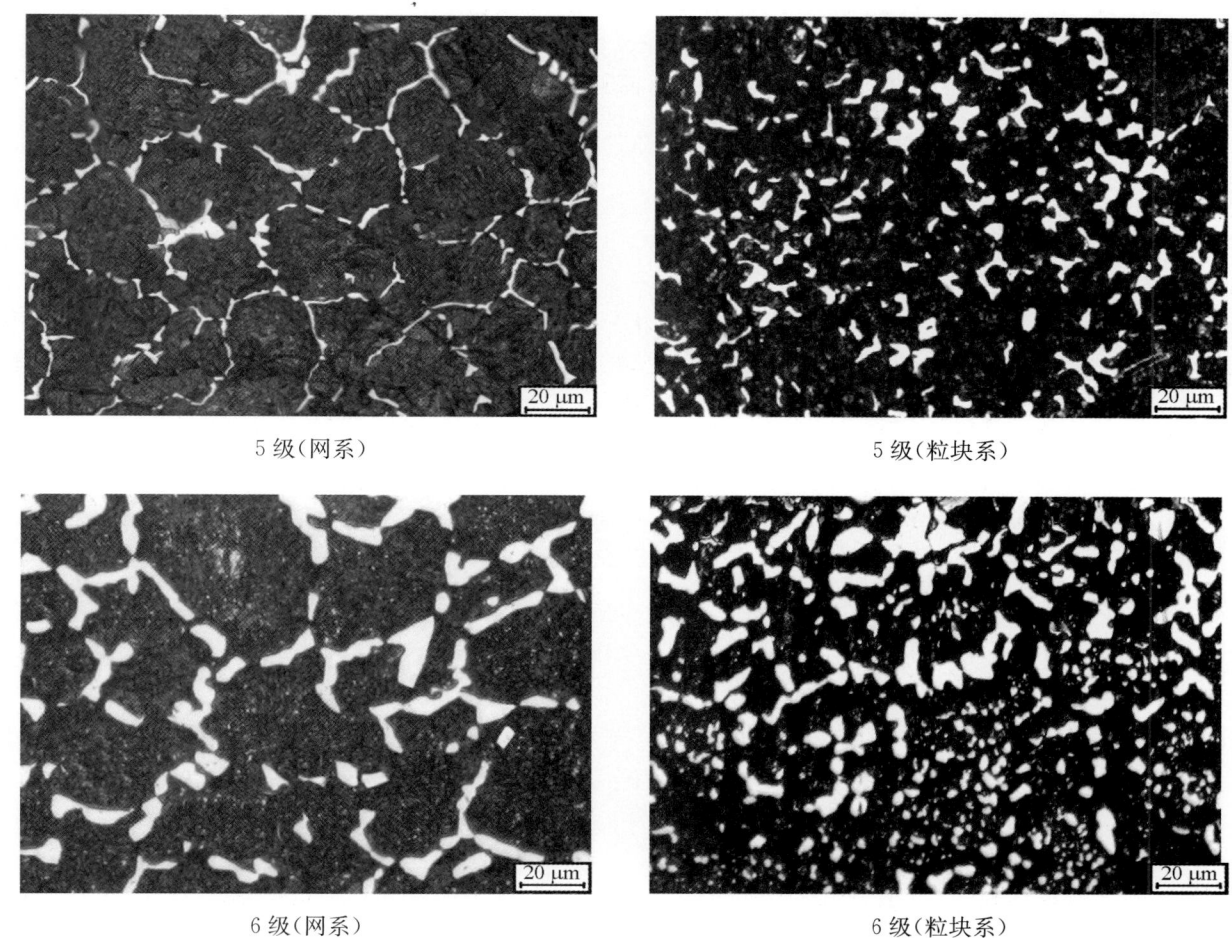

图 17-11 碳化物级别图

17.4.2.4 渗碳件心部组织评定

渗碳件的心部组织对工件的使用性能起着重要的作用,包括对渗碳层起着支撑作用,一般常考核心部的硬度。但硬度并不能完全反映其他性能,如抗疲劳、抗冲击等,因此对于工艺质量控制应关注心部的具体组织。

渗碳件的心部在淬火冷却时由于冷却相对缓慢,而且碳含量相对低,因此出现非马氏体组织的概率较高,如贝氏体、索氏体,尤其铁素体,一般要按其分布数量分级控制。表 17-7 所示为 GB/T 25744—2010 标准的心部组织铁素体含量(体积分数)分级说明,部分分级评定图(500 倍,×0.8)见图 17-12。

表 17-7 心部组织分级及铁素体含量

心部组织级别	1 级	2 级	3 级	4 级	5 级	6 级
铁素体含量/体积分数	无	≤0.5%	>0.5%~≤3%	>3%~≤5%	>5%~≤12%	≥25%

由于广义的心部区域很大,上述标准定义的心部在距表面 3 倍于渗碳有效硬化层深度区域内。对于齿轮一般定义为在齿宽的中心线与齿轮的齿根表层面的交界区域。

心部出现的铁素体,如呈细小条状沿晶界断续分布,则是淬火介质冷却速度不足所引起,也就是说是在冷却过程中析出的铁素体。如果是以大块状分布的铁素体,则是由于加热不足(即低于 Ac_3)导致部分铁素体未溶解而残留下来的。

至于心部出现贝氏体、屈氏体、索氏体等不完全淬火组织,可在心部符合硬度规定的条件下不受限制,因为这些组织的出现,取决于材料的淬透性。

3级	4级
5级	6级

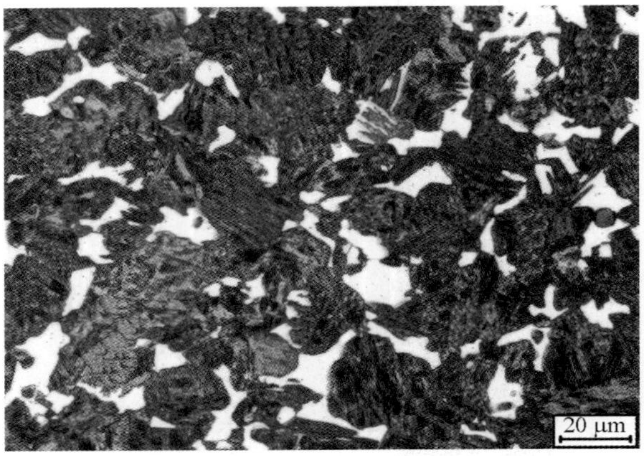

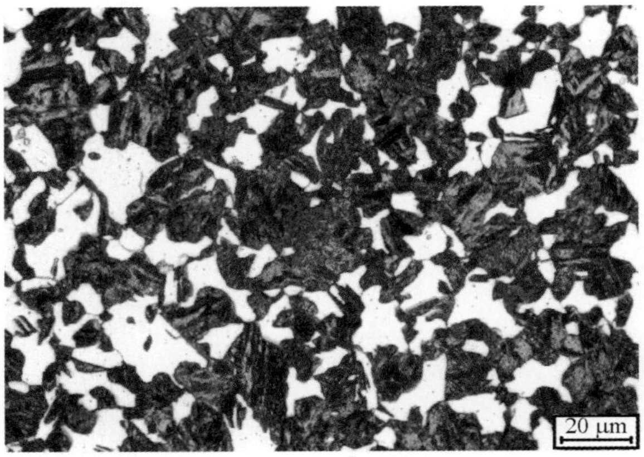

图 17-12 心部组织级别图

17.4.2.5 渗碳表层的内氧化

（未浸蚀）
图 17-13 内氧化形貌

在金属的次表层形成氧化物称为内氧化，是钢在渗碳与碳氮共渗时经常发生的现象。内氧化的本质是加热介质的氧势还不足以使基体金属氧化，但氧被工件表面吸收且能溶解在基体金属中，它在向内扩散过程中，遇到与氧的亲和力强的合金元素时，形成氧化物质点，分散地分布于次表层内，尤其沿晶界趋网状分布，见图 17-13。发生内氧化的必要条件：

① 金属在含氧或氧的化合物的介质中加热；

② 在加热温度下，氧在基体金属中具有一定的溶解度；

③ 在金属内含有一定数量的合金元素，这些合金元素与氧的亲和力大于基体金属与氧的亲和力，如硅、锰等元素；

④ 在加热温度下，氧在基体金属中的扩散系数大于合金元素在基体金属中的扩散系数。

显然，大多数钢的气体渗碳（真空渗碳除外）和碳氮共渗过程，完全具备以上 4 个条件。

渗碳件表层内氧化在抛光表面就能观察到，呈灰色或黑色网格分布，次表相对宽大，往往贯穿至外表。这些氧化网破坏了材质的连续性，且较脆弱，极易成为疲劳开裂的萌生区。因此作为缺陷组织要予以控制。

GB/T 25744—2010 标准按内氧化深度分级，见表 17-8。

表 17-8　内氧化级别及特征说明

级别	特征说明
1级	表层未见沿晶界分布的灰色氧化物，无内氧化层
2级	表层可见沿晶界分布的灰色氧化物，内氧化层深度≤6μm
3级	表层可见沿晶界分布的灰色氧化物，内氧化层深度>6~12μm
4级	表层可见沿晶界分布的灰色氧化物，内氧化层深度>12~20μm
5级	表层可见沿晶界分布的灰色氧化物，内氧化层深度>20~30μm
6级	表层可见沿晶界分布的灰色氧化物，内氧化层深度>30，最深处深度用具体数字表示

17.4.3　渗碳层深度测定

渗碳层深度是钢件渗碳工艺的重要技术指标。

对于渗碳工艺控制，一般在渗碳缓冷（平衡态）后用金相法或断口法测定。对于具体热处理工艺后的成品一般均采用有效硬化层来表征渗碳层深度。

17.4.3.1　断口法测定渗层深度

用 $\varphi10\sim\varphi15$ mm 圆柱试样，渗碳后取出，先将试样淬火，然后打断。断口上渗碳层部分为白色瓷状断口，交界处的碳量约 0.4wt%，用读数放大镜测量白色瓷状渗层深度。这种方法较方便，但误差较大，一般仅用于渗碳的工艺过程中的现场测试。如果对断口进行浸蚀或热氧化染色，检测的精确度会提高。

17.4.3.2　金相法测定渗碳层深度

金相法一般在缓冷（平衡态）条件下，在渗碳试样的法向截面的金相试面上进行测定，具体的渗层深度计算方法无严格的统一的行业标准，一般按原材料（碳素钢、合金钢）及工艺（渗层深度）可分为3种方法，见表 17-9。

表 17-9　渗层深度金相法计算方法一览表

钢种、工艺	渗层深度计算方法	参考标准
碳素结构钢渗碳或碳氮共渗后缓冷（平衡状态）	从表面垂直测至过渡区的1/2处即过共析层+共析层+1/2过渡层	JB/T 5944—2018《工程机械热处理件通用技术条件》
合金钢渗碳或碳氮共渗后缓冷（平衡状态）	从表面垂直测至心部组织即过共析层+共析层+过渡层	JB/T 5944—2018《工程机械热处理件通用技术条件》
08F、Q235AF、10、20、20Cr、20CrMnMo等低碳和低合金钢的工件经碳氮共渗或渗碳层深度小于或等于0.3 mm时（平衡状态）	从表面垂直测至心部组织	JB/T 7710—2007《薄层碳氮共渗或薄层渗碳钢件显微组织检测》

在确保工件有足够深的高碳区域同时一般还要求渗层过渡区的陡度不能太小，以减缓渗层与基体间的应力突变。因此一般还要求过共析层、共析层之和约占总渗层的 50%~75%。

17.4.3.3　有效硬化层及硬化层深度的测定

工件经化学热处理或表面淬火热处理后，表面有效硬化层或硬化层深度的测定，均在渗层或淬硬层的法向截面上通过硬度梯度的测定面求得。

1. 由表及里的硬度梯度的测定

在规定的或特别协议的试样上法向取样，按金相分析要求制样，应注意避免倒角或过热，一般不浸蚀。

在规定的部位,宽度 w 约为 1.5 mm 范围内,在与工件表面垂直的一条或多条平行线上测定维式硬度,见图 17-14。每两相邻压痕之间距离 s 应不小于压痕对角线的 2.5 倍。逐次相邻压痕中心至工件表面的距离差值(即 $d'_2-d'_1$ 或 $d'_{n+1}-d'_n$)不应超过规定值(测量精度应在 $\pm 0.25\,\mu m$ 之内)。常使用的试验力在 HV0.1 至 HV1 间适当选用,也可采用努氏硬度测定。

根据测定结果可绘制出硬度梯度曲线,见图 17-15。

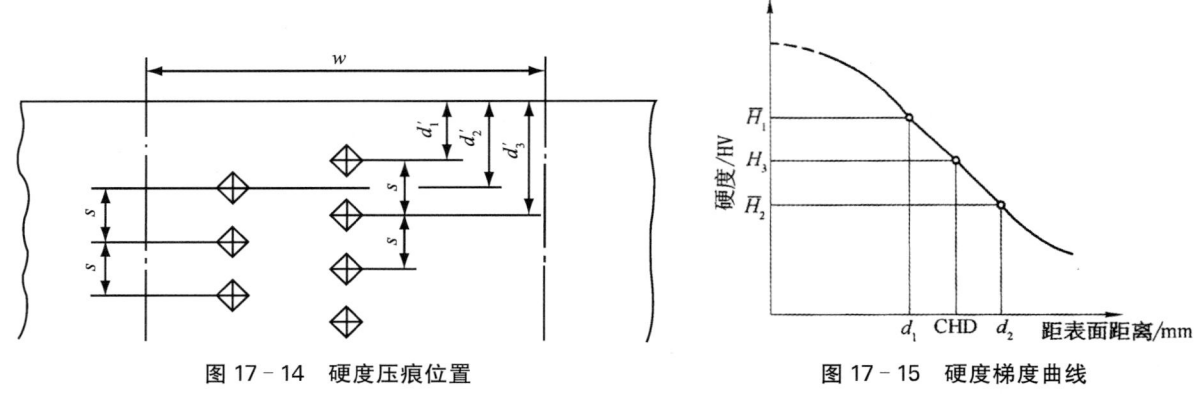

图 17-14　硬度压痕位置　　　　图 17-15　硬度梯度曲线

2. 钢件渗碳及碳氮共渗淬火硬化层深度测定

(1) 执行标准。GB/T 9450—2005(ISO 2639)《钢件渗碳淬火硬化层深度的测定和校核》是唯一仲裁方法。

(2) 淬硬层深度定义。从工件表面到维氏硬度值为 550 HV1 处的垂直距离,该 550 HV1 称为界限硬度值。

(3) 适用条件。工件经渗碳或碳氮共渗淬火后,距表面 3 倍于淬火硬化层深度处(定义为心部)硬度值小于 450 HV。当该处高于 450 HV,应选择大于 550 HV(以 25 HV 为一级)的某一特定值作为界限硬度。如该处心部硬度值为 470 HV,则界限硬度值应定为 575 HV。

(4) 表示方法。淬硬层深度用字母"CHD"表示,单位为 mm。例:CHD=0.8 mm,表示以 550 HV 为界定值的有效硬化层深度为 0.8 mm。若不按标准的以 550 HV 为界限值条件下测定,应在 CHD 后标注,如 CHD515 HV5=0.95 mm,表示采用维氏硬度试验力为 49.03 N(5 kgf),界限硬度值为 515 HV 条件下,硬化层深度为 0.95 mm。

(5) 测定方法。采用 HV1(9.807 N)载荷测定由表及里硬度梯度曲线,其中 $d'_2-d'_1$ 应不超过 0.1 mm,一般应在各方约定的位置上测得两条或更多条硬度曲线。根据每条曲线确定硬度值为 550 HV 或相应努氏硬度值处至工件表面的距离,见图 17-15。当各数值差小于或等于 0.1 mm 时,则取平均值为硬化层深度。若差值大于 0.1 mm,则应重复试验。

当淬硬层深度已大致确定的条件下,可采用内插法校核。在距表面距离小于估计确定硬化层深度的距离 d_1 及大于估计确定硬化层深度 d_2 的位置上至少各测 5 个硬度值(取平均值,分别为 $\overline{H_1}$, $\overline{H_2}$),可按内插公式求得硬化层深度

$$\mathrm{CHD}=d_1+\frac{(d_3-d_1)(\overline{H}-HS)}{\overline{H_1}-\overline{H_2}} \tag{17-12}$$

式中,(d_2-d_1) 不应超过 0.3 mm;HS 为界限硬度值(一般为 550 HV1);见图 17-15 的曲线示意。

17.4.3.4　钢件薄表面硬化层或有效硬化层深度测定

对于渗碳(碳氮共渗)层深度在 0.3 mm 以下的工件,上述方法不适用,而要采用 GB/T 9451—2005(ISO 4970)《钢件薄表层总硬化层深度或有效硬化层深度的测定》规定的方法。该标准把总有效硬化层深度定义为,从工件表面垂直方向测量到规定的显微硬度值的硬化层距离称为有效硬化层深度。当测到显微硬度值无明显变化的硬化层的距离总成为总硬化层深度。

具体测定方法,表示方法均与 GB/T 9450 相同,但维氏硬度测试用的载荷一般应为 1.97 N(0.2 kgf)及 2.94 N(0.3 kgf)。

17.4.4 钢件渗碳淬回火后的性能

渗碳件的性能不仅取决于表面碳浓度、浓度梯度及渗层深度等,还与表层和心部的最终组织有密切关系。

17.4.4.1 渗碳层的性能

碳钢和低合金钢的渗碳件经淬火后,表面硬度达 60～64 HRC;高、中合金钢的渗碳件的表面硬度为 56 HRC 左右。这是由于渗碳层中还存在着较多的残留奥氏体,经冷处理后表面硬度有所提高。心部硬度视钢中含碳量及合金元素不同而异,一般为 30～48 HRC。这样渗碳件的表层为高硬度、高强度,而心部具有一定的韧性,从而能同时承受磨损、疲劳和冲击载荷。

一般情况下,渗碳件经淬火后表面呈压应力。这是因为心部碳量低,M_S 点高,淬火时先发生组织转变而体积膨胀,这时表层还处于奥氏体状态,心部体积膨胀所产生的应力通过表层奥氏体变形而松弛。继续冷却时,表层发生组织转变而使体积膨胀,使事先已转变的心部受拉应力,并在渗层表面造成残余压应力。表面压应力可以部分抵消在疲劳载荷作用下的表面拉应力,从而提高渗碳件的疲劳强度。图 17-16 所示为经渗碳淬火后渗层内由表及里的残余应力分布曲线。

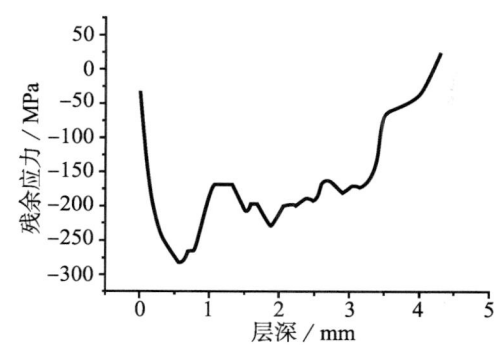

图 17-16 20CrMnMo 钢经渗碳淬火后渗层内由表及里的残余应力分布

渗碳层基体组织应为细针状马氏体,粗大的马氏体将使渗碳件的强度和韧性下降。渗层中适量的细粒状碳化物均匀分布在马氏体基体上,能显著提高钢的耐磨性。但是块状或网状碳化物不但不利于提高钢的耐磨性,反而降低零件的冲击及抗疲劳性能,并易于产生表面剥落。渗层中少量而且分布均匀的残留奥氏体能起到缓冲外力和使应力分布均匀的作用。但过多的残留奥氏体量会显著降低钢的强度、硬度和耐磨性,从而降低零件的使用寿命。当承受外力作用时,奥氏体容易发生范性滑移,从而缓和了应力集中,并减弱了产生疲劳裂纹的可能性和传播速率;如在较大的负荷下,残留奥氏体可转变为马氏体,这将增加表层残余压应力,故有利于疲劳寿命的提高。由此看来,含有一定量的残留奥氏体,在使用中可能有些益处。诚然,过多的残留奥氏体,将使渗层表面硬度明显下降,这对于承受应力和耐磨性能均有一定的影响。因此,渗层表面控制一定数量的残留奥氏体是十分有益的。

17.4.4.2 渗碳件心部组织对性能影响

渗碳件的心部组织,对工件的力学性能和弯曲疲劳性能起着重要的作用。一般希望出现板条状低碳马氏体的组织,因为低碳马氏体有着良好的综合力学性能。当心部出现较多的铁素体时,不但使其硬度值下降,且将明显降低它的弯曲疲劳强度,从而缩短了零件的使用寿命。同时,心部硬度偏低,使用时易出现心部塑性变形,使渗层剥落。硬度过高降低冲击韧度及疲劳寿命。所以,心部组织中不允许存在多量大块状游离铁素体。

17.5 钢件碳氮共渗原理、特点及工艺

碳氮共渗,就是将碳、氮同时渗入工件表层的化学热处理过程。按渗剂不同,碳氮共渗可分为气体、液体和固体 3 种,前两种方法过去曾采用有剧毒的氰盐(分解出活性碳原子和活性氮原子)作为介质,故碳氮共渗也曾称氰化处理,目前主要采用气体法。按共渗温度不同,又可分为低温(500～560℃)、中温(800～880℃)和高温(900～950℃)3 种。第 1 种为第 18 章介绍的软氮化,第 3 种以渗碳为主,习惯上所说的碳氮共渗是指中温气体碳氮共渗。

17.5.1 钢件碳氮共渗原理及特点

在一定的温度下,介质分解成活性碳原子和活性氮原子并同时渗入钢的表面,达到碳氮共渗目的。碳氮共渗原理与渗碳原理相同,同样由分解、吸收、扩散3个阶段组成。

碳氮共渗不是渗碳和渗氮两种工艺的简单综合,不仅兼有两者的长处,还形成如下特点:

① 共渗温度相对低。氮是扩大 γ 相区的元素,降低了共渗层的临界点。所以碳氮共渗温度比渗碳低(通常为 820~860℃),晶粒不会长大,适宜于直接淬火;

② 碳氮共渗比单纯渗碳或渗氮的速度快。这是由于氮的渗入不仅降低了渗层的临界点,同时还增加了碳的扩散速度;

③ 共渗层过冷奥氏体相对稳定,氮是强烈稳定奥氏体的元素。氮的渗入增加了渗层过冷奥氏体的稳定性,碳氮共渗后可采用较低的冷却速度淬火,减少了淬火变形和开裂倾向;

④ 共渗层比渗碳层的耐磨性和疲劳强度更高,比渗氮层有更高的抗压强度和较低的表面脆性;

⑤ 碳氮共渗的缺点是共渗层较浅,易产生黑色组织等。

对于碳氮共渗层的质量控制,有以下技术要求:

① 碳氮浓度。表面最佳的碳氮浓度为 0.75wt%~0.95wt% 的碳和 0.15wt%~0.30wt% 的氮。碳氮浓度过低,共渗件不能获得高的强度、硬度和理想的残余压应力,耐磨性和疲劳强度下降;碳氮浓度过高,表层会出现块状碳氮化合物,脆性增加,淬火后残留奥氏体量过多;

② 渗层深度。根据零件的工作条件与采用的钢材而定。承受轻载的零件,深度要求在 0.5mm 以下;载荷较大的零件,要求在 0.5mm 以上。原来渗碳零件改为碳氮共渗时,共渗层的深度一般为渗碳层的 2/3;

③ 浓度梯度。共渗层中的浓度梯度尽量要平缓,以保证渗层与基体良好结合,防止渗层剥落。

17.5.2 钢件碳氮共渗工艺简介

钢件碳氮共渗工艺参数与渗碳工艺参数相同,主要为共渗介质类别、介质加入量、共渗温度、共渗时间以及共渗后的热处理。

17.5.2.1 碳氮共渗介质及加入量

气体碳氮共渗介质可分成3类。

1. 氨气加富化气和稀释气

富化气可用天然气或液化石油气等。稀释气多采用甲醇和水的裂化气及吸热式气体;

2. 氨气加液体渗碳剂

一般采用煤油和丙酮作为液体渗碳剂。在共渗温度下,渗碳剂和氨气各自分解出活性碳原子和活性氮原子之外,还彼此互相作用生成有毒性的 HCN。HCN 又进一步分解出活性碳原子和活性氮原子,促进共渗过程;

3. 含碳氮的有机液体

这类介质应活性大、产气量高、分解完全、炭黑和结焦少、常温下流动性好、资源充足。生产中常用的渗剂有三乙醇胺、三乙醇胺加酒精、尿素甲醇溶液加丙酮等。

在采用第 1 类介质共渗时,气体介质的流量每小时应为炉膛容积的 6~10 倍,即保证换气 6~10 次/h。在采用第 2 类介质共渗时,可将煤油(或丙酮)每小时的滴入量换算成气体,介质(包括氨气)的加入量按每小时为炉膛容积的 3~8 倍,即换气数为 3~8 次/h 小型设备取上限。

含碳氮有机液体的加入量与炉型、装炉量、共渗工艺等因素有关。

在采用第 1、2 类介质时,介质中的氨气流量对共渗层的碳、氮浓度和共渗速度有很大的关系。表层的含氮量随着氨气流量的增加而增加。氨气流量太低时,共渗层氮浓度不足,其成分、组织和性能与渗碳层相似。氨气流量太高时,表层出现高氮化合物,使共渗层变脆,同时在淬火后,表层中残留奥氏体量也剧增。氨气流量过多或过少都会降低共渗速度。具体通氨量应根据共渗介质、温度、设备、零件性能要求、材料等来决定。

17.5.2.2　碳氮共渗温度

共渗温度影响到渗层深度、组织、表面碳氮浓度及零件的变形大小。温度越高,共渗速度越快,达到一定层深所需要的时间也越短。

共渗温度一般采用 820~860℃。温度过低,不仅使共渗速度减慢,而且容易在表层形成脆性的高氮化合物相,使渗层变脆,影响使用性能。

对于那些要求变形小的薄壁耐磨件,可在较低的温度(700~780℃)下进行短时间碳氮共渗。经直接淬火后,表面得到含氮马氏体和一定量的残留奥氏体,心部保留一定的铁素体。

17.5.2.3　碳氮共渗时间

在一定温度下,共渗时间主要取决于渗层的深度要求。渗层要求越深,所需共渗时间越长。随着时间的延长,渗层的浓度梯度变得较为平缓。但时间过长,易使表层碳氮浓度过高,使表层脆性增加,淬火后残留奥氏体量过多。

共渗时间的确定随共渗工艺、渗剂和设备等不同而有很大差异。一般来说,在 840℃ 共渗,渗层深度在 0.5 mm 以下时,平均渗速为 0.15~0.25 mm/h;渗层深度为 0.5~0.9 mm 时,平均渗速为 0.1 mm/h。

17.5.2.4　钢件碳氮共渗后的热处理

钢件碳氮共渗后的热处理方法与渗碳后的热处理基本相同。两者的主要差别是:

① 由于共渗温度较低,晶粒不易长大,所以除共渗后仍需机加工的零件外,一般都直接淬火。如需重新加热淬火,其淬火温度与共渗温度接近;

② 共渗层的过冷奥氏体比渗碳层的要稳定,因此淬火时可采用较缓和的冷却介质;

③ 共渗层的回火稳定性比渗碳的高,因此硬度要求相同时,回火温度可比渗碳的稍高;

④ 对含有铬、镍较多的合金钢在淬火后,共渗层的残留奥氏体量往往比渗碳的多,可采用与渗碳时相同的方法来减少残留奥氏体量。

17.6　钢件碳氮共渗及淬回火后的组织、性能

钢件碳氮共渗及淬回火后的组织、性能与渗碳及淬回火后的组织性能有许多相同之处,有些检测、评定标准是一致的。

17.6.1　钢件碳氮共渗后缓冷的组织

其与渗碳后的组织基本相似,渗层内除渗碳外还有氮的渗入。在缓冷的平衡状态渗层组织也分为 3 层。

1. 最表层

有时会出现一薄层白色组织,一般为 10 μm 左右,它类似于渗氮处理后的 ε 相,如图 17-17 所示。这一层含氮较多,它可提高零件表面的耐磨性、抗蚀性等等。但当这一层厚度增大或呈不均匀的大块状碳氮化合物分布时,则容易发生剥落;

2. 次表层

为碳氮共渗层中主要渗层区域,基体为共析珠光体,如图 17-17 中黑色区域即是。

3. 第三层

为碳氮共渗过渡区的组织,它从出现少量铁素体起,到逐渐多过渡到心部组织为止,也即亚共析过渡层。

最后为心部原始组织,基体为铁素体+少量珠光体。

17.6.2　钢件碳氮共渗淬回火组织及评定

钢件碳氮共渗后,经直接或一次淬火后,其表面的基体组织与渗碳淬火件基本相似,基体亦是针状马

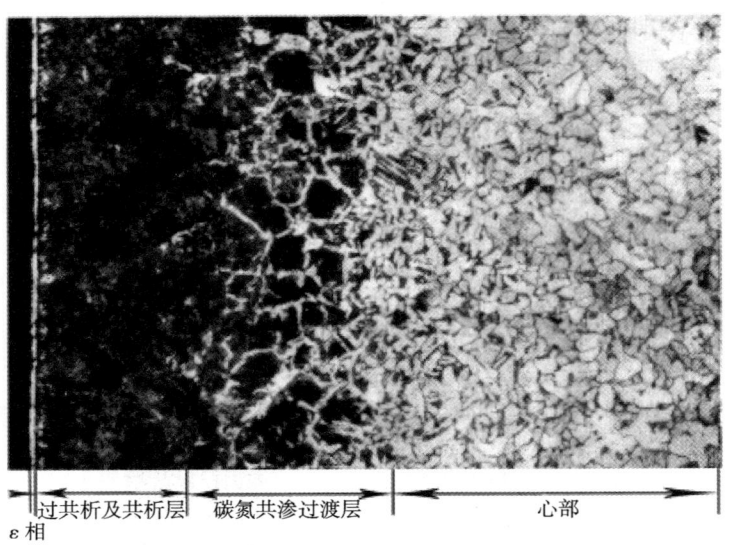

图 17-17　20钢碳氮共渗后平衡态组织　（100×）

氏体及残留奥氏体，唯一不同之处，它在马氏体中含有一定量的氮元素，故亦称之为含氮马氏体以区别于渗碳淬火的组织。此外当碳氮共渗处理时，碳氮浓度稍高时，在表面处会有碳氮化合物出现。如图 17-18 所示，20CrMnTi 钢经表面碳氮共渗直接淬火回火（低温）后的组织，基体为较粗针状含氮马氏体及残留奥氏体，另外还有不规则条、块状分布的白色碳氮化合物趋网状分布。当氮含量较高时，有时在表层会出现白亮色的 ε 相的碳氮化合物层，见图 17-19。该图为 20CrMnTi 钢碳氮共渗淬回火后组织形貌。由于高碳、氮含量，表面出现 ε 相白亮层，厚达 1～3μm。实践证明这一 ε 相层不宜太厚，当出现微薄层时，则有利于抗磨和抗蚀性能的提高而脆性较小。当碳氮浓度过高时促使形成更多的碳氮化合物，则将使与基体接合性能差故易于剥落。因此对 ε 相碳氮化合物必须控制。

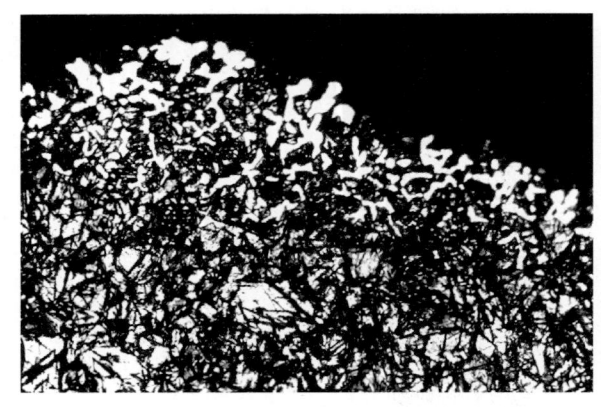

图 17-18　20CrMnTi（齿）碳氮共渗淬回火后表层碳氮化合物分布形貌　（400×）

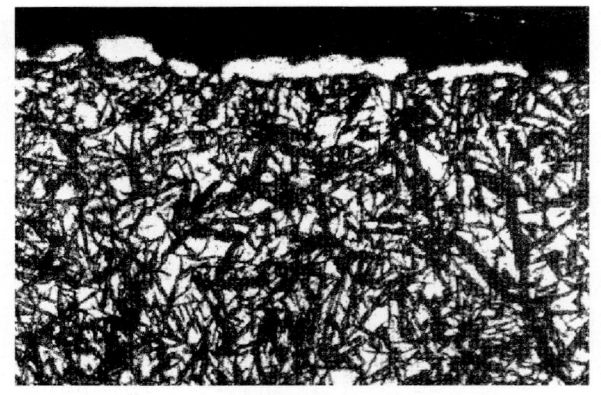

图 17-19　20CrMnTi 钢碳氮共渗淬回火后表面 ε 相形貌　（400×）

对于钢件碳氮共渗淬回火后组织的评定，一般与渗碳件类似，常用的专门的标准有 QC/T 29018—1991(2005)《汽车碳氮共渗齿轮检验》，对于渗碳件可用 JB/T 7710—2007《薄层碳氮共渗或薄层渗碳钢件显微组织检测》标准。

17.6.2.1　碳氮共渗中马氏体的评定

共渗层中的含氮马氏体的评定以马氏体针长度分级评定，其分级及测定方法与渗碳中基本相同。

17.6.2.2　碳氮共渗层中的残留奥氏体及其评定

在碳氮共渗工艺中，由于氮元素渗入，使奥氏体趋向稳定，马氏体开始转变点下降，淬火后残留奥氏体量增多，特别是直接淬火工艺中。而由于共渗，渗层的强度高于渗碳层，残留奥氏体在共渗层可允许相对多些。

在 QC/T 29018—1991(2005)标准中,共渗层中的残留奥氏体含量的分级与 GB/T 25744—2010 基本相同,但其评定与马氏体评定在同一图片中。

17.6.2.3 碳氮共渗层中的碳氮化合物及评定

碳氮共渗层中可能会出现碳氮化合物,其结构为 $Fe_3(C,N)$ 及 ε 相。在一定的气氛条件下,共渗温度对表层碳氮化合物的结构起着决定性的影响。温度越低,表面越易形成 ε 相;温度越高,表面越易形成 $Fe_3(C,N)$。当渗入剂加入量一定时,共渗温度越低,表层碳氮化合物量越多。其分布的密集程度也增大,当共渗温度一定时,碳氮浓度越高,越易形成碳氮化合物。

碳氮共渗时形成的碳氮化合物的形态大致可分为下列几种:

1. 细点状

这是一般合金钢碳氮共渗后允许出现的碳氮化合物的形态,有利于耐磨性的改善。

2. 颗粒状

通常情况下碳氮共渗后化合物不希望出现颗粒状或块状,更不希望化合物出现堆积现象。因为颗粒状或块状化合物的堆积会使渗层脆性增加,但当这种大量颗粒状碳氮化合物分布在大量残留奥氏体的基体上(当然还有马氏体)时,由于得到良好的塑性支持,脆性化合物不易脆裂,同时残留奥氏体又能阻止裂纹扩展,因此这样的组织具有良好的抗接触疲劳性能及咬合磨损的特点。这类组织是在高浓度碳氮共渗工艺下获得。颗粒状碳氮化合物一般在含铬的结构钢中容易形成,如 20Cr、20CrMnTi、20CrMo 及 20Cr2Ni4 等钢中均能形成。无铬合金钢及碳钢中通常不易得到颗粒状碳氮化合物,很可能钢中的铬对颗粒状碳氮化合物的形成起决定性作用。颗粒状碳氮化合物的形成还与共渗的温度有关,一般在 820～860℃的共渗温度有利于颗粒状碳氮化合物的形成。

3. 壳状

形貌见图 17-20。共渗温度较低,较易形成壳状的碳氮化合物。碳钢经高浓度碳氮共渗后,其表面的碳氮化合物呈壳状,不会呈颗粒状。壳状碳氮化合物的脆性很大,一般情况下不希望存在。但是对于不承受冲击或接触应力而仅承受磨料磨损情况下工作的零件,可以选用碳钢高浓度碳氮共渗的工艺。因为表层的碳氮化合物具有良好的耐磨性,这样就有可能用碳钢代替合金钢,降低成本,节约资源;

4. 爪状及网状

爪状及网状均为缺陷组织。一般在较高的碳氮浓度及较高的共渗温度下易形成此类缺陷组织。在 900℃以上,过高的碳氮浓度下进行碳氮共渗时,碳氮化合物易形成网状或半网状分布。这时的网状类似于渗碳。18Cr2Ni4WA 钢很易出现网状化合物。显然这与该钢的化学成分有关。网状化合物一般在共渗初期产生。

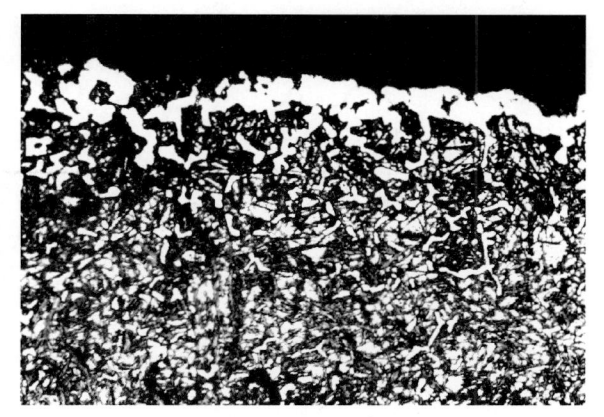

图 17-20 20CrMnTi 钢碳氮共渗淬回火表面壳状碳氮化合物 (400×)

17.6.2.4 碳氮共渗层中的黑色组织

碳氮共渗的渗层中较易出现黑色组织,是一种缺陷,会降低渗层的硬度,降低接触疲劳强度和弯曲疲劳强度,影响工件的使用寿命。

黑色组织大致可以分成黑色空洞、内氧化及非马氏体组织 3 类。从形态上可分为黑斑、黑带、黑网 3 种。抛光态可见的黑色组织主要是空洞与内氧化,浸蚀后显示的黑色组织主要是托氏体及索氏体等奥氏体分解的产物,包括内氧化周围形成的这类组织。主要见于渗层的表层。由于它们在金相显微镜下都呈黑色,所以统称为黑色组织。

1. 黑色空洞

空洞存在于渗层的表面。试样经抛光后,未经浸蚀在显微镜下就可以清晰地看到黑色空洞(斑),有的沿晶界分布,有的呈孤立的斑点状分布,见图17-21。在暗场下观察,周围呈亮边、不透明。该类黑斑经扫描电镜观察证实该处是空洞。对该处进行电子探针定点分析,发现它们与基体的碳、铁、氧、锰和钛等元素的计数相差不大,据此也可推测该处是一个空洞。

黑色空洞分布的特征与被处理的钢种有关。例如10钢、12CrNi及12Cr2NiMo三个钢种,在同样的工艺条件下,以10钢的空洞最严重;12CrNi次之,但空洞分布较密集;12Cr2NiMo钢空洞出现最少。由此可见钢中含钼可减少碳氮共渗时空洞的形成。

黑色空洞分布的深度随氨气及甲烷气加入量的增加而增加,氨气加入量的影响比甲烷来得显著,当炉气成分一定时,空洞分布的深度随共渗时间的增加而增加。

有人认为空洞的形成和氮化物由高氮相转变为低氮相时析出分子态的氮有关。

2. 内氧化

与渗碳层中的内氧化相同,一般在抛光状态就能看出,呈深灰色的网状分布。其组成相当复杂,有尖晶石型的氧化物 $FeCr_2O_4$,铁橄榄石 Fe_2SiO_4 及 $MnFe_2O_4$ 等。这些氧化物中富有铬、锰、硅的合金元素。

内氧化的形成主要是共渗时钢中合金元素及铁原子被氧化的结果。一般分布在表皮及离表面几个微米的深度范围内。内氧化周围往往伴随着奥氏体的分解产物。

3. 黑色非马氏体组织

图17-22所示为非马氏体组织,是共渗淬火后出现的奥氏体转变产物,主要由托氏体及贝氏体组成,用硝酸酒精溶液轻微浸蚀,便可显现出黑色。由其分布形状可以分为黑网及黑带。黑网是沿晶界分布的黑色网状组织。其分布深度为几十个微米到几百个微米,甚至更深,黑网往往伴随有氧化物的存在。

（未浸蚀）

图17-21 20钢碳氮共渗淬回火共渗层中黑色孔洞形貌 （500×）

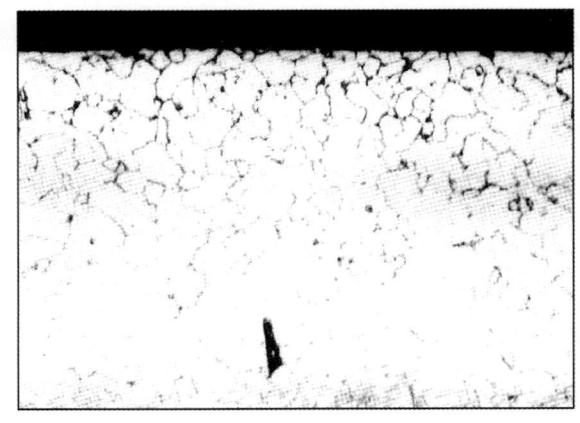

（未浸蚀）

图17-22 20CrMnTi钢碳氮共渗淬回火共渗层中网状黑色组织形貌 （500×）

黑网的形成一般认为有两个原因:第一,表层合金元素的内氧化,在晶界形成富有合金元素的氧化物,使奥氏体中合金元素贫化,从而降低淬透性。第二,合金碳氮化合物的形成或析出,使其附近的奥氏体合金元素贫化,并起了非自发晶核的作用,降低了淬透性。

黑带是呈带状分布的黑色组织。伴随着表面黑带常常有锰及铝等合金元素的氧化物的存在。因此表层黑带的形成可认为是锰等合金元素被内氧化而造成奥氏体中合金元素的贫化的缘故。当共渗后淬火冷却速度不够时,在渗层与心部过渡区附近,易出现呈散块状的黑色组织,严重的连接成带状,形成过渡区黑带。

黑网常伴随表层黑带,前者常是后者的延续,两者在组织上有密切联系,它们的生成机理也很相似。

黑网和过渡区黑带是碳氮共渗所特有的产物,在渗碳条件下较少产生此类缺陷。

一般说来渗层表面氮含量过高是碳氮共渗时黑色组织形成的主要原因,淬火温度、冷却速度及钢材成分也与黑色组织形成有关。共渗前期减少氨的加入量,适当提高共渗后期的温度,提高淬火介质的冷却能力是减少黑色组织的有效方法。此外,氨气中的含水量及漏气也是应该注意的问题。

表层黑色非马氏体组织的存在,引起表层硬度下降和残余应力的改变,黑色组织层越深,表面张应力越大,次表层最大压应力越小,且分布位置由次表层向心部移动,同时就各种试验数据的考察来看,黑色组织的出现将使弯曲和扭转疲劳性能下降的结论是一致的。一般认为表面黑色组织(非马氏体组织)层小于0.02 mm时,对齿轮使用寿命影响甚小。有资料指出,表面黑色组织(非马氏体组织)层的深度大于0.013 mm时,齿轮的疲劳寿命下降约20%～25%,层深达0.03 mm时,疲劳寿命则降低45%。

17.6.2.5 碳氮共渗淬回火件的心部组织

钢件碳氮共渗后经淬回火处理的心部组织形态及成因基本与渗碳淬回火件相同,主要控制铁素体的数量及分布。

17.6.3 钢件碳氮共渗层深度测定

钢件碳氮共渗后深度的测量,计算方法与渗碳件相同,同样可采用断口法、金相法及硬度法。

由于碳氮共渗工件要保证渗层内含有一定量的氮,一般采用共渗后直接淬火工艺,使得渗层与心部组织的分界较清晰,因此淬回火后的共渗件金相法测定渗层深度较容易。

目前一般均采用有效硬化层测定方法来测定碳氮共渗淬回火件的共渗层深度,其采用的标准,包括薄共渗层,均与渗碳件相同。

17.6.4 钢件碳氮共渗淬回火后的性能

钢中碳氮共渗淬回火后的硬度、疲劳强度等综合力学性能与渗碳淬回火件相似,但在渗层中碳含量相同且渗层深度相同条件下,前者总体水平高于后者。

一般说,碳氮共渗及淬火后工件的表面硬度较渗碳淬火的高,可达59～66 HRC。但碳氮共渗及淬火后的硬度分布曲线会出现表层硬度比次层低的所谓"低头现象"。"低头现象"可能是由于渗层表面的碳、氮浓度较高,淬火后残留奥氏体较多引起的。

当渗层中含碳量相同时,碳氮共渗层的耐磨性比渗碳层高出40%～60%,疲劳强度高出50%～80%,其主要原因与氮的溶入有关。

17.7 渗碳淬回火及碳氮共渗淬回火的组织缺陷

钢件渗碳淬回火的组织缺陷与碳氮共渗淬回火的组织缺陷有许多相似之处,但也有各自特点。按各自的金相组织评定标准,评定超标的组织,一般也列入缺陷。除此之外,还有以下几类组织缺陷。

1. 渗碳层反常组织

渗碳层反常组织形貌如图17-8所示,主要发生在渗碳工艺过程,见本章17.4.1节介绍。该种缺陷在渗碳工艺控制不当后的缓冷状态可观察到。在随后的淬火过程中,极易造成表面开裂。

2. 表面脱碳

表面脱碳时,在渗碳及碳氮共渗件的最表面会出现一层铁素体组织,晶粒间有明显的黑色晶界线。这是由于渗碳件出炉空冷时接触空气时间较长,促使表面剧烈氧化、脱碳所造成的。这种缺陷降低了淬火后的硬度,并使淬火表面容易出现托氏体带的可能。如果脱碳层的深度在加工余量之内,则可以被加工掉,若脱碳较深,则需采取复渗的方法以补救之。在一般经渗碳零件成品上,是不允许出现全脱碳层的。

3. 渗碳过渡层太陡

图17-23所示为20钢经高温渗碳后空冷的组织,渗碳过渡区很陡,即由高碳共析区突然降为低碳的原始组织,原汽车渗碳齿轮金相标准中曾规定:亚共析过渡层应占总深度的25%～50%才为合格,而图17-23所示的过渡区仅占渗碳总深度的15%左右,故属不合格。这种缺陷组织,在淬火后易在交界处发生开裂,往往会形成T形分布的裂纹。这种过渡层过陡的原因,一般是由于渗碳速度过分大于扩散速度所造成的。

4. 表层软点组织

如图17-24所示,在渗碳淬火后的表层组织中存在着不少托氏体(黑色)混合在马氏体基体中,有时

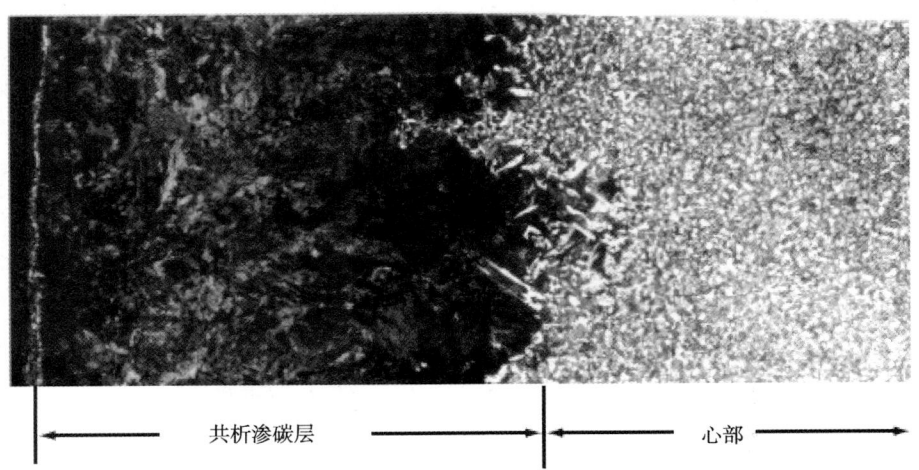

图 17-23　20 钢 940℃ 渗碳后缓冷组织分布　（100×）

共析渗碳层　　　心部

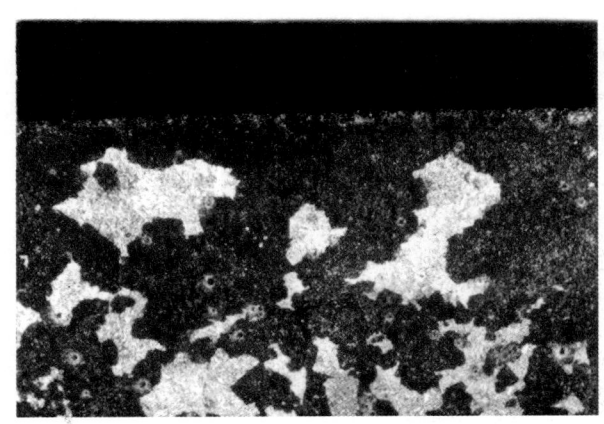

图 17-24　表层软点组织　（100×）

托氏体呈不均匀分布，因而使零件的硬度偏低，这主要是由于淬火冷却速度较缓所造成的。托氏体组织在最表层出现，会使工件耐磨性降低，故而它是渗碳淬火零件中不允许存在显微组织。

5. 碳化物聚集

钢件渗碳或碳氮共渗淬回火后，若在渗层中出现大块且聚集分布的碳化物或硫化物沿晶界趋网状分布，在服役中容易发生表面剥离状损伤，因此生产中须严格控制。

有关碳化物聚集的成因主要与渗碳工艺有关，也与随后的淬火工艺有关，见本章 17.4.1 节介绍。

6. 渗层表面疱状突起

钢件渗碳淬火后表面出现疱状突起，其法向截面上分布形貌见图 17-25，可见疱状突起下方为平行表面的裂纹（面），其中间宽而两侧纤细。这种裂纹两侧往往为不同的组织：马氏体及回火马氏体，如图 17-26 所示。这种缺陷的发生主要与原始组织枝晶偏析较发达有关，当高温渗碳后若冷却不当，在组织应力下会引发次表层裂纹，在随后加热淬火时进一步扩展，还会进一步引发细裂纹，在表面形成疱状突起。

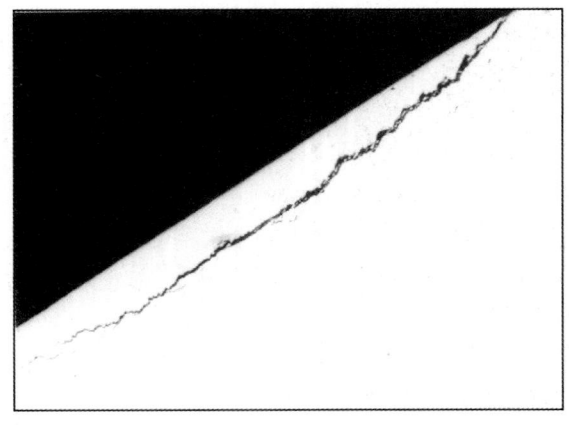

图 17-25　渗层表面突起在截面上分布形貌　（16×）

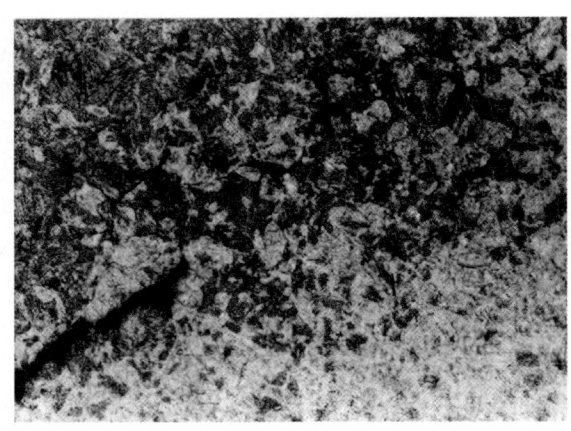

图 17-26　突起裂纹尾段区组织分布形态　（500×）

7. 内氧化及黑色组织

渗碳层表层的内氧化形貌如图 17-13 所示,其成因及评定见本章 17.3.1 节及第 17.4.2 节中介绍。

碳氮共渗层中的黑色组织中也包含有内氧化缺陷,其形貌见图 17-21、图 17-22,其成因见本章 17.6.2 节介绍。对齿轮而言,一般规定表面黑色(非马氏体)组织不得超过 0.02 mm。

8. 碳氮共渗层氢脆剥落

在碳氮共渗工艺过程中,由于介质的因素,炉内气氛中有可能含有较多的氢,并在热处理过程中容易渗入钢中,特别是尖端处氢容易聚集造成氢损伤,致使该部位产生剥落。随着放置的时间越长,尖端处产生剥落的情况越严重。其表现形式是沿尖端处呈片状脱落,严重的有时在尖端处呈鱼眼状剥落。

参考文献

[1] 刘增沛,张建华. 热处理工艺学[M]. 北京:科学普及出版社,1984.
[2] 项程云. 合金结构钢[M]. 北京:冶金工业出版社,1999.
[3] 任颂赞,张静江,陈质如,等. 钢铁金相图谱[M]. 上海:上海科学技术文献出版社,2003.
[4] 李炯辉,林德成. 金属材料金相图谱[M]. 北京:机械工业出版社,2006.
[5] 潘建生,胡明娟. 热处理工艺学[M]. 北京:高等教育出版社,2009.
[6] 任颂赞,叶俭,陈德华. 金相分析原理及技术[M]. 上海:上海科学技术文献出版社,2013.

第 18 章

渗氮、氮碳共渗及金相分析

在 500～590℃范围内将活性氮原子渗入到钢件表面的工艺称为渗氮,属铁素体状态下化学热处理范畴。渗氮能显著提高工件的表面硬度、耐磨性、疲劳强度和耐腐蚀性,同时热处理畸变小。但渗氮层薄而脆,不宜承受太大的接触应力和冲击载荷。

在 500～590℃范围内同时渗入氮和碳的工艺称为氮碳共渗,是以渗氮为主的铁素体状态下的化学热处理。由于氮碳共渗层相对渗氮层韧性比较好,故习惯上称为软氮化。

在介于 Fe-N-C 三元共析点与 Fe-C 系共析点之间的温度范围内(约 600～700℃)同时渗入氮和碳的工艺称为奥氏体氮碳共渗,该工艺除基本保留铁素体状态氮碳共渗的优点外,其有效硬化层深度比铁素体状态氮碳共渗层更深,约为几倍至几十倍,并有 0.01～0.15 mm 的含氮奥氏体淬火层。

不特别说明情况下,氮碳共渗工艺一般指铁素体状态下氮碳共渗,是目前应用较广的一种低温化学热处理。

18.1 钢铁件渗氮基本原理及工艺

钢铁件渗氮的基本过程与渗碳相同,也是由介质的分解、吸收、扩散 3 个基本过程所组成。然而两者的渗层组织及强化机理迥异。渗碳主要是单相固溶体内扩散,并需在渗碳后淬火成马氏体才能使渗碳层强化;渗氮则涉及多相反应扩散。普通碳钢渗氮只是表面化合物层有较高的硬度,扩散层的硬度并不高,因而碳钢渗氮后应带着化合物层服役。含有强烈形成氮化物元素的钢,例如含铝或钒的合金渗氮钢或含高铬的工模具钢等的渗氮扩散层可达到很高(>1 000 HV)的硬度,而合金钢的化合物层脆性太大,大多数的合金渗氮钢渗氮后常常需要磨削去除白亮化合物层,或者用控制炉气氮势的方法抑制脆性化合物层。钢中合金元素的种类和含量不同,渗氮工艺和应用范围都有很大的区别。

钢件的渗氮可以在固体、液体、气体及等离子体介质中进行。目前最常用的是气体渗氮以及离子渗氮等工艺。

18.1.1 钢铁件渗氮基本原理

18.1.1.1 Fe-N 二元状态图

Fe-N 二元状态图铁一侧见图 18-1,该区域中有两个共析转变:其一,在 590℃含氮为 2.35wt%处发生 $\gamma \rightarrow \alpha + \gamma'$ 的共析转变,这与 Fe-Fe$_3$C 状态图中的珠光体转变相似;其二,在 650℃含氮为 4.55wt%处发生另一共析转变($\epsilon \rightarrow \gamma + \gamma'$)。

状态图中共有 5 个单相区,其中包括两个间隙固溶体 α、γ 和 3 个化合物相 γ'、ϵ、ξ。它们的组成、晶格、含氮量见表 18-1。

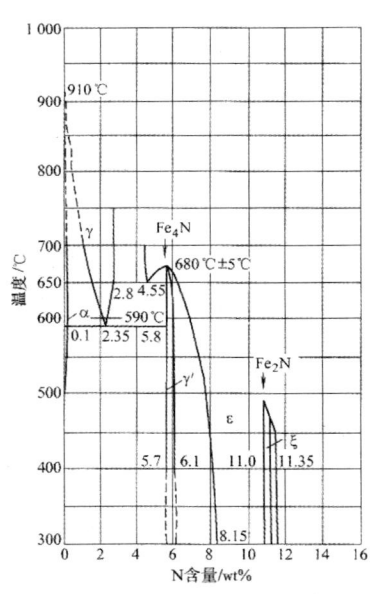

图 18-1 Fe-N 二元状态图富 Fe 一侧

表 18-1 Fe-N 状态图中单相组织

名称	相组成	晶格类型	氮的浓度	其他特征
α 相	氮在 α-Fe 中的间隙固溶体	体心立方	在室温时 <0.001wt%；590℃时 0.1wt%	在缓冷过程中将析出 γ′ 相
γ 相	氮在 γ-Fe 中的间隙固溶体（含氮奥氏体）	面心立方	590℃时 2.35wt%；650℃为 2.8wt%；温度再升高氮浓度反而下降	只存在于 590℃ 以上区域，缓冷时在 590℃ 发生共析转变，快冷时形成含氮马氏体
γ′ 相	成分可变的化合物，以 Fe_4N 为基的固溶体	面心立方	5.7wt%～6.1wt%，当含氮量为 5.9wt%时，其成分符合 Fe_4N	在 650℃ 以上转变为 ε 相
ε 相	成分可变的氮化物，以 Fe_3N 为基的固溶体	密排六方	300℃时 8.15wt%～11.0wt%	缓冷时部分析出 γ′
ξ 相	成分相当于 Fe_2N 为基的固溶体	斜方点阵	300℃时 11.0wt%～11.35wt%	500℃以上转变为 ε 相、很脆

钢中加入合金元素能改变氮在 α 相中的溶解度。元素钨、钼、铬、钛和钒是强氮化物形成元素，可提高氮在 α 相中的溶解度。例如，合金结构钢 38CrMoAl、35CrMo、18Cr2Ni4WA 等渗氮时，氮在 α 相中的溶解度为 0.2wt%～0.5wt%，而在工业纯铁中仅为 0.1wt%。

合金钢渗氮时，在 γ′ 相和 ε 相中，部分合金元素原子置换铁原子，有些合金元素，如铝、硅和钛，在 γ′ 相中溶解度较大，并且扩大了 γ′ 相区。试验表明，合金元素的溶入提高了 ε 相的硬度和耐磨性。

以上 5 种相是在 Fe-N 相图中出现的，基本为平衡态下的稳定相。在非平衡态下还有两种亚稳定相 α′ 和 α″，不出现在 Fe-N 相图中。

α′ 相是含氮马氏体，为氮在 α-Fe 中的过饱和固溶体。体心正方晶格。高于 590℃ 渗氮处理后快冷，由 γ 相转变而得。点阵常数随着含氮量的变化而变化，当含氮量增大的时候，c/a 比增大，但在相同原子比例下，含氮马氏体的正方度比含碳马氏体小。

α″ 相为介稳定氮化物 $Fe_{16}N_2$。体心正方晶格，点阵常数 $a=5.72 Å$，$c=6.29 Å$。α″ 相是含氮马氏体回火时析出氮化物 γ′ 前相的介稳相，呈弥散薄片状。

18.1.1.2 渗氮层的形成

渗氮是一个典型的反应扩散过程。根据上述 Fe-N 相图，纯铁在 500～590℃ 之间渗氮时，渗层的成分和组织变化，如图 18-2 所示。在渗氮过程中，铁表面吸附的氮原子先溶入 α-Fe 中形成固溶体（含氮铁素体），当氮溶解度超过其在 α 相中溶解度极限时在渗氮层的表面形成 γ′-Fe_4N 相，然后在达到 γ′ 极限固溶度时再形成 ε-$Fe_{2-3}N$ 相。随时间的延长，氮继续由表面向内部扩散从而使渗层厚度增加，组织由表向内为 ε 相，γ′ 相和 α 相[图 18-2(b)]。当渗氮组织炉冷到室温时，ε 相中会析出 γ′ 相，α 相区也会有 γ′ 析出。因此，纯铁渗氮后的组织，如图 18-2(c) 所示，由表向心部依次为 ε→ε+γ′→γ′→α+γ′ 和 α。其中表面的 ε、γ′ 及其混合组织称为化合物层。因其具有良好的抗腐蚀性能，经硝酸酒精溶液腐蚀后，在光镜下呈白色，所以化合物层又叫白亮层。化合物层以下的 α+γ′ 以及含氮铁素体（α）相区称为扩散层。

进一步观察可发现，在渗氮初期形成大量的 ε 相的晶核，晶粒很细，呈多面体形貌，显然各个方向的生长速度是不同的，一旦各个 ε 相晶粒长大到彼此接触，横向生长就受到限制。由于 ε 相是密排六方点阵，扩散的各向异性比较

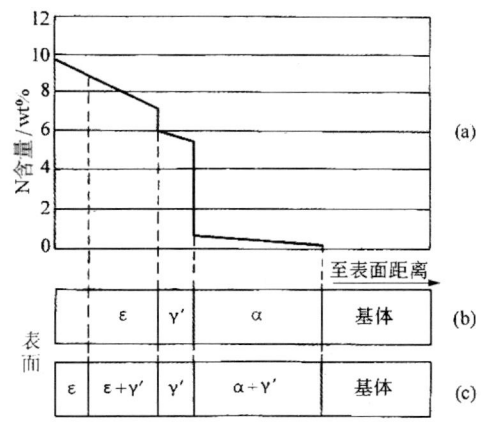

(a) 渗层成分；(b) 渗层组织；
(c) 缓冷到室温时的组织

图 18-2 纯铁在 500～590℃ 之间渗氮时渗层组成及分布

明显,因此,在进一步的生长方面占有有利条件的晶粒只可能是其中扩散最快的方向与渗入原子的扩散流方向(即垂直于表面的方向)一致的 ε 相晶粒。于是随着渗层继续增厚,ε 相呈现出柱状晶的结构。而且,长得较慢的晶粒的前沿逐渐被毗邻的成长较快的晶粒所封闭,得以继续长大的晶粒越来越少,ε 相晶粒逐渐粗化。同时,随着化合物层的增厚,表面疏松不断发展,见图 18-3(a)、图 18-3(b)。继续延长渗氮时间,化合物中出现裂纹,进而导致 ε 层自行破碎,后者可能与 ε 相的比体积明显大于原始组织的比体积有关。晶粒粗化、出现疏松和微裂纹都是导致化合物层的性能随着厚度的增加而趋于恶化的因素。

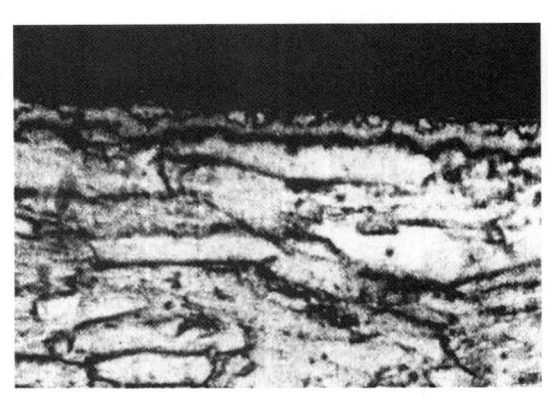 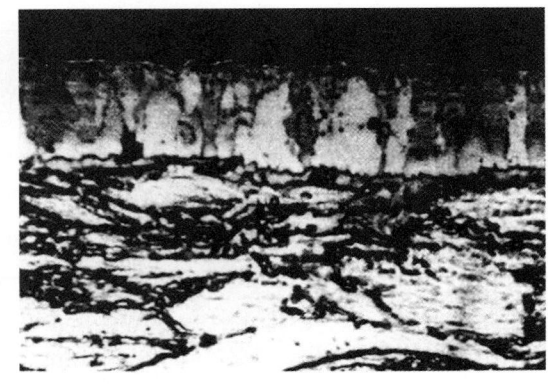

(a) 渗氮 1 h　　　　　　　　　　　　(b) 渗氮 4 h

图 18-3　08 钢纯氨渗氮不同时间后渗层组织　(800×)

碳钢中的 ε 相为含碳的氮化合物 $Fe_3(C、N)$ 相,而 γ′ 相近乎纯氮化物相。钢中的含碳量越高,γ′ 相越少。在中碳钢的渗氮层中不出现连续的 γ′ 相层,γ′ 相分散在化合物层中,而 ε 相除固溶氮以外,还能固溶 3.4wt%～3.8wt%C(在 500～600℃)。ε 相和 γ′ 相的耐腐蚀性很高,用硝酸酒精浸蚀,呈光亮的白亮层,故渗氮层表面的化合物层常称"白亮层"。

随钢的含碳量增加,在相同渗氮条件(温度、时间)下,ε 相厚度及总渗层略有减少。

碳钢渗氮,时间不应过长,以在表面形成 0.08～0.15 mm 的化合物层为宜。该层硬度与钢中的含碳量有关,低碳钢化合物层的硬度约为 300 HV,中碳钢和高碳钢的化合物层硬度可提高到 500～650 HV。这种薄而致密的化合物层脆性小,扭转、弯曲和弯折试验的结果都表明,加载至基体发生明显变形之后,碳钢的化合物层仍未开裂,因此纯铁和碳钢渗氮后,可以带着化合物层服役,可显著提高耐磨性和耐腐蚀性。

碳钢渗氮时间过长,温度过高或氮势过高,则化合物表面出现疏松,硬度、耐磨性和抗蚀性明显下降,ε 相的晶粒也随着渗氮时间的延长而粗化,脆性增大,因此对于碳钢,一般采用短时渗氮处理。

纯铁在渗氮过程中不出现二相层。在渗氮温度下,扩散层内形成单相含氮铁素体。在温度 590℃ 时,氮在 α-Fe 中最大溶解度约为 0.1wt%,而在室温时只有 10^{-4}wt%。若将含氮铁素体从渗氮温度快冷至室温,就得到过饱和含氮 α-Fe,随后将发生时效。在 170℃ 以下,含氮铁素体淬火时效的沉淀物是($α″-Fe_{16}N_2$),在 170℃ 以上是呈针状的($γ′-Fe_4N$)。淬火时效的顺序是(α-Fe)→($α″-Fe_{16}N_2$)→($γ′-Fe_4N$)。

在含氮铁素体的时效过程中,基体被明显地强化,尤其是在较低的温度下时效,($α″-Fe_{16}N_2$)与(α-Fe)完全共格,疲劳强度可提高 140%;在 170℃ 时效后,强化效果有所下降,疲劳强度只提高 110%,但由于人工时效后形成的 α″ 粒子周围的晶格错配,在形变过程中吸收位错,因而有助于消除在高的交变应力作用下过载疲劳过程中的加工硬化。

由于 α-Fe 中氮的溶解度不超过 0.1wt%,所以沉淀物($α″-Fe_{16}N_2$)总的体积百分数是有限的,而且氮在(α-Fe)中的扩散系数较大,容易达到过时效而使硬度下降。碳钢通过渗氮淬火时效能提高疲劳强度($σ_{-1}$),但碳钢的扩散层的硬度和耐磨性不高。

当钢中含有铝、铬、钼等与氮的亲和力较强的合金元素时,在渗氮过程中随着氮原子向里扩散,氮和合金元素形成共格的偏聚区(GP 区)和过渡氮化物($α-Fe_{16}N_2$)析出,最后形成细小弥散 AlN、CrN 等合金氮化物。与氮化铁相比,合金氮化物有更高的硬度和稳定性。它们通常以细小弥散状态分布在渗氮层内产生强烈的弥散强化,从而使合金钢渗氮层具有更高的硬度和耐磨性。因而一般适用于渗氮的钢要求含一定量的合金元素。随合金元素含量增加,合金氮化物析出数量增加,渗层的硬度也相应增加。但是如果渗氮温度过高或处理时间太长,则由于这些碳化物的偏聚长大而使弥散强化效果变差,渗层硬度下降。必须指出,所有合金元素都在不同程度上降低氮在钢中的扩散速度,当钢中合金元素含量增加时,相同工艺条件下渗层厚度变浅。

18.1.2 钢铁件气体渗氮工艺简介

18.1.2.1 钢件气体渗氮原理

气体渗氮使用氨气或氨和氮的混合气体作为渗氮源。在渗氮温度下(400~600℃)由于加热及钢表面的催化作用,氨按下列反应式分解:

$$2NH_3 \longrightarrow 2[N] + 3H_2 \quad (18-1)$$

反应产物中部分活性氮原子被工件表面吸收并向心部扩散,形成渗氮层。其余氮原子结合成氮分子最后排出炉外。上述渗氮气氛的氮势(γ_N)正比于$P_{NH_3}/(P_{H_2})^{3/2}$,但一般定义为两者相等,即为下式:

$$\gamma_N = P_{NH_3}/(P_{H_2})^{3/2} \quad (18-2)$$

目前有两种气氛控制方法:一种是传统的控制氨分解率的方法;另一种是控制气氛氮势的方法。

传统的气体渗氮采用无水纯氨作为渗氮介质,以改变氨流量来控制氨的分解率,从而达到控制气氛的渗氮能力的目的。气体渗氮炉内的气氛由氮气、氢气和氨气三种气体组成,其中氢气和氮气所占体积百分比称为氨的分解率。由式(18-2)可知,氨分解率越低(通氨越多),则气氛的氮势越高。氮分子很难被工件吸收,不能起渗氮作用。只有氨与钢表面接触时才能有效提供活性氮原子产生渗氮效果。当氨分解率低时,炉内气氛中有足够的氨以提供渗氮所需的活性氮原子,因而渗氮能力强。反之,当氨分解率高时,大量的氨分解形成惰性氮分子和氢分子,从而使炉内气氛渗氮能力下降。氨分解率随温度增加而增加,随氨气进炉量增加而降低。氨分解率的控制可以通过调节炉内温度或改变氨气进炉流量来实现。

上述传统渗氮和控制方法虽然可以在一定范围内改变气氛渗氮能力或氮势,但整个水平总的来说氮势太高,在工件表面易形成脆性的白亮层。氮势对于性能要求比较高的工件(如曲轴等)在处理后要求磨削、研磨或化学方法除去白亮层。

目前发展趋势是用氨-氢混合气体进行可控渗氮。由式(18-2)可知气氛的氮势由介质中氨气和氢气的比例来决定,因此可以用氢气稀释氨气的办法来调节气氛的氮势和渗氮的能力。贝尔(Bell)等人找到了钢表面开始形成白亮层时炉气中的氨气含量的门槛值(图18-4)。因此如果用大流量 NH_3/H_2 比值恒定的气体通入炉内并维持气氛氮势在门槛值之下,则可形成无白亮层的渗氮表面层。

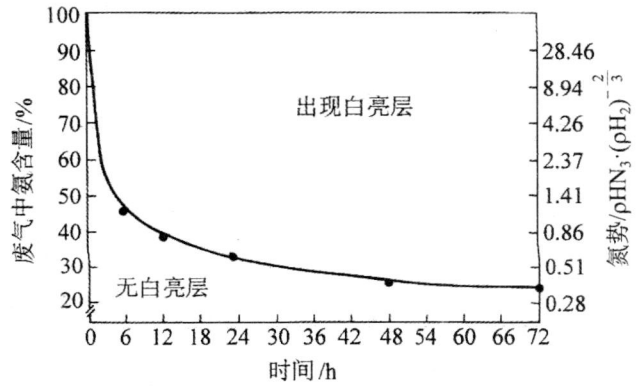

图18-4 709M40钢(0.4wt%C-1.1wt%Cr-0.4wt%Mo)渗氮时生成白亮层的氮势的门槛值曲线

18.1.2.2 常规气体渗氮工艺

常用的气体渗氮工艺主要有一段渗氮法及二段渗氮法。

1. 一段渗氮法

又称等温渗氮法。它是同一渗氮温度下，长时间进行保温的渗氮方法，见图 18-5。在选择等温渗氮工艺的温度时，应考虑：第一，渗氮速度随温度提高而加快，所以提高渗氮温度可以缩短渗氮时间；第二，渗氮过程中"时效"的沉淀物尺寸也随着温度提高而长大，使渗氮层的硬度降低，高于 510℃ 渗氮，渗层硬度即开始下降。因此，通常的等温渗氮温度都在 490～510℃ 之间。等温渗氮工艺能获得最高的渗氮层硬度，渗氮畸变也比较小，但因受氮的扩散速度的限制，渗氮速度慢，所以等温渗氮的渗氮时间很长，具体时间根据渗氮层深度确定。

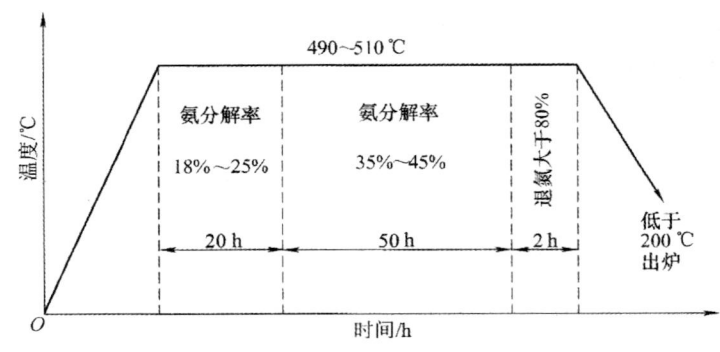

图 18-5　等温渗氮工艺曲线

2. 二段渗氮法

由于渗氮过程中的沉淀硬化产物（混合偏聚区）具有相对的稳定性，如果先在 500℃ 左右渗氮一段时间，形成细小的沉淀物，然后再升温到 550℃ 继续渗氮，则原先在较低温度下已形成的沉淀物在几十小时之内不会有明显的长大，利用这一规律，发展了二段渗氮工艺，见图 18-6。这种工艺能保持较高的表面硬度，时间比一段渗氮短得多，但变形比一段渗氮大。二段渗氮工艺的具体温度与钢种以及所要求的渗层深度有关。

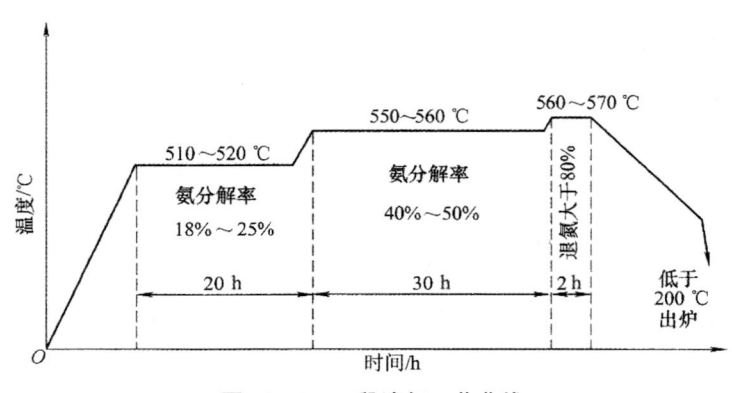

图 18-6　二段渗氮工艺曲线

若在第一段渗氮时采用较低温度和较长时间，在第二段渗氮时在 570℃ 停留 50h，渗层深度明显增加，但硬度降低不多，即可实现"深层渗氮"，如 25Cr2MoV 钢经深层渗氮后渗层深可达 1.3mm，为扩大渗氮齿轮的应用提供条件。

18.1.2.3　可控渗氮工艺

不同的机械构件对渗氮层有不同的要求，见图 18-7。可控渗氮工艺通过精确控制化合物层以得到所需的渗层结构与性能。例如，曲轴制造商在曲轴气体渗氮后要用成本较高的磨削来去除曲轴轴承面的化合物层。而用可控渗氮工艺可直接获得无化合物层的渗氮层。

1. 工艺特点

Bell 在 20 世纪 70 年代首先将可控渗氮应用于生产，其工艺有以下特点：

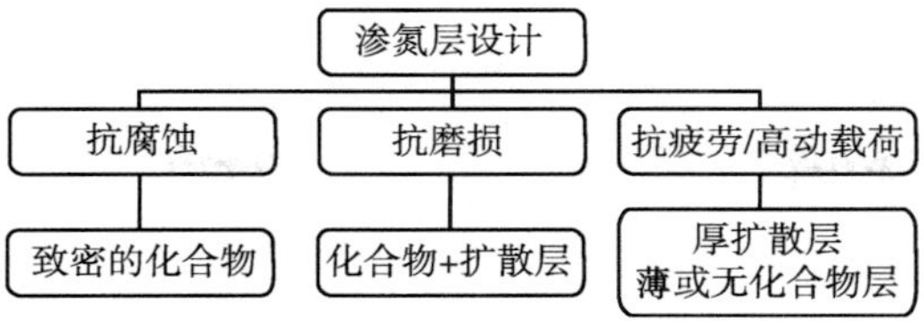

图 18-7 渗氮层的设计要求

① 氮势定值控制，即在整个渗氮过程中氮势控制值不变；
② 根据氮势门槛值选择氮势的控制值，能够正确地控制表面化合物层的厚度或获得恰好无化合物层的渗氮层。氮势控制值与渗氮结果之间的关系如表 18-2 所示。

表 18-2 氮势控制值与渗氮层厚度之间的关系

序号	氮势控制值	化合物厚度/μm	按 550HV 为界的有效硬化层深度/mm
A	12.0	22.50	0.25
B	0.54	2.50	0.21
C	0.42(门槛值)	0	0.17
D	0.36	0	0.03

Bell 的方法可以达到控制表面相组成和降低渗氮层脆性的目的，但是也存在如下缺点：
① 渗氮速度慢，尤其是 C 和 D 工艺，为了获得韧性最好的无白亮层渗氮层，整个渗氮过程中氮势都控制在低水平上，以致降低了渗氮速度，有效硬化层深度明显减小；
② 氮势门槛值的影响因素及氮势门槛值曲线的变化未能完全可控，因此在可控渗氮推广过程中存在重现性不好的问题；
③ 用添加氢的方法调节氮势，炉气中的氮氢比不是常数，因此氮势的测量与计算都比较复杂。另一方面，在工业生产中使用氢气，增加了不安全因素。

2. 氮势分段控制的可控渗氮工艺

20 世纪 80 年代初研究成功了氮势分段控制工艺，特点如下：
① 以门槛值曲线为依据实行氮势分段控制。在渗氮初期采用与常规渗氮相同的高氮势，在即将出现白层之前就降至中氮势，保持一段时间，待到又出现白层之前再把氮势降至与 Bell 的方法相似的低氮势。氮势分段控制工艺能在一定程度上克服 Bell 方法所存在的有效硬化层深度浅的缺点；
② 以氮势门槛值曲线理论公式为依据，采用测定门槛值曲线的方法，正确地反映了影响门槛值曲线的因素，从而保证了生产中的重现性；
③ 以纯氨为气源，通过调节氨流量和预分解炉的温度控制炉气的氮势，具有调节方便、易于控制、安全等优点。

18.1.2.4 其他气体渗氮工艺

随着渗氮的有关研究成果的不断积累，渗氮工艺仍在不断发展。

1. 渗氮氧化复合处理（氧氮化）

渗氮或短时渗氮后不进行磨削的工件，可在渗氮结束之后、工件出炉之前施行氧化复合处理。

渗氮结束就停止通入氨气，并随即向炉内滴入水或通入水蒸气，直至将渗氮炉内的剩余氨排尽。在水蒸气的作用下，工件表面形成致密的 Fe_3O_4 氧化膜，有降低摩擦系数的作用，呈蓝色的氧化膜也比较美观；内层是富氮富氧的扩散层，使渗层硬度有所提高。同时，待水蒸气将氨驱除之后再打开炉盖，可以避免出炉时剩余的氨气污染环境，也不失为一种可取的操作方法。

渗氮后附加氧化复合处理，也可以结合降温过程进行。

2. 表面纳米化渗氮

在渗氮之前，预先对工件表面进行超声波喷丸，由于钢丸无定向地不断撞击工件表面，造成方向不断变化的塑性变形,导致晶粒破碎,获得晶粒尺寸为纳米级,具有大量的晶界。在随后渗氮过程中,氮原子沿晶界向内迅速扩散,因而显著提高了渗氮的速度。其研究结果表明纳米化渗氮有以下的优点:
① 显著提高渗氮的速度;
② 明显提高渗氮层的硬度;
③ 可以降低渗氮温度,有利于减少渗氮的畸变。

3. 短时渗氮与脉冲渗氮

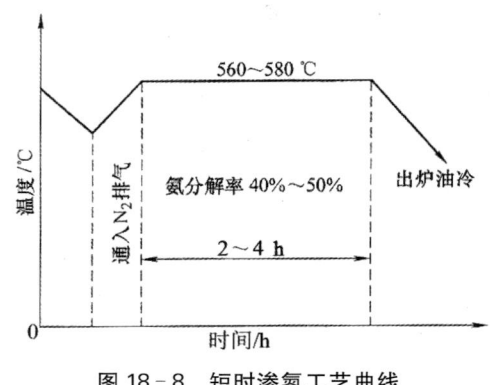

图 18-8 短时渗氮工艺曲线

工艺规程如图 18-8 所示。此工艺适合于一般工件,对于那些容易变形和尺寸精度要求很高的工件,或者回火温度低于 560℃ 的钢种,可将渗氮温度降低至 500~510℃,渗氮时间为 3~10 h。

合金渗氮钢、各种合金钢、碳钢和铸铁零件都可以用这种短时渗氮的工艺处理,表面化合物层的厚度在 0.006~0.015 mm 之间(视材料与渗氮时间而异)。由于化合物层很薄,所以脆性不大,可以带着化合物层服役,使耐磨性大幅度提高。短时渗氮后合金钢的扩散层硬度显著提高。

低压脉冲渗氮工艺是在短时渗氮时采用低压脉冲供气的一种工艺,如图 18-9 所示。图中 t_c 为脉冲周期,t_u 为升压时间,ΔP 为脉冲幅度,ΔP 越大,渗氮均匀性越好。这种脉冲渗氮工艺对于提高重叠面渗氮层的均匀性,或者对于带有细孔、盲孔的零件渗氮均有良好的作用。

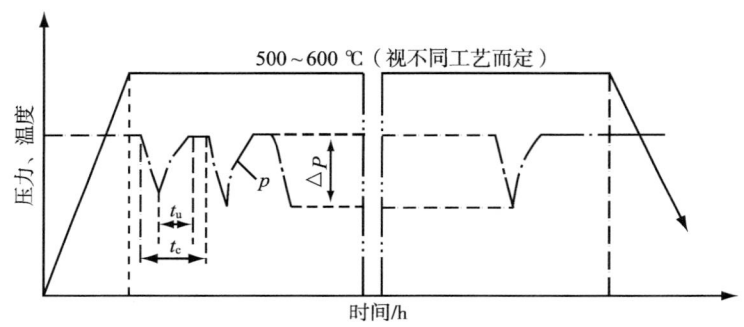

图 18-9 低压脉冲渗氮工艺曲线

18.1.3 钢件渗氮前预处理及渗氮后的冷却

钢件渗氮前预处理及渗氮后的冷却均会影响渗氮层的组织与性能。

18.1.3.1 钢件渗氮前的预处理

钢件在渗氮后主要通过细小氮化物弥散析出强化,渗氮后不需后续处理,因此渗氮前的预先热处理非常重要。

1. 渗氮前的调质处理

钢件渗氮前一般采用调质处理,其目的是调质钢的综合力学性能,使钢件具备良好的强韧性,并为渗氮提供良好的基体组织,以保证渗氮层最佳的质量。调质淬火温度不能太低或保温时间不足,否则基体组织中会含有较多的游离铁素体,使渗氮层脆性增高,出现针状或网状氮化物。以前曾规定调质后基体组织中游离铁素体的面积百分含量不大于 5%,95% 以上是回火索氏体。研究表明,当基体组织中游离铁素体含量超过 10% 时,渗氮层的表面脆性才开始增高,因此,现在对一般零件,要求游离铁素体含量小于 15%。同时,调质淬火温度也不能过高,否则导致奥氏体晶粒粗大,不仅使钢的强度和韧性降低,而且在渗氮时,氮化物优先沿晶界伸展,形成波纹状或网状组织,也会使脆性增加。

调质的淬火过程应注意淬透性问题。对于 38CrMoAl 一类合金钢,当截面较大时,心部往往会因冷却不足出现上贝氏体组织。渗氮过程实际上相当于长期高温回火，上述上贝氏体中的一定方向排列的碳化物聚集粗化见图18-10，使组织脆化。一部分合金钢在热轧或锻后，基体中也会出现上贝氏体，在渗氮后同样会出现脆化问题。

一般来说，为了保证心部组织的稳定性，通常预处理的回火温度比渗氮温度高50℃左右。但是，应该指出，调质回火温度的高低不仅决定了渗氮零件心部的强度和韧性，而且对渗氮层深度和硬度也有很大的影响。回火温度越高，基体中碳化物弥散度越小，对氮渗入的阻力也越小，渗氮层深度越深，但是心部和渗氮层的硬度较低；回火温度越低，心部和渗氮层的硬度越高，渗氮层的深度越浅。所以应选用适当的回火温度，使心部性能和渗氮层深度都符合要求。

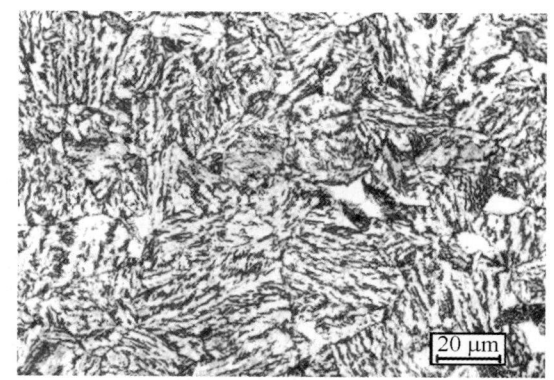

图18-10　38CrMoAl钢心部上贝氏体组织（渗氮后）

2. 正火处理

钢件渗氮前的预备热处理允许不允许采用正火处理在工程界曾有争议。正火后的基体组织和力学性能一般没有调质状态好。但是渗氮零件的服役条件是多种多样的，零件的形状、尺寸大小、所用渗氮钢的品种质量以及零件的技术要求不同。尤其非调质钢广泛应用后，非调质钢用于渗氮处理已列入工艺标准。非调质钢的组织一般为珠光体+铁素体，渗氮前应控制其晶粒度不粗于6级，铁素体不应趋网状分布，对于非调质钢中的贝氏体钢应注意上贝氏体长时间渗氮后基体脆化的可能。

3. 消除应力退火

零件在机械加工过程中产生内应力，渗氮时将产生较大的畸变，渗氮零件畸变后是很难矫正的。对于细长、形状复杂的易变形零件消除应力退火工序非常重要，必要时可安排两次消除应力处理，消除应力退火的温度一般比调质时高温回火温度低50~100℃，以保证力学性能不降低。保温时间应充分，升温和冷却应缓慢。

4. 局部防渗及表面活化处理

根据使用及后续加工的要求，有些工件的局部不允许渗氮，因此，在渗氮前进行局部防渗处理。对于气体渗氮可以采用刷镀进行局部镀铜（≥0.03 mm）或用水玻璃加石墨粉的涂料局部涂覆。而对于离子渗氮，则可以采用较方便的机械屏蔽法或镀铜法进行局部防渗处理。

对于铬含量较大的耐热钢及不锈钢，其表面致密的铬的氧化物膜（钝化膜）会在气体渗氮时阻止氮的吸附与吸收。因此，在气体渗氮前必须去除耐热钢及不锈钢表面的钝化膜，例如采用喷砂或化学处理。在等离子渗氮时，不采用上述去钝化膜的方法，因为在加热阶段的离子轰击可以溅射掉表面的氧化膜。

对工件表面进行超声波喷丸，在一定条件下表面可获得纳米级大小的晶粒，可实现纳米化渗氮。

18.1.3.2　渗氮处理后的冷却

钢件渗氮后传统采用在炉内缓慢冷却，并在冷却过程中继续通入氨气，直至炉温低于250℃，甚至150℃才出炉。其出发点是避免冷却时工件畸变，以及避免工件表面氧化，保持银灰色外观。

实际上渗氮零件变形主要不是发生在渗后冷却阶段。渗氮温度并不高，即使渗后出炉空冷，甚至油冷，大多数零件也不至于畸变超差。

渗氮后提前出炉，会在工件表面出现氧化色，但只是形成一层很薄的氧化膜，并不会影响渗氮层的性能。最近的研究还表明，氧化膜具有减小摩擦因数的作用，所以要求渗氮零件表面保持银灰色是不必要的。

渗氮后若采取快冷，所产生的渗氮层淬火时效的附加强化效果有利于提高疲劳强度，而对于一些有回火脆性倾向的合金钢，渗氮后慢冷对韧性有不利的影响。

因此，渗氮后的出炉温度和冷却方式，应根据具体情况，做合理的规定，渗氮后出炉温度选择在渗氮温度至450℃之间比较合理,可以根据零件是否容易畸变做具体选择。

18.2 渗氮专用钢

渗氮钢有两种概念。狭义而言是指专门为渗氮零件设计、冶炼、加工的一种特殊钢种,其典型代表如38CrMoAl钢。用其制作机构零件,经渗氮处理后,能获得极高的表面硬度、良好的耐磨性、高的疲劳强度和较低的缺口敏感性、一定的抗腐蚀能力、高的热稳定性等。这些优良的性能采用其他钢种和热处理方法是很难达到的,所以是结构钢中较特殊也是重要的钢种之一。随着渗氮工艺的发展,除气体渗氮工艺外,新的渗氮方法很多,如离子渗氮、气体软氮化等。新的渗氮工艺适用的钢种较宽,再则各类零件对使用性能要求不同,其他类钢种如普通合金结构钢、工具钢、不锈钢、耐热钢、马氏体时效钢、微合金非调质钢等经过适当的渗氮处理,也能在一定程度上提高某些性能,有的效果还相当优异,因此广义而言,把凡能通过渗氮处理提高表面性能的钢统称为渗氮用钢。本节讨论专用的渗氮钢,即狭义的渗氮钢。其余钢种请参阅本节其他有关章节。

18.2.1 渗氮钢的合金化

渗氮钢的合金化机理是相当复杂的,单一元素的作用和多元素的复合作用不同,含量的多少其作用也有很大差异。因此渗氮钢中合金元素对渗氮工艺影响的规律是在一定试验条件下的综合研究的结果。

渗氮钢化学成分特点,是在中碳调质钢的基础上,添加某些合金元素,以提高或改善其渗氮性能和其他力学性能。

氮元素渗入钢中并固溶后引起较大的共格畸变,强化铁素体,更重要的是与钢中的合金元素形成各种氮化物或碳氮合金化合物。钢中加入形成氮化物元素能使钢吸收氮的能力提高,并使氮化物表层具有良好的附着性。这类元素与氮有较强的亲和力并形成稳定而高度弥散的氮化物,从而提高硬度。这类元素有铝、铬、钒、钛、钼、锰、钨等。图18-11是常用元素及其添加量对渗氮层表面硬度的影响。可见除镍之外,其他各元素在一定范围内大部分均随含量增加硬度提高。

图18-12是合金元素对渗氮层深度的影响。此处所指渗氮层深度系指用金相法观察的渗氮层总深度。由图可知,所有合金元素都降低氮的扩散系数,降低渗氮速度,从而降低渗氮层的总深度。这是因为生成的稳定氮化物阻碍氮原子的扩散。

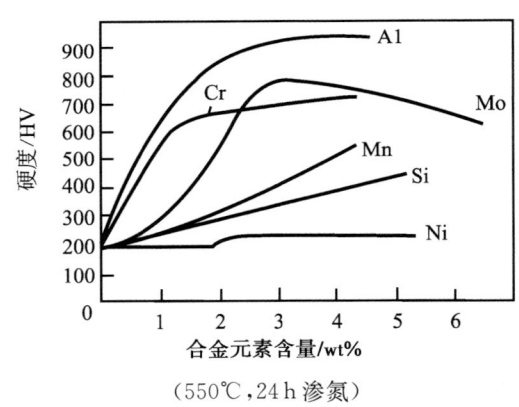
（550℃,24h渗氮）
图18-11 合金元素对渗氮层表面硬度的影响

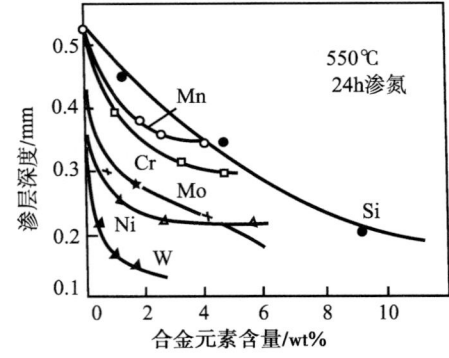
图18-12 合金元素对渗氮层深度的影响

渗氮钢中主要合金元素对渗氮工艺及组织的影响分别说明如下。

1. 碳

碳是不利于渗氮的元素,它降低氮的扩散系数,降低渗氮速度。碳对渗氮层表面硬度及其分布也有不利影响。然而碳是保证钢强度的基本元素,心部强度不足对氮化层性能尤其是疲劳强度有不利影响,因此对心部强度有一定要求的零件,含碳量不宜过低。以 38CrMoAl 而言,其强度尚嫌不够,不适宜制作高强度零件如重载齿轮等。另一方要求,深层渗氮的构件,则宜采用低碳低铝渗氮钢。

2. 铝

由图 18-11 可知,铝是增加渗氮层表面硬度作用最显著的。所以传统的渗氮钢铝是首选元素。在图 18-12 中虽没有铝元素数据,但有关研究表明,渗氮钢中若含有 1.9wt% 的铝时,扩散层厚度约比不含铝时减少 50%,这是因为铝氮化物在表层析出阻碍了氮原子的进一步扩散。所以要求深层渗氮层的零件,采用低铝或不含铝的渗氮钢是合理的。

3. 铬

铬是优良的氮化物促进元素,所以也是渗氮钢中的主要合金元素。尤其在不含铝渗氮钢中,铬是最主要的元素,平均含铬量一般都超过 3.0wt%,再与钒、钛或钼相配合,形成的 Cr-Mo-V 钢,是不含铝渗氮钢的代表性钢种。高铬钢(铬>15wt%)渗氮也能获得很好的效果,表面硬度可达 1 000 HV 左右。但渗氮时要采取措施,消除铬氧化膜的阻碍作用。离子渗氮在这方面更显其优越性。铬对提高钢的淬透性、强度和表面硬度都是有利的。在铬铝渗氮钢中,铬和铝的配比相当重要。一般认为,铬+铝的总含量在 Cr-Mo-Al 型钢中,以 3wt% 为宜,低则性能欠佳,超过 3wt% 时,则渗氮后由于钢的体积膨胀逐渐显著,因而零件畸变增大,严重时表层容易剥落。其中铬的含量又应大于铝,且大于 1.5wt% 为好。

4. 钼

钼除了有强化作用外,还有一种观点认为可防止回火脆性,因为渗氮过程类似长时间的高温回火过程。渗氮钢中含钼量较低,一般为 0.15wt%~0.30wt%。但在不含铝的 Cr-Mo 型渗氮钢中,含钼量较高,可达 1.0wt%。

5. 锰

锰形成的氮化物稳定性很差。高锰钢(含锰 12wt%~18wt%)渗氮后也能达到高硬度(1 000 HV),但国内外未见有锰渗氮钢。

6. 钒

钒能形成稳定的氮化物,所以也是不含铝渗氮钢中的常用元素,但含量不高,起到提高渗氮层硬度的作用,表面硬度没有含铝渗氮钢高,可使韧性良好,对于零件受磨损又受一定冲击负荷时,采用 Cr-Mo-V 钢更适宜。

7. 钛

钛和钒相似,与氮有强的亲和力,氮化物不易聚集。含钛渗氮钢可以在较高温度渗氮,加速氮的扩散,因而是快速渗氮钢的重要元素。钢中钛和碳含量的比例 Ti/C 经研究以 6.5~9.5 为佳,小于 6.5,则渗氮层硬度偏低,高于 9.5,渗层脆性较大。含钛钢的冶炼较困难,容易增加夹杂。含钛钢的另一缺点是强韧性差,这是由于钛和碳形成碳化物后,基体碳贫化。

18.2.2 渗氮钢系列

渗氮专用钢大致可分为含铝渗氮钢、不含铝渗氮钢、沉淀(析出)硬化型渗氮钢、易切削渗氮钢、快速渗氮钢、软氮化钢(专门为低温氮碳共渗用的钢种),共 6 类。

1. 含铝渗氮钢

含铝渗氮钢至今仍然是渗氮钢的主要品种,尤以高铝(含 1.0wt% 铝左右)的铬钼铝钢为典型代表,如 38CrMoAl 钢。

为了改善钢中含铝量高带来的不利影响,开发了一类含铝量较低的渗氮钢,含铝约 0.20wt%~0.70wt%。由于含铝量低,渗氮后渗氮层的硬度也稍低,表面约 800~1 000 HV。改善了冶炼和被切削加工性,渗氮速度也快,如二段离子渗氮,仅需 20 h,渗层深度可大于 0.40 mm。这一类钢,我国研制的有 25Cr2MoAl、30CrMoAl、30CrMnAl,法国的 30CAD6-03、30CAD6-06;日本大同制钢的 RDK401、RDK705(0.15wt%C、1.00wt%Cr、0.20wt%Al)。

2. 不含铝渗氮钢

此处所述的不含铝渗氮钢,主要是为制作渗氮零件而设计的专门渗氮钢。在成分设计上,它要充分考虑钢的渗氮性能。例如，同样是 Cr-Mo 钢或 Cr-Mo-V 钢，为了获得渗氮层的最佳性能，其含铬量均比 Cr-Mo 系调质钢高。这一类钢，我国曾研制的有 25Cr2Mo；德国有 31CrMo12、39CrMoV139、31CrMoV9；英国的 897M39(En40C)；法国的 30CD12；日本的 MAC24 等等。

3. 快速渗氮钢

快速渗氮钢是相对于现有的含铝的 Cr-Mo-Al 系列渗氮钢渗氮速度太慢而言的。加快渗氮速度的主要手段是提高渗氮温度，但对典型的 38CrMoAl 渗氮钢，当渗氮温度超过 590℃时，渗层表面硬度就会显著下降。日本等国研制的快速渗氮钢，通过加入钛(2.5wt%～3.0wt%)、镍(3.2wt%～3.8wt%)或钒(0.5wt%～2.3wt%)等，渗氮温度可提高到 650℃，显著加快了渗氮速度又能获得高的表面硬度。典型的快速渗氮钢有 N6 钢、N7 钢(日本)等。

4. 沉淀硬化型渗氮钢

对于强度要求高的零件，一般的渗氮钢难以满足要求，因为调质处理时高温回火和渗氮温度限制了中碳结构钢强度的提高，因而开发了沉淀(析出)硬化型渗氮钢。这类钢在预备热处理时，可以调整到适宜于切削加工的硬度，以利加工成型，然后在渗氮时，发生沉淀硬化作用而使钢进一步强化。目前在工业上应用的沉淀硬化型渗氮钢，经如此处理后心部硬度可达 40 HRC 左右，强度可达 1 275 MPa。含 5wt%镍、2wt%铝的沉淀型渗氮钢，心部硬度可达 46 HRC 左右。这是因为固溶的 Ni_3Al 在 510～550℃渗氮时重新析出造成的。为了达到最佳硬化效果，这类钢在渗氮前的消除应力退火温度要提高。以含 3.5wt%镍、1.20wt%铝的沉淀硬化渗氮钢为例，消除应力退火温度要提高。以含 3.5wt%镍、1.2wt%铝的沉淀硬化渗氮钢为例，消除应力退火温度要提高到 650～700℃。这类钢有美国的 Nitralloy C，日本的 NT-100、NT-200 及 MAS1 等。

18.3　钢件气体渗氮后性能

钢件渗氮后的性能不仅与渗层组织有关，还与相应的应力分布有关。

18.3.1　渗氮件表面硬度及耐磨性

氮化层具有很高的硬度和耐磨性。如 38CrMoAl，渗氮后表面硬度可达到 950～1 200 HV。在短时间缺乏润滑或过热的工作条件下，氮化层仍能保持高硬度，所以有较好的抗咬合性。

当氮化层厚度较浅时，最高硬度在表面处。氮化层厚度较深，表面有富氮相(ε、γ')聚集时，最高硬度是在离表面 0.02～0.06 mm 处的 $\alpha+\gamma'$ 相区内。

渗氮钢的耐磨性比淬火的高合金钢及渗碳钢的耐磨性提高 0.5～3 倍。同时应当注意，渗氮层的硬度和耐磨性之间的关系是比较复杂的。逐层研究 38CrMoAl 钢和 40Cr 钢渗氮层的耐磨性表明，最大的耐磨性并不恰好出现在最高硬度处，而是出现在深度略深或硬度略低的地方。提高渗氮温度，硬度和耐磨性之间的不一致性更加明显，620℃渗氮的 38CrMoAl 钢和 40Cr 钢的耐磨性比 520～560℃渗氮时要高，尽管前者硬度较低。

渗氮后的硬度与第一段渗氮的温度密切相关。

18.3.2　渗氮件的疲劳强度

碳钢和合金钢渗氮后，疲劳强度都明显提高，缺口试样尤为明显，见表 18-3。横截面的尺寸越小，或者结构上存在应力集中的因素越大，则渗氮提高疲劳极限的作用越明显。疲劳强度的提高不仅与渗氮扩散层的强化有关，而且与渗氮层内形成残余压应力有密切关系，渗氮后进行表面滚压可进一步提高疲劳极限 10%～15%。渗氮温度越高，疲劳极限的绝对值越低，这与残余压应力的减少和心部软化有关，渗氮零件的校直以及过深的磨削(磨削深度大于 0.05 mm)都将降低其疲劳强度。

渗氮钢的接触疲劳强度低于渗碳而高于感应加热淬火，主要原因在于渗氮层的有效硬化层深度较浅。

表 18-3　渗氮对钢的疲劳强度的影响

钢号	试样形式/mm	疲劳极限 σ_{-1}/MPa	
		调质后	渗氮后
45	光滑,$d=7.5$ 带切口,$R=0.5$	4.30 2.45	6.00 4.70
38CrMoAlA	光滑,$d=7.5$ 带切口,$R=0.3$	4.75 3.60	6.10 6.70
18Cr2Ni4WA	光滑,$d=7.5$ 带切口,$R=0.3$ 光滑,$d=30$ 光滑,$d=40$ 带切口,$d=30$ 带切口,$d=40$	5.30 2.20 3.90 3.25 1.75 1.60	6.90 5.10 4.40 3.90 2.65 2.30

注：1. 在 520～540℃进行渗氮，渗氮层厚度为 0.35～0.45mm；
　　2. 直径 7.5mm 的试样，在所有情况下切口角度均为 60°，深 0.34mm。

18.3.3　渗氮件的抗腐蚀性

铁和碳钢渗氮后，致密的化合物层在大气、潮湿空气、自来水、过热水蒸气和弱碱性溶液中有良好的抗腐蚀稳定性，但在酸性溶液中并不具有抗蚀性，这是因为 ε 相易溶解于酸，故不耐酸的腐蚀。

图 18-13 所示为渗氮后的铁在海水中测得的沿渗氮层深度的相对于氢电极的电极电位。由图 18-13 可见，ε 相具有最高的电极电位(0.1～0.13 V)，过渡到 α+γ' 相共析组织时，电极电位剧烈下降，α+γ' 共析组织的电位与铁素体的电位相差很小，因此渗氮层中 ε 相的抗腐蚀性能起主要作用。ε 相过薄或 ε 相不致密均使抗腐蚀性能降低。

合金钢渗氮后的抗腐蚀性与碳钢基本上相近，不锈钢抗蚀渗氮后其抗腐蚀性反而下降至相当于碳钢抗蚀渗氮后的水平。

18.3.4　气体渗氮件表面脆性

在一般的气体氮化中，表层氮浓度过高，在缓冷中析出 ξ 相时，表层脆性较大，服役时会发生剥离。有关渗氮表层脆性的评定见本章 18.7.2 节介绍。

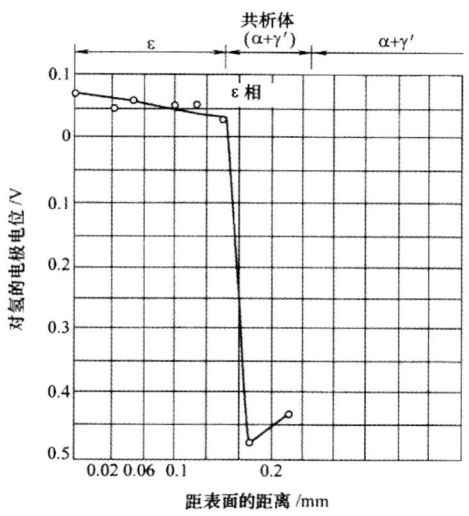

图 18-13　铁渗氮后在海水中的电极电位

18.4　离子渗氮工艺、组织及性能

离子渗氮具有渗速快、渗层性能好、无环境污染等特点，应用前景十分广阔。

18.4.1　离子渗氮基本原理

18.4.1.1　等离子体及产生

随着温度的升高，物质会由固态转变成液态，然后再变成气态。当温度继续升高时，就会变成等离子体也称为物质第四态。等离子体是一种电离气体，由带正电荷的离子、带负电荷的电子和中性分子和原子组成。在宇宙中，太阳发光、闪光都和等离子体有关。等离子体可以通过加热的方法得到，但这需要几万摄氏度甚至更高的温度才能实现,难度较大。而用外加电场或磁场的方法,等离子体可以很方便地得到。

在含有稀薄气体的真空容器内,当在阴阳两电极之间施加一个直流电压时,气体中少量的自由电子在外加电场的驱动下向阳极运动,正离子向阴极运动,从而形成很微弱的电流。流过气体总电流的大小和两极之间的外加电压按图 18-14 所示的伏安曲线(AB 段)变化。随着外加电压逐渐升高,电子在向阳极运动过程中获得了较大的速度和动能,在和气体分子或原子相碰撞时,使中性的分子或原子离化,从而产生更多的自由电子和离子。一次电子以及新形成的二次电子继续受电场加速,产生更多的碰撞和气体离化。当外加电压超过一定值(图 C 点)又称点燃电压时,雪崩式的碰撞及气体离化使得空间的电子和离子数量急剧增加,阴极表面及附近空间产生辉光。这时尽管两极间的电压维持一定,阴极表面有辉光的部分以及两极之间的电流迅速增大,直到辉光覆盖整个阴极表面。这时的辉光称为正常辉光(图 DE 段)。此后当外加电压继续增高时,两极间流过的电流继续增大,电流和电压的关系进入 EF 段所示的异常辉光放电区。当外加电压进一步增加且超过一个临界值(F 点)时,两极之间的电流急剧增大,产生电弧放电。

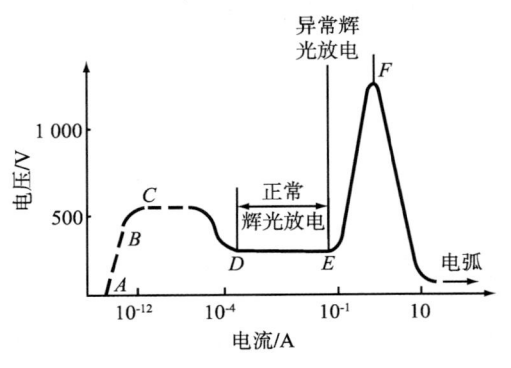

图 18-14 低压气体直流放电伏安特性曲线

18.4.1.2 离子渗氮基本原理

离子渗氮基于上述气体放电的原理,工艺过程处于异常辉光放电区。

图 18-15 为离子渗氮设备示意图,炉盘以及工件作为阴极,炉壁作为阳极。开始时排出炉内的空气,当真空度达到 10~100 Pa 时,引入工作气体(通常是氮和氢的混合气体)使炉内压力回升到 100~1 000 Pa 之间。然后在阴极工件和阳极炉壁之间施加一个约 400~1 000 V 的直流电压。在电场的作用下,使氮或氢的分子及原子离化。带正电荷的离子如 N^+,H^+ 等加速向阴极工件表面运动,在与工件表面相撞时产生溅射效应。同时离子的动能转化成热能将工件加热到处理温度。因此离子渗氮可以不需要外加热源而由等离子体直接加热。

离子渗氮和其他渗氮技术一样,都可以分成 3 个阶段:第一阶段活性氮原子的产生,第二阶段活性氮原子从介质中迁移到工件表面以及第三阶段氮原子从工件表面转移到心部。其中第三阶段受扩散控制,各种工艺技术相差不大。但是离子渗氮与普通气体渗氮的第一阶段和第二阶段有很大的区别。离子渗氮时,活性氮原子不是热分解形成的而是在外加电场作用下由具有高动能的电子与氮分子和氮原子的碰撞而形成:$e+N_2 \Rightarrow 2N+e$,$e+N^0 \Rightarrow N^+ +2e$,离子渗氮过程的模型见图 18-16。当高能氮离子轰击钢铁工件表面时,由于机械和蒸发的原因,使零件表面的铁原子脱离基体飞溅出来,产生阴极溅射效应。被溅射出来的铁原子在靠近工件表面的空间与活性氮原子反应形成氮化铁(FeN)分子,FeN 分子凝聚后再沉积

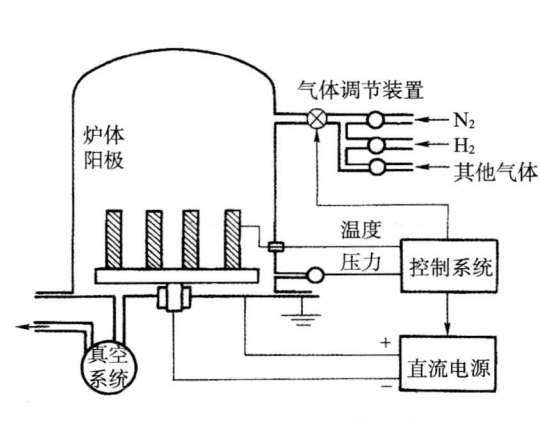

图 18-15 离子渗氮设备示意图

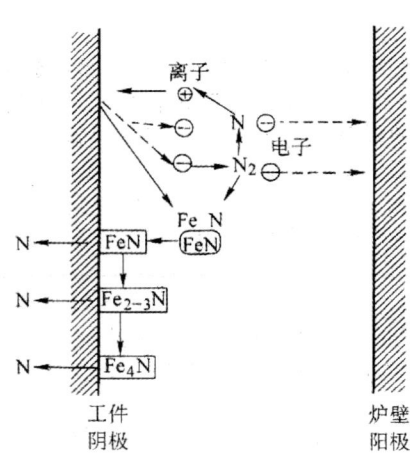

图 18-16 离子渗氮的模型

到零件表面。在渗氮温度 FeN 不稳定,依次分解成含氮较低的 Fe_2N,Fe_3N 和 Fe_4N 并释放出氮原子。一部分氮通过扩散进入零件表面形成渗氮层,另一部分再返回等离子区。氮化铁(FeN)的不断形成及其在工件表面的沉积,提供了形成渗氮层所需的氮源,见图 18-16 所示模型。

18.4.2 离子渗氮工艺简介

离子渗氮工艺的主要参数包括温度和时间、气体成分以及炉内工作压力、工作电压以及电流密度。

18.4.2.1 离子渗氮的温度及时间

离子渗氮的温度和时间对渗氮层硬度和深度的影响同气体渗氮大致相同。离子渗氮的温度范围较宽,可在 400~570℃ 的范围内选择。离子渗氮在较短时间保温后,就可获得高的表面硬度。保温时间长短取决于工件的材料、渗氮层硬度和深度要求,可在几十分钟到数十小时之间选择。渗氮过程的初期,离子渗氮的速度明显大于气体渗氮。但渗氮时间延长后,两种渗氮速度逐渐接近,所以离子渗氮适用于渗氮层深度小于 0.5mm 的工件。

离子渗氮时,当时间短或温度低时,化合物层由 γ' 和 ε 两种氮化物组成。随温度的升高和时间的延长,ε 相的含量逐渐下降。当时间足够长或温度足够高时,化合物层仅由 γ' 组成。提高温度或延长时间也使化合物层的厚度增加。但是与气体渗氮不同的是,离子渗氮化合物层厚度总体上比较薄,一般不超过 15μm。这主要归结于离子渗氮过程中的溅射效应。一方面氮原子的扩散使化合物层的厚度增加,另一方面,溅射使表面已形成的化合物层被去除。厚度的增长速度主要取决于气体的成分、温度和时间;而溅射率和工作压力、电流电压以及材料成分有关。当溅射率和厚度的增长率达到平衡时,化合物层的厚度将不会继续增加。

温度和时间在对渗层深度和硬度有影响的同时,也改变了渗层内残余应力的大小和分布。已经证明,随温度增加和时间的延长,残余压应力层的厚度相应增加,但是渗层中的最大压应力及表面形成残余拉应力。这对渗氮零件的疲劳性能有不利的影响。

18.4.2.2 离子渗氮的气源

离子渗氮一般使用氮气和氢气的混合气体,也可以用氨气或氨气与氮气的混合气体。此外,在渗氮气氛中有时也有少量的碳。它可以是通过外加含碳气体例如甲烷得到,也可以是由于溅射使钢表面的碳进入气氛中。总之,气氛中氮和碳的含量是影响化合物层组织和结构的两个最重要的因素。

与气体渗氮相似,在一定的温度和时间条件下,离子渗氮气氛中的氮势有一个临界值。在此临界值以下,钢表面不会形成化合物层,从而实现光亮渗氮。当氮势太低时,将没有足够氮原子形成渗层,渗层的硬度和总厚度会降低。在临界值以上,化合物层的厚度随氮势的增加而增加。然而,当氮氢混合气氛中氮的含量高于一定值时,化合物层的厚度将不再继续增加反而下降。使用 100% 的氮气很难达到渗氮效果。这可能是由于纯氮离子在正常电压条件下不足以产生溅射效应而无法实现 FeN 沉积所造成的。

气体的成分对扩散层的影响相对较弱。在能保证化合物层形成的条件下,氮势在很宽的一个范围内变化都不会对扩散层的组织和性能有比较明显的影响。因为当化合物层形成后,在化合物层和扩散区的界面即建立起相对稳定的氮浓度梯度。此后扩散区厚度的增长主要取决于氮向内部的扩散速度,而与气氛中氮碳的质量分数关系不大。

18.4.2.3 离子渗氮的炉气压力

离子渗氮时炉内的工作压力可以在 100 Pa 到 1 000 Pa 之间变化。工业生产中通常选用的压力为 200~600 Pa。气体压力影响等离子体辉光放电特性,从而对渗层特别是化合物层的组织和结构产生影响。当炉内工作压力很高时,将没有足够的铁形成 FeN 沉积,因此化合物层厚度减薄。相反,当炉内工作压力很低时,氮向工件表面的总迁移速率下降,也会导致化合物层变薄。

由于气体压力影响到氮向工件表面的迁移速率及化合物层的增长速度,因此它对扩散层的厚度也有影响。但这种影响一般只局限在渗氮初期。渗氮时间较长时,气压在一定范围内变化对渗层的深度没有明显影响。因为在化合物层形成后,扩散区和化合物层界面的氮浓度梯度基本上不受气体压力的影响。这时渗层的深度由氮的扩散速度来决定而与工作压力关系不大。

18.4.2.4　离子渗氮的辉光电压与电流密度

起辉电压随气体和真空度不同而异,氨气作介质时为 400 V(空气为 330 V)。但在升温阶段,如只维持在 400 V 的辉光电压,则电流密度过小,不能将工件加热到渗氮温度,因此必须不断调整电压,以提高电流密度。一般在升温阶段,电压为 550~750 V,电流密度 0.5~5 mA/mm^2。在保温阶段,电压、电流密度可略为降低。

18.4.3　离子渗氮件的组织及性能

离子渗氮件和普通气体渗氮件一样,其渗层也是由化合物层和扩散层组成。扩散层的基体也是氮在铁中的固溶体,其上弥散分布着细小的合金及铁的氮化物,依靠弥散强化使渗层扩散区的硬度得到提高。但是,不同的处理方法得到化合物层的组织和性能却有很大的差别。

1. 离子渗氮件的渗层组织

离子渗氮通常使用纯净的氮气和氢气,炉内气体成分、工作压力、电压等参数都很容易调节。从而离子渗氮既可得到无化合物层而只有扩散层的渗层组织,也可以使表面的化合物层为单一的 γ′ 相。当在氮氢混合气体中再加入少量含碳气体时,可以得到单一 ε 相的表面化合物层。由于溅射的原因,离子渗氮化合物层厚度相对气体渗氮化合物层较薄。

2. 离子渗氮渗层的性能

钢件离子渗氮后表面硬度比气体渗氮要高一些,硬度梯度也比较平缓。离子渗氮后所形成的化合物层脆性小而且致密,具有高的硬度、良好的耐磨性和抗蚀性,对零件的疲劳性能没有不利影响。因此离子渗氮后的工件可以直接使用,无需将性能优越的化合物层磨去。

18.5　氮碳共渗及金相分析

在钢铁件表面同时渗入氮、碳并以渗氮为主的化学热处理称为氮碳共渗。当氮碳共渗的温度低于铁-氮系统的共析温度(590℃)时,工件的心部及扩散层均处于铁素体状态,从而称为铁素体氮碳共渗或俗称软氮化。在不特别说明情况下,氮碳共渗一般均表示为铁素体氮碳共渗。当氮碳共渗温度升高到 Fe-N 共析温度之上、但在 Fe-C 共析温度以下时,化合物的厚度及形成速度可以明显提高。同时由于氮的渗入,在化合物层底下形成了一层奥氏体层,从而此类高温氮碳共渗称为奥氏体氮碳共渗,虽称之为奥氏体氮碳共渗,在奥氏体氮碳共渗处理过程中心部并不奥氏体化,从而有别于碳氮共渗。奥氏体氮碳共渗的研究起步于 20 世纪 70 年代,现已得到一些初步的应用。

虽然氮碳共渗的工艺、设备和组织特性与渗氮相似,氮碳共渗与渗氮相比具有明显优势:氮碳共渗不仅具有渗氮的优点(如畸变小、抗咬合,高的耐磨性及耐蚀性),同时又具有脆性低,渗速快,适用面广的特点。但氮碳共渗工艺过程不可避免有一定量氢氰酸(HCN)排出,应严格控制、防护。

18.5.1　气体氮碳共渗原理及工艺

气体氮碳共渗的工艺主要参数同样为介质、温度及时间。

18.5.1.1　气体氮碳共渗介质

任何气体氮碳共渗处理应该包括两个同时的反应:渗氮与渗碳。因此任何气体氮碳共渗介质应该具备同时提供活性氮和碳原子的能力。用于气体氮碳共渗的介质品种繁多,根据产生活性渗入原子的原理与过程特点可将其分成两大类。

1. 含 C-N 的滴入渗剂

此类渗剂主要包括甲酰胺、三乙醇胺和尿素。当滴入共渗炉后,直接分解出活性氮、碳原子。此类共渗气氛的可控制性比较差,但设备要求不高,适于小批量生产。

2. 氨气/渗碳气混合气体

气体氮碳共渗在密封式淬火炉中进行。适宜的渗碳气体主要包括吸热式气氛(RX)、放热式气氛

(NX)、烷类气体以及醇类气体等。共渗剂中的氨气在钢表面经催化分解出活性氮原子,渗碳气中 CO 或 CH_4 或($CO_2 + H_2$)在共渗温度分解出活性碳原子,该类共渗剂具有良好可控性。尤其通氨滴醇法可以根据需要在较宽广的范围内调节氮碳比率和气氛活性,适应性广,产品质量稳定,适于大批量自动化生产。

一些研究工作发现如果气体氮碳共渗气氛中含有少量的氧时可以增加 ε-Fe_{2-3}(N, C)相的稳定性,从而提高表面化合物层的形成速度。因此在一些氮碳共渗混合气体中会加入少量的氧,例如,使用丙烷-氨气-氧气及甲烷-氨气-氧气混合气氛。

18.5.1.2 气体氮碳共渗的温度和时间

虽然气体氮碳共渗的介质种类繁多,但是氮化温度和时间的选择基本上是相同的。

1. 温度

在接近 Fe-C-N 三元合金的共析温度 565℃时,N 在 α-Fe 中的溶解度最大,所以氮碳共渗温度一般为 570℃,表面硬度在 570℃出现峰值。低于共析温度时,由于降低了 N 的溶解度和扩散速度,因而渗层变薄,硬度降低。只有对于高速钢和高铬工具钢,为了保证心部的硬度要求,才采用 510~550℃的温度;高于共析温度时,虽然化合物层厚度增加,但易出现化合物层分层和渗层外缘疏松现象,硬度明显下降,同时使工件变形增大。

2. 时间

时间对共渗层硬度和化合物层厚度影响如图 18-17 所示。在 1~6 h 内,化合物层随时间增加而增加,在 1~3 h 内增加最快,超过 6 h 层深增加极微。这是由于 ε 相形成后碳在化合物层中浓度增加,阻碍了氮的扩散。表面硬度也是在 2~3 h 内出现最大值。所以氮碳共渗时间一般采用 2~3 h。

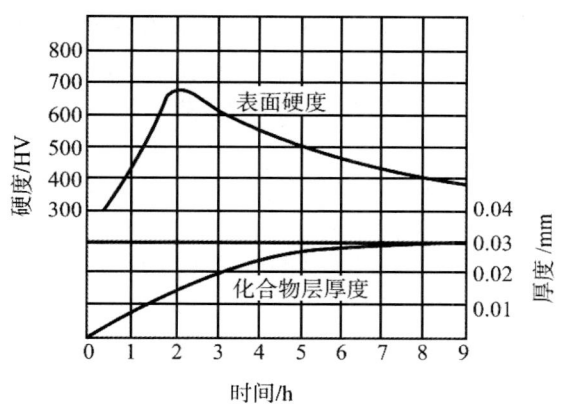

图 18-17 氮碳共渗时间对渗层硬度和深度的影响

18.5.2 氮碳共渗的组织与性能

18.5.2.1 氮碳共渗的组织

氮碳共渗件的共渗层与渗氮件相似,由化合物层和扩散层组成。但是氮碳共渗的化合物层的形成规律不同于纯氮渗氮。氮碳共渗时,氮、碳活性原子吸附到工件表面并溶于 α-Fe 中。从 Fe-Fe_3C 和 Fe-N 状态图可知在 590℃时,α-Fe 可溶解 0.1wt%氮或 0.006wt%碳,所以 α-Fe 的溶氮能力大于溶碳能力。在氮碳共渗时,碳很快达到饱和,并析出渗碳体。无数超显微的含氮渗碳体质点成为氮化物结晶的核心,促进了表层氮化物的形成。当表层 ε 相形成后,又促进了碳的溶解,这是由于 ε 相在 550℃时可溶解 3.8wt%碳。远远大于碳在 α、γ、γ' 中的溶解度,所以在氮碳共渗中,ε 相除含有氮外,还含有 2wt%左右的碳。

随共渗时间的延长,在 ε 相内侧形成断续的 γ' 相并长大。图 18-18 为 08 钢气体氮碳共渗($CH_3OH:NH_3 = 2:8$,560℃,0.5 h)的组织形貌。

图 18-19 为 Slycke 修改制定的 Fe-C-N 在 570℃左右的等温相图。由该相图可分析共渗层的组织,可见共渗层中可能出现 4 个相:α(固溶体),θ(渗碳体),ε-Fe_{2-3}(N, C)及 γ'-Fe_4(N, C)。因此不同的氮与碳的浓度分布可形成许多不同的化合物层结构。经一般的氮碳共渗工艺处理后的大多数碳钢及铸铁,其共渗层由表及里为 ε-Fe_{2-3}(N, C)为主的白亮层,γ'-Fe_4(N, C)薄层及 α 扩散层,即浓度分布沿着图中直线 a 变化。要获得单相 ε-Fe_{2-3}(N, C),共渗层的氮、碳成分应沿图中直线 b 变化,即通过 ε 和 $\varepsilon + \alpha$ 相区。而如果渗层中碳质量分数过高,则有可能形成 γ'-Fe_4(N, C)和 θ(渗碳体)的混合层,即沿着图中直线 c 变化。必须指出,只有在共渗后淬火才能获得上述等温相图所给出的相组织。如果共渗后缓冷则会形成不同的层结构。

氮碳共渗的主要目的是形成 ε-Fe_{2-3}(N, C)碳氮化合物以提高钢铁材料的耐磨性,特别是提高抗黏着磨损及咬合性。

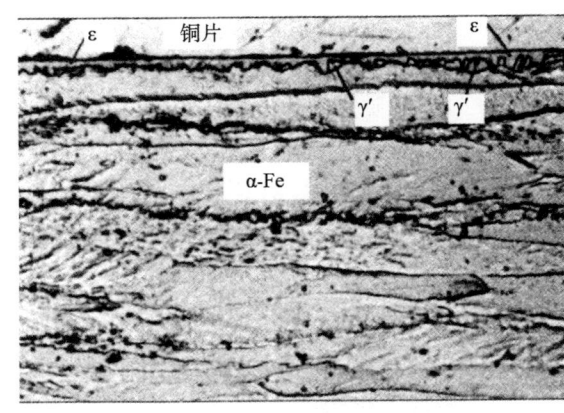 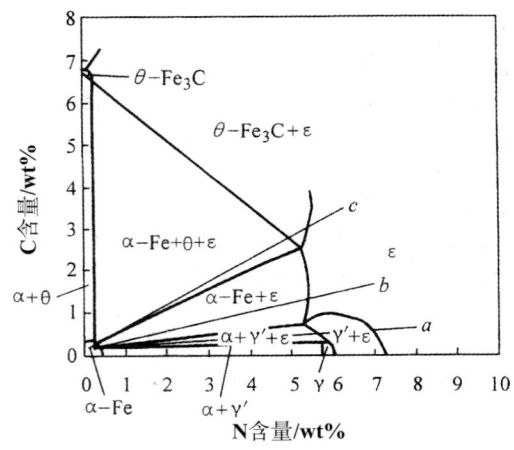

图18-18　08钢氮碳共渗组织（1000×）
（经苦味酸硝酸酒精溶液浸蚀）

图18-19　Fe-C-N在570℃的等温相图

除了形成抗黏着磨损的化合物层外，在正常处理温度及时间内，氮向钢内部扩散可达约1mm。扩散层的特征基本上与所用共渗介质的种类无关。对于含大量铁素体的低碳钢来说，只有氮会从氮碳共渗层向心部扩散，因为铁素体中的碳一般已达到其平衡值，碳基本上不会向内扩散。在光镜下，一般很难区分扩散层和基体。但是，十分细小的Fe_4N会在扩散层呈针状析出；如果冷速很快，则在扩散层的氮将保留下来而形成氮过饱和固溶体，从而显著增加屈服强度及疲劳性能。对于合金钢来说，明显地硬化效果来自合金氮化物的析出。

18.5.2.2　氮碳共渗件的性能

氮碳共渗后的性能与渗氮相接近，但有差异。

1. 渗层硬度

表18-4是几种常用钢材的气体氮碳共渗3h后的渗层深度及表面硬度。氮碳共渗层的硬度梯度比较陡，不宜在重载条件下服役。

表18-4　几种常用材料经570℃气体氮碳共渗后渗层厚度及表面硬度

材料	表面硬度		渗层厚度/mm	
	HV 0.1	HRC（换算值）	化合物层	扩散层
20钢	550～700	52～60	0.007～0.015	0.20～0.40
45钢	550～700	52～60	0.007～0.015	0.15～0.30
T10	500～650	49～58	0.003～0.010	0.10～0.20
20Cr	650～800	57～64	0.005～0.012	0.10～0.25
40Cr	650～800	57～64	0.005～0.012	0.10～0.20
35CrMo	650～800	57～64	0.005～0.012	0.10～0.20
38CrMoAl	900～1100	≥67	0.005～0.012	0.10～0.20
3Cr2W8	750～850	62～65	0.003～0.010	0.10～0.18
Cr12MoV	750～850	62～65	0.002～0.007	0.05～0.10
W18Cr4V（淬回火）	950～1200	≥68	0.002～0.007	0.05～0.10
W18Cr4V（退火）	750～900	62～67	0.002～0.007	0.05～0.10
QT600-3球墨铸铁、灰口铁	550～700	52～62	0.001～0.005	0.04～0.06

2. 渗层韧性

碳氮ε相的韧性要比渗氮形成的只含氮ε相[ε-Fe_{2-3}(N)]的好；同时，由于氮碳共渗化合物基本上是单相层，因此共渗氮层不会出现由二相（ε和γ'相）失配引起的脆性。

0.15mm厚的08钢薄片试样的弯折试验结果表明,经过通氨滴醇气体铁素体氮碳共渗后,需要经过几百次乃至上千次±90°反复变形才折断。由此可见,气体铁素体氮碳共渗的渗层的韧性相当好。

3. 耐磨性

由于氮化物本身具有高的硬度和耐磨性,而且碳氮共渗使表面摩擦系数大幅度下降,所以能显著提高部件的耐磨性。氮碳共渗的化合物层不仅韧性高,而且在边界润滑条件下,由于化合物层中微小孔洞的贮油作用而改善润滑,因此具有良好的抗咬合能力。

4. 疲劳强度

氮碳共渗可以大大提高部件的疲劳强度,这是由于固溶强化与表层压应力的作用。一般碳钢可提高60%～80%,低合金钢可提高30%～50%,铸铁提高20%～60%。由于合金元素与N相结合,减小了固溶体中的含N量,影响了固溶强化效果,因此合金钢氮碳共渗后的疲劳强度提高的幅度比碳钢小。

18.6 奥氏体氮碳共渗及金相分析

前一节述及(铁素体)氮碳共渗层的承载能力较低。这主要是由于化合物层的厚度一般只有20μm左右,其底下的扩散层硬化效果相对较差,特别是对碳钢。为克服上述局限,氮碳共渗也可在高于Fe-N共析温度(约590℃),但低于Fe-C共析温度(约723℃)的某一温度(一般为600～700℃)进行。当氮碳渗入后,渗层发生相变而形成奥氏体,淬火或深冷处理后转变成回火马氏体或贝氏体,此类氮碳共渗方法称为奥氏体氮碳共渗。

18.6.1 奥氏体氮碳共渗原理及工艺

奥氏体氮碳共渗与铁素体氮碳共渗一样,为了形成表面ε-Fe_{2-3}(N,C)化合物层,处理气氛中渗氮和渗碳反应同时进行。但是奥氏体氮碳共渗工艺还有淬火、回火过程。

18.6.1.1 共渗介质

通用情况下,用氨气来提供活性氮原子,而活性碳原子用滴醇(甲醇或乙醇)或由吸热式气氛中CH_4和CO(主要)提供。一般将气氛的碳势保持恒定以确保稳定的碳水平(<1wt%),而只调节氮势以确保在工件表面获得以ε相为主的化合物层。为了抑制化合物层表面的疏松区,可以在共渗后期降低氨分压。采用分段调节的工艺,化合物层内大部分地区都是低氮ε相,时效后高硬度的灰区在化合物层中所占的比例明显增大,表面低硬度的疏松区基本上消失。

18.6.1.2 共渗温度和共渗时间

奥氏体氮碳共渗的温度范围是在Fe-N-C三元共析温度之上和Fe-C系共析温度以下,常用的温度为600～700℃。图18-20和图18-21分别是共渗温度和共渗时间对渗层深度的影响的试验结果。

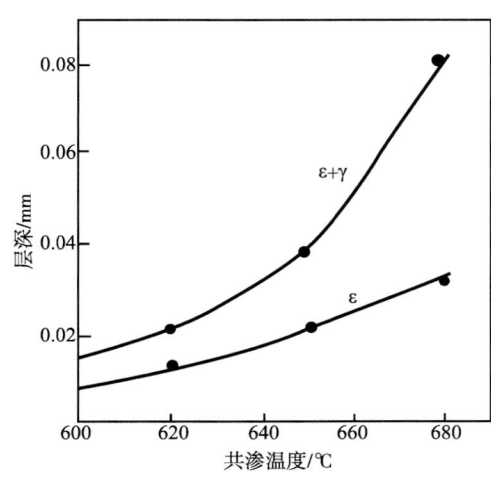

图18-20 奥氏体氮碳共渗层的深度与共渗温度的关系(共渗时间为2h)

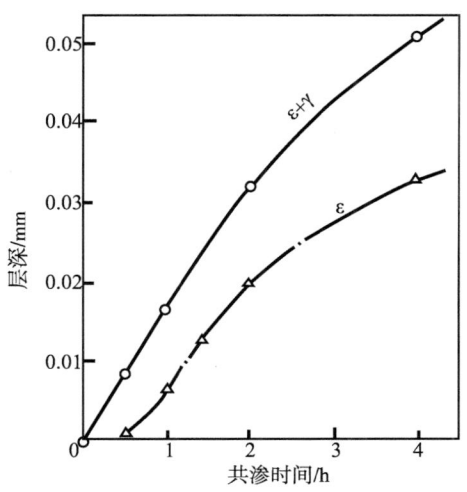

图18-21 奥氏体氮碳共渗层的深度与共渗时间的关系(650℃)

共渗温度的提高使渗入速度加快,渗层深度增加,但热处理畸变也增大。同时,过高的共渗温度会造成氨分解过度而氮碳共渗难以实现。

图 18-21 表明,在 4 h 之内,处于渗层增长速度较快的阶段,随着时间的延长,渗入速度将逐渐减慢,因此共渗时间一般选 2~4 h。

18.6.1.3 共渗后淬火的转移时间

奥氏体氮碳共渗后应直接快冷,以获得马氏体或贝氏体的渗层。试验结果表明,淬火转移时间在 10~28 s 之间变化对共渗层的组织、硬度以及在回火(时效)过程中的强化效果无明显的影响。奥氏体氮碳共渗后直接淬火操作时允许有适当的转移时间,当然,以尽可能缩短淬火转移时间为上策。

18.6.1.4 共渗淬火后的回火(时效)

钢件奥氏体氮碳共渗并直接淬火后,若选择适当回火,化合物层会发生时效效应,使硬度明显提高。回火温度及回火时间与共渗层硬度关系分别见图 18-22、图 18-23。

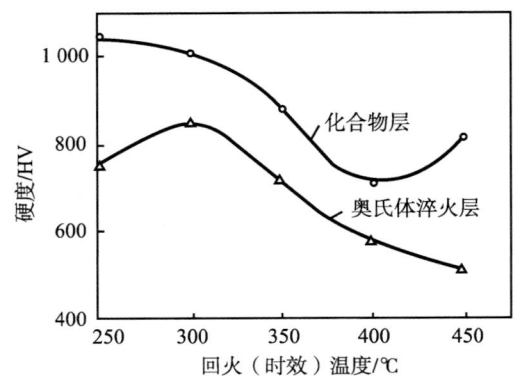

图 18-22 20 钢 650℃ 奥氏体氮碳共渗后回火温度与渗层最高硬度的关系

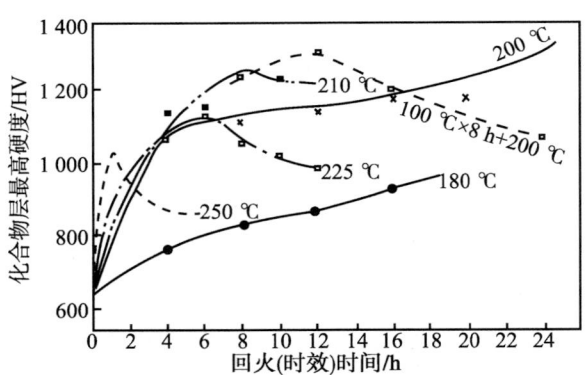

图 18-23 20 钢奥氏体氮碳共渗的硬度与回火温度及时间的关系

经过淬火的试样在回火过程中 ε 层内硬度明显提高,是由于低氮富铁 ε 相淬火时效效应。回火温度越高,时效过程发展越快,出现硬度峰值的时间越短,但峰值硬度越低,符合过饱和固溶体在时效过程中沉淀硬化的一般规律。随着温度的提高,渗层硬度下降,但在 300℃ 维持约 1 000 HV 的高硬度,在 400℃ 硬度仍保持在 700~800 HV。

根据时效规律就可以找到合适的时效规范,获得最大的强化效果,使渗层硬度提高到 1 200 HV 左右,从而使奥氏体氮碳共渗的硬度达到与渗硼层中的硼化铁(Fe_2B)或碳化铬复渗相当的水平。

奥氏体碳氮共渗后是否需要回火以及回火(时效)规范的选择应视工件的要求而定。对于要求高耐磨性的工件,可以经过适当回火之后使用,利用低氮富铁的 ε 相时效强化效应,可获得大于 1 200 HV 的硬度。对于要求渗层具有良好塑性和韧性的工件,可以选择残留奥氏体尚未分解的回火规范。如果要求 ε 层和 A(奥氏体)层都有很高的硬度,则可以适当提高回火温度。

18.6.2 奥氏体氮碳共渗组织及性能

奥氏体氮碳共渗的组织与铁素体氮碳共渗的最大不同是共渗层由以奥氏体为主替代了铁素体为主,由此形成不同的性能。

18.6.2.1 奥氏体氮碳共渗的渗层组织

由图 18-24 为 Fe-N-C 三元相图(650℃ 等温截面)可看到,在奥氏体氮碳共渗层中可能出现 ε、γ′、γ-Fe、Fe_3C 以及 α-Fe 等相,当碳含量较高时在共渗温度下将不出现 γ′ 相。

图 18-25 是 10 钢经过 650℃ 奥氏体氮碳共渗的渗层组织:最外层是以 ε 相为主的化合物层(以下简称 ε 层),次层是在共渗温度下形成的 γ-Fe,淬火后成为马氏体和残留奥氏体,这一层称为奥氏体淬火层(简称 A 层),再向内是过渡层。随着共渗温度的升高,氮和碳的渗入速度加快,渗层深度增加。

在大多数奥氏体氮碳共渗的试样中，ε 层和 A 层直接接触，两者之间有一明显地分界线。

纯铁和低、中碳钢经过奥氏体氮碳共渗处理，通常在表面形成 0.05～0.30 mm 的化合物层，X 射线分析表明，化合物层主要由 ε 相构成并有少量的 Fe_3C，化合物层中通常不出现 γ′ 相。

用硝酸酒精长期浸蚀之后可以显示出化合物层的柱状晶结构，用苦味酸＋洗涤剂浸蚀可以明显地显示出 ε 相柱状晶粒的晶界（图 18-26），采用硝酸酒精浸蚀后再用苦味酸硝酸酒精浸蚀，最后进行电解着色的"三重显示法"，也可以显示化合物层的柱状晶组织，并可以看到在柱状晶粒的晶界上有第二相质点。

在淬火状态下，奥氏体淬火层中的淬火马氏体与残留奥氏体都有很高的耐蚀性，在正常浸蚀的金相试样中，整个奥氏体淬火层都呈白色平坦的形貌，不易分辨马氏体和残留奥氏体。

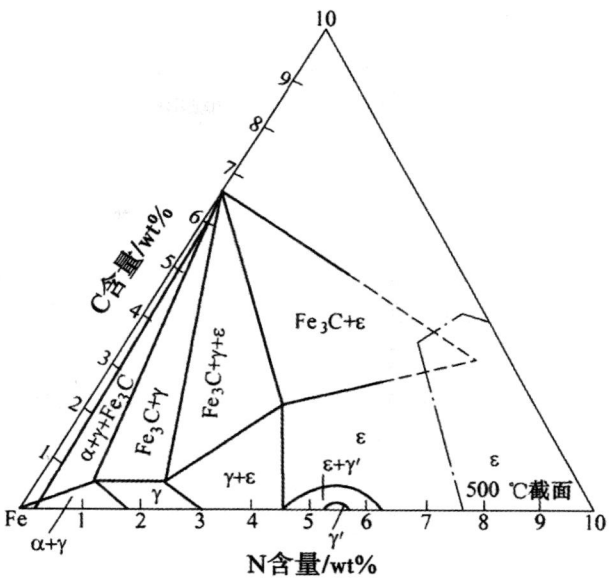

图 18-24 Fe-N-C 三元相图（650℃等温截面）

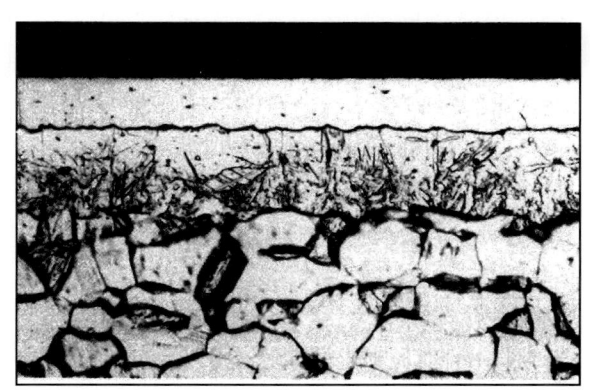

（苦味酸硝酸酒精溶液长时间浸蚀） （1000×）

图 18-25 10 钢 650℃ 共渗 2h 后渗层组织

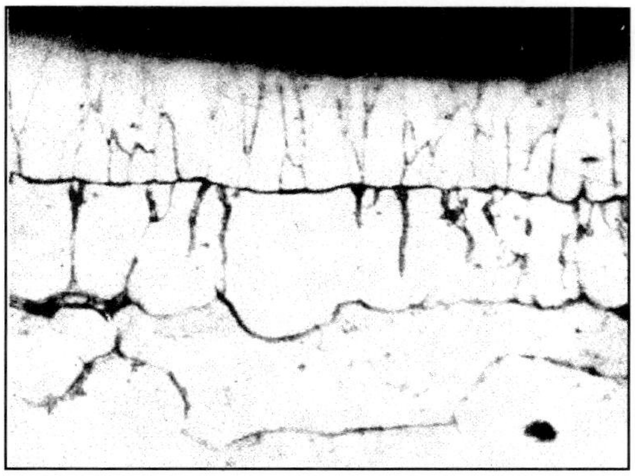

（苦味酸＋洗涤剂溶液浸蚀） （1000×）

图 18-26 10 钢 650℃ 奥氏体氮碳共渗 2h，油冷后组织

在化合物层与扩散层比较薄的情况下（<12 μm），它是致密的。若化合物层比较厚，常常在表面出现疏松，疏松区的硬度明显下降，在淬火态的渗层中化合物层内致密区的硬度约 600 HV，与碳钢气体铁素体氮碳共渗的化合物层硬度相当。

过渡层一般又可分为两层，即 γ+α 层与内层的氮在 α-Fe 中的扩散层，在淬火状态下过渡层内过饱和氮的 α-Fe 固溶体与一般铁素体没有明显地区别，经过回火之后，在 α-Fe 中析出 γ′ 相，回火温度越高，γ′ 针越粗大。

有时候在 45 钢的共渗层中没有明显的 α+γ 两相层，从 Fe-N-C 三元相图可以看出，在含碳量比较高的情况下渗层中（γ+Fe_3C）两相层直接与（α+Fe_3C）两相层为邻。

奥氏体氮碳共渗后直接淬火的试样在随后进行适当的回火，化合物层将发生时效效应。在化合物层的内侧出现灰色带，该处硬度明显提高。离表面越远，灰色越深，硬度也越高，在化合物层的外层是氮浓度最高的地带，没有变灰，其硬度没有提高。图 18-27 为 20 钢 650℃、4h 共

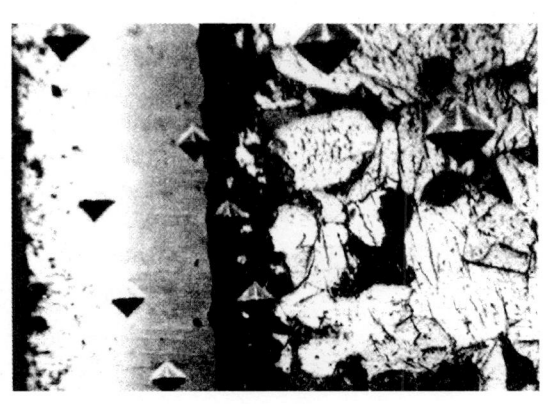

（硝酸酒精溶液浸蚀） （1000×）

图 18-27 20 钢氮碳共渗并经回火后的渗层组织

渗后又经250℃、4h回火的组织形貌。

18.6.2.2 奥氏体氮碳共渗层的性能

1. 硬度

奥氏体氮碳共渗直接淬火并经回火后外表共渗层可达很高的硬度,最高可达1200HV,并可通过回火工艺调整外表硬度。

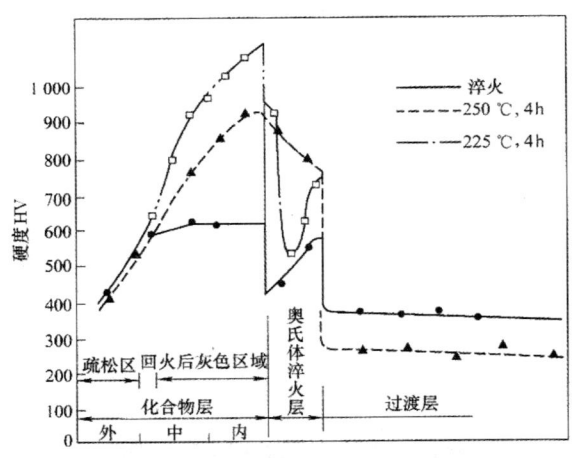

图18-28 20钢奥氏体氮碳共渗,淬火后经225℃、250℃回火后的渗层硬度分布

由于共渗层的次表层经淬、回火后存在残留奥氏体,其共渗层的硬度分布曲线出现一个对应的低谷;同时,由于化合物层在回火中发生时效,强度、硬度大幅提高,而近外表由于氮浓度最高及疏松,硬度没提高,因此化合物层的硬度分布呈外低内高形状,见图18-28。

2. 奥氏体氮碳共渗件耐磨性及疲劳强度

与铁素体氮碳共渗相似,奥氏体氮碳共渗所形成的表面ε化合层可以显著提高钢铁材料耐磨性(特别是抗咬合性)及疲劳强度(增加60%~100%)。与铁素体氮碳共渗相比,虽然疲劳强度的提高略低些,但承载能力和抗压入能力要高得多。

3. 奥氏体氮碳共渗层的耐蚀性

盐雾试验的结果表明奥氏体氮碳共渗的抗蚀性明显优于抗蚀渗氮,甚至超过12Cr13不锈钢。共渗后回火虽然大幅度提高了渗层硬度但是抗蚀性将明显下降,所以凡要求良好抗蚀性的工件应在奥氏体氮碳共渗并淬火后使用,不宜进行回火。

18.7 奥氏体不锈钢的低温渗氮及组织

奥氏体不锈钢具有良好的耐蚀性,但其硬度低和极差的摩擦性能很大程度上限制了应用范围。若采用常规的表面化学热处理以提高表面硬度及耐磨性等性能,则会遇到敏化温度影响及表面保护膜的阻碍问题,因此常采用离子轰击等渗氮处理。然而,表面渗氮后,硬度提升了,但由于氮与铬在常规渗氮温度下会形成氮铬化合物,使基体铬含量下降,直接影响了抗蚀性能。

在20世纪80年代中期,在Bell指导下首次在经低温(400℃)等离子渗氮的奥氏体不锈钢中发现S相,并采用X射线衍射谱(XRD)对其进行了深入分析。与ASTM谱线卡片比对,发现被检测到的衍射峰值中存在有与卡片无法对应的相,Ichii将新发现的相命名为S相。

经低温渗氮处理的奥氏体不锈钢试样经过抛光腐蚀后的横截面金相组织观察发现,表面的S相硬化层在光镜下显示白亮色组织,而基体组织显示明显的晶界和腐蚀坑,如图18-29。该特征表明S相在所用

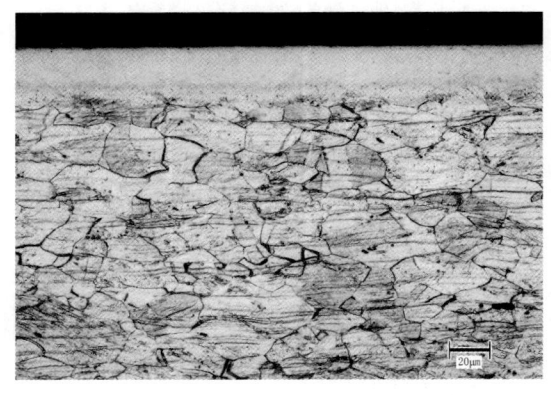 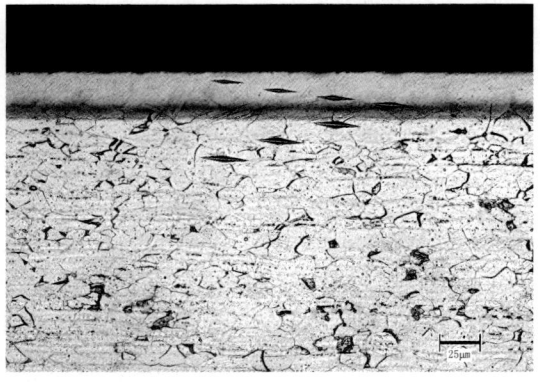

图18-29 低温离子渗氮处理后组织形貌

的腐蚀剂下比基体具有更好的耐腐蚀性。浓度测试表明，表面层的氮渗入浓度可达到21%，大大超过了奥氏体中氮(8.7%)的平衡浓度，透射电镜分析进一步证实了S相中的氮确实以间隙固溶体原子的形式存在于奥氏体中，未发现铬的氮化物的存在，即没降低表面基体中铬含量。则保持了不锈钢极佳耐腐蚀性。

奥氏体不锈钢经低温渗碳后，表面同样可形成类似S相。现在S相的定义为该相是源自fcc晶体结构的准平衡相，是同时含有大量强氮、碳化物形成元素(如铬)和含有大量氮、碳的过饱和固溶体。该相在铁基、钴基和镍基合金中都可能出现。

对奥氏体不锈钢在300～450℃低温条件下进行渗氮(或碳)，会形成一层0.5～$32\mu m$的S相表面硬化层。部分工艺参数见表18-5。

表18-5 在奥氏体钢表面产生S相的部分工艺名称及参数

单位	处理工艺	渗入合金元素	工艺温度/℃	处理介质
英国伯明翰大学	低温离子渗氮	氮	<450	等离子体
	低温离子渗碳	碳	<550	等离子体
日本 Airwater Ltd	超级渗氮	氮	300～400	含氟气体+氮气
	NV Pionite处理	碳	<500	含氟气体+含碳气体
日本 Nihon Parkerizing	Palsonite	氮+碳	450～490	盐浴氰化
法国 Nitruvid	Nivox2	氮	400	等离子体

具有含氮S相(S_N)的试样，表面硬度可达1 700 HV左右，但硬度值在界面上突然下降，几乎没有过渡区。含碳S相(S_C)的表面硬度虽没有S_N相高，但也可达1 200 HV，比基体提高了4倍左右。硬度值从表面至心部逐渐下降，形成一个过渡区。这种特性能提高在重载荷下的摩擦磨损承载能力。具有含氮及含碳S相两种试样的由表及里的硬度梯度见图18-30。

低温离子合金化的突出优点就在于能够保持不锈钢的不锈特性。阳极极化实验研究结果表明，经过离子渗氮/渗碳的奥氏体不锈钢，在3.5%NaCl电解质中仍然保持原奥氏体不锈钢的良好的耐腐蚀性能。在0.05 mol/L的H_2SO_4溶液中进行的阳极极化实验曲线表明，S相的耐腐蚀性能与未处理的奥氏体不锈钢具有相似或略好的性能。

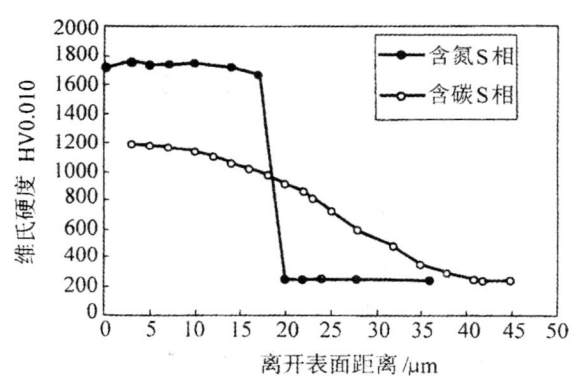

图18-30 S相表面硬化层的截面硬度比较

由于S相是氮或碳在奥氏体中的过饱和固溶体，它实际上是一种亚稳定组织。这种亚稳组织的热稳定性直接决定了它的应用温度范围。当S相的应用温度越靠近临界值，时间就越需要严格控制，以保证S相中没有铬的化合物析出。一般条件下，具有含氮S相工件的长时间使用的最高温为350℃，相应含碳S相工件可在400℃以下使用。

18.8 渗氮(氮碳共渗)层深度测定和组织评定

渗氮(氮碳共渗)的工艺质量不仅反映在硬度，还反映在其渗层深度以及相关的组织形态及分布。

GB/T 11354—2005《钢铁零件渗氮层深度测定和金相组织检验》是目前广泛使用的评定渗氮工艺质量的主要标准。该标准适用于气体渗氮、离子渗氮、氮碳共渗处理后的钢铁零件表面渗氮层深度、脆性、疏松及脉状氮化物的测定与评定。

18.8.1 渗氮(氮碳共渗)层深度测定

渗氮(氮碳共渗)层深度是表层化合物层和扩散层之和。具体测量方法有硬度法、金相法以及断口法等。

18.8.1.1 硬度法

用硬度法测定渗层深度比较客观、准确,是标准规定的仲裁方法,按 GB/T 11354—2005 标准进行。

标准规定硬度法采用维氏硬度,试验力规定为 2.94N(0.3 kgf)。当渗氮层的深度与压痕尺寸不适合时,可由有关各方协商,采用 1.96 N(0.2 kgf)～19.6 N(2 kgf)范围内的试验力,并按规定在 HV 后注明。

在有代表性部位的渗层法向截面上,经正常抛光制样,从试样表面按硬度梯度测定法(参见 GB/T 9450)测至比基体维氏硬度值高出 30 HV 处。

基体维氏硬度值,是在距离试样表面 3 倍渗氮层深度处测得的硬度值(至少取 3 点平均值)。

渗层深度硬度法的表示方法:用 D_N 表示,以 mm 计,取到小数点后两位。例如 $0.25D_N$(300 HV0.5),表示界限硬度为 300 HV,试验力为 4.903 N(0.5 kgf)时,渗氮层深度为 0.25 mm。

18.8.1.2 金相法

同样在有代表性部位,截取垂直渗层表面的试面,经制样及渗层显示后,在放大 100 倍或 200 倍金相显微镜下,从试样表面沿垂直方向测至与基体心部组织有明显分界处的距离,即为渗氮(氮碳共渗)层深度,包括化合物层及扩散层。渗层的显示方法常用浸蚀方法,还有薄膜沉积法以及热处理法等。

1. 浸蚀法

对于合金钢,尤其是合金含量较高的钢材,渗氮后氮在扩散层中与铁形成化合物,与氮化物元素结合成极稳定的高硬度的合金氮化物,均以弥散度很高的细小质点分布在基体中,因此用硝酸酒精溶液或类似溶液浸蚀后的扩散层比基体更易受蚀变黑,使渗层(扩散层)与基体界限明显,见图 18 - 31(a)。

对于渗氮层中氮浓度偏低时,或中碳钢、中碳铬钢、高碳钢及轴承钢等渗氮后,用上述试剂难以区分扩散层与心部组织。这时可试用硫酸铜盐酸水(或酒精)溶液擦蚀,扩散层由于含有氮,不易磨蚀,而心部组织很容易腐蚀(白亮层也被腐蚀),这就能区分扩散层与心部组织。为了使过渡层与心部组织分界线更加明显,往往把试样进行反复擦蚀和抛光,加大过渡层与心部的反差,便于进行深度测量,但各区的显微组织却看不清楚,见图 18 - 31(b)。

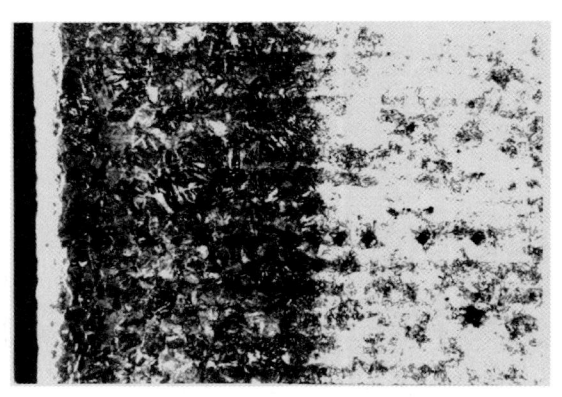

(a) 经 4%硝酸酒精溶液浸蚀

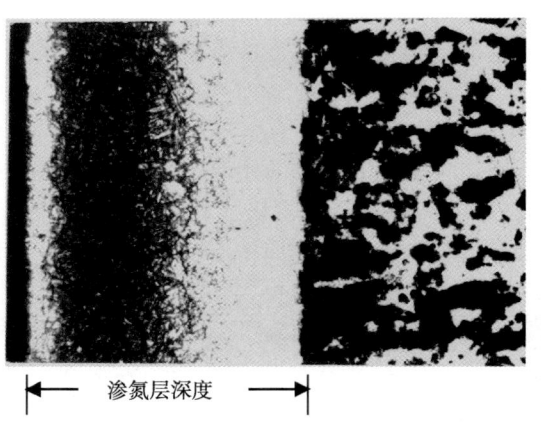

(b) 经硫酸铜盐酸酒精溶液浸蚀

图 18 - 31　38CrMoAl 钢气体渗氮后渗层分布　(100×)

2. 薄膜沉积法

主要利用渗层与心部组织两者之间的化学特性的差异,应用加热染色或化学着色等方法,使渗层与心部组织区产生不同厚度的薄膜,在光镜明场下观察,通过"空气—薄膜"界面与"薄膜—金属"界面的反射、折射,再反射及再折射,就发生"薄膜干涉现象",使各层显现出不同的色彩,从而提高渗层与心部组织的对比度。

(1) 加热染色法。将经过精抛和清洗好的试样磨面朝上,置于电热板上加热,使其表面氧化。加热温度按照渗氮试样的材料不同而略有差别,一般低于300℃,加热时间由实验确定。氧化完毕,即迅速置于大块金属板上进行冷却。热染后的渗氮试样于光镜下观察,其过渡层呈紫色,心部为淡黄色,色彩清晰,易于分辨,见图18-32。

(2) 硒酸着色法。硒酸盐酸酒精溶液可使含氮的渗氮扩散层表面生成硒膜而呈蓝色,对心部无氮区域不浸蚀也不着色。其最大的优点是对任何钢种,经不同工艺的渗氮试样,都可以显示出扩散层的深度,见图18-33。但硒酸毒性强,这种方法目前很少采用。

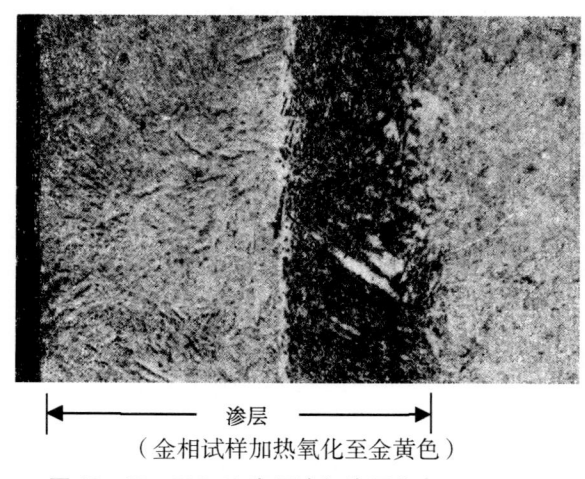

图18-32 20Cr13离子渗氮渗层分布 (250×)
（金相试样加热氧化至金黄色）

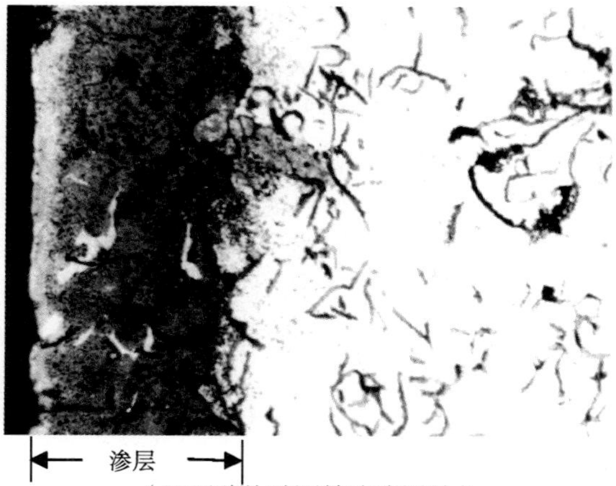

图18-33 合金灰铸铁气体氮碳共渗后渗层分布 (100×)
（经硒酸盐酸酒精溶液浸蚀）

3. 热处理法

通过相应热处理后的析出物或相变产物以区分渗氮层与心部组织。由于加热,氮有进一步扩散现象。

(1) 回火法。该方法只适用于以铁素体为基体的低碳钢、灰铸铁和球墨铸铁等渗氮材料。操作时,只需将渗氮后的试样重新加热至300℃,保温1~2h后在炉内缓冷,使固溶在铁素体内的氮以针状的γ'相沿铁素体晶面析出,借此即可测出渗氮层深度,见图18-34。

(2) 淬火法。渗氮后,渗层中由于氮的渗入促使钢的相变点降低。Fe-C合金共析温度为727℃,Fe-N合金的共析温度为590℃,Fe-C-N合金的三元共析温度为565℃。在一定的淬火温度下,因合金钢的相变温度较高,例如,38CrMoAl钢可选用750~780℃加热并保温一定时间(保温时间以1.5 min/mm推算),然后淬入水中,使渗氮层中的奥氏体发生相变,就可以在渗氮层和心部组织之间形成一层明显地含氮马氏体"白带"区,从试样表面到"白带"终了处的距离,即为渗氮层深度,见图18-35。

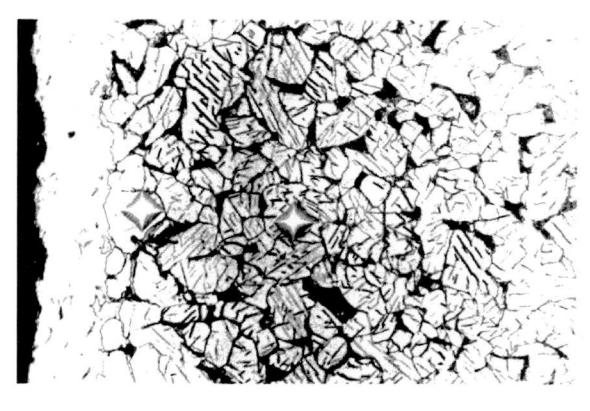

（经4%硝酸酒精溶液浸蚀） (100×)
图18-34 10钢渗氮并300℃回火1h后渗层分布

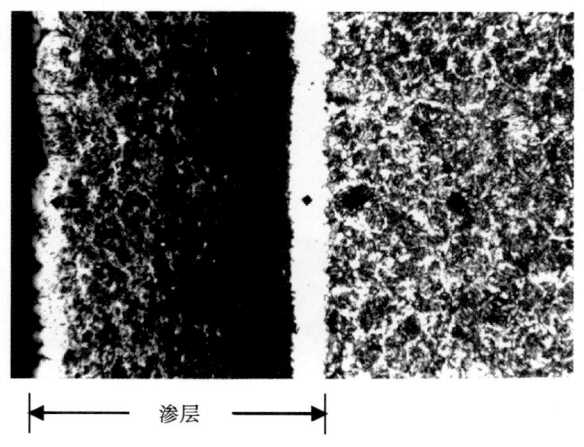

（经4%硝酸酒精溶液浸蚀） (100×)
图18-35 38CrMoAl钢渗氮缓冷再780℃淬火后渗层分布

18.8.1.3 断口法

预先制成带有缺口的规定尺寸试块,随炉氮化处理后在缺口处击断,用肉眼观察到试块表面周围有一层很细的瓷状断口,这一层就是氮化层深度,用读数放大镜进行测量。这种方法误差较大,生产中已很少采用。

18.8.2 渗氮层组织检验评定

渗氮层的组织检验包括渗氮层脆性、渗氮层疏松和渗氮层中氮化物的检验评定,可按 GB/T 11354—2005 规定进行。

18.8.2.1 渗氮层脆性检验评级

经气体渗氮的零件必须进行渗层的脆性检验。

渗氮层脆性级别按魏氏硬度压痕边角碎裂程度分为 5 级,具体分级标准见表 18-6。

检验渗氮层脆性,在渗氮件表面,采用维氏硬度计,试验力规定用 98.07 N(10 kgf),加载必须缓慢(在 5～9 s 内完成)、加载后停留 5～10 s,然后去载荷,如有特殊情况,经有关各方协商,亦可采用 49.03 N(5 kgf)或 294.21 N(30 kgf)的试验力,但须按表 18-7 的值换算。

表 18-6 渗氮层脆性分级及说明

级别	脆性级别图 维氏硬度压痕[98.07 N(10 kgf)试验力]×100 倍	渗氮层脆性级别说明
1 级		压痕边角完整无缺
2 级		压痕一边或一角碎裂
3 级		压痕两边或两角碎裂
4 级		压痕三边或三角碎裂

级别	脆性级别图 维氏硬度压痕[98.07 N(10 kgf)试验力]×100 倍	渗氮层脆性级别说明
5 级	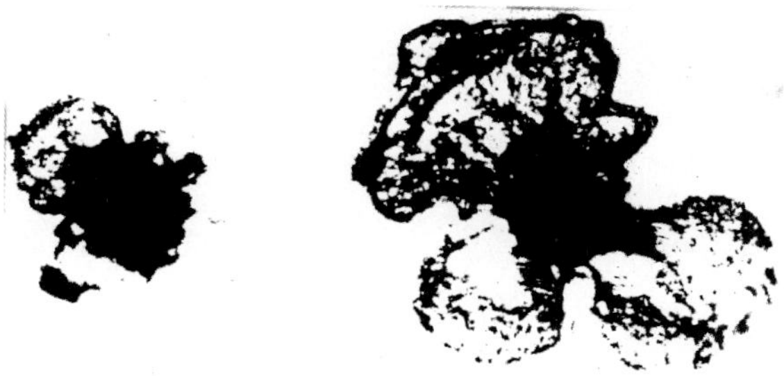	压痕四边或四角碎裂

注：本表由作者根据 GB/T 11354—2005 整理所得。

表 18-7 压痕级别换算

试验力 /N(kgf)	压痕级别换算/级别				
49.03(5)	1	2	3	4	4
98.07(10)	1	2	3	4	5
294.21(30)	2	3	4	5	5

注：本表由作者根据 GB/T 11354—2005 整理所得。

维氏硬度压痕在放大倍数为 100 倍下进行检验，每件至少测 3 点，其中 2 点以上处于相同级别时，才能定级，否则，需重复测定 1 次。

应在零件工作部位或随炉试样的表面检验渗氮层脆性，GB/T 11354—2005 规定一般零件 1～3 级合格，重要零件 1～2 级为合格，对于渗氮后留有磨量的零件，也可在磨去加工余量后的表面上测定。这种用压痕检验渗氮层的脆性的方法实际上难以正确地反映渗氮层的真实脆性，脆性较大的渗氮层用这种方法所测定的等级往往是很小的。而用静态扭转试验更能表征渗氮层脆性的大小，它是用试样静态扭转时，渗层中出现第一条裂纹的扭转角大小表示。

但压痕法简便易行，有一定实用性，故仍被广泛采用。

18.8.2.2 渗氮层疏松检验评定

经氮碳共渗处理的零件必须进行渗层的疏松检验。

渗氮层疏松级别按表面化合物层内微孔的形状、数量、密集程度分为 5 级，见表 18-8。

表 18-8 渗氮层疏松分级及说明

级别	渗氮层疏松级别说明	参考图
1	化合物致密，表面无微孔	
2	化合物层较致密，表面有少量细点状微孔	图 18-36(a)
3	化合物层微孔密集成点状孔隙，由表及里逐渐减少	图 18-36(b)
4	微孔占化合物层 2/3 以上厚度，部分微孔聚集分布	图 18-36(c)
5	微孔占化合物层 3/4 以上厚度，部分呈孔洞密集分布	图 18-36(d)

注：本表摘自 GB/T 11354—2005。

渗氮层疏松检验试样的截取,制样按相关规定进行,制样浸蚀时应避免渗氮化合物层受腐蚀。渗氮层疏松在显微镜下放大 500 倍检验,取其疏松最严重的部位,参照渗氮层疏松级别图进行评定。按 GB/T 11354—2005 的规定一般零件 1～3 级为合格,重要零件 1～2 级为合格。

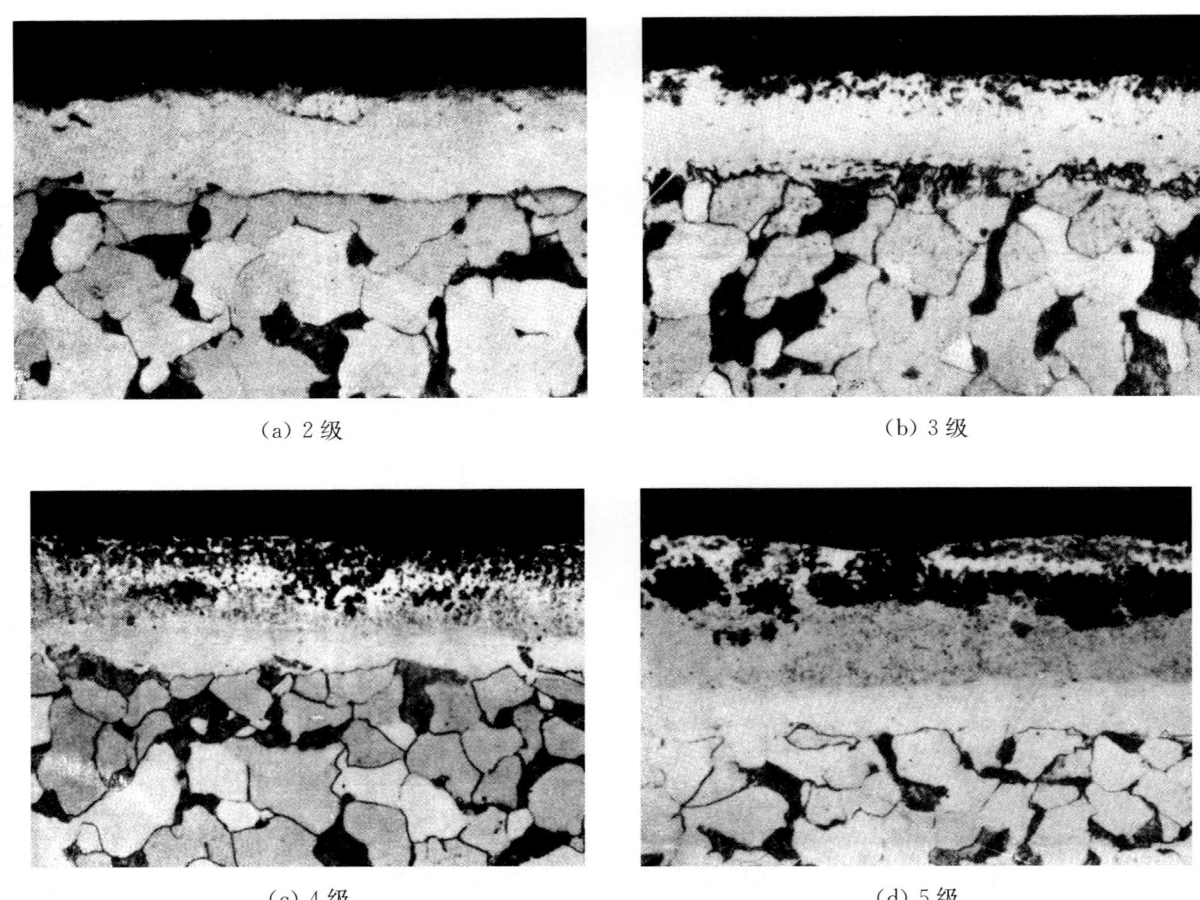

(a) 2 级　　　　　　　　　　　　(b) 3 级

(c) 4 级　　　　　　　　　　　　(d) 5 级

图 18-36　渗氮层疏松部分级别图　（500×）

18.8.2.3　渗氮层中氮化物检验及评定

经气体渗氮或离子渗氮的零件必须进行氮化物检验。

渗氮层氮化物级别按扩散层中氮化物的形态、数量及分布情况分为 5 级,见表 18-9。

表 18-9　渗氮扩散层中氮化物分级及说明

级别	氮化物级别说明	图号
1	扩散层中有极少量呈脉状分布的氮化物	
2	扩散层中有少量呈脉状分布的氮化物	图 18-37(a)
3	扩散层中有较多呈脉状分布的氮化物	图 18-37(b)
4	扩散层中有较严重脉状和少量断续网状分布的氮化物	图 18-37(c)
5	扩散层中连续网状分布的氮化物	图 18-37(d)

注：本表摘自 GB/T 11354—2005。

按规定取样、制样,渗氮扩散层中氮化物在显微镜下放大 500 倍进行检验,取其组织最差的部位,参照渗氮层氮化物级别图进行评定 GB/T 11354—2005 规定,氮化物级别,一般零件 1 级～3 级为合格,重要零件 1 级～2 级为合格

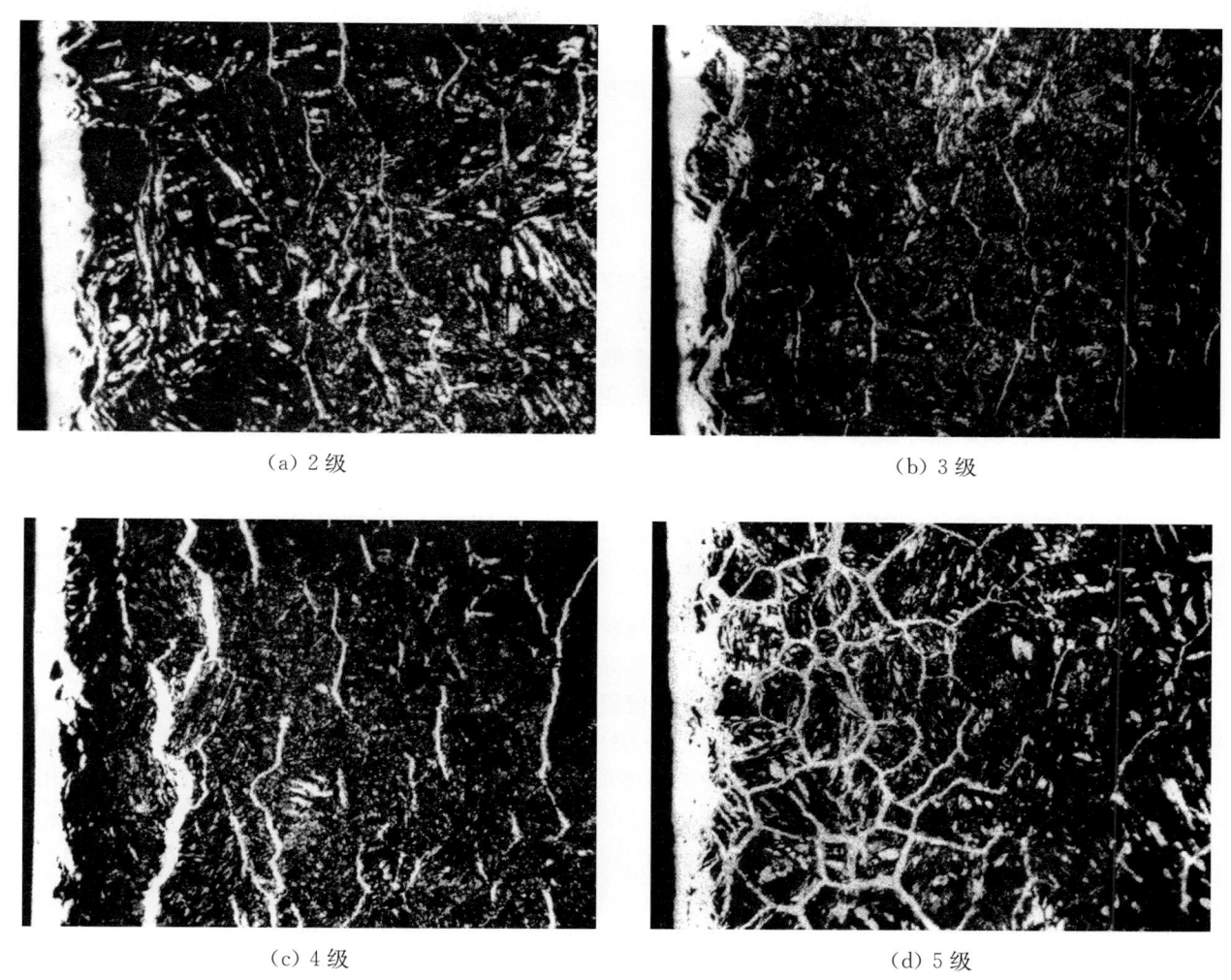

(a) 2 级　　　　　　　　　　　　　　(b) 3 级

(c) 4 级　　　　　　　　　　　　　　(d) 5 级

图 18-37　渗氮扩散层中氮化物部分级别图　（500×）

18.9　渗氮及氮碳共渗的常见缺陷组织

在渗氮或氮碳共渗过程中,有时由于温度、渗剂等工艺参数控制不当,或工件原始组织不规范(脱碳、晶粒粗大等)等原因会造成渗层组织不正常或形成缺陷。常见渗层缺陷的有化合物层缺陷,氮化物呈针状,氮化物呈网、呈脉状分布,以及渗层硬度过低,渗层过浅、渗层组织应力分布不均,心部组织脆化等。

18.9.1　渗氮化合物层疏松

化合物层疏松形貌见图 18-36,化合物疏松常发生在低温氮碳共渗或高氮势长时间气体渗氮的状况下。对于低温气体氮碳共渗时表面出现的针点状疏松,一般认为是,亚稳定的高氮相在氮化过程中分解,于渗层表面析出氮分子而留下的气孔;在应用可控气氛进行低温气体氮碳共渗处理的试样表面所产生的疏松(灰黑色点状物),有人认为这是一种氧化物,只是在随后的试样磨制过程中,氧化物被剥落而留下的空穴。

低温气体氮碳共渗表面疏松层的形成与不同炉气成分的混合比和处理温度有关。当炉气中 NH_3 量

超过某一数值时,开始出现多孔性表面,随炉气中 NH_3 量的继续增加,疏松程度就越趋严重。随着处理温度的提高,表面疏松度增加。

气体渗氮时,出现化合物层疏松还与氨气的纯度、渗层中平均 NH_3 浓度有关。如 NH_3 中含有水分,渗层中氮浓度过高,均易产生疏松。

疏松严重的表层不耐磨,容易萌生裂纹而降低渗层的疲劳强度。因此,减少化合物层的疏松,对提高渗氮层的疲劳强度和耐磨性,具有重要作用。

18.9.2　渗氮层出现针状氮化物

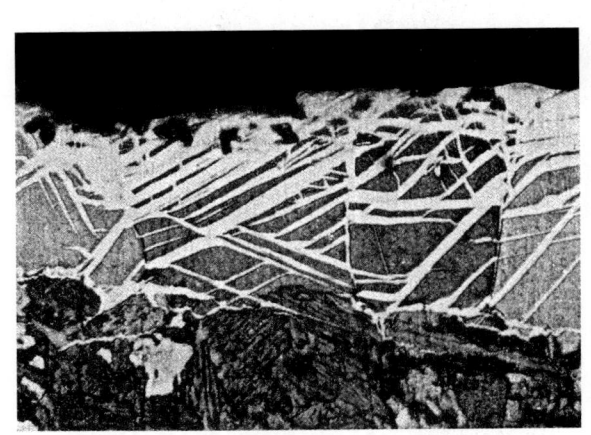

图 18-38　针状氮化物　(500×)

渗氮层中针状氮化物分布形貌参见图 18-38。化合物层出现针状氮化物,主要与渗氮前的原始组织有关。如原始组织中有大块状铁素体或表面严重脱碳,则渗氮后容易形成针状高氮的 ε 相+γ′相,使表面化合物层变得很脆,容易剥落。因此,应严格掌握调质处理过程,防止调质处理过程中产生严重的脱碳和游离铁素体过多的缺陷。

18.9.3　渗氮层中出现网状氮化物

网状氮化物形貌见图 18-37(d)。由于氮在钢中沿晶粒界面上的扩散速度大于在晶粒内部的扩散速度,渗氮温度过高,渗氮介质中的渗氮浓度较高,使氮在晶界聚集形成沿晶界的网状氮化物。原始组织不均匀,晶粒粗大,加工表面粗糙,零件存在尖角等都能促使渗层中出现网状氮化物。网状氮化物严重影响渗氮件的质量,致使渗氮层的脆性增加,耐磨性和疲劳强度降低。在零件的工作面,通常不允许有网状氮化物存在。

18.9.4　渗氮层中出现脉状氮化物

脉状氮化物分布形态见图 18-37(c)。脉状氮化物的形成有两种情况:一种是由于渗氮温度偏高,氮势较高造成。另一种情况是在渗氮过程中,往往由于控温失常,操作失误等因素而造成中途短时间的超温现象,当再降到正常温度继续渗氮时,最终在离工件表面一定距离处,形成一条脉状氮化物堆积的富氮带,导致该处的显微硬度值显著降低。

脉状氮化物若过多、过粗(级别过高),会使渗氮件的低周(高应力)疲劳强度降低、脆性增大,因此应与控制。

18.9.5　基体组织出现上贝氏体

渗氮工件若预处理控制不当,基体出现上贝氏体,经长时间渗氮温度下会因贝氏体中碳化物粗化而造成基体脆化,见图 18-10。

18.9.6　工件表面清理不当造成渗层不均

金属的化学热处理对金属工件表面清理(清洗)要求较高,希望均为"新鲜"表面,以利活性原子的渗入。有时表面经抛丸处理,使表层形成一层变质薄层,或达纳米级细晶,能加快活性原子(离子)的渗入速度。尤其是不锈钢离子渗氮,若工件表面去钝化膜不彻底或不均匀,氮无法渗入,或渗入不均匀。图 18-39 为 20Cr13 工件因表面清整不当,离子渗氮后只有局部有呈斑状的渗氮层。

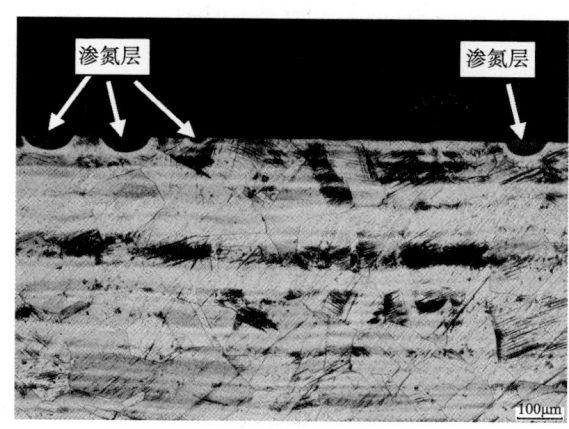
(a) 法向截面

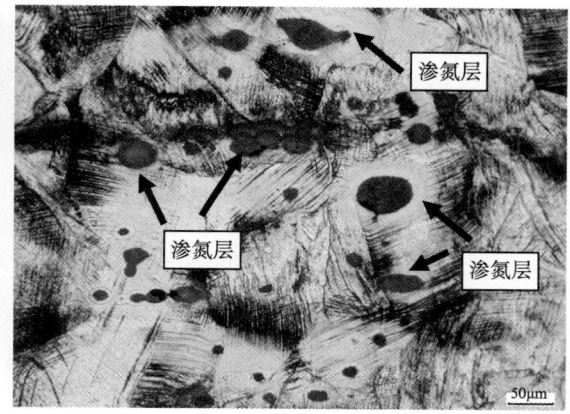
(b) 表层

图 18-39　20Cr13 钢工件离子渗氮后不均匀渗层形貌

附：GB/T 11354—2005 标准推荐的几种渗氮试样用浸蚀剂

序号	名称	配方		使用方法	适用范围
1	硝酸乙醇溶液	HNO_3 C_2H_5OH	2～4 mL 100 mL	浸蚀	20（回火态）、20Cr、45（正火）、38CrMoAl、3Cr2W8 等钢
2	苦味酸饱和水溶液＋洗涤剂	$C_6H_2(NO_2)_3OH$ 饱和水溶液 $C_{12}H_{25}C_6H_5SO_2Na$	100 mL 2 滴～3 滴	室温浸蚀	20CrMnTi（正火）、40Cr、38CrMoAl 等钢
3	氯化铜＋氯化镁＋硫酸铜＋盐酸＋乙醇溶液	$CuCl_2$ $MgCl_2$ $CuSO_4$ HCl C_2H_5OH	2.5 g 10 g 1.25 g 2 mL 100 mL	室温浸蚀或擦蚀	20（油冷）、45、40Cr、38CrMoAl 等钢
4	三氯化铁＋混合酸水溶液＋洗涤剂	$FeCl_3$ $C_6H_2(NO_2)_3OH$ HCl H_2O $C_{12}H_{25}C_6H_5SO_2Na$	1 g 0.5 g 5～10 mL 100 mL 2 滴～3 滴	室温浸蚀或擦蚀	38CrMoAl、25Cr2MoV、40Cr、15Cr11MoV 等钢
5	硫酸铜＋盐酸＋水或乙醇溶液	$CuSO_4$ HCl H_2O 或 C_2H_5OH	4 g 20 mL 20 mL 100 mL	室温浸蚀或擦蚀	45、45Cr、38CrMoV 等钢（白亮层易被腐蚀）
6	三氯酸溶液	$CuCl_2 \cdot 2NH_4Cl \cdot H_2O$ $FeCl_3$ HCl H_2O	0.5 g 6 g 0.5 mL 75 mL	室温擦蚀	38CrMoAl、30Cr2MoV、1Cr18Ni9Ti、15Cr11MoV 等钢（白亮层易被腐蚀）
7	硒酸或亚硒酸乙醇溶液	H_2SeO_4 或 H_2SeO_4 HCl C_2H_5OH	3 mL 5 g 10 mL 或 20 mL 100 mL	浸蚀	40Cr、38CrMoAl 钢及各种球墨铸铁和灰铸铁等

参考文献

[1] 机械工业部机电研究所. 钢铁材料渗氮层金相组织图谱[M]. 北京：机械工业出版社，1986.
[2] 项程云. 合金结构钢[M]. 北京：冶金工业出版社，1999.
[3] 任颂赞，张静江，陈质如，等. 钢铁金相图谱[M]. 上海：上海科学技术文献出版社，2003.
[4] 李炯辉，林德成. 金属材料金相图谱[M]. 北京：机械工业出版社，2006.
[5] 潘建生，胡明娟. 热处理工艺学[M]. 北京：高等教育出版社，2009.
[6] 徐滨士，刘世参. 表面工程技术手册(上)[M]. 北京：化学工业出版社，2009.
[7] 任颂赞，叶俭，陈德华. 金相分析原理及技术[M]. 上海：上海科学技术文献出版社，2013.
[8] 乔恩 L. 多塞特，乔治 E. 美国金属学会热处理手册 D 卷　钢铁材料的热处理[M]. 叶卫平，王天国，沈培智，等译. 北京：机械工业出版社，2018.

第 19 章

渗镀处理及金相分析

在通常条件下机械零件的性能和品质,主要与材料表面的性能和质量有关。许多机械零件的早期失效,与选用的金属材料表层不具备在使用条件下的性能相关。为了满足材料在特殊领域的使用性能,应用现代表面处理技术,对金属进行渗镀、喷镀、电镀等表面改性处理。

对表面渗镀层的质量评价,金相分析方法是重要手段。经过渗镀的工件表层与基体金属的性能和组织上的差异,在金相样品的制备、组织显示等方面,相比一般材料的金相分析有一定特殊性和难度。例如:样品制备时,其边缘(渗镀层)区与基体的硬度有差异,在磨制过程中易产生崩裂、卷边及倒角;在显示时表层与基体的成分和组织有较大的差异,只用一种试剂往往难以全部显示,故要用不同的试剂进行分次显示,然后才能进行观察。因此渗镀层金相分析既有一般材料进行金相分析共同性,又具有表层与基体组织不同的特殊性。本章主要介绍渗镀处理及金相分析。

19.1 渗铬及渗铬层的金相检验

钢铁及耐热合金工件通过渗铬处理,在其表层形成一层合金层,使工件表面的耐蚀性、抗氧化性、硬度及耐磨性等都有很大的提高。普碳钢通过表面渗铬后可以替代某些价格昂贵的镍铬不锈钢,从而节约了稀缺资源。

19.1.1 渗铬的工艺及原理

渗铬的工艺通常有 3 种:固体粉末渗铬、气体渗铬及盐浴渗铬。目前在工业生产中应用较多的是固体粉末渗铬。

19.1.1.1 固体粉末渗铬

固体粉末渗铬又称 D.A.L 法,这种方法是将工件埋入在装满粉末渗剂的容器中,渗剂粉末通常由金属铬粉或铬铁粉与三氧化二铝及卤化铵的混合物组成,在密闭的容器中加温到较高温度下、并经过较长时间的保温进行渗铬。

渗铬温度通常在 $1000 \sim 1100 \, ℃$,保温时间在 $4 \sim 12 \, h$。固体渗铬工艺过程中容器的密封性一定要保证,一旦有漏气,渗剂及工件的表面均易发生氧化而会影响渗层的质量。

渗铬时渗剂粉末混合物在高温下将发生如下反应。

首先是 NH_4Cl 在高温下发生分解,形成氯化氢

$$NH_4Cl = NH_3 + HCl \tag{19-1}$$

HCl 在高温下和铬按下式反应

$$2HCl + 2Cr = 2CrCl_2 + H_2 \tag{19-2}$$

其次,当气态的 $CrCl_2$ 和加热的钢表面接触时,在 $CrCl_2$ 和 Fe 之间发生置换反应

$$CrCl_2 + Fe = FeCl_2 + [Cr] \tag{19-3}$$

当氢过剩时,也可能进行下列反应

$$CrCl_2 + H_2 = 2HCl + [Cr] \tag{19-4}$$

新生态的铬原子[Cr]渗入钢的表面。

各种碳钢的渗铬温度和保温时间对渗层的影响如图 19-1 所示，当保温时间一定时，渗层随温度的升高而增厚；当渗铬温度一定时，渗层随保温时间的延长而增加，但到一定的时间后渗层的增幅趋缓。钢中的碳元素含量对渗层的深度有明显的影响，渗铬深度随碳含量的增加而明显降低，如钢中碳含量由 0.1wt％增加至 1.0wt％，则渗铬层深度下降 2/3～1/2。含碳量再增加对渗层深度的影响趋于平缓。合金元素对渗层深度也有影响，在纯铁中加入钨、钼、硅后渗铬层增厚；加入锰、镍、铬后渗铬层深度减薄。所以在制订渗铬工艺时还要考虑材料中合金元素对渗层的影响。

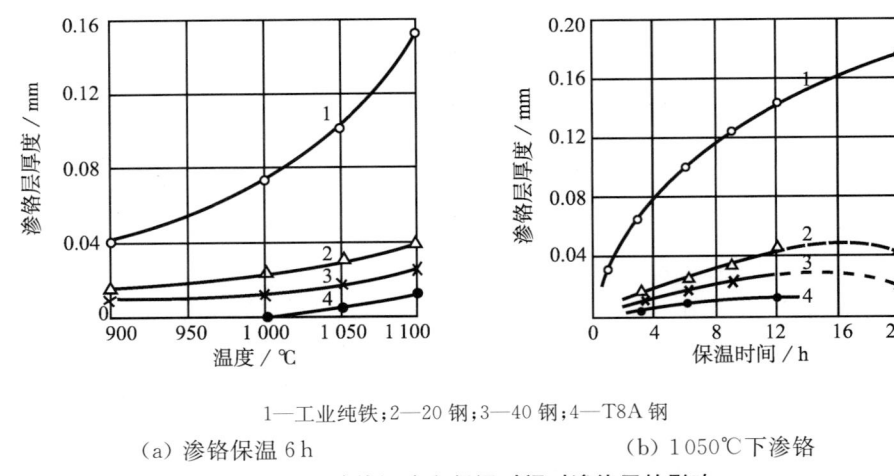

1—工业纯铁；2—20 钢；3—40 钢；4—T8A 钢
(a) 渗铬保温 6 h　　　　　　　(b) 1 050℃下渗铬

图 19-1　渗铬温度和保温时间对渗铬层的影响

19.1.1.2　膏剂渗铬

膏剂渗铬基本原理相当于粉末渗铬，渗铬剂由铬铁合金粉末、溶剂及黏结剂等 3 种主要成分调制成糊状，涂覆在工件表面，通过加热，使膏剂中的活性铬原子渗入到工件表面，形成渗铬层。

渗铬时，先将渗剂涂覆在工件表面(涂覆厚度通常控制在 0.25 mm 左右)，然后可通过加热来进行表面渗铬，在渗铬温度下渗剂熔化形成卤化铬，卤化铬与工件表面的铁发生反应产生活性铬原子，并由表向内进行扩散，形成渗铬层。

采用膏剂渗铬时，可采用感应加热方法，这样不仅能减轻劳动强度，改善工作环境，而且能提高渗剂的利用率及渗铬速度。用普通的炉子加热时，在 1 100℃要保温 300 min 才能得到 40～50 μm 厚的渗层，而用感应加热只要 10 min。同时，用感应加热渗铬能保持工件心部组织(正火、调质)的力学性能。

19.1.2　渗铬层的金相组织与性能

19.1.2.1　渗铬层的金相组织

Fe-Cr 二元平衡图见 19-2 所示。在渗铬温度下，钢处于奥氏体(γ)状态，铬是缩小 γ 区的元素，当 γ 区的铬含量大于 12.7wt％时，材料处于铁素体状态，铬由表面向内渗入，渗层中的含铬的铁素体晶粒以垂直表面的方向向内生长，形成呈柱状晶的 α 固溶体。在冷却过程中，在渗层与基体交界处，即铬含量低于 12.7wt％区域，将发生 $\gamma \rightarrow \alpha$ 相变，形成一条重结晶线。

在渗铬过程中，铬渗入工件后，使表层奥氏体中的铬浓度增加，降低了碳在奥氏体中的溶解度，从而析出(Cr、Fe)$_7$C$_3$ 型碳化物，变成 γ+(Cr、Fe)$_7$C$_3$ 区。析出的(Cr、Fe)$_7$C$_3$ 碳化物在表面聚集和生长，使碳化物层不断增厚。同时由于奥氏体不断析出铬碳化物(Cr、Fe)$_7$C$_3$，使奥氏体中的碳趋于贫乏，因此基体中的碳不断地向奥氏体中扩散，从而在 γ+(Cr、Fe)$_7$C$_3$ 区与基体之间形成贫碳区。如果渗铬时间较长，渗剂中有足够的铬原子不断向内扩散，使表层碳化物变成高铬低碳的(Cr、Fe)$_{23}$C$_6$，这时渗层中有二层碳化物，外层为(Cr、Fe)$_{23}$C$_6$ 化合物，内层为(Cr、Fe)$_7$C$_3$ 和(Cr、Fe)$_3$C 碳化物。

纯铁或低碳钢经渗铬处理后的金相检验，用双钾试剂［(10～20 g)铁氰化钾＋(5～15 g)氢氧化钾＋100 mL 水］浸蚀，能有效地显示渗层组织，但在化合物层上会有一层棕色的膜，可以用 10％柠檬酸水溶液

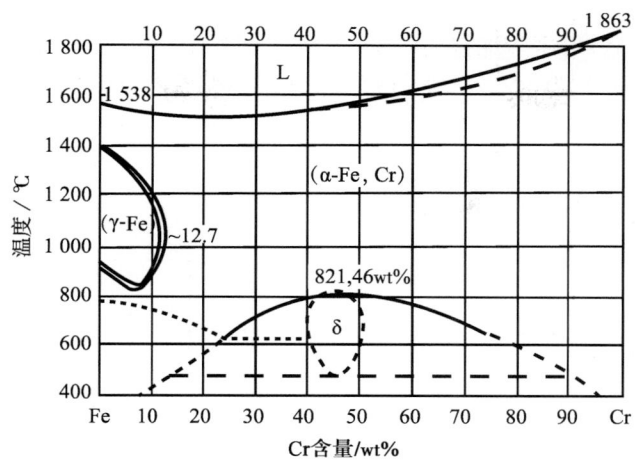

图 19-2 Fe-Cr 系状态图

清洗，就能显示渗层的边界。若要显示基体组织可再用 4% 的硝酸酒精溶液浸蚀。图 19-3 为 10 钢经 1 050℃、6 h 粉末渗铬，炉冷后的金相组织，渗层用二钾试剂浸蚀、基体用 4% 的硝酸酒精浸蚀，渗层组织表面薄的连续化合物层为 (Cr、Fe)$_{23}$C$_6$ 相，第二层为 α 柱状晶，α 柱状晶内有针状及块状碳化物析出，晶界上也有 (Cr、Fe)$_7$C$_3$ 碳化物析出，渗层与基体间有一条重结晶线。

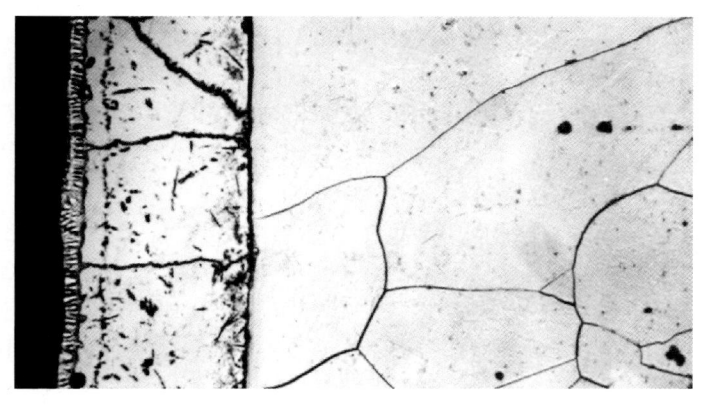

图 19-3　10 钢粉末渗铬渗层组织　(320×)

中、高碳钢经表面渗铬处理后的渗层组织通常会有 3 层，最表层为 Cr$_2$(C、N)，第二、第三层与低碳钢的渗铬层类似，这是由于渗层的碳化物类型的形成与渗铬剂介质及基体的含碳量有关，当基体材料含碳量增加，碳与铬会形成较多的铬碳化物，同时由于渗剂中的氯化铵在渗铬过程中有活性氮原子产生，所以在最表层会形成 Cr$_2$(C、N) 的渗层。图 19-4 为 35Mn 钢的渗层组织，化合物层分三层，均呈柱状晶分布，最表层为 Cr$_2$(C、N)，次表层为 (Cr、Fe)$_{23}$C$_6$，第三层为 (Cr、Fe)$_7$C$_3$。化合物层下有一层共析组织，化合物层与共析区之间有条状和网状 (Cr、Fe)$_3$C 相，由于材料中锰元素的影响，基体次表层有一层较宽的贫碳层。

图 19-5 为 T8 钢的渗层组织，渗层同样有三层，渗层碳化物构成类似与上述 35Mn 钢的渗层组织，由于基体材料含碳量高，所以渗层底下的贫脱现象未出现，但仍可见该区域的珠光体有别于基体区的现象。

渗铬层的金相检验、包括渗层深度的测定、渗层硬度测定可按 JB/T 5069—2007《钢铁零件渗金属层金相检验方法》标准进行。

19.1.2.2　渗铬层的性能及应用

1. 渗铬层的抗腐蚀性

工件经渗铬处理后，使工件表面的耐腐蚀性能明显提高。据资料介绍，没有经渗铬处理的 30CrMnSi 钢在 780℃ 的热硝酸蒸汽中放置 15 h 后，腐蚀失重为 166.6 g/m^2，而渗铬处理后重量损失只有 1.8 g/m^2。

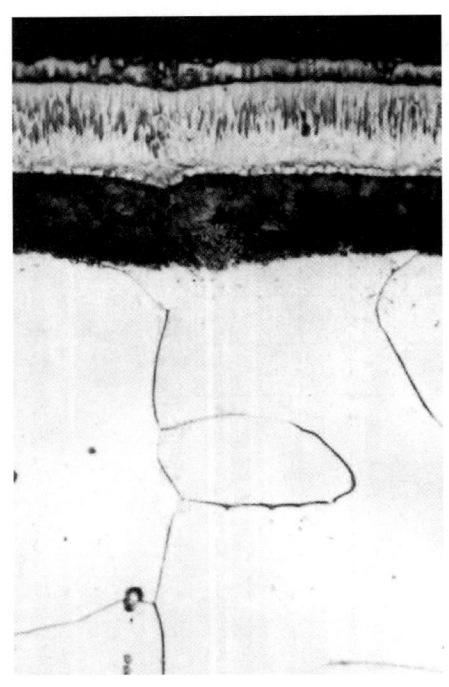 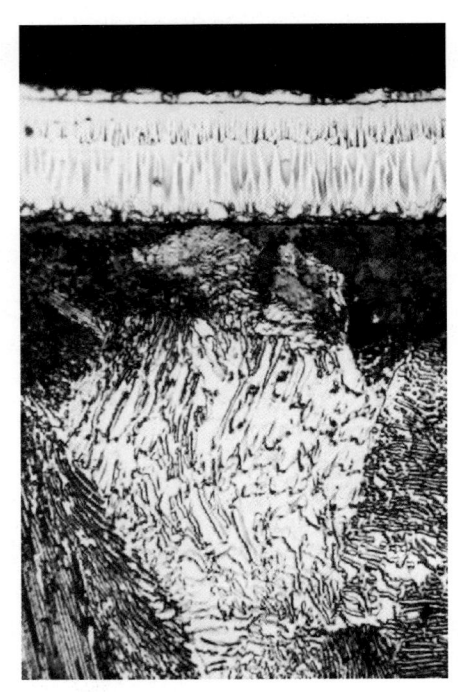

图 19-4　35Mn 钢粉末渗铬渗层组织　（500×）　　图 19-5　T8 钢粉末渗铬渗层组织　（500×）

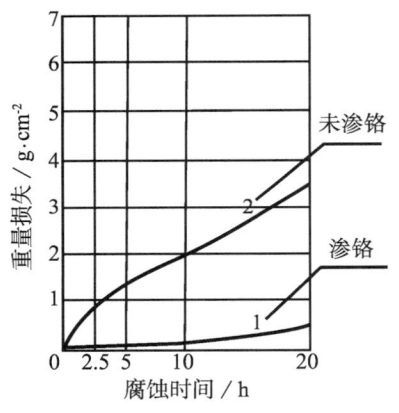

图 19-6　10 钢在 35%H_2SO_4 中的腐蚀速度

渗铬处理的钢在硫酸介质中的抗腐蚀性有相当明显的提高,图 19-6 所示为 10 钢渗铬和未渗铬在 35%硫酸水溶液中的腐蚀速度曲线。渗铬件在氧化性介质中(如硝酸)耐蚀性能甚至优于不锈钢。

2. 渗铬层的抗氧化性

低碳钢表面经渗铬处理后,表面抗氧化性能有明显的提高。在氧化条件下,表面渗铬层会形成一层致密的 Cr_2O_3 或尖晶石类型的氧化物 $Fe·Cr_2O_3$ 的保护膜,使工件与氧化介质隔离,因而阻碍了钢的继续氧化。例如渗铬的低碳钢在 700℃ 保持 1 000 h 后,其氧化增重仅为 0.15 mg/cm^2,而未渗铬的增重达 144.7 mg/cm^2,渗铬钢件的抗氧化性能几乎提高了近 1 000 倍。

渗铬对改善镍基合金的抗氧化性能也是非常有效的,其原因有二方面:一是铬在 300℃ 至 1 050℃ 范围内氧化会生成致密的抗氧化性能优良的氧化膜 Cr_2O_3;二是渗铬层的含铬较高(一般>40wt%),能避免表面因高温氧化而出现的贫铬现象,从而保证了基材的抗氧化性能。

3. 渗铬层的耐磨性

渗铬层还有很好的耐磨性,渗铬层的硬度与基体材料有关。纯铁的渗铬层为富铬的 α 固溶体,其硬度较低,约为 150~200 HV;45 钢的渗铬层硬度内外两层不同,外层硬度约 1 500 HV,内层硬度更高。

用快速磨损试验作磨损对比时(以淬硬的 GCr15 钢作基准),渗铬钢的耐磨性,不仅优于 45 钢渗碳淬火后的硬化层,而且和耐磨性较好的渗硼层的耐磨性相近。

4. 渗铬层的应用

由于渗铬件有优良的耐腐蚀性、抗氧化性及耐磨性能,它可以替代不锈钢和耐热钢用于汽车、仪表、化工、石化机械以及工模具制造等。

在汽车零部件生产中,用低碳钢渗铬替代铬钢消音器,在相同条件下试验,废气对低碳钢渗铬件产生的腐蚀失重为 21.5 g/m^2,而铬钢的腐蚀失重为 34.4 g/m^2。渗铬钢用于化工石油机械零部件(如阀门、叶片等),可提高产品的耐腐蚀性及在强腐蚀介质条件中的化学稳定性。

渗铬钢还可用于飞机、电站用汽轮机的高温部件（如静叶片的制造），因渗铬钢件具有优良的抗高温氧化及热腐蚀性能，从而延长了这些零部件的使用寿命。

19.2　渗铝及渗铝层的金相检验

钢件表面渗铝过程中，使铝元素通过热扩散渗入钢件表面，形成 Al-Fe 合金层，可以提高钢铁的抗氧化性，还能提高在含硫介质中的耐蚀性。因为钢件表面渗铝层中的铝在室温下就能与氧反应在钢件表面生成 Al_2O_3 薄膜，此膜致密且牢固，使钢件表面与氧化介质隔离，阻止氧化进一步向内发展。低、中碳钢渗铝工艺在冶金、石化、化工、飞机、船舶、汽车等方面得到了广泛的应用，并发展了以渗铝为基的 Al-Cr 共渗、Al-Si 共渗、Al-Cr-Si 共渗等复合渗层。渗铝工艺也可用于镍基或钴基高温合金。

19.2.1　渗铝的工艺及原理

渗铝的方法有粉末渗铝、热浸渗铝、熔盐渗铝、气体渗铝、喷镀渗铝、电泳渗铝、电解渗铝。其中粉末渗铝及热浸渗铝是目前应用较广的两种渗铝工艺方法。

19.2.1.1　粉末渗铝

粉末渗铝的基本原理类似于固体粉末渗铬法，只是渗剂及处理温度上存在差异。

渗铝剂通常由 3 部分组成：

① 铝粉或铝铁合金作为渗剂的铝源；

② 三氧化二铝为稀释填充剂，它有防止金属粉末黏结作用、改善渗铝层的表面粗糙度，还能降低渗层的含铝量而降低其脆性；

③ 氯化铵（约 1wt%）在渗剂中起催化作用。

在加热条件下钢的渗铝是通过以下化学反应来实现的：

$$2NH_4Cl \longrightarrow 2HCl + N_2 + 3H_2 \qquad (19-5)$$

$$6HCl + 2Al \longrightarrow 2AlCl_3 + 3H_2 \qquad (19-6)$$

$$Fe + AlCl_3 \longrightarrow FeCl_3 + [Al] \qquad (19-7)$$

反应结果产生的活性[Al]原子吸附在工件表面，随即通过热扩散进入钢件表面，形成渗铝层。

粉末渗铝的温度一般控制在 850~1050℃之间，渗铝温度和时间对渗层的影响如图 19-7 所示。可见渗层随着温度及时间的增加而增厚，温度过低会影响渗铝速度，而温度过高会使基体的晶粒长大致使材料的力学性能变坏。渗铝时间对渗层的影响没有温度那么显著，因为铝与铁形成固溶体，铝在铁中的扩散很慢，所以渗层的深度将完全取决于扩散速度，当工件表面的铝达到饱和状态时，即使再增加渗镀时间，渗层深度也不会有很大的提高。

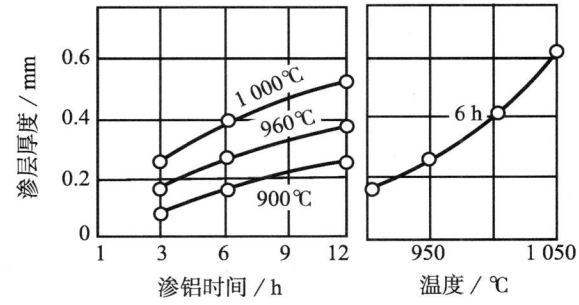

（渗铝剂：99.5%铝铁合金＋0.5%氯化铵）

图 19-7　10 钢的渗铝层厚度与渗铝温度和时间的关系

由于渗铝后的表面渗层中的铝含量达 40wt%~50wt%，一般形成 ε($FeAl_2$) 相，有较大的脆性，可以通过扩散退火来改善渗铝层的韧性，并能增加约 30%的渗铝层厚度。渗铝时渗层的次表区域形成 $β_2$(FeAl)、α 固溶体，降温过程中 α 相中出现针状（针状特征的片状或半网状组织）$β_1$(Fe_3Al)相。$β_1$ 相的量随钢中碳含量增加而增加，当达一定碳含量时（如 0.8wt%）$β_1$ 相成为连续层状。固体粉末渗铝的优点是设备简单、操作方便、适应性较好；其缺点是渗剂易氧化，从而对工件的表面质量有一定的影响。

19.2.1.2　热浸渗铝

热浸渗铝亦称液体渗铝，它是将钢件浸入熔融的铝液或铝合金熔液中，保温一段时间后取出空冷，使钢件表面形成一层铝-铁合金层。这种方法主要用于镀铝钢板、钢管、钢丝及某些钢铁制品。

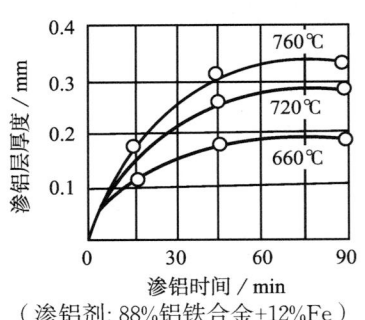

图19-8 10钢的渗铝层厚度与液铝温度和时间的关系
（渗铝剂：88%铝铁合金+12%Fe）

在热浸渗铝过程中，钢件表面的铁与液态铝（铝合金）发生相界面反应，首先在 Fe-Al 的分界面上形成铁铝合金层并产生化合物 Q(FeAl$_3$) 相，然后铝原子向铁内扩散，同时铁原子也通过 Q(FeAl$_3$) 化合物相与液态铝反应，使 FeAl$_3$ 化合物层不断增厚，当铝原子通过 Q(FeAl$_3$) 化合物扩散，含量达到一定的程度后，在 FeAl$_3$ 化合物层与基体之间形成 η(Fe$_2$Al$_5$) 相，这种相变重结晶从 Q(FeAl$_3$) 层开始，η(Fe$_2$Al$_5$) 沿扩散方向呈"指状"垂直表面而楔入基体，形成粗大柱状晶。因此热浸渗铝层是通过铁与铝的界面反应和热扩散反应产物。

渗铝层的厚度主要与铝液温度及保温时间有关，它们对渗铝层厚度的影响如图 19-8 所示。由图可见铝液温度对渗层的影响较为显著，而渗镀时间到约 45 min 后对渗层厚度的影响趋于平坦。渗铝温度的提高会使 η(Fe$_2$Al$_5$) 相层急剧增厚，同时使渗层的塑性变坏。因此热浸渗铝温度一般控制在 700～730℃之间，保温时间大约为 10～15 min。

19.2.1.3 渗铝后的扩散处理

若为了达到抗腐蚀性能要求，钢件渗铝后可直接使用。但对为了提高表面抗高温氧化性的钢件，则要经过扩散退火处理。其目的是使渗铝层表面形成一层连续分布且致密的三氧化二铝薄膜，阻止表面氧化进一步扩展，同时可以增加渗铝层的厚度及渗层的结合强度。扩散处理温度一般为 900～1050℃，保温时间为 4～6 h。

19.2.2 渗铝层的金相组织与性能

19.2.2.1 渗铝层的金相组织

普碳钢渗铝层通常有二层，第一层为富铝层，其成分与铝液的接近；第二层为铝铁合金层，其主要组成是 η(Fe$_2$Al$_5$) 金属间化合物相，同时含有少量的 Q(FeAl$_3$) 相。η(Fe$_2$Al$_5$) 相性能硬而脆，强度较差，使渗层的韧性及黏附强度降低，所以在渗铝过程中要设法抑制 η(Fe$_2$Al$_5$) 相的生长，一般将 η(Fe$_2$Al$_5$) 相层控制在渗铝层的 1/10 左右。

热浸铝层组织最表层为纯铝晶粒，呈等轴晶形貌，内层为"犬齿状"η(Fe$_2$Al$_5$) 化合物相，一般可采用体积分数 1% 的氢氟酸水溶液或 3% 的硝酸酒精浸蚀显示渗层形貌。因为 η(Fe$_2$Al$_5$) 化合物相的斜方晶体结构，具有各向异性特点，所以可在偏振光下得到晶粒的形貌。这是由于晶体学位向不同引起晶粒显色发生差异，故使晶粒形状易于显示。

热浸渗铝层经扩散退火处理后，在 η(Fe$_2$Al$_5$) 化合物层会出现 Q(FeAl$_3$) 和 α-Fe(Al) 固溶体相，用硫代硫酸盐为基的复合试剂来显示渗层的层次。

图 19-9、图 19-10 为 20 号钢经预热后，在 690～700℃ 的铝液中浸 2 min 处理后的热浸渗铝金相组织。其最外层为液铝成分的纯铝层，固溶有极微量的铁；其内层为铝铁合金 η(Fe$_2$Al$_5$) 相层，因为晶粒沿斜方晶 C 轴择优生长，形成垂直于表面的（犬齿）状结构，楔入基体表面；其基体组织为铁素体+珠光体。

图 19-11 为 T8 钢经 850℃、7h 粉末渗铝金相组织，用 3% 的硝酸+10% 的氢氟酸酒精溶液浸蚀，可以把渗层及基体组织都显示出来。其组织中的表层白亮区为①为 ξ(FeAl$_2$)；次表灰色层②为固溶体 β$_2$(FeAl) 相，β$_2$ 相上有基本平行的杆状（Al$_4$C$_3$）夹杂物；再向内③为 α 固溶体+针状 β$_1$(Fe$_3$Al) 层，图中深色线④为"重结晶线"，越过线下之后⑤为贫碳 α 区；再向内为珠光体区的基体组织。

渗铝层的金相检验可按 JB/T 5069—2007《钢铁零件渗金属层金相检验方法》标准进行。测量渗铝层深度，当界面较平整时，可直接测 3 点～5 点，取算术平均值；当界面呈波浪状时，将一个视场分为 6 等分，在 5 个中间点上测量深度，取算术平均值。

 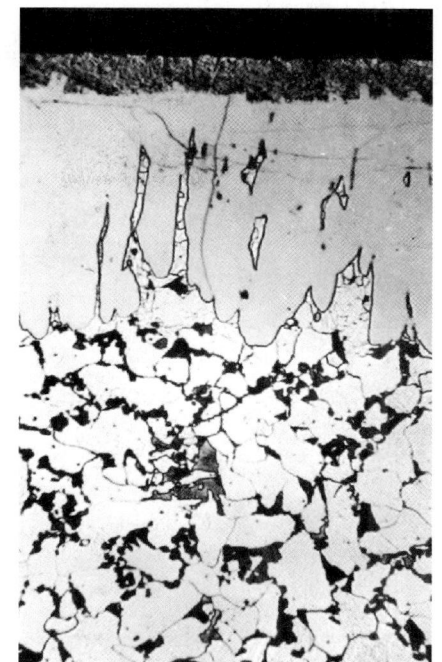

（经1%的氢氟酸水溶液浸蚀）　　　　（经3%的硝酸酒精浸蚀）
图19-9　20号钢热浸渗铝金相组织　（320×）　图19-10　20号钢热浸渗铝金相组织　（200×）

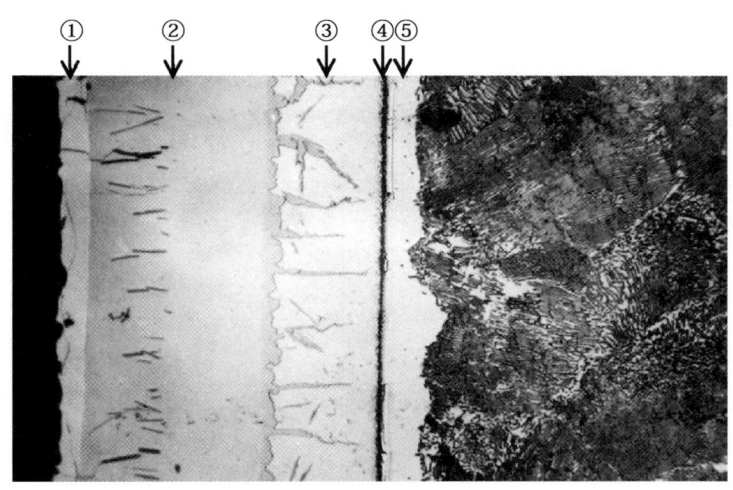

图19-11　T8钢粉末渗铝金相组织　（400×）

　　钢件渗铝工艺过程中，由于铝、铁及其他原子扩散速度差异，在渗层中难免会产生孔隙。孔隙尺寸、数量及分布与材料的成分、工艺有关，并直接影响渗铝件的使用性能及寿命。同时，在渗铝工艺过程中，由于铝、铁及其他原子扩散与化合，产生相变硬化，使渗铝层中产生裂纹的概率增大。裂纹的长度、数量、分布形态与材料的成分、组织、渗铝工艺有关，同样会影响渗铝构件的使用性能及寿命。因此热浸镀铝层的孔隙级别和裂纹级别是十分重要的品质指标。
　　GB/T 18592—2001《金属覆盖层钢铁制品热浸镀铝技术条件》规定了钢铁热浸镀铝的工艺要求和热浸镀铝层品质检验方法。该标准规定热浸镀铝层的孔隙级别评定以"最大孔隙尺寸""是否构成网格"为判据分为6级，在200倍下评定，见表19-1、图19-12，一般1～3级为合格。该标准还规定热浸镀铝层的裂纹级别评定以"单位面积内裂纹总长度""裂口宽度""是否构成网格"为判据分为7个级别，在200倍下评定，见表19-2、图19-13。表19-2左侧为甲系列裂纹分级规定，适于碳素钢和低合金钢的热浸镀铝层裂纹评定，右侧为乙系列裂纹分级规定，适于中、高合金钢的热浸镀铝层裂纹评定。一般规定"裂纹分布深度不得大于热浸镀铝层厚度的 3/4"。

表 19-1 热浸镀铝层孔隙级别与特征

级别	最大孔径/mm
1	≤0.015
2	>0.015～0.030
3	>0.030～0.060
4	>0.060～0.120
5	>0.120（未构成网格）
6	>0.120（已构成网格）

注：椭圆形孔径以其长短轴的算术平均值确定。

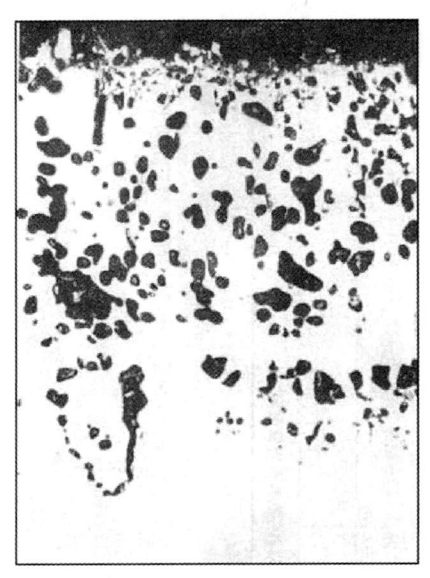 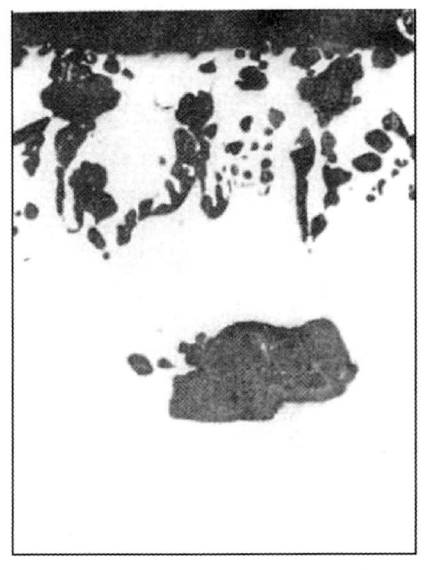

3 级　　　　　　　　　　　　　　4 级

图 19-12　热浸镀铝孔隙评级图　[200×(×0.8)]

表 19-2　钢件热浸镀铝层裂纹级别及特征

甲系列（适于碳素及低合金钢）		乙系列（适于中、高合金钢）	
级别	0.35 mm×0.50 mm 面积内裂纹总长度/mm	级别	0.35 mm×0.50 mm 面积内裂纹总长度/mm
0	0	1	≤0.20
1	>0～0.10	2	>0.20～0.30
2	>0.10～0.20	3	>0.30～0.40
3	>0.20～0.40	4	>0.40～0.50
4	>0.40 构成半网格	5	>0.50 最大裂口宽度≤0.02
5	>0.40 构成网格	6	>0.50 最大裂口宽度>0.02～0.04
6	>0.40 构成多个网格	7	>0.50 最大裂口宽度>0.04

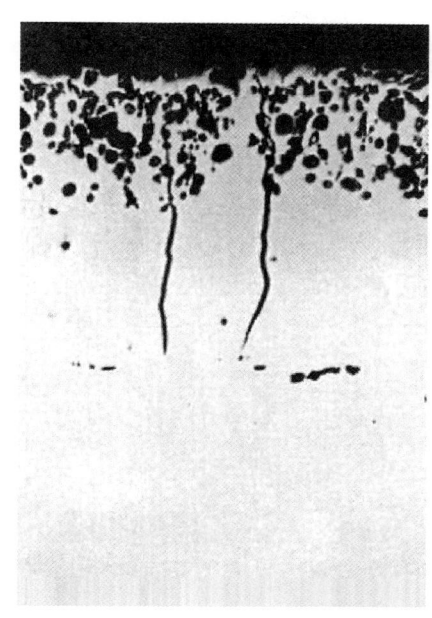 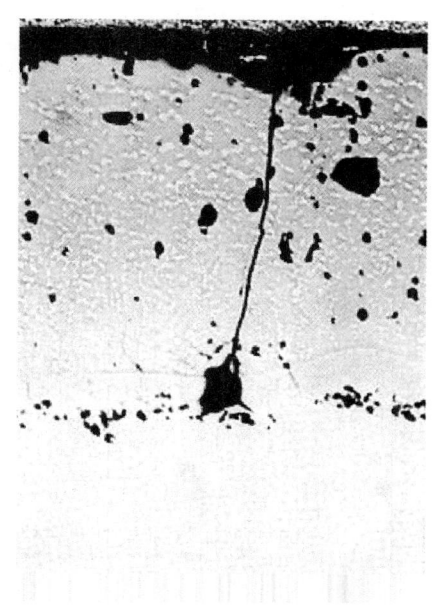

甲系列 3 级　　　　　　　　乙系列 3 级

图 19 - 13　钢件热浸镀铝层裂纹评级图　（200×）

钢铁构件的固体渗铝层中存在孔隙极少，其孔径也较热浸镀铝层的小得多。该渗铝层出现裂纹的概率要比孔隙的高。JB/T 10448—2005《钢铁构件固体渗铝工艺及质量检验》标准中把固体渗铝层中的孔隙缺陷按孔隙的大小及数量分为四类 5 级，见表 19 - 3 和图 19 - 14；把渗铝层中的裂纹按总长度分为 7 级，见表 19 - 4 和图 19 - 15。检验评级一般在金相显微镜或扫描电镜 200 倍下进行。具体构件的渗层质量要求应按供需双方认定的工艺文件规定；一般孔隙孔径在 0.03 mm 以下均为合格，裂纹则不得大于渗铝层厚度的 3/4。

表 19 - 3　固体渗铝层孔隙级别与特征

级别	类别	最大孔径/mm	说明
1	一	0	无孔隙
2	二	>0～0.01	带状连续孔隙
3	三	>0.01～0.015	单个孔隙
4	四	>0.015～0.02	不连续孔隙
5		>0.02～0.03	

注：椭圆形孔径以其长短轴的算术平均值确定。

表 19 - 4　固体渗铝层裂纹级别与特征

级别	0.35 mm×0.50 mm 面积内裂纹总长度/mm
0	0
1	>0～0.06
2	>0.06～0.12
3	>0.12～0.18
4	>0.18～0.26
5	>0.26～0.36
6	>0.36

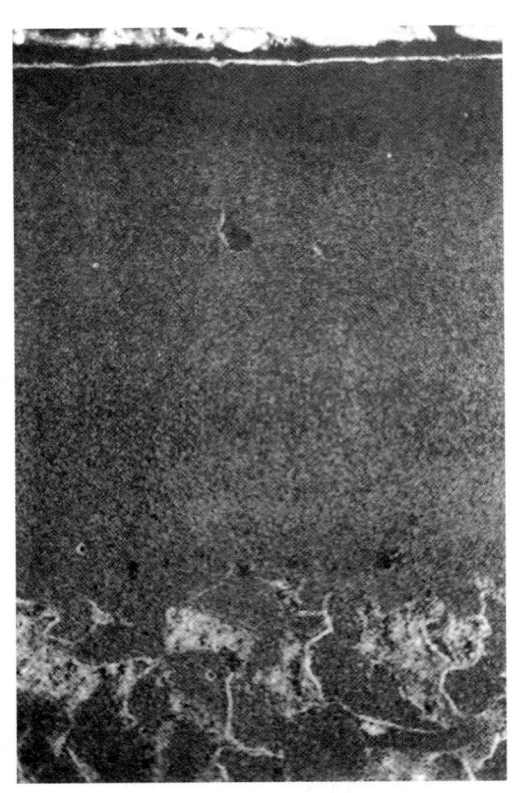

图 19-14 固体渗铝层中孔隙(5级)形貌
[200×(×0.8)]

图 19-15 固体渗铝层中裂纹(2级)形貌
[200×(×0.8)]

19.2.2.2 渗铝层的性能

1. 渗铝层的耐腐蚀性能

由于铝的电化学特性,渗铝层在很多腐蚀介质中具有良好的耐蚀性,在金属防腐蚀应用方面取得了明显的效果。

耐高温硫化物腐蚀。渗铝是目前提高钢材耐硫化物腐蚀最有效的方法之一,特别是在高温硫化物介质中,渗铝的碳钢和不锈钢无论在含硫的氧化性气氛中,还是在高温硫化氢介质中,都显示出很好的耐腐蚀性。

耐大气腐蚀。在大气条件下渗铝钢件比热镀锌钢件具有更好的耐蚀能。例如,渗铝钢在大气中放置4年,其腐蚀量仅是热镀锌钢的1/10;在海洋气氛环境下放置2年,其腐蚀量仅是热镀锌钢的1/5。

2. 渗铝层耐高温氧化性能

渗铝层表面含铝量高达50wt%,渗层厚度 0.1~1.0mm,这层铝铁合金在高温下与氧作用,在钢表面形成一层致密而坚固的 Al_2O_3 和 $FeO·Al_2O_3$ 薄膜,能有效地保护基体不被氧化。渗铝碳钢在850℃下具有很好的耐热蚀性,在 900~950℃ 条件下使用仍表现出具有较好的耐热蚀性,但使用温度再提高则其耐热蚀性会大大降低。

19.3 渗锌及渗锌层的金相检验

渗锌是钢铁材料防腐处理中一种较常用的经济的方法,它对在大气中使用的钢材防腐蚀效果相当显著。渗锌层表面在大气条件下,会形成一层致密而坚固且耐腐蚀的 $ZnCO_3·3Zn(OH)_2$ 薄膜,提高了锌层的防腐性能,保护基体材料免受腐蚀。即使渗锌层有破损或不完整时,渗锌层对钢铁也会起到电化学保护作用。钢件渗锌是通过化学热处理的方法,使锌原子由表向内扩散,形成 Zn-Fe 合金层,从而使工件表面具有良好耐腐蚀性。

19.3.1 渗锌的工艺原理

目前在工业上较常用的渗锌方法有两种,固体粉末渗锌和热浸渗锌。

19.3.1.1 固体粉末渗锌

粉末渗锌是将表面清理过的工件埋入装有渗锌剂的密封容器中,加热到锌的熔点(419.4℃)以下温度,保温一定的时间,然后随炉冷却到室温。粉末渗剂通常有锌粉、惰性粉末(如氧化铝)、活性剂如氯化铵和氯化锌等组成。

渗锌层的厚度与品质主要与加热温度、保温时间、渗剂成分及渗锌方法有关。通常渗锌温度越高,则渗层越厚。但温度过高会使工件镀层表面黏锌,且表面粗糙度下降。一般渗锌温度为380~400℃。

渗层的厚度随保温时间的延长而增加,但到一定的时间后保温时间再延长,渗层深度不会有很大的增加,这是由于渗层表面的锌含量已达到了饱和状态。渗镀时间一般控制在2~4 h之间。

渗锌处理后,通常对渗层进行铬酸盐钝化处理或在磷酸盐中进行磷化处理,使渗层表面形成一层保护膜,进一步提高渗锌层的耐蚀性,防止在运输及储存过程中形成"白锈"腐蚀现象。

渗锌剂的成分对渗层厚度也有较大的影响,渗剂中含锌量越高,则渗镀速度越快且渗层较厚,这是因为高含量的渗剂会提高活性锌原子的浓度、有利于促进锌原子的扩散速度。

渗层的厚度还与渗锌方法有关,如用回转炉渗锌的方法,其渗镀速度比普通的箱式炉渗镀要快得多,这是因为工件在回转炉旋转过程中能与渗剂均匀且经常接触的缘故。

粉末渗锌的特点是渗层较均匀,不会产生氢脆及变形现象,适合形状复杂的工件,如紧固件、弹簧以及管子等。其缺点是劳动条件差,环境污染较大,不易生产自动化等。

19.3.1.2 热浸渗锌

热浸渗锌是将表面清理后的钢件浸入到熔融锌液中,保持一定的时间,使锌原子与铁原子发生反应,形成锌-铁合金层的方法。这种工艺具有成本低、设备简单、生产效率高及易实现生产自动化等优点。

热浸渗锌层的品质主要与渗锌温度、浸渍时间及抽出速度相关。渗锌温度一般控制在430~480℃。温度过高会促使渗锌层中的锌铁合金相形成速度增加,使渗层脆性增加。浸渍时间通常为1~10 min,钢件从锌液抽出速度对渗层的厚度影响很大。抽出速度太慢,纯锌层薄;抽出速度快,则纯锌层厚。如果抽出过快,钢件表面的锌液滴尽不够,钢件表面附过量的锌液,使渗层表面品质下降;过慢,在抽出过程中铁锌合金层会扩散,使纯锌层几乎全部转变成合金层,降低了渗层的塑性。如钢管抽出速度约为40~90 m/s。钢件从渗锌液中抽出时要用压缩空气对表面进行喷吹,然后再进行冷却或钝化处理。

19.3.2 渗锌层的金相组织与性能

19.3.2.1 渗锌层的金相组织

Fe-Zn 二元平衡图如图 19-16 所示,在平衡图中,固溶体主要有 γ、α、η 相,化合物相有 Γ、δ_1、ξ 等。

α 相,是锌在 α-Fe 中的固溶体。在 250℃,锌在 α-Fe 的溶解度约为 4.5wt%,当 623℃ 时,可达 20wt%。

γ 相,是 α 相在910℃转变而来,782℃时,锌在 γ 相中溶解度为46wt%,当达共晶转变温度623℃时,溶解度降至 27.5wt%。

η 相,是渗锌层(热镀锌层)的表面层,实际是锌液成分,在一般渗锌温度下,其中溶解铁约0.028wt%。此相为密排六方晶格。

Γ 相,直接附着在钢铁的基体表面,其化学式为 Fe_5Zn_8(有文献为 Fe_5Zn_{26})。在各个相关合金相中,该相硬度最高、脆性最大,为体心立方晶格,含锌量约为69wt%~82wt%。

Γ_1 相,面心立方晶格,化学式为 Fe_3Zn_{10},含锌量约为75wt%~81wt%,550℃以下出现,上述相图中未标出。

δ_1 相,是渗热(镀)锌层中主要相层,化学式为 $FeZn_7$,Zn 含量达 88.5wt%~92wt%,为密排六方晶格。硬度约为 340 HV,在 620~640℃ 范围内有 $\delta_1 \rightleftharpoons \delta$ 互变过程,δ_1 相与 δ 相晶格及化学式相同。

ξ 相,处于 δ 相层与表面纯锌之间,化学式为 $FeZn_{13}$,锌含量达 93.8wt%～94wt%,为底心单斜晶格,硬度较低,约为 112 HV。

在金相制样过程中,用常规方法进行抛光,抛光液对锌层会产生腐蚀作用,锌层会出现凹陷,腐蚀物覆盖在锌层表面使锌层变黑,这样对渗层组织的显示及测量都会产生困难。这是由于锌是两性金属,它在酸、碱溶液中都会发生腐蚀,锌层金属离子 Zn^{2+} 和络合离子 ZnO_2^{2-},它们的氧化物在酸、碱溶液中都易溶解。因此抛光时间越长,则锌损失越多、凹陷越明显,而使基体与锌层的交界呈台阶状。如在抛光液中(三氧化二铝)加入三乙醇胺并将溶液 pH 控制在 11 左右,它的穿蚀率最低,也就是腐蚀最少。渗锌层中各相可用苦味酸水溶液(0.075 g 苦味酸、13 mL 酒精、30～60 mL 水),在室温下浸蚀 10～20 s,η 相呈黄色,δ 相呈浅蓝色,ξ 相呈浅红色。

常用的金相浸蚀剂为碱性苦味酸水溶液(25 g 氢氧化钠+2 g 苦味酸+100 mL 水,使用时用 5 倍水稀释)。

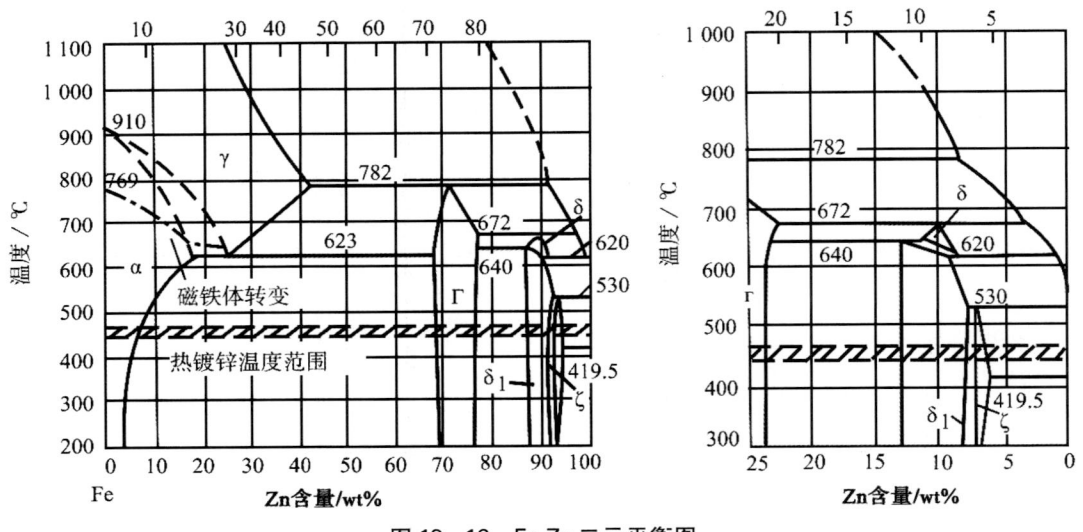

图 19-16 Fe-Zn 二元平衡图

10 号钢粉末渗锌层如图 19-17 所示,该工件在 50wt% 的锌粉、30wt% 的氧化铝、20wt% 氧化锌渗剂中,经 440℃、3 h 粉末渗锌处理后的金相组织,表层较厚的为 $δ_1$ 相层,次表层为 Γ 相层。

10 号钢热浸锌渗锌层如图 19-18 所示,该工件在锌浴中,经 450℃、1 min 浸锌处理后的金相组织,最表层 η 相层、次表层为 (η+ξ) 相层、第三层为 ξ 相层、第四层为 $δ_1$ 相层、基体与渗层交界处为 Γ 相层。

渗锌层的金相检验可按 JB/T 5069—2007《钢铁零件渗金属层金相检验方法》标准进行。

19.3.2.2 渗锌层的性能

由于渗锌层表面有一层致密而坚固且耐腐蚀的碱性碳酸锌[$ZnCO_3·3Zn(OH)_2$]保护层,所以渗层具有较好的抗大气腐蚀能力。例如,0.02 mm 的渗锌层,在工业大气中可保护钢铁 2～10 年,在清洁的大气中,可经历 20～25 年不腐蚀。经扩散退火的热浸锌层在海水、淡水及硫化氢的介质中都很稳定,表现出较高的防腐蚀效果。

渗锌层的硬度较镀锌层为高,具有一定的耐磨性。因此还可以用于在摩擦条件下的工件,例如,渗锌后的铁基粉末锁芯制品,其耐磨性及抗大气腐蚀能力均优于黄铜锁芯。

19.4 渗硅及渗硅层的金相检验

钢件表面渗硅可以显著提高金属材料的耐腐蚀和耐热性,特别对盐酸等非氧化性酸具有突出的抗蚀力。渗硅工艺主要用于化工、造纸、石油及炼油工业的零部件,(如水泵轴、管道、螺母等)和用海水冷却的发动机管子、大型内燃机的水泵套管及要求耐酸蚀的钢铁制品上。

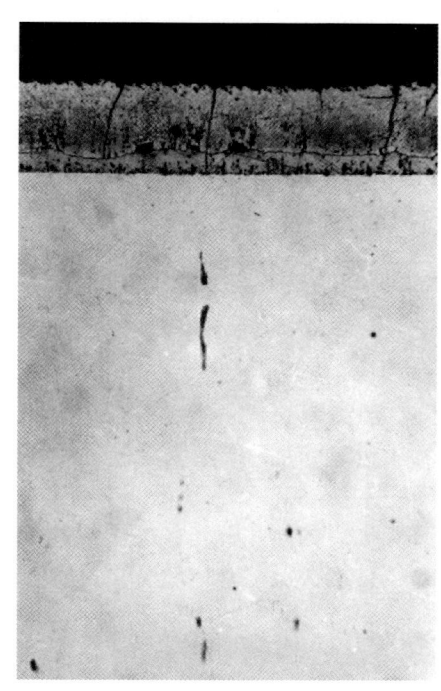 

图 19-17　10号钢粉末渗锌层组织　（200×）　　图 19-18　10号钢热浸渗锌层组织　（400×）

19.4.1　渗硅工艺

渗硅的方法主要分3种,粉末渗硅法、气体渗硅法、液体渗硅法。其中粉末渗硅法工艺简单,品质稳定,目前应有较多。渗硅方法的基本原理与渗铬相似,只是处理温度及渗剂不同。

19.4.1.1　粉末渗硅

粉末渗硅类似于粉末渗铝,大多数采用装箱法进行。渗硅剂由硅铁粉、硅铁、碳化硅(供硅剂);石墨粉、氧化铝、氧化镁(填充剂);氯化铵(催化剂)组成。

粉末渗硅时,硅铁与氯化铵在高温下发生反应生成四氯化硅($SiCl_4$),其反应式如下

$$2NH_4Cl \longrightarrow 2HCl + 3H_2 + N_2 \tag{19-8}$$

$$4HCl + Si \longrightarrow SiCl_4 + 2H_2 \tag{19-9}$$

当 $SiCl_4$ 与钢件表面接触时,会有如下的反应

$$3SiCl_4 + 4Fe \longrightarrow 4FeCl_3 + 3[Si] \tag{19-10}$$

$$SiCl_4 + 2Fe \longrightarrow 2FeCl_2 + [Si] \tag{19-11}$$

$$SiCl_4 + 2H_2 \longrightarrow 4HCl + [Si] \tag{19-12}$$

$$SiCl_4 \longrightarrow 2Cl_2 + [Si] \tag{19-13}$$

反应生成的活性[Si]原子吸附在钢件表面,与钢件表面的铁原子发生反应,并通过扩散渗入钢件。其中填充剂石墨粉熔点高、化学稳定性好,在渗硅温度下保持疏松的粉末状态,因而渗硅后渗剂呈疏松状附着在钢件表面,工件表面清理较容易。

19.4.1.2　气体渗硅

气体渗硅是在密封的电阻炉内或旋转炉内进行,也可以在井式气体渗碳炉内进行,所采用的化学介质为四氯化硅,因此俗称为四氯化硅气体渗硅。渗硅温度可在950~1 150℃之间选择,气体渗硅时温度和时间对渗硅层的影响见图 19-19。

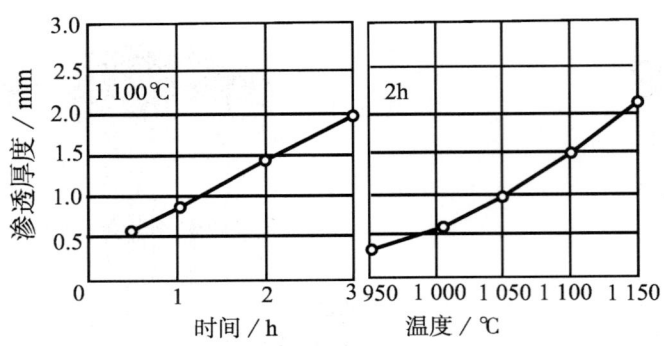

图 19-19 渗硅温度和时间对渗层厚度的影响

实现四氯化硅气体渗硅途径一般有以下 2 种应用较多的方法：

① 连续输送氯气经过硅铁合金粉（碳化硅）并与其进行的反应，从而产生氯化硅气体，钢件在氯气及氯化硅的混合气中进行渗硅；

② 直接采用 $SiCl_4$ 并加以适量的稀释气体（氩气、氢气、氮气），钢件在混合气体中渗硅。

气体渗硅表面质量优于粉末渗硅，渗层表面呈银白色，渗层较致密，与基体结合良好。

19.4.2 渗硅层的金相组织与性能

Fe-Si 二元状态图如图 19-20 所示，当钢中硅含量大于 2.15wt%时，组织为单相 α 固溶体（Si 在 α-Fe 中的无序固溶体）；当钢中硅含量大于 14wt%时，组织中会出现 α′有序固溶体（FeSi），α′相是脆性相；当钢中硅含量大于 35wt%时，会出现脆性更大的 C 相（FeSi）。所以为了得到较好的耐酸性能，渗层中的硅含量一般控制在 14wt%～35wt%之间，这样可以防止脆性很大的 C 相（FeSi）出现。渗硅层的金相组织有两层，第一层为 α 无序固溶体层、第二层为 α′有序固溶体层。两层组织均呈柱状晶分布。图 19-21 为 45 钢经钢粉末渗硅层的组织形貌，该工件在 70wt%的铁硅粉、30wt%的三氧化二铝及 1wt%氯化铵渗剂中，经 1160℃、1h 粉末渗硅处理空冷后的金相组织。用体积分数 1%碘酒溶液浸蚀渗层，然后用 4%（体积分数）硝酸酒精浸蚀基体。其渗层为单相 α 固溶体层，可以看得柱状晶晶界，由于硅与碳不会形成碳化物，在渗硅的过程中，硅的渗入将钢表面的碳向内部挤入，在柱状晶下会有一层贫碳的 α 层，而在与渗层附近的基体区域有明显的增碳现象。

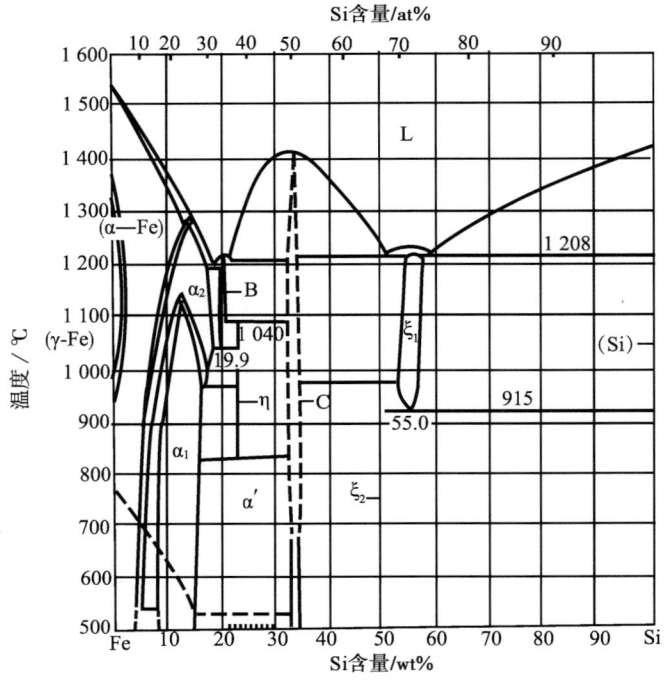

图 19-20 Fe-Si 二元状态图

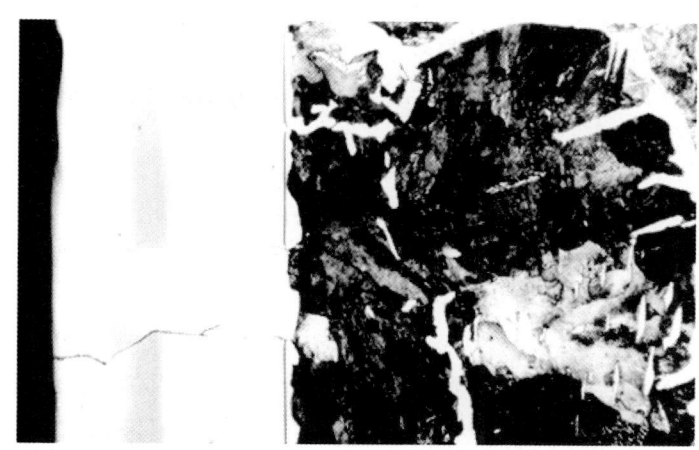

图 19-21 45 钢粉末渗硅层金相组织

渗硅层在完整无孔隙的条件下,具有良好的抗蚀性,特别对盐酸的抗蚀能力最强。这是因为渗硅层与介质作用后,在工件表面形成一层 SiO_2 的薄膜,这种氧化膜结构致密,具有高的电阻率和优良的化学稳定性,能阻止介质的进一步腐蚀基体。但是对能溶解 SiO_2 的薄膜的介质或能穿透 SiO_2 薄膜的离子(如:氢氟酸、氟化物、碱等)是不耐蚀的。

渗硅层具有很好的抗氧化性能,有资料介绍,Fe-Cr 合金(15wt%的铬)渗硅层含硅量从 0.5wt% 增加到 3wt% 时,其抗氧化温度可由 800℃ 提高到 1000℃。

渗硅层的硬度不高,硬度在 175~230 HV 之间,但其耐磨性较好,例如 45 钢在 80wt% 的铁硅粉、12wt% 的氧化铝及 8wt% 氯化铵渗剂中,经 950℃、3 h 处理后得到多孔的渗硅层(孔隙率达 40%~54%),再经 170~200℃ 油中浸煮后,具有较好的润滑作用,其耐磨性与未渗硅的相比,提高 1~7 倍。

此外,用低碳钢渗硅,可使硅含量达到 7wt%,从而获得用其他方法无法得到的电磁性能优良的高硅硅钢片。

19.5 渗硼及渗硼层的金相检验

硼元素与铁会形成结构复杂、性能稳定的金属间化合物,这种化合物硬度高,具有很好的耐磨性、耐蚀性及抗氧化性。要用传统的工艺生产这种材料难以做到,但可以通过化学热处理的方法,使硼元素在工件表面通过吸附、扩散的方法渗入,形成表面渗硼层。这种渗镀工艺在石油化工机械、汽车拖拉机制造、纺织机械、工模具等行业已得到广泛的应用。

19.5.1 渗硼的原理与工艺

渗硼是渗硼介质和金属材料之间发生化学或电化学反应的结果。渗硼方法可分为固体渗硼、盐浴渗硼、气体渗硼和等离子渗硼等多种。

19.5.1.1 固体渗硼

固体渗硼有粉末渗硼和膏剂渗硼两种。

1. 粉末渗硼

粉末渗硼介质可采用无定形硼(非结晶硼)、硼铁和碳化硼三种。非结晶硼的渗硼能力比结晶硼强得多,因为前者有更大的活性表面,但非结晶硼价格昂贵,故作为钢铁的渗硼剂是不合适的。

在实际生产上常用的渗硼剂一般为硼铁、碳化硼、无水硼砂等含硼物质和适量的氧化铝及卤化物组成。渗硼时,将粉末状渗硼剂装入耐热钢板制成的箱体内,将工件埋入粉末中,在空气、真空或保护气氛(H_2 或 Ar)炉中加热,加热温度一般为 900~1000℃;保温时间为 1~5 h。处理后将渗硼箱从炉内取出,一般工件均在粉末中随箱冷却,这种方法通过适当调整固体粉末渗硼剂成分,可以获得理想的、表面耐磨且

不脆的 Fe_2B 单相表面层。

2. 膏剂渗硼

膏剂渗硼是在粉末渗硼的基础上发展起来的,它将粉末渗硼剂与黏结剂制成膏状,涂在要渗硼的工件的表面上,然后通过加热扩散的方法进行渗硼,加热的方法有三种:空气炉加热、感应加热和保护气氛炉加热。

膏剂渗硼的最大的特点是能实现工件局部渗硼。此外渗硼剂消耗小、加热时间短,尤其采用感应加热,可显著的缩短加热时间。从3种加热方法来看,保护气氛炉加热,便于实现大型零件的局部渗硼和小型零件的批量渗硼。

19.5.1.2 盐浴渗硼

盐浴渗硼是以前应用较多的一种渗硼方法,目前由于环保要求,已严格限制了。渗硼剂的主要组成是以硼砂或碱金属的氯化物为基,加入碳化硼或硼铁;或以硼砂为基加入碳化硅、硅钙、铝、硅铁、锰铁等还原剂。也有在上述配方中再加入氟硼酸钠的,后者在熔盐中分解为 NaF 和 BF_3。气态的 BF_3 有利于盐浴的均匀混合。在熔盐硼砂中加入氯化钠、氯化钡或碳酸盐等助熔盐类,可使渗硼温度降至 700~800℃。

图 19-22、图 19-23 所示为几种常用钢材在上述盐浴中渗硼,渗硼层厚度与渗硼温度和保温时间的关系,从图 19-22 可见,提高渗硼温度,渗硼层厚度增加。渗硼温度过低,则渗硼盐浴的流动性差,容易产生比重偏析,且盐浴表面易结壳,影响渗硼效果。但渗硼温度过高,不仅使盐浴挥发严重,成分不稳定,还会使基体组织晶粒粗大,工件变形,同时使渗硼层脆性增加。因此,一般渗硼温度大多采用 950℃ 左右。从图 19-23 可见,渗硼层的厚度随保温时间的延长而增加,但保温时间超过 6h 后,不仅渗硼层厚度增加趋于缓慢,而且使渗硼层脆性增加,所以保温时间通常控制在 1~6h 为宜。

渗硼后进行热处理不会降低渗层的硬度,但会影响工件的基体强度。所以对仅要求表面高硬度、耐磨性、耐蚀性的工件,渗硼后可直接在油中或空气中进行淬火冷却,但对要承受中等以上载荷的工件,则应进行淬火及回火处理;淬火应在渗硼温度或降低到较低温度下进行;一般采用等温淬火或油淬。淬火、回火温度根据工件材料的成分决定。

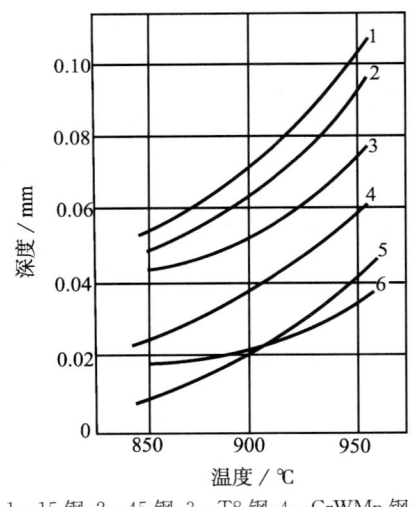

1—15钢;2—45钢;3—T8钢;4—CrWMn钢;
5—Cr12钢;6—3Cr2W8钢

图 19-22 渗硼温度对渗硼层厚度的影响

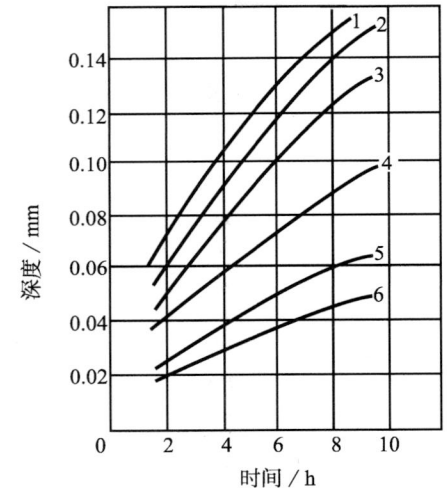

1—15钢;2—45钢;3—T8钢;4—CrWMn钢;
5—Cr12钢;6—3Cr2W8钢

图 19-23 保温时间对渗硼层厚度的影响

盐浴渗硼具有工艺简单,操作方便,渗硼后可根据要求进行热处理,并可对形状复杂的工件进行渗镀等优点。但有渗硼温度和熔盐流动性的限制,渗硼层的质量不易控制、工件表面残盐难以清洗等缺点。

19.5.2 渗硼层的金相组织与性能

19.5.2.1 渗硼层金相组织

从 Fe-B 二元系平衡图可以看出,硼原子进入钢件表面后,除与铁形成 α、γ 固溶体外(硼在 α-Fe、γ-Fe

中的溶解度极微,在912℃时发生 α→γ 相变),随着含硼量的升高依次形成 Fe_2B（ε 相）和 FeB（ζ 相）的化合物。Fe_2B 为正方点阵,含 8.8wt% 的硼；FeB 为斜方点阵,含 16.2wt% 的硼。还有 η 相,斜方点阵,含 72wt% 的硼。

渗硼层的组织和形貌,取决于渗硼工艺和基体材料的合金元素与含量。当渗剂的活性较大时或渗硼温度较高或保温时间较长时,基材表面吸收的硼含量较高,渗硼层表面容易出现 Fe_2B+FeB 双层硼化物；反之,则可以获得单一的 Fe_2B 层。当基材中含铬、镍、锰和钼时将促进 FeB 的生成或增加其在渗层中的数量,而铜和铝则促使 FeB 减少。

低、中碳钢渗硼时,由于硼沿碳轴择优扩散,使晶粒沿扩散方向迅速生长,形成楔入基体且垂直表面的"指状"硼化物。图 19-24 为 20 钢在 70wt% $Na_2B_4O_7$、30wt% SiC 的渗剂中,经 910℃、保温 4 h 空冷后的渗层组织,由于用 SiC 作为还原剂,渗层为单层的硼化物（Fe_2B）层,手指状硼化铁楔入基体。图 19-25 为 20 钢在 80wt% $Na_2B_4O_7$、10wt% Ca-Si、10wt% Na_2BF_4 的渗剂中,经 950℃、保温 6 h 空冷后的渗层组织,由于用 Ca-Si 作为还原剂活性较强,渗层为二层,第一层为 FeB,内层为 Fe_2B,除了 Fe_2B 手指状楔入基体外,FeB 也手指状楔入 Fe_2B 内。碳和合金元素的存在阻碍硼的扩散,减少晶粒的择优取向性。因此,高碳高合金钢渗硼时,其硼化物与扩散层的交界线较平整,其平整程度一般随钢中碳和合金元素的含量而变化。硼化物与扩散层的交界线越平直,其结合强度越低,受冲击时越易剥落。

图 19-24　20 钢粉末渗硼层金相组织　（250×）　　图 19-25　20 钢粉末渗硼层金相组织　（250×）

渗硼时,由于硼不断地与基体表层的铁化合成"指状"的 FeB 和 Fe_2B,将碳推向基体（扩散层）,因此在 Fe_2B "指间"和渗层边缘形成明显的增碳区,促使析出含硼渗碳体 $Fe_3(C,B)$ 和 $Fe_{23}(C,B)_6$。Fe_2B "指间"与"指尖"的析出物与钢的含碳量有关,低碳钢在 Fe_2B 层下析出的为片、块状铁素体（因碳向基体扩散,造成该区贫碳的结果）。高、中碳钢由于碳含量高,形成硼化物过程中排出的碳来不及扩散,使硼化物之间区域碳含量增高,因此 Fe_2B "指间"析出的条块状物多为 $Fe_{23}(C,B)_6$ 碳化物（又称 τ 相）；"指尖"针状物为含硼渗碳体 $Fe_3(C,B)$。随着含碳量的增加,含硼渗碳体的量也增加。

基体中除碳以外的其他合金元素,也要重新分布,也有着明显的影响。钛、钼、硅、镍及铬会减薄增碳区；铬和钼元素还能抑制碳和硼对晶粒长大的影响；钛的影响最为明显,可以使渗硼层下完全没有粗大的珠光体晶粒,直接淬火就可以得到较细的马氏体组织；铬、钼、钒等合金元素会在渗硼时形成"指间"或"指尖"碳化物。有些化合物还会留在渗硼层中,在显微组织中能明显的观察到。这种硼铁相为 $(FeM)_2B$ 和 (FeM)B 相、碳化物相或 $M_3(C,B)$、$M_{23}(C,B)_6$ 和 $M_7(C,B)_3$ 等。

合金元素中的硅,在渗硼时也被挤向基体。由于硅是扩大铁素体的元素,在渗硼层之后会形成 α 区带 (1wt% 的硅有此作用),当承受较大载荷时,易塌陷而使渗硼层剥落。灰铸铁和球墨铸铁也含有较多量的硅,渗硼后也会形成 α 区带。在铸铁中还会将石墨片向后推移,导致在渗层与基体交界处出现较多的石墨片。

在渗层中有时会出现疏松孔洞,一般认为由于加入了过多量的 NH_4Cl、Si-Fe 和 Na_2SiF_6 而形成。疏松孔洞过多,而连成片或带,会引起渗层剥落,对经受冲击的产品是极为不利的。

图 19-26 为 45 钢在经 950℃、保温 4 h 粉末渗硼空冷后,重新加热到 850℃淬火、160℃回火的渗硼层

组织,表面渗层为单相Fe_2B层,渗层中含硼渗碳体有减少的倾向,基体组织为回火马氏体。图 19-27 为 40Cr 钢渗硼后空冷的渗层组织,外层为 FeB 相层、内层为 Fe_2B 相层;Fe_2B"手指"之间析出含硼渗碳体,并伸展至硼铁化合物层下,有半网状沿晶分布的趋势。

T8 钢中 Fe_2B"指间""指尖"析出的针状呈"羽毛"排列的碳化物,一般均为含硼碳化物。含碳量高时"羽毛"相减少,含硼渗碳体变成条状或块状。图 19-28 为 T8 钢在 90wt%$Na_2B_4O_7$、10wt%Fe-Si、盐浴渗剂中,经 950℃、保温 6h 后的渗层组织,盐浴的活性较弱,得到 Fe_2B 单相渗层,可见随着碳量的增加,硼铁化合物针逐步趋于平整,"手指"周围的含硼渗碳体随之增加。

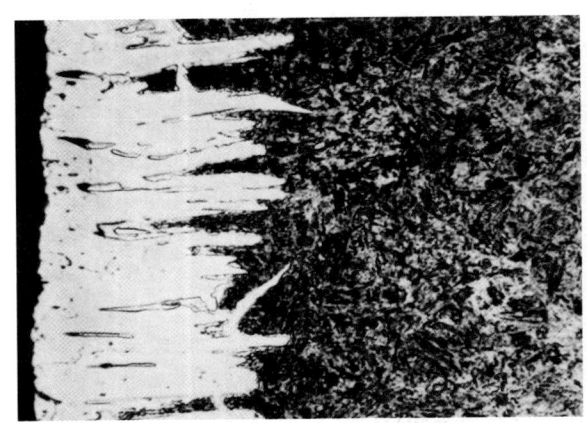

图 19-26　45 钢粉末渗硼层金相　（250×）

图 19-27　40Cr 钢粉末渗硼层金相组织　（250×）

图 19-29 为 T12 钢经 950℃、保温 6h 后的渗层组织,硼化物层为 FeB 相及 Fe_2B 相二层,Fe_2B 相针楔入基体部分明显的没有低、中碳钢尖锐细长。Fe_2B"指间"和末端析出较多的含硼渗碳体有条块状的含硼渗碳体析出渗入基体。T8 的含硼渗碳体相大都呈羽毛状。根据铁碳硼合金系平衡图,在 965℃时 τ 相 ($Fe_{23}(C,B)_6$)→$Fe_3(C,B)$ 相变,因此,只有高于该温度渗硼,中碳钢才可能得到 $Fe_3(C,B)$。

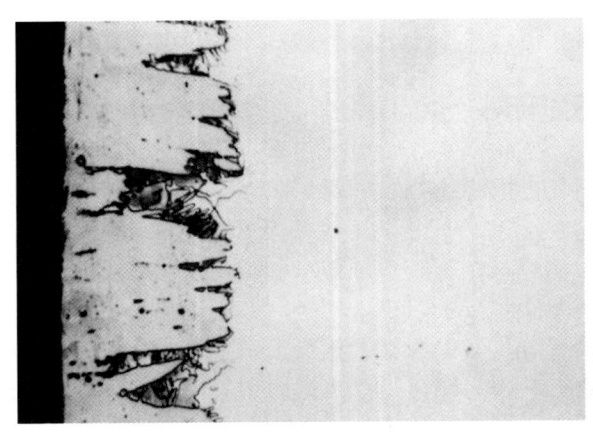

图 19-28　T8 钢盐浴渗硼层金相组织　（250×）

图 19-29　T12 钢粉末渗硼层金相组织　（200×）

FeB、Fe_2B 二种硼化物的性能、相对量、形态、分布对渗层的性能有很大的影响,JB/T 7709—2007《渗硼层显微组织、硬度及层深检测方法》中,根据渗硼后获得的单相(Fe_2B)、双相(FeB、Fe_2B)、相对数量、指状和齿状等不同形态,分为 6 类,具体见表 19-5 和图 19-30。这种分类为工业生产中的渗硼提供了评定的依据。高硼相 FeB 有很高的硬度,但脆性较大,在使用中没有实际意义,因此在零件上希望得到硬度较高与基体结合良好、且脆性较小的"指状"单相 Fe_2B。另外在双相层中只要 FeB 的量不多,不连续分布,对使用性能不会有很大的影响。因此渗硼层金相检验不仅应说明组织还应评定渗硼层类型。

表 19-5 渗硼层类型说明

类型	说　　明
Ⅰ	单相 Fe_2B
Ⅱ	双相 FeB、Fe_2B FeB 约占 1/3
Ⅲ	双相 FeB、Fe_2B FeB 约占 1/2
Ⅳ	双相 FeB、Fe_2B FeB 约占 2/3
Ⅴ	齿状渗层
Ⅵ	不完整渗层

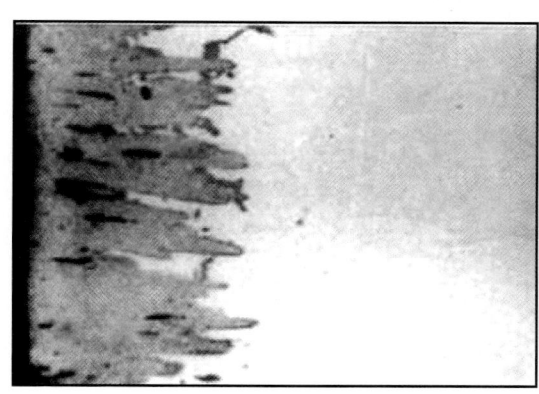

类型 Ⅰ

类型 Ⅱ

类型 Ⅲ

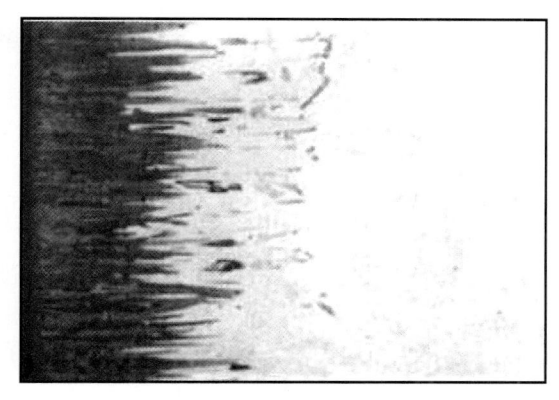

类型 Ⅳ

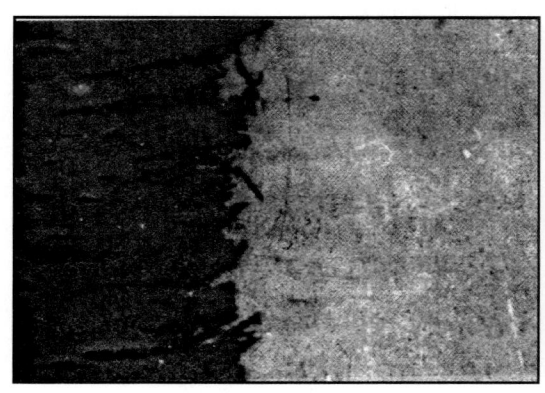

类型 Ⅴ

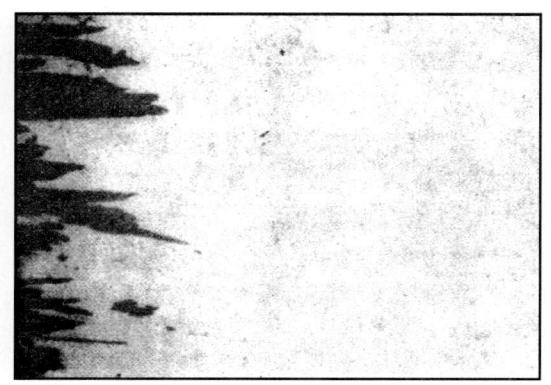

类型 Ⅵ

图 19-30　渗硼层形貌类型　[250×(×0.9)]

渗硼层形貌有 6 类,且渗层界面大多呈指形状,为较客观地测定渗层深度,JB/T 7709—2007 标准按渗硼层类型规定了 3 种测量层深方法,见表 19-6。

表 19-6 不同类型渗硼层深度测量方法

适用类型	基体含碳量/wt%	形貌特征	示意图及计算公式
Ⅰ Ⅱ	≤0.35	渗层呈指状峰谷相差很大	$h = \dfrac{1}{5}(谷_1 + 谷_2 + 谷_3 + 谷_4 + 谷_5)$
Ⅲ Ⅳ	0.35~0.60	渗层呈指状峰谷明显	$h = \dfrac{1}{5}\left(\dfrac{峰_1+谷_1}{2} + \dfrac{峰_2+谷_2}{2} + \dfrac{峰_3+谷_3}{2} + \dfrac{峰_4+谷_4}{2} + \dfrac{峰_5+谷_5}{2}\right)$
Ⅴ	>0.60	渗层整齐呈齿状峰谷不明显	$h = \dfrac{1}{5}(h_1 + h_2 + h_3 + h_4 + h_5)$

注:试样测试面在 200~300 倍下,将视场分为 6 等分,在 5 个等分点上测量深度,根据以上要求计算算术平均值。

渗硼试样用硝酸酒精溶液浸蚀可显示出基体和过渡区组织,并能测定渗硼层厚度,但不能区别 FeB 与 Fe_2B 相。通过用三钾试剂:10g 铁氰化钾+1g 亚铁氰化钾+30g 氢氧化钾+100 mL 水溶液来染色区分。随温度不同,浸蚀时间为 8~15 min,浸蚀后 FeB 为深褐色,Fe_2B 为浅棕黄色。

19.5.2.2 渗硼层的性能及应用

渗硼层的硬度很高,一般能达 1500~2100 HV。渗硼层具有十分优异的耐磨性能。试验表明渗硼层无论在黏着磨损、磨粒磨损及腐蚀磨损的条件下,都具有高的耐磨性。如在干滑动摩擦条件下,45 钢渗硼后的耐磨性比渗碳后的高 3~5 倍,比碳氮共渗后的高 0.5~2 倍。

渗硼层脆性较大,受冲击载荷时容易崩裂,但如果把渗硼层与基体当作一个整体看待,其脆性就没有那么严重了。所以渗硼层与基体之间有一个良好的结合是很重要的,如控制好渗硼条件,获得楔入基体的"指状"硼化物层,脆性就大大降低,可以在断后伸长率为 4%时仍不出现裂纹。

钢件渗硼后在常温下对盐酸、磷酸、硫酸、碱中有一定的耐腐蚀能力,但它不耐大气、自来水、海水和硝酸的腐蚀。

应该指出,渗硼零件的机械加工应考虑到在渗硼后零件的尺寸有胀大的情况,胀大量约为渗硼层深度的 10%~20%。

渗硼层主要用于耐磨且兼有一定耐蚀的在高温条件下的工件,如钻探用水泵、泥浆泵的轴套、拖拉机履带销、轧钢机导辊和燃油喷嘴等易磨损件和各种模具、刀具等。渗硼既能大大提高使用寿命,又可用普通碳钢或低合金钢渗硼来代替高合金钢,节约贵重合金元素,降低成本,因此有较好的发展前景。

19.6 电镀及电镀层的金相分析

用电化学方法使金属的化合物还原为金属的过程称为电沉积。若在电沉积过程中能在金属或非金属构件表面形成符合某种指定要求的致密的金属层,则称为电镀。为适应各行各业各种部件的特定要求,相应的镀层种类繁多,相应镀层厚度要求也各不相同,由此形成各种电镀工艺。在电镀工艺品质控制中,金相分析也是一个主要手段。

电镀(包括一些与液相中化学表面成膜反应有关的过程)既能赋予各种金属和非金属器件美丽的外观和优异的耐腐蚀性能、耐磨损性能,又能为器件表面获得多种特殊的功能,使之成为新型的功能材料,甚至还可以作为形成某些金属基复合结构材料的手段,因此,电镀在各个工业生产领域的应用非常广泛。

19.6.1 电镀工艺原理及分类

19.6.1.1 电镀工艺原理

电镀,简单来说,是一种借助外界直流电的作用,在电镀溶液中进行电化学反应,使导电体表面沉积一种金属或合金层的工艺。电镀液为含有镀覆金属的化合物、导电盐类、缓冲剂、pH 调节剂和添加剂等组成的水溶液。经预处理的镀层金属作阳极,待镀金属制品作阴极,通电后,电镀液中的金属离子在电位差作用下移动到阴极上形成镀层,而阳极的金属形成金属离子进入电镀液,以保持被镀覆金属离子的浓度。由于金属镀层,也具有某种特有的晶体结构,因此电镀过程也是一个电结晶过程。但由于它是在复杂的电解过程和特殊的电场下进行,所以其结晶过程又具有明显的特殊性。

金属的电结晶可以在原有的基体金属晶格上(尤其是晶格缺陷处)进行,不一定首先要形成晶核。实际晶体的生长是以多晶及台阶形式生长。初始台阶以位错形式生成,称微观台阶,除了能逐渐长成完整晶面外,还会合并成宏观台阶。不同的晶面对微观台阶的生长过程,包括生长速度有不同的影响,这将直接影响电镀层的组织结构。

在基体金属晶体上不断生长的电结晶过程中主要经历两个过程:首先是金属离子放电过程,其次是吸附原子表面扩散过程。

当电极电位离开平衡电位不远时,电流密度较小,金属离子在阴极上还原的数量不多,吸附原子的浓度较小,而且晶体表面存在的"生长点"也不太多。因此吸附原子在电极表面上扩散相当困难,于是有条件使晶粒长得比较粗大。这种情况下表面扩散过程控制着整个电结晶的速度。

当电极电位更负时,电流密度较大,吸附原子的浓度逐渐变大,晶体表面上的"生长点"也增大。由于吸附原子表面扩散的距离缩短了,因而表面扩散变得较容易,可获得的晶粒多而细小。这时,控制整个电结晶速度的是离子放电过程。

在过电位的绝对值很大时,电流密度相当大,被还原的金属离子数量很多,电极表面上形成了大量的吸附原子,它们很有可能聚集到一起,形成新的晶核。而且过电位越大,形成新的晶核的概率就越大,由此而形成的晶粒的尺寸也就越小,这样就可以获得致密光滑的金属镀层。所以电镀中总是设法使得阴极极化大一些。

19.6.1.2 电镀层分类

电镀层的分类方法较多,有的根据金属镀层的组合情况分:电镀单金属、电镀合金、电镀特殊材料等;有的根据镀层与基体间的化学腐蚀关系分:阳极性镀层、阴极性镀层;最常用的是按镀层功能分类。

1. 防护性镀层

主要用于大气或其他环境下防止金属制品基体金属腐蚀。例如钢铁材料镀锌,以适应大气腐蚀环境;镀锡或镉锡合金以适应海洋性气候。

2. 防护装饰性镀层

在大气环境中,这类镀层不但能防止基体金属腐蚀,而且能使制品表面在长期内保持某种光泽。例如,钢铁制品上镀铜-镍-铬、铜锡合金、多层镍、微孔镍、金、银等。由于镀层电位正于基体金属,因此这类镀层仅有机械保护和装饰作用。

3. 功能性镀层

主要用于某些特殊要求部件。

(1) 导电性镀层。在强电、弱电的器件中，常用镀铜或镀银保证导电性。对于还要求耐磨性好的插件，常镀银锑合金、金铝合金等。

(2) 可焊性镀层。为改善电器件的焊接性能需镀锡或锡合金等。

(3) 耐磨和减磨性镀层。耐磨镀层多采用镀硬铬或与硬质微粒共沉积的镍基、铬基复合镀层。减磨镀层能起固体润滑作用，大多采用镀锡、铅锡合金、铅银合金、铅锡锑合金以及含有起固体润滑作用的微粒的复合镀层。

(4) 防渗镀层。化学热处理中，常有局部不被渗的要求，可用镀铜层防渗碳，用镀锡层防渗氮等。

(5) 抗高温氧化镀层。为避免处于高温和具有腐蚀介质中使用的工件高温氧化，需对工件镀覆铬、铂铑合金、铟合金或钨合金等各种镀层。

(6) 消光镀层。常用镀覆黑镍或黑铬方法，使某些光学仪器部件达到消光效果。

(7) 反光镀层。采用铬、银、高锡青铜等镀层，可增加零件反光能力。

4. 修复性镀层

用于已被磨损的零件，如通过镀铁、镀铜、镀硬铬层等对轴、轧辊等零件局部或整体进行加厚修复。常采用电刷镀加工方法。

19.6.1.3 化学镀

化学镀是在无电流通过时借助还原剂在同一溶液中发生氧化还原作用，从而使金属离子还原沉积在自催化表面上的一种镀覆方法。化学镀与电镀的区别在于不需要外加直流电源，化学镀可以叙述为一种用以沉积金属的、可控制的、自催化的化学还原过程。

化学镀不能与电化学的置换沉积相混淆。后者伴随着基体金属的溶解；同时，也不能与均相的化学还原过程（如浸银）相混淆，此时沉积过程会毫无区别地发生在与溶液接触的所有物体上。同其他镀覆方法比较，化学镀具有如下特点：

① 可以在由金属、半导体和非导体等各种材料制成的零件上镀覆金属；
② 无论零件的几何形状如何复杂，凡能接触到溶液的地方都能获得厚度均匀的镀层；
③ 可以获得较大厚度的镀层，甚至可以电铸；
④ 镀层致密，孔隙少；
⑤ 镀层往往具有特殊的化学、力学或磁性能；
⑥ 工艺设备简单，无须电源，操作简便。

现在能用化学镀获得纯金属、合金及复合镀层，常用的有化学镀镍、镍磷等。

19.6.2 电镀层的组织形态及影响因素

19.6.2.1 电镀层表面生长形态

电镀过程中，电结晶表面生长形态常见的有层状、脊状、棱锥状和块状；此外还有螺旋状、棱晶状、枝晶和须晶状等。具体电镀过程中，工艺不同，可能形成各种生长形态的组合，如金刚石表面镀镍刺的形态就会各异，见图19-31。

1. 层状

层状镀层起始于基体金属某一晶轴的台阶边缘，晶面上无数个微观台阶沿同一方向扩展，并合并成宏观台阶。当宏观台阶平均厚度达约50 nm时，可成为显微观察的对象。宏观台阶（层）间的距离随电镀时电流密度增大而增大，但表面若存在活性物质会减小这间距。

2. 脊状

拟为镀层层状生成的一种特殊形式，与晶面上吸附大量活性物质导致宏观台阶间距缩短相关。

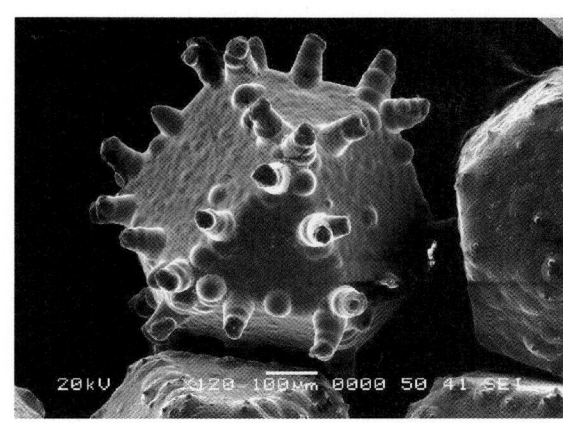
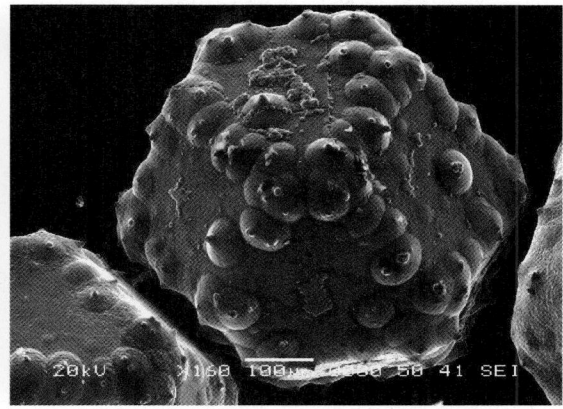
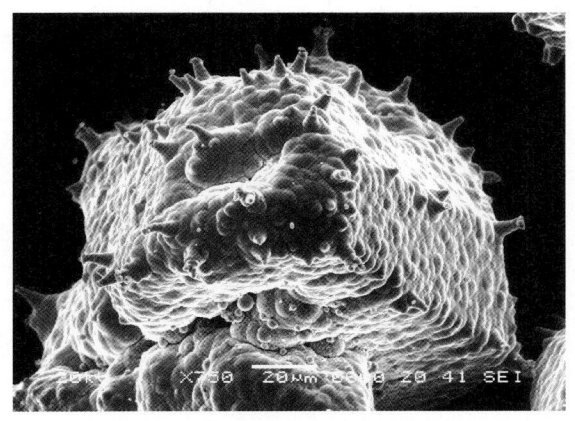

图 19-31　金刚石镀镍刺的几种形貌

3. 棱锥状

具体可进一步分为三角棱锥、四角棱锥和六角棱锥，它们的侧面一般为高指数晶面且包含台阶。棱锥的对称性与基体材质相关。一般容易出现在电镀液较纯电流密度较小的条件下，且只出现在某些特定取向的晶面上。

4. 块状

块状镀层的生长一般认为是层状生长的扩展所致，也有人认为是棱锥镀层截去尖端的结果。

5. 螺旋状

在铜或银电结晶过程中，当电镀液浓度很高时有时会出现螺旋状形态，尤其采用方波脉冲电流时螺旋状生长的出现概率将增加。

6. 枝晶及须晶

呈苔藓状或松叶状的枝晶状镀层，实际上是由于低指数晶向平行的单晶构架组成，主干与枝杈的夹角是固定的。在电镀液浓度较低而交换电流密度较大的简单离子的电结晶中，容易出现这种生长形态。

当枝晶状镀层中枝晶纵向尺寸远大于侧向尺寸时，则呈线状-即为须晶状。该形态镀层的形成的原因：很高的电流密度下添加剂选择性吸附导致的抑制作用。

19.6.2.2　电镀层组织形态及性能

不同的电镀工艺条件下，电镀层不仅表面生长形貌不同，镀层内部组织形态也不同。一般可分为等轴晶组织、柱状晶组织、纤维状组织、层状组织等。各种具体镀层中，晶粒的形状、种类、大小、各种晶粒的相对量及分布各不相同，形成了各具特点的电镀层组织，但是组成相还是以单相居多。

图 19-32 所示为 08F 钢上镀 Cu-Sn 合金层的组织形貌：以铜为基的含锡等轴晶固溶体。图 19-33 为 08F 钢上镀铬层的组织形貌：柱状晶及等轴晶形态的单相铬。图 19-34 为 08F 钢上镀锌层的组织形

貌：等轴晶及少量柱状晶形态的单相锌。图 19-35 为 08F 钢上镀镍层的组织形貌：层状单相镍。图 19-36 为 08F 钢上镀镍层组织形貌：柱状及层状单相镍。

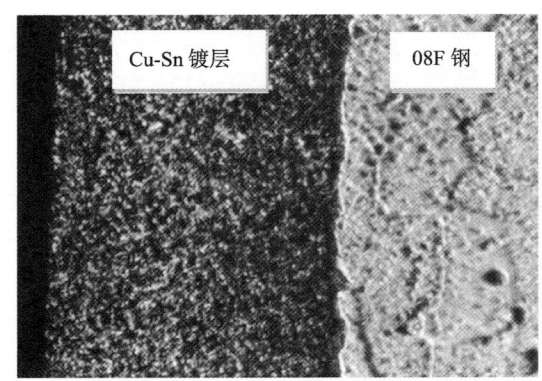

图 19-32　等轴晶状的 Cu-Sn 镀层组织形貌 （1000×）

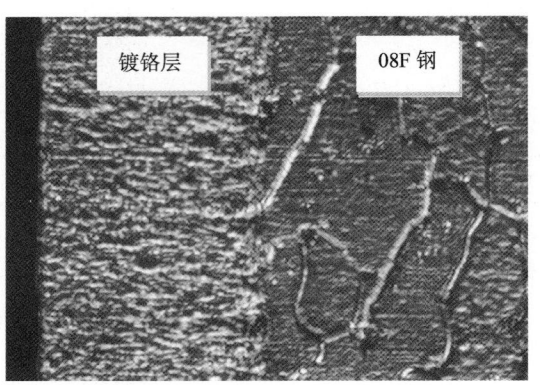

图 19-33　（柱状及等轴）晶状镀铬层组织形貌 （1250×）

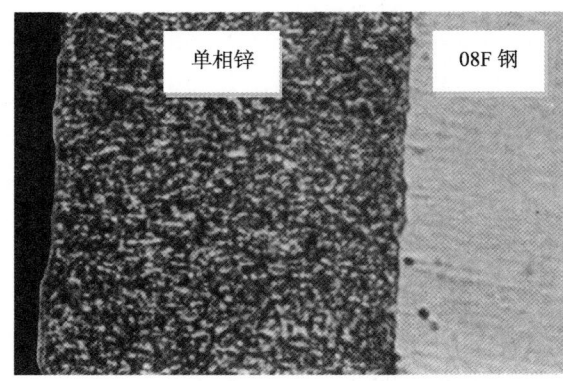

图 19-34　（等轴及少量柱状晶）状镀锌层组织形貌 （1000×）

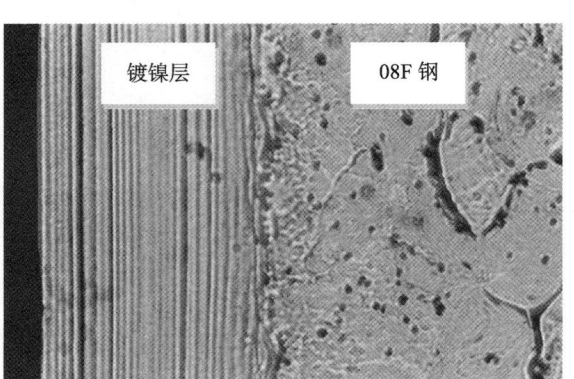

图 19-35　层状镀镍层组织形貌 （1000×）

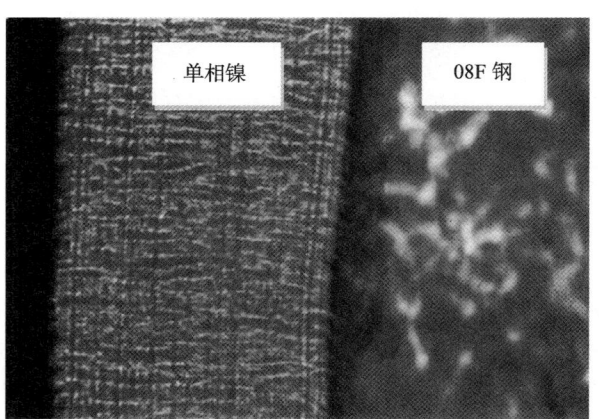

图 19-36　柱状及层状镀镍层组织形貌 （630×）

电镀层的晶粒越细，硬度及强度越高；但由于电结晶时晶粒越细，不平衡程度则越高，内应力也越大，因此会使细晶镀层韧性降低，变脆。

19.6.2.3　影响镀层组织因素

电镀溶液、工艺条件及阴极材料均影响镀层的组织，见表 19-7。

表 19-7 影响镀层组织因素

1. 电镀溶液对镀层组织影响	
络合物	电镀液中主要金属离子为简单离子时,未加入络合物,镀层晶粒相当粗大。 电镀液中主要金属离子为络合离子时,加入络合物,镀层晶粒较细小,镀层较致密。
添加剂	指一些表面活性物质,有利晶核形成,镀层晶粒细出现层状组织。有的添加剂起润滑作用,使氢气泡不易在电极表面上停留,因此可减少组织中麻点。
2. 阴极材料对电镀层组织影响	
阴极电结晶表面组织会影响(或遗传)到镀层组织。在较小电流密度电镀时,基体组织对电镀层组织影响相对明显。	
3. 工艺条件对电镀层组织影响	
电流密度	对具体电镀液,在一定范围内,提高电流密度,电结晶时成核率随之提高,可使晶粒细化。但电流密度过高(且又不搅拌)组织中会出现麻点和疏松,甚至会被烧黑或烧焦。
温度	其他参数不变情况下,升高电镀液温度,不利形核而使组织中晶粒粗化。 此外,升高温度可提高电流密度上限,增大盐类溶解度,使镀层中氢的夹杂量减小。
搅拌	仅搅拌会使镀层组织晶粒变粗,但若同时采用较高电流密度时,可抵消搅拌引发的晶粒粗化趋势。
电流波形	当使用整流器时,整流电流的波形对各种镀层有不同的影响。目前广泛应用脉冲电源,有三个独立参数(脉冲电流密度,导通时间和关断时间)可调。 当使用短脉冲时,可使镀层组织晶粒明显细化;控制适当的周期可减少镀层中夹杂物。

19.6.3 电镀层检测及缺陷组织

19.6.3.1 电镀层组织显示

电镀层组织的相组成大多为单相固溶体或纯金属,多相组织的为少数,而且镀层与基体金属之间不存在扩散关系(除另行扩散热处理外)。

对于单相镀层的组织显示主要是显示晶界。一般可按镀层金属或合金的电位来选择组织浸蚀试剂。

各种金属元素的电动势排序如下:Li^+、Na^+、K^+、Ca^{2+}、Ba^{2+}、Be^{2+}、Al^{2+}、Mn^{2+}、Zn^{2+}、Cr^{2+}、Cd^{2+}、Ti^{2+}、Co^{2+}、Ni^{2+}、Pb^{2+}、Fe^{2+}、H^+、Sn^{4+}、Sb^{3+}、Bi^{2+}、Cu^{2+}、Ag^+、Hg^{2+}、Pt^{2+}。所有排列在氢以前的元素都能受酸浸蚀并放出氢气,所有排列在氢以后的元素如不加入氧化剂均不受酸浸蚀,这时就可以选择碱性试剂来浸蚀。

19.6.3.2 电镀层检测

电镀层品质检测包括镀层成分、镀层厚度、镀层耐蚀性、镀层与基体的结合力以及镀层的组织缺陷等。

1. 镀层成分检测

目前常用 X 射线能谱分析仪(EDS)在电镜内对镀层直接检测。

2. 镀层厚度测量

根据 GB/T 6463—2005《金属和其他无机覆盖层厚度测量方法评述》(等效采用 ISO 3882:2003),镀层的厚度测量方法有多种,有的可无损测量,有的要取样后测量,相关具体测量方法标准及相关厚度范围见表 19-8 所列,具体应用时要根据技术要求及实验条件选用。其中金相法相对直观,可用光镜,也可用扫描电镜在高倍下测量至 0.1 μm 厚度的镀层。

表 19-8 覆盖层厚度测量方法、可测厚度的范围及相关标准

测量方法		典型厚度范围/μm	相应方法标准
磁性法	用于钢铁上非磁性覆盖层	5~7 500	GB/T 4956
	用于镍覆盖层	1~125	GB/T 13744

续表

测量方法	典型厚度范围/μm	相应方法标准
涡流法	5~2 000	GB/T 4957
X射线光谱法	0.25~25	GB/T 16921
β射线反向散射法	0.1~1 000	QB/T 3819(等效采用 ISO 3543)
双光束显微镜法	2~100	GB/T 8015.2
库仑法	0.25~100	GB/T 4955
显微镜法	4~数百	GB/T 6462
轮廓仪法	0.002~100	GB/T 11378
扫描电镜法	0.1~数百	JB/T 7503(等效采用 ISO 9220)

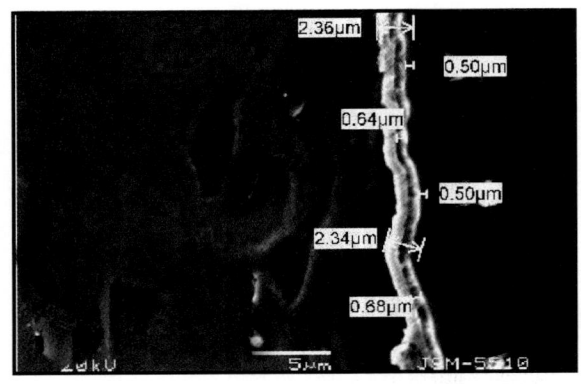

图 19-37 黄铜基表面镀铜、镀银、镀白铜

镀层厚度的检测应根据工艺文件选取部位和检测的点(区域)数。

图 19-37 为黄铜基体上表面多层镀的 SEM 图。借助 EDS,得知镀层从基体向外依次是:紫铜、银、白铜;借助 SEM,测得镀层总厚度为 2.34~2.36 μm,白铜层厚度为 0.50 μm,银层厚度为 0.64~0.68 μm。

3. 镀层耐蚀性检测

一般在盐雾箱内按 GB/T 10125—2012《人造气氛腐蚀试验盐雾试验》进行试验,并按 GB/T 6461—2002《金属基体上金属和其他无机覆盖层经腐蚀试验后的试样和试件的评级》进行评级。

4. 结合力检测

由于镀层较薄,与基体的结合力一般均采用间接定性方法进行检测。

在 GB/T 5270—2005《金属基体上的金属覆盖层电沉积和化学沉积层附着强度试验方法的评述》(等效采用 ISO 2819:1980)标准中列出了 15 种定性检验方法,有关方法及适用镀层见表 19-9。

具体检验时应按供需双方认可的工艺条件选用。

表 19-9 适用于各种金属镀层的附着强度试验方法

附着强度试验	覆盖层金属									
	镉	铬	铜	镍	镍+铬	银	锡	锡-镍合金	锌	金
摩擦抛光	•	•	•	•	•	•	•	•	•	•
钢球磨光	•	•	•	•	•	•	•	•	•	•
剥离(钎焊法)			•	•		•		•		
剥离(黏结法)	•		•	•	•				•	
锉刀			•	•	•					
凿子		•	•	•	•					
划痕	•		•	•	•					

续　表

附着强度试验	覆盖层金属									
	镉	铬	铜	镍	镍+铬	银	锡	锡-镍合金	锌	金
弯曲和缠绕		•	•	•	•		•	•		
磨与锯		•	•	•	•			•		
拉力	•		•	•	•	•		•	•	
热震		•	•	•	•	•	•	•		
深引(埃里克森)		•	•	•	•			•		
深引(凸缘帽)		•	•	•		•		•		
喷钢丸				•		•				
阴极处理		•	•	•						

19.6.3.3 镀层的缺陷组织

电镀层的缺陷及产生原因见表 19-10。

表 19-10　电镀层缺陷类别

镀层缺陷	产生原因	图示
镀层鼓泡、剥落	镀层结合力不良引起,与基体表面不洁、气体黏附有关。	图 19-38
镀层中夹杂	一般与镀液污染有关。	图 19-39
镀层表面凹穴	主要表现为针孔或麻点。主要原因有气体吸附、基体表面有油类等黏污物以及基体金属缺陷等。	图 19-40
镀层漏镀	基体表面不清洁造成镀层断面。	图 19-41
镀层表面孔隙	基体表面微观不平整引起镀层表面凹陷。	
粗糙(毛刺)镀层	镀液中有悬浮的固体颗粒,电镀时黏附在镀层表面形成结瘤。	图 19-42
烧焦镀层	电流密度过大造成粗糙、疏松、边缘结瘤并焦化。	图 19-43
镀层存放中被腐蚀	镀层不致密、镀液清洗不净或存放不当。	图 19-44

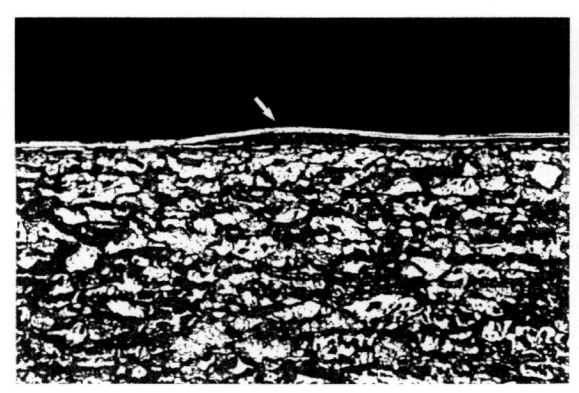

图 19-38　双层镍镀层中鼓泡缺陷形貌　(150×)

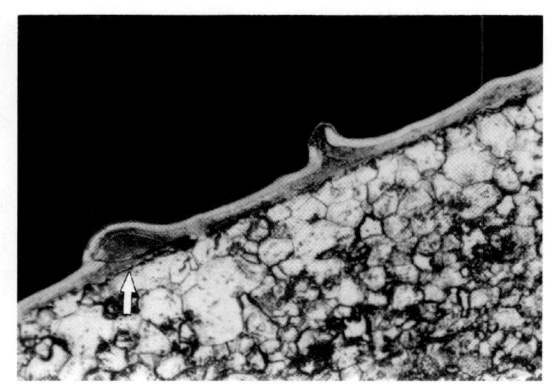

图 19-39　铜镀层中的夹杂形貌　(80×)

图 19-40　高应力镀镍层中空穴缺陷形貌　（250×）

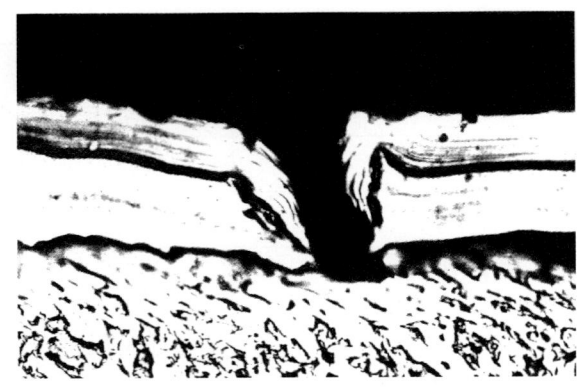
图 19-41　双层镍镀层中漏镀缺陷形貌　（700×）

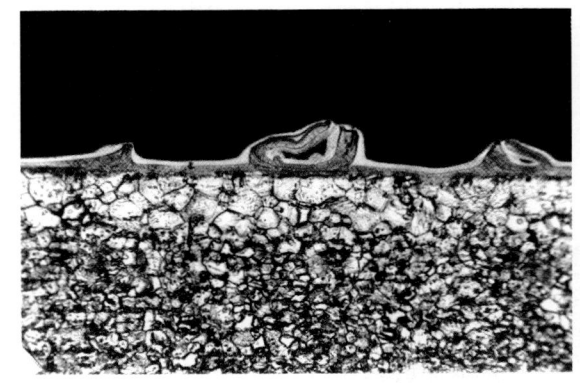
图 19-42　铜镀层的毛刺形貌　（60×）

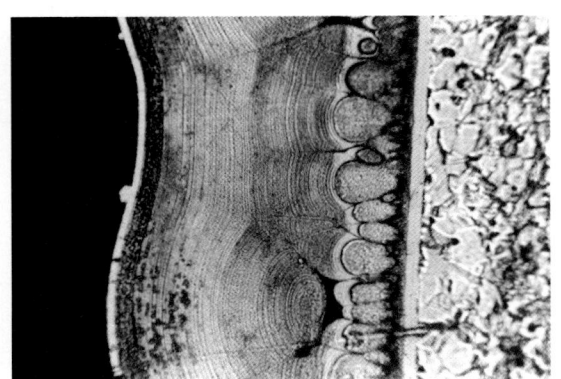
图 19-43　烧焦铜镀层形貌　（600×）

图 19-44　存放中铜/镍/铬镀层的电腐蚀形貌　（250×）

19.7　气相沉积及气相沉积层的金相分析

　　气相沉积是指把含有构成薄膜元素的气态反应剂或液态反应剂的蒸气及反应所需其他气体引入反应室，它们与工件表面发生化学反应生成单层或多层薄膜的技术，从而使工件表面获得具有特殊性能的涂层。目前该技术广泛应用与机械、航空、电子、轻工和光学等工业部门中。

　　气相沉积可分为物理气相沉积（PVD）和化学气相沉积（CVD）两大类。物理气相沉积是在真空条件下，采用各种物理方法将固态的镀料转化为原子、分子或离子态的气相物质后再沉积于基体表面，从而形成固态薄膜的一种制膜方法。化学气相沉积是将会形成薄膜的一种或几种气态化合物引入反应室，使其在工件表面通过化学反应形成所需薄膜的一种制膜方法。

气相沉积方法的归类目的主要是为了方便讨论,实际上随气相沉积技术的发展和应用,上述两类型气相沉积工艺往往相互交叉。即物理气相沉积也可以包含有化学反应,如在溅射钛等离子体中通过反应气体 N_2 最后合成 TiN 就是一例;而在化学气相沉积可以看到物理过程,如把离子体、离子束技术引入到传统化学沉积过程也是一例。

19.7.1 物理气相沉积(PVD)基本原理及特点

物理气相沉积工艺除真空蒸镀和溅射镀膜外,还包括离子镀、离子束沉积和离子束辅助沉积工艺等。虽然物理气相沉积工艺多种多样,但工艺过程中都必须实现气相沉积的 3 个环节:镀料(靶材)气化→气相输运→沉积成膜。各工艺的不同主要表现在 3 个环节的具体实施手段、机理等各不相同。物理气相沉积基本方法的比较见表 19-11。

表 19-11 物理气相沉积几种基本方法的比较

比较项目		真空蒸镀膜	溅射镀膜	离子镀膜
被沉积物质(镀料)的气化方式		电阻加热 电子束加热 感应加热 激光加热等	镀料原子不是靠热源加热蒸发,而是依靠阴极溅射由靶材获得沉积原子	蒸发式:电阻加热、电子束加热、感应加热、激光加热 溅射式:进入辉光放电空间的原子由气体提供,反应物沉积在基片上
镀膜(沉积)原理及特点		工件不带电;在真空条件下金属加热蒸发沉积到工件表面,沉积粒子的能力与蒸发时的温度相对应	工件为阳极,靶为阴极,利用氩离子的溅射作用把靶材原子击出而沉积在工件(基片)表面上。沉积原子的能力由被溅射原子的能量分布决定	工件为阴极,蒸发源为阳极。进入辉光放电空间的金属原子离子化后奔向工件,并在工作表面沉积成膜。沉积过程中离子对基片表面、膜层与基片的界面以及对膜层本身都发生轰击作用,离子的能力决定于阴极上所加的电压
沉积粒子能量/eV	中性原子	0.1~1	1~10	0.1~1(此外还有高能中性原子)
	入射离子	—	—	数百~数千电子伏特
沉积速率/$\mu m \cdot min^{-1}$		0.1~70	0.01~0.5(磁控溅射接近真空蒸镀)	0.1~50
膜层特点	密度	低温时密度较小但表面平滑	密度大	密度大
	气孔	低温时多	气孔少,但混入溅射气体较多	无气孔,但膜层缺陷较多
	附着性	不太好	较好	很好
	内应力	拉应力	压应力	依工艺条件而定
	绕射性	差	差	较好

在物理气相沉积工艺过程中,要保证镀料气相和反应气体的纯正,必须有一个良好的真空室。镀料的汽化需要一个或多个蒸发源,可以是高温型的(靠热能),也可是低温型的(如溅射轰击)。为在气相输运的空间能对输运中的气相粒子形态和能量施加影响,还需设置专门装置,如工作气体离子激化装置,或电场,或磁场,或灯丝(发射电子)等。为了控制沉积成膜的基体表面温度,提高膜/基结合力,需安装加热烘烤装置(电阻发热棒或碘钨灯等)和测温、控温系统。对于电离的镀料粒子,可以在工件上施加负偏压调节工件表面等离子鞘电位,可有效控制成膜品质。高偏压粒子能量大,对工件表面有溅射清洗作用,还有助于提高绕镀性。

与化学气相沉积工艺相比,物理金相气相沉积工艺主要有以下特点和优点:

① 镀膜材料广泛,容易获得;
② 镀料汽化可以高温蒸发也可低温溅出;

③ 沉积粒子能量可调,反应活性高;
④ 低温型沉积,可实现低温基体上的沉积,扩大应用范围;
⑤ 无污染,利于环保。

19.7.2 化学气相沉积(CVD)基本原理及特点

19.7.2.1 基本原理

化学气相沉积(CVD)是气相物质与固态金属表面发生化学反应的结果,化学反应的发生必须要在一定高温作用的激发条件下。不同的化学气相沉积工艺,有不同的激发方式,有 CVD、等离子体 CVD、光激发 CVD、激光(诱导)CVD 等。不同的化学气相沉积工艺其化学反应的类型也不同,主要有以下几种。

(1) 热分解反应。利用沉积元素的金属氢化物、卤化物、有机化合物加热分解,在工件表面沉积成膜。

(2) 还原反应。利用沉积元素的还原反应,在工件表面沉积成膜。

(3) 化学输送反应。在高温区被置换的物质构成卤化物,或与卤素反应生成低价卤化物,然后被输送到低温区,通过非平衡反应在工件上形成薄膜。

(4) 氧化反应。利用沉积元素的反应,在工件表面制备氧化物薄膜。

(5) 合成反应。几种气体物质在沉积区内反应与工件表面形成所需物质的薄膜。

(6) 等离子体激发反应。用等离子放电使反应气体活化,可在较低温度下成膜。

(7) 激光激发反应。某些有机金属化合物在激光激发下成膜。

化学气相沉积的源物质可以是气体、液态、固态。制备装置一般由反应室、气体输送和控制系统。蒸发器、排气处理系统等构成。采用合适的方式加热工件,使其保持一定的温度,并要高于环境气体温度。排气处理系统要求使排放的废气达到环保的排放标准。

19.7.2.2 CVD 特点

化学气相沉积是一种极为有用的薄膜沉积技术,和其他薄膜沉积技术相比,主要具有以下特点。

(1) 设备相对简单,操作维护方便、灵活,可沉积制备性能各异的单一或复合薄膜。

(2) 沉积薄膜均匀性好,可较好地控制沉积薄膜的密度、纯度、结构和晶粒度。可克服物理气相沉积工艺以"视线"方式沉积的薄膜不均匀、有死角的弱点。因此可适应镀覆各种复杂形状和带盲孔、沟、槽的工件。

(3) 沉积薄膜内应力低,与基体结合强度高。化学气相沉积是在高温条件下沉积薄膜,薄膜的内应力主要为热应力,相对较低,薄膜与基体结合强度相对高,不易剥落,因而可以生长较厚的薄膜。

(4) 沉积工艺温度太高,被处理工件在高温工艺过程中会变形、会出现基体晶粒长大,使基材性能下降,有时要在沉积工艺后再经热处理以补救。因此降低 CVD 工艺温度是该工艺发展主要方向。

(5) 气源和反应后余气大多有一定毒性,工艺设备必须配备有降温和净化功能的排气装置。

19.7.3 气相沉积薄膜组织特点及金相分析

气相沉积的镀膜的形成是镀覆物质从气态向固态转化的结果。在此过程中,蒸发或溅射的气态物质与固态的工件的衬底间的相互结合,主要是通过物理吸附或化学吸附来实现的。

(a) 核生长型 (b) 单层生长型 (c) 单层上的核生长型

图 19-45 薄膜生长的三种类型

19.7.3.1 薄膜生长过程

薄膜的形成过程不是外来原子在基体上随机的简单堆积,而是根据形成条件,生成非晶态、多晶及单晶的镀膜。具体的薄膜形成过程可归纳为三种基本类型:核生长型、单层生长型及单层上核生长型,见图 19-45。

1. 核生长型

在工件表面上形核、核生长、合并,进而形成薄膜。大多数气相沉积薄膜属于这类型。

2. 单层生长型

沉积原子在工件表面上均匀覆盖，以单原子层形式逐层形成。当沉积原子与工件原子间的相互作用强于沉积原子间的凝聚力时，趋向形成层状生长。

3. 单层上核生长

在最初 1~2 层的单原子层沉积后，再以形核长大的方式进行。一般在清洁的金属工件表面沉积另一种金属时容易产生。

19.7.3.2 薄膜组织特点

1. 蒸发镀膜层组织特点

用蒸镀可制成多晶、单晶和非晶薄膜。一般工艺条件下形成多晶薄膜，晶粒尺寸一般为 10~100 nm，由微晶粒密堆积成柱状体或锥状体组织。当蒸气流斜向入射工件表面时，柱状体则斜向生长。

2. 溅射镀膜层组织特点

与蒸发镀膜相比，溅射镀膜时，粒子达工件表面时所带能量很大，使膜表面温度上升，使膜的表观结构发生变化，使膜与工件的附着力增加，会形成准稳态相的膜层。高能粒子打入膜层还会引起杂质气体混入、缺陷产生及内应力增加等。

图 19-46 为溅射薄膜的组织结构示意图，展示溅射气体（氩）压力（采用 $P_{Ar}/0.13 Pa$ 比值为坐标）、工件表面温度（T）与镀膜材料熔点（T_M）比值 T/T_M 与薄膜生长组织结构间关系。由图可见，随工件温度增加，溅射薄膜经历了从多孔结构→致密纤维组织（非晶态）→柱状粒子→再结晶等轴晶的变化

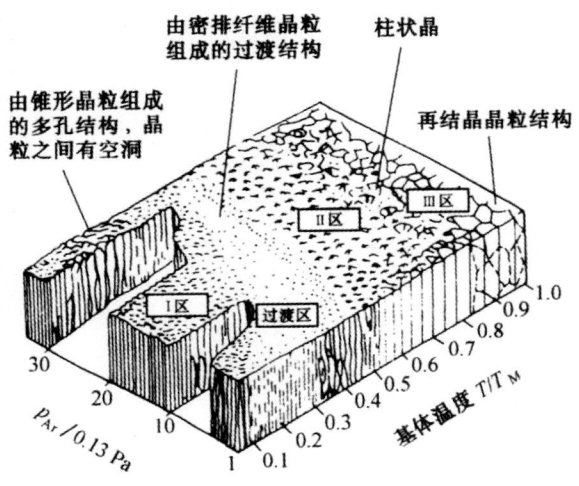

图 19-46 溅射薄膜组织结构示意图

3. 离子镀膜层组织特点

在离子镀薄膜生长过程中，膜的表面始终受到荷能粒子的轰击，会将沉积于薄膜表面结合松散的原子去除，从而减少薄膜的针孔缺陷，提高膜的密度；同时还可减少柱状晶。

图 19-47 为离子镀工艺条件下温度（T/T_M）、入射粒子能量（eV）与薄膜结构的关系的模型图。由图中可见，当入射粒子能量（eV）较低、工件温度（T/T_M）较低时，膜结构呈无定型状；随工件温度及粒子能量逐步提高，膜组织结构成为细小柱状多晶结构（Ⅱ区）并向疏松的大晶粒柱状体结构（Ⅲ区）发展。

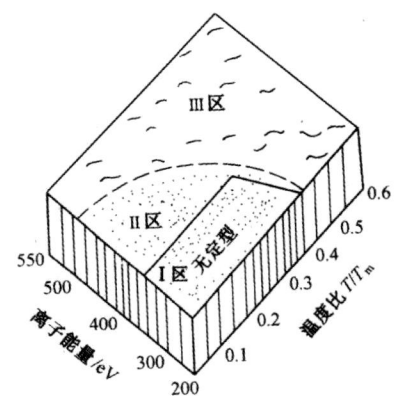

图 19-47 离子镀（Cu、Zn、Ge）薄膜结构模型

4. 化学气相沉积膜层组织特点

化学气相沉积（CVD）成膜的大致过程为反应气体被工件表面吸附→在工件表面进行化学反应、形核→生成物（气体副产物从工件表面脱离）→生成物在表面扩散。

化学气相沉积(CVD)薄膜的显微组织与材质及工艺密切相关。CVD膜显微组织可分为如图19-48所示的3种类型：

① 带圆丘顶的柱状晶组织；
② 显现侧面的柱状晶组织；
③ 细小等轴晶(或非晶态)组织。

一般而言，金属材料的CVD薄膜倾向形成柱状晶组织，而陶瓷材料和介电材料的CVD薄膜倾向形成微晶和非晶态组织。CVD膜中有时会同时出现两种或三种混合组织，特别是厚膜，得到完全均匀的组织是十分困难的。

19.7.3.3 气相沉积薄膜的金相检验

气相沉积薄膜的厚度一般很薄，大部分仅数微米，膜的显微金相组织结构一般要使用电镜，在工艺研究时才进行检验分析。在生产过程中，气相沉积薄膜的金相检验一般仅限于膜层厚度测定、膜层成分的定性分析以及膜层的硬度测定。

气相沉积膜一般较致密，与基体差异明显，样品制备后较容易识别，如离子镀TiN薄膜呈金黄色。沉积膜厚度的测定，可参照电镀层厚度的测定方法。

可用X射线能谱仪分析气相沉积膜的成分。图19-49为不锈钢上离子镀TiN薄膜的法向截面上金相组织形貌，白亮带为TiN镀层，中间的曲线为钛元素线扫描谱线，可见在膜层有明显峰值。

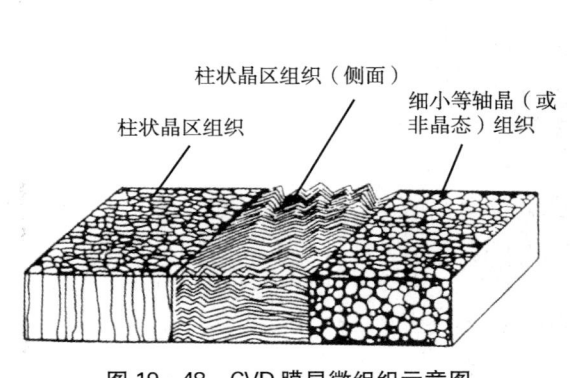

图19-48　CVD膜显微组织示意图

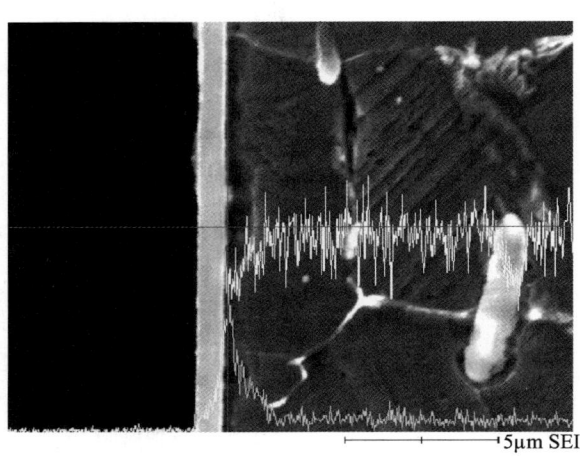

图19-49　不锈钢表面TiN镀层Ti元素线扫描图

19.8　热喷涂及热喷涂层的金相检验

表面喷涂技术已成为金属表面处理技术中较为广泛应用的工艺之一，并且是一种如铸、锻、焊、热处理那样独立的热加工工艺。它不但能节约材料、节省能源，而且可以提高工件质量、延长工件使用寿命，并有效地降低成本，在产品制造、再制造和磨损件的修复上得到了广泛的应用。

19.8.1　热喷涂的原理和工艺

热喷涂就是利用热源将喷涂原料加热到熔融状态，并以一定的速度将其喷射到工件表面形成一层涂覆层。喷涂料可用金属、陶瓷、塑料及复合材料的固体工程材料。通常把热喷涂中工件基体表层是否形成"熔池"分为喷焊和喷涂两种，前者工艺过程接近于焊接过程，后者可理解为热镀覆，相应的涂层叫喷焊层及喷涂层。具体分类可见GB/T 18719—2002(ISO 14917:1999)《热喷涂术语、分类》。

19.8.1.1 喷焊

按热源不同又可分氧乙炔火焰喷焊和等离子喷焊等。

1. 氧乙炔火焰喷焊

将自熔性合金粉(未经氧乙炔火焰焰流加热)用压缩空气喷射到经预加热的工件表面形成涂覆层。这时涂层与工件的结合为机械结合,涂层的致密性较差。要通过加热重熔使涂层中的粉末呈熔融状态相互熔敷,并通过扩散与基体形成了互熔层,使涂层与基体的结合由机械结合变为焊接结合。氧乙炔火焰喷焊与基材表面结合较好,涂层均匀致密强度高。抗冲击载荷及接触应力能力较强,可用于线接触或点接触的工件。但是,喷焊时工件表面温度可达900℃以上,易使工件产生变形。

2. 等离子喷焊

用等离子喷焊首先通过等离子弧的热量加热工件表面,使工件表面形成熔池;合金粉末通过送粉气送入喷枪并进入电弧中,经弧柱加热喷到熔池,合金熔池逐渐凝固后,在工件表面形成了等离子喷焊层。等离子喷焊层与基材表面结合良好,喷焊层中基本没有孔隙。该工艺可进行大批量机械化生产。但由于该工艺的加工温度更高,会产生较大的热应力,不适宜用于形状较复杂工件。

19.8.1.2 喷涂

热喷涂时不仅可用不同热源,喷涂材料也有多种类别选择,如粉末、线材或棒材。

氧乙炔火焰喷涂是用氧乙炔火焰作为热源,将粉末状喷涂料加热到熔融状态后,以一定的速度射向工件表面形成的涂层。当用线材喷涂料时是将喷涂的线材穿过喷嘴中心通过围绕喷嘴和气罩形成的环形火焰中,金属线的尖端连续地被加热到其熔点,然后,通过气罩的压缩空气将其雾化成喷射粒子,依靠空气流加速喷射到工件表面形成涂层。

等离子喷涂是以等离子体作为热源,将喷涂粉末迅速加热到熔融状态,并在等离子射流加速下,喷射到工件表面形成涂层。

电弧线材喷涂是以喷涂所用的线材作为两个消耗电极,由短路产生电弧,端部不断熔化,借助压缩空气雾化成液粒,喷射到工件表面形成涂层。

喷涂工艺不受基材和喷涂材料的限制,几乎所有的固体的工程材料均可制备成各种防护性涂层及功能性涂层。喷涂时基材受热温度较低,一般不超过200℃,所以工件几乎不会变形,适用于产品的修复及精加工的工件。但是喷涂与喷焊相比,其与基材的结合强度低,涂层致密性较差,不能承受冲击载荷,用于防腐性涂层时需经封闭处理。

19.8.2 常用热喷涂材料

喷涂材料从形态上分有粉末、线材和棒材三大类:见表19-12和表19-13。

表 19-12 热喷涂粉末材料

类别	分类	品 种
金属	纯金属	Sn, Pb, Zn, Al, Cu, Ni, W, Mo, Ti 等
	合金	(1) Ni 基合金:Ni-Cr, Ni-Cu; (2) Co 基合金:CoCrW; (3) MCrAlY 合金:NiCrAlY, CoCrAlY, FeCrAlY; (4) 不锈钢; (5) 铁合金; (6) 铜合金; (7) 铝合金; (8) 巴氏合金; (9) Triballoy 合金
	自熔性合金	(1) Ni 基自熔性合金:NiCrBSi, NiBSi; (2) Co 基自熔性合金:CoCrWB, CoCrWBNi; (3) Fe 基自熔性合金:FeNiCrBSi; (4) Cu 基自熔性合金

续　表

类别	分类	品　种
陶瓷	金属氧化物	(1) Al系：Al_2O_3，$Al_2O_3 \cdot SiO_2$，$Al_2O_3 \cdot MgO$； (2) Ti系：TiO_2； (3) Zr系：ZrO_2，$ZrO_2 \cdot SiO_2$，$CaO\text{-}ZrO_2$，$MgO\text{-}ZrO_2$，$Y_2O_3\text{-}ZrO_2$； (4) Cr系：Cr_2O_3； (5) 其他氧化物：BeO，SiO_2，MgO
	金属碳化物及硼氮硅化物	(1) WC，W_2C； (2) TiC； (3) Cr_3C_2 和 $Cr_{23}C_6$； (4) B_4C，SiC
复合物	包覆粉（液相沉积、气相沉积、电化学沉积）	(1) Ni包Al； (2) Ni包金属及合金； (3) Ni包陶瓷； (4) Ni包有机材料
	团聚粉（包覆团聚、擦筛、料浆喷干等）	(1) 金属+合金； (2) 金属+自熔性合金； (3) WC或WC-Co+金属及合金； (4) WC或WC-Co+自熔性合金+包覆粉； (5) 氧化物+金属及合金； (6) 氧化物+包覆粉； (7) 氧化物+氧化物
	熔炼粉及烧结粉	碳化物+自熔性合金，WC-Co
塑料		(1) 热塑性粉末：聚乙烯，尼龙，聚苯硫醚； (2) 热固性粉末：环氧树脂

表19-13　热喷涂线材品种

金属线材品种	复合线材品种
Zn，Al，Cu，Ni，Mo，Sn，Ti，Ti-Ni，Ti-6Al-4V Zn-Al，Al-Re，Cu-Zn，Cu-Al，Cu-Ni，Cu-Sn Pb-Sn，Pb-Sn-Sb（巴氏合金） Fe-C，不锈钢，Fe-Cr-Al，Ni-Cr，Ni-Cr-Al Ni-Cr-Fe，Ni-Cu-Fe（蒙乃尔合金）	铝包镍，镍包铝，金属包碳化物，金属包氧化物，塑料包金属，塑料包陶瓷

粉末材料主要用于等离子喷涂、爆炸喷涂和火焰喷涂；

线材（以金属线材为主），主要用于火焰喷涂、电弧喷涂和线爆喷涂；

棒材主要是由陶瓷材料做成，用于火焰喷涂。

热喷涂的涂层材料的范围是十分广阔的，可以根据不同情况选择不同的涂层材料来达到所要求的目的。其中粉末的用途最广、用量也最大。粉末材料中自熔性合金粉末主要用于喷焊工艺，它是指在以铁、镍、钴为基的合金中加入了强脱氧元素硼和硅后，使其熔点降低，并能在熔融过程中自行进行脱氧、造渣的低熔点合金粉末。

19.8.3　热喷涂层的金相检验

由于热喷涂有多种工艺、多种喷涂材料，相应的金相组织各不相同，但仍可按喷焊、喷涂两大工艺类别分成两大类。喷涂层厚度可参照相应的金属覆盖层厚度测量方法的国家标准测定。表面硬度测定可参照 YS/T 541—2006《金属热喷涂层　表面洛氏硬度试验方法》执行。

19.8.3.1 喷焊层组织

喷焊过程接近于堆焊过程,相应喷焊层组织相当于堆焊层组织。喷焊层与基体交界处是互熔的熔合区,宽约 0.006～0.030 mm,宽度主要受重熔温度、保温时间及焊层厚度影响。重熔温度越高,保温时间越长,焊层越厚,互熔区越宽;反之则越窄。为保证喷焊层的原有性能,在保证良好冶金结合前提下,要求互熔区窄一些为好,以减少喷焊层合金被过分稀释。

自熔性合金粉末喷焊层在重熔及保温过程中,合金元素相互扩散,经物化反应,会形成许多较复杂的相,这些相一般只能初步利用现有的相图判断,再用各种试验方法验证。

1. 镍硼硅合金喷焊层金相组织

基体为镍的固溶体和 Ni_3B 金属间化合物(一种硬质相),硬度可达 450～530 HV。一般镍基喷焊层中硅的含量为 2.5wt%～5.0wt%,因此硅基本溶于镍为基的固溶体中,随硅含量增大(达 5wt%)时,喷焊层硬度可达 37 HRC。硅除固溶于基体外,还会形成极细的、弥散分布的 Ni_3Si 化合物,在 5 万倍的电镜下才能观察到。

2. 镍铬硼硅合金喷焊层金相组织

基体为镍的固溶体,加上 Cr_2B、CrB、$M_{23}C_6$、M_7C_3、Ni_3B 等,其中 M 为铬、铁组成。一部分铬溶于镍,形成镍铬固溶体,增加强度。增加碳、硼元素含量,碳化物和硼化物相应增加,喷焊层硬度可由 20 HRC 增高到 65 HRC。

图 19-50 为 12Cr18Ni9 不锈钢基材上火焰喷焊 25wt%CrC+CrNi 粉合金后喷焊层与母材间区域组织形貌。图右侧为喷焊层,可见喷焊层组织分布较均匀。左侧为不锈钢基体区,组织为:等轴晶分布的奥氏体+少量条状铁素体,交界处互熔带十分窄小。喷焊层高倍组织分布形貌如图 19-51 所示,可见颗粒状的白色小颗粒较均匀地分布在深色的 CrNi 固溶体上。

(经盐酸硝酸溶液浸蚀)

图 19-50　喷焊层与母材交界区组织形貌

(经盐酸硝酸溶液浸蚀)

图 19-51　喷焊层高倍组织

3. 钴铬钨合金喷焊层金相组织

相当于司太立合金内加入硼、硅,基体为钴的固溶体,加上大量碳化物($M_{23}C_6$、M_7C_3、WC 等)及硼化物。

图 19-52 为 20 钢表面氧乙炔火焰喷焊 Co42 合金(钴铬钨合金)粉末的喷焊层区域组织分布形貌。图左侧为喷焊层,其基体为含铬的钴的固溶体,深色鱼骨状相为与基体呈共晶的含铁碳化物;浅色鱼骨状相为与基体共晶的硼化物,块状物为含钨碳化物。图右侧为 20 钢基体,两者之间白亮带—互熔区为钴的固溶体组织。

4. 铁基合金喷焊层金相组织

基体为奥氏体,加上 CrB、$M_{23}C_6$、M_7C_3、M_2B 等硬质相。根据碳和硼的含量不同,碳化物和硼化物的分布数量不同。随着碳、硼含量增加,合金焊层的硬度可由 26 HRC 增高到 60 HRC。

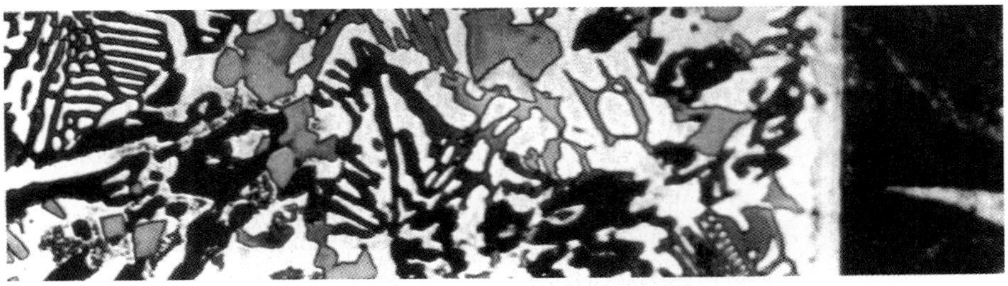

[经盐酸、硝酸(少量甘油)溶液预浸蚀；再经硒酸、盐酸酒精溶液浸染]

图 19-52 Co42 合金粉末火焰喷焊层和互熔区组织形貌 （600×）

5. 铜基合金喷焊层金相组织

基体组织为铜的固溶体和镍硅化合物及锰化合物。

19.8.3.2 喷涂层组织

（1）粉末合金喷涂层金相组织

通常由打底层和工作层组成，底层厚约 0.05～0.20 mm，工作层厚约 1～2 mm。粉末涂层由熔融或半熔融状态的颗粒堆积镶嵌以及与氧化物黏结而成。大部分熔融态粉粒撞击到基体表面发生变形，呈叠片层状结构，与基体间结合强度高。而未达熔融态颗粒仍会保持原始颗粒状，结合强度低，易剥落。

由于高温喷涂时，必然会有氧化物形成，对提高基体硬度有利，同时，基体中存在孔隙，在使用时可储油，有利润滑。

粉末喷涂层金相检验，主要评定孔隙数量、氧化物分布及未熔颗粒多少。

图 19-53 为 20 钢表面经氧乙炔火焰喷涂 G101 合金粉末（F505 铝包镍粉末）涂层区域组织形貌。图右侧为 20 钢基体：珠光体＋铁素体。图左侧为工作层中片状分布和椭圆形、圆形分布的金属基体，少量氧化物和孔隙。中间区域为底层组织，呈层状流变分布。工作层中的颗粒组织为固溶体（白色），部分（深色）为镍基固溶体中分布有细小硼化物和碳化物，如图 19-54 所示。

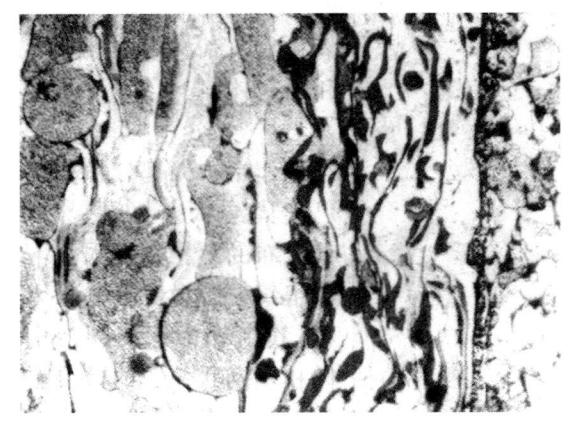
（经盐酸、硝酸及硫酸混合溶液浸蚀）
图 19-53 G101 合金粉末喷涂层区域组织形貌 （160×）

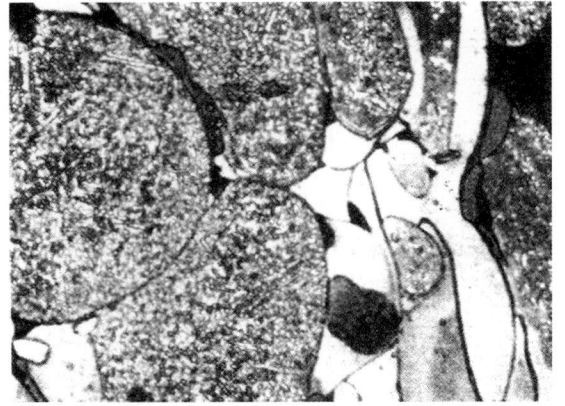
（经盐酸、硝酸及硫酸混合溶液浸蚀）
图 19-54 喷涂层中颗粒组织形貌 （500×）

（2）线材喷涂层金相组织

组织呈层片状形态。线材热喷涂时，线材端部熔化的金属以雾化状微粒飞速撞击工件表面，冷却后呈铸态柱状结晶的层状结构。涂层中孔隙小，分布较均匀，与基体结合强度较高。同时还有较多氧化物。

线材喷涂层金相检验主要评定氧化物分布及孔隙数量。

图 19-55 为 Q235 钢表面火焰喷涂钼线材的涂层组织形貌，层片的柱状晶为钼相，层片间黑色物大部分为氧化物，少量块状黑色为孔隙。

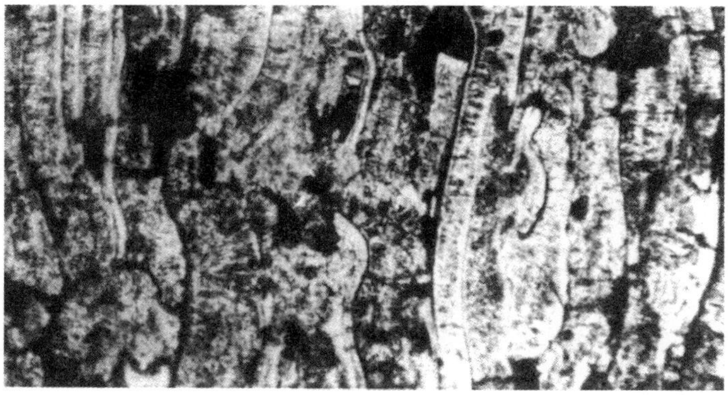

（双钾水溶液浸蚀）
图19-55　钼线材火焰喷涂层组织形貌　（800×）

19.9　化学转化膜及转化膜的金相检验

金属工件外表的化学转化膜是通过金属与溶液界面上的化学、电化学或物理化学反应形成。化学转化膜一方面降低了金属工件本身的化学活性，提高在环境介质的热力学稳定性；另一方面可起到对环境介质的隔离作用，从而具有对工件的防护功能。按膜的主要组成物，化学转化膜可分为氧化物膜、磷化物膜、铬酸盐膜等。这些膜层与基体结合牢固，具有良好的耐蚀性、物理及力学性能。

19.9.1　钢铁件的氧化处理及氧化膜金相检验

19.9.1.1　钢铁件的氧化处理基本原理及工艺

钢铁的化学氧化，也称发蓝或发黑，氧化方法可分为碱性氧化和酸性氧化。碱性氧化时，因不析出氢、不会产生氢脆，故碱性氧化法应用广泛。

钢铁工件在实施碱性氧化前要用有机溶剂或碱性溶液进行去油脱脂，如工件表面有氧化现象，则要在加缓蚀剂的硫酸或盐酸溶液中进行酸洗。

钢铁工件浸入含有氧化剂的强碱溶液中，氧化剂主要由硝酸钠或亚硝酸钠及氢氧化钠溶液组成，开始处理温度一般为138～140℃；结束温度一般为142～146℃。处理时间为20～90 min。

工件表面氧化按以下反应进行

$$Fe \longrightarrow Fe^{2+} + 2e \qquad (19-14)$$

$$Fe^{2+} + 2OH^- + O_2^- \longrightarrow 2FeOOH \qquad (19-15)$$

$$FeOOH + e \longrightarrow HFeO_2^- \qquad (19-16)$$

$$2FeOOH + HFeO_2^- \longrightarrow Fe_3O_4 \qquad (19-17)$$

$$3Fe(OH)_2 + O \longrightarrow Fe_3O_4 + H_2O \qquad (19-18)$$

氧化处理后为了提高工件的耐蚀性，处理后经水洗，在氧化件表面用油及蜡进行涂覆。可涂机油、锭子油、变压器油等。还可以先用重铬酸钾钝化处理再浸油，进一步提高耐蚀性。

从氧化膜的产生过程可见，开始金属铁在碱性溶液中溶解，在工件表面与溶液的交界处会形成氧化铁的过饱和溶液，在工件表面会产生氧化物的晶胞，这些晶胞逐渐长大，在工件表面形成一层连续分布的氧化物。而当氧化膜完全覆盖住金属表面之后，就将使溶液与金属隔绝。

19.9.1.2　钢铁件氧化膜检验

钢铁件氧化膜较薄，膜的形貌及厚度检测一般要在电镜下进行，可参照电镀层的相关检测方法。

钢铁件氧化膜的检验主要是目视外观检验及膜的致密性检验。可参照 GB/T 15519—2002(ISO 11408:1999)《化学转化膜 钢铁黑色膜 规范和试验方法》进行检验。

检验应在工件最后的漂洗和烘干后,但在上油前进行。

1. 外观检验

氧化膜应致密,表面不允许有未氧化的斑点,不应有不易擦去的红棕色或绿色污迹以及针孔、裂纹、花斑点、机械损伤等缺陷。工件表面允许有因喷砂、铸造、渗碳、淬火、焊接等工艺不同所引起的氧化膜色泽的差异。

钢铁的合金成分不同,所形成氧化膜的色泽有所差异。通常碳钢和低合金钢的氧化膜色泽呈黑色或黑蓝色;铸钢呈暗褐色;高合金钢呈紫红色;含硅的结构钢件呈古铜色。

2. 耐草酸(腐蚀)试验

室温下在覆盖黑色氧化膜表面的平整部位上滴 3 滴(约 0.2 mL)草酸水溶液(50 g 草酸溶于 1 L 蒸馏水或去离子水中),30 s 至 8 min 内发生反应,然后经清洗、干燥,与 GB/T 15519—2002 标准图片进行比较,见图 19-56。

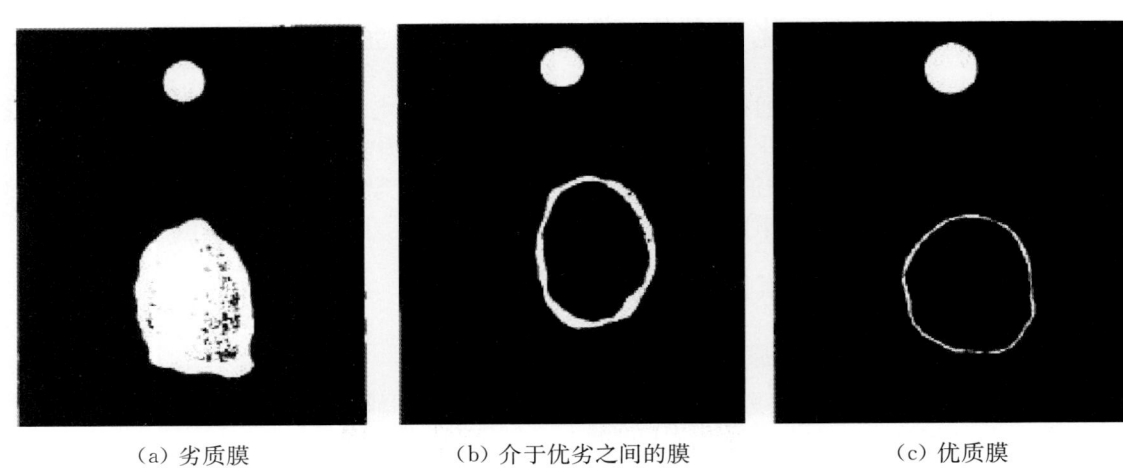

(a) 劣质膜　　　　　(b) 介于优劣之间的膜　　　　　(c) 优质膜

图 19-56　钢铁黑色氧化膜耐蚀评级图

3. 黑色氧化膜孔隙率和连续性试验

用 3%(体积分数)的硫酸铜水溶液浸泡覆有黑色氧化膜的工件,或在该工件表面滴上 3 滴 3% 的硫酸铜水溶液,15~20℃条件下保持 30 s 后,用水冲洗干净,观察工件表面,如有铜红色斑点出现为不合格。

对于不合格品的氧化膜,在酸洗溶液中除膜后,重新进行氧化处理。弹簧钢及不允许酸洗的合金钢,应用机械方法除膜后,再重新进行氧化处理。

19.9.2　铝合金阳极氧化及氧化膜金相检验

铝及铝合金在大气中可与氧反应生成具有一定防护能力的氧化膜,由于该自然氧化膜太薄,一般只有 0.01~0.05 μm,远不能满足工业上的要求。而通过化学氧化及电化学氧化的方法,即阳极氧化法,在铝合金工件表面形成膜层结构性能各异的转化膜,可满足实际应用需求。

19.9.2.1　铝合金阳极氧化基本原理

铝及其合金在阳极氧化过程中是作为阳极,阴极只起导电作用,常用电解液一般是酸性的。在阴极是水的电解,析出氧:

$$H_2O - 2e \longrightarrow 2H^+ + [O] \tag{19-19}$$

同时,初生氧[O]有很强的氧化能力,它与阳极铝反应生成氧化物并放出大量的热:

$$2Al + [O] \longrightarrow Al_2O_3 + 1669 J \tag{19-20}$$

电解液中的酸对金属铝和氧化(物)膜进行着溶解作用：

$$2Al + 6H^+ \longrightarrow 2Al^{3+} + 3H_2 \uparrow \tag{19-21}$$

$$Al_2O_3 + 6H^+ \longrightarrow 2Al^{3+} + 3H_2O \tag{19-22}$$

氧化(物)膜的生成与溶解是同时进行的，只有当膜的生成速度大于溶解速度时，铝的氧化膜才能不断增厚。

氧化膜的生长规律可通过图 19-57 所示的阳极氧化过程的电压-时间曲线来说明。

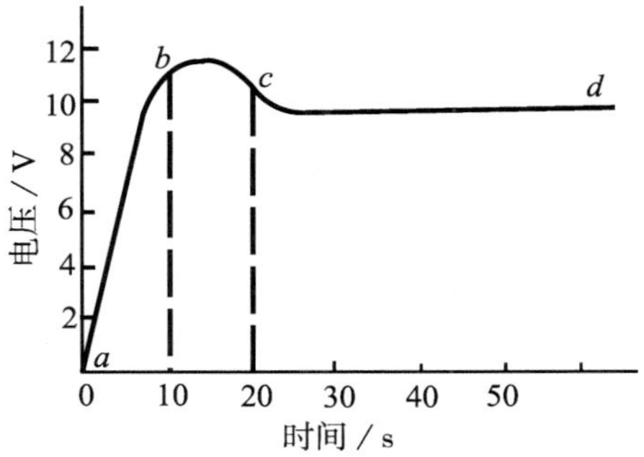

1. 曲线 ab 段

开始通电约 10 s 内，铝合金表面立即生成一层致密无孔的氧化膜，其厚度 0.01~0.1 μm，具有一定的绝缘性能，称为阻挡层，这时铝阳极的电压急剧上升，电流停止增加。外加电压越高，阻挡层的厚度也越厚。

2. 曲线 bc 段

图 19-57　阳极氧化特性曲线

当电压达到一定高度后开始下降，其原因是电解液对氧化膜的溶解作用，使得在氧化膜较薄弱的地方产生了孔穴，造成电阻下降，其电压随之也下降，阳极氧化经过了约 20 s 之后，电压便停止下降了。

3. 曲线 cd 段

一旦氧化膜产生了局部孔穴，电化学反应就可继续进行，氧化膜就继续生长，电压趋向平稳。这时阻挡层的生长速度与溶解速度达到平衡，阻挡层的厚度保持不变，但向铝基体推进。事实上，水的电解作用和铝的氧化反应仍在不断地进行着。氧化膜的生长与溶解以同样的速度在每个孔穴的底部发生着，使得孔穴的底部不断地朝着金属铝迁移。随着时间不断延长，孔穴被加深形成孔隙和孔壁，这样多孔层就逐渐厚起来了。孔壁与电解液接触一边被溶解，一边被水化（$Al_2O_3 \cdot \chi H_2O$），使氧化膜形成可以导电的双层结构。多孔层的硬度较阻挡层硬度低，但膜的厚度可达几十至几百微米（μm）。

在铝合金阳极氧化过程中，存在着含带电质点的液体相对膜孔壁的移动（即电渗），使孔隙内电解液不断更新，导致孔隙加深、扩大，即朝基体铝内部扩展延伸。这种电渗现象是铝合金氧化膜成长的必要条件。

由以上分析可看到，阳极氧化过程中的溶液、电压、电流和温度都会影响氧化膜的生成过程，影响阻挡层和多孔层的厚度、比例（有时按要求仅需阻挡层），影响多孔层中孔隙数量等。从而最终影响氧化膜的综合性能。阳极氧化膜存在孔隙，给膜带来一定的特性，如可存润滑剂，有一定弹性等，可染色等，但更多是影响抗蚀、硬度等。故一般阳极氧化处理后，要根据要求进行封闭处理。

在生产应用中，一般将铝通过化学氧化、磷酸盐和铬酸盐处理所得到的转化膜称为化学氧化膜，而由电化学方法所产生的转化膜则称为阳极氧化膜。阳极氧化膜的生产工艺常有硫酸阳极氧化、草酸阳极氧化、铬酸阳极氧化以及硬质阳极氧化和瓷质阳极氧化等。

硬质阳极氧化处理实质是增大膜中"阻挡层"、减少多孔层中的孔隙。不同的铝合金在不同工艺条件下可获得 50 μm 厚、硬度达 300 HV 以上的，或 40~60 μm 厚、硬度达 474~868 HV 等不同厚度不同高硬度的硬质氧化膜。铝合金工件经硬质氧化后，尺寸会增大，约增膜层厚度的一半。

瓷质阳极氧化是由铬酸或草酸等阳极氧化衍生的一种特殊氧化方法。利用铝及其合金在电解液中生成阳极氧化膜的同时，一些灰色物质吸附在正成长着的氧化膜中，从而获得厚度 6~20 μm、均匀、光滑以及有光泽不透明的类似瓷釉和搪瓷色泽的氧化膜。

19.9.2.2　铝合金阳极氧化膜的结构与组成

氧化膜由两部分组成，内层为阻挡层，较薄（0.01~0.1 μm），致密，电阻值大；外层为多孔层，较厚，疏松多孔，电阻值小。

阳极氧化膜的化学组成往往由于电解液的不同以及工艺条件的改变而不一致。例如，用硫酸阳极氧化得到的铝氧化膜，它的化学组成（经热水封闭处理）可表示为 $Al_2O_3(72\%) + SO_3(13\%) + H_2O(15\%)$。用草酸阳极氧化所得的氧化膜其化学组成即相当于分子式为 $2Al_2O_3 \cdot H_2O$ 再加大约 3% 的 $(COOH)_2$。

工艺条件也会使铝阳极氧化膜的化学组成发生改变。

铝合金阳极氧化膜的外层,通常是由六角形的膜胞所组成。所以,可把多孔层看成是由一个个六角柱体的膜胞堆砌而成的,如图 19 - 58(a)所示。

阳极氧化过程中,电流通过孔隙而流动,使孔隙沿着电场方向生长。孔长大且相互接触形成六角柱形的孔壁,而孔隙本身即变成圆筒状或星形的截面,见图 19 - 58(b)。膜形成初期孔壁沿金属的晶界生长,因为这里的自然氧化膜的电阻最小,随后逐渐形成孔壁的特征断面。在多孔层中,孔隙率随工艺条件的不同而改变。

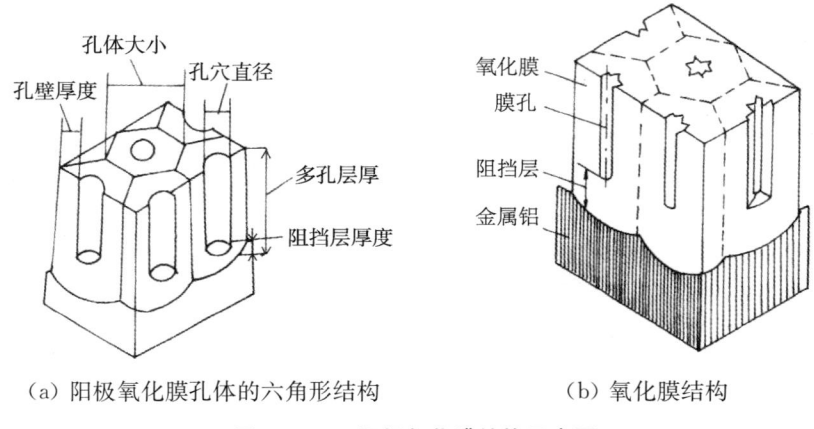

(a) 阳极氧化膜孔体的六角形结构　　(b) 氧化膜结构

图 19 - 58　阳极氧化膜结构示意图

19.9.2.3　铝合金阳极氧化膜金相检验

铝合金阳极氧化膜的品质检验项目主要有外观、厚度、封孔品质、耐蚀性、硬度及附着力等。

根据 GB/T 8014.1—2005《铝及铝合金阳极氧化　氧化膜厚度的测量方法第 1 部分:测量原则》规定,氧化膜厚度的测量方法有四类:质量损失法(GB/T 8014.2—2005)、分光束显微镜法(GB/T 8014.3—2005)、横断面厚度显微镜测量法(GB/T 6462—2005,可参考 19.6.3 节)及涡流测厚法(GB/T 4957—2003,ISO 2360)。

氧化膜附着力测定方法主要为划格试验。剥离抗性一般用特定黏胶带黏着后撕离再评定,即以直角网格图形切割膜(涂)层穿透至基材时来评定膜(涂)层从基材剥离抗性。切割间距取决膜(涂)层厚度和基体材料,一般对铝合金产品≤60 μm 膜厚间距为 1 mm;61～120 μm 膜厚间距为 2 mm;121～250 μm 膜厚间距为 3 mm。具体有干式附着力试验方法(GB/T 9286,等同于 ISO 2409)、湿式附着力试验方法以及沸水附着力试验方法(GB/T 5237.5,美国 AAMA 2605)。

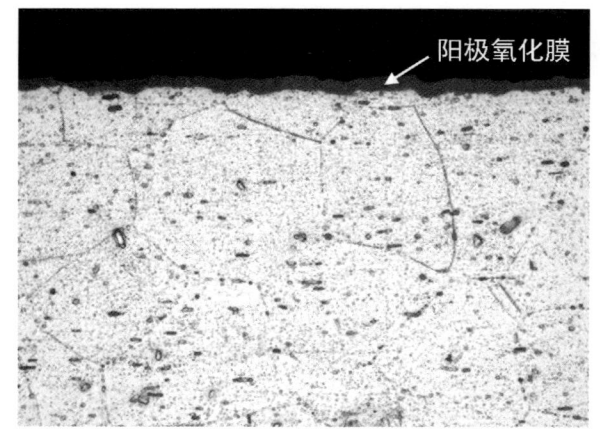

图 19 - 59　阳极氧化膜及基体组织分布形貌　(300×)

铝合金阳极氧化膜的组织结构分析,一般用于基础工艺研究中。在日常生产中,金相手段用于膜层的缺陷、膜层分布厚度及均匀性的分析。图 19 - 59 为 6063 合金型材截面上氧化膜层及基体组织分布形貌,可见灰色的氧化膜层呈波纹状分布,厚度不甚均匀。

在具体的铝合金阳极氧化工艺过程中,难以获得各表面完全一致厚度的氧化膜,即使在同一面上也难以达到。因此,在实际生产中要规定检测面,并采用"平均厚度""最小局部厚度"及"最大局部厚度"来对氧化膜的厚度进行描述和控制。

有关阳极氧化膜封孔品质检验的主要方式及相关执行标准见表 19 - 14。

表 19-14　铝合金阳极氧化膜封孔品质主要试验方法

试验方法	执行标准
酸浸蚀失重法	GB/T 8753.1—2017 ISO 3210：2017 EN 12373.6—1999
导纳法	GB/T 8753.3—2005 ISO 2931：2017
酸处理后染色斑点法	GB/T 8753.4—2005 ISO 2143：2017

19.9.3　磷化处理及磷化膜金相检验

磷化处理是用磷酸、磷酸盐和其他化学药品组成的稀溶液对金属进行表面处理,在其表面生成一层均匀、细密的不溶性磷酸盐膜层的工艺方法,原理上属化学转化膜处理。生产中主要应用于钢铁工件,但铝、锌等有色金属工件在冷变形前也有采用磷化处理的。

磷化处理工艺从提出至今已有一百多年历史,新型磷化液不断开发,环保节能的磷化处理设备不断推出,目前仍然是广泛采用的金属防腐、表面涂装前期处理和改善金属型材拉拔时的润滑和减小摩擦的有效工艺。

19.9.3.1　磷化处理基本原理及工艺

磷化处理是在含锰、锌、铁的磷酸二氢盐[通式 $Me(H_2PO_4)_2$]和磷酸组成的溶液中进行。磷化成膜机理比较复杂,但通常用如下反应表示:

$$Me^{2+} + 2H_2PO_4^- \longleftrightarrow Me(H_2PO_4)_2 \quad (19-23)$$

$$Me(H_2PO_4)_2 \longleftrightarrow MeHPO_4 + H_3PO_4 \quad (19-24)$$

$$3MeHPO_4 =\!=\!= Me_3(PO_4)_2 \downarrow + H_3PO_4 \quad (19-25)$$

以上 3 个反应可合并为下式:

$$3Me^{2+} + 6H_2PO_4^- =\!=\!= Me_3(PO_4)_2 \downarrow + 4H_3PO_4 \quad (19-26)$$

不溶性的 $Me_3(PO_4)_2$ 沉积在金属表面上形成磷化膜。

钢铁磷化处理主要有 3 种工艺方法:浸渍法(适于各种形状工件,可获得较均匀磷化膜)、喷淋法(适于中、低温磷化工艺、适于大面积工件)以及浸喷组合法。

磷化工艺按温度分主要有高温磷化(90~98℃)、中温磷化(50~70℃)和常温磷化(20~25℃)3 种。高温磷化处理的优点是磷化膜的结合力较好;但它的槽液加温时间长,溶液挥发量大,游离酸度不稳定,膜结晶粗细不均匀。中温磷化的游离酸度较稳定,生产效率高,磷化膜性能与高温磷化的基本相同;缺点是溶液较复杂,调整较困难。常温磷化的优点是不需加热,药品消耗少,溶液稳定,缺点是有些配方处理时间较长。

19.9.3.2　磷化膜的组成、形貌及金相检验

1. 磷化膜组成

磷化膜中的磷酸盐化合物约有 30 余种,主要磷酸盐有磷酸铁锌、磷酸锌、磷酸亚铁、酸性磷酸铁锰、酸性磷酸铁、酸性磷酸钙和磷酸钙锌等。磷化膜组成的主要部分由含有平均为 2 到 4 个分子水(通常是 4 个)的磷酸盐结晶组成。表 19-15 列出了不同材质在不同磷化液中形成的磷化膜主要组分。

表 19-15　不同金属在不同磷化液中形成的磷化膜的主要组分

磷化剂 类别	磷化液 主要成分	金属基材		
		铁	锌	铝
碱金属	NaH_2PO_4	$Fe_3(PO_4)_2 \cdot 8H_2O$	$Zn_3(PO_4)_2 \cdot 4H_2O$	$AlPO_4$

续表

磷化剂类别	磷化液主要成分	金属基材		
		铁	锌	铝
铁系	$Fe(H_2PO_4)_2$	$Fe_5H_2(PO_4)_4 \cdot 4H_2O$ $FePO_4 \cdot H_2O$	$Zn_3(PO_4)_2 \cdot 4H_2O$ $Zn_2Fe(PO_4)_2 \cdot 4H_2O$ $Zn_5H_2(PO_4)_4 \cdot 4H_2O$	—
锌系	$Zn(H_2PO_4)_2$	$Zn_2Fe(PO_4)_2 \cdot 4H_2O$ $Zn_2(PO_4)_2 \cdot 4H_2O$	$Zn_3(PO_4)_2 \cdot 4H_2O$	—
锰系	$Mn(H_2PO_4)_2$ $Fe((H_2PO_4)_2$	$(MnFe)_5 \cdot H_2$ $(PO_4)_4 \cdot 4H_2O$ $Mn_2Fe(PO_4)_2 \cdot 4H_2O$	$Zn_3(PO_4)_2 \cdot 4H_2O$ $Mn_5H_2(PO_4)_4 \cdot 4H_2O$	$Mn_5H_2(PO_4)_4 \cdot 4H_2O$

2. 磷化膜的组织形貌

磷化膜为均匀细密的结晶体，一般在几十微米以下，色泽为浅灰或深灰色。磷化膜的颜色、结晶形貌与工件基材、工件表面状态、磷化液及处理工艺条件有关。在光镜下常见磷化膜组织形貌见表19-16。

表19-16 各种类别磷化膜的组织形貌

磷化膜类别	组织形貌
中锌高锌系磷化膜	针状、松叶状、柱状（晶体）、粒状（小圆柱晶体）
低锌磷化膜	粒状或柱状晶体
锌钙系磷化膜	短棒状，少部分晶体呈无序分布

在光镜下还可观察到晶体生长间留下的空隙，即可进行磷化膜孔隙的检验。

磷化处理的过程，是一个晶体沉淀的过程。是钢铁表面微区受到游离磷酸的浸蚀，钢铁表面发生溶解，当微区内磷酸盐的离子积大于溶度积时，便有沉淀物即晶核产生。试验观察表明，磷化膜不是一层连续的磷酸盐沉积层。所谓磷化膜实质上是经过形核，在一定取向上生长而成的磷酸盐簇状晶体集群。

用扫描电镜可清晰地观察磷化膜的形态。图19-60为高磷灰铸铁经高锰磷化处理所得的磷化膜。

(a) 锰系 (250×)

(b) 锌系 (250×)

图19-60 高磷灰铸铁基体上磷化膜表面形貌(SEI)

3. 磷化膜的厚度及重量

磷化工艺不同其磷化膜厚度差别很大，通常在 $1\sim15\mu m$ 范围，厚的磷化膜可达 $50\mu m$。但实际使用中通常采用是单位面积的膜层质量（以 g/m² 表示）。根据膜重一般可分为薄膜（<1～10 g/m²）和厚膜（>10 g/m²）两种。

磷化膜厚度的测量可使用涡流测厚仪或磁性测厚仪直接读出。也可用横断面厚度显微镜测量法，可参照 19.8 节中电镀层相关厚度测量方法说明。

由于磷化膜一般较薄，生产中常以膜层重量为技术指标。磷化膜重量与膜厚的换算关系见表 19-17。

表 19-17 磷化膜重量与膜厚的关系

膜厚/μm	膜重量/g·m^{-2}
1	1～2
3	3～6
5	5～15
10	10～30
15	15～45

注：磷化膜重量的测定可参照 GB/T 9792—2003《金属材料上的转换膜—单位面积上膜层质量的测量—重量法》进行。

参考文献

[1] 卢燕平，于福洲. 渗镀[M]. 北京：机械工业出版社，1985.
[2] 上海市轻工业研究所. 电镀层金相显微图谱[M]. 上海：[出版者不详]，1992.
[3] 林丽华，张国英，腾清泉，等. 金属表面渗层与覆盖层金相组织图谱. 北京：机械工业出版社，1998.
[4] 戴达煌，周克崧，袁镇海，等. 现代材料表面技术科学[M]. 北京：冶金工业出版社，2004.
[5] 朱祖芳. 铝合金阳极氧化与表面处理技术[M]. 北京：化学工业出版社，2004.
[6] 姚寿山，李戈扬，胡文彬. 表面科学与技术[M]. 北京：机械工业出版社，2005.
[7] 徐士滨，朱绍华，刘世秀. 材料表面工程[M]. 哈尔滨：哈尔滨工业大学出版社，2005.
[8] 李鑫庆，陈迪勤，余静琴. 化学转化膜技术与应用[M]. 北京：机械工业出版社，2005.
[9] 张士林，任颂赞. 简明铝合金手册[M]. 上海：上海科学技术文献出版社，2006.
[10] 张允诚，胡如南，向荣. 电镀手册[M]. 北京：国防工业出版社，2007.
[11] 宣天鹏. 材料表面功能镀覆层及其应用[M]. 北京：机械工业出版社，2008.
[12] 王建平. 实用磷化及相关技术[M]. 北京：机械工业出版社，2009.
[13] 田荣璋. 锌合金[M]. 长沙：中南大学出版社，2010.
[14] 任颂赞，叶俭，陈德华. 金相分析原理及技术[M]. 上海：上海科学技术文献出版社，2013.

第 20 章

感应加热淬火、激光热处理及金相分析

利用激光、电子束、等离子弧、感应涡流或火焰等高功率密度能源加热工件的热处理总称为高能束热处理。本章介绍其中较常用的感应加热淬火、激光热处理及相关的金相分析。

20.1 感应加热淬火及金相分析

感应加热淬火是利用交变电磁场感应产生的感应电流通过具有铁磁性的工件所产生的热量,使工件表层、局部或整体加热奥氏体化后进行快速冷却的淬火过程。

20.1.1 感应加热淬火的基本原理

感应加热主要基于电磁感应和交变感应电流的特性这两项基本原理。

20.1.1.1 电磁感应

根据法拉第电磁感应定律,闭合电路所围面积的磁通量发生变化时,产生的感生电动势与磁通量的变化率成正比,磁通量变化越快,感应电动势越大。当交变电流通过感应器有效圈时,产生了交变磁场,置于感应器有效圈内或附近具铁磁性的钢或铸铁工件被交变磁场的磁力线所切割,在工件上产生感生电动势,其瞬时值与磁通变化率(电流频率 f)成正比。

工件内感应电流即涡电流(I_f)大小取决于感应电动势及工件内涡流回路的电抗。

$$I_f = \frac{E}{Z} \tag{20-1}$$

式中:I_f——感应电流(A);
E——感应电动势(V);
Z——涡流回路阻抗(Ω)。

在同一电路中,由于工件内涡流回路的阻抗值很小,因此涡流可以达到很大,能将工件加热。涡流产生的热量(Q)由下式决定

$$Q = I_f^2 R t \text{(J)} \tag{20-2}$$

式中:I_f——感应电流(A);
R——工件阻抗(Ω);
t——加热时间(s)。

涡流通过工件时产生的热量与涡流的二次方成正比,与工件内涡流回路的阻抗成正比,也与通电时间成正比。图 20-1 为钢铁材料感应加热示意图。

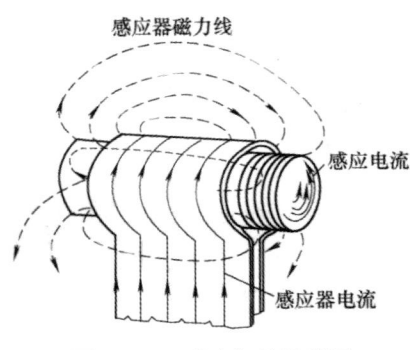

图 20-1 感应加热示意图

20.1.1.2 交变感应电流

感应加热时,感应器中的电流和工件中产生的感应电流都是交变电流。交变电流在导体中分布的特点,是表面加热得以实现的原因。

交变电流的特点主要有表面效应、邻近效应、圆环效应、尖角效应和导磁体的槽口效应,它们均随交变电流频率的增高而加剧,其中的邻近效应和圆环效应还随导体截面的增大、导体间距减少和圆环曲率增大

而加剧。

1. 表面效应

在感应器有效圈及工件中的磁场,其磁力线总是沿磁阻最小的途径形成封闭回路,因此,磁力线主要在工件的表面通过,磁场强度由工件表面向内层逐渐减小,相应的工件的涡流强度随磁场强度由表面向内层也逐渐减小,呈指数规律衰减,称为表面效应,也称为集肤效应。

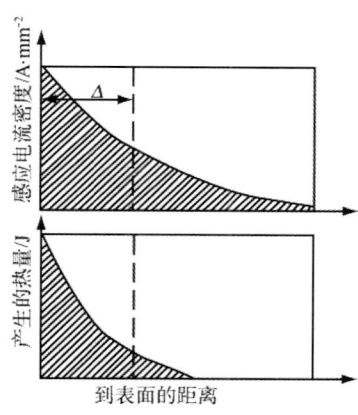

图20-2 涡流的分布和表层热量的关系

Δ：感应电流透入深度

感应加热中,对材料是钢的工件以表面的涡流强度分值的$1/e$(约36.8%,$e=2.718$)处深度作为涡流透入深度。作这样的规定,是因为即使在纯电阻电路情况下,涡流在对工件表面加热时,所产生的热量也并没有全部用于工件的表面,其中15%左右的热量因向工件内层或心部传导和向工件周围辐射而损失掉。根据焦耳定律,涡流通过工件产生的热量,跟涡流强度的平方成正比,因此热量由表及里的下降速率比涡流下降速率快得多,如图20-2所示。

涡流透入深度Δ可按下式计算

$$\Delta = 56.4\sqrt{\frac{\rho}{\mu f}}(\text{mm}) \qquad (20-3)$$

式中：ρ——导体的电阻率($\Omega \cdot \text{cm}$);

μ——导体的磁导率(H/m);

f——电流频率(Hz)。

钢铁材料在加热过程中,其电阻率随温度升高而增大(在800～900℃范围内多种钢材的ρ值基本相同);在失磁点(居里点)以下,磁导率值基本不变,但到达失磁点时,突然降为真空的磁导率($\mu_0 = 4\pi \times 10^{-7}$ H/m),因此,当温度达到失磁点时,涡流透入深度显著增大。高于失磁点的涡流透入深度称为热态涡流透入深度($\Delta_\text{热}$),反之称为冷态涡流透入深度($\Delta_\text{冷}$)。显然,前者比后者大许多倍。因此在快速加热条件下,即使向工件输入较大功率时,表面也不易过热。当失磁的高温层超过热态涡流透入深度时,加热层深度的增加主要靠热传导进行,效率较低。

两种透入深度可用下列简化公式计算

$$\Delta_\text{冷} = \frac{20}{\sqrt{f}}(\text{mm}) \qquad (20-4)$$

$$\Delta_\text{热} = \frac{500}{\sqrt{f}} \sim \frac{600}{\sqrt{f}}(\text{mm}) \qquad (20-5)$$

由以上两式可知,电流频率越高,热态涡流透入深度就越浅。随着温度的升高,热态涡流透入深度增加。钢件在感应加热过程中,随着热态涡流透入深度的增加,加热层也越来越深,而零件表面的电流密度也随之减小,这对防止零件表面过热是有利的。

2. 邻近效应

两个相邻的导体流过交变感应电流时,由于磁场的相互作用,磁力线将发生重新分布,导致感应电流的重新分布。当两个相邻导体流过的交变电流的方向相反时,最大磁场强度在导体的内侧,两导体相邻表面的感应电流密度最大,电流从两导体内侧流过,如图20-3(a)所示;当两个相邻导体流过电流的方向相同时,导体的内侧的磁场强度最小,两导体相邻表面的电流密度最小,电流则从两导体外侧流过,如图20-3(b)所示。这种现象就称为交变感应电流的邻近效应。频率越高,两导体靠得越近,邻近效应就越显著。

3. 圆环效应

交变电流流过圆环导体时,圆环内侧单位面积上的磁力线条数比外侧单位面积上的磁力线多,也就是圆环内侧磁通量比圆环外侧的大,决定了圆环内侧的电流密度最大,当电流达到高频率时,电流只在圆环状导体的内侧表面流动,而其外侧表面没有电流流动,这种现象就称为交变电流的圆环效应,又称环状效

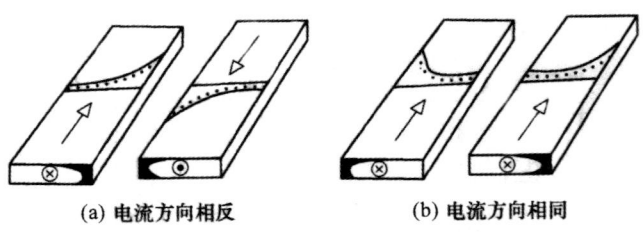

(a) 电流方向相反　　　(b) 电流方向相同

图 20-3　邻近效应示意图

应,如图 20-4(a)所示;但对工件内孔进行感应加热时,由于圆环效应的作用,紧邻工件的感应器有效圈外侧表面没有电流,交变电流集中在内侧,如图 20-4(b)所示。在交变电流与工件实际间隙增大情况下加热,加热速度缓慢,热效率很低。为此,实际生产中常在内孔加热感应器上安置导磁体,将电流"驱"向感应器外侧,从而使感应加热效率显著提高。

圆环效应与电流频率和圆环状的曲率有关。

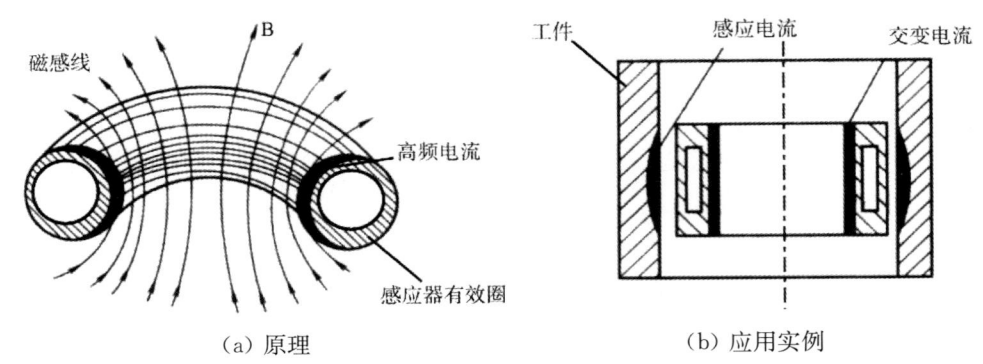

(a) 原理　　　　　　　　　(b) 应用实例

图 20-4　圆环效应示意图

4. 导磁体槽口效应

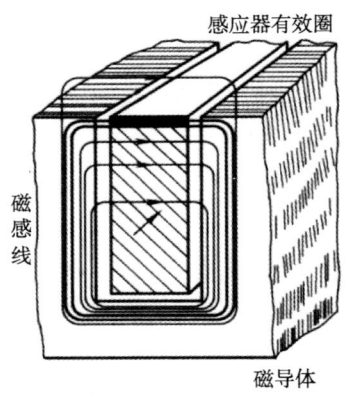

图 20-5　导磁体槽口效应

将磁阻很小、Ⅱ形导磁体安装在感应器有效圈(高频加热感应圈)上,当高频率电流通过感应器有效圈时,Ⅱ形导磁体底部通过全部磁感线,其中大部分磁感线在导磁体内穿过感应器有效圈而形成闭合回路,只有一小部分磁力线通过空间闭合而形成漏磁损失。因为磁感线的这样分布,使得Ⅱ形导磁体底部的感应器有效圈自感电动势远大于Ⅱ形导磁体开口处感应器有效圈的自感电动势,这样,交变电流只能从导磁体槽口处的感应器有效圈表面层流过。这一现象称为导磁体槽口效应或导磁体驱流效应,见图 20-5 所示。导磁体的槽口越深,电流频率越高,导磁体的槽口效应就越强。为了弥补圆环效应引起感应器有效圈上高频率电流与工件间隙增大造成的热量损失,在对内孔、平面及异形表面进行感应加热时,应在感应器有效圈上安装导磁体,将电流驱赶到指定部位,强化邻近效应,提高加热效率。

5. 尖角效应

将带有尖角、棱角或不规则形状如孔、键槽等的工件放在感应器圆环形或框形有效圈内加热,与感应器有效圈"耦合"的尖角、棱角或不规则形状如孔、键槽部位的体积小于其他部位,磁通量增大,涡流强度也随之增大,导致加热温度高于其他部位,造成硬化层超深、组织过热甚至过烧,这种现象称为尖角效应。尤其是孔、键槽,在其边缘会产生一个附加的涡流电路,获得比其他部位高得多的热量。

20.1.2　感应加热淬火工艺及特点

感应加热的速度相对快,热能分布不均匀,具体工艺过程及相变过程有其特殊性。

20.1.2.1 感应加热淬火工艺特点

(1) 感应加热的速度极快,每秒可达几百度,甚至上千度。
(2) 经感应加热的工件,表面层具有高的硬度,心部保持原有的韧性,因此工件具有较理想的性能。
(3) 表面硬化层处于压应力状态,工件的耐磨性、耐疲劳性等都有提高。
(4) 由于加热速度快,工件表面不易氧化脱碳。
(5) 便于控制,生产效率高,易于实现自动化,适合于在生产线上应用。

20.1.2.2 感应加热相变特点

感应加热比普通加热的速度要快许多倍,而且没有保温时间,这就给加热时的相变带来一些特点。

1. 对相变温度的影响

加热速度快是感应加热的特点之一。在快速加热的条件下,相变过程是在一个温度区域内进行,而并非像缓慢加热时有明显的相变温度平台。也就是说,Ac_1 已不是一个温度点,而是一个温度区域。同时,加热速度越快,则珠光体向奥氏体开始转变温度越高,转变终了温度越高,转变范围越大,并且到达转变终了的时间越短,见图20-6。

快速加热时,组织转变仍然遵循相变基本规律。奥氏体形成要经过形核和长大,要靠原子扩散来完成,加热速度很快时原子来不及充分扩散,从而使相变推移到更高温度。如果钢的原始组织粗大,珠光体片层很厚,相变时原子要作远距离扩散,同时由于相界面相对减少,形核率低,使转变温度范围更宽、更高,原始组织难以细化。所以,一般感应加热的工件,事先要作正火或调质处理,以细化组织。

对于亚共析钢,感应加热对 Ac_3 的影响比 Ac_1 的影响要大得多。这是由于先共析铁素体向奥氏体转变时,碳原子的扩散距离比珠光体向奥氏体转变时更长,因此,感应加热速度越大,钢中含碳量越低,先共析铁素体越多,其 Ac_3 温度也越高,如图20-7所示。

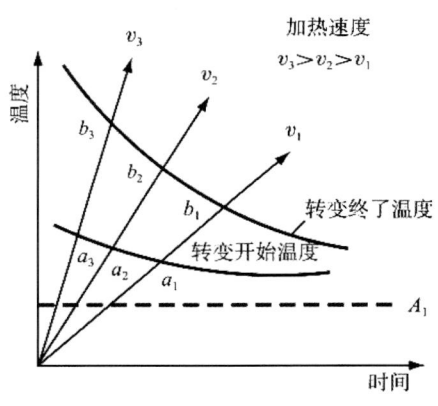

图20-6 不同加热速度时奥氏体形成温度和时间示意图

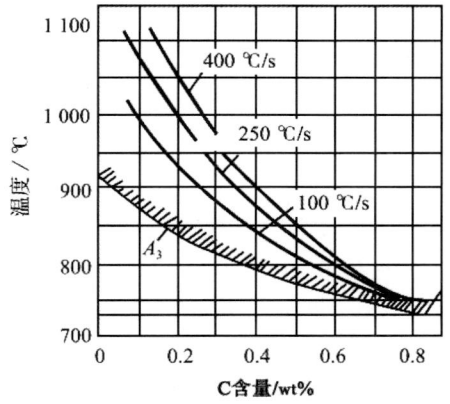

图20-7 加热速度对亚共析钢 Ac_3 的影响

在高的加热速度下,亚共析钢中铁素体完全转变后还不能进行淬火,必须使奥氏体中碳的浓度通过扩散达到一定的均匀程度,由于感应加热没有保温时间,要完成这种均匀化只有依靠升高温度,所以淬火温度应高于已提高了的 Ac_3 温度,不然奥氏体中原铁素体区域仍然贫碳,淬火后这些区域仍将转变成铁素体。因此,为获得良好的感应加热组织,应使钢中先共析铁素体晶粒细化,当有大块状铁素体时,应通过预先热处理予以消除。

对于过共析钢,与对亚共析钢 Ac_3 点的影响相似,感应加热使 Ac_{cm} 点明显地提高,二次渗碳体的完全溶解温度随着加热速度的增大而提高。

2. 奥氏体的晶粒度与成分均匀化

感应加热有助于奥氏体晶粒细化。由于加热速度极高,相变时过热度大,导致在渗碳体和铁素体的界面上,奥氏体和铁素体界面上,以及铁素体内部嵌镶块的边界上形成大量极细的奥氏体晶粒,并且由于加热时间短,晶粒来不及长大,加热结束时获得细晶粒奥氏体。淬火后马氏体晶粒极细,常常是隐晶马氏体。

由于感应加热速度快,时间短,使奥氏体中碳和合金原子扩散很不充分,奥氏体成分不可能达到均匀化。不均匀奥氏体在冷却过程中必将对过冷奥氏体转变及转变产物产生很大的影响。加热速度越快,奥氏体越不均匀,过冷奥氏体的稳定性越差;同时,不同含碳量的奥氏体在冷却过程中会转变成不同成分的马氏体,使高碳马氏体和低碳马氏体会同时存在。当原始组织较粗大时,会出现马氏体、渗碳体和铁素体同时存在的情况。

20.1.2.3 感应加热淬火工艺

感应加热淬火工艺规范包括感应加热设备的电流频率、加热和冷却方法、功率、加热时间或连续淬火的移动速度等参数。

1. 感应加热的工作电流的频率选择

感应加热的交变电磁场频率分为工频(50 Hz)、中频(1 k～10 kHz)、高频、超音频(10 k～1 000 kHz)及超高频(27 120 kHz)。

感应加热的工作电流频率的高低影响电流热态透入深度、工件的加热方式、感应器的设计和工件淬火后的质量。由于大多数感应淬火的钢材的加热温度都在 800～1 000℃之间,而且磁导率 μ 和电阻率 ρ 在此温度范围内基本上是定值,所以透热深度的计算公式可简化为下式

$$\Delta_{800℃} = \frac{500}{\sqrt{f}} \text{(mm)} \tag{20-6}$$

按上式可以算出感应加热设备对钢件加热时的热态涡流透入深度 $\Delta_{800℃}$。

实际工艺的制定,要根据硬化层深度($\Delta_{800℃}$)来选择工作电流的频率,见表 20-1。同时,还应考虑材质(成分)、形态、尺寸的影响。

表 20-1 感应淬火硬化层深度与感应加热设备电流频率的关系

硬化层深度/mm	1.0	1.5	2.0	3.0	4.0	6.0	10.0
最高频率/Hz	250 000	100 000	60 000	30 000	15 000	8 000	2 500
最低频率/Hz	15 000	7 000	4 000	1 500	1 000	500	150
最佳频率/Hz	60 000	25 000	15 000	7 000	4 000	1 500	500

2. 感应加热的功率选择

感应加热速度取决于工件被加热的单位表面积上得到的电功率——比功率 P_0。

$$P_0 = W/F \text{(kW/cm}^2\text{)} \tag{20-7}$$

式中:W——加热工件的功率(kW);

F——同时被加热的表面积(cm^2)。

比功率进一步可细分为工件的比功率($P_{0工件}$)-工件加热时单位面积上所需要的电功率,以及设备的比功率($P_{0设}$)-工件加热时单位面积上设备所供给的电功率。比功率越大,加热速度越快,工件表面能够得到的温度也越高;比功率过低,将导致加热不足,加热深度增加,过渡区增大。

设备的比功率与工件的比功率的关系是

$$P_{0工件} = \eta \cdot P_{0设} \tag{20-8}$$

式中:η——设备总效率(包括线路、变压器、感应器的效率),$\eta<1$。

当工作电流的频率确定后,应按电流频率和要求的加热深度选择合理的比功率。一般情况下,采用中频同时加热法,则工件比功率不应小于 0.8 kW/cm²;采用中频连续加热法,则工件比功率不小于 1.25 kW/cm²。采用高频同时加热法,则工件比功率不小于 1.1 kW/cm²;采用高频连续加热法,则工件比功率不应小于 2.25 kW/cm²。

3. 感应加热淬火冷却方法

感应加热淬火方法有3种：同时加热淬火法、连续加热淬火法以及浸液加热淬火法。

(1) 同时加热淬火法。该方法是把工件需要淬硬的区域整个被感应器包围，并通过加热到淬火温度后迅速冷却淬火。该法所使用的感应器内壁较厚，有喷水孔，加热完毕后立即通水喷射工件进行淬火。该方法适用于加热时间短的工件。也可在工件加热完毕后，迅速移入喷水圈中淬火。或迅速浸入淬火槽中冷却，由于浸液冷却方便易行，常用于单件、小批量生产。同时加热淬火法适用于曲轴、凸轮轴、齿轮，局部淬硬的轴类或异形零件等的表面硬化。其特点是工艺周期短，生产效率高，只要设备输出功率足够，则应优先采用。

(2) 连续加热淬火法。这种方法是使工件对感应器做相对移动，使加热和冷却连续不断地进行。感应器可以和喷水圈分开。同时，为得到均匀加热和冷却，圆柱形工件在淬火过程中还需转动。常用转速为60～120 r/min。连续加热淬火法适用于淬硬区较宽、设备功率又达不到要求的情况。常用于轴类、齿条、机床导轨、大型齿轮等的表面淬火。采用这种方法时，工件同时加热面积小，在选用较大比功率时，设备输出功率仍不需很高。该淬火方法的缺点是生产率低。在设备输出功率能够满足的前提下，应考虑增大比功率，提高加热速度，加快工件移动速度来提高生产率。

(3) 浸液加热淬火法。这种淬火法是将感应器和工件浸在水中或油中，加热到淬火温度后，将电流切断，工件即被水或油冷却而实现淬火。感应器由于浸在水中或油中而不需内冷却，所以可用铜线绕制，这就为制造形状细小复杂的感应器提供了方便。浸液加热淬火法适用于小轴类、小内孔以及硬化区形状复杂的零件，特别适合需要用油冷却的合金钢小零件的表面淬火。感应加热淬火冷却介质一般采用水、油和聚乙烯醇等聚合物水溶液。对于截面较大、加热时间短或淬透性好的工件，也可采用工件自冷或压缩空气吹冷。

4. 感应淬火加热温度控制

感应加热无保温时间。在比功率确定之后，加热参数主要是加热温度。加热温度不仅与加热速度有关，而且还与钢的化学成分、原始组织状态等因素有关。

在单件或小批量生产中，一般采用目测来控制感应加热温度。在批量生产中，往往采用控制感应加热时间的办法来控制加热温度，因为当比功率一定时，加热温度主要取决于加热时间。实际生产中，一般是通过多次试验获得最佳加热时间，并用时间继电器进行自动控制。连续加热时，在比功率和感应器固定的情况下，加热温度由工件的移动速度来控制，其实质也是控制工件的加热时间。

5. 感应加热淬火后的回火

感应加热表面淬火后回火的目的是降低过渡区残余拉应力，避免开裂，稳定组织和达到所要求的表面硬度。一般只进行低温回火。回火方法有炉中回火、自回火、感应加热回火等。

(1) 炉中回火。炉中回火稳定可靠，是生产中最常用的回火方法。如果要求工件尽量保留淬火表面的高硬度，则用150～170℃低温回火。回火温度超过200℃，因残余压应力急剧消除，硬度下降较快。

(2) 自回火。控制加热表面的冷却液喷射时间或浸液冷却时间，利用心部余热传导至淬火区而达到回火的目的，称为自回火。自回火没有保温时间，为达到同样硬度，应采取比炉中回火高一些的温度。自回火的最大优点是可以减少淬火开裂倾向，并节约电能。缺点是不易准确控制温度，淬火应力的消除也不如炉中回火的好。

(3) 感应加热回火。通常用中频或工频进行感应加热回火。因其电流频率较低，加热层深，故能有效地消除过渡区的拉应力。为使回火尽可能充分，一般采用较小的比功率和扩大感应器与工件的间隙使加热速度降低。加热速度常控制在15～30℃/s。由于感应加热可用电参数来控制温度，所以这种回火工艺稳定并适合安排在生产流水线上。感应加热回火可用红外线测温仪测温。

20.1.3 感应加热淬火的组织和性能

钢铁件感应加热淬火的主要特点是加热速度高，由此产生了相应的表层组织及性能特点。

20.1.3.1 钢铁件感应淬火的表层组织

钢的成分、原始组织、感应加热速度和表面温度，对淬火层的组织都将会产生很大影响。

亚共析钢感应加热淬火后表层组织可分为 3 个区域,见图 20-8。第 I 区被加热至 Ac_3 以上,淬火后得到马氏体组织,最表面的马氏体较粗,或呈明显针状,往里马氏体较细,常为隐晶马氏体,见图 20-9;第 II 区被加热至 $Ac_1 \sim Ac_3$ 区域,淬火后得到马氏体加未转变铁素体的混合组织,并常常在铁素体周围伴随着深黑色托氏体组织,见图 20-10;第 III 区被加热至 Ac_1 以下的温度,加热时没有发生相变,故淬火后仍保留原始组织。一般规定由表面向内至半马氏体处为淬硬层深度 Δ,从半马氏体区到出现原始组织的区间叫过渡区。

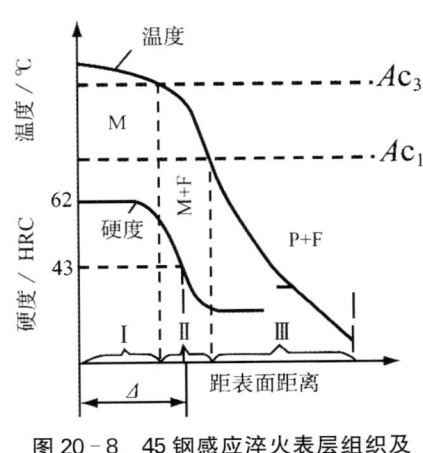

图 20-8 45 钢感应淬火表层组织及硬度分布示意图

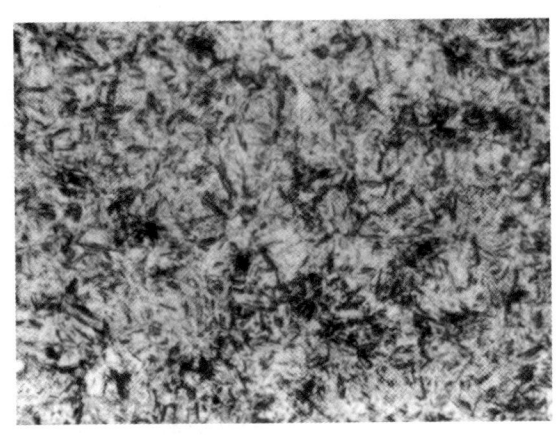

(4%硝酸酒精溶液浸蚀)

图 20-9 45 钢高频淬火后表层 I 区组织 （500×）

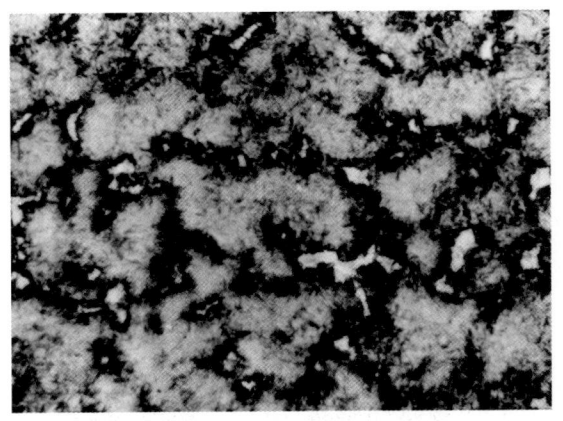

(4%硝酸酒精溶液浸蚀)

图 20-10 45 钢高频淬火后过渡(II)区组织 （500×）

共析钢感应加热淬火时,临界温度区 Ac_1 很狭窄,因此由马氏体和珠光体组成的第 II 区也很狭窄。由于共析钢没有先共析铁素体,淬火加热只要达到 Ac_1 以上一定温度,淬火后可获得隐晶马氏体。当原始组织为球状珠光体时,淬火后常在隐晶马氏体基体上分布着剩余碳化物。出现针状马氏体说明加热温度偏高。生产中为了得到较深的淬硬层,往往允许出现针状马氏体,但针状马氏体伴有过量残余奥氏体的过热组织是不允许的,参照后面的金相检验加以判别。共析钢容易过热,故加热时要严格控制温度。

过共析钢感应加热淬火时,由于二次渗碳体的存在使表面不易过热。淬火后第 I 区得到隐晶马氏体和粒状渗碳体,第 II 区得到马氏体、珠光体和粒状渗碳体,第 III 区则为心部原始组织。

20.1.3.2 钢件感应加热淬火后的性能

1. 硬度

钢铁件经感应加热淬火后,表面硬度一般比普通淬火高 2~3 HRC,见图 20-11,这种现象称为超硬度。超硬度的发生,可能与表面残留压应力和淬火后马氏体组织极细小、浓度极不均匀有关。经 200℃以上回火后,超硬度则不复存在。

感应加热淬火时,在某一加热速度下,硬度在某个温度范围内达到最大值。随着加热速度的提高,这个温度范围向高温推移,加热速度降低,则向低温推移。

2. 强度

感应加热表面淬火能有效地提高零件的弯曲强度和扭转强度,特别是疲劳强度。小零件的疲劳强度可提高2~3倍,一般零件也可提高20%~30%。

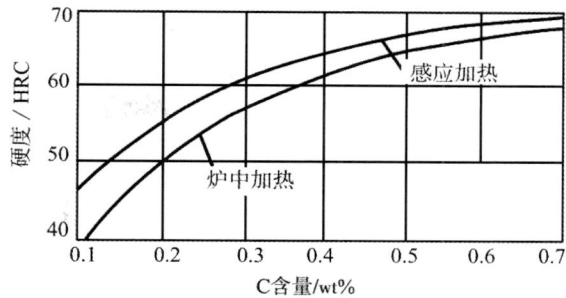

图20-11 含碳量与加热方式对钢淬火后硬度的影响

感应加热表面淬火后,表面淬硬层获得细小的马氏体组织并形成残留压应力,工件在承受交变载荷时,造成疲劳破坏的拉应力被残留压应力抵消一部分,使工件的疲劳强度显著提高。淬硬层深度在一定范围内增加,疲劳强度随之增高。淬硬层超过一定深度后,疲劳强度反而降低。

3. 耐磨性

感应加热淬火后工件的耐磨性比普通加热淬火要高。如50Mn钢高频淬火后耐磨性比普通淬火提高25%,T10钢提高40%~60%。耐磨性提高的主要原因是表面马氏体晶粒极为细小,碳化物弥散度高,硬度、强度有所提高,加之表面压应力状态等综合作用所致。

感应加热淬火层的性能与硬化层深度有关。有文献认为,当淬硬层深度为工件直径的10%~20%,过渡层为淬硬层的25%~30%时,工件将获良好的综合力学性能。

20.1.4 钢铁件感应淬火后有效硬化层深度的测定

钢铁件感应淬火后硬化层的测定方法主要为硬度法,还有金相法及断口法。

20.1.4.1 硬度法(Ⅰ)

GB/T 5617—2005《钢的感应淬火或火焰淬火后有效硬化层深度的测定》及ISO 18203:2016(E)《钢—表面硬化层深度的测定》,具体规定了硬度法测定感应淬火后的有效硬化层深度的方法,适用于有效硬化层深度大于0.3mm的工件。

该标准定义:零件经感应加热淬火回火后的有效硬化层深度(DS)是在其垂直表面的横截面上从表面到维氏硬度等于极限硬度的那一层之间的距离。

标准规定极限硬度(HV_{HL})是零件表面所要求的最低硬度(HV_{MS})的函数。对极限硬度值有关各方没有其他协议时,按$HV_{HL}=0.8×HV_{MS}$执行,但同时应满足:在距离3倍于有效硬化层深度(DS)处的硬度应低于($HV_{HL}-100$ HV)。

HV_{MS}一般由洛氏硬度值换算成维氏硬度值再计算,如,感应淬火要求表面硬度为56~60 HRC,则HV_{MS}由56 HRC换算成615 HV。

感应加热淬火后有效硬化层深度用"DS"表示(ISO 18203:2016标准用"SHD"表示),单位为mm。

标准规定有效硬化层深度测量通常所采用的试验力为9.8N(1 kgf),经有关各方协议,也可采用4.9~98N(0.5~10 kgf)。

有效硬化层深度表达方式如下:

(1) DS=0.5 表示采用$0.8×HV_{MS}$的极限硬度与9.8N试验力所检测的有效硬化层深度为0.5 mm。

(2) 若按有关协议规定,则应在DS下标中标注,如$DS_{4.9/0.9}=0.5$表示采用$0.9×HV_{MS}$的极限硬度与4.9N试验力所检测的有效硬化层深度为0.5 mm。

硬度应在垂直于表面的一条或多条平行线(宽度为1.5 mm的区域内)上测定,具体操作可参照GB/T 9450—2005。

20.1.4.2 硬度法(Ⅱ)

日本标准JIS G 0559—2008《钢的火焰淬火及高频淬火硬化层深度的测量方法》同样修改采用ISO相关标准。该标准除了采用($0.8×HV_{MS}$)作为有效硬化层的界限值外,还规定了不同含碳量钢材经感应淬火或淬火回火后的有效硬化层的界限硬度值,见表 20-2。

表 20-2　不同含碳量钢材有效硬化层的界限硬度值

钢的含碳量(中间值)/wt%	界限硬度值/HV	洛氏硬度值/HRC	相当于洛氏硬度		
			HR15N	HR30N	HR45N
≥0.23～＜0.33	350	36	78	56	38
≥0.33～＜0.43	400	41	81	60	44
≥0.43～＜0.53	450	45	83	64	49
≥0.53	500	49	85	68	54

20.1.4.3　金相法

用金相法测量硬化层深度,一般规定由表面起测至 50% 马氏体处。如果面积百分数 50% 马氏体处铁素体含量大于 20%,则测至 20% 铁素体处。这种方法在实际生产中曾长期应用。但是由于中碳钢在感应淬火前一般采用正火处理,组织为珠光体及铁素体。而中碳合金钢在感应淬火前采用调质处理,组织为回火索氏体。两种原始组织不同,经感应淬火后,奥氏体的均匀程度亦有所不同。原始组织为珠光体及铁素体的,经感应加热后过渡区域往往比较宽,50%的马氏体界限比较难以准确测出。而预先调质处理的回火索氏体组织,感应淬火后过渡区又往往比较窄。总之,采用金相法测定感应淬火硬化层深度误差往往较大,因此对于钢铁件已较少采用。

但对于球墨铸铁,由于硬化层过渡区域窄,界限组织明显,用金相法能清晰显示出零件硬化层分布,因此 JB/T 9205—2008 标准中,金相法仍为球墨铸铁的感应淬火硬化层深度测定的方法之一。

图 20-12 为 45 钢表面高频加热淬火后组织形貌:左边灰白色区域即为马氏体区,随逐渐向内(右边)的距离增加出现少量托氏体,接近交界处出现铁素体。心部为原始组织:珠光体及铁素体。感应淬火组织的晶粒较细小,图中黑色棱角形为维氏硬度压痕,表层硬度高,心部硬度低。

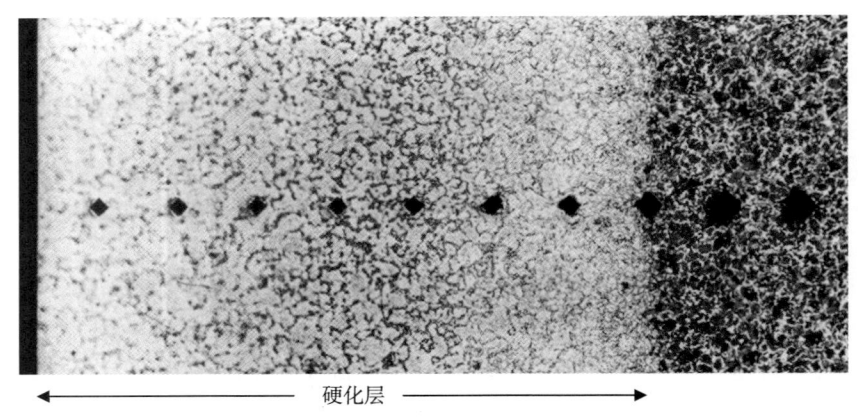

图 20-12　45 钢高频淬火后组织　(63×)

20.1.5　感应加热淬火后的金相检验

由于感应加热速度快,时间短,加热温度难于控制,通常采用金相检验及硬度检验,对工件感应淬火质量进行控制。金相检验的主要内容是对表层淬火组织进行评定。目前分别有钢件及珠光体球墨铸铁件的感应淬火金相检验标准。

20.1.5.1　感应淬火件金相样品的选取

由于感应淬火往往有局部性,因此正确取样十分重要。

形状简单的零件在硬化区中部取样,见图 20-13。要求圆角处淬火零件的取样部位,见图 20-14。要求硬化层连续的变截面轴类零件取样位置,见图 20-15。

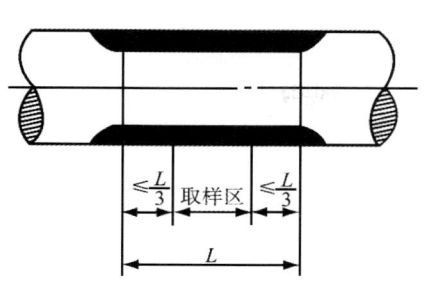
图 20-13 形状简单的零件取样部位

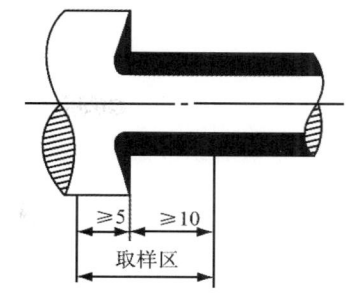
图 20-14 圆角处淬火的零件取样部位

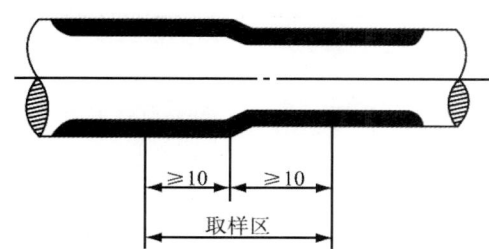
图 20-15 变截面轴类零件取样部位

20.1.5.2 钢件感应淬火金相检验

JB/T 9204—2008(2017)《钢件感应淬火金相检验》适用于中碳碳素结构钢和中碳合金钢制造的工件，经感应淬火后的金相组织的检验。

上述工件经感应淬火、低温(≤200℃)回火后，表层金相组织在 400 倍下进行组织评定。该标准把马氏体针大小分为 10 级，有关分级说明见表 20-3，部分标准评级图见图 20-16。

表 20-3 感应淬火层显微组织分级说明

级别	组织特征	对应的晶粒度	图例
1	粗马氏体	1	—
2	较粗马氏体	3	图 20-17(a)
3	马氏体	6~7	图 20-17(b)
4	较细马氏体	8~9	—
5	细马氏体	9~10	—
6	微细马氏体	10	图 20-17(c)
7	微细马氏体,其含碳量不均匀	10	图 20-17(d)
8	微细马氏体,其含碳量不均匀,并有少量极细珠光体(屈氏体)+少量铁素体(<5%)	10	图 20-17(e)
9	微细马氏体,+网络状极细珠光体(屈氏体)+未溶铁素体(≤10%)	10	图 20-17(f)
10	微细马氏体,+网络状极细珠光体(屈氏体)+大块状未溶铁素体(>10%)	10	—

注：本表由作者根据 JB/T 9204—2008(2017)整理得出，表中所列图号的图片摘自 JB/T 9204—2008(2017)。

感应淬火层组织 1 级、2 级图片为粗大马氏体组织，是感应加热时温度过高引起的，是不合格组织。3 级为中等马氏体组织，说明是淬火温度偏高的结果。该级组织可勉强合格，但不是理想的组织。4 级、5 级为细马氏体，是感应加热淬火的正常组织。6 级是细微马氏体，是感应加热淬火最理想的组织，通常在原始组织为索氏体时才能获得。感应淬火最理想的组织是 4~6 级。7 级是含碳量不均匀的组织，是由于加热温度不足或加热时间不足所造成。铁素体未能充分地溶解于奥氏体，奥氏体含碳量呈不均匀分布。此类组织虽然允许，但也需要进一步调整。8 级的铁素体未完全溶解，组织严重不均匀，尚存在少量托氏体网络。9级和10级有多量未溶解铁素体和网络状托氏体,都是因加热不足所造成。JB/T 9204—2008 标准规定,图样标定感应淬火工件表面硬度下限≥55 HRC 时,淬硬层金相组织 3～7 级为合格,而工件表面硬度<55 HRC 时,则相应 3～9 级金相组织为合格。

20.1.5.3 珠光体球墨铸铁件感应淬火的金相检验

球墨铸铁件若要进行感应加热淬火处理,必须是珠光体基体,且珠光体含量不低于 75%(面积分数),才有实用价值。球墨铸铁中的球状石墨,在短时间的感应加热过程中,除少量石墨碳扩散到牛眼状的铁素体组织外,其形态基本没有变化。组织组成比钢复杂,但亦有它们相似之处,如基体组织仍以马氏体为主。

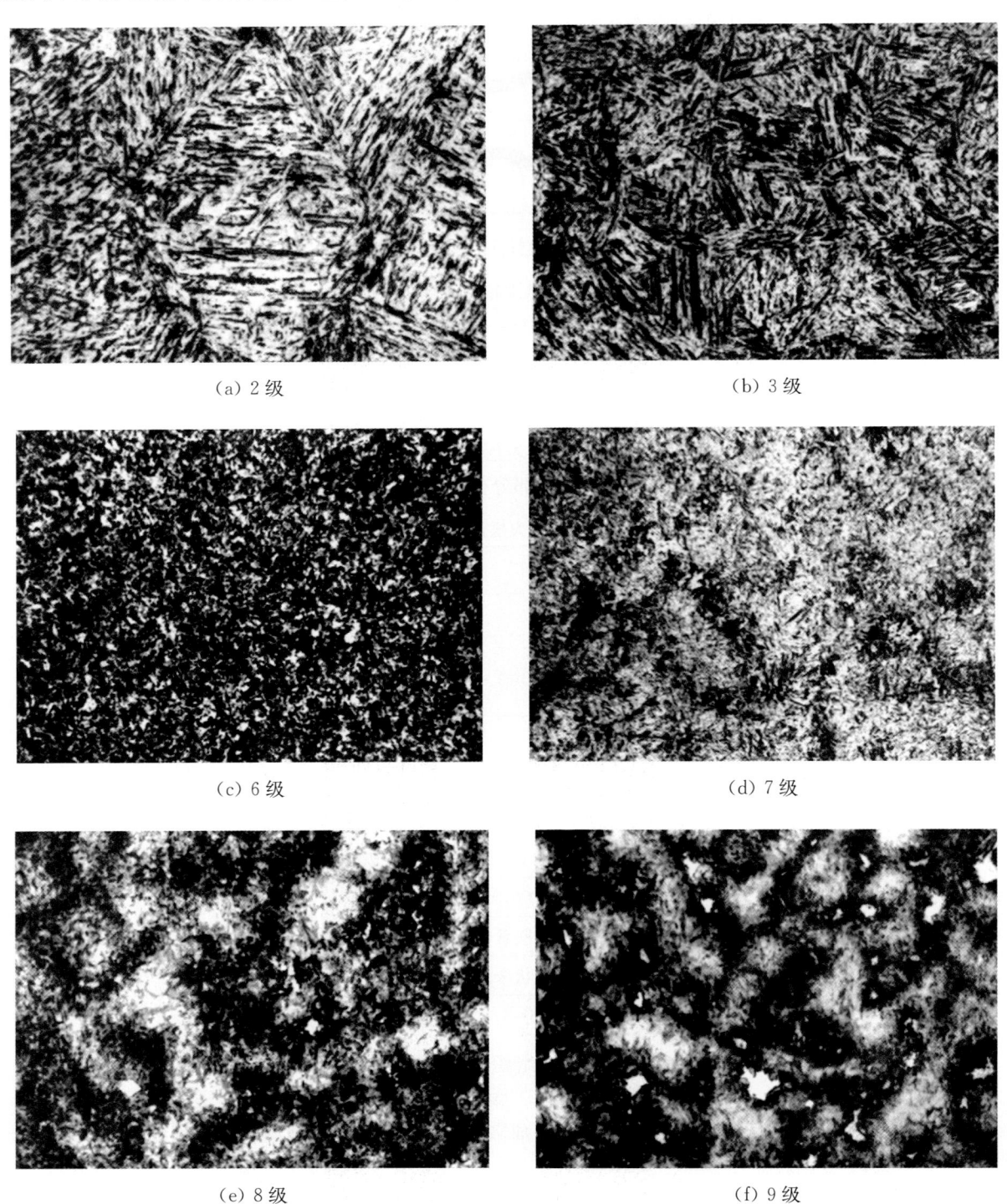

(a) 2 级　　(b) 3 级

(c) 6 级　　(d) 7 级

(e) 8 级　　(f) 9 级

图 20-16　部分钢件感应淬火回火后组织级别图　(400×)

JB/T 9205—2008(2017)《珠光体球墨铸铁零件感应淬火金相检验》标准适用于珠光体含量不低于75%的球墨铸铁零件经高、中频感应淬火低温回火(回火温度≤200℃)后的硬化层金相组织及硬化层深度的检验。

该标准把球墨铸铁件经感应加热淬火后表层淬硬马氏体组织分为8个级别,其分级见表20-4,其中1～2级属于过热形成的粗马氏体,是不合格组织;7～8级为加热不足,形成微细马氏体和未溶解珠光体、铁素体组织;3～6级为合格组织,部分标准评级图见图20-17。

表20-4 珠光体球墨铸铁件感应淬火回火硬化层组织分级说明

级别	组织特征	图例	参考		
			热处理状况	表面硬度/HRC	层深/mm
1	粗马氏体、大块状残留奥氏体、莱氏体、球状石墨	图20-18(a)	过烧	53	6.3
2	粗马氏体、大块状残留奥氏体、球状石墨	图20-18(b)	过热	53	6.0
3	马氏体、块状残留奥氏体、球状石墨	图20-18(c)	正常	51	4.4
4	马氏体、少量残留奥氏体、球状石墨	图20-18(d)	正常	52	3.0
5	细马氏体、球状石墨	—	正常	52	2.63
6	细马氏体、少量未溶铁素体、球状石墨	图20-18(e)	正常	52	1.68
7	微细马氏体、少量未溶珠光体、未溶铁素体、球状石墨	图20-18(f)	不足	31.5	1.13
8	微细马氏体、较多量未溶珠光体、未溶铁素体、球状石墨	—	不足	30	0.85

注:本表由作者根据JB/T 9205—2008(2017)整理得出。表中所列图号的图片摘自JB/T 9205—2008(2017)。

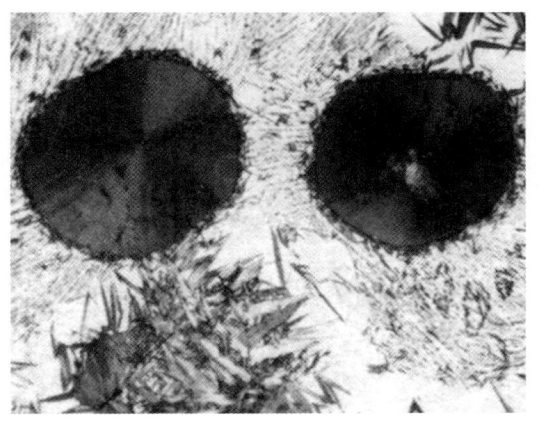

(a) 1级

(b) 2级

(c) 3级

(d) 4级

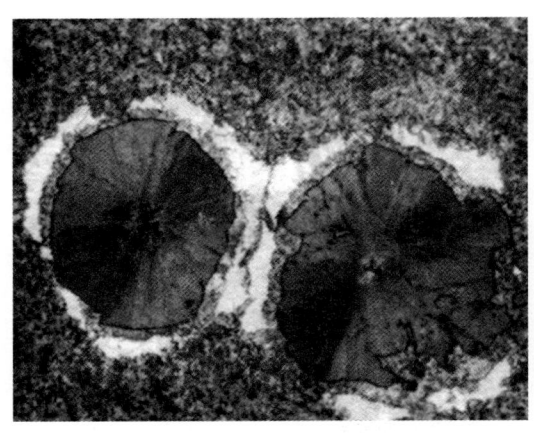 

(e) 6 级　　　　　　　　　　　　　　(f) 7 级

图 20-17　部分珠光体球墨铸铁感应淬火组织评级图　（400×）

20.1.6　感应加热淬火的常见缺陷

感应加热淬火常见缺陷有淬硬区分布不当、淬裂、畸变、硬度不足、表面灼伤等。淬硬区合理分布问题主要与工艺设计有关。

20.1.6.1　开裂

淬火开裂主要发生在表层淬硬区，基本呈沿晶分布。感应淬火开裂的主要原因与淬火时过热、冷却不当或原材料有缺陷有关。

1. 加热温度偏高或局部过热

偏高的淬火温度增加了工件的淬火内应力，特别是工件上尖角、键槽、圆孔边缘等处容易局部过热和引起应力集中，这些因素均会造成淬火裂纹。

2. 冷却不当

冷却速度过大或工件冷透而未及时回火，也会发生淬火裂纹。这类裂纹常在结构钢齿轮、花键轴等零件的透热淬火中出现。

3. 回火控制不当

未及时回火，或回火温度、时间不合适，会造成硬化区表面存在高的拉应力，若有后期磨削加工，则容易发生磨削开裂。

4. 原材料不当

当加热和冷却参数合理而出现淬火裂纹时，应检查材料的成分和组织。如 45 钢含锰量或含碳量超过上限时，容易淬裂，高碳钢组织中有严重的网状或带状碳化物，淬裂的倾向增加。

此外，钢材中存在的气孔、非金属夹杂物，特别是晶界上析出的硫化物，对淬裂均有影响。钢材经过预备热处理、正火或调质，原始组织均匀了，可减少淬火裂纹。

20.1.6.2　硬化层剥落

在硬化层表面到原始组织整个深度的边界剥落，或在较小深度处剥落，这种缺陷是由于工件中有较大的内应力存在。没及时回火、硬化层深度过浅、硬化层变化过陡等，易产生剥落。

20.1.6.3　畸变

轴类或长条形零件的畸变主要是弯曲，其原因是硬化层不均匀，通常零件向淬硬层较浅或无淬硬层的一侧发生弯曲。对于长条形零件则应考虑零件两边淬硬层的对称性，以减少其畸变。

圆柱齿轮的畸变主要是内孔胀缩和齿形变化。内孔一般缩小 0.01～0.05 mm，外径不变或缩小 0.01～0.03 mm，对于内外径之比小于 1.5 的薄壁齿轮，内孔和外径有胀大趋向，所以双联齿轮高频淬火后往往呈现小齿轮端内孔胀大大齿轮端内孔缩小，形成喇叭形。齿形变化包括齿厚与公法线变化，可从加热、冷却及工艺设计等各方面采取措施以减少畸变量。

20.1.6.4　硬度不足或不均匀

产生硬度不足的原因有两方面：加热不足或冷却不足。当表层淬硬区出现较多未溶铁素体时，表明加热不足（感应加热设备比功率偏低、加热时间不足、感应器与工件表面间隙偏大）。当表层淬硬区出现托氏体等非马氏体组织时，表明冷却不足（加热结束后延时过长再冷却、喷液时间过短、喷射压力和喷射密度过低及淬火介质冷却速度低等）。

轴类零件连续加热淬火，有时会出现黑白相间螺旋形软带或沿工件与感应器的相对运动方向的某一区域出现直线黑带。这些区域中存在未溶铁素体或托氏体组织。主要原因与加热或冷却不均匀有关。

20.1.6.5　表面灼伤

当感应器与工件接触短路，会使工件表面打弧留下烧伤痕迹和蚀坑。为此，应注意工件内应力和预先处理状况（清除铁屑等）、淬火机床精度、感应器刚性以及与工件间的间隙。

此外，对有气孔、裂纹的铸件，往往在加热过程中，即能看出此局部温度明显地过高，加热速度越大，这种烧熔发生得越快。

20.2　激光热处理及金相分析

激光热处理目前主要有 4 类工艺：表面淬火、表面合金化和表面熔覆以及表面冲击强化。此外，尚有激光熔融和激光非晶化处理。

20.2.1　激光热处理用激光器

20.2.1.1　激光及特点

激光，英语为"Laser"，按英文原意可译为"受激发射的辐射光放大"。根据爱因斯坦理论，在组成物质的原子中，有不同数量的粒子（电子）分布在不同的能级上，在高能级上的粒子受到某种光子的激发，会从高能级跃迁到低能级上（发光物质处于粒子数反转状态），这时将会辐射出与激发它的光相同性质的光，而且在某种状态下，能出现一个弱光激发出一个强光的现象，即为激光。

激光是一种单色性高、方向性强、相干性强、亮度高、脉宽窄的光束，尤其是其能量密度极大，使之成为高能加工的重要手段。激光束辐射到各种物质表面会发生物理、化学反应，包括物质对激光的反射、吸收和能量转化，以及激光对物质的加热、熔化、气化和相关的力学效应等。

各领域所使用的激光束具有不同的特性，如不同的波长、不同的功率。因此，虽然激光可用于医疗、用于整形，但不同的激光束对人体会有不同的伤害，尤其工业用激光束由于功率高，对人体伤害严重，其中对人的眼睛的伤害最为严重。

GB 7247.1—2012/IEC 60825.1：2007《激光产品的安全　第 1 部分：激光设备的分类、要求》，根据产品的相应波长和发射持续时间对人体影响伤害程度，把激光产品分为 1 类、1M 类、2 类、2M 类、3R 类、3B 类和 4 类共 7 种，制定了不同的强制的严格防护要求。

20.2.1.2　激光发生器工作原理

激光的产生必须具备 3 个前提条件：

（1）有提供放大作用的增益介质作为激光工作物质，其激活粒子（原子、分子或离子）有适合于产生受激辐射的能级结构。

（2）有外界激励源，使激光上下能级之间产生粒子数反转。

（3）有激光谐振腔，使受激辐射的光能够在谐振腔内维持振荡。

通常，受激辐射与受激吸收两种跃迁过程是同时存在的，前者使光子数增加，后者使光子数减少。当一束光通过发光物质后，究竟是光强增大还是减弱，取决于两种跃迁过程哪个占优势。只要使发光物质处在粒子数反转的状态，受激辐射就会大于受激吸收。当频率为 γ 的光束通过发光物质，光强放大。即便没有入射光,只要发光物质中有一个频率合适的光子存在,便可像连锁反应一样,迅速产生大量相同光子态的光子,形成激光。这就是激光器的基本原理。形成粒子数反转是产生激光或激光放大的必要条件,为了形成粒子数反转,需要对发光物质输入能量,该过程称为激励、抽运或者泵浦。

光与物质之间的共振相互作用是激光器发光的物理基础。正常运转的激光器通常有两种工作状态,即连续输出状态和脉冲输出状态。激光器通常由激光工作物质、泵浦源以及光学谐振腔三部分组成。为了形成稳定的激光,首先必须要有能够形成粒子数反转的发光粒子,即激活粒子。为激活粒子提供寄存场所的材料称为基质,它们可以是固体或液体。基质与激光粒子统称为激光工作物质。为了形成粒子数反转,需要借助泵浦源对激光工作物质进行激励。不同的激光工作物质往往采用不同的泵浦源。例如固体激光器一般采用普通光源和氙灯作为泵浦源,对激光工作物质进行光照,又称光泵。对于气体激光工作物质,常常是将它们密封在细玻璃管内,两端加电压,通过放电的方法来进行激励。仅仅使激光工作物质处于粒子数反转状态,虽可获得激光,但它的寿命很短,强度也不高,并且光波模式广、方向性差。为了得到稳定持续、有一定功率的高质量激光输出,激光器还必须有一个光学谐振腔。它是由放置在激光工作物质两边的两个反射镜组成,其中之一是全反射镜,另一个作为输出镜用,是部分反射、部分透射的半反射镜。光学谐振腔的作用主要包括产生与维持激光振荡以及改善输出激光的质量。

20.2.1.3　热处理用激光器

用于激光热处理的激光器主要包括 CO_2 气体激光器、Nd:YAG 固体激光器、半导体激光器、准分子气体激光器以及光纤激光器、液体染料激光器等。

为能准确控制激光热处理过程中加热温度,目前已发展了在线测温和控温的辅助设备。

1. CO_2 气体激光器

CO_2 激光器产生激光的波长为 $10.6\ \mu m$,激光器的电光转换效率为 $10\%\sim15\%$。CO_2 激光器中使用的是混合气体,其中,CO_2 气体是激光增益介质,氮气是为了传递激励中所需要的能量,氦气主要是为了散热。CO_2 激光器可分为轴流 CO_2 激光器、横流 CO_2 激光器和扩散冷却 CO_2 激光器。CO_2 激光器具有体积大、结构复杂、维护困难,且金属对 $10.6\ \mu m$ 波长激光吸收率较低等缺点。

2. Nd:YAG 固体激光器

当今应用最广的固体激光工作物质是掺钕的钇铝石榴石(Nd:YAG),它的激光输出波长为 $1.06\ \mu m$,当用气体灯泵浦时,电光转换效率约为 5%,当用半导体激光二极管泵浦时,电光转换效率约为 15%。Nd:YAG 激光器的激光增益介质为 Nd^{3+} 离子,存在于掺钕的钇铝石榴石固体晶体材料内,由于激光增益物质为固体,此类激光器常称为固体激光器。Nd:YAG 激光器可用光纤传输,由于其输出激光的波长是 CO_2 激光器输出激光波长的十分之一,光与加工材料进行相互作用时,加工材料的吸收率高于 CO_2 激光。

3. 半导体激光器

半导体激光器是一种新型的激光器,它有电光转换效率高($>50\%$)、寿命长(其工作寿命高达数万小时)、体积小、重量轻、高性价比等优点。半导体激光器是直接的电子—光子转换器,它是基于 GaAs 晶体的特殊半导体结构中电子空穴对的重组,在非常薄且窄的区域发射功率为数毫瓦的光,多个激光二极管可以组合成一个整体,成为激光阵列。因为半导体激光非圆形、高像散、非相干的光束,其光束质量比不上传统的激光器,其应用局限于那些不需要很好的聚焦能力的地方。尽管半导体激光器的功率密度不是很高,但与传统激光器相比仍有很大的优势,它的高效率导致使用上更经济,它的尺寸小导致其容易集成于存在的产品系统,很容易直接将激光头安装在机械手上,而且容易实现便携系统。

4. 准分子气体激光器

准分子即不稳定的分子,是在激光混合气体受到外界能量激发所引起的一系列物理化学反应中曾经形成但转瞬即逝的分子,其寿命仅为几十毫微秒。准分子激光器是一种高压脉冲式气体激光器,其激活介质通常是多种不同混合气体构成的准分子系统,激光跃迁发生在束缚的激发态和排斥和束缚的基态之间。构成激光器的准分子系统的混合气体有多种类型,目前实用化激光器中多采用双原子稀有气体 R_2 和稀有气体卤化物 RX,这些气体在泵浦作用下反应而形成受激分子态即准分子。准分子激光器的波长极短,波长范围为 $157\sim353\ nm$,其激射波长完全取决于构成准分子系统的混合气体种类。准分子激光器的功率不大,但光子能量高,功率密度可高达 $10^8 \sim 10^{10}$ W/cm²。与利用热效应加工的 CO_2、Nd:YAG 激光相比,准分子激光属于冷光源。

5. 光纤激光器

光纤激光器是指用掺稀土元素玻璃光纤作为增益介质的激光器。其最早出现于 20 世纪 60 年代,当时由于输出功率仅数十毫瓦,主要应用于光放大和光通信领域。随着二极管泵浦的日益成熟以及双包层光纤技术和光束耦合技术的发展,使光纤激光器的输出功率迅速增加,至 2005 年已达到 17 kW。和通常的固态激光器相比,光纤激光器在激光谐振腔中至少有一个自由光束路径形成,光束形成和导入光纤激光器是在光波导中实现的,通常这些光波导是基于掺稀土的光电介质材料及波长合造的激光二极管泵浦源。由激活光纤的结构可知,基于在芯和包层交接表面内部全反射,波导产生于芯层,对于泵浦辐射和产生的激光辐射,光纤激光器的芯层既是激活介质又是波导,整个光纤被聚合物外层保护免受外部影响。光纤激光器的输出波长在 1 000~2 000 nm。光纤激光器最显著的优点是绿色节能和电光转换效率高。光纤激光器可以同时完成切割、焊接、钻孔和熔覆等多种操作。设备功率和传送光纤的切换只需几毫秒时间,传递光纤可支持 200 m 间隔的多个工位。光纤的柔性使光纤激光器能胜任各种多维任意空间的材料加工。光纤激光器具有传统激光器无法比拟的免调节免维护高稳定性和高寿命的优点。

20.2.2 激光热处理原理、分类及特点

20.2.2.1 激光热处理原理

金属吸收激光是通过自由电子与晶格点阵的碰撞将多余能量转变为晶格点阵的振动而实现的。自由电子和晶格点阵碰撞总的能量的弛豫时间的典型值为 10^{-13} s,可认为材料吸收的光能向热能的转变是在一瞬间发生的。由于金属中自由电子密度很高,金属对光的吸收系数很大,为 $10^5 \sim 10^6$ cm^{-1}。对于从波长 0.25 μm 的紫外光到波长为 10.6 μm 的红外光这个波段内的测量结果表明,光在各类金属中的穿透深度仅为 10 nm 数量级,透射光波在金属表面的一个很薄的表层内被吸收。因此金属吸收的激光能量使表面金属加热,然后通过热传导,热量由高温区向低温区传递。

激光热处理是以激光为热源的热处理技术,通过激光与材料间的相互作用使材料表面发生预期的物理化学变化。激光高能束流作用在金属材料表面,被材料表面吸收并转换为热能。该热量通过热传导机制在材料表层内扩散,产生相应的温度场,导致材料的性能在一定范围内发生变化,实现对金属材料表面的不同热处理。激光热处理的原理仍然遵循热处理基本原理,只是由于快速加热及快速冷却,激光热处理涉及部分晶粒的局部平衡而非整个工件的平衡,因此,在激光硬化的部分,每个局部区域都有不同的热循环,结果会出现不同比例的相的混合物。这些相都是钢中基本相。

激光与材料的相互作用过程可分为以下几种状态:第一,激光照射至材料表面,材料吸收光子的能量而转化为热量,表层温度升高并向内部传递,材料表层温度升高到相变点以上并发生固态相变。第二,材料的温度进一步升高达到熔点之上,材料熔化并形成熔池。第三,材料温度升高至气化点之上,出现等离子体现象。

20.2.2.2 激光热处理分类

根据上述激光与金属相互作用时金属的物质状态情况,激光热处理可以分为 3 种类型:

(1) 激光表面淬火。激光照射时金属不熔化,只是组织发生变化。

(2) 激光表面合金化。激光照射时金属熔化,冷却后组织发生变化或加入其他元素改善表面性质,这类工艺主要包括激光熔覆和激光合金化。

(3) 激光表面冲击强化。激光照射金属表面吸收层,并瞬间使之发生气化产生等离子体,等离子体迅速膨胀,引发冲击波压力脉冲使金属表层形成残余压应力而达到强化。

20.2.2.3 激光热处理特点

(1) 激光束热源作用在材料表面上的能量密度高、作用时间极短暂,加热冷却速度快,处理效率高。采用不同的功率密度、加热时间以及光斑尺寸的激光束,材料的加热效果各不相同。通过调整激光器的加热参数,可以在金属表面获得不同的加热效果从而形成不同的处理工艺。

(2) 激光热处理时,其加热和冷却过程中的过热度和过冷度均大于常规热处理,由于加热速度快,奥氏体长大及碳原子和合金原子的扩散受到限制,可获得细化和超细化的金属表面组织,因此相应获得的表面硬度也高于常规热处理 5～10 HRC。

(3) 激光热处理对金属进行的是非接触式加热,没有机械应力作用。由于加热速度和冷却速度都很快,因此热影响区极小,热应力很小,工件变形极小。

(4) 激光束易于传输和导向,因此可对复杂零件表面或局部进行处理,如深孔、沟槽表面及盲孔底部等。

(5) 由于激光的光斑面积小,金属本身的热容量足以使被处理的表面骤冷,冷却速度可达 $10^4 ℃/s$ 以上,因此仅靠工件自身冷却淬火即可保证实现马氏体的转变。急冷可抑制碳化物的析出,从而减少脆性相的影响,并能获得隐晶马氏体组织。

(6) 激光热处理时,金属表面将会产生 200～800 MPa 的残余压应力,从而大幅提高处理工件表面的疲劳强度。

(7) 激光热处理易实现在线计算机控制下的自动化生产。

激光表面淬火的主要局限是硬化面积小、覆盖率低,硬化的深度浅,不适用于受负荷大的重型零件。

20.2.3 激光表面淬火及其组织、性能

激光表面淬火是用一束聚焦或能量密度均衡化的多模激光束,通过移动激光束或工件快速扫描金属材料表面,使金属表层温度迅速达到奥氏体化温度以上,并保持足够时间使碳和合金元素发生固溶。由于只有激光辐照的有限部位被短时加热,在该被辐照的表面区会形成很大的温度梯度,因此,激光扫描过后,加热区的热量会经热传导快速向周边扩散,从而实现该表面的快速自然冷却,在温度等于马氏体转变终了温度的深度范围产生一个淬硬区。该激光淬火硬化区的最大深度约为 1～2 mm,可使材料的耐磨性能、强度和疲劳性能得到良好改善,而基体韧性保持不变。

激光表面淬火一般指的是激光相变硬化,亦即激光非重熔硬化。应合理选择激光表面淬火的工艺参数,使基材表面只发生相变而不产生重熔。重熔会使表面层的硬度下降,硬度损失甚至可达 20%～30%。如果重熔发生,高合金工具钢的重熔和重结晶以及淬火的组织中会出现难以去除的残留奥氏体。

20.2.3.1 激光表面淬火工艺

激光淬火硬化处理的主要参数为入射光束功率、光斑尺寸和激光束扫描速度,要求激光束为矩形,功率分布均匀。在有控温设备条件情况下,还有加热温度参数。由以上参数可以进一步算出激光功率密度和激光作用时间。通常,相变硬化采用的功率密度为 $10^2 \sim 2 \times 10^4 (kW/cm^2)$,扫描时间为 $10^{-2} \sim 1\ s$。

此外,还包括有表面预处理工艺。金属材料的表面反射率和热传导率、热扩散率均对激光淬火硬化有直接影响。高的金属表面反射率意味着金属激光能量吸收率的下降。材料高的热传导率、热扩散率均影响对激光能量的吸收。对同一种材料,应用不同波长激光也会影响吸收率。因此,为了提高金属材料对激光的吸收率,可在材料表面进行涂覆吸收层的预处理。通过涂层来增加对激光辐照的吸收,使金属表面的自由电子发生振动和移动而将热能传入金属,如波长为 $10.6\ \mu m$ 的 CO_2 激光束金属材料对其吸收率仅为 5% 左右,而经涂覆处理后吸收率可增大到约 95%。吸收层的预处理可通过化学或物理方法进行,包括表面拉毛、表面氧化、表面磷化;涂无光漆、碳素墨汁和胶体石墨(黑化处理);电振、热喷涂或物理真空沉积等。其中"黑化处理"较常用。

钢铁材料激光表面淬火工艺还可进一步细分为简单相变硬化和复合相变硬化工艺。简单相变硬化工艺是指未经预热处理的工件的激光表面淬火工艺。复合相变硬化工艺是激光淬火与其他常规热处理、热—化学处理和热—机械处理的结合。即激光表面淬火可在如淬火、回火、退火的常规热处理后,或如渗碳、渗氮的表面扩散处理后,或机械强化后进行。金属材料经以上预处理后,组织会发生变化,影响其后激光淬火的效果。

钢铁材料经激光淬火后的技术指标有表面硬度、硬化层宽度、硬化层深度以及硬化层间的搭接系数 [(搭接量/光斑宽度)×100%]。在硬化中,激光扫描轨迹重叠或彼此相交会形成交叠(搭接)区,其硬度、腐蚀性能和疲劳强度均不同于硬化组织。交叠区的马氏体组织会发生回火。激光扫描轨迹靠近另一马氏

体硬化区,会使其中产生一定宽度的退火区。通常很短的回火时间即可使亚稳态的硬化组织发生分解,致使硬度下降(回火软化)。

20.2.3.2 激光表面淬火后的组织

钢铁材料经激光表面淬火后,其相变硬化层在法向截面呈月牙状,见图20-18,其由表及里的组织分布随淬火时温度分布的梯度变化而变化,一般可分为三个区域:近表层的相变硬化区、热影响区(过渡区)以及未硬化的基体(回火)区。

激光表面淬火后的近表相变硬化层,由于快速加热并激冷,其组织相对常规淬火要细,也较难浸蚀,常呈浅色或亮白色,组织为马氏体,有时呈隐针状;对于过共析钢则还有碳化物及残留奥氏体。若出现枝晶状组织或莱氏体(非原始基体组织),则表明热处理中有重熔(过烧)现象。

紧连白亮色相变硬化区的热影响(过渡区)区内,发生部分马氏体转变并残留有基体组织形态。若为过共析钢,则过渡区主要为高温回火组织。

部分常用材料的激光表面淬火层组织见表20-5。

表20-5 部分常用材料的激光表面淬火层组织

材料		硬化区	过渡区	基体	说明
钢种	钢号				
碳钢	20	板条马氏体	马氏体+细珠光体+少量铁素体	珠光体+铁素体	原始组织为珠光体+铁素体,见图20-19
	45	较细板条马氏体	马氏体+托氏体(调质态) 隐针马氏体+托氏体+铁素体(退火态)	珠光体+铁素体	见图20-18、图20-20
合金钢	42CrMo	隐针马氏体	马氏体+回火索氏体+珠光体	珠光体+铁素体	原始为正火或退火组织,见图20-21
	GCr15	隐针马氏体+碳化物+残余奥氏体	隐针马氏体+回火索氏体+碳化物	回火马氏体+碳化物+残余奥氏体	原始组织经淬火、回火处理。淬硬层内晶粒大小分布见图20-22
	W18Cr4V	隐针马氏体+碳化物+残余奥氏体	隐针马氏体+回火索氏体+回火屈氏体+碳化物	回火马氏体+碳化物+残余奥氏体	原始组织经淬火、回火处理
铸铁	HT200	马氏体+残余奥氏体+未溶石墨带	马氏体+珠光体+片状石墨	珠光体+片状石墨+少量磷共晶	—
	QT600-3	马氏体+残余奥氏体+球状石墨	马氏体+珠光体+球状石墨	珠光体+球状石墨	淬硬层中石墨球有所减小,部分石墨球外周有马氏体壳状分布,见图20-23

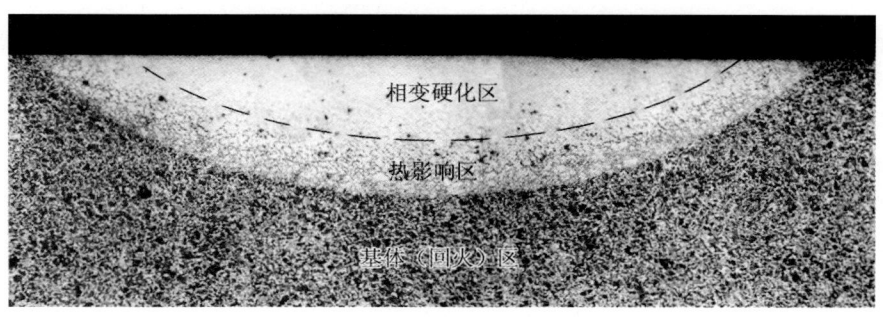

(4%硝酸酒精溶液浸蚀)

图20-18 45钢激光表面淬火后组织分布 (40×)

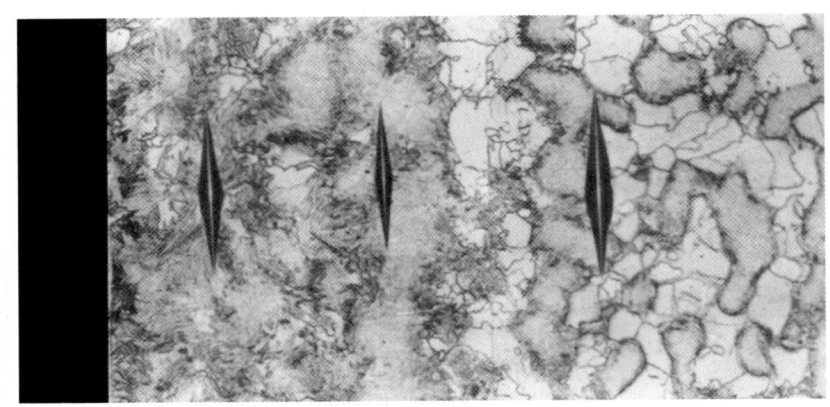

（4%硝酸酒精溶液浸蚀）

图 20-19　20 钢激光表面淬火后组织　（440×）

（相变淬硬区）

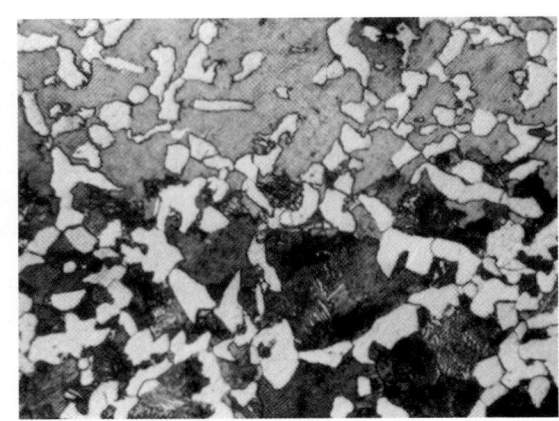

（过渡区→基体区）

（4%硝酸酒精溶液浸蚀）

图 20-20　45 钢激光表面淬火后组织　（500×）

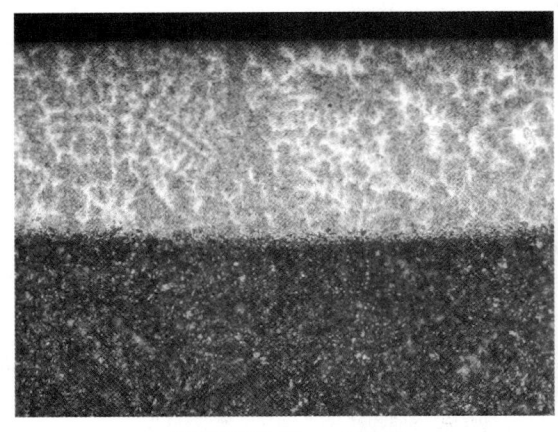

（淬硬区形貌）　（50×）

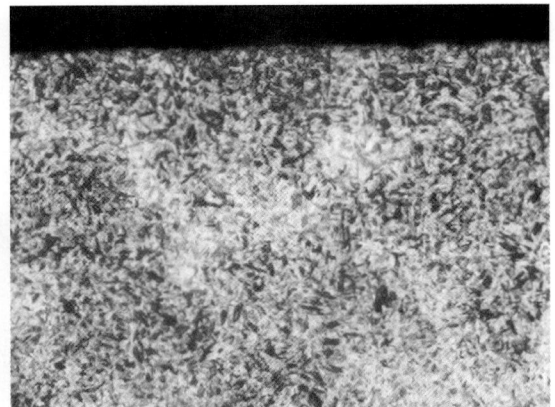

（近表相变硬化区）　（400×）

（4%硝酸酒精溶液浸蚀）

图 20-21　42CrMo 钢激光表面淬火后组织

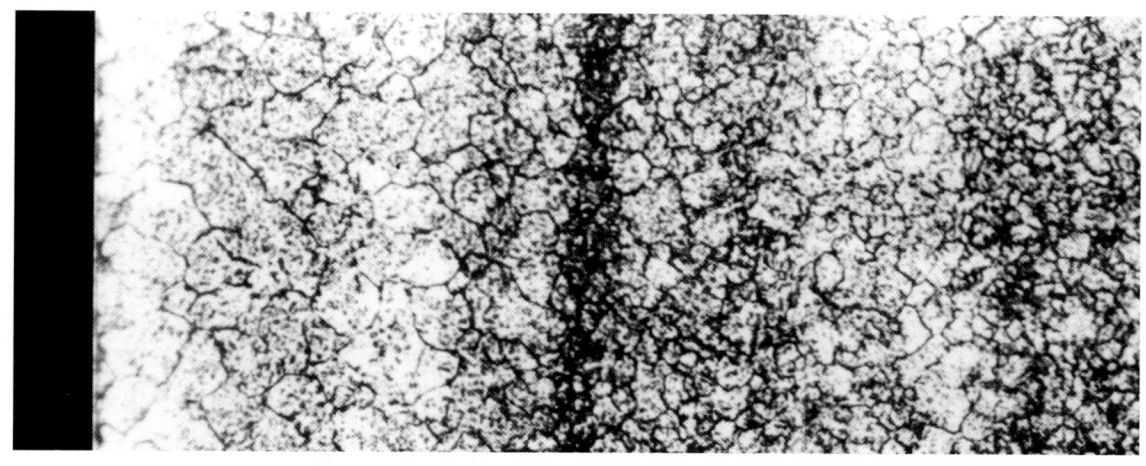

(经饱和苦味酸水溶液＋洗涤剂热蚀)

图 20-22　GCr15 钢激光表面淬火后淬硬层晶粒分布　(500×)

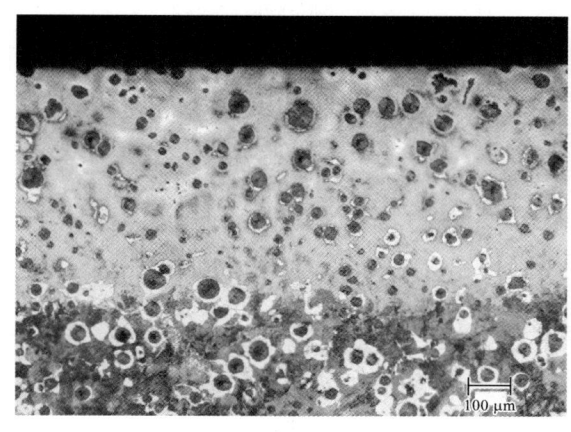

(a) 表层组织

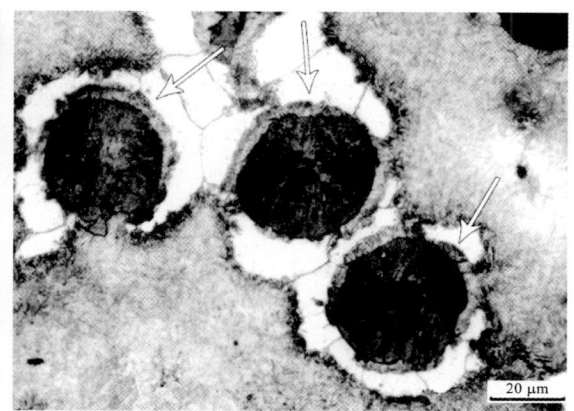

(b) 石墨外周马氏体分布

(4%硝酸酒精溶液浸蚀)

图 20-23　QT600-3 经激光表面淬火后组织

20.2.3.3　激光表面淬火后的性能

激光表面淬火处理的工艺参数,即激光能量密度、激光扫描速度以及交叠(搭接)率是影响激光表面淬火硬化处理效果的决定性因素。根据实际需求,通过调节上述工艺参数,可获得不同淬硬层深度以及表面硬度。

1. 硬度

钢铁材料经激光表面淬火处理后硬化层的硬度一般要比常规淬火以及高频感应淬火所得硬度高 15%～20%。图 20-24 表示不同含碳量的钢经激光表面淬火后所得的硬度与常规淬火所得硬度的对比曲线。碳素钢经激光表面淬火后,硬度相对提高的原因是由于激光表面淬火的快速加热和冷却,使得到的各种组成相的尺寸细小,且存在大量的晶格缺陷。细小的组织、高度弥散分布的碳化物以及大量的晶格位错,使得激光表面淬火组织具有比常规淬火组织具有更高的硬度。高速钢经激光表面淬火后,在随后的加热过程中能保持比常规热处理更高的硬度,如图 20-25。

2. 耐磨性

材料的耐磨性取决于硬度和组织,激光表面淬火后材料表面发生马氏体相变,晶粒细化,表面硬度提高,相对于传统热处理工艺可较大幅度的提高材料表面耐磨性。激光表面淬火处理试样的耐磨性比淬火＋低温回火及淬火＋高温回火试样分别提高 0.5 倍和 15 倍。

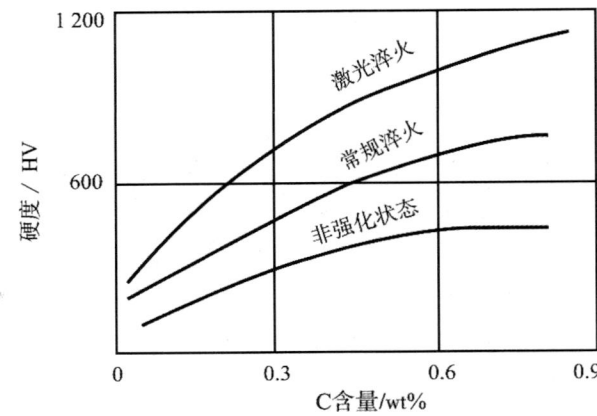

图 20-24 钢的显微硬度与含碳量之间的关系

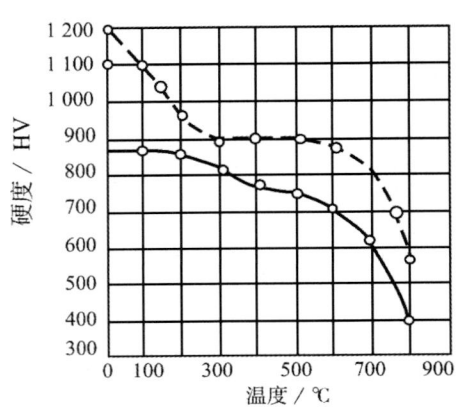

图 20-25 高速钢激光表面淬火(虚线)和整体淬火(实线)后的硬度随回火温度的变化趋势

3. 残余应力和疲劳性能

材料表面的残余应力是由激光表面淬火处理过程中的热应力和组织应力共同决定的。激光表面淬火的工艺参数对残余应力影响很大,主要包括激光辐射的能量和几何条件。基材上激光束扫描经过的硬化区内主要为压应力,而激光束扫描轨迹之间则常出现拉应力。对马氏体不锈钢,在激光束扫描轨迹内表面的是压应力,而材料内部的是拉应力。一般来讲,激光功率密度增加或扫描速度降低,硬化层厚度增加,将会提高表面的残余压应力;相反则硬化层厚度降低,表面残余压应力减小,甚至出现残余拉应力。两道扫描轨迹行距的减小和部分重叠对形成复杂残余应力的分布有利,这是由于硬化区的局部回火所致。

材料表面的应力状态直接影响材料的疲劳性能。采用合适的激光表面淬火工艺,可使金属材料的显微组织明显细化,表面硬度提高并具有残余压应力,从而有效提高材料表面的抗疲劳性能。如30CrMnSiNi2 钢经激光表面淬火处理后,其圆角试样的抗疲劳性能可提高 98%。

20.2.4 激光表面淬火金相检验

GB/T 18683—2002《钢铁件激光表面淬火》标准中不仅有工艺方面的规定,还有质量检测方面的规定,包括激光表面淬火后的外观、表面粗糙度、硬度、硬化层深度、宽度以及显微组织检验等。

金相检验所选取的试样必须具有典型性。要充分考虑到试样切取部位和被检测面的取向。若要观察激光表面淬火硬化层的深度、硬化区的显微组织及晶粒度,应取垂直于试样表面的横截面作为观察面。某些不能直接取样的工件,可用具有与工件相同材料、相同原始状态、相同预处理方法及相同激光表面淬火条件的试样代替,但试样厚度不得小于 10 mm。

1. 显微组织检测

激光表面淬火后,在材料的硬化区中应具有和常规淬火处理相似的组织结构和组成相,但组织应更加细小、弥散。

2. 硬化层深度的测定

激光表面淬火组织在法向截面上呈月牙状,如图 20-26 所示。

激光表面淬火组织的硬化层深度分为总硬化层深度和有效硬化层深度;相关的测定方法有硬度法和金相法,其中硬度法为仲裁方法。

(1) 总硬化层深度。从工件表面到显微硬度或显微组织相对于基体组织无明显变化处的最大垂直距离,见图 20-26 中 δ。

(2) 有效硬化层深度。从工件表面到硬度等于硬度极限($HV_{极限}$)处的最大垂直距离,其中:

$$HV_{极限} = 0.7 \times HV_{最低}(技术要求中工件表面最低硬度) \qquad (20-9)$$

具体硬度测定方法与渗碳层有效硬化层测定相同,维氏硬度所用载荷一般为 0.98~1.96 N(0.1~0.2 kgf)。

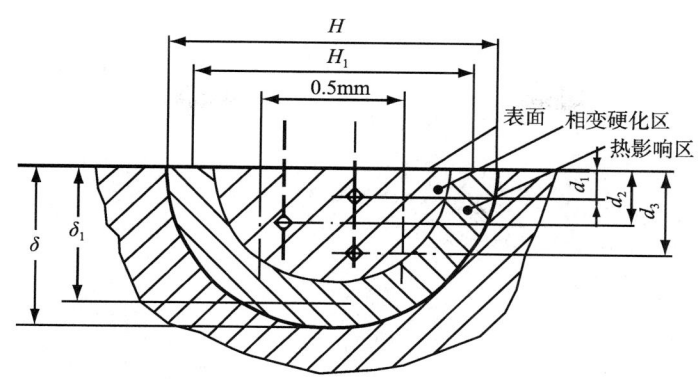

图 20-26　激光表面淬火硬化层深度与宽度显微硬度测试示意图

金相法测定有效硬化层深度一般很少用，标准中规定：从表面垂直测至月牙形硬化层热影响区 1/2 处的距离，图 20-26 中 δ_1。

3. 硬化层宽度的测定

激光表面淬火后硬化层宽度的测定原理与其深度测定相同。

（1）总硬化层宽度。单道激光扫描后，与扫描方向垂直截面上，工件被处理表面显微硬度或显微组织相对基体之明显变化的两端间的距离，在图 20-26 中以 H 表示。

（2）有效硬化层宽度。在总硬化层宽度内，工件表面硬度等于硬度极限值（$HV_{极限}$）的两点间的距离。

用金相法时，该标准中规定：月牙状总硬化层中，热影响区两端 1/2 处之间的距离为有效硬化层宽度，图 20-26 中 H_1。

20.2.5　激光表面合金化工艺及组织

激光表面合金化工艺是一种通过激光改变工件表面成分的一种表面改性技术。

20.2.5.1　激光表面合金化工艺原理

激光表面合金化是应用激光辐照加热工件，使之熔化至所需深度，同时添加适当合金化成分的材料来改变基材表面的成分和组织，形成新的非平衡结构组织，从而提高材料合金化表面的耐磨损、耐疲劳和耐腐蚀性能等。

激光表面合金化的优越性主要体现在它具有可局域处理，低的基体形变，对基体性能无损伤，效率高和快速加热等优点。激光表面合金化材料的供给可采用沉积、电镀、离子注入、刷涂、等离子喷涂以及黏结剂涂覆等预置方式，也可采用送粉或送气的同步送进方式。

根据合金化材料添加至熔池的方法，合金化可分为重熔合金化以及熔化合金化两种方式，如图 20-27 所示。

重熔合金化是一个两步的过程，即先在基材表面预置合金化材料，随后进行激光辐照使其和基材表层重熔。通常，重熔表面层的厚度与熔覆的合金化材料的厚度相当，即混合系数约为 0.5。重熔从表面的合金化材料开始，并通过对流和传质向基材表面层扩散，最后合金化材料完全与基材材料发生熔合。重熔合金化可采用连续激光和脉冲激光。

熔化合金化是单一过程，即在激光束辐照加热基材产生熔池的同时加入合金化材料。合金化材料完全可以是全部或部分溶于基材的固体颗粒或气体。熔化合金化需用连续波激光完成，以保证合金化材料是在不间断的激光辐照下进入熔池。

在合金化中要根据合金化材料类型和合金化的深度要求妥善选择加工参数。随激光功率密度或脉冲的能量密度的提高，加工速率（工件相对于激光束的移动速度）和脉冲持续时间的增加，合金化的区域增加而合金化的浓度下降。随合金化层深度的增加，合金化的区域相对减小而合金化元素的含量增加。同时，应注意的是当光束路径重叠（搭接）时，基材上再热区域的硬度的影响。

脉冲加热的重熔合金化的平均层厚为 0.3～0.4 mm，而连续加热的为 0.3～1.0 mm。合金化熔池表面，波纹的高度为 20～100 μm，通常需要打磨加工。

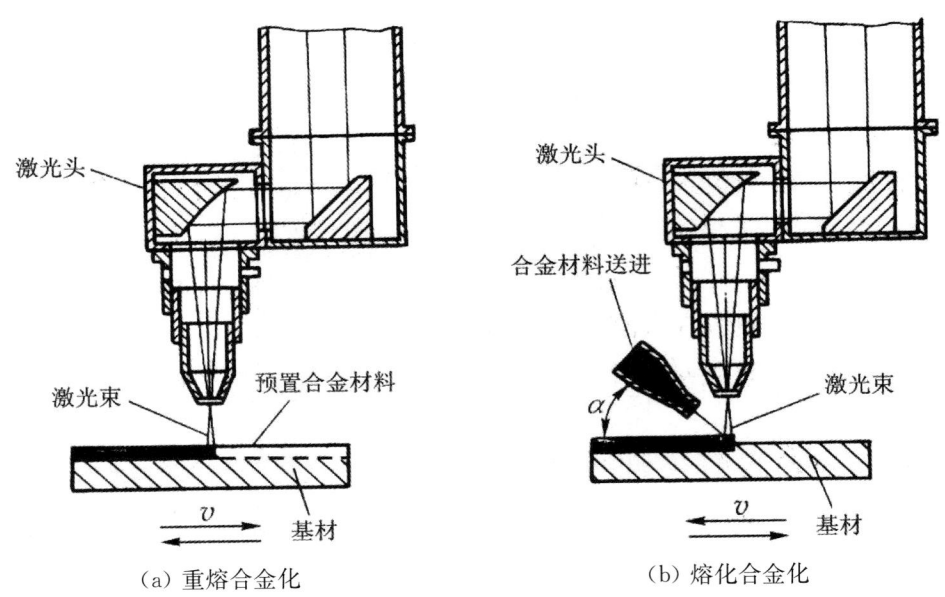

(a) 重熔合金化　　　　　　　　(b) 熔化合金化

图 20-27　激光表面合金化示意图

最常用的合金化组元有非金属、金属和各类化合物。其中，非金属合金化组元包含碳、氮、硅和硼。在众多的合金化元素中，硅、镍和铬是最常采用的 3 种元素。

20.2.5.2　激光表面合金化的组织、性能

激光表面合金化层沿层深方向大致可分为合金化区即熔化区、过渡区、热影响区及基体区 4 个区域，参见图 20-28。激光表面合金化处理后表层凝固区内各元素含量、相结构以及显微组织的类型和相对量，是由基体材料和合金化材料以及激光工艺参数共同决定的。

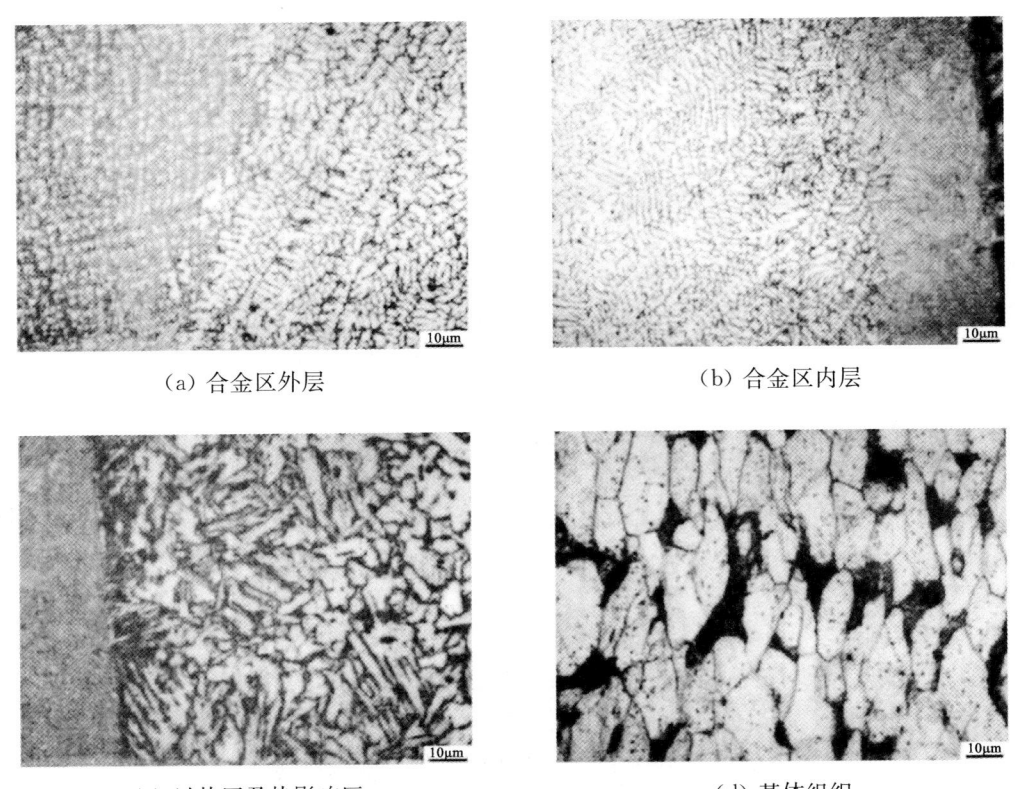

(a) 合金区外层　　　　　　　　(b) 合金区内层

(c) 过热区及热影响区　　　　　(d) 基体组织

图 20-28　45 钢激光表面合金层显微组织

合金化层中的成分和组织结构直接影响激光表面合金化的性能。不同的合金材料体系会带来不同的表面性能(见表20-6)。基体材料经过激光表面合金化处理,可大幅度提高材料的表面性能,主要体现在材料表面的耐磨性和耐腐蚀性两个方面。表20-7列出了几种材料激光表面合金化后对其耐腐蚀性能的影响。

表20-6 激光表面合金化对不同材料表面性能的影响

基体材料	合金化材料	表面性能
45钢、40Cr	B	1500~2100 HV
45钢、GCr15	MoS_2、Cr、Cu	耐磨性提高2~5倍
T10	Cr	900~1000 HV
Cr12Ni12WMoV	B	1225 HV
	铵盐	950 HV
45钢、T8	Cr_2O_3、TiO_2	1080 HV
	C、Cr、Ni、W、YG8硬质合金	900 HV
45钢	WC+Co	1450 HV
	WC+Ni+Cr+B+Si	700 HV
	WC+Co+Mo	1200 HV
AISI304不锈钢	TiC	58 HRC
ZL101	Si+MnS_2	210 HV
ZL104	Fe	≤480 HV
Ti-6Al-4V	N	≥1200 HV
	Si	800~900 HV
TiAl合金	C	620 HV
	N	950 HV
	NiCr、Cr_3C_2	1400 HV
Al-Si合金	Ni	300 HV
	碳化物粒子	耐磨性提高1倍
离子渗氮的Ti-6Al-4V合金	Si	1200 HV

表20-7 激光表面合金化对材料耐腐蚀性的影响

基体材料	激光合金化组元	效 果
20钢	铬、碳	获得耐酸蚀的马氏体型不锈钢表面
45钢	铬	在浓度为15%(体积分数)的硝酸水溶液中浸泡195 min表面仍保持金属光泽,耐酸、碱腐蚀性提高
60钢	铬、碳	耐酸、碱腐蚀性提高
炮钢	镀铬后激光处理	提高抗氧高温剥落和耐酸蚀能力
钛合金	沉积铅后激光处理	形成深度达几百纳米、含铅为4wt%的合金层,在沸腾硝酸中腐蚀速度明显降低

20.2.6 激光表面熔覆工艺及组织

激光熔覆也被称作激光镀覆,它是利用高能密度的激光在基体表面熔覆一层与基体材质完全不同的具有特定性能的涂覆材料,使之与基材实现冶金结合,类似于一种热喷涂的工艺。熔覆材料可以是金属或合金,也可以是非金属或化合物及其混合物。

20.2.6.1　激光表面熔覆工艺原理

激光熔覆是利用激光能束,将具有特殊性能的熔覆合金熔覆于金属工件表面,同时工件基体相接触面也有薄层熔融,使熔覆合金与工件基体实现冶金接合的一种工艺。

激光熔覆所用的材料基本上出自热喷涂类材料,其中包括自熔性合金材料、碳化物复合材料和陶瓷材料等。自熔性合金材料可概括为镍基合金、钴基合金和铁基合金等几大系列,具有优异的耐腐蚀和抗氧化能力。该类合金熔覆时,所含的硼、硅被氧化,在熔覆层表面分别生成 B_2O_3、SiO_2 薄膜,从而防止合金中的元素被氧化;合金中较高的铬元素含量既增加合金的耐蚀性,又提高抗氧化性。为增加合金的硬度和耐磨性,可加入 WC 构成复合合金。自熔性合金的适用范围很广,可用于各类碳钢、合金钢、不锈钢、铸铁等材料的表面熔覆。

国内外均有成熟的合金粉末系统可供热喷涂或激光加工采用,具体可参阅合金粉末的有关文献。

由于熔覆材料在工艺过程中处于液态,而工件基体也有部分熔融,因此会对液态熔覆材料有一定的"稀释"作用,会影响熔覆材料的性能。

激光熔覆与激光合金化不同的是要求基体对表层合金的稀释率为最小。一般认为应小于10%,最好控制在5%左右。稀释率可以定量描述熔覆层成分由于熔化的基体材料混入而引起添加合金成分的变化程度。在实际应用中,稀释率可以通过测量熔覆层横截面积的大小(见图 20-29)来进行实际计算。表达式如下

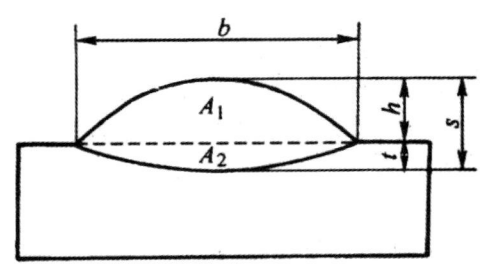

图 20-29　单道激光熔覆层截面积示意图

$$稀释率 = \frac{基体熔化面积(A_2)}{熔覆层面积(A_1) + 基体熔化面积(A_2)} \times 100\% \qquad (20-10)$$

激光表面熔覆工艺按合金供给方式可以分为两种,合金预置式与合金同步供给式激光熔覆,参见图 20-27。合金预置式激光熔覆法是先将熔覆合金通过黏结、喷涂、电镀、预置丝材或板材等方式预置在待熔覆材料表面上,随后用激光束将其熔覆。合金同步供给式激光熔覆法是在激光束照射基体材料表面产生微熔池的同时,用惰性气体将熔覆粉末直接喷到激光束中直接熔化形成熔融层以实现表面熔覆。

20.2.6.2　激光表面熔覆的组织

激光熔覆层由横截面的形状、尺寸和表面形貌来描述,见图 20-29。具体包括熔道的宽度、厚度、接触角以及表面形貌。宽度主要由光斑尺寸决定,仅在一定程度内随激光扫描速率的提高而变窄。厚度与激光扫描速率以及送粉率成正比。接触角取决于厚度、熔化层的表面张力及其与基材间的润湿性,在材料不变的条件下,则由送粉率决定,随送粉率的增加而降低。通过多道搭接和多层叠加的方式可以实现大面积和高厚度熔覆层的制备。

激光熔覆处理后的横截面可分为三个区域:合金区、热影响区和基体。在激光熔覆处理过程中由于冷却速度快而使合金层中获得细密的树枝状和胞状组织。激光熔覆层中的相组成不仅取决于合金成分,也取决于激光熔覆的工艺参数。当熔覆层较厚、保温缓冷时可获得较多的平衡相。反之,当熔覆层较薄时,冷却速度很快,则会出现很多的亚稳相。激光熔覆层与基材之间实现了冶金结合,即两种材料通过原子或分子间结合和交互扩散形成的结合。在横截面上可明显看到结合带。结合带中可见熔覆区中胞状组织外延生长现象和合金元素相互扩散现象。通常结合带宽度以 2~8μm 为宜,过薄会影响结合带的强度,过厚会稀释熔覆层合金成分,改变熔覆层合金性能。热影响区内的组织由界面附近的马氏体组织逐渐过渡到心部原始组织。应避免过渡层中出现过热淬火组织,否则会影响熔覆层与基材的结合强度。

图 20-30 为 45 钢工件表面经激光熔覆(Ni-Cr-Si-B)合金后法向截面上组织分布形貌。其左侧为合

金区,可见组织呈细密的树枝状和胞状分布;中间区为热影响区,由于熔覆层较厚,输入热量大,故热影响区相对宽,其中,近合金区组织为细针状马氏体,近基体一侧组织为马氏体+托氏体。合金区与热影响区之间白色条带为结合带,由于光学观察上存在反光现象,实际宽度要小得多。

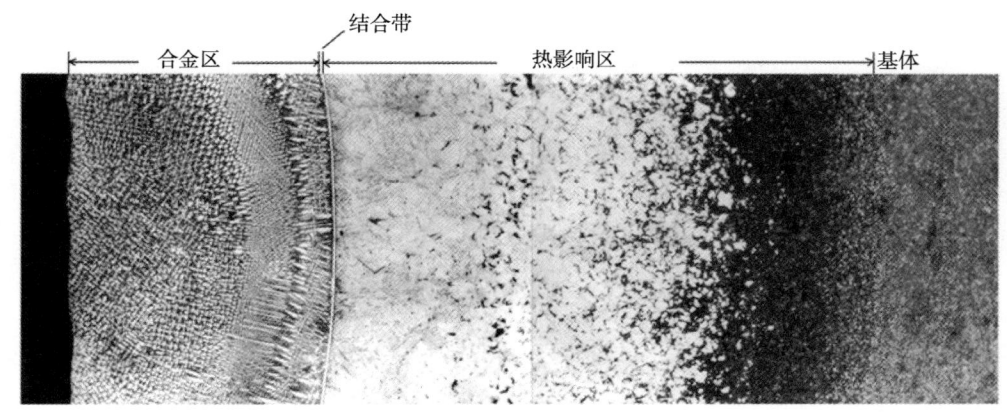

(苦味酸饱和水溶液加少量盐酸浸蚀)

图 20-30　45 钢表面熔覆(Ni-Cr-Si-B)合金后组织分布　(110×)

20.2.7　激光表面冲击强化和组织

激光表面冲击强化是利用激光引发的冲击波压力脉冲实现材料表面强化的一种方法。这与利用爆炸材料或爆炸气体混合物能量的冲击波的材料爆炸硬化有一些类似。

激光表面冲击加工示意图见图 20-31。冲击加工时,用极短的脉冲强激光辐照金属材料,使其表面发生快速蒸发(形成圆锥状火口);在表面原子逸出期间发生动量脉冲而产生压缩冲击波。该冲击波向金属中扩展,改变表面显微组织和应力状态。

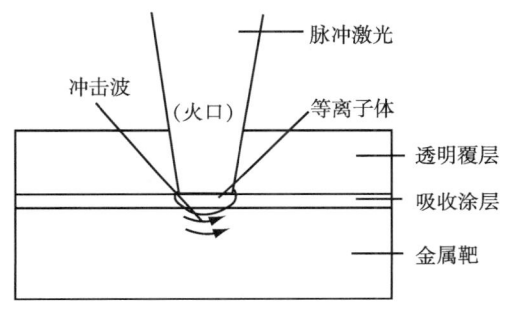

图 20-31　激光冲击加工示意图

冲击波使表面产生残余压应力,可提高材料的疲劳强度;冲击波在基体的扩展中,在近表层生成大量位错、形成新相,使表层硬度提高。

这种处理是利用冲击波和机械冲击的共同作用会使材料显微组织发生变化,引起性能变化。在激光束与工件金属表面接触区因基体部分蒸发造成圆锥状火口,并在表层形成不一定连续的重熔带,然后发生快速凝固和相变过程。若工件为碳钢,该区则为马氏体组织。在重熔带下方为热影响区(一般约 20 μm),由于该工艺下该区的加热温度控制在临界温度以上,该区域中原珠光体会转变为马氏体。热影响区之下为较厚的机械强化区(700 μm 左右),该区域内组织中因存在大量的形变孪晶铁素体晶粒,使其硬度得以提高。

20.2.8　激光热处理常见缺陷

20.2.8.1　激光表面淬火常见缺陷

激光表面淬火中常见的缺陷包括烧熔或烧坑、气孔、开裂、硬化层深度不均匀,软带等。

当进行表面激光淬火时,如果激光辐照工件的功率密度过高,在零件存在棱角、键槽、孔穴、厚薄不均或突变等部位容易引起过热或裂纹,见图 20-32。激光表面淬火如果使用磷化剂处理,由于基体与磷化液之间的化学反应会造成表面组织粗大,且在磷与铁之间形成低熔点脆性的共晶相,引起硬化层出现裂纹。某些黑化剂会在激光表面硬化后残留或沉淀入基体,形成杂质相,引发气孔等问题。当激光功率密度过低时,则会造成材料表面的加热温度较低,表层组织转变不完全或不均匀、淬硬层较浅、硬度不足等缺陷。

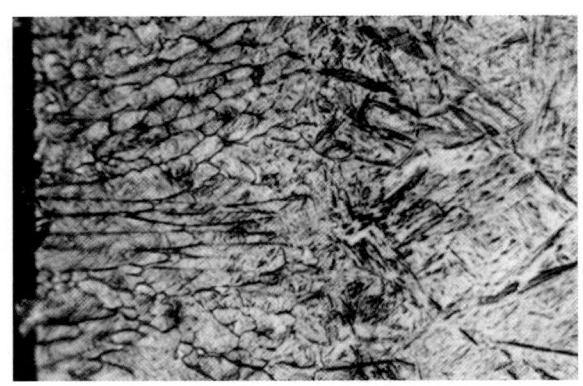 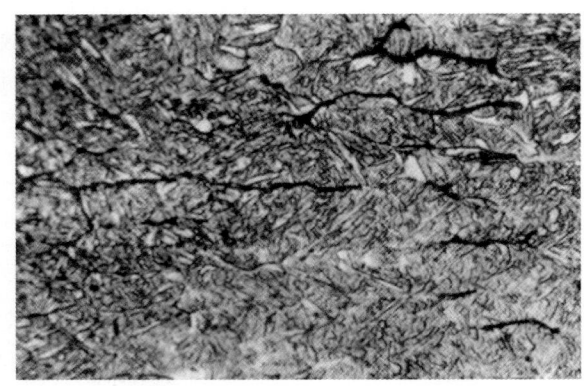

图 20-32　45 钢激光表面淬火表层枝晶开裂形貌　（500×）

当对大面积工件进行激光表面淬火时需要采用多道次搭接处理,搭接区域会形成回火软带,导致硬度降低,并且搭接区的淬硬层深度不均匀。为了改善上述激光表面淬火中常遇到的缺陷,需要选择正确的激光加热工艺参数(包括激光功率密度、扫描速度以及搭接率等),此外选择适当的激光吸收涂料或黑化处理工艺对控制缺陷也有很大帮助。

20.2.8.2　激光表面合金化常见缺陷

激光表面合金化层存在表面不平整、气孔与裂纹,以及合金层成分控制不精确等缺陷。

激光表面合金化是以激光束加热将合金化材料和基材同时熔化和混合的过程。激光束的辐照使工件表面熔化,形成熔池。由于激光束能量分布不均匀,熔池中会存在温度梯度,造成表面张力大小不等,这种表面张力梯度驱使液体从低张力区流向高张力区,使得液面产生了高度差,又在重力作用下,引起熔液重新回流,实现熔池的对流。当这样的熔池迅速凝固后则形成不平整的波纹表面。当采用大功率激光束进行照射且采用的激光束扫描速度超过产生波纹表面的临界激光扫描速度时,可避免波纹状表面的产生。改变激光器导光系统,使激光束斑内的能量分布趋于均匀和使熔池内表面温度梯度变化平缓,也可改善激光熔池表面的平整性。

激光功率密度一定时,激光扫描速度增大,合金化层相对冷却速度增快,使得熔池中的气体来不及排出,形成气孔。此外,在激光扫描速度较高时,飞溅现象也很严重,周围液体来不及补充,则会形成空穴。在激光与金属表层发生相互作用时,由于表面合金化层与基体材料间存在热膨胀系数、弹性模量和导热系数等物理性能的较大差异,可能导致裂纹的形核与长大,导致表层开裂。通过调整合金成分和合适采用激光合金化工艺参数等方法可以在一定程度上防止激光合金化的气孔与裂纹产生。

影响合金化成分精确性除激光功率密度和激光束作用时间等工艺参数外,粉末预涂层厚度也是一个重要的影响因素。过薄的预涂层由于在激光辐照过程中的喷溅烧损作用,达不到正确配比合金化的效果。当预涂层厚度过大时,入射的激光束能量大部分被涂覆层吸收,基体表层难以熔化,则根本达不到合金化的目的。

20.2.8.3　激光熔覆常见缺陷

激光熔覆中常见缺陷为气孔和裂纹。气孔是由于熔覆层熔化过程中有气体存在,在随后的快速凝固过程中来不及逸出表面所形成。一般情况下是由熔池中的碳与氧反应或金属氧化物被碳还原所形成的反应气孔,或者是固体物质的挥发和湿气蒸发等非反应性气孔。气孔的存在容易成为裂纹源头,因此控制激光熔覆层内的气孔是防止熔覆层裂纹的重要措施之一。气孔的控制可以通过采用防范措施限制气体的来源,诸如熔覆粉末在使用前烘干去湿、在激光熔覆过程中采用惰性气体保护熔池。还可以通过调整激光熔覆的工艺参数,减缓熔池冷却凝固速度以利于气体的逸出。

工件激光熔覆层内存在拉应力,当局部应力超过材料的强度极限时就会产生裂纹。激光熔覆层的残余应力可以通过设法提高熔覆层材料自身的塑变能力,降低它的耐软化温度,从而得到一定程度的松弛,也可以通过预热或后热两种方式来减少甚至消除。预热是将基体整体或表面加热到一定的温度,让激光熔覆在热的基体表面进行处理的一种工艺。它的作用是防止因比容增大的马氏体相变诱发熔覆层裂纹，减少基体与熔覆层间的温差以降低冷却过程中的热应力、增加熔池液相停留时间利于气泡和造渣物的排除。后热是在激光熔覆加工后进行的保温处理，它的作用是消除或减少熔覆过程对基材的不利热影响，防止空冷淬火的基材发生马氏体相变。设法减少熔覆层材料的缺陷也是降低开裂敏感性的有效途径。界面基体裂纹多产生于熔覆层与基体界面处、基材熔化区或热影响区的缺陷处，如果该区域发生比容增大的马氏体相变则会加剧此类裂纹的生成，因此提高该区域材料的自身韧性，有效减少各类缺陷，这是减少或避免此类开裂的有效途径。

激光熔覆层裂纹类型一般有以下 4 种。

1. 夹渣裂纹

此类裂纹是由于在熔覆层中熔覆合金粉末中的脱氧和造渣成分在熔覆过程中形成夹渣不易于上浮所引起。主要发生在晶界处，形成温度相对较高，属于热裂纹。通过降低熔覆粉末中用于造渣的非金属成分的含量，降低激光扫描速度，增加激光功率，使熔池保持较长时间，让熔渣易于上浮，可有效预防控制此类裂纹的产生。图 20-33 为镍基合金激光熔覆层中夹渣及裂纹分布形貌。

 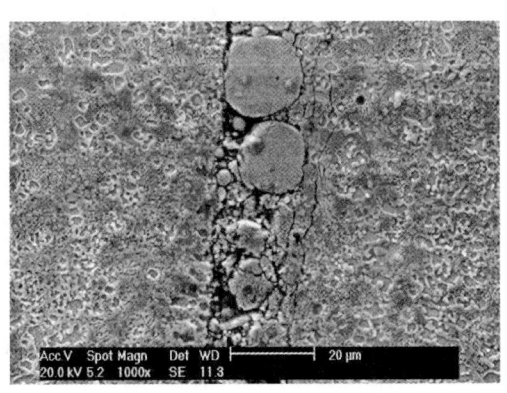

图 20-33　Ni 基合金激光熔覆层的夹渣裂纹

2. 组织偏聚引起的裂纹

此类裂纹是熔覆层组织不均匀导致，此处的组织应力高于其他位置，且在组织偏聚处的硬质成分比例高、韧性低。这样在组织应力和热应力的作用下使熔覆层偏聚处易于开裂。可以通过控制粉末的均匀度、减小粉末的粒度，延长粉末拌和时间的方法避免此类裂纹产生。

3. 热应力裂纹

此类裂纹是由于沿熔覆层厚度方向温度梯度大，而基体和熔覆材料的热膨胀系数不同，导致在熔覆层和基体结合面处热应力达到峰值，在熔覆层的冷却过程中形成裂纹，属于冷裂纹，见图 20-34。控制此类裂纹的方法，主要通过基体预热来降低熔覆层的温度梯度，减小熔覆层与基体间组织及材料的热膨胀量差异，从而减小熔覆层的热应力。

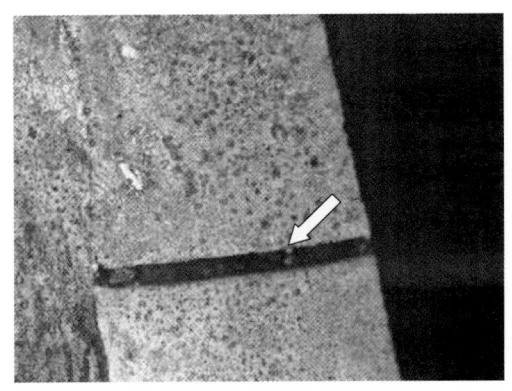

图 20-34　Ni 基合金激光熔覆层的热应力裂纹　（30×）

4. 加工裂纹

此类裂纹见图20-35,主要是对熔覆层磨削过程中,由于熔覆层中高硬度颗粒的存在,在此处磨削力较大导致熔覆层中脆性颗粒破碎而形成,并扩展到熔覆层表面。这类裂纹主要存在于含金属陶瓷耐磨颗粒的熔覆层中。应通过选择合理的机加工工艺,降低磨削过程中的磨削力来控制此类裂纹。

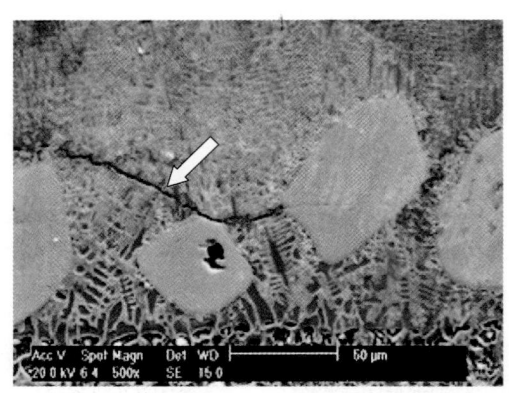

图20-35　激光熔覆层加工磨削过程中引起的裂纹

参考文献

[1] 刘增沛,张建华,缪定谷,等. 热处理工艺学(中级本)[M]. 北京:科学普及出版社,1984.
[2] 曲敬信,汪泓宏. 表面工程手册[M]. 北京:化学工业出版社,1998.
[3] 刘常升,才庆魁. 激光表面改性与纳米材料制备[M]. 沈阳:东北大学出版社,2001.
[4] 徐滨士,刘世参. 表面工程新技术[M]. 北京:国防工业出版社,2002.
[5] 郑启光. 激光先进制造技术[M]. 武汉:华中科技大学出版社,2002.
[6] 任颂赞,张静江,陈质如,等. 钢铁金相图谱[M]. 上海:上海科学技术出版社,2003.
[7] 关振中. 激光加工工艺手册[M]. 北京:中国计量出版社,2005.
[8] 潘邻. 表面改性热处理技术与应用[M]. 北京:机械工业出版社,2006.
[9] 姜江,彭其凤. 表面淬火技术[M]. 北京:化学工业出版社,2006.
[10] 阎吉祥. 激光原理技术及应用[M]. 北京:北京理工大学出版社,2006.
[11] 左铁钏. 21世纪的先进制造——激光技术与工程[M]. 北京:科学出版社,2007.
[12] 徐滨士,刘世参. 表面工程技术手册[M]. 北京:化学工业出版社,2009.
[13] 薄鑫涛,郭海祥,袁凤松. 实用热处理手册[M]. 上海:上海科学技术出版社,2009.
[14] 姚建华. 激光表面改性技术及其应用[M]. 北京:国防工业出版社,2012.
[15] 王忠诚,王东. 热处理常见缺陷分析与对策第二版[M]. 北京:化学工业出版社,2012.
[16] 任颂赞,叶俭,陈德华. 金相分析原理及技术[M]. 上海:上海科学技术文献出版社,2013.
[17] 沈庆通,梁文林. 现代感应热处理技术[M]. 北京:机械工业出版社,2015.

第 21 章

焊接接头的金相分析

焊接是一种在构件间形成牢固刚性连接的热加工工艺。在绝大多数实际应用情况下，这种连接是通过局部区域的金属加热熔化和随后的冷却凝固而形成的。

焊接在航天、航空、造船、海洋工程、机器制造、化工和核能等主要工业部门中有着重要和极广泛的应用。传统的焊接工艺主要运用于钢及有色金属的连接。随着科学和工程技术的不断发展和需要，焊接工艺也逐步应用于结构陶瓷间的连接以及结构陶瓷与金属构件间的连接。

为了确保焊接结构件的质量，使它们在工作时安全、可靠，焊接构件的金相检验工作是必不可少的。本章主要从钢的焊接接头的形成过程及金相分析原理出发，为焊接金相分析提供一个分析的思路和方法，在本章末列出的参考文献中亦可以找到有关焊接金属学的原理，焊接工艺及焊接金相技术在各种金属材料中的应用的详细介绍。

21.1 焊接方法分类及特点

焊接方法种类繁多，而且新的方法仍在不断涌现，一般根据母材是否熔化，将焊接方法分为熔化焊（熔焊）、压力焊（压焊）和钎焊三大类，然后根据工艺条件进行下一层次分类，见表 21-1。

表 21-1 焊接方法分类及工艺

焊接方法分类	基本原理	主要焊接工艺
熔焊	利用一定的热源，使构件的被连接部位局部熔化成液体，然后在不施压情况下再冷却结晶成一体的方法称为熔焊	手工电弧焊、埋弧焊、电渣焊、CO_2 气体保护焊、惰性气体保护焊、等离子弧焊、电子束焊、激光焊
压焊	利用摩擦、扩散和加压等物理作用，克服连接表面的不平度，除去氧化膜等污染物，使两个连接表面上的原子相互接近到晶格距离，从而在固态条件下实现连接的方法	电阻焊、扩散焊、超声波焊、冷压焊、摩擦焊、爆炸焊、搅拌摩擦焊
钎焊	采用熔点比母材低的材料作钎料，将焊件和钎料加热至高于钎料熔点、但低于母材熔点的温度，利用毛细作用使液态钎料充满接头间隙，熔化钎料润湿母材表面，冷却后结晶形成冶金结合	火焰钎焊、感应钎焊、炉中钎焊、盐浴钎焊、电子束钎焊

族系法基本上是根据焊接工艺中某几个特征将焊接方法分为若干大类，然后进一步根据其特征将焊接方法分为若干小类。

尽管焊接工艺各有不同，但是其焊接过程都有下列基本特点：
① 被焊金属在局部区域被快速加热；
② 在被加热处发生金属熔化，形成金属熔池；
③ 在熔融的金属中，至少部分来自被焊金属；
④ 焊接完成后，焊件快速冷却。

部分焊接方法形成的焊接接头的具体特点见表 21-2。

表 21-2　不同焊接方法形成的焊接的特点

焊接方法	焊接特点	焊接接头特征	
		焊缝	热影响区（HAZ）
手工电弧焊	利用焊条与工件之间产生的电弧将焊条和工件局部加热到熔化状态，熔池冷凝后形成焊缝	铸态组织	焊接线能量小，HAZ 宽度相对较小。具有连续变化的梯度组织特征
埋弧自动焊	电弧在一层颗粒状的可熔化焊剂的覆盖下燃烧，电弧熔化焊丝形成熔池，冷却后成为焊缝	焊缝组织粗大	焊接线能量大，组织粗大，热影响区宽度随着线能量增加而加宽
电渣焊	利用电流通过液态熔渣所产生的电阻热熔化金属和形成焊缝	焊缝及热影响区的组织粗大，降低了焊接接头的塑性与冲击韧性，焊后必须对焊接接头区域进行正火处理	
CO_2 气体保护焊	CO_2 作为保护气体，焊丝作熔化电极，电弧在气流压缩下燃烧，焊丝和焊件之间产生电弧形成熔池和焊缝金属的一种生产率高的焊接方法	铸态组织	焊接热量集中，热影响区小
钨极氩弧（TIG）	在惰性气体（氩气）保护下，利用钨极与工件之间产生的电弧热熔化母材和填充焊丝	焊接质量稳定，焊缝熔深小	热影响区小
熔化极氩弧（MIG）	用氩气或富氩气体作为保护介质，采用连续送进焊丝与工件间的电弧作为热源的电弧焊	焊接质量稳定可靠，焊缝为铸态组织，焊缝熔深稍大	热影响区小
等离子弧焊	一种压缩的钨极氩弧，具有较高的能量密度及电弧挺度，弧柱温度高，穿透力强	焊缝窄，组织细小	热影响区小
扩散焊	在一定温度和压力下，使接触面发生微观塑性流变，原子相互扩散达到冶金连接的固态焊接方法	无明显焊缝，存在扩散过渡区，过渡区宽度随加热温度、保温时间而变化	
摩擦焊	利用焊件接触端面相对运动摩擦产生的热量，使端部达到热塑性状态，加压实现连接的固态焊接方法	无明显焊缝，焊接是在接触几秒时间内完成的，热影响区很窄；淬火钢的热影响区较宽	
电子束焊	利用定向高速运动的电子束，撞击工件表面后将部分动能转化成热能，使金属熔化和冷却结晶后形成焊缝	熔深大、熔宽小，焊缝深度比高（可达 60：1）；能量集中，焊缝组织细小	热影响区窄小
激光焊	以高能量密度的激光束作为热源，熔化金属和形成焊缝	熔深大、熔宽小；焊缝内部是细化的具有层状组织特征等轴晶，晶粒尺寸为电弧焊的 1/3 左右	热量输入是电弧焊的 1/3～1/10，热影响区窄小

注：本表摘自《焊接组织性能与质量控制》（李亚江著）。

同时，焊接过程又是一个复杂的化学过程。其中有气体和金属、熔渣与金属的反应。而且在焊接过程中，由于有热源的存在及热源的不断移动，焊件受热膨胀而冷却时又发生收缩，因而焊件会产生内应力，其形状会发生畸变等。这些因素都会对构件焊接区的成分，组织（包括织构）及缺陷的形成产生重要的影响。

21.2 焊接接头的宏观组织及宏观检测

21.2.1 焊接接头的宏观组织

图 21-1 是金属手工电弧焊的示意图。焊接时,金属母材被电弧产生的高温加热,在局部区域熔化,并与处在熔融状态的填充金属混合,共同形成了金属液体熔池。同时,熔池中的金属液体还发生了短暂而复杂的冶金反应。母材和填充金属的成分以及熔池周围的环境(气氛)共同决定了反应的类型。当电弧离开熔池后,由于周围冷态金属母材的散热作用,熔池的温度迅速下降,随后液态金属便开始结晶,凝固,最终形成焊缝。同时,熔池附近的母材金属也有不同程度的加热。越靠近金属液体熔池,其受热温度越高。其加热温度的变化范围可以从室温直至该金属的熔化温度。当电弧移开以后,该区域又逐渐冷却至室温,由此形成一个焊接接头。

在焊缝的法向截取试面并经制样及适当浸蚀后目视(或 10 倍以下放大镜)作宏观观察,可以清楚地看到焊接接头的宏观组织由腐蚀程度深浅不一的区域组成,见图 21-2。整个焊接接头区粗略地可分为 3 个具有明显不同组织特征的区域。

(1)焊缝区。在焊接接头的中心部分。该区域内的金属在焊接过程中先成为液态,随后又发生结晶,凝固,因而在该区域的金属中形成了具有一定的结晶形态及分布的宏观组织。

(2)热影响区。在紧靠近焊缝的母材部分。从图中可以看出热影响区呈深灰色窄带状分布。由于该区域中的母材受到不同程度的加热但仍保持固态。

(3)未受到影响的母材金属。图中两边颜色较浅的区域。

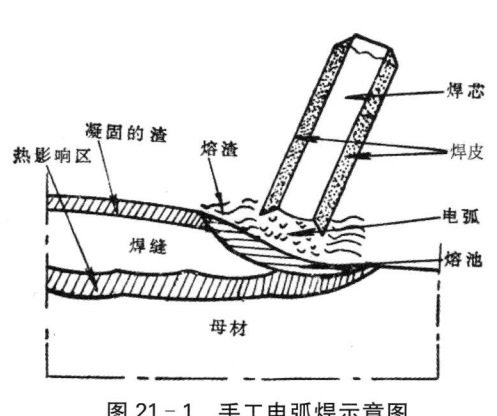

图 21-1　手工电弧焊示意图　　图 21-2　焊接接头的宏观组织

21.2.2 焊接接头的宏观检测

21.2.2.1 焊接接头宏观检测的目的

(1)检查母材与焊缝金属的熔化情况。
(2)大致估计热影响区的范围。
(3)确定焊缝和母材的宏观组织和宏观缺陷(如夹杂、裂纹等)。

如果在焊缝、热影响区及母材三区域中分别取样,制成金相试样观察,就会看到这 3 个区域的显微组织是迥然不同的,实验证实这三区域的力学性能也是极不一致的。这反映了焊接接头的显微组织与宏观力学性能之间存在着一定的对应关系。

21.2.2.2 焊接接头宏观检测的尺寸

由于焊缝区、热影响区的大小与构件的焊接区性能相关,因此在焊接工艺质量控制中常常要检测:热影响区宽、熔深、焊脚、焊缝成型系数、焊缝厚度等。

(1) 熔深。在焊接接头横截面上,母材或前道焊缝熔化的深度,见图 21-3(a)。
(2) 焊脚。角焊缝的横截面中,从一个板件的焊趾到另一个板件表面的垂直距离,见图 21-3(b)。
(3) 焊缝成型系数。熔焊时,在单道焊缝横截面上焊缝宽度与焊缝厚度的比值。
(4) 焊缝厚度。在焊缝横截面中,从焊趾连线到焊缝根部的距离,见图 21-3(c)。
(5) 焊缝计算厚度。设计焊缝时使用的焊缝厚度。对接焊缝时,它等于焊件的厚度;角焊缝时,它等于在角焊缝断面内画出的最大直角三角形中,从直角的顶点到斜边垂线的长度,见图 21-3(c)。
(6) 焊缝实际厚度。在焊缝截面中,从焊缝表面的凸点或凹点到焊缝根部的距离,见图 21-3(c)。

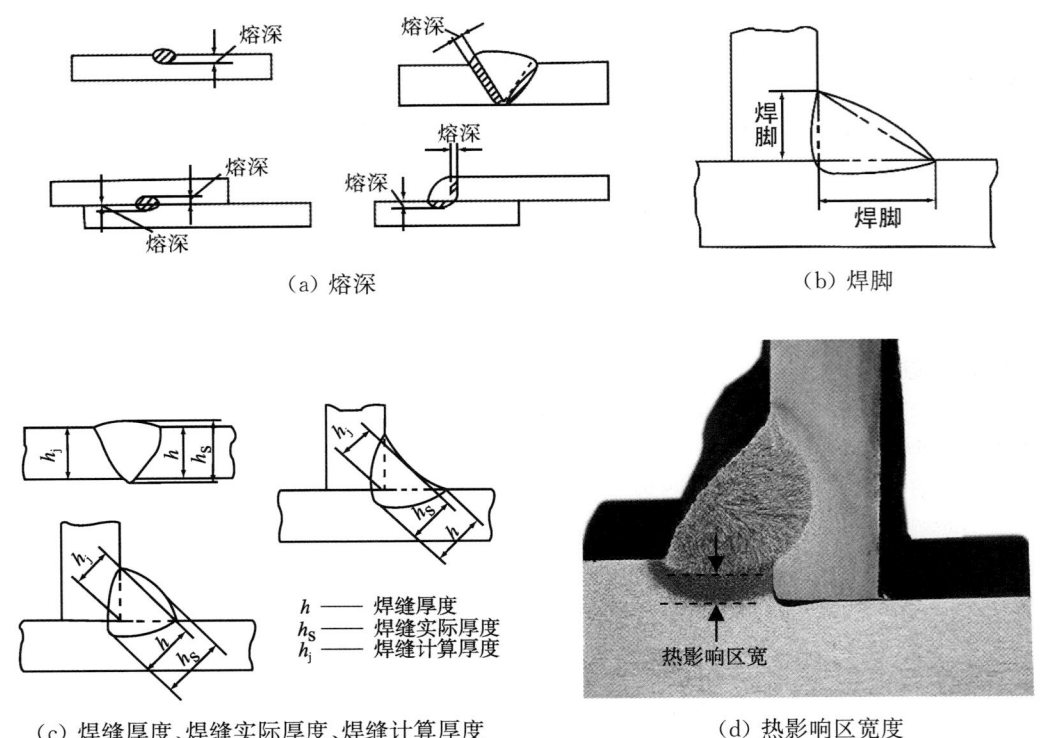

图 21-3 焊接尺度检测示意图

21.2.3 熔化焊焊缝宏观缺欠及分类

熔化焊接头中因焊接产生的金属不连续、不致密或连接不良的现象简称"缺欠",当焊接缺欠超过规定限值则称为焊接缺陷。焊接缺欠根据其性质、特征可分为裂纹、孔穴、固体夹杂、未熔合及未焊透、形状和尺寸不良及其他缺欠等 6 种类。GB/T 6417.1—2005/EN ISO 6520-1:2007《金属熔化焊焊接缺欠分类及说明》对每一类焊接缺欠的特点、分布进行了说明。有关熔焊质量要求在 GB/T 12467.1—2009~GB/T 12467.5—2009《金属材料熔焊质量要求》(分 5 部分)中有明确规定,该标准等效采用相应的 ISO 3834-1:2005~ISO 3834-5:2005。

21.2.3.1 裂纹

焊接裂纹是在焊接应力作用下,接头中局部区域的金属可能由于冷却或应力作用其连续性遭到破坏而产生的缝隙。焊接裂纹按产生的阶段、产生的位置、形态有多种分类。

21.2.3.2 孔穴(气孔)

孔穴(气孔)是焊接接头中常见缺欠,是焊接熔池结晶过程中由于某些气体来不及逸出而残存在焊缝中形成。孔穴(气孔)缺陷按在焊缝中的位置、形态进行分类。

焊缝中气孔主要有氢气孔、氮气孔和一氧化碳气孔,由于形成气孔的气体不同,其气孔的形态和特征也不相同。

1. 氢气孔

在低碳钢或低合金钢焊接接头,氢气孔出现在焊缝表面,孔断面呈螺钉状,在焊缝表面上形成喇叭口状,孔内壁光滑。铝、镁合金的焊接接头的氢气孔常出现在焊缝内部。

2. 氮气孔

较多集中在焊缝表面,多数情况下成堆出现,类似蜂窝。焊接中由氮气引起的气孔较少。

3. 一氧化碳气孔

主要产生在碳钢焊接中,由于冶金反应产生大量CO,残留在焊缝内所致。气孔沿结晶方向分布,有些像虫状。

气孔产生的主要原因:
① 焊条、焊剂潮湿,药皮剥落;
② 填充金属与母材坡口表面油、水、锈及污物等未清理干净;
③ 电弧过长,熔池面积过大;
④ 焊接电流过大,焊条发红,保护作用减弱;
⑤ 保护气体流量小,纯度低,气体保护效果差;
⑥ 气焊火焰调整不合适,焊炬摆动幅度大;
⑦ 焊接环境湿度大。

21.2.3.3 固体夹杂

在使用填充焊剂焊丝的焊接过程中,熔融不良而生成熔渣,或不用焊剂的CO_2气体保护焊中,脱氧生成物产生的熔渣残留在多层焊焊缝内形成夹杂。

焊接接头内夹杂分布可分为:根部夹杂、层间和焊缝交界面夹渣及焊缝内夹渣。

焊接接头内夹杂产生主要原因:
① 多道焊层间清理不彻底;
② 电流过小,焊接速度快,熔渣来不及浮出;
③ 焊条或焊炬角度不当;
④ 坡口设计不合理,焊层形状不良。

21.2.3.4 未熔合和未焊透

未熔合是指熔焊中焊道与母材间或焊道与焊道之间未能完全熔化结合的部分;未焊透是指熔焊时焊接接头根部未完全熔透的现象。

未焊透不仅减少了焊缝截面,降低了焊接接头的力学性能,并且还会因未焊透诱发应力集中造成开裂。

未熔合及未焊透缺欠的产生原因,一般与热当量不足,如运条速度过快、焊接电流过小等工艺因素有关。

21.2.3.5 形状不良

焊缝形状缺欠是指焊缝表面形态与原设计形状存在偏差的现象。

焊缝形状往往会影响焊接件的应力分布,尤其当形成过小的夹角时,在交变应力下会因应力集中效应诱发疲劳开裂。

形状不良缺欠的产生原因,一般与操作工艺,如焊接电流过大等因素有关。

21.2.3.6 其他缺欠

除上述5种焊接缺欠外,还有电弧擦伤、表面撕裂、定位缺欠、角焊缝的根部间隙不足以及表面鳞片等。

21.3 焊接金属的结晶

在前面章节中已经介绍的金属学中有关凝固和固态相变等内容的基础上,本章结合焊接过程具有的加热和冷却速度都很快的特点,来分析焊缝及热影响区的显微组织的成因,并说明它们与宏观力学性能之间的关系。

21.3.1 焊接熔池结晶的特殊性

在焊接高温下,焊接熔池在极短的时间内发生了一系列复杂的冶金反应,当电弧移开以后,焊接熔池又迅速冷却,结晶,因而它的结晶与一般铸锭的结晶相比有自身的特殊性。

1. 熔池中液态金属内表温差很大

一方面,熔池的容积相当小,其周围又被大块的且传热速度快的冷态金属所包围,因而熔池在冷却时冷速很大。另一方面,熔池中金属液体的温度比一般钢水浇铸温度高很多,金属液体处于过热状态。冷却时,熔池的液态金属在已凝固的固相与液相的交界处温度较低,而在熔池中心又处于过热状态,所以在液相中,从固-液相界面到熔池中心的这段距离内,存在着很大的温度差别。可作1条温度分布线来反映这段距离中温度变化情况,见图21-4。这条温度分布线的斜率称为温度梯度(G)。温度差别越大、温度分布线的斜率也越大,当然,温度梯度也越大。

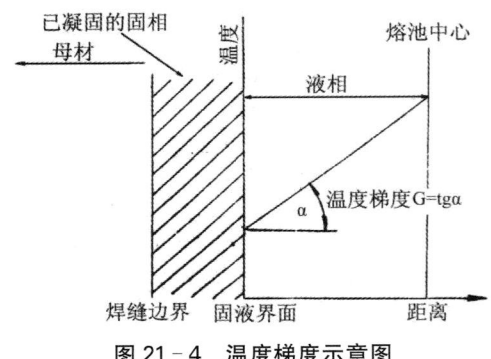

图 21-4 温度梯度示意图

2. 熔池是在运动状态下结晶的

焊接时,焊条是在不停地移动着的,因而熔池也随着热源的移动而移动;焊条又是在不停地摆动着的,因而由于电弧不断改变方向的吹力,使熔池中的液体金属又受到强烈的搅拌,所以熔池内的液体金属是在运动状态下结晶的。

焊接熔池的上述特点决定了焊缝组织的特殊性。

21.3.2 焊缝凝固组织的特征及形成原因

21.3.2.1 焊缝凝固组织的宏观特征及形成原因

为了便于分析焊缝的凝固组织(亦称一次结晶组织),可以先选择一些冷至室温过程中不发生固态相变的金属材料和合金,例如奥氏体不锈钢、Fe-Ni合金的焊缝宏观组织来进行观察。

图 21-5 所示为一焊缝的凝固组织,图中箭头指处表示熔合线的位置,其左边为母材的热影响区,从照片上可以看出焊缝组织为粗大的柱状晶组织,并具有与母材热影响区晶粒连接长大的特征。

焊缝组织的晶粒是与熔合线左侧母材的热影响区的晶粒相连接的。这就是说焊缝金属在凝固时它的晶粒是以和液态金属相接触的母材热影响区的晶粒相连长大而成的。

晶体的长大有各向异性,即晶体沿不同的晶体学位向长大的速率是不相同的。散热速度最快的方向就是温度梯度最大的方向,也就是与熔池结晶等温面相垂直的方向。当晶体最易长大方向与最快散热方向(即最大温度梯度方向)一致时,该晶体长大速度最快,形成粗大的柱状晶体。而有的晶体由于取向不利于长大或与最快散热方向不一致时,就停止生长,因而焊缝中柱状晶呈选择性长大。

图 21-5 焊缝凝固组织

如果小晶体的四周都是过冷区,散热可以沿四面八方同时进行,则晶体沿各个方向长大速率差不多,由此形成的晶粒呈等轴状,称为等轴晶。

焊缝中常见的是柱状晶。在一定条件下在焊缝中心也会出现等轴晶。

焊缝结晶时,垂直于熔池壁的方向是最大温度梯度的方向,散热速度最快,所以柱状晶的长大方向一般与熔池壁垂直,见图 21-6(a)。由于焊缝凝固是在热源不断向前移动的情况下进行的,随着熔池的向前推进,最大温度梯度方向也在不断改变,因此柱状晶长大的最有利方向也在不断改变,一般情况下焊接熔池呈椭圆状,柱状晶垂直于熔池弯曲长大,见图 21-6(b)。

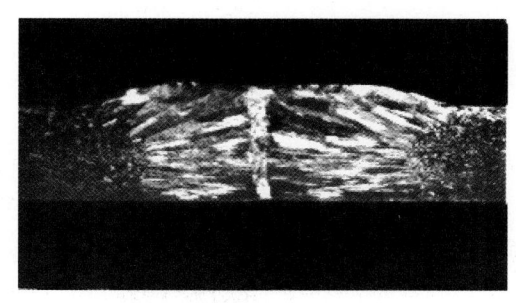 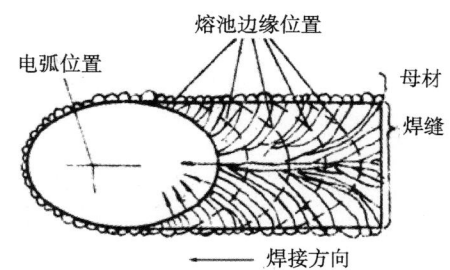

(a) 柱状晶长大方向与熔池壁垂直(T2 紫铜埋弧焊)(1:1)　　(b) 椭圆状熔池的柱状晶长大形态(箭头表示最大温度梯度方向)

图 21-6　焊接柱状晶的形态

21.3.2.2　焊缝金属组织的微观特征及形成原因

焊缝金属的微观组织是指在金相显微镜下 400 倍至 500 倍。观察到的柱状晶和等轴晶内部的显微形态。

图 21-7(a)是 18-8 奥氏体不锈钢焊接接头的图片。在它的融合线附近取样制成金相试样,其显微组织分布见图 21-7(b)。图片中 A 区域是焊缝区的显微组织,奥氏体以胞状树枝晶的结晶形态沿着垂直于熔合线的方向朝熔池中心长大,而在熔池中心处,树枝晶的长大方向性就不明显;B 区域是母材热影响区的显微组织,奥氏体呈带状分布。如果将 A、B 两区域进一步放大,两区域中显微组织的细节就可以看得更清楚了。在 A 区域中,可以观察到的是胞状树枝晶的横断面,见图 21-7(c),δ 铁素体沿着树枝晶的间隙分布;而 B 区域中 δ 铁素体则沿着条带状奥氏体间隙分布,见图 21-7(d)。由此可见,焊缝金属与母材的微观组织是有很大区别的,这也是它们在宏观力学性能上有很大差异的根本原因。

不同合金成分的焊缝金属其显微组织也是不一样的。经过分析对比,可以知道在柱状晶内部可以有胞状晶和树枝晶之分,而在等轴晶内部则一般只有树枝晶的结晶形态。

那么,是哪些主要因素决定了焊缝组织的各种微观形态呢?为了解决这一问题,首先要研究合金凝固时存在的成分过冷现象。

图 21-8(a)是类似于铁碳合金状态图左上角那种类型的二元合金相图的一部分。现考虑这类合金在熔池中的结晶情况,设液相成分为 C_0 的合金在开始凝固前其成分是均匀的,当熔池边缘一部分液体冷至凝固点以下时已发生结晶,此时熔池的其余部分还是液态,固-液两相交界面前方的液相中,溶质浓度的分布曲线 G_L 如图 21-8(b)所示,在固液相交界面处液相的浓度为 C_S,比液相的平均浓度 C_0 高。随着与固-液相交界的距离增加,液相的浓度逐步下降直至在某一处液相的浓度为 C_0,与液相的平均浓度相同为止。由此在固液相交界面的前方一段距离内形成了浓度梯度。溶质浓度的分布曲线 G_L 的形状主要与溶质元素的扩散系数及界面向前的推移速度有关。

由 21-8(a)可见,合金的液相线的平衡温度(即合金开始凝固的温度)决定于该合金的成分。具有类似形状相图的合金,液相中溶质的浓度(C)越高(比较图中的 C_0 和 C_S 点,$C_S>C_0$),液相线的平衡温度就越低(比较图中的 T_0 和 T_S 点,$T_S<T_0$)。

合金凝固时其液-固界面的前方的一段距离内的液相中存在溶质浓度分布的不均匀。越靠近界面溶质浓度越高,其相应的液相线的平衡温度就越低。反之,离界面越远,溶质浓度越低,其相应的液相线的平衡温度就越高。当液相线成分为 C_0 时,对应的液相线平衡温度就为 T_0。这样,在溶质浓度分布曲线 C_L 确定以后,见图 21-8(b),相应的液相线平衡温度分布曲线 T_L 也就随之确定了,见图 21-8(c)。

然而,液相中实际温度的分布是图 21-8(c)中的 G_L 线。在液—固相交界面处实际温度(G_S)低(等于凝固终了温度 T_S)。越接近熔池中心,其实际温度越高。这样,在界面前方的一段距离内[图 21-8(c)中

(a) 焊接接头宏观照片 （1:1）

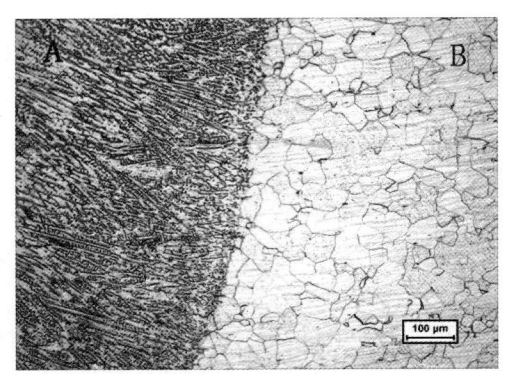
(b) 熔合线附近的显微组织

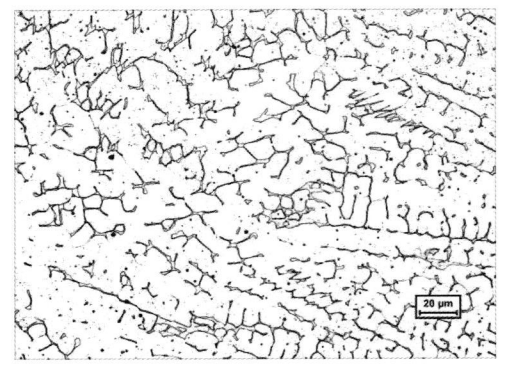
(c) 焊缝区的显微组织（A 区域）

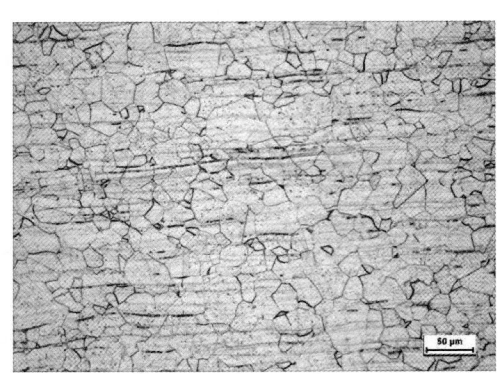
(d) 母材的显微组织（B 区域）

图 21-7　18-8 奥氏体不锈钢的焊接接头

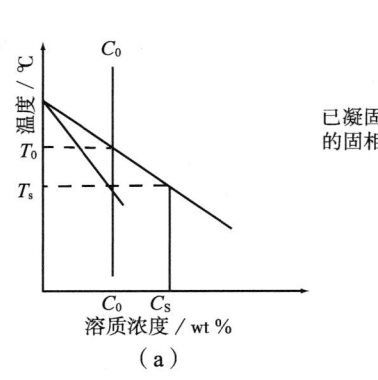
(a)

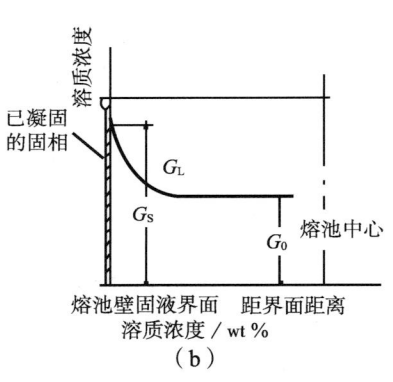
(b)

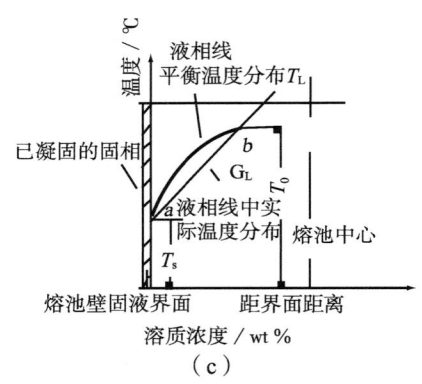
(c)

图 21-8　成分过冷示意图

a 与 b 间],液相的平衡温度(T_L)高于液相中的实际温度(G_L)。我们把这两种温度的差值(T_L-G_L)称为过冷度。由于这种过冷是合金凝固时界面前方一段距离内的液相的成分与液相线的原始成分有差异而引起的,故称之为成分过冷。

当合金成分一定时,成分过冷的程度主要取决于液相内的实际温度梯度[即图 21-8(c)中 G_L 线的陡度]和晶体长大速度 R（界面推移速度）。

如图 21-9 所示,G_L 线的陡度越大,即实际温度分布线的斜率越大,G_L 线与液相线的平衡温度分布曲线相交的面积越小,成分过冷的区域和程度均小。反之,G_L 线的陡度越小,则成分过冷的区域和程度就越大。而当晶体长大速度 R 大时,界面前方液体内溶质富集,且来不及向四周扩散,故界面前方液体中溶质的浓度梯度越大,相应的液相线平衡温度分布曲线也越陡,因而与实际温度梯度相交的区域越大,成分过冷度就越大。

合金凝固时晶体长大的微观形态与成分过冷的程度有密切的关系。图 21-10 至图 21-14 是反映了成分过冷条件和晶体长大微观形态的关系的示意图。

1. 平面结晶

当液相中温度梯度 G_L 很大时，G_L 不与液相平衡温度曲线 T_L 相截，见图 21-10。这就是说液-固相界面前方，液体的实际温度高于液相线平衡温度，不存在成分过冷区域。此时，凝固时所释放出的相变潜热全部通过界面后方的固相散发出去，使界面平缓地向前方推进，所以界面呈平面状态，称为平面结晶。平面结晶形态多见于高纯度的焊缝金属中。

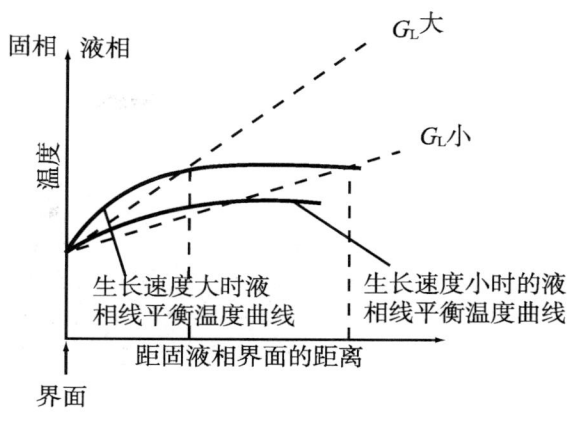

图 21-9 温度梯度 G 和生长速度 R 对过冷的影响

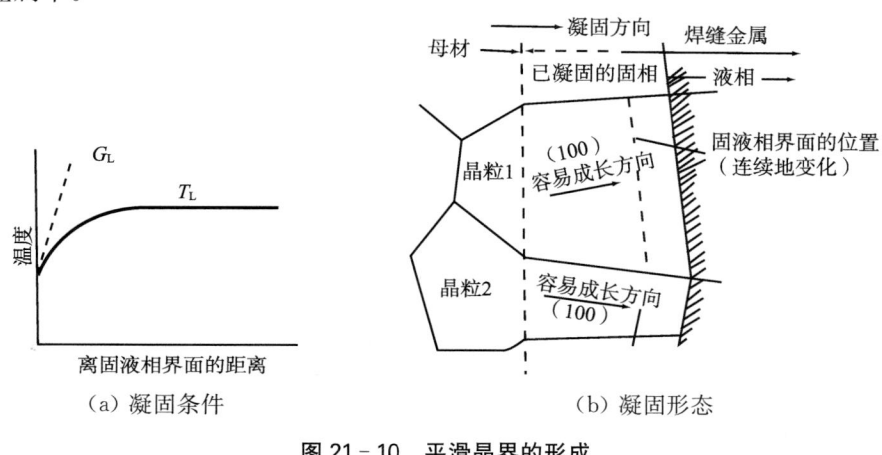

图 21-10 平滑晶界的形成

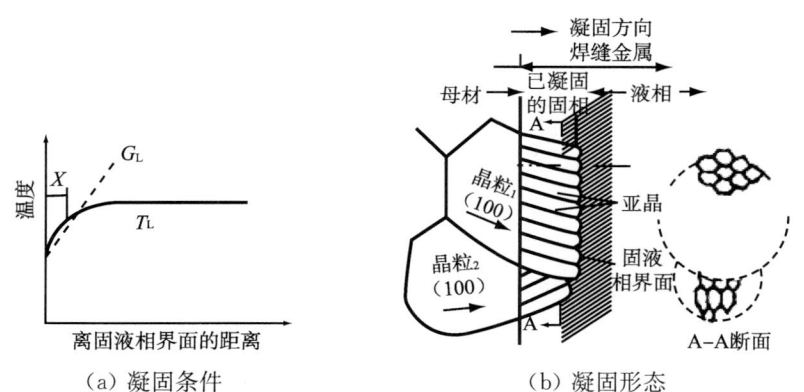

图 21-11 胞状晶的形成

2. 胞状结晶

当液相中温度梯度 G_L 稍低，G_L 与液相平衡温度曲线相截时，见图 21-11，就在界面前沿出现了一个很小的成分过冷区。此时，从凝固界面上长出许多小芽苞突入过冷的液体区，这样更有利于将凝固时的相变潜热散发掉。这些芽苞的截面呈六角形，故将柱状晶中这种亚晶称为胞状晶。

3. 胞状树枝状结晶

随着液相内温度梯度降低，成分过冷区和过冷程度逐渐增大，见图 21-12。界面上凸起的小芽苞能够伸入到液体内部较远距离处，并不时向四周排出溶质，这样在四周也产生了成分过冷，从而在主干上萌生了新的短小的二次横枝向横向生长，但由于主干间距很小，二次横枝生长受到限制，因而长得较短。形成了胞状树枝状的结晶形态。

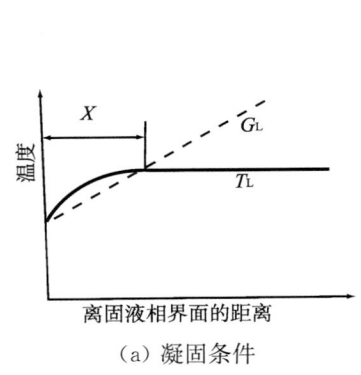
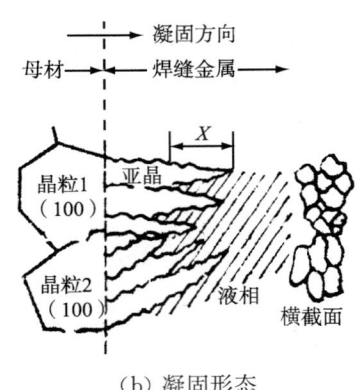

(a) 凝固条件　　　　　　　　　　(b) 凝固形态

图 21-12　胞状树枝晶的形成

4. 树枝状结晶

当温度梯度进一步减小,过冷区域变得很宽,见图 21-13,成分过冷度很大,在一颗晶粒内除了主干很长以外,主干四周上长出的二次横枝也可以长到一定长度,形成了树枝状的结晶形态。

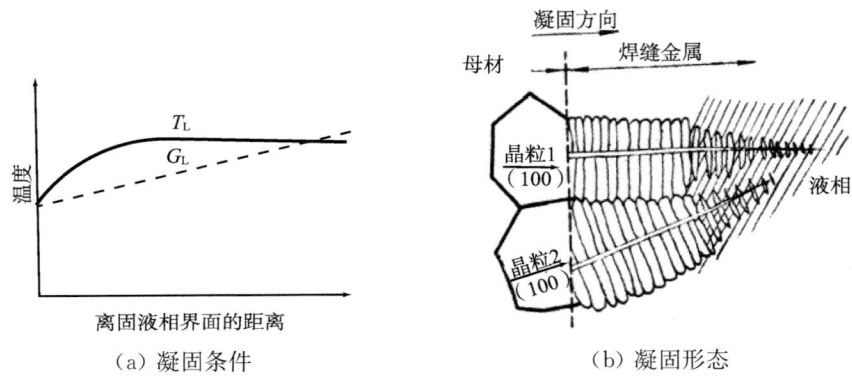

(a) 凝固条件　　　　　　　　　　(b) 凝固形态

图 21-13　树枝状晶的形成

5. 等轴状结晶

当温度梯度很小时,在液相中很大区域内都形成了成分过冷,见图 21-14,此时不仅在液-固相界面处能生长出粗长的树枝晶,而且在液相内部也可以直接形成晶核,这些晶核四周都是成分过冷区,又没有其他晶粒阻碍其生长,因而可以同时沿几个结晶有利方向生长,最终形成等轴状结晶。

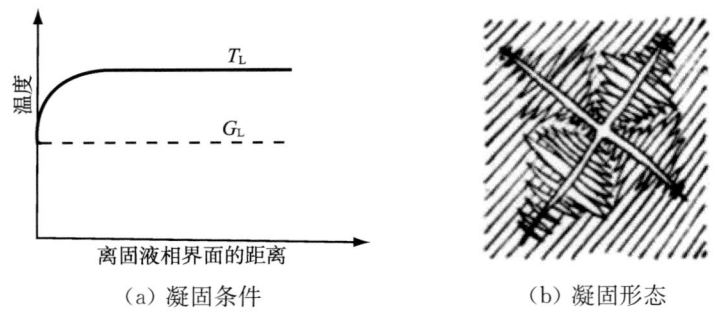

(a) 凝固条件　　　　　　　　　　(b) 凝固形态

图 21-14　等轴状结晶的形成

综上所述,影响焊缝凝固组织结晶形态的因素共有 3 个:液相中的温度梯度 G,晶粒长大速度 R 和液相的溶质浓度 C_0。这 3 个因素综合作用的结果产生了上述 5 种结晶形态。现将它们对结晶形态的影响用图 21-15 来做总结示意。

当 R 和 G 不变,随着合金中溶质浓度的升高,成分过冷度增大,从而使结晶形态由平面晶变为胞状晶、胞状树枝晶,树枝晶,最后成为等轴晶。在成分 C_0 一定时,G 越大,结晶形态由等轴晶经树枝晶、胞状晶最后演变到平面晶。实践已证实上述规律对控制和分析焊缝区的结晶形态有重要的指导意义。

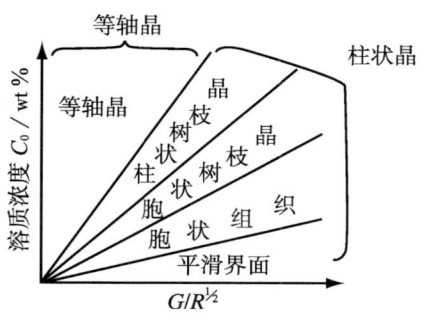

图 21-15 G、R 及 C_0 对凝固组织形态影响

21.3.2.3 焊接条件对焊缝凝固组织的影响

焊接时熔池中成分过冷的程度在各处是不一样的,因而即使是同一焊缝,在凝固时,不同区域中也会存在不同的结晶形态。图 21-16 是焊缝中结晶形态分布的示意图。

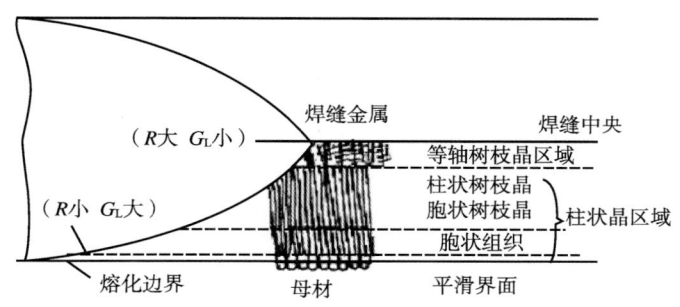

图 21-16 焊缝金属凝固时,晶粒生长的形态示意图

焊缝金属在凝固时,首先在与母材接壤的熔池边缘处发生晶体的连接长大。此处,由于母材温度较低且导热条件好,温度梯度 G 很大而结晶速度 R 比较小,所以边界开始凝固时的柱状晶形态往往是平滑界面或胞状组织。随着柱状晶向熔池中央推进,熔池区域逐渐缩小,温度也开始下降,熔池周围又是刚凝固的柱状晶,因而其中的液体温度变低,$(G/\sqrt{R})$ 比值减小,液相内溶质浓度升高、成分过冷度增大,此时晶体便长成胞状树枝晶或柱状树枝晶。在熔池中心,G 更小而成分过冷度更大,两者达到一定程度时,熔池中心能自发形成晶核,并由此进一步形成等轴状的树枝晶。

在实际焊缝中,由于被焊金属成分、尺寸及其他工艺条件的不同,不一定具有上述全部结晶形态,但是上述结晶形态的变化趋势总是客观存在的。

另外,焊接规范(包括焊接速度与焊接电流)对焊缝金属的结晶形态也有很大的影响。

焊接速度快,与熔池接壤的母材过热程度小,因而熔池内部的温度梯度大,从而形成胞状组织,反之,焊接速度慢,与熔池接壤的母材过热程度大,一方面熔池内部的温度梯度小,另一方面也使母材过热区的晶粒变得十分粗大。由于新结晶的晶粒是从这些粗大的晶粒上连接长大的,所以最后形成的是粗大的树枝晶体。

焊接电流对结晶形态的影响从原理上是与焊接速度的影响有相似之处。焊接电流大,使母材过热程度大,过热区晶粒粗化,温度梯度小,使焊缝组织形成粗大的树枝晶。焊接电流小,母材过热程度小,温度梯度大,从而形成胞状晶。

21.3.3 焊缝中的偏析

合金中化学成分的不均匀分布称为偏析。例如,钢中一些杂质元素在晶界上的浓度比晶粒内部高得多,就是一种偏析现象。钢中杂质元素在晶界上的偏析,降低了晶界的结合强度。在外力作用下,裂纹在晶界萌生并沿晶界扩展,从而产生沿晶脆性开裂。同样,焊接时,合金在凝固过程中也会产生偏析,事实证明,这种偏析与焊接热裂纹的形成有直接的关系。

焊缝中的偏析分为宏观偏析、微观偏析和层状偏析 3 种类型,这 3 种偏析都是合金在凝固过程中形成的。

21.3.3.1 微观偏析

由金属学中有关平衡结晶过程的讨论可以知道,钢在凝固过程中,液相和固相的合金成分是在不断变化的。一般情况下,先结晶的固相含溶质元素比较少,后结晶的固相含溶质元素比较多,最后凝固的部分非但溶质元素浓度最高,而且杂质元素也易于在此富集。由于焊接过程具有快热和快冷的特点,固相内成分的不均匀性不能在如此短暂的时间内通过溶质的扩散来消除,因而焊接以后成分的不均匀性被保留下来了。

当固相呈胞状长大时,在胞状晶的中心部分溶质浓度较低。而在胞状晶相邻的边界上,溶质浓度最高,见图 21-17(a)。

当固相呈树枝状长大时,先结晶的树干部分溶质浓度最低,后结晶的树干部分溶质浓度高,最后结晶的部分,即相邻树枝晶之间的隙缝中溶质浓度最高,见图 21-17(b)中 C_{max}。

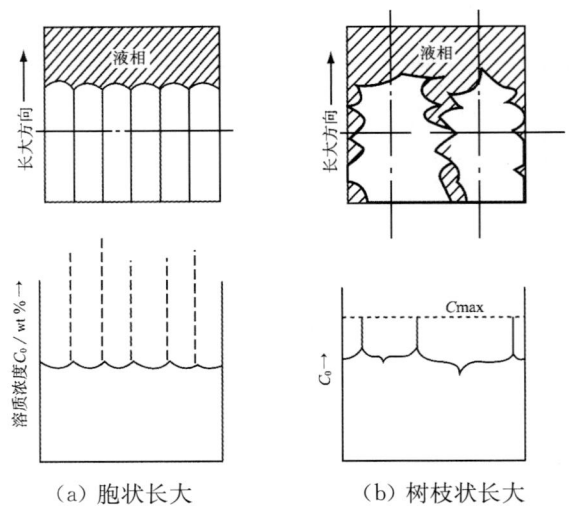

（a）胞状长大　　（b）树枝状长大

图 21-17　胞状晶和树枝晶的边界偏析

利用电子探针可以对焊缝组织的微观偏析程度进行定性分析。例如,图 21-18 是含有镍铬元素的合金结构钢焊缝的树枝晶组织内镍、铬、锰 3 种合金元素的分布状况。图中 m 表示树枝杆中心,I 表示树枝区域,A 和 M 表示树枝晶的间界。分析表明,3 种合金元素的分布是极不均匀的,在树枝晶之间浓度最高,在树干中心最低。用电子探针对其他结晶形态的分析还表明,在焊缝的晶界、晶内的亚晶界和树枝晶之间都存在着不同程度的偏析。

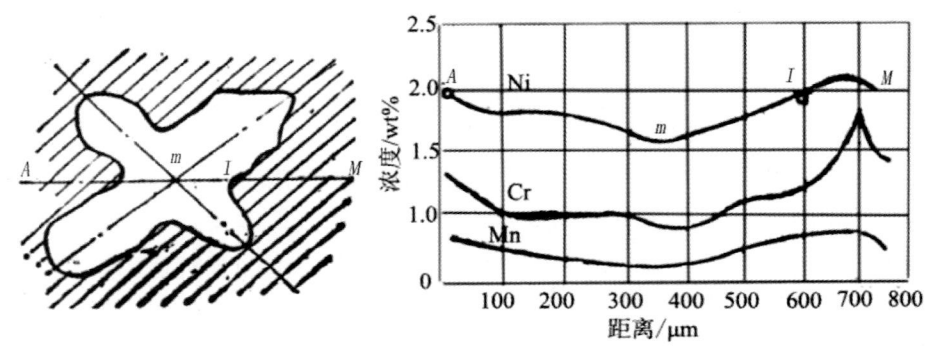

图 21-18　镍铬合金结构钢中树枝晶偏析

即使是同种母材,焊缝组织中的结晶形态不一样,合金元素在焊缝中的偏析程度也不一样。树枝晶组织比胞状组织的偏析更为严重,因而更易产生凝固裂纹,降低焊缝的性能。

21.3.3.2　宏观偏析

焊接时,焊缝的结晶首先在熔池边缘开始,柱状晶体逐步向熔池中心方向长大,由于固相溶质和杂质的浓度往往低于液相,最后凝固的熔池中心部分含溶质和杂质的浓度都最高,从而造成很大程度的偏析。当焊接速度大时,长大的柱状晶体都在焊接中心线附近相遇,见图 21-19,使溶质和杂质偏聚在那里,这样凝固后在焊缝中心就会出现所谓的中心偏析,降低了晶体在该区域中的结合强度,形成薄弱环节。在外应力的作用下,容易在偏析带区产生所谓中心线裂纹。

21.3.3.3 层状偏析

在焊缝断面上经浸蚀后,可以发现有颜色深浅不同的分层组织。这是由于化学成分的分布不均匀形成的,因此称为层状偏析,见图 21-20。这种偏析是由于晶粒长大速度发生周期性变化引起的。实验证实,层状偏析带中常富集了一些有害元素,一些缺陷(如气孔、夹杂物等)见图 21-21。层状偏析使焊缝内的力学性能不均匀,其抗化学耐腐蚀性能也有很大的差异。

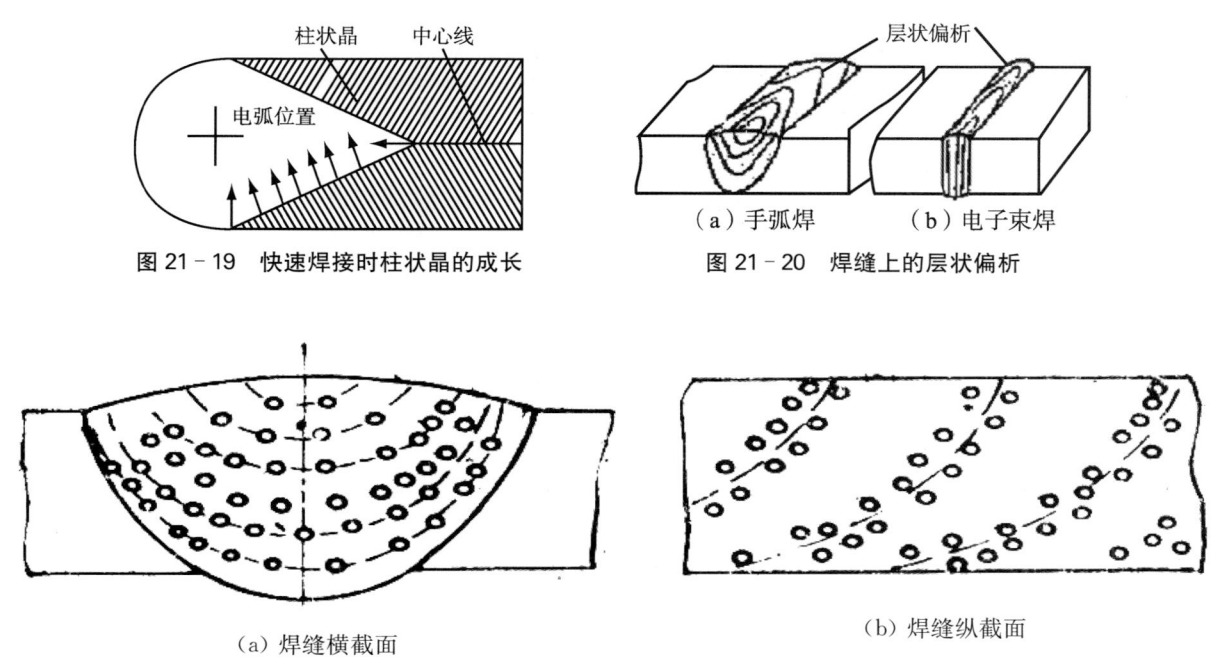

图 21-19 快速焊接时柱状晶的成长

图 21-20 焊缝上的层状偏析

(a) 焊缝横截面　　(b) 焊缝纵截面

图 21-21 层状分布的气孔带示意图

21.3.4 焊缝金属的二次组织

前面已经讨论了焊缝金属一次结晶的组织,大多数情况下为柱状奥氏体(有时焊缝中也会出现等轴状的奥氏体晶粒)。奥氏体经冷却至室温进一步究竟转变为何种组织,则需要根据焊缝的成分与冷却条件作具体分析。

应当注意,焊缝金属的成分是由母材与填充材料的成分共同决定的,故分析焊缝组织时必须考虑两种材料之间的熔合比。

21.3.4.1 低碳钢的焊缝二次组织

低碳钢的焊缝金属含碳量一般比较低,故二次结晶后的组织大部分是铁素体另有少量珠光体。由于铁素体一般先从原奥氏体晶界析出,往往将原奥氏体晶粒的柱状轮廓勾画出来,所以又称之为柱状铁素体,其晶粒很粗大。此外焊缝中一部分铁素体还可能具有魏氏组织的特征。图 21-22 是 20 钢的焊缝组织。

当焊缝冷速增加时,沿原奥氏体晶界析出的铁素体将奥氏体晶粒的轮廓勾画出来,柱状晶内析出的铁素体会变得细小。

21.3.4.2 低碳低合金钢焊缝的二次组织

低碳低合金钢的焊缝组织一般可以根据相近成分的连续冷却曲线来进行判断。一般合金元素较少的低合金钢焊缝组织与低碳钢相近。图 21-23 是 16Mn 钢(自动焊)的焊缝组织,柱状铁素体沿原奥氏体晶界分布,原奥氏体晶粒内是铁素体与珠光体。冷速大时也可能出现粒状贝氏体。

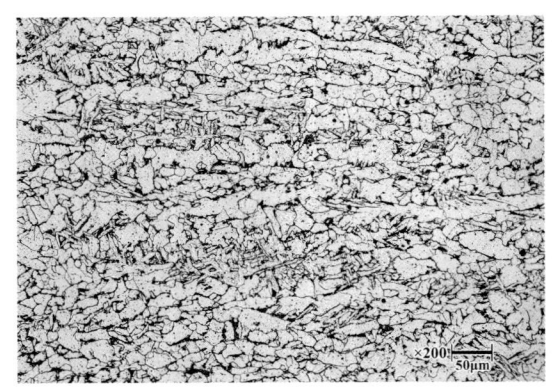

图 21-22　20 钢焊缝组织

图 21-23　16Mn 钢焊缝组织

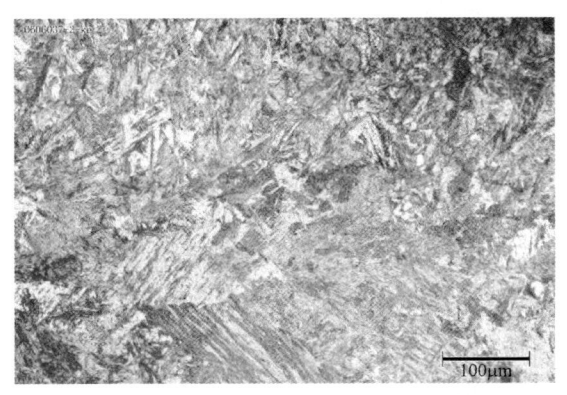

图 21-24　中碳合金钢的焊缝组织

21.3.4.3　中碳合金钢焊缝的二次组织

该种合金钢中含合金元素较多，淬透性较好时则会出现贝氏体与马氏体组织，见图 21-24。

21.4　焊接热影响区的组织

焊接用的结构材料主要是低碳钢，焊缝的质量和强度在整个焊接结构中起着决定性的作用。然而，随着科学技术发展的需要，一些高合金高强钢也加入了焊接结构材料的行列，并日益担当起更重要的角色。在这种情况下，焊接构件的质量不仅仅决定于焊缝，同时还决定于焊接热影响区的性能，有时热影响区中存在的问题会比焊缝更复杂，更重要。

21.4.1　焊接热循环的特点

焊接条件下的相变与热处理条件下的相变从基本原理上看具有一致性，但由于焊接过程中热循环自身具有的特殊性，使焊接时的组织转变具有了自己的新特点。总结起来，焊接过程有如下几方面的特殊性：

（1）加热温度高。在一般钢的热处理情况下，加热温度不超过 Ac_3 以上 100~200℃，而焊接时，近焊缝区熔合线附近的温度可接近金属熔化温度。

（2）加热速度快。其加热速度要较热处理快几十倍甚至几百倍。

（3）高温停留时间短。一般手工电弧焊的条件下，在 Ac_3 以上停留的时间只有大约 20 s，而热处理时保温时间基本上可以任意控制。

（4）自然条件下的冷却。焊接过程不像热处理那样，工件的冷却速度可以在很宽的范围内进行控制。

（5）局部加热，而且随着焊接热源的移动，被焊件的局部加热地区的部位也在不断移动。

这样，由于焊接本身有自己加热、冷却条件的特殊性，必然使焊接条件下的组织转变有着不同于热处理的特殊规律。

21.4.2　焊接加热时组织转变的特点

实验证实，焊接时加热速度越快，被焊接金属的相变点 Ac_1 和 Ac_3 的温度越高，且 Ac_1 和 Ac_3 之间的距离也越大。如果钢中含有较多的碳化物时，则随加热速度增高，相变点 Ac_1 和 Ac_3 有更明显的升高。

加热速度除了对相变温度有影响外,对已形成的奥氏体进行均匀化的过程也有很大的影响。加热速度越快,在相变温度以上停留的时间越短,则奥氏体内成分和组织的不均匀性就更显著,这将会对焊接接头的组织和性能有直接的影响。

在焊接条件下,近焊缝区由于受到强烈的过热,晶粒长得十分粗大,从而降低了焊接接头的塑性,增大了冷热裂纹发生的倾向。

21.4.3 焊接热影响区的组织

在母材热影响区内任何一处的组织是与该处的合金成分、加热速度、加热最高温度、高温(Ac_1 上)停留时间的长短和随后的冷却速度等诸因素有关的。由于母材热影响区内各处到焊缝的距离不同,各处经历的焊接热循环也不同,因而各处的显微组织也不同。

用于焊接的结构钢,从热处理特性来看,可以分为两类:一类是低碳钢(如 20 钢、Q235 钢等)和含合金元素较少的普通低合金钢(16Mn, 15MnTi, 15MnV, 14MnNb 等钢种),由于它们的淬硬倾向比较小,因而称之为不易淬火钢;另一类是中碳钢(如 40,45,50 钢等)、低碳调质高强度钢(碳含量≤0.25wt%)和中碳调质高强度钢(碳含量 0.25wt%~0.45wt%),由于它们的含碳量较高或含合金元素较多,其淬硬倾向比较大,因而称之为易淬火钢。这两类钢由于淬硬倾向不同,焊接热影响区的组织也不同,下面将分别讨论。

21.4.3.1 不易淬火钢的热影区组织

这类钢通常以热轧状态供货,故焊前母材的原始状态常为热轧状态。现以低碳钢(20 钢)为例,分析经焊接后热影响区内各部位的组织变化。

把热影区内各部位的组织特征及该部位所经历的热循环联系在一起,并附上铁碳相图加以对照,可以得到图 21-25。

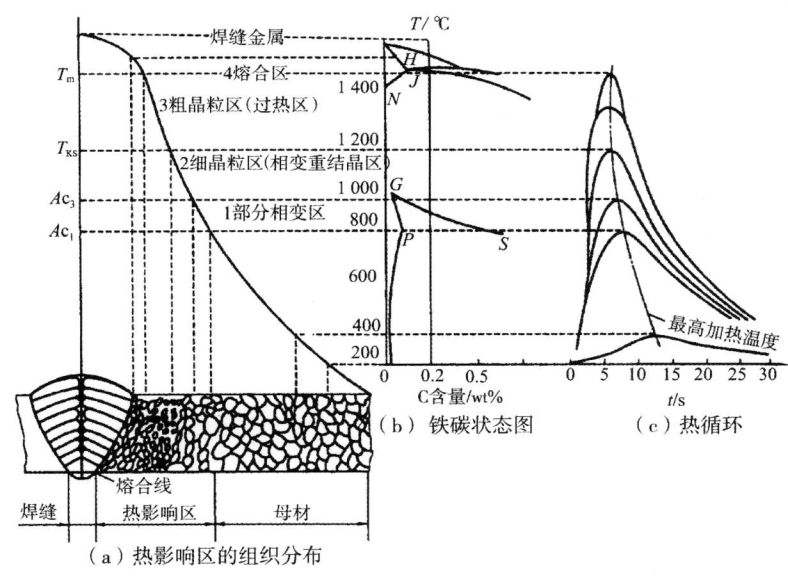

图 21-25 焊接热影响区各部分被加热的温度范围和铁碳相图的关系

由图可知,加热温度在 Ac_1 以下的区域,组织不发生变化,仍保持母材处于热轧状态下的原始组织,即铁素体+珠光体,并仍具有带状分布的特征。

热影响区中被加热到 Ac_3 以上直至熔化温度的区域内,组织将发生显著的变化。根据加热时组织变化的不同特征,可将热影响主要分为如下 4 个区域。

1. 部分相变区

部分相变区亦称不完全重结晶区。该区域内受热温度范围为 Ac_1 至 Ac_3,对于 20 钢,其温度范围为

750～900℃。

加热时,该区域中的珠光体和一部分铁素体转变为晶粒比较细小的奥氏体,另外一部分铁素体未发生相变而被保留下来,以后在冷却时,奥氏体又转变为细小的珠光体和铁素体(故称之为重结晶区),而未转变为奥氏体的那部分铁素体则不发生任何转变,它们的晶粒比较粗大(故称为不完全重结晶),因而冷却后的显微组织尺寸大小不一,并保留了原始组织(母材)原有的带状形貌特征。

2. 细晶粒区

细晶粒区或为相变重结晶区。该区域内,被加热温度范围为 Ac_3 至 T_{KS}(T_{KS} 为晶粒开始急剧粗化的温度)。20 钢焊接时其细晶粒区的温度范围为 900～1100℃,此时该区域中的铁素体及珠光体全部转变为奥氏体。由于焊接时,加热速度很快,如前所述,Ac_1、Ac_3 和 T_{KS} 均移向较高温度,同时在高温下停留的时间又比较短(一般手工电弧焊在 Ac_3 以上停留的时间仅 20 s 左右),所以即使被加热到 1100℃左右,奥氏体晶粒还未十分长大,焊接后该区域经空冷后能得到均匀细小的铁素体和珠光体,相当于热处理中的正火组织,故该区域又被称为正火区域或相变重结晶区。

3. 粗晶粒区

粗晶粒区也称过热区。该区域被加热范围为 T_{KS} 至 T_m。当加热至 1100℃以上温度时,奥氏体晶粒开始剧烈长大。尤其在 1300℃以上晶粒更是十分粗大。对手工电弧焊和气焊接头来讲,焊后该区域的平均晶粒度在 3 级以上。由于晶粒粗大,在焊后的冷却条件下,会出现粗大的魏氏组织,使该区域内的塑性和韧性大大下降,但对强度的影响却不太大。

4. 熔合区

该区域内金属处于局部熔融状态,其范围包括熔合线附近焊缝金属到基体金属的过渡区域。在该区域内,晶粒十分粗大,化学成分和组织极不均匀。冷却后的组织也属于过热组织。尽管这里区域很狭窄,有时甚至在金相显微镜观察下也很难区分,但这一部位对焊接接头的强度和塑性都带来了极为不利的影响,在很多情况下,该区域往往就是裂纹和局部脆性破坏的发源地。

以上 4 个区域反映了焊接热影响区中主要的组织特征。然而,焊接热影响区的大小受到许多方面因素的影响,不同的焊接方法、焊件的几何尺寸,焊接的线能量以及各种不同的施工条件等都会使热影响区的尺寸发生变化。用不同的焊接方法焊接低碳钢时,其热影响区的平均尺寸可参见表 21-3。

表 21-3 不同焊接方法热影响区的平均尺寸

焊接方法	各区平均尺寸/mm			总宽/mm
	过热区	相变重结晶区	不完全重结晶区	
手工电弧焊	2.2～3.0	1.5～2.5	2.2～3.0	6.0～8.5
埋弧自动焊	0.8～1.2	0.8～1.7	0.7～1.0	2.3～4.0
电渣焊	18～20	5.0～7.0	2.0～3.0	25～30
氧乙炔气焊	21	4.0	2.0	27.0
真空电子束	—	—	—	0.05～0.75

低碳钢与一些淬硬倾向不大的钢(16Mn、12CrMoV、15CrMo、15MnTi、15MnV 等),除了过热区组织有区别外,其他各区域的组织基本相同。它们的过热组织不仅与焊接方法有关,见图 21-26,而且与母材的成分有关;低碳钢过热区中一般有粗大的魏氏组织,而 12CrMoV 钢中则为索氏体与少量沿原奥氏体晶界分布的铁素体组织,15CrMo 钢的粗晶区中则全部为索氏体组织。15MnT、15MnV 等钢的过热区中,除了有锰外还有部分钛与钒的碳化物、氮化物,受热后溶入奥氏体中,提高了奥氏体的稳定性,因此过热区中可部分或全部获得粒状贝氏体组织,见图 21-27。

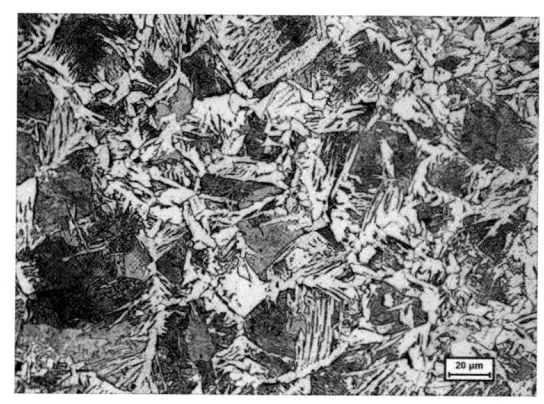 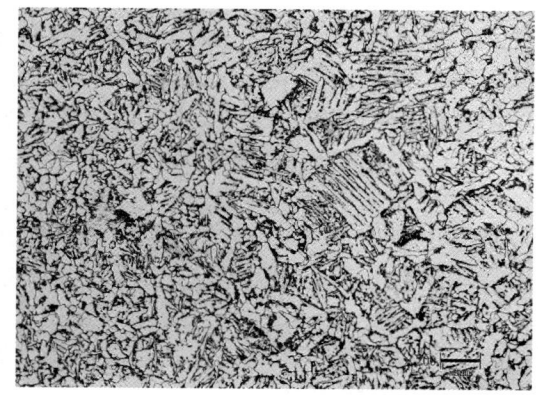

(a) 自动焊　　　　　　　　　　　(b) 手工焊 （200×）

图 21-26　20 钢不同焊接条件下的粗晶区组织

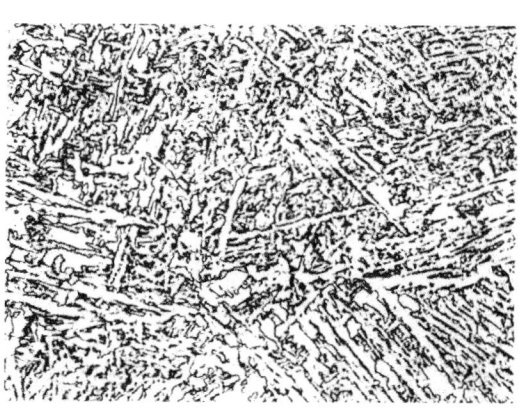

图 21-27　15MnV 钢的过热区组织 （600×）

21.4.3.2 淬火钢的热影响区组织

这类钢中由于含碳量较高，或者含有一些合金元素，所以有较高的淬透性，容易获得马氏体组织。该类钢热影响区的组织分布与母材在焊接前的热处理状态有直接关系。如果母材在焊前处于正火或退火状态，则焊后的热影响区的组织分布可以分为两个区域：

1. 完全淬火区

在加热温度超 Ac_3 以上的区域中，由于淬硬倾向较大，焊后冷却下来可得到马氏体。在焊缝附近（相当于低碳钢的过热区），由于奥氏体晶粒已长得很粗大，淬火组织中的马氏体也相当粗大，在相当于低碳钢的正火区中，原奥氏体晶粒比较细小，故得到的淬火组织为细小的马氏体。当冷速减慢或含碳量较低时，托氏体与马氏体共存，用大的线能量进行焊接，还会出现贝氏体组织。由于这个区域在组织上的特征本质上都属于马氏体组织，只有粗细之分，故将该区域称为完全淬火区。

2. 不完全淬火区

在焊接这种快速加热条件下，加热温度在 Ac_1 和 Ac_3 之间的热影响区中，原来的贝氏体、索氏体等组织会转变为奥氏体，在随后的快速冷却过程中，奥氏体又发生了马氏体转变，而原来的铁素体不仅很少转变为奥氏体，而且还会有不同程度的长大，最后形成铁素体+马氏体组织。故该区域称为不完全淬火组织。如果该区域中含碳量不高或含合金元素较少时，奥氏体也可能转变成索氏体和珠光体组织。

不完全淬火区的组织与母材在焊前的热处理状态无关，不论焊前是退火或是淬火状态（包括淬火+低温回火状态），只要温度超过 Ac_1，或 Ac_1 与 Ac_3 之间，随后快速冷却下来均会形成淬火组织或不完全淬火组织。

在加热温度低于 Ac_1 的热影响区内，可能产生下述几种情况：若焊前为退火态的金属，则加热温度低于 Ac_1 的区域一般不发生组织变化，而保持原来的组织，若焊前为淬火态（或为淬火＋低温回火状态）的金属，在焊接时加热温度低于 Ac_1 的热影响区中，由于加热温度和保温时间不同，可得到不同类型的回火组织。例如，紧靠近 Ac_1 温度区，相当于高温瞬时回火，通常得到回火索氏体组织，离焊缝越远，加热温度越低，淬火组织的回火程度越低，相应可得到回火托氏体、回火马氏体等组织。

若焊前为调质态（淬火＋高温回火），组织和性能变化的区域决定于焊前母材的回火温度。例如，如果焊前经 500℃ 回火，焊接时低于此温度的区域，其组织和性能均不发生变化，而高于此温度的区域组织和性能均发生变化。可参照前述淬火状态的金属组织变化的规律进行类似的分析。

21.4.4 分析热影响区组织时应考虑的因素

由以上的分析可以看到，热影响区的组织和性能与母材的化学成分、焊前的热处理状态有密切关系，与具体的焊接工艺也密切相关。分析时还要特别考虑到焊接过程自身的特点，即：加热温度高，加热速度快，时间短，冷速大。所以必须把上述因素综合起来考虑，由于篇幅有限，下面简略加以说明。

1. 热影响区

热影响区的划分主要决定于各部位的最高加热温度。分析时采用相图，如前面对低碳钢热影响区的分析。其他材料如不锈钢、铝合金、钛合金和锆合金等热影响区的划分也需要根据相应的相图来进行分析。

热影响区中各部分的组织既取决于加热温度及该温度下该区域中各相的成分，晶粒的形态（例如，条带状或等轴状）及大小等，还取决于焊后的冷却速度。其中组织和性能发生重大变化的部位是熔合区和过热区，这是分析的重点。

过热区中，由于晶粒严重粗大，最易出现诸如魏氏体（见图 21-28）、贝氏体和马氏体等过热组织（见图 21-29），从而使塑性大大下降，焊接接头的力学性能严重恶化。分析过热的组织时，应借助 CCT 图。

图 21-28 过热区中的粗大魏氏组织 （100×）

图 21-29 过热区中的马氏体与贝氏体组织

2. 熔合区

熔合区是焊缝和母材的交接地带，在该区域内由于化学成分分布极不均匀，因而其组织分布也极不均匀，不同组织类型的区域具有的性能也极不一致。

3. 合金元素

在分析含有铬、钛、钨、钒、钼等碳化物形成元素的合金结构钢的热影响区的组织时，一方面要考虑到由于焊接加热温度很高，会促使碳化物溶入奥氏体中，使奥氏体晶体粗化和奥氏体内成分均匀化的倾向，使淬透性提高。所以在分析冷却时组织转变，必须联系加热条件和加热时组织变化这两方面的因素进行综合考虑。

对于不含有强烈碳化物形成元素的钢（如碳钢、锰钢），加热温度是影响奥氏体稳定性的主要因素；对于含有强烈碳化物形成元素的钢（如 15MnV，15MnTi），碳化物的溶解度才是影响奥氏体稳定性的因素。

4. 重结晶区

在热影响区内的不完全重结晶区中(在加热温度 Ac_1 与 Ac_3 之间),也会出现一些特殊情况,如图21-30所示,当母材被加热到 Ac_1 与 Ac_3 温度范围内,原先是珠光体(P)的部分[见图21-30(a)],其铁素体转变成奥氏体(A)[见图21-30(b)],而渗碳体融入其中并均匀化,使这部分奥氏体具有很高的含碳量,当冷却速度很大时,这部分奥氏体转变为高碳马氏体(M),而铁素体(F)部分在急冷急热中不发生转变,最后冷却下来,得到铁素体+马氏体的特殊组织[见图21-30(c)]。

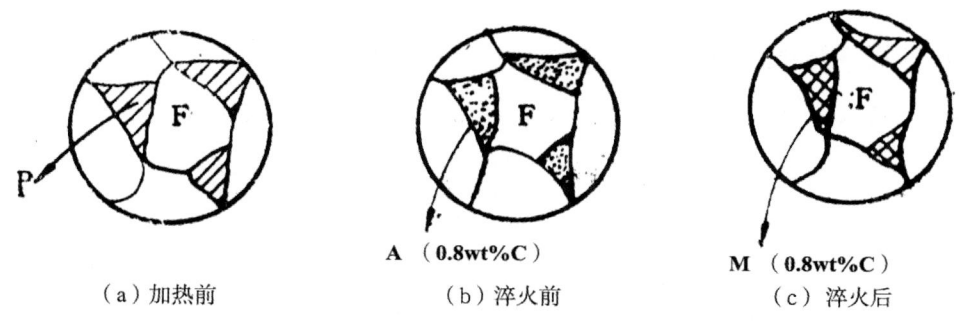

(a) 加热前　　　　(b) 淬火前　　　　(c) 淬火后

图21-30　因急热、急冷产生马氏体-铁素体组织的示意图

如果加热速度更高,在珠光体转变为奥氏体的区域内,由于碳来不及扩散造成该区域中原 Fe_3C 与原铁素体的地方成分来不及均匀,局部形成碳浓度更高的奥氏体,它快速冷却后仍以奥氏体的形态保留下来,而碳浓度稍低的奥氏体转变成马氏体,从而出现奥氏体与马氏体呈层状的混合组织,成为M-A组织。

所以,由于焊接的急热、急冷往往使低碳钢中的珠光体部分局部区域表现出高碳钢行为,这一点必须引起注意。

5. 母材偏析

钢中存在较严重偏析时,会出现一些在正常成分范围内预想不到的硬化和裂纹。例如,含锰钢的偏析倾向是比较明显的。焊接加热速度快,越易产生偏析,使热影响区中奥氏体内成分极不均匀,在含锰量最高的地方,有可能形成硬而脆的马氏体,导致裂纹的产生。

6. 母材加工状态

母材为冷加工状态的钢,如硅钢片及某些不锈钢等,焊接后除了加热到临界点(Ac_1)以上温度区域的组织性能发生变化外,在临界点以下至再结晶温度的范围,由于形变金属会发生再结晶过程,其组织和性能也发生变化,故称该区域为再结晶区,也属于热影响区的范围。图21-31为纯铁退火后焊接与冷轧后焊接热影响区组织变化的比较,对于后一种情况,热影响区还包括了510～910℃以上一段再结晶区。在该区域中,原条带状晶粒经过再结晶转变成等轴状晶粒。

21.4.5　焊接热影响区的性能

在焊接热影响区内,由于存在着显微组织分布的不均匀性,该区域的宏观性能也存在不均匀性。焊接热影响区的宏观性能具有多方面的指标,这些指标包括:硬度、常温力学性能、高温和低温力学性能以及腐蚀条件下的疲劳性能等等。这些指标反映了焊接构件在不同使用条件下的性能。

21.4.5.1　焊接热影响区的硬度分布

用硬度的变化可以粗略地判断热影响中性能的变化。这种方法比较简单易行并且实用。一般来讲,凡是硬度高的区域,其强度也高,但塑性、韧性下降。因此测定焊接热影响区的硬度分布可以间接地估计热影响区内的强度、塑性及韧性。

硬度的变化实质上反映了显微组织的变化。一般低碳钢和淬硬倾向不大的低合金高强钢,其不同显微组织的显微硬度值和不同比例的混合组织的宏观维氏硬度如表21-4所示。

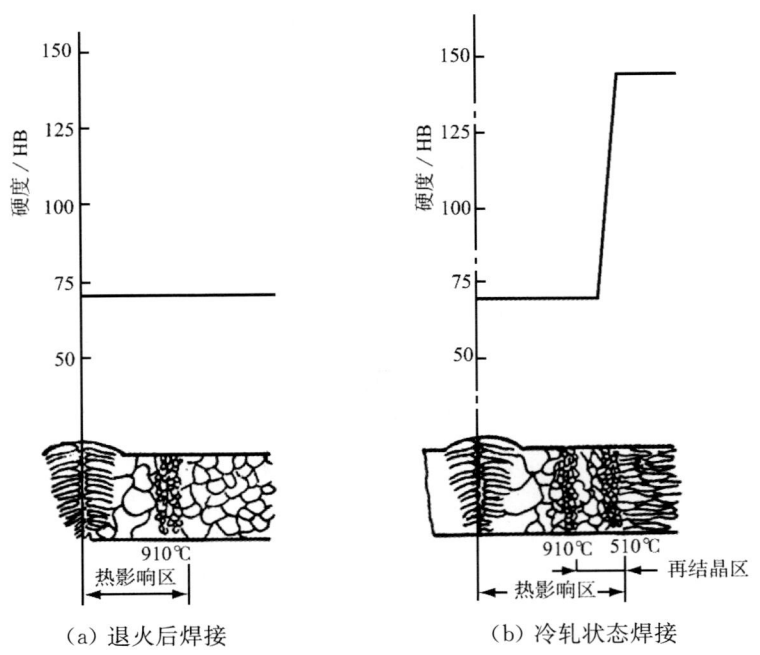

(a) 退火后焊接　　　(b) 冷轧状态焊接

图 21-31　退火状态及冷轧纯铁的焊接接头组织及硬度分布比较示意图

表 21-4　不同金相组织及混合组织的硬度

显微硬度/HV				金相组织面积百分比				最高宏观维氏硬度/HV
铁素体(F)	珠光体(P)	中间组织(Z)	马氏体(M)	F	P	Z	M	
202~246	232~249	240~285	—	10	7	83	0	212
216~258	—	273~336	245~383	1	0	70	29	298
—	—	293~323	446~470	0	0	19	81	384
—	—	—	454~508	0	0	0	100	393

图 21-32 反映了相当于 16Mn 钢单道焊时热影响区内的硬度分布。由图中可以看到，在热影响区的熔合线附近硬度最高，随着与熔合线距离的增大，硬度逐渐下降直至接近母材的硬度。这也反映了在熔合区附近金属塑性最差，因而是焊接接头的薄弱地带。为此目前有许多国家采用熔合线附近的最高硬度值(称为热影响区的最高硬度 H_{max})作为一些钢种可焊性的重要参考数据，用它来估计热影响区的性能与抗裂性。

如果把钢中各合金元素对钢的强化或硬化作用折算成碳的作用当量，并与钢中的碳含量合在一起分析碳当量与最高硬度之间的关系，由实验可以得到如图 21-33 所示的关系曲线。从图中可以看到，随着钢中碳当量的增加，硬度成直线增加，这实际反映了钢的淬硬倾向增加。作为粗略估算，可以用一个碳当量公式来表示各合金元素对钢的硬度的影响。碳当量公式很多，较常用的有以下两种：

对淬硬倾向较小的钢种

$$C_{eq} = C + \frac{Mn}{6} + \frac{Si}{24} + \frac{Ni}{15} + \frac{Cr}{5} + \frac{Mo}{4} \tag{21-1}$$

$$H_{max} = (666 C_{eq} + 40) \pm 40 (HV)$$

对淬硬倾向较大的钢种($R_m \geqslant 800 \text{ N/mm}^2$)

$$C_{eq} = C + \frac{Mn}{9} + \frac{Mo}{8} + \frac{V}{10} + \frac{Cr}{20} + \frac{Ni}{40} + \left(\frac{Cu}{30}\right) \tag{21-2}$$

$$H_{max} = (1660 C_{eq} - 166) \pm 40 (HV)$$

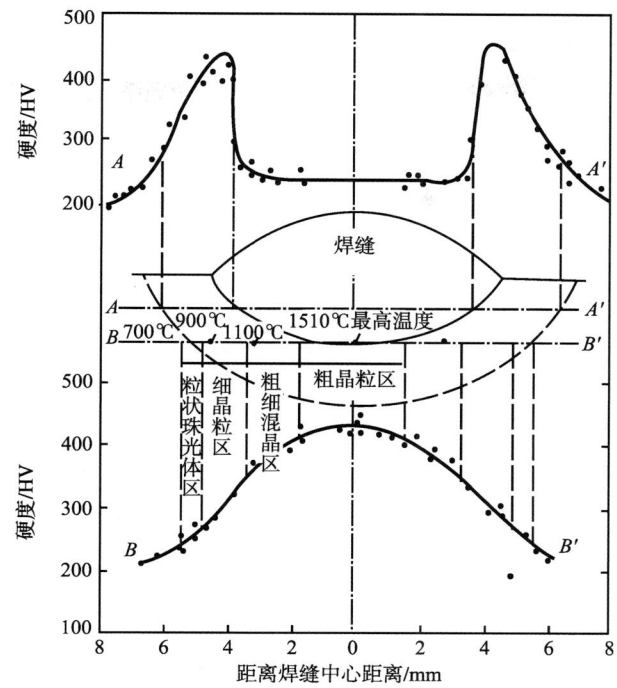

成分：0.20wt% C，1.38wt% Mn，0.23wt% Si；板厚 20 mm；焊接条件：170 A，25 V，150 mm/min

图 21-32　相当于 16Mn 钢的焊接热影响区的硬度分布

（当 Cu≤0.5 时，可以不记入上式）

图 21-34 是不同碳当量（C_{eq}）的钢其最高硬度与冷却速度的关系。由图可见，随转冷却速度的增加，硬度也随之增加，当冷却速度增至 40～50 ℃/s 时，再增加冷却速度，硬度值则趋向饱和，此时可认为已全部获得了马氏体组织。

焊接热影响区由于组织分布不均匀，加热的最高温度及冷却速度在热影响区中的各部位也不一致，故在硬度的分布上也是很复杂的。

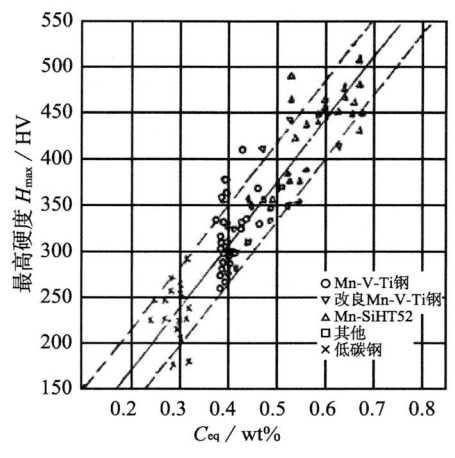

焊接条件：170 A，28 V，150 mm/min，板厚 20 mm

图 21-33　不同钢种的最高硬度与碳当量的关系

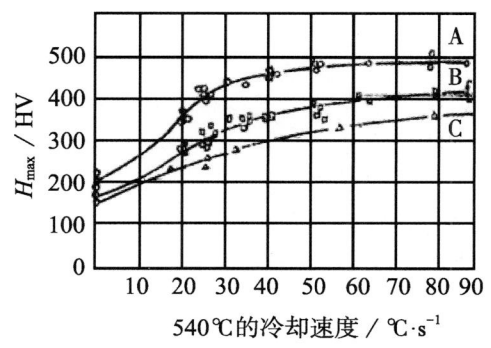

曲线 A：$C_{eq}=0.54$；曲线 B：$C_{eq}=0.43$；
曲线 C：$C_{eq}=0.4$；C_{eq}：公式(21-1)

图 21-34　不同碳当量 C_{eq} 钢硬度与冷却速度的关系

21.4.5.2　焊接热影响区的力学性能

对于淬硬倾向不大的钢种，热影响区不同部位的力学性能如图 21-35 所示。钢的成分相当于 16Mn

钢。由图可见，当加热温度超过Ac_1（700℃左右）以上时，随着温度升高，强度（R_{eL}和R_m）和硬度（HV）也随之提高，而塑性伸长率（A）和断面收缩率（Z）则不断下降，但在不完全重结晶区（即部分相变区），由于晶粒大小极不均匀，下屈服强度（R_{eL}）反而最低。在1 300℃附近，强度达最高值（属于过热区的粗晶粒范围）。在1 300℃以上，除了塑性继续下降外，强度也有所下降，这可能是由于过热晶粒过大造成的。

焊接热影响区中的过热组织的力学性能除了与化学成分和加热的最高温度有关外，还与冷却速度有关。图21-36是冷却速度对低碳钢和成分相当于16Mn钢的力学性能的影响。由图可见，随着冷却速度的增加，强度、硬度增加，而伸长率与断面收缩率下降。特别是16Mn钢由于淬硬倾向较低碳钢为大，所以塑性明显下降。这是因为随冷却速度的增加，马氏体的体积百分数有显著增加的缘故。

21.4.5.3 焊接热影响区的脆化

焊接热影响区出现的脆化现象有多种类型，如粗晶脆化、析出相脆化、氢致脆化及石墨脆化等。近年来脆化问题已引起人们很大的关注，对于焊接热影响区的脆化，目前还没有建立一个统一的标准来衡量，通常采用热影响区各部位的缺口冲击试验和低速静弯试验进行评判。

利用脆性转变温度T_C作为判据，低碳钢热影响区不同部位的T_C的变化由图21-37表示。T_C越高，则说明在较高的温度下材料就容易发生脆性断裂，也说明这种材料的脆性倾向较强。

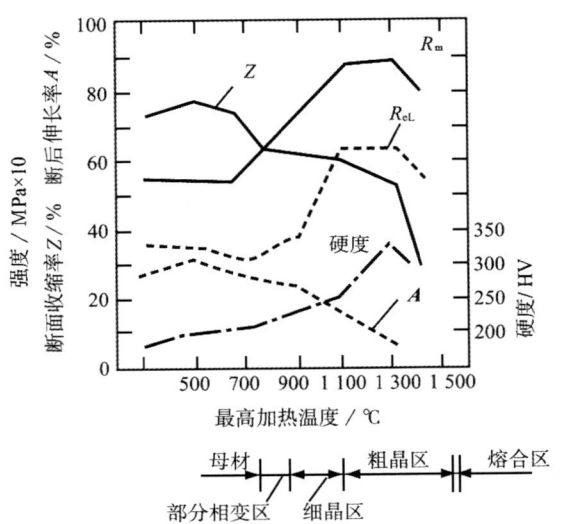

母材成分：0.17wt%C，0.40wt%Si，1.28wt%Mn

图21-35 热影响区的力学性能

图中可以看到，脆性转变温度有两个峰，一个发生在粗晶区，另一个发生在Ac_1以下（400~600℃），而在900℃左右的细晶区则具有最低的脆性转变温度，说明该地区的韧性高，抗脆化能力较强。

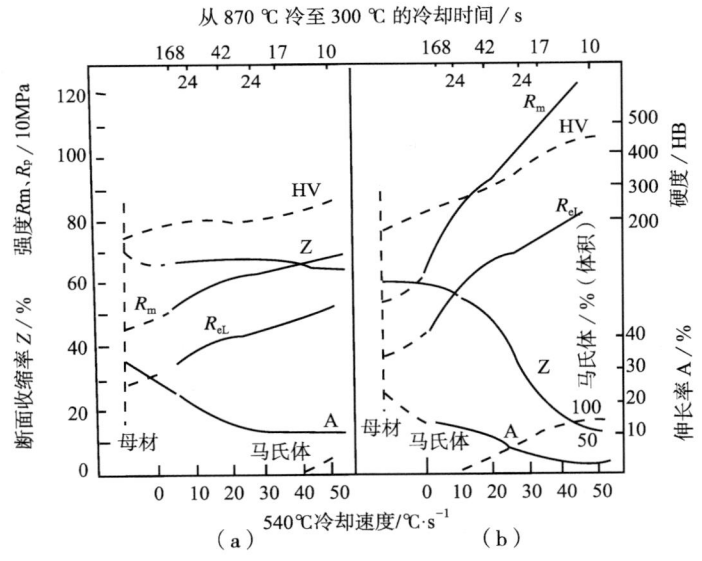

（a）低碳钢（0.15wt%C，0.08wt%Si，0.95wt%Mn）
（b）16Mn（0.18wt%C，0.47wt%Si，1.40wt%Mn）

图21-36 冷却速度对模拟热影响区组织的力学性能的影响（最高加热温度1 300℃）

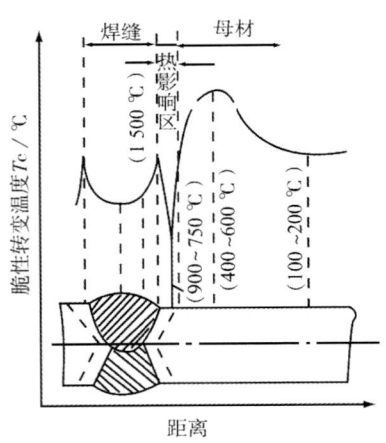

（括号内为焊接时被加热温度范围）

图21-37 热影响区脆性转变温度的分布

在熔合线附近的粗晶粒区，由于处在焊缝金属与母材的过渡地带，并且在焊趾处常由于产生咬边等缺口,导致应力集中,再与该区由于冶金因素的脆化发生交互作用,致使该区域成为实际接头最易出问题的部位。

从冶金因素来看粗晶区的脆化,对不易淬火钢来说是由于晶粒粗大,形成了粗大的魏氏体组织,而对于易淬火钢,则主要是产生了硬而脆的淬火组织。

Ac_1 以下温度的脆化主要出现在含氮量较高的低碳钢中,由时效引起。

21.5 焊接接头的开裂分析

裂纹会引发开裂,是焊接接头中危害最大的一种缺陷。因为裂纹前端是一个尖锐的缺口,会引起应力集中,并在缺口前方产生三个方向高应力区,致使构件往往在低应力负荷下就发生脆性破坏,有时甚至酿成灾难性后果。

21.5.1 焊接接头裂纹分类

根据裂纹形成的温度范围和原因,焊接裂纹可以分为热裂纹、冷裂纹、再热裂纹、层状撕裂和应力腐蚀裂纹等。

1. 热裂纹

热裂纹在焊接时的高温下产生,其特征是沿晶开裂。根据焊接金属的材料不同,产生热裂纹的温度区间、原因及形态也不同。一般还可把热裂纹分为结晶裂纹、液化裂纹和多边化裂纹等 3 类。

2. 冷裂纹

冷裂纹一般在焊后冷却低温下产生。主要发生在低、中合金钢中碳和高碳钢的焊接热影响区。根据焊接钢种和结构不同,冷裂纹可分为淬硬脆化裂纹、低塑性脆化裂纹及延迟裂纹(氢脆)等 3 种。

3. 再热裂纹

这种裂纹发生在焊接件消除应力热处理过程中,或在一定温度下服役过程中,即再次加热过程中,简称 SR 裂纹。这种裂纹大多发生在低合金钢高强钢、珠光体耐热钢、奥氏体不锈钢和某些镍合金的焊接热影响区的粗晶部位,具有沿晶开裂特征。

4. 层状撕裂纹

大型厚壁结构的焊接件,若在板厚方向受较大拉应力时,就可能在钢板内出现沿轧制方向的阶梯状或层状裂纹,称层状撕裂纹,见图 21-38 示意。该类裂纹只发生在热影响区或母材金属内部,一般与夹杂物分布相关。由于在外表难以发现,故层状撕裂纹是一种危险缺陷。

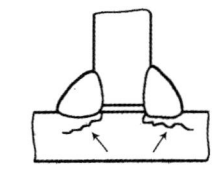　　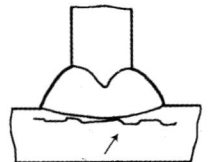　　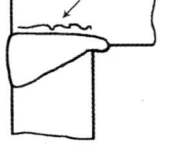

(a) 焊根处层状撕裂　　　　(b) 焊道下层状撕裂　　　　(c) 焊趾处层状撕裂

图 21-38　层状撕裂纹

5. 应力腐蚀裂纹

在一定温度下,材料受环境腐蚀介质及拉应力共同作用而发生的开裂称应力腐蚀开裂,简称 SCC。由于焊接区往往残留有较大应力,常还与服役应力叠加,当处于腐蚀环境中时,即很容易在焊接区发生应力腐蚀开裂。尤其奥氏体不锈钢焊件在氯离子环境中常可见发生 SCC,其裂纹具有树枝分杈特征,见图 21-39。

21.5.2 焊接热裂纹

热裂纹通常是指从凝固温度范围附近至 A_3 以上的高温区域产生的裂纹。焊缝金属在凝固末期,固

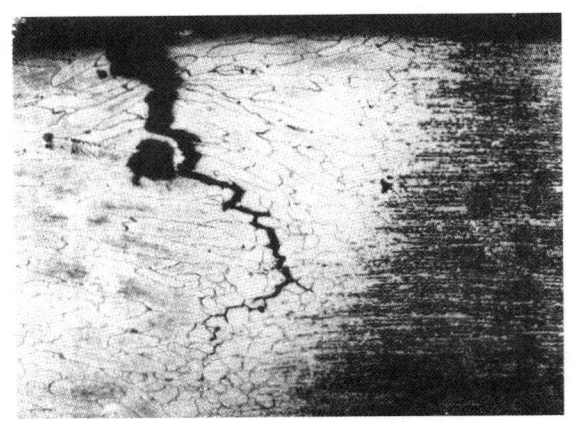

图 21-39 不锈钢焊缝中的应力腐蚀裂纹 （40×）

液两相共存阶段最易产生热裂纹。这里主要分析焊缝在凝固过程中发生的裂纹，故又称之为凝固裂纹或结晶裂纹。另外，在加热过程中，热影响区内由于晶界的部分熔化也会造成裂纹，也属于热裂纹的一种，所以也放这里分析。

21.5.2.1 热裂纹的分布和形态特征

焊缝金属中的热裂纹有如下几种类型：

1. 焊道裂纹

焊道裂纹或称焊珠，如图 21-40(a)所示。其中，平行于裂纹中心线的裂纹称为纵裂纹，而垂直于焊缝中心线的称为横裂纹。纵裂纹又称中心线裂纹，发生在焊缝中心区域，横裂纹垂直于焊缝，往往沿柱状晶界分布，并与母材的晶界相连接。

2. 弧坑裂纹

弧坑裂纹如图 21-40(b)所示，有纵、横、星状几种类型。弧坑是在焊接时由于断弧时产生的，处于焊缝的终端。大多数弧坑裂纹发生在弧坑中心的等轴晶处。

3. 根部裂纹

根部裂纹如图 21-40(c)所示，裂纹发生在焊缝根部区域。

4. 热影响区中的热裂纹

热影响区中的热裂纹如图 21-40(d)所示，都沿晶界分布，裂纹走向有纵向也有横向。

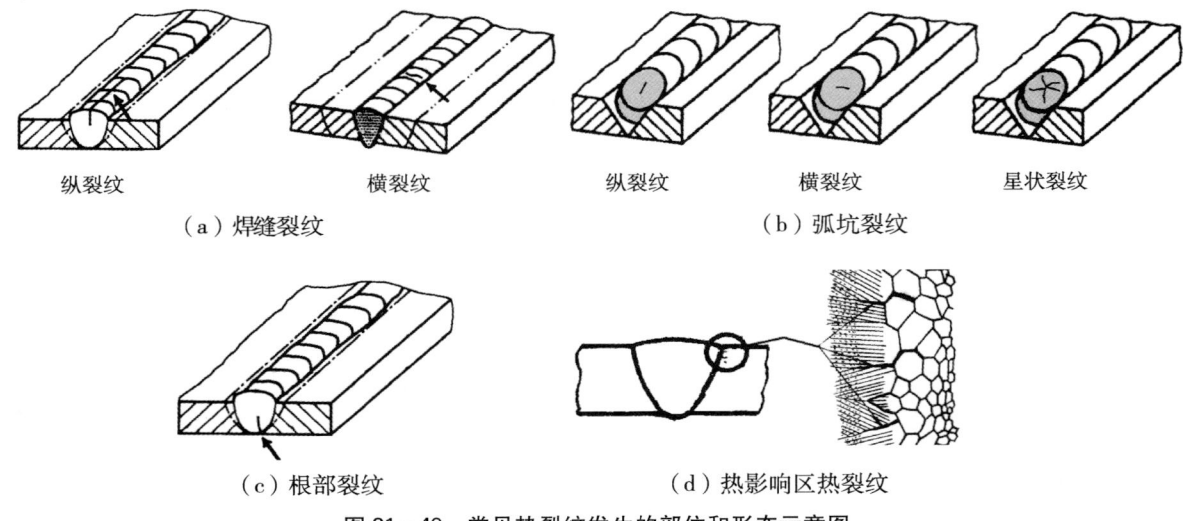

图 21-40 常见热裂纹发生的部位和形态示意图

通常讲的宏观裂纹是指用目视、无损探伤能检查出的裂纹。这类裂纹的出现会导致整个焊接构件的报废。微观裂纹是指在显微镜下才能观察到的裂纹。这类裂纹（其尺寸通常在 250 μm 以下）有时是不可避免的。如果它们的尺寸在该材料裂纹扩展的临界尺寸以下，通常是允许存在的。但是这类微裂纹在长期的疲劳载荷或在应力腐蚀环境下，会发生极慢的亚临界扩展，一旦这些裂纹的尺寸达到临界尺寸，它们迅速扩展，相互连接，最终导致脆性断裂，所以对该类裂纹也必须引起充分重视。

热裂纹的微观特征是沿晶扩展，故又称之为晶间裂纹，这些热裂纹可以沿柱状晶界扩展，也可以沿树枝晶界及胞状晶界扩展，而热影响区的裂纹通常沿原始奥氏体晶界扩展。

如果热裂纹扩展到表面，打开这种断口，观察其表面，很容易看到断面具有氧化色彩，这种氧化色彩是裂纹表面在高温下与外界空气接触发生氧化反应形成的。此外，观察焊缝表面可以发现有些表面的宏观热裂纹中充满了熔渣，这说明热裂纹形成时熔渣还有很好的流动性。而一般熔渣的凝固温度比母材金属低 200℃ 左右，由此可以推测热裂纹是在固相线附近的温度区内形成的。从热裂纹沿晶粒边界分布的特点来看，说明它是在液相最后凝固的阶段形成的。

热裂纹通常发生在高强钢中，高合金钢特别是奥氏体不锈钢、耐热合金钢和铝合金等焊接材料中，低碳钢中较为少见。

21.5.2.2 热裂纹形成原因

热裂纹是由于焊缝在凝固过程中产生的内应力超过该温度下金属的断裂强度时形成的一种裂纹。尽管导致热裂纹产生的因素是各种各样的，但总可以归纳为内应力和冶金因素两个方面。

焊缝金属和母材一部分晶体在凝固和冷却时会发生体积收缩，但邻近部分温度较低的晶粒会对它们的收缩产生约束力，由此便形成了内应力。如果刚结晶部分的晶体的某些薄弱部位（如晶界）不足以抵抗这种内应力，则被拉开形成裂纹。所以焊接过程中产生的内应力是形成热裂纹的必要条件。

冶金因素则主要考虑焊缝金属在凝固过程中发生的成分变化和形成的显微组织的类型对热裂纹产生的影响。

一般认为热裂纹形成的冶金因素主要有两方面原因：

1. 晶粒间残存液态薄膜

焊缝金属结晶至固相线温度附近时，晶粒间残存的少量液体形成液态薄膜致使晶界脆弱化。开始结晶时，由于液相较多，液相可以在晶粒间自由流动，此时即使局部地方受力使固相晶粒彼此拉开，周围液相仍能及时填充进去不致形成裂纹。随着温度降低，固相晶粒逐渐长大，液相逐渐减少，在接近固相线附近，残留在晶粒间的液相，形成连续细长的液体薄膜，这些薄膜几乎没有流动性，此时焊缝金属的强度和塑性均达到最低点，只要存在较小的拉应力就可使液膜破坏，形成热裂纹。焊缝金属凝固温度范围越宽，其热裂纹形成的敏感性也越大。

2. 低熔点相的偏析

钢中杂质如硫、磷等，往往偏聚在树枝晶间隙以及柱状晶界以及焊缝中心最后凝固的部位，形成低熔点液相薄膜，偏聚的硫、磷含量越高，液相薄膜的熔点就越低，形成热裂纹的倾向就越大。

由此，一些常见的热裂纹现象可以得到解释。

（1）中心线裂纹。焊速过高时，熔池的形状呈雨滴状，最大的温度梯度方向如图 21-41 中箭头所示，并在整个凝固过程中保持方向不变，因而凝固后的柱状晶体最后都在中心线相遇。由于焊缝中的低熔点杂质发生了中心线偏析，降低了中心线附近材料的结合强度，在垂直于焊缝的收缩应力作用下形成了中心线裂纹。

（2）横裂纹。焊缝中的横裂纹可用图 21-42 示意说明。随着焊接的进行，在焊缝金属凝固期间，柱状晶之间虽然因偏析而存在低熔点液相薄膜，如此时应力不大，还不至于形成裂纹，但此处毕竟是薄弱地带，如果进一步受到来自母材的不利影响，裂纹将沿柱状晶界萌生并扩展，产生宏观横向裂纹。由于母材中靠近熔合线的热影响区中晶粒受到剧烈加热而长得很粗大，晶界间也因存在低熔点相而局部熔化，热源移开后邻区发生收缩，使那里的晶界受到拉应力作用，粗大的晶粒间被撕成一个缺口，于正在凝固的焊缝金属处引起了大的应力集中，致使焊缝中诱发了横向裂纹。所以这时母材的横裂纹与焊缝中的横裂纹是相连的。

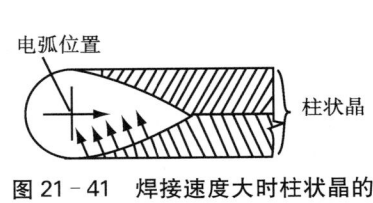

图 21-41 焊接速度大时柱状晶的长大示意图

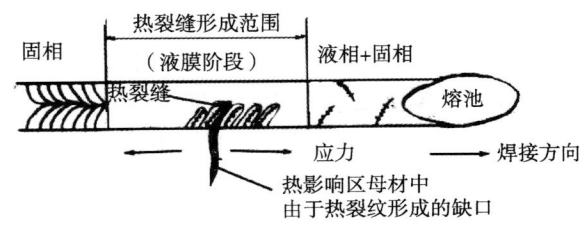

图 21-42 形成横裂纹的示意图

（3）弧坑裂纹。焊接结束的瞬间（断弧），被焊金属材料形成弧坑，此时弧坑内的金属是在突然失去加热源的情况下凝固的，弧坑中心温度较低，因而在弧坑内金属凝固时温度梯度很小，形成很大的成分过冷区域，给等轴树枝晶的形成与长大创造了有利的条件，见图 21-43。由于弧坑中的金属属于最末凝固的部分，树枝晶间溶质及杂质的偏析尤为明显，夹杂富集，见图 21-44，使树枝晶间成为强度最薄弱区域，在应力作用下，裂纹首先沿树枝晶间扩展，最终形成弧坑裂纹。

（4）热影响区的液化裂纹（热撕裂）。熔合线附近热影响区被加热到很高温度，虽然此时的温度仍在名义固相线以下，但由于热影响区中的晶界上存在低熔点化合物，它们的熔解形成了液相薄膜。在焊接内应力作用下，液相薄膜被撕裂形成沿晶界微裂纹，也称为液化裂纹。

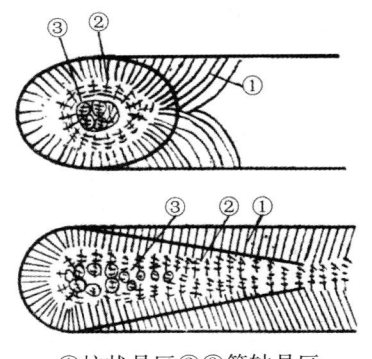

①柱状晶区 ②③等轴晶区

图 21-43 弧坑内凝固组织示意图

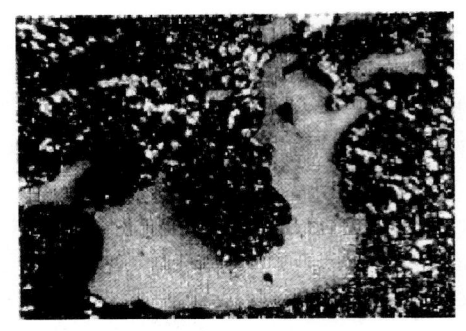

图 21-44 弧坑裂纹内充满了夹杂 （55×）

21.5.3 焊接接头的冷裂纹

21.5.3.1 冷裂纹的特征

冷裂纹一般是指焊接时在 Ar_3 以下冷却过程中或冷却以后产生的裂纹。形成的温度在马氏体转变点（M_S）附近，或在 200~300℃以下的温度范围内。

总结现有的对结构钢焊接冷裂纹的认识，冷裂纹主要有如下特征：

1. 冷裂纹分布区域

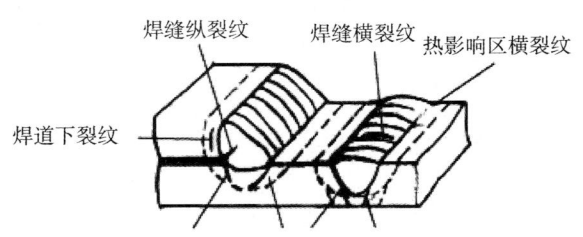

图 21-45 冷裂纹可能出现的部位和分类示意图

冷裂纹主要发生在高碳钢、中碳钢、低合金钢或中合金高强钢的热影响区。低碳钢中冷裂纹较少产生。

2. 冷裂纹类型

就冷裂纹在焊接接头中的发生和相对于焊缝的方向来说，大体可分为两种类型，见图 21-45。

（1）在焊缝区发生的冷裂纹有纵向与横向两种，较少发生。

（2）在热影响区也有纵向与横向裂纹。冷裂纹大多发生在热影响区，特别容易在焊道下、焊趾以及焊根等部位发生。

焊道下裂纹取向常与熔合线平行。这种裂纹常发生在淬硬倾向较大、含氢量较高钢的焊接热影响区中。

焊趾裂纹常起源于焊缝与母材交界处,并有明显应力集中处。裂纹的取向常与焊缝纵向平行,一般由焊趾的表面开始,向母材深处延伸。

根部裂纹是冷裂纹中较为常见的一种形态。主要发生在使用含氢量较高的焊条和预热温度不足的情况下。它与焊趾裂纹相似,起源于焊缝根部最大应力集中处。它可能发生在焊接热影响区中的粗晶区,也可能发生在焊缝金属内,这决定于母材和焊缝的强度、塑性及根部的形状。

3. 冷裂纹发生时间

冷裂纹可以在焊后立即出现,也有些可在焊后数小时、几天甚至更长时间才发生,故称其为延迟裂纹。具有延迟性的冷裂纹比一般裂纹更有危险性,故必须引起充分注意。

21.5.3.2 导致冷裂纹形成的因素

焊接冷裂纹的产生与三大因素有密切联系。它们是:氢、形成淬硬组织及存在很大的拘束应力。现将上述三大因素简述如下。

1. 氢的影响

(1) 钢中含有氢时,其塑性明显降低,含碳量越高,塑性下降越显著。抗拉强度下降,缺口敏感性增加,中碳和中碳合金钢的缺口敏感性倾向比低碳、低碳合金钢显著。

(2) 缺口持久试验(对带有缺口的试样加上一定载荷,持续一段时间断裂,测定不同持久载荷下的断裂时间以比较不同试样在持久载荷下对缺口敏感程度)表明,中碳、中碳合金钢含有氢时,在低于通常破断强度的应力下,持续一定时间发生了断裂。

由上述实验可知,钢中,尤其是中碳、中碳合金钢中由于氢的存在,造成了脆性,这种现象称为氢脆。

2. 组织的影响

试验表明,显微组织对裂纹及氢脆敏感程度大致按下列顺序增加:铁素体或珠光体、贝氏体、板条状马氏体、马氏体+贝氏体混合组织、孪晶马氏体。由金属学原理可知,铁素体与珠光体类组织,由于铁素体塑性好,相变时产生的组织应力小。板条状马氏体由于其内部有大量位错,因而有一定塑性和韧性,相变时产生的组织应力也较小,而板条状马氏体的转变点高,易发生自回火现象,使组织应力大大降低。而高碳的孪晶马氏体、硬度高、塑性差,转变温度亦低,发生马氏体转变时,体积膨胀量大,故易产生很大的组织应力,给冷裂纹形成提供了一个合适的环境。

3. 拘束应力的影响

当材料受到的应力超过其自身的断裂强度时,就产生了裂纹。分析应力来源大致可以分为两类。其一是内应力,焊接时产生不均匀的温度分布,使各区域的热胀冷缩程度不一样而造成的热应力和由于相变(特别是马氏体相变)产生的组织应力均属于内应力。其二是外应力,它可以是构件自重产生的,也可以是构件在工作时受到的载荷产生的。内应力和外应力叠加一起会在焊接接头的局部区域内超过材料的断裂强度而导致裂纹。

由于缺口存在会产生应力集中,因而缺口处更易导致裂纹的产生。

21.5.3.3 氢脆裂纹的金相特征和断口特征

焊接氢脆裂纹一般没有分枝,沿原奥氏体晶界扩展,属于沿晶型裂纹。在淬硬倾向大的易淬火钢中当热影响区中存在硬而脆的马氏体时,冷裂纹可以沿原奥氏体晶界扩展,也可以沿马氏体片间扩展。在淬硬倾向不大的不易淬火钢中,氢脆裂纹常沿原奥氏体晶界或沿混合组织的交界面扩展。氢脆断口扫描电镜形貌见图21-46。

对焊缝金属作拉伸试验时,断口上常出现椭圆形的银白色斑点,其直径大约有1~2mm。在白色斑点中有一个暗

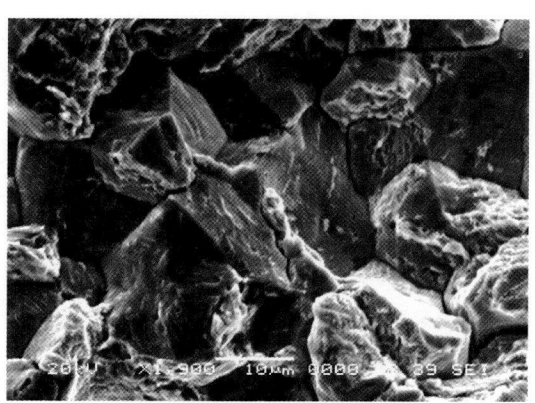

图 21-46 氢脆断口扫描电镜形貌

色的小区域,这个小区域往往是宏观的焊接缺陷,如气孔等。通常这些白点俗称为鱼眼。分析表明鱼眼实际上也是由于氢脆造成的,它是氢脆的另一种表现形式。

焊缝中产生鱼眼时,其塑性下降,但对强度影响并不显著。

21.6 异种金属材料焊接的金相分析

异种金属材料焊接是指化学成分和性能差别很大的两种或两种以上金属或合金的焊接。

从材料角度来看,异种金属焊接主要包括3种情况:异种钢焊接(如奥氏体钢与珠光体耐热钢的焊接);异种有色金属焊接(如铜与铝,铝与钛的焊接);钢与有色金属焊接(如钢与铜、钢与铝的焊接)

从焊接接头形式角度来看,也有3种情况:两种不同金属母材的接头(如铜与钼的接头);母材金属相同而采用不同的焊缝金属的接头(如采用奥氏体钢焊缝焊接中碳调质钢的接头);复合金属板的接头(如奥氏体不锈复合钢板的接头)等。

异种金属焊接时,焊缝金属与母材热影响区金属之间的界面没有一条截然的界线,它们之间存在着熔合区。熔合区包括焊缝中的未混合区(富含母材成分)和母材中的半熔合区,其成分与母材或焊缝都不同,且往往是介于两者之间,实际上形成了化学成分的过渡层。当焊缝金属与母材金属化学成分差别很大时,过渡层各部位的性能将对焊接接头的整体性能有重要影响。所以,在选择焊接材料和确定焊接工艺时不仅要考虑焊缝金属本身的成分和性能,而且还要考虑过渡层可能形成的成分和性能。虽然过渡层的厚度极小,在焊缝金属总量中通常只占1%左右,但它对接头性能的影响不容忽视。

21.6.1 异种金属焊接的熔合区

所谓焊接熔合区是指金属或合金间焊接时,固态的母材金属和熔融状态熔池金属实现金属强度连接的过渡区域。对同种金属焊接来说,熔合区实际上就是熔合线下的液固相(或称未混合区)。该区的成分与基体母材相同。但是,异种钢或异种金属焊接时的熔合区已不再是未混合区了,一般说含有较多的母材成分,但还含有一定量的焊缝组分,其比例大小决定于稀释率和焊接规范。

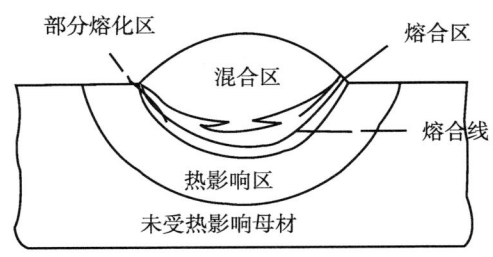

图 21-47 异种钢焊接接头区域划分

以高强度钢间的焊接为例,该焊接接头区域划分是混合区、未混合区、部分融化区、热影响区和母材。应该指出,未混合区的存在与否及其尺寸决定于母材成分和焊接规范。异种钢焊接接头区域划分如图 21-47 所示,与同种钢焊接接头区域划分基本一致。所不同的是把未混合区改换成熔合区,未混合区位于熔合线之下(母材的组成部分),但熔合区则位于熔合线之上,应当划归焊缝的组成部分。

熔合区的形成,开始阶段与同种钢焊接时未混合区形成条件相同,即在熔池高温作用下,熔池边缘附近母材处于液固状态,由于它两侧成分相差较大(浓度梯度),又具有温度梯度,特别是不锈钢(熔池或焊缝)中含有较多的碳化物形成元素(如铬、钼、钛、铌等),这时,浓度扩散、温度扩散和反应扩散会一起发挥作用,母材中的碳将迅速地向熔合区迁移,并通过熔合区继续迁移进入混合区。另外一侧是熔池中的铬、镍等反向迁移进入熔合区。扩散迁移的结果,熔合区的成分在原来母材成分的基础上增加了相当数量的碳和铬镍等合金元素。这样熔合区的成分即不同于焊缝,又不同于母材,熔合区的平均化学成分等于焊缝成分与母材成分之和的一半。低碳钢上用 25-13 焊条施焊,焊缝金属的化学成分不是从熔合线起就具有均匀成分,而是逐渐变化着。虽然焊缝金属为奥氏体组织,但熔合线(熔合区)奥氏体组织逐渐减少,而马氏体组织逐渐增加。因此,异种钢焊接接头熔合区往往会出现马氏体组织;但当镍等元素在熔合区中的含量达到某一数值时,会使熔合区具有奥氏体组织,而不再形成马氏体。

异种金属材料焊接接头的焊缝金属化学成分由填充金属、母材成分和熔合比、稀释率所决定,而且其成分是不均匀的,在多道焊时尤其明显。焊缝金属既可能是单相的,也可能是多相的。相的组成可能是固溶体、金属间化合物或间隙化合物。填充金属(焊料)必须能与母材形成韧性良好的基体相,而不应形成易产生裂纹的组织。

21.6.1.1 珠光体钢与奥氏体钢的焊接接头

图 21-48 为 Q235+12Cr18Ni9 钢的焊接接头示意图,焊料为 A302 焊合,采用手工电弧焊。

该焊缝金属组织可根据舍夫勒焊缝组织(图 21-49)预测。实际上,焊缝中间部位与焊缝边缘的化学成分有很大的差别。熔池边缘靠近固态母材处,液态金属的温度较低、流动性差,液态停留时间较短,受到机械搅拌作用比较弱,是一个滞流层。该处熔化的母材与填充金属不能充分地混合,而且越靠近熔合区,母材成分所占的比例越大。

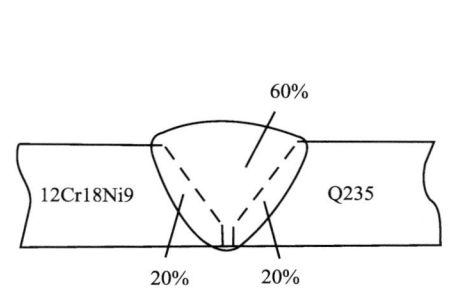
图 21-48　Q235+12Cr18Ni9 奥氏体钢接头形式

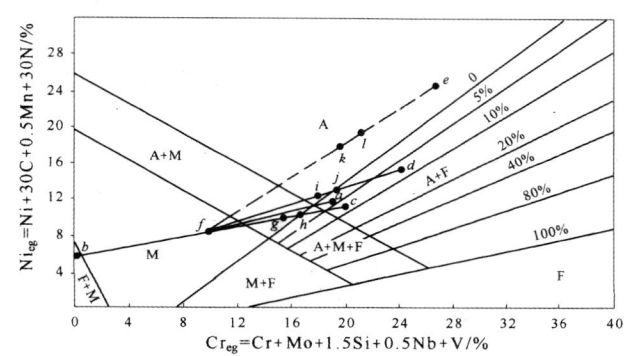
图 21-49　Q235+12Cr18Ni9 焊接 Schaffler 焊缝组织图

由图 21-50 可知焊缝组织为奥氏体+铁素体双相组织,抗裂性能好,是常采用的一种焊缝合金成分;熔合区组织为针状组织和不易腐蚀的白亮带,靠近熔合区为具有粗大组织特征的热影响区。

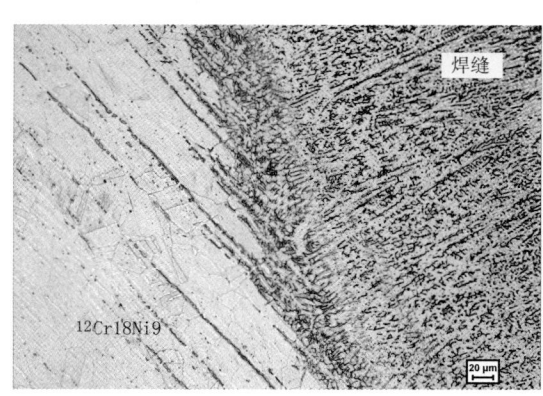
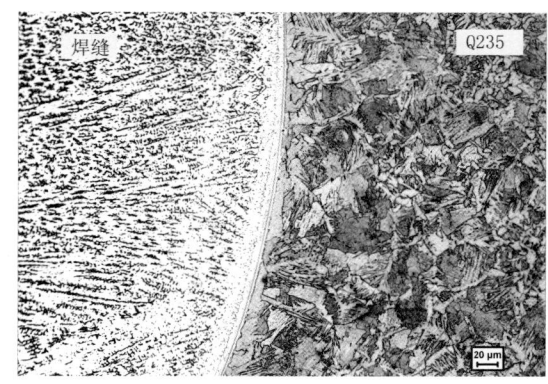

图 21-50　Q235+12Cr18Ni9 焊接接头组织形貌

21.6.1.2 珠光体钢与铁素体钢的焊接接头

珠光体钢与铁素体钢焊接时,在铁素体钢一侧容易出现问题,即该侧焊接热影响区会产生晶粒粗大、脆性倾向。含铬量越高,高温停留时间越长,其脆化倾向越严重,越容易产生裂纹,相关冲击吸收功也很低。为避免、减轻上述缺陷,要采用预热,选择合适填充料,控制层间温度,焊后热处理等措施。图 21-51 为低碳钢与铁素体钢的焊接接头低倍组织形貌。

焊缝金属的化学成分取决于所选用的焊接材料和熔合比,焊接组织参考舍夫勒焊缝组织图进行推断。当采用珠光体或奥氏体焊条,会在熔合区产生马氏体。若采用奥氏体-铁素体双相不锈钢焊条,焊缝及熔合区均会有奥氏

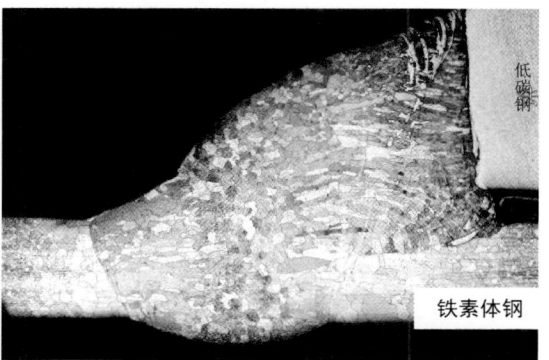
图 21-51　低碳钢与铁素体钢的焊接接头,焊缝为铁素体焊料　(10×)

体铁素体双相组织。

21.6.1.3 异种有色金属的焊接接头（铜与铝及铝合金）

铜和铝液态下可以无限互溶，而在固态下互相溶解度十分小，铜与铝在高温下能形成多种金属间化合物，主要有 Cu_2Al、Cu_3Al_2、$CuAl$、$CuAl_2$ 等。

铜与铝的焊接方法可以采用熔焊、压焊和钎焊。但由于铜与铝具有良好的塑性，目前主要是采用压焊方法进行焊接。

铜和铝都是极易被氧化的金属，所以很难使焊缝达到完全熔合的程度。铜与铝采用熔焊时，在靠近铜母材一侧的焊缝金属中，很容易形成 $Cu+Cu_2O$ 共晶体，分布于晶界附近，使焊缝金属的脆性倾向增大，并易于产生裂纹。由于填充材料以及铜、铝母材的影响，也可能产生三元共晶体组织，易产生晶间裂纹。同时由于两种金属的导热性都比较大，焊接时熔池金属结晶快，高温时的冶金反应气体来不及逸出，因而焊缝易产生气孔。

21.6.2 异种金属焊接接头显微组织稳定性

异种金属焊接接头由于成分和组织都不均匀，因而在热处理时或高温下工作时，会发生成分和组织的变化。以低合金钢与奥氏体不锈钢的焊接接头为例，若焊缝金属也是奥氏体钢，此时低合金钢往往含碳量比不锈钢高，而且不锈钢中又富含碳化物形成元素（如铬）在高温下碳原子因其在铁素体中的溶解度低，而由低合金母材钢向奥氏体焊缝中迅速扩散，但距离界面较远处则来不及参与这一扩散迁移，因而造成界面焊缝一侧形成增碳层（带），产生复杂碳化物而硬化或开裂，低合金钢一侧形成脱碳层（带）而降低力学性能（软化）。这一现象称碳迁移。

脱碳带的形成降低焊接接头强度，降低疲劳强度和冲击韧性。这是由于碳迁移后留下的是铁素体带，显然这个带的强度低得很多。纯铁素体在热处理过程中将产生晶粒长大（聚合再结晶），粗大铁素体晶粒不仅强度低，而且韧性差。试验证明，局部出现铁素体带或区域，对疲劳十分敏感。焊接接头熔合线附近的脱碳铁素体带往往成为疲劳裂纹的裂源。

为减弱碳的迁移倾向，应尽量采取低温度短时间热处理工艺，以减少脱碳带宽度。另外，提高母材中碳化物形成元素数量以稳定碳或降低母材含碳量，适当提高焊缝含碳量等，都是为了减少增碳带的宽度。

21.6.3 异种金属焊接接头的主要缺陷

异种金属焊接接头的主要缺陷为熔合区、热影响区脆化、开裂以及熔合线剥离等。

21.6.3.1 熔合区脆化和开裂

在异金属焊接过程中，由于合金元素的含量的差异发生扩散、迁移，熔合区可能会形成脆性相或脆性组织，造成脆化，在一定条件下极易发生开裂。

以奥氏体不锈钢与低碳钢焊接为例，熔合区脆化是由于形成马氏体组织所致。从各种不同含镍量不锈钢焊条焊接高强度钢，熔合区冲击试验结果可知，即使焊缝金属的韧性非常好，但由于形成马氏体，熔合区的韧性急剧下降。只有当焊条的含镍量高于 35wt% 后，韧性才会逐渐恢复。侧向弯曲试验得到同样结果，即裂纹都出现在熔合区，最后从那里断裂。

异种钢焊接接头熔合区的存在，除由形成马氏体引起脆化之外，还可以由形成单相奥氏体区引起热裂纹。图 21-52 是 20-10 氮不锈钢焊条焊接含铜高强度钢时，熔合线上形成的单相奥氏体区，由此引起熔合区的热裂纹。图中表明热裂纹的产生与熔合线上形成很宽的单相奥氏体有关。

一般而言，单相奥氏体钢可焊性不好主要表现在容易产生热裂纹。不仅如此，单相奥氏体区的底部（靠近熔合线）还存在着具有马氏体的熔合区，是由母材通过扩散演变而来的，除成分不同于母材外，先期母材中的杂质（硫、磷等）原封不动地留给了熔合区（一般情况下母材杂质比焊缝多得多）。又由于熔合区没有或很少参与熔池中的搅拌混合，因而杂质仍旧保留在其中，沿柱状晶界分布极易引起热裂。马氏体存在引起的脆性和应力更加剧了开裂倾向。

同时还要考虑到不锈钢焊条中某些元素（本例中的氮）可能对形成单相奥氏体区起作用，高强度钢母材中某些元素(本例中铜)可能对形成单相奥氏体区中的热裂纹起某种程度促进作用。

21.6.3.2 熔合线剥离

熔合线剥离是指异种钢或异种金属焊接接头,在焊接过程中或运行过程中沿熔合线的断裂现象。它是由以下几种原因造成的。

1. 热膨胀系数差别较大造成的熔合线剥离

例如,铁素体钢与奥氏体钢焊接接头熔合线处,由于急冷或急热,沿界面撕开。因为奥氏体不锈钢热膨胀系数比铁素体钢大30%左右,沿熔合线产生很大的热应力,再加上奥氏体类不锈钢和铁素体钢由于导热性不同可引起的热应力、焊接残余应力及外力等,均能引起熔合线剥离。

图21-52 熔合线上(熔合区)形成的单相奥氏体及开裂形貌 (70×)

2. 熔合区热裂剥离

异种钢焊接接头熔合区是沿熔合线分布的薄层区域,当存在马氏体硬脆性组织并形成热裂纹时,裂纹往往沿熔合区扩展,有时即发生剥离。这种熔合线剥离实际上是热裂起源,冷裂扩展。但是由于宏观上所能看到的只是熔合线起始的断裂,所以把它称为熔合线剥离。这种熔合线剥离,裂纹似乎完全沿熔合线扩散的。但是,精细观察可以发现,裂纹大部分在熔合区内发展的,但有时也进入母材的粗晶区,然后又回到熔合区。在有热裂纹的部位,扫描电镜断口观察可发现高温自由表面。

3. 其他熔合线剥离

铝合金或钛合金与钢焊接时,也会产生熔合线剥离现象。但这时的剥离常常是由于熔合区存在着金属化合物脆性薄膜造成的。它好比一层与两层金属都不熔合的夹层,铝合金焊缝熔合区中薄膜是 $Al_6(Fe,Mo)$ 及其共晶物。在应力作用下产生沿熔合线剥离现象。

21.7 钎焊工艺及金相分析

钎焊,就是在低于母材熔点、高于钎料熔点的某一温度下加热母材,通过液态钎料在母材表面或间隙中润湿、铺展、毛细流动的填缝,最终凝固结晶,而实现原子间结合的一种材料连接方法。它与熔焊、压焊一起构成现代焊接技术的三大组成部分。广泛用于各行各业,从精细的 IT 电路板至家电轻工到航天航空、装备制造业等,尤其适应两种母材的熔点差异很大的构件的焊接。

钎焊工艺有如下特点:

(1) 钎焊加热温度较低,对母材组织和性能的影响较小。

(2) 工件变形较小,尤其是采用均匀加热的钎焊方法,工件的变形可减小到最低程度,容易保证工件的尺寸精度。

(3) 某些钎焊方法一次可焊成几十条或成百条钎缝,生产率高。

(4) 可以实现异种金属或合金、金属与非金属的连接。

根据使用钎料的不同,钎料熔化温度不同,钎焊一般分为:

(1) 软钎焊,即钎料液相线的温度低于450℃,常用 Sn-Pb 钎料,并使用钎剂。

(2) 硬钎焊,即钎料液相线的温度高于450℃,一般均使用钎剂。

(3) 高温钎焊,即钎料液相线的温度高于900℃,不用钎剂。

21.7.1 钎焊的冶金过程

钎焊可分为3个基本过程:一是钎剂的熔化及填缝过程,即预置的钎剂在加热熔化后流入母材间隙,并与母材表面氧化物发生物理化学作用,以去除氧化膜,清洁母材表面,为钎料填缝创造条件;二是钎料的熔化及填满钎缝的过程,即随着加热温度的继续升高,钎料开始熔化并润湿、铺展,同时排除钎剂残渣;三是钎料与母材的相互作用过程,即在熔化的钎料作用下,小部分母材溶解于钎料,同时钎料扩散进入母材当中,在固液界面还会发生一些复杂的化学反应。当钎料填满间隙并保温一定时间后,开始冷却凝固形成钎焊接头。

液态钎料在毛细填隙过程中与母材发生相互物理化学作用。这种作用可以归结为两种:一种是固态母材向液态钎料的溶解;另一种是液态钎料向母材的扩散。这种相互作用对钎焊接头的性能影响很大。

21.7.1.1 母材向钎料的溶解

如果钎料和母材在液态下是能够相互溶解的,则钎焊过程中一般发生母材溶于液态钎料的现象。例如,用铜钎焊钢时,在钎缝中可发现铁的成分;用铝钎料钎焊铝时,钎缝中铝的含量增多;在锡铅钎料中浸沾钎焊铜时,液态钎料中有铜的成分。

溶解作用对钎焊接头质量的影响颇大。母材向钎料的适应溶解可改变钎料的成分。如改变的结果有利于最终形成的钎缝组织,则钎焊接头的强度和延性可以提高;如果母材溶解的结果在钎缝中形成脆性化合物相,则钎缝的强度和延性降低。母材过度溶解会使液态钎料的熔化温度和黏度提高,溶解性变坏,导致不能填满接头间隙。有时过量的溶解还会造成母材溶蚀缺陷,严重时甚至出现溶穿。

母材向钎料溶解作用的大小取决于母材和钎料的成分(即它们之间形成的状态图)、钎焊温度、保温时间和钎料数量等。如果母材的溶解有助于在钎缝中形成共晶体,则母材的溶解作用比较强烈;母材元素在钎料中的溶解度小,也比较容易发生溶解。温度越高,保温时间越长,钎料量越多,溶解作用也进行得越强烈。

21.7.1.2 钎料组分向母材的扩散

钎焊时,在母材向液态钎料溶解的同时,也出现钎料组分向母材的扩散。扩散以两种形成进行。一种是体积扩散,此时钎料组元向整个母材晶粒内部扩散。另一种是晶间扩散,这时钎料组元扩散到母材的晶粒边界,如图 21-53、图 21-54 所示。

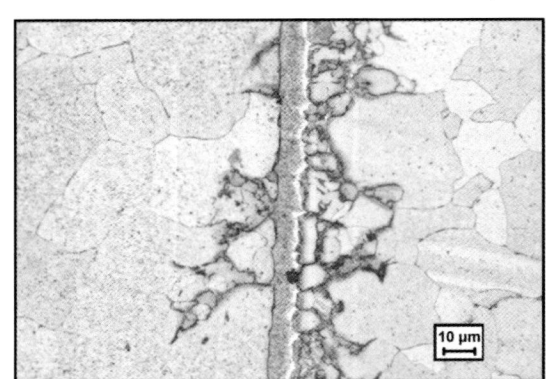

图 21-53 Cu-Sn 钎料钎焊低碳钢的接头形貌

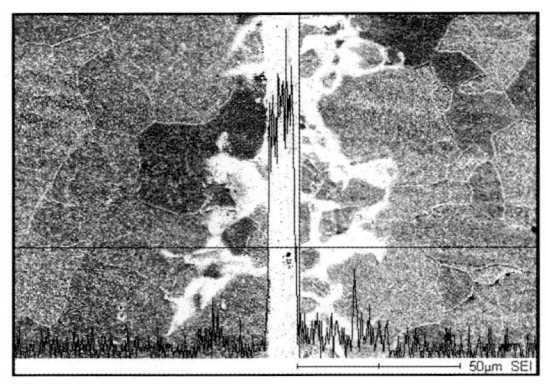

图 21-54 Cu-Sn 钎料钎焊低碳钢接头的铜谱线扫描图

体积扩散的结果是在钎料与母材交界处毗邻母材一边形成固溶体层,它对钎焊接头不会产生不良影响。晶间扩散常常使晶界发脆,对原件的影响尤为明显。应降低钎焊温度或缩短保温时间,使晶间扩散减小到最低程度。

21.7.2 钎焊接头的金相组织

21.7.2.1 钎焊缝组成

由于钎焊的钎焊缝很窄,在宏观上不甚明显,在低倍下可以看到钎缝结构一般由 3 个区域组成:

1. 钎缝中心区

是由钎料与母材相互作用,及钎缝中熔融钎料进一步结晶形成。该区域组织和结构有别于钎料原始组织。

2. 钎缝结合区

是母材边界与钎缝中心区的过渡层。由母材与熔融钎料相互作用后冷却形成的,一般为固溶体或金属间化合物。钎缝结合区是实现钎焊连接的关键部位,结合区的组织对钎焊接头的性能影响很大。

3. 扩散区

同钎缝结合区相连的母材边界层。由于钎料向母材中扩散,使得该层的化学组成和微观结构同母材相比都发生了变化。

由于母材与钎料间的溶解和扩散,改变了钎缝和界面母材的成分,使钎焊接头的成分、组织和性能同钎料及母材本身往往有很大差别。钎料与母材相互作用可能形成下列 3 种组织。

21.7.2.2 钎焊缝中的固溶体

当母材与钎料具有同一类型的结晶点阵和相近的原始半径,在状态图上出现固溶体时,则母材溶于钎料并在钎缝凝固结晶后,就会出现固溶体,当钎料与母材具有相同基体时,也往往可能形成固溶体。属于前者的情况有用铜钎焊镍;属于后者的情况有用铜基钎料钎焊铜、铝基体钎料钎焊铝及铝合金等。尽管钎料本身不是固溶体组织,但紧邻钎缝界面区以及钎缝中可出现固溶体组织。

又如前所述,由于钎料组元向母材的体积扩散,母材界面区会形成固溶体层,如用铝硅钎料钎焊铝时就会发生这种现象。

固溶体组织具有良好的强度和延性,钎缝和界面区出现这种组织对于钎焊接头性能是有利的。

钎焊接头组织和性能的变化同钎料和母材的种类有关,还与钎焊间隙、钎焊温度、钎焊保温时间和钎后扩散处理有关。尤其是高温钎焊中,由于钎料的熔点与母材的熔点差距比较小,母材与钎料间的反应比较激烈,钎料间隙及钎后扩散处理对钎焊接头的性能影响更为明显。

图 21-55 所示为用 BNi-2 钎料焊接不锈钢的组织形貌,靠近母材的钎缝存在一层镍固溶体,钎缝中央的组织主要为镍固溶体、硅化镍和硼化镍。由于钎缝间隙比较小,硼比较容易向母材扩散,钎缝中的某些硼化物相,如 CrB 已消失。接头近缝区出现硼向母材扩散的现象。

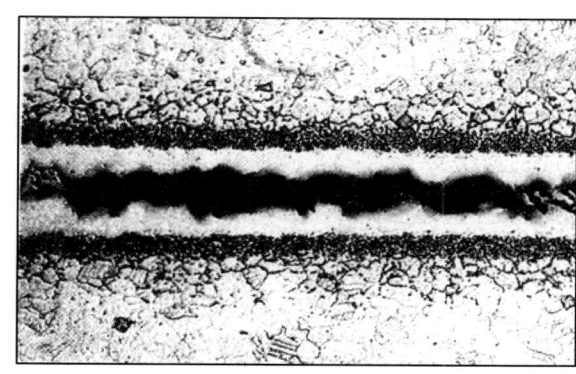

图 21-55 BNi-2 钎料钎焊不锈钢接头组织 （200×）

21.7.2.3 钎焊缝中的化合物

如果钎料与母材具有形成化合物的形态图,则钎料与母材的相互作用将可能使接头中形成金属间化合物。例如,250℃时以锡钎焊铜,由于铜向锡中溶解,冷却时在界面区形成 Cu_6Sn_5 化合物相。如果母材与钎料能形成几种化合物,则在钎缝一侧界面上可能形成几种化合物。如用锡钎焊铜,当钎焊温度超过 350℃时,除形成 Cu_6Sn_5 相外,还在 Cu_6Sn_5 相与铜之间出现了 ε 相。再如,许多种钎料用于钎焊钛时,在钎缝一侧界面上也往往形成化合物相。

当接头中出现金属间化合物相,特别时在界面区形成连续化合物层时,钎焊接头的性能将显著降低。如用镉基钎料钎焊黄铜,用银基钎料钎焊钛合金时,接头强度比钎料本身强度要低得多。

21.7.2.4 钎焊缝中的共晶体

钎缝中的共晶体组织可以在以下几种情况中出现:一是在采用含共晶组织的钎料时,如 Cu-P、Ag-Cu、Al-Si、Sn-Pb 等钎料,这些钎料均含大量共晶体组织;二是母材与钎料能形成共晶体时,如用银钎焊铜时就是这样。将银箔置于铜件间,并使之保持良好的接触。当加热到 800℃左右,这时银和铜虽然不能熔化,但依靠银和铜的相互扩散,形成由银铜共晶组成的钎缝,从而将铜连接起来,这种钎焊方法称为接触反应钎焊。Cu-Ag-P 钎料钎焊的铜接头的组织形貌见图 21-56,在铜材与钎缝界面区,可见有化合物

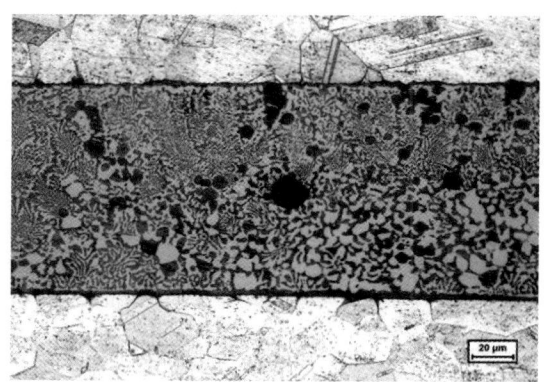

图 21-56 Cu-Ag-P 钎料钎焊的铜接头的组织形貌

相,钎缝内有共晶体和化合物相。

21.7.3 钎焊接头的主要缺陷

钎焊接头内常见的缺陷包括填缝不良、钎缝气孔、钎缝夹渣、钎缝开裂、母材开裂和钎料流失等。

1. 钎焊接头的裂纹

钎焊过程中产生的裂纹比熔化焊时少,但由于不均匀的急冷有时也会引起裂纹。有些金属材料,例如用黄铜钎料钎焊碳钢或不锈钢等,会发生自裂现象。钎焊裂纹产生的原因及防止裂纹方法见表 21-5。

表 21-5　钎焊裂纹产生的原因

缺陷部位	产　生　原　因
钎缝中裂纹	(1) 钎焊后冷却太快 (2) 钎料和钎焊金属线膨胀系数相差太大 (3) 接头设计不合理 (4) 形成脆性扩散区
钎焊金属中裂纹(自裂)	(1) 黄铜钎料中的锌向基体金属中剧烈扩散所造成的 (2) 钎焊前钎焊工件中存在较大的应力,包括焊件表面受到锤击或有划痕或存在冷作硬化 (3) 焊件刚性固定或加热不均匀

2. 致密性低的缺陷

钎焊接头中的夹渣、夹气-夹渣、气孔和未钎透等均属于致密性低的缺陷,大都存在于钎缝内部,但经机械加工后,往往暴露于钎缝表面。这些缺陷会降低钎焊接接头的气密性、水密性、导电性及接头强度,其产生原因和防止方法见表 21-6。

表 21-6　钎焊接头致密性低缺陷分类及产生原因

缺陷类别	产　生　原　因
夹气 夹渣 夹气-夹渣	(1) 在平行间隙中,由于液体钎剂、钎料的填缝速度不均匀,填缝前沿不规则引起"小包围"所造成;钎剂未去膜或未安全去膜处发生"小包围"而形成夹渣或夹气-夹渣 (2) 钎料沿焊件搭接处外围流动较快而造成"大包围"所造成 (3) 加热不均匀 (4) 间隙尺寸不正确
气孔	(1) 钎焊温度太高或保温时间太长 (2) 钎剂反应生成的气体和钎料中溶解的气体 (3) 钎焊金属析出的气体
部分间隙未填满	(1) 钎剂选用不当引起去膜不完善,钎剂活性差,熔点不合适 (2) 钎料用量不够 (3) 接头间隙太大或太小 (4) 毛刺向上卷起,妨碍钎料填缝
钎缝一端未填满和形成圆角	(1) 钎剂活性差或填缝能力差 (2) 钎料用量不足或填缝能力差 (3) 加热不均匀
钎料流失	(1) 钎焊温度过高 (2) 钎焊时间过长 (3) 钎料与母材发生化学反应

3. 钎焊接头的溶蚀

由于钎焊过程中钎焊金属向液态钎料的过量溶解,会在钎焊工件表面上出现溶蚀缺陷。这主要由于钎料置于钎缝一端,致使钎焊件金属过度溶解造成凹陷,严重时会熔穿。避免溶蚀的措施是改变钎料成分、控制钎料用量、严重控制钎焊温度和保温时间等。

21.8 焊接接头试样的组织显示

21.8.1 宏观组织显示

宏观组织的显示方法有冷浸法和热蚀法两种,其中冷浸法是在室温下进行浸蚀;热蚀法则是将浸蚀剂加热后显示出试样的宏观组织。焊接接头的宏观组织常用浸蚀剂见表 21-7。

表 21-7 焊接接头的宏观组织常用浸蚀剂

钢种	浸蚀剂	浸蚀方法	备注
碳钢和合金钢	10%～20%(体积分数)硝酸水溶液	室温浸蚀 5～20 min	浸蚀后若再用 10%(体积分数)的过硫酸铵水溶液浸蚀,可更好地显示粗晶组织
	盐酸 50 mL 水 50 mL	65～75℃热煮 10 min	能较好地显示各区域的宏观组织,根据不同材料,其浸蚀时间可以适当延长或缩短
	过饱和氯化高铁 3 mL 硝酸 2 mL 水 1 mL	室温浸蚀 2～20 min	作用强烈,宏观组织显示清楚
低碳钢	氯化铜 1 g 氯化铁 3 g 过氯化锡 0.5 g 盐酸 50 g 水 500 g 酒精 50 g	浸蚀到出现组织为止	浸蚀后在冲洗过程中用棉花把铜从试样上擦掉
各种合金钢	氯化铜 35 g 过氯化铵 53 g 水 1 000 mL	浸蚀 30～90 s	浸蚀后冲洗时用棉花将铜擦掉。可以较好地显示出白点、裂纹和气孔
奥氏体不锈钢	盐酸 500 mL 硫酸 25 mL 硫酸铜 100 mL 水 200 mL	浸蚀至出现组织为止	可以清晰显示塑性变形的痕迹,浸蚀之前需要将磨片抛光
奥氏体铝、铜合金	盐酸 150 mL 硫酸 10 mL 硫酸铜 30 g 水 150 mL	用棉花擦蚀至出现组织为止	显示剂作用强烈
铜及铜合金	20%(体积分数)硝酸水溶液	短时间浸蚀	适用于紫铜和黄铜
铝及铝合金	硝酸 300 mL 盐酸 100 mL	用棉花擦蚀至出现组织为止	也适用于铜合金
	10%(体积分数)的盐酸水溶液 100 mL 氯化铁 30 g	浸蚀至出现组织为止	

21.8.2 显微组织显示

同种材料焊接接头显微组织的显示方法在有关章节中已有说明,异种金属焊接接头的显示应进行多步浸蚀,每一步浸蚀中不应相互影响和干扰。

这里简要介绍几种典型异种金属焊接接头显微组织的浸蚀方法,见表 21-8。

表 21-8 典型异种金属焊接接头金相组织的显示方法

接头材料	浸蚀剂和操作次序	说明
不锈钢+钢	(1) 10 g 铬酸酐(CrO_3)+100 mL 水溶液,电解腐蚀,电压 6 V,电流密度 $0.05 \sim 0.1 \text{ A/cm}^2$,时间 $30 \sim 50$ s (2) 4%(体积分数)硝酸酒精溶液,或 5 g 氯化铁+2 mL 盐酸+100 mL 酒精溶液	(1) 浸蚀奥氏体钢部分 (2) 浸蚀碳素钢和低合金钢部分
	(3) 50 mL 水+50 mL 盐酸+5 mL 硝酸溶液(加热至出现水蒸气为止)	碳素钢和不锈钢同时浸蚀
铜+不锈钢	(1) 8%(体积分数)氯化铜氨水溶液	浸蚀铜部分
	(2) 10 g 铬酸酐(CrO_3)+100 mL 水溶液,电解腐蚀,电压 6 V,电流密度 $0.05 \sim 0.1 \text{ A/cm}^2$,时间 $30 \sim 50$ s	浸蚀奥氏体不锈钢部分
铜+低合金钢	(1) 8%(体积分数)氯化铜氨水溶液	浸蚀铜部分
	(2) 4%(体积分数)硝酸酒精溶液或 5 g 氯化铁+2 mL 盐酸+100 mL 酒精溶液	浸蚀碳素钢和低合金钢部分
钛+钢	(1) 100 mL 水+3 mL 硝酸	浸蚀钛部分
	(2) 4%(体积分数)硝酸酒精溶液或 5 g 氯化铁+2 mL 盐酸+100 mL 酒精溶液	浸蚀碳素钢和低合金钢部分
铝+不锈钢	(1) 95 mL 水+1 mL 氢氟酸+2.5 mL 硝酸	浸蚀铝部分
	(2) 10 g 铬酸酐(CrO_3)+100 mL 水溶液,电解腐蚀,电压 6 V,电流密度 $0.05 \sim 0.1 \text{ A/cm}^2$,时间 $30 \sim 50$ s	浸蚀不锈钢部分
铝+低合金钢	(1) 95 mL 水+1 mL 氢氟酸+2.5 mL 硝酸	浸蚀铝部分
	(2) 4%(体积分数)硝酸酒精溶液或 5 g 氯化铁+2 mL 盐酸+100 mL 酒精溶液	浸蚀低合金钢部分
Fe_3Al+碳钢	(1) 5%(体积分数)硝酸酒精溶液	浸蚀碳钢部分
	(2) 75 mL 盐酸+25 mL 硝酸	浸蚀 Fe_3Al 部分
Fe_3Al+不锈钢	75 mL 盐酸+25 mL 硝酸	同时浸蚀 Fe_3Al 和不锈钢,但 Fe_3Al 的浸蚀时间长于不锈钢

21.8.3 钎焊试样显示

由于母材与钎料成分上的差异,浸蚀液应分别选择,才能清晰地将钎焊金属(母材)和钎料(钎缝)的组织分别显示出来。常用钎焊接头的浸蚀液成分见表 21-9。

表 21-9 常用钎焊接头的浸蚀液成分

钎焊金属	钎料	浸蚀步骤及浸蚀成分
低碳钢	铜和黄铜钎料	母材:4%(体积分数)硝酸酒精溶液显示钢的组织 钎料:浓氨水溶液显示钎料的组织;稀硝酸水溶液
低碳钢	锡铅钎料	母材:4%(体积分数)硝酸酒精溶液显示钢的组织 钎料:1%硝酸;1%乙酸;98%甘油显示钎料和过渡层组织
铜和黄铜	银钎料	母材:过氧化氢水溶液;稀硝酸与硫酸水溶液 钎料:10%(体积分数)过硫酸氨水溶液;100 mL 蒸馏水+2 g 三氯化铁
铜和黄铜	锡铅钎料	在磷酸(密度 1.54 g/mL)中电解浸蚀,电流密度 0.5 A/mm^2,显示钎焊金属、钎料及过渡层组织 10%(体积分数)过硫酸氨水溶液显示钎料过渡层组织

参考文献

[1] Arthur L. Philips. Welding Handbook [M]. 4th ed. [S. l.]: American Welding Society, 1957.
[2] R. Castro, J. J. de Cadenet. Welding Metallurgy of Stainless and Heat-resisting Steels [M]. Cambridge: Cambridge University Press, 1974.
[3] 刘国勋. 金属学原理[M]. 北京：冶金工业出版社, 1979.
[4] 上海市机械工艺所. 金相分析技术[M]. 上海：上海科学技术文献出版社. 1987.
[5] 中国机械工程学会焊接学会. 焊接金相图谱[M]. 北京：机械工业出版社, 1987.
[6] 庄鸿寿, E. 罗格夏特. 高温钎焊[M]. 北京：国防工业出版社, 1989.
[7] 中国机械工程学会焊接学会. 焊接手册[M]. 第2卷, 2版. 北京：机械工业出版社, 1992.
[8] Sindo Kou. Welding Metallurgy [M]. 2th ed. [S. l.]: John Wiley & Son Inc., 2002.
[9] 赵越. 钎焊技术及应用[M]. 北京：化学工业出版社, 2004.
[10] 李亚江, 王娟秀, 刘鹏. 异种难焊材料的焊接及应用[M]. 北京：化学工业出版社. 2004.
[11] J. C. Lippold, Damian J. Kotecki. Welding Metallurgy and Weldability of Stainless Steels. [M]. [S. l.]: John Wiley & Son Inc., 2005.
[12] 李亚江. 焊接组织性能与质量控制[M]. 北京：化学工业出版社, 2005.
[13] 孟庆森. 金属焊接性基础[M]. 机械工业出版社, 2010.
[14] 任颂赞, 叶俭, 陈德华. 金相分析原理及技术[M]. 上海：上海科学技术文献出版社, 2013.